国家出版基金项目
NATIONAL PUBLICATION FOUNDATION

“十三五”国家重点图书出版规划项目

智能制造
系|列|丛|书

材料成形过程模拟

周华民 等 编著

NUMERICAL SIMULATION
OF MATERIALS PROCESSING

清华大学出版社
北京

图书在版编目（CIP）数据

材料成形过程模拟/周华民等编著. —北京：清华大学出版社，2022.6
（智能制造系列丛书）
ISBN 978-7-302-59607-3

Ⅰ. ①材… Ⅱ. ①周… Ⅲ. ①工程材料—成型—过程模拟 Ⅳ. ①TB3

中国版本图书馆 CIP 数据核字（2021）第 239510 号

责任编辑：袁 琦
封面设计：李召霞
责任校对：王淑云
责任印制：丛怀宇

出版发行：清华大学出版社
网 址：http://www.tup.com.cn，http://www.wqbook.com
地 址：北京清华大学学研大厦 A 座 邮 编：100084
社 总 机：010-83470000 邮 购：010-62786544
投稿与读者服务：010-62776969，c-service@tup.tsinghua.edu.cn
质量反馈：010-62772015，zhiliang@tup.tsinghua.edu.cn
印 装 者：北京嘉实印刷有限公司
经 销：全国新华书店
开 本：170mm×240mm 印 张：34 字 数：678 千字
版 次：2022 年 7 月第 1 版 印 次：2022 年 7 月第1 次印刷
定 价：178.00 元

产品编号：078884-01

智能制造系列丛书编委会名单

主　任：

周　济

副主任：

谭建荣　李培根

委　员（按姓氏笔画排序）：

王　雪　王飞跃　王立平　王建民
尤　政　尹周平　田　锋　史玉升
冯毅雄　朱海平　庄红权　刘　宏
刘志峰　刘洪伟　齐二石　江平宇
江志斌　李　晖　李伯虎　李德群
宋天虎　张　洁　张代理　张秋玲
张彦敏　陆大明　陈立平　陈吉红
陈超志　邵新宇　周华民　周彦东
郑　力　宗俊峰　赵　波　赵　罡
钟诗胜　袁　勇　高　亮　郭　楠
陶　飞　霍艳芳　戴　红

丛书编委会办公室

主　任：

陈超志　张秋玲

成　员：

郭英玲　冯　昕　罗丹青　赵范心
权淑静　袁　琦　许　龙　钟永刚
刘　杨

编 者 名 单

周华民　柳玉起　王新云　周建新　庞盛永
张　云　黄志高　金俊松　章志兵　殷亚军
计效园　王云明　梁吕捷

Foreword | 丛书序 1

制造业是国民经济的主体，是立国之本、兴国之器、强国之基。习近平总书记在党的十九大报告中号召："加快建设制造强国，加快发展先进制造业。"他指出："要以智能制造为主攻方向推动产业技术变革和优化升级，推动制造业产业模式和企业形态根本性转变，以'鼎新'带动'革故'，以增量带动存量，促进我国产业迈向全球价值链中高端。"

智能制造——制造业数字化、网络化、智能化，是我国制造业创新发展的主要抓手，是我国制造业转型升级的主要路径，是加快建设制造强国的主攻方向。

当前，新一轮工业革命方兴未艾，其根本动力在于新一轮科技革命。21 世纪以来，互联网、云计算、大数据等新一代信息技术飞速发展。这些历史性的技术进步，集中汇聚在新一代人工智能技术的战略性突破，新一代人工智能已经成为新一轮科技革命的核心技术。

新一代人工智能技术与先进制造技术的深度融合，形成了新一代智能制造技术，成为新一轮工业革命的核心驱动力。新一代智能制造的突破和广泛应用将重塑制造业的技术体系、生产模式、产业形态，实现第四次工业革命。

新一轮科技革命和产业变革与我国加快转变经济发展方式形成历史性交汇，智能制造是一个关键的交汇点。中国制造业要抓住这个历史机遇，创新引领高质量发展，实现向世界产业链中高端的跨越发展。

智能制造是一个"大系统"，贯穿于产品、制造、服务全生命周期的各个环节，由智能产品、智能生产及智能服务三大功能系统以及工业智联网和智能制造云两大支撑系统集合而成。其中，智能产品是主体，智能生产是主线，以智能服务为中心的产业模式变革是主题，工业智联网和智能制造云是支撑，系统集成将智能制造各功能系统和支撑系统集成为新一代智能制造系统。

智能制造是一个"大概念"，是信息技术与制造技术的深度融合。从 20 世纪中叶到 90 年代中期，以计算、感知、通信和控制为主要特征的信息化催生了数字化制造；从 90 年代中期开始，以互联网为主要特征的信息化催生了"互联网＋制造"；当前，以新一代人工智能为主要特征的信息化开创了新一代智能制造的新阶段。

这就形成了智能制造的三种基本范式，即：数字化制造（digital manufacturing）——第一代智能制造；数字化网络化制造（smart manufacturing）——“互联网+制造”或第二代智能制造，本质上是“互联网+数字化制造”；数字化网络化智能化制造（intelligent manufacturing）——新一代智能制造，本质上是“智能+互联网+数字化制造”。这三个基本范式次第展开又相互交织，体现了智能制造的“大概念”特征。

对中国而言，不必走西方发达国家顺序发展的老路，应发挥后发优势，采取三个基本范式“并行推进、融合发展”的技术路线。一方面，我们必须实事求是，因企制宜、循序渐进地推进企业的技术改造、智能升级，我国制造企业特别是广大中小企业还远远没有实现“数字化制造”，必须扎扎实实完成数字化“补课”，打好数字化基础；另一方面，我们必须坚持“创新引领”，可直接利用互联网、大数据、人工智能等先进技术，“以高打低”，走出一条并行推进智能制造的新路。企业是推进智能制造的主体，每个企业要根据自身实际，总体规划、分步实施、重点突破、全面推进，产学研协调创新，实现企业的技术改造、智能升级。

未来20年，我国智能制造的发展总体将分成两个阶段。第一阶段：到2025年，“互联网+制造”——数字化网络化制造在全国得到大规模推广应用；同时，新一代智能制造试点示范取得显著成果。第二阶段：到2035年，新一代智能制造在全国制造业实现大规模推广应用，实现中国制造业的智能升级。

推进智能制造，最根本的要靠“人”，动员千军万马、组织精兵强将，必须以人为本。智能制造技术的教育和培训，已经成为推进智能制造的当务之急，也是实现智能制造的最重要的保证。

为推动我国智能制造人才培养，中国机械工程学会和清华大学出版社组织国内知名专家，经过三年的扎实工作，编著了“智能制造系列丛书”。这套丛书是编著者多年研究成果与工作经验的总结，具有很高的学术前瞻性与工程实践性。丛书主要面向从事智能制造的工程技术人员，亦可作为研究生或本科生的教材。

在智能制造急需人才的关键时刻，及时出版这样一套丛书具有重要意义，为推动我国智能制造发展做出了突出贡献。我们衷心感谢各位作者付出的心血和劳动，感谢编委会全体同志的不懈努力，感谢中国机械工程学会与清华大学出版社的精心策划和鼎力投入。

衷心希望这套丛书在工程实践中不断进步、更精更好，衷心希望广大读者喜欢这套丛书、支持这套丛书。

让我们大家共同努力，为实现建设制造强国的中国梦而奋斗。

周济

2019年3月

Foreword | 丛书序 2

技术进展之快，市场竞争之烈，大国较劲之剧，在今天这个时代体现得淋漓尽致。

世界各国都在积极采取行动，美国的"先进制造伙伴计划"、德国的"工业 4.0 战略计划"、英国的"工业 2050 战略"、法国的"新工业法国计划"、日本的"超智能社会 5.0 战略"、韩国的"制造业创新 3.0 计划"，都将发展智能制造作为本国构建制造业竞争优势的关键举措。

中国自然不能成为这个时代的旁观者，我们无意较劲，只想通过合作竞争实现国家崛起。大国崛起离不开制造业的强大，所以中国希望建成制造强国、以制造而强国，实乃情理之中。制造强国战略之主攻方向和关键举措是智能制造，这一点已经成为中国政府、工业界和学术界的共识。

制造企业普遍面临着提高质量、增加效率、降低成本和敏捷适应广大用户不断增长的个性化消费需求，同时还需要应对进一步加大的资源、能源和环境等约束之挑战。然而，现有制造体系和制造水平已经难以满足高端化、个性化、智能化产品与服务的需求，制造业进一步发展所面临的瓶颈和困难迫切需要制造业的技术创新和智能升级。

作为先进信息技术与先进制造技术的深度融合，智能制造的理念和技术贯穿于产品设计、制造、服务等全生命周期的各个环节及相应系统，旨在不断提升企业的产品质量、效益、服务水平，减少资源消耗，推动制造业创新、绿色、协调、开放、共享发展。总之，面临新一轮工业革命，中国要以信息技术与制造业深度融合为主线，以智能制造为主攻方向，推进制造业的高质量发展。

尽管智能制造的大潮在中国滚滚而来，尽管政府、工业界和学术界都认识到智能制造的重要性，但是不得不承认，关注智能制造的大多数人（本人自然也在其中）对智能制造的认识还是片面的、肤浅的。政府勾画的蓝图虽气势磅礴、宏伟壮观，但仍有很多实施者感到无从下手；学者们高谈阔论的宏观理念或基本概念虽至关重要，但如何见诸实践，许多人依然不得要领；企业的实践者们侃侃而谈的多是当年制造业信息化时代的陈年酒酿，尽管依旧散发清香，却还是少了一点智能制造的气息。有些人看到"百万工业企业上云，实施百万工业 APP 培育工程"时劲头十足，可真准备大干一场的时候，又仿佛云里雾里。常常听学者们言，CPS(cyber-physical systems，信息-物理系统)是工业 4.0 和智能制造的核心要素，CPS 万不能离开数字孪生体(digital twin)。可数字孪生体到底如何构建？学者也好，工程师也好，少有人能够清晰道来。又如，大数据之重要性日渐为人们所知，可有了数据后，又如何分析？如何从中提炼知识？企业人士鲜有知其个中究竟的。至于关键词"智能"，什么样的制造真正是"智能"制造？未来制造将"智能"到何种程度？解读纷纷，莫衷一是。我的一位老师，也是真正的智者，他说："智能制造有几分能说清楚？还有几分是糊里又糊涂。"

所以，今天中国散见的学者高论和专家见解还远不能满足智能制造相关的研究者和实践者们之所需。人们既需要微观的深刻认识，也需要宏观的系统把握；既需要实实在在的智能传感器、控制器，也需要看起来虚无缥缈的"云"；既需要对理念和本质的体悟，也需要对可操作性的明晰；既需要互联的快捷，也需要互联的标准；既需要数据的通达，也需要数据的安全；既需要对未来的前瞻和追求，也需要对当下的实事求是……如此等等。满足多方位的需求，从多视角看智能制造，正是这套丛书的初衷。

为助力中国制造业高质量发展，推动我国走向新一代智能制造，中国机械工程学会和清华大学出版社组织国内知名的院士和专家编写了"智能制造系列丛书"。本丛书以智能制造为主线，考虑智能制造"新四基"[即"一硬"(自动控制和感知硬件)、"一软"(工业核心软件)、"一网"(工业互联网)、"一台"(工业云和智能服务平台)]的要求，由 30 个分册组成。除《智能制造：技术前沿与探索应用》《智能制造标准化》《智能制造实践》3 个分册外，其余包含了以下五大板块：智能制造模式、智能设计、智能传感与装备、智能制造使能技术以及智能制造管理技术。

本丛书编著者包括高校、工业界拔尖的带头人和奋战在一线的科研人员，有着丰富的智能制造相关技术的科研和实践经验。虽然每一位作者未必对智能制造有全面认识，但这个作者群体的知识对于试图全面认识智能制造或深刻理解某方面技术的人而言，无疑能有莫大的帮助。本丛书面向从事智能制造工作的工程师、科研人员、教师和研究生，兼顾学术前瞻性和对企业的指导意义，既有对理论和方法的描述，也有实际应用案例。编著者经过反复研讨、修订和论证，终于完成了本丛书的编写工作。必须指出，本丛书肯定不是完美的，或许完美本身就不存在，更何况智能制造大潮中学界和业界的急迫需求也不能等待对完美的寻求。当然，这也不能成为掩盖丛书存在缺陷的理由。我们深知，疏漏和错误在所难免，在这里也希望同行专家和读者对本丛书批评指正，不吝赐教。

在"智能制造系列丛书"编写的基础上，我们还开发了智能制造资源库及知识服务平台，该平台以用户需求为中心，以专业知识内容和互联网信息搜索查询为基础，为用户提供有用的信息和知识，打造智能制造领域"共创、共享、共赢"的学术生态圈和教育教学系统。

我非常荣幸为本丛书写序，更乐意向全国广大读者推荐这套丛书。相信这套丛书的出版能够促进中国制造业高质量发展，对中国的制造强国战略能有特别的意义。丛书编写过程中，我有幸认识了很多朋友，向他们学到很多东西，在此向他们表示衷心感谢。

需要特别指出，智能制造技术是不断发展的。因此，“智能制造系列丛书”今后还需要不断更新。衷心希望，此丛书的作者们及其他的智能制造研究者和实践者们贡献他们的才智，不断丰富这套丛书的内容，使其始终贴近智能制造实践的需求，始终跟随智能制造的发展趋势。

2019 年 3 月

Preface | 前言

智能制造是加快建设制造强国的主攻方向，模拟仿真是制造业数字化、智能化不可或缺的关键核心技术。材料成形过程模拟在深入认识成形过程数理模型的基础上，与数值计算、人工智能、大数据分析、虚拟现实等技术深度结合，实现成形过程各物理参量、成形产品精度与性能的高精度高效率预测、展示、分析与优化。近年来，材料成形过程模拟向全流程、多物理场、跨尺度、形性预测等方向快速发展，涉及材料、机械、力学、信息、计算机等相关学科，大力促进了基于集成计算工程的设计制造新模式的形成与发展。华中科技大学长期从事材料成形模拟技术研究，研发出冲压、锻造、铸造、焊接、塑料注射等成形工艺的系列模拟软件。本书作为“智能制造系列丛书”的组成部分，致力于总结作者与同事们多年来的研究成果，探讨主要材料成形工艺的模拟技术进展，为相关领域的科技工作者和研究生提供系统性、基础性和前瞻性的知识。

全书包含7章。第1章阐述材料成形模拟的基本方法，第2～6章分别解析板料成形、锻造、铸造、焊接、塑料注射成形等主要成形工艺的模拟方法，第7章简要介绍当前的主流成形模拟软件。本书的具体编写工作分工如下：第1章由周华民、柳玉起、周建新、庞盛永编写，第2章由柳玉起、章志兵编写，第3章由金俊松、王新云编写，第4章由周建新、殷亚军、计效园编写，第5章由庞盛永编写，第6章由张云、周华民、王云明编写，第7章由黄志高、章志兵、金俊松、殷亚军、梁吕捷编写。全书由周华民策划并定稿，王云明协助整理与校稿。

李德群院士对本书的编写提出了非常重要的意见和建议，在此深表感谢。在编写的过程中，许多教授提供了宝贵的研究和教学成果，在此对李远才、李巧敏、邓磊、周何乐子、黄安国等老师表示感谢。余文劼、周晓伟、刘启涛、王靖升、母中彦等博士研究生为本书的出版也做出了贡献。清华大学出版社对本书的出版给予了极大支持，冯昕等多位编辑以他们的敬业精神和严谨学风促成了本书的及时出版，保证了本书质量，在此深表感谢。

材料成形过程模拟是一门综合性科学技术，涉及的范围很广，限于作者的研究水平和教学经验，书中的错误和缺点在所难免，恳请广大专家和读者批评指正。

周华民

2022年3月

于华中科技大学材料科学与工程学院

材料成形与模具技术国家重点实验室

Contents | 目录

第1章

成形模拟的基本方法

1.1 有限单元法

有限单元法(finite element method,FEM)的基本思想是将一个连续的求解系统离散为一组由节点相互连在一起的单元组合体,用每个单元内假设的近似函数来分片表示系统的求解场函数,其是单元离散插值拟合的数学方法。为了描述材料成形过程,一般会采用增量法,将成形过程分成若干比较小的增量步,即材料成形问题中在每个小的增量步内采用最小势能原理。

1.1.1 基础理论

1. 最小势能原理

如图 1-1-1 所示,所要分析的系统为一个受力弹性体。其中,A 为弹性体的表面积,V 为弹性体的体积,$\boldsymbol{G}$ 为弹性体的体力,$\boldsymbol{P}$ 为作用于弹性体表面的分布力。则弹性体的势能 Π_{P} 为

$$\Pi_{\mathrm{P}} = W_{\mathrm{i}} - W_{\mathrm{e}} \tag{1-1-1}$$

式中,W_{i} 为弹性体变形后所具有的内能;W_{e} 为弹性体所受的外力功。它们的具体表达式分别为

$$W_{\mathrm{i}} = \frac{1}{2}\int_V \boldsymbol{\varepsilon}^{\mathrm{T}} \boldsymbol{\sigma} \mathrm{d}V \tag{1-1-2}$$

$$W_{\mathrm{e}} = \int_A \boldsymbol{u}^{\mathrm{T}} \boldsymbol{P} \mathrm{d}A + \int_V \boldsymbol{u}^{\mathrm{T}} \boldsymbol{G} \mathrm{d}V \tag{1-1-3}$$

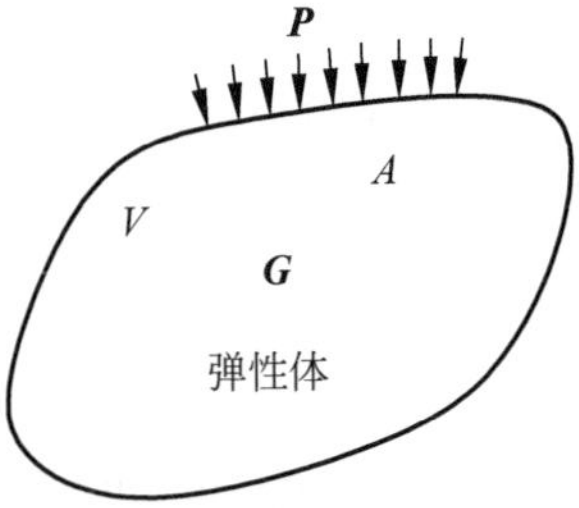

图 1-1-1 弹性体受力情况

式中,$\boldsymbol{\varepsilon}$ 为弹性体的应变;$\boldsymbol{\sigma}$ 为弹性体的应力;$\boldsymbol{u}$ 为弹性体的可容位移。

弹性体处于平衡状态时,其势能应为最小,即

$$\delta\Pi_{\mathrm{P}} = 0 \tag{1-1-4}$$

$$\delta\Pi_{\mathrm{P}} = \int_V \delta\boldsymbol{\varepsilon}^{\mathrm{T}} \boldsymbol{\sigma} \mathrm{d}V - \int_A \delta\boldsymbol{u}^{\mathrm{T}} \boldsymbol{P} \mathrm{d}A - \int_V \delta\boldsymbol{u}^{\mathrm{T}} \boldsymbol{G} \mathrm{d}V = 0 \tag{1-1-5}$$

式(1-1-5)就是最小势能原理,它是位移法有限元法的数学基础。

2. 单元平衡方程

按照有限元法的基本思想，选择适当的单元模型对所要分析的系统进行网格划分，对于系统中的每个单元，式(1-1-5)同样成立。若在此基础上推导单元平衡方程，一般还要知道3个关系式，即单元模型的插值关系、单元运动与变形的几何关系及单元变形与受力的本构关系，这3个关系式是位移法推导单元平衡方程时必不可少的。

(1) 单元插值关系(单元内任意点的位移 $\boldsymbol{u}$ 与单元节点位移 $\boldsymbol{u}^e$ 之间的关系)为

$$\boldsymbol{u}=\boldsymbol{N}\boldsymbol{u}^e \tag{1-1-6}$$

式中，$\boldsymbol{N}$ 为单元形函数矩阵，后面将详细介绍各种常见单元的形函数矩阵和具体求法。

(2) 单元几何关系(单元内任意点的位移 $\boldsymbol{u}$ 与应变 $\boldsymbol{\varepsilon}$ 之间的关系)为

$$\boldsymbol{\varepsilon}=\boldsymbol{L}\boldsymbol{u} \tag{1-1-7}$$

式中，$\boldsymbol{L}$ 为单元几何微分算子矩阵，后面将详细介绍常见运动关系的几何微分算子。

(3) 单元本构关系(单元内任意点的应变 $\boldsymbol{\varepsilon}$ 与应力 $\boldsymbol{\sigma}$ 之间的关系)为

$$\boldsymbol{\sigma}=\boldsymbol{D}^e\boldsymbol{\varepsilon} \tag{1-1-8}$$

式中，$\boldsymbol{D}^e$ 为单元弹性矩阵，后面将详细介绍常见弹性本构矩阵。

将式(1-1-6)～式(1-1-8)代入最小势能原理式(1-1-5)可得

$$\int_v \delta(\boldsymbol{u}^e)^{\mathrm{T}}\boldsymbol{B}^{\mathrm{T}}\boldsymbol{D}^e\boldsymbol{B}\boldsymbol{u}^e\,\mathrm{d}v-\int_a \delta(\boldsymbol{u}^e)^{\mathrm{T}}\boldsymbol{N}^{\mathrm{T}}\boldsymbol{P}\,\mathrm{d}a-\int_v \delta(\boldsymbol{u}^e)^{\mathrm{T}}\boldsymbol{N}^{\mathrm{T}}\boldsymbol{G}\,\mathrm{d}v=0 \tag{1-1-9}$$

式中，v 为单元体积；a 为单元表面积；$\boldsymbol{B}$ 称为 $\boldsymbol{B}$ 矩阵，即

$$\boldsymbol{B}=\boldsymbol{L}\boldsymbol{N} \tag{1-1-10}$$

由单元节点位移 $\boldsymbol{u}^e$ 的任意性，得

$$\int_v \boldsymbol{B}^{\mathrm{T}}\boldsymbol{D}^e\boldsymbol{B}\boldsymbol{u}^e\,\mathrm{d}v-\int_a \boldsymbol{N}^{\mathrm{T}}\boldsymbol{P}\,\mathrm{d}a-\int_v \boldsymbol{N}^{\mathrm{T}}\boldsymbol{G}\,\mathrm{d}v=0 \tag{1-1-11}$$

式(1-1-11)就是单元平衡方程，或称为单元刚度方程，即

$$\boldsymbol{k}\boldsymbol{u}^e=\boldsymbol{f} \tag{1-1-12}$$

式中，$\boldsymbol{k}$ 称为单元刚度矩阵，即

$$\boldsymbol{k}=\int_v \boldsymbol{B}^{\mathrm{T}}\boldsymbol{D}^e\boldsymbol{B}\,\mathrm{d}v \tag{1-1-13}$$

$\boldsymbol{f}$ 称为单元载荷向量，即

$$\boldsymbol{f}=\int_a \boldsymbol{N}^{\mathrm{T}}\boldsymbol{P}\,\mathrm{d}a+\int_v \boldsymbol{N}^{\mathrm{T}}\boldsymbol{G}\,\mathrm{d}v \tag{1-1-14}$$

单元刚度矩阵具有以下特性。

(1) 对称性。如果单元弹性矩阵 $\boldsymbol{D}^e$ 是对称的，则 $\boldsymbol{k}$ 也是对称的。

(2) 奇异性。单元处于平衡状态时，节点力相互不是独立的，单元平衡方程组的各方程间是线性相关的。

（3）主元恒正且对角占优。$\boldsymbol{k}$ 的对角线元素 k_{ii} 始终满足

$$k_{ii} > 0 \tag{1-1-15}$$

并且 k_{ii} 是所在行列中比较大的数。

3. 单元平衡方程组装过程

每个单元的平衡方程求得以后无法分别单独求解，主要原因是，对于单元平衡方程来说，单元间的节点内力也是边界条件，它们在单元应力确定前是未知的。因此，要把所有的单元平衡方程进行组装，消除单元间的节点内力。而组装后总体平衡方程的边界条件都是实际存在且已知的。

单元平衡方程组装成总体平衡方程是按有限元节点自由度对应关系进行的，将单元平衡方程左右端的元素累加到总体平衡方程的左右端。下面通过二维桁架结构说明组装过程。如图 1-1-2 所示平面桁架结构，经过有限元单元划分，1、2、3 为节点号，①、②、③为单元号。假设节点 1 对应的自由度为 1 和 2，节点 2 对应的自由度为 3 和 4，节点 3 对应的自由度为 5 和 6。按式(1-1-13)和式(1-1-15)可以求得单元①和②的单元平衡方程为

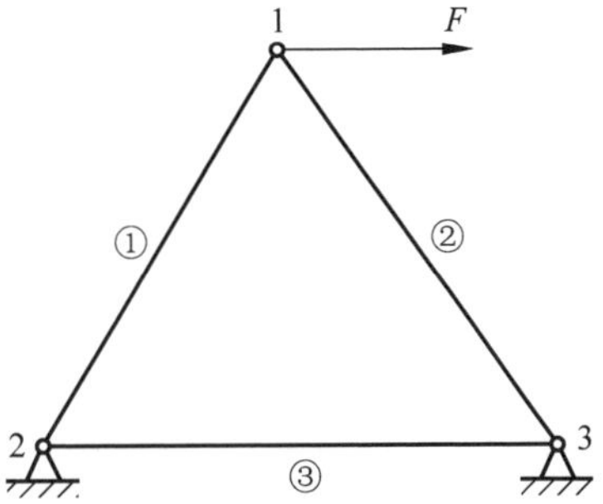

图 1-1-2　简单二维桁架结构的有限元单元划分

$$\begin{array}{c} \\ 1\\2\\3\\4 \end{array}\begin{array}{c} \begin{array}{cccc} 1 & 2 & 3 & 4 \end{array} \\ \begin{bmatrix} k_{11}^{1} & k_{12}^{1} & k_{13}^{1} & k_{14}^{1} \\ k_{21}^{1} & k_{22}^{1} & k_{23}^{1} & k_{24}^{1} \\ k_{31}^{1} & k_{32}^{1} & k_{33}^{1} & k_{34}^{1} \\ k_{41}^{1} & k_{42}^{1} & k_{43}^{1} & k_{44}^{1} \end{bmatrix} \end{array} \begin{Bmatrix} u_1^1 \\ u_2^2 \\ u_3^3 \\ u_4^4 \end{Bmatrix} = \begin{Bmatrix} f_1^1 \\ f_2^1 \\ f_3^1 \\ f_4^1 \end{Bmatrix} \tag{1-1-16}$$

$$\begin{array}{c} \\ 1\\2\\5\\6 \end{array}\begin{array}{c} \begin{array}{cccc} 1 & 2 & 5 & 6 \end{array} \\ \begin{bmatrix} k_{11}^{2} & k_{12}^{2} & k_{13}^{2} & k_{14}^{2} \\ k_{21}^{2} & k_{22}^{2} & k_{23}^{2} & k_{24}^{2} \\ k_{31}^{2} & k_{32}^{2} & k_{33}^{2} & k_{34}^{2} \\ k_{41}^{2} & k_{42}^{2} & k_{43}^{2} & k_{44}^{2} \end{bmatrix} \end{array} \begin{Bmatrix} u_1^1 \\ u_2^2 \\ u_3^5 \\ u_4^6 \end{Bmatrix} = \begin{Bmatrix} f_1^2 \\ f_2^2 \\ f_3^2 \\ f_4^2 \end{Bmatrix} \tag{1-1-17}$$

式中，k_{ij}^{n} 表示单元刚度矩阵中每个元素，i 和 j 表示它在单元刚度矩阵中的位置，n 表示单元号，用于区分不同单元；u_i^m 表示单元的位移自由度，i 表示单元自由度位置，m 表示它在整个系统中的自由度位置。相应地，在 k_{ij}^{n} 矩阵的左侧和上方也标出了它的行列在整个系统中的自由度位置。

组装过程就是按照所给的自由度对应位置直接累加到系统的总体平衡方程

中，即

$$\begin{array}{c} \\ 1 \\ 2 \\ 3 \\ 4 \\ 5 \\ 6 \end{array}\begin{array}{c} \begin{array}{cccccc} 1 & 2 & 3 & 4 & 5 & 6 \end{array} \\ \begin{bmatrix} k_{11}^{1}+k_{11}^{2} & k_{12}^{1}+k_{12}^{2} & k_{13}^{1} & k_{14}^{1} & k_{13}^{2} & k_{14}^{2} \\ k_{21}^{1}+k_{21}^{2} & k_{22}^{1}+k_{22}^{2} & k_{23}^{1} & k_{24}^{1} & k_{23}^{2} & k_{24}^{2} \\ k_{31}^{1} & k_{32}^{1} & k_{33}^{1} & k_{34}^{1} & 0 & 0 \\ k_{41}^{1} & k_{42}^{1} & k_{43}^{1} & k_{44}^{1} & 0 & 0 \\ k_{31}^{2} & k_{32}^{2} & 0 & 0 & k_{33}^{2} & k_{34}^{2} \\ k_{41}^{2} & k_{42}^{2} & 0 & 0 & k_{43}^{2} & k_{44}^{2} \end{bmatrix} \end{array}\begin{Bmatrix} u^{1} \\ u^{2} \\ u^{3} \\ u^{4} \\ u^{5} \\ u^{6} \end{Bmatrix}=\begin{Bmatrix} f_{1}^{1}+f_{1}^{2} \\ f_{2}^{1}+f_{2}^{2} \\ f_{3}^{1} \\ f_{4}^{1} \\ f_{3}^{2} \\ f_{4}^{2} \end{Bmatrix} \tag{1-1-18}$$

式(1-1-17)就是经过单元①和②组装后的总体平衡方程，所有单元平衡方程都进行类似的组装后就得到最终的总体平衡方程，或称总体刚度方程，即

$$\boldsymbol{KU}=\boldsymbol{F} \tag{1-1-19}$$

式中，$\boldsymbol{K}$ 称为总体刚度矩阵；$\boldsymbol{U}$ 称为位移向量；$\boldsymbol{F}$ 称为载荷向量。

单元刚度矩阵组装时，可以将几种类型的单元组装在一个总体刚度矩阵中，总体刚度矩阵 $\boldsymbol{K}$ 具有以下特性。

(1) 对称性。如果单元刚度矩阵 $\boldsymbol{k}$ 是对称的，组装后 $\boldsymbol{K}$ 也是对称的。

(2) 奇异性。在没有经过边界条件约束处理前，$\boldsymbol{K}$ 是奇异的。

(3) 稀疏性。对于大规模求解问题来说，$\boldsymbol{K}$ 中的零元素非常多，一般大规模求解问题，大多会含有 99%以上的零元素。

(4) 非零元素带状分布。如果有限元节点号排列比较合理，则 $\boldsymbol{K}$ 的带宽就会比较小。

4. 总体刚度方程约束处理

组装后的总体平衡方程不能求解，总体平衡方程式(1-1-19)没有经过边界条件约束处理，它还是一个奇异的方程组，也就是说它有无穷多组解。固体力学问题的物理意义是，受载系统如果不受任何外部约束，将进行无限制的刚体运动。而对于实际问题来说，系统处于平衡状态的边界条件将确定方程组式(1-1-19)的唯一一组解。因此，有限元分析过程中，边界条件的约束处理是必不可少的过程。

材料成形有限元法相对于一般结构问题有限元法的最大区别在约束处理方面，包括模具约束、工艺参数约束等。材料成形过程中，材料会与模具接触、滑动、脱开，其中接触和滑动过程中，材料在模具表面是切向运动，材料接触点满足平面方程约束。

1) 边界条件分类

线弹性问题的边界条件都是已知的，主要分力和位移两类边界条件。

力边界条件常见的主要包括集中载荷力、作用于系统表面的分布力、系统重量引起的自重力、热交换和热流引起的温度载荷等。这些载荷项的分配可以通过式(1-1-15)求得，将载荷分配到相应的有限元节点上。

位移边界条件会制约系统的刚体位移，消除 $\boldsymbol{K}$ 的奇异性。常见约束类型主要如下。

(1) 固定位移。例如，$U_2=0.0$、$U_5=0.0$、$U_6=0.0$ 等约束位移大小等于零的边界条件。

(2) 强制位移。例如，$U_1=1.0$、$U_2=0.5$、$U_4=1.5$ 等约束位移大小是常数且不等于零的边界条件，当单向拉伸时，夹具夹死试件两端拉伸。

(3) 关联位移。例如，$U_8=kU_7+C$，式中 k 和 C 是一个确定的常数，材料在模具面运动时属于这种平面方程约束。

如果 $k=0$，则关联位移约束条件就退化成强制位移约束条件。如果 $k=0$、$C=0$，则关联位移约束条件就退化成固定位移约束条件。因此，下面主要给出关联位移边界条件的约束处理方法。

2) 边界条件约束处理方法

为了公式推导方便，可以以 6 阶方程组为例说明约束处理过程，然后总结约束处理方法。假设要约束处理的原始有限元平衡方程为

$$\begin{bmatrix} K_{11} & K_{12} & K_{13} & K_{14} & K_{15} & K_{16} \\ K_{21} & K_{22} & K_{23} & K_{24} & K_{25} & K_{26} \\ K_{31} & K_{32} & K_{33} & K_{34} & K_{35} & K_{36} \\ K_{41} & K_{42} & K_{43} & K_{44} & K_{45} & K_{46} \\ K_{51} & K_{52} & K_{53} & K_{54} & K_{55} & K_{56} \\ K_{61} & K_{62} & K_{63} & K_{64} & K_{65} & K_{66} \end{bmatrix} \begin{Bmatrix} U_1 \\ U_2 \\ U_3 \\ U_4 \\ U_5 \\ U_6 \end{Bmatrix} = \begin{Bmatrix} F_1 \\ F_2 \\ F_3 \\ F_4 \\ F_5 \\ F_6 \end{Bmatrix} \tag{1-1-20}$$

式中，方程组系数矩阵是对称的。

假设关联约束方程为

$$U_4=kU_3+C \tag{1-1-21}$$

常见的约束处理方法有两种：赋 0 赋 1 法和乘大数法。下面将分别说明它们的具体实施方法。

1) 赋 0 赋 1 法

将关联约束方程式(1-1-21)代入有限元平衡方程式(1-1-20)中，并将常数项移到方程组等式的右端，则式(1-1-20)变换为

$$\begin{bmatrix} K_{11} & K_{12} & K_{13}+kK_{14} & 0 & K_{15} & K_{16} \\ K_{21} & K_{22} & K_{23}+kK_{24} & 0 & K_{25} & K_{26} \\ K_{31} & K_{32} & K_{33}+kK_{34} & 0 & K_{35} & K_{36} \\ K_{41} & K_{42} & K_{43}+kK_{44} & 0 & K_{45} & K_{46} \\ K_{51} & K_{52} & K_{53}+kK_{54} & 0 & K_{55} & K_{56} \\ K_{61} & K_{62} & K_{63}+kK_{64} & 0 & K_{65} & K_{66} \end{bmatrix} \begin{Bmatrix} U_1 \\ U_2 \\ U_3 \\ U_4 \\ U_5 \\ U_6 \end{Bmatrix} = \begin{Bmatrix} F_1-CK_{14} \\ F_2-CK_{24} \\ F_3-CK_{34} \\ F_4-CK_{44} \\ F_5-CK_{54} \\ F_6-CK_{64} \end{Bmatrix} \tag{1-1-22}$$

式(1-1-22)就是约束后的有限元平衡方程，它有 6 个方程、5 个未知数(其中

U_4 已经被消去），如果约束方程式(1-1-21)可以消除有限元平衡方程式(1-1-20)的奇异性，则取式(1-1-22)中任意 5 个方程联立求解，都会得到方程组的唯一一组解。

但是式(1-1-22)的系数矩阵由原来对称的变成了非对称的，这对于大规模有限元方程组求解是十分不利的，因为采用相同的求解方法，在求解时间和矩阵存储容量方面都增加了 1 倍。

比较式(1-1-20)和式(1-1-22)可以发现，式(1-1-22)的系数矩阵是在式(1-1-20)的基础上做了一次列初等变换，因此，为了保持有限元平衡方程组系数矩阵的对称性，对式(1-1-22)再做一次相同的行初等变换，即式(1-1-22)的第 4 行乘以系数 k 加到第 3 行，并去掉第 4 行，为了保持系数矩阵的阶数，将第 4 行的所有元素赋 0，在其对角线元素位置赋 1，即赋 0 赋 1 法，可得

$$\begin{bmatrix} K_{11} & K_{12} & K_{13}+kK_{14} & 0 & K_{15} & K_{16} \\ K_{21} & K_{22} & K_{23}+kK_{24} & 0 & K_{25} & K_{26} \\ K_{31}+kK_{41} & K_{32}+kK_{42} & K_{33}+kK_{34}+k(K_{43}+kK_{44}) & 0 & K_{35}+kK_{45} & K_{36}+kK_{46} \\ 0 & 0 & 0 & 1 & 0 & 0 \\ K_{51} & K_{52} & K_{53}+kK_{54} & 0 & K_{55} & K_{56} \\ K_{61} & K_{62} & K_{63}+kK_{64} & 0 & K_{65} & K_{66} \end{bmatrix} \begin{Bmatrix} U_1 \\ U_2 \\ U_3 \\ U_4 \\ U_5 \\ U_6 \end{Bmatrix}$$

$$= \begin{Bmatrix} F_1 - CK_{14} \\ F_2 - CK_{24} \\ F_3 - CK_{34} + k(F_4 - CK_{44}) \\ 0 \\ F_5 - CK_{54} \\ F_6 - CK_{64} \end{Bmatrix} \tag{1-1-23}$$

可以发现，经过初等变换，方程组式(1-1-23)的系数矩阵仍然保持对称，而且所做的初等变换也不会改变方程组的解，也就是说式(1-1-23)与式(1-1-22)的解是相同的。通过方程组式(1-1-23)可以求得除 U_4 以外的 5 个未知数，再通过关联约束方程式(1-1-21)回代求解 U_4。

实际上，式(1-1-23)的第 4 行不参与方程组求解，因此可以对式(1-1-23)进一步改进，将关联约束方程式(1-1-21)直接引进方程组式(1-1-23)中，使自由度 U_4 也直接参与方程组求解。具体做法如下：用关联约束方程式(1-1-21)取代方程组式(1-1-23)的赋 0 赋 1 行(第 4 行)，再做对称化处理，也就是将取代后的第 4 行方程乘以 $-k$ 加到第 3 行，经过这样处理后，方程组式(1-1-23)的系数矩阵仍然保持对称，即

$$\begin{bmatrix} K_{11} & K_{12} & K_{13}+kK_{14} & 0 & K_{15} & K_{16} \\ K_{21} & K_{22} & K_{23}+kK_{24} & 0 & K_{25} & K_{26} \\ K_{31}+kK_{41} & K_{32}+kK_{42} & K_{33}+kK_{34}+k(K_{43}+kK_{44})+k^2 & -k & K_{35}+kK_{45} & K_{36}+kK_{46} \\ 0 & 0 & -k & 1 & 0 & 0 \\ K_{51} & K_{52} & K_{53}+kK_{54} & 0 & K_{55} & K_{56} \\ K_{61} & K_{62} & K_{63}+kK_{64} & 0 & K_{65} & K_{66} \end{bmatrix} \begin{Bmatrix} U_1 \\ U_2 \\ U_3 \\ U_4 \\ U_5 \\ U_6 \end{Bmatrix}$$

$$
=\begin{Bmatrix} F_1-CK_{14} \\ F_2-CK_{24} \\ F_3-CK_{34}+k(F_4-CK_{44})-kC \\ C \\ F_5-CK_{54} \\ F_6-CK_{64} \end{Bmatrix} \tag{1-1-24}
$$

这样通过求解方程组式(1-1-24)就可以一次解出所有未知数。上面所述就是关联位移边界条件的约束处理过程，其基本原理就是利用初等变换对求解方程组进行相同的行列变换，既可以保证方程组解不会改变，又可以保持方程组系数矩阵的对称性。在进行初等变换时，只要保证对方程组系数矩阵做相同的行列变换，就可以保持方程组系数矩阵的对称性。

固定位移和强制位移边界条件约束处理可以通过式(1-1-24)进行简化。关联约束方程式(1-1-21)中如果 $k=0$，则退化成强制位移边界条件，即

$$
U_4=C \tag{1-1-25}
$$

则约束后的方程组式(1-1-24)就简化为

$$
\begin{bmatrix} K_{11} & K_{12} & K_{13} & 0 & K_{15} & K_{16} \\ K_{21} & K_{22} & K_{23} & 0 & K_{25} & K_{26} \\ K_{31} & K_{32} & K_{33} & 0 & K_{35} & K_{36} \\ 0 & 0 & 0 & 1 & 0 & 0 \\ K_{51} & K_{52} & K_{53} & 0 & K_{55} & K_{56} \\ K_{61} & K_{62} & K_{63} & 0 & K_{65} & K_{66} \end{bmatrix} \begin{Bmatrix} U_1 \\ U_2 \\ U_3 \\ U_4 \\ U_5 \\ U_6 \end{Bmatrix} = \begin{Bmatrix} F_1-CK_{14} \\ F_2-CK_{24} \\ F_3-CK_{34} \\ C \\ F_5-CK_{54} \\ F_6-CK_{64} \end{Bmatrix} \tag{1-1-26}
$$

如果关联约束方程式(1-1-21)中，$k=0$，$C=0$，则退化成固定位移边界条件，即

$$
U_4=0 \tag{1-1-27}
$$

则约束后的方程组式(1-1-26)就进一步简化为

$$
\begin{bmatrix} K_{11} & K_{12} & K_{13} & 0 & K_{15} & K_{16} \\ K_{21} & K_{22} & K_{23} & 0 & K_{25} & K_{26} \\ K_{31} & K_{32} & K_{33} & 0 & K_{35} & K_{36} \\ 0 & 0 & 0 & 1 & 0 & 0 \\ K_{51} & K_{52} & K_{53} & 0 & K_{55} & K_{56} \\ K_{61} & K_{62} & K_{63} & 0 & K_{65} & K_{66} \end{bmatrix} \begin{Bmatrix} U_1 \\ U_2 \\ U_3 \\ U_4 \\ U_5 \\ U_6 \end{Bmatrix} = \begin{Bmatrix} F_1 \\ F_2 \\ F_3 \\ 0 \\ F_5 \\ F_6 \end{Bmatrix} \tag{1-1-28}
$$

从式(1-1-26)和式(1-1-28)可以看出，固定位移和强制位移边界条件的赋 0 赋 1 约束处理相对比较简单，而且它们的系数矩阵约束后是相同的，只是简单地将方程组系数矩阵中要约束自由度的行列分别赋 0，对角线元素赋 1(这也是赋 0 赋 1 法的由来)。在方程组载荷右端项的处理方法上两者是不同的，处理固定位移边界条件时，只要将对应自由度的载荷赋 0 即可。处理强制位移边界条件时，要在方程

组系数矩阵未赋 0 赋 1 前，首先将对应自由度的列乘以系数 C 减到载荷右端项，然后将对应自由度的载荷位置赋 C。

2) 乘大数法

乘大数法约束位移边界条件还是利用矩阵的初等变换不改变方程组解的思想。

下面仍以有限元平衡方程式(1-1-20)和关联位移约束方程式(1-1-21)为例说明乘大数法约束处理方法的具体实施过程。

将关联约束方程式(1-1-21)乘以一个大数 A。其中，大数 A 一般是式(1-1-20)系数矩阵中对角线元素 K_{44} 的 10^{10} 倍量级左右。乘大数 A 后，式(1-1-21)整理成如下形式：

$$-AkU_3+AU_4=AC \tag{1-1-29}$$

将式(1-1-29)加到有限元平衡方程式(1-1-20)约束处理对应自由度行，即第 3 行或第 4 行，这里加到第 4 行，得

$$\begin{bmatrix} K_{11} & K_{12} & K_{13} & K_{14} & K_{15} & K_{16} \\ K_{21} & K_{22} & K_{23} & K_{24} & K_{25} & K_{26} \\ K_{31} & K_{32} & K_{33} & K_{34} & K_{35} & K_{36} \\ K_{41} & K_{42} & K_{43}-Ak & K_{44}+A & K_{45} & K_{46} \\ K_{51} & K_{52} & K_{53} & K_{54} & K_{55} & K_{56} \\ K_{61} & K_{62} & K_{63} & K_{64} & K_{65} & K_{66} \end{bmatrix} \begin{Bmatrix} U_1 \\ U_2 \\ U_3 \\ U_4 \\ U_5 \\ U_6 \end{Bmatrix} = \begin{Bmatrix} F_1 \\ F_2 \\ F_3 \\ F_4+AC \\ F_5 \\ F_6 \end{Bmatrix} \tag{1-1-30}$$

如果约束方程式(1-1-21)可以消除有限元平衡方程式(1-1-20)的奇异性，方程组式(1-1-30)的解就是方程组式(1-1-20)的唯一一组解。但是经过约束处理后，方程组式(1-1-30)的系数矩阵是非对称的，下面将利用初等变换方法将其变换成对称的。从式(1-1-30)可以发现，系数矩阵中只有(3,4)和(4,3)两个元素是不对称的，因此，将已乘完大数的关联约束方程式(1-1-29)再乘以系数$-k$，得

$$Ak^2U_3-AkU_4=-AkC \tag{1-1-31}$$

将经过处理的关联约束方程加到方程组式(1-1-30)的第 3 行，得

$$\begin{bmatrix} K_{11} & K_{12} & K_{13} & K_{14} & K_{15} & K_{16} \\ K_{21} & K_{22} & K_{23} & K_{24} & K_{25} & K_{26} \\ K_{31} & K_{32} & K_{33}+Ak^2 & K_{34}-Ak & K_{35} & K_{36} \\ K_{41} & K_{42} & K_{43}-Ak & K_{44}+A & K_{45} & K_{46} \\ K_{51} & K_{52} & K_{53} & K_{54} & K_{55} & K_{56} \\ K_{61} & K_{62} & K_{63} & K_{64} & K_{65} & K_{66} \end{bmatrix} \begin{Bmatrix} U_1 \\ U_2 \\ U_3 \\ U_4 \\ U_5 \\ U_6 \end{Bmatrix} = \begin{Bmatrix} F_1 \\ F_2 \\ F_3-AkC \\ F_4+AC \\ F_5 \\ F_6 \end{Bmatrix} \tag{1-1-32}$$

经过这些初等变换以后，约束后的有限元平衡方程式(1-1-32)仍然保持对称。

以上就是乘大数法约束处理关联位移约束边界条件的方法和过程。

固定位移和强制位移边界条件约束处理可以通过式(1-1-32)进行简化。关联约束方程式(1-1-21)中，如果 $k=0$，则退化成强制位移边界条件，约束后的方程组式(1-1-32)就简化为

$$\begin{bmatrix} K_{11} & K_{12} & K_{13} & K_{14} & K_{15} & K_{16} \\ K_{21} & K_{22} & K_{23} & K_{24} & K_{25} & K_{26} \\ K_{31} & K_{32} & K_{33} & K_{34} & K_{35} & K_{36} \\ K_{41} & K_{42} & K_{43} & K_{44}+A & K_{45} & K_{46} \\ K_{51} & K_{52} & K_{53} & K_{54} & K_{55} & K_{56} \\ K_{61} & K_{62} & K_{63} & K_{64} & K_{65} & K_{66} \end{bmatrix} \begin{Bmatrix} U_1 \\ U_2 \\ U_3 \\ U_4 \\ U_5 \\ U_6 \end{Bmatrix} = \begin{Bmatrix} F_1 \\ F_2 \\ F_3 \\ F_4+AC \\ F_5 \\ F_6 \end{Bmatrix} \tag{1-1-33}$$

关联约束方程式(1-1-21)中，如果 $k=0$、$C=0$，则退化成固定位移边界条件，约束后的方程组式(1-1-33)就进一步简化为

$$\begin{bmatrix} K_{11} & K_{12} & K_{13} & K_{14} & K_{15} & K_{16} \\ K_{21} & K_{22} & K_{23} & K_{24} & K_{25} & K_{26} \\ K_{31} & K_{32} & K_{33} & K_{34} & K_{35} & K_{36} \\ K_{41} & K_{42} & K_{43} & K_{44}+A & K_{45} & K_{46} \\ K_{51} & K_{52} & K_{53} & K_{54} & K_{55} & K_{56} \\ K_{61} & K_{62} & K_{63} & K_{64} & K_{65} & K_{66} \end{bmatrix} \begin{Bmatrix} U_1 \\ U_2 \\ U_3 \\ U_4 \\ U_5 \\ U_6 \end{Bmatrix} = \begin{Bmatrix} F_1 \\ F_2 \\ F_3 \\ F_4 \\ F_5 \\ F_6 \end{Bmatrix} \tag{1-1-34}$$

从式(1-1-33)和式(1-1-34)可以看出，固定位移和强制位移边界条件的乘大数约束处理相对比较简单，而且它们的系数矩阵约束后是相同的，只是简单地将方程组系数矩阵中要约束自由度的对角线元素加上一个相对大数 A 即可。从这点上说，乘大数法的名称并不十分准确，应该称为加大数法更贴切。当然对于固定位移和强制位移边界条件约束处理来说，乘大数和加大数对方程组式(1-1-33)和式(1-1-34)的解影响非常小，但是对关联位移边界条件约束处理来说，只乘大数就无法实施整个约束处理过程了。

3）赋 0 赋 1 法和乘大数法的比较

这两种方法都可以消除有限元平衡方程的奇异性，得到符合实际边界条件的唯一一组解。但两种方法还是有很大的区别：

(1) 赋 0 赋 1 法在约束处理过程中是严格精确的，而乘大数法是一种近似约束处理方法，它的精度取决于所乘大数 A 值。

(2) 采用乘大数法约束处理后的有限元平衡方程在求解时可能造成解的失真，大数 A 值越大可能解的偏差会越大，而赋 0 赋 1 法就不会出现类似的问题，它在约束过程和求解过程中都是精确的。

(3) 乘大数法相对于赋 0 赋 1 法在约束处理过程上简单一些。

(4) 赋 0 赋 1 法实际上是将关联位移约束方程代入有限元平衡方程中的，是代入

法。而乘大数法是将占绝对优势的关联位移约束方程合并到有限元平衡方程中，是罚方法，计算误差来自于合并过程，计算精度取决于关联位移约束方程的优势大小。

在现有商业软件中，位移边界条件的约束处理大多采用赋 0 赋 1 法，很少被采用乘大数法，因为乘大数法是一种近似方法，而且大数的大小不易确定，有时还会造成求解失败。

1.1.2 单元和插值函数的构造

1. 常用单元模型

1）一维单元

常用一维单元主要包括 2 节点线单元、3 节点线单元、梁单元，如表 1-1-1 所示。

表 1-1-1 常用一维单元

阶次	单元名称	图　示
一次	2 节点线单元	
	梁单元	
二次	3 节点线单元	

2）二维单元

常用二维单元主要包括 3 节点三角形线性单元、6 节点三角形二次单元、10 节点三角形三次单元、4 节点四边形双线性单元、8 节点四边形二次单元、12 节点四边形三次单元，如表 1-1-2 所示。

表 1-1-2 常用二维单元

阶次	单元名称	图　示
一次	3 节点三角形单元	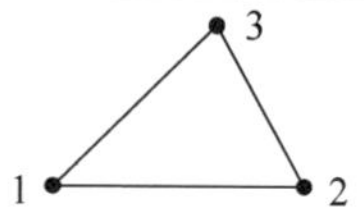
	4 节点四边形单元	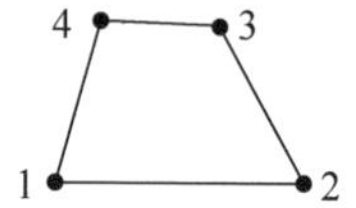
二次	6 节点三角形单元	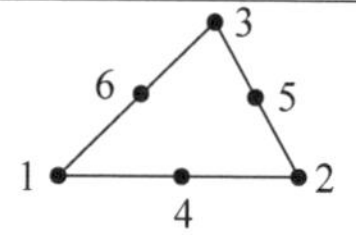
	8 节点四边形单元	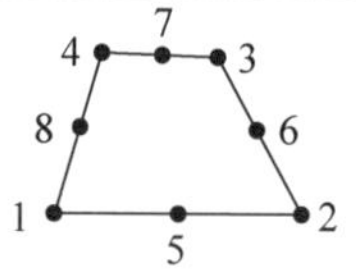

续表

阶次	单元名称	图　　示
三次	10 节点三角形单元	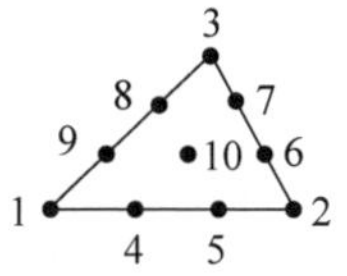
	12 节点四边形单元	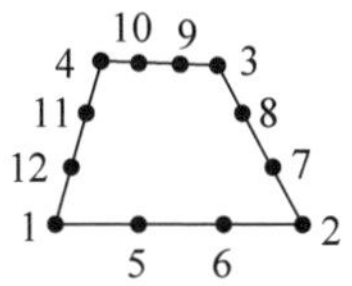

3）三维单元

常用三维单元主要包括 4 节点四面体线性单元、10 节点四面体二次单元、8 节点六面体线性单元、20 节点六面体二次单元，如表 1-1-3 所示。

表 1-1-3　常用三维单元

阶次	单元名称	图　　示
一次	4 节点四面体单元	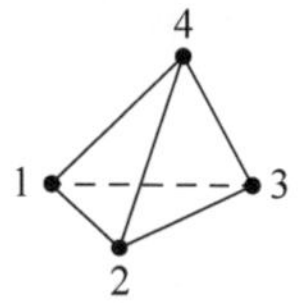
	8 节点六面体单元	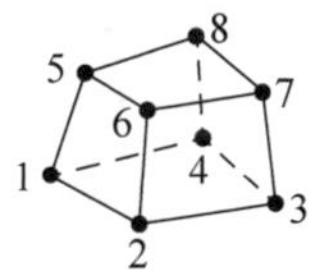
二次	10 节点四面体单元	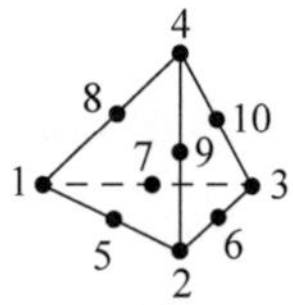
	20 节点六面体单元	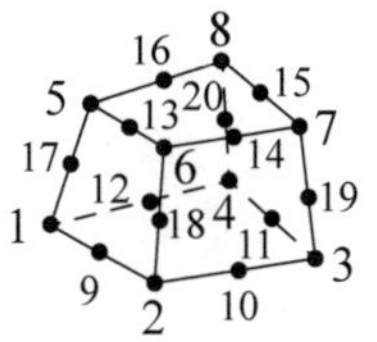

4）空间单元

常用的空间单元主要包括桁架单元、框架单元、板单元、壳单元。

在实际应用时，这些空间单元都要根据系统的受力情况引入单元局部随体坐标系，以简化单元的受力状态，提高有限元的计算效率。

a. 桁架单元

一维2节点线单元＋单元局部随体坐标系。

每根杆的两端都是角接，因此空间桁架单元在受力过程中只能承受拉压，即只能反抗轴力，这与一维2节点线单元相同。因此，可以采用相同的标准和度量在每个空间杆上建立一个单元局部随体坐标系。在局部坐标系中，空间桁架的每根杆都变成了一维2节点线单元。

b. 框架单元

一维梁单元＋一维2节点线单元＋单元局部随体坐标系。

在空间框架结构中每根的两端都是刚性联结的，因此它在变形过程中，可以要承受拉压、弯曲、扭转3种变形模式。为了能全面反映它们的作用，选用一维梁单元＋一维2节点线单元＋单元局部随体坐标系作为空间框架单元。

c. 板单元

板单元主要分薄板单元和中厚板单元。

在承受法向载荷作用时，平板主要以弯曲和横向剪切两种变形模式抵抗板的变形，即中厚板单元。如果板很薄，则可以忽略横向剪切抗力，认为抵抗载荷的主要因素是弯矩，即薄板单元。

d. 壳单元

从几何和变形方面区分，壳单元与板单元类似，也分为薄壳单元和中厚壳单元。从单元构造方面区分，主要分为3种。

(1) 组合单元：抵抗拉压变形的二维单元＋板单元＋单元局部随体坐标系，适合于薄壳单元和中厚壳单元。

(2) 壳理论单元：由空间壳理论严格构造的壳单元，适合于薄壳单元和中厚壳单元。

(3) 退化单元：由三维实体单元退化成的壳单元，只适合于中厚壳单元。

2. 单元模型构造

有限元法的基本思想是通过单元分片近似，用每个单元内假设的近似函数来分片表示系统的场函数。因此，有限元法的一个重要内容是在每个单元内选择一个简单、实用的近似函数。这种表示单元内部解的性态的近似函数称为插值函数。

插值函数一般采用多项式函数，主要原因如下：①采用多项式插值函数比较容易推导单元平衡方程，特别是易于进行微分和积分运算。②随着多项式函数阶次的增加，可以提高有限元法的计算精度。从理论上说，无限增加多项式的阶数，可以求得系统的精确解。

1) 单元模型构造方法

单元模型与单元插值函数是一一对应的，单元插值函数确定后，就可以建立相应的单元模型。

单元插值函数构造方法主要包括两种：整体坐标系法和局部坐标系法。

按插值方法区分，主要包括两种：拉格朗日（Lagrange）插值方法和埃尔米特（Hermite）插值方法。

a. 拉格朗日插值方法

对于有 n 个节点的单元，如果它的节点参数中只含有场函数的节点值 $u_i, i=1,2,\cdots,n$，则单元内某一确定自由度方向的场函数 u 可插值为

$$u=\sum_{i=1}^{n} N_i u_i \tag{1-1-35}$$

式中，N_i 为插值函数，它有以下性质：

$$N_i(x_j, y_j, z_j, \cdots)=\delta_{ij}\left(\sum_{i=1}^{n} N_i=1\right) \tag{1-1-36}$$

式中，δ_{ij} 为克罗内克（Kronecker）数；$x_j, y_j, z_j, \cdots$ 为单元节点坐标值。

式(1-1-36)也反映了插值函数的共同特性，具体如下：

(1) 插值函数 N_i 在节点 i 处的值等于 1，在其他节点处的值等于 0，也称为插值函数的正交性。

(2) 插值函数 N_i 的和等于 1，也称为插值函数的正规性。

b. 埃尔米特插值方法

如果要在单元间的公共节点上还保持场函数导数的连续性，则节点参数中还应包含场函数导数的节点值。这时可以采用埃尔米特多项式作为单元的插值函数。例如，对于只有两个节点的一维单元，形函数 N_i 采用埃尔米特多项式插值为

$$u(\xi)=\sum_{i=1}^{2} H_i^{(0)}(\xi) u_i+\sum_{i=1}^{2} H_i^{(1)}(\xi)\left(\frac{\mathrm{d} u}{\mathrm{d} \xi}\right)_i \tag{1-1-37}$$

或者

$$u(\xi)=\sum_{i=1}^{4} N_i(\xi) Q_i \tag{1-1-38}$$

式中，

$$\begin{cases}N_1=H_1^{(0)}(\xi) \\ N_2=H_2^{(0)}(\xi) \\ N_3=H_1^{(1)}(\xi) \\ N_4=H_2^{(1)}(\xi)\end{cases} \tag{1-1-39}$$

$$\begin{cases}Q_1=u_1 \\ Q_2=u_2 \\ Q_3=\left(\dfrac{\mathrm{d} u}{\mathrm{d} \xi}\right)_1 \\ Q_4=\left(\dfrac{\mathrm{d} u}{\mathrm{d} \xi}\right)_2\end{cases} \tag{1-1-40}$$

埃尔米特多项式具有以下性质：

$$\begin{cases} H_i^{(0)}(\xi_j)=\delta_{ij}, & \left.\dfrac{\mathrm{d}H_i^{(0)}(\xi)}{\mathrm{d}\xi}\right|_{\xi_j}=0 \\ H_i^{(1)}(\xi_j)=0, & \left.\dfrac{\mathrm{d}H_i^{(1)}(\xi)}{\mathrm{d}\xi}\right|_{\xi_j}=\delta_{ij} \end{cases} \tag{1-1-41}$$

式(1-1-37)在两个节点处保持场函数的一阶导数连续性，这种多项式称为一阶埃尔米特多项式。零阶埃尔米特多项式就退化为拉格朗日多项式。进一步推广，在节点处保持至场函数的 n 阶导数连续性，就称为 n 阶埃尔米特多项式。

2) 插值多项式收敛性条件与插值多项式选择条件

插值多项式对有限元数值解有很大的影响，当单元逐渐缩小时，如果插值多项式满足以下条件，则数值解将收敛于精确解。

a. 插值多项式收敛性条件

(1) 在单元内，场函数必须是连续的。

(2) 当单元无限缩小时，插值多项式应该能够描述场函数及其各阶导数(直至最高阶导数)的均匀状态。

(3) 场函数及其偏导数(直至比最高阶导数低一阶的各阶导数)在各单元边界必须连续。采用多项式形式本身就是连续的，因此①是自动满足的。

均匀状态是场函数基本的变化状态，插值多项式应该能够描述这种状态。类似地，当单元逐渐缩小时，场函数的各阶导数在单元内将趋于常数，因此也要求插值多项式具备这种表达能力。从固体力学角度来看，插值多项式零阶导数所描述的场函数均匀状态的物理意义就是刚体位移，一阶导数的均匀状态对应的是常应变状态。

插值多项式满足条件①和③的单元，称为协调单元；满足条件②的单元，称为完备单元。如果场函数的第 r 阶导数是连续的，则称此单元具有 c^r 连续性。

从收敛性条件来看，完备单元具有 c^r 连续性。协调单元在单元边界具有 c^{r-1} 连续性。

对于一般固体力学问题来说，协调性要求单元在变形时，相邻单元之间不应引起开裂、重叠或其他不连续现象。例如，梁、板、壳等单元，在单元边界不但要求位移是连续的，而且要求其一阶导数也必须是连续的。板、壳单元位移函数沿单元边界的法向导数(转角)的连续性一般比较难实现，因此出现了许多不完全满足协调性要求的“非协调单元”或“部分协调单元”，有时它们的精度也很好。

b. 插值多项式选择条件

在选择插值多项式函数时，应该尽量满足以下 3 点：①插值多项式应该尽可能满足其收敛性条件。②由插值多项式所确定的场函数变化应该与局部坐标系的选择无关。③假设的插值多项式系数的数量应该等于单元的节点数。

由收敛性条件②可知，插值多项式中必须含有常数项(刚体位移项)，高阶项的次数必须依次增加，不允许有跳跃。例如，$u(x)=\alpha_0+\alpha_1 x+\alpha_2 x^2+\alpha_3 x^3$ 就是一个正确的插值多项式，它满足收敛性条件②的要求；而 $u(x)=\alpha_0+\alpha_1 x+\alpha_3 x^3$ 就是错误的，$u(x)$的二阶导数不满足均匀状态。

由选择条件②可知，插值多项式函数在所有自由度方向上要满足各向同性，这样就不会随局部坐标系变化而改变了。例如，$u(x,y)=\alpha_0+\alpha_1 x+\alpha_2 y+\alpha_3 xy$ 是正确的，满足插值多项式的各向同性性条件；而 $u(x,y)=\alpha_0+\alpha_1 x+\alpha_2 y+\alpha_3 x^2$ 就是错误的，当 x 和 y 坐标互换时，插值多项式的形式发生了改变，不满足各向同性性条件。

选择条件③是为了能由单元节点值唯一确定插值多项式。例如，4 节点四边形单元的插值多项式应该是 $u(x,y)=\alpha_0+\alpha_1 x+\alpha_2 y+\alpha_3 xy$，其中插值多项式系数 $\alpha_i(i=0,1,2,3)$ 也是 4 个。这样由 4 个节点值就可以确定唯一的一组 α_i。

3. 单元平衡方程

三角形单元列式简单，非常适合复杂边界的网格划分，但是三角形单元存在剪切闭锁问题，使它的应用受到很大限制，因此材料成形数值模拟一般采用四边形单元。

1) 单元刚度矩阵

4 节点四边形单元是常用的一种单元模型，它的单元平衡方程列式具有代表性。采用正规自然坐标系方法求单元形函数的一类单元，其单元平衡方程推导过程与 4 节点四边形单元非常类似，对于一维和三维问题来说，只是节点自由度维数上的差别。

假设 4 节点四边形单元的节点位移向量 $\boldsymbol{u}^e$ 为

$$\boldsymbol{u}^e=(u_1\quad v_1\quad u_2\quad v_2\quad u_3\quad v_3\quad u_4\quad v_4)^{\mathrm{T}} \tag{1-1-42}$$

则对应的单元形函数矩阵为

$$\boldsymbol{N}=\begin{bmatrix} N_1 & 0 & N_2 & 0 & N_3 & 0 & N_4 & 0 \\ 0 & N_1 & 0 & N_2 & 0 & N_3 & 0 & N_4 \end{bmatrix} \tag{1-1-43}$$

式中，N_i 为 4 节点四边形单元的形函数，$i=1,2,3,4$。

a. 平面应力和平面应变问题

单元 $\boldsymbol{B}$ 矩阵为

$$\boldsymbol{B}=\begin{bmatrix} \frac{\partial N_1}{\partial x} & 0 & \frac{\partial N_2}{\partial x} & 0 & \frac{\partial N_3}{\partial x} & 0 & \frac{\partial N_4}{\partial x} & 0 \\ 0 & \frac{\partial N_1}{\partial y} & 0 & \frac{\partial N_2}{\partial y} & 0 & \frac{\partial N_3}{\partial y} & 0 & \frac{\partial N_4}{\partial y} \\ \frac{\partial N_1}{\partial y} & \frac{\partial N_1}{\partial x} & \frac{\partial N_2}{\partial y} & \frac{\partial N_2}{\partial x} & \frac{\partial N_3}{\partial y} & \frac{\partial N_3}{\partial x} & \frac{\partial N_4}{\partial y} & \frac{\partial N_4}{\partial x} \end{bmatrix} \tag{1-1-44}$$

单元的 $\boldsymbol{B}$ 矩阵计算不像 3 节点三角形单元那样容易得到一个常数矩阵。因为它的形函数是通过自然坐标 r 和 s 描述的，而不是整体坐标 x 和 y，因此它们与算子矩阵 $\boldsymbol{L}$ 作用时，不能直接求偏导数。

$\boldsymbol{B}$ 矩阵的具体求法如下：把 N_i（其中，$i=1,2,3,4$）看作 x、y 的函数对 r 和 s 求导，根据链式法则得

$$\begin{Bmatrix} \dfrac{\partial N_i}{\partial r} \\ \dfrac{\partial N_i}{\partial s} \end{Bmatrix} = \begin{Bmatrix} \dfrac{\partial N_i}{\partial x}\dfrac{\partial x}{\partial r} + \dfrac{\partial N_i}{\partial y}\dfrac{\partial y}{\partial r} \\ \dfrac{\partial N_i}{\partial x}\dfrac{\partial x}{\partial s} + \dfrac{\partial N_i}{\partial y}\dfrac{\partial y}{\partial s} \end{Bmatrix} = \begin{bmatrix} \dfrac{\partial x}{\partial r} & \dfrac{\partial y}{\partial r} \\ \dfrac{\partial x}{\partial s} & \dfrac{\partial y}{\partial s} \end{bmatrix} \begin{Bmatrix} \dfrac{\partial N_i}{\partial x} \\ \dfrac{\partial N_i}{\partial y} \end{Bmatrix} = \boldsymbol{J} \begin{Bmatrix} \dfrac{\partial N_i}{\partial x} \\ \dfrac{\partial N_i}{\partial y} \end{Bmatrix} \tag{1-1-45}$$

式中，$\boldsymbol{J}$ 称为雅可比矩阵(Jacobian matrix)，是整体坐标系与自然坐标系之间的变换矩阵，则有

$$\boldsymbol{J} = \begin{bmatrix} \dfrac{\partial x}{\partial r} & \dfrac{\partial y}{\partial r} \\ \dfrac{\partial x}{\partial s} & \dfrac{\partial y}{\partial s} \end{bmatrix} \tag{1-1-46}$$

利用等参单元关系，有

$$\begin{Bmatrix} x \\ y \end{Bmatrix} = \begin{bmatrix} N_1 & 0 & N_2 & 0 & N_3 & 0 & N_4 & 0 \\ 0 & N_1 & 0 & N_2 & 0 & N_3 & 0 & N_4 \end{bmatrix} \begin{Bmatrix} x_1 \\ y_1 \\ x_2 \\ y_2 \\ x_3 \\ y_3 \\ x_4 \\ y_4 \end{Bmatrix} \tag{1-1-47}$$

或者

$$\begin{cases} x = \sum\limits_{i=1}^{4} N_i x_i \\ y = \sum\limits_{i=1}^{4} N_i y_i \end{cases} \tag{1-1-48}$$

则雅可比矩阵 $\boldsymbol{J}$ 中的 4 个元素分别表示为

$$\begin{cases} \dfrac{\partial x}{\partial r} = \sum\limits_{i=1}^{4} \dfrac{\partial N_i}{\partial r} x_i, \quad \dfrac{\partial y}{\partial r} = \sum\limits_{i=1}^{4} \dfrac{\partial N_i}{\partial r} y_i \\ \dfrac{\partial x}{\partial s} = \sum\limits_{i=1}^{4} \dfrac{\partial N_i}{\partial s} x_i, \quad \dfrac{\partial y}{\partial s} = \sum\limits_{i=1}^{4} \dfrac{\partial N_i}{\partial s} y_i \end{cases} \tag{1-1-49}$$

由式(1-1-45)得

$$\begin{Bmatrix} b_i \\ c_i \end{Bmatrix} = \begin{Bmatrix} \dfrac{\partial N_i}{\partial x} \\ \dfrac{\partial N_i}{\partial y} \end{Bmatrix} = \boldsymbol{J}^{-1} \begin{Bmatrix} \dfrac{\partial N_i}{\partial r} \\ \dfrac{\partial N_i}{\partial s} \end{Bmatrix} \tag{1-1-50}$$

$\boldsymbol{B}$ 进一步表示为

$$\boldsymbol{B} = \begin{bmatrix} b_1 & 0 & b_2 & 0 & b_3 & 0 & b_4 & 0 \\ 0 & c_1 & 0 & c_2 & 0 & c_3 & 0 & c_4 \\ c_1 & b_1 & c_2 & b_2 & c_3 & b_3 & c_4 & b_4 \end{bmatrix} \tag{1-1-51}$$

单元刚度矩阵 $\boldsymbol{k}$ 为

$$\boldsymbol{k} = \int_v \boldsymbol{B}^{\mathrm{T}} \boldsymbol{D}^e \boldsymbol{B} \, \mathrm{d}v = t \int_a \boldsymbol{B}^{\mathrm{T}} \boldsymbol{D}^e \boldsymbol{B} \, \mathrm{d}a \tag{1-1-52}$$

因为 b_i 和 c_i 分别为关于自然坐标 r、s 的函数，所以矩阵 $\boldsymbol{B}$ 和 $\boldsymbol{k}$ 也都是关于自然坐标 r、s 的函数，这时一般要采用高斯(Gauss)积分方法计算单元刚度矩阵 $\boldsymbol{k}$。

令 $\mathrm{d}a = \mathrm{d}x\,\mathrm{d}y = \det\boldsymbol{J}\,\mathrm{d}r\,\mathrm{d}s$，并将积分限取为 $-1\sim+1$，即

$$\boldsymbol{k} = t \int_{-1}^{1} \int_{-1}^{1} \boldsymbol{B}^{\mathrm{T}} \boldsymbol{D}^e \boldsymbol{B} \det\boldsymbol{J} \, \mathrm{d}r \, \mathrm{d}s \tag{1-1-53}$$

b. 轴对称问题

应变矩阵 $\boldsymbol{B}$ 为(依然是 xy 坐标系)

$$\boldsymbol{B} = \begin{bmatrix} \dfrac{\partial N_1}{\partial x} & 0 & \dfrac{\partial N_2}{\partial x} & 0 & \dfrac{\partial N_3}{\partial x} & 0 & \dfrac{\partial N_4}{\partial x} & 0 \\ \dfrac{N_1}{x} & 0 & \dfrac{N_2}{x} & 0 & \dfrac{N_3}{x} & 0 & \dfrac{N_4}{x} & 0 \\ 0 & \dfrac{\partial N_1}{\partial y} & 0 & \dfrac{\partial N_2}{\partial y} & 0 & \dfrac{\partial N_3}{\partial y} & 0 & \dfrac{\partial N_4}{\partial y} \\ \dfrac{\partial N_1}{\partial y} & \dfrac{\partial N_1}{\partial x} & \dfrac{\partial N_2}{\partial y} & \dfrac{\partial N_2}{\partial x} & \dfrac{\partial N_3}{\partial y} & \dfrac{\partial N_3}{\partial x} & \dfrac{\partial N_4}{\partial y} & \dfrac{\partial N_4}{\partial x} \end{bmatrix} \tag{1-1-54}$$

具体推导过程与平面应变/应力问题完全相同，$\boldsymbol{B}$ 的最终表达式为

$$\boldsymbol{B} = \begin{bmatrix} b_1 & 0 & b_2 & 0 & b_3 & 0 & b_4 & 0 \\ \dfrac{N_1}{x} & 0 & \dfrac{N_2}{x} & 0 & \dfrac{N_3}{x} & 0 & \dfrac{N_4}{x} & 0 \\ 0 & c_1 & 0 & c_2 & 0 & c_3 & 0 & c_4 \\ c_1 & b_1 & c_2 & b_2 & c_3 & b_3 & c_4 & b_4 \end{bmatrix} \tag{1-1-55}$$

式中，坐标 x 根据等参单元的性质，用式(1-1-48)代入即可。

单元刚度矩阵 $\boldsymbol{k}$ 为

$$\boldsymbol{k} = \int_v \boldsymbol{B}^{\mathrm{T}} \boldsymbol{D}^e \boldsymbol{B} \, \mathrm{d}v \tag{1-1-56}$$

令 $\mathrm{d}v = 2\pi x\,\mathrm{d}a = 2\pi x\,\mathrm{d}x\,\mathrm{d}y = 2\pi x \det\boldsymbol{J}\,\mathrm{d}r\,\mathrm{d}s$，并将积分限取为 $-1\sim+1$，则式(1-1-56)可以表示为

$$\boldsymbol{k}=2\pi\int_{-1}^{1}\int_{-1}^{1}\boldsymbol{B}^{\mathrm{T}}\boldsymbol{D}^{e}\boldsymbol{B}x\det\boldsymbol{J}\,\mathrm{d}r\,\mathrm{d}s \tag{1-1-57}$$

2）载荷向量

a. 平面应变/应力问题

平面应变/应力问题的载荷向量计算按式(1-1-14)进一步简化为

$$\boldsymbol{f}=\int_{-1}^{1}\int_{-1}^{1}\boldsymbol{N}^{\mathrm{T}}\boldsymbol{P}\det\boldsymbol{J}\,\mathrm{d}r\,\mathrm{d}s+t\int_{-1}^{1}\int_{-1}^{1}\boldsymbol{N}^{\mathrm{T}}\boldsymbol{G}\det\boldsymbol{J}\,\mathrm{d}r\,\mathrm{d}s \tag{1-1-58}$$

将式(1-1-58)代入形函数矩阵 $\boldsymbol{N}$ 直接积分计算。

4 节点四边形单元在单元面内是双线性的，在单元边界上是线性插值，如果分布力 $\boldsymbol{P}$ 在单元内是常数，则 $\boldsymbol{P}$ 就可以按平均方法分配，在单元边界上每个节点承受 1/2 的外力，在单元面内每个节点承受 1/4 的外力。具体计算结果与 3 节点三角形单元类似，这里不再列出。

b. 轴对称问题

轴对称问题的载荷向量计算按式(1-1-14)进一步简化为

$$\boldsymbol{f}=2\pi\int_{-1}^{1}\int_{-1}^{1}\boldsymbol{N}^{\mathrm{T}}\boldsymbol{P}\det\boldsymbol{J}x\,\mathrm{d}r\,\mathrm{d}s+2\pi\int_{-1}^{1}\int_{-1}^{1}\boldsymbol{N}^{\mathrm{T}}\boldsymbol{G}\det\boldsymbol{J}x\,\mathrm{d}r\,\mathrm{d}s \tag{1-1-59}$$

将式(1-1-59)代入形函数矩阵 $\boldsymbol{N}$ 直接积分计算。

3）空间单元

空间单元一般要在单元上建立一个随体局部坐标系。假设单元局部坐标系的节点位移向量 $\boldsymbol{u}'^{e}$ 和整体坐标系的节点位移向量 $\boldsymbol{u}^{e}$ 存在如下变换关系：

$$\boldsymbol{u}'^{e}=\boldsymbol{\lambda}\boldsymbol{u}^{e} \tag{1-1-60}$$

式中，$\boldsymbol{\lambda}$ 为坐标变换矩阵。

在随体局部坐标系下，单元的插值关系、几何关系和本构关系分别为

$$\boldsymbol{u}'=\boldsymbol{N}'\boldsymbol{u}'^{e} \tag{1-1-61}$$

$$\boldsymbol{\varepsilon}'=\boldsymbol{L}'\boldsymbol{u}' \tag{1-1-62}$$

$$\boldsymbol{\sigma}'=\boldsymbol{D}^{e}\boldsymbol{\varepsilon}' \tag{1-1-63}$$

在随体局部坐标系下，单元的最小势能原理为

$$\delta\Pi_{P}=\int_{v}\delta\boldsymbol{\varepsilon}'^{\mathrm{T}}\boldsymbol{\sigma}'\mathrm{d}v-\int_{a}\delta\boldsymbol{u}'^{\mathrm{T}}\boldsymbol{P}'\mathrm{d}a-\int_{v}\boldsymbol{u}'^{\mathrm{T}}\boldsymbol{G}'\mathrm{d}v=0 \tag{1-1-64}$$

将单元的坐标变换关系式(1-1-60)及插值关系、几何关系和本构关系式(1-1-61)～式(1-1-63)分别代入单元的最小势能原理式(1-1-64)，整理后得

$$\int_{v}\delta(\boldsymbol{u}^{e})^{\mathrm{T}}\boldsymbol{\lambda}^{\mathrm{T}}\boldsymbol{B}'^{\mathrm{T}}\boldsymbol{D}^{e}\boldsymbol{B}'\boldsymbol{\lambda}\boldsymbol{u}^{e}\mathrm{d}v-\int_{a}\delta(\boldsymbol{u}^{e})^{\mathrm{T}}\boldsymbol{\lambda}^{\mathrm{T}}\boldsymbol{N}'^{\mathrm{T}}\boldsymbol{P}'\mathrm{d}a-\int_{v}\delta(\boldsymbol{u}^{e})^{\mathrm{T}}\boldsymbol{\lambda}^{\mathrm{T}}\boldsymbol{N}'^{\mathrm{T}}\boldsymbol{G}'\mathrm{d}v=0 \tag{1-1-65}$$

由 $\boldsymbol{u}^{e}$ 的任意性，得

$$\boldsymbol{\lambda}^{\mathrm{T}}\left(\int_{v}\boldsymbol{B}'^{\mathrm{T}}\boldsymbol{D}^{e}\boldsymbol{B}'\boldsymbol{u}^{e}\mathrm{d}v\right)\boldsymbol{\lambda}-\boldsymbol{\lambda}^{\mathrm{T}}\left(\int_{a}\boldsymbol{N}'^{\mathrm{T}}\boldsymbol{P}'\mathrm{d}a+\int_{v}\boldsymbol{N}'^{\mathrm{T}}\boldsymbol{G}'\mathrm{d}v\right)=0 \tag{1-1-66}$$

$$\boldsymbol{\lambda}^{\mathrm{T}}\boldsymbol{k}'\boldsymbol{\lambda}\boldsymbol{u}^{e}=\boldsymbol{\lambda}^{\mathrm{T}}\boldsymbol{f}' \tag{1-1-67}$$

式中，$\boldsymbol{k}'$和 $\boldsymbol{f}'$分别为局部坐标系下的单元刚度矩阵和载荷向量，即

$$\boldsymbol{k}' = \int_v \boldsymbol{B}'^{\mathrm{T}} \boldsymbol{D}^e \boldsymbol{B}' \boldsymbol{u}^e \, \mathrm{d}v \tag{1-1-68}$$

$$\boldsymbol{f}' = \int_a \boldsymbol{N}'^{\mathrm{T}} \boldsymbol{P}' \, \mathrm{d}a + \int_v \boldsymbol{N}'^{\mathrm{T}} \boldsymbol{G}' \, \mathrm{d}v \tag{1-1-69}$$

因此，整体坐标系下的单元平衡方程可以表示为

$$\boldsymbol{k}\boldsymbol{u}^e = \boldsymbol{f} \tag{1-1-70}$$

式中，$\boldsymbol{k}$ 和 $\boldsymbol{f}$ 分别为整体坐标系下的单元刚度矩阵和载荷向量，即

$$\boldsymbol{k} = \boldsymbol{\lambda}^{\mathrm{T}} \boldsymbol{k}' \boldsymbol{\lambda} \tag{1-1-71}$$

$$\boldsymbol{f} = \boldsymbol{\lambda}^{\mathrm{T}} \boldsymbol{f}' \tag{1-1-72}$$

4. 数值积分

2 节点线单元、3 节点三角形单元和 4 节点四面体单元 3 种单元的单元刚度矩阵是常数矩阵，不需要再进行数值积分运算。除了这 3 种单元外，一般其他单元的刚度矩阵是积分变量的函数，要采用数值积分方法进行计算。

常用的单元面内数值积分方法主要包括哈默(Hammer)积分和高斯(Gauss)积分。

1) 哈默积分

在三角形单元和四面体单元中，自然坐标是面积坐标和体积坐标。采用这些坐标建立的单元形函数，其单元刚度矩阵的一般形式如下。

二维单元为

$$I = \int_0^1 \int_0^{1-L_1} F(L_1, L_2, L_3) \, \mathrm{d}L_1 \mathrm{d}L_2 \tag{1-1-73}$$

三维单元为

$$I = \int_0^1 \int_0^{1-L_1} \int_0^{1-L_1-L_2} F(L_1, L_2, L_3, L_4) \, \mathrm{d}L_1 \mathrm{d}L_2 \mathrm{d}L_3 \tag{1-1-74}$$

一维单元在实际有限元应用中，一般采用正规自然坐标系法建立单元的形函数。它采用高斯积分方案。

Hammer 等针对这些积分运算导出了有效的数值积分方案。三角形单元的哈默积分表示为

$$\begin{aligned} &\int_0^1 \int_0^{1-L_1} F(L_1, L_2, L_3) \, \mathrm{d}L_1 \mathrm{d}L_2 \\ &= A_1 F\left(\frac{1}{3}, \frac{1}{3}, \frac{1}{3}\right) + B_3 [F(a, a, b) + F(a, b, a) + F(b, a, a)] + \\ &\quad C_3 [F(c, c, d) + F(c, d, c) + F(d, c, c)] \end{aligned} \tag{1-1-75}$$

四面体单元的哈默积分表示为

$$\int_0^1 \int_0^{1-L_1} \int_0^{1-L_1-L_2} F(L_1, L_2, L_3, L_4) \, \mathrm{d}L_1 \mathrm{d}L_2 \mathrm{d}L_3$$

$$=A_1F\left(\frac{1}{4},\frac{1}{4},\frac{1}{4},\frac{1}{4}\right)+B_4[F(a,b,b,b)+F(b,a,b,b)+F(b,b,a,b)+F(b,b,b,a)] \tag{1-1-76}$$

三角形单元和四面体单元的积分点位置、权函数请参考文献[6]。

2）高斯积分

采用正规自然坐标确定形函数的单元，其单元刚度矩阵的一般形式如下。

一维单元为

$$I=\int_{-1}^{1}F(r)\mathrm{d}r \tag{1-1-77}$$

二维单元为

$$I=\int_{-1}^{1}\int_{-1}^{1}F(r,s)\mathrm{d}r\mathrm{d}s \tag{1-1-78}$$

三维单元为

$$I=\int_{-1}^{1}\int_{-1}^{1}\int_{-1}^{1}F(r,s,t)\mathrm{d}r\mathrm{d}s\mathrm{d}t \tag{1-1-79}$$

这些积分形式在积分限上与高斯积分完全一致，因此高斯积分方案被广泛应用于此类积分形式中。它们的具体数值形式如下。

一维单元为

$$\int_{-1}^{1}F(r)\mathrm{d}r=\sum_{i=1}^{n}w_iF(r_i) \tag{1-1-80}$$

二维单元为

$$\int_{-1}^{1}\int_{-1}^{1}F(r,s)\mathrm{d}r\mathrm{d}s=\sum_{i=1}^{n}\sum_{j=1}^{n}w_iw_jF(r_i,s_j) \tag{1-1-81}$$

三维单元为

$$\int_{-1}^{1}\int_{-1}^{1}\int_{-1}^{1}F(r,s,t)\mathrm{d}r\mathrm{d}s\mathrm{d}t=\sum_{i=1}^{n}\sum_{j=1}^{n}\sum_{k=1}^{n}w_iw_jw_kF(r_i,s_j,t_k) \tag{1-1-82}$$

高斯积分点的位置和权函数可参考文献[6]。

3）数值积分的阶次选择

求解单元平衡方程时，绝大多数情况要采用数值积分方法，如何选择数值积分的阶次将直接影响计算精度和计算量。如果积分阶次选择不当，有时甚至会导致计算失败。

选择积分阶次的原则主要有以下两点。

a. 积分精度

积分阶次 n 与被积分多项式的阶次 m 有直接关系。一般来说，有限元应用的经验公式为

$$n=\frac{1}{2}(m+1) \tag{1-1-83}$$

从单元刚度矩阵的一般公式，即式(1-1-13)来看，积分项有两个应变矩阵 $\boldsymbol{B}$ 相

乘，因此 m 一定是偶数，因此，由式(1-1-83)计算得到的积分阶数 n 等于 0.5、1.5、2.5…下面按照这样的原则，对一些常用单元的积分阶次选择进行说明。

a）一维单元

一维单元的有限元应用过程中，一般采用正规自然坐标系法得到形函数。在单元平衡方程中雅可比矩阵中虽然也含有自然坐标，但是它只是单元刚度矩阵的一个系数，只对单元刚度矩阵中每个元素的大小有相同的影响，不会改变单元刚度矩阵的特性。因此，2 节点线单元的单元刚度矩阵积分项是 0 次，3 节点单元是 2 次，4 节点单元是 4 次，按式(1-1-83)计算，它们的高斯积分阶次应该分别选 0.5、1.5、2.5。因此，

(a) 2 节点线单元只能取高斯积分点 $n=1$；

(b) 3 节点单元可以取 $n=1$ 或 $n=2$；

(c) 4 节点单元可以取 $n=2$ 或 $n=3$。

在有限元法中，把 3 节点单元取 $n=1$ 及 4 节点单元取 $n=2$ 的积分方案称为减缩积分，而 3 节点单元取 $n=2$ 及 4 节点单元取 $n=3$ 的积分方案称为正常积分。

实际数值结果表明，有时减缩积分方案会带来很大的计算误差，产生零能模式。而正常积分方案有时计算结果也会偏小，产生闭锁现象。造成这些现象的原因有很多，如单元形状、单元相对大小、单元受力状况、分析问题的类型等。为了避免零能模式和闭锁现象的发生，一般采用减缩积分加阻尼矩阵方法。采用减缩积分方案时，对每个节点施加一个柔性弹簧，通过弹簧的阻尼增加刚度矩阵的稳定性，阻止零能模式的发生。但是弹簧的刚性系数越大，计算误差就越大，因此弹簧系数的选择也有一定的困难。

b）三角形单元

按式(1-1-83)计算，3 节点三角形单元的积分阶次 $n=0.5$，实际计算时只能取 $n=1$。这样就造成计算结果偏硬，有时会产生闭锁现象，实际有限元计算时也证明了这一点。

三角形高阶单元的积分阶次是比较精确的。例如，6 节点三角形单元的积分阶次应该取 $n=1.5$，在单元面内应该是 3 个积分点。但是，这并不意味着单元的精度就比较高，因为单元的精度是由插值多项式本身决定的。

c）四边形单元

四边形单元与一维单元类似，按式(1-1-83)计算，4 节点、8 节点、12 节点单元的高斯积分阶次应该分别选 1.5、2.5、3.5。因此，

(a) 4 节点单元可以取减缩积分方案 $n=1$ 或正常积分方案 $n=2$；

(b) 8 节点单元可以取减缩积分方案 $n=2$ 或正常积分方案 $n=3$；

(c) 12 节点单元可以取减缩积分方案 $n=3$ 或正常积分方案 $n=4$。

这些单元在数值积分时，同样会像一维单元一样，出现零能模式或闭锁现象。为了避免这些现象发生，同样采用选择高斯积分方案和减缩积分加稳定化矩阵的方法进行刚度矩阵的数值积分。

b. 稳定化矩阵

对于4节点单元而言，在单元面内减缩积分是1×1个积分点，正常积分是2×2个积分点，两者相差4倍，因此选择高斯积分方案和减缩积分加阻尼矩阵的方法对于4节点单元而言改善的效果不大。针对4节点减缩积分的特点，本节提出了稳定化矩阵积分方案。这种方法的基本思想是，在自然坐标系 rs 中，单元应变 $\boldsymbol{\varepsilon}$ 在点(0,0)进行泰勒(Taylor)展开，并去掉二阶小项，即

$$\boldsymbol{\varepsilon}(r,s)=[\boldsymbol{B}(0,0)+\boldsymbol{B}_{,r}(0,0)r+\boldsymbol{B}_{,s}(0,0)s]\boldsymbol{u}^e \tag{1-1-84}$$

式中，$(\ )_{,r}$ 和 $(\ )_{,s}$ 表示对自然坐标的 r 和 s 的微分。

将式(1-1-84)代入单元平衡方程式(1-1-12)，并考虑到

$$\begin{cases}\int_v r\det\boldsymbol{J}\,\mathrm{d}r\,\mathrm{d}s=0\\ \int_v s\det\boldsymbol{J}\,\mathrm{d}r\,\mathrm{d}s=0\\ \int_v rs\det\boldsymbol{J}\,\mathrm{d}r\,\mathrm{d}s=0\end{cases} \tag{1-1-85}$$

则单元刚度矩阵 $\boldsymbol{k}$ 为

$$\boldsymbol{k}=\boldsymbol{k}^0+\boldsymbol{k}^{\mathrm{s}} \tag{1-1-86}$$

$$\boldsymbol{k}^0=\int_{-1}^{1}\int_{-1}^{1}\boldsymbol{B}^{\mathrm{T}}(0,0)\boldsymbol{D}^e\boldsymbol{B}(0,0)\det\boldsymbol{J}\,\mathrm{d}r\,\mathrm{d}s \tag{1-1-87}$$

$$\begin{aligned}\boldsymbol{k}^{\mathrm{s}}=\frac{1}{3}\Big(&\int_{-1}^{1}\int_{-1}^{1}\boldsymbol{B}_{,r}^{\mathrm{T}}(0,0)\boldsymbol{D}^e\boldsymbol{B}_{,r}(0,0)\det\boldsymbol{J}\,\mathrm{d}r\,\mathrm{d}s+\\ &\int_{-1}^{1}\int_{-1}^{1}\boldsymbol{B}_{,s}^{\mathrm{T}}(0,0)\boldsymbol{D}^e\boldsymbol{B}_{,s}(0,0)\det\boldsymbol{J}\,\mathrm{d}r\,\mathrm{d}s\Big)\end{aligned} \tag{1-1-88}$$

其中，$\boldsymbol{k}^0$ 为4节点四边形的减缩积分单元刚度矩阵；$\boldsymbol{k}^{\mathrm{s}}$ 为 $\boldsymbol{k}^0$ 的稳定化单元刚度矩阵。

实际计算时，式(1-1-88)中的系数1/3可以根据情况适当改变，如改成1/2或1/4等。经过这样的处理，不仅消除了零能模式，还有效地提高了有限元计算的精度。

a）四面体单元

四面体单元与三角形单元相似，它们都没有减缩积分方案。4节点单元取 $n=1$，但计算结果偏硬，有时会产生闭锁现象。其他高阶单元积分阶次是比较精确的，具体情况可参考文献[6]。

b）六面体单元

六面体单元与四边形单元相似。

(a) 8节点单元可以取减缩积分方案 $n=2$ 或正常积分方案 $n=3$；

(b) 20节点单元可以取减缩积分方案 $n=3$ 或正常积分方案 $n=4$。

8节点单元也可以类似4节点四边形单元采用单点积分(0,0)加稳定化矩阵的积分方案。这种方法计算单元刚度矩阵的效率比较高，可以降低有限元计算时间。

1.2　有限差分法

有限差分法是数值求解微分问题的一种重要工具，很早就有人在这方面做了一些基础性的工作。到 1910 年，L. F. Richardson 在一篇论文中论述了拉普拉斯(Laplace)方程、重调和方程等的迭代解法，为偏微分方程的数值分析奠定了基础。但是在电子计算机问世前，研究的重点在于确定有限差分解的存在性和收敛性。这些工作成了后来实际应用有限差分法的指南。20 世纪 40 年代后半期出现了电子计算机，有限差分法得到迅速的发展，在很多领域(如传热分析、流动分析、扩散分析等)取得了显著的成就，对国民经济及人类生活产生了重要影响，积极地推动了社会的进步。

有限差分法在材料成形领域的应用较为普遍，是材料成形计算机模拟技术的主要数值分析方法之一。目前，材料加工中的传热分析(如铸造成形过程的传热凝固、塑性成形中的传热、焊接成形中的热量传递等)、流动分析(如铸件充型过程，焊接熔池的产生、移动，激光熔覆中的动量传递等)都可以以有限差分方式进行模拟分析。特别是在流动场分析方面，有限差分法有独特的优势。因此，目前进行的流体力学数值分析，大多数是基于有限差分法。另外，一向被认为是有限差分法的弱项——应力分析，也取得了长足进步。一些基于差分法的材料加工领域的应力分析软件纷纷推出，从而使流动、传热、应力统一于差分方式下。

可以预见，随着计算机技术的飞速发展，有限差分法将得到更为广泛的应用，可以为材料成形过程提供全面、有效的指导。

本节主要讲述有限差分的一些基本知识，包括差分原理及逼近误差、差分方程、截断误差和相容性、收敛性与稳定性及拉克斯等价定理等。

1.2.1　基本原理

设有 x 的解析函数 $y=f(x)$，从微分学知道函数 y 对 x 的导数为

$$\frac{\mathrm{d}y}{\mathrm{d}x}=\lim_{\Delta x\to 0}\frac{\Delta y}{\Delta x}=\lim_{\Delta x\to 0}\frac{f(x+\Delta x)-f(x)}{\Delta x} \tag{1-2-1}$$

式中，$\mathrm{d}y$、$\mathrm{d}x$ 分别为函数及自变量的微分，$\frac{\mathrm{d}y}{\mathrm{d}x}$ 为函数对自变量的导数，又称微商；Δy、Δx 分别称为函数及自变量的差分，$\frac{\Delta y}{\Delta x}$ 为函数对自变量的差商。

在导数的定义中，Δx 是以任意方式趋近于零的，因而 Δx 是可正可负的。在差分方法中，Δx 总是取某一小的正数。这样一来，与微分对应的差分可以有 3 种形式。

向前差分

$$\Delta y = f(x + \Delta x) - f(x) \tag{1-2-2}$$

向后差分

$$\Delta y = f(x) - f(x - \Delta x) \tag{1-2-3}$$

中心差分

$$\Delta y = f\left(x + \frac{1}{2}\Delta x\right) - f\left(x - \frac{1}{2}\Delta x\right) \tag{1-2-4}$$

以上是一阶导数，对应的称为一阶差分。对一阶差分再进行一阶差分，所得到的称为二阶差分，记为 $\Delta^2 y$。以向前差分为例，有

$$\begin{aligned}\Delta^2 y &= \Delta(\Delta y)\\ &= \Delta[f(x + \Delta x) - f(x)]\\ &= \Delta f(x + \Delta x) - \Delta f(x)\\ &= [f(x + 2\Delta x) - f(x + \Delta x)] - [f(x + \Delta x) - f(x)]\\ &= f(x + 2\Delta x) - 2f(x + \Delta x) + f(x)\end{aligned} \tag{1-2-5}$$

以此类推，任何阶差分都可由其低一阶的差分再进行一阶差分得到。例如，n 阶前差分为

$$\begin{aligned}\Delta^n y &= \Delta(\Delta^{n-1} y)\\ &= \Delta[\Delta(\Delta^{n-2} y)]\\ &\ \ \vdots\\ &= \Delta\{\Delta\cdots[\Delta(\Delta y)]\}\\ &= \Delta\{\Delta\cdots[\Delta f(x + \Delta x) - f(x)]\}\end{aligned} \tag{1-2-6}$$

n 阶的向后差分、中心差分的形式类似。

函数的差分与自变量的差分之比，即为函数对自变量的差商，如一阶向前差商为

$$\frac{\Delta y}{\Delta x} = \frac{f(x + \Delta x) - f(x)}{\Delta x} \tag{1-2-7}$$

一阶向后差商为

$$\frac{\Delta y}{\Delta x} = \frac{f(x) - f(x - \Delta x)}{\Delta x} \tag{1-2-8}$$

一阶中心差商为

$$\frac{\Delta y}{\Delta x} = \frac{f\left(x + \frac{1}{2}\Delta x\right) - f\left(x - \frac{1}{2}\Delta x\right)}{\Delta x} \tag{1-2-9}$$

或

$$\frac{\Delta y}{\Delta x} = \frac{f(x + \Delta x) - f(x - \Delta x)}{2\Delta x} \tag{1-2-10}$$

二阶差商多取中心式，即

$$\frac{\Delta^2 y}{\Delta x^2} = \frac{f(x + \Delta x) - 2f(x) + f(x - \Delta x)}{(\Delta x)^2} \tag{1-2-11}$$

当然，在某些情况下也可取向前或向后的二阶差商。

以上是一元函数的差分与差商。多元函数 $f(x,y,\cdots)$ 的差分与差商也可以类推，如一阶向前差商为

$$\frac{\Delta f}{\Delta x}=\frac{f(x+\Delta x,y,\cdots)-f(x,y,\cdots)}{\Delta x} \tag{1-2-12}$$

$$\frac{\Delta f}{\Delta y}=\frac{f(x,y+\Delta y,\cdots)-f(x,y,\cdots)}{\Delta y}$$

$$\vdots \tag{1-2-13}$$

1.2.2　逼近误差

由导数（微商）和差商的定义可知，当自变量的差分（增量）趋近于零时，就可由差商得到导数。因此，在数值计算中常用差商近似代替导数。差商与导数之间的误差表明差商逼近导数的程度，称为逼近误差。由函数的泰勒展开可以得到逼近误差相对于自变量差分（增量）的量级，称为用差商代替导数的精度，简称为差商的精度。

现将函数 $f(x+\Delta x)$ 在 x 的 Δx 邻域进行泰勒展开，则有

$$\begin{aligned}f(x+\Delta x)=&f(x)+\Delta x f'(x)+\frac{(\Delta x)^2}{2!}f''(x)+\\&\frac{(\Delta x)^3}{3!}f'''(x)+\frac{(\Delta x)^4}{4!}f^{(4)}(x)+O((\Delta x)^5)\end{aligned} \tag{1-2-14}$$

所以，

$$\begin{aligned}\frac{f(x+\Delta x)-f(x)}{\Delta x}&=f'(x)+\frac{f''(x)}{2!}\Delta x+\frac{f'''(x)}{3!}(\Delta x)^2+\frac{f^{(4)}(x)}{4!}(\Delta x)^3+O((\Delta x)^4)\\&=f'(x)+O(\Delta x)\end{aligned} \tag{1-2-15}$$

式中，符号 $O(\ )$ 表示与（ ）中的量有相同量级的量。式(1-2-14)表明一阶向前差商的逼近误差与自变量的增量同量级。我们把 $O(\Delta x^n)$ 中 Δx 的指数 n 作为精度的阶数。这里 $n=1$，故一阶向前差商具有一阶精度。Δx 是个小量，因此阶数越大，精度越高。

因为

$$\begin{aligned}f(x-\Delta x)=&f(x)-\Delta x f'(x)+\frac{(\Delta x)^2}{2!}f''(x)-\\&\frac{(\Delta x)^3}{3!}f'''(x)+\frac{(\Delta x)^4}{4!}f^{(4)}(x)+O((\Delta x)^5)\end{aligned} \tag{1-2-16}$$

所以

$$\frac{f(x)-f(x-\Delta x)}{\Delta x}=f'(x)+O(\Delta x)$$

一阶向后差商也具有一阶精度。

将 $f(x+\Delta x)$ 与 $f(x-\Delta x)$ 的泰勒展开式相减可得

$$\frac{f(x+\Delta x)-f(x-\Delta x)}{2\Delta x}=f'(x)+O((\Delta x)^2) \tag{1-2-17}$$

由此可知,一阶中心差商具有二阶精度。

将 $f(x+\Delta x)$ 与 $f(x-\Delta x)$ 的泰勒展开式相加可得

$$\frac{f(x+\Delta x)-2f(x)+f(x-\Delta x)}{\Delta x^2}=f''(x)+O((\Delta x)^2) \tag{1-2-18}$$

这说明二阶中心差商的精度也为二阶。

1.2.3 差分方程、截断误差和相容性

从 1.2.2 节可知,差分相应于微分,差商相应于导数。只不过差分和差商是用有限形式表示的,而微分和导数是以极限形式表示的。如果将微分方程中的导数用相应的差商近似代替,就可得到有限形式的差分方程。现以对流方程

$$\frac{\partial \zeta}{\partial t}+\alpha\frac{\partial \zeta}{\partial x}=0 \tag{1-2-19}$$

为例,列出对应的差分方程。

用差商近似代替导数时,首先要选定 Δx 和 Δt,称为步长。然后在 x-t 坐标平面上用平行于坐标轴的两族直线,即

$$\begin{cases} x_i=x_0+i\Delta x \quad (i=0,1,2,\cdots) & (1\text{-}2\text{-}20)\\ t_n=n\Delta t \quad (n=0,1,2,\cdots) & (1\text{-}2\text{-}21)\end{cases}$$

划分出矩形网络,如图 1-2-1 所示。通常空间步长 Δx 取为相等的,而时间步长 Δt 与 Δx 和 α 有关,当 Δx 和 α 为常数时,Δt 也取常数。直线 $t=t_n$ 称为第 n 层。网格交叉点称为节点。

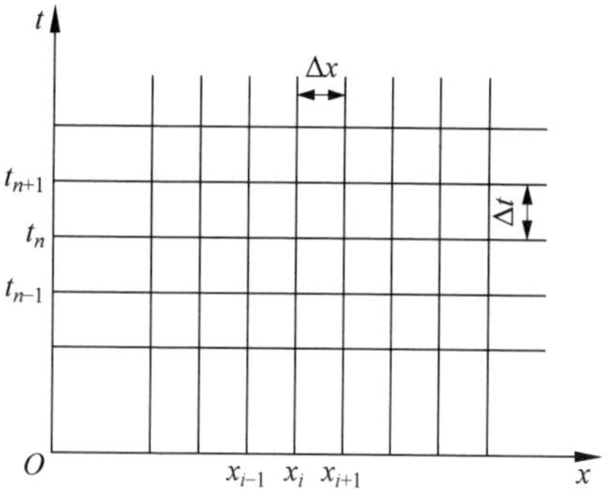

图 1-2-1　差分网格

网格划定后,就可针对某一节点,如图 1-2-1 中的节点(x_i,t_n),用差商近似代替导数。现用 $()_i^n$ 表示( )内函数在(x_i,t_n)点的值(有时括号可省略),则对流方程在(x_i,t_n)点为

$$\left(\frac{\partial \zeta}{\partial t}\right)_i^n+\alpha\left(\frac{\partial \zeta}{\partial x}\right)_i^n=0 \tag{1-2-22}$$

式中,α 为常数。若 α 是 x 的函数,则应该用 α_i。

若时间导数用一阶向前差商近似代替,即

$$\left(\frac{\partial \zeta}{\partial t}\right)_i^n\approx\frac{\zeta_i^{n+1}-\zeta_i^n}{\Delta t} \tag{1-2-23}$$

空间导数用一阶中心差商近似代替，即

$$\left(\frac{\partial \zeta}{\partial t}\right)_i^n \approx \frac{\zeta_{i+1}^n - \zeta_{i-1}^n}{2\Delta x} \tag{1-2-24}$$

则在 (x_i, t_n) 点的对流方程就可近似地写作

$$\frac{\zeta_i^{n+1} - \zeta_i^n}{\Delta t} + \alpha \frac{\zeta_{i+1}^n - \zeta_{i-1}^n}{2\Delta x} = 0 \tag{1-2-25}$$

这就是对应的差分方程。

按照前面关于逼近误差的分析可知，用时间向前差商代替时间导数时的误差为 $O(\Delta t)$，用空间中心差商代替空间导数时的误差为 $O((\Delta x)^2)$，因而对流方程与对应的差分方程之间也存在一个误差，它是

$$R_i^n = O(\Delta t) + O((\Delta x)^2) = O(\Delta t, (\Delta x)^2) \tag{1-2-26}$$

这也可由泰勒展开得到。因为

$$\begin{aligned} &\frac{\zeta(x_i, t_n + \Delta t) - \zeta(x_i, t_n)}{\Delta t} + \alpha \frac{\zeta(x_i + \Delta x, t_n) - \zeta(x_i - \Delta x, t_n)}{2\Delta x} \\ &= \left(\frac{\partial \zeta}{\partial t}\right)_i^n + \frac{1}{2}\left(\frac{\partial^2 \zeta}{\partial t^2}\right)_i^n \Delta t + \cdots + \alpha \left[\left(\frac{\partial \zeta}{\partial x}\right)_i^n + \frac{1}{3!}\left(\frac{\partial^3 \zeta}{\partial t^3}\right)_i^n (\Delta x)^2 + \cdots\right] \\ &= \left(\frac{\partial \zeta}{\partial t} + \alpha \frac{\partial \zeta}{\partial x}\right)_i^n + O(\Delta t, (\Delta x)^2) \end{aligned} \tag{1-2-27}$$

这种用差分方程近似代替微分方程所引起的误差，称为截断误差。这里误差量级相当于 Δt 的一次式、Δx 的二次式。若已知 Δt 与 Δx 的关系，如 $\frac{\Delta t}{\Delta x} = \text{const}$，则 $R_i^n = O(\Delta t, (\Delta x)^2) = O(\Delta t)$，精度为一阶。在一般情况下，则可以认为对 Δt 精度为一阶，对 Δx 精度为二阶。

一个与时间相关的物理问题，应用微分方程表示时，还必须给定初始条件，从而形成一个完整的初值问题。对流方程的初值问题为

$$\begin{cases} \dfrac{\partial \zeta}{\partial t} + \alpha \dfrac{\partial \zeta}{\partial x} = 0 \\ \zeta(x, 0) = \bar{\zeta}(x) \end{cases} \tag{1-2-28}$$

式中，$\bar{\zeta}(x)$ 为某已知函数。同样，差分方程也必须有初始条件，即

$$\begin{cases} \dfrac{\zeta_i^{n+1} - \zeta_i^n}{\Delta t} + \alpha \dfrac{\zeta_{i+1}^n - \zeta_{i-1}^n}{2\Delta x} = 0 \\ \zeta_i^0 = \bar{\zeta}(x_i) \end{cases} \tag{1-2-29}$$

初始条件是一种定解条件。如果是初边值问题，定解条件中还应有适当的边界条件。差分方程和其定解条件一起，称为相应微分方程定解问题的差分格式。

上述初值问题的差分格式可改写为

$$\begin{cases} \zeta_i^{n+1} = \zeta_i^n - \alpha \dfrac{\Delta t}{2\Delta x}(\zeta_{i+1}^n - \zeta_{i-1}^n) \\ \zeta_i^0 = \overline{\zeta}(x_i) \end{cases} \tag{1-2-30}$$

可以称式(1-2-30)为时间向前差分、空间中心差分(forward time，centered space，FTCS)格式。

由 FTCS 格式可知，若已知第 n 层上(x_{i-1}，t_n)、(x_i，t_n)和(x_{i+1}，t_n)点处函数 ζ 的值，立即可算出第 $n+1$ 层上(x_i，t_{n+1})点处函数 ζ 的值。因为在第 0 层(初始层)函数 ζ 的值是已给定的，所以可逐层计算。为了直观起见，可用图 1-2-2(a)表示 FTCS 格式的计算方式。差分方程由图中"⊗"点列出，图中"○"表示计算所涉及的节点。这种图称为格式图。

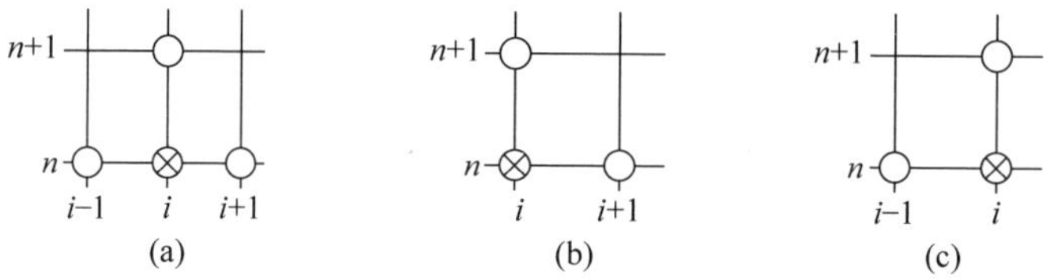

图 1-2-2　差分格式

FTCS 格式是采用时间向前差分、空间中心差分得来的。若时间和空间都用向前差分，则得

$$\begin{cases} \dfrac{\zeta_i^{n+1} - \zeta_i^n}{\Delta t} + \alpha \dfrac{\zeta_{i+1}^n - \zeta_i^n}{\Delta x} = 0 \\ \zeta_i^0 = \overline{\zeta}(x_i) \end{cases} \tag{1-2-31}$$

或改写成

$$\begin{cases} \zeta_i^{n+1} = \zeta_i^n - \alpha \dfrac{\Delta t}{\Delta x}(\zeta_{i+1}^n - \zeta_i^n) \\ \zeta_i^0 = \overline{\zeta}(x_i) \end{cases} \tag{1-2-32}$$

式(1-2-32)是时间向前差分、空间向前差分(forward time，forward space，FTFS)格式，其格式图如图 1-2-2(b)所示。

若采用时间向前差分、空间向后差分，则得到 FTBS(forward time，backward space)格式为

$$\begin{cases} \dfrac{\zeta_i^{n+1} - \zeta_i^n}{\Delta t} + \alpha \dfrac{\zeta_i^n - \zeta_{i-1}^n}{\Delta x} = 0 \\ \zeta_i^0 = \overline{\zeta}(x_i) \end{cases} \tag{1-2-33}$$

或

$$\begin{cases} \zeta_i^{n+1} = \zeta_i^n - \alpha \dfrac{\Delta t}{\Delta x}(\zeta_i^n - \zeta_{i-1}^n) \\ \zeta_i^0 = \overline{\zeta}(x_i) \end{cases} \tag{1-2-34}$$

其格式图如图 1-2-2(c)所示。

FTCS 格式的截断误差为

$$R_i^n = O(\Delta t, (\Delta x)^2) \tag{1-2-35}$$

FTFS 和 FTBS 格式的截断误差为

$$R_i^n = O(\Delta t, \Delta x) \tag{1-2-36}$$

以上 3 种格式对 Δt 都有一阶精度。

一般，若微分方程为

$$\mathrm{D}(\zeta) = f \tag{1-2-37}$$

式中，D 为微分算子；f 是已知函数。而对应的差分方程为

$$\mathrm{D}_\Delta(\zeta) = f \tag{1-2-38}$$

式中，D_Δ 为差分算子。则截断误差为

$$R = \mathrm{D}_\Delta(\varphi) - \mathrm{D}(\varphi) \tag{1-2-39}$$

式中，φ 为定义域上某一足够光滑的函数，当然也可以取微分方程的解 ζ。

如果当 Δx、$\Delta t \to 0$ 时，差分方程的截断误差的某种范数 $\| R \|$ 也趋近于零，即

$$\lim_{\substack{\Delta x \to 0 \\ \Delta t \to 0}} \| R \| = 0 \tag{1-2-40}$$

则表明从截断误差的角度来看，此差分方程是能用来逼近微分方程的，通常称这样的差分方程和相应的微分方程相容(一致)。如果当 Δx、$\Delta t \to 0$ 时，截断误差的范数不趋于零，则称为不相容(不一致)，这样的差分方程不能用来逼近微分方程。

以上只考虑了方程，但从整个问题来看，还应考虑定解条件。若微分问题的定解条件为

$$\mathrm{B}(\zeta) = g \tag{1-2-41}$$

式中，B 为微分算子；g 为已知函数。而对应的差分问题的定解条件为

$$\mathrm{B}_\Delta(\zeta) = g \tag{1-2-42}$$

式中，B_Δ 为差分算子。则截断误差为

$$r = \mathrm{B}_\Delta(\varphi) - \mathrm{B}(\varphi) \tag{1-2-43}$$

只有方程相容，定解条件也相容，即

$$\lim_{\substack{\Delta x \to 0 \\ \Delta t \to 0}} \| R \| = 0 \quad \text{和} \quad \lim_{\substack{\Delta x \to 0 \\ \Delta t \to 0}} \| r \| = 0 \tag{1-2-44}$$

整个问题才相容。Δx、$\Delta t \to 0$ 的情况有两种：一是各自独立地趋于零，这是无条件相容；另一是 Δx 与 Δt 之间在某种关系$\left(\text{如要求}\dfrac{\Delta t}{\Delta x} = K\right)$下同时趋于零，这种情况下的相容为条件相容。

从截断误差的分析知道，FTCS、FTFS 和 FTBS 格式都具有相容性。这 3 种格式都只涉及两个时间层的量。此外，若知道第 n 层的 ζ，可由一个差分式子直接算出第 $n+1$ 层的 ζ，故称这类格式为显式格式。总体而言，以上 3 种格式都属于一阶精度、二层、相容、显式格式。

这3种格式也有不同的特性，如有的不能用来进行实际计算，这将在下面介绍稳定性时谈到。

以上介绍中将一点(x_i, t_n)的函数值，如函数ζ在这点的值，有时写为$\zeta(x_i, t_n)$，有时写为ζ_i^n，以后还会遇到这类情况。通常认为，$\zeta(x_i, t_n)$表示连续函数$\zeta(x, t)$在(x_i, t_n)点的值；而ζ_i^n没有“连续”的含义，只是表示某离散点(x_i, t_n)处的ζ值。因此，$\zeta(x_i, t_n)$可以作为微分方程的解在点(x_i, t_n)的值，而ζ_i^n则作为差分问题（代数方程）的解。

1.2.4 收敛性与稳定性

1. 收敛性

相容性是指当自变量的步长趋于零时，差分格式与微分问题的截断误差的范数是否趋于零，从而可看出是否能用此差分格式来逼近微分问题。然而，方程（无论是微分方程或是差分方程）是物理问题的数学表达形式，其目的是借助数学的手段来求问题的解。因此，除必须要求差分格式能逼近微分方程和定解条件（表明这两种数学表达方法在形式上是一致的）外，还进一步要求差分格式的解（精确解）与微分方程定解问题的解（精确解）是一致的（表明这两种数学表达方法的最终结果是一致的），即当步长趋于零时，要求差分格式的解趋于微分方程定解问题的解。可以称这种是否趋于微分方程定解问题的解的情况为差分格式的收敛性。更明确地说，对差分网格上的任意节点(x_i, t_n)，也是微分问题定解区域上的一固定点，设差分格式在该点的解为ζ_i^n，相应的微分问题的解为$\zeta(x_i, t_n)$，二者之差

$$e_i^n = \zeta_i^n - \zeta(x_i, t_n) \tag{1-2-45}$$

称为离散化误差。如果当Δx、$\Delta t \to 0$时，离散化误差的某种范数$\| e \|$趋近于零，即

$$\lim_{\substack{\Delta x \to 0 \\ \Delta t \to 0}} \| e \| = 0 \tag{1-2-46}$$

则说明此差分格式是收敛的，即此差分格式的解收敛于相应微分问题的解，否则不收敛。与相容性类似，收敛又分为有条件收敛和无条件收敛。

粗看起来，似乎只要差分格式逼近微分问题（Δx、$\Delta t \to 0$时，$\| R \| \to 0$，$\| r \| \to 0$），其解就应该一致；也就是说，似乎相容性能保证收敛性，其实并不一定如此。这是因为在分析截断误差时，是以差分格式与微分问题有同一个解$\zeta(x, t)$为基础（或以定解域内某足够光滑的函数φ为基础），并对此函数分别在(x_i, t_n)点的邻域进行泰勒展开的，其中所有的ζ、$\partial\zeta/\partial t$、$\partial\zeta/\partial x$等都是指同一个函数及其各阶导数。所以最后得到的截断误差R、r实质上是当差分问题与微分问题有同一解时两种方程、两种定解条件之间的误差。R、r并不能真正表示两种方程、两种定解条件之间的误差，因此，相容性不能保证收敛性，不能保证二者解的一致。但若没有相容性，就不能得到二者解的一致，故相容性是收敛性的必要条件，有人称相容性

是形式上的逼近。

相容性不一定能保证收敛性，那么对于一定的差分格式，其解能否收敛到相应微分问题的解？答案是差分格式的解收敛于微分问题的解是可能的。至于某给定格式是否收敛，则要按具体问题予以证明。下面以一个差分格式为例，讨论其收敛性，具体如下。

有微分问题

$$\begin{cases}\dfrac{\partial \zeta}{\partial t}+\alpha \dfrac{\partial \zeta}{\partial x}=0 \\ \zeta(x,0)=\bar{\zeta}(x)\end{cases} \tag{1-2-47}$$

式(1-2-47)的 FTBS 格式为

$$\begin{cases}\dfrac{\zeta_i^{n+1}-\zeta_i^n}{\Delta t}+\alpha \dfrac{\zeta_i^n-\zeta_{i-1}^n}{\Delta x}=0 \\ \zeta_i^0=\bar{\zeta}(x_i)\end{cases} \tag{1-2-48}$$

在某节点(x_i,t_n)，微分问题的解为$\zeta(x_i,t_n)$，差分格式的解为ζ_i^0，则离散化误差为

$$e_i^n=\zeta_i^n-\zeta(x_i,t_n) \tag{1-2-49}$$

按照截断误差的分析可知

$$\frac{\zeta(x_i,t_n+\Delta t)-\zeta(x_i,t_n)}{\Delta t}+\alpha \frac{\zeta(x_i,t_n)-\zeta(x_i-\Delta x,t_n)}{\Delta x}=O(\Delta x,\Delta t) \tag{1-2-50}$$

以 FTBS 格式中的第一个方程减去式(1-2-50)得

$$\frac{e_i^{n+1}-e_i^n}{\Delta t}+\alpha \frac{e_i^n-e_{i-1}^n}{\Delta x}=O(\Delta x,\Delta t) \tag{1-2-51}$$

或写成

$$\begin{aligned} e_i^{n+1} &=e_i^n-\alpha \frac{\Delta t}{\Delta x}(e_i^n-e_{i-1}^n)+\Delta t \cdot O(\Delta x,\Delta t) \\ &=\left(1-\alpha \frac{\Delta t}{\Delta x}\right)e_i^n+\alpha \frac{\Delta t}{\Delta x}e_{i-1}^n+\Delta t \cdot O(\Delta x,\Delta t) \end{aligned} \tag{1-2-52}$$

若条件 $\alpha \geqslant 0$ 和 $\alpha \dfrac{\Delta t}{\Delta x} \leqslant 1$ 成立，即 $0 \leqslant \alpha \dfrac{\Delta t}{\Delta x} \leqslant 1$，则有

$$\begin{aligned} |e_i^{n+1}| &\leqslant \left(1-\alpha \frac{\Delta t}{\Delta x}\right)|e_i^n|+\alpha \frac{\Delta t}{\Delta x}|e_{i-1}^n|+\Delta t \cdot O(\Delta x,\Delta t) \\ &\leqslant \left(1-\alpha \frac{\Delta t}{\Delta x}\right)\max_i|e_i^n|+\alpha \frac{\Delta t}{\Delta x}\max_i|e_i^n|+\Delta t \cdot O(\Delta x,\Delta t) \end{aligned} \tag{1-2-53}$$

式中，$\max\limits_i|e_i^n|$表示在第 n 层所有节点上$|e|$的最大值。

由式(1-2-53)知，对一切 i 有

$$|e_i^{n+1}| \leqslant \max_i|e_i^n|+\Delta t \cdot O(\Delta x,\Delta t) \tag{1-2-54}$$

故有

$$\max_i |e_i^{n+1}| \leqslant \max_i |e_i^n| + \Delta t \cdot O(\Delta x, \Delta t) \tag{1-2-55}$$

于是

$$\max_i |e_i^1| \leqslant \max_i |e_i^0| + \Delta t \cdot O(\Delta x, \Delta t)$$

$$\max_i |e_i^2| \leqslant \max_i |e_i^1| + \Delta t \cdot O(\Delta x, \Delta t)$$

$$\vdots$$

$$\max_i |e_i^n| \leqslant \max_i |e_i^{n-1}| + \Delta t \cdot O(\Delta x, \Delta t) \tag{1-2-56}$$

综合得

$$\max_i |e_i^n| \leqslant \max_i |e_i^0| + n\Delta t \cdot O(\Delta x, \Delta t) \tag{1-2-57}$$

因为初始条件给定函数 ζ 的初值，初始离散化误差 $e_i^0=0$，并且 $n\Delta t = t_n$ 是一有限量，所以

$$\max_i |e_i^n| \leqslant O(\Delta x, \Delta t) \tag{1-2-58}$$

由此可知，本问题 FTBS 格式的离散化误差与截断误差具有相同的量级。最后得到

$$\lim_{\substack{\Delta x \to 0 \\ \Delta t \to 0}} (\max_i |e_i^n|) = 0 \tag{1-2-59}$$

这样就证明了，当 $0 \leqslant \alpha \dfrac{\Delta t}{\Delta x} \leqslant 1$ 时，本例的 FTBS 格式收敛。这种离散化误差的最大绝对值趋于零的收敛情况称为一致收敛。

本例介绍了一种证明差分格式收敛的方法，同时表明了相容性与收敛性的关系：相容性是收敛性的必要条件，但不一定是充分条件，还可能要求其他条件，如本例要求 $0 \leqslant \alpha \dfrac{\Delta t}{\Delta x} \leqslant 1$。

2. 稳定性

首先介绍差分格式的依赖区间、决定区域和影响区域。还是以初值问题，即式(1-2-47)为例。先看 FTCS 格式，如图 1-2-3(a)所示，欲计算第二层 p 点的函数值，必先知道第一层上 a、b、c 这 3 点的函数值，故说 p 点的解依赖于 a、b、c 这 3 点的解。

而 a 点的解又依赖于第 0 层(初值线)上 A、d、e 的初值，b 点的解依赖于 d、e、f 的初值，c 点的解依赖于 e、f、B 的初值。因此 p 点的解依赖于初值线 AB 段上所有节点的初值，故称 AB 段上所有节点为 p 点的依赖区间。三角形 pAB 区域内任一节点的依赖区间都包含在 AB 之内，即该区域内任一节点上的解都由 AB 段上某些节点的初值所决定，而与 AB 以外节点的初值无关，故称此三角形区域为 AB 区间所决定的区域。为方便起见，这里是以第二层的 p 点为例的，事实上对任意层的任一节点，都在初始层上有一对应的依赖区间，而初始层的任一区间都有一对应的决定区域。

FTFS 格式和 FTBS 格式的依赖区间分别为图 1-2-3(b)和(c)中的 AB 线段上的全部节点；图中阴影部分为 AB 所决定的区域。

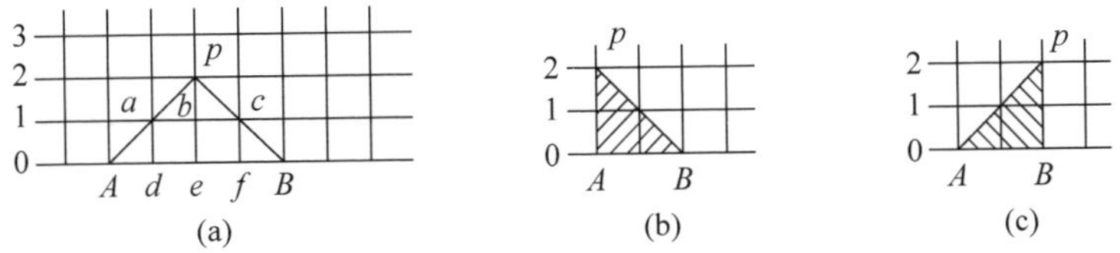

图 1-2-3　差分格式的依赖区间

(a) FTCS 格式；(b) FTFS 格式；(c) FTBS 格式

随着时间的推移，一点函数值将影响以后某些节点的解。如图 1-2-4 所示，设 p 点为第 n 层的某节点，当用 FTCS 格式计算第 $n+1$ 层上的节点值时，a、b、c 这 3 点的解必须用到 p 点的函数值，在第 $n+2$ 层上则有更多点的解受 p 点函数值的影响。所有受 p 点函数值影响的节点总和为 p 点的影响区域，如图 1-2-4 中阴影所示区域。

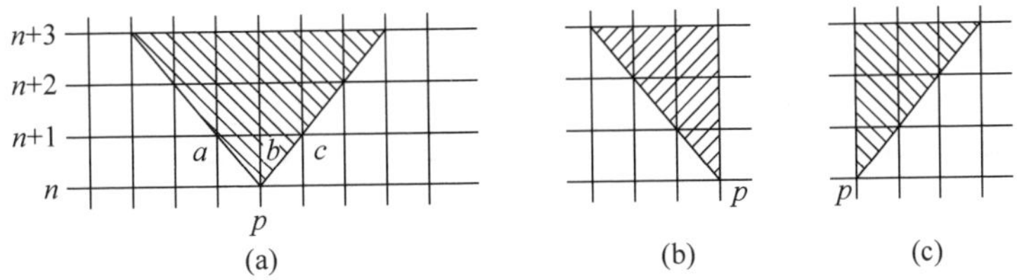

图 1-2-4　差分格式的影响区域

(a) FTCS 格式；(b) FTFS 格式；(c) FTBS 格式

由以上可知，同一微分问题，当采用不同差分格式时，其依赖区间、决定区域和影响区域可以是不一样的。依赖区间、决定区域和影响区域是由差分格式本身的构造所决定的，并与步长比 $\Delta t/\Delta x$ 有关。

例如，微分问题

$$\begin{cases}\dfrac{\partial \zeta}{\partial t}+\dfrac{\partial \zeta}{\partial x}=0 \\ \zeta(x,0)=0\end{cases} \tag{1-2-60}$$

其解为零，即 $\zeta(x,t)=0$。若用 FTBS 格式计算，且计算中不产生任何误差，则结果也是零，即

$$\zeta_i^n=0 \quad (n=0,1,2,\cdots;\ i=0,\pm 1,\pm 2,\cdots) \tag{1-2-61}$$

假设在第 k 层上的第 j 点，由于计算误差得到 $\zeta_j^k=\varepsilon$。不妨设 $k=0$、$j=0$、$\varepsilon=1$，即相当于 FTBS 格式写成

$$\begin{cases}\zeta_i^{n+1}=\zeta_i^n-\dfrac{\Delta t}{\Delta x}(\zeta_i^n-\zeta_{i-1}^n) \\ \zeta_0^0=1 \\ \zeta_i^0=0, \quad i\neq 0\end{cases} \tag{1-2-62}$$

现分别取$\frac{\Delta t}{\Delta x}=1/2$、1 和 2，列表计算 ζ_i^n：

1）$\frac{\Delta t}{\Delta x}=\frac{1}{2}$

n	i								
	−4	−3	−2	−1	0	1	2	3	4
4	0	0	0	0	$\frac{1}{16}$	$\frac{1}{4}$	$\frac{3}{8}$	$\frac{1}{4}$	$\frac{1}{16}$
3	0	0	0	0	$\frac{1}{8}$	$\frac{3}{8}$	$\frac{3}{8}$	$\frac{1}{8}$	0
2	0	0	0	0	$\frac{1}{4}$	$\frac{1}{2}$	$\frac{1}{4}$	0	0
1	0	0	0	0	$\frac{1}{2}$	$\frac{1}{2}$	0	0	0
0	0	0	0	0	1	0	0	0	0

2）$\frac{\Delta t}{\Delta x}=1$

n	i								
	−4	−3	−2	−1	0	1	2	3	4
4	0	0	0	0	0	0	0	0	1
3	0	0	0	0	0	0	0	1	0
2	0	0	0	0	0	0	1	0	0
1	0	0	0	0	0	1	0	0	0
0	0	0	0	0	1	0	0	0	0

3）$\frac{\Delta t}{\Delta x}=2$

n	i								
	−4	−3	−2	−1	0	1	2	3	4
4	0	0	0	0	1	−8	24	−32	16
3	0	0	0	0	−1	6	−12	8	0
2	0	0	0	0	1	−4	4	0	0
1	0	0	0	0	−1	2	0	0	0
0	0	0	0	0	1	0	0	0	0

本例,一方面显示了该格式的影响区域,另一方面显示了当 $\Delta t/\Delta x$ 值不同时,计算误差所产生的影响在数值上有很大的不同。当 $\Delta t/\Delta x \leqslant 1$ 时,所产生的影响在数值上不再扩大;当 $\Delta t/\Delta x > 1$ 时,所产生的影响在数值上将越来越大。数值上的差别引出了质的不同,因而出现了稳定性问题。

差分格式的数值稳定性,早在 1928 年就由 R. Courant、K. O. Friedrichs 和 H. Lewy 等发现,并提出了关于双曲型方程差分格式稳定性的必要条件(简称 CFL 条件),此后学者们在这方面做了不少研究工作。1950 年 von Neumann 公开发表了稳定性分析法,这是现在比较广泛地用来确定稳定性准则的一种分析方法。

在有限差分法的具体运算中,计算误差总是不可避免的,如舍入误差及这种误差的传播、积累。然而人们通过大量的实践和理论分析发现,同一问题的各种差分格式在某一定条件下,对误差的敏感程度不一样。例如,在一定条件下,一种格式在计算中某处产生了误差,则这个误差将对以后的计算产生影响。如果这一误差对以后的影响越来越小,或是这个影响保持在某个限度以内,像上面例子中 $\Delta t/\Delta x \leqslant 1$ 的情况,那么就称这个差分格式在给定的条件下稳定,这个条件就是它的稳定准则。如果误差的影响随着 n 的增大越来越大,像上面 $\Delta t/\Delta x > 1$ 的情况,使计算的结果随着 n 的增大越来越偏离差分格式的精确解,而毫无实用价值,那么这种情况就是不稳定的。实际表明:有些格式在一定条件下稳定;有些格式在任何情况下都不稳定,称为完全不稳定;有些格式是无条件稳定的,称为完全稳定。

值得强调的是,这里所说的一种格式稳定或不稳定是一种简略的说法。实际上,不可能孤立地研究某种格式,必然是针对某一微分问题来研究某差分格式,所以差分格式的相容性、收敛性、稳定性都是针对给定的微分问题而言的。

现在以适当的数学式子给出稳定性定义。为此将差分解 ξ_i^n 表示为连续函数 $Z(x,t)$,则稳定性的一种定义为

$$\| Z(x,t) \| \leqslant K \| Z(x,0) \| \tag{1-2-63}$$

式中,K 为某个有限常数,称为利普希茨(Lipschitz)常数,不随 $\Delta x \to 0$、$\Delta t \to 0$ 而变。这就是说,当上述不等式成立时,只要差分问题初始值所含的误差为小量,此后的解与差分问题的精确解的误差也一定为小量。因为计算误差不仅可以来自初值(包括在某一时刻前的任一时刻),还可以来自边界值,也可以来自右端项,所以也有将稳定性定义为

$$\| Z \| \leqslant K_1 \| \mathrm{D}_\Delta(Z) \| + K_2 \| \mathrm{B}_\Delta(Z) \| \tag{1-2-64}$$

式中,D_Δ 和 B_Δ 分别为对应于微分方程和定解条件的差分算子;K_1、K_2 分别为对应于 $\mathrm{D}_\Delta(Z)$、$\mathrm{B}_\Delta(Z)$的利普希茨常数。若取

$$K = \max(K_1, K_2) \tag{1-2-65}$$

则有

$$\| Z \| \leqslant K(\| \mathrm{D}_\Delta(Z) \| + \| \mathrm{B}_\Delta(Z) \|) \tag{1-2-66}$$

在建立了稳定性概念之后,可以进一步判定格式是否稳定,或在什么条件下稳

定，因篇幅关系，这里不再详述。

1.2.5 拉克斯等价定理

拉克斯（Lax）等价定理：对一个适定的线性微分问题及一个与其相容的差分格式，如果该格式稳定则必收敛，不稳定必不收敛。换言之，若线性微分问题适定，差分格式相容，则稳定性是收敛性的必要和充分条件。这也可表示为

$$\text{稳定性} \underset{\text{差分格式相容}}{\overset{\text{线性微分问题适定}}{\Leftarrow = \Rightarrow}} \text{收敛性}$$

下面对此定理做一些简略的说明。

在定解域内有

$$\mathrm{D}(\zeta)=f$$

及

$$\mathrm{D}_{\Delta}(Z)=f \tag{1-2-67}$$

式中，D 和 D_{Δ} 分别为微分算子和差分算子，是线性的；f 为已知函数；ξ 和 Z 分别为微分解和差分解。两式相减得

$$\mathrm{D}_{\Delta}(Z)-\mathrm{D}(\zeta)=0 \tag{1-2-68}$$

改写成

$$[\mathrm{D}_{\Delta}(Z)-\mathrm{D}_{\Delta}(\zeta)]+[\mathrm{D}_{\Delta}(\zeta)-\mathrm{D}(\zeta)]=0 \tag{1-2-69}$$

因为算子是线性的，故式中第一个[ ]内相当于 $\mathrm{D}_{\Delta}(Z-\zeta)$；而第二个[ ]内就是截断误差 R，所以有

$$\mathrm{D}_{\Delta}(Z-\zeta)=-R \tag{1-2-70}$$

若定解条件为

$$\mathrm{B}(\zeta)=g,\quad \mathrm{B}_{\Delta}(Z)=g \tag{1-2-71}$$

式中，B 和 B_{Δ} 分别为微分算子和差分算子，且是线性的；g 为已知函数。按照以上对方程的同样推导法，可导得

$$\mathrm{B}_{\Delta}(Z-\zeta)=-r \tag{1-2-72}$$

式中，$r=\mathrm{B}_{\Delta}(\zeta)-\mathrm{B}(\zeta)$ 为截断误差。若差分格式是稳定的，按稳定性的定义，应该有

$$\| Z-\zeta \| \leqslant K[\| \mathrm{D}_{\Delta}(Z-\zeta) \| + \| \mathrm{B}_{\Delta}(Z-\zeta) \|] \tag{1-2-73}$$

将式(1-2-70)和式(1-2-72)代入式(1-2-73)得

$$\| Z-\zeta \| \leqslant K(\| R \| + \| r \|) \tag{1-2-74}$$

当差分格式相容时，可得

$$\lim_{\substack{\Delta x \to 0 \\ \Delta t \to 0}} \| Z-\zeta \| = 0 \tag{1-2-75}$$

从而保证了收敛性。

根据该定理，在线性适定和格式相容的条件下，只要证明了格式是稳定的，则一定收敛；若不稳定，则不收敛。由于收敛性的证明往往比稳定性更难，人们就可

以把注意力集中在稳定性的研究上。

1.3　边界元法

边界元法(boundary element method,BEM)是继有限元法之后发展起来的一种精确有效的数值计算方法。它以定义在边界上的边界积分方程为控制方程,通过对边界划分单元进行插值离散,将其化为代数方程组求解。本节首先概述了边界元法的数学基础,然后介绍了边界元法的位势问题和线弹性静力学问题,最后以瞬态热传导和弹性动力学过程为例介绍时间相关问题。

1.3.1　数学基础

边界元法始于 20 世纪五六十年代,是在综合有限元法和经典的边界积分方程方法基础上发展起来的。它把有限元法的离散技巧引入经典的边界积分方程中,通过将一个满足方程的基本解作为权函数,使区域积分化为边界积分,并在边界上进行离散处理。其主要特点如下:①将问题的维数降低一阶,从而使求解自由度大为减少;②离散仅需在边界上进行,故离散误差只产生在边界上,区域内的物理量仍由解析公式求出,边界元法中部分采用数值法,部分采用解析法,具有更高精度;③计算域内物理量时,不需要一次全部求得,只需要计算给定点的值,从而避免了不必要的计算,提高了效率;④对应力集中、无限域等问题,用边界元法处理尤为适用。

1. 方程的转化

当定解问题的微分方程无法直接积分求解时,通常利用转换方法将其转换求解,如变分原理、拉格朗日乘数的误差分配法、加权余量法等,这是边界元法的基本原理之一。

现以一维二阶微分方程,如图 1-3-1 静不定简支梁挠度方程为例,则有

$$\frac{\mathrm{d}^2 u}{\mathrm{d}x^2}+\lambda^2 u-b=0 \quad (x\in[0,1]) \tag{1-3-1}$$

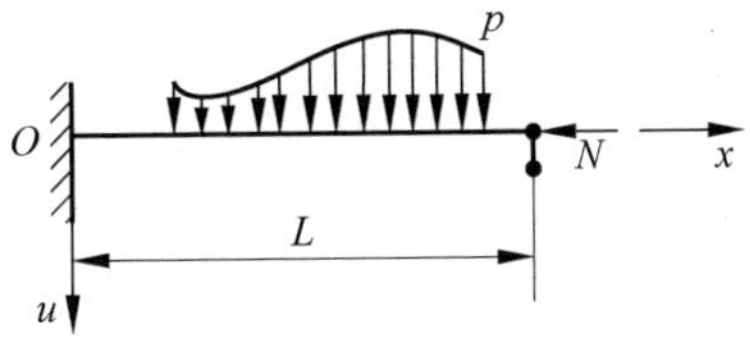

图 1-3-1　静不定简支梁

式(1-3-1)可采用内积公式作为该微分方程的转换方法。选取[0,1]上连续可导的任一函数 w,w 与式(1-3-1)的内积为

$$\int_0^1\left(\frac{\mathrm{d}^2 u}{\mathrm{d}x^2}+\lambda^2 u-b\right)w\,\mathrm{d}x=0 \tag{1-3-2}$$

对 u 的二阶导数积分项采用分部积分得

$$\int_0^1 \left[-\frac{\mathrm{d}u}{\mathrm{d}x}\frac{\mathrm{d}w}{\mathrm{d}x}+(\lambda^2 u-b)w\right]\mathrm{d}x+\left(\frac{\mathrm{d}u}{\mathrm{d}x}w\right)\Big|_0^1=0 \tag{1-3-3}$$

对 u 的一阶导数分项再次分部积分得

$$\int_0^1 \left[u\frac{\mathrm{d}^2 w}{\mathrm{d}x^2}+(\lambda^2 u-b)w\right]\mathrm{d}x+\left(\frac{\mathrm{d}u}{\mathrm{d}x}w\right)\Big|_0^1-\left(u\frac{\mathrm{d}w}{\mathrm{d}x}\right)\Big|_0^1=0 \tag{1-3-4}$$

转换后的式(1-3-3)和式(1-3-4),其域积分项的 u 和 w 在算子的位置不一样,还出现边值项,但它们之间是等价的。因此,即使表达式不相同,解也是相同的。方程必须满足的边界条件为,在 $x=0$ 和 $x=1$ 处的 u 和 $\mathrm{d}u/\mathrm{d}x$ 是已知的。式(1-3-4)是函数 w 和 $\mathrm{d}w/\mathrm{d}x$ 在边界上具有非零值的通用表达式。若选取 w,除具有上述连续可导性外,还必须满足边界条件,则可简化转换表达式。根据转换方程式(1-3-4)所推测的边界条件,给定式(1-3-1)的边界条件为

$$u=\bar{u}(x=0),\quad q=\frac{\mathrm{d}u}{\mathrm{d}x}=\bar{q}(x=1) \tag{1-3-5}$$

式中,q 为 u 的一阶导数,上标横线表示其值已知,将这些值代入式(1-3-4)得

$$\int_0^1 \left[u\frac{\mathrm{d}^2 w}{\mathrm{d}x^2}+(\lambda^2 u-b)w\right]\mathrm{d}x+\left[(\bar{q}w)\big|_{x=1}-(qw)\big|_{x=0}\right]-\left[\left(u\frac{\mathrm{d}w}{\mathrm{d}x}\right)\Big|_{x=1}-\left(\bar{u}\frac{\mathrm{d}w}{\mathrm{d}x}\right)\Big|_{x=0}\right]=0 \tag{1-3-6}$$

按照式(1-3-2)的转换,对式(1-3-6)进行逆向转换。对 w 函数的二阶导数积分项经一次分部积分得

$$\int_0^1 \left[-\frac{\mathrm{d}u}{\mathrm{d}x}\frac{\mathrm{d}w}{\mathrm{d}x}+(\lambda^2 u-b)w\right]\mathrm{d}x+\left(u\frac{\mathrm{d}w}{\mathrm{d}x}\right)\Big|_{x=1}-\left(\bar{u}\frac{\mathrm{d}w}{\mathrm{d}x}\right)\Big|_{x=0}+\left[(\bar{q}w)\big|_{x=1}-(qw)\big|_{x=0}\right]-\left(u\frac{\mathrm{d}w}{\mathrm{d}x}\right)\Big|_{x=1}+\left(\bar{u}\frac{\mathrm{d}w}{\mathrm{d}x}\right)\Big|_{x=0}=0 \tag{1-3-7}$$

消去 $\left(u\frac{\mathrm{d}w}{\mathrm{d}x}\right)\Big|_{x=1}$ 项,对式(1-3-7)中的 w 一阶导数积分项再次分部积分,然后整理得

$$\int_0^1 \left(\frac{\mathrm{d}^2 u}{\mathrm{d}x^2}+\lambda^2 u-b\right)w\,\mathrm{d}x-\left[(q-\bar{q})w\right]\big|_{x=1}+\left[(u-\bar{u})\frac{\mathrm{d}w}{\mathrm{d}x}\right]\Big|_{x=0}=0 \tag{1-3-8}$$

式(1-3-8)是等价于方程式(1-3-1)和边界条件式(1-3-5)的转换表达式,充分表明所求的解 u 不仅要满足给定的微分方程,还要满足给定的两个边界条件。选定的函数 w 及 $\mathrm{d}w/\mathrm{d}x$ 称拉格朗日乘数。因为在上述方程的转换过程中,对所求的解 u 未做任何规定,所以不论是精确解还是近似解都同样有效。故上述转换是求解微分方程的通用方法。

对于工程中的定解问题,当无法得到精确解时,就要得到近似解。边界元法数值解是一种近似解,近似误差来源于边界离散和边界元的规范函数。首先,不妨定义所求近似解 u 由未知待定系数 α_i 和线性独立的已知函数 ϕ_i 组成,即

$$u=\alpha_1\phi_1+\alpha_2\phi_2+\cdots \tag{1-3-9}$$

式中，α_i 为待定广义系数，在边界元法及有限元法中通常都选为单元节点值，即

$$u=\alpha_1\phi_1+\alpha_2\phi_2+\cdots=\sum_{j=1}^{n}u_j\phi_j \tag{1-3-10}$$

将近似解 u 代入方程(1-3-1)和边界条件式(1-3-5)，则不能恒等满足而产生误差，即

$$\frac{\mathrm{d}^2u}{\mathrm{d}x^2}+\lambda^2u-b\neq 0\quad (x\in[0,1]) \tag{1-3-11}$$

$$\begin{cases}u-\bar{u}\neq 0 & (x=0)\\ q-\bar{q}\neq 0 & (x=1)\end{cases} \tag{1-3-12}$$

将误差分别定义为余量函数 R、R_1 及 R_2，则有

$$R=\frac{\mathrm{d}^2u}{\mathrm{d}x^2}+\lambda^2u-b \tag{1-3-13}$$

$$\begin{cases}R_1=u-\bar{u}\\ R_2=q-\bar{q}\end{cases} \tag{1-3-14}$$

2. 加权余量法

余量函数越小，近似解越迫近对应精确解。因此，需要寻找使余量在给定区域内或边界上最小的各种方法。通常，控制误差的分布靠加权函数，故称加权余量法。根据近似解的不同选择可以有 3 种类型的解法：①纯域法，控制近似解试函数值等满足全部边界条件，但近似满足域内控制方程，即 $R_1=R_2=0$，$R\neq 0$；②边界法，控制近似解试函数恒等满足域内控制方程，但近似满足全部边界条件，即 $R=0$，$R_1\neq 0$，$R_2\neq 0$；③混合法，控制近似解试函数近似满足域内控制方程和边界条件，即 $R\neq 0$，$R_1\neq 0$，$R_2\neq 0$。

假定构造的近似解 u 中 ϕ_j 仅恒等满足全部边界条件，由此只产生对应控制方程的余量 R。现在，要考察通过何种权函数 ψ_j 的选择使余量 R 在任一点最小，即

$$\int_{\Omega}R\psi_j\,\mathrm{d}\Omega=0\quad (\text{在 }\Omega\text{ 内},j=1,2,\cdots,N) \tag{1-3-15}$$

选择权函数 w

$$w=\beta_1\psi_1+\beta_2\psi_2+\cdots+\beta_N\psi_N=\sum_{j=1}^{N}\beta_j\psi_j \tag{1-3-16}$$

式中，β_j 为任一系数；ψ_j 为线性独立的已知函数。因此，将式(1-3-15)在全域内写成如下形式：

$$\int_{\Omega}Rw\,\mathrm{d}\Omega=0\quad (\text{在 }\Omega\text{ 内}) \tag{1-3-17}$$

由式(1-3-15)将得出代数方程组，并通过求解方程确定待定未知系数 α_i 和 u_i，解的精度可以通过控制项数 N 加以改善。在近似解 u 不变的场合下，选用不同的权

函数可派生不同的近似解法。

1）子域法

将全域 Ω 分割成 M 个子域，令每个子域内的余量积分为零。选择最简单的权函数为

$$\psi_j = \begin{cases} 1 & (x \in \Omega_j) \\ 0 & (x \notin \Omega_j) \end{cases} \tag{1-3-18}$$

式中，Ω_j 表示子域。由此，从式(1-3-15)得

$$\int_{\Omega_j} R\,\mathrm{d}x = 0 \quad (j = 1,2,\cdots,N) \tag{1-3-19}$$

2）伽辽金(Galerkin)法

选择近似解试函数中的已知函数 ϕ_j 为权函数的已知函数 ψ_j，即

$$\psi_j = \phi_j \tag{1-3-20}$$

因此，式(1-3-15)可写成

$$\int_{\Omega} R\phi_j\,\mathrm{d}\Omega = 0 \quad (j = 1,2,\cdots,N) \tag{1-3-21}$$

若采用式(1-3-16)的定义表示，则

$$\int_{\Omega} Rw\,\mathrm{d}\Omega = 0 \tag{1-3-22}$$

式中，$w=\beta_1\phi_1+\beta_2\phi_2+\cdots+\beta_N\phi_N$，根据所取的 $\psi_j=\phi_j$ 的特点可得对称矩阵方程。

3）选点法

在定义域内取点 $x_1,x_2,\cdots,x_N$ 令选点上的余量为零。采用狄拉克(Diarc)-δ函数作为权函数即可实现，即

$$\psi_j = \delta(x - x_j) \quad (j = 1,2,\cdots,N) \tag{1-3-23}$$

式中，$\delta(x-x_j)$ 又称点源函数。x 在 x_j 点上具有无穷大的值，其余点为零，然而其域积分值等于 1，即

$$\int_{\Omega} \delta(x - x_j)\,\mathrm{d}\Omega = 1 \quad (j = 1,2,\cdots,N) \tag{1-3-24}$$

且具有如下重要性质：

$$\int_{\Omega} f(x)\delta(x - x_j)\,\mathrm{d}\Omega = f(x_j) \tag{1-3-25}$$

取

$$w = \beta_1\delta(x - x_1) + \beta_2\delta(x - x_2) + \cdots + \beta_N\delta(x - x_N) = \sum_{j=1}^{N}\beta_j\delta(x - x_j) \tag{1-3-26}$$

由式(1-3-17)，有

$$\int_{\Omega} Rw\,\mathrm{d}\Omega = \int_{\Omega} R\left[\beta_1\delta(x-x_1)+\beta_2\delta(x-x_2)+\cdots+\beta_N\delta(x-x_N)\right]\mathrm{d}\Omega = 0 \tag{1-3-27}$$

由 $\beta_1,\beta_2,\cdots,\beta_N$ 的任意性，式(1-3-27)变成

$$\int_{\Omega} R\delta(x-x_j)\,\mathrm{d}\Omega = 0 \quad (j=1,2,\cdots,N) \tag{1-3-28}$$

即在选点上的余量函数为零，则有

$$R\,|_{x=x_j} = 0 \quad (j=1,2,\cdots,N) \tag{1-3-29}$$

选点的分布在原则上是任意的，通常选点数等于近似解试函数中待定未知系数的个数。实际上，选点越均布，解的精度越高。

3. 降阶转换法

边界元法和有限元法的积分表达式可用加权余量式及对函数 u 降低所需连续性阶数的分部积分转换加以表达。现以方程(1-3-1)为例，说明通过降阶转换法获得两种积分方程。从式(1-3-8)出发，由(1-3-1)经分部积分后引入已知边界条件而得，即

$$\int_0^1 \left[\frac{\mathrm{d}^2 u}{\mathrm{d}x^2}w + (\lambda^2 u - b)w\right]\mathrm{d}x - \left[(q-\bar{q})w\right]\Big|_{x=1} + \left[(u-\bar{u})\frac{\mathrm{d}w}{\mathrm{d}x}\right]\Bigg|_{x=0} = 0 \tag{1-3-30}$$

用余量函数简写为

$$\int_0^1 Rw\,\mathrm{d}x - (R_2 w)\,|_{x=1} + \left(R_1\frac{\mathrm{d}w}{\mathrm{d}x}\right)\Bigg|_{x=0} = 0 \tag{1-3-31}$$

假定 u 函数精确满足基本边界条件 $u(0)=\bar{u}$，则有

$$\int_0^1 \left[\frac{\mathrm{d}^2 u}{\mathrm{d}x^2}w + (\lambda^2 u - b)w\right]\mathrm{d}x = \left[(q-\bar{q})w\right]\Big|_{x=1} \tag{1-3-32}$$

或简写为

$$\int_0^1 Rw\,\mathrm{d}x = (R_2 w)\,|_{x=1} \tag{1-3-33}$$

对式(1-3-32)进行分部积分得

$$\int_0^1 \left[-\frac{\mathrm{d}u}{\mathrm{d}x}\frac{\mathrm{d}w}{\mathrm{d}x} + (\lambda^2 u - b)w\right]\mathrm{d}x = (qw)\,|_{x=0} - (\bar{q}w)\,|_{x=1} \tag{1-3-34}$$

权函数 w 要满足在 $x=0$ 点的齐次型基本边界条件，则式(1-3-34)简化为

$$\int_0^1 \left[-\frac{\mathrm{d}u}{\mathrm{d}x}\frac{\mathrm{d}w}{\mathrm{d}x} + (\lambda^2 u - b)w\right]\mathrm{d}x = -(\bar{q}w)\,|_{x=1} \tag{1-3-35}$$

对式(1-3-35)的推导过程不是唯一的，也可从式(1-3-3)引入已知边界条件或者对加权余量式(1-3-2)进行分部积分而简单得到。对于式(1-3-30)进行连续两次分部积分就可得到边界元法型基本积分方程，即

$$\int_0^1 \left[u\frac{\mathrm{d}w}{\mathrm{d}x} + (\lambda^2 u - b)w\right]\mathrm{d}x + \left[(\bar{q}w)\,|_{x=1} - (qw)\,|_{x=0}\right] -$$

$$\left[\left(u\ \frac{\mathrm{d}w}{\mathrm{d}x}\right)\Bigg|_{x=1} - \left(\bar{u}\ \frac{\mathrm{d}w}{\mathrm{d}x}\right)\Bigg|_{x=0}\right] = 0 \tag{1-3-36}$$

对加权余量式(1-3-2)进行两次分部积分，并引入已知边界条件也可获得式(1-3-36)。

4. 降维解法

边界元法是精选近似解试函数满足控制方程并消除含有该函数的域积分项而降维建立的。权函数的选择必须满足齐次型控制方程或具有奇异性特殊项的控制方程。在实施两次分部积分过程中，原控制方程中的近似解 u 同权函数 w 在算子之间互换了位置，反过来将赋予前者的条件适用于后者。下面采用两种方法选择权函数建立边界法。

(1) 选用满足控制方程的齐次型的权函效 w。

(2) 选用满足基本解方程的权函效 w。基本解方程是在定解问题的控制方程加以狄拉克-δ 特殊函数而建立的。采用此函数就可以消除包含近似解函数的域积分项。

下面以式(1-3-1)为例来介绍两种方法。

$$\frac{\mathrm{d}^2 u}{\mathrm{d}x^2} + \lambda^2 u - b(x) = 0 \tag{1-3-37}$$

用加权余量式表达，有

$$\int_0^1 \left[u\left(\frac{\mathrm{d}^2 w}{\mathrm{d}x^2} + \lambda^2 w\right) - bw\right]\mathrm{d}x + \left(\frac{\mathrm{d}u}{\mathrm{d}x}w\right)\Bigg|_0^1 - \left(u\ \frac{\mathrm{d}w}{\mathrm{d}x}\right)\Bigg|_0^1 = 0 \tag{1-3-38}$$

第一个方法是选用满足下列方程的权函数，但不考虑问题的实际边界条件，则有

$$\frac{\mathrm{d}^2 w}{\mathrm{d}x^2} + \lambda^2 w = 0 \tag{1-3-39}$$

则式(1-3-38)可以化简为

$$-\int_0^1 bw\,\mathrm{d}x + \left(\frac{\mathrm{d}u}{\mathrm{d}x}w\right)\Bigg|_0^1 - \left(u\ \frac{\mathrm{d}w}{\mathrm{d}x}\right)\Bigg|_0^1 = 0 \tag{1-3-40}$$

第二个方法是选用满足如下基本解方程的权函数，则有

$$\frac{\mathrm{d}^2 w}{\mathrm{d}x^2} + \lambda^2 w = -\delta_i \tag{1-3-41}$$

式中，δ_i 为狄拉克-δ 函数，满足如下方程：

$$\int_{x_i-\varepsilon}^{x_i+\varepsilon} \delta_i\,\mathrm{d}x = 1 \tag{1-3-42}$$

由此得

$$\int_0^1 \left[u\left(\frac{\mathrm{d}^2 w}{\mathrm{d}x^2} + \lambda^2 w\right)\right]\mathrm{d}x = -\int_0^1 u\delta_i\,\mathrm{d}x = -u^i \tag{1-3-43}$$

式中，u^i 表示 x_i 点的函数 u 值。因此，式(1-3-38)可以写成如下形式：

$$-u^{i}-\int_{0}^{1} b w \mathrm{d} x+\left(\frac{\mathrm{d} u}{\mathrm{d} x} w\right)\Big|_{0}^{1}-\left(u \frac{\mathrm{d} w}{\mathrm{d} x}\right)\Big|_{0}^{1}=0 \tag{1-3-44}$$

将 x_i 点取在边界上时，式(1-3-44)给出边值间的对应关系。

边界元法通常采用第二个方法。权函数称为满足基本解方程式(1-3-41)的基本解。但该解是在不考虑问题的边界条件下获得的。

混合法来源于近似解 u 不满足控制方程的加权余量式。对式(1-3-1)进行分部积分，得

$$\int_{0}^{1}\left[-\frac{\mathrm{d} u}{\mathrm{d} x} \frac{\mathrm{d} w}{\mathrm{d} x}+\left(\lambda^{2} u-b\right) w\right] \mathrm{d} x+\left(\frac{\mathrm{d} u}{\mathrm{d} x} w\right)\Big|_{0}^{1}=0 \tag{1-3-45}$$

总之，当降阶转换法所用的近似和对有关原式定义域的加权余量式所用的近似相同时，其结果在所有场合都相同。降阶转换法可以依靠 u 的导数阶数的减少来降低近似解试函数所必需的可导阶数。

1.3.2　位势问题

在物理问题中有不少问题，如常见的有稳态的温度场问题、电场问题，理想流体定常流动的流场问题等可以归结为位势问题，即偏微分方程边值问题的域内控制方程为调和方程，又称拉普拉斯方程。本节首先主要以温度场问题为例来介绍位势问题，概述温度场的基本方程及边界条件，然后利用加权余量法推导出边界积分方程，最后介绍边界积分方程的离散和求解。

1. 基本方程及边界条件

温度场的控制方程为

$$\nabla^{2} T=b \quad (\in \Omega) \tag{1-3-46}$$

式中，b 为某个已知函数。并以式(1-3-47)为其边界条件：

$$\begin{cases} T=\overline{T} & (\in \Gamma_{1}) \\ q=\dfrac{\partial T}{\partial n}=\bar{q} & (\in \Gamma_{2}) \end{cases} \tag{1-3-47}$$

式中，$\Gamma_1+\Gamma_2=\Gamma$，如图 1-3-2 所示。

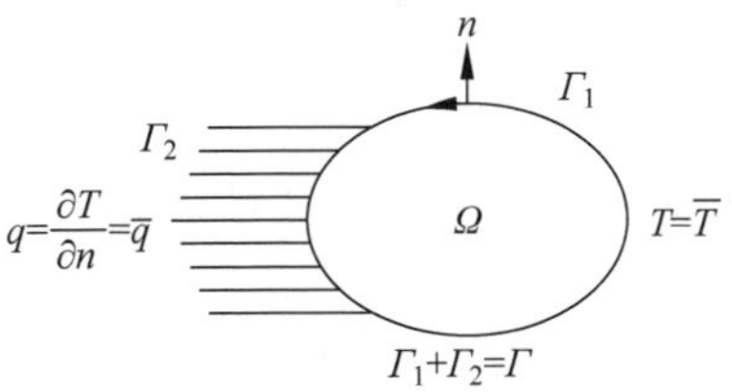

图 1-3-2　温度场符号定义

2. 边界积分方程

对上述方程运用加权余量法，有

$$\int_{\Omega}\left(\nabla^{2} T\right) w \mathrm{d} v-\int_{\Omega} b w \mathrm{d} v=\int_{\Gamma_{2}}(q-\bar{q}) w \mathrm{d} s-\int_{\Gamma_{1}}(T-\overline{T}) \frac{\partial w}{\partial n} \mathrm{d} s \tag{1-3-48}$$

式中，w 为权函数。将式(1-3-48)分部积分两次，得

$$\int_{\Omega}\left(\nabla^{2} w\right) T \mathrm{d} v-\int_{\Omega} b w \mathrm{d} v=-\int_{\Gamma_{2}} \bar{q} w \mathrm{d} s-\int_{\Gamma_{1}} q w \mathrm{d} s+\int_{\Gamma_{2}} T \frac{\partial w}{\partial n} \mathrm{d} s+\int_{\Gamma_{1}} \overline{T} \frac{\partial w}{\partial n} \mathrm{d} s \tag{1-3-49}$$

若取权函数 w 为拉普拉斯方程的基本解 T^*，对于三维稳态温度场问题，基本解为

$$T^*(\varphi,\xi)=\frac{1}{4\pi r(\varphi,\xi)} \tag{1-3-50}$$

式中，φ 为源点；ξ 为场点；$r(\varphi,\xi)$ 为 φ、ξ 两点间的距离。将基本解式(1-3-50)代入式(1-3-49)可得

$$\int_{\Omega}(\nabla^2 T^*)T\mathrm{d}v-\int_{\Omega}bT^*\mathrm{d}v+\int_{\Gamma_2}\overline{q}T^*\mathrm{d}s+\int_{\Gamma_1}qT^*\mathrm{d}s=\int_{\Gamma_2}Tq^*\mathrm{d}s+\int_{\Gamma_1}\overline{T}q^*\mathrm{d}s \tag{1-3-51}$$

式中，$q^*=\partial T^*/\partial n$。由基本解的性质，式(1-3-6)可写为

$$C(\varphi)T(\varphi)+\int_{\Omega}bT^*(\varphi,\xi)\mathrm{d}v+\int_{\Gamma_2}T(\xi)q^*(\varphi,\xi)\mathrm{d}s+\int_{\Gamma_1}\overline{T}(\xi)q^*(\varphi,\xi)\mathrm{d}s$$
$$=\int_{\Gamma_2}\overline{q}(\xi)T^*(\varphi,\xi)\mathrm{d}s+\int_{\Gamma_1}q(\xi)T^*(\varphi,\xi)\mathrm{d}s \tag{1-3-52}$$

式中，$C(\varphi)$ 为角点系数，其取值与源点所处位置有关，即

$$C(\varphi)=\begin{cases}1 & (\varphi\in\Omega)\\ 1/2 & (\varphi\text{ 在 }\Gamma\text{ 上且光滑})\\ \theta/2\pi & (\varphi\text{ 在 }\Gamma\text{ 上，不光滑且内角为 }\theta)\end{cases} \tag{1-3-53}$$

式(1-3-53)用简明的形式可写为

$$C(\varphi)T(\varphi)=\int_{\Gamma}[T^*(\varphi,\xi)q(\xi)-q^*(\varphi,\xi)T(\xi)]\mathrm{d}s-\int_{\Omega}bT^*(\varphi,\xi)\mathrm{d}v \tag{1-3-54}$$

式(1-3-54)即为温度场问题对应的边界积分方程。

3. 数值离散与求解

当 $b=0$ 时，离散区域的边界，则方程(1-3-54)可写成离散形式，即

$$\frac{1}{2}T_i(\varphi)+\sum_{j=1}^{N}\int_{\Gamma_j}q^*(\varphi,\xi)T(\xi)\mathrm{d}s=\sum_{j=1}^{N}\int_{\Gamma_j}T^*(\varphi,\xi)q(\xi)\mathrm{d}s\quad(i=1,2,\cdots,N) \tag{1-3-55}$$

式中，N 为单元总数。对于常数单元，每个单元上 T_j 与 q_j 为常数，因此式(1-3-55)可写为

$$\frac{1}{2}T_i(\varphi)+\sum_{j=1}^{N}\left(\int_{\Gamma_j}q^*(\varphi,\xi)\mathrm{d}s\right)T(\xi)=\sum_{j=1}^{N}\left(\int_{\Gamma_j}T^*(\varphi,\xi)\mathrm{d}s\right)q(\xi)\quad(i=1,2,\cdots,N) \tag{1-3-56}$$

记 $\hat{H}_{ij}=\int_{\Gamma_j}q^*(\varphi,\xi)\mathrm{d}s$，$G_{ij}=\int_{\Gamma_j}T^*(\varphi,\xi)\mathrm{d}s$，则方程(1-3-56)可写为

$$\frac{1}{2}T_i+\sum_{j=1}^{N}(\hat{H}_{ij}T_j)=\sum_{j=1}^{N}(G_{ij}q_j)\quad(i=1,2,\cdots,N) \tag{1-3-57}$$

令 $H_{ij}=\begin{cases}\hat{H}_{ij} & (i\neq j)\\ \hat{H}_{ij}+\dfrac{1}{2} & (i=j)\end{cases}$，则方程(1-3-57)可进一步写为

$$\sum_{j=1}^{N}(H_{ij}T_j)=\sum_{j=1}^{N}(G_{ij}q_j)\quad (i=1,2,\cdots,N) \tag{1-3-58}$$

用矩阵的形式可表达为

$$\boldsymbol{HT}=\boldsymbol{Gq} \tag{1-3-59}$$

将方程(1-3-59)按边界条件进行移项整理，并置全部未知量于左端，可得到线性方程组

$$\boldsymbol{Ax}=\boldsymbol{f} \tag{1-3-60}$$

式中，$\boldsymbol{x}$ 为由未知的 T 及 q 组成的向量，解此方程组可得到边界上所有的温度及热流量。

对区域内部任意点，角点系数 $C(\varphi)=1$，其温度 T_i 可由方程式(1-3-54)的离散形式求得

$$T_i=\sum_{j=1}^{N}G_{ij}q_j-\sum_{j=1}^{N}\hat{H}_{ij}T_j\quad (i=1,2,\cdots,N) \tag{1-3-61}$$

对式(1-3-61)两边进行求导，可得热流量 q。

当 $b\neq 0$ 时，对应的边界积分方程已由式(1-3-54)给出，与前面不同的仅在于含有 b 项的域内积分。为了求得该积分项，需要将区域 Ω 离散成一系列的内部单元，考察这些单元，可得出

$$B_i=\int_{\Omega}bT^*(\varphi,\xi)\mathrm{d}v=\sum_{k=1}^{M}\int_{\Omega_k}bT^*(\varphi,\xi)\mathrm{d}v \tag{1-3-62}$$

式中，M 为域内单元的数量。对每一单元应用数值积分公式，得到

$$\int_{\Omega}bT^*(\varphi,\xi)\mathrm{d}v=\sum_{k=1}^{M}\Big(\sum_{r=1}^{s}W_r(bT^*(\varphi,\xi))_r\Big)A_k \tag{1-3-63}$$

式中，r 为积分点；W_r 为权系数；S 为每个单元上积分点的总数；A_k 为单元的面积。

于是，方程(1-3-54)的离散形式可写为

$$B_i+\sum_{j=1}^{N}H_{ij}T_j=\sum_{j=1}^{N}G_{ij}q_j\quad (i=1,2,\cdots,N) \tag{1-3-64}$$

其矩阵形式为

$$\boldsymbol{B}+\boldsymbol{HT}=\boldsymbol{Gq} \tag{1-3-65}$$

按照边界条件进行移项整理，将未知量和已知量分别移至等号两边，式(1-3-65)可得到

$$\boldsymbol{Ax}=\boldsymbol{f} \tag{1-3-66}$$

式中，$\boldsymbol{f}$ 中包含 $\boldsymbol{B}$ 的各项。

1.3.3 线弹性静力学问题

线弹性静力学简称弹性力学，是固体力学的基础。本节在列出弹性力学偏微分方程及其边值问题的基础上，介绍利用赋予力学意义的数学公式来推导边界积分方程：由贝蒂（Betti）定理出发，利用开尔文（Kelvin）解，导出苏米梁诺(Somigliana)等式，最终得到弹性力学的边界积分方程。

1. **基本方程及边界条件**

由应力理论、变形几何理论和应力应变关系一共可列出 15 个独立的基本方程，其中 3 个弹性体运动方程为

$$\sigma_{ji,j}+f_i=\rho a_i \tag{1-3-67}$$

式中，f 为力；σ 为应力；ρ 为材料密度；a 为加速度。这是运动方程，若加速度为零，可写成如下平衡方程：

$$\sigma_{ji,j}+f_i=0 \tag{1-3-68}$$

由于应力张量是对称张量，即 $\sigma_{ji}=\sigma_{ij}$，还可写成

$$\sigma_{ij,j}+f_i=\rho a_i \quad (\text{或}=0) \tag{1-3-69}$$

6 个联系应变与位移的几何方程为

$$\varepsilon_{ij}=\frac{1}{2}(u_{i,j}+u_{j,i}) \tag{1-3-70}$$

式中，

$$\varepsilon_{ij}=\varepsilon_{ji}$$

6 个弹性应力应变关系，即广义胡克(Hooke)定律为

$$\sigma_{ij}=E_{ijkl}\varepsilon_{kl} \tag{1-3-71}$$

式中，$E_{ijkl}=E_{jikl}=E_{ijlk}=E_{klij}$。

在各向同性的情况下，有

$$\sigma_{ij}=2G\varepsilon_{ij}+\lambda\varepsilon_{kk}\delta_{ij}=\frac{E}{1+\nu}\left(\frac{\nu}{1-2\nu}\varepsilon_{kk}\delta_{ij}+\varepsilon_{ij}\right) \tag{1-3-72}$$

综上，对于线弹性体共有 15 个方程，涉及的未知量为 3 个位移分量 u_i、6 个独立的应变分量及 6 个独立的应力分量 $\sigma_{ij}=\sigma_{ji}$，共 15 个变量。此外，为了得到定解，这些变量还应满足一定的边界条件。

在给定位移的边界上，有

$$u_i=\bar{u}_i \tag{1-3-73}$$

在给定面力的边界上，有

$$t_i=\bar{t}_i \tag{1-3-74}$$

式中，$t_i=\sigma_{ji}n_j$。

以上各式还可以紧凑地写成如下形式：

$$\begin{cases}\sigma_{ij,j}+f_i=0 & (\sigma_{ij}=\sigma_{ji}) \\ \varepsilon_{ij}=\varepsilon_{ji}=\dfrac{1}{2}(u_{i,j}+u_{j,i}) & (\forall x\in V) \\ \sigma_{ij}=E_{ijkl}\varepsilon_{kl} & \end{cases} \tag{1-3-75}$$

$$\begin{cases}u_i-\bar{u}_i=0 & (\forall x\in S^{ui}) \\ t_i-\bar{t}_i=\sigma_{ji}n_j-\bar{t}_i=0 & (\forall x\in S^{ti})\end{cases} \tag{1-3-76}$$

为了保证问题的解存在、唯一且稳定，当各给定量有微小偏差时，保证解的误差也是微小的，则边界的划分必须满足如下条件：

$$S^{ui}\cup S^{ti}=S,\quad S^{ui}\cap S^{ti}=\varnothing \tag{1-3-77}$$

式中，V 为以足够光滑的曲面 S 为边界的有限体积域；S^{ui} 代表给定位移的边界；S^{ti} 代表给定面力的边界。

对于上面列出的涉及 15 个变量的 15 个方程，为了便于数学上求解，一般需要利用其中某些方程先消去一些未知量，化为对于较少的基本未知量的定解方程组。在线弹性静力问题中通常有两种不同的处理：一种是以位移为基本未知量，将应变、应力都用位移表示，由此建立位移基本方程；另一种是以应力为基本未知量，将应变用应力来表示，从而导出应力基本方程。这里只介绍在边界元法中用得较多的位移基本方程。

在上列方程中，如果将式(1-3-71)代入式(1-3-69)，则对静力问题可得

$$E_{ijkl}\varepsilon_{kl,j}+f_i=0 \tag{1-3-78}$$

由于 ε_{kl} 是 $u_{k,l}$ 的对称部分，而 E_{ijkl} 对于 k,l 具有对称性，式(1-3-78)可改写为

$$E_{ijkl}u_{k,lj}+f_i=0 \tag{1-3-79}$$

对于各向同性弹性体而言，其弹性张量可用拉梅(Lame)弹性常数 λ、G 表示为

$$E_{ijkl}=\lambda\delta_{ij}\delta_{kl}+G(\delta_{ik}\delta_{jl}+\delta_{il}\delta_{jk})$$

代入式(1-3-79)，并注意到

$$\delta_{ij}\delta_{kl}u_{k,lj}=u_{k,ki},\quad \delta_{ik}\delta_{jl}u_{k,lj}=u_{i,kk},\quad \delta_{il}\delta_{jk}u_{k,lj}=u_{k,ki}$$

即可得到

$$(\lambda+G)u_{k,ki}+Gu_{i,kk}+f_i=0 \tag{1-3-80}$$

或写为

$$u_{i,kj}+\frac{1}{1-2\nu}u_{k,ki}+\frac{1}{G}f_i=0 \tag{1-3-81}$$

式(1-3-81)为用位移表示的各向同性弹性体的平衡方程，称为拉梅-纳维(Lamé-Navier)方程。

对于无体积力的情况，式(1-3-81)写为

$$u_{i,kk}+\frac{1}{1-2\nu}u_{k,ki}=0 \tag{1-3-82}$$

作为偏微分方程边值问题，除上述方程外还应有相应的边界条件。对于静力问题而言即式(1-3-76)，在给定面力边界条件中，$t_i=\sigma_{ji}n_j$ 也应以位移来表示，于是可以写为

$$\begin{cases} u_i-\bar{u}_i=0 & (\forall x\in S^{ui}) \\ G\left[(u_{i,j}+u_{j,i})+\dfrac{2\nu}{1-2\nu}\delta_{ij}u_{k,k}\right]n_j-\bar{t}_i=0 & (\forall x\in S^{ti}) \end{cases} \tag{1-3-83}$$

2. 贝蒂定理、开尔文解及苏米梁诺等式

考虑同一弹性体的两种平衡状态 $f_i^{(1)}$，$t_i^{(1)}$ 引起的 $u_i^{(1)}$，以及 $f_i^{(2)}$，$t_i^{(2)}$ 引起的 $u_i^{(2)}$，下面来计算 $f_i^{(2)}$，$t_i^{(2)}$ 在 $u_i^{(1)}$ 上做的功，利用平衡方程及高斯公式可以得到

$$\begin{aligned}\int_V f_i^{(2)}u_i^{(1)}\mathrm{d}V+\int_S t_i^{(2)}u_i^{(1)}\mathrm{d}S&=\int_S\sigma_{ij}^{(2)}n_ju_i^{(1)}\mathrm{d}S-\int_V\sigma_{ij,j}^{(2)}u_i^{(1)}\mathrm{d}V\\&=\int_V(\sigma_{ij}^{(2)}u_i^{(1)})_{,j}\mathrm{d}V-\int_V\sigma_{ij,j}^{(2)}u_i^{(1)}\mathrm{d}V\\&=\int_V\sigma_{ij}^{(2)}u_{i,j}^{(1)}\mathrm{d}V=\int_V\sigma_{ij}^{(2)}\varepsilon_{ij}^{(1)}\mathrm{d}V\end{aligned}\tag{1-3-84}$$

利用应力应变关系可以得到

$$\sigma_{ij}^{(2)}\varepsilon_{ij}^{(1)}=E_{ijkl}\varepsilon_{kl}^{(2)}\varepsilon_{ij}^{(1)}=\varepsilon_{kl}^{(2)}\sigma_{kl}^{(1)}=\sigma_{ij}^{(1)}u_{i,j}^{(2)}\tag{1-3-85}$$

于是，由式(1-3-84)得到

$$\begin{aligned}\int_V f_i^{(2)}u_i^{(1)}\mathrm{d}V+\int_S t_i^{(2)}u_i^{(1)}\mathrm{d}S&=\int_V\sigma_{ij}^{(2)}u_{i,j}^{(1)}\mathrm{d}V\\&=\int_V\sigma_{ij}^{(1)}u_{i,j}^{(2)}\mathrm{d}V\\&=\int_V f_i^{(1)}u_i^{(2)}\mathrm{d}V+\int_S t_i^{(1)}u_i^{(2)}\mathrm{d}S\end{aligned}\tag{1-3-86}$$

式(1-3-86)即贝蒂定理，它可以叙述如下：假如同一弹性体承受两组体积力和表面力的作用，那么第一组力 $f_i^{(1)}$，$t_i^{(1)}$ 在由第二组力所引起的位移 $u_i^{(2)}$ 所做的功就等于第二组力 $f_i^{(2)}$，$t_i^{(2)}$ 在第一组力所引起位移 $u_i^{(1)}$ 所做的功。在实际应用中，这两组荷载与相应的变形状态中通常一组是待求的真实状态，而另一组是为求解方便而引进的辅助状态。

在建立弹性静力学的边界积分方程时，还要用到在无限弹性体内任意一点 P 的作用单位集中力所引起的变形状态作为辅助状态，它所满足的方程为

$$(\lambda+G)u_{ik,kj}^{s}(P;Q)+Gu_{ij,kk}^{s}(P;Q)+\delta_{ij}\Delta(P,Q)=0\tag{1-3-87}$$

这个辅助问题称为开尔文问题，其是有经典的解析解的。

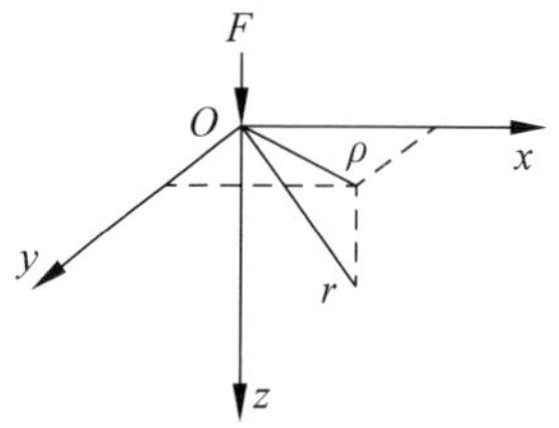

图 1-3-3　开尔文问题

设集中力 F 沿 Oz 方向作用于坐标原点 O(图 1-3-3)。

边界条件如下：在无穷远处所有应力分量均趋于零，在 O 点处应力的奇异性和集中力一致。集中力可以看成作用在原点处一个小球洞表面上的荷载系的极限。

由于该问题的轴对称性质，可以在圆柱坐标系(ρ,θ,z)下采用 Love 应变函数求解。得到的解为

$$u_\rho=\frac{F\rho z}{16\pi G(1-\nu)r^3},\quad u_\theta=0,\quad u_z=\frac{F}{16\pi G(1-\nu)}\left[\frac{2(1-2\nu)}{r}+\frac{1}{r}+\frac{z^2}{r^3}\right] \tag{1-3-88}$$

推广到一般情况并采用指标符号，当在任意一点 P(称源点)沿 x_i 方向作用单位集中力时，在三维域内任意一点 Q(称场点)处引起的 x_j 方向的位移分量可表示为

$$u_{ij}^s(P;Q)=\frac{1}{16\pi G(1-\nu)r}[(3-4\nu)\delta_{ij}+r_{,i}r_{,j}] \tag{1-3-89}$$

式中，$r(P,Q)=\sqrt{[x_1(Q)-x_1(P)]^2+[x_2(Q)-x_2(P)]^2+[x_3(Q)-x_3(P)]^2}$，即 Q 点与 P 点的距离。这一变形状态的应力和位移在无穷远处趋于零，在 P 点处应力和位移均具有奇异性，而应力的奇异性恰恰和作用的单位集中力相一致。

假如在贝蒂定理的等式(1-3-86)中取开尔文解，即式(1-3-89)所表示的变形状态作为辅助状态，则有

$$u_j^{(2)}(Q)\Rightarrow u_{ij}^s(P;Q) \tag{1-3-90}$$

下面着眼于待解问题的有限域 V，令 P 点在 V 域内，Q 点为域内任意点。对此辅助状态而言，域内没有分布的体积力，只在 P 点处有一个沿 x_i 方向作用的单位集中力，而在边界 S 则应该作用有与式(1-3-89)的位移场相对应的面力 $t_j^{(2)}$，若将边界 S 上的任意场点记作 q，则可得

$$t_j^{(2)}(q)\Rightarrow t_{ij}^s(P;q)=-\frac{1}{8\pi(1-\nu)r^2}\left\{[(1-2\nu)\delta_{ij}+3r_{,i}r_{,j}]\frac{\partial r}{\partial n}-(1-2\nu)(r_{,i}n_j-r_{,j}n_i)\right\} \tag{1-3-91}$$

代入式(1-3-86)可以得到

$$u_i^{(1)}(P)=\int_V u_{ij}^s(P;Q)f_j^{(1)}(Q)\mathrm{d}V(Q)+\int_S u_{ij}^s(P;q)t_j^{(1)}(q)\mathrm{d}S(q)-\int_S t_{ij}^s(P;q)u_j^{(1)}(q)\mathrm{d}S(q) \tag{1-3-92}$$

对于待解问题的真实解略去上标(1)，即写成

$$u_i(P)=\int_V u_{ij}^s(P;Q)f_j(Q)\mathrm{d}V(Q)+\int_S u_{ij}^s(P;q)t_j(q)\mathrm{d}S(q)-\int_S t_{ij}^s(P;q)u_j(q)\mathrm{d}S(q) \tag{1-3-93}$$

这就是弹性理论的苏米梁诺(Somigliana)等式，对无体积力情况则简化为

$$u_i(P)=\int_S u_{ij}^s(P;q)t_j(q)\mathrm{d}S(q)-\int_S t_{ij}^s(P;q)u_j(q)\mathrm{d}S(q) \quad (1\text{-}3\text{-}94)$$

由式(1-3-93)可以看出，弹性理论的解都具有如下性质：如果边界各点的位移 u_i 与面力 t_i 全部已经确定，则域内任意点的位移也都随之确定。因此，弹性理论问题的求解也可采取先解出全部边界未知量的途径。

3. 边界积分方程

前面已经得到了域内任意一点的位移分量用边界变量的积分来表示的苏米梁诺等式，只需将基本解即开尔文解的源点从域内趋于边界，即 $P\to p$，就可得到边界积分方程为

$$C_{ij}(p)u_j(p)=\int_V u_{ij}^s(p;Q)f_j(Q)\mathrm{d}V(Q)+$$
$$\int_S u_{ij}^s(p;q)t_j(q)\mathrm{d}S(q)-\int_S t_{ij}^s(p;q)u_j(q)\mathrm{d}S(q) \quad (1\text{-}3\text{-}95)$$

$$C_{ij}(p)=\lim_{\delta\to 0}\int_{S^\delta} t_{ij}^s(p;q)\mathrm{d}S(q) \quad (1\text{-}3\text{-}96)$$

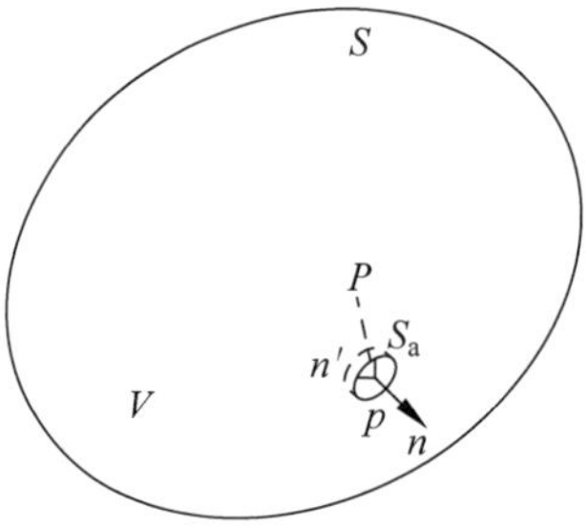

图 1-3-4　为除去奇异点而作的小球面

式中，S^δ 为把不满足高斯公式应用条件的奇异点从积分域中除去而作的以 P 点为中心、δ 为半径的球面在域内的部分(图 1-3-4)。对于光滑边界点 $C_{ij}(p)=\delta_{ij}/2$。在实际计算中，一般不单独计算此系数，而是把它和相邻单元的奇异积分加在一起利用简单特解代入方程间接算出。

如果把边界 S 分为给定位移的部分 S^{ui} 和给定面力的部分 S^{ti}，则式(1-3-95)还可改写成如下形式：

$$C_{ij}(p)u_j(p)=\int_V u_{ij}^s(p;Q)f_j(Q)\mathrm{d}V(Q)+$$
$$\int_{S^{uj}}[u_{ij}^s(p;q)t_j(q)-t_{ij}^s(p;q)\bar{u}_j(q)]\mathrm{d}S(q)+$$
$$\int_{S^{tj}}[u_{ij}^s(p;q)\bar{t}_j(q)-t_{ij}^s(p;q)u_j(q)]\mathrm{d}S(q)$$
$$(1\text{-}3\text{-}97)$$

对于无体积力情况，式(1-3-97)可简化为

$$C_{ij}(p)u_j(p)=\int_{S^{uj}}[u_{ij}^s(p;q)t_j(q)-t_{ij}^s(p;q)\bar{u}_j(q)]\mathrm{d}S(q)+$$
$$\int_{S^{tj}}[u_{ij}^s(p;q)\bar{t}_j(q)-t_{ij}^s(p;q)u_j(q)]\mathrm{d}S(q) \quad (1\text{-}3\text{-}98)$$

4. 方程求解

式(1-3-98)中同时以边界位移和边界面力作为独立变量，其中 $\bar{u}_j$、$\bar{t}_j$ 为边界

给定量。这里对于边界每点有3个边界未知量：S^{uj} 上的 $t_j(q)$ 或 S^{uj} 上的 $u_j(q)$，而这一边界积分方程的原点 p 可取在边界的任意点，对任意一个选定的 p 点可建立3个方程（$j=1,2,3$）。建立了边界积分方程后，就可把边界未知量作为基本未知量，把整个求解过程分解为首先通过边界积分方程解出边界未知量，然后在必要时根据域内解的积分表达式去求出域内点的未知量。

当所有边界未知量解出之后，不仅可根据式(1-3-93)来确定域内任意点的位移，还可以利用如下积分关系式确定域内点的应力分量：

$$\sigma_{ij}(P)=\int_V d^s_{ijk}(P;Q)f_k(Q)\mathrm{d}V(Q)+\int_S d^s_{ijk}(P;q)t_k(q)\mathrm{d}S(q)-\int_S s^s_{ijk}(P;q)u_k(q)\mathrm{d}S(q) \tag{1-3-99}$$

式中，

$$d^s_{ijk}=\frac{1}{8\pi(1-\nu)r^2}\left[(1-2\nu)(r_{,i}\delta_{jk}+r_{,j}\delta_{ik}-r_{,k}\delta_{ij})+3r_{,i}r_{,j}r_{,k}\right] \tag{1-3-100}$$

$$s^s_{ijk}=\frac{G}{4\pi(1-\nu)r^3}\left\{3\frac{\partial r}{\partial n}\left[(1-2\nu)\delta_{ij}r_{,k}+\nu(\delta_{ik}r_{,j}+\delta_{jk}r_{,i})-5r_{,i}r_{,j}r_{,k}\right]+3\nu(n_ir_{,j}r_{,k}+n_jr_{,k}r_{,i})+(1-2\nu)(3n_kr_{,i}r_{,j}+n_i\delta_{jk}+n_j\delta_{ik})-(1-4\nu)n_k\delta_{ij}\right\} \tag{1-3-101}$$

式(1-3-99)实际上可以由式(1-3-93)两端对 P 点的坐标求导并利用几何关系和应力应变关系导出。

在线弹性静力学的实际问题中，体积力的分布规律通常是比较简单的，因此不难先求出有体积力的非齐次方程的特解 $\tilde{u}_i$ 及相应的 $\tilde{t}_i$，而将真实的待求解表示成它和齐次方程解之和，即

$$u_i=\tilde{u}_i+u_i^* \tag{1-3-102}$$

式中，u_i 为待求的满足边界条件的非齐次方程解；$\tilde{u}_i$ 为并不单独满足边界条件的非齐次方程特解；u_i^* 表示齐次方程解。对齐次方程解 u_i^* 可建立边界积分方程，即

$$C_{ij}(p)u_j^*(p)=\int_{S^{uj}}\{u^s_{ij}(p;q)t_j^*(q)-t^s_{ij}(p;q)[\bar{u}_j(q)-\tilde{u}_j(q)]\}\mathrm{d}S(q)+\int_{S^{tj}}\{u^s_{ij}(p;q)[\bar{t}_j(q)-\tilde{t}_j(q)]-t^s_{ij}(p;q)u_j^*(q)\}\mathrm{d}S(q) \tag{1-3-103}$$

由此解出齐次方程解之后，再和非齐次方程特解叠加即得有体积力情况的真实解。或者将方程(1-3-102)代入方程(1-3-103)，得到

$$C_{ij}(p)[u_j(p)-\tilde{u}_j(p)]=\int_{S^{uj}}\{u^s_{ij}(p;q)[t_j(q)-\tilde{t}_j(q)]-t^s_{ij}(p;q)[\bar{u}_j(q)-\tilde{u}_j(q)]\}\mathrm{d}S(q)+$$

$$\int_{S^{tj}}\{u_{ij}^{s}(p;q)[\bar{t}_{j}(q)-\tilde{t}_{j}(q)]-$$

$$t_{ij}^{s}(p;q)[u_{j}(q)-\tilde{u}_{j}(q)]\}\,\mathrm{d}S(q) \tag{1-3-104}$$

由此即可直接解得待求的解 u_i 及 t_i。

由方程(1-3-104)与方程(1-3-95)相比可知,由于在方程(1-3-95)中不再出现域内积分项,这将给问题的求解带来很多方便。因此凡是比较容易求得非齐次方程特解的问题,在求解过程中都是沿着这条途径。实际计算中采用方程(1-3-103)还是方程(1-3-104),则可根据实际情况来比较确定。

1.3.4 时间相关问题

本节以瞬态热传导和弹性动力学问题的边界元法为例介绍时间相关问题,瞬态热传导介绍了3种求解方法,包括拉普拉斯变换法、边界元-时间差分耦合法,以及利用与时间有关基本解的时空域边界元法;弹性动力学问题主要介绍利用与时间有关的基本解建立边界积分方程。

1. 瞬态热传导问题

在各向同性介质中,无内部热源的瞬态热传导问题的控制方程如下:

$$\nabla^2\theta(x,t)-\frac{c\rho}{k}\frac{\partial\theta(x,t)}{\partial t}=0 \quad (\forall x\in V) \tag{1-3-105}$$

相应的边界条件为

$$\begin{cases}\theta(x,t)=\bar{\theta}(x,t) & (\forall x\in S^{\theta})\\ q(x,t)\equiv -k\dfrac{\partial\theta(x,t)}{\partial n}=\bar{q}(x,t) & (\forall x\in S^{q})\end{cases} \tag{1-3-106}$$

初始条件为

$$\theta(x,0)=\theta_0(x) \quad (\forall x\in V) \tag{1-3-107}$$

这是一个抛物型方程问题,当用边界元法求解时有如下几种常用的方法:一种是用拉普拉斯变换或其他积分变换将方程化为变换空间中的椭圆型方程,将它用边界元法解出,再用逆变换的数值方法得到原空间中的瞬态温度场的解;另一种是将边界元法和对时间的差分法结合,对时间逐步求解,对每一步又都是椭圆型方程的问题;还有一种方法是直接利用与时间有关的基本解建立时空域边界积分方程,然后对逐个时间步依次求解。

1) 拉普拉斯变换法

假如我们讨论的问题中的 θ 满足拉普拉斯变换存在的条件,记作

$$L[\theta(x,t)]\xrightarrow{\text{def}}\Theta(x,\lambda)=\int_0^{\infty}\theta(x,t)\mathrm{e}^{-\lambda t}\,\mathrm{d}t \tag{1-3-108}$$

相应地,有

$$L\left[\frac{\partial\theta(x,t)}{\partial t}\right]=\lambda\Theta(x,\lambda)-\theta_0(x) \tag{1-3-109}$$

在变换空间中，方程(1-3-105)可改写为

$$\nabla^2\Theta(x,\lambda)-\frac{c\rho}{k}\lambda\Theta(x,\lambda)+\frac{c\rho}{k}\theta_0(x)=0 \tag{1-3-110}$$

相应的边界条件也应变换，为简单起见，设边界给定量不随时间而变，则有

$$\begin{cases}\Theta(x,\lambda)=\bar{\Theta}(x,\lambda)=\dfrac{\bar{\theta}(x)}{\lambda}\\ Q(x,\lambda)=\bar{Q}(x,\lambda)=\dfrac{\bar{q}(x)}{\lambda}\end{cases} \tag{1-3-111}$$

对于变换空间中的问题，可得边界积分方程为

$$C(p)\Theta(p,\lambda)+\int_S\frac{1}{k}Q_n^s(p;q,\lambda)\Theta(q,\lambda)\mathrm{d}S(q)$$
$$=\int_S\frac{1}{k}\Theta^s(p;q,\lambda)Q_n(q,\lambda)\mathrm{d}S(q)-\int_V\frac{c\rho}{k}\Theta^s(p;Q,\lambda)\theta_0(Q)\mathrm{d}V(Q) \tag{1-3-112}$$

式中，Θ^s 为满足如下方程的基本解：

$$\nabla^2\Theta^s(P;Q,\lambda)-\frac{c\rho}{k}\lambda\Theta^s(P;Q,\lambda)=\Delta(P,Q) \tag{1-3-113}$$

对于三维问题，则有

$$\Theta^s=\frac{1}{\sqrt{(2\pi)^3}\,r}\sqrt[4]{\frac{c\rho\lambda}{k}}K_{\frac{1}{2}}\left(r\sqrt{\frac{\lambda c\rho}{k}}\right) \tag{1-3-114}$$

对于二维问题，则有

$$\Theta^s=-\frac{1}{2\pi}K_0\left(r\sqrt{\frac{\lambda c\rho}{k}}\right) \tag{1-3-115}$$

式中，K_m 为 m 阶的第二类变形贝塞尔(Bessel)函数。

边界积分方程(1-3-112)可对 N 个选定的 λ 按一般的边界元法来求解。当解出 N 个 λ 的 $\Theta(q,\lambda)$之后，可用数值方法进行反演。例如，设

$$\theta(q,t)=\theta(q,\infty)+\sum_{n=1}^{N}a_n(q)\exp\left[-b_n(q)t\right] \tag{1-3-116}$$

其拉普拉斯变换为

$$\Theta(q,\lambda)=\frac{1}{\lambda}\theta(q,\infty)+\sum_{n=1}^{N}\frac{a_n(q)}{\lambda+b_n(q)} \tag{1-3-117}$$

把已求得的 N 个 $\Theta(q,\lambda)$及稳态解代入式(1-3-117)，并设 $b_n(q)$就等于 N 个选定的 λ，就可求出 $a_n(q)$，从而得到瞬态解，即式(1-3-116)。

2) 时间差分耦合法

若在方程(1-3-105)中，令

$$\frac{\partial\theta(x,t)}{\partial t}\approx\frac{\theta(x,t+\Delta t)-\theta(x,t)}{\Delta t} \tag{1-3-118}$$

式中，Δt 是足够小的时间步长，则可改写为

$$\nabla^2\theta(x,t+\Delta t)-\frac{c\rho}{k\Delta t}\theta(x,t+\Delta t)+\frac{c\rho}{k\Delta t}\theta(x,t)=0 \tag{1-3-119}$$

方程(1-3-119)和式(1-3-110)类似。只需要把其中的 λ 改为 $1/\Delta t$，则基本解的式(1-3-111)、式(1-3-114)、式(1-3-115)均仍可用。

与式(1-3-110)相应的边界积分方程为

$$\begin{aligned}&C(p)\theta(p,t+\Delta t)+\frac{1}{k}\int_S q^s(p;q,\Delta t)\theta(q,t+\Delta t)\mathrm{d}S(q)\\&=\frac{1}{k}\int_S\theta^s(p;q,\Delta t)q(q,t+\Delta t)\mathrm{d}S(q)-\frac{c\rho}{k\Delta t}\int_V\theta^s(p;Q,\Delta t)\theta_0(Q,t)\mathrm{d}V(Q)\end{aligned} \tag{1-3-120}$$

3) 与时间有关的基本解

瞬态热传导方程的算子不是自共轭算子，因此建立边界积分方程时要用到它的共轭算子的基本解。这个基本解满足的方程是

$$\nabla^2\theta^s(P,t_F;Q,t)+\frac{c\rho}{k}\frac{\partial\theta^s(P,t_F;Q,t)}{\partial t}=\Delta(P,Q)\Delta(t_F,t) \tag{1-3-121}$$

方程(1-3-121)的微分算子是原方程的共轭算子，就是将一阶导数项改变了符号。也就相当于将时间轴变了符号。该基本解相当于 p 点在 $t=t_F$ 瞬时施加单位点热源，在时间轴倒转情况下对于 q 点 t 瞬时温度的影响。

方程(1-3-121)的解，即瞬态热传导问题与时间有关的基本解如下。

对于三维问题，有

$$\theta^s(P,t_F;Q,t)=\frac{1}{8\pi\sqrt{t_F-t_0}\,r\sqrt{\tau}}\exp\left(-\frac{c\rho r^2}{4k\tau}\right)H(\tau) \tag{1-3-122}$$

对于二维问题，有

$$\theta^s(P,t_F;Q,t)=\frac{1}{4\pi\tau}\exp\left(-\frac{c\rho r^2}{4k\tau}\right)H(\tau) \tag{1-3-123}$$

式中，$\tau=t_F-t$，$H(\tau)$是赫维赛德(Heaviside)函数(当 $\tau<0$ 时，$H(\tau)=0$；当 $\tau>0$ 时，$H(\tau)=1$)。

利用三维问题基本解得到的边界积分方程为

$$\begin{aligned}&C(p)\theta(p,t_F)+\int_{t_0}^{t_F}\int_S\frac{1}{k}q^s(p,t_F;q,t)\theta(q,t)\mathrm{d}S(q)\mathrm{d}t\\&=\int_{t_0}^{t_F}\int_S\frac{1}{k}\theta^s(p,t_F;q,t)q(q,t)\mathrm{d}S(q)\mathrm{d}t-\int_V\frac{c\rho}{k}\theta^s(p,t_F;Q,t_0)\theta_0(Q)\mathrm{d}V(Q)\end{aligned} \tag{1-3-124}$$

式中，$C(p)$的含义与一般边界积分方程相同。对于二维问题，只要将方程中的 V、S 改成 Ω、Γ。这一方程在求解时除在空间上要对边界划分边界元之外，对时间也要进行离散插值。核函数中有赫维赛德函数，对于 $\theta(p,t_F)$的方程中不出现该时

刻 t_F 之后的未知量，因此将方程离散化之后可以对边界未知量在各个时间步的值依次求解，而不是对各个离散时间步的边界未知量同时求解。从各个时间步依次求解来看，这种方法和边界元-时间差分耦合法是相同的，但由于采用了与时间有关的解析基本解，这种方法在精度和效率方面都优于和时间差分的简单耦合。

2. 弹性动力学问题

弹性动力学问题的控制方程为

$$(\lambda+G)u_{j,ji}+Gu_{i,jj}+f_i=\rho\ddot{u}_i \quad (\forall x\in V) \tag{1-3-125}$$

将式(1-3-125)中的材料常数用弹性波的波速来代替，可以改写成

$$\rho(c_1^2-c_2^2)u_{j,ji}+\rho c_2^2u_{i,jj}+f_i=\rho\ddot{u}_i \quad (\forall x\in V) \tag{1-3-126}$$

式中，c_1 和 c_2 分别为压力波和剪切波的波速。相应的边界条件为

$$\begin{cases} u_i(x,t)=\bar{u}_i(x,t) & (\forall x\in S^{ui}) \\ t_i(x,t)=\bar{t}_i(x,t) & (\forall x\in S^{ti}) \end{cases} \tag{1-3-127}$$

除此之外，由于它和时间有关，为了定解还需有初始条件，即

$$u_i(x,0)=u_i^0(x),\quad \dot{u}_i(x,0)=v_i^0(x) \quad (\forall x\in \bar{V}) \tag{1-3-128}$$

这个问题是双曲型方程的问题，当用边界元法求解时常采用如下方法：一种是利用与时间有关的基本解建立边界积分方程，另一种是通过拉普拉斯变换等积分变换化为椭圆型方程问题求解。另外，还可利用弹性静力学的开尔文解来建立线性代数方程组的特征值问题，以便确定弹性体振动的特征值和特征矢量。本节主要介绍第一种方法。

1）与时间有关的基本解

三维弹性动力学问题的基本解，即位移基本解应满足的方程为

$$\rho(c_1^2-c_2^2)u^s_{kj,ij}+\rho c_2^2u^s_{ki,jj}-\rho\ddot{u}^s_{ki}=-\delta_{ki}\Delta(P,Q)\Delta(\tau,t) \tag{1-3-129}$$

式中，$u^s_{ij}(P,\tau;\ Q,t)$ 为 τ 瞬时作用在 P 点 x_i 方向的单位集中力脉冲所引起的 Q 点 t 瞬时 x_j 方向的位移分量。基本解的具体公式为

$$u^s_{ki}(P,\tau;\ Q,t)=\frac{1}{4\pi\rho r}\left\{\frac{t'}{r^2}(3r_{,k}r_{,i}-\delta_{ki})\left[H\left(t'-\frac{r}{c_1}\right)-H\left(t'-\frac{r}{c_2}\right)\right]+\right.$$
$$\left. r_{,k}r_{,i}\left[\frac{1}{c_1^2}\Delta\left(t',\frac{r}{c_1}\right)-\frac{1}{c_2^2}\Delta\left(t',\frac{r}{c_2}\right)\right]+\frac{\delta_{ki}}{c_2^2}\Delta\left(t',\frac{r}{c_2}\right)\right\} \tag{1-3-130}$$

式中，$c_1=\sqrt{\dfrac{\lambda+2G}{\rho}}$，$c_2=\sqrt{\dfrac{G}{\rho}}$，$t'=t-\tau$，$H$ 为赫维赛德函数，则有

$$H(t',\alpha)=\begin{cases}1 & (\forall t'>\alpha)\\ 0 & (\forall t'<\alpha)\end{cases} \tag{1-3-131}$$

为便于推导相应的面力基本解，位移基本解还可改写为

$$u^s_{ki}(P,\tau;\ Q,t)=\frac{1}{4\pi G}(\psi\delta_{ki}-\chi r_{,k}r_{,i}) \tag{1-3-132}$$

$$\begin{cases}\psi=\dfrac{c_2^2}{r^3}t'\left[H\left(t',\dfrac{r}{c_2}\right)-H\left(t',\dfrac{r}{c_1}\right)\right]+\dfrac{1}{r}\Delta\left(t',\dfrac{r}{c_2}\right)\\ \chi=3\psi-\dfrac{2}{r}\Delta\left(t',\dfrac{r}{c_2}\right)-\dfrac{c_2^2}{c_1^2}\dfrac{1}{r}\Delta\left(t',\dfrac{r}{c_1}\right)\end{cases}\tag{1-3-133}$$

该位移基本解对应的面力基本解为

$$t_{ki}^{s}(P,\tau;Q,t)=\frac{1}{4\pi}\left[\left(\frac{\partial\psi}{\partial r}-\frac{\chi}{r}\right)\left(\frac{\partial r}{\partial n}\delta_{ki}+r_{,i}n_k\right)-2\frac{\chi}{r}\left(r_{,k}n_i-2r_{,k}r_{,i}\frac{\partial r}{\partial n}\right)-\right.$$
$$\left.2\frac{\partial\chi}{\partial r}r_{,k}r_{,i}\frac{\partial r}{\partial n}+\left(\frac{c_1^2}{c_2^2}-2\right)\left(\frac{\partial\psi}{\partial r}-\frac{\partial\chi}{\partial r}-2\frac{\chi}{r}\right)r_{,k}n_i\right]\tag{1-3-134}$$

式中，

$$\begin{cases}\dfrac{\partial\psi}{\partial r}=-\dfrac{\chi}{r}-\dfrac{1}{r^2}\left[\Delta\left(t',\dfrac{r}{c_2}\right)+\dfrac{r}{c_2}\dot{\Delta}\left(t',\dfrac{r}{c_2}\right)\right]\\ \dfrac{\partial\chi}{\partial r}=-\dfrac{3\chi}{r}-\dfrac{1}{r^2}\left[\Delta\left(t',\dfrac{r}{c_2}\right)+\dfrac{r}{c_2}\dot{\Delta}\left(t',\dfrac{r}{c_2}\right)\right]+\dfrac{c_2^2}{c_1^2}\dfrac{1}{r^2}\left[\Delta\left(t',\dfrac{r}{c_1}\right)+\dfrac{r}{c_1}\dot{\Delta}\left(t',\dfrac{r}{c_1}\right)\right]\end{cases}\tag{1-3-135}$$

2）时间-空间域的边界积分方程

Graf 把弹性静力学的贝蒂功互等定理推广到了弹性动力学问题。考虑同一弹性体同一时间-空间域的两个独立的弹性动力学状态，($u_i^{(1)},t_i^{(1)},f_i^{(1)},u_i^{0(1)},\dot{u}_i^{0(1)},f_i^{(1)}$)和($u_i^{(2)},t_i^{(2)},f_i^{(2)},u_i^{0(2)},\dot{u}_i^{0(2)},f_i^{(2)}$)，互等定理为

$$\begin{aligned}&\int_S t_i^{(1)}(q,t)*u_i^{(2)}(q,t)\mathrm{d}S(q)+\int_V f_i^{(1)}(Q,t)*u_i^{(2)}(Q,t)\mathrm{d}V(Q)-\\&\int_V\rho\ddot{u}_i^{(1)}(Q,t)*u_i^{(2)}(Q,t)\mathrm{d}V(Q)\\=&\int_S t_i^{(2)}*u_i^{(1)}(q,t)\mathrm{d}S(q)+\int_V f_i^{(2)}(Q,t)*u_i^{(1)}(Q,t)\mathrm{d}V(Q)-\\&\int_V\rho\ddot{u}_i^{(2)}(Q,t)*u_i^{(1)}(Q,t)\mathrm{d}V(Q)\end{aligned}\tag{1-3-136}$$

式中，* 表示卷积。

若将待求的状态作为第 1 组状态，而将基本解状态作为第 2 组状态，则有

$$\begin{cases}u_i^{(2)}(q,t)=u_{ki}^{s}(p,\tau;q,t)\equiv u_{ki}^{s}(p,q;t-\tau)\\ u_i^{(2)}(Q,t)=u_{ki}^{s}(p,\tau;Q,t)\equiv u_{ki}^{s}(p,Q;t-\tau)\\ t_i^{(2)}(q,t)=t_{ki}^{s}(p,\tau;q,t)\equiv t_{ki}^{s}(p,q;t-\tau)\\ f_i^{(2)}(Q,t)=\delta_{ki}\Delta(p,Q)\Delta(\tau,t)\\ \dot{u}_i^{(2)}(Q,t)=\dot{u}_{ki}^{s}(p,\tau;Q,t)\equiv\dot{u}_{ki}^{s}(p,Q;t-\tau)\\ \ddot{u}_i^{(2)}(Q,t)=\ddot{u}_{ki}^{s}(p,\tau;Q,t)\equiv\ddot{u}_{ki}^{s}(p,Q;t-\tau)\end{cases}\tag{1-3-137}$$

式中，$(p,\tau;\ q,t)$，$(p,q;\ t-\tau)$的 p、q 分别代表源点和场点。τ、t 分别为在源点处施加单位脉冲载荷的时刻和在场点处测量位移、面力等变量的时刻，在后面的表达形式中把两个时刻紧密联系了起来。一方面，刚好和基本解的性质相适应，那里没有单独出现的 τ 或 t；另一方面，刚好满足了卷积的需要。

考虑到基本解中含有的赫维赛德函数的性质，方程中的卷积均应表示为类似如下公式的形式：

$$t_i^{(1)}(q,t) * u_i^{(2)}(q,t) \equiv \int u_{ki}^s(p,q;\ t-\tau)t_i(q,\tau)\mathrm{d}\tau \tag{1-3-138}$$

于是，方程(1-3-136)可以改写为

$$\begin{aligned}&C_{ki}(p)u_i(p,t)+\int_S\int_{t_0}^t t_{ki}^s(p,q;\ t-\tau)u_i(q,\tau)\mathrm{d}\tau\mathrm{d}S(q)-\\&\int_V\int_{t_0}^t \rho\ddot{u}_{ki}^s(p,Q;\ t-\tau)u_i(Q,\tau)\mathrm{d}\tau\mathrm{d}V(q)\\=&\int_V\int_{t_0}^t u_{ki}^s(p,Q;\ t-\tau)f_i(Q,\tau)\mathrm{d}\tau\mathrm{d}V(q)+\int_S\int_{t_0}^t u_{ki}^s(p,q;\ t-\tau)t_i(q,\tau)\mathrm{d}\tau\mathrm{d}S(q)-\\&\int_V\int_{t_0}^t \rho u_{ki}^s(p,Q;\ t-\tau)\ddot{u}_i(Q,\tau)\mathrm{d}\tau\mathrm{d}S(q)\end{aligned} \tag{1-3-139}$$

将方程两端的最后一个积分分别对时间进行分部积分，就可最终得到如下时间-空间域的位移边界积分方程：

$$\begin{aligned}&C_{ki}(p)u_i(p,t)+\int_S\int_{t_0}^t t_{ki}^s(p,q;\ t-\tau)u_i(q,\tau)\mathrm{d}\tau\mathrm{d}S(q)+\\&\rho\int_V \dot{u}_{ki}^s(p,Q;\ t-t_0)\,u_i(Q,t_0)\,\mathrm{d}V(q)\\=&\int_V\int_{t_0}^t u_{ki}^s(p,Q;\ t-\tau)f_i(Q,\tau)\mathrm{d}\tau\mathrm{d}v(q)+\int_S\int_{t_0}^t u_{ki}^s(p,q;\ t-\tau)t_i(q,\tau)\mathrm{d}\tau\mathrm{d}S(q)+\\&\rho\int_V u_{ki}^s(p,Q;\ t-t_0)\,\dot{u}_i(Q,t_0)\,\mathrm{d}S(q)\end{aligned} \tag{1-3-140}$$

这一边界积分方程可以用时间-空间域边界元法求解。

3）时间-空间域的弹性动力学边界元法

对方程(1-3-140)可以通过对时间和空间同时分元离散，最终得到线性代数方程组来求解。对于零初始条件，即初始位移和初始速度均为零，而且没有体积力作用的情况，方程中的体积分项不再出现，方程得到显著的简化。在此情况下，只要对边界和时间进行分元离散即可。

边界 S 离散为 N_e 个边界单元，从 $t_0 \sim t$ 的时间域划分为 M 个时间步。对于空间离散，通常对位移和面力可以采用同样的形函数插值，而对时间的插值可以采用如下公式：

$$\begin{cases} t_i(q,\tau)=\sum_{m=1}^{M}\Phi_m(\tau)t_i^m(q) \\ u_i(q,\tau)=\sum_{m=1}^{M}[\xi_{1m}(\tau)u_i^m(q)+\xi_{2m}(\tau)u_i^{m-1}(q)] \end{cases} \tag{1-3-141}$$

式中，

$$\begin{cases} \Phi_m(\tau)=H(\tau-(m-1)\Delta t)-H(\tau-m\Delta t) \\ \xi_{1m}(\tau)=\dfrac{\tau-(m-1)\Delta t}{\Delta t}\Phi_m(\tau),\xi_{2m}(\tau)=\dfrac{m\Delta t-\tau}{\Delta t}\Phi_m(\tau) \end{cases} \tag{1-3-142}$$

也就是说，对于时间插值而言，面力采用了常值近似，而位移采用线性插值。将插值方程(1-3-141)代入无体积力、零初始条件的边界积分方程(1-3-140)，可得

$$C_{ki}(p)u_i^M(p)=\sum_{m=1}^{M}\int_s\int_{(m-1)\Delta t}^{m\Delta t}u_{ki}^s(p,q;M\Delta t-\tau)t_i^m(q)\mathrm{d}\tau\mathrm{d}S(q)-$$
$$\sum_{m=1}^{M}\int_s\int_{(m-1)\Delta t}^{m\Delta t}t_{ki}^s(p,q;M\Delta t-\tau)[\xi_{1m}(\tau)u_i^m(q)+$$
$$\xi_{2m}(\tau)u_i^{m-1}(q)]\mathrm{d}\tau\mathrm{d}S(q) \tag{1-3-143}$$

对于空间域边界的离散而言，位移、面力和几何坐标可以采用相同的等插值形函数，用 $u_i^{nm\alpha}$、$t_i^{nm\alpha}$ 分别表示单元 n 的第 α 节点在 $M\Delta t$ 时刻的位移和面力分量，而用 $x_i^{n\alpha}$ 表示相应的节点坐标。

经过上述分元离散，时间-空间域的边界积分方程最终可以离散成如下线性代数方程组：

$$C_{ki}(p)u_i^M(p)=\sum_{m=1}^{M}\sum_{n=1}^{N_e}\sum_{\alpha}t_i^{nm\alpha}\int_{-1}^{1}\int_{-1}^{1}U_{ki}^{M-m+1}N_\alpha J^n\mathrm{d}\eta_1\mathrm{d}\eta_2-$$
$$\sum_{m=1}^{M}\sum_{n=1}^{N_e}\sum_{\alpha}u_i^{nm\alpha}\int_{-1}^{1}\int_{-1}^{1}(T_{ki1}^{(M-m+1)1}+T_{ki2}^{(M-m)2})N_\alpha J^n\mathrm{d}\eta_1\mathrm{d}\eta_2 \tag{1-3-144}$$

式中，U_{ki}^{M-m+1}、$T_{ki1}^{(M-m+1)1}$、$T_{ki2}^{(M-m)2}$ 是核函数的时间积分。

将方程(1-3-143)写成矩阵形式，即

$$\widetilde{\boldsymbol{H}}^{MM}\boldsymbol{u}^M=\widetilde{\boldsymbol{G}}^{MM}\boldsymbol{t}^M+\sum_{m=1}^{M-1}(\widetilde{\boldsymbol{G}}^{Mm}\boldsymbol{t}^m-\widetilde{\boldsymbol{H}}^{Mm}\boldsymbol{u}^m) \tag{1-3-145}$$

式中，$\boldsymbol{u}^m$、$\boldsymbol{t}^m$ 分别由 m 时间步各节点的位移、面力节点值组成；$\widetilde{\boldsymbol{H}}^{Mm}$、$\widetilde{\boldsymbol{G}}^{Mm}$ 分别为基本解核函数和插值形函数乘积在单元上的积分。

将位移和面力根据边界条件给定量和未知量重新组合，可将方程(1-3-145)改写为

$$\widetilde{\boldsymbol{A}}^{MM}\boldsymbol{x}^M=\widetilde{\boldsymbol{B}}^{MM}\boldsymbol{y}^M+\sum_{m=1}^{M-1}(\widetilde{\boldsymbol{G}}^{Mm}\boldsymbol{t}^m-\widetilde{\boldsymbol{H}}^{Mm}\boldsymbol{u}^m) \tag{1-3-146}$$

在计算中，时间步从 $M=1$ 开始计算，对于等时间步长情况，$\widetilde{\boldsymbol{A}}^{MM}$、$\widetilde{\boldsymbol{B}}^{MM}$ 只需在第一时间步计算一次，实际上 $\widetilde{\boldsymbol{A}}^{MM}$、$\widetilde{\boldsymbol{B}}^{MM}$、$\widetilde{\boldsymbol{H}}^{Mm}$、$\widetilde{\boldsymbol{G}}^{Mm}$ 都只依赖于两个上标之差值，依次计算每一时间步新增插值最大的矩阵 $\widetilde{H}^{M1}$、$\widetilde{G}^{M1}$，每次计算得到的矩阵都要存起来供以后的时间步重复使用。最终可把每一时间步的线性代数方程组简写为

$$\widetilde{\boldsymbol{A}}\boldsymbol{x}^{M}=\boldsymbol{f}^{M} \tag{1-3-147}$$

式中，

$$\boldsymbol{f}^{M}=\widetilde{\boldsymbol{B}}\boldsymbol{y}^{M}+\sum_{m=1}^{M-1}(\widetilde{\boldsymbol{G}}^{Mm}\boldsymbol{t}^{m}-\widetilde{\boldsymbol{H}}^{Mm}\boldsymbol{u}^{m}) \tag{1-3-148}$$

1.4 有限体积法

1.4.1 基本原理

有限体积法(finite volume method，FVM)又被称为控制体积法(control volume method，CVM)，它是在有限差分方法的基础上发展而来，并同时具有有限差分和有限元法的诸多优点。有限体积法保留了有限差分方法的灵活高效特性，同时其数值离散格式具有明显的守恒特性。此外，与有限差分方法仅能适应结构化网格相比，有限体积法原则上能够适应所有类型的网格结构。如图 1-4-1 所示，采用非结构化网格可以很好地解决复杂几何域的实际问题。因此，有限体积法在解决工程实际问题中比有限差分方法更具优势。有限体积法作为一种发展迅速的数值方法，目前已经在流体力学、固体力学等领域得到了广泛应用。

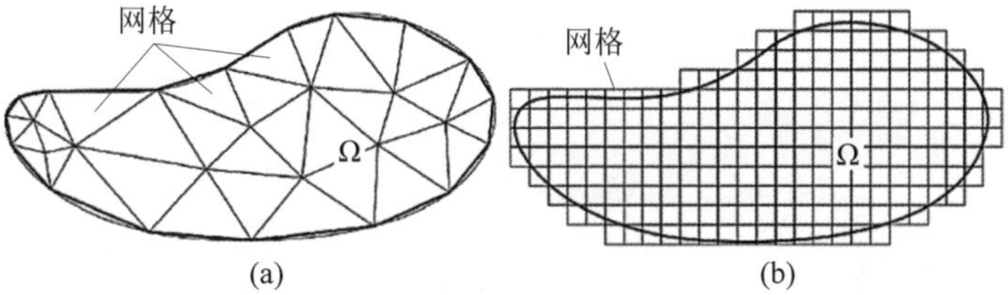

图 1-4-1 网格类型
(a) 非结构化网格；(b) 结构化网格

有限体积法的基本原理是通过对偏微分方程在控制体积上进行守恒积分以求解出方程的数值解。而有限差分法是直接对方程进行离散化，再求解获得方程的数值解。在有限体积法中，首先将计算区域划分为一系列的控制体积，每个控制体都包含一个节点用于储存待求量。图 1-4-2～图 1-4-4 分别为一维网格、二维结构化网格和二维非结构化网格示意图，其中灰色区域为控制体积，黑色实心点为单元节点。

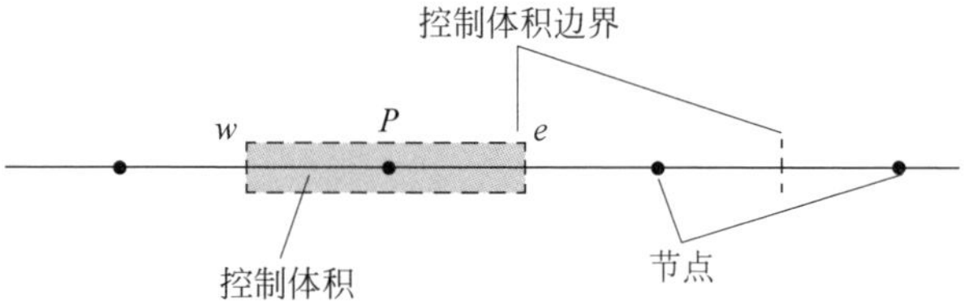

图 1-4-2　一维网格控制体积及节点

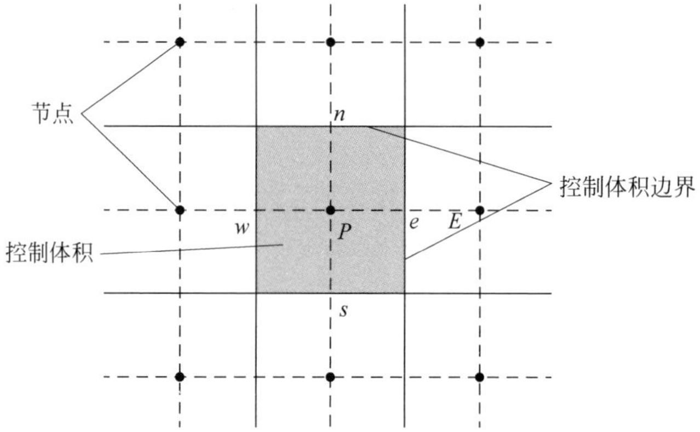

图 1-4-3　二维结构化网格控制体积及节点

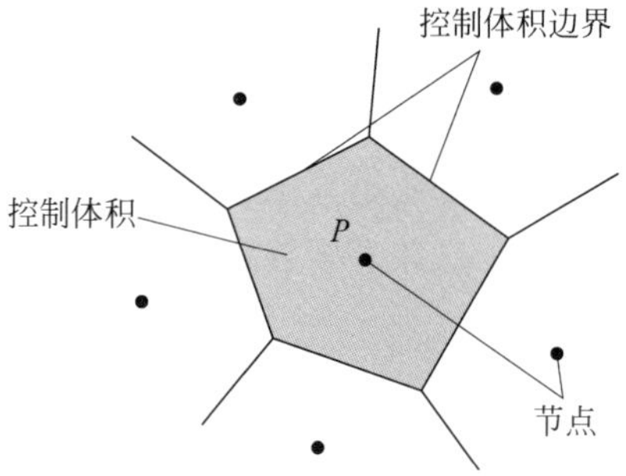

图 1-4-4　二维非结构化网格控制体积及节点

有限体积法通过将守恒型的控制方程在每个控制体积上做积分来导出离散方程，并将控制体积场函数的值储存在节点上。在导出过程中，需要对控制体界面上的通量进行评估，并要求进入给定控制体积的通量与相邻控制体积的通量相同，因此任意一个控制体积的守恒性都能得到满足。采用有限体积法导出的离散方程可以保证守恒性，而且离散方程的物理意义明确。下面以扩散问题和对流扩散问题为例，进一步对有限体积法的离散过程进行介绍。

在介绍有限体积法的离散前需要对散度定理进行介绍。

散度定理：对于任意被分段光滑闭合面 A 所包围的有限体积 $V \subset R^d$，该体积

内的可变矢量场 $\boldsymbol{u}$ 满足：

$$\int_V \nabla\cdot \boldsymbol{u}\,\mathrm{d}V = -\oint_A \boldsymbol{u}\cdot \boldsymbol{n}\,\mathrm{d}A \tag{1-4-1}$$

式中，$\boldsymbol{n}$ 为闭合面 A 向外的单位法向量。

散度定理可扩展到有限体积 V 内标量场 φ 扩散问题，对于任意被分段光滑闭合面 A 所包围的有限体积 $V\subset R^d$，该体积内的可变标量场 φ 满足：

$$\int_V \nabla\cdot(\nabla\varphi)\,\mathrm{d}V = \oint_A (\nabla\varphi\boldsymbol{n})\,\mathrm{d}A \tag{1-4-2}$$

通过散度定理，能够将控制体积的体积积分转换为面积积分，便于控制方程在给定空间网格下进行离散，具体离散过程将在后文中进行介绍。

1.4.2　扩散问题

1. 一维扩散问题

扩散问题是流动模型问题中最常见也是最简单的问题。稳态扩散现象的一般微分控制方程如下：

$$-\nabla\cdot(\Gamma\,\nabla\varphi) = S \tag{1-4-3}$$

式中，φ 可以表示待求的任意场变量，如温度、浓度等；Γ 为扩散系数；S 为源项。该式在稳态条件下，场变量 φ 的扩散损失量与场变量 φ 的生成量达到平衡。以一维稳态温度扩散问题为例，φ 表示温度，Γ 为导热系数，S 为内热源。

对方程(1-4-3)在控制体上积分：

$$-\int_V \nabla\cdot(\Gamma\,\nabla\varphi)\,\mathrm{d}V = \int_V S\,\mathrm{d}V \tag{1-4-4}$$

利用散度定理将控制体上的体积分转化为面积分：

$$-\oint_A \boldsymbol{n}\cdot(\Gamma\,\nabla\varphi)\,\mathrm{d}A = \int_V S\,\mathrm{d}V \tag{1-4-5}$$

面积分采用控制体上各个边界面的通量和来表示，且每个边界面上采用简单的均值积分方法。该方法假定控制体边界面上通量分布均匀且等于面心值。方程(1-4-5)中的扩散项可表示为

$$\oint_A \boldsymbol{n}\cdot(\Gamma\,\nabla\varphi)\,\mathrm{d}A = \sum_j (\Gamma\,\nabla\varphi)_j n_j A_j \tag{1-4-6}$$

式中，j 表示控制体边界面编号；n_j 为面外法向量的分量；A_j 为对应边界面的面积。对于结构化网格，j 在一维、二维及三维网格中的最大值分别为 2、4 和 6，对于非结构化网格，j 的值与控制体积的边界数相关。

源项可能为常数，也可能为与场变量相关的函数。一般我们对源项进行线性化处理，具体为：

$$\int_V S\,\mathrm{d}V = (S_{\mathrm{C}} + S_{\mathrm{P}}\varphi)V \tag{1-4-7}$$

式中，S_{C}、$S_{\mathrm{P}}\varphi$ 分别为与场变量无关的常量和与场变量线性相关的变量。将

式(1-4-6)和式(1-4-7)代入式(1-4-5)可得：

$$-\sum(\Gamma\nabla\varphi)_j n_j A_j=(S_C+S_P\varphi)V \tag{1-4-8}$$

式(1-4-8)具有明确的物理意义，表示从控制体各个边界面流出的通量总和与源项生成量构成平衡。有限体积法使每个控制体满足守恒性，从而保证了整体的守恒特征。一维、二维及三维问题的有限体积法离散格式均可由式(1-4-8)导出。

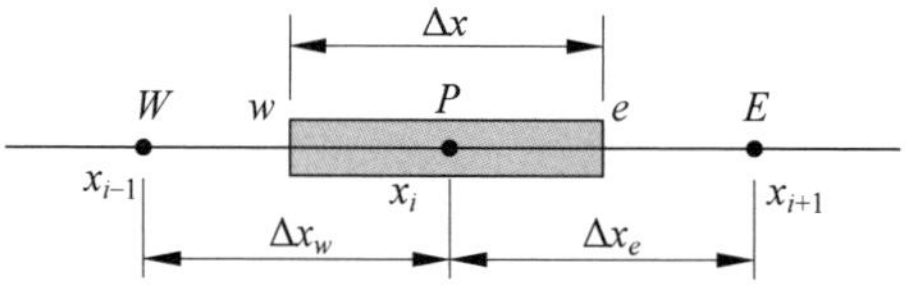

图 1-4-5　一维有限体积网格示意图

一维有限体积网格如图 1-4-5 所示，阴影部分表示节点 P 对应的控制体积。对一维问题，边界面为两个点(w 和 e)，面法向量的分量分别为－1(西侧)和＋1(东侧)，式(1-4-8)可具体为：

$$-[(\Gamma A\nabla\varphi)_e-(\Gamma A\nabla\varphi)_w]=(S_C+S_P\varphi)V \tag{1-4-9}$$

扩散系数采用线性插值获取，对于均匀网格系统有：

$$\Gamma_e=\frac{\Gamma_P+\Gamma_E}{2},\quad \Gamma_w=\frac{\Gamma_W+\Gamma_P}{2} \tag{1-4-10}$$

控制体边界面上的场变量梯度采用中心差分计算，则有

由西侧面流入的扩散流：$-(\Gamma A\nabla\varphi)_w=-\Gamma_w A_w\dfrac{\varphi_P-\varphi_W}{\Delta x_w}$　(1-4-11)

由东侧面流入的扩散流：$(\Gamma A\nabla\varphi)_e=\Gamma_e A_e\dfrac{\varphi_E-\varphi_P}{\Delta x_e}$　(1-4-12)

将式(1-4-11)和式(1-4-12)代入式(1-4-9)可得

$$-\left(\Gamma_e A_e\frac{\varphi_E-\varphi_P}{\Delta x_e}-\Gamma_w A_w\frac{\varphi_P-\varphi_W}{\Delta x_w}\right)=(S_C+S_P\varphi)V \tag{1-4-13}$$

对式(1-4-13)按照控制体节点整理得

$$a_P\varphi_P=a_W\varphi_W+a_E\varphi_E+b \tag{1-4-14}$$

式中，

$$a_W=\Gamma_w A_w/\Delta x_w$$
$$a_E=\Gamma_e A_e/\Delta x_e$$
$$a_P=a_W+a_E-S_P V$$
$$b=S_C V$$

方程(1-4-14)即为一维稳态扩散问题的有限体积法离散方程。通过上述方法，对所有控制体均能列出对应的离散方程。最后我们将会得到一组代数方程，求解代数方程至收敛即可获得求解区域内场变量的分布。

2. 二维扩散问题

一维稳态扩散问题的有限体积法可以方便地推广到二维扩散问题。相对于一维问题,二维问题的特点是每个控制体的边界面增加。通过插值获取每个边界面上的场变量通量,代入式(1-4-8)即可得到相应维度的离散方程。为简单起见,此处我们仅对二维结构化网格进行推导。

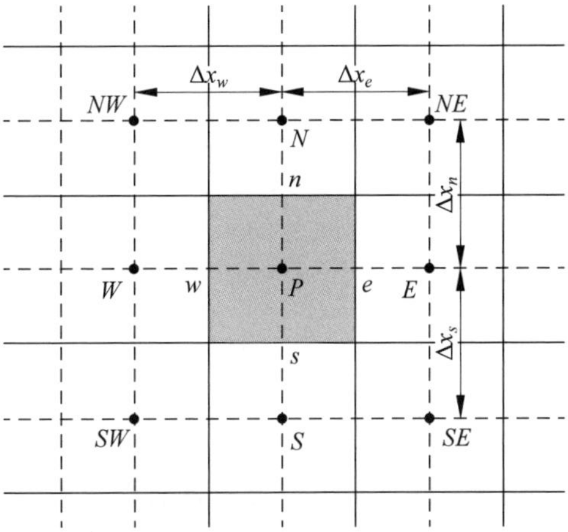

图 1-4-6　二维有限体积网格

二维有限体积结构化网格如图 1-4-6 所示。控制体的边界面为 4 条曲线(w、e、s 和 n),面法向量的分量分别为-1(西侧)、$+1$(东侧)、-1(南侧)、$+1$(北侧)。式(1-4-8)可具体为:

$$-\{[(\Gamma A\nabla\varphi)_e-(\Gamma A\nabla\varphi)_w]+[(\Gamma A\nabla\varphi)_n-(\Gamma A\nabla\varphi)_s]\}=(S_C+S_P\varphi)V \tag{1-4-15}$$

与一维问题类似,面上的场变量梯度采用中心差分格式,有

由西侧面流入的扩散流:$-(\Gamma A\nabla\varphi)_w=-\Gamma_w A_w\dfrac{\varphi_P-\varphi_W}{\Delta x_w}$　(1-4-16)

由东侧面流入的扩散流:$(\Gamma A\nabla\varphi)_e=\Gamma_e A_e\dfrac{\varphi_E-\varphi_P}{\Delta x_e}$　(1-4-17)

由南侧面流入的扩散流:$-(\Gamma A\nabla\varphi)_s=-\Gamma_s A_s\dfrac{\varphi_P-\varphi_S}{\Delta y_s}$　(1-4-18)

由北侧面流入的扩散流:$(\Gamma A\nabla\varphi)_n=\Gamma_n A_n\dfrac{\varphi_N-\varphi_P}{\Delta y_n}$　(1-4-19)

将式(1-4-16)～式(1-4-19)代入(1-4-15)得

$$-\left[\left(\Gamma_e A_e\frac{\varphi_E-\varphi_P}{\Delta x_e}-\Gamma_w A_w\frac{\varphi_P-\varphi_W}{\Delta x_w}\right)+\left(\Gamma_n A_n\frac{\varphi_N-\varphi_P}{\Delta y_n}-\Gamma_s A_s\frac{\varphi_P-\varphi_S}{\Delta y_s}\right)\right]$$
$$=(S_C+S_P\varphi)V \tag{1-4-20}$$

将式(1-4-20)按照控制体节点整理可得：

$$a_P\varphi_P = a_W\varphi_W + a_E\varphi_E + a_S\varphi_S + a_N\varphi_N + b \tag{1-4-21}$$

式中，

$$a_W = \Gamma_w A_w / \Delta x_w$$
$$a_E = \Gamma_e A_e / \Delta x_e$$
$$a_S = \Gamma_s A_s / \Delta y_s$$
$$a_N = \Gamma_n A_n / \Delta y_n$$
$$a_P = a_W + a_E + a_S + a_N - S_P V$$
$$b = S_C V$$

方程(1-4-21)即为二维稳态扩散问题的有限体积法离散方程。对三维稳态扩散问题以及非结构化网格系统，采用上述推导过程，能够很简单地获取对应的离散方程。

3. 边界条件处理

边界条件包含给定边界值的第一类边界条件(Dirichlet 边界)、给定边界面通量的第二类边界条件(Neumann 边界)，以及这两种边界线性组合的第三类边界条件。下面通过一维扩散问题对 Dirichlet 边界和 Neumann 边界分别进行讨论。

1) Dirichlet 边界

如图 1-4-7 所示，假设控制体西侧为边界，节点 W 位于边界上且边界值已知，给定边界条件 $\varphi_W = \bar{\varphi}_W$。计算控制体 P 的场变量 φ_P 时，离散方程(1-4-14)改写为

$$a_P\varphi_P = a_E\varphi_E + b' \tag{1-4-22}$$

式中，$b' = a_W\bar{\varphi}_W + b$。

2) Neumann 边界

如图 1-4-8 所示，假定控制体西侧为边界条件，且从界面 w 处流入的通量已知为 q_w。方程(1-4-11)改写为：$-(\Gamma A\nabla\varphi)_w = q_w$，将其与式(1-4-12)代入式(1-4-9)可得：

$$-\left(\Gamma_e A_e \frac{\varphi_E - \varphi_P}{\Delta x_e} + q_w\right) = (S_C + S_P\varphi)V \tag{1-4-23}$$

对式(1-4-23)按照控制体节点整理得

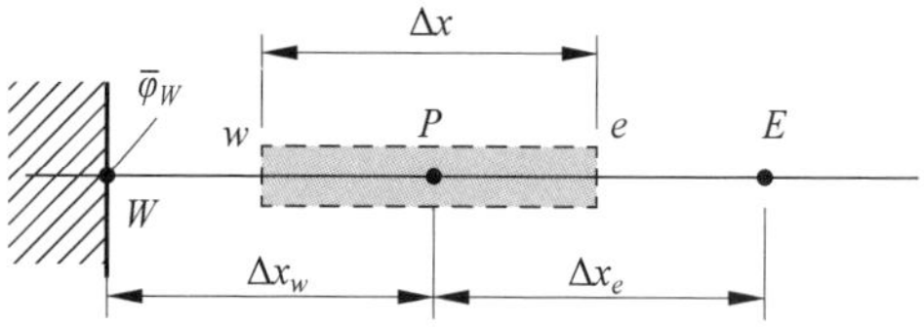

图 1-4-7　Dirichlet 边界条件

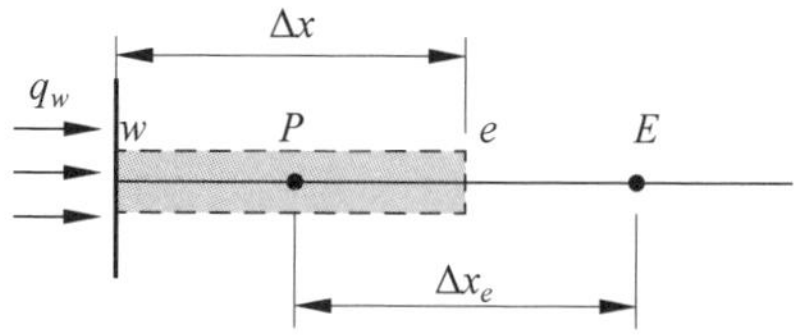

图 1-4-8　Neumann 边界条件

$$a_P\varphi_P = a_E\varphi_E + b'' \tag{1-4-24}$$

式中，

$$a_E = \Gamma_e A_e / \Delta x_e$$

$$a_P = a_E - S_P V$$

$$b'' = S_C V - q_w$$

1.4.3 对流扩散问题

1. 中心格式

对流扩散问题是流体力学领域最为常见的问题。材料成形模拟中的铸造、焊接及注塑工艺的熔体模拟均涉及对流扩散问题。典型的对流扩散控制方程如下：

$$\nabla\cdot(\rho\boldsymbol{v}\varphi) - \nabla\cdot(\Gamma\,\nabla\varphi) = S \tag{1-4-25}$$

式中，φ 可以表示待求的任意场变量，如温度、浓度等；$\boldsymbol{v}$ 为速度矢量；Γ 为扩散系数；S 为源项。式左端两项分别为场变量 φ 的对流项和扩散项。

对式(1-4-25)在控制体上积分：

$$\int_V \nabla\cdot(\rho\boldsymbol{v}\varphi)\mathrm{d}V - \int_V \nabla\cdot(\Gamma\,\nabla\varphi)\mathrm{d}V = \int_V S\,\mathrm{d}V \tag{1-4-26}$$

利用散度定理将控制体上的体积分转化为面积分：

$$\oint_A \boldsymbol{n}\cdot(\rho\,\boldsymbol{v}\,\varphi)\,\mathrm{d}A - \oint_A \boldsymbol{n}\cdot(\Gamma\,\nabla\varphi)\,\mathrm{d}A = \int_V S\,\mathrm{d}V \tag{1-4-27}$$

面积分采用控制体上各个边界面的通量和来表示，且每个边界面上采用简单的均值积分方法。该方法假定控制体边界面上通量分布均匀且等于面心值。方程(1-4-27)中的对流项和扩散项分别可表示为：

$$\oint_A \boldsymbol{n}\cdot(\rho\,\boldsymbol{v}\,\varphi)\,\mathrm{d}A = \sum(\rho\,\boldsymbol{v}\,\varphi)_j n_j A_j \tag{1-4-28}$$

$$\oint_A \boldsymbol{n}\cdot(\Gamma\,\nabla\varphi)\,\mathrm{d}A = \sum(\Gamma\,\nabla\varphi)_j n_j A_j \tag{1-4-29}$$

将式(1-4-28)与式(1-4-29)代入式(1-4-27)，并对源项进行线性化处理：

$$\sum(\rho\,\boldsymbol{v}\,\varphi)_j n_j A_j - \sum(\Gamma\,\nabla\varphi)_j n_j A_j = (S_C + S_P\varphi)V \tag{1-4-30}$$

式(1-4-30)具有明确的物理意义，表示从控制体各个边界面流出的扩散量和对流量与源项生成量构成平衡。与 1.4.2 节的扩散问题一样，对流扩散问题的有限体积法也同样能够保证每个控制体内的守恒性。为简单起见，本节仅对一维对流扩散问题的离散格式进行推导。由 1.4.2 节可知，一维对流扩散问题的有限体积法可以方便地推广到二维及三维对流扩散问题。

一维有限体积网格如图 1-4-2 所示。对一维问题，边界面为两个点(w 和 e)，面法向量的分量分别为-1(西侧)和$+1$(东侧)，式(1-4-30)可具体为

$$[(\rho \boldsymbol{v} \varphi A)_e - (\rho \boldsymbol{v} \varphi A)_w] - [(\Gamma A \nabla\varphi)_e - (\Gamma A \nabla\varphi)_w] = (S_C + S_P\varphi)V \tag{1-4-31}$$

通过插值获得面上的对流量和扩散量是获得最终的离散方程的关键。相比于扩散项,对流项的插值方法更为复杂。本节将介绍对流扩散问题的中心格式。

对流项采用中心格式,即将控制体边界面(界面 e 和界面 w)处的变量值用向量节点的平均值代替,可得

由西侧面流出的对流量:$-(\rho \boldsymbol{v} \varphi A)_w = -(\rho \boldsymbol{v} A)_w \dfrac{\varphi_W + \varphi_P}{2}$ (1-4-32)

由东侧面流出的对流量:$(\rho \boldsymbol{v} \varphi A)_e = (\rho \boldsymbol{v} A)_e \dfrac{\varphi_P + \varphi_E}{2}$ (1-4-33)

扩散项采用中心差分格式计算,可以表示为:

由西侧面流入的扩散量: $-(\Gamma A \nabla\varphi)_w = -\Gamma_w A_w \dfrac{\varphi_P - \varphi_W}{\Delta x_w}$ (1-4-34)

由东侧面流入的扩散量: $(\Gamma A \nabla\varphi)_e = \Gamma_e A_e \dfrac{\varphi_E - \varphi_P}{\Delta x_e}$ (1-4-35)

将式(1-4-32)~式(1-4-35)代入式(1-4-31),可得:

$$\left((\rho \boldsymbol{v} A)_e \frac{\varphi_P + \varphi_E}{2} - (\rho \boldsymbol{v} A)_w \frac{\varphi_W + \varphi_P}{2}\right) - \left(\Gamma_e A_e \frac{\varphi_E - \varphi_P}{\Delta x_e} - \Gamma_w A_w \frac{\varphi_P - \varphi_W}{\Delta x_w}\right)$$
$$= (S_C + S_P\varphi)V \tag{1-4-36}$$

为了对式(1-4-36)进行简化,定义如下参数:

$$F = \rho v_\perp A \tag{1-4-37}$$

$$D = \Gamma A / \Delta x \tag{1-4-38}$$

式中,$v_\perp$ 为控制体界面处速度 $\boldsymbol{v}$ 在垂直于界面方向的速度分量。上述两项(对流项和扩散项)的比值为网格的 Peclet 数,简称 P_e 数:

$$P_e = F/D = \rho v_\perp \Delta x / \Gamma \tag{1-4-39}$$

式(1-4-39)所定义的网格 Peclet 数具有明显的物理意义。P_e 数大表明对流作用占优,反之扩散作用占优。将式(1-4-37)和式(1-4-38)代入式(1-4-36),并按照控制体节点进行整理得

$$[D_w + F_w/2 + D_e - F_e/2 + (F_e - F_w) - S_P V]\varphi_P$$
$$= (D_w + F_w/2)\varphi_W + (D_e - F_e/2)\varphi_E - S_P V \tag{1-4-40}$$

改写为

$$a_P \varphi_P = a_W \varphi_W + a_E \varphi_E + b \tag{1-4-41}$$

式中,

$$a_W = D_w + F_w/2$$

$$a_E = D_e - F_e/2$$

$$a_P = a_W + a_E + (F_e - F_w) - S_P V$$

$$b = S_C V$$

式(1-4-41)即为一维稳态对流扩散问题的有限体积法中心格式离散方程。

式(1-4-41)中系数 a_W、a_E 表示邻点 W、E 的物理量通过对流及扩散作用对 P 点所产生的影响的大小。a_W、a_E 及 a_P 都需要满足正系数原则，即都必须大于 0。负的系数会导致物理上不真实的解。当 $P_e \leqslant 2$ 时，对流扩散问题的中心格式有 $a_W > 0$，$a_E > 0$，此时获得的计算结果与精确解基本吻合。但当 $P_e > 2$ 时，式(1-4-41)中的系数不再满足正系数原则，此时获得的解不能再使用，表现为数值振荡。也就是说，当对流作用较强($P_e > 2$)时，中心格式的计算结果不稳定，此时需要采用迎风格式的思想，设计其他更为合理的数值格式。

2. 一阶迎风格式

迎风格式在考虑界面上的场变量时考虑了流动方向。在一阶迎风格式中，计算对流项时界面上的场变量 φ 等于上游相邻节点的 φ 值。

图 1-4-9 为一阶迎风格式的网格示意图，图中阴影部分为计算节点 P 的控制体积。一阶迎风格式规定，当流动沿着正方向时，即 $u_w > 0$，$u_e > 0$ 时，存在：

$$\varphi_w = \varphi_W, \quad \varphi_e = \varphi_P$$

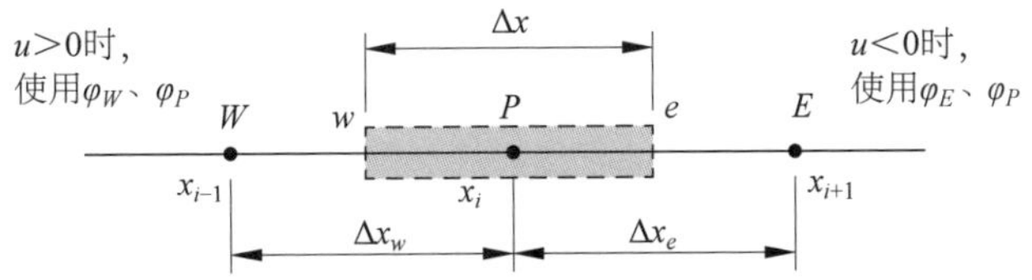

图 1-4-9　一阶迎风格式示意图

则控制体左右两个边界面上的对流量分别为

由西侧面流出的对流量：$-(\rho \boldsymbol{v} \varphi A)_w = -(\rho \boldsymbol{v} A)_w \varphi_W$　(1-4-42)

由东侧面流出的对流量：$(\rho \boldsymbol{v} \varphi A)_e = (\rho \boldsymbol{v} A)_e \varphi_P$　(1-4-43)

各个面上的扩散量依然采用 1.4.2 节中的中心差分格式。此时离散方程变为：

$$[(D_w + F_w) + D_e + (F_e - F_w) - S_P \Delta V]\varphi_P = (D_w + F_w)\varphi_W + D_e \varphi_E - S_P V \tag{1-4-44}$$

当流动沿着负方向时，即 $u_w < 0$，$u_e < 0$ 时，存在：

$$\varphi_w = \varphi_P, \quad \varphi_e = \varphi_E$$

则控制体左右两个边界面上的对流量分别为

由西侧面流出的对流量：$-(\rho \boldsymbol{v} \varphi A)_w = -(\rho \boldsymbol{v} A)_w \varphi_P$　(1-4-45)

由东侧面流出的对流量：$(\rho \boldsymbol{v} \varphi A)_e = (\rho \boldsymbol{v} A)_e \varphi_E$　(1-4-46)

此时离散方程变为

$$[(D_e - F_e) + D_w + (F_e - F_w) - S_P \Delta V]\varphi_P = D_w \varphi_W + (D_e - F_e)\varphi_E - S_P V \tag{1-4-47}$$

综合式(1-4-44)和式(1-4-47)，得到一阶迎风格式的一维稳态对流扩散方程的离散方程：

$$a_P\varphi_P = a_W\varphi_W + a_E\varphi_E + b \tag{1-4-48}$$

式中，

$$a_W = D_w + \max(F_w, 0)$$
$$a_E = D_e + \max(-F_e, 0)$$
$$a_P = a_W + a_E + (F_e - F_w) - S_P V$$
$$b = S_C V$$

由于式(1-4-48)所表示的一阶迎风格式离散方程系数 a_P 和 a_E 恒大于0，因而在任何条件下都不会引起解的数值振荡，可得到物理上看起来合理的解，没有中心格式 $P_e<2$ 的限制。一阶迎风格式具有一阶数值精度，舍弃的二阶精度项相当于扩散项，称为人工黏性。在人工黏性的作用下，数值解不会出现振荡，但存在很大的数值误差。一阶迎风格式目前在实际中已经很少应用，但它为构造更优良的离散格式提供了有益的启示：应当在迎风方向上获取比背风方向上更多的信息，以较好地反映对流过程的物理本质。

3. 二阶迎风格式

二阶迎风格式可以看作在一阶迎风格式的基础上，考虑了物理量在节点间分布曲线曲率的影响。它不仅要用到上游的一个节点值，还要用到另一个上游的节点值。相比于一阶迎风格式，二阶迎风格式具有二阶的截断误差，能够获得更加精确的解。

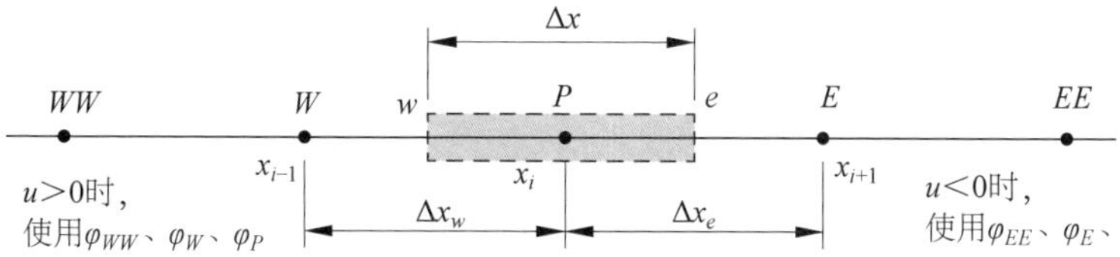

图 1-4-10　二阶迎风格式示意图

图 1-4-10 为一维二阶迎风格式的网格示意图，图中阴影部分为计算节点 P 处的控制体积。二阶迎风格式规定，当流动沿着正方向，即 $u_w>0$，$u_e>0$ 时，存在：

$$\varphi_w = 1.5\varphi_W - 0.5\varphi_{WW}, \quad \varphi_e = 1.5\varphi_P - 0.5\varphi_W$$

与一阶迎风格式类似，控制体各个边界面的对流量也需要进行相应修正。各个面上的扩散量依然采用中心差分格式。此时，一维稳态对流扩散问题的离散方程为

$$\left(D_e + \frac{3}{2}F_e + D_w + S_P V\right)\varphi_P = \left(\frac{3}{2}F_w + \frac{1}{2}F_e + D_w\right)\varphi_W + D_e\varphi_E - \frac{1}{2}F_w\varphi_{WW} + S_C V \tag{1-4-49}$$

当流动沿着负方向，即 $u_w<0, u_e<0$ 时，存在：

$$\varphi_w = 1.5\varphi_P - 0.5\varphi_E, \quad \varphi_e = 1.5\varphi_E - 0.5\varphi_{EE}$$

此时，一维稳态对流扩散问题的离散方程变为

$$\left(D_e - \frac{3}{2}F_w + D_w + S_P V\right)\varphi_P = D_w\varphi_W + \left(D_e - \frac{3}{2}F_e + \frac{1}{2}F_w\right)\varphi_E - \frac{1}{2}F_e\varphi_{EE} + S_C V \tag{1-4-50}$$

综合式(1-4-49)和式(1-4-50)，得到二阶迎风格式的一维稳态对流扩散方程的离散方程：

$$a_P\varphi_P = a_W\varphi_W + a_{WW}\varphi_{WW} + a_E\varphi_E + a_{EE}\varphi_{EE} + b \tag{1-4-51}$$

式中，

$$a_W = D_w + \frac{3}{2}\alpha F_w + \frac{1}{2}\alpha F_e$$

$$a_E = D_e - \frac{3}{2}(1-\alpha)F_w + \frac{1}{2}(1-\alpha)F_e$$

$$a_{WW} = -\frac{1}{2}\alpha F_w$$

$$a_{EE} = \frac{1}{2}(1-\alpha)F_e$$

$$b = S_C V$$

其中，当流动沿着正方向，即 $u_w>0, u_e>0$ 时，$\alpha=1$；当流动沿着负方向，即 $u_w<0, u_e<0$ 时，$\alpha=0$。

除二阶迎风格式外，还存在更高阶的数值格式，如 QUICK、ENO、WENO 等格式。更高阶的格式理论上能获得更高的求解精度。但对于复杂的几何结构，以及非结构化网格系统，对流格式的实现难度随着阶次的增加而增大，并会增加计算量。同时，高阶精度的插值方法需要更多的控制体节点数据进行插值，这会造成计算量的增加。在实际应用中，二阶迎风格式结合限制器处理对流问题的方法是目前流体计算中较流行的离散处理方法。

1.4.4　瞬态问题

1. 时间项离散

实际工程中经常面临瞬态问题，在离散空间项之后，还需要对时间项进行离散。不妨以给定初值的一阶常微分方程的瞬态问题的时间项离散：

$$\frac{\mathrm{d}\varphi(t)}{\mathrm{d}t} = f(t, \varphi(t)); \quad \varphi(t_0) = \varphi^0 \tag{1-4-52}$$

上述问题的求解是去获得初值点在时间增量 Δt 后的 φ 值。在 $t_1 = t_0 + \Delta t$ 时刻，获得的场函数 φ^1 可作为下一个时间步求解的初值条件。因此，可以通过逐步求解获得 $t_2 = t_1 + \Delta t, t_3 = t_2 + \Delta t, \cdots, t_{n+1} = t_n + \Delta t$ 的场函数分布。通过对

式(1-4-52)在 t_n 到 t_{n+1} 进行积分可得

$$\int_{t_n}^{t_{n+1}} \frac{\mathrm{d}\varphi}{\mathrm{d}t}\mathrm{d}t = \varphi^{n+1} - \varphi^n = \int_{t_n}^{t_{n+1}} f(t,\varphi(t))\,\mathrm{d}t \tag{1-4-53}$$

式中,t_n 时刻的场函数 $\varphi(t)$ 记为 φ^n,t_{n+1} 时刻的场函数记为 φ^{n+1}。

若式(1-4-53)右端项采用 t_n 时刻的值进行近似,可获得显式离散格式:

$$\varphi^{n+1} = \varphi^n + f(t_n,\varphi^n)\Delta t \tag{1-4-54}$$

若式(1-4-53)右端项采用 t_{n+1} 时刻的值进行近似,可获得隐式离散格式:

$$\varphi^{n+1} = \varphi^n + f(t_{n+1},\varphi^{n+1})\Delta t \tag{1-4-55}$$

采用显式格式离散时,由于在 $n+1$ 步求解时 φ^n 是已知量,编程简单且求解时所需的内存和计算时间非常小,但当时间步长过大时容易发散。隐式格式离散时,需要在每一个新的时间步长内进行迭代求解,这使得编程困难且需要更多的内存和计算时间。但隐式离散格式理论上无条件稳定,可以采用相比显式格式更大的时间步长。

TVD Runge-Kutta 时间离散格式具有显式格式的系列优点,如低计算资源消耗,同时具备隐式格式的稳定性,在数值计算中得到了较为广泛的应用。以三阶 TVD Runge-Kutta 格式离散式(1-4-52),其流程可以描述为

$$\varphi^1 = \varphi^n + f(t_n,\varphi^n)\Delta t \tag{1-4-56}$$

$$\varphi^2 = \frac{3}{4}\varphi^n + \frac{1}{4}\varphi^1 + \frac{1}{4}f(t_1,\varphi^1)\Delta t \tag{1-4-57}$$

$$\varphi^{n+1} = \frac{1}{3}\varphi^0 + \frac{2}{3}\varphi^2 + \frac{2}{3}f(t_2,\varphi^2)\Delta t \tag{1-4-58}$$

2. 瞬态传热问题

下面介绍采用隐式格式来离散求解瞬态扩散问题。包含源项的瞬态热传导方程为

$$\rho c\left(\frac{\mathrm{d}T}{\mathrm{d}t}\right) - \nabla\cdot(k\nabla T) = S \tag{1-4-59}$$

式中,T 为温度,k 为导热系数,ρ 为密度,c 为比热容,S 为源项,t 为时间。

时间项采用(1-4-55)的隐式格式离散,空间离散过程与 1.4.2 节中所述一致。对于一维问题,可获得式(1-4-59)的离散格式如下:

$$\rho c(T_P^{n+1} - T_P^n)/\Delta t - \left(k_e A_e \frac{T_E^{n+1} - T_P^{n+1}}{\Delta x_e} - k_w A_w \frac{T_P^{n+1} - T_W^{n+1}}{\Delta x_w}\right) = (S_C + S_P T_P^{n+1})V \tag{1-4-60}$$

式中,k_e 和 k_w 分别为东侧和西侧面上的导热系数;ρc 取控制体 P 的值。对式(1-4-60)按照控制体节点整理得

$$a_P T_P^{n+1} = T_P^n + a_W T_W^{n+1} + a_E T_E^{n+1} + b \tag{1-4-61}$$

式中,

$$a_W=(\Delta t/\rho c)(k_w A_w/\Delta x_w)$$
$$a_E=(\Delta t/\rho c)(k_e A_e/\Delta x_e)$$
$$a_P=1+a_W+a_E-S_P V$$
$$b=S_C V$$

方程(1-4-61)即为一维瞬态热传导问题的隐式有限体积法离散格式。通过上述方法，对所有控制体均能列出对应离散方程。对获得的代数方程迭代求解至收敛，可获得 t_{n+1} 时刻各个控制体的温度。上述隐式格式的离散过程，容易扩展到更高阶的时间离散格式，如 TVD Runge-Kutta 等格式。

参考文献

[1]　董湘怀. 材料成形计算机模拟[M]. 北京：机械工业出版社，2006.

[2]　邱大年，等. 计算机在材料科学中的应用[M]. 北京：北京工业大学出版社，1990.

[3]　雷晓燕. 有限元法[M]. 北京：中国铁道出版社，2000.

[4]　江见鲸，何放龙，何益斌，等. 有限元法及其应用[M]. 北京：机械工业出版社，2006.

[5]　陈锡栋，杨婕，赵晓栋，等. 有限元法的发展现状及应用[J]. 中国制造业信息化，2010（6）：6-8.

[6]　王勖成. 有限单元法基本原理和数值方法[M]. 2版. 北京：清华大学出版社，1995.

[7]　孙振生，胡宇，等. 高精度、高分辨率有限差分方法及应用[M]. 北京：科学出版社，2020.

[8]　殷亚军. 基于八叉树网格技术的相场法金属凝固过程组织模拟的研究[D]. 武汉：华中科技大学，2013.

[9]　殷亚军，涂志新，沈旭，等. 球墨铸铁数字化铸造技术及应用[J]. 现代铸铁，2018，38(5)：54-59.

[10]　崔树标. 注塑模冷却过程数值模拟技术研究[D]. 武汉：华中科技大学，2005.

[11]　申光宪，等. 边界元法[M]. 北京：机械工业出版社，2005.

[12]　姚振汉，王海涛. 边界元法[M]. 北京：高等教育出版社，2010.

[13]　李人宪. 有限体积法基础[M]. 2版. 北京：国防工业出版社，2008.

[14]　WESSELING P. 计算流体力学原理[M]. 9版. 北京：科学出版社，2006.

[15]　FERZIGER J H，PERIC M. 流体动力学中的计算方法[M]. 3版. 北京：世界图书出版公司，2012.

第2章

板料成形模拟方法

2.1 引言

板料成形模拟是一个非常复杂的问题，它涉及以下方面：变分原理和单元模型，板材的面内各向异性、应变强化、随动强化等材料物理模型，摩擦与润滑、拉深筋、压边力分布、坯料形状等工艺条件的模型化及其约束处理，坯料与模具间的界面接触判断与约束处理，以及所有这些模型的正确与有效实施。以上这些因素都直接影响有限元模拟的精度。

2.2 板壳单元

由于板料一般是比较薄的平板或壳体，冲压成形时属于平面应力状态。当板很薄时，可以不考虑横向剪切变形。根据板料变形的特点和实际工程计算的需要，人们已经构造出很多实用的单元模型。

2.2.1 薄膜单元

对于液压胀形、半球冲头胀形等一类问题而言，板料在变形过程中主要以拉伸和压缩变形为主，局部弯曲变形对整个成形问题不产生大的影响，这时可以采用薄膜单元。

薄膜单元是由二维三角形单元或四边形单元构造的空间板壳单元。如图 2-2-1(a)和(b)所示，$OXYZ$ 为空间整体坐标系，在每个单元上建立一个正交的随体局部坐标系 $oxyz$。图 2-2-1(a)为三角形单元，局部坐标系以 1 节点为坐标原点，x 轴与单元 1、2 边重合并指向节点 2，z 轴与单元法向量 $\boldsymbol{n}_z$ 平行。单位法向量 $\boldsymbol{n}_z$ 为

$$\boldsymbol{n}_z = \frac{\boldsymbol{n}_x \times \boldsymbol{n}_{13}}{|\boldsymbol{n}_x \times \boldsymbol{n}_{13}|} \tag{2-2-1}$$

因此，$oxyz$ 坐标系 y 轴的单元向量 $\boldsymbol{n}_y$ 为

$$\boldsymbol{n}_y = \frac{\boldsymbol{n}_z \times \boldsymbol{n}_x}{|\boldsymbol{n}_z \times \boldsymbol{n}_x|} \tag{2-2-2}$$

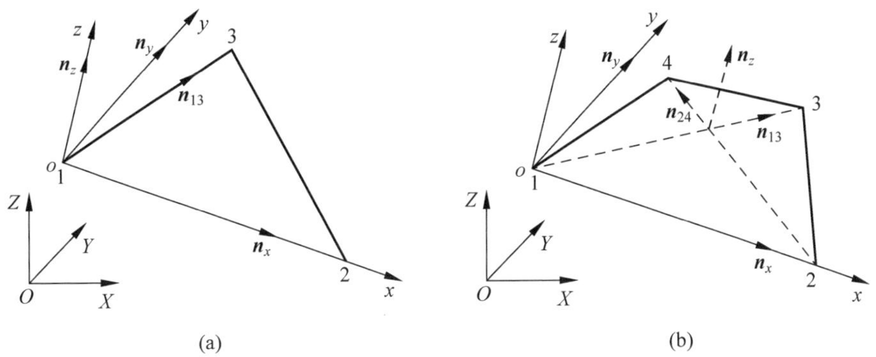

图 2-2-1　单元随体局部坐标系

(a) 三角形单元；(b) 四边形单元

四边形单元的正交随体局部坐标系建立与三角形单元类似，如图 2-2-1(b)所示，只是单元单位法向量 $\boldsymbol{n}_z$ 的定义与三角形单元有些差别，考虑到单元的 4 个节点可能不在一个平面内，定义单元法向量 $\boldsymbol{n}_z$ 为

$$\boldsymbol{n}_z = \frac{\boldsymbol{n}_{13} \times \boldsymbol{n}_{24}}{|\boldsymbol{n}_{13} \times \boldsymbol{n}_{24}|} \tag{2-2-3}$$

则单元随体局部坐标系 $oxyz$ 与空间整体坐标系 $OXYZ$ 之间的坐标转换矩阵 $\boldsymbol{\lambda}$ 为

$$\boldsymbol{\lambda} = \begin{bmatrix} \boldsymbol{n}_x \\ \boldsymbol{n}_y \\ \boldsymbol{n}_z \end{bmatrix} \tag{2-2-4}$$

式中，$\boldsymbol{\lambda}$ 为 3×3 的正交矩阵。

当然，这里所建立的单元随体局部坐标系还有其他的定义方法，对三角形单元没有任何影响。但是对于四边形单元而言，如果 4 个节点不在一个平面内，将对计算结果产生一定的影响。

单元的插值关系、几何关系、本构关系都是建立在 $oxyz$ 坐标系上的。

2.2.2　薄壳单元

薄壳单元主要以基尔霍夫(Kirchhoff)直线法假设为理论基础，忽略横向剪切变形的影响，假设板料变形前垂直于中性层的各直线，变形后仍然保持直线并垂直于中性层。

基尔霍夫理论单元在应用于实际分析中，通常采用协调单元和非协调单元两种列式方法。后者往往计算精度较高，会得到较好的计算结果，但它的收敛性是以通过分片试验为条件的，这就使其应用范围受到一定的限制。因此，协调板壳单元在塑性大变形研究领域仍然受到相当的重视。下面介绍 3 种离散基尔霍夫理论单元模型。

1. 三角形单元

由于薄板成形过程中横向剪切变形很小，基尔霍夫直法线板壳理论假设是很合理的。而离散基尔霍夫理论三角形(DKT)单元以其低阶、简单、有效、位移协调等优点，已被应用于几何非线性、材料非线性的静态和动态壳体结构分析，以及板料冲压成形过程模拟中，并都获得满意的数值结果。

如图 2-2-2 所示，DKT 单元采用横向位移 w 和中面法线转动 β_1 和 β_2 独立插值，并满足以下约束关系。

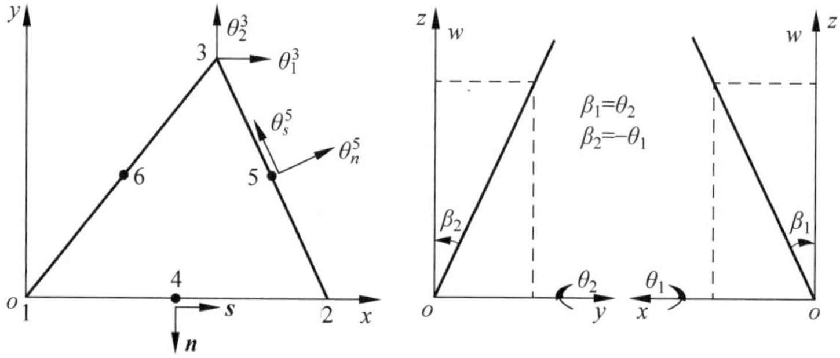

图 2-2-2 DKT 单元

(1) 基尔霍夫直法线假设作用在角节点和各边中点上

a. 角节点

$$\begin{bmatrix} \beta_1^i + w^i_{,x_1} \\ \beta_2^i + w^i_{,x_2} \end{bmatrix} = \begin{bmatrix} 0 \\ 0 \end{bmatrix} \quad (i=1,2,3,\text{表示角节点}) \tag{2-2-5}$$

b. 各边中点

$$\beta_s^k + w^k_{,s} = 0 \quad (k=4,5,6,\text{表示边中点}) \tag{2-2-6}$$

(2) 沿边界上 w 的变化是三次的，则有

$$w^k_{,s} = -\frac{3}{2l_{ij}}w^i - \frac{1}{4}w^i_{,s} + \frac{3}{2l_{ij}}w^j - \frac{1}{4}w^j_{,s} \tag{2-2-7}$$

式中，l_{ij} 表示单元 ij 边的长度。

(3) β_n 沿边界线性变化，则有

$$\beta_n^k = \frac{1}{2}(\beta_n^i + \beta_n^j) \tag{2-2-8}$$

在单元内部 β_1 和 β_2 是二次变化的，插值成如下形式：

$$\begin{cases} \beta_1 = \sum_{i=1}^{6} N_i \beta_{x_1}^i \\ \beta_2 = \sum_{i=1}^{6} N_i \beta_{x_2}^i \end{cases} \tag{2-2-9}$$

式中，N_i 为 6 节点三角形单元形函数。

根据式(2-2-5)～式(2-2-9)可将单元内任意点的 β_1 和 β_2 表示成 3 个角节点参数的插值形式,即

$$\begin{cases}\beta_1 = \boldsymbol{H}_{x1}\boldsymbol{u}_{\mathrm{b}}^{e}\\ \beta_2 = \boldsymbol{H}_{x2}\boldsymbol{u}_{\mathrm{b}}^{e}\end{cases} \tag{2-2-10}$$

式中,$\boldsymbol{u}_{\mathrm{b}}^{e}$ 表示弯曲节点位移向量;$\boldsymbol{H}_{x1}$、$\boldsymbol{H}_{x2}$ 的具体形式参见文献[1]。

2. 四边形单元

离散基尔霍夫理论四边形(DKQ)单元是在三角形单元基础上开发的一种精度较高的单元[11],如图 2-2-3 所示。

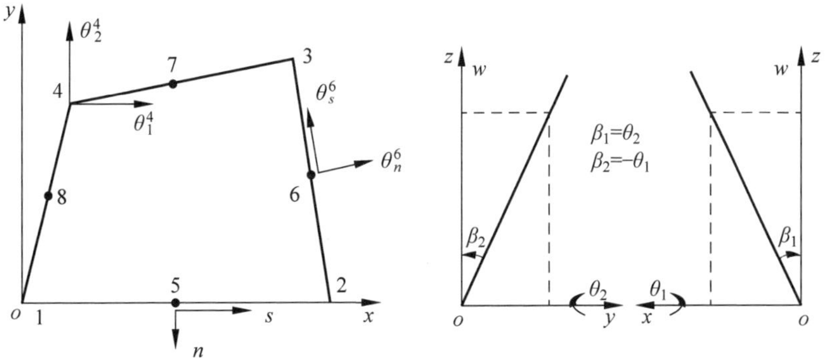

图 2-2-3　DKQ 单元

它采用与三角形单元相同的约束关系,即式(2-2-5)～式(2-2-8),在单元内部 β_1 和 β_2 也是二次变化,插值成如下形式:

$$\begin{cases}\beta_1 = \sum_{i=1}^{8} N_i \beta_{x1}^{i}\\ \beta_2 = \sum_{i=1}^{8} N_i \beta_{x2}^{i}\end{cases} \tag{2-2-11}$$

式中,N_i 为 8 节点四边形单元形函数。

单元内任意一点的 β_1 和 β_2 表示成 4 个角节点参数的插值形式,即

$$\begin{cases}\beta_1 = \boldsymbol{H}_{x1}\boldsymbol{u}_{\mathrm{b}}^{e}\\ \beta_2 = \boldsymbol{H}_{x2}\boldsymbol{u}_{\mathrm{b}}^{e}\end{cases} \tag{2-2-12}$$

式中,$\boldsymbol{u}_{\mathrm{b}}^{e}$ 表示弯曲节点位移向量,即

$$\dot{\boldsymbol{u}}_{\mathrm{b}}^{e} = (\dot{w}^1 \quad \dot{\theta}_1^1 \quad \dot{\theta}_2^1 \quad \dot{w}^2 \quad \dot{\theta}_1^2 \quad \dot{\theta}_2^2 \quad \dot{w}^3 \quad \dot{\theta}_1^3 \quad \dot{\theta}_2^3 \quad \dot{w}^4 \quad \dot{\theta}_1^4 \quad \dot{\theta}_2^4)^{\mathrm{T}} \tag{2-2-13}$$

$\boldsymbol{H}_{x1}$、$\boldsymbol{H}_{x2}$ 的具体形式为

$$\begin{cases}\boldsymbol{H}_x = [H_{x1} \quad H_{x2} \quad \cdots \quad H_{x12}]\\ \boldsymbol{H}_y = [H_{y1} \quad H_{y2} \quad \cdots \quad H_{y12}]\end{cases} \tag{2-2-14}$$

式中，

$$\begin{cases} H_{x1}=N_8\dfrac{3s}{2l_{23}}-N_5\dfrac{3s}{2l_{23}}=1.5(a_5N_5-a_8N_8) \\ H_{x2}=-\left(N_5\dfrac{3cs}{4}+N_8\dfrac{3cs}{4}\right)=N_5b_5+N_8b_8 \\ H_{x3}=N_1+\dfrac{2c^2-s^2}{4}N_5+\dfrac{2c^2-s^2}{4}N_8=N_1-c_5N_5-c_8N_8 \end{cases} \tag{2-2-15}$$

$$\begin{cases} H_{y1}=N_5\dfrac{3c}{2l_{12}}-N_8\dfrac{3c}{2l_{41}}=1.5(d_5N_5-d_8N_8) \\ H_{y2}=-N_1-\dfrac{2s^2-c^2}{4}N_5+\dfrac{2s^2-c^2}{4}N_8=-N_1+e_5N_5+e_8N_8 \\ H_{y3}=\dfrac{3cs}{4}N_5+\dfrac{3cs}{4}N_8=-H_{x2} \end{cases} \tag{2-2-16}$$

函数 H_{x4}、H_{x5}、H_{x6}、H_{y4}、H_{y5}、H_{y6} 可以在式(2-2-15)和式(2-2-16)分别用6、5、2来替代5、8、1获得，函数 H_{x7}、H_{x8}、H_{x9}、H_{y7}、H_{y8}、H_{y9} 可以在式(2-2-15)和式(2-2-16)分别用7、6、3来替代6、5、2获得，函数 H_{x10}、H_{x11}、H_{x12}、H_{y10}、H_{y11}、H_{y12} 可以在式(2-2-15)和式(2-2-16)分别用8、7、4来替代7、6、3获得。

$$\begin{cases} a_k=-x_{ij}/l_{ij}^2 \\ b_k=\dfrac{3}{4}x_{ij}y_{ij}/l_{ij}^2 \\ c_k=\left(\dfrac{1}{4}x_{ij}^2-\dfrac{1}{2}y_{ij}^2\right)/l_{ij}^2 \\ d_k=-y_{ij}/l_{ij}^2 \\ e_k=\left(\dfrac{1}{4}y_{ij}^2-\dfrac{1}{2}x_{ij}^2\right)/l_{ij}^2 \\ l_{ij}^2=x_{ij}^2+y_{ij}^2 \end{cases} \tag{2-2-17}$$

式中，$k=5$、6、7、8，分别为 $ij=12$、23、34、41的边中点。

3. 空间薄壳单元

将薄膜单元与弯曲单元组合建立空间薄壳单元，模拟大变形大应变板材冲压成形问题。如图2-2-1所示，在 $oxyz$ 坐标系下考虑基尔霍夫直法线假设，单元内任意点 $p(x,y,z)$ 的速度可假定为

$$\begin{aligned} \bar{\dot{\boldsymbol{u}}}(x,y,z)&=\dot{\boldsymbol{u}}(x,y)+z\dot{\boldsymbol{\beta}}(x,y) \\ \bar{\dot{\boldsymbol{w}}}(x,y,z)&=\dot{\boldsymbol{w}}(x,y) \end{aligned} \tag{2-2-18}$$

式中，$\dot{\boldsymbol{u}}$ 和 $\dot{\boldsymbol{w}}$ 分别表示点 p 在中面上相对应点 $(x,y,0)$ 沿 x、y 和 z 方向的速度；$\dot{\boldsymbol{\beta}}$ 表示单元法线转角速度。由式(2-2-18)可得点 p 处的柯西(Cauchy)应变率 $\dot{\boldsymbol{\varepsilon}}$ 和速度梯度 $\dot{\boldsymbol{q}}$ 分别为

$$\begin{cases}\dot{\boldsymbol{\varepsilon}}=\dot{\boldsymbol{\varepsilon}}^{\mathrm{m}}+\dot{\boldsymbol{\varepsilon}}^{\mathrm{b}}\\ \dot{\boldsymbol{q}}=\dot{\boldsymbol{q}}^{\mathrm{m}}+\dot{\boldsymbol{q}}^{\mathrm{b}}\end{cases} \tag{2-2-19}$$

式中，柯西薄膜应变率$\dot{\boldsymbol{\varepsilon}}^{\mathrm{m}}$和速度梯度$\dot{\boldsymbol{q}}^{\mathrm{m}}$分别为

$$\begin{cases}\dot{\boldsymbol{\varepsilon}}^{\mathrm{m}}=\boldsymbol{L}\dot{\boldsymbol{u}}\\ \dot{\boldsymbol{q}}^{\mathrm{m}}=\boldsymbol{L}_{v}\dot{\boldsymbol{u}}\end{cases} \tag{2-2-20}$$

算子矩阵$\boldsymbol{L}$和$\boldsymbol{L}_{v}$分别为

$$\boldsymbol{L}=\begin{bmatrix}\dfrac{\partial}{\partial x} & 0\\ 0 & \dfrac{\partial}{\partial y}\\ \dfrac{\partial}{\partial y} & \dfrac{\partial}{\partial x}\end{bmatrix} \tag{2-2-21}$$

$$\boldsymbol{L}_{v}=\begin{bmatrix}\dfrac{\partial}{\partial x} & 0\\ \dfrac{\partial}{\partial y} & 0\\ 0 & \dfrac{\partial}{\partial x}\\ 0 & \dfrac{\partial}{\partial y}\end{bmatrix} \tag{2-2-22}$$

柯西弯曲应变率$\dot{\boldsymbol{\varepsilon}}^{\mathrm{b}}$和速度梯度$\dot{\boldsymbol{q}}^{\mathrm{b}}$分别为

$$\begin{cases}\dot{\boldsymbol{\varepsilon}}^{\mathrm{b}}=z\boldsymbol{L}\dot{\boldsymbol{\beta}}\\ \dot{\boldsymbol{q}}^{\mathrm{b}}=z\boldsymbol{L}_{v}\dot{\boldsymbol{\beta}}\end{cases} \tag{2-2-23}$$

2.2.3　中厚壳单元

Mindlin 板壳单元考虑了横向剪切变形的影响，可用于分析较厚的壳体。这种单元可以比较好地模拟横向弯曲效应对冲压成形过程中板料起皱的影响，以及更精确地预测回弹问题，充分体现剪切应力对板材成形力学行为的影响。

目前比较实用的 Mindlin 板壳单元主要包括 Hughes-Liu 壳单元、Belytschko-Lin-Tsay(BT)壳单元、Belyschko-Wong-Chiang(BWC)壳单元。这 3 种单元在 LS-DYNA 等动力显式软件中是非常重要的，板料成形模拟时主要采用这 3 种壳单元。

1. Hughes-Liu 壳单元

1）几何关系

图 2-2-4 所示为 4 节点 Hughes-Liu 壳单元。$OXYZ$ 为空间固定直角坐标系，$\boldsymbol{e}_1$、$\boldsymbol{e}_2$、$\boldsymbol{e}_3$ 分别为 X、Y、Z 轴的单位向量。

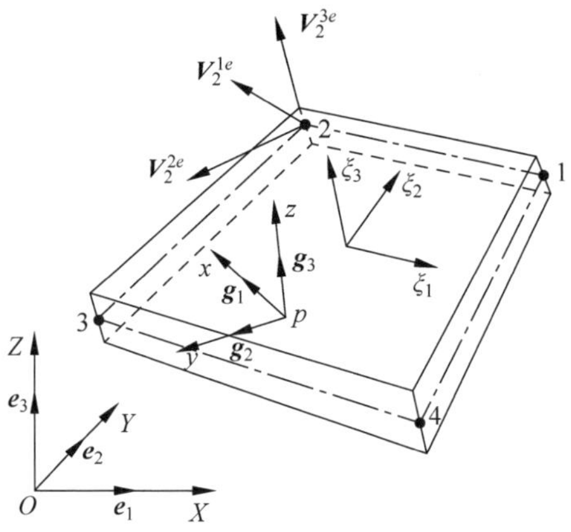

图 2-2-4　4 节点 Hughes-Liu 壳单元

单元由上、下两个曲面及周边以壳体厚度方向的直线为母线的曲面所围成。$\xi_i(i=1,2,3)$为单元中面上的自然局部坐标系$(-1\leqslant\xi_i\leqslant 1)$。于是,壳单元内任一点 p 的空间位置可表示为

$$\boldsymbol{X}=\sum_{i=1}^{4}N_i\boldsymbol{X}_i^e+\frac{\xi_3}{2}\sum_{i=1}^{4}N_ih_i^e\boldsymbol{V}_i^{3e} \tag{2-2-24}$$

式中,ξ_3 为厚向自然坐标;N_i 为 4 节点四边形单元形函数;h_i^e 为单元节点厚度;$\boldsymbol{V}_i^{3e}(i=1,2,3,4)$为单元节点中面的单位法向量;$\boldsymbol{X}_i^e(i=1,2,3,4)$为单元节点中面坐标,可以由上、下曲面相应的节点坐标 $\boldsymbol{X}_i^{et}$ 和 $\boldsymbol{X}_i^{eb}$ 表示为

$$\boldsymbol{X}_i^e=\frac{1}{2}(\boldsymbol{X}_i^{et}+\boldsymbol{X}_i^{eb}) \tag{2-2-25}$$

假设单位向量 $\boldsymbol{V}_i^{1e}$ 和 $\boldsymbol{V}_i^{2e}$ 与 $\boldsymbol{V}_i^{3e}(i=1,2,3,4)$组成节点 i 的正交坐标系,则有

$$\begin{cases}\boldsymbol{V}_i^{1e}=\dfrac{\boldsymbol{e}_1\times\boldsymbol{V}_i^{3e}}{|\boldsymbol{e}_1\times\boldsymbol{V}_i^{3e}|}\\[2ex]\boldsymbol{V}_i^{2e}=\dfrac{\boldsymbol{V}_i^{3e}\times\boldsymbol{V}_i^{1e}}{|\boldsymbol{V}_i^{3e}\times\boldsymbol{V}_i^{1e}|}\end{cases} \tag{2-2-26}$$

若 $\boldsymbol{V}_i^{3e}$ 与 $\boldsymbol{e}_1$ 平行,则式(2-2-26)中用 $\boldsymbol{e}_2$ 代替 $\boldsymbol{e}_1$。

假定壳体的中面法线变形之后仍保持为直线,则点 p 的位移 $\boldsymbol{u}$ 可由中面对应节点沿 $\boldsymbol{X}_i^e$ 方向的 3 个线位移分量 $\boldsymbol{u}_i^e$ 及绕单位向量 $\boldsymbol{V}_i^{1e}$ 和 $\boldsymbol{V}_i^{2e}$ 的 2 个角位移$\boldsymbol{\alpha}^e$ 表示为

$$\boldsymbol{u}=\sum_{i=1}^{4}N_i\boldsymbol{u}_i^e+\frac{\xi_3}{2}\sum_{i=1}^{4}N_ih_i^e(\boldsymbol{V}_i^{1e}\alpha_{1i}^e-\boldsymbol{V}_i^{2e}\alpha_{2i}^e) \tag{2-2-27}$$

式中,α_{1i}^e 和 α_{2i}^e 分别为角位移$\boldsymbol{\alpha}^e$ 的两个分量。

2）局部坐标系

为描述单元内任一点的应力、应变状态，在点 p 处再引入一个随体正交坐标系 $oxyz$，如图 2-2-4 所示。$\boldsymbol{g}_i(i=1,2,3)$为随体坐标系 $oxyz$ 的单位向量。$\boldsymbol{g}_3$ 设定为点 p 处 ξ_3 等于常数的曲面法向量，则 $\boldsymbol{g}_1$ 和 $\boldsymbol{g}_2$ 与曲面相切。ξ_3 等于常数的曲面由二组曲线族 ξ_1 和 ξ_2 组成。$\xi_i(i=1,2)$的切向量 $\boldsymbol{S}$ 和 $\boldsymbol{T}$ 分别为

$$\boldsymbol{S}=\frac{\partial \boldsymbol{X}}{\partial \xi_1},\quad \boldsymbol{T}=\frac{\partial \boldsymbol{X}}{\partial \xi_2} \tag{2-2-28}$$

因此

$$\boldsymbol{g}_3=\frac{\boldsymbol{S}\times\boldsymbol{T}}{|\boldsymbol{S}\times\boldsymbol{T}|},\quad \boldsymbol{g}_1=\frac{\boldsymbol{e}_1\times\boldsymbol{g}_3}{|\boldsymbol{e}_1\times\boldsymbol{g}_3|},\quad \boldsymbol{g}_2=\frac{\boldsymbol{g}_3\times\boldsymbol{g}_1}{|\boldsymbol{g}_3\times\boldsymbol{g}_1|} \tag{2-2-29}$$

若 $\boldsymbol{g}_3$ 与 $\boldsymbol{e}_1$ 平行，则用 $\boldsymbol{e}_2$ 代替 $\boldsymbol{e}_1$。

因此，$OXYZ$ 与 $oxyz$ 两坐标系间的转换关系为

$$\boldsymbol{x}=\boldsymbol{\lambda X} \tag{2-2-30}$$

式中，$\boldsymbol{\lambda}$ 为坐标转换矩阵，具体表达式为

$$\boldsymbol{\lambda}=\begin{bmatrix}\boldsymbol{e}_1\cdot\boldsymbol{g}_1 & \boldsymbol{e}_1\cdot\boldsymbol{g}_2 & \boldsymbol{e}_1\cdot\boldsymbol{g}_3\\ \boldsymbol{e}_2\cdot\boldsymbol{g}_1 & \boldsymbol{e}_2\cdot\boldsymbol{g}_2 & \boldsymbol{e}_2\cdot\boldsymbol{g}_3\\ \boldsymbol{e}_3\cdot\boldsymbol{g}_1 & \boldsymbol{e}_3\cdot\boldsymbol{g}_2 & \boldsymbol{e}_3\cdot\boldsymbol{g}_3\end{bmatrix} \tag{2-2-31}$$

2. BT 壳单元

BT 壳单元是较简单的一种组合壳单元，膜变形、弯曲变形和横向剪切变形都是由双线性插值构成的 4 节点四边形壳单元。

1）随体局部坐标系

如图 2-2-5 所示，$OXYZ$ 为空间固定直角坐标系，$oxyz$ 为假设的单元随体局部坐标系，具体定义方法如下。单元法向量 $\boldsymbol{e}_3$ 由单元对角线向量 $\boldsymbol{n}_{13}$ 和 $\boldsymbol{n}_{24}$ 定义，即

$$\boldsymbol{e}_3=\frac{\boldsymbol{n}_{13}\times\boldsymbol{n}_{24}}{|\boldsymbol{n}_{13}\times\boldsymbol{n}_{24}|} \tag{2-2-32}$$

局部坐标系的 x 轴建立在单元节点 1、2 边上是最方便的，有利于有限元列式的推导。但是如果单元 4 个节点不在一个平面内就会产生比较大的误差。为了减少这种误差，定义 x 轴与节点 1、2 边近似平行。x 轴的单位向量 $\boldsymbol{e}_1$ 为

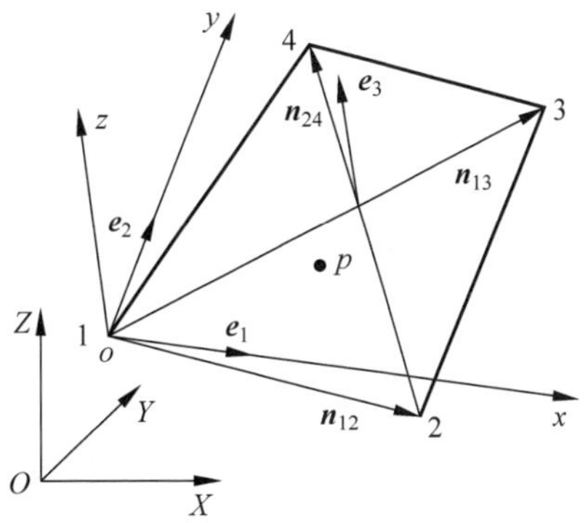

图 2-2-5　随体局部坐标系

$$\boldsymbol{e}_1=\frac{\boldsymbol{n}_{12}-(\boldsymbol{n}_{12}\cdot\boldsymbol{e}_3)\boldsymbol{e}_3}{|\boldsymbol{n}_{12}-(\boldsymbol{n}_{12}\cdot\boldsymbol{e}_3)\boldsymbol{e}_3|} \tag{2-2-33}$$

如果单元 4 个节点在一个平面内，则 $\boldsymbol{e}_1$ 与 $\boldsymbol{n}_{12}$ 平行。y 轴的单位向量 $\boldsymbol{e}_2$ 为

$$\boldsymbol{e}_2=\boldsymbol{e}_3\times\boldsymbol{e}_1 \tag{2-2-34}$$

因此,$OXYZ$ 与 $oxyz$ 两坐标系间的转换关系为

$$\boldsymbol{x}=\boldsymbol{\lambda}\boldsymbol{X} \tag{2-2-35}$$

式中,$\boldsymbol{\lambda}$ 为坐标转换矩阵,具体表达式为

$$\boldsymbol{\lambda}=\begin{bmatrix}\boldsymbol{e}_1\\ \boldsymbol{e}_2\\ \boldsymbol{e}_3\end{bmatrix} \tag{2-2-36}$$

2)几何关系

在 $oxyz$ 坐标系下考虑 Mindlin 板壳单元直线假设,单元内任意点 $p(x,y,z)$ 的速度可假定为

$$\begin{cases}\bar{\dot{\boldsymbol{u}}}(x,y,z)=\dot{\boldsymbol{u}}(x,y)+z\dot{\boldsymbol{\beta}}(x,y)\\ \bar{\dot{\boldsymbol{w}}}(x,y,z)=\dot{\boldsymbol{w}}(x,y)\end{cases} \tag{2-2-37}$$

式中,$\dot{\boldsymbol{u}}$ 和$\dot{\boldsymbol{w}}$ 分别表示点 p 在中面上相对应点$(x,y,0)$沿 x、y 和 z 方向的速度;$\dot{\boldsymbol{\beta}}$ 表示单元法线转角速度。由式(2-2-37)可得点 p 处的柯西应变率$\dot{\boldsymbol{\varepsilon}}$ 和速度梯度$\dot{\boldsymbol{q}}$ 分别为

$$\begin{cases}\dot{\boldsymbol{\varepsilon}}=\dot{\boldsymbol{\varepsilon}}^{\mathrm{m}}+\dot{\boldsymbol{\varepsilon}}^{\mathrm{b}}+\dot{\boldsymbol{\varepsilon}}^{\mathrm{r}}\\ \dot{\boldsymbol{q}}=\dot{\boldsymbol{q}}^{\mathrm{m}}+\dot{\boldsymbol{q}}^{\mathrm{b}}\end{cases} \tag{2-2-38}$$

式中,$\dot{\boldsymbol{\varepsilon}}^{\mathrm{m}}$ 为柯西面内薄膜应变率;$\dot{\boldsymbol{\varepsilon}}^{\mathrm{b}}$ 为面内弯曲应变率;$\dot{\boldsymbol{\varepsilon}}^{\mathrm{r}}$ 为横向剪切应变率。式(2-2-38)的分量表达式为

$$\begin{Bmatrix}\dot{\varepsilon}_{xx}\\ \dot{\varepsilon}_{yy}\\ \dot{\varepsilon}_{xy}\\ \dot{\varepsilon}_{yz}\\ \dot{\varepsilon}_{zx}\end{Bmatrix}=\begin{Bmatrix}\dot{\varepsilon}^{\mathrm{m}}_{xx}\\ \dot{\varepsilon}^{\mathrm{m}}_{yy}\\ \dot{\varepsilon}^{\mathrm{m}}_{xy}\\ 0\\ 0\end{Bmatrix}+\begin{Bmatrix}\dot{\varepsilon}^{\mathrm{b}}_{xx}\\ \dot{\varepsilon}^{\mathrm{b}}_{yy}\\ \dot{\varepsilon}^{\mathrm{b}}_{xy}\\ 0\\ 0\end{Bmatrix}+\begin{Bmatrix}0\\ 0\\ 0\\ \dot{\varepsilon}^{\mathrm{r}}_{yz}\\ \dot{\varepsilon}^{\mathrm{r}}_{zx}\end{Bmatrix} \tag{2-2-39}$$

$$\begin{cases}\dot{\boldsymbol{\varepsilon}}^{\mathrm{m}}=\boldsymbol{L}\dot{\boldsymbol{u}}\\ \dot{\boldsymbol{\varepsilon}}^{\mathrm{b}}=-z\boldsymbol{L}\dot{\boldsymbol{\theta}}\\ \dot{\boldsymbol{\varepsilon}}^{\mathrm{r}}=-\boldsymbol{L}_s\dot{\boldsymbol{r}}\end{cases} \tag{2-2-40}$$

$$\begin{cases}\dot{\boldsymbol{u}}=\boldsymbol{N}\dot{\boldsymbol{u}}^e\\ \dot{\boldsymbol{\theta}}=\boldsymbol{N}\dot{\boldsymbol{\theta}}^e\\ \dot{\boldsymbol{r}}=\boldsymbol{N}_b\dot{\boldsymbol{\beta}}^e\end{cases} \tag{2-2-41}$$

式中,$\boldsymbol{N}$ 为线位移速度和弯曲角速度形函数矩阵;$\dot{\boldsymbol{u}}^e$ 为单元节点面内线位移速度向量;$\dot{\boldsymbol{\theta}}^e$ 为单元节点角位移速度向量;$\boldsymbol{L}_s$ 为剪切应变算子矩阵,具体表达式为

$$\boldsymbol{L}_s = \begin{bmatrix} 1 & 0 & -\dfrac{\partial}{\partial x} \\ 0 & 1 & -\dfrac{\partial}{\partial y} \end{bmatrix} \tag{2-2-42}$$

$$\dot{\boldsymbol{u}}^e = (\dot{u}_1 \quad \dot{v}_1 \quad \dot{u}_2 \quad \dot{v}_2 \quad \dot{u}_3 \quad \dot{v}_3 \quad \dot{u}_4 \quad \dot{v}_4)^{\mathrm{T}}$$

$$\dot{\boldsymbol{\theta}}^e = (\dot{\theta}_{1x} \quad \dot{\theta}_{1y} \quad \dot{\theta}_{2x} \quad \dot{\theta}_{2y} \quad \dot{\theta}_{3x} \quad \dot{\theta}_{3y})^{\mathrm{T}} \tag{2-2-43}$$

$$\dot{\boldsymbol{\beta}}^e = (\dot{w}_1 \quad \dot{\theta}_{1x} \quad \dot{\theta}_{1y} \quad \dot{w}_2 \quad \dot{\theta}_{2x} \quad \dot{\theta}_{2y} \quad \dot{w}_3 \quad \dot{\theta}_{3x} \quad \dot{\theta}_{3y} \quad \dot{w}_4 \quad \dot{\theta}_{4x} \quad \dot{\theta}_{4y})^{\mathrm{T}}$$

$$\boldsymbol{N} = \begin{bmatrix} N_1 & 0 & N_2 & 0 & N_3 & 0 & N_4 & 0 \\ 0 & N_1 & 0 & N_2 & 0 & N_3 & 0 & N_4 \end{bmatrix}$$

$$\boldsymbol{N}_b = \begin{bmatrix} N_1 & 0 & 0 & N_2 & 0 & 0 & N_3 & 0 & 0 & N_4 & 0 & 0 \\ 0 & N_1 & 0 & 0 & N_2 & 0 & 0 & N_3 & 0 & 0 & N_4 & 0 \\ 0 & 0 & N_1 & 0 & 0 & N_2 & 0 & 0 & N_3 & 0 & 0 & N_4 \end{bmatrix} \tag{2-2-44}$$

3. BWC 壳单元

BT 壳单元是双线性插值，当单元挠曲比较明显时，单元的性态变得比较差。为了解决这个问题，又提出了 BWC 单元，即在单元几何关系中增加一个修正项，耦合了曲率项，并在剪切计算中附加了一个节点映射项，以改善单元性态的映射因子。当单元挠曲比较明显时，这些修正能有效改善有限元模拟精度。

1）随体局部坐标系

图 2-2-6 所示为一个挠曲的 4 节点四边形单元。$OXYZ$ 为空间固定直角坐标系，$oxyz$ 为假设的单元随体局部坐标系，具体定义方法如下。a、b、c、d 分别位于单元的各边中点，则单元法向量 $\boldsymbol{e}_3$ 定义为

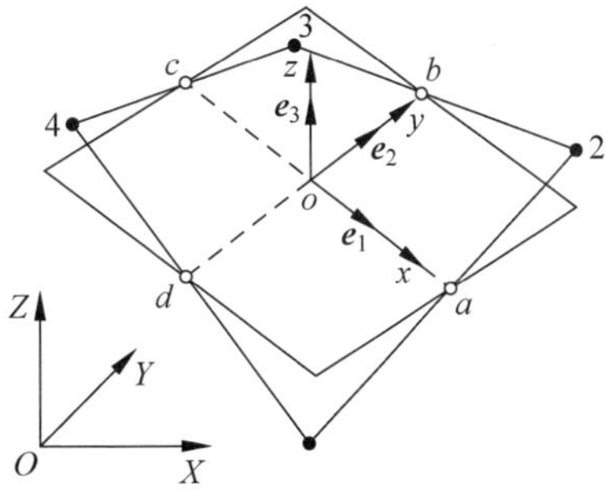

图 2-2-6　挠曲的 4 节点四边形单元及随体局部坐标系

$$\boldsymbol{e}_3 = \frac{\boldsymbol{n}_{ca} \times \boldsymbol{n}_{db}}{|\boldsymbol{n}_{ca} \times \boldsymbol{n}_{db}|} \tag{2-2-45}$$

$$\boldsymbol{e}_1 = \frac{\boldsymbol{n}_{ca}}{|\boldsymbol{n}_{ca}|} \tag{2-2-46}$$

$$\boldsymbol{e}_2 = \frac{\boldsymbol{e}_3 \times \boldsymbol{e}_1}{|\boldsymbol{e}_3 \times \boldsymbol{e}_1|} \tag{2-2-47}$$

其中，$\boldsymbol{n}_{ca}$ 为点 c 到点 a 的向量，$\boldsymbol{n}_{db}$ 为点 d 到点 b 的向量。

2）运动方程

如图 2-2-7 所示，考虑单元节点坐标 $\boldsymbol{X}_i^e(i=1,2,3,4)$对应的上下表面坐标 $\boldsymbol{X}_i^{\text{top}}$ 和 $\boldsymbol{X}_i^{\text{bot}}$，节点单位法向量 $\boldsymbol{P}_i(i=1,2,3,4)$。

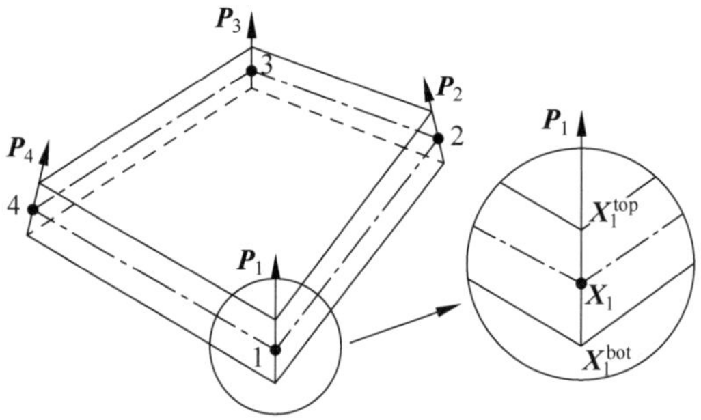

图 2-2-7　单元的几何形状

则单元内任意一点的坐标 $\boldsymbol{X}$ 为

$$\boldsymbol{X}=\sum_{i=1}^{4}N_i\left[\frac{1}{2}(\boldsymbol{X}_i^{\text{top}}+\boldsymbol{X}_i^{\text{bot}})+\frac{\xi_3}{2}(\boldsymbol{X}_i^{\text{top}}-\boldsymbol{X}_i^{\text{bot}})\right] \tag{2-2-48}$$

式中，N_i 为 4 节点四边形单元形函数。

每个节点的法向量 $\boldsymbol{P}_i(i=1,2,3,4)$近似定义为

$$\boldsymbol{P}_i=\frac{(\boldsymbol{X}_i^{\text{top}}-\boldsymbol{X}_i^{\text{bot}})}{h} \tag{2-2-49}$$

式中，h 为单元厚度，假设单元 4 个节点的厚度相同。则中面节点坐标 $\boldsymbol{X}_i^e(i=1,2,3,4)$为

$$\boldsymbol{X}_i^e=\frac{1}{2}(\boldsymbol{X}_i^{\text{top}}+\boldsymbol{X}_i^{\text{bot}}) \tag{2-2-50}$$

因此

$$\boldsymbol{X}=\sum_{i=1}^{4}N_i\left(\boldsymbol{X}_i^e+\frac{\xi_3 h}{2}\boldsymbol{P}_i\right) \tag{2-2-51}$$

单元中性面内坐标 $\boldsymbol{X}^m$ 的等参插值为

$$\boldsymbol{X}^m=\sum_{i=1}^{4}N_i\boldsymbol{X}_i^e \tag{2-2-52}$$

3）剪切效应

剪应变按式(2-2-53)由节点映射来计算，即

$$\bar{\theta}_n^I=\frac{1}{2}(\theta_{nI}^I+\theta_{nJ}^I)+\frac{1}{L^{IJ}}(\dot{u}_{zJ}-\dot{u}_{zI}) \tag{2-2-53}$$

式中，上角标 I 指第 I 个边，下角标 n 指与第 I 边正交的法向量，如图 2-2-8 所示。

横向剪应变 γ_{xz} 和 γ_{yz} 为

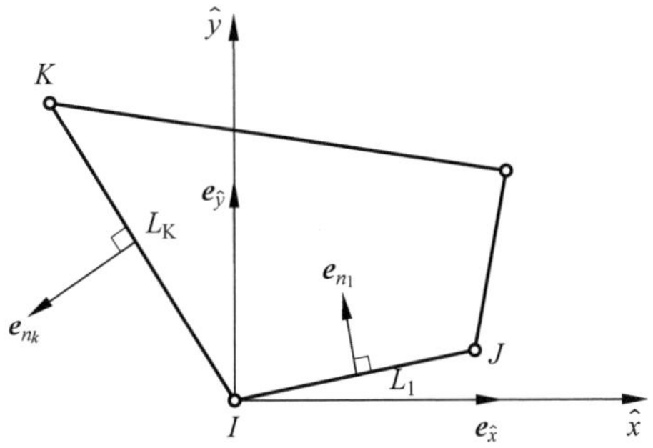

节点和边的号码

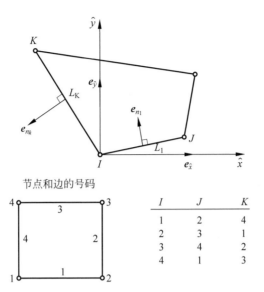

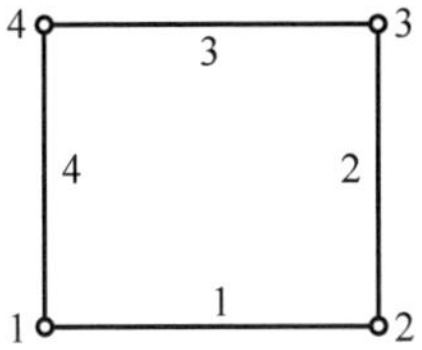

I	J	K
1	2	4
2	3	1
3	4	2
4	1	3

图 2-2-8　单元的节点、边和边的法向单位向量

$$\begin{cases}\gamma_{xz} = -\sum_{i=1}^{4} N_i \bar{\theta}_{yi} \\ \gamma_{yz} = -\sum_{i=1}^{4} N_i \bar{\theta}_{xi}\end{cases} \tag{2-2-54}$$

由此可知，横向剪切并不依赖于 $\dot{u}_z$，因为经过映射 $\dot{u}_z$ 消去了。因此，有

$$\begin{cases}\bar{\theta}_{xi} = (\boldsymbol{e}_n^I \cdot \boldsymbol{e}_x)\bar{\theta}_n^I + (\boldsymbol{e}_n^K \cdot \boldsymbol{e}_x)\bar{\theta}_n^K \\ \bar{\theta}_{yi} = (\boldsymbol{e}_n^I \cdot \boldsymbol{e}_y)\bar{\theta}_n^I + (\boldsymbol{e}_n^K \cdot \boldsymbol{e}_y)\bar{\theta}_n^K\end{cases} \tag{2-2-55}$$

式中，$\boldsymbol{e}_x$、$\boldsymbol{e}_y$ 分别为单位向量。

2.2.4　等效弯曲单元

等效弯曲单元基于具有相邻边界的单元在其相邻边界垂直方向上的曲率保持连续的假设，提出了一种改进的以面外位移来考虑弯曲效应的三角形单元组模型。这种单元能够准确地模拟板材冲压成形过程中弯曲变形引起的起皱现象，计算精度大大提高，同时还具有节点自由度低、计算工作量小等优点。

1. 几何方程

如图 2-2-9 所示，考虑单元组(1,2,3,4)(图 2-2-9(a))各节点面外位移引起的单元 1 沿边界外法线 $\boldsymbol{n}_1$、$\boldsymbol{n}_2$、$\boldsymbol{n}_3$ 方向的弯曲应变(图 2-2-9(b))。首先假设两个有相邻边界的单元初始共面(图 2-2-9(c))，在垂直公共边界方向上保持常曲率(图 2-2-9(d))。令 $CH=R$，则有

$$\theta_k = h_k/2R, \quad \theta_m = h_m/2R \tag{2-2-56}$$

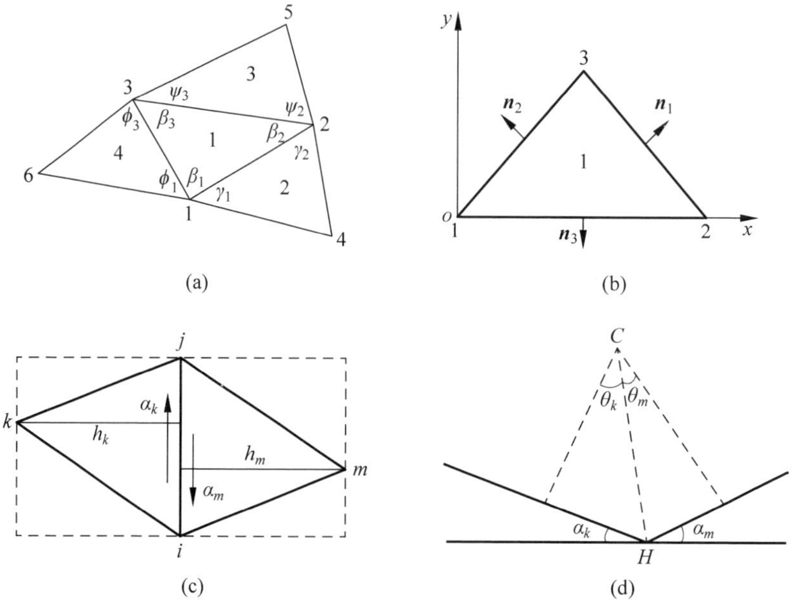

图 2-2-9　等效弯曲三角形单元

(a) 单元组构成；(b) 外法线；(c) 相邻边界 ij；(d) 转角

令 α_i 表示单元转动角增量，由几何关系式可得

$$\theta_k + \theta_m = \alpha_k + \alpha_m \tag{2-2-57}$$

由式(2-2-56)和式(2-2-57)可以推出

$$\begin{cases} \theta_k = \dfrac{h_k(\alpha_k + \alpha_m)}{h_k + h_m} \\ \theta_m = \dfrac{h_m(\alpha_k + \alpha_m)}{h_k + h_m} \end{cases} \tag{2-2-58}$$

垂直于相邻边界、距离中面厚度为 z 的弯曲应变由下式给出，即

$$\varepsilon_{nk} = \frac{-z}{R} = \frac{-2z\theta_k}{h_k} = \frac{-2z(\alpha_k + \alpha_m)}{h_k + h_m} \tag{2-2-59}$$

则有

$$\boldsymbol{\varepsilon}_n = \begin{Bmatrix} \varepsilon_{n1} \\ \varepsilon_{n2} \\ \varepsilon_{n3} \end{Bmatrix} = z\boldsymbol{H\alpha} \tag{2-2-60}$$

式中，

$$\boldsymbol{\alpha} = \{\alpha_1 \quad \alpha_2 \quad \alpha_3 \quad \alpha_4 \quad \alpha_5 \quad \alpha_6\}^{\mathrm{T}} \tag{2-2-61}$$

矩阵 $\boldsymbol{H}$ 中的非零元素为

$$\begin{cases} H_{11}=H_{15}=\dfrac{2}{h_1+h_5} \\ H_{22}=H_{26}=\dfrac{2}{h_2+h_6} \\ H_{33}=H_{34}=\dfrac{2}{h_3+h_4} \end{cases} \tag{2-2-62}$$

单元绕相邻边界的转角增量 α_i 由节点的面外位移增量 w_i 表示为

$$\boldsymbol{\alpha}=\boldsymbol{C}\boldsymbol{w} \tag{2-2-63}$$

式中，

$$\boldsymbol{w}=\{w_1 \quad w_2 \quad w_3 \quad w_4 \quad w_5 \quad w_6\}^{\mathrm{T}} \tag{2-2-64}$$

矩阵 $\boldsymbol{C}$ 的非零元素为

$$\begin{cases} C_{11}=\dfrac{1}{h_1}, & C_{12}=\dfrac{-\cos\beta_3}{h_2}, & C_{13}=\dfrac{-\cos\beta_2}{h_3} \\ C_{21}=\dfrac{-\cos\beta_3}{h_1}, & C_{22}=\dfrac{1}{h_2}, & C_{23}=\dfrac{-\cos\beta_1}{h_3} \\ C_{31}=\dfrac{-\cos\beta_2}{h_1}, & C_{32}=\dfrac{-\cos\beta_1}{h_2}, & C_{33}=\dfrac{1}{h_3} \\ C_{41}=\dfrac{-\cos\gamma_2}{q_1}, & C_{42}=\dfrac{-\cos\gamma_1}{q_2}, & C_{44}=\dfrac{1}{h_4} \\ C_{52}=\dfrac{-\cos\phi_3}{r_2}, & C_{53}=\dfrac{-\cos\phi_2}{r_3}, & C_{55}=\dfrac{1}{h_5} \\ C_{61}=\dfrac{-\cos\varphi_3}{s_1}, & C_{63}=\dfrac{-\cos\varphi_1}{s_3}, & C_{66}=\dfrac{1}{h_6} \end{cases} \tag{2-2-65}$$

现在考虑图 2-2-9(b)局部坐标系 xoy 下，三角形单元(1 2 3)的三条边(2,3)、(3,1)、(1,2)的外法线 $\boldsymbol{n}_1$、$\boldsymbol{n}_2$、$\boldsymbol{n}_3$ 分别是

$$\begin{cases} b_1=\dfrac{y_3-y_2}{l_1}, & b_2=\dfrac{y_1-y_3}{l_2}, & b_3=\dfrac{y_2-y_1}{l_3} \\ c_1=\dfrac{x_2-x_3}{l_1}, & c_2=\dfrac{x_3-x_1}{l_2}, & c_3=\dfrac{x_1-x_2}{l_3} \end{cases} \tag{2-2-66}$$

经过坐标变换和叠加，可得到局部坐标系 xoy 下的应变为

$$\boldsymbol{\varepsilon}=\begin{Bmatrix} \varepsilon_x \\ \varepsilon_y \\ \gamma_{xy} \end{Bmatrix}=\begin{bmatrix} b_1^2 & b_2^2 & b_3^2 \\ c_1^2 & c_2^2 & c_3^2 \\ 2b_1c_1 & 2b_2c_2 & 2b_3c_3 \end{bmatrix}\begin{Bmatrix} \varepsilon_{n1} \\ \varepsilon_{n2} \\ \varepsilon_{n3} \end{Bmatrix}=\boldsymbol{R}\boldsymbol{\varepsilon}_n \tag{2-2-67}$$

2. 边界条件

为描述自由和固定边界条件，可引入一个对称的虚单元(1 2 4)和单元(1 2 3)

边界相邻，如图 2-2-10 所示。

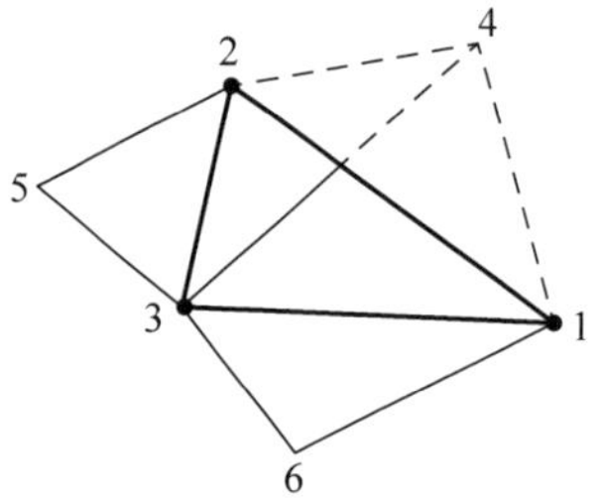

图 2-2-10　虚单元

当(1,2)边为自由边界条件时，(1,2)边转动不受限制，沿(1,2)边法线方向的弯曲应变 E_{n3} 消失。令单元(1 2 3)和虚单元(1 2 4)上的对称节点 3、4 的面外位移大小相等、方向相反，即 $w_3=-w_4$，则有 $\alpha_3=-\alpha_4$，则矩阵 $\boldsymbol{C}$ 的第 4 行改变为

$$\begin{bmatrix}\frac{\cos\beta_2}{h_1} & \frac{\cos\beta_1}{h_2} & \frac{-1}{h_3} & 0 & 0 & 0\end{bmatrix} \tag{2-2-68}$$

对于固定边界条件情况，(1,2)边转角为零，可令单元(1 2 3)和虚单元(1 2 4)上的对称节点 3、4 的面外位移大小相等、方向相同，即 $w_3=w_4$，则有 $\alpha_3=\alpha_4$，矩阵 $\boldsymbol{C}$ 的第 4 行改变为

$$\begin{bmatrix}\frac{-\cos\beta_2}{h_1} & \frac{-\cos\beta_1}{h_2} & \frac{1}{h_3} & 0 & 0 & 0\end{bmatrix} \tag{2-2-69}$$

3. 三维情况

考虑三维变形时，相邻单元不在同一平面上的情况。设 δ_{0m}、δ_{0k} 分别为单元 m、k 在 t 时刻的曲率角，δ_m、δ_k 分别为单元 m、k 在 $t+\Delta t$ 时刻的曲率角，θ_m、θ_k 分别为 Δt 时刻内的曲率角的变化，则有

$$\theta_m=\delta_m-\delta_{0m},\quad \theta_k=\delta_k-\delta_{0k} \tag{2-2-70}$$

式中，

$$\delta_m=h_m/2R,\quad \delta_k=\frac{h_k}{2R} \tag{2-2-71}$$

$$\delta_{0m}=\frac{h_{0m}}{2R_0},\quad \delta_{0k}=\frac{h_{0k}}{2R_0} \tag{2-2-72}$$

式中，$\delta_{0m}=\delta_{0k}=0$ 对应于单元初始共面情况；h_{0m}、h_{0k}、h_m、h_k 分别为 t 时刻和 $t+\Delta t$ 时刻三角形单元的高；R_0、R 分别为 t 时刻和 $t+\Delta t$ 时刻三角形单元的曲率。

令 α_m 和 α_k 表示单元绕相邻边界转角的增量，仍假设相邻单元沿公共边界为常曲率，则由式(2-2-57)、式(2-2-70)、式(2-2-71)可得

$$\begin{cases}\theta_k=\dfrac{h_k(\alpha_k+\alpha_m+\delta_{0m})-h_m\delta_{0k}}{h_k+h_m}\\[2ex]\theta_m=\dfrac{h_m(\alpha_k+\alpha_m+\delta_{0k})-h_k\delta_{0m}}{h_k+h_m}\end{cases} \tag{2-2-73}$$

忽略不计转动过程中单元长度的变化，则由式(2-2-72)可得

$$\delta_{0k}=\frac{h_{0k}\delta_{0m}}{h_{0m}}=\frac{h_k\delta_{0m}}{h_m} \tag{2-2-74}$$

由式(2-2-73)和式(2-2-74)可得

$$\begin{cases} \theta_k = \dfrac{h_k(\alpha_k + \alpha_m)}{h_k + h_m} \\ \theta_m = \dfrac{h_m(\alpha_k + \alpha_m)}{h_k + h_m} \end{cases} \tag{2-2-75}$$

转角增量 α_m、α_k 引起的沿相邻边界法线方向的弯曲应变为

$$\varepsilon_{nk} = -z\frac{R_0 - R}{R_0 R} = -2z\left(\frac{\delta_k}{h_k} - \frac{\delta_{0k}}{h_{0k}}\right) = -2z\frac{\delta_k - \delta_{0k}}{h_k} = -2z\frac{\theta_k}{h_k} \tag{2-2-76}$$

由式(2-2-75)和式(2-2-76)可知，转角增量 α_m、α_k 引起的沿相邻边界法线方向的弯曲应变为

$$\varepsilon_{nk} = -\frac{2z\theta_k}{h_k} = \frac{-2z(\alpha_k + \alpha_m)}{h_k + h_m} \tag{2-2-77}$$

由式(2-2-77)可知，式(2-2-60)中的矩阵 $\boldsymbol{H}$ 保持不变。

由于相邻单元不再共面，面外位移必须投影到每个单元各自的局部坐标系下，则式(2-2-63)变为

$$\boldsymbol{\alpha} = \boldsymbol{C}\boldsymbol{w} \tag{2-2-78}$$

式中，矩阵 $\boldsymbol{C}$ 的非零元素为

$$\begin{cases} C_{11} = \dfrac{1}{h_1}, & C_{12} = \dfrac{-\cos\beta_3}{h_2}, & C_{13} = \dfrac{-\cos\beta_2}{h_3} \\ C_{21} = \dfrac{-\cos\beta_3}{h_1}, & C_{22} = \dfrac{1}{h_2}, & C_{23} = \dfrac{-\cos\beta_1}{h_3} \\ C_{31} = \dfrac{-\cos\beta_2}{h_1}, & C_{32} = \dfrac{-\cos\beta_1}{h_2}, & C_{33} = \dfrac{1}{h_3} \\ C_{44} = \dfrac{-\cos\gamma_2}{q_1}, & C_{45} = \dfrac{-\cos\gamma_1}{q_2}, & C_{46} = \dfrac{1}{h_4} \\ C_{57} = \dfrac{-\cos\phi_3}{r_2}, & C_{58} = \dfrac{-\cos\phi_2}{r_3}, & C_{59} = \dfrac{1}{h_5} \\ C_{6,10} = \dfrac{-\cos\varphi_3}{s_1}, & C_{6,11} = \dfrac{-\cos\varphi_1}{s_3}, & C_{6,12} = \dfrac{1}{h_6} \end{cases} \tag{2-2-79}$$

$$\boldsymbol{w} = \begin{bmatrix} w_1^1 & w_2^1 & w_3^1 & w_1^2 & w_2^2 & w_4^2 & w_2^3 & w_3^3 & w_5^3 & w_3^4 & w_1^4 & w_6^4 \end{bmatrix}^{\mathrm{T}} \tag{2-2-80}$$

式中，w_i^j 表示节点 i 投影到单元 j 的局部坐标系下的面外位移。

2.3　本构方程

在进行金属塑性大变形有限元分析时经常采用流动理论本构方程，其他本构

方程很少采用。例如,基于形变理论或非经典的角点理论本构方程虽然可以比较准确模拟板料失稳后的局部化变形过程,但是板料成形属于强约束过程,对角点本构方程不敏感,而且板料成形也并不十分关心板料失稳后的局部化变形过程。

为了推导公式方便,本节将采用张量分量记法。考虑具有光滑屈服面屈服函数的弹塑性体,假设温度对变形速度的影响很小,可以忽略不计。这样全应变率 $\dot{\varepsilon}_{ij}$ 可以分解为弹性应变率 $\dot{\varepsilon}_{ij}^{e}$ 和塑性应变率 $\dot{\varepsilon}_{ij}^{p}$ 之和,即

$$\dot{\varepsilon}_{ij}=\dot{\varepsilon}_{ij}^{e}+\dot{\varepsilon}_{ij}^{p} \tag{2-3-1}$$

采用胡克定律,弹性应变率 $\dot{\varepsilon}_{ij}^{e}$ 用第二 Piola Kirchhoff 应力的 Jaumann 速率 $\overset{\nabla}{S}_{ij}$ 表示为

$$\dot{\varepsilon}_{ij}^{e}=B_{ijkl}^{e}\overset{\nabla}{S}_{kl} \tag{2-3-2}$$

式(2-3-2)的逆关系为

$$\overset{\nabla}{S}_{ij}=D_{ijkl}^{e}\dot{\varepsilon}_{kl}^{e} \tag{2-3-3}$$

塑性应变率 $\dot{\varepsilon}_{ij}^{p}$ 用流动法则和屈服函数 f 表示为

$$\dot{\varepsilon}_{ij}^{p}=\alpha n_{kl}\overset{\nabla}{S}_{kl}n_{ij}/h \tag{2-3-4}$$

式中,n_{ij} 为屈服面(应力空间 $f=0$ 的曲面)的单位法向量;$\alpha=1$ 或 $\alpha=0$,当应力点位于屈服面以内时,应力处于弹性状态,$\alpha=0$,当应力点位于屈服面上,而且应力率 $\overset{\nabla}{S}_{ij}$ 指向屈服面以外时,为塑性加载状态,$\alpha=1$ 且 $n_{ij}\overset{\nabla}{S}_{ij}>0$,如果应力率 $\overset{\nabla}{S}_{ij}$ 与屈服面相切时,为卸载状态,$\alpha=0$;h 表示当前状态的加工硬化率,它是应力和应变的函数。

由式(2-3-2)和式(2-3-4)可得全应变率 $\dot{\varepsilon}_{ij}$ 为

$$\dot{\varepsilon}_{ij}=\left(B_{ijkl}^{e}+\frac{\alpha}{h}n_{ij}n_{kl}\right)\overset{\nabla}{S}_{kl}=B_{ijkl}^{ep}\overset{\nabla}{S}_{kl} \tag{2-3-5}$$

式(2-3-5)的逆关系就是材料有限变形本构关系,即

$$\overset{\nabla}{S}_{ij}=\left(D_{ijkl}^{e}+\frac{\alpha}{g}m_{ij}m_{kl}\right)\dot{\varepsilon}_{kl}=D_{ijkl}^{ep}\dot{\varepsilon}_{kl} \tag{2-3-6}$$

式中,

$$\begin{aligned}m_{ij}&=D_{ijkl}^{ep}n_{kl}\\ g&=h+m_{ij}n_{ij}\end{aligned} \tag{2-3-7}$$

由于 $\overset{\nabla}{S}_{ij}$ 与柯西应力的 Jaumann 速率 $\overset{\nabla}{\sigma}_{ij}$ 的关系为

$$\overset{\nabla}{S}_{ij}=\overset{\nabla}{\sigma}_{ij}+\sigma_{ij}v_{k,k} \tag{2-3-8}$$

如果材料不可压缩,$v_{k,k}=0$,因此有

$$\overset{\nabla}{S}_{ij}=\overset{\nabla}{\sigma}_{ij} \tag{2-3-9}$$

式(2-3-6)可简化为

$$\overset{\nabla}{\sigma}_{ij}=(D^{e}_{ijkl}+D^{p}_{ijkl})\dot{\varepsilon}_{kl}=D^{ep}_{ijkl}\dot{\varepsilon}_{kl} \tag{2-3-10}$$

式(2-3-6)和式(2-3-10)是三维状态下的材料本构方程，对于板料而言，一般属于平面应力状态，因此要把它们简化成平面应力状态下的本构方程。一般平面应力状态假设有

$$\sigma_{33}=0 \tag{2-3-11}$$

根据 $\overset{\nabla}{\sigma}_{ij}$ 与 σ_{ij} 的关系，则有

$$\overset{\nabla}{\sigma}_{ij}=\dot{\sigma}_{ij}-\sigma_{mj}\omega_{im}-\sigma_{mi}\omega_{jm} \tag{2-3-12}$$

可得平面应力状态下同样有

$$\overset{\nabla}{\sigma}_{33}=0 \tag{2-3-13}$$

根据式(2-3-10)得

$$\overset{\nabla}{\sigma}_{33}=D^{ep}_{33kl}\dot{\varepsilon}_{kl}=0 \tag{2-3-14}$$

式(2-3-10)可以表示为

$$\overset{\nabla}{\sigma}_{ij}=D^{ep}_{ijkl}\dot{\varepsilon}_{kl}+D^{ep}_{ij33}\dot{\varepsilon}_{33}\quad(k、l\text{ 不同时等于 }3) \tag{2-3-15}$$

再由式(2-3-13)可得

$$\overset{\nabla}{\sigma}_{33}=D^{ep}_{33kl}\dot{\varepsilon}_{kl}+D^{ep}_{3333}\dot{\varepsilon}_{33}=0\quad(k、l\text{ 不同时等于 }3) \tag{2-3-16}$$

$$\dot{\varepsilon}_{33}=-\frac{D^{ep}_{33kl}}{D^{ep}_{3333}}\dot{\varepsilon}_{kl}\quad(k、l\text{ 不同时等于 }3) \tag{2-3-17}$$

将式(2-3-17)代入式(2-3-15)得

$$\overset{\nabla}{\sigma}_{ij}=\left(D^{ep}_{ijkl}-\frac{D^{ep}_{ij33}D^{ep}_{33kl}}{D^{ep}_{3333}}\right)\dot{\varepsilon}_{kl}=\overline{D}^{ep}_{ijkl}\dot{\varepsilon}_{kl}\quad(k、l\text{ 不同时等于 }3) \tag{2-3-18}$$

式中，$\overline{D}^{ep}_{ijkl}$ 为平面应力状态下的材料本构矩阵，即

$$\overline{D}^{ep}_{ijkl}=D^{ep}_{ijkl}-\frac{D^{ep}_{ij33}D^{ep}_{33kl}}{D^{ep}_{3333}}\quad(k、l\text{ 不同时等于 }3) \tag{2-3-19}$$

2.3.1　J_2 流动理论

弹性问题本构关系为

$$\begin{aligned}&\overset{\nabla}{S}_{ij}=D^{e}_{ijkl}\varepsilon^{e}_{kl}\\&D^{e}_{ijkl}=2G\left[\frac{1}{2}(\delta_{ik}\delta_{jl}+\delta_{il}\delta_{jk})-\frac{\nu}{1-2\nu}\delta_{ij}\delta_{kl}\right]\end{aligned} \tag{2-3-20}$$

式中，G 为弹性剪切模量；ν 为泊松比。

米泽斯(Mises)屈服函数为

$$f=\frac{1}{2}\sigma'_{ij}\sigma'_{ij}-\frac{1}{3}\bar{\sigma}^{2} \tag{2-3-21}$$

式中，σ'_{ij} 表示应力 σ_{ij} 的偏量。在米泽斯屈服上，式(2-3-5)中的 n_{ij} 为

$$n_{ij}=\frac{\sigma'_{ij}}{\sqrt{\frac{2}{3}}\bar{\sigma}} \tag{2-3-22}$$

因此,式(2-3-5)可以表示为

$$\dot{\varepsilon}_{ij}=\left(B^{e}_{ijkl}+\frac{3\alpha}{2h\bar{\sigma}^{2}}\sigma'_{ij}\sigma'_{kl}\right)\overset{\nabla}{S}_{kl}=B^{ep}_{ijkl}\overset{\nabla}{S}_{kl} \tag{2-3-23}$$

式(2-3-23)的逆就是材料的 J_2 流动本构关系

$$\overset{\nabla}{S}_{ij}=\left(D^{e}_{ijkl}-\frac{2G\alpha}{g}\sigma'_{ij}\sigma'_{kl}\right)\dot{\varepsilon}_{kl}=D^{ep}_{ijkl}\dot{\varepsilon}_{kl} \tag{2-3-24}$$

式中,

$$\begin{cases} g=\dfrac{2}{3}\bar{\sigma}^{2}\left(1+\dfrac{h}{2G}\right) \\ \bar{\sigma}^{2}=\dfrac{3}{2}\sigma'_{ij}\sigma'_{ij} \end{cases} \tag{2-3-25}$$

h 可以由单向拉伸实验确定,即

$$\frac{1}{h}=\frac{3}{2}\left[\left(1-\frac{1-2\nu}{E}\sigma\right)\frac{1}{E_{t}}-\frac{1}{E}\right] \tag{2-3-26}$$

式中,E 为弹性模量;E_t 为单向拉伸真应力-对数应变曲线的切线模量,即

$$E_{t}=\frac{\mathrm{d}\sigma}{\mathrm{d}\varepsilon} \tag{2-3-27}$$

对于不可压缩材料,式(2-3-26)可以简化为

$$\frac{1}{h}=\frac{3}{2}\left(\frac{1}{E_{t}}-\frac{1}{E}\right) \tag{2-3-28}$$

2.3.2 J_2 随动强化理论

材料的初始屈服面可以表示为

$$f=\frac{1}{2}\sigma'_{ij}\sigma'_{ij}-\frac{1}{3}\bar{\sigma}_{0}^{2} \tag{2-3-29}$$

在随动强化理论中,假设材料在塑性变形时,式(2-3-29)所描述的屈服面保持形状和大小不变,只是在应力空间中伴随刚体回转而移动。因此,若以 α_{ij} 表示当前变形的屈服面中心位置,当前状态的屈服面为

$$\begin{cases} f=\dfrac{1}{2}\bar{\sigma}'_{ij}\bar{\sigma}'_{ij}-\dfrac{1}{3}\bar{\sigma}_{0}^{2} \\ \bar{\sigma}'_{ij}=\sigma'_{ij}-\alpha'_{ij} \end{cases} \tag{2-3-30}$$

式中,α'_{ij} 为 α_{ij} 的偏量。

根据流动法则,塑性应变率与当前屈服面的法向平行,因此式(2-3-5)中的 n_{ij} 为

$$n_{ij}=\frac{\bar{\sigma}'_{ij}}{\sqrt{\frac{2}{3}}\bar{\sigma}_0} \tag{2-3-31}$$

全应变率 $\dot{\varepsilon}_{ij}$ 可以表示为

$$\dot{\varepsilon}_{ij}=\left(B^{e}_{ijkl}+\frac{3\alpha}{2\bar{h}\bar{\sigma}_0^2}\bar{\sigma}'_{ij}\bar{\sigma}'_{kl}\right)\overset{\nabla}{S}_{kl}=B^{ep}_{ijkl}\overset{\nabla}{S}_{kl} \tag{2-3-32}$$

式中，$\bar{h}$ 可以由单向拉伸实验确定，即

$$\frac{1}{\bar{h}}=\frac{3}{2}\left[\left(1-\frac{1-2\nu}{E}\sigma\right)\frac{1}{E_t}-\frac{1}{E}\right] \tag{2-3-33}$$

如果材料不可压缩，则有

$$\frac{1}{\bar{h}}=\frac{3}{2}\left(\frac{1}{E_t}-\frac{1}{E}\right) \tag{2-3-34}$$

式(2-3-32)的逆就是 J_2 随动强化本构关系

$$\overset{\nabla}{S}_{ij}=\left(D^{e}_{ijkl}+\frac{2G\alpha}{\bar{g}}\bar{\sigma}'_{ij}\bar{\sigma}'_{kl}\right)\dot{\varepsilon}_{kl} \tag{2-3-35}$$

式中，

$$\bar{g}=\frac{2}{3}\bar{\sigma}_0^2\left(1+\frac{\bar{h}}{2G}\right) \tag{2-3-36}$$

塑性变形过程中屈服面的移动速度 $\overset{\nabla}{\alpha}_{ij}$ 与应力点所在屈服面中心的相对位置平行，并指向 $\sigma_{ij}-\alpha_{ij}$。因此，有

$$\overset{\nabla}{\alpha}_{ij}=\dot{\mu}(\sigma_{ij}-\alpha_{ij}) \tag{2-3-37}$$

式中，

$$\dot{\mu}=\frac{3\bar{\sigma}'_{ij}\overset{\nabla}{S}_{ij}}{2\bar{\sigma}_0^2} \tag{2-3-38}$$

2.3.3 各向异性理论

如果把各向同性米泽斯屈服函数用于各向异性材料，则屈服函数一般可以写为

$$f=\frac{1}{2}C_{ijkl}\sigma_{ij}\sigma_{kl}-\frac{1}{3}\bar{\sigma}^2 \tag{2-3-39}$$

式中，C_{ijkl} 为四阶张量。当它是四阶各向同性张量时，形式为

$$C_{ijkl}=\frac{1}{2}(\delta_{ik}\delta_{jl}+\delta_{il}\delta_{jk})-\frac{1}{3}\delta_{ij}\delta_{kl} \tag{2-3-40}$$

式中，C_{ijkl} 关于 i 和 j、k 和 l，以及 ij 和 kl 对称；$\bar{\sigma}$ 为等效应力。采用功的互等定理，等效塑性应变 $\dot{\bar{\varepsilon}}_p$ 可以表示为

$$\bar{\sigma}^2 = \frac{3}{2}C_{ijkl}\sigma_{ij}\sigma_{kl}, \quad \dot{\bar{\varepsilon}}_p^2 = \frac{2}{3}\bar{C}_{ijkl}\dot{\varepsilon}_{ij}\dot{\varepsilon}_{kl} \tag{2-3-41}$$

设与屈服曲面 f 相正交的单位法向量为 $\boldsymbol{n}_{ij}$，则有

$$n_{ij} = \frac{l_{ij}}{\sqrt{\frac{2}{3}}\bar{\sigma}}, \quad l_{ij} = \frac{\partial f}{\partial \sigma_{ij}} \tag{2-3-42}$$

以塑性应变率表示的本构方程为

$$\dot{\varepsilon}_{ijkl}^p = \frac{l_{ij}l_{kl}\overset{\nabla}{S}_{kl}}{\frac{4}{9}\bar{\sigma}^2 H} \tag{2-3-43}$$

式中，$\overset{\nabla}{S}_{ij}$ 为基尔霍夫应力的 Jaumann 速率，$H = \mathrm{d}\bar{\sigma}/\mathrm{d}\bar{\varepsilon}_p$。将弹性应变率本构方程代入，则得到全应变率的本构方程为

$$\dot{\varepsilon}_{ij} = \left(B_{ijkl}^e + \frac{l_{ij}l_{kl}}{\frac{4}{9}\bar{\sigma}^2 H}\right)\overset{\nabla}{S}_{kl} \tag{2-3-44}$$

它的逆关系为

$$\overset{\nabla}{S}_{ij} = \left(D_{ijkl}^e - \frac{m_{ij}m_{kl}}{\frac{4}{9}\bar{\sigma}^2 H + m_{rs}l_{rs}}\right)\dot{\varepsilon}_{kl} \tag{2-3-45}$$

式中，

$$m_{ij} = D_{ijkl}^e l_{kl} \tag{2-3-46}$$

2.4 各向异性屈服函数

金属薄板在预加工和轧制过程中会产生明显的各向异性，这种结构上的各向异性对其成形规律有显著的影响。在拉深成形过程中，突缘出现制耳、冲压件断裂位置和极限成形高度的改变等现象，都是板材的各向异性使其在成形过程中塑性流动发生改变造成的。

在度量板材的各向异性性质强弱时，各向异性参数 R 值是一个非常重要的参数，是评价板材成形性能的重要指标。R 值越大，材料越不容易在厚向减薄或增厚；R 值越小，材料越容易在厚向减薄或增厚。当沿与 x 成 ϕ 角对板料施加单向拉伸时，R 的定义为

$$R = \frac{\dot{\varepsilon}_t}{\dot{\varepsilon}_z} \tag{2-4-1}$$

式中，$\dot{\varepsilon}_t$ 为垂直于拉伸方向的应变率；$\dot{\varepsilon}_z$ 为板厚方向的应变率。R 值是随方向的

变化而变化的，不同的方向 R 值不一样。

面内各向异性系数 ΔR 也是一个重要指标，即

$$\Delta R = (R_0 + R_{90} - 2R_{45})/2 \tag{2-4-2}$$

式中，ΔR 值表示厚向各向异性参数 R_h 值在面内随方向的变化，它的大小决定了圆筒拉深突缘制耳形成的程度，影响材料在面内的塑性流动规律，与板材的成形性能无关。一般来说，ΔR 值过大对冲压成形是不利的。

常用的各向异性屈服函数主要包括 Hill 正交各向异性函数、Barlat_Lian 屈服函数、Barlat 六参量正交各向异性屈服函数等。

2.4.1　Hill 正交各向异性函数

一般，若把各向异性主轴作为随体坐标系的 x、y、z 轴，则 Hill 屈服函数可以表示为

$$f = \frac{1}{2(F+G+H)}[F(\sigma_{yy}-\sigma_{zz})^2 + G(\sigma_{zz}-\sigma_{xx})^2 + H(\sigma_{xx}-\sigma_{yy})^2 + 2L\sigma_{yz}^2 + 2M\sigma_{zx}^2 + 2N\sigma_{xy}^2] - \frac{1}{3}\bar{\sigma}^2 \tag{2-4-3}$$

式中，F、G、H、L、M、N 分别为各向异性参数，由实验确定。

在平面应力状态下，应力 $\sigma_{zz} = \sigma_{zx} = \sigma_{yz} = 0$，因此式(2-4-3)可简化为

$$f = \frac{1}{2(F+G+H)}[(G+H)\sigma_{xx}^2 + (F+H)\sigma_{yy}^2 - 2H\sigma_{xx}\sigma_{yy} + 2N\sigma_{xy}^2] - \frac{1}{3}\bar{\sigma}^2 \tag{2-4-4}$$

下面讨论 R 值与各向异性参数 F、G、H、N 之间的关系。如图 2-4-1 所示，1 方向为单拉方向，则有

$$\sigma_{xx} = \sigma\cos^2\varphi, \quad \sigma_{yy} = \sigma\sin^2\varphi, \quad \sigma_{xy} = \sigma\sin\varphi\cos\varphi \tag{2-4-5}$$

$$\dot{\varepsilon}_{11}^p = \cos^2\varphi\dot{\varepsilon}_{xx}^p + \sin^2\varphi\dot{\varepsilon}_{yy}^p + 2\sin\varphi\cos\varphi\dot{\varepsilon}_{xy}^p \tag{2-4-6}$$

$$\dot{\varepsilon}_{22}^p = \sin^2\varphi\dot{\varepsilon}_{xx}^p + \cos^2\varphi\dot{\varepsilon}_{yy}^p - 2\sin\varphi\cos\varphi\dot{\varepsilon}_{xy}^p \tag{2-4-7}$$

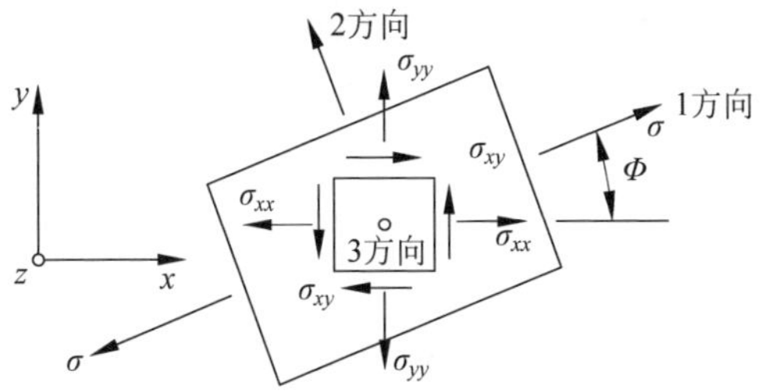

图 2-4-1　单向拉伸受力情况

式(2-4-6)和式(2-4-7)相加，可知

$$\dot{\varepsilon}_{11}^p + \dot{\varepsilon}_{22}^p = \dot{\varepsilon}_{xx}^p + \dot{\varepsilon}_{yy}^p \tag{2-4-8}$$

根据体积不可压缩性，有

$$\dot{\varepsilon}_{11}^{p}+\dot{\varepsilon}_{22}^{p}+\dot{\varepsilon}_{33}^{p}=0 \tag{2-4-9}$$

则任意 φ 角的 R 值为

$$R_{\varphi}=-\frac{\dot{\varepsilon}_{22}^{p}}{\dot{\varepsilon}_{11}^{p}+\dot{\varepsilon}_{22}^{p}}=\frac{\dot{\varepsilon}_{11}^{p}}{\dot{\varepsilon}_{11}^{p}+\dot{\varepsilon}_{22}^{p}}-1=\frac{\dot{\varepsilon}_{11}^{p}}{\dot{\varepsilon}_{xx}^{p}+\dot{\varepsilon}_{yy}^{p}}-1 \tag{2-4-10}$$

根据关联流动法则，有

$$\dot{\varepsilon}_{xx}^{p}=\dot{\lambda}\frac{\partial f}{\partial\sigma_{xx}},\quad \dot{\varepsilon}_{yy}^{p}=\dot{\lambda}\frac{\partial f}{\partial\sigma_{yy}},\quad \dot{\varepsilon}_{xy}^{p}=\dot{\lambda}\frac{\partial f}{\partial\sigma_{xy}} \tag{2-4-11}$$

和

$$\dot{\varepsilon}_{11}^{p}=\dot{\lambda}\frac{\partial f^{*}}{\partial\sigma} \tag{2-4-12}$$

式中，f^{*} 为将式(2-4-5)代入式(2-4-3)得到的，$\sigma=\sigma_{11}$。

将式(2-4-8)、式(2-4-9)、式(2-4-11)和式(2-4-12)代入式(2-4-10)，即可求出任意角 R 与屈服函数 f 之间的关系式为

$$R_{\varphi}=\frac{\dfrac{\partial f^{*}}{\partial\sigma}}{\left(\dfrac{\partial f}{\partial\sigma_{xx}}+\dfrac{\partial f}{\partial\sigma_{yy}}\right)}-1 \tag{2-4-13}$$

$$R_{\varphi}=\frac{H+(2N-F-G-4)\sin^{2}\varphi\cos^{2}\varphi}{F\sin^{2}\varphi+G\cos^{2}\varphi} \tag{2-4-14}$$

当板材从厂家出厂时，一般只标有 0°、45°、90°这 3 个方向的 R 值，而式(2-4-14)中有 F、G、H、N 这 4 个参数。因此，一般令 $H=1$，则式(2-4-14)可写为

$$R_{\varphi}=\frac{1+(2N-F-G-4)\sin^{2}\varphi\cos^{2}\varphi}{F\sin^{2}\varphi+G\cos^{2}\varphi} \tag{2-4-15}$$

将 0°、45°、90°方向的 R 值分别记为 R_0、R_{45}、R_{90}，代入式(2-4-15)，得到各向异性参数 F、G、N、H 与 R_0、R_{45}、R_{90} 的关系为

$$G=\frac{1}{R_0},\quad F=\frac{1}{R_{90}},\quad N=\left(R_{45}+\frac{1}{2}\right)\left(\frac{1}{R_0}+\frac{1}{R_{90}}\right) \tag{2-4-16}$$

因此，只要知道了 R_0、R_{45}、R_{90}，就能求出 F、G、N。

2.4.2 Barlat_Lian 屈服函数

若把各向异性主轴作为随体坐标系的 x、y、z 轴，则 Barlat_Lian 屈服函数的表达式为

$$f=a\,|K_1+K_2|^{M}+a\,|K_1-K_2|^{M}+c\,|2K_2|^{M}-2\bar{\sigma}^{M}=0 \tag{2-4-17}$$

式中，

$$
\begin{cases}
K_1 = \dfrac{1}{2}(\sigma_x + h\sigma_y), \quad K_2 = \sqrt{\left(\dfrac{\sigma_x - h\sigma_y}{2}\right)^2 + p^2\sigma_{xy}^2} \\
h = \sqrt{\dfrac{r_0(1+r_{90})}{(1+r_0)r_{90}}} \\
a = 2 - c = 2 - \sqrt{\dfrac{r_0 r_{90}}{(1+r_0)(1+r_{90})}} \\
p = \dfrac{\sigma_p}{\sigma_b} = \left(\dfrac{\bar{\sigma}}{\tau_{sl}}\right)\left[\dfrac{2}{2a + 2^M c}\right]^{\frac{1}{M}}
\end{cases}
\tag{2-4-18}
$$

式中，σ_p 为等双拉状态的柯西主应力 σ_1；σ_b 为单项拉伸状态的柯西主应力 σ_1；τ_{sl} 为纯剪切状态时的屈服剪应力；M 为非二次屈服函数指数；r_0 和 r_{90} 分别为板料扎制方向和面内垂直于扎制方向的各向异性参数；p 值可以通过单拉实验的 r_0、r_{45}、r_{90} 求出。

这个屈服函数适用于表现为面内各向异性的各向异性材料。它可以对用 Taylor/Bishop 及 Hill 理论计算塑性势的多晶材料进行很好的模拟，因此，这个公式可以用来研究多晶结构对金属板材冲压成形的影响。由于公式中只包含有 x、y 平面内的 3 个应力分量，上述屈服函数只能应用于平面应力状态，但它能描述各种平面应力状态。

与板料的扎制方向的夹角为 ϕ 的方向 1 的单拉应力为 σ，则根据应力变换得

$$
\begin{cases}
\sigma_x = \sigma\cos^2\phi \\
\sigma_y = \sigma\sin^2\phi \\
\sigma_{xy} = \sigma\sin\phi\cos\phi
\end{cases}
\tag{2-4-19}
$$

及

$$
\begin{cases}
\dot{\varepsilon}_{11} = \cos^2\phi\dot{\varepsilon}_{xx} + \sin^2\phi\dot{\varepsilon}_{yy} + 2\sin\phi\cos\phi\dot{\varepsilon}_{xy} \\
\dot{\varepsilon}_{22} = \sin^2\phi\dot{\varepsilon}_{xx} + \cos^2\phi\dot{\varepsilon}_{yy} - 2\sin\phi\cos\phi\dot{\varepsilon}_{xy}
\end{cases}
\tag{2-4-20}
$$

式中，$\dot{\varepsilon}_{11}$、$\dot{\varepsilon}_{22}$ 分别为单拉径向和宽度方向的应变率。由塑性不可压缩性，得任意角 ϕ 的 R 值为

$$
r_\phi = -\frac{\dot{\varepsilon}_{22}}{\dot{\varepsilon}_{11} + \dot{\varepsilon}_{22}} = \frac{\dot{\varepsilon}_{11}}{\dot{\varepsilon}_{11} + \dot{\varepsilon}_{22}} - 1 = \frac{\dot{\varepsilon}_{22}}{\dot{\varepsilon}_{xx} + \dot{\varepsilon}_{yy}} - 1 \tag{2-4-21}
$$

由欧拉相似方程理论得

$$
\frac{\sigma(\cos^2\phi\dot{\varepsilon}_{xx} + \sin^2\phi\dot{\varepsilon}_{yy} + 2\sin\phi\cos\phi\dot{\varepsilon}_{xy})}{\dot{\lambda}} = Mf \tag{2-4-22}
$$

因此

$$
\dot{\varepsilon}_{11} = \frac{\dot{\lambda}Mf}{\sigma} = \frac{2\dot{\lambda}M\bar{\sigma}^M}{\sigma} \tag{2-4-23}
$$

r_{ϕ} 值可以表示为

$$r_{\phi} = \frac{2M\bar{\sigma}^{M}}{\left(\frac{\partial f}{\partial \sigma_{x}} + \frac{\partial f}{\partial \sigma_{y}}\right)\sigma} - 1 \tag{2-4-24}$$

利用 r_{ϕ} 和屈服函数及相关的流动法则，计算任意方向的 r_{ϕ} 是可能的。特别的，这一组方程可用来利用 r_0、r_{90} 确定 a、c 和 h，即

$$a = 2 - c = 2 - 2\sqrt{\frac{r_0}{1+r_0}\frac{r_{90}}{1+r_{90}}} \tag{2-4-25}$$

$$h = \sqrt{\frac{r_0}{1+r_0}\frac{1+r_{90}}{r_{90}}} \tag{2-4-26}$$

2.4.3 Barlat 六参量正交各向异性屈服函数

以前提出的各种描述多晶体材料的各向异性本构方程多是只能描述材料的平面应力状态，给应用带来了很大的局限性。因此，Barlat 等后来又提出了一个可以说明任何应力状态的通用描述。这一描述包含了应力张量中的 6 个应力分量，反映屈服模型的指数 m 和 6 个材料系数 a、b、c、f、g、h。结果表明，Barlat 的屈服函数是正交各向异性材料的各向异性塑性行为的很好描述，由这一屈服函数反映的应力-应变响应与多晶体塑性力学的结果是相符合的，可以较准确地描述材料的力学行为，尤其适用于铝及其合金材料。

若把各向异性主轴作为随体坐标系的 x、y、z 轴，则六参量正交各向异性屈服函数的一般表达式为

$$f = f(\sigma_{ij}) - \bar{\sigma}^{m} = 0 \tag{2-4-27}$$

六参量正交各向异性屈服函数的标准表达式为

$$f = f(\sigma_{ij}) - \bar{\sigma} = 0 \tag{2-4-28}$$

定义

$$\begin{cases} A = \sigma_{yy} - \sigma_{zz}, & B = \sigma_{zz} - \sigma_{xx}, & C = \sigma_{xx} - \sigma_{yy} \\ F = \sigma_{yz}, & G = \sigma_{zx}, & H = \sigma_{xy} \end{cases} \tag{2-4-29}$$

由于板壳单元理论的假设

$$\sigma_{zz} = 0 \tag{2-4-30}$$

上面几个定义式可以化简为

$$\begin{cases} A = \sigma_{yy}, & B = -\sigma_{xx}, & C = \sigma_{xx} - \sigma_{yy} \\ F = \sigma_{yz}, & G = \sigma_{zx}, & H = \sigma_{xy} \end{cases} \tag{2-4-31}$$

再定义

$$I_2=\frac{(fF)^2+(gG)^2+(hH)^2}{3}+\frac{(aA-cC)^2+(cC-bB)^2+(bB-aA)^2}{54} \tag{2-4-32}$$

$$I_3=\frac{(cC-bB)(aA-cC)(bB-aA)}{54}+fghFGH- \\ \frac{(cC-bB)(fF)^2+(aA-cC)(gG)^2+(bB-aA)(hH)^2}{6} \tag{2-4-33}$$

$$\theta=\arccos\left(\frac{I_3}{I_2^{\frac{3}{2}}}\right) \tag{2-4-34}$$

则可以写出 Barlat 六分量各向异性屈服函数的具体表达式为

$$\Phi=(3I_2)^{\frac{m}{2}}\left\{\left[2\cos\left(\frac{2\theta+\pi}{6}\right)\right]^m+\left[2\cos\left(\frac{2\theta-3\pi}{6}\right)\right]^m+\left[-2\cos\left(\frac{2\theta+5\pi}{6}\right)\right]^m\right\}=2\sigma^{-m} \tag{2-4-35}$$

$$R_\varphi=\frac{2\sin^2\varphi\cos^2\varphi(9h^2-a^2-b^2-4c^2-2bc-2ac+ab)+(2c^2+ac+bc-ab)}{2(b^2+bc)\cos^2\varphi+2(a^2+ac)\sin^2\varphi+(ab-ac-bc)} \tag{2-4-36}$$

一般，当轧钢厂提供轧制板材时，厂家只是标定 3 个方向的 R 值，即 R_0、R_{45}、R_{90}。因此，将 0°、45°、90°分别代入 R_φ，得到如下联立方程：

$$\begin{cases} R_0=\dfrac{2c^2+ac+bc-ab}{2b^2+bc+ab-ac} \\ R_{45}=\dfrac{9h^2-a^2-b^2-ab}{2a^2+2b^2+2ab} \\ R_{90}=\dfrac{2c^2+ac+bc-ab}{2a^2+ab+ac-bc} \end{cases} \tag{2-4-37}$$

解上述 3 个方程，即可由 R_0、R_{45}、R_{90} 求出 a、b、c、h 4 个参数，但 3 个方程无法求出 4 个未知量。一般，f、g、h 分别代表各向异性对 σ_{yz}、σ_{zx}、σ_{xy} 这 3 个应力项的影响，在各向同性的情况下，这 6 个系数都等于 1。我们可以近似地认为，在描述轧制板材的各向异性特性时，也令 f、g、h 等于 1。于是 3 个方程中只有 3 个未知量，便可求出这 3 个参数 a、b、c。

2.5　工艺条件约束处理

接触问题通常是定义为边界值问题，两个物体 B_1 和 B_2 根据连续介质力学原理相互作用。因此，接触问题最初的公理是动力学公理，即两个物体在任何构形下都不应该相互穿过。这就是“不可穿过性条件”。另一个条件是在 B_1 和 B_2 上的边界材料点在物体运动过程中可以贴合，也可以分离，这部分边界称为接触表面。在某个表面上的接触条件描述如下。

1. 几何条件

在接触点处，两接触表面具有相反的外法线，即

$$\boldsymbol{x}^1=\boldsymbol{x}^2$$
$$\boldsymbol{n}^1=-\boldsymbol{n}^2 \tag{2-5-1}$$

2. 动学条件

相互接触的物体在任何构形下都不应该相互穿透，接触点以同样的位移和速度沿接触表面外法线方向运动，即

$$\boldsymbol{u}^1\cdot\boldsymbol{n}^1=\boldsymbol{u}^2\cdot\boldsymbol{n}^2$$
$$\dot{\boldsymbol{u}}^1\cdot\boldsymbol{n}^1=\dot{\boldsymbol{u}}^2\cdot\boldsymbol{n}^2 \tag{2-5-2}$$

3. 动力学条件

相互接触的物体在接触表面上沿外法线方向没有拉力作用，接触力的切向分量遵守库仑摩擦定律，即

$$\boldsymbol{T}^1+\boldsymbol{T}^2=\boldsymbol{0} \tag{2-5-3}$$
$$\boldsymbol{T}^\alpha\cdot\boldsymbol{n}^\alpha\leqslant 0\quad(\alpha=1,2) \tag{2-5-4}$$
$$\boldsymbol{T}=T_n\boldsymbol{n}+T_t\boldsymbol{t}\quad(0\leqslant T_t\leqslant\mu\boldsymbol{T}\cdot\boldsymbol{n}) \tag{2-5-5}$$

式中，μ 为物体 B_1 和 B_2 之间的摩擦因数。

板材冲压成形过程中，模具可看作一个刚体，因此模具与板材接触问题被认为是一个变形体和一个任意形状的刚体之间的接触。对于动力显式和静力隐式两种算法而言，对接触和摩擦问题的处理是截然不同的。对于静力隐式算法而言，接触和摩擦问题引发的非线性常常会引起解的不稳定；与之相比，动力显式算法的一个明显优势是对接触和摩擦问题的处理非常简便。

动力显式有限元法计算接触力的约束方法主要包括两种：罚函数法和拉格朗日乘子法。罚函数法简单，但有引入人为误差和影响显式算法稳定性的缺点。拉格朗日乘子法虽然能够精确求得接触力，但不能直接用于显式算法，因为它涉及未知接触力的联立方程求解，破坏了显式算法不求解联立方程组、计算效率高的优势。正因为这样，在显式算法中，以往只采用罚函数法求接触力。为了避免罚函数法引起的误差和对求解稳定性的影响，有些学者提出了一些特殊算法以便能用拉格朗日乘子法求解接触力，同时避免求解联立方程组。

2.5.1 罚函数法

在罚函数法中，一个接触点是允许穿透它的接触表面的，并假设作用在接触点上的接触力与它的穿透量成正比。

如图 2-5-1 所示，设接触节点坐标为 $\boldsymbol{x}(\xi_c,\eta_c)$，接触节点在工具表面上的投影

点坐标为 $\boldsymbol{x}^0$，则作用在接触节点上的法向接触力计算如下：

$$\boldsymbol{\lambda}=\varepsilon \boldsymbol{g}_n \neq \boldsymbol{0} \quad (\text{仅当} |\boldsymbol{g}_n|<0 \text{ 时}) \tag{2-5-6}$$

$$\begin{cases} |\ \boldsymbol{g}_n\ | = \boldsymbol{n}\cdot(\boldsymbol{x}(\xi_c,\eta_c)-\boldsymbol{x}^0)<0 & (\text{穿透}) \\ |\ \boldsymbol{g}_n\ | = \boldsymbol{n}\cdot(\boldsymbol{x}(\xi_c,\eta_c)-\boldsymbol{x}^0)>0 & (\text{间隙}) \end{cases} \tag{2-5-7}$$

式中，$\boldsymbol{n}$ 为工具表面的外法线；ε 为罚因子，物理意义上相当于接触节点和接触表面之间的弹簧，其量纲与弹性模量相同。

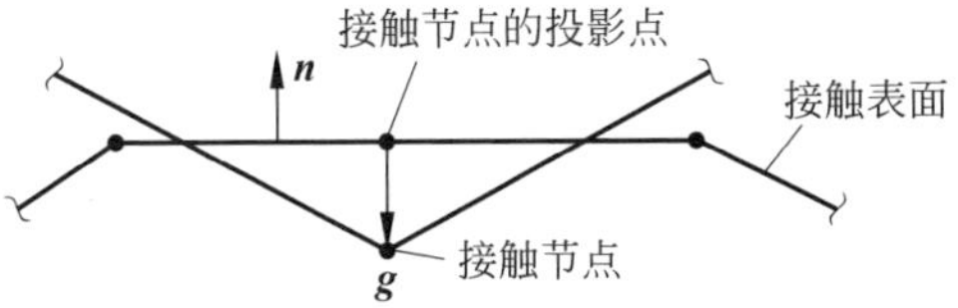

图 2-5-1　接触节点穿透接触表面

应当指出，尽管罚函数法简单，计算工作量也较小，但它有自身的缺陷。首先必须选择一个适当的罚因子，以保证边界穿透量足够小，同时保证求解稳定性不受影响。在罚函数法中，要使边界穿透量小，就要增大罚因子的值。另外，罚因子增大将导致系统的频率增加，从而影响系统的临界时间步长。如果两边界的刚性相近，罚因子的选择较好处理。当其中一个边界的刚性远比另一边界的刚性大时，罚因子的选择变得较为棘手。若罚因子太小，边界穿透可能太大；若罚因子太大，临界时间步长可能减小很多，并使系统响应严重失真。为了避免这些情况，罚因子必须根据接触面刚度进行选择。显式算法中，罚因子的选取如下：

固体单元，则有

$$\varepsilon_{\mathrm{so}}=\alpha \frac{A_{\mathrm{s}} K}{h}=\alpha \frac{A_{\mathrm{s}}^2 K}{V_e} \tag{2-5-8}$$

壳单元，则有

$$\varepsilon_{\mathrm{sh}}=\frac{A_{\mathrm{s}} K}{l} \tag{2-5-9}$$

式中，A_{s} 为固体单元面积；h 为固体单元厚度；V_e 为固体单元体积；l 为壳单元最大名义长度；α 为比例因子（≈ 0.1）；K 为某个固定的大数。

2.5.2　防御节点法

防御节点法是一种既能精确计算接触力，又能避免求解联立方程组的算法。该算法在冲压成形过程的计算机仿真和汽车碰撞过程的计算机仿真等领域得到了成功的应用。在防御节点法中，每个接触节点和它对应的接触块构成一个接触对，接触节点称为从接触点，接触块上的节点称为主接触点。每个接触对中都增加了一个虚拟的接触节点位于接触块上，即防御节点，如图 2-5-2 所示。尽管防御节点是一个虚拟节点，但它具有一个普通的接触节点所具有的所有属性，如速度、加速度和力等。

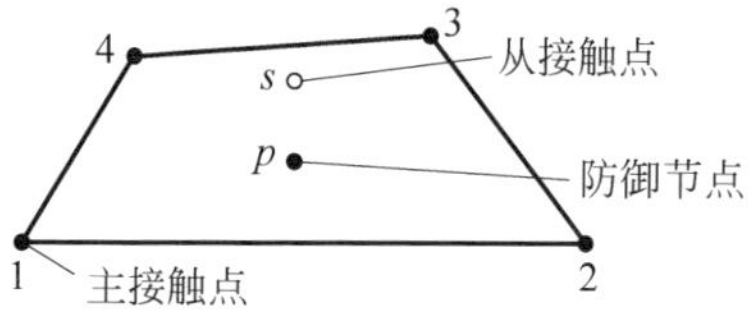

图 2-5-2　防御节点的建立

设防御节点所在的位置为 $p(\xi,\eta)$ 点，那么防御节点的运动参数可通过如下等参插值公式求得

$$\boldsymbol{u}=\varphi_i(\xi,\eta)\boldsymbol{u}_i,\quad \boldsymbol{v}=\varphi_i(\xi,\eta)\boldsymbol{v}_i,\quad \boldsymbol{a}=\varphi_i(\xi,\eta)\boldsymbol{a}_i \tag{2-5-10}$$

式中，$\boldsymbol{u}$、$\boldsymbol{v}$ 和 $\boldsymbol{a}$ 分别表示防御节点的位移、速度和加速度；$\boldsymbol{u}_i$、$\boldsymbol{v}_i$ 和 $\boldsymbol{a}_i$ 分别表示接触块上第 i 个节点的位移、速度和加速度；$\varphi_i(\xi,\eta)$表示对应于接触块上第 i 个节点的形函数在 $p(\xi,\eta)$点的值。

防御节点的位移、速度和加速度按式(2-5-10)计算是比较自然的，但防御节点的质量和节点力的计算就没有这么简单。为了推导出这些量的计算公式，现假设防御节点的质量为 M，作用在防御节点上的总节点力(接触力除外)为 $\boldsymbol{F}$，作用在防御节点上的接触力为 $\boldsymbol{f}$，那么防御节点的运动方程可写成如下形式：

$$M\boldsymbol{a}=\boldsymbol{F}+\boldsymbol{f} \tag{2-5-11}$$

在防御节点法中，接触力 $\boldsymbol{f}$ 是通过联立接触点和防御节点的运动方程来求解的，并将按一定规则分配到接触块的各个节点上。假设接触力 $\boldsymbol{f}$ 分配到接触块第 i 个节点上的那部分为 $\boldsymbol{f}_i$，则块节点 i 的运动方程可写为

$$M_i\boldsymbol{a}_i=\boldsymbol{F}_i+\boldsymbol{f}_i \tag{2-5-12}$$

式中，M_i、$\boldsymbol{a}_i$ 和 $\boldsymbol{F}_i$ 分别表示块节点 i 的质量、加速度和节点力。将式(2-5-10)代入式(2-5-11)得

$$M(\varphi_i(\xi,\eta)\boldsymbol{a}_i)=\boldsymbol{F}+\boldsymbol{f} \tag{2-5-13}$$

将式(2-5-12)两边除以 M 并代入式(2-5-13)得

$$M\frac{\varphi_i(\xi,\eta)(\boldsymbol{F}_i+\boldsymbol{f}_i)}{M_i}=\boldsymbol{F}+\boldsymbol{f} \tag{2-5-14}$$

很显然，$\boldsymbol{F}$ 只能与 $\boldsymbol{F}_i$ 有关，而 $\boldsymbol{f}$ 只能与 $\boldsymbol{f}_i$ 有关。于是可从式(2-5-14)推导出如下关系式：

$$\boldsymbol{F}=M\frac{\varphi_i(\xi,\eta)\boldsymbol{F}_i}{M_i} \tag{2-5-15}$$

$$\boldsymbol{f}=M\frac{\varphi_i(\xi,\eta)\boldsymbol{f}_i}{M_i} \tag{2-5-16}$$

式(2-5-15)可直接用来计算防御节点上的节点力，因为 $\boldsymbol{F}_i$ 是已知的，但式(2-5-16)不能直接用来计算 $\boldsymbol{f}$，因为 $\boldsymbol{f}_i$ 本身也是未知数，并且与 $\boldsymbol{f}$ 有关。现假设 $\boldsymbol{f}_i$ 可通过式(2-5-17)计算：

$$\boldsymbol{f}_i=\phi_i\boldsymbol{f} \tag{2-5-17}$$

式中，ϕ_i 为待定函数。由于所有的 $\boldsymbol{f}_i$ 都是由接触力 $\boldsymbol{f}$ 所引起的，很自然地得出

$$\sum_{i=1}^{m} \boldsymbol{f}_i = \boldsymbol{f} \tag{2-5-18}$$

将式(2-5-17)代入式(2-5-18)并消去 $\boldsymbol{f}$，可得

$$\sum_{i=1}^{m} \phi_i = 1 \tag{2-5-19}$$

将式(2-5-17)代入式(2-5-16)并消去 $\boldsymbol{f}$，可得

$$M \frac{\varphi_i(\xi,\eta)\phi_i}{M_i} = 1 \tag{2-5-20}$$

为满足式(2-5-20)，可按式(2-5-21)选择函数 ϕ_i：

$$\phi_i = \frac{M_i(\varphi_i)^{k-1}}{M\sum_{j=1}^{m}(\varphi_j)^k} \tag{2-5-21}$$

式中，$k \geqslant 1$。当 $k=1$ 时，式(2-5-21)变为

$$\phi_i = \frac{M_i}{M\sum_{j=1}^{m}\varphi_j} = \frac{M_i}{M} \tag{2-5-22}$$

将式(2-5-22)代入式(2-5-19)可得

$$M = \sum_{i=1}^{m} M_i \tag{2-5-23}$$

式(2-5-23)告诉我们，如果按式(2-5-22)选择待定函数，那么防御节点的质量与其位置无关，并且总为接触块节点质量的总和。这显然是不合理的，因为当防御节点正好是接触块上的某一节点时，防御节点应与该节点具有完全相同的性质，因此应与该节点具有相同的质量。这样就排除了使用式(2-5-22)的可能性。当 $k=2$ 时，式(2-5-21)变为

$$\phi_i = \frac{M_i\varphi_i}{M\sum_{j=1}^{m}(\varphi_j)^2} \quad (\text{不对 } i \text{ 求和}) \tag{2-5-24}$$

将式(2-5-24)代入式(2-5-19)，可得

$$M = \frac{\sum_{i=1}^{m} M_i\varphi_i}{\sum_{j=1}^{m}(\varphi_j)^2} \quad (\text{对 } i \text{ 求和}) \tag{2-5-25}$$

如果防御节点正好处于节点 i 的位置，由式(2-5-25)可得

$$M = M_i \tag{2-5-26}$$

这表明防御节点具有与节点 i 的相同的质量，同时从式(2-5-10)和式(2-5-15)可知，防御节点的其他物理参数也与节点 i 相同。因此可以接受式(2-5-24)作为选择待定函数 ϕ_i 的依据。由于 $k=2$ 已能满足要求，不再考虑 $k>2$ 的其他情况。为剖

析式(2-5-25)的含义,设

$$m_i = \frac{M_i \varphi_i}{\sum_{j=1}^{m} (\varphi_j)^2} \quad (\text{不对 } i \text{ 求和}) \tag{2-5-27}$$

那么式(2-5-25)可写为

$$M = \sum_{i=1}^{m} m_i \tag{2-5-28}$$

式中,m_i 表示节点 i 对防御节点所贡献的质量;M 表示接触块上 m 个节点贡献的质量的总和。

将式(2-5-27)代入式(2-5-24)得

$$\phi_i = \frac{m_i}{M} \tag{2-5-29}$$

将式(2-5-29)代入式(2-5-17)得

$$\boldsymbol{f}_i = \frac{m_i \boldsymbol{f}}{M} \tag{2-5-30}$$

在以上讨论中,假设一个接触块上只有一个从接触点,如果一个接触块上有多个从接触点,那么只能一个一个处理。在处理其中一个主接触点时,将其余所有的从接触点用外力来代替,这时上述公式中的节点力 $\boldsymbol{F}_i$ 和 $\boldsymbol{F}$ 也包括其他从接触点上的接触力影响。

当防御节点建立后,就可以方便地计算从接触点与防御节点间的接触力。为简明起见,可暂不考虑摩擦力,因此只需考虑法向接触力的计算。假设从接触点的质量、法向加速度、法向节点力和法向接触力分别为 M_1、$\boldsymbol{a}_1$、$\boldsymbol{F}_1$ 和 $\boldsymbol{f}_1$,防御节点上的对应量分别为 M_2、$\boldsymbol{a}_2$、$\boldsymbol{F}_2$ 和 $\boldsymbol{f}_2$。那么从接触点和防御节点的运动方程可写为

$$\begin{cases} M_1 \boldsymbol{a}_1 = \boldsymbol{F}_1 + \boldsymbol{f}_1 \\ M_2 \boldsymbol{a}_2 = \boldsymbol{F}_2 + \boldsymbol{f}_2 \end{cases} \tag{2-5-31}$$

应用中心差分法,式(2-5-31)可写为

$$\begin{cases} M_1 \dfrac{\dfrac{\boldsymbol{u}_1^t - \boldsymbol{u}_1^\tau}{\Delta t} - \boldsymbol{v}_1^l}{\Delta t} = \boldsymbol{F}_1^\tau + \boldsymbol{f}_1^\tau \\ M_2 \dfrac{\dfrac{\boldsymbol{u}_2^t - \boldsymbol{u}_2^\tau}{\Delta t} - \boldsymbol{v}_2^l}{\Delta t} = \boldsymbol{F}_2^\tau + \boldsymbol{f}_2^\tau \end{cases} \tag{2-5-32}$$

式中,上标 t、τ 和 l 分别表示 3 个相邻的时刻,如图 2-5-3 所示。

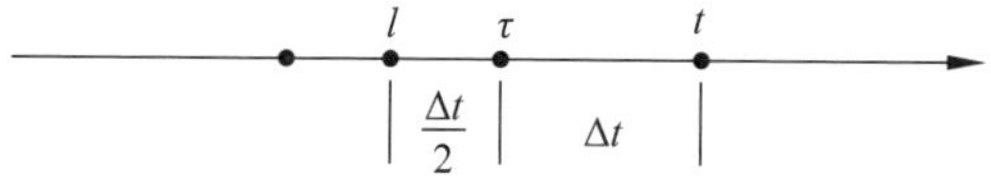

图 2-5-3 时间轴上 3 个相邻时刻

从接触点和防御节点的法向间距可表示为

$$\boldsymbol{g}^{\tau}=\boldsymbol{g}^{l}+\boldsymbol{u}_{2}^{t}-\boldsymbol{u}_{2}^{\tau}-(\boldsymbol{u}_{1}^{t}-\boldsymbol{u}_{1}^{\tau}) \tag{2-5-33}$$

根据约束条件$|\boldsymbol{g}^{\tau}|=0$,有

$$\boldsymbol{g}^{l}+\boldsymbol{u}_{2}^{t}-\boldsymbol{u}_{2}^{\tau}-(\boldsymbol{u}_{1}^{t}-\boldsymbol{u}_{1}^{\tau})=\boldsymbol{0} \tag{2-5-34}$$

由于$\boldsymbol{f}_{1}^{\tau}=-\boldsymbol{f}_{2}^{\tau}$,由式(2-5-32)～式(2-5-34)可得出

$$\boldsymbol{f}_{1}^{\tau}=-\boldsymbol{f}_{2}^{\tau}=\frac{M_{1}M_{2}\left(\dfrac{\boldsymbol{F}_{2}^{\tau}}{M_{2}}-\dfrac{\boldsymbol{F}_{1}^{\tau}}{M_{1}}+\dfrac{\boldsymbol{v}_{2}^{l}}{\Delta t}-\dfrac{\boldsymbol{v}_{1}^{l}}{\Delta t}-\dfrac{\boldsymbol{g}^{l}}{\Delta t^{2}}\right)}{M_{1}+M_{2}} \tag{2-5-35}$$

由式(2-5-35)可知,采用防御节点法后,接触力的计算不仅可以采用拉格朗日乘子法使约束条件得到精确满足,还可以避免求解联立方程组。

将式(2-5-35)代入式(2-5-31),可得到如下从接触点加速度计算公式:

$$\boldsymbol{a}_{1}=\frac{\dfrac{\boldsymbol{F}_{2}^{\tau}+\boldsymbol{F}_{1}^{\tau}+M_{2}(\boldsymbol{v}_{2}^{l}-\boldsymbol{v}_{1}^{l})}{\Delta t}-\dfrac{M_{2}\boldsymbol{g}^{l}}{\Delta t^{2}}}{M_{1}+M_{2}} \tag{2-5-36}$$

若假设冲头速度不受板料变形影响,即$M_{2}\rightarrow\infty$,$\boldsymbol{a}_{2}\rightarrow\boldsymbol{0}$,代入式(2-5-36)可得

$$\boldsymbol{a}_{1}=\frac{\boldsymbol{v}_{2}^{l}-\boldsymbol{v}_{1}^{l}}{\Delta t}-\frac{\boldsymbol{g}^{l}}{\Delta t^{2}} \tag{2-5-37}$$

2.5.3　摩擦力的计算

在冲压成形过程中,摩擦现象起着举足轻重的作用,在冲压成形工艺中,有时需要加强摩擦作用,如增加压边力,而有时需要削弱摩擦作用,如涂润滑剂。不论是加强摩擦作用还是削弱摩擦作用,其目的都是相同的,即控制材料的流动。

经典的摩擦定律考虑的是两个接触物体间的干摩擦。如图 2-5-4(a)所示,一物体 A 在力 $\boldsymbol{P}$ 的作用下与物体 B 接触。取物体 A 的脱离体可得图 2-5-4(b)所示的受力图,其中 $\boldsymbol{F}_{\mathrm{t}}$ 为作用在物体 A 上的切向力之和,即摩擦力的合力,$\boldsymbol{F}_{\mathrm{n}}$ 为法向接触力的合力。

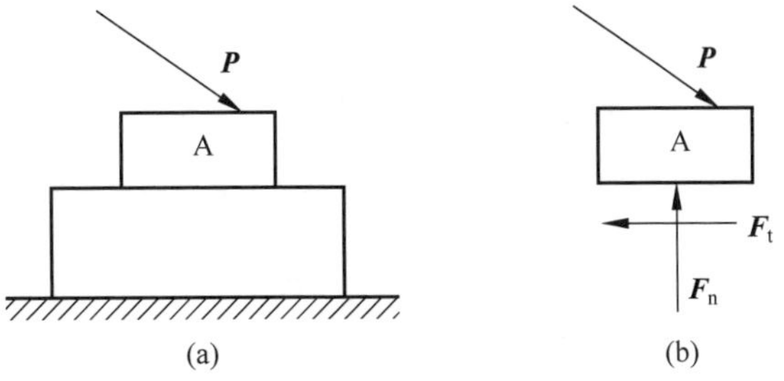

图 2-5-4　摩擦接触与摩擦力

(a) 两物体的摩擦接触;(b) 物体 A 的受力

摩擦力 $\boldsymbol{F}_t$ 和接触力 $\boldsymbol{F}_n$ 之间的关系用经典摩擦定律描述如下。

(1) 如果两接触体处于静止状态,或者两接触体处于运动状态但没有相对运动,那么切向力必须达到一个临界值 $\boldsymbol{F}_c$ 才能使两物体产生切向相对运动。这个临界值与法向接触力 $\boldsymbol{F}_n$ 成正比,即

$$\boldsymbol{F}_c = \nu_s \boldsymbol{F}_n \tag{2-5-38}$$

式中,ν_s 表示静摩擦因数。当两接触体开始产生切向相对运动时,它们间的摩擦力 $\boldsymbol{F}_t$ 就等于临界值 $\boldsymbol{F}_c$,则有

$$\boldsymbol{F}_t = \nu_s \boldsymbol{F}_n \tag{2-5-39}$$

(2) 在两个物体的相对滑动中,摩擦力的大小与法向接触力成正比,其方向与切向相对运动方向相反,即

$$\boldsymbol{F}_t = -\nu_d \boldsymbol{F}_n \frac{V_t}{|V_t|} \tag{2-5-40}$$

式中,ν_d 为两接触体之间的动摩擦因数;$\boldsymbol{V}_t$ 为两接触体间的相对滑动速度。

(3) 动摩擦因数小于静摩擦因数,即

$$\nu_d < \nu_s \tag{2-5-41}$$

而且两者都与接触面积和相对滑动的速度无关。

由上述定律可知,如果两个物体间的摩擦力小于临界值 $\boldsymbol{F}_c$,那么该两物体处于纯黏着状态,即切向相对滑移量 $u_t = 0$。一旦两物体开始产生相对滑移,那么相对滑移量并不影响摩擦力的大小。假设法向接触一定,那么摩擦力和相对滑移量的关系可用图 2-5-5 所示的曲线来表示。经典摩擦定律中的这种摩擦力与相对滑移的关系假设有两个不足:首先是不符合微观摩擦现象,因为事实上任何小于 F_c 的摩擦力都可产生一定的微小相对滑移;其次是把摩擦因数看成与相对滑移速度和接触面积无关,而实验表明摩擦因数既与相对滑移速度有关,也与接触面积有关,而且相对滑移速度越大对摩擦因数的影响也越大。对于薄板冲压成形过程而言,相对滑移的速度通常较小,故它对摩擦因数的影响可以忽略不计。

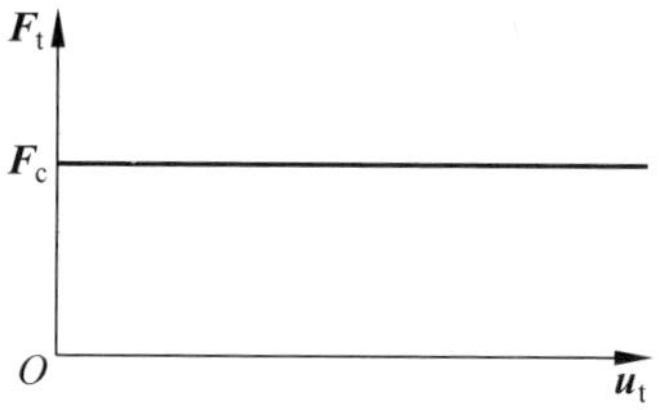

图 2-5-5 方向接触力为常数时摩擦力与相对滑移量的关系

尽管经典摩擦定律有不足之处,但它在工程中仍有广泛的应用。因为人们围绕它做了大量的研究工作,对各种材料的接触表面在不同状态下的摩擦因数做了很多实验,并获得大量有工程意义的数据,同时获得了广泛的应用经验。在应用经典摩擦定律时,不必限于图 2-5-4 所示的接触合力和摩擦合力。经典摩擦定律的结论可扩展到接触应力和摩擦应力。但有限元方法中采用了离散法处理接触问题,

因此没有必要去使用接触应力和摩擦应力的概念，而可直接讨论接触节点上的法向接触力和摩擦力的关系。

如图 2-5-6 所示，考虑一对从接触点和防御节点。图 2-5-6 中，$\boldsymbol{n}$ 为定义在防御节点上的单位法矢，$\boldsymbol{t}_x$ 和 $\boldsymbol{t}_y$ 分别为经过防御节点的切平面上的单位正交向量，F_{n}^t、F_x^t 和 F_y^t 分别为法向接触力和摩擦力的分量。单位向量 $\boldsymbol{t}_x$、$\boldsymbol{t}_y$ 和 $\boldsymbol{n}$ 构成一个右手的局部坐标系。

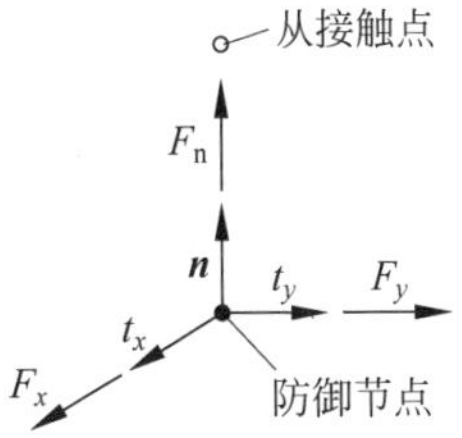

图 2-5-6　从接触点和防御节点

库仑摩擦定律表述如下：

定义

$$f(F_x^t, F_y^t, F_{\mathrm{n}}^t) = \sqrt{(F_x^t)^2 + (F_y^t)^2} - \nu^t F_{\mathrm{n}}^t \tag{2-5-42}$$

如果

$$f(F_x^t, F_y^t, F_{\mathrm{n}}^t) < 0 \tag{2-5-43}$$

则

$$v_x^t \boldsymbol{t}_x + v_y^t \boldsymbol{t}_y = \boldsymbol{0} \tag{2-5-44}$$

如果

$$f(F_x^t, F_y^t, F_n^t) = \boldsymbol{0} \tag{2-5-45}$$

则

$$v_x^t \boldsymbol{t}_x + v_y^t \boldsymbol{t}_y = \boldsymbol{v}_t^t \neq \boldsymbol{0} \tag{2-5-46}$$

并有

$$\boldsymbol{F}_{\mathrm{t}}^t = F_x^t \boldsymbol{t}_x + F_y^t \boldsymbol{t}_y = -\lambda \boldsymbol{v}_{\mathrm{t}}^t \tag{2-5-47}$$

式中，ν^t 为摩擦因数；λ 为一个正的参数。通常，摩擦因数是运动相关的。为简便起见，假定摩擦因数为常数 ν。

设 $t-\Delta t$ 时刻的相关量已知，计算 t 时刻的摩擦。采用基于中心差分的显式方法，计算步骤如下。

(1) 对于给定的从接触点 i，检查在 $t-\Delta t$ 时刻接触节点是否处于滑移状态。如果处于滑移状态，则更新从接触点所对应的防御节点的位置，计算 t 时刻新位置下防御节点处的单位向量 $\boldsymbol{t}_x$、$\boldsymbol{t}_y$ 和 $\boldsymbol{n}$；否则，防御节点的位置不变。

(2) 更新防御节点的所有节点量，如节点力和速度。

(3) 假设从接触点处于黏着状态，计算法向接触力 F_{n}^t 和摩擦力 F_x^t、F_y^t。

(4) 检查式(2-5-43)～式(2-5-46)是否满足。如果满足，即黏着接触假设正确，则步骤(3)计算的摩擦力 F_x^t 和 F_y^t 是准确的，跳到步骤(6)，否则执行步骤(5)。

(5) 计算滑移状态下的摩擦力，由式(2-5-43)～式(2-5-46)，将摩擦力作用在与相对滑移方向相反的方向上，则有

$$\boldsymbol{F}_{\mathrm{t}}^t = \frac{-\nu F_{\mathrm{n}}^t \boldsymbol{v}_{\mathrm{t}}^t}{|\boldsymbol{v}_{\mathrm{t}}^t|} \tag{2-5-48}$$

如果从接触点与防御节点之间的相对速度为零，即摩擦力刚好等于临界值，则用步骤(3)所计算的摩擦力的合力来确定摩擦力的方向。

$$\boldsymbol{F}_{\mathrm{t}}^{t}=\frac{\nu F_{\mathrm{n}}^{t}(F_{x}^{t}\boldsymbol{t}_{x}+F_{y}^{t}\boldsymbol{t}_{y})}{|F_{x}^{t}\boldsymbol{t}_{x}+F_{y}^{t}\boldsymbol{t}_{y}|} \tag{2-5-49}$$

(6) 法向接触力和切向摩擦力作用于接触节点，如果还有别的接触点需要计算摩擦力，回到步骤(1)。

在上述确定接触节点摩擦力的过程中，最重要的一个步骤是计算纯黏着状态下的摩擦力。在运动学上，纯黏着状态相当于在 $\boldsymbol{t}_x$ 和 $\boldsymbol{t}_y$ 方向上的滑动位移增量为零，这种零滑动位移状态与计算法向接触力时的零穿透状态是完全一样的。因此，可以用防御节点法来直接计算摩擦力增量。类似计算法向接触力时法线方向上的零穿透约束，计算摩擦力时，$\boldsymbol{t}_x$ 和 $\boldsymbol{t}_y$ 方向都要施加约束。与上一节计算法向接触力的方法相同，摩擦力分量计算结果如下：

$$\begin{cases} f_{\mathrm{h}x}^{t}=-f_{\mathrm{d}x}^{t}=\dfrac{M_{\mathrm{h}}M_{\mathrm{d}}\left(\dfrac{F_{\mathrm{d}x}^{t}}{M_{\mathrm{d}}}-\dfrac{F_{\mathrm{h}x}^{t}}{M_{\mathrm{h}}}+\dfrac{\nu_{\mathrm{d}x}^{\tau}}{\Delta t}-\dfrac{\nu_{\mathrm{h}x}^{\tau}}{\Delta t}-\dfrac{g_{x}^{\tau}}{\Delta t^{2}}\right)}{M_{\mathrm{h}}+M_{\mathrm{d}}} \\ f_{\mathrm{h}y}^{t}=-f_{\mathrm{d}y}^{t}=\dfrac{M_{\mathrm{h}}M_{\mathrm{d}}\left(\dfrac{F_{\mathrm{d}y}^{t}}{M_{\mathrm{d}}}-\dfrac{F_{\mathrm{h}y}^{t}}{M_{\mathrm{h}}}+\dfrac{\nu_{\mathrm{d}y}^{\tau}}{\Delta t}-\dfrac{\nu_{\mathrm{h}y}^{\tau}}{\Delta t}-\dfrac{g_{y}^{\tau}}{\Delta t^{2}}\right)}{M_{\mathrm{h}}+M_{\mathrm{d}}} \end{cases} \tag{2-5-50}$$

式中，下标 h 和 d 分别对应从接触点和防御节点；x 和 y 分别表示各物理量在 $\boldsymbol{t}_x$ 和 $\boldsymbol{t}_y$ 方向上的分量；$F_{\mathrm{h}x}^{t}$ 和 $F_{\mathrm{d}x}^{t}$ 分别表示从接触点和防御节点在 $\boldsymbol{t}_x$ 方向上受到的外力(不包括摩擦力)；$F_{\mathrm{h}y}^{t}$ 和 $F_{\mathrm{d}y}^{t}$ 分别表示从接触点和防御节点在 $\boldsymbol{t}_y$ 方向上受到的外力(不包括摩擦力)；g_{x}^{τ} 和 g_{y}^{τ} 为 τ 时刻相对滑动位移。

假定从接触点在 τ 时刻和 t 时刻都处于黏着接触状态，t 时刻相对滑动位移 g_{x}^{t} 和 g_{y}^{t} 计算如下：

$$\begin{cases} g_{x}^{t}=(\Delta\boldsymbol{u}_{\mathrm{h}}^{t}-\Delta\boldsymbol{u}_{\mathrm{d}}^{t})\cdot\boldsymbol{t}_{x} \\ g_{y}^{t}=(\Delta\boldsymbol{u}_{\mathrm{h}}^{t}-\Delta\boldsymbol{u}_{\mathrm{d}}^{t})\cdot\boldsymbol{t}_{y} \end{cases} \tag{2-5-51}$$

式中，$\Delta\boldsymbol{u}_{\mathrm{h}}^{t}$ 和 $\Delta\boldsymbol{u}_{\mathrm{d}}^{t}$ 分别表示从接触点和防御节点从 τ 时刻到 t 时刻的位移增量。需要注意的是，由于从接触点从 τ 时刻起处于黏着接触状态，从 τ 时刻到 t 时刻防御节点的位置保持不变。

2.5.4 板料冲压成形界面滑动约束处理

采用隐式有限元法模拟板料冲压成形过程时，必须要处理模具与板料间的界面滑动约束。假定模具表面是连续光滑的。在有限元模拟过程中，如果板料节点与模具表面接触或在模具表面切向滑动，并且接触压力大于零，则假设在某一个增量步内板料节点在接触点处模具的切向平面内滑动。

板料节点 N 为接触滑动节点，$\dot{\boldsymbol{u}}_N=\{\dot{u}_N\ \dot{u}_{N+1}\ \dot{\mu}_{N+2}\}^{\mathrm{T}}$ 为该节点在 X_i 坐标下的滑动速度，$\boldsymbol{n}=(n_1\quad n_2\quad n_3)$ 为与 N 点接触处冲头的单位法向量。设冲头沿 X_3 方向以 $\dot{w}_p$ 速度行进，则由 $\dot{\boldsymbol{u}}_N$ 与 $\boldsymbol{n}$ 的正交性条件，可得一般性滑动约束方程为

$$\dot{u}_{N+2}=\alpha_1\dot{u}_N+\alpha_2\dot{u}_{N+1}+\dot{w}_p \tag{2-5-52}$$

式中，$\alpha_i=\dfrac{-\partial\Psi(X_1X_2X_3)}{\partial X_i}(i=1,2)$；$\Psi(X_1X_2X_3)=0$ 为冲头表面的曲面方程。

将式(2-5-52)代入单元平衡方程，得

$$k_{i1}\dot{u}_1+\cdots+(k_{i,N}+\alpha_1k_{i,N+2})\dot{u}_N+(k_{i,N+1}+\alpha_2k_{i,N+2})\dot{u}_{N+1}+\cdots+k_{iM}\dot{u}_M$$
$$=\dot{f}_i-\dot{w}_pk_{i,N+2} \tag{2-5-53}$$

式中，$i=1,2,\cdots,M$（M 为单元自由度数）。

经过上面的处理，方程组式(2-5-53)的系数矩阵已经不再对称。为了保持单元平衡方程系数矩阵的对称性，在式(2-5-53)的第 $N+2$ 个方程分别乘以 α_1 和 α_2 后与第 N 和 $N+1$ 个方程相加，再去掉第 $N+2$ 个方程。经过这样的行初等变换后得到的单元矩阵是对称的，因为式(2-5-53)实际上是由有限元方程的系数矩阵做相应的列变换得到的。可以证明，当节点 N 为若干单元的公共节点时，每个单元都做类似的变换，再组装到构形刚度矩阵之后得到的修正矩阵仍是对称的，而且与在总体平衡方程中直接对 N 节点所在自由度的行、列进行初等变换的结果是相同的。就计算效率和程序设计考虑，在单元上约束处理更方便。如果求解过程的增量步比较小，约束处理是比较精确的。这种方法可以使方程组得到更多符合实际情况的约束处理，使有限元方程组的求解稳定性得到加强。

2.6 接触搜索判断

2.6.1 工具形状的定义

板料成形模拟过程中，一般根据压力机的运动方向来选择整体坐标系。将冲压方向定义为 Z 轴方向，向上为正方向。X 和 Y 轴取在与冲压方向相垂直的投影平面内，与 Z 轴一起构成右手直角坐标系。模具的型面用定义域中给定了外法线方向的空间曲面来表示。空间曲面可用如下几种方法表示。

1. 点数据描述

将空间曲面用空间中有规则地在该曲面上选取的离散点描述。这些离散点在 XY 平面内的投影落在由平行于 X 轴和 Y 轴的直线所形成的矩形或正方形网格的节点上。这是一种简洁高效的描述方法，但不适于曲面中包含与 XY 平面垂直或接近垂直的部分的情况。

2. 解析曲面

解析曲面包括平面、圆锥面、球面、圆环面、椭圆面等。用它们来定义模具形状

时，要注意正确地给出各曲面片的定义域。这种方法无法描述复杂曲面，不是一种通用方法。

3. 参数曲面

有些模具型面包含雕塑曲面，在汽车车身零件的冲模中，这是很常见的。这种曲面在CAD系统中用贝塞尔曲面、有理B样条曲面等参数曲面来描述。考虑到计算效率，在有限元模拟中，一般很少采用参数曲面进行接触判断，它比离散有限元网格法慢很多。在现有商业软件中一般采用离散网格法，很少采用这种方法描述曲面。

4. 离散网格

采用有限元网格对曲面进行离散化处理。为了提高接触判断的搜索效率，一般采用3节点三角形单元或4节点四边形单元。这种方法描述曲面的精度没有参数曲面高，但是它非常实用，具有普遍性和通用性，与有限元计算流程一致，是成形模拟中主要的方法。

2.6.2 接触判断

在成形模拟过程中，板料有限元节点与模具之间的接触状态是不断变化的。在接触区域中要对板料节点施加接触条件约束。因此在每步计算中都要进行接触搜索判断，以便确定板料上的哪些节点与哪个模具上的哪个曲面或单元处于接触状态。

为了提高判断效率，一般将接触判断分为两步：首先进行全局整体搜索，目的是确定位于同一空间子域中的节点和曲面片，将这些节点和曲面片称为可能接触的节点和曲面片；然后进行局部搜索，以便最终确定可能接触的节点和曲面片是否发生接触。

1. 全局搜索

全局搜索是建立在对板料和模具所涉及的空间区域的划分基础之上的。除对解析曲面可根据各曲面片的定义域进行划分外，一般是采用整体坐标系中的坐标平面或坐标线进行划分的。在一般的三维描述中，用坐标面将曲面的定义域分割成相互连接的立方体。若曲面均不包含XY平面的垂直面，也可用坐标线将曲面投影的定义域分割成相互连接的矩形。分割后形成的立方体或矩形可统称为空间子域。若在同一个空间子域，同时存在板料节点和模具曲面片或它们的投影，则它们可能存在接触的节点和曲面片。当采用点数据描述时，全局搜索很容易，只需要确定落在同一个投影位于矩形格内的节点和曲面片即可。当模具型面不存在垂直面时，无论采用哪种方法定义模具曲面，都可以向XY平面投影，在投影面内进行全局搜索。一般情况下不能排除存在垂直面或接近垂直的曲面可能性，这时需要将曲面的定义域分割成立方体。

2. 局部搜索

局部搜索要完成的任务如下：①判断一个可能接触的节点与各模具在同一个空间子域中的诸曲面片中的哪一个最接近，即最有接触的可能性；②该节点是否进入最接近的曲面片内部；③如果进入，则求出过该节点法线与曲面片的交点坐标与该节点进入模具的进入量。下面介绍几种局部搜索方法。

1）Z 坐标比较法

当模具型面不存在垂直面时，可以认为与板料上表面接触的模具在每个接触点处，其 Z 坐标是大于或等于板料上节点的 Z 坐标的。

如图 2-6-1 所示，对于板料上的任一节点 P，可以找到 XY 面内与其投影重合的模具曲面上的对应点 P'，当 $Z(P) \geqslant Z(P')$ 时，认为节点 P 与模具相接触，进入量近似为 $\overline{PP'}$，而对应的工具法矢为 P' 点的法矢 $\boldsymbol{n}$；当 $Z(P) < Z(P')$ 时，认为节点 P 不与模具接触。对于与板料下表面接触的模具可做类似的分析。这种方法简单、计算量少，但所得工具法矢误差较大，而且不能用于有垂直面的情况。

2）投影法

如图 2-6-2 所示，将节点 P 向曲面片投影。设投影点为 P'，P' 点坐标为 $\boldsymbol{X}'_0$。P 点应该处于通过 P' 点且由 P' 点的工具法矢 $\boldsymbol{n}$ 所决定的直线上。而 $\left.\frac{\partial \boldsymbol{X}}{\partial \xi}\right|_{\boldsymbol{X}'_0}$ 和 $\left.\frac{\partial \boldsymbol{X}}{\partial \eta}\right|_{\boldsymbol{X}'_0}$ 分别为曲面片上通过 P' 点的两条曲线，因此有

$$
\begin{aligned}
&\left.\frac{\partial \boldsymbol{X}}{\partial \xi}\right|_{\boldsymbol{X}'_0} \cdot \overrightarrow{P'P} = 0 \\
&\left.\frac{\partial \boldsymbol{X}}{\partial \eta}\right|_{\boldsymbol{X}'_0} \cdot \overrightarrow{P'P} = 0
\end{aligned}
\tag{2-6-1}
$$

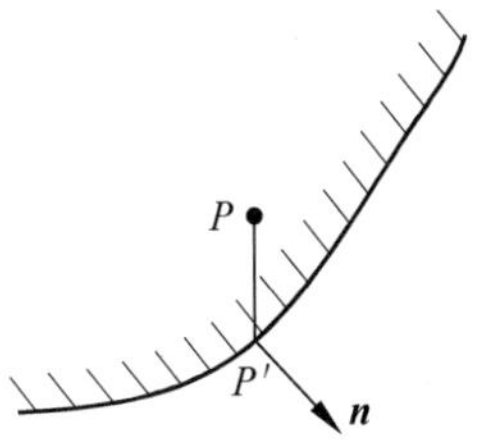

图 2-6-1　Z 坐标比较法

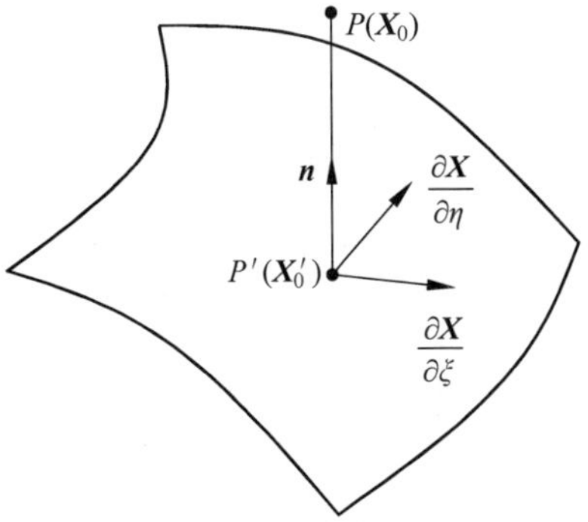

图 2-6-2　投影法

式(2-6-1)是关于坐标 $\boldsymbol{X}'_0$ 的非线性方程组，可以用牛顿-拉弗森(Newton-Raphson)法求解。求得 $\boldsymbol{X}'_0$ 以后，可以计算 P' 点的工具法矢 $\boldsymbol{n}$。P 点的进入量 g 由式(2-6-2)计算：

$$g = \boldsymbol{n} \cdot \overrightarrow{P'P} \tag{2-6-2}$$

当 $g>0$ 时，P 点位于曲面片外侧，不发生接触；当 $g\leqslant 0$ 时，发生接触。这种方法是普遍适用的，但式(2-6-1)的求解计算量较大。

2.7 板料成形有限元方法

板料成形有限元方法主要有：

(1) 基于格林(Green)应变和第二类基尔霍夫应力能量共轭的虚功原理，以初始时刻为参考构形的全量拉格朗日(TL)有限元方法。

(2) 基于格林应变和第二类基尔霍夫应力能量共轭的虚功原理，以当前时刻为参考构形的修正拉格朗日(UL)有限元方法。

(3) 基于拉格朗日(第一类基尔霍夫)应力与速度对物质坐标偏导数能量共轭的虚功原理，以当前时刻为参考构形的虚功率增量型有限元方法；

(4) 基于动力学原理和中心差分方法建立的动力显式有限元方法。

2.7.1 非线性方程组迭代解法

板材冲压成形数值模拟是一个强非线性问题，涉及几何、材料和边界三重非线性。如果采用隐式有限元法就要求解非线性有限元方程组。非线性方程组一般是采用线性化方法，通过一系列线性解逼近非线性解。但是这种方法是有局限性的，而且有时解的漂移误差很大。因此，一般采用迭代法求解非线性有限元方程组，即牛顿-拉弗森法。

将非线性有限元方程组写成一般形式，令

$$\begin{cases} \boldsymbol{R}(\boldsymbol{u}) = \boldsymbol{K}(\boldsymbol{u})\boldsymbol{U} \\ \boldsymbol{F}(\boldsymbol{u}) = \boldsymbol{R}(\boldsymbol{u}) - \boldsymbol{P}(\boldsymbol{u}) \end{cases} \tag{2-7-1}$$

则一般非线性迭代方程组为

$$\boldsymbol{F}(\boldsymbol{u}) = \boldsymbol{0} \tag{2-7-2}$$

因为 $\boldsymbol{P}(\boldsymbol{u})$ 中的 $\boldsymbol{U}=\boldsymbol{0}$，所以 $\boldsymbol{F}(\boldsymbol{u})$ 在 $\boldsymbol{u}_n$ 点的一阶导数就是 $\boldsymbol{u}_n$ 点的总体切线刚度矩阵，即

$$\left.\frac{\partial \boldsymbol{F}(\boldsymbol{u})}{\partial \boldsymbol{U}}\right|_{\boldsymbol{u}=\boldsymbol{u}_n} = \left.\frac{\partial \boldsymbol{R}(\boldsymbol{u})}{\partial \boldsymbol{U}}\right|_{\boldsymbol{u}=\boldsymbol{u}_n} = \boldsymbol{K}(\boldsymbol{u}_n) \tag{2-7-3}$$

1. 牛顿-拉弗森法

对具有一阶连续导数的函数 $\boldsymbol{F}(\boldsymbol{u})$ 在 $\boldsymbol{U}_n$ 处进行一阶泰勒展开，并用 $\boldsymbol{u}_n$ 表示 $\boldsymbol{U}_n$，则它在 $\boldsymbol{U}_n$ 处的线性近似公式为

$$\boldsymbol{F}(\boldsymbol{u}) = \boldsymbol{F}(\boldsymbol{u}_n) + \left.\frac{\partial \boldsymbol{F}(\boldsymbol{u})}{\partial \boldsymbol{U}}\right|_{\boldsymbol{u}=\boldsymbol{u}_n} (\boldsymbol{U} - \boldsymbol{U}_n) \tag{2-7-4}$$

因此，非线性方程组在 $\boldsymbol{U}_n$ 附近的近似方程组是一个线性方程组，即

$$\boldsymbol{F}(\boldsymbol{u}_n)+\left.\frac{\partial \boldsymbol{R}(\boldsymbol{u})}{\partial \boldsymbol{U}}\right|_{\boldsymbol{u}=\boldsymbol{u}_n}(\boldsymbol{U}-\boldsymbol{U}_n)=\boldsymbol{0} \tag{2-7-5}$$

假设

$$\begin{cases}\boldsymbol{U}=\boldsymbol{U}_{n+1}\\ \Delta\boldsymbol{U}_n=\boldsymbol{U}_{n+1}-\boldsymbol{U}_n\end{cases} \tag{2-7-6}$$

因此牛顿-拉弗森法的迭代方程为

$$\begin{cases}\Delta\boldsymbol{U}_n=\boldsymbol{K}(\boldsymbol{u}_n)^{-1}(\boldsymbol{P}-\boldsymbol{R}(\boldsymbol{u}_n))\\ \boldsymbol{U}_{n+1}=\boldsymbol{U}_n+\Delta\boldsymbol{U}_n\end{cases} \tag{2-7-7}$$

2. 修正的牛顿-拉弗森法

在牛顿-拉弗森法中，刚度矩阵 $\boldsymbol{K}(\boldsymbol{u}_n)$ 是与 $\boldsymbol{u}_n$ 有关的，在每个迭代步都要重新计算一次。为了减少计算量，$\boldsymbol{K}(\boldsymbol{u}_n)$ 用某一不变的刚度矩阵代替，如初始刚度矩阵 $\boldsymbol{K}(\boldsymbol{u}_0)$ 或中间某一步刚度矩阵 $\boldsymbol{K}(\boldsymbol{u}_k)$。这样就得到了修正的牛顿-拉弗森法迭代方程，即

$$\begin{cases}\Delta\boldsymbol{U}_n=\boldsymbol{K}(\boldsymbol{u}_0)^{-1}(\boldsymbol{P}-\boldsymbol{R}(\boldsymbol{u}_n))\\ \boldsymbol{U}_{n+1}=\boldsymbol{U}_n+\Delta\boldsymbol{U}_n\end{cases} \tag{2-7-8}$$

3. 拟牛顿-拉弗森法

牛顿-拉弗森法和修正的牛顿-拉弗森法都是用切线刚度矩阵 $\boldsymbol{K}(\boldsymbol{u}_n)$ 进行迭代平衡的。实际计算表明，这种直接迭代法不仅计算量大，而且常常不收敛。因此又提出一种拟牛顿-拉弗森法，用割线刚度矩阵进行迭代平衡。

参考式(2-7-7)和式(2-7-8)建立刚度矩阵逆矩阵迭代公式，则有

$$\boldsymbol{K}_{\mathrm{s}}^{-1}(\boldsymbol{u}_n)=\boldsymbol{K}_{\mathrm{s}}^{-1}(\boldsymbol{u}_{n-1})+\Delta\boldsymbol{K}_{\mathrm{s}}^{-1}(\boldsymbol{u}_{n-1}) \tag{2-7-9}$$

式中，下角标 s 表示割线刚度矩阵，或者也可以简单地记为

$$\boldsymbol{K}_n^{-1}=\boldsymbol{K}_{n-1}^{-1}+\Delta\boldsymbol{K}_{n-1}^{-1} \tag{2-7-10}$$

1) 秩 1 算法

因为任何一个 $m\times m$ 的秩 1 矩阵总可以表示为两个 $m\times 1$ 列向量相乘，所以若 $\boldsymbol{A}$ 和 $\boldsymbol{B}$ 均为 $m\times 1$ 列向量，则有

$$\Delta\boldsymbol{K}_{n-1}^{-1}=\boldsymbol{A}\boldsymbol{B}^{\mathrm{T}} \tag{2-7-11}$$

由式(2-7-10)可得

$$\boldsymbol{A}\boldsymbol{B}^{\mathrm{T}}\Delta\boldsymbol{R}_{n-1}=\Delta\boldsymbol{U}_{n-1}-\boldsymbol{K}_{n-1}^{-1}\Delta\boldsymbol{R}_{n-1} \tag{2-7-12}$$

如果 $\boldsymbol{B}^{\mathrm{T}}\Delta\boldsymbol{R}_{n-1}\neq\boldsymbol{0}$，则

$$\boldsymbol{A}=\frac{1}{\boldsymbol{B}^{\mathrm{T}}\Delta\boldsymbol{R}_{n-1}}(\Delta\boldsymbol{U}_{n-1}-\boldsymbol{K}_{n-1}^{-1}\Delta\boldsymbol{R}_{n-1}) \tag{2-7-13}$$

则

$$\Delta \boldsymbol{K}_{n-1}^{-1}=\alpha(\Delta \boldsymbol{U}_{n-1}-\boldsymbol{K}_{n-1}^{-1}\Delta \boldsymbol{R}_{n-1})\boldsymbol{B}^{\mathrm{T}} \tag{2-7-14}$$

式中，

$$\alpha=\begin{cases}\dfrac{1}{\boldsymbol{B}^{\mathrm{T}}\Delta \boldsymbol{R}_{n-1}} & (\Delta \boldsymbol{R}_{n-1}\neq \boldsymbol{0})\\ 0 & (\Delta \boldsymbol{R}_{n-1}=\boldsymbol{0})\end{cases} \tag{2-7-15}$$

如果取

$$\boldsymbol{B}^{\mathrm{T}}=\Delta \boldsymbol{R}_{n-1}^{\mathrm{T}}\boldsymbol{K}_{n-1}^{-1} \tag{2-7-16}$$

则

$$\Delta \boldsymbol{K}_{n-1}^{-1}=(\Delta \boldsymbol{U}_{n-1}-\boldsymbol{K}_{n-1}^{-1}\Delta \boldsymbol{R}_{n-1})\frac{\Delta \boldsymbol{R}_{n-1}^{\mathrm{T}}\boldsymbol{K}_{n-1}^{-1}}{\Delta \boldsymbol{R}_{n-1}^{\mathrm{T}}\boldsymbol{K}_{n-1}^{-1}\Delta \boldsymbol{R}_{n-1}}\quad(\Delta \boldsymbol{R}\neq \boldsymbol{0}) \tag{2-7-17}$$

如果取

$$\boldsymbol{B}=\Delta \boldsymbol{U}_{n-1}-\boldsymbol{K}_{n-1}^{-1}\Delta \boldsymbol{R}_{n-1} \tag{2-7-18}$$

则

$$\Delta \boldsymbol{K}_{n-1}^{-1}=(\Delta \boldsymbol{U}_{n-1}-\boldsymbol{K}_{n-1}^{-1}\Delta \boldsymbol{R}_{n-1})\frac{(\Delta \boldsymbol{U}_{n-1}-\boldsymbol{K}_{n-1}^{-1}\Delta \boldsymbol{R}_{n-1})^{\mathrm{T}}}{(\Delta \boldsymbol{U}_{n-1}-\boldsymbol{K}_{n-1}^{-1}\Delta \boldsymbol{R}_{n-1})^{\mathrm{T}}\Delta \boldsymbol{R}_{n-1}}\quad(\Delta \boldsymbol{U}_{n-1}\neq \boldsymbol{K}_{n-1}^{-1}\Delta \boldsymbol{R}_{n-1}) \tag{2-7-19}$$

式(2-7-17)是非对称秩1算法，式(2-7-19)是对称秩1算法。

2) 秩2算法

由于任何一个 $m\times m$ 的秩2矩阵可以表示为

$$\Delta \boldsymbol{K}_{n-1}^{-1}=\boldsymbol{A}_1\boldsymbol{B}_1^{\mathrm{T}}+\boldsymbol{A}_2\boldsymbol{B}_2^{\mathrm{T}} \tag{2-7-20}$$

按照秩1算法可得

$$\Delta \boldsymbol{K}_{n-1}^{-1}=\alpha_1\Delta \boldsymbol{U}_{n-1}\boldsymbol{B}_1^{\mathrm{T}}+\alpha_2\boldsymbol{K}_{n-1}^{-1}\Delta \boldsymbol{R}_{n-1}\boldsymbol{B}_2^{\mathrm{T}} \tag{2-7-21}$$

式中，

$$\alpha_1=\begin{cases}\dfrac{1}{\boldsymbol{B}_1^{\mathrm{T}}\Delta \boldsymbol{R}_{n-1}} & (\Delta \boldsymbol{R}_{n-1}\neq \boldsymbol{0})\\ 0 & (\Delta \boldsymbol{R}_{n-1}=\boldsymbol{0})\end{cases} \tag{2-7-22}$$

$$\alpha_2=\begin{cases}\dfrac{1}{\boldsymbol{B}_2^{\mathrm{T}}\Delta \boldsymbol{R}_{n-1}} & (\Delta \boldsymbol{R}_{n-1}\neq \boldsymbol{0})\\ 0 & (\Delta \boldsymbol{R}_{n-1}=\boldsymbol{0})\end{cases} \tag{2-7-23}$$

如果假设

$$\bar{\boldsymbol{B}}_1^{\mathrm{T}}=\frac{\boldsymbol{B}_1^{\mathrm{T}}}{\boldsymbol{B}_1^{\mathrm{T}}\Delta \boldsymbol{R}_{n-1}};\quad \bar{\boldsymbol{B}}_2^{\mathrm{T}}=\frac{\boldsymbol{B}_2^{\mathrm{T}}}{\boldsymbol{B}_2^{\mathrm{T}}\Delta \boldsymbol{R}_{n-1}} \tag{2-7-24}$$

则有

$$\bar{\boldsymbol{B}}_1^{\mathrm{T}}\Delta \boldsymbol{R}_{n-1}=\bar{\boldsymbol{B}}_2^{\mathrm{T}}\Delta \boldsymbol{R}_{n-1}=1 \tag{2-7-25}$$

于是可得

$$\Delta \boldsymbol{K}_{n-1}^{-1}=\Delta \boldsymbol{U}_{n-1} \overline{\boldsymbol{B}}_1^{\mathrm{T}}+\boldsymbol{K}_{n-1}^{-1} \Delta \boldsymbol{R}_{n-1} \overline{\boldsymbol{B}}_2^{\mathrm{T}} \tag{2-7-26}$$

引进参数 β，并把 $\overline{\boldsymbol{B}}_1^{\mathrm{T}}$ 和 $\overline{\boldsymbol{B}}_2^{\mathrm{T}}$ 取为如下的组合形式：

$$\overline{\boldsymbol{B}}_1^{\mathrm{T}}=(1+\beta \Delta \boldsymbol{R}_{n-1}^{\mathrm{T}} \boldsymbol{K}_{n-1}^{-1} \Delta \boldsymbol{R}_{n-1}) \frac{\Delta \boldsymbol{U}_{n-1}^{\mathrm{T}}}{\Delta \boldsymbol{U}_{n-1}^{\mathrm{T}} \Delta \boldsymbol{R}_{n-1}}-\beta \Delta \boldsymbol{R}_{n-1}^{\mathrm{T}} \boldsymbol{K}_{n-1}^{-1} \quad (\Delta \boldsymbol{U}_{n-1}^{\mathrm{T}} \Delta \boldsymbol{R}_{n-1} \neq 0) \tag{2-7-27}$$

$$\overline{\boldsymbol{B}}_2^{\mathrm{T}}=(1+\beta \Delta \boldsymbol{U}_{n-1}^{\mathrm{T}} \Delta \boldsymbol{R}_{n-1}) \frac{\Delta \boldsymbol{R}_{n-1}^{\mathrm{T}} \boldsymbol{K}_{n-1}^{-1}}{\Delta \boldsymbol{R}_{n-1}^{\mathrm{T}} \boldsymbol{K}_{n-1}^{-1} \Delta \boldsymbol{R}_{n-1}}-\beta \Delta \boldsymbol{U}_{n-1}^{\mathrm{T}} \quad (\Delta \boldsymbol{R}_{n-1}^{\mathrm{T}} \boldsymbol{K}_{n-1}^{-1} \Delta \boldsymbol{R}_{n-1} \neq 0) \tag{2-7-28}$$

则有

$$\Delta \boldsymbol{K}_{n-1}^{-1}=\frac{\Delta \boldsymbol{U}_{n-1} \Delta \boldsymbol{U}_{n-1}^{\mathrm{T}}}{\Delta \boldsymbol{U}_{n-1}^{\mathrm{T}} \Delta \boldsymbol{R}_{n-1}}-\frac{\boldsymbol{K}_{n-1}^{-1} \Delta \boldsymbol{R}_{n-1} \Delta \boldsymbol{R}_{n-1}^{\mathrm{T}} \boldsymbol{K}_{n-1}^{-1}}{\Delta \boldsymbol{R}_{n-1}^{\mathrm{T}} \boldsymbol{K}_{n-1}^{-1} \Delta \boldsymbol{R}_{n-1}}+\beta\left(\Delta \boldsymbol{R}_{n-1}^{\mathrm{T}} \boldsymbol{K}_{n-1}^{-1} \Delta \boldsymbol{R}_{n-1} \frac{\Delta \boldsymbol{U}_{n-1} \Delta \boldsymbol{U}_{n-1}^{\mathrm{T}}}{\Delta \boldsymbol{U}_{n-1}^{\mathrm{T}} \Delta \boldsymbol{R}_{n-1}}+\right.$$
$$\left.\Delta \boldsymbol{U}_{n-1}^{\mathrm{T}} \Delta \boldsymbol{R}_{n-1} \frac{\boldsymbol{K}_{n-1}^{-1} \Delta \boldsymbol{R}_{n-1} \Delta \boldsymbol{R}_{n-1}^{\mathrm{T}} \boldsymbol{K}_{n-1}^{-1}}{\Delta \boldsymbol{R}_{n-1}^{\mathrm{T}} \boldsymbol{K}_{n-1}^{-1} \Delta \boldsymbol{R}_{n-1}}-\Delta \boldsymbol{U}_{n-1} \Delta \boldsymbol{R}_{n-1}^{\mathrm{T}} \boldsymbol{K}_{n-1}^{-1}-\boldsymbol{K}_{n-1}^{-1} \Delta \boldsymbol{R}_{n-1} \Delta \boldsymbol{U}_{n-1}^{\mathrm{T}}\right) \tag{2-7-29}$$

式(2-7-29)是对称秩 2 算法。

参数 β 的不同选法可以得到不同的迭代算法。

a. DFP(Davidon Fletcher Powell)算法

如果取 $\beta=0$，就得到 DFP 算法，即

$$\Delta \boldsymbol{K}_{n-1}^{-1}=\frac{\Delta \boldsymbol{U}_{n-1} \Delta \boldsymbol{U}_{n-1}^{\mathrm{T}}}{\Delta \boldsymbol{U}_{n-1}^{\mathrm{T}} \Delta \boldsymbol{R}_{n-1}}-\frac{\boldsymbol{K}_{n-1}^{-1} \Delta \boldsymbol{R}_{n-1} \Delta \boldsymbol{R}_{n-1}^{\mathrm{T}} \boldsymbol{K}_{n-1}^{-1}}{\Delta \boldsymbol{R}_{n-1}^{\mathrm{T}} \boldsymbol{K}_{n-1}^{-1} \Delta \boldsymbol{R}_{n-1}} \tag{2-7-30}$$

b. BFS(Broyden Fletcher Shanno)算法

如果取 $\beta=\dfrac{1}{\Delta \boldsymbol{U}_{n-1}^{\mathrm{T}} \Delta \boldsymbol{R}_{n-1}}$，就得到 BFS 算法，即

$$\Delta \boldsymbol{K}_{n-1}^{-1}=\frac{\alpha \Delta \boldsymbol{U}_{n-1} \Delta \boldsymbol{U}_{n-1}^{\mathrm{T}}-\Delta \boldsymbol{U}_{n-1} \Delta \boldsymbol{R}_{n-1}^{\mathrm{T}} \boldsymbol{K}_{n-1}^{-1}-\boldsymbol{K}_{n-1}^{-1} \Delta \boldsymbol{R}_{n-1} \Delta \boldsymbol{U}_{n-1}^{\mathrm{T}}}{\Delta \boldsymbol{U}_{n-1}^{\mathrm{T}} \Delta \boldsymbol{R}_{n-1}} \tag{2-7-31}$$

式中，

$$\alpha=1+\frac{\Delta \boldsymbol{R}_{n-1}^{\mathrm{T}} \boldsymbol{K}_{n-1}^{-1} \Delta \boldsymbol{R}_{n-1}}{\Delta \boldsymbol{U}_{n-1}^{\mathrm{T}} \Delta \boldsymbol{R}_{n-1}} \tag{2-7-32}$$

一般，BFS 算法比 DFP 算法有较好的数值稳定性。

4. 迭代收敛准则

求解非线性方程组时，必须要给出迭代收敛准则，判别迭代过程是否收敛，以便终止迭代。如果给出的收敛准则不合适，可能计算精度不高或太浪费机时，有时甚至计算失败。

1) 位移收敛准则

常用位移收敛准则为

$$\| \Delta \boldsymbol{U}_n \| \leqslant \alpha \| \boldsymbol{U}_n \| \tag{2-7-33}$$

式中，$\| * \|$ 一般取欧几里得(Euclid)范数 $\| * \|_2$；α 为位移收敛准则的容差常数，它是一个小量，一般取

$$0.1\% \leqslant \alpha \leqslant 5\% \tag{2-7-34}$$

当系统含有刚体位移时，$\| \Delta \boldsymbol{U}_n \|$ 会比较大，此时不适合采用位移收敛准则。

2）失衡力收敛准则

常用失衡力收敛准则为

$$\| \Delta \boldsymbol{F}_n \| \leqslant \alpha \| \boldsymbol{P} \| \tag{2-7-35}$$

式中，$\Delta \boldsymbol{F}_n$ 为第 n 迭代步的失衡力，即

$$\Delta \boldsymbol{F}_n = \boldsymbol{P} - \boldsymbol{R}(\boldsymbol{u}_n) \tag{2-7-36}$$

当系统处于失稳状态时，失衡力的微小变化将引起位移增量的很大偏差，此时不能采用失衡力收敛准则。

3）能量收敛准则

位移收敛准则和失衡力收敛准则都有一定的缺陷，相对而言能量收敛准则是比较好的，因为它同时控制位移增量和失衡力。能量收敛准则是把每次迭代后的内能增量与初始内能增量相比较，即

$$\Delta \boldsymbol{U}_n^{\mathrm{T}} (\boldsymbol{P} - \boldsymbol{R}(\boldsymbol{u}_n)) \leqslant \alpha \Delta \boldsymbol{U}_1^{\mathrm{T}} (\boldsymbol{P} - \boldsymbol{R}(\boldsymbol{u}_1)) \tag{2-7-37}$$

式中，α 为能量收敛准则的容差常数，它是一个小量。

2.7.2 板料成形全量拉格朗日有限元方法

1. 全量拉格朗日虚功方程

板料成形全量拉格朗日(TL)法是取初始时刻构形作为参考构形，在所有的时间步长内的计算都参照时刻 $t_0 = 0$ 构形来定义。

$t + \Delta t$ 时刻的虚功方程为

$$\int_{V_0} \delta \bar{\boldsymbol{E}}^{\mathrm{T}} \bar{\boldsymbol{S}} \mathrm{d}V_0 = \int_{V_0} \delta \bar{\boldsymbol{u}}^{\mathrm{T}} \bar{\boldsymbol{p}}_0 \mathrm{d}V_0 + \int_{A_0} \delta \bar{\boldsymbol{u}}^{\mathrm{T}} \bar{\boldsymbol{q}}_0 \mathrm{d}A_0 \tag{2-7-38}$$

式中，$\bar{\boldsymbol{E}}$ 为 $t + \Delta t$ 时刻的格林应变；$\bar{\boldsymbol{S}}$ 为 $t + \Delta t$ 时刻的第二类基尔霍夫应力；$\bar{\boldsymbol{u}}$ 为 $t + \Delta t$ 时刻的可容位移；$\bar{\boldsymbol{p}}_0$ 和 $\bar{\boldsymbol{q}}_0$ 分别为时刻 $t + \Delta t$ 的体力和面力载荷向量，它们都是定义在初始构形上的已知边界条件；V_0 和 A_0 分别为构形初始时刻的体积和表面积。

2. 单元插值关系

单元的插值关系假设为

$$\begin{cases} \Delta \boldsymbol{u} = \boldsymbol{N} \Delta \boldsymbol{u}^e \\ \boldsymbol{u} = \boldsymbol{N} \boldsymbol{u}^e \end{cases} \tag{2-7-39}$$

式中，$\Delta \boldsymbol{u}$ 和 $\Delta \boldsymbol{u}^e$ 分别为时刻 t 到时刻 $t + \Delta t$ 之间的位移增量和单元节点位移增量

向量；$\boldsymbol{u}$ 和 $\boldsymbol{u}^e$ 分别为时刻 t_0 到时刻 t 之间的位移量和单元节点位移量向量；$\boldsymbol{N}$ 为单元形函数矩阵，由单元形函数确定，是当前时刻坐标 X_i 的函数。

3. **单元本构关系**

t 时刻单元的本构关系假设为

$$\Delta\boldsymbol{S}=\boldsymbol{D}_{\mathrm{T}}\Delta\boldsymbol{E} \tag{2-7-40}$$

式中，$\Delta\boldsymbol{S}$ 为时间增量步 Δt 内第二类基尔霍夫应力增量；$\Delta\boldsymbol{E}$ 为时间增量步 Δt 内格林应变增量；$\boldsymbol{D}_{\mathrm{T}}$ 为切线本构矩阵。

4. **单元几何关系**

t 时刻和 $t+\Delta t$ 时刻的单元几何关系分别为

$$E_{ij}=\frac{1}{2}\left(\frac{\partial u_j}{\partial X_i}+\frac{\partial u_i}{\partial X_j}+\frac{\partial u_k}{\partial X_i}\frac{\partial u_k}{\partial X_j}\right) \tag{2-7-41}$$

$$\bar{E}_{ij}=\frac{1}{2}\left(\frac{\partial \bar{u}_j}{\partial X_i}+\frac{\partial \bar{u}_i}{\partial X_j}+\frac{\partial \bar{u}_k}{\partial X_i}\frac{\partial \bar{u}_k}{\partial X_j}\right) \tag{2-7-42}$$

$\bar{E}_{ij}$ 可分解为

$$\bar{E}_{ij}=E_{ij}+\Delta E_{ij} \tag{2-7-43}$$

式中，ΔE_{ij} 为时间增量步 Δt 内的格林应变增量，它可以表示为

$$\Delta E_{ij}=\Delta E_{ij}^{L_0}+\Delta E_{ij}^{L_1}+\Delta E_{ij}^{N} \tag{2-7-44}$$

$$\Delta E_{ij}^{L_0}=\frac{1}{2}\left(\frac{\partial \Delta u_j}{\partial X_i}+\frac{\partial \Delta u_i}{\partial X_j}\right) \tag{2-7-45}$$

$$\Delta E_{ij}^{L_1}=\frac{1}{2}\left(\frac{\partial u_k}{\partial X_i}\frac{\partial \Delta u_k}{\partial X_j}+\frac{\partial \Delta u_k}{\partial X_i}\frac{\partial u_k}{\partial X_j}\right) \tag{2-7-46}$$

$$\Delta E_{ij}^{N}=\frac{1}{2}\frac{\partial \Delta u_k}{\partial X_i}\frac{\partial \Delta u_k}{\partial X_j} \tag{2-7-47}$$

在增量求解过程中，时刻 t 的位移 u_i 是已知的，式(2-7-45)和式(2-7-46)中 $\Delta E_{ij}^{L_0}$ 和 $\Delta E_{ij}^{L_1}$ 与未知量 Δu_i 呈线性关系，因此它们是格林应变增量的线性部分，而 ΔE_{ij}^{N} 是非线性部分。式(2-7-43)～式(2-7-47)的矩阵表达形式分别为

$$\bar{\boldsymbol{E}}=\boldsymbol{E}+\Delta\boldsymbol{E} \tag{2-7-48}$$

$$\Delta\boldsymbol{E}=\Delta\boldsymbol{E}^{L_0}+\Delta\boldsymbol{E}^{L_1}+\Delta\boldsymbol{E}^{N} \tag{2-7-49}$$

$$\Delta\boldsymbol{E}^{L_0}=\boldsymbol{L}\Delta\boldsymbol{u} \tag{2-7-50}$$

$$\Delta\boldsymbol{E}^{L_1}=\frac{1}{2}\boldsymbol{A}\Delta\boldsymbol{\theta}+\frac{1}{2}\Delta\boldsymbol{A}\boldsymbol{\theta}=\boldsymbol{A}\Delta\boldsymbol{\theta} \tag{2-7-51}$$

$$\Delta\boldsymbol{E}^{N}=\frac{1}{2}\Delta\boldsymbol{A}\Delta\boldsymbol{\theta} \tag{2-7-52}$$

式中，

$$\boldsymbol{L}=\begin{bmatrix}\frac{\partial}{\partial X_1} & 0 & 0\\ 0 & \frac{\partial}{\partial X_2} & 0\\ 0 & 0 & \frac{\partial}{\partial X_3}\\ 0 & \frac{\partial}{\partial X_3} & \frac{\partial}{\partial X_2}\\ \frac{\partial}{\partial X_3} & 0 & \frac{\partial}{\partial X_1}\\ \frac{\partial}{\partial X_2} & \frac{\partial}{\partial X_1} & 0\end{bmatrix} \tag{2-7-53}$$

$$\boldsymbol{A}=\begin{bmatrix}\frac{\partial \boldsymbol{u}^{\mathrm{T}}}{\partial X_1} & 0 & 0\\ 0 & \frac{\partial \boldsymbol{u}^{\mathrm{T}}}{\partial X_2} & 0\\ 0 & 0 & \frac{\partial \boldsymbol{u}^{\mathrm{T}}}{\partial X_3}\\ 0 & \frac{\partial \boldsymbol{u}^{\mathrm{T}}}{\partial X_3} & \frac{\partial \boldsymbol{u}^{\mathrm{T}}}{\partial X_2}\\ \frac{\partial \boldsymbol{u}^{\mathrm{T}}}{\partial X_3} & 0 & \frac{\partial \boldsymbol{u}^{\mathrm{T}}}{\partial X_1}\\ \frac{\partial \boldsymbol{u}^{\mathrm{T}}}{\partial X_2} & \frac{\partial \boldsymbol{u}^{\mathrm{T}}}{\partial X_1} & 0\end{bmatrix} \tag{2-7-54}$$

$$\boldsymbol{\theta}=\begin{Bmatrix}\frac{\partial \boldsymbol{u}}{\partial X_1}\\ \frac{\partial \boldsymbol{u}}{\partial X_2}\\ \frac{\partial \boldsymbol{u}}{\partial X_3}\end{Bmatrix} \tag{2-7-55}$$

将单元插值关系式(2-7-39)代入式(2-7-50)～式(2-7-52)可得

$$\Delta \boldsymbol{E}^{L_0}=\boldsymbol{B}_{L_0}\Delta \boldsymbol{u}^e \tag{2-7-56}$$

$$\Delta \boldsymbol{E}^{L_1}=\boldsymbol{B}_{L_1}\Delta \boldsymbol{u}^e \tag{2-7-57}$$

$$\Delta \boldsymbol{E}^{N}=\frac{1}{2}\boldsymbol{B}_{N}\Delta \boldsymbol{u}^e \tag{2-7-58}$$

式中，

$$\boldsymbol{B}_{L_0}=\boldsymbol{LN} \tag{2-7-59}$$

$$\boldsymbol{B}_{L_1}=\boldsymbol{AHN}=\boldsymbol{AG} \tag{2-7-60}$$

$$\boldsymbol{B}_{N}=\Delta\boldsymbol{AG} \tag{2-7-61}$$

5. 单元平衡方程

在增量求解过程中，时刻 t 的位移 $\boldsymbol{u}$ 和格林应变 $\boldsymbol{E}$ 都是已知的，因此虚功方程式(2-7-38)中

$$\delta\bar{\boldsymbol{u}}=\delta\Delta\boldsymbol{u}=\boldsymbol{N}\delta\Delta\boldsymbol{u}^{e} \tag{2-7-62}$$

$$\delta\bar{\boldsymbol{E}}=\delta\Delta\boldsymbol{E}=\boldsymbol{B}\delta\Delta\boldsymbol{u}^{e} \tag{2-7-63}$$

式中

$$\boldsymbol{B}=\boldsymbol{B}_{L_0}+\boldsymbol{B}_{L_1}+\boldsymbol{B}_{N} \tag{2-7-64}$$

再考虑可容位移 $\Delta\boldsymbol{u}^{e}$ 的任意性，虚功方程式(2-7-38)可表示为

$$\int_{V_0}\boldsymbol{B}^{\mathrm{T}}\bar{\boldsymbol{S}}\,\mathrm{d}V_0=\int_{V_0}\boldsymbol{N}^{\mathrm{T}}\bar{\boldsymbol{p}}_0\,\mathrm{d}V_0+\int_{A_0}\boldsymbol{N}^{\mathrm{T}}\bar{\boldsymbol{q}}_0\,\mathrm{d}A_0 \tag{2-7-65}$$

将 $t+\Delta t$ 时刻的第二类基尔霍夫应力 $\bar{\boldsymbol{S}}$ 分别成 t 时刻与 Δt 增量之和，即

$$\bar{\boldsymbol{S}}=\boldsymbol{S}+\Delta\boldsymbol{S} \tag{2-7-66}$$

则虚功方程式(2-7-65)可进一步表示为增量形式，即

$$\int_{V_0}\boldsymbol{B}^{\mathrm{T}}\Delta\boldsymbol{S}\,\mathrm{d}V_0+\int_{V_0}\boldsymbol{B}_{N}^{\mathrm{T}}\boldsymbol{S}\,\mathrm{d}V_0+\int_{V_0}(\boldsymbol{B}_{L_0}^{\mathrm{T}}+\boldsymbol{B}_{L_1}^{\mathrm{T}})\boldsymbol{S}\,\mathrm{d}V_0=\bar{\boldsymbol{R}} \tag{2-7-67}$$

式中

$$\bar{\boldsymbol{R}}=\int_{V_0}\boldsymbol{N}^{\mathrm{T}}\bar{\boldsymbol{p}}_0\,\mathrm{d}V_0+\int_{A_0}\boldsymbol{N}^{\mathrm{T}}\bar{\boldsymbol{q}}_0\,\mathrm{d}A_0 \tag{2-7-68}$$

令

$$\boldsymbol{M}=\begin{bmatrix} S_{11}\boldsymbol{I} & S_{12}\boldsymbol{I} & S_{13}\boldsymbol{I} \\ S_{21}\boldsymbol{I} & S_{22}\boldsymbol{I} & S_{23}\boldsymbol{I} \\ S_{31}\boldsymbol{I} & S_{32}\boldsymbol{I} & S_{33}\boldsymbol{I} \end{bmatrix} \tag{2-7-69}$$

则

$$\boldsymbol{B}_{N}^{\mathrm{T}}S=\boldsymbol{G}^{\mathrm{T}}\Delta\boldsymbol{A}^{\mathrm{T}}\boldsymbol{S}=\boldsymbol{G}^{\mathrm{T}}\boldsymbol{M}\Delta\boldsymbol{\theta}=\boldsymbol{G}^{\mathrm{T}}\boldsymbol{MG}\Delta\boldsymbol{u}^{e} \tag{2-7-70}$$

如果忽略几何关系中的二阶小项，则有

$$\Delta\boldsymbol{E}=\Delta\boldsymbol{E}^{L_0}+\Delta\boldsymbol{E}^{L_1}+\Delta\boldsymbol{E}^{N}\approx\Delta\boldsymbol{E}^{L_0}+\Delta\boldsymbol{E}^{L_1} \tag{2-7-71}$$

因此，虚功方程式(2-7-67)中第一项积分中应变矩阵 $\boldsymbol{B}$ 可以近似为

$$\boldsymbol{B}\approx\boldsymbol{B}_{L_0}+\boldsymbol{B}_{L_1} \tag{2-7-72}$$

这样，由虚功方程式(2-7-67)可以得到线性化的 TL 法有限元平衡方程：

$$\boldsymbol{K}_{\mathrm{T}}\Delta\boldsymbol{u}^{e}=(\boldsymbol{K}_{L}+\boldsymbol{K}_{\mathrm{s}})\Delta\boldsymbol{u}^{e}=\bar{\boldsymbol{R}}-\boldsymbol{R}_{\mathrm{s}} \tag{2-7-73}$$

式中，$\boldsymbol{K}_{\mathrm{T}}$ 为 t 时刻的单元切线刚度矩阵，

$$\boldsymbol{K}_{\mathrm{T}}=\boldsymbol{K}_{L}+\boldsymbol{K}_{\mathrm{s}} \tag{2-7-74}$$

$\boldsymbol{K}_{\mathrm{s}}$ 为初应力单元刚度矩阵。

$$\boldsymbol{K}_{\mathrm{s}}=\int_{V_0}\boldsymbol{G}^{\mathrm{T}}\boldsymbol{M}\boldsymbol{G}\mathrm{d}V_0 \tag{2-7-75}$$

$$\boldsymbol{K}_L=\int_{V_0}(\boldsymbol{B}_{L_0}^{\mathrm{T}}+\boldsymbol{B}_{L_1}^{\mathrm{T}})\boldsymbol{D}_{\mathrm{T}}(\boldsymbol{B}_{L_0}+\boldsymbol{B}_{L_1})\mathrm{d}V_0 \tag{2-7-76}$$

$$\boldsymbol{R}_{\mathrm{s}}=\int_{V_0}(\boldsymbol{B}_{L_0}^{\mathrm{T}}+\boldsymbol{B}_{L_1}^{\mathrm{T}})\boldsymbol{S}\mathrm{d}V_0 \tag{2-7-77}$$

2.7.3 板料成形修正拉格朗日有限元方法

1. 修正拉格朗日虚功方程

板料成形修正拉格朗日(UL)法是取当前时刻构形作为参考构形,在所有的时间步长内的计算都参照当前时刻 t 构形来定义。

$t+\Delta t$ 时刻的虚功方程可以表示为

$$\int_V\delta\bar{\boldsymbol{E}}^{\mathrm{T}}\bar{\boldsymbol{S}}\mathrm{d}V=\int_V\delta\bar{\boldsymbol{u}}^{\mathrm{T}}\bar{\boldsymbol{p}}\mathrm{d}V+\int_A\delta\bar{\boldsymbol{u}}^{\mathrm{T}}\bar{\boldsymbol{q}}\mathrm{d}A \tag{2-7-78}$$

式中,$\bar{\boldsymbol{E}}$ 为 $t+\Delta t$ 时刻的格林应变;$\bar{\boldsymbol{S}}$ 为 $t+\Delta t$ 时刻的第二类基尔霍夫应力;$\bar{\boldsymbol{u}}$ 为 $t+\Delta t$ 时刻的可容位移;$\bar{\boldsymbol{p}}$ 和 $\bar{\boldsymbol{q}}$ 分别为时刻 $t+\Delta t$ 的体力和面力载荷向量,它们都是定义在 t 时刻构形上的已知边界条件;V 和 A 分别为 t 时刻构形的体积和表面积。

2. 单元插值关系

单元的插值关系假设为

$$\Delta\boldsymbol{u}=\boldsymbol{N}\Delta\boldsymbol{u}^e \tag{2-7-79}$$

式中,$\Delta\boldsymbol{u}$ 和 $\Delta\boldsymbol{u}^e$ 分别为时刻 t 到时刻 $t+\Delta t$ 之间的位移增量和单元节点位移增量向量;$\boldsymbol{N}$ 为单元形函数矩阵,由单元形函数确定,是 t 时刻坐标 $\boldsymbol{x}$ 的函数。

在一个时间增量步 Δt 内的位移增量 $\Delta\boldsymbol{u}$ 为

$$\Delta\boldsymbol{u}=\bar{\boldsymbol{x}}-\boldsymbol{x} \tag{2-7-80}$$

$t+\Delta t$ 时的位移量 $\bar{\boldsymbol{u}}$ 与 $\Delta\boldsymbol{u}$ 的关系为

$$\bar{\boldsymbol{u}}=\Delta\boldsymbol{u} \tag{2-7-81}$$

3. 单元本构关系

t 时刻单元的本构关系假设为

$$\Delta\boldsymbol{S}=\boldsymbol{D}^{\mathrm{ep}}\Delta\boldsymbol{E} \tag{2-7-82}$$

式中,$\Delta\boldsymbol{S}$ 为时间增量步 Δt 内第二类基尔霍夫应力增量;$\Delta\boldsymbol{E}$ 为时间增量步 Δt 内格林应变增量;$\boldsymbol{D}^{\mathrm{ep}}$ 为切线本构矩阵或弹塑性本构矩阵。本构关系式(2-7-82)与式(2-7-40)形式上是一样的,但它们完全是不同的,式(2-7-40)是以 t_0 时刻为参考构形定义的,而式(2-7-82)是以 t 时刻为参考构形定义的。以 t 时刻为参考构形,则格林应变率 $\dot{E}_{ij}$ 与变形率张量 d_{ij} 相等,即

$$\dot{E}_{ij}=d_{ij} \tag{2-7-83}$$

根据第二类基尔霍夫应力率 $\dot{S}_{ij}$ 与柯西应力 σ_{ij} 的关系,则有

$$\dot{S}_{ij}=\overset{\nabla}{\sigma}_{ij}-\sigma_{ik}d_{kj}-\sigma_{jk}d_{ki}+\sigma_{ij}v_{m,m} \tag{2-7-84}$$

式中，$\overset{\nabla}{\sigma}_{ij}$ 为柯西应力的 Jaumann 应力导数张量。

考虑金属材料的不可压缩性，$v_{m,m}=0$，因此 $\dot{S}_{ij}$ 与 $\dot{E}_{ij}$ 的本构关系为

$$\dot{S}_{ij}=D_{ijkl}\dot{E}_{kl} \tag{2-7-85}$$

式中，本构张量 D_{ijkl} 为

$$D_{ijkl}=D_{ijkl}^{\text{ep}}-S_{ik}\delta_{lj}-S_{jk}\delta_{li} \tag{2-7-86}$$

D_{ijkl}^{ep} 为材料弹塑性本构张量，则有

$$\overset{\nabla}{\sigma}_{ij}=D_{ijkl}^{\text{ep}}d_{kl} \tag{2-7-87}$$

式(2-7-85)的线性化方程为

$$\Delta S_{ij}=D_{ijkl}^{\text{ep}}\Delta E_{kl}-S_{ik}\Delta E_{kj}-S_{jk}\Delta E_{ki} \tag{2-7-88}$$

t 和 $t+\Delta t$ 时刻的第二类基尔霍夫应力都是相对于时刻 t 为参考构形定义的，因此 t 时刻的第二类基尔霍夫应力 $\boldsymbol{S}$ 与 t 时刻的柯西应力 $\boldsymbol{\sigma}$ 相等，即

$$\boldsymbol{S}=\boldsymbol{\sigma} \tag{2-7-89}$$

$t+\Delta t$ 时刻的第二类基尔霍夫应力 $\bar{\boldsymbol{S}}$ 可以分解为

$$\bar{\boldsymbol{S}}=\boldsymbol{S}+\Delta\boldsymbol{S}=\boldsymbol{\sigma}+\Delta\boldsymbol{S} \tag{2-7-90}$$

式(2-7-88)可以进一步表示为

$$\Delta S_{ij}=D_{ijkl}^{\text{ep}}\Delta E_{kl}-\sigma_{ik}\Delta E_{kj}-\sigma_{jk}\Delta E_{ki} \tag{2-7-91}$$

式(2-7-91)的矩阵形式为

$$\Delta\boldsymbol{S}=(\boldsymbol{D}^{\text{ep}}-\boldsymbol{F})\Delta\boldsymbol{E} \tag{2-7-92}$$

式中，$\boldsymbol{F}$ 是一个对称的用应力表示的矩阵。如果假设向量 $\Delta\boldsymbol{S}$ 和向量 $\Delta\boldsymbol{E}$ 分别为

$$\begin{cases}\Delta\boldsymbol{S}=(\Delta S_{11}\quad \Delta S_{22}\quad \Delta S_{33}\quad \Delta S_{12}\quad \Delta S_{23}\quad \Delta S_{31})^{\mathrm{T}}\\ \Delta\boldsymbol{E}=(\Delta E_{11}\quad \Delta E_{22}\quad \Delta E_{33}\quad \Delta E_{12}\quad \Delta E_{23}\quad \Delta E_{31})^{\mathrm{T}}\end{cases} \tag{2-7-93}$$

则有

$$\boldsymbol{F}=\begin{bmatrix}2\sigma_{11} & 0 & 0 & \sigma_{12} & 0 & \sigma_{31}\\ 0 & 2\sigma_{22} & 0 & \sigma_{12} & \sigma_{23} & 0\\ 0 & 0 & 2\sigma_{33} & 0 & \sigma_{23} & \sigma_{31}\\ \sigma_{12} & \sigma_{12} & 0 & \frac{1}{2}(\sigma_{11}+\sigma_{22}) & \frac{1}{2}\sigma_{31} & \frac{1}{2}\sigma_{23}\\ 0 & \sigma_{23} & \sigma_{23} & \frac{1}{2}\sigma_{31} & \frac{1}{2}(\sigma_{22}+\sigma_{33}) & \frac{1}{2}\sigma_{12}\\ \sigma_{31} & 0 & \sigma_{31} & \frac{1}{2}\sigma_{23} & \frac{1}{2}\sigma_{12} & \frac{1}{2}(\sigma_{11}+\sigma_{33})\end{bmatrix} \tag{2-7-94}$$

4. 单元几何关系

t 时刻和 $t+\Delta t$ 时刻的单元几何关系分别为

$$\begin{cases} E_{ij} = 0 \\ \bar{E}_{ij} = \dfrac{1}{2}\left(\dfrac{\partial \Delta u_j}{\partial x_i} + \dfrac{\partial \Delta u_i}{\partial x_j} + \dfrac{\partial \Delta u_k}{\partial x_i}\dfrac{\partial \Delta u_k}{\partial x_j}\right) \end{cases} \tag{2-7-95}$$

因此,格林应变增量 ΔE_{ij} 可以表示为

$$\Delta E_{ij} = \bar{E}_{ij} = \Delta E_{ij}^{L} + \Delta E_{ij}^{N} \tag{2-7-96}$$

式中,

$$\begin{cases} \Delta E_{ij}^{L} = \dfrac{1}{2}\left(\dfrac{\partial \Delta u_j}{\partial x_i} + \dfrac{\partial \Delta u_i}{\partial x_j}\right) \\ \Delta E_{ij}^{N} = \dfrac{1}{2}\dfrac{\partial \Delta u_k}{\partial x_i}\dfrac{\partial \Delta u_k}{\partial x_j} \end{cases} \tag{2-7-97}$$

式(2-7-96)和式(2-7-97)用矩阵形式表示为

$$\Delta \boldsymbol{E} = \Delta \boldsymbol{E}_L + \Delta \boldsymbol{E}_N \tag{2-7-98}$$

$$\Delta \boldsymbol{E}_L = \boldsymbol{L} \Delta \boldsymbol{u} \tag{2-7-99}$$

$$\Delta \boldsymbol{E}_N = \frac{1}{2}\Delta \boldsymbol{A} \Delta \boldsymbol{\theta} = \frac{1}{2}\Delta \boldsymbol{A}\boldsymbol{H}\Delta \boldsymbol{u} \tag{2-7-100}$$

式中,

$$\boldsymbol{L} = \begin{bmatrix} \dfrac{\partial}{\partial x_1} & 0 & 0 \\ 0 & \dfrac{\partial}{\partial x_2} & 0 \\ 0 & 0 & \dfrac{\partial}{\partial x_3} \\ 0 & \dfrac{\partial}{\partial x_3} & \dfrac{\partial}{\partial x_2} \\ \dfrac{\partial}{\partial x_3} & 0 & \dfrac{\partial}{\partial x_1} \\ \dfrac{\partial}{\partial x_2} & \dfrac{\partial}{\partial x_1} & 0 \end{bmatrix} \tag{2-7-101}$$

$$\Delta \boldsymbol{A} = \begin{bmatrix} \dfrac{\partial \Delta \boldsymbol{u}^{\mathrm{T}}}{\partial x_1} & 0 & 0 \\ 0 & \dfrac{\partial \Delta \boldsymbol{u}^{\mathrm{T}}}{\partial x_2} & 0 \\ 0 & 0 & \dfrac{\partial \Delta \boldsymbol{u}^{\mathrm{T}}}{\partial x_3} \\ 0 & \dfrac{\partial \Delta \boldsymbol{u}^{\mathrm{T}}}{\partial x_3} & \dfrac{\partial \Delta \boldsymbol{u}^{\mathrm{T}}}{\partial x_2} \\ \dfrac{\partial \Delta \boldsymbol{u}^{\mathrm{T}}}{\partial x_3} & 0 & \dfrac{\partial \Delta \boldsymbol{u}^{\mathrm{T}}}{\partial x_1} \\ \dfrac{\partial \Delta \boldsymbol{u}^{\mathrm{T}}}{\partial x_2} & \dfrac{\partial \Delta \boldsymbol{u}^{\mathrm{T}}}{\partial x_1} & 0 \end{bmatrix} \tag{2-7-102}$$

$$\Delta \boldsymbol{\theta} = \begin{Bmatrix} \dfrac{\partial \Delta \boldsymbol{u}}{\partial x_1} \\ \dfrac{\partial \Delta \boldsymbol{u}}{\partial x_2} \\ \dfrac{\partial \Delta \boldsymbol{u}}{\partial x_3} \end{Bmatrix} \tag{2-7-103}$$

$$\boldsymbol{H} = \begin{Bmatrix} \boldsymbol{I} \dfrac{\partial}{\partial x_1} \\ \boldsymbol{I} \dfrac{\partial}{\partial x_2} \\ \boldsymbol{I} \dfrac{\partial}{\partial x_3} \end{Bmatrix} \tag{2-7-104}$$

将单元插值关系式(2-7-79)代入单元几何关系式(2-7-99)和式(2-7-100)中，得

$$\Delta \boldsymbol{E}_L = \boldsymbol{B}_L \Delta \boldsymbol{u}^e \tag{2-7-105}$$

$$\Delta \boldsymbol{E}_N = \widetilde{\boldsymbol{B}}_N \Delta \boldsymbol{u}^e \tag{2-7-106}$$

式中，

$$\boldsymbol{B}_L = \boldsymbol{L}\boldsymbol{N} \tag{2-7-107}$$

$$\widetilde{\boldsymbol{B}}_N = \frac{1}{2} \Delta \boldsymbol{A}\boldsymbol{H}\boldsymbol{N} = \frac{1}{2} \Delta \boldsymbol{A}\boldsymbol{G} \tag{2-7-108}$$

5. 单元平衡方程

由式(2-7-105)、式(2-7-106)和式(2-7-108)可得

$$\delta \Delta \boldsymbol{E}_L = \boldsymbol{B}_L \delta \Delta \boldsymbol{u}^e \tag{2-7-109}$$

$$\delta \Delta \boldsymbol{E}_N = 2\widetilde{\boldsymbol{B}}_N \delta \Delta \boldsymbol{u}^e = \boldsymbol{B}_N \delta \Delta \boldsymbol{u}^e \tag{2-7-110}$$

$$\delta \Delta \boldsymbol{E} = \boldsymbol{B} \Delta \boldsymbol{u}^e = (\boldsymbol{B}_L + \boldsymbol{B}_N) \delta \Delta \boldsymbol{u}^e \tag{2-7-111}$$

将式(2-7-79)、式(2-7-111)、式(2-7-88)和式(2-7-90)代入虚功方程式(2-7-78)，得

$$(\boldsymbol{K}_{\mathrm{a}} + \boldsymbol{K}_{\mathrm{s}}) \Delta \boldsymbol{u}^e + \boldsymbol{R}_{\mathrm{s}} - \overline{\boldsymbol{R}} = \boldsymbol{0} \tag{2-7-112}$$

式中，$\boldsymbol{K}_{\mathrm{s}}$ 为初应力单元刚度矩阵，即

$$\boldsymbol{K}_{\mathrm{s}} = \int_V \boldsymbol{G}^{\mathrm{T}} \boldsymbol{M} \boldsymbol{G} \mathrm{d}V \tag{2-7-113}$$

$\boldsymbol{R}_{\mathrm{s}}$ 为初应力节点力向量，即

$$\boldsymbol{R}_{\mathrm{s}} = \int_V \boldsymbol{B}_L^{\mathrm{T}} \boldsymbol{\sigma} \mathrm{d}V \tag{2-7-114}$$

$$\overline{\boldsymbol{R}} = \int_V \boldsymbol{N}^{\mathrm{T}} \overline{\boldsymbol{p}} \mathrm{d}V + \int_A \boldsymbol{N}^{\mathrm{T}} \overline{\boldsymbol{q}} \mathrm{d}A \tag{2-7-115}$$

$$\boldsymbol{K}_{\mathrm{a}} = \int_V \boldsymbol{B}^{\mathrm{T}} (\boldsymbol{D}^{\mathrm{ep}} - \boldsymbol{F}) \boldsymbol{B} \mathrm{d}V \tag{2-7-116}$$

2.7.4 板料成形虚功率增量型有限元方法

1. 虚功率方程

由于拉格朗日(第一类基尔霍夫)应力与速度对物质坐标偏导数是能量共轭的,可得时刻 t 现实构形,以初始时刻 t_0 为参考构形的弹塑性大变形虚功方程为

$$\int_V t_{Ij}\delta\left(\frac{\partial v_j}{\partial X_I}\right)\mathrm{d}V=\int_V P_I\delta v_i\,\mathrm{d}V+\int_A \bar{P}_I\delta v_i\,\mathrm{d}A \tag{2-7-117}$$

式中,V、A 分别表示 t 时刻构形的体积和表面积;$\bar{P}_I$、P_I 分别表示 t 时刻构形的面积率、体积力率;t_{Ij} 表示 t 时刻构形的第一类基尔霍夫应力率。

如果采用逐级更新的持续平衡有限元法,取当前时刻 t 为参考构形,则

$$\begin{cases} t_{Ij}\rightarrow t_{ij},\quad X_I\rightarrow x_i,\quad P_I\rightarrow p_i \\ \bar{P}_I\rightarrow \bar{p}_i,\quad V\rightarrow v,\quad A\rightarrow a \end{cases} \tag{2-7-118}$$

将式(2-7-117)应用于 t 时刻和 $t+\Delta t$ 时刻,对于离散后构形上的某任意单元 e 有

$$\begin{cases} \int_{v_e} t_{ij}\delta\left(\frac{\partial v_j}{\partial x_i}\right)\mathrm{d}v_e=\int_{v_e} p_i\delta v_i\,\mathrm{d}v_e+\int_{a_e}\bar{p}_i\delta v_i\,\mathrm{d}a_e \\ \int_{v_e}(t_{ij}+\mathrm{d}t_{ij})\delta\left(\frac{\partial v_j}{\partial x_i}\right)\mathrm{d}v_e=\int_{v_e}(p_i+\mathrm{d}p_i)\delta v_i\,\mathrm{d}v_e+\int_{a_e}(\bar{p}_i+\mathrm{d}\bar{p}_i)\delta v_i\,\mathrm{d}a_e \end{cases} \tag{2-7-119}$$

式中,v_e、a_e 分别表示时刻 t 单元 e 的体积和表面积。

式(2-7-117)和式(2-7-119)相减得

$$\int_{v_e}\mathrm{d}t_{ij}\delta\left(\frac{\partial v_j}{\partial x_i}\right)\mathrm{d}v_e=\int_{v_e}\mathrm{d}p_i\delta v_i\,\mathrm{d}v_e+\int_{a_e}\mathrm{d}\bar{p}_i\delta v_i\,\mathrm{d}a_e \tag{2-7-120}$$

即弹塑性大变形虚功率方程为

$$\int_{v_e}\dot{t}_{ij}\delta\left(\frac{\partial v_j}{\partial x_i}\right)\mathrm{d}v_e=\int_{v_e}\dot{p}_i\delta v_i\,\mathrm{d}v_e+\int_{a_e}\dot{\bar{p}}\delta v_i\,\mathrm{d}a_e \tag{2-7-121}$$

2. 单元插值关系

单元内任意一点的速度 $\boldsymbol{v}$ 与单元节点速度向量 $\boldsymbol{v}^e$ 的关系为

$$\boldsymbol{v}=\boldsymbol{N}\boldsymbol{v}^e \tag{2-7-122}$$

式中,$\boldsymbol{N}$ 为单元形函数矩阵,由单元形函数确定,是 t 时刻坐标 $\boldsymbol{x}$ 的函数。

3. 单元本构方程

式(2-7-85)给出弹塑性大变形本构方程的一般形式。$\overset{\nabla}{\sigma}_{ij}$ 与 $\dot{t}_{ij}$ 之间满足如下关系

$$\dot{t}_{ij}=\overset{\nabla}{\sigma}_{ij}-\sigma_{ik}d_{kj}-\sigma_{kj}d_{ki}+\sigma_{ik}v_{j,k} \tag{2-7-123}$$

具体推导过程如下:设 t 时刻为参考构形,下一个邻近的 τ 时刻为现实构形,t

时刻位于 x_i 的质点在 τ 时刻位于 ξ_i，则

$$\sigma_{ij}(\tau)=J^{-1}\left(\frac{\partial \xi_i}{\partial x_k}\right)t_{kj}(\tau) \tag{2-7-124}$$

对式(2-7-124)取物质导数，得

$$\dot{\sigma}_{ij}(\tau)=J^{-1}\left(\frac{\partial \xi_i}{\partial x_k}\right)\dot{t}_{kj}(\tau)+t_{kj}(\tau)\left(\dot{J}^{-1}\left(\frac{\partial \xi_i}{\partial x_k}\right)+J^{-1}\left(\frac{\partial \dot{\xi}_i}{\partial x_k}\right)\right) \tag{2-7-125}$$

在拉格朗日描述中，物体质点的坐标 X_I 不随时间变化，在求某力学量对时间 t 的导数时，应固定 X_I 不变，这种导数称为物质时间导数，简称为物质导数。

当 $\tau \to t$ 时，$\xi_i \to x_i$、$\dot{\xi}_i \to v_i$、$t_{ij}(\tau)\to\sigma_{ij}$、$J\to 1$ 及 $\dot{J}=Jv_{k,k}$。因此，有

$$\dot{\sigma}_{ij}(t)=\delta_{ik}\dot{t}_{kj}(t)+\sigma_{kj}(-v_{k,k}\delta_{ik}+v_{i,k}) \tag{2-7-126}$$

可得

$$\begin{aligned}\dot{t}_{ij}(t)&=\dot{\sigma}_{ij}+\sigma_{ij}v_{k,k}-\sigma_{kj}v_{i,k}\\&=\overset{\nabla}{\sigma}_{ij}-\sigma_{ik}d_{kj}-\sigma_{kj}d_{ki}+\sigma_{ik}v_{j,k}+\sigma_{ij}v_{k,k}\end{aligned} \tag{2-7-127}$$

利用

$$t_{ij}(\tau)=\left(\frac{\partial \xi_i}{\partial x_k}\right)S_{kj}(\tau) \tag{2-7-128}$$

可得

$$\dot{t}_{ij}(t)=\dot{S}_{ij}(t)+\sigma_{ik}v_{j,k} \tag{2-7-129}$$

式中，S_{ij} 为第二类基尔霍夫应力。考虑金属材料不可压缩性，$v_{k,k}\approx 0$，所以

$$\dot{t}_{ij}(t)=\overset{\nabla}{\sigma}_{ij}-\sigma_{ik}d_{kj}-\sigma_{kj}d_{ki}+\sigma_{ik}v_{j,k} \tag{2-7-130}$$

4. 单元几何关系

变形率张量 d_{ij} 为

$$d_{ij}=\frac{1}{2}(v_{i,j}+v_{j,i}) \tag{2-7-131}$$

式中，$v_{i,j}$ 为速度梯度张量。以当前时刻 t 为参考构形时，变形率张量 d_{ij} 等于应变率张量 $\dot{\varepsilon}_{ij}$。因此，单元的几何方程为

$$\dot{\varepsilon}_{ij}=\frac{1}{2}(v_{i,j}+v_{j,i}) \tag{2-7-132}$$

5. 单元平衡方程

将式(2-7-130)代入式(2-7-121)得

$$\int_{v_e}(\overset{\nabla}{\sigma}_{ij}-\sigma_{ik}d_{kj}-\sigma_{kj}d_{ki}+\sigma_{ik}v_{j,k})\delta v_{j,i}\,\mathrm{d}v_e=\int_{v_e}\dot{p}_i(t)\delta v_i\,\mathrm{d}v_e+\int_{a_e}\dot{\bar{p}}_i(t)\delta v_i\,\mathrm{d}a_e \tag{2-7-133}$$

容易证明：任意的对称张量 B_{ij} 都有 $B_{ij}v_{i,j}=B_{ij}d_{ij}$，即

$$B_{ij}d_{ij}=\frac{1}{2}B_{ij}(v_{i,j}+v_{j,i})=\frac{1}{2}(B_{ij}v_{i,j}+B_{ij}v_{j,i})=\frac{1}{2}(B_{ij}v_{i,j}+B_{ji}v_{i,j})=B_{ij}v_{i,j}$$

证毕。

利用上式，代入本构方程式(2-7-122)，则式(2-7-133)为

$$\begin{aligned}&\int_{v_e}(D_{ijkl}^{\text{ep}}d_{kl}-\sigma_{ik}d_{kj}-\sigma_{kj}d_{ki}+\sigma_{ik}v_{j,k})\delta v_{j,i}\mathrm{d}v_e\\&=\int_{v_e}[D_{ijkl}^{\text{ep}}d_{kl}\delta d_{ij}-(\sigma_{ik}d_{kj}+\sigma_{kj}d_{ki})\delta d_{ij}+\sigma_{ik}v_{j,k}\delta v_{j,i}]\mathrm{d}v_e\\&=\int_{v_e}\dot{p}_i(t)\delta v_i\mathrm{d}v_e+\int_{a_e}\dot{\bar{p}}_i(t)\delta v_i\mathrm{d}a_e\end{aligned}\tag{2-7-134}$$

进一步推导，则

$$\int_{v_e}(D_{ijkl}^{\text{ep}}-F_{ijkl})d_{kl}\delta d_{ij}\mathrm{d}v_e+\int_{v_e}\sigma_{ik}v_{j,k}\delta v_{i,j}\mathrm{d}v_e=\int_{v_e}\dot{p}_i\delta v_i\mathrm{d}v_e+\int_{a_e}\dot{\bar{p}}_i\delta v_i\mathrm{d}a_e\tag{2-7-135}$$

式中，

$$F_{ijkl}=\frac{1}{2}(\sigma_{lj}\delta_{ki}+\sigma_{kj}\delta_{li}+\sigma_{li}\delta_{kj}+\sigma_{ki}\delta_{lj})\tag{2-7-136}$$

为了描述方便，下面改用矩阵推导：

$$\int_{v_e}[\delta\boldsymbol{d}^{\mathrm{T}}(\boldsymbol{D}^{\text{ep}}-\boldsymbol{F})\boldsymbol{d}+\delta\boldsymbol{q}^{\mathrm{T}}\boldsymbol{Q}\boldsymbol{q}]\mathrm{d}v_e=\int_{v_e}\delta\boldsymbol{v}^{\mathrm{T}}\dot{\boldsymbol{p}}\mathrm{d}v_e+\int_{a_e}\delta\boldsymbol{v}^{\mathrm{T}}\dot{\bar{\boldsymbol{p}}}\mathrm{d}a_e\tag{2-7-137}$$

式中，$\boldsymbol{D}^{\text{ep}}$ 为弹塑性本构矩阵。

将单元几何关系式(2-7-131)和单元插值关系式(2-7-122)代入虚功率方程式(2-7-137)，得

$$\begin{aligned}&(\delta\boldsymbol{v}^e)^{\mathrm{T}}\left\{\left[\int_{v_e}\boldsymbol{B}^{\mathrm{T}}(\boldsymbol{D}^{\text{ep}}-\boldsymbol{F})\boldsymbol{B}\mathrm{d}v_e\right]\boldsymbol{v}^e+\left(\int_{v_e}\boldsymbol{B}_v^{\mathrm{T}}\boldsymbol{Q}\boldsymbol{B}_v\mathrm{d}v_e\right)\boldsymbol{v}^e-\right.\\&\left.\int_{v_e}\boldsymbol{N}^{\mathrm{T}}\dot{\boldsymbol{p}}\mathrm{d}v_e-\int_{a_e}\boldsymbol{N}^{\mathrm{T}}\dot{\bar{\boldsymbol{p}}}\mathrm{d}a_e\right\}=0\end{aligned}\tag{2-7-138}$$

由于$(\delta\boldsymbol{v}^e)^{\mathrm{T}}$是任意可能存在的速度向量变分，单元平衡方程为

$$(\boldsymbol{k}_0^e-\boldsymbol{k}_F^e+\boldsymbol{k}_\sigma^e)\boldsymbol{v}^e=\dot{\boldsymbol{p}}^e+\dot{\bar{\boldsymbol{p}}}^e\quad\text{或}\quad\boldsymbol{k}^e\boldsymbol{v}^e=\boldsymbol{f}^e\tag{2-7-139}$$

式中

$$\begin{cases}\boldsymbol{k}_0^e=\int_{v_e}\boldsymbol{B}^{\mathrm{T}}\boldsymbol{D}^{\text{ep}}\boldsymbol{B}\mathrm{d}v_e\\\boldsymbol{k}_F^e=\int_{v_e}\boldsymbol{B}^{\mathrm{T}}\boldsymbol{F}\boldsymbol{B}\mathrm{d}v_e\\\boldsymbol{k}_\sigma^e=\int_{v_e}\boldsymbol{B}_v^{\mathrm{T}}\boldsymbol{Q}\boldsymbol{B}_v\mathrm{d}v_e\end{cases}\tag{2-7-140}$$

$$\begin{cases}\dot{\boldsymbol{p}}^e=\int_{v_e}\boldsymbol{N}^{\mathrm{T}}\dot{\boldsymbol{p}}\mathrm{d}v_e\\\dot{\bar{\boldsymbol{p}}}^e=\int_{a_e}\boldsymbol{N}^{\mathrm{T}}\dot{\bar{\boldsymbol{p}}}\mathrm{d}a_e\end{cases}\tag{2-7-141}$$

对于弹塑性小应变情况，$\boldsymbol{k}_F^e=0$，$\boldsymbol{k}_\sigma^e=0$。总体速率平衡方程由单元平衡方程式(2-7-139)组装得到

$$\boldsymbol{K}\dot{\boldsymbol{U}}=\dot{\boldsymbol{F}} \tag{2-7-142}$$

假设时间增量步很小，在任意时间增量步 Δt 内总体速率平衡方程式(2-7-142)都是线性的，由此可得增量型总体平衡方程

$$\boldsymbol{K}\Delta\boldsymbol{U}=\Delta\boldsymbol{F} \tag{2-7-143}$$

增量型总体平衡方程式(2-7-143)是一个通常的线性方程组，可直接求解，而不需要进行迭代求解。

6. 应力计算与变换

在任意时间增量步 Δt 内，单元内任意点的第二类基尔霍夫应力增量为

$$\Delta S_{ij}=(D_{ijkl}^{\mathrm{ep}}-F_{ijkl})\Delta\varepsilon_{kl} \tag{2-7-144}$$

$t+\Delta t$ 时刻的第二类基尔霍夫应力为

$$S_{ij}^{t+\Delta t}=\sigma_{ij}^{t}+\Delta S_{ij} \tag{2-7-145}$$

则单元内任意点 $t+\Delta t$ 时刻的柯西应力 $\sigma_{ij}^{t+\Delta t}$ 为

$$\sigma_{ij}^{t+\Delta t}=\frac{1}{\det\boldsymbol{J}}\frac{\partial x_i^{t+\Delta t}}{\partial x_k^t}\frac{\partial x_j^{t+\Delta t}}{\partial x_l^t}S_{kl}^{t+\Delta t} \tag{2-7-146}$$

式中，$\det\boldsymbol{J}$ 为变形梯度 F_{ij} 的行列式：

$$\det\boldsymbol{J}=\left|\frac{\partial x_i^{t+\Delta t}}{\partial x_j^t}\right| \tag{2-7-147}$$

2.7.5 板料成形数值模拟算例

从理论上而言，静力隐式有限元法比动力显式方法更适合冲压成形过程模拟，而且模拟的精度高。但是目前它仍存在一些问题，其中求解规模和求解稳定性是主要问题。随着工程技术的需要及计算机速度和容量的成倍提高，这些问题将逐渐消失，静力隐式有限元法会被广泛地应用。

图 2-7-1 所示为一个轿车外覆盖件的有限元模拟模具装配图，采用双动压机形式模拟。根据对称性取其中的半计算，图 2-7-2 所示为有限元模拟最终结果的厚度分布图。

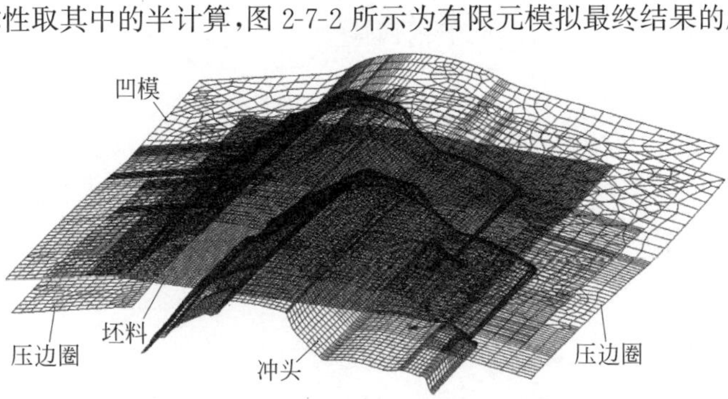

图 2-7-1　有限元模拟模具装配图

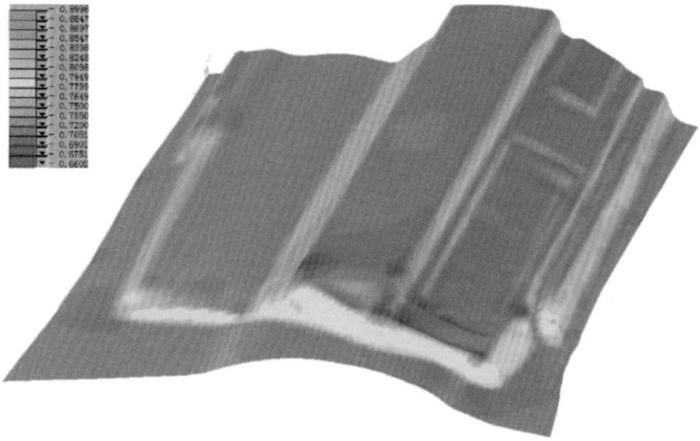

图 2-7-2　有限元模拟厚度分布图

2.8　板料成形显式有限元方法

动力显式算法的有限元模型利用时间的中心差分、显式向前计算技术，回避了由高度非线性引起的计算收敛性问题。

2.8.1　动力分析的虚功(率)方程

采用动力显式算法，板料的运动学微分方程为

$$\frac{\delta\sigma_{ij}}{\delta x_j}+p_i-\rho\ddot{u}_i-c\dot{u}_i=0 \tag{2-8-1}$$

式中，ρ 为材料的质量密度；c 为阻尼系数；$\dot{u}_i$ 和 $\ddot{u}_i$ 分别为材料内任一点的速度和加速度；p_i 为作用在该点上的外力；σ_{ij} 为该点处的柯西应力。

根据散度定理及边界条件，由式(2-8-1)可以得到系统的虚功方程为

$$\int_V\rho\ddot{u}_i\delta\dot{u}_i\mathrm{d}V+\int_V c\dot{u}_i\delta\dot{u}_i\mathrm{d}V=\int_V p_i\delta\dot{u}_i\mathrm{d}V+\int_\Gamma q_i\delta\dot{u}_i\mathrm{d}\Gamma-\int_V\sigma_{ij}\delta\dot{\varepsilon}_{ij}\mathrm{d}V \tag{2-8-2}$$

式中，$\delta\dot{u}_i$ 为虚速度；$\delta\dot{\varepsilon}_{ij}$ 为对应于柯西应力 σ_{ij} 的虚应变速率。

2.8.2　动力显式积分算法有限元方程

把物体离散成 m 个单元，对于任一单元，有 α 个节点，取其形函数为 N^α，单元内任意点的位移分量 u_i、速度分量 $\dot{u}_i$ 和加速度分量 $\ddot{u}_i$ 的插值关系分别为

$$\begin{cases}u_i=N^\alpha u_i^\alpha\\ \dot{u}_i=N^\alpha\dot{u}_i^\alpha\\ \ddot{u}_i=N^\alpha\ddot{u}_i^\alpha\end{cases} \tag{2-8-3}$$

单元的几何方程为

$$\dot{\varepsilon}_{ij} = B_j^{\alpha} \dot{u}_i^{\alpha} \tag{2-8-4}$$

式中，u_i^{α}、u_i^{α} 和 u_i^{α} 分别为节点 α 的位移分量、速度分量和加速度分量；B_j^{α} 为应变几何张量。

将式(2-8-3)和式(2-8-4)代入式(2-8-2)可得

$$\begin{aligned} &\int_{V_e} \rho N^{\alpha} \ddot{u}_i^{\alpha} N^{\beta} \delta \dot{u}_i^{\beta} \mathrm{d}V + \int_{V_e} c N^{\alpha} \dot{u}_i^{\alpha} N^{\beta} \delta \dot{u}_i^{\beta} \mathrm{d}V \\ &= \int_{V_e} p_i N^{\beta} \delta \dot{u}_i^{\beta} \mathrm{d}V + \int_{\Gamma_e} q_i N^{\beta} \delta \dot{u}_i^{\beta} \mathrm{d}\Gamma - \int_{V_e} \sigma_{ij} B_j^{\beta} \delta \dot{u}_i^{\beta} \mathrm{d}V \end{aligned} \tag{2-8-5}$$

式中，$\delta \dot{u}_i^{\beta}$ 为节点 β 的虚速度。式(2-8-5)可以写为

$$\int_{V_e} \rho N^{\alpha} N^{\beta} \mathrm{d}V \ddot{u}_i^{\alpha} + \int_{V_e} c N^{\alpha} N^{\beta} \mathrm{d}V \dot{u}_i^{\alpha} = \int_{V_e} p_i N^{\beta} \mathrm{d}V + \int_{\Gamma_e} q_i N^{\beta} \mathrm{d}\Gamma - \int_{V_e} \sigma_{ij} B_j^{\beta} \mathrm{d}V \tag{2-8-6}$$

写成矩阵形式为

$$\int_{V_e} \rho \boldsymbol{N}^{\mathrm{T}} \boldsymbol{N} \mathrm{d}V \ddot{\boldsymbol{u}} + \int_{V_e} c \boldsymbol{N}^{\mathrm{T}} \boldsymbol{N} \mathrm{d}V \dot{\boldsymbol{u}} = \int_{V_e} \boldsymbol{N}^{\mathrm{T}} \boldsymbol{p} \mathrm{d}V + \int_{\Gamma_e} \boldsymbol{N}^{\mathrm{T}} \boldsymbol{q} \mathrm{d}\Gamma - \int_{V_e} \boldsymbol{B}^{\mathrm{T}} \boldsymbol{\sigma} \mathrm{d}V \tag{2-8-7}$$

将单元方程集合，即得整体有限元方程为

$$\begin{aligned} &\sum_e \left(\int_{V_e} \rho \boldsymbol{N}^{\mathrm{T}} \boldsymbol{N} \mathrm{d}V \right) \ddot{\boldsymbol{u}} + \sum \left(\int_{V_e} c \boldsymbol{N}^{\mathrm{T}} \boldsymbol{N} \mathrm{d}V \right) \dot{\boldsymbol{u}} \\ &= \sum_e \int_{V_e} \boldsymbol{N}^{\mathrm{T}} \boldsymbol{p} \mathrm{d}V + \sum \int_{\Gamma_e} \boldsymbol{N}^{\mathrm{T}} \boldsymbol{q} \mathrm{d}\Gamma - \sum \int_{V_e} \boldsymbol{B}^{\mathrm{T}} \boldsymbol{\sigma} \mathrm{d}V \end{aligned} \tag{2-8-8}$$

式(2-8-8)可简写为

$$\boldsymbol{M} \ddot{\boldsymbol{u}} + \boldsymbol{C} \dot{\boldsymbol{u}} = \boldsymbol{P} - \boldsymbol{F} \tag{2-8-9}$$

式中，$\boldsymbol{M}$ 为质量矩阵，即

$$\boldsymbol{M} = \sum_e \int_{V_e} \rho \boldsymbol{N}^{\mathrm{T}} \boldsymbol{N} \mathrm{d}V \tag{2-8-10}$$

$\boldsymbol{C}$ 为阻尼矩阵，即

$$\boldsymbol{C} = \sum_e \int_{V_e} c \boldsymbol{N}^{\mathrm{T}} \boldsymbol{N} \mathrm{d}V \tag{2-8-11}$$

$\boldsymbol{P}$ 为节点外力向量，即

$$\boldsymbol{P} = \sum_e \int_{V_e} \boldsymbol{N}^{\mathrm{T}} \boldsymbol{p} \mathrm{d}V + \sum \int_{\Gamma_e} \boldsymbol{N}^{\mathrm{T}} \boldsymbol{q} \mathrm{d}\Gamma \tag{2-8-12}$$

$\boldsymbol{F}$ 为节点内力向量，即

$$\boldsymbol{F} = \sum_e \int_{V_e} \boldsymbol{B}^{\mathrm{T}} \boldsymbol{\sigma} \mathrm{d}V \tag{2-8-13}$$

通常，动力显式积分算法采用集中质量矩阵，即 $\boldsymbol{M}$ 是一个对角矩阵，并取 $\boldsymbol{C} = \alpha \boldsymbol{M}$。则式(2-8-9)表示的联立方程组变成(节点数×节点自由度数)个相互独立的方程，即

$$m_i\ddot{u}_i + c_i\dot{u}_i = P_i - F_i \tag{2-8-14}$$

或

$$m_i\ddot{u}_i + \alpha m_i\dot{u}_i = P_i - F_i \tag{2-8-15}$$

2.8.3 显式时间积分的中心差分算法

设 t 时刻的状态为 n，t 时刻及 t 时刻之前的力学量已知，且定义 $t-\Delta t$ 为 $n-1$ 状态，$t-\frac{1}{2}\Delta t$ 为 $n-\frac{1}{2}$状态，$t+\Delta t$ 为 $n+1$ 状态，$t+\frac{1}{2}\Delta t$ 为 $n+\frac{1}{2}$状态。设 t 时刻前后两时间增量步长不同，即 $\Delta t_n \neq \Delta t_{n-1}$，令 $\beta=\frac{\Delta t_n}{\Delta t_{n-1}}$。将节点速度和加速度用差分格式写为

$$\dot{\boldsymbol{u}}_n = \frac{\beta}{1+\beta}\dot{\boldsymbol{u}}_{n+\frac{1}{2}} + \frac{1}{1+\beta}\dot{\boldsymbol{u}}_{n-\frac{1}{2}} \tag{2-8-16}$$

$$\ddot{\boldsymbol{u}}_n = \frac{2}{(1+\beta)\Delta t_{n-1}}(\dot{\boldsymbol{u}}_{n+\frac{1}{2}} - \dot{\boldsymbol{u}}_{n-\frac{1}{2}}) \tag{2-8-17}$$

而 $t+\Delta t$ 时刻（$n+1$ 状态）的总位移可由下式累加得出，即

$$\boldsymbol{u}_{n+1} = \boldsymbol{u}_n + \dot{\boldsymbol{u}}_{n+\frac{1}{2}} \cdot \Delta t_n \tag{2-8-18}$$

将式(2-8-16)和式(2-8-17)代入式(2-8-15)，可得

$$\frac{2m_i}{(1+\beta)\Delta t_{n-1}}(\dot{\boldsymbol{u}}_{n+\frac{1}{2}} - \dot{\boldsymbol{u}}_{n-\frac{1}{2}}) + \alpha m_i\left(\frac{\beta}{1+\beta}\dot{\boldsymbol{u}}_{n+\frac{1}{2}} + \frac{1}{1+\beta}\dot{\boldsymbol{u}}_{n-\frac{1}{2}}\right) = \boldsymbol{P}_n - \boldsymbol{F}_n \tag{2-8-19}$$

整理得

$$\left[\frac{2m_i}{(1+\beta)\Delta t_{n-1}} + \frac{\alpha\beta m_i}{1+\beta}\right]\dot{\boldsymbol{u}}_{n+\frac{1}{2}} + \left[\frac{\alpha m_i}{1+\beta} - \frac{2m_i}{(1+\beta)\Delta t_{n-1}}\right]\dot{\boldsymbol{u}}_{n-\frac{1}{2}} = \boldsymbol{G}_n \tag{2-8-20}$$

$$A_i\dot{\boldsymbol{u}}_{n+\frac{1}{2}} = B_i\dot{\boldsymbol{u}}_{n-\frac{1}{2}} + \boldsymbol{G}_n \tag{2-8-21}$$

$$\dot{\boldsymbol{u}}_{n+\frac{1}{2}} = \frac{B_i}{A_i}\dot{\boldsymbol{u}}_{n-\frac{1}{2}} + \frac{1}{A_i}\boldsymbol{G}_n \tag{2-8-22}$$

式中，$A_i=\frac{2m_i+\alpha\beta m_i\Delta t_{n-1}}{(1+\beta)\Delta t_{n-1}}$；$B_i=\frac{2m_i-\alpha m_i\Delta t_{n-1}}{(1+\beta)\Delta t_{n-1}}$，最后写成

$$\dot{\boldsymbol{u}}_{n+\frac{1}{2}} = \frac{2-\alpha\Delta t_{n-1}}{2+\alpha\beta\Delta t_{n-1}}\dot{\boldsymbol{u}}_{n-\frac{1}{2}} + \frac{(1+\beta)\Delta t_{n-1}}{2+\alpha\beta\Delta t_{n-1}}(\boldsymbol{P}_n - \boldsymbol{F}_n) \tag{2-8-23}$$

式(2-8-18)和式(2-8-23)给出了节点位移和速度的显式计算格式，前提条件是已知前两步的位移和速度。在第一步计算时，因为 $t-\frac{1}{2}\Delta t$ 时刻的速度 $\dot{\boldsymbol{u}}_{n-\frac{1}{2}}$ 未知，不能直接用式(2-8-18)和式(2-8-23)进行计算。但是，通常板料成形前的位移和速度的初始条件是已知的，即

$$\boldsymbol{u}_0=\mathbf{0},\quad \dot{\boldsymbol{u}}_0=\mathbf{0} \tag{2-8-24}$$

式中,**0** 为零向量。令 $\Delta t_0=\Delta t_{0-1}$,即 $\beta=1$,由上述的速度初始条件及式(2-8-16),即可得到 $0-\frac{1}{2}$ 时刻的速度向量为

$$\dot{\boldsymbol{u}}_{0-\frac{1}{2}}=-\dot{\boldsymbol{u}}_{0+\frac{1}{2}} \tag{2-8-25}$$

将式(2-8-25)代入式(2-8-22),即可得到第一个增量步中节点速度的计算表达式为

$$\dot{\boldsymbol{u}}_{0+\frac{1}{2}}=\frac{1}{2}\frac{\Delta t_0}{m_i}(\boldsymbol{P}_0-\boldsymbol{F}_0) \tag{2-8-26}$$

综上所述,采用中心差分显式计算的步骤具体如下。

(1) 确定板料的初始条件,给出初始时刻的节点位移和速度,求出 $0-\frac{1}{2}$ 时刻的节点速度。

(2) 当 $t=0$ 时,由式(2-8-26),计算 $0+\frac{1}{2}$ 时刻的节点速度。

(3) 当 $t\neq 0$ 时,由式(2-8-23),计算 $t+\frac{1}{2}\Delta t$ 时刻的节点速度。

(4) 由式(2-8-18),计算 $t+\Delta t$ 时刻的节点位移。

(5) 反复步骤(3)、(4),直到计算终止。

2.8.4 临界时间步长的确定

由于中心差分算法是条件稳定的,为了保证系统计算的稳定性,对时间增量步长 Δt 的大小必须加以限制。稳定性条件通常由系统的最高频率 $\omega_{\max}$ 决定,满足稳定性条件的时间增量步长为

$$\Delta t\leqslant\frac{2}{\omega_{\max}}(\sqrt{1+\xi^2}-\xi) \tag{2-8-27}$$

式中,ξ 为最高模态中的临界阻尼。与工程直觉相反,阻尼的引入实际上降低了系统的临界稳定性条件。系统的最高频率由网格中最大的单元膨胀模式决定。

满足稳定性条件的时间增量步长可以由膨胀波沿网格中任意单元的最小穿越时间近似得到

$$\Delta t_n\leqslant\gamma\frac{L_n^e}{c} \tag{2-8-28}$$

式中,$\gamma=0.5\sim0.8$;c 为膨胀波在材料中的传播速度;L_n^e 为第 n 状态单元 e 的名义长度。

稳定性条件可以保证在一个时间增量步内,扰动只传播网格中的一个单元。如果系统只包括一种材料,则满足稳定性条件的时间增量步长与网格中最小的单元尺寸成正比;如果系统划分的单元网格尺寸比较均匀,但包括多种不同材料,则具有最高膨胀波速的材料中网格尺寸最小的单元决定系统的稳定时间步长。

对于一个简单的桁架单元而言，在团聚质量矩阵的情况下，稳定性准则给出一个临界时间步长，即 $\Delta t \leqslant \frac{l}{c}$，式中，$c$ 为材料声速，l 为单元长度，Δt 表示膨胀波穿越长度为 l 的单元所需要的时间。这就是 Courant-Friedrichs-Lewy(CFL)稳定性条件。

对于三角形单元和四边形板单元而言，临界时间步长的选取依赖于单元名义长度的确定，一般按照图 2-8-1 的原则来确定单元的名义长度 l_{crit}。

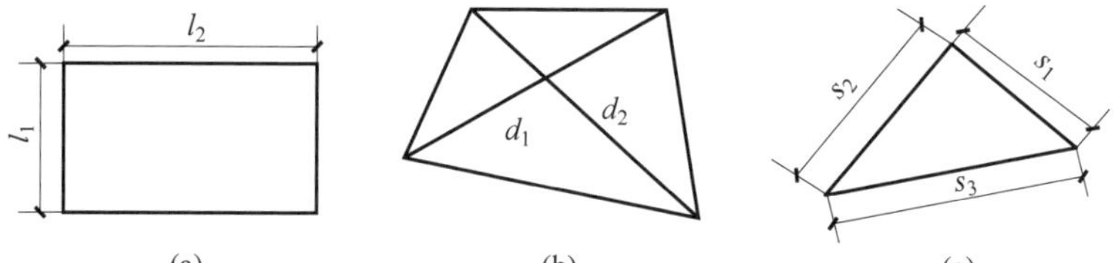

图 2-8-1　单元名义长度

(a) $l_{crit}=\min(l_1,l_2)$；(b) $l_{crit}=A/\max(d_1,d_2)$；(c) $l_{crit}=2A/s_{max}$

对于高阶单元而言，临界时间步长远比低阶单元的临界时间步长小。这一事实使高阶单元对于显式积分算法相当不合适。虽然上面给出的稳定性准则严格来说是对线性系统而言的，但对于非线性问题也给出了有用的稳定性估计。对线性问题时间步长缩小 80%～90%，对于大多数非线性问题保持其系统稳定性是足够的。然而重要的是，在整个计算过程中，要不断地检查能量的平衡问题。任何总能量的增加或损失(5%或更多)都将导致失稳。Belytschko 指出，常增量时间步不能保持解的稳定性，即使系统的最高频率 ω_{max} 不断减小。

2.9　板料成形有限元逆算法

坯料形状反算与优化是模具工艺设计过程中的一个重要问题，不仅可以节省材料，还可以改善板料成形过程中的塑性流动规律，减小或避免修边工艺，降低成本，提高产品质量。传统方法主要包括经验法、滑移线法、几何映射法、电模拟法等。这些方法在理论方面都或多或少地存在一定的缺陷，应用范围受到限制，计算精度也不高，尤其对于复杂冲压件而言它们都很难预测坯料形状。

有限元逆算法已应用于板料冲压成形坯料形状和应变分布的预测。这种方法也称为一步成形有限元法，即根据产品零件或已经工艺补充的冲压件几何形状来预测它的坯料形状和可成形性。这种算法模拟速度非常快，数据准备量少，因此在产品设计阶段和模具工艺补充设计时就可以进行快速成形性分析，优化工艺参数和工艺设计方案。

2.9.1　有限元逆算法基本理论

板料在冲压成形过程中假设是比例加载的变形过程，并且材料不可压缩，模拟过程中采用塑性全量形变本构模型。有限元逆算法的基本思想是在成形后的冲压件上建立有限元方程进行迭代求解，坯料与冲压件之间几何尺寸等参数如表 2-9-1 所示。

表 2-9-1　坯料与冲压件的参数比较

参　　数	坯料 C_0	冲压件 C
几何尺寸	未知	已知
板厚	已知	未知
应力、应变	已知	未知
工艺条件、边界条件	已知	已知

从表 2-9-1 中可以发现，推导有限元逆算法所需要的基本条件和物理在坯料或冲压件中是已知的，其中 3 个未知的量是有限元逆算法要求解的。

1. 运动方程与几何关系

假设板料变形满足基尔霍夫薄板理论。初使坯料状态为 C_0，最终冲压件状态为 C，则在两构形间板内任意点 p 的运动方程为

$$\boldsymbol{x}_0 = \boldsymbol{x} - \left[\boldsymbol{u} + z\left(\boldsymbol{n} - \frac{h}{h_0}\boldsymbol{n}_0\right)\right] \tag{2-9-1}$$

式中，$\boldsymbol{x}_0$、$\boldsymbol{x}$ 分别为点 p 在 C_0 和 C 状态的坐标向量；$\boldsymbol{n}_0$、$\boldsymbol{n}$ 分别为点 p 在 C_0 和 C 状态时的单位法向量；h_0、h 分别为点 p 在 C_0 和 C 状态时的板厚；$\boldsymbol{u}$ 为点 p 所在板中性面处的位移向量；z 为板法向坐标值。

$\boldsymbol{x}_0$ 和 $\boldsymbol{x}$ 满足如下变换关系：

$$\mathrm{d}\boldsymbol{x}_0 = \boldsymbol{F}\mathrm{d}\boldsymbol{x} \tag{2-9-2}$$

式中，$\boldsymbol{F}$ 为变形梯度张量。

因此左柯西-格林张量 $\boldsymbol{B}$ 满足

$$\boldsymbol{B}^{-1} = \boldsymbol{F}^{-\mathrm{T}}\boldsymbol{F}^{-1} \tag{2-9-3}$$

由式(2-9-1)～式(2-9-3)可得 p 点所在中性面处的对数应变 ε_{xx}、ε_{yy}、ε_{xy} 分别为

$$\begin{Bmatrix}\varepsilon_{xx}\\ \varepsilon_{yy}\\ \varepsilon_{xy}\end{Bmatrix} = \begin{bmatrix}\ln\lambda_1\cos^2\theta + \ln\lambda_2\sin^2\theta\\ \ln\lambda_1\sin^2\theta + \ln\lambda_2\cos^2\theta\\ (\ln\lambda_1 - \ln\lambda_2)\cos\theta\sin\theta\end{bmatrix} \tag{2-9-4}$$

这里，λ_1^{-2} 和 λ_2^{-2} 分别为张量 $\boldsymbol{B}^{-1}$ 的特征值；θ 为第一主应变方向。

2. 屈服准则与本构方程

在平面应力状态下，将各向异性主轴作为 x、y 轴，则 Hill 各向异性屈服准则为

$$f=\frac{1}{2(F+G+H)}[(G+H)\sigma_x^2+(F+H)\sigma_y^2-2H\sigma_x\sigma_y+2N\sigma_{xy}^2]-\frac{1}{3}\bar{\sigma}^2 \tag{2-9-5}$$

将式(2-9-5)代入 Hencky 全量形变理论可得本构方程，即

$$\boldsymbol{\sigma}=E_S\boldsymbol{P}^{-1}\boldsymbol{\varepsilon}=\boldsymbol{D}_S\boldsymbol{\varepsilon} \tag{2-9-6}$$

式中，

$$E_S=\frac{\bar{\sigma}}{\bar{\varepsilon}} \tag{2-9-7}$$

$$\boldsymbol{P}=\frac{3R_{90}(1+R_0)}{2(R_0+R_{90}+R_0R_{90})}\begin{bmatrix}1 & -\frac{R_0}{1+R_0} & 0\\ -\frac{R_0}{1+R_0} & \frac{R_0(1+R_{90})}{R_{90}(1+R_0)} & 0\\ 0 & 0 & \frac{(1+2R_{45})(R_0+R_{90})}{R_{90}(1+R_0)}\end{bmatrix} \tag{2-9-8}$$

式中，$\boldsymbol{\sigma}$ 为柯西应力张量；$\bar{\sigma}$ 和 $\bar{\varepsilon}$ 分别为等效应力和等效应变；R_0、R_{45}、R_{90} 分别为板料的各向异性参数。

3. 虚功方程

在 C 状态上建立虚功方程，则有

$$W=W_{\text{int}}-W_{\text{ext}}=\int_v\boldsymbol{\varepsilon}^{\text{T}}\boldsymbol{\sigma}\,\mathrm{d}v-\int_v\boldsymbol{u}^{\text{T}}\boldsymbol{f}\,\mathrm{d}v=0 \tag{2-9-9}$$

式中，$\boldsymbol{f}$ 为外力向量；$\boldsymbol{u}^{\text{T}}$ 为虚位移向量。

冲压件(C 状态)经过单元离散化，则有

$$W=\sum_e(\boldsymbol{u}^e)^{\text{T}}(\boldsymbol{F}_{\text{int}}^e-\boldsymbol{F}_{\text{ext}}^e)=-\sum_e(\boldsymbol{u}^e)^{\text{T}}\boldsymbol{R}^e=0 \tag{2-9-10}$$

或者

$$W=\boldsymbol{U}^{\text{T}}(\boldsymbol{F}_{\text{int}}-\boldsymbol{F}_{\text{ext}})=-\boldsymbol{U}^{\text{T}}\boldsymbol{R}=0 \tag{2-9-11}$$

采用牛顿-拉弗森方法求解式(2-9-11)非线性方程组，对于第 i 个迭代步，则有

$$\boldsymbol{R}(\boldsymbol{U}^i)=\boldsymbol{F}_{\text{ext}}(\boldsymbol{U}^i)-\boldsymbol{F}_{\text{int}}(\boldsymbol{U}^i)\neq\boldsymbol{0} \tag{2-9-12}$$

$$\boldsymbol{K}_{\text{T}}^i\Delta\boldsymbol{U}=\boldsymbol{R}(\boldsymbol{U}^i) \tag{2-9-13}$$

$$\boldsymbol{U}^{i+1}=\boldsymbol{U}^i+\Delta\boldsymbol{U} \tag{2-9-14}$$

$$\boldsymbol{K}_{\text{T}}^i=\left[-\frac{\partial\boldsymbol{R}(\boldsymbol{U})}{\partial\boldsymbol{U}}\right]_{\boldsymbol{U}=\boldsymbol{U}^i} \tag{2-9-15}$$

单元内力部分切线刚度矩阵为

$$\frac{\partial\boldsymbol{F}_{\text{int}}^e}{\partial\boldsymbol{U}^e}=\boldsymbol{T}^{\text{T}}h\frac{\partial\left(\int_A\boldsymbol{B}^{\text{T}}\boldsymbol{\sigma}\,\mathrm{d}A\right)}{\partial\boldsymbol{u}^e}=\boldsymbol{T}^{\text{T}}\left(h\int_A\boldsymbol{B}^{\text{T}}\boldsymbol{D}_s\boldsymbol{B}\,\mathrm{d}A\right)\boldsymbol{T}=\boldsymbol{T}^{\text{T}}\boldsymbol{K}_{\text{T}}^{\text{int}}\boldsymbol{T} \tag{2-9-16}$$

式中，$\boldsymbol{T}^{\mathrm{T}}$ 为单元局部坐标系与整体坐标系之间的转换矩阵；$\boldsymbol{B}$ 为单元应变矩阵；A 为 C 状态的单元面积；h 为单元厚度。

2.9.2　初始场猜测

迭代方程式(2-9-12)需要给一个初始解才能进行迭代计算，这个初始解是根据冲压件结构和可能的变形情况人为猜测的，它直接影响方程组迭代收敛速度和收敛性，是有限元逆算法的关键技术之一。

1. Z 向平面投影法

Z 向平面投影法是较简单的一种位移初始场猜测方法。如图 2-9-1 所示，冲压件的有限元节点 1、2、3、4、…沿整体坐标 Z 向投影到平面上点 1′、2′、3′、4′、…。这种方法非常简单，较易实现，但是当冲压件存在垂直面或接近垂直时，该方法就失效了。

2. Z 向曲面投影法

为了避免存在垂直面的冲压件在进行 Z 向平面投影时失效，采用 Z 向曲面投影法，即将平面的投影面改成曲面，这个曲面必须是不存在垂直面的。如图 2-9-2 所示，冲压件的有限元节点 1、2、3、4、…首先按节点最小距离法投影到 P 曲面上点①、②、③、④、…，然后将点①、②、③、④、…按 Z 向平面投影法投影到 XY 平面上点 1′、2′、3′、4′、…。

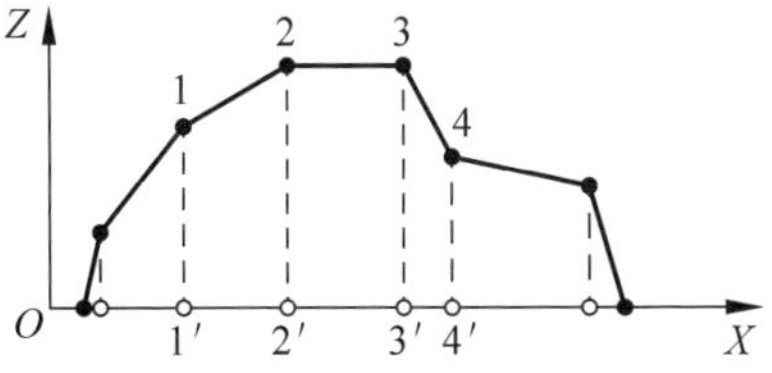

图 2-9-1　Z 向平面投影法

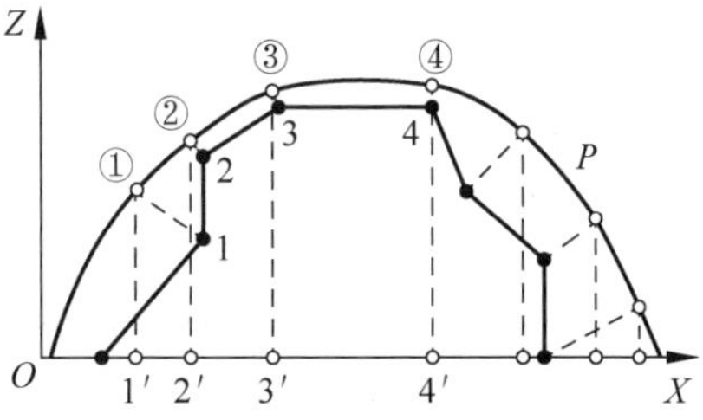

图 2-9-2　Z 向曲面投影法

实际应用时可以取一个半球面作为 P 曲面，这样计算相对比较简单。但是这种方法猜测的位移初始场有时与真实的坯料形状差别很大，会造成方程组式(2-9-12)迭代收敛速度很慢，甚至迭代发散。

3. 弹性变形投影法

假设冲压件在投影过程中是线弹性变形。如图 2-9-3 所示，投影过程要进行两次变换，具体如下。

(1) 从最终状态到初始状态，对每个单元进行两种变换，如图 2-9-3 所示绕 $\boldsymbol{P}$ 旋转和 Z 向投影变换。计算两个变换间的单元应变 $\boldsymbol{\varepsilon}_0$。

(2) 按式(2-9-17)的冲压件有限元平衡方程求解单元两次变换的弹性变形。

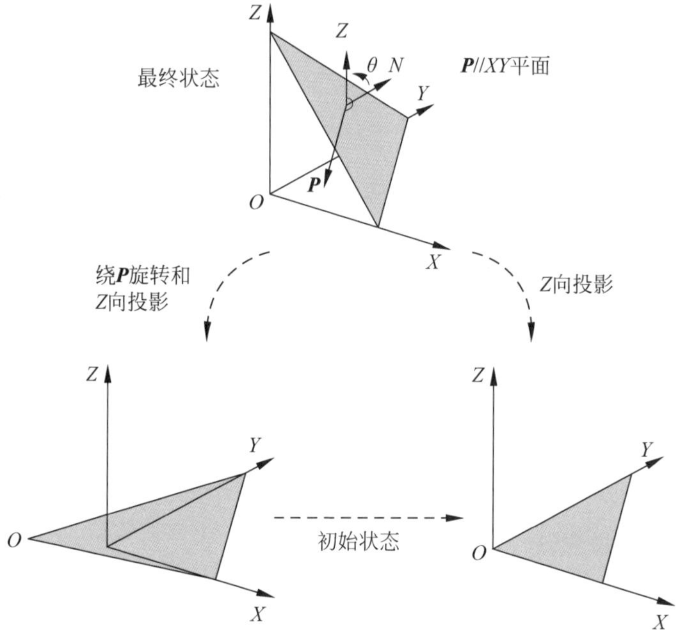

图 2-9-3　弹性变形投影法

$$\sum_{e}^{N_e}\int_{V_e}\boldsymbol{B}^{\mathrm{T}}\boldsymbol{D}^{e}\boldsymbol{B}\,\mathrm{d}V_e\boldsymbol{U}=\sum_{e}^{N_e}\int_{V_e}\boldsymbol{B}^{\mathrm{T}}\boldsymbol{D}^{e}\boldsymbol{\varepsilon}_0\,\mathrm{d}V_e \tag{2-9-17}$$

（3）如果式(2-9-17)收敛,转到步骤(4),否则转到步骤(2)。

（4）根据初始状态和最终状态的面积比,按比例适当调整由式(2-9-17)得到的初始状态。

这几种位移初始场猜测方法,Z 向平面投影法和 Z 向曲面投影法比较简单,计算量小,但是它们在应用时都有局限性。弹性变形投影法是一种通用方法,由于要反复迭代求解初始状态,计算量相对于其他两种方法比较大。实际上,式(2-9-17)有限元平衡方程依然是每个节点两个自由度,与逆算法迭代方程式(2-9-12)相同,而且式(2-9-17)的计算时间相对于式(2-9-12)而言还是比较短的。弹性变形投影法还有一个优势是可以考虑一些实际工艺条件,所猜测的初始场与实际坯料形状比较接近。当冲压件变形很小或是弯曲为主的成形时,它所猜测的初始场与实际坯料形状是一致的,没有必要再采用逆算法进行迭代计算。因此弹性变形投影法被广泛应用,AUTOFORM 中的 One Step 及 FASTAMP 都采用了这种方法。

2.9.3　逆算法算例

1. 级进模

级进模对零件的坯料形状的尺寸精度要求比较高,传统方法一般采用试错法,反复调试确定毛坯形状,这种方法工作效率低,需要比较长的调试时间。逆算法在这方面具有很大的优势，它可在很短的时间内比较精确地计算出毛坯尺寸，如图 2-9-4(a)所示，使模具调试次数成倍减少，缩短调试时间，降低成本。而且逆算法还能计算出冲压件的厚度减薄情况，如图 2-9-4(b)所示，为模具工艺设计提供定量化参考。

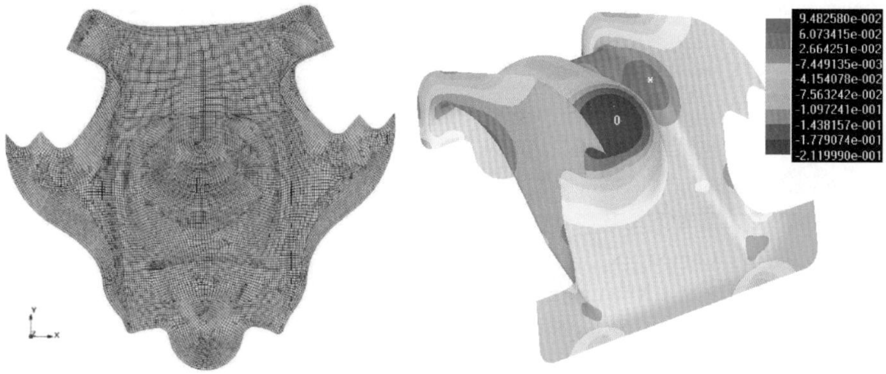

(a)　　(b)

图 2-9-4　级进模

(a) 坯料形状；(b) 厚向应变分布

2. 大型覆盖件

图 2-9-5 所示为轿车后翼子板，是比较大型的外覆盖件。采用逆算法可以较好地预测冲压件的最佳坯料形状及坯料与冲压件的位置关系，如图 2-9-5(a)所示。根据厚向应变分布情况，在工艺设计阶段就可以发现其中存在的问题，改进工艺设计方案，如图 2-9-5(b)所示。在这一点上，相对于传统增量有限元法，逆算法有很大的优势，并且逆算法计算速度快，计算准备数据量少，可以反复计算优化工艺方案。

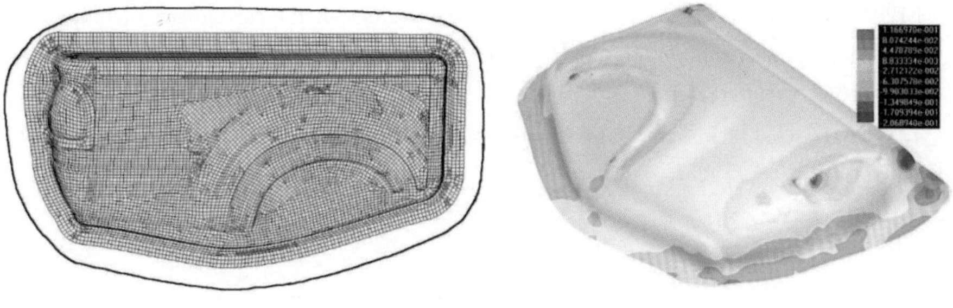

(a)　　(b)

图 2-9-5　轿车后翼子板

(a) 坯料轮廓线与冲压件位置关系；(b) 厚向应变分布

参考文献

[1] BATOZ J L, BATHE K J, HO L W. A study of three-node triangular plate bending elements[J]. International Journal for Numerical Methods in Engineering, 1980, 15(12): 1771-1812.

[2] BATHE K J, HO L W. A simple and effective element for analysis of general shell structures[J]. Computers & Structures, 1981, 13(5/6): 673-681.

[3] BATHE K J, HO L W. On finite element nonlinear analysis of shell structures[J]. Computer Methods in Applied Mechanics & Engineering, 1982(Ⅴ): 255-268.

[4] HYMAN G, PIFKO A B. An efficient triangular plate bending finite element for crash simulation[J]. Computers & Structures, 1983, 16(1/2/3/4): 371-379.

[5] 殷家驹，COMBESCURE A. 一般壳体结构大位移大应变弹塑性有限元分析与损伤力学的某些应用[J]. 应用力学学报，1990，7(1): 10-20.

[6] 柳玉起，郭威，胡平，等. 板料成形离散 Kirchhoff 理论单元模型[J]. 塑性工程学报，1995，2(4): 31-39.

[7] LIU Y Q, HU P, LIU J H. Flange earring and its control on deep-drawing of anisotropy circular sheets[J]. Acta Mechanica Solida Sinica, 1999, 12(4): 294-306.

[8] LIU Y Q, WANG J C, HU P. The numerical analysis of anisotropic sheet metals in deep-drawing processes[J]. Journal of Materials Processing Technology, 2002, 120(1/2/3): 45-52.

[9] LIU Y Q, WANG J C, HU P. A finite element analysis of the flange earrings of strong anisotropic sheet metals in deep-drawing processes[J]. Acta Mechanica Sinica, 2002, 18(1): 82-91.

[10] LIU Y Q, HU P, WANG J C. Springback simulation and analysis of strong anisotropy sheet metals in U-channel bending process[J]. Acta Mechanica Sinica, 2002, 18(3): 264-267.

[11] LIU Y Q, LIU J H, HU P, et al. Quantitative prediction for springback of unloading and trimming in sheet metal stamping forming[J]. Chinese Journal of Mechanical Engineering, 2003, 16(2): 190-192, 196.

[12] ZHONG Z H. Finite element procedures for contact-impact problems[M]. Oxford: Oxford University Press, 1993.

第3章

锻造成形模拟方法

3.1 刚塑性有限元法

3.1.1 概述

锻造是重要的金属材料成形方法之一,在锻造成形过程中产生大的塑性变形,相比之下弹性变形很小,因此可以忽略不计。20 世纪 70 年代初,德国的 Lung 和美国的 Lee 及 Kobayashi 分别提出了刚塑性有限元法。由于不需考虑材料弹性变形,其简化了有限元列式和计算过程,且可采用比弹塑性有限元法大的增量步长,从而减少计算时间。但因为忽略了成形过程的弹性变形,采用刚塑性有限元法不能确定刚性区的应力、应变分布,不能处理卸载问题,所以也不能进行回弹和残余应力的分析。

自从刚塑性有限元理论提出后,各国学者就对其进行了广泛深入的研究。Kobayashi 及其合作者先后用刚塑性有限元和刚黏塑性有限元分析了模锻、镦粗、挤压、轧制等锻造成形,以及拉延、胀形、弯曲、缩口等板料成形问题。Zienkiewicz 于 1974 年提出了刚黏塑性有限元的罚函数法。1982 年,Mori 和 Osakada 提出了刚塑性有限元中的材料可压缩法,并对各类轧制和挤压工艺进行了模拟分析。随着有限元理论与技术的发展,有限元技术已相当成熟,其中包括网格自动生成算法、成形过程模拟中网格再划分技术、摩擦处理技术、任意模具边界的处理技术等,并广泛应用于各种塑性成形模拟中。

随着有限元理论和相关技术的发展,刚塑性有限元法的应用经历了从二维问题到三维问题的分析,由简单工艺的模拟发展到对复杂成形工艺的优化预测,以及成形过程的热力耦合分析。现在,更是应用到反向变形的模拟分析,即从成品的形状尺寸,通过计算反向模拟出合理的毛坯形状和尺寸。在人机交互方面,其也集成了友好的前后处理模块。

1. 离散化

材料离散化是有限元计算的核心之一。离散化是指将连续的材料划分成有限个单元组成的离散体，并把作用力按等效原则分配到各个节点上。单元和形函数的选择是离散化的关键。一般来说，单元形状的选择依赖结构或总体求解域的几何特点及求解所希望的精度等因素，而有限元插值函数则取决于单元的形状、节点的数目和类型等因素。

2. 单元与形函数

1）平面4节点四边形单元

对于二维问题，通常选用4节点四边形单元。在四边形单元上建立一个局部坐标，在局部坐标中四边形可以变换成一个正方形，形函数可直接在局部坐标中建立，4节点四边形单元如图3-1-1所示。

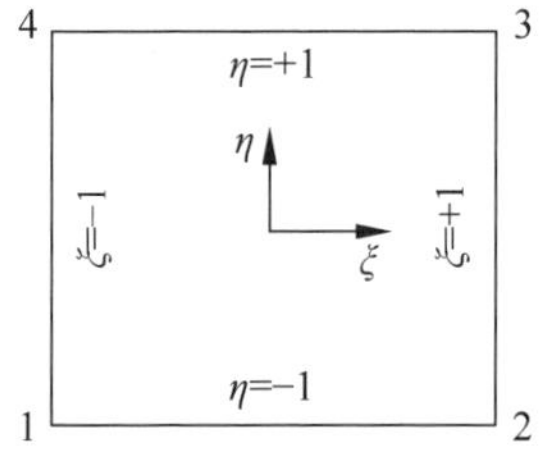

图 3-1-1　4节点四边形单元

单元形函数以参数形式定义，定义域为$-1\leqslant\xi\leqslant1$，$-1\leqslant\eta\leqslant1$，形函数为

$$N_i(\xi,\eta)=\frac{1}{4}(1+\xi_i\xi)(1+\eta_i\eta)\quad(i=1,2,3,4)\tag{3-1-1}$$

式中，ξ_i，η_i 分别为节点 i 的局部坐标值。

单元内的容许速度场可以由节点速度矢量表示为

$$\dot{\boldsymbol{u}}=\boldsymbol{N}\dot{\boldsymbol{u}}^e\tag{3-1-2}$$

式中，$\dot{\boldsymbol{u}}$ 为单元任一点速度矢量；$\dot{\boldsymbol{u}}^e$ 为单元的节点速度矢量；$\boldsymbol{N}$ 为单元形函数矩阵。

单元内局部坐标系下任一点(ξ,η)可以映射到整个坐标(x,y)内，定义如下：

$$\begin{cases}x(\xi,\eta)=\sum\limits_i N_i(\xi,\eta)x_i\\ y(\xi,\eta)=\sum\limits_i N_i(\xi,\eta)y_i\end{cases}\tag{3-1-3}$$

式中，x_i，y_i 分别为节点 i 的整体坐标。

2）三维8节点六面体单元

对于三维问题，通常选用8节点六面体单元，如图3-1-2所示。

其形函数定义域为$-1\leqslant\xi\leqslant1$、$-1\leqslant\eta\leqslant1$ 和 $-1\leqslant\zeta\leqslant1$，形函数如下：

$$N_i(\xi,\eta,\zeta)=\frac{1}{8}(1+\xi_i\xi)(1+\eta_i\eta)(1+\zeta_i\zeta)$$

$$(i=1,2,\cdots,7,8)\tag{3-1-4}$$

单元速度场表示为

$$\dot{\boldsymbol{u}}=\boldsymbol{N}\dot{\boldsymbol{u}}^e\tag{3-1-5}$$

其坐标变换形式为

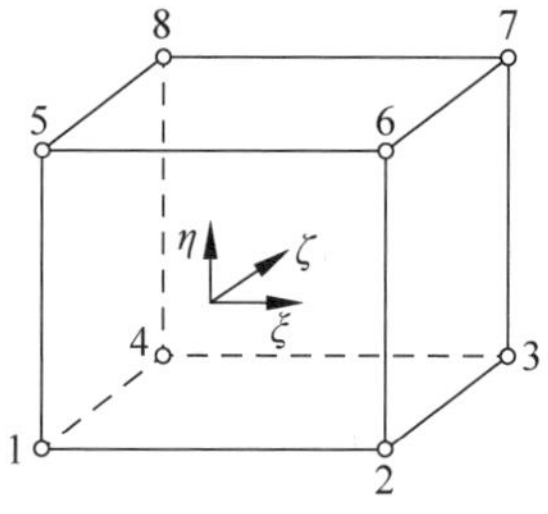

图 3-1-2　8节点六面体单元

$$
\begin{cases}
x(\xi,\eta,\zeta)=\sum_{i} N_i(\xi,\eta,\zeta)x_i \\
y(\xi,\eta,\zeta)=\sum_{i} N_i(\xi,\eta,\zeta)y_i \\
z(\xi,\eta,\zeta)=\sum_{i} N_i(\xi,\eta,\zeta)z_i
\end{cases}
\tag{3-1-6}
$$

式中，x_i、y_i、z_i 分别为节点 i 的整体坐标。

3. 单元应变率矩阵

通过形函数建立单元速度场与节点速度矢量之间的关系，在此基础上可以导出用节点速度表示的单元内任一点应变速率的表达式。

1）四节点等参单元

单元内的应变率常用几何方程计算，因为平面变形问题和轴对成问题采用相同的单元而且单元自由度相同，所以可以一并推导出统一的表达式。若令平面变形和轴对称问题中的应变率矢量分别为

$$
\dot{\boldsymbol{\varepsilon}}=(\dot{\varepsilon}_x \quad \dot{\varepsilon}_y \quad \dot{\varepsilon}_z \quad \dot{\gamma}_{xy})^{\mathrm{T}} \quad 和 \quad \dot{\boldsymbol{\varepsilon}}=(\dot{\varepsilon}_r \quad \dot{\varepsilon}_z \quad \dot{\varepsilon}_\theta \quad \dot{\gamma}_{rz})^{\mathrm{T}} \tag{3-1-7}
$$

则

$$
\dot{\boldsymbol{\varepsilon}}=\boldsymbol{L}\dot{\boldsymbol{u}}=\boldsymbol{L}\boldsymbol{N}\dot{\boldsymbol{u}}^e=\boldsymbol{B}\dot{\boldsymbol{u}}^e \tag{3-1-8}
$$

式中，$\boldsymbol{L}$ 为微分算子矩阵；$\boldsymbol{B}$ 为应变率矩阵或几何矩阵。

而对应于平面应变和轴对称的微分算子矩阵分别为

$$
\boldsymbol{L}=\begin{bmatrix} \dfrac{\partial}{\partial x} & 0 & 0 & \dfrac{\partial}{\partial y} \\ 0 & \dfrac{\partial}{\partial y} & 0 & \dfrac{\partial}{\partial x} \end{bmatrix}^{\mathrm{T}} \quad 和 \quad \boldsymbol{L}=\begin{bmatrix} \dfrac{\partial}{\partial r} & 0 & \dfrac{1}{r} & \dfrac{\partial}{\partial z} \\ 0 & \dfrac{\partial}{\partial z} & 0 & \dfrac{\partial}{\partial r} \end{bmatrix}^{\mathrm{T}} \tag{3-1-9}
$$

可以看出，平面变形问题与轴对称问题应变率矢量除第三分量不同外，其他分量只需将各有关下标(x,y)与(r,z)对调即可。为此，下面先给出轴对称问题的 $\boldsymbol{B}$ 矩阵公式：

$$
\boldsymbol{B}=\boldsymbol{L}\boldsymbol{N}=(\boldsymbol{B}_1 \quad \boldsymbol{B}_2 \quad \boldsymbol{B}_3 \quad \boldsymbol{B}_4) \tag{3-1-10}
$$

式中，

$$
\boldsymbol{B}_i=\begin{bmatrix} X_i & 0 \\ 0 & Y_i \\ K_i & 0 \\ Y_i & X_i \end{bmatrix} \tag{3-1-11}
$$

$$
\begin{Bmatrix} X_i \\ Y_i \end{Bmatrix}=\begin{Bmatrix} \dfrac{\partial N_i}{\partial r} \\ \dfrac{\partial N_i}{\partial z} \end{Bmatrix}=\boldsymbol{J}^{-1}\begin{Bmatrix} \dfrac{\partial N_i}{\partial \xi} \\ \dfrac{\partial N_i}{\partial \eta} \end{Bmatrix} \tag{3-1-12}
$$

式中，$\boldsymbol{J}^{-1}$ 为雅可比矩阵 $\boldsymbol{J}$ 的逆矩阵，分别为

$$\boldsymbol{J}=\begin{bmatrix}\dfrac{\partial r}{\partial \xi} & \dfrac{\partial z}{\partial \xi}\\ \dfrac{\partial r}{\partial \eta} & \dfrac{\partial z}{\partial \eta}\end{bmatrix} \tag{3-1-13}$$

$$\boldsymbol{J}^{-1}=\frac{1}{\det \boldsymbol{J}}\begin{bmatrix}\dfrac{\partial z}{\partial \eta} & -\dfrac{\partial z}{\partial \xi}\\ -\dfrac{\partial r}{\partial \eta} & \dfrac{\partial r}{\partial \xi}\end{bmatrix} \tag{3-1-14}$$

而 $\det\boldsymbol{J}$ 为雅可比矩阵行列式，即

$$\det\boldsymbol{J}=\frac{\partial r \partial z}{\partial \xi \partial \eta}-\frac{\partial r \partial z}{\partial \eta \partial \xi} \tag{3-1-15}$$

而式(3-1-11)中的 K_i 项，对于平面变形问题恒为零，对式(3-1-11)只需将坐标量(r,z)换为(x,y)即可，则有

$$K_i=\begin{cases}0 & (\text{平面变形})\\ \dfrac{N_i}{r} & (\text{轴对称})\end{cases} \tag{3-1-16}$$

2）三维单元

在直角坐标系下，三维问题的应变率矢量定义为

$$\dot{\boldsymbol{\varepsilon}}=(\dot{\varepsilon}_x \quad \dot{\varepsilon}_y \quad \dot{\varepsilon}_z \quad \dot{\gamma}_{xy} \quad \dot{\gamma}_{yz} \quad \dot{\gamma}_{zx})^{\mathrm{T}} \tag{3-1-17}$$

由几何方程，则

$$\dot{\boldsymbol{\varepsilon}}=\boldsymbol{L}\dot{\boldsymbol{u}}=\boldsymbol{L}\boldsymbol{N}\dot{\boldsymbol{u}}^e=\boldsymbol{B}\dot{\boldsymbol{u}}^e$$

式中，$\boldsymbol{L}$ 为三维微分算子矩阵，即

$$\boldsymbol{L}=\begin{bmatrix}\dfrac{\partial}{\partial x} & 0 & 0 & \dfrac{\partial}{\partial y} & 0 & \dfrac{\partial}{\partial z}\\ 0 & \dfrac{\partial}{\partial y} & 0 & \dfrac{\partial}{\partial x} & \dfrac{\partial}{\partial z} & 0\\ 0 & 0 & \dfrac{\partial}{\partial z} & 0 & \dfrac{\partial}{\partial y} & \dfrac{\partial}{\partial x}\end{bmatrix}^{\mathrm{T}} \tag{3-1-18}$$

应变率矩阵 $\boldsymbol{B}$ 为

$$\boldsymbol{B}=\boldsymbol{L}\boldsymbol{N}=(\boldsymbol{B}_1 \quad \boldsymbol{B}_2 \quad \cdots \quad \boldsymbol{B}_7 \quad \boldsymbol{B}_8) \tag{3-1-19}$$

$$\boldsymbol{B}_i=\begin{bmatrix}X_i & 0 & 0\\ 0 & Y_i & 0\\ 0 & 0 & Z_i\\ Y_i & X_i & 0\\ 0 & Z_i & Y_i\\ Z_i & 0 & X_i\end{bmatrix} \tag{3-1-20}$$

$$\begin{Bmatrix} X_i \\ Y_i \\ Z_i \end{Bmatrix} = \boldsymbol{J}^{-1} \begin{Bmatrix} \partial N_i/\partial \xi \\ \partial N_i/\partial \eta \\ \partial N_i/\partial \zeta \end{Bmatrix} \tag{3-1-21}$$

三维雅可比变换矩阵 $\boldsymbol{J}$ 及逆矩阵 $\boldsymbol{J}^{-1}$ 分别为

$$\boldsymbol{J} = \begin{bmatrix} \dfrac{\partial x}{\partial \xi} & \dfrac{\partial y}{\partial \xi} & \dfrac{\partial z}{\partial \xi} \\ \dfrac{\partial x}{\partial \eta} & \dfrac{\partial y}{\partial \eta} & \dfrac{\partial z}{\partial \xi} \\ \dfrac{\partial x}{\partial \zeta} & \dfrac{\partial y}{\partial \zeta} & \dfrac{\partial z}{\partial \zeta} \end{bmatrix} \tag{3-1-22}$$

$$\boldsymbol{J}^{-1} = \frac{1}{\det \boldsymbol{J}} \begin{bmatrix} \dfrac{\partial y}{\partial \eta}\dfrac{\partial z}{\partial \zeta} - \dfrac{\partial y}{\partial \zeta}\dfrac{\partial z}{\partial \eta} & \dfrac{\partial y}{\partial \xi}\dfrac{\partial z}{\partial \zeta} + \dfrac{\partial y}{\partial \zeta}\dfrac{\partial z}{\partial \xi} & \dfrac{\partial y}{\partial \xi}\dfrac{\partial z}{\partial \eta} - \dfrac{\partial y}{\partial \eta}\dfrac{\partial z}{\partial \xi} \\ \dfrac{\partial x \partial z}{\partial \eta \partial \zeta} + \dfrac{\partial x \partial z}{\partial \zeta \partial \eta} & \dfrac{\partial x \partial z}{\partial \xi \partial \zeta} - \dfrac{\partial x \partial z}{\partial \zeta \partial \xi} & \dfrac{\partial x \partial z}{\partial \xi \partial \eta} + \dfrac{\partial x \partial z}{\partial \eta \partial \xi} \\ \dfrac{\partial x \partial y}{\partial \eta \partial \zeta} + \dfrac{\partial x \partial y}{\partial \zeta \partial \eta} & \dfrac{\partial x \partial y}{\partial \zeta \partial \xi} - \dfrac{\partial x \partial y}{\partial \xi \partial \zeta} & \dfrac{\partial x \partial y}{\partial \xi \partial \eta} - \dfrac{\partial x \partial y}{\partial \eta \partial \xi} \end{bmatrix} \tag{3-1-23}$$

3）等效应变率和体积应变率矩阵形式

等效应变率公式为

$$\dot{\bar{\varepsilon}} = \left(\frac{2}{3}\dot{\varepsilon}_{ij}\dot{\varepsilon}_{ij}\right)^{\frac{1}{2}} = (\dot{\boldsymbol{\varepsilon}}^{\mathrm{T}} \boldsymbol{D}\, \dot{\boldsymbol{\varepsilon}})^{\frac{1}{2}} = [(\dot{\boldsymbol{u}}^{e})^{\mathrm{T}} \boldsymbol{A} \dot{\boldsymbol{u}}^{e}]^{\frac{1}{2}} \tag{3-1-24}$$

式中，$\boldsymbol{D}$ 为对角阵，对角元素值取 2/3 或 1/3，分别对应应变率矢量 $\dot{\boldsymbol{\varepsilon}}$ 中的正应变率和切应变率分量，其阶数与 $\dot{\boldsymbol{\varepsilon}}$ 中分量数相同。

矩阵 $\boldsymbol{A}$ 定义为

$$\boldsymbol{A} = \boldsymbol{B}^{\mathrm{T}} \boldsymbol{D} \boldsymbol{B} \tag{3-1-25}$$

由体积应变率公式，得

$$\dot{\boldsymbol{\varepsilon}}_V = \boldsymbol{C}^{\mathrm{T}} \dot{\boldsymbol{\varepsilon}} = \boldsymbol{C}^{\mathrm{T}} \boldsymbol{B} \dot{\boldsymbol{u}}^{e} \tag{3-1-26}$$

式中，矢量 $\boldsymbol{C}$ 定义为

$$\boldsymbol{C} = \begin{cases} (1 \quad 1 \quad 0 \quad 0)^{\mathrm{T}} & \text{（平面变形）} \\ (1 \quad 1 \quad 1 \quad 0)^{\mathrm{T}} & \text{（轴对称）} \\ (1 \quad 1 \quad 1 \quad 0 \quad 0 \quad 0)^{\mathrm{T}} & \text{（三维问题）} \end{cases} \tag{3-1-27}$$

4. 泛函离散化

将变形体 V 在定义域上分割成 n 个节点和 m 个单元，建立上述各泛函的离散形式。设 Π^e 表示单元 e 上的泛函，则总体泛函 Π 为

$$\Pi = \sum_{e} \Pi^e \tag{3-1-28}$$

5. 模拟分析步骤

在材料变形过程中，塑性区的大小和形状及其内部场变量（如速度场、应力场、

应变场和温度场等)一般随变形过程的进行而变化。采用刚塑性有限元法模拟变形过程的主要步骤如下。

(1) 建立有限元模拟初始模型(包括模具型腔描述、网格划分、材料模型和边界条件等)。

(2) 构造或生成初始速度场。

(3) 计算各单元刚度矩阵和残余力矢量,并进行约束处理。

(4) 形成整体刚度矩阵和残余力矢量,并引入速度约束条件消除奇异性。

(5) 解整体刚度方程并检查收敛情况,若收敛转入步骤(6),反之重复步骤(3)～(5)。

(6) 由几何方程和塑性本构关系求出应变率和应变场。

(7) 确定增量变形时间步长 Δt_m,更新工件构形、应变场和材料性能及接触边界信息。

若预定变形未完成,则重复步骤(3)～(7),直到结束。

3.1.2 刚塑性变分原理

为了确定塑性加工过程中的力能参数、形变参数及应力应变场,必须在一定的初始条件和边界条件下求解有关方程,也就是解塑性加工力学的边值问题。变分原理是求解刚塑性有限元法的理论基础,把塑性偏微分方程组的求解问题变成了泛函极值问题,建立有限元法的基本方程。

1. 刚塑性变形的边值问题

固体力学中的塑性变形问题是一个边值问题,刚塑性变形的边值问题可做如下描述:设某刚塑性体,体积为 V,表面边界为 S,在表面力 p_i 作用下整个变形体处于塑性状态,表面 S 分为 S_p 和 S_v 两部分,其中 S_p 上给定表面力 p_i,S_v 上给定速度 v_i。该问题称为刚塑性边值问题,它由以下塑性方程和边界条件定义。

(1) 静力平衡方程。

$$\sigma_{ij,j}=0 \tag{3-1-29}$$

(2) 应变协调方程(几何方程)。

$$\dot{\varepsilon}_{ij}=\frac{1}{2}(v_{i,j}+v_{j,i}) \tag{3-1-30}$$

(3) 塑性本构方程。

$$\dot{\varepsilon}_{ij}=\frac{3\dot{\bar{\varepsilon}}}{2\bar{\sigma}}\sigma'_{ij} \tag{3-1-31}$$

式中,$\bar{\sigma}$ 为等效应力,$\bar{\sigma}=\sqrt{\frac{3}{2}\sigma'_{ij}\sigma'_{ij}}$;$\dot{\bar{\varepsilon}}$ 为等效应变率,$\dot{\bar{\varepsilon}}=\sqrt{\frac{2}{3}\dot{\varepsilon}_{ij}\dot{\varepsilon}_{ij}}$。

(4) 米泽斯屈服条件。

$$\bar{\sigma}=\bar{\sigma}(\bar{\varepsilon},T) \tag{3-1-32}$$

式中,$\bar{\sigma}$ 为材料屈服应力;$\bar{\varepsilon}$ 为等效应变;T 为温度。

（5）体积不可压缩条件。

$$\dot{\varepsilon}_V=\dot{\varepsilon}_{ii}=0 \tag{3-1-33}$$

（6）边界条件。

应力边界条件

$$\sigma_{ij}n_j=p_i \quad (S\in S_p) \tag{3-1-34}$$

速度边界条件

$$v_i=v_i^0 \quad (S\in S_V) \tag{3-1-35}$$

式中，n_j 为 S_p 表面上任一点处单位外法线矢量的分量。

2. 刚塑性变形的变分原理

刚塑性有限元的理论基础是马尔可夫变分原理（Markov principle），可表述如下：对于刚塑性边值问题，在满足变形几何方程、体积不可压缩条件和边界位移条件的一切运动容许速度场 v_i^* 中，使泛函 Π 取驻值，即一阶变分 $\delta\Pi=0$ 时的 v_i^* 为问题的真实解。

$$\Pi=\int_V\bar{\sigma}\dot{\bar{\varepsilon}}^*\,\mathrm{d}V-\int_{S_p}p_iv_i^*\,\mathrm{d}S \tag{3-1-36}$$

应用马尔可夫变分原理求解的难点之一就是构造容许速度场 v_i^*。一般来说，选取满足位移速度边界条件式（3-1-35）的容许速度比较容易，而要满足体积不可压缩条件式（3-1-33）则非常困难。同时，由于刚塑性材料模型不计弹性变形部分，并采用体积不可压缩假设就难以确定静压力 σ_m，求不出变形体内的应力分布 σ_{ij}。因此，在采用变分法求解刚塑性问题时，通常采用某种方法将体积不变条件引入泛函表达式中，作为对体积变化的一个约束项。典型的处理方法有拉格朗日乘子法、罚函数法和可压缩特性法。

1）拉格朗日乘子法

刚塑性有限元法中的拉格朗日乘子法的数学基础是数学分析中多元函数的条件极值理论，对于马尔可夫变分原理，把体积不可压缩条件式（3-1-33）用拉格朗日乘子 λ 引入泛函式（3-1-36），构造新的泛函，具体如下：

$$\Pi=\int_V\bar{\sigma}\dot{\bar{\varepsilon}}\,\mathrm{d}V+\int_V\lambda\dot{\varepsilon}_V\,\mathrm{d}V-\int_{S_p}p_iv_i\,\mathrm{d}S \tag{3-1-37}$$

对于单元 e，其体积为 V^e，力边界为 S_p^e，则单元泛函为

$$\Pi^e=\int_{V^e}\bar{\sigma}\left[(\dot{\boldsymbol{u}}^e)^\mathrm{T}\boldsymbol{A}\dot{\boldsymbol{u}}^e\right]^{\frac{1}{2}}\mathrm{d}V+\int_{V^e}\lambda^e\boldsymbol{C}^\mathrm{T}\boldsymbol{B}\dot{\boldsymbol{u}}^e\,\mathrm{d}V-\int_{S_p^e}\boldsymbol{P}^\mathrm{T}\boldsymbol{N}\dot{\boldsymbol{u}}^e\,\mathrm{d}V \tag{3-1-38}$$

对于一切满足几何方程和位移速度边界条件的容许速度场，其真实解使式（3-1-37）取极值，即满足

$$\delta\Pi=\int_V\bar{\sigma}\delta\dot{\bar{\varepsilon}}\,\mathrm{d}V+\int_V\lambda\delta\dot{\varepsilon}_V\,\mathrm{d}V+\int_V\delta\lambda\dot{\varepsilon}_V\,\mathrm{d}V-\int_{S_p}p_i\delta v_i\,\mathrm{d}S=0 \tag{3-1-39}$$

速度场为真解时的拉格朗日乘子 λ 为静水压力，则有

$$\lambda=\sigma_\mathrm{m} \tag{3-1-40}$$

2）罚函数法

罚函数法的基本思想是用一个足够大的正数 α，把体积不可压缩条件引入泛函式，构造出一个新泛函，即

$$\Pi=\int_V\bar{\sigma}\dot{\bar{\varepsilon}}\mathrm{d}V+\frac{\alpha}{2}\int_V\dot{\varepsilon}_V^2\mathrm{d}V-\int_{S_p}p_iv_i\mathrm{d}S \tag{3-1-41}$$

对于单元 e，其体积为 V^e，力边界为 S_p^e，则单元泛函为

$$\Pi^e=\int_{V^e}\bar{\sigma}[(\dot{\boldsymbol{u}}^e)^{\mathrm{T}}\boldsymbol{A}\dot{\boldsymbol{u}}^e]^{\frac{1}{2}}\mathrm{d}V+\frac{\alpha}{2}\int_{V^e}(\boldsymbol{C}^{\mathrm{T}}\boldsymbol{B}\dot{\boldsymbol{u}}^e)^2\mathrm{d}V-\int_{S_p^e}\boldsymbol{P}^{\mathrm{T}}\boldsymbol{N}\dot{\boldsymbol{u}}^e\mathrm{d}V \tag{3-1-42}$$

则对于一切满足几何方程和位移速度边界条件的容许速度场，其真实解使式(3-1-41)取极值，即满足

$$\delta\Pi=\int_V\bar{\sigma}\delta\dot{\bar{\varepsilon}}\mathrm{d}V+\alpha\int_V\dot{\varepsilon}_V\delta\dot{\varepsilon}_V\mathrm{d}V-\int_{S_p}p_i\delta v_i\mathrm{d}S=0 \tag{3-1-43}$$

这里的罚函数法源于最优化原理中的罚函数法，具有数值解法的特征。它的作用原理是，当速度场 v_i 远离真实解时，惩罚项值很大，相当于对速度解违反约束条件施加一种"惩罚"作用；而随着 v_i 接近真解，罚项的作用也随之降低。应当指出，从理论上讲拉格朗日乘子法是精确的。对于罚函数法，只有当 α 趋于无穷大时，$\dot{\varepsilon}_v$ 才趋于零。但在实际应用时，α 不可能取无穷大。计算实践表明，α 的取值大小对解有很大的影响。若 α 取值太小，则体积不可压缩条件施加不当，以至降低计算精度；若 α 取值过大，则有限元刚度方程会出现病态，甚至不能求解。因此，α 取值应适宜，通常取 $\alpha=10^5\sim10^7$ 较好。

将式(3-1-43)与式(3-1-40)比较，容易得出，当 $\dot{v}_i$ 为真实解时，静水压力 σ_{m} 为

$$\sigma_{\mathrm{m}}=\alpha\dot{\varepsilon}_V \tag{3-1-44}$$

泛函式(3-1-41)罚项的被积函数采用 $\dot{\varepsilon}_V^2$ 形式，它要求 $|\dot{\varepsilon}_V|$ 在域内处处满足体积不可压缩条件，才能保证罚项总值很小。而实际应用中发现这样的约束条件过于严格而不易达到，可通过适当放松约束条件处理。目前常用的方法有简化积分法和修正罚函数法。

简化积分法要求的单元形心点 $|\dot{\varepsilon}_V|$ 很小，而对其他点不做要求。对于平面问题，简化积分值与积分原值相同。所以，这种简化积分反映了单元内部体积变化的平均效应，即只需单元整体满足体积不可压缩条件就可。修正罚函数法则是通过对罚项构造形式的修改，来达到放松约束的目的。修改后罚项的泛函表示为

$$\Pi=\int_V\bar{\sigma}\dot{\bar{\varepsilon}}\mathrm{d}V+\frac{\alpha}{2V}\left(\int_V\dot{\varepsilon}_V\mathrm{d}V\right)^2-\int_{S_p}p_iv_i\mathrm{d}S \tag{3-1-45}$$

式中，$\int_{S_p}p_iv_i\mathrm{d}S$ 为修改后的罚项，它的直观意义是要求单元体积变化的平均值很小。因此，尽管修正的罚项与前者在形式上不同，但它们的内部是类似的。

同理，对于泛函式(3-1-45)，若 v_i 取真实解时，则静水压力 σ_{m} 为

$$\sigma_{\mathrm{m}}=\frac{\alpha}{V}\int_V\dot{\varepsilon}_V\mathrm{d}V \tag{3-1-46}$$

实际应用时，两种放松约束的方法都能达到同样的目的。对于修正罚函数法，各体积积分运算在同一数值积分格式下进行，所以程序可适当简化；而对于简化积分法，由于减少了积分点，降低了运算次数，提高了计算效率。

3）可压缩特性法

可压缩特性法是假设材料的相对密度不是100%，具有一定的可压缩性。因此，它可以直接从应变率求出应力分量，达到与采用拉格朗日乘子法或罚函数法相同的目的。

刚塑性可压缩材料的变分原理仍采用马尔可夫变分原理的形式，即真实速度场使以下泛函取极值：

$$\Pi=\int_V \bar{\sigma}\dot{\bar{\varepsilon}}\,\mathrm{d}V-\int_{S_p} p_i v_i\,\mathrm{d}S \tag{3-1-47}$$

对于单元 e，其体积为 V^e，力边界为 S_p^e，则单元泛函为

$$\Pi^e=\int_{V^e}\bar{\sigma}\left[(\dot{\boldsymbol{u}}^e)^{\mathrm{T}}\boldsymbol{A}\dot{\boldsymbol{u}}^e+\frac{1}{g}(\boldsymbol{C}^{\mathrm{T}}\boldsymbol{B}\dot{\boldsymbol{u}}^e)^2\right]^{\frac{1}{2}}\mathrm{d}V-\int_{S_p^e}\boldsymbol{P}^{\mathrm{T}}\boldsymbol{N}\dot{\boldsymbol{u}}^e\,\mathrm{d}V \tag{3-1-48}$$

可压缩特性法考虑材料的屈服应力对静压力有少许依赖性，其等效应力定义为

$$\bar{\sigma}=\sqrt{3J'_2+g\sigma_{\mathrm{m}}^2}=\sqrt{\frac{3}{2}\sigma'_{ij}\sigma'_{ij}+g\sigma_{\mathrm{m}}^2} \tag{3-1-49}$$

式中，g 为可压缩参数，取 $g=0.01\sim0.0001$。

与米泽斯屈服准则类似，可以在主应力空间表示刚塑性可压缩材料屈服准则的屈服表面形状，其屈服表面是一个内切于米泽斯圆柱的椭球面。可压缩参数 g 的值越小，就越接近米泽斯屈服条件，如果 $g=0$，二者就完全一致。

采用塑性势定义可以推导出刚塑性可压缩材料的本构关系，即

$$\dot{\varepsilon}_{ij}=\frac{3\dot{\bar{\varepsilon}}}{2\bar{\sigma}}\left(\sigma'_{ij}+\frac{2}{9}g\sigma_{\mathrm{m}}\delta_{ij}\right) \tag{3-1-50}$$

或者

$$\sigma_{ij}=\frac{\bar{\sigma}}{\dot{\bar{\varepsilon}}}\left[\frac{2}{3}\dot{\varepsilon}_{ij}+\dot{\varepsilon}_V\left(\frac{1}{g}-\frac{2}{9}\right)\sigma_{ij}\right] \tag{3-1-51}$$

式中，$\dot{\bar{\varepsilon}}$ 为刚塑性可压缩材料的等效应变率，$\dot{\bar{\varepsilon}}=\sqrt{\frac{2}{3}\dot{\varepsilon}_{ij}\dot{\varepsilon}_{ij}+\frac{1}{g}\dot{\varepsilon}_V^2}$；$\dot{\varepsilon}_V$ 为刚塑性可压缩材料的体积应变率，$\dot{\varepsilon}_V=\frac{\dot{\bar{\varepsilon}}}{\bar{\sigma}}g\sigma_{\mathrm{m}}$。

这样，若 g 值给定，就可以直接由应变率 $\dot{\varepsilon}_{ij}$ 从式(3-1-51)计算出应力场 σ_{ij}。

比较3种体积不可压缩约束处理方法可知，拉格朗日乘子法引入了一个具有物理意义的未知参数 λ，增加了方程未知量的数量，因而增加了有限元刚度方程数，使刚度矩阵半带宽增大。与罚函数法和可压缩特性法相比，对同样的问题要大幅增加计算时间。在刚度矩阵方面，拉格朗日乘子法的非零元素不呈带状分布，而

罚函数法和可压缩特性法都为明显带状分布。故拉格朗日乘子法会增加计算机储存空间，降低计算效率，但是有较好的收敛性和精度。

可压缩法考虑了静水压力对体积变化率的影响，因而比较适合于多孔的可压缩材料的计算。在罚函数法中，如果选择的 α 过大，有可能使刚度方程组出现病态，可能得不到收敛解。同样，如果可压缩特性法中选择的 g 值过小，也有可能不收敛。相比之下，拉格朗日乘子法的乘子 λ 是经过求解优化得到的，精确地计入了体积不可压缩条件，不用预先设定。

总体而言，这 3 种方法都带有某种程度的近似性，在工程应用当中，根据实际情况恰当运用，都能够达到满意的效果。

3.1.3 刚塑性有限元列式

利用有限元法可以将变形体分为若干单元，要求在单元内保持场函数连续性，依次建立单元泛函，将单元泛函集成得到整体的泛函，然后对整体泛函求驻值，就可以得到问题的数值解。求出速度场后，即可根据各塑性方程得到应变速率场、应力应变场及位移场等。

1. 拉格朗日乘子法有限元列式

将单元泛函 Π^e 集成为总体泛函 Π，有

$$\Pi=\sum_e \Pi^e(\dot{\boldsymbol{u}}^e,\boldsymbol{\lambda}^e)=\Pi(\dot{\boldsymbol{u}},\boldsymbol{\lambda}) \tag{3-1-52}$$

式中，$\dot{\boldsymbol{u}}$ 和 $\boldsymbol{\lambda}$ 分别为总体节点速度向量和拉格朗日乘子向量，定义为

$$\begin{cases}\dot{\boldsymbol{u}}=(\dot{u}_1 \quad \dot{u}_2 \quad \dot{u}_3 \quad \cdots \quad \dot{u}_{k-1} \quad \dot{u}_k)^{\mathrm{T}} \\ \boldsymbol{\lambda}=(\lambda^1 \quad \lambda^2 \quad \cdots \quad \lambda^m)^{\mathrm{T}}\end{cases} \tag{3-1-53}$$

式中，k 等于总节点数 n 与问题维数之积。

经过上述的离散化处理，泛函已变为节点速度 $\dot{\boldsymbol{u}}$ 和拉格朗日乘子 $\boldsymbol{\lambda}$ 的函数，其驻值条件为

$$\partial\Pi=\sum_e\left[(\delta\dot{\boldsymbol{u}}^e)^{\mathrm{T}}\frac{\partial\Pi^e}{\partial\dot{\boldsymbol{u}}^e}+\delta\boldsymbol{\lambda}^e\frac{\partial\Pi^e}{\partial\boldsymbol{\lambda}^e}\right]=(\delta\dot{\boldsymbol{u}})^{\mathrm{T}}\frac{\partial\Pi}{\partial\dot{\boldsymbol{u}}}+(\delta\boldsymbol{\lambda})^{\mathrm{T}}\frac{\partial\Pi}{\partial\boldsymbol{\lambda}}=\boldsymbol{0} \tag{3-1-54}$$

由于 $\partial\dot{\boldsymbol{u}}$ 和 $\partial\boldsymbol{\lambda}$ 任意性，显然式(3-1-54)成立的条件为

$$\begin{cases}\dfrac{\partial\Pi}{\partial\dot{\boldsymbol{u}}}=\sum_e\dfrac{\partial\Pi^e}{\partial\dot{\boldsymbol{u}}^e}=\boldsymbol{0} \\ \dfrac{\partial\Pi}{\partial\boldsymbol{\lambda}}=\sum_e\dfrac{\partial\Pi^e}{\partial\boldsymbol{\lambda}^e}=\boldsymbol{0}\end{cases} \tag{3-1-55}$$

这样，问题就归结为单元泛函对本单元的场变量求导，并按式(3-1-55)集成后得到总体刚度方程，即离散形式的平衡方程如下：

$$\begin{Bmatrix}\dfrac{\partial \Pi}{\partial \dot{\boldsymbol{u}}}\\ \dfrac{\partial \Pi}{\partial \boldsymbol{\lambda}}\end{Bmatrix}=\begin{bmatrix}\sum_e\int_{V^e}\dfrac{\bar{\sigma}}{\dot{\bar{\varepsilon}}}\boldsymbol{A}\,\mathrm{d}V & \sum_e\boldsymbol{Q}\\ \sum_e\boldsymbol{Q}^{\mathrm{T}} & \boldsymbol{0}\end{bmatrix}\begin{Bmatrix}\dot{\boldsymbol{u}}\\ \boldsymbol{\lambda}\end{Bmatrix}-\begin{Bmatrix}\sum_e\boldsymbol{P}\\ \boldsymbol{0}\end{Bmatrix}=\{\boldsymbol{0}\} \tag{3-1-56}$$

式中，若外力为非摩擦力，矢量 $\boldsymbol{P}$ 和 $\boldsymbol{Q}$ 可以用式(3-1-57)表示：

$$\begin{cases}\boldsymbol{P}=\int_{S_p^e}\boldsymbol{N}^{\mathrm{T}}\boldsymbol{P}\,\mathrm{d}S\\ \boldsymbol{Q}=\int_{V^e}\boldsymbol{B}^{\mathrm{T}}\boldsymbol{C}\,\mathrm{d}V\end{cases} \tag{3-1-57}$$

式(3-1-56)是一个关于节点速度矢量 $\dot{\boldsymbol{u}}$ 和拉格朗日乘子矢量 $\boldsymbol{\lambda}$ 的非线性方程组，即系数矩阵与节点速度相关，所以方程不能直接求解。实际上，塑性变形的本质决定了任何一种塑性有限元方程都是非线性的，必须线性化处理，用迭代法求解。

通常采用牛顿-拉弗森法线性化后迭代求解，其要点如下：假定泛函在求解区域内连续，并存在对节点速度的各阶导数，若 $\dot{\boldsymbol{u}}_{n-1}$ 为第 $n-1$ 次迭代的近似解，则将泛函的一阶偏导数在 $\dot{\boldsymbol{u}}_{n-1}$ 的邻域展成泰勒级数，并仅取线性项，从而得到以 $\Delta\dot{\boldsymbol{u}}_n$ 为未知数的线性方程组，其迭代递推公式如下：

$$\begin{cases}\left[\dfrac{\partial^2 \Pi}{\partial\dot{\boldsymbol{u}}\partial\dot{\boldsymbol{u}}^{\mathrm{T}}}\right]_{n-1}\Delta\dot{\boldsymbol{u}}_n=-\left\{\dfrac{\partial \Pi}{\partial\dot{\boldsymbol{u}}}\right\}_{n-1}\\ \left[\dfrac{\partial^2 \Pi}{\partial\boldsymbol{\lambda}\,\partial\dot{\boldsymbol{u}}^{\mathrm{T}}}\right]_{n-1}\Delta\dot{\boldsymbol{u}}_n=-\left\{\dfrac{\partial \Pi}{\partial\boldsymbol{\lambda}}\right\}_{n-1}\end{cases} \tag{3-1-58}$$

或

$$\begin{cases}\left[\sum_e\dfrac{\partial^2 \Pi^e}{\partial\dot{\boldsymbol{u}}^e\partial(\dot{\boldsymbol{u}}^e)^{\mathrm{T}}}\right]_{n-1}\cdot\sum_e\Delta\dot{\boldsymbol{u}}_n^e=-\left\{\sum_e\dfrac{\partial \Pi^e}{\partial\dot{\boldsymbol{u}}^e}\right\}_{n-1}\\ \left[\sum_e\dfrac{\partial^2 \Pi^e}{\partial\boldsymbol{\lambda}^e\partial(\dot{\boldsymbol{u}}^e)^{\mathrm{T}}}\right]_{n-1}\cdot\sum_e\Delta\dot{\boldsymbol{u}}_n^e=-\left\{\sum_e\dfrac{\partial \Pi^e}{\partial\boldsymbol{\lambda}^e}\right\}_{n-1}\end{cases}$$

$$\dot{\boldsymbol{u}}_n=\dot{\boldsymbol{u}}_{n-1}+\beta\Delta\dot{\boldsymbol{u}}_n$$

式中，n 表示迭代次数；β 成为减速稀疏或阻尼因子，$0<\beta\leqslant1$。β 的作用在于提高牛顿迭代法的收敛性，但会降低其收敛速度，即增加迭代次数。若同时兼顾迭代求解的收敛及其速度，通常迭代初期 β 值应小些，随着求解过程的进行 β 值逐渐增大直至收敛为止。

$$\begin{bmatrix}\sum_e\bar{\sigma}\boldsymbol{K}_1 & \sum_e\boldsymbol{Q}\\ \sum_e\boldsymbol{Q}^{\mathrm{T}} & \boldsymbol{0}\end{bmatrix}_{n-1}\begin{Bmatrix}\Delta\dot{\boldsymbol{u}}\\ \boldsymbol{\lambda}\end{Bmatrix}_n=\begin{Bmatrix}\sum_e(\boldsymbol{P}-\bar{\sigma}\boldsymbol{H}_1)\\ \sum_e\boldsymbol{Q}^{\mathrm{T}}\dot{\boldsymbol{u}}^e\end{Bmatrix}_{n-1} \tag{3-1-59}$$

式中，$\boldsymbol{K}_1=\int_{V^e}\dfrac{1}{\dot{\bar{\varepsilon}}}\left(\boldsymbol{A}-\dfrac{1}{\dot{\bar{\varepsilon}}^2}\boldsymbol{b}\boldsymbol{b}^{\mathrm{T}}\right)\mathrm{d}V$；$\boldsymbol{H}_1=\int_{V^e}\dfrac{1}{\dot{\bar{\varepsilon}}}\boldsymbol{b}\,\mathrm{d}V$；$\boldsymbol{b}=\boldsymbol{A}\dot{\boldsymbol{u}}^e$。

应当注意,拉格朗日法迭代公式说明,泛函一阶变分方程仅是$\dot{\boldsymbol{u}}$的非线性方程组,它关于$\boldsymbol{\lambda}$是线性的,因此迭代时$\dot{\boldsymbol{u}}$进行逐步修正计算,而$\boldsymbol{\lambda}$则伴随求解。

2. 罚函数法和可压缩特性法有限元列式

根据前述相同的方法,可以推导出罚函数法和可压缩特性法的有限元公式。

1) 罚函数法

$$\left[\sum_e(\bar{\sigma}\boldsymbol{K}_1+\alpha\boldsymbol{M})\right]_{n-1}\Delta\dot{\boldsymbol{u}}_n=\left\{\sum_e(\boldsymbol{P}-\bar{\sigma}\boldsymbol{H}_1-\alpha\boldsymbol{H}_2)\right\}_{n-1} \tag{3-1-60}$$

式中,$\boldsymbol{M}$和$\boldsymbol{H}_2$分别为与体积变化相关的量,$\boldsymbol{M}=\int_{V^e}\boldsymbol{B}^{\mathrm{T}}\boldsymbol{C}(\boldsymbol{B}^{\mathrm{T}}\boldsymbol{C})^{\mathrm{T}}\mathrm{d}V$,$\boldsymbol{H}_2=\int_{V^e}\boldsymbol{B}^{\mathrm{T}}\boldsymbol{C}(\boldsymbol{B}^{\mathrm{T}}\boldsymbol{C})^{\mathrm{T}}\dot{\boldsymbol{u}}^e\mathrm{d}V$;$\boldsymbol{K}_1$、$\boldsymbol{P}$、$\boldsymbol{H}_1$则与拉格朗日乘子法相同。

2) 可压缩特性法

$$\left[\sum_e(\bar{\sigma}\boldsymbol{K}_2)\right]_{n-1}\Delta\dot{\boldsymbol{u}}_n=\left\{\sum_e(\boldsymbol{P}-\bar{\sigma}\boldsymbol{H}_3)\right\}_{n-1} \tag{3-1-61}$$

式中,$\boldsymbol{K}_2=\int_{V^e}\frac{1}{\dot{\bar{\varepsilon}}}\left[\boldsymbol{A}+\frac{1}{g}\boldsymbol{B}^{\mathrm{T}}\boldsymbol{C}(\boldsymbol{B}^{\mathrm{T}}\boldsymbol{C})^{\mathrm{T}}-\frac{\boldsymbol{w}^{\mathrm{T}}\boldsymbol{w}}{\dot{\bar{\varepsilon}}^2}\right]\mathrm{d}V$;$\boldsymbol{H}_3=\int_{V^e}\frac{1}{\dot{\bar{\varepsilon}}}\boldsymbol{w}\mathrm{d}V$;$\boldsymbol{w}=\left[\boldsymbol{A}+\frac{1}{g}\boldsymbol{B}^{\mathrm{T}}\boldsymbol{C}(\boldsymbol{B}^{\mathrm{T}}\boldsymbol{C})^{\mathrm{T}}\right]\dot{\boldsymbol{u}}^e$;$\boldsymbol{A}=\frac{2}{3}\boldsymbol{B}^{\mathrm{T}}\boldsymbol{B}+\frac{1}{g}(\boldsymbol{B}^{\mathrm{T}}\boldsymbol{C})(\boldsymbol{B}^{\mathrm{T}}\boldsymbol{C})^{\mathrm{T}}$;$\boldsymbol{P}$与拉格朗日乘子法相同。

3.1.4 刚黏塑性有限元法

许多材料的塑性变形时,流动应力与变形速度有明显的相关性,如在高温变形和超塑性成形时,就要考虑时间和变形速率的影响。

1. 刚黏塑性变分原理

刚黏塑性边值问题可以叙述如下:设在准静态变形的某一阶段,变形体的形状、温度及材料参数等的瞬时值已确定。设该变形体体积为V,表面为S,并且S_p和S_v上分别给定了应力边界条件和位移速度边界条件,则应力场和速度场的解应该满足平衡方程、协调方程和体积不可压缩条件。此时,变形体处于黏塑性状态,可以采用Hill提出的黏塑性材料的变分原理解此边值问题。

刚黏塑性边值问题的描述方程和边界条件与刚塑性问题的方程相同,但是,黏塑性材料的塑性屈服应力更多地依赖于应变速率$\dot{\bar{\varepsilon}}$的大小,所以其屈服应力可以表示为

$$\bar{\sigma}=\bar{\sigma}(\bar{\varepsilon},\dot{\bar{\varepsilon}},T)=\sqrt{J_2'}-K \tag{3-1-62}$$

对于刚黏塑性边值问题,在满足几何方程、体积不可压缩条件及位移速度边界条件的一切容许速度场中,其真实解使下列泛函取极小值。

$$\Pi=\int_V E(\dot{\bar{\varepsilon}})\mathrm{d}V-\int_{S_p} p_i v_i \mathrm{d}S \tag{3-1-63}$$

这里，$E(\dot{\varepsilon}_{ij})$为塑性变形功函数，它与材料模型公式密切相关。

功函数 $E(\dot{\varepsilon}_{ij})$可按照式(3-1-64)计算得到

$$E(\dot{\varepsilon}_{ij})=\int_0^{\dot{\varepsilon}_{ij}}\sigma'_{ij}\mathrm{d}\dot{\varepsilon}_{ij}=\int_0^{\dot{\bar{\varepsilon}}}\bar{\sigma}\mathrm{d}\dot{\bar{\varepsilon}} \tag{3-1-64}$$

式中，$E(\dot{\varepsilon}_{ij})$表示应变速率从零增加到$\dot{\bar{\varepsilon}}$时，流动应力$\bar{\sigma}$在单位体积内做的功。这样，只要给定刚黏塑性材料模型的公式，就可以由式(3-1-64)得到相应的功函数。

对于体积不可压缩条件的引入，同样可以采用拉格朗日乘子法、罚函数法和可压缩特性法中的任何一种方法，相应的修正泛函分别为

(1) 拉格朗日乘子法。

$$\Pi=\int_V E(\dot{\bar{\varepsilon}})\mathrm{d}V+\int_V\lambda\dot{\varepsilon}_V\mathrm{d}V-\int_{S_p} p_i v_i \mathrm{d}S \tag{3-1-65}$$

(2) 罚函数法。

$$\Pi=\int_V E(\dot{\bar{\varepsilon}})\mathrm{d}V+\frac{a}{2}\int_V\lambda\dot{\varepsilon}_V^2\mathrm{d}V-\int_{S_p} p_i v_i \mathrm{d}S \tag{3-1-66}$$

(3) 可压缩特性法。

$$\Pi=\int_V E(\dot{\bar{\varepsilon}})\mathrm{d}V-\int_{S_p} p_i v_i \mathrm{d}S \tag{3-1-67}$$

2. 刚黏塑性有限元列式

以拉格朗日乘子法为例，推导刚黏塑性有限元公式。单元 e 的泛函为

$$\Pi^e=\int_{V^e} E(\dot{\bar{\varepsilon}})\mathrm{d}V+\lambda^e\int_{V^e}\boldsymbol{C}^{\mathrm{T}}\boldsymbol{B}\dot{\boldsymbol{u}}^e\mathrm{d}V-\int_{S_p^e}\boldsymbol{p}^{\mathrm{T}}\boldsymbol{N}\dot{\boldsymbol{u}}^e\mathrm{d}S \tag{3-1-68}$$

求出单元泛函的一阶、二阶偏导数为

$$\begin{aligned}\frac{\partial\Pi^e}{\partial\dot{\boldsymbol{u}}^e}&=\int_{V^e}\frac{\partial E}{\partial\dot{\bar{\varepsilon}}}\frac{\partial\dot{\bar{\varepsilon}}}{\partial\dot{\boldsymbol{u}}^e}\mathrm{d}V+\lambda^e\int_{V^e}\boldsymbol{B}^{\mathrm{T}}\boldsymbol{C}\mathrm{d}V-\int_{S_p^e}\boldsymbol{N}^{\mathrm{T}}\boldsymbol{p}\mathrm{d}S\\&=\int_{V^e}\frac{\bar{\sigma}}{\dot{\bar{\varepsilon}}}\boldsymbol{A}\dot{\boldsymbol{u}}\mathrm{d}V+\lambda^e\boldsymbol{Q}-\boldsymbol{P}=H'_1+\lambda^e\boldsymbol{Q}-\boldsymbol{P}\end{aligned} \tag{3-1-68a}$$

$$\frac{\partial\Pi^e}{\partial\lambda^e}=\int_{V^e}\boldsymbol{C}^{\mathrm{T}}\boldsymbol{B}\dot{\boldsymbol{u}}^e\mathrm{d}V=\boldsymbol{Q}^{\mathrm{T}}\dot{\boldsymbol{u}}^e \tag{3-1-68b}$$

$$\frac{\partial^2\Pi^e}{\partial\dot{\boldsymbol{u}}^e\partial(\dot{\boldsymbol{u}}^e)^{\mathrm{T}}}=\int_{V^e}\frac{1}{\dot{\bar{\varepsilon}}}\left[\bar{\sigma}\boldsymbol{A}+\frac{1}{\dot{\bar{\varepsilon}}}\left(\frac{\partial\bar{\sigma}}{\partial\dot{\bar{\varepsilon}}}-\frac{\bar{\sigma}}{\dot{\bar{\varepsilon}}}\right)\boldsymbol{b}\boldsymbol{b}^{\mathrm{T}}\right]\mathrm{d}V=\boldsymbol{K}'_1 \tag{3-1-68c}$$

$$\frac{\partial^2\Pi^e}{\partial\lambda^e\partial(\dot{\boldsymbol{u}}^e)^{\mathrm{T}}}=\boldsymbol{Q}^{\mathrm{T}} \tag{3-1-68d}$$

利用式(3-1-68a)～式(3-1-68d)，代入牛顿-拉弗森法展开的公式中，最后得到总刚方程，即

$$\begin{bmatrix} \sum_e \boldsymbol{K}'_1 & \sum_e \boldsymbol{Q} \\ \sum_e \boldsymbol{Q}^{\mathrm{T}} & \boldsymbol{0} \end{bmatrix}_{n-1} \begin{Bmatrix} \Delta\dot{\boldsymbol{u}} \\ \boldsymbol{\lambda} \end{Bmatrix}_n = \begin{Bmatrix} \sum_e (\boldsymbol{P} - \boldsymbol{H}'_1) \\ \sum_e \boldsymbol{Q}^{\mathrm{T}} \dot{\boldsymbol{u}}^e \end{Bmatrix}_{n-1} \tag{3-1-69}$$

式中，

$$\boldsymbol{K}'_1 = \int_{V^e} \frac{1}{\dot{\bar{\varepsilon}}} \left[\bar{\sigma}\boldsymbol{A} + \frac{1}{\dot{\bar{\varepsilon}}} \left(\frac{\partial \bar{\sigma}}{\partial \dot{\bar{\varepsilon}}} - \frac{\bar{\sigma}}{\dot{\bar{\varepsilon}}} \right) \boldsymbol{b}\boldsymbol{b}^{\mathrm{T}} \right] \mathrm{d}V$$

$$\boldsymbol{H}'_1 = \int_{V^e} \frac{\bar{\sigma}}{\dot{\bar{\varepsilon}}} \boldsymbol{b} \, \mathrm{d}V$$

$$\boldsymbol{b} = \boldsymbol{B}^{\mathrm{T}} \boldsymbol{B} \dot{\boldsymbol{u}}^e$$

罚函数法和可压缩特性法中泛函均只是节点速度 $\dot{\boldsymbol{u}}$ 的函数，采用上述同样的方法可以推导出它们的有限元公式。

3.1.5 计算实例

例 3-1 以轿车上的关键零件之一的圆锥齿轮冷精锻过程为例，对其变形过程进行有限元数值分析。刚塑性材料的参数如下：弹性模量为 210 000MPa，密度为 7.8g/mm^3，泊松比为 0.29，屈服强度为 840MPa。成形时冲头的挤压速率为 5mm/s。齿轮精锻过程的金属流动变化如图 3-1-3 所示。成形后工件的损伤和等效应力分布如图 3-1-4 所示。

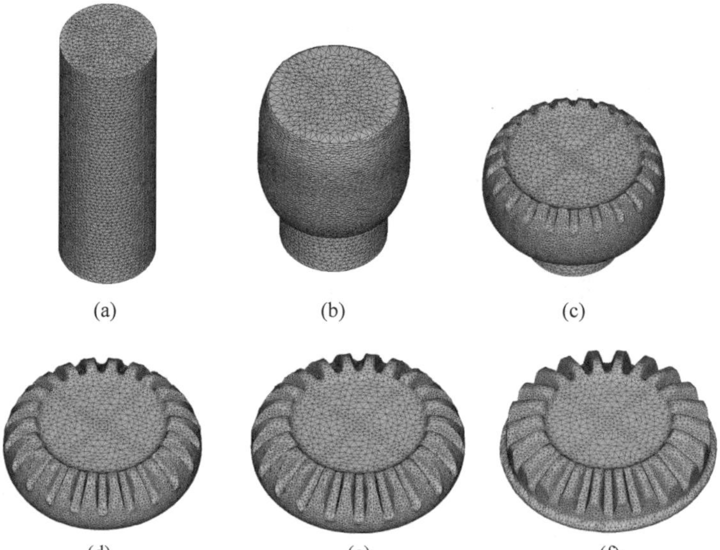

图 3-1-3 齿轮精锻过程的金属流动变化图

(a) 初始坯料；(b) 挤压行程 52mm；(c) 挤压行程 79.8mm；
(d) 挤压行程 84.9mm；(e) 挤压行程 87.7mm；(f) 挤压行程 89.2mm

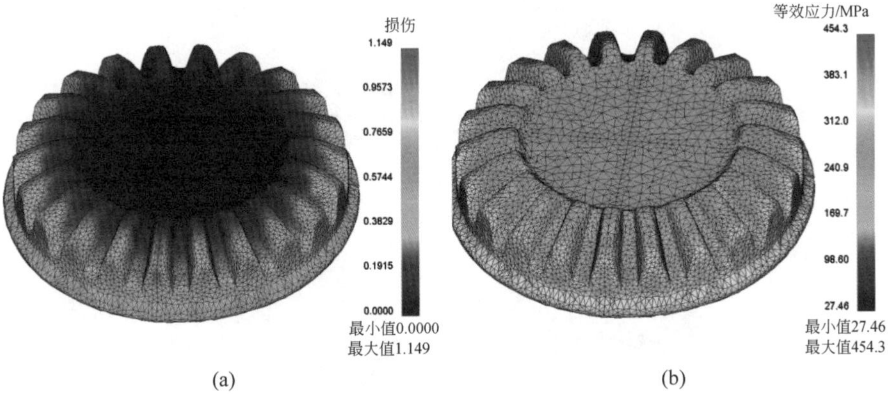

图 3-1-4　成形后工件的损伤和等效应力分布图

(a) 损伤分布；(b) 等效应力分布

例 3-2　图 3-1-5 为蜗旋盘零件、成形工艺原理及其刚黏塑性与热耦合有限元模型。锻件材料为 2014 铝合金，上冲头的工作速度为 20mm/s，背压冲头背压力为 50kN，坯料温度为 470℃，模具温度为 300℃，采用剪切摩擦模型，摩擦因数为 0.3。工件坯料的网格数为 60 000，凸模、凹模和背压模的网格数均为 5000，计算步长为 0.1mm。其成形过程如图 3-1-6 所示，成形过程中温度场变化如图 3-1-7 所示。

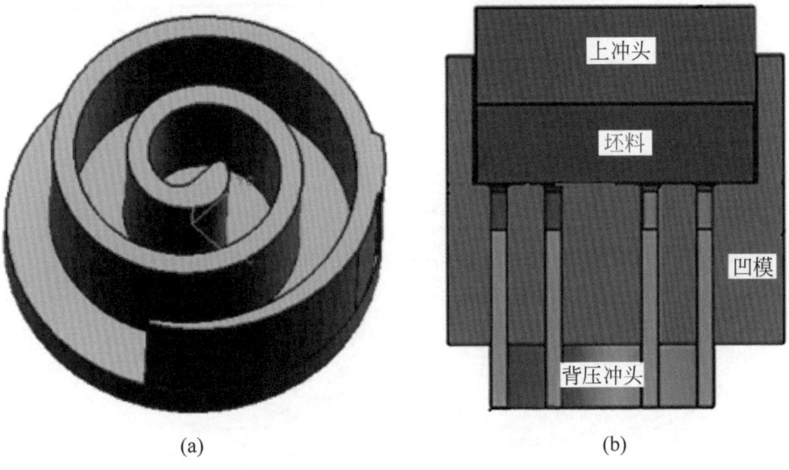

图 3-1-5　蜗旋盘零件及其工艺原理

(a) 蜗盘零件；(b) 成形原理

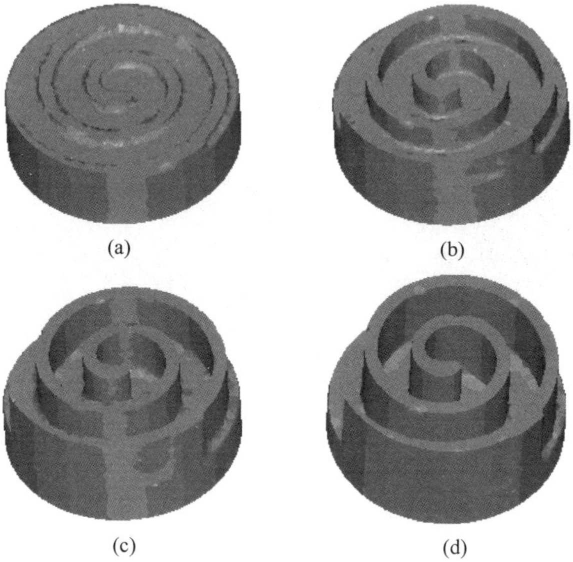

图 3-1-6　蜗旋盘精锻过程金属流动变化图

(a) Step 10；(b) Step 40；(c) Step 70；(d) Step 100

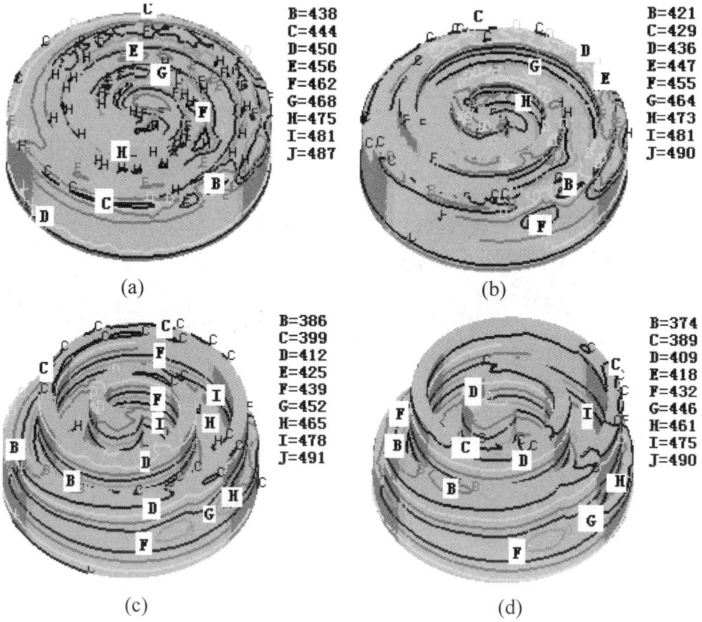

图 3-1-7　成形过程中的温度场(单位：℃)

(a) Step 10；(b) Step 30；(c) Step 70；(d) Step 100

3.2　弹塑性有限元法

1967 年，Marcal 和 King 首先提出了弹塑性有限元法。1968 年，Yamada 等推导了塑性应力-应变矩阵。1970 年，Hibbit 等提出了建立在有限变形理论基础上的大变形有限元列式。20 世纪 70 年代中期，Osias、McMeeking 等采用欧拉描述法建立了大变形有限元列式。此后，大变形弹塑性有限元法不断完善。采用弹塑性有限元法分析金属成形问题，不仅能计算工件的变形和应力、应变分布，还能有效地处理卸载问题，计算金属成形过程结束后工件的回弹和残余应力、残余应变的分布。因此，它适宜于板料成形等问题的模拟。但是，弹塑性有限元法采用的增量型本构关系不允许使用大的变形增量，总的计算时间较长。

弹塑性变形分析与线弹性变形分析的基本差别在于，前者的应力应变关系是非线性的、依赖于变形历史的。因此，弹塑性变形分析一般采用增量分析方法，即将加载过程分为若干增量步，在每个增量步中使物体所受的载荷或给定的边界位移产生增量。在一小段增量的范围内对应力应变关系进行线性化处理，通过增量形式的有限元方程求得增量步中的位移增量，然后求得应变增量和应力增量，并逐步累加。

3.2.1　小变形弹塑性有限元法

对于小位移小变形，可采用小变形弹塑性理论对其变形进行有限元分析。对金属塑性成形过程的每一个小变形增量应用这种方法进行变形分析，通过一系列增量分析来实现对整个成形过程的分析。每一增量步中产生的应变称为应变增量，应变增量张量为小应变张量，而应力增量张量就是柯西应力增量张量。其本构关系要写成增量形式，并引入塑性流动法则和加载-卸载准则，虚功方程也要写成增量的形式，由此得到的有限元方程是非线性方程组，要采用迭代法求解。

1. 应力应变矩阵

增量形式的小应变弹塑性本构方程的一般张量形式和矩阵形式分别为

$$\Delta\sigma_{ij} = C_{ijkl}^{\mathrm{ep}}\Delta\varepsilon_{kl} = (C_{ijkl}^{e} - \alpha C_{ijkl}^{p})\Delta\varepsilon_{kl} \tag{3-2-1}$$

$$\Delta\boldsymbol{\sigma} = \boldsymbol{C}^{\mathrm{ep}}\Delta\boldsymbol{\varepsilon} = (\boldsymbol{C}^{e} - \alpha\boldsymbol{C}^{p})\Delta\boldsymbol{\varepsilon} \tag{3-2-2}$$

式中，$\boldsymbol{C}^{\mathrm{ep}}$ 称为弹塑性应力应变矩阵，简称弹塑性矩阵。小应变弹塑性有限元分析中式(3-2-2)各项的具体表达式阐述如下。

1）三维变形问题的弹塑性矩阵

对于三维变形问题，式(3-2-2)中各个矢量和矩阵分别如下：

$$\Delta\boldsymbol{\sigma} = [\Delta\sigma_{11} \quad \Delta\sigma_{22} \quad \Delta\sigma_{33} \quad \Delta\sigma_{12} \quad \Delta\sigma_{23} \quad \Delta\sigma_{31}]^{\mathrm{T}} \tag{3-2-3}$$

$$\Delta\boldsymbol{\varepsilon} = [\Delta\varepsilon_{11} \quad \Delta\varepsilon_{22} \quad \Delta\varepsilon_{33} \quad 2\Delta\varepsilon_{12} \quad 2\Delta\varepsilon_{23} \quad 2\Delta\varepsilon_{31}]^{\mathrm{T}}$$

$$= \left[\frac{\partial(\Delta u_1)}{\partial x_1}, \frac{\partial(\Delta u_2)}{\partial x_2}, \frac{\partial(\Delta u_3)}{\partial x_3}, \frac{\partial(\Delta u_1)}{\partial x_2} + \frac{\partial(\Delta u_2)}{\partial x_1}, \frac{\partial(\Delta u_2)}{\partial x_3} + \frac{\partial(\Delta u_3)}{\partial x_2}, \frac{\partial(\Delta u_3)}{\partial x_1} + \frac{\partial(\Delta u_1)}{\partial x_3}\right]^{\mathrm{T}} \tag{3-2-4}$$

$\boldsymbol{C}^e$ 和 $\boldsymbol{C}^p$ 分别为

$$\boldsymbol{C}^e = \frac{E}{1+\nu}\begin{bmatrix} \frac{1-\nu}{1-2\nu} & & & & & \\ \frac{\nu}{1-2\nu} & \frac{1-\nu}{1-2\nu} & & & \text{对称} & \\ \frac{1-\nu}{1-2\nu} & \frac{\nu}{1-2\nu} & \frac{1-\nu}{1-2\nu} & & & \\ 0 & 0 & 0 & \frac{1}{2} & & \\ 0 & 0 & 0 & 0 & \frac{1}{2} & \\ 0 & 0 & 0 & 0 & 0 & \frac{1}{2} \end{bmatrix} \tag{3-2-5}$$

$$\boldsymbol{C}^p = \frac{9G^2}{(E+3G)\bar{\sigma}^2}\begin{bmatrix} \sigma'_{11}\sigma'_{11} & & & & & \\ \sigma'_{11}\sigma'_{22} & \sigma'_{22}\sigma'_{22} & & & \text{对称} & \\ \sigma'_{11}\sigma'_{33} & \sigma'_{22}\sigma'_{33} & \sigma'_{33}\sigma'_{33} & & & \\ \sigma'_{11}\sigma_{12} & \sigma'_{22}\sigma_{12} & \sigma'_{33}\sigma_{12} & \sigma_{12}\sigma_{12} & & \\ \sigma'_{11}\sigma_{23} & \sigma'_{22}\sigma_{23} & \sigma'_{33}\sigma_{23} & \sigma_{12}\sigma_{23} & \sigma_{23}\sigma_{23} & \\ \sigma'_{11}\sigma_{31} & \sigma'_{22}\sigma_{31} & \sigma'_{33}\sigma_{31} & \sigma_{12}\sigma_{31} & \sigma_{23}\sigma_{31} & \sigma_{31}\sigma_{31} \end{bmatrix} \tag{3-2-6}$$

2）平面应变问题和轴对称问题

平面应变问题和轴对称问题有一些共同的特点，可以将这种分析用同一个程序来实现。对于平面应变问题，有

$$\Delta\boldsymbol{\sigma} = [\Delta\sigma_{11} \quad \Delta\sigma_{22} \quad \Delta\sigma_{33} \quad \Delta\sigma_{12}]^{\mathrm{T}} \tag{3-2-7}$$

$$\Delta\boldsymbol{\varepsilon} = [\Delta\varepsilon_{11} \quad \Delta\varepsilon_{22} \quad 0 \quad 2\Delta\varepsilon_{12}]^{\mathrm{T}} \tag{3-2-8}$$

对于轴对称问题，有

$$\Delta\boldsymbol{\sigma} = [\Delta\sigma_r \quad \Delta\sigma_z \quad \Delta\sigma_\theta \quad \Delta\sigma_{zr}]^{\mathrm{T}} \tag{3-2-9}$$

$$\begin{aligned}\Delta\boldsymbol{\varepsilon} &= [\Delta\varepsilon_r \quad \Delta\varepsilon_z \quad \Delta\varepsilon_\theta \quad 2\Delta\varepsilon_{zr}]^{\mathrm{T}} \\ &= \left[\frac{\partial(\Delta u_r)}{\partial r}, \frac{\partial(\Delta u_z)}{\partial z}, \frac{\Delta u_r}{r}, \frac{\partial(\Delta u_z)}{\partial r} + \frac{\partial(\Delta u_r)}{\partial z}\right]^{\mathrm{T}}\end{aligned} \tag{3-2-10}$$

这两类问题的应力应变矩阵 $\boldsymbol{C}^{\mathrm{ep}}$ 即为三维变形问题应力应变矩阵的四阶主子式，只是轴对称问题中，要用下标 r、z、θ 分别代替三维问题中的下标 1、2、3。

3）平面应力问题

对于平面应力问题，式(3-2-2)中的各个矢量和矩阵分别为

$$\Delta\boldsymbol{\sigma}=\begin{bmatrix}\Delta\sigma_{11} & \Delta\sigma_{22} & \Delta\sigma_{12}\end{bmatrix}^{\mathrm{T}} \tag{3-2-11}$$

$$\Delta\boldsymbol{\varepsilon}=\begin{bmatrix}\Delta\varepsilon_{11} & \Delta\varepsilon_{22} & 2\Delta\varepsilon_{12}\end{bmatrix}^{\mathrm{T}} \tag{3-2-12}$$

$\boldsymbol{C}^e$ 和 $\boldsymbol{C}^p$ 分别为

$$\boldsymbol{C}^e=\frac{E}{1-\nu^2}\begin{bmatrix}1 & & \text{对称}\\ \nu & 1 & \\ 0 & 0 & \dfrac{1-\nu}{2}\end{bmatrix} \tag{3-2-13}$$

$$\boldsymbol{C}^p=\frac{E}{Q(1-\nu^2)}\begin{bmatrix}(\sigma'_{11}+\nu\sigma'_{22})^2 & & \text{对称}\\ (\sigma'_{11}+\nu\sigma'_{22})(\sigma'_{22}+\nu\sigma'_{11}) & (\sigma'_{22}+\nu\sigma'_{11})^2 & \\ (1-\nu)(\sigma'_{11}+\nu\sigma'_{22})\sigma_{12} & (1-\nu)(\sigma'_{22}+\nu\sigma'_{11})\sigma_{12} & (1-\nu)^2\sigma_{12}\sigma_{12}\end{bmatrix} \tag{3-2-14}$$

$$Q=\sigma'_{11}\sigma'_{11}+\sigma'_{22}+2\nu\sigma'_{11}\sigma'_{22}+2(1-\nu)\sigma_{12}\sigma_{12}+2E_t(1-\nu)\bar{\sigma}^2/(9G)$$

4）正交各向异性材料的应力应变矩阵

对于三维问题，$\Delta\boldsymbol{\sigma}$ 和 $\Delta\boldsymbol{\varepsilon}$ 仍采用式(3-2-3)和式(3-2-4)，满足 Hill 正交各向异性屈服准则的等向强化材料，若弹性阶段符合胡克定律，则其弹性矩阵 $\boldsymbol{C}^e$ 仍为式(3-2-5)，而 $\boldsymbol{C}^p$ 为

$$\boldsymbol{C}^p=\frac{b}{E+c}\boldsymbol{S} \tag{3-2-15}$$

式中，

$$b=\frac{9G^2}{Y^2}$$

$$c=\frac{9G(\sigma'_{11}\sigma'_{11}+\sigma'_{22}\sigma'_{22}+\sigma'_{33}\sigma'_{33}+2\sigma'_{12}\sigma'_{12}+2\sigma'_{23}\sigma'_{23}+2\sigma'_{31}\sigma'_{31})}{2Y^2}$$

$$\boldsymbol{S}=\begin{bmatrix}\sigma'_{11}\sigma'_{11} & & & & & \\ \sigma'_{11}\sigma'_{22} & \sigma'_{22}\sigma'_{22} & & & \text{对称} & \\ \sigma'_{11}\sigma'_{33} & \sigma'_{22}\sigma'_{33} & \sigma'_{33}\sigma'_{33} & & & \\ \sigma'_{11}\sigma'_{12} & \sigma'_{22}\sigma'_{12} & \sigma'_{33}\sigma'_{12} & \sigma'_{12}\sigma'_{12} & & \\ \sigma'_{11}\sigma'_{23} & \sigma'_{22}\sigma'_{23} & \sigma'_{33}\sigma'_{23} & \sigma'_{12}\sigma'_{23} & \sigma'_{23}\sigma'_{23} & \\ \sigma'_{11}\sigma'_{31} & \sigma'_{22}\sigma'_{31} & \sigma'_{33}\sigma'_{31} & \sigma'_{12}\sigma'_{31} & \sigma'_{23}\sigma'_{31} & \sigma'_{31}\sigma'_{31}\end{bmatrix}$$

$$Y=\sqrt{\frac{3}{2(F+Q+H)}}$$

$$\sigma'_{ij}=\frac{2}{3}Y^2A_{ij}$$

$$A_{11}=Q(\sigma_{11}-\sigma_{33})+H(\sigma_{11}-\sigma_{22}),\quad A_{12}=A_{21}=N\sigma_{12}=N\sigma_{21}$$

$$A_{22}=F(\sigma_{22}-\sigma_{33})+H(\sigma_{22}-\sigma_{11}),\quad A_{23}=A_{32}=L\sigma_{23}=L\sigma_{32}$$

$$A_{33}=Q(\sigma_{33}-\sigma_{11})+F(\sigma_{33}-\sigma_{22}),\quad A_{31}=A_{13}=M\sigma_{31}=M\sigma_{13}$$

式中，F、Q、H、N、L 和 M 分别为材料的各向异性参数。

2. 虚功方程

对塑性成形过程进行小变形弹塑性有限元分析时，通常将载荷分解为若干个增量，按增量法求解。设已求得了 t 时刻的解，则物体在体积力 ${}^tb_i$、表面力 ${}^tp_i$ 的作用下处于平衡状态，物体 V 中应力场和应变场分别为 ${}^t\sigma_{ij}$ 和 ${}^t\varepsilon_{ij}$。在 $t+\Delta t$ 时刻物体应该满足的平衡方程为

$$ {}^t\sigma_{ij,j}+\Delta\sigma_{ij,j}+({}^tb_i+\Delta b_i)=0 \tag{3-2-16}$$

在 V 内边界条件为

$$({}^t\sigma_{ij}+\Delta\sigma_{ij})n_j={}^tp_i+\Delta p_i\quad(\text{在 }S_p\text{ 上})$$

$$ {}^tu_i+\Delta u_i={}^t\bar{u}_i+\Delta u\quad(\text{在 }S_u\text{ 上})$$

式中，Δu_i、Δp_i、Δb_i 和 $\Delta\sigma_{ij}$ 表示 $t\sim t+\Delta t$ 时刻这一增量步中的位移增量、表面力增量、体积增量和应力增量。

在 $t+\Delta t$ 时刻，增量形式的虚功方程为

$$\int_V({}^t\sigma_{ij}+\Delta\sigma_{ij})\delta(\Delta\varepsilon_{ij})\mathrm{d}V=\int_{S_p}({}^tp_i+\Delta p_i)\delta(\Delta u_i)\mathrm{d}S+\int_V({}^tb_i+\Delta b_i)\delta(\Delta u_i)\mathrm{d}V \tag{3-2-17}$$

式中，

$$\Delta\varepsilon_{ij}=\frac{1}{2}(\Delta u_{i,j}+\Delta u_{j,i})$$

将增量形式的本构方程式(3-2-1)代入式(3-2-17)得

$$\int_V C_{ijkl}^{\mathrm{ep}}\Delta\varepsilon_{kl}\delta(\Delta\varepsilon_{ij})\mathrm{d}V=\int_{S_p}^{t+\Delta t}p_i\delta(\Delta u_i)\mathrm{d}S+\int_V^{t+\Delta t}b_i\delta(\Delta u_i)\mathrm{d}V-\int_V^t\sigma_{ij}\delta(\Delta\varepsilon_{ij})\mathrm{d}V \tag{3-2-18}$$

式中，${}^{t+\Delta t}p_i={}^tp_i+\Delta p_i$；${}^{t+\Delta t}b_i={}^tb_i+\Delta b_i$。

3. 有限元方程

将所分析的弹塑性材料离散化，对于任一单元采用与弹性变形有限元分析相同的位移(位移增量)插值函数和应变矩阵，并采用矩阵形式的弹塑性本构方程式，则有

$$\begin{cases}{}^t\boldsymbol{u}=\boldsymbol{N}\,{}^t\boldsymbol{u}^e\\ \Delta\boldsymbol{u}=\boldsymbol{N}\Delta\boldsymbol{u}^e\end{cases} \tag{3-2-19}$$

$$\Delta\boldsymbol{\varepsilon}=\boldsymbol{B}\Delta\boldsymbol{u}^e \tag{3-2-20}$$

$$\Delta\boldsymbol{\sigma}=\boldsymbol{C}^{\mathrm{ep}}\boldsymbol{B}\Delta\boldsymbol{u}^e \tag{3-2-21}$$

则将以上各式代入得到任一单元的虚功方程为

$$
\begin{aligned}
&\int_{V^e} \delta(\Delta \boldsymbol{u}^e)^{\mathrm{T}} \boldsymbol{B}^{\mathrm{T}} \boldsymbol{C}^{\mathrm{ep}} \boldsymbol{B} \Delta \boldsymbol{u}^e \mathrm{d}V \\
&= \int_{S_p^e} \delta(\Delta \boldsymbol{u}^e)^{\mathrm{T}} \boldsymbol{N}^{\mathrm{T}\, t+\Delta t} \boldsymbol{p} \mathrm{d}S + \int_{V^e} \delta(\Delta \boldsymbol{u}^e)^{\mathrm{T}} \boldsymbol{N}^{\mathrm{T}\, t+\Delta t} \boldsymbol{b} \mathrm{d}V - \int_{V^e} \delta(\Delta \boldsymbol{u}^e)^{\mathrm{T}} \boldsymbol{B}^{\mathrm{T}\, t} \boldsymbol{\sigma} \mathrm{d}V
\end{aligned} \tag{3-2-22}
$$

由于节点位移增量 $\Delta \boldsymbol{u}^e$ 和节点虚位移增量 $\delta(\Delta \boldsymbol{u}^e)$ 与单元体积及面积分无关，由式(3-2-22)可得

$$
\int_{V^e} \boldsymbol{B}^{\mathrm{T}} \boldsymbol{C}^{\mathrm{ep}} \boldsymbol{B} \Delta \boldsymbol{u}^e \mathrm{d}V = \int_{S_p^e} \boldsymbol{N}^{\mathrm{T}\, t+\Delta t} \boldsymbol{p} \mathrm{d}S + \int_{V^e} \boldsymbol{N}^{\mathrm{T}\, t+\Delta t} \boldsymbol{b} \mathrm{d}V - \int_{V^e} \boldsymbol{B}^{\mathrm{T}\, t} \boldsymbol{\sigma} \mathrm{d}V \tag{3-2-23}
$$

令

$$
\begin{aligned}
&\boldsymbol{K}^e = \int_{V^e} \boldsymbol{B}^{\mathrm{T}} \boldsymbol{C}^{\mathrm{ep}} \boldsymbol{B} \mathrm{d}V \\
&\boldsymbol{P}^e = \int_{S_p^e} \boldsymbol{N}^{\mathrm{T}\, t+\Delta t} \boldsymbol{p} \mathrm{d}S + \int_{V^e} \boldsymbol{N}^{\mathrm{T}\, t+\Delta t} \boldsymbol{b} \mathrm{d}V \\
&{}^t\boldsymbol{F}^e = \int_{V^e} \boldsymbol{B}^{\mathrm{T}\, t} \boldsymbol{\sigma} \mathrm{d}V \\
&\Delta \boldsymbol{R}^e = \boldsymbol{P}^e - {}^t\boldsymbol{F}^e
\end{aligned}
$$

则式(3-2-23)可写成

$$
\boldsymbol{K}^e \Delta \boldsymbol{u}^e = \Delta \boldsymbol{R}^e \tag{3-2-24}
$$

式(3-2-24)即单元刚度方程。把所有单元刚度方程进行集合，即可获得整体有限元方程为

$$
\boldsymbol{K} \Delta \boldsymbol{U} = \Delta \boldsymbol{R} \tag{3-2-25}
$$

式中，$\boldsymbol{K}$ 为整体刚度矩阵，$\boldsymbol{K} = \sum_e \boldsymbol{K}^e$；$\Delta \boldsymbol{U}$ 为整体节点位移增量列阵；$\Delta \boldsymbol{R}$ 为整体节点载荷增量列阵，$\Delta \boldsymbol{R} = \sum_e \Delta \boldsymbol{R}^e$。

实际物体弹塑性变形过程中，内部可能存在弹性区、过渡区、弹塑性区和塑性卸载区 4 种不同状态的区域。对于每个积分点，都要判断它属于哪个区域，以便采用适当的弹塑性矩阵的相应形式。物体中的 4 种区域，可以用屈服函数区分如下。

1）弹性区

$$
\begin{aligned}
&F({}^t\sigma_{ij}, {}^tY) < 0 \\
&F({}^{t+\Delta t}\sigma_{ij}, {}^{t+\Delta t}Y) < 0
\end{aligned}
$$

即在 t 时刻和 $t+\Delta t$ 时刻都处于弹性变形状态，则 $\alpha=0$，$\boldsymbol{C}^{\mathrm{ep}} = \boldsymbol{C}^e$。

2）弹塑性区

$$
\begin{aligned}
&F({}^t\sigma_{ij}, {}^tY) \geqslant 0 \\
&F({}^{t+\Delta t}\sigma_{ij}, {}^{t+\Delta t}Y) \geqslant 0
\end{aligned}
$$

即在 t 时刻和 $t+\Delta t$ 时刻都处于弹塑性变形状态，则 $\alpha=1$，$\boldsymbol{C}^{\mathrm{ep}} = \boldsymbol{C}^e - \boldsymbol{C}^p$。

3）塑性卸载区

$$F({}^{t}\sigma_{ij},{}^{t}Y)\geqslant 0$$

$$F({}^{t+\Delta t}\sigma_{ij},{}^{t+\Delta t}Y)<0$$

即在 t 时刻处于弹塑性状态，在增量步中发生卸载，则 $\alpha=0$，$\boldsymbol{C}^{\mathrm{ep}}=\boldsymbol{C}^{e}$。

4）过渡区

$$F({}^{t}\sigma_{ij},{}^{t}Y)<0$$

$$F({}^{t+\Delta t}\sigma_{ij},{}^{t+\Delta t}Y)\geqslant 0$$

即在 t 时刻处于弹性状态，在增量中进入弹塑性状态。可将此增量步分为两个阶段：第一阶段为弹性变形，应变增量为 $m\Delta\varepsilon_{ij}$（$0<m<1$），正好使材料屈服，$\alpha=0$，$\boldsymbol{C}^{\mathrm{ep}}=\boldsymbol{C}^{e}$；第二阶段为弹塑性变形，应变增量为 $(1-m)\Delta\varepsilon_{ij}$，$\alpha=1$，$\boldsymbol{C}^{\mathrm{ep}}=\boldsymbol{C}^{e}-\boldsymbol{C}^{p}$。于是整个增量步的弹塑性矩阵为 $m\boldsymbol{C}^{e}+(1-m)(\boldsymbol{C}^{e}-\boldsymbol{C}^{p})=\boldsymbol{C}^{e}-(1-m)\boldsymbol{C}^{p}$，令 $\alpha=1-m$，于是确定上述 4 种区域的弹塑性矩阵的问题归结为确定 α 值的问题（$0\leqslant\alpha\leqslant 1$）。

在增量步计算中，首先按弹性区计算，算得的应力值为 ${}^{t+\Delta t}\sigma_{ij}^{*}$。设此时的流动应力为 σ_s，若 $F({}^{t+\Delta t}\sigma_{ij}^{*},\sigma_s)>0$，则该积分点处于过渡区，可取

$$m=\frac{\sigma_s-{}^{t}\bar{\sigma}}{{}^{t+\Delta t}\bar{\sigma}-{}^{t}\bar{\sigma}}$$

式中，${}^{t}\bar{\sigma}$ 和 ${}^{t+\Delta t}\bar{\sigma}$ 分别为 t 时刻和 $t+\Delta t$ 时刻的等效应力。

3.2.2 有限应变弹塑性有限元分析

非线性问题包括材料非线性和几何非线性，对于工程应用中具有较强非线性特点的问题，需要采用非线性理论来研究大位移和大变形。因此，采用有限应变弹塑性有限元法可以较为准确地对这类问题进行模拟分析。在有限应变弹塑性有限元分析中，可以按欧拉描述，也可以按拉格朗日描述。一般，流体力学问题常采用欧拉描述，固体力学问题常采用拉格朗日描述。

1. 应力应变矩阵

对于有限变形问题，在变形态构形上的应力应变关系的速率型方程形式为

$$\hat{\sigma}_{ij}=C_{ijkl}^{\mathrm{ep}}d_{kl} \tag{3-2-26}$$

式中，C_{ijkl}^{ep} 与小变形弹塑性本构方程中的对应项 C_{ijkl}^{ep} 相同，其中的应力分量和应力偏量采用柯西应力分量和柯西应力偏量。

$$\dot{E}_{ij}=\frac{1}{2}\left(\frac{\partial v_k}{\partial X_i}\frac{\partial x_k}{\partial X_j}+\frac{\partial x_k}{\partial X_i}\frac{\partial v_k}{\partial X_j}\right)=\frac{\partial x_k}{\partial X_i}\frac{\partial x_l}{\partial X_j}d_{kl} \tag{3-2-27}$$

又

$$\sigma_{ij}=\frac{\rho}{\rho_0}\frac{\partial x_i}{\partial X_\alpha}\frac{\partial x_j}{\partial X_\beta}S_{\alpha\beta}$$

对上式求物质导数，并代入式(3-2-26)和式(3-2-27)，认为弹塑性变形中材料体积不变，可得拉格朗日描述的速率型本构方程为

$$\dot{S}_{ij}=\frac{\partial X_i}{\partial x_\alpha}\frac{\partial X_i}{\partial x_\alpha}C^{\mathrm{ep}}_{\alpha\beta kl}\frac{\partial X_m}{\partial x_k}\frac{\partial X_n}{\partial x_l}\dot{E}_{mn}-\frac{\partial X_j}{\partial x_p}\frac{\partial X_n}{\partial x_p}S_{im}\dot{E}_{mn}-\frac{\partial X_i}{\partial x_p}\frac{\partial X_n}{\partial x_p}S_{jm}\dot{E}_{mn} \tag{3-2-28}$$

在计算中，可先令 $x_\alpha=X_\alpha$，求出近似解，然后用迭代法做进一步的修正。这样，式(3-2-28)可写成

$$\dot{S}_{ij}=C^{\mathrm{ep}}_{ijmn}-\sigma_{im}\dot{E}_{mj}-\sigma_{jm}\dot{E}_{mi} \tag{3-2-29}$$

其矩阵形式为

$$\Delta\boldsymbol{S}=(\boldsymbol{C}^{\mathrm{ep}}-\boldsymbol{\tau}_\sigma)\Delta\boldsymbol{E} \tag{3-2-30}$$

式(3-2-30)即为修正拉格朗日法的克希荷夫应力张量增量与格林应变张量增量关系的矩阵表达式。对于三维空间问题，符合米泽斯屈服准则和等向强化的弹塑性材料，各项写出如下：

$$\Delta\boldsymbol{S}=[\Delta S_{11}\quad \Delta S_{22}\quad \Delta S_{33}\quad \Delta S_{12}\quad \Delta S_{23}\quad \Delta S_{31}]^{\mathrm{T}} \tag{3-2-31}$$

$$\Delta\boldsymbol{E}=[\Delta E_{11}\quad \Delta E_{22}\quad \Delta E_{33}\quad 2\Delta E_{12}\quad 2\Delta E_{23}\quad 2\Delta E_{31}]^{\mathrm{T}} \tag{3-2-32}$$

式中，诸分量与位移增量分量 Δu_i 的关系为

$$\Delta E_{ij}=\frac{1}{2}\left[\frac{\partial(\Delta u_i)}{\partial X_j}+\frac{\partial(\Delta u_j)}{\partial X_i}+\frac{\partial(\Delta u_k)}{\partial X_i}\frac{\partial(\Delta u_k)}{\partial X_j}\right] \tag{3-2-33}$$

$$\boldsymbol{C}^{\mathrm{ep}}=\boldsymbol{C}^e-\alpha\boldsymbol{C}^p$$

$$\boldsymbol{\tau}_\sigma=\begin{bmatrix}2\sigma_{11} & & & & & \\ 0 & 2\sigma_{22} & & & \text{对称} & \\ 0 & 0 & 2\sigma_{33} & & & \\ \sigma_{12} & \sigma_{12} & 0 & \frac{1}{2}(\sigma_{11}+\sigma_{22}) & & \\ 0 & \sigma_{23} & \sigma_{23} & \frac{1}{2}\sigma_{31} & \frac{1}{2}(\sigma_{22}+\sigma_{33}) & \\ \sigma_{31} & 0 & \sigma_{31} & \frac{1}{2}\sigma_{23} & \frac{1}{2}\sigma_{12} & \frac{1}{2}\sigma_{11}+\sigma_{33}\end{bmatrix} \tag{3-2-34}$$

2. 虚功率方程

在变形态物体上用欧拉变量描述的虚功率方程为

$$\int_V \sigma_{ij}\,\delta d_{ij}\,\mathrm{d}V=\int_{S_p} p_i\,\delta v_i\,\mathrm{d}S+\int_V b_i\,\delta v_i\,\mathrm{d}V \tag{3-2-35}$$

又

$$\dot{E}_{ij}=\frac{\partial x_k}{\partial X_i}\frac{\partial x_l}{\partial X_j}d_{kl}$$

$$S_{ij}=J\frac{\partial X_i}{\partial x_k}\frac{\partial X_j}{\partial x_l}\sigma_{kl}$$

$$\mathrm{d}V=J\,\mathrm{d}V_0$$

由以上 3 式，可将式(3-2-35)左边改写为

$$\int_V \sigma_{ij}\delta d_{ij}\,\mathrm{d}V=\int_{V_0}S_{ij}\delta\dot{E}_{ij}\,\mathrm{d}V_0$$

式中，V_0 为与 V 相对应的物体在初始参考构形时的体积。

对于保守载荷的情况，有

$$b_i^0\,\mathrm{d}V_0=b_i\,\mathrm{d}V$$

$$p_i^0\,\mathrm{d}S_0=p_i\,\mathrm{d}S$$

式中，b_i^0 和 p_i^0 分别为与 b_i 和 p_i 相对应的在参考态构形中的单位体积的体力和受载表面 S_{OP} 上的表面力分量。

因此，由式(3-2-36)得到按用克希荷夫应力张量和格林应变张量变化率表示的，拉格朗日描述的虚功率方程，即

$$\int_{V_0}S_{ij}\delta\dot{E}_{ij}\,\mathrm{d}V_0=\int_{S_{\mathrm{OP}}}p_i^0\delta v_i\,\mathrm{d}S_0+\int_{V_0}b_i{}^0\delta v_i\,\mathrm{d}V_0 \tag{3-2-36}$$

若在位移约束表面 S_{OU} 上已知其质点的速度为 $\bar{v}_i$，则在 S_{OU} 边界面上的速度边界条件为

$$v_i=\bar{v}_i$$

3.2.3 有限元方程

1. 应变增量及其分解

格林应变为

$$\boldsymbol{E}={}^t\boldsymbol{E}+\Delta\boldsymbol{E}$$

用 ΔE_{ij}^L 和 ΔE_{ij}^N 分别表示应变增量的线性部分和非线性部分，则格林应变增量 ΔE_{ij} 可写为

$$\Delta E_{ij}=\Delta E_{ij}^L+\Delta E_{ij}^N\quad(i,j=1,2,3) \tag{3-2-37}$$

式中，

$$2\Delta E_{ij}^L=\frac{\partial\Delta u_i}{\partial X_j}+\frac{\partial\Delta u_j}{\partial X_i} \tag{3-2-38}$$

$$2\Delta E_{ij}^N=\frac{\partial\Delta u_k}{\partial X_i}\frac{\partial\Delta u_k}{\partial X_j} \tag{3-2-39}$$

式(3-2-37)～式(3-2-39)的矩阵形式为

$$\Delta\boldsymbol{E}=\Delta\boldsymbol{E}^L+\Delta\boldsymbol{E}^N \tag{3-2-40}$$

$$\Delta\boldsymbol{E}^L=\boldsymbol{L}\Delta\boldsymbol{u} \tag{3-2-41}$$

$$\Delta \boldsymbol{E}^{N} = \frac{1}{2} \Delta \boldsymbol{\theta} \Delta \boldsymbol{\beta} \tag{3-2-42}$$

式中，

$$\boldsymbol{L} = \begin{bmatrix} \frac{\partial}{\partial X_1} & 0 & 0 \\ 0 & \frac{\partial}{\partial X_2} & 0 \\ 0 & 0 & \frac{\partial}{\partial X_3} \\ \frac{\partial}{\partial X_2} & \frac{\partial}{\partial X_1} & 0 \\ 0 & \frac{\partial}{\partial X_3} & \frac{\partial}{\partial X_2} \\ \frac{\partial}{\partial X_3} & 0 & \frac{\partial}{\partial X_1} \end{bmatrix} \tag{3-2-43}$$

$$\Delta \boldsymbol{u} = \begin{bmatrix} \Delta u_1 & \Delta u_2 & \Delta u_3 \end{bmatrix}^{\mathrm{T}} \tag{3-2-44}$$

$$\Delta \boldsymbol{\beta}_I = \begin{bmatrix} \frac{\partial \Delta u_1}{\partial X_{\mathrm{I}}} & \frac{\partial \Delta u_2}{\partial X_{\mathrm{I}}} & \frac{\partial \Delta u_3}{\partial X_{\mathrm{I}}} \end{bmatrix}^{\mathrm{T}} \quad (I = 1, 2, 3) \tag{3-2-45}$$

$$\Delta \boldsymbol{\beta} = \begin{bmatrix} \Delta \boldsymbol{\beta}_1^{\mathrm{T}} & \Delta \boldsymbol{\beta}_2^{\mathrm{T}} & \Delta \boldsymbol{\beta}_3^{T} \end{bmatrix}^{\mathrm{T}} \tag{3-2-46}$$

$$\Delta \boldsymbol{\theta} = \begin{bmatrix} \Delta \boldsymbol{\beta}_1^{\mathrm{T}} & \boldsymbol{0}^{\mathrm{T}} & \boldsymbol{0}^{\mathrm{T}} \\ \boldsymbol{0}^{\mathrm{T}} & \Delta \boldsymbol{\beta}_2^{\mathrm{T}} & \boldsymbol{0}^{\mathrm{T}} \\ \boldsymbol{0}^{\mathrm{T}} & \boldsymbol{0}^{\mathrm{T}} & \Delta \boldsymbol{\beta}_3^{\mathrm{T}} \\ \Delta \boldsymbol{\beta}_2^{\mathrm{T}} & \Delta \boldsymbol{\beta}_1^{\mathrm{T}} & \boldsymbol{0}^{\mathrm{T}} \\ \boldsymbol{0}^{\mathrm{T}} & \Delta \boldsymbol{\beta}_3^{\mathrm{T}} & \Delta \boldsymbol{\beta}_2^{\mathrm{T}} \\ \Delta \boldsymbol{\beta}_3^{\mathrm{T}} & \boldsymbol{0}^{\mathrm{T}} & \Delta \boldsymbol{\beta}_1^{\mathrm{T}} \end{bmatrix} \tag{3-2-47}$$

2. 单元增量刚度方程和整体增量刚度方程

1）单元应变增量

三维连续体离散化，并选取单元位移插值函数后，单元内任一点的位移增量可用节点位移增量表示为

$$\Delta \boldsymbol{u} = \boldsymbol{N} \Delta \boldsymbol{u}^{e} \tag{3-2-48}$$

式中，$\boldsymbol{N}$ 为形函数矩阵；$\Delta \boldsymbol{u}^{e}$ 为单元节点位移增量列阵。

将式(3-2-48)代入式(3-2-41)得

$$\Delta \boldsymbol{E}^{L} = \boldsymbol{L} \boldsymbol{N} \Delta \boldsymbol{u}^{e} = \boldsymbol{B}_{L} \Delta \boldsymbol{u}^{e} \tag{3-2-49}$$

式中，$\boldsymbol{B}_L$ 与线弹性或小变形弹塑性应变矩阵是相同的，称为线性应变矩阵。将

式(3-2-48)代入式(3-2-45)有

$$\Delta \boldsymbol{\beta}_I = \boldsymbol{G}_I \Delta \boldsymbol{u}^e \quad (I = 1,2,3) \tag{3-2-50}$$

式中，

$$\boldsymbol{G}_I = \begin{bmatrix} \boldsymbol{G}_I^{(1)} & \boldsymbol{G}_I^{(2)} & \cdots & \boldsymbol{G}_I^{(n)} \end{bmatrix} \quad (I = 1,2,3,\cdots,n) \tag{3-2-51}$$

n 为单元节点数，而其中

$$\boldsymbol{G}_I^{(k)} = \begin{bmatrix} \dfrac{\partial N^{(k)}}{\partial X_I} & 0 & 0 \\ 0 & \dfrac{\partial N^{(k)}}{\partial X_I} & 0 \\ 0 & 0 & \dfrac{\partial N^{(k)}}{\partial X_I} \end{bmatrix} \quad (k = 1,2,\cdots,n) \tag{3-2-52}$$

把 I 作为行号，并按 1、2、3 顺序排列后得

$$\Delta \boldsymbol{\beta} = \boldsymbol{G} \Delta \boldsymbol{u}^e \tag{3-2-53}$$

式中，

$$\boldsymbol{G} = \begin{bmatrix} \boldsymbol{G}_1^{(1)} & \boldsymbol{G}_1^{(2)} & \cdots & \boldsymbol{G}_1^{(n)} \\ \boldsymbol{G}_2^{(1)} & \boldsymbol{G}_2^{(2)} & \cdots & \boldsymbol{G}_2^{(n)} \\ \boldsymbol{G}_3^{(1)} & \boldsymbol{G}_3^{(2)} & \cdots & \boldsymbol{G}_3^{(n)} \end{bmatrix} \tag{3-2-54}$$

通过计算可得

$$\Delta \boldsymbol{E}^N = \frac{1}{2} \Delta \boldsymbol{\theta} \boldsymbol{G} \Delta \boldsymbol{u}^e = \boldsymbol{B}_N^* \Delta \boldsymbol{u}^e \tag{3-2-55}$$

式中，$\boldsymbol{B}_N^*$ 称为非线性应变矩阵。

将式(3-2-43)和式(3-2-55)代入式(3-2-41)，得

$$\Delta \boldsymbol{E} = \boldsymbol{B} \Delta \boldsymbol{u}^e \tag{3-2-56}$$

式中，

$$\boldsymbol{B} = \boldsymbol{B}_L + \boldsymbol{B}_N^* \tag{3-2-57}$$

2）单元应力及其增量

按 UL 法求解时，以 t 时刻构形为参考构形，t 时刻构形中的克希荷夫应力即为柯西应力，而 $t+\Delta t$ 时刻的克希荷夫应力列阵为

$$\boldsymbol{S} = \boldsymbol{\tau} + \Delta \boldsymbol{S} \tag{3-2-58}$$

式中，τ 为 t 时刻以 X_i 为拉格朗日坐标的参考构形的单元中任一点的柯西应力。把式(3-2-56)代入式(3-2-30)，可得式中的 $\Delta \boldsymbol{S}$ 为

$$\Delta \boldsymbol{S} = (\boldsymbol{C}^{\mathrm{ep}} - \boldsymbol{\tau}_\sigma) \boldsymbol{B} \Delta \boldsymbol{u}^e = (\boldsymbol{C}^{\mathrm{ep}} - \boldsymbol{\tau}_\sigma)(\boldsymbol{B}_L + \boldsymbol{B}_N^*) \Delta \boldsymbol{u}^e \tag{3-2-59}$$

3）单元增量刚度方程和整体增量刚度方程

将虚功率方程式(3-2-36)应用于 t 时刻参考构形中的任一单元 e，写成增量形式，得

$$\int_{V^e}\delta(\Delta\boldsymbol{E})^{\mathrm{T}}\boldsymbol{S}\,\mathrm{d}V=\int_{S_p^e}\delta(\Delta\boldsymbol{u})^{\mathrm{T}}\boldsymbol{p}\,\mathrm{d}S+\int_{V^e}\delta(\Delta\boldsymbol{u})^{\mathrm{T}}\boldsymbol{b}\rho\,\mathrm{d}V \tag{3-2-60}$$

把式(3-2-58)和式(3-2-59)代入式(3-2-60)，得

$$\int_{V^e}\delta(\Delta\boldsymbol{E})^{\mathrm{T}}[\boldsymbol{\tau}+(\boldsymbol{C}^{\mathrm{ep}}-\boldsymbol{\tau}_\sigma)\Delta\boldsymbol{E}]\mathrm{d}V=\int_{S_p^e}\delta(\Delta\boldsymbol{u})^{\mathrm{T}}\boldsymbol{p}\,\mathrm{d}S+\int_{V^e}\delta(\Delta\boldsymbol{u})^{\mathrm{T}}\boldsymbol{b}\rho\,\mathrm{d}V \tag{3-2-61}$$

式中，

$$\begin{aligned}\delta\boldsymbol{E}&=\delta\boldsymbol{E}^L+\delta\boldsymbol{E}^N=\boldsymbol{B}_L\delta\Delta\boldsymbol{u}^e+\frac{1}{2}(\delta\Delta\boldsymbol{\theta}\Delta\boldsymbol{\beta}+\Delta\boldsymbol{\theta}\delta\Delta\boldsymbol{\beta})\\&=\boldsymbol{B}_L\delta\Delta\boldsymbol{u}^e+\Delta\boldsymbol{\theta}\delta\Delta\boldsymbol{\beta}=(\boldsymbol{B}_L+\boldsymbol{B}_N)\delta\Delta\boldsymbol{u}^e\end{aligned} \tag{3-2-62}$$

式中，$\boldsymbol{B}_N=2\boldsymbol{B}_N^*$。

于是式(3-2-61)左边可以写成

$$\begin{aligned}&\int_{V^e}\delta(\Delta\boldsymbol{u}^e)^{\mathrm{T}}(\boldsymbol{B}_L^{\mathrm{T}}+\boldsymbol{B}_N^{\mathrm{T}})\boldsymbol{\tau}\mathrm{d}V+\int_{V^e}\delta(\Delta\boldsymbol{u}^e)^{\mathrm{T}}(\boldsymbol{B}_L^{\mathrm{T}}+\boldsymbol{B}_N^{\mathrm{T}})(\boldsymbol{C}^{\mathrm{ep}}-\boldsymbol{\tau}_\sigma)(\boldsymbol{B}_L^{\mathrm{T}}+\boldsymbol{B}_N^*)\Delta\boldsymbol{u}^e\,\mathrm{d}V\\=&\int_{V^e}\delta(\Delta\boldsymbol{u}^e)^{\mathrm{T}}\boldsymbol{B}_L^{\mathrm{T}}\boldsymbol{\tau}\mathrm{d}V+\int_{V^e}\delta(\Delta\boldsymbol{u}^e)^{\mathrm{T}}\boldsymbol{G}^{\mathrm{T}}\Delta\boldsymbol{\theta}^{\mathrm{T}}\tau\mathrm{d}V+\int_{V^e}\delta(\Delta\boldsymbol{u}^e)^{\mathrm{T}}\boldsymbol{B}_L^{\mathrm{T}}\boldsymbol{C}^{\mathrm{ep}}\boldsymbol{B}_L\Delta\boldsymbol{u}^e\,\mathrm{d}V-\\&\int_{V^e}\delta(\Delta\boldsymbol{u}^e)^{\mathrm{T}}\boldsymbol{B}_L^{\mathrm{T}}\boldsymbol{\tau}_\sigma\boldsymbol{B}_L\Delta\boldsymbol{u}^e\,\mathrm{d}V+\int_{V^e}\delta(\Delta\boldsymbol{u}^e)^{\mathrm{T}}[\boldsymbol{B}_L^{\mathrm{T}}(\boldsymbol{C}^{\mathrm{ep}}-\boldsymbol{\tau}_\sigma)\boldsymbol{B}_N^*+\\&\boldsymbol{B}_N^{\mathrm{T}}(\boldsymbol{C}^{\mathrm{ep}}-\boldsymbol{\tau}_\sigma)\boldsymbol{B}_L+\boldsymbol{B}_N^{\mathrm{T}}(\boldsymbol{C}^{\mathrm{ep}}-\boldsymbol{\tau}_\sigma)\boldsymbol{B}_N^*]\Delta\boldsymbol{u}^e\,\mathrm{d}V\end{aligned} \tag{3-2-63}$$

式中，

$$\int_{V^e}\delta(\Delta\boldsymbol{u}^e)^{\mathrm{T}}\boldsymbol{G}^{\mathrm{T}}\Delta\boldsymbol{\theta}^{\mathrm{T}}\tau\,\mathrm{d}V=\int_{V^e}\delta(\Delta\boldsymbol{u}^e)^{\mathrm{T}}\boldsymbol{G}^{\mathrm{T}}\boldsymbol{T}\boldsymbol{G}\Delta\boldsymbol{u}^e\,\mathrm{d}V$$

$$\boldsymbol{T}=\begin{bmatrix}\sigma_{11}\boldsymbol{I}_{3\times3} & & \text{对称}\\ \sigma_{12}\boldsymbol{I}_{3\times3} & \sigma_{22}\boldsymbol{I}_{3\times3} & \\ \sigma_{13}\boldsymbol{I}_{3\times3} & \sigma_{23}\boldsymbol{I}_{3\times3} & \sigma_{33}\boldsymbol{I}_{3\times3}\end{bmatrix}$$

而式(3-2-58)右边可写成如下形式：

$$\int_{S_p^e}\delta(\Delta\boldsymbol{u}^e)^{\mathrm{T}}\boldsymbol{N}^{\mathrm{T}}\boldsymbol{p}^{\mathrm{T}}\mathrm{d}S+\int_{V^e}\delta(\Delta\boldsymbol{u}^e)^{\mathrm{T}}\boldsymbol{N}^{\mathrm{T}}\boldsymbol{b}\rho\,\mathrm{d}V$$

综合式(3-2-58)～式(3-2-63)，可得到单元增量刚度方程为

$$(\boldsymbol{k}_0^e+\boldsymbol{k}_\sigma^e+\boldsymbol{k}_1^e)\Delta\boldsymbol{u}^e=\boldsymbol{P}^e-\boldsymbol{F}^e-\boldsymbol{Q}^e \tag{3-2-64}$$

式中，

$$\boldsymbol{k}_0^e=\int_{V^e}\boldsymbol{B}_L^{\mathrm{T}}\boldsymbol{C}^{\mathrm{ep}}\boldsymbol{B}_L\,\mathrm{d}V \tag{3-2-65}$$

$$\boldsymbol{k}_\sigma^e=\int_{V^e}\boldsymbol{G}^{\mathrm{T}}\boldsymbol{T}\boldsymbol{G}\,\mathrm{d}V \tag{3-2-66}$$

$$\boldsymbol{k}_1^e=\int_{V^e}\boldsymbol{B}_N^{\mathrm{T}}(\boldsymbol{C}^{\mathrm{ep}}-\boldsymbol{\tau}_\sigma)\boldsymbol{B}_N^*\,\mathrm{d}V \tag{3-2-67}$$

$$\boldsymbol{P}^e = \int_{S_p^e} \boldsymbol{N}^{\mathrm{T}} \boldsymbol{p} \,\mathrm{d}S + \int_{V^e} \boldsymbol{N}^{\mathrm{T}} \boldsymbol{b} \rho \,\mathrm{d}V \tag{3-2-68}$$

$$\boldsymbol{F}^e = \int_{V^e} \boldsymbol{B}_L^{\mathrm{T}} \boldsymbol{\tau} \,\mathrm{d}V \tag{3-2-69}$$

$$\boldsymbol{Q}^e = \int_{V^e} [\boldsymbol{B}_L^{\mathrm{T}} (\boldsymbol{C}^{\mathrm{ep}} - \boldsymbol{\tau}_\sigma) \boldsymbol{B}_N + \boldsymbol{B}_N^{\mathrm{T}} (\boldsymbol{C}^{\mathrm{ep}} - \boldsymbol{\tau}_\sigma) \boldsymbol{E}_L] \,\mathrm{d}V \tag{3-2-70}$$

式(3-2-65)~式(3-2-70)中，$\boldsymbol{k}_0^e$ 与位移增量 $\Delta \boldsymbol{u}^e$ 无关，称为小位移刚度矩阵；$\boldsymbol{k}_\sigma^e$ 与已知应力 $\boldsymbol{\tau}$ 有关，称为初应力刚度矩阵；$\boldsymbol{k}_l^e$ 与位移增量有关，称为大位移刚度矩阵，为形成对称刚度矩阵，将产生不对称矩阵的项移至等式右边作为虚拟载荷 $\boldsymbol{Q}^e$；$\boldsymbol{F}^e$ 称为初应力节点内力；$\boldsymbol{P}^e$ 为外力(面力和体力)节点载荷。

式(3-2-64)可写为

$$\boldsymbol{K}^e \Delta \boldsymbol{u}^e = \boldsymbol{P}^e - \boldsymbol{F}^e - \boldsymbol{Q}^e \tag{3-2-71}$$

根据将单元刚度方程集合成整体刚度方程的方法，把所有单元增量刚度方程进行集合，就可得到整体刚度方程

$$\boldsymbol{K} \Delta \boldsymbol{U} = \boldsymbol{P} - \boldsymbol{F} - \boldsymbol{Q} = \boldsymbol{R} \tag{3-2-72}$$

式中，$\boldsymbol{K}$ 为整体切线刚度矩阵；$\Delta \boldsymbol{U}$ 为整体节点位移增量列阵；$\boldsymbol{P}$ 为整体外力节点载荷列阵；$\boldsymbol{F}$ 为整体初始应力内力节点力列阵；$\boldsymbol{Q}$ 为整体虚拟载荷列阵；$\boldsymbol{R}$ 为整体节点不平衡力列阵。

求解此非线性方程组，即可得到节点位移增量。

3.2.4 计算实例

轴挤压动画

例 3-3 以变速箱轴开式冷挤压过程为例，对其变形过程进行弹塑性分析。材料的参数如下：弹性模量为 210 000MPa，密度为 7.8g/mm^3，泊松比为 0.29，屈服强度为 840MPa。成形时上模的挤压速率为 20mm/s。材料的类型为弹塑性，但考虑到收敛问题，将计算步长减小。在挤压过程结束后，改变上模运动方向并开启上模进行卸载回弹分析，得到的挤压终了和回弹后的等效应力分布如图 3-2-1 所示，回弹前后锻件尺寸变化如图 3-2-2 所示。由此二图可知，回弹后工件的应力得到释缓而尺寸也发生了相应的变化。

例 3-4 V 形模弯曲是一种常见的棒材成形工艺。本例中弯曲棒材原材料为 AISI4120，材料的参数如下：弹性模量为 210 000MPa，泊松比为 0.3，屈服强度为 600MPa，板料初始直径为 25mm，长度为 180mm，弯曲冲头下压速度为 10mm/s，冲头下压为 35mm。图 3-2-3 所示为下压 35mm 时的等效应力分布及卸载回弹后的应力分布，图 3-2-4 所示为回弹前后外形对比。由此二图可知，回弹后工件因应力释放，回弹角有所增大。

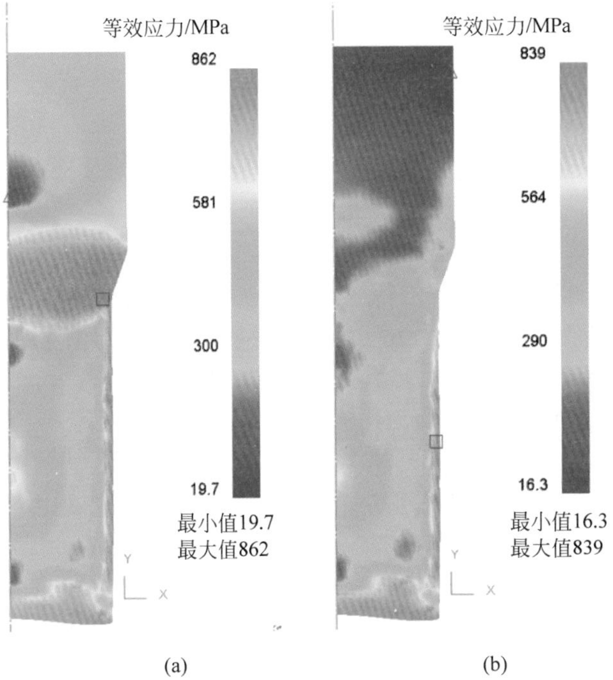

图 3-2-1　齿轮成形回弹前后的等效应力分布比较

（a）回弹前；（b）回弹后

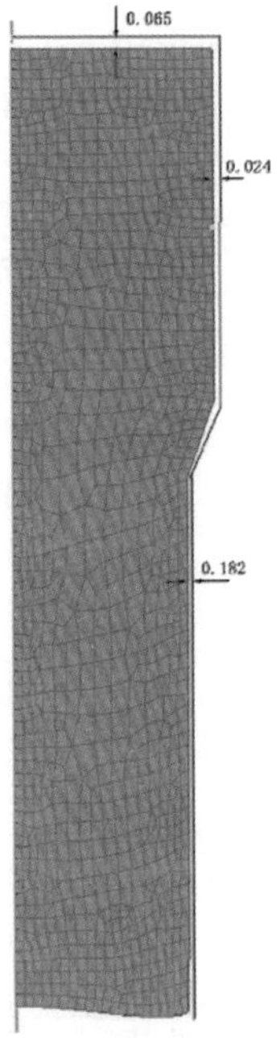

图 3-2-2　齿轮成形回弹前后的尺寸变化

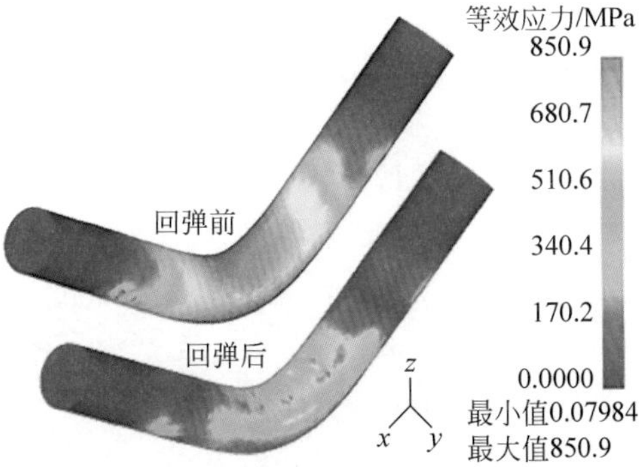

图 3-2-3　弯曲回弹前后的等效应力分布比较

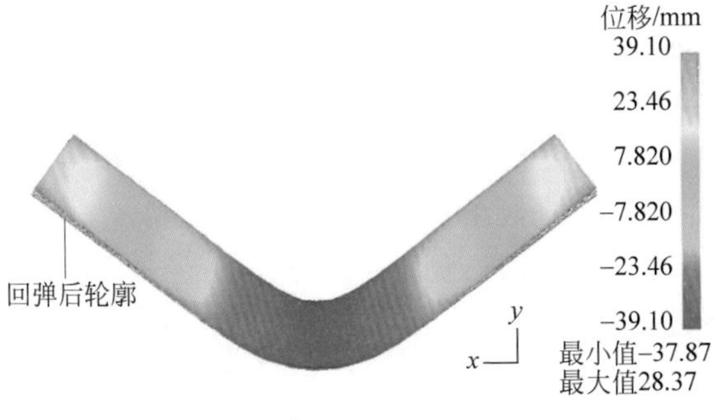

图 3-2-4　弯曲回弹前后的外形对比

3.3 无网格法

3.3.1 概述

自从有限元方法提出至今，国内外对其研究已经相当成熟，应用范围也越来越广泛。但是，应用有限元方法对材料成形过程进行数值模拟时（尤其是在模拟裂纹的扩展等问题时），网格的畸变导致的网格重划分问题是无法回避的。由于网格的重划分会影响到计算精度并浪费计算时间，尤其是三维锻造成形时网格重划分难度更大，人们开始转向另一种数值计算方法，即无网格方法。

自从1977年L. A. Lucy和J. J. Monaghan首次提出基于拉格朗日公式的光滑质点流体力学无网格数值计算方法以来，无网格方法已经被广泛用于解决二维和三维问题、静力和动力问题、线性和非线性问题等。

无网格法将连续体离散为独立的节点，无须将节点连接成为单元，这样可以完全避免网格的生成和重划分，位移场函数通过节点的离散几何插值得到，可以保证基本场变量在连续体内的连续性，因而提高了计算精度和解题效率。在处理裂纹扩展、界面移动及其他大变形问题上，无网格法具有有限元法无法比拟的优越性。

3.3.2 无网格法基本原理

无网格法的基本点是离散化材料为节点，并消除网格单元。这一方法又可以归纳为以下五大类：①光滑质点流体动力学（smoothed particle hydrodynamics，SPH）法，最初这一方法主要应用于计算大量粒子的相互作用，后来这一方法也开始成功地应用到连续体中；②广义有限差分法（generalized finite difference method），这一方法主要用来处理任意排列的节点问题；③整体剖分方法（Partition of unity method），Melenk于1996年提出了整体有限元剖分方法（partition of unity finite element method，PUFEM），同年Duarte和Oden介绍了一种更通用的HP-cloud方法，其根本特点就是节点形函数与增强函数求乘积；④再生核质点方法（reproducing kernel particle method，RKPM），该方法是Liu与Zhang于1995年根据小波原理提出的，采用窗口函数和傅里叶变换建立了新的形函数，可应用于弹性、塑性和动力学问题；⑤移动最小二乘近似（moving least squares aproximations，MLS），这一方法最早由Lancaster和Salkaukas于1981年提出，直到1992年Nayroles、Touzot和Villon将MLS应用于伽辽金方法，并称为扩散单元法（diffuse element method）。随后，Belytschko、Lu和Gu于1994年对该方法进行了改进，并称为无网格伽辽金方法（element-free Galerkin，EFG）。通过应用再生核公式，Liu、Li和Belytschko于1996年提出了移动最小二乘再生方法。

1. 移动最小二乘近似

在空间域 Ω 中相对于空间坐标 $\boldsymbol{x}$ 的独立变量 $u(\boldsymbol{x})$，其近似量为 $\tilde{u}(\boldsymbol{x})$。假定域 Ω 中任意点 $\boldsymbol{x}$ 可以用参数 $u_1, u_2, \cdots, u_n$ 来表示，相应的节点位置为 $\boldsymbol{x}_1, \boldsymbol{x}_2, \cdots, \boldsymbol{x}_n$，则移动最小二乘近似方法包含 4 个关键问题，即权函数 $w_t(\boldsymbol{x})$、基函数 $\boldsymbol{p}^{\mathrm{T}}(\boldsymbol{x})$、系数 $\boldsymbol{a}^{\mathrm{T}}(\boldsymbol{x})$ 和形函数 $\phi_t(\boldsymbol{x})$。

1）权函数

权函数 $w_t(\boldsymbol{x})$ 与每个节点 $\boldsymbol{x}_t$ 相关，且仅在节点 $\boldsymbol{x}_t$ 的一个很小的邻域（或称影响域）内为非零值。一般地，权函数在域 Ω 内的积分为 1，且应为单调递减函数。

为构造权函数，对于每个节点 $\boldsymbol{x}_t$ 的影响域大小 φ_{mt} 可以定义为

$$\varphi_{mt} = \varphi_{\max}\alpha_t \tag{3-3-1}$$

式中，$\varphi_{\max}$ 为比例参数，对于静态分析可以取 2.0～4.0，对于动态分析可以取值 2.0～2.5；α_t 足够大，这样每个节点的影响域都大到至少可以影响两个相邻的节点。

另外，为方便后面进行分析，定义 $r = \dfrac{\varphi_t}{\varphi_{mt}}$，其中 $\varphi_t = |\boldsymbol{x} - \boldsymbol{x}_t|$。

常用的权函数包括指数函数、三次样条和四次样条函数。下面给出在一维问题中常用的权函数。

（1）指数函数为

$$w_t(\boldsymbol{x}) = w(r) = \begin{cases} \mathrm{e}^{-(r/\beta)^2} & (r \leqslant 1) \\ 0 & (r > 1) \end{cases} \tag{3-3-2}$$

（2）三次样条函数为

$$w_t(\boldsymbol{x}) = w(r) = \begin{cases} \dfrac{2}{3} - 4r^2 + 4r^3 & \left(r \leqslant \dfrac{1}{2}\right) \\ \dfrac{4}{3} - 4r + 4r^2 - \dfrac{4}{3}r^3 & \left(\dfrac{1}{2} < r \leqslant 1\right) \\ 0 & (r > 1) \end{cases} \tag{3-3-3}$$

（3）四次样条函数为

$$w_t(\boldsymbol{x}) = w(r) = \begin{cases} 1 - 6r^2 + 8r^3 - 3r^4 & (r \leqslant 1) \\ 0 & (r > 1) \end{cases} \tag{3-3-4}$$

对于二维问题，影响域的形式有两种表述方式，即圆形和方形区域。对于圆形域，权函数的形式不变，但此时的 r 定义为

$$r = \sqrt{(x - x_t)^2 + (y - y_t)^2} \tag{3-3-5}$$

对于方形域，权函数采用如下形式：

$$w_t(\boldsymbol{x}) = w(r_x)w(r_y) \tag{3-3-6}$$

式中，

$$r_x = \frac{|x - x_t|}{\varphi_{\max}\alpha_{tx}}$$
$$r_y = \frac{|y - y_t|}{\varphi_{\max}\alpha_{ty}} \tag{3-3-7}$$

2）基函数

基函数 $\boldsymbol{p}^{\mathrm{T}}(\boldsymbol{x})=[p_1(\boldsymbol{x}),p_2(\boldsymbol{x}),\cdots,p_k(\boldsymbol{x})]$，其中 $p_i(\boldsymbol{x})$为单项式函数；k 为项数。常用的基函数见表 3-3-1。

表 3-3-1　移动最小二乘近似中常用的基函数

基函数	一维	二维
一次	$\boldsymbol{p}^{\mathrm{T}}(x)=[1\quad x]$	$\boldsymbol{p}^{\mathrm{T}}(\boldsymbol{x})=[1\quad x\quad y]$
二次	$\boldsymbol{p}^{\mathrm{T}}(x)=[1\quad x\quad x^2]$	$\boldsymbol{p}^{\mathrm{T}}(\boldsymbol{x})=[1\quad x\quad y\quad x^2\quad xy\quad y^2]$
三次	$\boldsymbol{p}^{\mathrm{T}}(x)=[1\quad x\quad x^2\quad x^3]$	$\boldsymbol{p}^{\mathrm{T}}(\boldsymbol{x})=[1\quad x\quad y\quad x^2\quad xy\quad y^2\quad x^3\quad x^2y\quad xy^2\quad y^3]$

3）系数

系数 $\boldsymbol{a}^{\mathrm{T}}(\boldsymbol{x})=[a_1(\boldsymbol{x}),a_2(\boldsymbol{x}),\cdots,a_k(\boldsymbol{x})]$，由加权最小二乘拟合得到。

函数 $u(\boldsymbol{x})$的移动最小二乘近似函数 $\tilde{u}(\boldsymbol{x})$可写为

$$\tilde{u}(\boldsymbol{x}) = \sum_{i=1}^{k} p_i(\boldsymbol{x})a_i(\boldsymbol{x}) \equiv \boldsymbol{p}^{\mathrm{T}}(\boldsymbol{x})\boldsymbol{a}(\boldsymbol{x}) \tag{3-3-8}$$

设定

$$I = \sum_{t=1}^{n} w_t(\boldsymbol{x})[\tilde{u}(\boldsymbol{x},\boldsymbol{x}_t) - u_t]^2 \tag{3-3-9}$$

式中，n 为节点数；u_t 为节点 $\boldsymbol{x}_t$ 处的自由度。

式(3-3-9)也可以表示为

$$I = [\boldsymbol{Pa}(\boldsymbol{x}) - \boldsymbol{u}]^{\mathrm{T}}\boldsymbol{w}(\boldsymbol{x})[\boldsymbol{Pa}(\boldsymbol{x}) - \boldsymbol{u}] \tag{3-3-10}$$

式中，

$$\boldsymbol{u} = [u_1\quad u_2\quad \cdots\quad u_n]^{\mathrm{T}} \tag{3-3-11a}$$

$$\boldsymbol{P} = \begin{bmatrix} p_1(\boldsymbol{x}_1) & p_2(\boldsymbol{x}_1) & \cdots & p_k(\boldsymbol{x}_1) \\ p_1(\boldsymbol{x}_2) & p_2(\boldsymbol{x}_2) & \cdots & p_k(\boldsymbol{x}_2) \\ \vdots & \vdots & & \vdots \\ p_1(\boldsymbol{x}_n) & p_2(\boldsymbol{x}_n) & \cdots & p_k(\boldsymbol{x}_n) \end{bmatrix} \tag{3-3-11b}$$

$$\boldsymbol{w}(\boldsymbol{x}) = \begin{bmatrix} w(\boldsymbol{x}-\boldsymbol{x}_1) & 0 & \cdots & 0 \\ 0 & w(\boldsymbol{x}-\boldsymbol{x}_2) & \cdots & 0 \\ \vdots & \vdots & & \vdots \\ 0 & 0 & 0 & w(\boldsymbol{x}-\boldsymbol{x}_n) \end{bmatrix} \tag{3-3-11c}$$

那么系数 $\boldsymbol{a}$ 可以通过求 I 的最小值得到，即

$$\frac{\partial I}{\partial a}=\boldsymbol{A}(\boldsymbol{x})\boldsymbol{a}(\boldsymbol{x})-\boldsymbol{B}(\boldsymbol{x})\boldsymbol{u}=\boldsymbol{0} \tag{3-3-12}$$

式中，

$$\boldsymbol{A}(\boldsymbol{x})=\boldsymbol{P}^{\mathrm{T}}\boldsymbol{W}(\boldsymbol{x})\boldsymbol{P}=\sum_{t=1}^{n}w(\boldsymbol{x}-\boldsymbol{x}_t)\boldsymbol{p}(\boldsymbol{x}_t)\boldsymbol{p}^{\mathrm{T}}(\boldsymbol{x}_t) \tag{3-3-13}$$

$$\begin{aligned}\boldsymbol{B}(\boldsymbol{x})&=\boldsymbol{P}^{\mathrm{T}}\boldsymbol{W}(\boldsymbol{x})\\&=[w(\boldsymbol{x}-\boldsymbol{x}_1)\boldsymbol{p}(\boldsymbol{x}_1)\quad w(\boldsymbol{x}-\boldsymbol{x}_2)\boldsymbol{p}(\boldsymbol{x}_2)\quad\cdots\quad w(\boldsymbol{x}-\boldsymbol{x}_n)\boldsymbol{p}(\boldsymbol{x}_n)]\end{aligned} \tag{3-3-14}$$

根据式(3-3-12)，得到：

$$\boldsymbol{a}(\boldsymbol{x})=\boldsymbol{A}^{-1}(\boldsymbol{x})\boldsymbol{B}(\boldsymbol{x})\boldsymbol{u} \tag{3-3-15}$$

4) 形函数 $\phi_t(\boldsymbol{x})$

根据式(3-3-8)和式(3-3-15)，得到：

$$\tilde{u}(\boldsymbol{x})=\sum_{i=1}^{n}\phi_t(\boldsymbol{x})u_t=\boldsymbol{\Phi}(\boldsymbol{x})\boldsymbol{u} \tag{3-3-16}$$

式中，形函数 $\phi_t(\boldsymbol{x})$定义为

$$\phi_t(\boldsymbol{x})=[\boldsymbol{p}^{\mathrm{T}}(\boldsymbol{x})\boldsymbol{A}(\boldsymbol{x})\boldsymbol{B}(\boldsymbol{x})]_t \tag{3-3-17}$$

则形函数的偏导数可写为

$$\phi_{t,i}=[\boldsymbol{p}_{,i}{}^{\mathrm{T}}\boldsymbol{A}^{-1}\boldsymbol{B}+\boldsymbol{p}^{\mathrm{T}}(\boldsymbol{A}^{-1})_{,i}\boldsymbol{B}+\boldsymbol{p}^{\mathrm{T}}\boldsymbol{A}^{-1}(\boldsymbol{B})_{,i}]_t \tag{3-3-18}$$

2. 离散化

1) 伽辽金方法

根据区域 Ω 内的偏微分方程和边界条件：

$$L\boldsymbol{u}(x)=f \tag{3-3-19}$$

$$\nabla^2 u=f \tag{3-3-20}$$

$$u=\bar{u}\quad(\text{在 }\Gamma_u\text{ 上}) \tag{3-3-21}$$

$$u_{,n}=\bar{u}_{,n}\quad(\text{在 }\Gamma_q\text{ 上}) \tag{3-3-22}$$

式中，$\Gamma=\Gamma_u\cup\Gamma_q$ 为区域Ω 的边界；$q=\dfrac{\partial u}{\partial n}$为函数$u$ 的法向导数；n 为边界上任一点法向向量。

根据变分原理，与微分方程相应的变分弱形式为

$$a(\delta u(x),u(x))=(\delta u(x),f) \tag{3-3-23}$$

式中，$\delta u(x)$为测试函数；u 为试函数。对于式(3-3-19)～式(3-3-22)，则有

$$a(\delta u,u)=\int_{\Omega}\delta u_{,i}u_{,i}\,\mathrm{d}\Omega \tag{3-3-24a}$$

$$(\delta u,f)=\int_{\Omega}\delta uf\,\mathrm{d}\Omega-\int_{\Gamma_q}\delta u\bar{u}_{,n}\,\mathrm{d}\Gamma \tag{3-3-24b}$$

式中，在 Γ_u 上，$\delta u=0$；$u(x)$和 $\delta u(x)$应满足 C^0 的要求。

将式(3-3-16)所示的移动最小二乘近似函数代入式(3-3-23)，得离散方程为

$$\sum_J\int_{\Omega}\Phi_{I,i}\Phi_{J,i}\,\mathrm{d}\Omega u_J=f_J \tag{3-3-25}$$

式中，

$$f_J = \int_{\Omega} \Phi_J f \mathrm{d}\Omega - \int_{\Gamma_q} \Phi_J u_{,n} f \mathrm{d}\Gamma \tag{3-3-26}$$

2）积分实现

在无网格伽辽金方法中，计算式(3-3-25)和式(3-3-26)的积分通常采用下列3种方式。

(1) 点积分，也就是通过节点值实现积分，则有

$$\int_{\Omega} F(x) \mathrm{d}\Omega = \sum_{I=1}^{N_P} F(X_I) \cdot \Delta V \tag{3-3-27}$$

(2) 网格积分，即按照规则分割出的独立于结构的矩形背景网格，形成积分单元。背景网格中的每一个单元，称为网格结构。

(3) 采用有限元网格作为背景积分网格。

第一种积分方案类似于配点法，速度最快，但是有可能不稳定。通过在能量泛函中增加稳定项，选择稳定系数可以得到相应的控制方程，但缺点是计算过程较为复杂。第2、3两种积分方案则没有彻底地抛弃网格，都要利用背景网格来完成积分。不过背景网格的利用仅仅是为了完成区域和边界积分，并不影响无网格方法的本质。实际计算表明，第2种积分方案积分网格内部包含的不连续性对结果的影响是很小的。第3积分方案适用于有限元与无网格方法的耦合计算。

3. 边界条件的处理

移动最小二乘形函数不具有插值特征，目前本质边界条件的处理方法主要有拉格朗日乘子法、修正的变分原理、耦合的有限元-无网格伽辽金法，修正的配点法、奇异权函数法、罚函数法和位移约束方程方法等。下面介绍拉格朗日乘子法和罚函数法。

1）拉格朗日乘子法

分析二维弹性力学边值问题，控制方程为

$$\nabla \cdot \boldsymbol{\sigma} + \boldsymbol{b} = \boldsymbol{0} \quad (\text{在 } \Omega \text{ 内}) \tag{3-3-28a}$$

边界条件为

$$\boldsymbol{\sigma} \cdot \boldsymbol{n} = \bar{t} \quad (\text{在边界 } \Gamma_t \text{ 上}) \tag{3-3-28b}$$

$$\boldsymbol{u} = \bar{\boldsymbol{u}} \quad (\text{在边界 } \Gamma_u \text{ 上}) \tag{3-3-28c}$$

式中，$\boldsymbol{\sigma}$ 为应力张量；$\boldsymbol{b}$ 为体力向量；$\boldsymbol{u}$ 为位移场向量；$\boldsymbol{n}$ 为边界上的单位法向向量；Γ_t 和 Γ_u 分别为区域 Ω 的应力边界和位移边界。

设位移场向量 $\boldsymbol{u} \in H^1$，拉格朗日乘子 $\lambda \in H^0$，试函数 $\delta v \in H^1$，$\delta\lambda \in H^0$，则相对应的变分弱形式为

$$\int_{\Omega} \nabla_s \delta v \cdot \boldsymbol{\sigma} \mathrm{d}\Omega - \int_{\Omega} \delta v \cdot \boldsymbol{b} \mathrm{d}\Omega - \int_{\Gamma_t} \delta v \cdot \bar{\boldsymbol{t}} \mathrm{d}\Gamma - \int_{\Gamma_t} [\delta\lambda \cdot (\boldsymbol{u} - \bar{\boldsymbol{u}}) + \delta v \cdot \lambda] \mathrm{d}\Gamma = 0 \tag{3-3-29}$$

式中，$\nabla_s v$ 为 ∇v 的对称部分；H^0 和 H^1 分别表示零阶和一阶索伯列夫(Sobolev)空间。这里是通过拉格朗日乘子施加本质边界条件。拉格朗日乘子为

$$\lambda(X)=N_I(s)\lambda_I \quad (X\in\Gamma_u) \tag{3-3-30}$$

式中，$N_I(s)$为拉格朗日插值；s 为沿边界的弧长。

采用式(3-3-16)的形式构造近似函数 u 和试函数 δu，代入式(3-3-30)，并采用伽辽金法，经整理，得离散方程为

$$\begin{bmatrix}\boldsymbol{K} & \boldsymbol{G}\\ \boldsymbol{G}^{\mathrm{T}} & 0\end{bmatrix}\begin{Bmatrix}u\\ \lambda\end{Bmatrix}=\begin{Bmatrix}\boldsymbol{f}\\ \boldsymbol{q}\end{Bmatrix} \tag{3-3-31}$$

式中，

$$\boldsymbol{K}_{IJ}=\int_\Omega \boldsymbol{B}_I^{\mathrm{T}}\boldsymbol{D}\boldsymbol{B}_J\,\mathrm{d}\Omega$$

$$\boldsymbol{G}_{IK}=-\int_{\Gamma_u}\Phi_I\overline{\boldsymbol{N}}_K\,\mathrm{d}\Gamma$$

$$f_I=\int_{\Gamma_t}\Phi_I\bar{t}\,\mathrm{d}\Gamma+\int_\Omega\Phi_I b\,\mathrm{d}\Omega$$

$$q_K=-\int_{\Gamma_u}\overline{N}_K\bar{u}\,\mathrm{d}\Gamma$$

$$\boldsymbol{B}_I(\boldsymbol{X})=\begin{bmatrix}\Phi_{I,x} & 0\\ 0 & \Phi_{I,y}\\ \Phi_{I,y} & \Phi_{I,x}\end{bmatrix}$$

$$\overline{\boldsymbol{N}}_K=\begin{bmatrix}N_K & 0\\ 0 & N_K\end{bmatrix}$$

$$\boldsymbol{D}=\frac{E_1}{1-\nu_1^2}\begin{bmatrix}1 & \nu_1 & 0\\ \nu_1 & 1 & 0\\ 0 & 0 & \dfrac{1-\nu_1}{2}\end{bmatrix}$$

对于平面应力问题，有 $E_1=E$、$\nu_1=\nu$；对于平面应变问题，$E_1=\dfrac{E}{1-\nu^2}$、$\nu_1=\dfrac{\nu}{1-\nu}$，其中 E 和 ν 分别为弹性模量和泊松比。

2）罚函数法

罚函数法是通过引入罚参数 α，以满足本质边界条件。与式(3-3-28)相对应的泛函为

$$\Pi=\int_\Omega\frac{1}{2}\boldsymbol{\varepsilon}^{\mathrm{T}}\boldsymbol{\sigma}\mathrm{d}\Omega-\int_\Omega\boldsymbol{u}^{\mathrm{T}}\boldsymbol{b}\,\mathrm{d}\Omega-\int_{\Gamma_t}\boldsymbol{u}^{\mathrm{T}}\bar{\boldsymbol{t}}\,\mathrm{d}\Gamma+\int_{\Gamma_u}\frac{1}{2}\alpha(\boldsymbol{u}-\bar{\boldsymbol{u}})^2\,\mathrm{d}\Gamma \tag{3-3-32}$$

式中，$\boldsymbol{\varepsilon}$ 为应变张量；$\boldsymbol{\sigma}$ 为应力张量。与方程(3-3-32)相对应的离散形式为

$$Ku^*=(K_1+K_2)u^*=f \tag{3-3-33}$$

式中，K、f 分别由下列子矩阵 K_{IJ} 和子向量 f_I 组成：

$$K_{IJ}=\int_\Omega\boldsymbol{B}_I^{\mathrm{T}}\boldsymbol{D}B_J\,\mathrm{d}\Omega+\alpha\int_{\Gamma_u}\Phi_I\boldsymbol{S}\Phi_J\,\mathrm{d}\Gamma \tag{3-3-34}$$

$$f_I=\int_{\Omega}\Phi_I\boldsymbol{b}\,\mathrm{d}\Omega+\int_{\Gamma_t}\Phi_I\bar{t}\,\mathrm{d}\Gamma+\alpha\int_{\Gamma_u}\bar{\boldsymbol{u}}\Phi_I\boldsymbol{S}\bar{u}\,\mathrm{d}\Gamma \tag{3-3-35}$$

式中，$\boldsymbol{S}=\begin{bmatrix}s_x & 0\\ 0 & s_y\end{bmatrix}$；$s_i=\begin{cases}1 & （当\ \Gamma_u\ 上有\ u_i\ 位移约束）\\ 0 & （当\ \Gamma_u\ 上无\ u_i\ 位移约束）\end{cases}$。

3.3.3 有限元与无网格耦合方法

有限元与无网格耦合方法提出的目的是尽可能减小固体和结构有限元分析过程中的网格畸变问题，并减少计算时间。

有限元与无网格耦合分析模型如图 3-3-1 所示，在材料变形复杂的区域运用无网格方法，而在其他区域则采用有限元方法计算。下面简要介绍有限元与无网格耦合的方法。

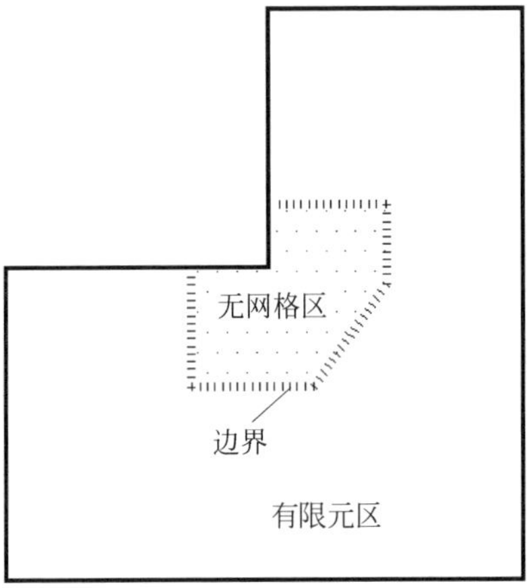

图 3-3-1 有限元与无网格耦合分析模型示意图

首先，构造基于移动最小二乘的无网格近似方法。最具代表性的移动最小二乘方法包括无网格伽辽金方法和再生核质方法。下面按照再生核质方法推导无网格近似方法。

在 x 点的离散近似解可以写为

$$u_i(x)\approx u_i^h(x)=\begin{cases}\displaystyle\sum_{\substack{L\\ x_L\in\Omega_1}}^{\mathrm{KP}}\Phi_L^{[m]}(x;x-x_L)d_{iL} & (\forall x\in\Omega_1)\\ \displaystyle\sum_{\substack{I\\ x_L\in\Omega_2}}^{\mathrm{NP}}\bar{w}_a^{[n]}(x;x-x_I)d_{iI}+\sum_{\substack{L\\ x_L\in\Gamma_3}}^{\mathrm{MP}}\Phi_L^{[m]}(x;x-x_L)d_{iL} & (\forall x\in\Omega_2)\end{cases} \tag{3-3-36}$$

式中，Ω_1 为有限元计算子域；Ω_2 为无网格计算子域，全部区域 $\Omega=\Omega_1\cup\Omega_2$；有限元域与无网格域之间的接触边界 $\Gamma_3=\Omega_1\cap\Omega_2$；$\bar{w}_a^{[n]}$ 为$[n]$阶再生核函数；a 为核尺寸；$\Phi_L^{[m]}$ 为带插值$[m]$阶的有限元形函数；NP 为无网格质点总数；KP 为有限元中每个单元的节点数；d_{iI} 为近似系数；MP 为接触界面上总的有限元节点数。

再生条件为

$$\sum_{\substack{I \\ x_I\in\Omega_{\text{Meshfree}}}}^{\text{NP}} \bar{w}_a^{[n]}(x;x-x_I)x_{1I}^i x_{2I}^j+\sum_{\substack{J \\ x_J\in\Gamma_{\text{Meshfree}}}}^{\text{MP}} \Phi_J^{[m]}(x;x-x_J)x_{1J}^i x_{2J}^j$$

$$=x_1^i x_2^j,\quad i+j=0,1,\cdots,n \tag{3-3-37}$$

通常，有限元插值$[m]$阶数选择与再生函数阶数$[n]$相同，近似函数在 Ω_2 域内连续。如果再生函数阶数$[n]$大于有限元插值阶数$[m]$，即 $n>m$，则近似函数仅在 $\Omega_2\backslash\Gamma_3$ 上连续。

采用上述的再生条件，得到有限元与无网格方法耦合的近似解。

$$u_i^h(x)=\sum_{\substack{I \\ x_I\in\Omega_2}}^{\text{NP}}\tilde{\Psi}_I(x)d_{iI}+\sum_{\substack{I \\ x_J\in\Gamma_3}}^{\text{MP}}\Phi_J^{[m]}(x)d_{iJ}=\sum_{\substack{I \\ x_I\in\Omega_2}}^{\text{NP}}\hat{\Psi}_I(x)d_{iI} \tag{3-3-38}$$

式中，$\tilde{\Psi}_I$ 为相应于无网格节点 I 的再生核函数；$\Phi_J^{[m]}$ 为相应于有限元节点 J 的标准有限元形函数；$\hat{\Psi}_I(x)$为节点 I 的修正的有限元与无网格耦合形函数，即

$$\tilde{\Psi}_I(x)=\sum_{\substack{I \\ x_I\in\Omega_2}}^{\text{NP}}\{\boldsymbol{H}^{[n]^{\mathrm{T}}}(0)\boldsymbol{M}^{[n]^{-1}}(x)\boldsymbol{H}^{[n]}(x-x_I)-$$

$$\sum_{\substack{I \\ x_J\in\Gamma_3}}^{\text{MP}}\boldsymbol{H}^{[n]^{\mathrm{T}}}(x-x_J)\boldsymbol{M}^{[n]^{-1}}(x)\boldsymbol{H}^{[n]}(x-x_I)\Phi_J^{[m]}(x;x-x_J)\}\cdot$$

$$w_a(x-x_I)d_{iI} \tag{3-3-39}$$

另外，对于式(3-3-38)，还应满足界面约束条件，即

$$\tilde{\Psi}_I(x)=0\quad(\text{对所有节点}\{I:\text{假定}(\Psi_I)\cap\Gamma_3\neq 0\},\text{且 }x\in\Gamma_3) \tag{3-3-40}$$

3.3.4　计算实例

本节给出一个采用有限元与无网格方法耦合的计算实例，同时给出了仅采用有限元方法计算的对比结果。

实例模拟了采用圆柱形刚冲头挤压杯形零件的过程，模拟模型中工件与刚冲头之间的摩擦因数取 0.2，冲头挤压速率为 0.25mm/s。在耦合分析模型中，材料变化剧烈处，即冲头圆角附近区域采用无网格计算，其余部分采用有限元网格计算。计算结果如图 3-3-2 和图 3-3-3 所示。

在采用有限元方法计算时，凸模圆角区域产生了严重的网格畸变，从而导致计

算不能收敛而结束(图 3-3-2(b))。而采用耦合的方法则有效地避免了网格的畸变,可以很好地完成变形过程的计算。比较两种方法计算的结果,可以发现有限元与无网格耦合方法具有较低且更为均匀的应变分布。

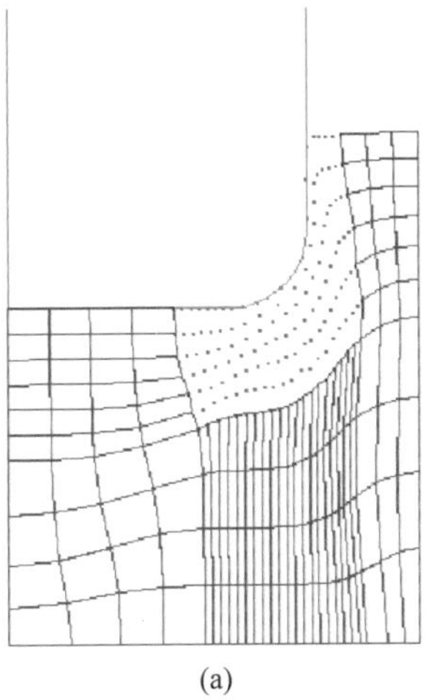

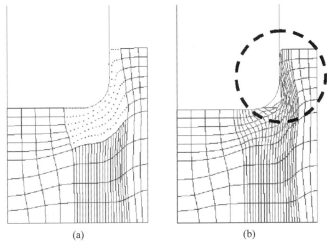

图 3-3-2 变形后的网格变化比较

(a) 耦合方法;(b) 有限元方法

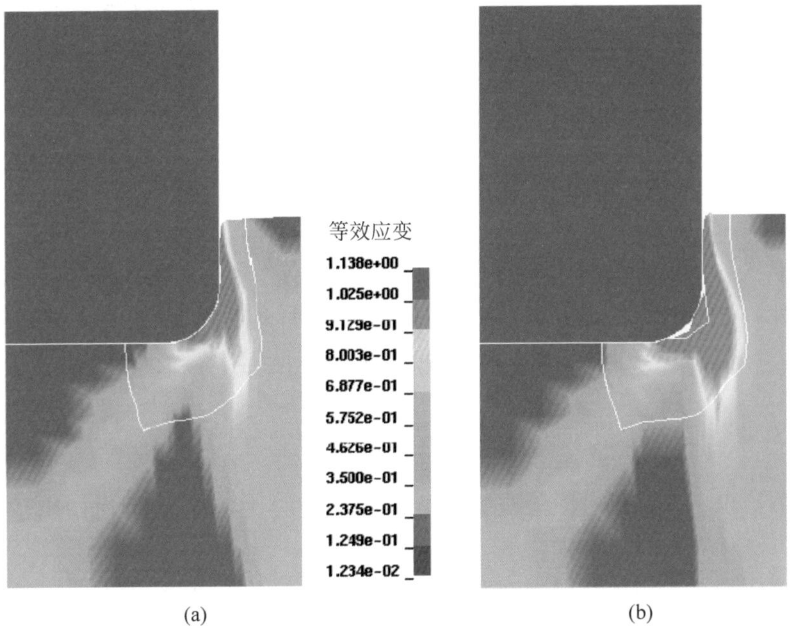

图 3-3-3 变形后的等效应变比较

(a) 耦合方法;(b) 有限元方法

3.4 塑性变形微纳尺度模拟

3.4.1 概述

作为人类社会三大支柱，能源、信息和材料在迅猛发展的工业文明中发挥着越来越重要的作用。其中，材料是人类赖以生存和发展的物质基础。材料可以细分为金属材料、无机非金属材料、有机高分子材料和复合材料，而其中的金属材料在人类历史上应用时间最长、用途最广泛。金属材料的结构、性能均不是完全相同的，在使用金属材料制作最终成品或产品时必须结合其各不相同的力学、电学、热学等性质采用相应的加工工艺。

现代社会中，人们对微型零件日益旺盛的需求及现代科学技术的蓬勃发展带动传统加工工艺向着精密化、微型化方向发展。作为精密加工技术的一种，塑性微成形技术制造的零件尺寸至少有两个方向在亚微米量级，并且其具有加工效率高、工艺简单及成形零件性能优异和精度高等特点。与传统塑性加工过程相比，塑性微成形加工时变形区域基本处于多个晶粒范围内，成形过程在本质上为金属原子的离散重排，用建立在传统连续介质力学基础上的塑性加工理论来解释作为原子集合体的塑性微成形是不合适的，人们迫切需要在更小的尺度上研究材料的各项性能。

以形状和操作尺寸极为精小作为主要特征的微纳机电系统(micro-and nano-electro mechanical systems，MNES)蓬勃发展，并且迅速成为人们在大规模集成电路板、计算机存储、航空航天、光学透镜等领域大有作为的工具。然而微纳机电系统所需的零部件尺寸很小，它们的成形过程带来了全新的挑战，这也进一步促使人们去认识材料在小尺度时的力学性能。

由于当前实验手段的限制，人们暂时还不能完全通过物理实验彻底认识材料的微观结构和变形机制。与此同时，描述微纳尺度下材料力学行为的理论框架仍待完善。尽管人们已经对微纳尺度下的材料力学行为进行了大量实验和理论研究，但是仍然需要扩展和深入，计算材料学(computational materials science，CMS)则是可以应用的重要工具之一。随着相关物理理论和计算能力、方法的巨大飞跃，计算材料学也在迅速发展。作为沟通理论研究和实验观测的桥梁，计算材料学是研究微纳尺度材料力学行为的重要工具，可以联系材料内部结构和相应的变形机制，也可以模拟不同时空尺度下材料的受载变形行为，提高人们了解材料属性的能力，进而指导人们合理的认识、研发和设计材料。

分子动力学(molecular dynamics，MD)从原子尺度研究材料的变形机制，从微观角度解释理论和实验中很多难以理解的现象，在研究微纳尺度金属材料的力学性能和表征材料微观结构等方面受到越来越多的关注。本节以分子动力学为理论

单晶铜
纳米压痕

基础，建立了面心立方(face-centered cubic，FCC)金属铜(Cu)的分子动力学纳米压痕(nanoindentation)模型，通过分析面心立方金属材料纳米压痕过程中的变形特征及材料内部的位错行为，提升对材料塑性变形的认识，通过研究原子尺度时塑性变形过程中位错的行为和反应过程，为理解材料的力学性能、受外载时材料的变形行为等奠定理论基础，也为塑性成形提供相关理论指导。

3.4.2 分子动力学基本理论与关键技术

作为计算材料学的一个分支，分子动力学方法源于经典力学、统计力学，为人们研究多粒子体系性质提供了一个崭新的工具，基本原理为建立在特定的边界条件和温度条件下一个由原子或分子组成的多体系统，根据经验势函数来确定原子或分子之间的相互作用，通过哈密顿量、拉格朗日量或牛顿运动方程描述原子或分子的运动，计算运动方程的数值解得出每一时刻原子的位置和速度，进而得到粒子系统在相空间中随时间演化的轨迹，本质是广义牛顿运动方程的数值积分。分子动力学的基本假设如下：经典力学可以用来描述原子和分子运动；量子效应可以忽略；原子间的相互作用可以叠加。

统计力学中的概念，如熵、温度、等概率原理、各态历经假说等在分子动力学模拟中具有重要意义。热力学中的系综为在一定的宏观条件(约束条件)下，大量性质和结构完全相同的、处于一定运动状态的、各自独立的原子或分子的集合。而分子动力学模拟系统中所谓的约束一般指的是体积 V 恒定、温度 T 恒定、压力 P 恒定或能量 E 恒定，与之相对应是微正则系综、正则系综、等温等压系综和巨正则系综，它们在具体的分子动力学模拟中有不同的适用场景。

分子动力学模拟计算中粒子所受合力由势能求导获得，势函数的选择有如下要求：尽量接近系统特性；满足计算效率和精度。本章用到了嵌入原子势(embedded atom method，EAM)、莫尔斯(Morse)势和特索夫(Tersoff)势。嵌入原子势适用于描述金属材料原子与原子之间的作用，常见的面心立方金属、体心立方金属和密排六方金属都有相对应的嵌入原子势；Tersoff 势适用于金刚石结构的碳硅等共价晶体；Morse 势适用于金属原子间或金属原子与其他非金属原子之间的相互作用。

嵌入原子势是基于电子云密度泛函理论(density functional theory，DFT)的经典多体势，可有效处理粒子间相互作用力并消除柯西关系限制。嵌入原子势函数中原子能量分为两部分，即

$$E_i = \frac{1}{2}\sum_{j,i} V_{ij}(r_{ij}) + F_i(\bar{\rho}_i) \tag{3-4-1}$$

式中，$\frac{1}{2}\sum_{j,i} V_{ij}(r_{ij})$ 为原子 i 与原子 j 由原子间距离 r_{ij} 决定的对势作用 V_{ij}；$F_i(\bar{\rho}_i)$ 为由原子 i 所在位置的平均电子云密度决定的电子云嵌入能 F_i，$\bar{\rho}_i = \sum_{j\neq i} \rho_j(r_{ij})$。

莫尔斯势可描述金属原子与其他非金属原子的作用，定义为

$$E = D\mathrm{e}^{-2\alpha(r-r_0)} - 2D\mathrm{e}^{-\alpha(r-r_0)} \quad (r < r_0)$$

式中，D 为结合能；r_0 为平衡距离；r 为原子间距离；α 为与材料属性有关的常量，$D\mathrm{e}^{-2\alpha(r-r_0)}$ 为原子间短程排斥力；$-2D\mathrm{e}^{-\alpha(r-r_0)}$ 为原子间长程吸引力。结合已经发表的前人的研究成果，本节选用 Morse 势函数描述金刚石和金属铜之间的作用，参数分别为 $D=0.1\mathrm{eV}$，$\alpha=1.7\text{Å}^{-1}$，$r_0=2.2\text{Å}$，势函数截断半径取为 6.5Å。

特索夫势是三体势函数，表达式如下：

$$E = \sum_i E_i = \frac{1}{2}\sum_i \sum_{i\neq j} V_{ij} = \frac{1}{2}\sum_i \sum_{i\neq j} f_C(r_{ij})[f_R(r_{ij}) + b_{ij} f_A(r_{ij})] \tag{3-4-2}$$

式中，f_R 为二体势项；f_A 为三体势项，原子 i 势能 E 由截断距离 $R+D$ 内所有邻居 j 和 k 的势能项求得。

本节中描述金刚石中碳原子之间的相互作用采用的是特索夫势函数。

$$f_C(r) = \begin{cases} 1 & (r < R - D) \\ \dfrac{1}{2} - \dfrac{1}{2}\sin\left(\dfrac{\pi}{2}\dfrac{r-D}{D}\right) & (R - D < r < R + D) \\ 0 & (r > R + D) \end{cases}$$

$$f_R(r) = A\mathrm{e}^{-\lambda_1 r}$$

$$f_A = -B\mathrm{e}^{-\lambda_2 r}$$

$$b_{ij} = (1 + \beta^n \zeta_{ij}^n)^{-\frac{1}{2n}}$$

$$\zeta_{ij} = \sum_{k\neq i,j} f_C(r_{ik}) g(\theta_{ijk}) \mathrm{e}^{(\lambda_3^m (r_{ij} - r_{ik})^m)}$$

$$g(\theta) = \gamma_{ijk}\left[1 + \frac{c^2}{d^2} - \frac{c^2}{d^2 + (\cos\theta - \cos\theta_0)^2}\right]$$

历史上分子动力学先后使用的算法有 Rahman 算法、Verlet 算法、Gear 算法、Beeman 算法、蛙跳算法(leap-frog)、速度 Verlet 算法。Satoh 曾系统地比较了上述算法，认为 Verlet 算法最为优越。Verlet 算法中的位置、速度算法执行简明，存储要求适度，能够保证计算过程的精度。由 Verlet 算法衍生的蛙跳算法、速度 Verlet 算法做了一些改进。蛙跳法可以给出显式速度项，计算量稍小，但位置与速度不同步；速度 Verlet 算法可以同时给出位置、速度与加速度，数值稳定性好。分子动力学应用最早的预测校正算法是 Rahman 算法，但是由 Gear 引入分子动力学的 Gear 预测校正算法在某些方面比较优秀，应用更为广泛。Gear 预测校正算法精度高，缺点为所占内存大、计算速度慢(每步需计算两次作用力)、步长相对较大时算法稳定性差。

大多数的分子动力学模拟中较为耗时的部分是能量或力的计算，因为其计算

量大、耗时长，所以加速计算也是人们迫切希望改善的问题，常用的方法有势函数截断和列表法。势函数的截断分为简单截断和截断并移位：前者直接将截断半径以外的相互作用置为0，系统误差比较大；后者原子或分子之间势能函数无间断，总可以取得有限值。列表法可以用于加速分子动力学中短程作用的计算，分为Verlet邻域列表法、元胞列表法、Verlet和元胞联合列表法。Verlet开发的预订-保存方法，称为Verlet列表法或邻域列表法，引入了第二截断半径，并且以粒子i为中心的半径r之内的所有粒子在计算之前制作列表，随后的计算过程中只考虑列表中的粒子（N级计算）。如果粒子的最大位移大于$r_v - r_c$，计算需要更新列表，粒子i或粒子j受到的力只需要计算其与其所在列表的其他粒子的相互作用。元胞列表法的运行时间与N成正比，将模拟元胞分成$r_c \times r_c$的小元胞，粒子i与在自身元胞或近邻元胞中的粒子相互作用，对粒子数很大且密度较低的体系较为有效。

分子动力学模拟中，只有模拟足够多的粒子数目组成的试样才能准确描述材料的性能，但是巨大的粒子数目带来的直接后果是计算量巨升或耗时太长。为了减小计算规模，人们引入了周期性、固定、全反射等边界条件，其中周期性边界条件使利用少数粒子模拟真实系统宏观物理性质成为可能。需要指出的是，分子动力学模拟中并不总是应用周期性边界条件，某些情况下并不需要，也并不适用周期性边界条件。

分子动力学模拟涉及浮点和指数等复杂的计算，为提高计算效率往往将温度T、压力P等量表示成无量纲的形式，进行无量纲化。

通常，为了节约计算时间分子动力学在超级计算中心使用并行计算。相对于通常的串行计算，并行计算旨在提高计算速度，基本思想是用多个处理器来协同求解同一问题，将需要求解的问题分解成若干部分，各部分均由一个独立的机器来进行计算。常见的并行程序库有openmpi和mpich，均为信息传递应用程序接口（message passing interface，MPI）的开源实现。LAMMPS（large-scale atomic/molecular massively parallel simulator），为由美国桑迪亚国家实验室（Sandia National Laboratories）开发的开放源代码分子模拟器，可从官网免费下载。LAMMPS的运行依赖mpich和fftw，必须安装。

本节利用分子动力学这一方法研究压痕实验，探究纳米压痕过程中材料内部位错的时空分布及其与载荷-下压深度、接触面积投影-下压深度、硬度-下压深度关系曲线的内在关联，研究棱柱位错环形成过程中位错的反应机制及其与共格孪晶界面的相互反应，分析材料内部对塑性变形有显著影响的层错四面体的形成机制。

3.4.3 单晶铜纳米压痕过程中棱柱位错环的形成机制

随着近年来计算材料学的进步，人们在模拟中观察到了棱柱位错环这一复杂的位错形态，随即开始了对其新一轮的研究。Remington等通过纳米压痕的分子动力学模拟提出了棱柱位错环形成的套索机制，其中主要为剪切位错环向棱柱位错环的转变。根据 Johnson 的孔洞扩张模型，纳米压痕过程中可以将压头视为一半球形的静水压力源。若将孔洞径向扩展的体积等同于纳米压痕中压头推挤出的材料体积，在这个方面纳米压痕中将材料推离出压痕点周围和材料内部空洞的长大很类似，进而 Remington 等提出的机制和 Ashby 和 Johnson 关于从材料内部异质粒子形成棱柱位错环的情形类似。Ashby 和 Johnson 提出的棱柱位错环形成机制中，位错的交滑移起到了关键性作用，一些分子动力学和位错动力学的模拟也证实了该观点。

金属铜是一种层错能比较低的金属，塑性变形过程中产生的位错大部分为由 Shockley 分位错和层错构成的扩展位错，扩展位错从一个滑移面到另一个滑移面的交滑移非常困难，并且考虑到交滑移在相关研究棱柱位错环形成机制中扮演的关键角色，因此有必要进一步探究低层错能面心立方金属中棱柱位错环的形成机制。本节采用分子动力学模拟纳米孪生单晶铜的纳米压痕过程，探究低层错能金属塑性变形过程中棱柱位错环的形成机制。

1. 纳米孪生单晶铜纳米压痕的分子动力学模型

本节所使用的分子动力学模型中加入了研究暂不需要的共格孪晶界面(coherent twin boundary)，如图 3-4-1 所示。第一、三层孪晶层的 x、y、z 轴向为 $[1\bar{1}0]$、$[11\bar{2}]$、$[111]$。第二层孪晶层的 x、y、z 轴轴向为 $[\bar{1}10]$、$[\bar{1}\bar{1}2]$、$[111]$。为了给读者提供一个可以重复的分子动力学模拟，本节模型中孪晶层的厚度选为 $\lambda=17.5\text{nm}$。如果孪晶层厚度太小，则不能形成完整的棱柱位错环；如果孪晶层厚度太大，则需要建立一个更大规模的模型，进而需要更大的计算量。当前的模型 x、y、z 方向，其尺寸为 76.6nm×79.6nm×40.0nm，约 2000 万个铜原子。压头设定为刚性半球形金刚石壳，构成压头的碳原子之间的相互作用忽略不计，外径为 10nm，约 3.7 万个碳原子，放置在试样正上方 3nm 处。

带有共格孪晶界面的纳米孪生单晶铜，其孪生层厚为 $\lambda=17.5\text{nm}$。图 3-4-1 中，左下角的小图表明了横切位置(蓝色虚线)。着色方案为红色原子为面心立方原子，黄色为密排六方原子，灰色为金刚石原子(碳原子)，黑色为表面原子和位错核。

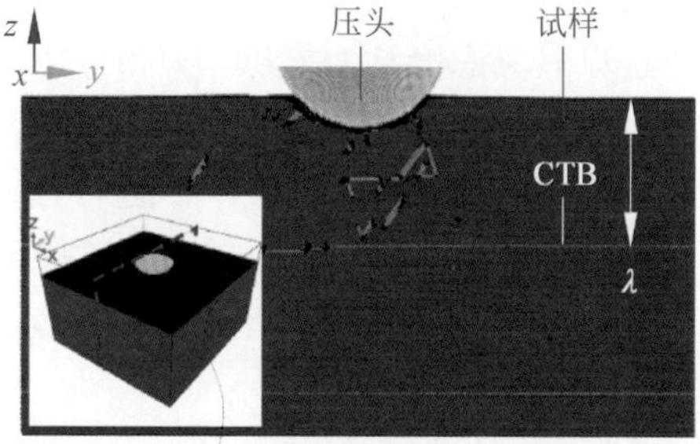

图 3-4-1　分子动力学模拟模型

当前的分子动力学模拟中使用了 3 种不同的原子间作用：金刚石压头中的碳原子之间相互作用，构成试样的铜原子之间相互作用，试样和压头之间的碳铜原子之间相互作用。试样中的铜原子之间相互作用采用的是 Mishin 等提出的嵌入原子势，经过从头计算(*ab initio* calculation)的校验，具有很高的准确度。用来描

述碳铜原子之间相互作用的 Morse 势函数公式为

$$\varphi(r_{ij})=D[e^{-2E(r_{ij}-r_0)}-2e^{-E(r_{ij}-r_0)}] \tag{3-4-3}$$

式中,D 为结合能;E 为弹性模量;r_{ij} 和 r_0 分别为原子 i 和 j 的瞬时距离以及平衡距离。以上参数设定为 $D=0.1\text{eV}$、$\alpha=1.7$ 和 $r_0=2.2\text{Å}$。为保证计算效率,莫尔斯势函数的截断半径选定为 6.5Å。

固定在试样底部的 3 层原子作为边界层以支撑整个系统,防止整个模拟系统的平移。相邻的上方两层原子作为恒温层,通过速度缩放法将温度维持在 298K,剩下的试样原子均为牛顿层原子。恒温层和牛顿层原子的运动均遵循牛顿第二定律。整个分子动力学模拟过程中的时间步为 1fs。试样四周的边界条件为周期性边界条件。初始的模型建好之后,使用共轭梯度法将模型进行能量最小化,并随后逐步将系统的温度升到 298K。纳米压痕过程在 298K 下进行,下压方向为沿着〈111〉向下行进,即 $-z$ 方向,行进速度为 34m/s。

所有的模拟均使用模拟器 LAMMPS 实现,公共近邻分析(common neighbor analysis,CNA)用来分析原子的局部结构。位错提取算法用来分析位错形态,开放源代码的免费软件 Ovito 用来进行数据的可视化和产生缺陷结构的分子动力学模拟快照。

2. 可视和跟踪位错演化的双汤普森四面体记号

本节使用汤普森(Thompson)四面体记号来可视和跟踪位错伯格斯矢量的变化,如图 3-4-2 所示。图 3-4-2(a)为一个由公共棱边 BD 连接的双汤普森四面体构造,6 个顶点标记为 A、C、A'、C'、B 和 D,可以简化位错反应的讨论,尤其是压杆位错,即 Lomer-Cottrell 位错和 Hirth 位错。与汤普森四面体中顶点 A、C、A'和 C'相对的平面标记为 α、γ、α'和 γ'。左侧的汤普森四面体 $ABCD$ 和右侧的汤普森四面体 $A'BC'D$ 均标明了面心立方单晶铜的滑移系统。这里遵循从开始到结束和右手法则(start-to-finish/right-hand,SF/RH),从汤普森四面体外侧判定位错的伯格斯矢量。当前的讨论只需要考虑位于滑移面 $ADA'B$ 和 $CDC'B$ 上的位错。

这里只考虑滑移面 $CBC'D$ 和 $A'BAD$ 上的位错反应。共格孪晶界面为平面 ABC。图 3-4-2(b)所示为平面 $CBC'D$ 和 $A'BAD$ 的展开图,图中标注了全位错和分位错的伯格斯矢量。两个平面{111}的 Miller 指数参考四面体面的外法向。图 3-4-2(c)和(d)所示为 Lomer-Cottrell 位错和 Hirth 位错的形成示意图。图中线条的着色方案为:绿色代表 Shockley 分位错,玫红色为 Lomer-Cottrell 位错,黄色为 Hirth 位错。

为了简化伯格斯矢量的识读,本节从 AD、$C'D$、$A'D$、CD 和 BD 处展开了双汤普森四面体,如图 3-4-2(b)所示,舍弃了平面 ABC、ADC、$A'BC'$和 $A'DC'$,用公共棱边 BD 重新连接起剩下的平面,并依据位错的伯格斯矢量在图中标注了米勒指数(Miller indices)。

图 3-4-2(c)和(d)展示了 Lomer-Cottrell 位错和 Hirth 位错的形成机制。生成

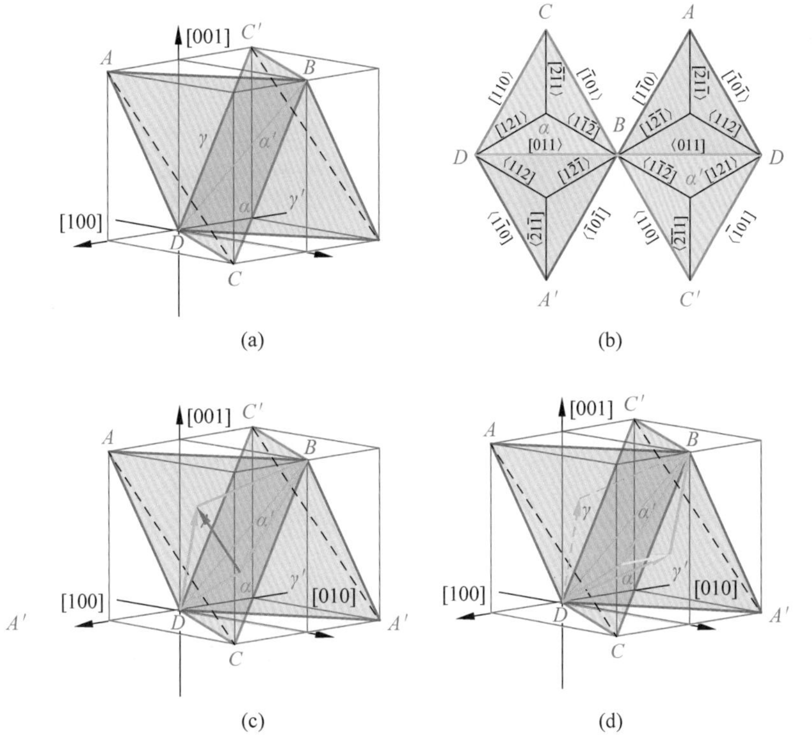

图 3-4-2　汤普森四面体记号跟踪位错伯格斯矢量变化

(a) 由公共边 BD 连接的双汤普森四面体的构造；(b) 平面 $CBC'D$ 和平面 $A'BAD$ 的展开图；(c)和(d) Lomer-Lottrell 位错和 Hirth 位错的形式示意图

Lomer-Cottrell 位错的位错反应可以写作

$$\alpha D + D\gamma \longrightarrow \alpha\gamma \tag{3-4-4}$$

也可以写作

$$\frac{1}{6}[\bar{1}\ \bar{2}\ \bar{1}] + \frac{1}{6}[112] \longrightarrow \frac{1}{6}[0\bar{1}1] \tag{3-4-5}$$

式(3-4-5)的含义是一个全位错 BD 在平面 α 上分解成两个 Shockley 分位错 $B\alpha$ 和 αD，与此同时，另一个全位错 BD 在平面 γ 上分解成了另两个 Shockley 分位错 $B\gamma$ 和 γD，当 αD 遇到 γD 时，Lomer-Cottrell 位错 $\alpha\gamma$ 就在平面 α 和平面 γ 的交线处形成了。此时，平面 α 和平面 γ 的夹角为一锐角，大小为 $\arccos\left(\frac{1}{3}\right) \approx 70.53°$。

与此相似，如果另一个全位错 BD 在滑移面 γ' 上分解，可以得到从汤普森四面体 $A'BC'D$ 外侧观察的伯格斯矢量为 $B\gamma'$ 和 $\gamma' D$ 的 Shockley 分位错。滑移面 γ' 在汤普森四面体 $ABCD$ 外，则相当于观测者从汤普森四面体 $ABCD$ 内部观测了平面 γ'，此时需要将 BD、$B\gamma'$ 和 $\gamma' D$ 写作 DB、$\gamma' B$ 和 $D\gamma'$。本节需要使用两个汤普森四面体记号标记位错反应。如果 Shockley 分位错 αD 遇到了 $D\gamma'$，则 Hirth

位错就会生成，这个过程可以写作

$$\alpha D + D\gamma' \longrightarrow \alpha\gamma' \tag{3-4-6}$$

也可以写作

$$\frac{1}{6}[\bar{1}\ \bar{2}\ \bar{1}] + \frac{1}{6}[\bar{1}21] \longrightarrow \frac{1}{3}[\bar{1}00] \tag{3-4-7}$$

图 3-4-2(a)表明 $\gamma B = D\gamma'$，所以可以只采用一个汤普森四面体记号，将式(3-4-3)重新写作

$$\alpha D + D\gamma' = \alpha D + \gamma B \longrightarrow \alpha\gamma/DB \tag{3-4-8}$$

式中，$\alpha\gamma/DB$ 表示方向为 $\alpha\gamma$ 中点指向 DB 中点，并且模长是 $\alpha\gamma$ 中点到 DB 中点距离两倍的伯格斯矢量。此时，面 α 和面 γ 之间的夹角为钝角，大小为 109.47°。

事实上，上述反应生成的位错均为广义上的压杆位错，另一个重要的位错反应为

$$\delta B + \alpha D = \delta\alpha/BD \tag{3-4-9}$$

也可以写成

$$\frac{1}{6}[\bar{2}11] + \frac{1}{6}[\bar{1}\ \bar{2}\ \bar{1}] \longrightarrow \frac{1}{6}[\bar{3}\ \bar{1}0] \tag{3-4-10}$$

式中，$\delta\alpha/BD$ 表示方向为 $\delta\alpha$ 中点指向 BD 中点，并且模长是 $\delta\alpha$ 中点到 BD 中点距离两倍的伯格斯矢量。Hirth 曾系统性地总结了所有可以形成压杆位错的位错反应，并使用 Frank 能量判据评估了反应发生的可能性，结果表明式(3-4-2)、式(3-4-4)和式(3-4-5)均可以降低能量，生成稳定的压杆位错。

3. 纳米压痕过程中的载荷-下压深度关系曲线

图 3-4-3 所示为载荷-下压深度关系曲线。纳米压痕弹性阶段的数据可以用 Hertz 理论来描述，即

$$F = \frac{3}{4}E^{*}R^{\frac{1}{2}}h^{\frac{3}{2}} \tag{3-4-11}$$

式中，R 为球形压头的半径；h 为下压深度，E^{*} 为约化模量。本节模拟中，压头作为刚体，所以 $E^{*} = \dfrac{E_{\mathrm{w}}}{1-\nu_{\mathrm{w}}^{2}}$，其中 E_{w} 为试样的弹性模量；ν_{w} 为泊松比。图 3-4-3 表明本节分子动力学模拟的结果和 Hertz 理论的预测吻合。图 3-4-3 将棱柱位错环的活动分为 3 个阶段：前两个阶段介绍了棱柱位错环的形成过程，第 3 个阶段详细探讨了棱柱位错环与共格孪晶界面的反应。

图 3-4-3 中棱柱位错环的活动分为 3 个阶段：阶段Ⅰ，位错形核；阶段Ⅱ，棱柱位错环形成；阶段Ⅲ，棱柱位错环与共格孪晶面相互反应。在阶段Ⅱ和Ⅲ之间，棱柱位错环向下滑移，直到其遇到共格孪晶界面。

4. 塑性变形初始阶段的位错形核

纳米压痕模拟实验使用的压头半径为 100Å。因为压头的尺寸远大于单个碳原子的尺寸，所以压头上形成了小平面，如图 3-4-4(a)所示。首先和试样接触的压

头底部也是一个小平面,如图 3-4-4(a)所示。在压痕实验的初期,具有小平面特征的压头向下运动,直接将压头下方的原子整体平移,进而形成了一个台阶。位错从台阶处出现并长大,随后形成了自由边为 Shockley 分位错环绕的面缺陷。图 3-4-4(b)表明面缺陷向外扩张并且部分破裂,形成了带状面缺陷,这是一种两侧均为 Shockley 分位错环绕的能量较低的结构,称作堆垛层错。图 3-4-4(b)中的面缺陷主要分布在 3 个密排面,分别为$(\bar{1}1\bar{1})$(标记为①)、$(1\bar{1}1)$(标记为②)、$(1\bar{1}\bar{1})$(标记为③)。

下压过程变化

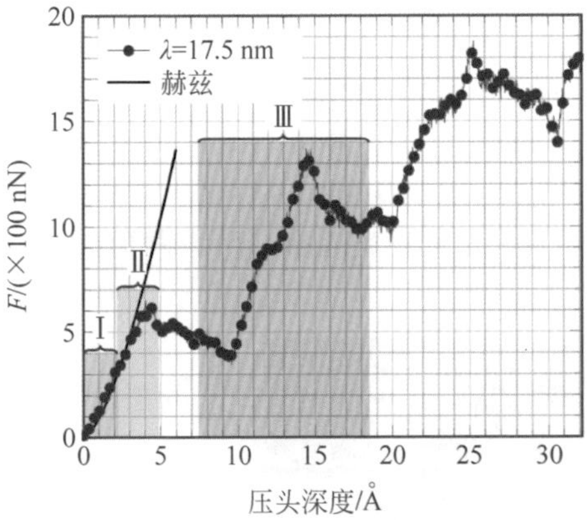

图 3-4-3　载荷-下压深度关系曲线

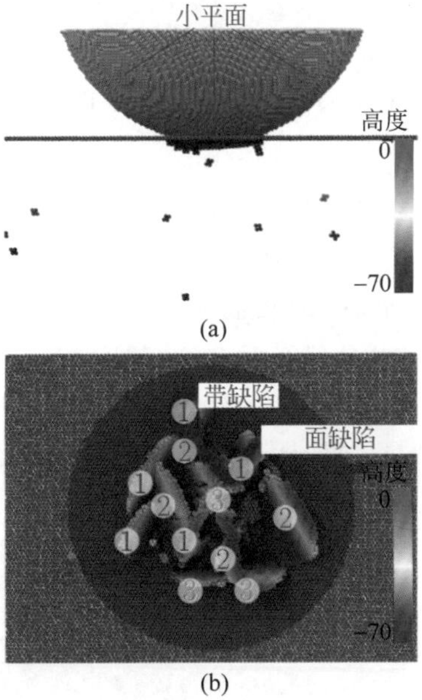

图 3-4-4　压痕图

在图 3-4-4(a)(侧视图)中,具有小平面的压头向下运动,直接将压头下方的原子整体平移,进而形成了一个台阶。位错从台阶处出现。此时的下压深度为 1Å。在图 3-4-4(b)(底视图)中,面缺陷出现并且在 3 个滑移面$(\bar{1}1\bar{1})$、$(1\bar{1}1)$、$(1\bar{1}\bar{1})$上扩张,部分破裂成带状。图 3-4-4 中删除了具备完整面心立方的原子,其中从红色到蓝色的变化意味着试样内部深度的变化,红色代表着试样的表面。此时的下压深度是 10Å。图中的高度单位是 Å。

前面提到的面缺陷的出现和{111}平面上堆垛层错的形成并不孤立。Alcala 等曾指出,在体心立方金属中由纳米接触导致的塑性变形中也有面缺陷的形核和湮灭。依据 Hirth 的研究,对于一个扩展位错,层错的宽度 d 和金属的堆垛层错能密切相关,可以由下式给出,即

$$d=\frac{\mu}{2\pi\gamma_I}\left[(\boldsymbol{b}_1\cdot\boldsymbol{\xi}_2)(\boldsymbol{b}_2\cdot\boldsymbol{\xi}_2)+\frac{(\boldsymbol{b}_1\times\boldsymbol{\xi}_1)\cdot(\boldsymbol{b}_2\times\boldsymbol{\xi}_2)}{1-\nu}\right] \tag{3-4-12}$$

式中,μ 为剪切模量;ν 为泊松比;$\boldsymbol{b}_1$ 和 $\boldsymbol{b}_2$ 分别为两个 Shockley 分位错的伯格斯矢量;$\boldsymbol{\xi}_1$ 和$\boldsymbol{\xi}_2$ 分别为两个 Shockley 分位错相应的线方向。自由边为 Shockley 分

位错 $B\alpha$ 环绕的面缺陷，长大后破裂，自由边上新形成的位错为 Shockley 分位错 αD。这两个 Shockley 分位错可以束集成一个全位错 BD。这个过程为与全位错的分解过程相反的扩展位错束集反应，可以表示为

$$B\alpha + \alpha D \longrightarrow BD \tag{3-4-13}$$

$$\frac{1}{6}[1\bar{1}\ \bar{2}] + \frac{1}{6}[\bar{1}\ \bar{2}\ \bar{1}] \longrightarrow \frac{1}{2}[0\bar{1}\ \bar{1}] \tag{3-4-14}$$

$$\boldsymbol{b}_1 + \boldsymbol{b}_2 \longrightarrow \boldsymbol{b} \tag{3-4-15}$$

根据 Mishin 的讨论，铜是一种具有低层错能的金属，$\gamma_1 = 44.42\text{mJ/m}^2$。由式(3-4-12)可以推知式(3-4-13)代表的位错反应产生的位错会维持一个恒定宽度，如图 3-4-4(b)所示。

5. 无交滑移参与的棱柱位错环形成机制

位错动态演化

缺陷形成初始阶段后，4 个层错带相互反应生成了棱柱位错环，如图 3-4-5 所示。面 $hii'h$ 和面 $kjj'k'$ 相互平行，面 $ijj'i'$ 和面 $hkk'h'$ 也相互平行。Lomer-Cottrell 位错在面 $ijj'i'$ 和面 $kjj'k'$ 的交线处、面 $ihh'i'$ 和面 $khh'k'$ 的交线处形成。为了简洁起见，本节忽略了图 3-4-5(b)中红色虚线椭圆处的 4 个 Lomer-Cottrell 位错，只讨论标有 hh' 的位错。与此同时，Hirth 位错则在面 $hii'h'$ 和面 $ijj'i'$ 的交线处、面 $hkk'h'$ 和面 $kjj'k'$ 的交线处形成。

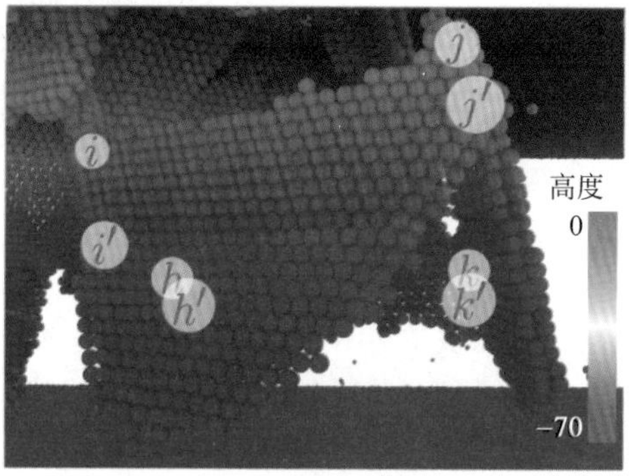

(a)

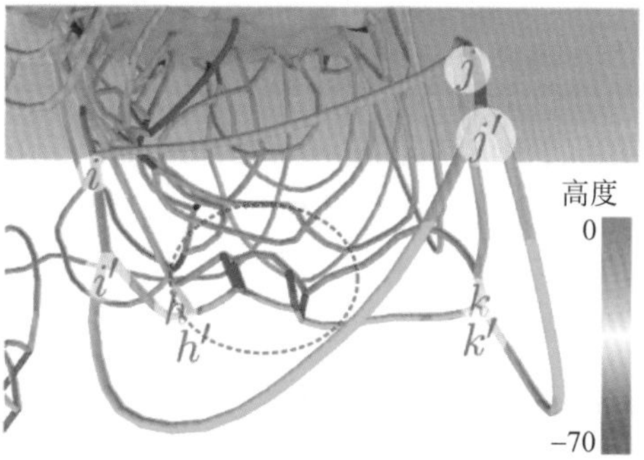

(b)

图 3-4-5 棱柱位错环的形成图

(a) 去除面心立方原子后的棱柱位错环构型；(b) 由原子点数据提取出来的位错线构造

图 3-4-5 中，其顶点标记为 h 和 h'、i 和 i'、j 和 j'、k 和 k'，绿色线条代表 Shockley 分位错，紫色线为 Lomer-Cottrell 位错，黄色线为 Hirth 位错。图 3-4-5(a)中从红色到蓝色的变化意味着试样内部深度的变化，红色代表试样的表面。此时的下压深度是 11Å。图中的高度单位是 Å。

纳米压痕过程中会形成棱柱位错环，Remington 认为在体心立方金属纳米压痕过程中剪切环逐步交滑移并经过夹断动作(pinch-off action)转变为棱柱环，随后棱柱位错环沿着〈111〉方向滑移。Ashby 和 Johnson 认为在母相和外来粒子的交界面附近滑移面上的剪应力足够大，位错从交线处弓出，经逐步的交滑移形成棱柱位错环。可以描述为：一个剪切环发射出来，位错的旋分量交滑移到邻近的滑移面上，位错的刃分量形成圆弧。最后剪切环的旋分量相互吸引，抵消湮灭，即夹断动作，随后棱柱位错环脱离被压表面。然而，对于从体心立方金属中的孔洞处形成的棱柱位错环，Tang 等给出了另一个解释：为了生成一个三角形的位错环，3 个剪切环发射出来并长大，随后旋分量相互抵消，只留下刃分量形成一个三角形的位错环。Tang 等的解释没有涉及位错从一个滑移面到另一个滑移面的交滑移，这是与 Remington 解释最大的区别。

本节展示的分子动力学模拟结果支持 Tang 等的解释，而不是 Remington 的解释，如图 3-4-6 所示。恰如 3.4.3 节中的讨论，纳米压痕过程中位错形核，生长为面缺陷，然后破裂成宽度均一的层错，层错之间的相互反应形成了棱柱位错环，如图 3-4-5 所示。

图 3-4-6(a)～(d)滑移沿着的棱柱标记为 $hijk-h'i'j'k'$，面 $hijk$ 为试样的上表面，面 $h'i'j'k'$ 为共格孪晶面。面 $hii'h'$ 和 $kjj'k'$ 相互平行，记为 α，面 $hkk'h'$ 和面 $ijj'i'$ 相互平行，记为 γ。直线 DB 和图 3-4-2 中的相同，沿着 [110] 方向。图 3-4-6 着色方案如下：绿色线代表 Shockley 分位错，玫红色线代表 Lomer-Cottrell 位错，黄色线为 Hirth 位错。

为了准确识别堆垛层错边缘 Shockley 分位错的伯格斯矢量，现将汤普森四面体记号 $ABCD$ 放置在棱柱 $khi-k'h'i'$ 内，面 ABD 平行于面 $hkk'h'$，面 CBD 平行于 $hii'h'$，线 DB 平行于 hh'，并通过从汤普森四面体外的视角沿着位错线的正向来判定堆垛层错边缘 Shockley 分位错的伯格斯矢量。此时，面 $kjj'k'$ 和面 $ijj'i'$ 相当于是从汤普森四面体记号 $ABCD$ 内部观察，所以面 $kjj'k'$ 和面 $ijj'i'$ 上的层错伯格斯矢量是反向的。面 $hii'h'$ 和面 $ijj'i'$ 之间、面 $hkk'h'$ 和面 $kjj'k'$ 之间的夹角是 109.47°；面 $hii'h'$ 和面 $hkk'h'$ 之间、面 $ijj'i'$ 和面 $kjj'k'$ 之间的夹角是 70.53°。

图 3-4-6 展示了棱柱位错环的形成及其脱离表面的过程，图 3-4-6(a)表明位错在面 $hii'h'$ 和面 $kjj'k'$（α 面）、面 $hkk'h'$ 和面 $ijj'i'$（γ 面）上发射出来。4 根 Shockley 分位错[即领先位错(leading partial dislocations)]长大，随后其环绕的面缺陷破裂，紧跟其后的是另外 4 根 Shockley 分位错[即拖曳位错(trailing partial dislocations)]的出现，如图 3-4-6(b)所示。当面 α 上的领先位错 $B\alpha$ 遇到面 γ 上的

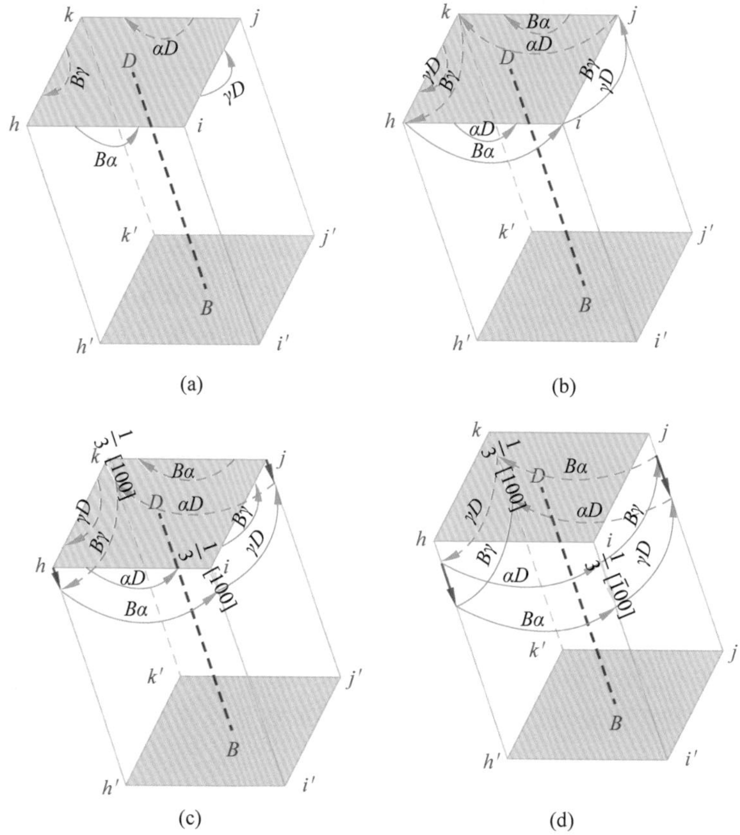

图 3-4-6　棱柱位错环的形成示意图

领先位错 $D\gamma$ 时，Hirth 位错 $BD/\alpha\gamma\left(\frac{1}{3}[\bar{1}00]\right)$ 生成。同时 αD 和 γB 的组合会生成另一个 Hirth 位错 $\alpha\gamma/BD\left(\frac{1}{3}[100]\right)$。这两个过程中需要的 Shockley 分位错所在的平面之间的夹角为 109.47°，这两个反应可以写为

$$B\alpha + D\gamma \longrightarrow BD/\alpha\gamma \tag{3-4-16}$$

和

$$\alpha B + \gamma D \longrightarrow \alpha\gamma/BD \tag{3-4-17}$$

与之相比较，当 γ 面上的领先位错 $B\gamma$ 遇到了 α 面上的领先位错 $B\alpha$，则会产生 Lomer-Cottrell 位错 $\gamma\alpha\left(\frac{1}{6}[01\bar{1}]\right)$。$\alpha D$ 和 γD 组合则会产生另一个 Lomer-Cottrell 位错 $\alpha\gamma\left(\frac{1}{6}[0\bar{1}1]\right)$。这两个过程中需要的 Shockley 分位错所在平面之间的夹角为 70.53°，这两个反应可以写为

$$B\gamma + B\alpha \longrightarrow \gamma\alpha \tag{3-4-18}$$

和

$$\gamma D + \alpha D \longrightarrow \alpha\gamma \tag{3-4-19}$$

图 3-4-6(c)描述了式(3-4-16)～式(3-4-19)。图 3-4-6(d)显示棱柱位错环已经形成，并且脱离上表面，这个过程和下面描述的位错反应有关。拖曳位错扩张到所在棱柱的棱柱边上并相互反应。面 α 上的拖曳位错 αD 长大后遇到面 γ 上的拖曳位错 γB，二者形成了 Hirth 位错 $\alpha\gamma/DB\left(\frac{1}{3}[100]\right)$。随后拖曳位错 $B\alpha$ 和 $D\gamma$ 的组合产生了另一个 Hirth 位错 $DB/\alpha\gamma\left(\frac{1}{3}[\bar{1}00]\right)$。这两个过程发生所在平面的夹角为 109.47°，并且这两个反应可以写为

$$\alpha D + \gamma B \longrightarrow \alpha\gamma/DB \tag{3-4-20}$$

和

$$B\alpha + D\gamma \longrightarrow DB/\alpha\gamma \tag{3-4-21}$$

由拖曳位错产生 Lomer-Cottrell 位错的表达式为

$$\gamma B + \alpha B \longrightarrow \alpha\gamma \tag{3-4-22}$$

和

$$D\gamma + D\alpha \longrightarrow \gamma\alpha \tag{3-4-23}$$

式(3-4-16)和式(3-4-20)，式(3-4-17)和式(3-4-21)，式(3-4-18)和式(3-4-22)，式(3-4-19)和式(3-4-23)分别相加可以得到：

$$B\alpha + D\gamma + \alpha D + \gamma B \longrightarrow 0 \tag{3-4-24}$$

$$\alpha B + \gamma D + B\alpha + D\gamma \longrightarrow 0 \tag{3-4-25}$$

$$B\gamma + B\alpha + \gamma B + \alpha B \longrightarrow 0 \tag{3-4-26}$$

$$\gamma D + \alpha D + D\gamma + D\alpha \longrightarrow 0 \tag{3-4-27}$$

式(3-4-24)～式(3-4-27)说明在棱柱位错环所滑移的棱柱边上位错相互抵消了，棱柱位错环脱离了试样被压表面。

上述讨论是一种非常理想的情形。纳米压痕的分子动力学模拟中，4 根领先位错或 4 根拖曳位错并不会同时出现，这并不影响上述讨论。本节的讨论中各分位错均是独立活动的，并没有交滑移参与到棱柱位错环的形成过程中，形成的棱柱位错环也不是完整的菱形图案，如图 3-4-5 所示。

这里只需要简单地将前述内容提出的形成机制进行扩展，便可以讨论体心和面心立方金属中棱柱位错环的形成机制。体心立方金属的滑移面为{110}、{112}和{123}密排面，滑移的方向为〈111〉晶向。依据上述讨论，对于棱柱边平行于〈111〉的棱柱，若位错在平行于密排面{110}的柱面上产生、滑移、相互反应，一个三棱柱形或六棱柱形的棱柱位错环就产生了。对于棱柱面平行于密排面{110}和{112}的棱柱，则位错的产生、滑移、相互反应会生成十二边形的棱柱位错环。在极端条件下，位错在所有的{110}、{112}和{123}密排面上发射和滑移，则会形成一个非常接近圆的位错环。面心立方金属的滑移面为{111}密排面，滑移方向为

〈110〉晶向。对于棱柱边平行于〈110〉晶向的棱柱，位错在平行于密排面{111}的棱柱面上产生、长大、相互反应则只能有菱形的棱柱位错环产生。

3.4.4 纳米孪晶铜塑性变形过程中棱柱位错环与共格孪晶界面的反应机制

通常材料强度较高时，韧性会较低；反之亦然。很少有材料同时表现出高强度和高韧性。但研究表明，具有共格孪晶界面的纳米孪晶铜同时具有高强度和较好的韧性，另外还具有高应变速率敏感性和良好的导电性能。原因可能是孪晶界面在塑性变形过程中既可以作为位错障碍，又可以作为位错源。脉冲电泳沉积技术(pulsed electrodeposition)生产的试样中的微观结构，即平行的共格孪晶界面，导致了其具有高强度和良好的韧性，这一点在其他文献中也有所印证。

为了研究共格孪晶界面在塑性变形过程中所起的作用，人们的一个关注点是位错如何与共格孪晶界面相互作用。面心立方金属中单根位错和共格孪晶界面的反应已经得到了充分研究和系统总结。Jin 研究了在不同材料中和不同加载条件下的单根位错和共格孪晶界面的反应机制。在高剪切应力下，一个旋位错可以直接穿越共格孪晶界面而不残留任何位错，而同样外界条件下一个非旋位错在穿越孪晶界面时会产生其他位错，遗留在共格孪晶界面周边。Zhu 等系统地总结了所有可能的单一位错与孪晶界面的反应，包括位错交滑移到孪晶界面，造成了孪晶层生长或消失；在孪晶界面处形成不可动的压杆位错或者直接穿越孪晶界面。然而，当前可以查到的分子动力学模拟仅仅模拟了一根位错线和共格孪晶界面的反应，而不是某些复杂形态的位错与之的反应。事实上在试样塑性变形过程中位错通常都比较复杂，并不是单一直线，人们对复杂形态的位错与共格孪晶界面的反应了解较少，因此研究复杂位错形态与共格孪晶界面的反应很有必要。

近来人们借助分子动力学重新认识了棱柱位错环的形成过程，直到现在人们依然将棱柱位错环的形成当成一个研究热点，而对棱柱位错环与试样内部的障碍物相互作用的研究则很少。有关棱柱位错环与共格孪晶界面之间的反应尚未有报道，因此非常有必要开展棱柱位错环与共格孪晶界面间反应的研究。本节主要通过分子动力学模拟纳米压痕实验，生成棱柱位错环，然后在持续的外载条件下使棱柱位错环滑向共格孪晶界面并与之反应，期待通过此研究以进一步探明共格孪晶界面在塑性变形过程中所起的作用，并对位错与障碍物之间的反应提供新的观察视角。此外，本节还分析了纳米压痕实验中共格孪晶界面的迁移和孪生位错的增殖。本节关于位错的讨论均采用汤普森四面体记号。

1. 棱柱位错环与共格孪晶界面的反应

棱柱位错环沿着其所在棱柱的滑移过程已经出现在诸多学者的论述中。然而棱柱位错环滑移的过程中出现了一个新的现象。如前文所述，棱柱位错环具有两对相互平行的位错段，每一个位错段均为由层错和 Shockley 分位错构成的扩展位错。压杆位错(即 Lomer-Cottrell 位错和 Hirth 位错)在相邻层错的交线处形成。在滑移过程中,外加应力会将 Hirth 位错挤压成一个点,而 Lomer-Cottrell 位错自始至终均存在,这个现象目前没有足够的解释,但 Chang 使用离散位错动力学的模拟也出现了这个现象,其可能与层错能有关系。

当棱柱位错环接近共格孪晶界面时,两个 Hirth 位错均又出现,此时的棱柱位错环和刚形成时的位错环几乎一样。众所周知,共格孪晶界面可以作为位错运动的障碍,棱柱位错环进一步接近直至停在共格孪晶界面上方。随着压头的不断下压,棱柱位错环周围的应力不断增大,将棱柱边(即图 3-4-7 中 hh')上的 Lomer-Cottrell 位错挤压消失,随即两个 Shockley 分位错 $B\gamma$ 和 $B\alpha$ 在共格孪晶界面(δ面)上发生分解反应,可以归纳为(图 3-4-7(b))

$$B\gamma \longrightarrow B\delta + \delta\gamma \tag{3-4-28}$$

和

$$B\alpha \longrightarrow B\delta + \delta\alpha \tag{3-4-29}$$

Shockley 分位错 $B\delta$ 的两个端点分别固定在线 $h'i'$ 和 $h'k'$ 上,在共格孪晶界面上的滑移致使共格孪晶界面向下平移一个原子层,并且留下一个台阶和两个压杆位错 $\delta\gamma$ 和 $\delta\alpha$。Shockley 分位错 $B\delta$ 滑移过点 i' 和 k',进而两个端点固定在线 $i'j'$ 和 $k'j'$ 上。Shockley 分位错 $B\delta$ 遇到 Shockley 分位错 γD 和 Shockley 分位错 αD,随即发生下面的位错反应(图 3-4-7(c)):

$$\delta B + \gamma D \longrightarrow \delta\gamma/BD \tag{3-4-30}$$

和

$$\delta B + \alpha D \longrightarrow \delta\alpha/BD \tag{3-4-31}$$

式(3-4-28)和式(3-4-29)中的 $\delta\gamma/BD$、$\delta\alpha/BD$ 分别代表方向为 $\delta\gamma$ 中点指向 BD 中点、并且模长是 $\delta\gamma$ 中点到 BD 中点距离两倍的伯格斯矢量,方向为 $\delta\alpha$ 中点指向 BD 中点、并且模长是 $\delta\alpha$ 中点到 BD 中点距离两倍的伯格斯矢量。当 Shockley 分位错 $B\delta$ 滑移到点 j' 时,上述过程便在共格孪晶界面上产生了一个平行四边形的台阶,如图 3-4-7(d)所示。

图 3-4-7(a)~(f)中平面和线条的含义与图 3-4-6 中相同。图 3-4-7(c)~(f)中红色线所代表的为伯格斯矢量是 $\frac{1}{6}\langle 310\rangle$ 的位错,青色线所代表的为 Frank 位错。

图 3-4-7(e)表明位错线位于图 3-4-7 中棱柱边 ii' 和 kk' 上的两个 Hirth 位错在持续应力作用下挤压、消失。外加应力将 Shockley 分位错 $B\gamma$ 和 Shockley 分位错 $B\alpha$ 挤压到分别和压杆位错 $\delta\gamma/BD$ 和 $\delta\alpha/BD$ 接触,并反应生成 Frank 位错 δD,

$$B\gamma + \delta\gamma/BD \longrightarrow \delta D \tag{3-4-32}$$

和

$$B\alpha + \delta\alpha/BD \longrightarrow \delta D \tag{3-4-33}$$

直至位于图 3-4-7 中棱柱边 jj' 上的 Lomer-Cottrell 位错消失,这两个反应才

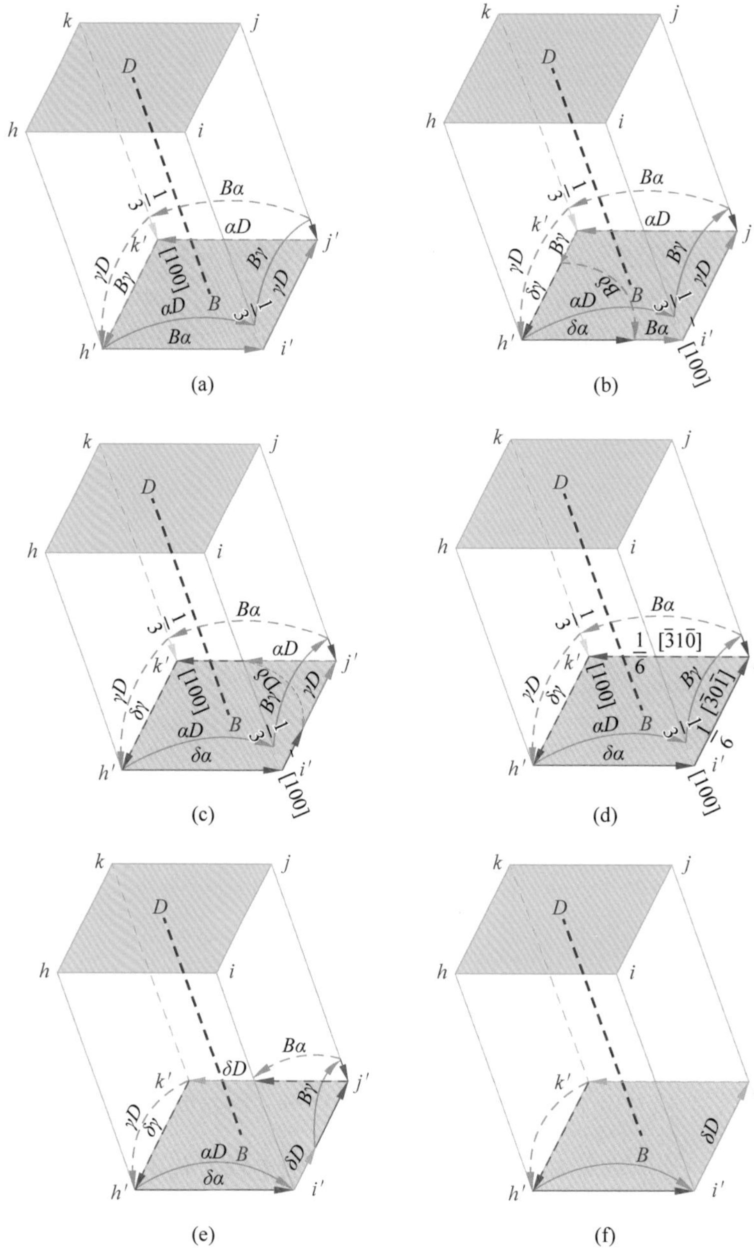

图 3-4-7　棱柱位错环与共格孪晶界面之间的反应示意

结束，如图 3-4-7(f)所示。图 3-4-7(f)为最后生成的位错构形，可以推知当应力足够大时，面 γ 上的 Shockley 分位错 γD 和 $\delta\gamma$，面 α 上的 Shockley 分位错 αD 和 $\delta\alpha$ 可以组合生成 Frank 位错 δD。4 条 Frank 位错就组成了平行四边形的 Frank 位错环。

面心立方金属铜(111)面上纳米压痕过程中产生的棱柱位错环沿着 3 个平行于图 3-4-8(a)中 DA、DB、DC 的方向滑移,将其投影到共格孪晶界面上,则图案呈现出夹角为 120°的三重对称。随着压头的持续下移,图 3-4-6 和图 3-4-7 所描述的棱柱环形成和反应将会重复发生,类似的棱柱位错环会连续地从压头与试样的接触区域附近生成并向试样底部滑移。随着下压过程中压头和试样接触面积的不断增大,后形成的棱柱位错环尺寸也比最先形成的位错环尺寸大,棱柱位错环的尺寸与压头和试样之间的接触面积呈正相关。

2. 共格孪晶界面上孪生位错的增殖

Li 等曾提出了一个机制解释在共格孪晶界面处孪生位错(twinning dislocation)的增殖,高分辨透射电子显微镜原位观察实验和分子动力学模拟纳米压痕给出了相应的证据(与常见的位错不同,孪生位错具有位置缺陷和台阶特征,如图 3-4-8 所示)。

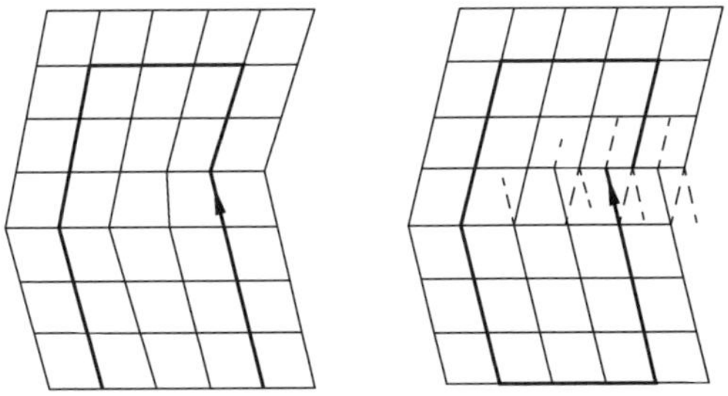

(a)　　(b)

图 3-4-8　伯格斯回环和孪生位错的相应回环路径

(a) 伯格斯回环;(b) 孪生位错

Li 等认为一个困在共格孪晶界面上的滑移位错在外载条件下可以持续不断地分解,进而造成孪生位错的增殖,如图 3-4-9 和图 3-4-10 所示。然而此机制的第一步即为全位错 $D'B$ 滑向孪晶界面,如图 3-4-10(a)所示,这种位错的束集反应需要跨越很高的能量势垒,以至于其几乎不会发生。结合 Mishin 等的讨论,金属铜产生的层错能比较低,所以金属铜中扩展位错的领先位错和拖曳位错之间的层错宽度很大,从而外力将领先位错和拖曳位错挤压合并(束集)在一起形成全位错非常困难,即金属铜在塑性变形过程中几乎不会出现全位错,Li 等提出的机制忽略了这点。综上所述,尽管 Li 等的实验观察和分子动力学模拟看起来自洽,但是本节的模拟过程中却没有重现 Li 等提出的机制。本节的分子模拟实验与 Li 等的高分辨透射电子显微镜原位观察实验过程接近,也在分子动力学模拟中观察到了与 Li 等的实验几乎相同的结果,但是背后的机制相差很大。

图 3-4-9(a)和(b)为全位错与 Σ3{111}共格孪晶界面相互反应的原位观察纳米压痕实验中的高分辨透射电子显微镜截图。位错 1 和 2 在反应过程中没有明显的位移。在外载作用下,全位错 3 滑向共格孪晶界面 2(图 3-4-10(a)),1s 以后,全

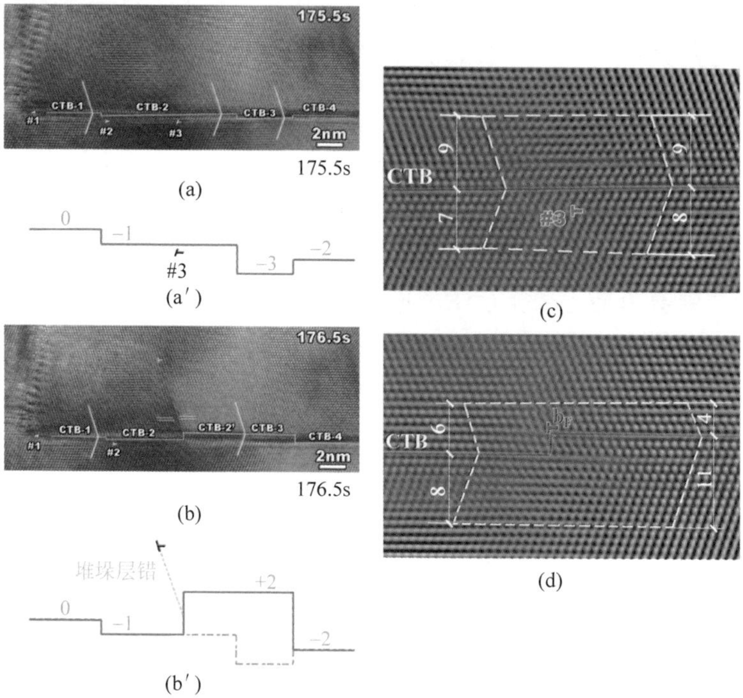

图 3-4-9　全位错与共格孪晶界面的反应

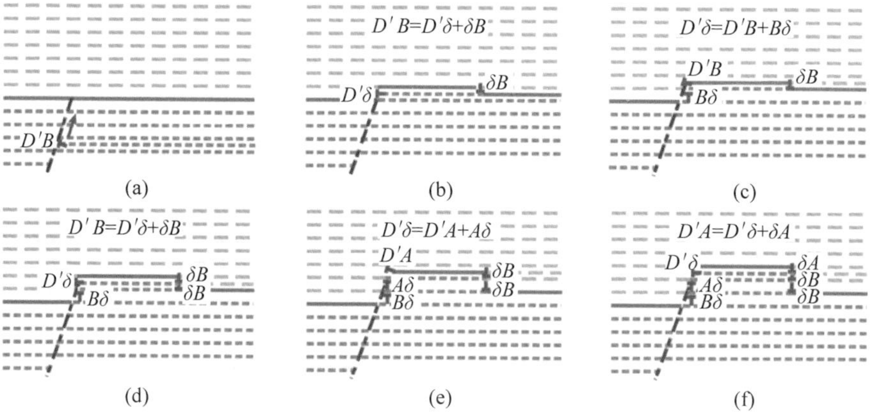

图 3-4-10　全位错 $D'B$ 与孪晶界面相互反应致使的位错增殖过程示意图

位错 3 滑入共格孪晶界面 2(图 3-4-9(b))。图 3-4-9(a′)和(b′)为反应前后的共格孪晶界面上的台阶示意图,图 3-4-9(c)为共格孪晶界面附近的标记了全位错 3 伯格斯回环的快速傅里叶逆变换高分辨透射电子显微镜放大图,图 3-4-9(d)为孪生位错增殖过程中具有 3 个{111}原子层高度台阶的快速傅里叶逆变换高分辨透射电子显微镜图。

本节模拟结果如图 3-4-11 所示，与 Li 等高分辨透射电子显微镜图 3-4-9 吻合。图 3-4-11(a)表明第一个棱柱位错环滑向共格孪晶界面并将遇到共格孪晶界面，最终棱柱位错环停留在共格孪晶界面上方。随着载荷的持续增加，棱柱位错环上的 Shockley 分位错 $B\gamma$ 分解成压杆位错 $\delta\gamma$ 和 Shockley 分位错 $B\delta$。Shockley 分位错 $B\delta$ 在共格孪晶界面(111)上滑移，并将共格孪晶界面向下平移一个原子层，如图 3-4-11(b)所示。当 Shockley 分位错 $B\delta$ 遇到 Shockley 分位错 αD 时，压杆位错 $\delta\alpha/BD$ 生成。恰如图 3-4-5 和图 3-4-6 的描述，图 3-4-11(a)～(c)的过程不断重复，进而导致本节的结果如图 3-4-11(d)所示，可以看出图中有一处具有两个(111)原子层高度的尖锐台阶，标记为 $\delta\alpha/BD$ 和四处具有一个(111)原子层高度的尖锐台阶。Li 等的工作给出如图 3-4-10 的机制解释如何形成具有多个(111)原子层高度的台阶，但当前的分子模拟实验并不支持其主张。第一个和第二个棱柱位错环具有一个公共的棱柱面，二者共同作用生成了标记为 $\delta\alpha/BD$ 的具有双(111)原子层高度的台阶：第一个棱柱位错环将共格孪晶界面下移一个原子层，第二个棱柱位错环又将共格孪晶界面下移一个原子层。

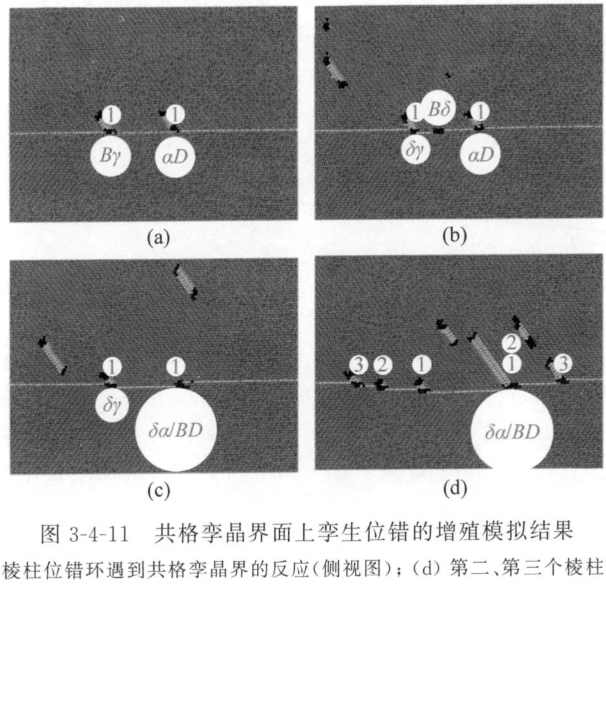

图 3-4-11　共格孪晶界面上孪生位错的增殖模拟结果

(a)～(c)第一各棱柱位错环遇到共格孪晶界的反应(侧视图)；(d) 第二、第三个棱柱位错环遇到共格孪晶界的反应

参考文献

[1]　吴树森，柳玉起. 材料成形原理[M]. 北京：机械工业出版社，2008.

[2]　黄天佑，都东，方刚. 材料加工工艺[M]. 北京：清华大学出版社，2010.

[3]　单德彬，袁林，郭斌. 精密微塑性成形技术的现状和发展趋势[J]. 塑性工程学报，2008，

15(2)：46-53.
[4] 单德彬，徐杰，王春举，等.塑性微成形技术研究进展[J].中国材料进展，2016，35(4)：251-261.
[5] 李经天，董湘怀，黄菊花.微细塑性成形研究进展[J].塑性工程学报，2004，11(4)：1-8.
[6] 单德彬，郭斌，王春举，等.微塑性成形技术的研究进展[J].材料科学与工艺，2004，12(5)：449-453.
[7] 谢谈，贾德伟，蒋鹏，等.精密塑性成形技术在中国的应用与进展[J].机械工程学报，2001，37(7)：100-104.
[8] CRAIGHEAD H G. Nanoelectromechanical systems[J]. Science，2000，290(5496)：1532-1535.
[9] FRENKEL D，SMIT B. 分子模拟：从算法到应用[M].汪文川，等译.北京：化学工业出版社，2002.
[10] 沈惠川，李书民.经典力学[M].合肥：中国科学技术大学出版社，2006.
[11] EASTWOOD J W，HOCKNEY R W. Computer simulation using particles[M]. New York：Mc Grawhill，1981.
[12] 林宗涵.热力学与统计物理学[M].北京：北京大学出版社，2007.
[13] FRENKEL D，SMIT B. Understanding molecular simulation：from algorithms to applications[M]. San Diego：Academic Press，2001.
[14] 吴大猷.古典动力学[M].北京：科学出版社，2010.
[15] 汪志诚.热力学·统计物理[M].北京：高等教育出版社，2013.
[16] GOLDSTEIN H. Classical mechanics[M]. New York：Pearson Education，1951.
[17] RAPAPORT D C. The art of molecular dynamics simulation[M]. Cambridge：Cambridge University Press，2004.
[18] FISCHER-CRIPPS A C. Nanoindentation[M]. New York：Springer，2004.
[19] DAW M S. Model of metallic cohesion：the embedded-atom method[J]. Physical Review B，1989，39(11)：7441-7452.
[20] DAW M S，BASKES M I. Semiempirical，quantum mechanical calculation of hydrogen embrittlement in metals[J]. Physical Review Letters，1983，50(17)：1285-1288.
[21] DAW M S，BASKES M I. Embedded-atom method：derivation and application to impurities，surfaces，and other defects in metals[J]. Physical Review B，1984，29(12)：6443-6453.
[22] FOILES S M，BASKES M I，DAW M S. Embedded-atom-method Functions for the FCC metals Cu，Ag，Au，Ni，Pd，Pt，and their alloys[J]. Physical Review B，1986，33(12)：7983-7991.
[23] 刘启涛.纳米压痕及超精密切削过程的分子动力学模拟[D].武汉：华中科技大学，2015.
[24] MORSE P M，STUECKELBERG C G. Diatomic molecules according to wave mechanics. I. energy levels of the hydrogen molecular ion[J]. Physical Review，1929，33(6)：932-939.
[25] MORSE P M. Diatomic molecules according to the wave mechanics. II. vibrational levels[J]. Physical Review，1929，34(1)：57-64.
[26] GIRIFALCO L A，WEIZER V G. Application of the morse potential function to cubic metals[J]. Physical Review，1959，114(3)：687-690.
[27] TERSOFF J. Modeling solid-state chemistry：interatomic potentials for multicomponent

systems[J]. Physical Review B, 1989, 39(8): 5566-5568.

[28] TERSOFF J. Empirical interatomic potential for carbon, with applications to amorphous carbon[J]. Physical Review Letters, 1988, 61(25): 2879-2882.

[29] TERSOFF J. Erratum: modeling solid-state chemistry: interatomic potentials for multicomponent systems[J]. Physical Review B, 1990, 41(5): 3248.

[30] TERSOFF J. New empirical approach for the structure and energy of covalent systems [J]. Physical Review B, 1988, 37(12): 6991-7000.

[31] MISHIN Y, MEHL M, PAPACONSTANTOPOULOS D, et al. Structural stability and lattice defects in copper: ab initio, tight-binding, and embedded-atom calculations[J]. Physical Review B, 2001, 63(22): 1-16.

[32] MISHIN Y, FARKAS D, MEHL M J, et al. Interatomic potentials for monoatomic metals from experimental data and ab initio calculations[J]. Physical Review B, 1999, 59(5): 3393-3407.

[33] MAEKAWA K, ITOH A. Friction and tool wear in nano-scale machining molecular dynamics approach[J]. Wear, 1995, 188(1): 115-122.

[34] RAHMAN A. Correlations in the motion of atoms in liquid argon[J]. Physical Review, 1964, 136(2): 405-411.

[35] VERLET L. Computer "experiments" on classical fluids. I. thermodynamical properties of lennard-jones molecules[J]. Physical Review, 1967, 159(1): 98-103.

[36] GEAR C W. Numerical initial value problems in ordinary differential equations[M]. Englewood Cliffs: Prentice-hall, 1971.

[37] BEEMAN D. Some multistep methods for use in molecular dynamics calculations[J]. Journal of Computational Physics, 1976, 20(2): 130-139.

[38] SWOPE W C, ANDERSEN H C, BERENS P H, et al. A computer simulation method for the calculation of equilibrium constants for the formation of physical clusters of molecules: application to small water clusters[J]. The Journal of Chemical Physics, 1982, 76(1): 637-649.

[39] SATOH A. Stability of Various molecular dynamics algorithms[J]. Journal of Fluids Engineering, 1997, 119(2): 476-480.

[40] BEKKER H, DIJKSTRA E J, RENARDUS M K R, et al. An efficient, box shape independent non-bonded force and virial algorithm for molecular dynamics[J]. Molecular Simulation, 1995, 14(3): 137-151.

[41] GROPP W, LUSK E, THAKUR R. Using MPI-2: advanced features of the message-passing interface[M]. Cambridge: MIT Press, 1999.

[42] GROPP W, LUSK E, SKJELLUM A. Using MPI: portable parallel programming with the message-passing interface[M]. Cambridge: MIT Press, 1999.

[43] 都志辉. 高性能计算之并行编程技术：MPI 并行程序设计[M]. 北京：清华大学出版社，2001.

[44] 陈国良. 并行计算：结构·算法·编程[M]. 北京：高等教育出版社，2011.

[45] 陈国良. 并行算法实践[M]. 北京：高等教育出版社，2004.

[46] PLIMPTON S J. Fast parallel algorithms for short-range molecular dynamics[J]. Journal of Computational Physics, 1995, 117(1): 1-19.

[47] BAŠTECKÁ J. Interaction of Dislocation Loop with Free Surface[J]. Cechoslovackij Fiziceskij Zurnal B, 1964, 14(6): 430-442.

[48] GROVES P P, BACON D J. The dislocation loop near a free surface[J]. Philosophical Magazine, 1970, 22(175): 83-91.

[49] REMINGTON T, RUESTES C, BRINGA E, et al. Plastic deformation in nanoindentation of tantalum: a new mechanism for prismatic loop formation[J]. Acta Materialia, 2014, 78: 378-393.

[50] JOHNSON K L. The correlation of indentation experiments[J]. Jounal of The Mechanics and Physics of Solids,1970,18(2): 115-126.

第4章

铸造成形模拟方法

4.1 温度场模拟

4.1.1 传热的基本方式概述

热量传递可以通过3种方式进行：热传导、热对流和热辐射。这3种传热方式在铸造成形过程中都存在，下面先简要介绍一些基本概念。

1. 热传导

物体各部分之间不发生相对位移时，依靠分子、原子及自由电子等微观粒子的热运动进行的热量传递称为热传导（简称导热）。在紧密地不透明的物体内部，热量只能依靠导热方式传递。

只有在物体处于不同温度时，热量才能从一个物体传递到另一个物体，或从物体的某一部分传递到物体的另一部分。热总是从温度高的地方流向温度低的地方，当铸件凝固冷却时，铸件内部的温度高于外界，因此铸件内部向其外侧及铸型传递热量。

在三维笛卡儿坐标系中，连续介质各点在同一时刻的温度分布称为温度场，温度场一般可表达为 $T=f(x,y,z,t)$。若温度场不随时间变化，则称为稳定温度场，由此产生的导热为稳定导热；若温度场随时间改变，则称为不稳定温度场，不稳定温度场的导热为不稳定导热。

导热的基本定律是傅里叶定律，傅里叶定律的具体内容将在后面进行阐述。

2. 热对流

热对流是指流体中温度不同的各部分相互混合的宏观运动引起热量传递的现象。热对流总与流体的导热同时发生，可以看作流体流动时的导热。对流换热的情况比只有热传导的情况复杂。对流换热可以用牛顿冷却定律来描述，即

$$q=\alpha(T_{\mathrm{f}}-T_{\mathrm{w}}) \tag{4-1-1}$$

式中，q 为热流密度；α 为对流换热系数；T_{f} 为流体的特征温度；T_{w} 为固体边界温度。

对流换热按引起流动运动的不同原因可分为自然对流和强制对流两大类。自

然对流是由流体冷、热部分的密度不同而引起的,如暖气片表面附近热空气向上流动就是自然对流。如果流体的流动是由水泵或其他压差所造成的,则称为强制对流。

3. **热辐射**

物体通过电磁波传递能量的方式称为辐射。物体会因各种原因发出辐射能,其中因热的原因发出辐射能的现象称为热辐射。自然界中各个物体都不停地向空间发出热辐射,同时又不断地吸收其他物体发出的热辐射。发出与吸收过程的综合效果造成了物体间以辐射方式进行热量传递。辐射换热可以用斯特藩-玻尔兹曼(Stefan-Boltzmann)定律来描述,即

$$q=\varepsilon\sigma_0 T_0^4 \tag{4-1-2}$$

式中,q 为热流密度;T_0 为表面的绝对温度;ε 为辐射黑度;σ_0 为斯特藩-玻尔兹曼常数。

4.1.2 数学模型

1. **傅里叶定律**

在大量实验基础上,傅里叶于 1882 年指出,单位时间内由热传导而通过单位面积的热量(比热流量)与温度梯度成正比。

在一维空间,傅里叶定律可以表示成下式:

$$\dot{q}=-\lambda\frac{\partial T}{\partial x} \tag{4-1-3}$$

式中,$\dot{q}$ 为比热流量(W/m^2);T 为温度(K);x 为坐标值(m);$\frac{\partial T}{\partial x}$ 为温度梯度(K/m);λ 为导热系数[W/(m·K)]。负号表明,导热的方向永远沿着温度降低的方向,即导热热流从高温区流向低温区。

如图 4-1-1 所示,当 x 方向的温度分布为线性时,温度梯度$\frac{\partial T}{\partial x}$为

$$\frac{\partial T}{\partial x}=\frac{T_2-T_1}{x_2-x_1}$$

根据式(4-1-3),沿方向 x 产生的比热流量为

$$\dot{q}=-\lambda\frac{T_2-T_1}{x_2-x_1} \tag{4-1-4}$$

2. **热传导微分方程(直角坐标系)**

如图 4-1-2 所示,假设微元体 x、y、z 这 3 个方向上的尺寸为 $\mathrm{d}x$、$\mathrm{d}y$、$\mathrm{d}z$,显然微元体的体积为 $\mathrm{d}x\times\mathrm{d}y\times\mathrm{d}z$。

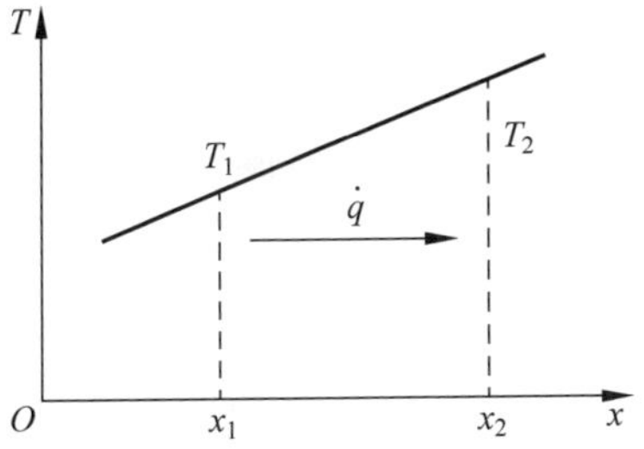

图 4-1-1　一维空间的热传导传热

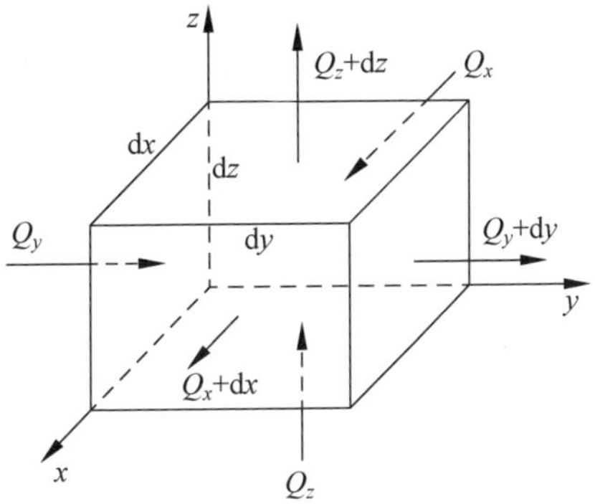

图 4-1-2　三维空间微元体热平衡图

根据傅里叶定律，流入此微元体的热量为

$$\begin{cases} Q_x = -\lambda \dfrac{\partial T}{\partial x} \mathrm{d}y\,\mathrm{d}z \\ Q_y = -\lambda \dfrac{\partial T}{\partial y} \mathrm{d}x\,\mathrm{d}z \\ Q_z = -\lambda \dfrac{\partial T}{\partial y} \mathrm{d}x\,\mathrm{d}y \end{cases} \tag{4-1-5}$$

而流出此微元体的热量为

$$\begin{cases} Q_{x+\mathrm{d}x} = -\lambda \dfrac{\partial}{\partial x}\left(T + \dfrac{\partial}{\partial x}\mathrm{d}x\right) \mathrm{d}y\,\mathrm{d}z \\ Q_{y+\mathrm{d}y} = -\lambda \dfrac{\partial}{\partial y}\left(T + \dfrac{\partial}{\partial y}\mathrm{d}y\right) \mathrm{d}x\,\mathrm{d}z \\ Q_{z+\mathrm{d}z} = -\lambda \dfrac{\partial}{\partial z}\left(T + \dfrac{\partial}{\partial z}\mathrm{d}z\right) \mathrm{d}x\,\mathrm{d}y \end{cases} \tag{4-1-6}$$

如物体中无内热源，根据能量守恒定律：流入热量－流出热量＝微元体内蓄热量的增加，即

$$Q_{\text{入}} - Q_{\text{出}} = \Delta Q \tag{4-1-7}$$

而单位时间内微元体蓄热量增量：

$$\Delta Q = \rho c_p \frac{\partial T}{\partial t} \mathrm{d}x\,\mathrm{d}y\,\mathrm{d}z \tag{4-1-8}$$

将式(4-1-5)～式(4-1-7)代入式(4-1-8)，整理得

$$\rho c_p \frac{\partial T}{\partial t} = \lambda\left(\frac{\partial^2 T}{\partial x^2} + \frac{\partial^2 T}{\partial y^2} + \frac{\partial^2 T}{\partial z^2}\right) \tag{4-1-9}$$

式中，ρ、c_p、λ 为常数。

令 $\dfrac{\lambda}{\rho c_p} = \alpha$，则式(4-1-9)变为

$$\frac{\partial T}{\partial t}=\alpha\left(\frac{\partial^2 T}{\partial x^2}+\frac{\partial^2 T}{\partial y^2}+\frac{\partial^2 T}{\partial z^2}\right)$$
$$=\alpha\ \nabla^2 T \tag{4-1-10}$$

式中，∇^2为拉普拉斯运算符号（算子）；α 为导温系数（m^2/s）。

该方程的物理意义具体如下：①当$\nabla^2 T>0$ 时，$\frac{\partial T}{\partial t}>0$，物体被加热；②当$\nabla^2 T=0$ 时，$\frac{\partial T}{\partial t}=0$，稳定温度场；③当$\nabla^2 T<0$ 时，$\frac{\partial T}{\partial t}<0$，物体被冷却。

式（4-1-10）即为三维热传导微分方程，也即温度场数值模拟的数学模型。式（4-1-11）、式（4-1-12）分别为一维、二维场合下温度场的热传导微分方程，即

$$\frac{\partial T}{\partial t}=\alpha\ \frac{\partial^2 T}{\partial x^2} \tag{4-1-11}$$

$$\frac{\partial T}{\partial t}=\alpha\left(\frac{\partial^2 T}{\partial x^2}+\frac{\partial^2 T}{\partial y^2}\right) \tag{4-1-12}$$

4.1.3 基于有限差分的离散

下面将采用有限差分方法来对上述温度场数学模型在时间上和空间上进行离散。首先介绍二维场合下的离散格式，然后在此基础上介绍三维离散格式。

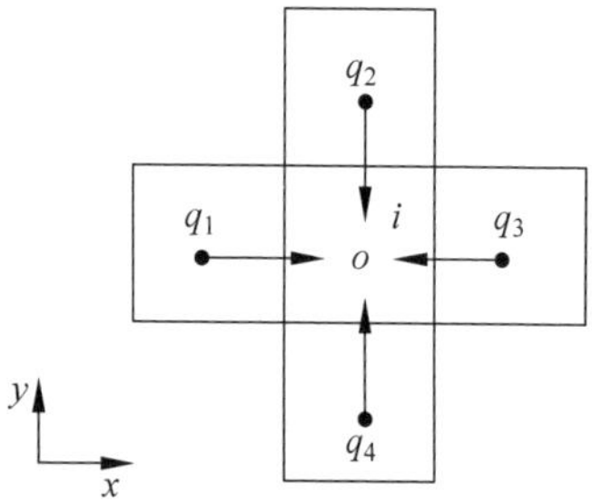

图 4-1-3　二维差分单元 i 的热平衡关系图

1. 二维场合的离散格式

在二维情况下，对傅里叶热传导微分方程（式（4-1-12））进行基于有限差分法的离散。如图 4-1-3 所示，单元 i 是一边长为 Δx 的正四边形单元，它与相邻的 4 个单元进行热量交换。在微小的时间 Δt 内，单元 i 吸收的热量 Q 为

$$Q=\rho_i c_{pi}(\Delta x)^2(T_i^{t+\Delta t}-T_i^t) \tag{4-1-13}$$

从相邻的单元 1、2、3、4 流入单元 i 的热量总和 Q_{sum} 为

$$Q_{\text{sum}}=\sum_{j=1}^{4}\frac{\Delta x}{\dfrac{\Delta x}{2\lambda_i}+\dfrac{\Delta x}{2\lambda_j}}(T_j^t-T_i^t)\Delta t \tag{4-1-14}$$

根据能量守恒定律，由式（4-1-13）、式（4-1-14）得

$$\rho_i c_{pi}(\Delta x)^2(T_i^{t+\Delta t}-T_i^t)=\sum_{j=1}^{4}\frac{\Delta x(T_j^t-T_i^t)\Delta t}{\dfrac{\Delta x}{2\lambda_i}+\dfrac{\Delta x}{2\lambda_j}} \tag{4-1-15}$$

整理式（4-1-15）得

$$T_i^{t+\Delta t}=T_i^t+\frac{\Delta t}{\rho_i c_{pi}\Delta x}\sum_{j=1}^{4}\frac{T_j^t-T_i^t}{\dfrac{\Delta x}{2\lambda_i}+\dfrac{\Delta x}{2\lambda_j}} \tag{4-1-16}$$

将式(4-1-16)变形得

$$T_i^{t+\Delta t}=\left(1-\frac{\Delta t}{\rho_i c_{pi}\Delta x}\sum_{j=1}^{4}\frac{1}{\dfrac{\Delta x}{2\lambda_i}+\dfrac{\Delta x}{2\lambda_j}}\right)T_i^t+\frac{\Delta t}{\rho_i c_{pi}\Delta x}\sum_{j=1}^{4}\frac{T_j^t}{\dfrac{\Delta x}{2\lambda_i}+\dfrac{\Delta x}{2\lambda_j}} \tag{4-1-17}$$

由式(4-1-17)可知，单元 i 在 $t+\Delta t$ 时刻的温度等于 t 时刻自身温度及相邻 4 个单元温度的线性组合。显而易见，如果相邻单元温度高或低，单元 i 的温度也相应地大或小。另外，从物理含义来说，单元 i 在 t 时刻温度高，则其在 $t+\Delta t$ 时刻的温度也应该高，即等式右边第一项系数必须不小于零，即

$$1-\frac{\Delta t}{\rho_i c_{pi}\Delta x}\times a_i\geqslant 0 \tag{4-1-18}$$

式中，

$$a_i=\sum_{j=1}^{4}\frac{1}{\dfrac{\Delta x}{2\lambda_i}+\dfrac{\Delta x}{2\lambda_j}}$$

整理得

$$\Delta t\leqslant(\rho_i c_{pi}\Delta x)/a_i,\quad 且\ \Delta t>0 \tag{4-1-19}$$

2. 三维场合的离散格式

在三维场合下，对傅里叶热传导微分方程(式(4-1-10))进行基于有限差分法的离散。如图 4-1-4 所示，单元 i 是一边长为 Δx 的正六面体单元，它与相邻的 6 个单元进行热量交换。在微小的时间 Δt 内，单元 i 吸收的热量 Q 为

$$Q=\rho_i c_{pi}(\Delta x)^3(T_i^{t+\Delta t}-T_i^t) \tag{4-1-20}$$

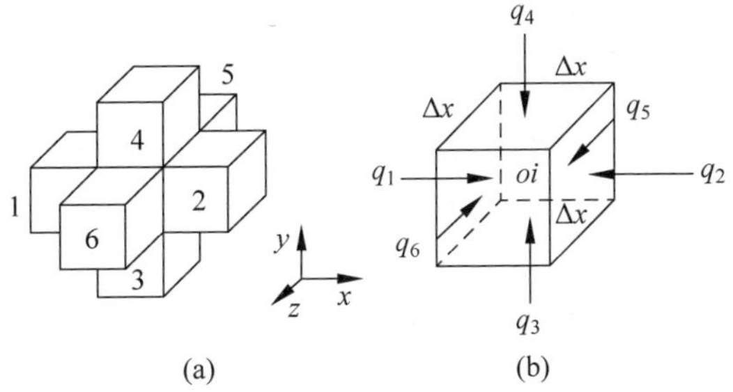

图 4-1-4　三维差分单元 i 的热平衡关系图

从相邻的单元 1～6 流入细网格 i 的热量总和 Q_{sum} 为

$$Q_{\text{sum}}=\sum_{j=1}^{6}\frac{\Delta x\Delta x}{\dfrac{\Delta x}{2\lambda_i}+\dfrac{\Delta x}{2\lambda_j}}(T_j^t-T_i^t)\Delta t \tag{4-1-21}$$

根据能量守恒定律,由式(4-1-20)和式(4-1-21)得

$$\rho_i c_{pi}(\Delta x)^3(T_i^{t+\Delta t}-T_i^t)=\sum_{j=1}^{6}\frac{\Delta x\Delta x(T_j^t-T_i^t)\Delta t}{\dfrac{\Delta x}{2\lambda_i}+\dfrac{\Delta x}{2\lambda_j}} \tag{4-1-22}$$

整理得单元 i 在 $t+\Delta t$ 时刻的温度计算公式为

$$T_i^{t+\Delta t}=T_i^t+\frac{\Delta t}{\rho_i c_{pi}\Delta x}\sum_{j=1}^{6}\frac{(T_j^t-T_i^t)}{\dfrac{\Delta x}{2\lambda_i}+\dfrac{\Delta x}{2\lambda_j}} \tag{4-1-23}$$

与二维情况一样,Δt 必须满足一定条件才能保证数值解的稳定。由式(4-1-23)知,单元 i 在 $t+\Delta t$ 时刻的温度等于 t 时刻自身温度及相邻 6 个单元温度的线性组合。显而易见,相邻 6 个单元温度的高低,直接影响了单元 i 在 $t+\Delta t$ 时刻温度的大小;同样,单元 i 在 t 时刻温度高,则其在 $t+\Delta t$ 时刻的温度也应该高,即等式右边第一项系数必须不小于零,即

$$1-\frac{\Delta t}{\rho_i c_{pi}\Delta x}\times a_i\geqslant 0 \tag{4-1-24}$$

式中,

$$a_i=\sum_{j=1}^{6}\frac{1}{\dfrac{\Delta x}{2\lambda_i}+\dfrac{\Delta x}{2\lambda_j}}$$

整理得

$$\Delta t\leqslant(\rho_i c_{pi}\Delta x)/a_i,\quad 且\ \Delta t>0 \tag{4-1-25}$$

式(4-1-25)即为数值解收敛性条件,在实际的程序应用中,对于立方体单元 i 而言,时间步长 Δt 满足下式即可:

$$\Delta t\leqslant\rho c_p(\Delta x)^2/(6\lambda),\quad 且\ \Delta t>0 \tag{4-1-26}$$

4.1.4 初始条件与边界条件

1. 初始条件

从差分方程(参见式(4-1-17)、式(4-1-23))可以看出,要确定各单元在新时刻($t+\Delta t$)时的温度值,必须首先知道前一时刻(t)时的温度值。因此,初始条件就是要确定 $t=0$ 时刻(开始计算时刻),各单元的温度值。

对于三维温度场 $T^t=f(x,y,z,t)$,初始时刻($t=0$)的温度场为

$$T^0=f(x,y,z,0) \tag{4-1-27}$$

在进行初始温度的设置时,可以假设铸件瞬间充型、初温均布,即可以用如下方程来表示。

铸件部分

$$T_{\text{cast}}^0=f_{\text{c}}(x,y,z,0) \tag{4-1-28}$$

铸型部分

$$T_{\text{mold}}^{0}=f_{\text{m}}(x,y,z,0) \tag{4-1-29}$$

2. 边界条件

如图 4-1-5 所示，与边界相接的微元体的热量守恒公式为 $\Delta Q_{\Delta t}=Q_{\text{in}\Delta t}-Q_{\text{out}\Delta t}$，即

$$\rho c_p V(T^{t+\Delta t}-T^t)=\dot{q}_{\text{s}}A\Delta t-\left(-\lambda A\Delta t\frac{\partial T}{\partial x}\bigg|_{x=\Delta x}\right) \tag{4-1-30}$$

式中，A 为断面面积，如果 A 为单位断面面积，即 $A=1$，则体积 $V=1\Delta x$，式(4-1-30)变形为

$$\rho c_p(T^{\Delta+\Delta t}-T^t)\Delta x=q_{\text{s}}\Delta t+\lambda\Delta t\frac{\partial T}{\partial x} \tag{4-1-31}$$

若 Δx 趋于无限小($\Delta x\to 0$)，则可得边界上的传热方程为

$$\dot{q}_{\text{s}}+\lambda\frac{\partial T}{\partial x}=0 \tag{4-1-32}$$

1) 热传导边界条件

在流体(液体、气体)和固体相接触的场合，即使是流体一侧，在边界面上也仍然会因热传导而引起热的流动，即

$$\dot{q}_{\text{s}}=-\lambda_{\text{f}}\frac{\partial T_{\text{f}}}{\partial x} \tag{4-1-33}$$

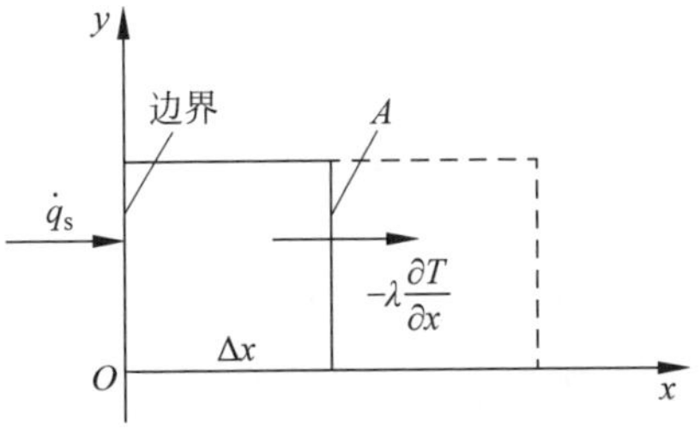

图 4-1-5　边界微元体热量流入与流出

式中，下标 f 表示为流体的值。如果流体一侧的温度分布 T_{f} 为已知，代入式(4-1-32)以后就能导出边界条件式。可是在流体的场合，热不仅会因热传导，还会由于流体的流动而引起热的流动(对流传热)，所以流体一侧的温度分布是不容易知道的，因此引入如下的热传导系数 $h[\text{W}/(\text{m}^2\cdot\text{K})]$。

$$q_{\text{u}}=-\lambda_{\text{f}}\frac{\partial T_{\text{f}}}{\partial x}=h(T_{\text{a}}-T_{\text{s}}) \tag{4-1-34}$$

式中，T_{s} 为固体表面(边界)的温度；T_{a} 为流体的代表温度。

因此由式(4-1-32)和式(4-1-34)得出边界条件式为

$$x=x_{\text{s}};\quad h(T_{\text{a}}-T_{\text{s}})+\lambda\frac{\partial T}{\partial x}=0 \tag{4-1-35}$$

从热传导系数的定义式(4-1-34)就可了解，热传导系数 h 将随着流体的导热系数 λ_{f} 和流体一侧的温度分布(此随流动状态而变化)而变化。因此如果能解流动场和温度场，就能计算出热传导系数。

2) 热辐射边界条件

热也可由于热辐射而传导，特别是在液体金属等高温物体的表面，传热的主要方式是热辐射。

热辐射是由电磁波引起的热流动现象，它以光速传播。根据普朗克定律，温度

为 T(K)的黑体(不反射电磁波的理想物质)所辐射波长从 $\lambda_m \sim \lambda_m + d\lambda_m$ 的比辐射能 $E_{b\lambda} d\lambda_m$[J/(s·m^2)],可以用下式表示:

$$E_{b\lambda} d\lambda_m = \frac{2\pi c_1}{n^2 \lambda^5 [\exp(c_2/n\lambda T) - 1]} \tag{4-1-36}$$

式中,λ_m 为光速为 c 的介质中的波长;λ 为真空中的波长,$\lambda = n\lambda_m$;n 为折射率,$n = \lambda/\lambda_m = c_0/c$;$c_0$ 为真空中的光速(3×10^8 m/s);$c_1 = hc_0^2$;$c_2 = hc_0/k$;h 为普朗克常数;k 为玻尔兹曼常数;折射率 n,除玻璃等以外(石英为1.5),一般可以当作1,即 $n=1$,$\lambda_m = \lambda$。

对于一般的传热问题,很少讨论各种波长的辐射能量问题,而是讨论整个波长的辐射能。因此,如果式(4-1-36)在全波长条件下积分,则能得到以下的斯特藩-玻尔兹曼定律。

$$E_b = \int_0^{\infty} E_{b\lambda} d\lambda = \Gamma T^4 \tag{4-1-37}$$

式中,Γ 为斯特藩-玻尔兹曼常数,$\Gamma = 5.67\times10^{-8}$ W/m^2。

式(4-1-37)中的 E_b 是温度为 T(K)的黑体的比辐射能(比热流量),而实际物体的辐射能 E 要比此值小,为

$$E = \varepsilon \Gamma T^4 \tag{4-1-38}$$

式中,ε 称为(全)辐射系数。

热辐射能是以光速传播的。由于物质表面的反射,从某个面 S_1 实际流出的热量不仅取决于 S_1,还受周围的面的影响。例如,求解浇包中的液体金属表面流出的热辐射能时,必须考虑浇包壁和盖的反射与热辐射。

如果周围的影响不大,将式(4-1-38)代入式(4-1-32)的 $\dot{q}_s$ 中[$T^4 \gg T_a^4$,假定 T_A 是周围温度(K)。另外,因为式(4-1-38)是流出的比热流量,所以加上负号],则边界条件式为

$$-\varepsilon \Gamma T^4 + \lambda \frac{\partial T}{\partial x} = 0 \quad (x = x_s) \tag{4-1-39}$$

3) 热触热阻边界条件

在固体相互接触的场合,如铸型和砂箱、砂型和冷铁,或者轧辊和铸锭等,因为实际接触面积比名义接触面积要小,所以在接触面之间产生了温度差($T_1 - T_2$)。在这种情况下的界面比热流量,在引入热阻 R 之后用下式表示:

$$\dot{q}_s = \frac{T_1 - T_2}{R} \tag{4-1-40}$$

此处,如果假定 $h_R = 1/R$,则式(4-1-40)和式(4-1-34)为同一形式,即与热传导边界条件相同。h_R 称为传热系数,以示与热传导系数相区别。

4) 完全接触边界条件

实际上这种边界条件是很少见的。这种场合的边界条件式可用下式来表

达，即

$$\lambda_1 \frac{\partial T_1}{\partial x}=\lambda_2 \frac{\partial T_2}{\partial x} \tag{4-1-41}$$

5）绝热边界条件

这种情况下边界条件可用下式来表达，即

$$\lambda \frac{\partial T}{\partial x}=0 \tag{4-1-42}$$

6）温度为定值的边界条件

这种情况下边界条件的可用下式来表达，即

$$T=\text{定值} \tag{4-1-43}$$

7）比热流量为定值的边界条件

这种情况下边界条件的可用下式来表达，即

$$\dot{q}_{\mathrm{s}}=\text{定值} \tag{4-1-44}$$

4.1.5　潜热的处理

1. 定义

液相的内能 E_1 大于固相的内能 E_{s}，因此，当合金凝固由液相变为固相时，会产生 $\Delta E=E_1-E_{\mathrm{s}}$ 的内能变化。这个内能变化 ΔE（通常用 L 表示）称为凝固潜热，或称为熔化潜热(latent heat of fusion)。

2. 考虑析出潜热的热能守恒式

假定单位体积，单位时间内固相率的增加率为$\partial g_{\mathrm{s}}/\partial t$，潜热放出的热量为 $\rho L \dfrac{\partial g_{\mathrm{s}}}{\partial t}$。

考虑潜热后的热能守恒式，一维问题为

$$\rho c_p \frac{\partial T}{\partial t}=\lambda \frac{\partial^2 T}{\partial x^2}+\rho L \frac{\partial g_{\mathrm{S}}}{\partial t} \tag{4-1-45}$$

而 $\rho L \dfrac{\partial g_{\mathrm{s}}}{\partial t}=\rho L \dfrac{\partial g_{\mathrm{s}}}{\partial T}\dfrac{\partial T}{\partial t}$，则一维热能守恒式变为

$$\rho\left(c_p-L \frac{\partial g_{\mathrm{s}}}{\partial T}\right) \frac{\partial T}{\partial t}=\lambda \frac{\partial^2 T}{\partial x^2} \tag{4-1-46}$$

同理，在二维场合下考虑潜热后的热能守恒式为

$$\rho\left(c_p-L \frac{\partial g_{\mathrm{s}}}{\partial T}\right) \frac{\partial T}{\partial t}=\lambda\left(\frac{\partial^2 T}{\partial x^2}+\frac{\partial^2 T}{\partial y^2}\right) \tag{4-1-47}$$

三维场合下考虑潜热后的热能守恒式为

$$\rho\left(c_p-L \frac{\partial g_{\mathrm{s}}}{\partial T}\right) \frac{\partial T}{\partial t}=\lambda\left(\frac{\partial^2 T}{\partial x^2}+\frac{\partial^2 T}{\partial y^2}+\frac{\partial^2 T}{\partial z^2}\right) \tag{4-1-48}$$

关键求固相率 g_s 和温度 T 的关系。严格讲,质量固相率 f_s 和体积固相率 g_s 是不同的,但以下近似认为 $f_s=g_s$。

3. **固相率和温度的关系**

一般从状态图可知 f_s 与 T 的关系,但对恒温下凝固的纯金属,共晶凝固和包晶凝固,其固相率不能根据温度来确定。对于具有一定结晶温度范围的合金,固相结晶析出的固-液共存区中,液相线温度是与液相浓度相对应的。

1) 已知平衡分配系数 k

当已知平衡分配系数 k 时,

$$k_0=\frac{c_s}{c_l} \tag{4-1-49}$$

式中,c_s 为固相浓度; c_l 为液相浓度。

图 4-1-6 所示为杠杆定律的示意图,图 4-1-7 所示为二元合金相图一角;假定液相线为直线,k 为常数,对于 $k<1$ 的合金,T_l 与 c_i 呈线性关系,则有

$$T_l=T_f-\sum_i a_i c_i \tag{4-1-50}$$

式中,T_f 为作为熔剂的纯金属的熔点; a_i 为液相线温度随成分 i 的浓度 c_i(%)变化的下降系数。

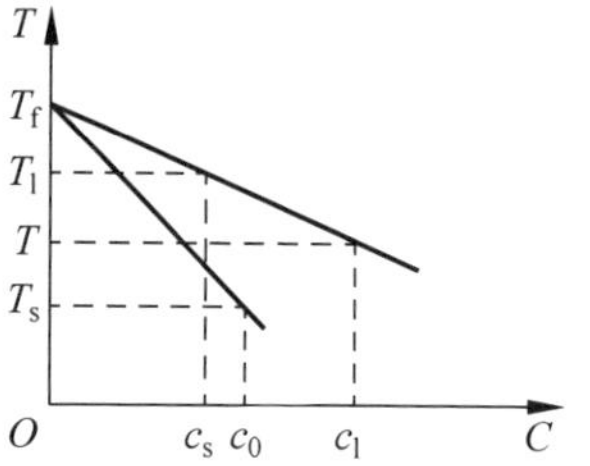

图 4-1-6 杠杆定律

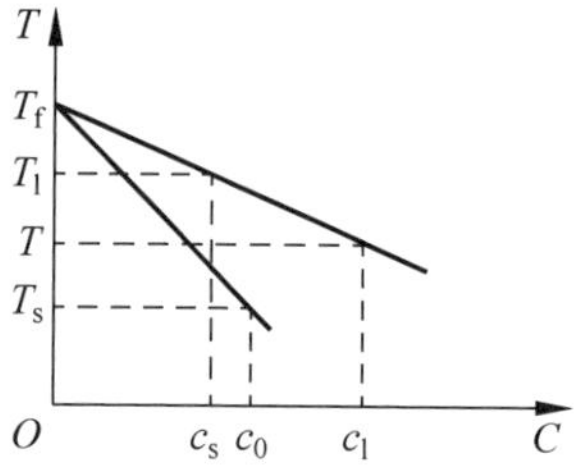

图 4-1-7 二元合金相图一角

因此,为了求 T_l,必须知道固-液共存区的溶质浓度,而溶质浓度又随固相率而变化。即要知道 f_s 与 T 的关系,就要了解 f_s 与溶质浓度的关系,即

$$f_s=\frac{c_l-c_0}{c_l-c_s} \tag{4-1-51}$$

变形后得

$$c_l=\frac{c_0}{1+f_s(k_0-1)}$$

代入 T_l 与 c_i 关系式,则有

$$T=T_f-\sum a_i \frac{c_0^i}{1+f_s(k_i-1)}$$

式中,c_0^i 为成分 i 的初始浓度; k_i 为成分 i 的平衡分配系数。

对于二元合金：

$$T = T_f - \frac{T_f - T_1}{c_0} \times \frac{c_0}{1 + f_s(k_0 - 1)} = T_f - \frac{T_f - T_1}{1 + f_s(k_0 - 1)}$$

所以，有

$$f_S = \frac{1}{1 - k_0} \cdot \frac{T_1 - T}{T_f - T} \tag{4-1-52}$$

2）平衡分配系数 k 未知

先采用热分析法求出凝固开始温度 T_1 和结束温度 T_s，之后进行如下假定。

（1）T 与 f_s 呈线性分布，即 $T = T_1 - (T_1 - T_s) f_s$，所以有

$$\frac{\partial f_s}{\partial T} = -\frac{1}{T_1 - T_s} \tag{4-1-53}$$

（2）T 与 f_s 呈二次分布，即 $T = T_1 - (T_1 - T_s) f_s^2$，所以有

$$\frac{\partial f_s}{\partial T} = -\frac{1}{2} \cdot \frac{1}{(T_1 - T_s)^{\frac{1}{2}} (T_1 - T)^{\frac{1}{2}}} \tag{4-1-54}$$

4. 潜热的实际处理方法

1）等价比热法

比热是指单位质量物体降低单位温度所释放的热量，单位质量金属在凝固温度范围内降低单位温度时释放的热量也可以理解成比热。实际上这个比热包括两部分，即物体的真正比热和凝固潜热引起的比热的增加，从而称此比热为等价比热或者有效比热（亦称当量比热），记为 c_e。那么考虑到潜热的三维能量守恒式可以写为

$$\frac{\partial T}{\partial t} = \frac{\lambda}{\rho c_e}\left(\frac{\partial^2 T}{\partial x^2} + \frac{\partial^2 T}{\partial y^2} + \frac{\partial^2 T}{\partial z^2}\right) \tag{4-1-55}$$

由式(4-1-55)及式(4-1-48)得

$$c_e = c_p - L \cdot \frac{\partial f_s}{\partial T} \tag{4-1-56}$$

若 f_s 与 T 呈线性关系，则式(4-1-56)可写为

$$c_e = c_p - \frac{L}{T_1 - T_s} \tag{4-1-57}$$

若 f_s 与 T 呈二次分布，则式(4-1-56)可写为

$$c_e = c_p - \frac{L}{1 - k_0} \cdot \frac{T_1 - T_f}{(T_f - T)^2} \tag{4-1-58}$$

等价比热法适合凝固区间比较大的合金，对凝固区间较小的合金，当温度通过液相线温度和固相线温度时产生显著误差，所以采用等价比热法来处理潜热问题时要进行温度修正，这点将在后面详细说明。

2）热焓法

热焓法是基于热焓的计算公式，对于凝固过程的金属，其热焓 H 可定义为

$$H = \int_0^T c_p \mathrm{d}T + (1 - f_s) L \tag{4-1-59}$$

式(4-1-59)对温度求导，可得

$$\frac{\partial H}{\partial T} = c_p - L \cdot \frac{\partial f_s}{\partial T} \tag{4-1-60}$$

将式(4-1-59)代入式(4-1-48)即得

$$\rho \frac{\partial H}{\partial t} = \lambda \left(\frac{\partial^2 T}{\partial x^2} + \frac{\partial^2 T}{\partial y^2} + \frac{\partial^2 T}{\partial z^2} \right) \tag{4-1-61}$$

这种方法与等价比热法类似，适用于有一定结晶温度范围的合金。

3）温度回升法

对于共晶和金而言，凝固开始的一段时间内，固相不断增多，但温度基本上始终保持在熔点附近。这是因为释放的潜热补偿了传导带走的热量，即补偿了传热所引起的温度的下降，热量的多少常以单元体的温度变化来表示，所以可将这部分热量折算成所能补偿的温度降落，加入温度计算中去。这就是温度回升法或温度补偿法。

假定某个领域（体积 V）中固相率增加 Δg_s，其放出的潜热（被夺走的热量）用下式表示：

$$Q_s = \rho V \Delta g_s L \tag{4-1-62}$$

处理时，先不考虑潜热放出，求出微小时间 Δt 内以 T_1 线开始的温度降低：

$$\Delta T = T_1 - T \tag{4-1-63}$$

如果 $\Delta t > 0$，就产生凝固，由于放出潜热，温度回升到 T_1（假定无过冷），下式成立：

$$Q_s = \rho c_p V \Delta T \tag{4-1-64}$$

联立求解：

$$\Delta g_s = c_p \frac{\Delta T}{L} \tag{4-1-65}$$

此法采用 g_s 的增加来代替潜热的放出。若固相率为 $1\left(\sum \Delta g_s = 1\right)$，则表明领域 V 凝固结束。

温度回升法适用于共晶合金及结晶温度范围小的合金。

4）采用改良的等价比热法的温度场有限差分格式

a. 假想凝固区间

在数值模拟中，如果遇到纯金属或共晶成分合金，可以假设该合金存在一定范围的凝固区间 ΔT（如取 $\Delta T = 0.1℃$），称该凝固区间为假想凝固区间，该假想凝固区间的液相线温度 T_1' 和固相线温度 T_s' 可以按式(4-1-66)、式(4-1-67)求出，其中 T_0 为熔点或者共晶点温度，这样就可以用等价比热法来处理了。

$$T_1' = T_0 + \frac{\Delta T}{2} \tag{4-1-66}$$

$$T'_s = T_0 - \frac{\Delta T}{2} \tag{4-1-67}$$

另外，对于凝固区间太小的合金，扩大其凝固区间，此时该假想凝固区间的液相线温度 T'_l 和固相线温度 T'_s 可以按式(4-1-68)和式(4-1-69)求出。其中 T_l、T_s 分别为实际的液相线温度和固相相线温度，ΔT 为假想凝固区间的大小。

$$T'_l = \frac{T_l + T_s}{2} + \frac{\Delta T}{2} \tag{4-1-68}$$

$$T'_s = \frac{T_l + T_s}{2} - \frac{\Delta T}{2} \tag{4-1-69}$$

当然，假想凝固区间会导致模拟和实际的差异，但只要假想温度区间足够小，这个差异就可以忽略不计。

b. 采用改良的等价比热法的温度场差分公式

由于提出了假想凝固区间的概念，可以采用等价比热法来处理共晶成分合金的潜热问题，将基于假想凝固区间的等价比热法称为改良的等价比热法。接下来讨论采用改良的等价比热法的温度场差分格式。

图 4-1-8 是某一差分单元($\Delta z = \Delta y = \Delta x$)及其 6 个邻接单元，采用有限差分法将方程式(4-1-54)离散得

$$\frac{T^{t+\Delta t} - T^t}{\Delta t} = \frac{1}{\rho c_e \Delta x} \sum_{j=1}^{6} \frac{(T_j^t - T^t)}{\dfrac{\Delta x}{2\lambda} + \dfrac{\Delta x}{2\lambda_j}} \tag{4-1-70}$$

若认为 f_s 与 T 呈线性关系，则 $c_e = c_p + \dfrac{L}{T'_l - T'_s}$，则式(4-1-70)可整理为

$$T^{t+\Delta t} = T^t + \frac{\Delta t}{\rho c_e \Delta x} \sum_{j=1}^{6} \frac{(T_j^t - T^t)}{\dfrac{\Delta x}{2\lambda} + \dfrac{\Delta x}{2\lambda_j}} \tag{4-1-71}$$

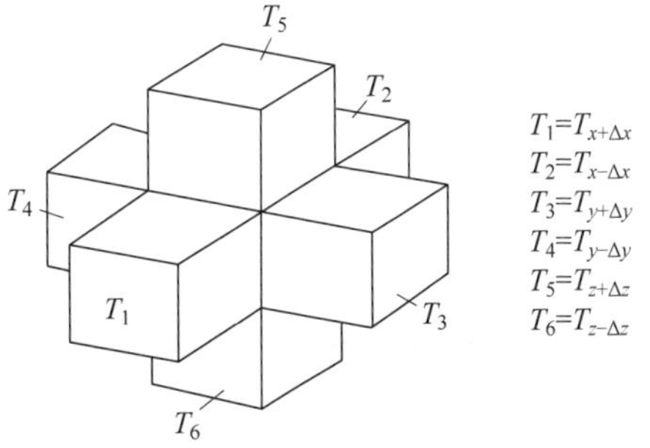

图 4-1-8　某一差分单元及其邻接单元

所以，采用改良的等价比热法的温度场迭代公式总结为如下两种情况。

(1) 当 $T > T'_l$ 或 $T < T'_s$ 时，迭代公式为

$$T^{t+\Delta t} = T^t + \frac{\Delta t}{\rho c_p \Delta x} \sum_{j=1}^{6} \frac{(T_j^t - T^t)}{\dfrac{\Delta x}{2\lambda} + \dfrac{\Delta x}{2\lambda_j}} \tag{4-1-72}$$

式中，$\Delta t < \dfrac{\rho c}{6\lambda} \Delta x \Delta x$。

(2) 当 $T'_l > T > T'_s$ 时，迭代公式为

$$T^{t+\Delta t}=T^{t}+\frac{\Delta t}{\rho c_{e}\Delta x}\sum_{j=1}^{6}\frac{(T_{j}^{t}-T^{t})}{\frac{\Delta x}{2\lambda}+\frac{\Delta x}{2\lambda_{j}}}\tag{4-1-73}$$

式中，$c_e=c_p+\frac{L}{T_l'-T_s'}$，$\Delta t<\frac{\rho c_e}{6\lambda}\Delta x\Delta x$。

c. 跨越凝固区间或假想凝固区间时的温度校正

图4-1-9所示为是改良的等价比热法的示意图，从图中可以看出在应用改良的等价比热法时，当温度跨越 T_l'、T_s'时计算所得的温度会有一定偏差。所以必须对温度进行适当的校正，这包括两个方面的内容，一方面是降温过程的校正；另一方面是重熔过程的校正。下面分不同情况进行讨论。

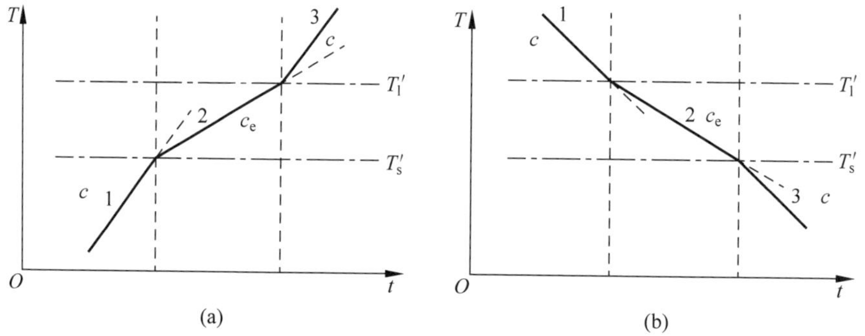

图4-1-9 改良的等价比热法示意图

(a) 重熔过程；(b) 降温过程

(1) 当温度从液相线以上降至液固线之间时，应将按式(4-1-71)得到的 $T^{t+\Delta t}$ 做如下校正：

$$T'=T_l'+(T^{t+\Delta t}-T_l')\frac{c_p}{c_e}\tag{4-1-74}$$

(2) 当温度从凝固区间降至固相线以下时，应将按式(4-1-72)得到的 $T^{t+\Delta t}$ 做如下校正：

$$T'=T_s'+(T^{t+\Delta t}-T_s')\frac{c_e}{c_p}\tag{4-1-75}$$

(3) 当温度从 T_l'以上降至固相线以下时，应将按式(4-1-71)得到的 $T^{t+\Delta t}$ 做如下校正：

$$T'=T_l'+(T^{t+\Delta t}-T_l')\frac{c_p}{c_e}\tag{4-1-76}$$

如果 $T'<T_s'$，还要在此基础上做二次校正：

$$T''=T_s'+(T'-T_s')\frac{c_e}{c_p}\tag{4-1-77}$$

(4) 当温度上升到液固线之间时，应将按式(4-1-71)得到的 $T^{t+\Delta t}$ 做如下校正：

$$T' = T'_s + (T^{t+\Delta t} - T'_s)\frac{c_p}{c_e} \tag{4-1-78}$$

(5) 当温度从凝固区间上升到液相线以上时，应将按式(4-1-72)得到的 $T^{t+\Delta t}$ 做如下校正：

$$T' = T'_l + (T^{t+\Delta t} - T'_l)\frac{c_e}{c_p} \tag{4-1-79}$$

(6) 当温度从固相线以下上升到液相线以上时，应将按式(4-1-71)得到的 $T^{t+\Delta t}$ 做如下校正：

$$T' = T'_s + (T^{t+\Delta t} - T'_s)\frac{c_p}{c_e} \tag{4-1-80}$$

如果 $T' > T'_l$，还要在此基础上做二次校正：

$$T'' = T'_l + (T' - T'_l)\frac{c_e}{c_p} \tag{4-1-81}$$

特别要注意的是，当凝固区间或假想凝固区间 ΔT 比较小或者接近 0 时，上述第 3、6 种情况将比较普遍，若处理不当将会带来很大的误差。

4.1.6 计算实例

1. Ⅱ型体铸钢件工艺改进

图 4-1-10 与图 4-1-11 分别是某厂生产的Ⅱ型体铸钢件的原始工艺和改进工艺，原始工艺是铸件上对称放置两个冒口，改进工艺在原始工艺基础上加了冷铁，一边是在吊耳侧面加冷铁，一边是在吊耳下面加冷铁(图中绿色显示)。图 4-1-12 与图 4-1-13 是经过华铸 CAE 模拟得到结果，原始工艺在吊耳内有比较严重的缩松，改进工艺的两种加冷铁的方式都消除了吊耳内的缺陷，但是加侧冷铁方案导致了铸件其他地方的缺陷，而在吊耳下加冷铁的方案既消除了吊耳内的缺陷又没有导致别的缺陷，实际生产的情况也证明了在吊耳下加冷铁的方案是成功的。

图 4-1-10　Ⅱ型体原始工艺

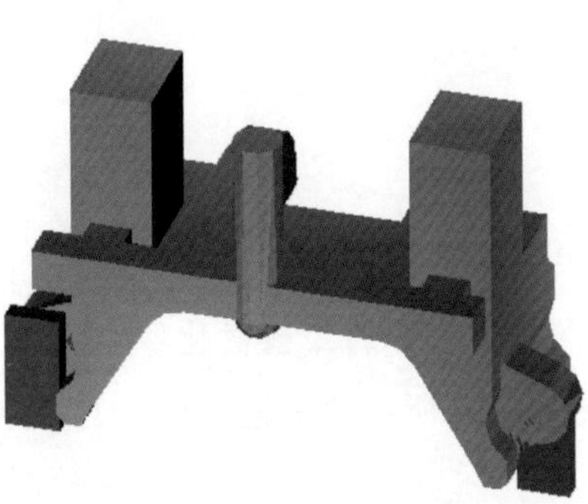

图 4-1-11　Ⅱ型体改进工艺

铸钢件应用

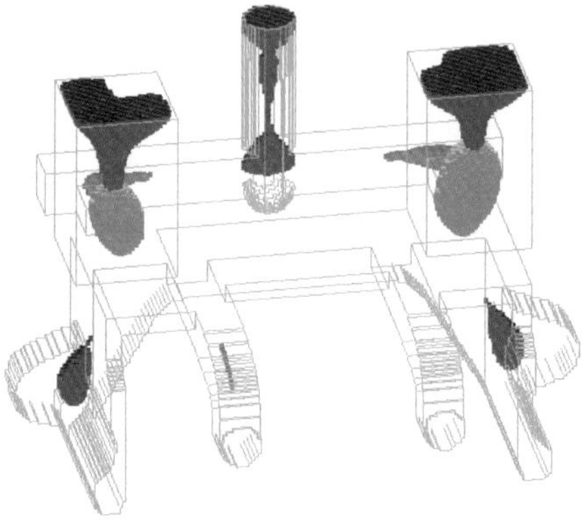

图 4-1-12　Ⅱ型体原始工艺孔松分布

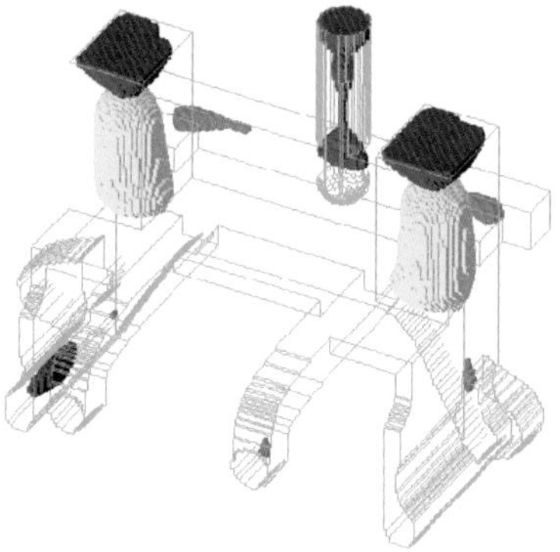

图 4-1-13　Ⅱ型体改进工艺孔松分布

2. 轧辊凝固过程模拟

图 4-1-14 和图 4-1-15 所示为某单位生产铸钢轧辊生产工艺的模拟结果，图 4-1-14 所示为轧辊凝固过程模拟色温分布，图 4-1-15 所示为轧辊凝固过程模拟缩孔形成过程，从模拟结果看，铸件内部有缩孔缺陷，这与实际探伤结果一致。

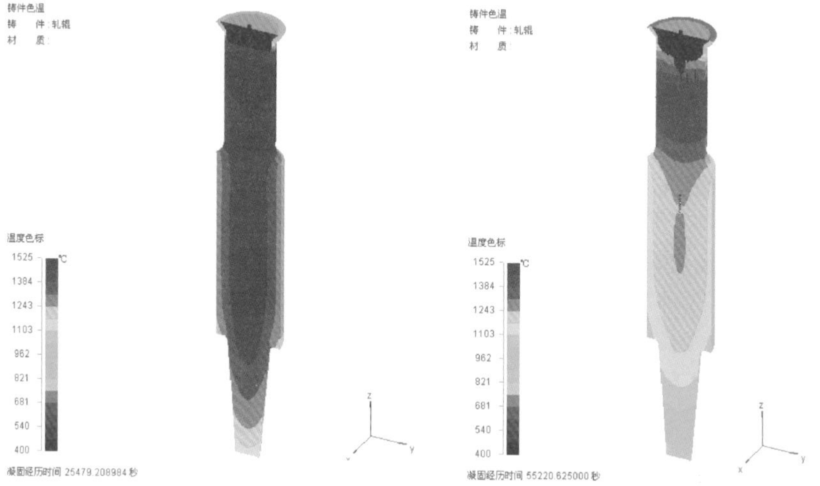

(a)　(b)

图 4-1-14　轧辊凝固过程模拟色温分布

(a) 凝固时间 25 479s；(b) 凝固时间 55 220s

3. 索箍铸件的工艺优化

图 4-1-16 所示为索箍铸件的原始工艺方案，在优化过程中提出了 4 种工艺方案。

(1) 方案一(原始方案)：该工艺方案两侧放 5 块 140mm×120mm×80mm 暗

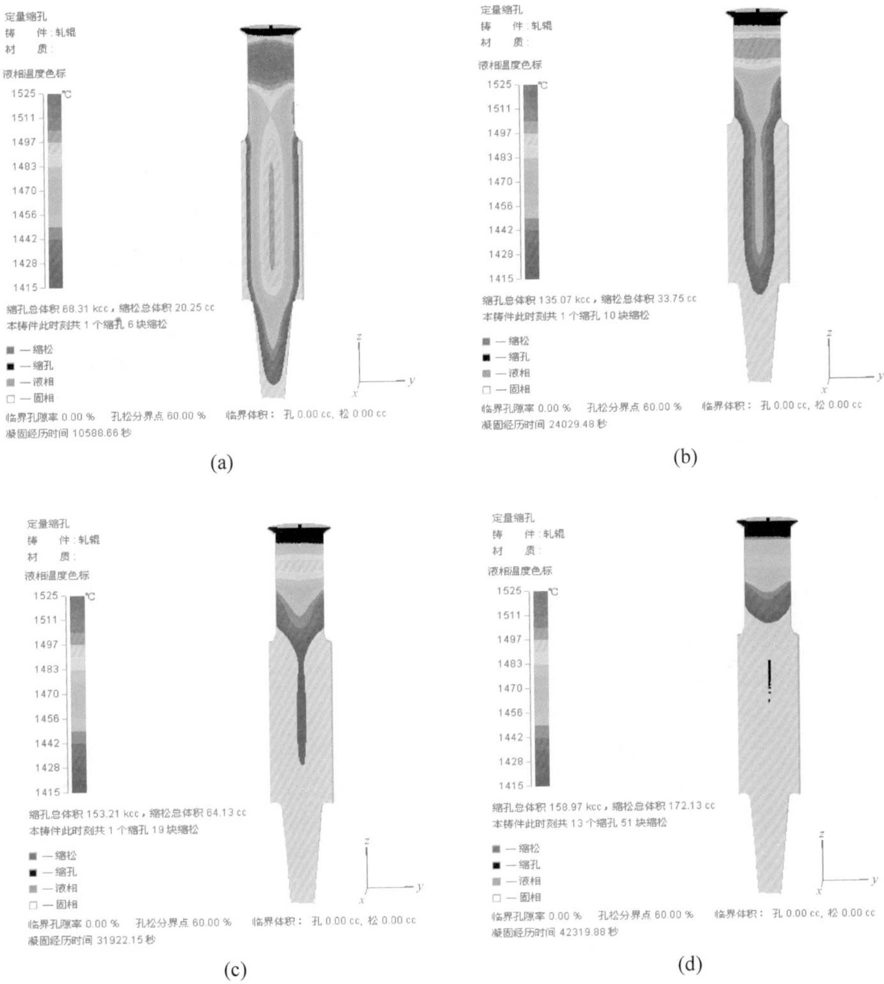

图 4-1-15 轧辊凝固过程模拟缩孔形成过程

(a) 凝固时间 10 589s；(b) 凝固时间 24 029s；(c) 凝固时间 31 922s；(d) 凝固时间 42 320s

冷铁(共 4 处)。

(2) 方案二：因方案一模拟时发现两侧暗冷铁处有卡"颈"现象(图 4-1-17)，特别第五处暗冷已放置在补缩筋上，故将暗冷铁减少至 4 块。

(3) 方案三：模拟方案一、二除外冷铁外，其余的条件完全相同，结果发现方案二两侧冷铁值仍有卡"颈"现象，且补缩筋值下端也有卡"颈"的情况出现(图 4-1-18)，故对工艺做出如下改动：①将两侧的暗冷铁减少到两块；②将两侧的补缩斜筋宽度改成上 250mm、下 180mm；③将所有补缩筋的厚度改为上 210mm、下 180mm，模拟结果未发现任何液相孤立区，还算理想(图 4-1-19)。

(4) 方案四：由于厂里的木模已按如下工艺做出，补缩斜筋改成上距侧边 350mm，下距侧边 180mm，宽度仍为 250mm，并结合方案三的结果将补缩筋的厚度改成上 250mm、下 180mm，在筋与筋之间放置 2 块 140mm×120mm×80mm 暗冷铁。从模拟结果来看，没有发现液相孤立区（图 4-1-20）。

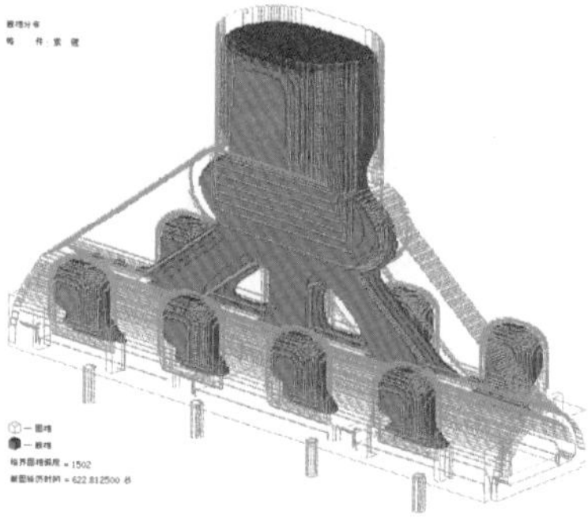

图 4-1-16　索箍原始工艺图

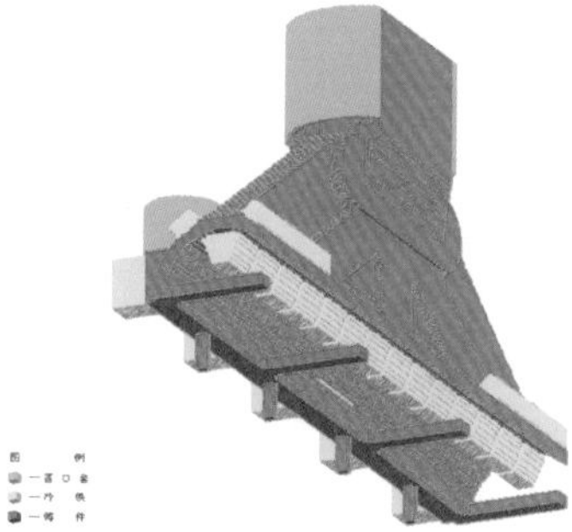

图 4-1-17　索箍液相分布图（方案一）

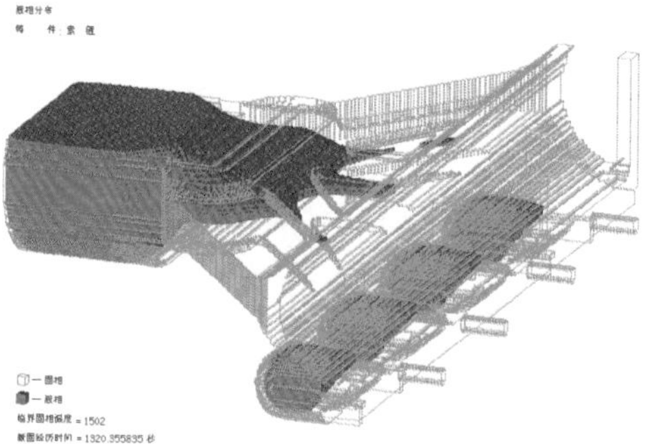

图 4-1-18　索箍液相分布图（方案二）

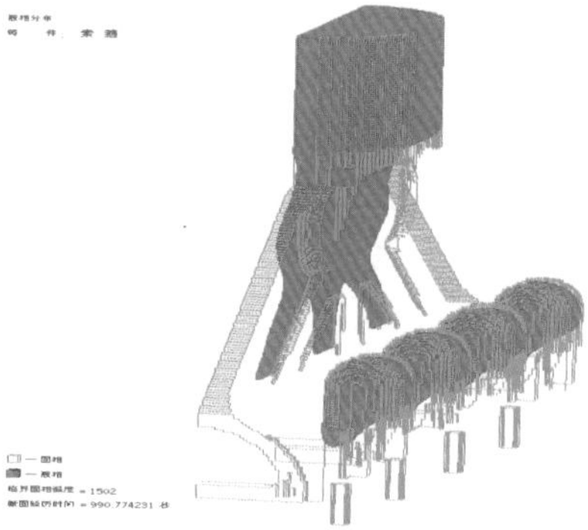

图 4-1-19　索箍液相分布图（方案三）

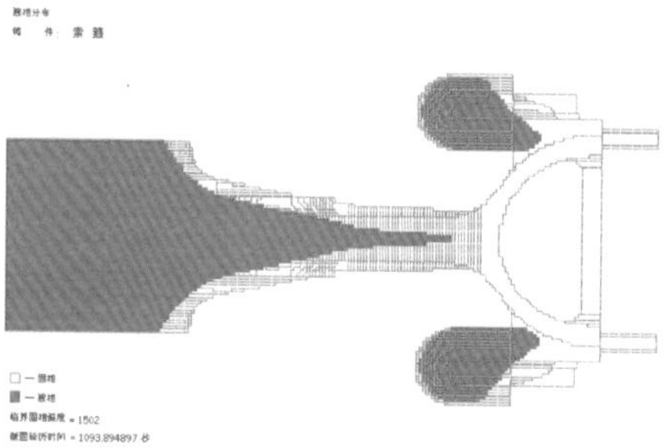

图 4-1-20　索箍液相分布图（方案四）

在实际生产中，该厂采用了的工艺是方案四，浇注后的结果表明，方案四是成功的。

4.2 充型过程模拟

4.2.1 概述

通常情况下，气体和液体称为流体。流体更严格的定义可述为流体是一种在微小剪应力作用下会发生连续变形的物质。一切流体都有如下基础属性：在不受外力作用的情况下，流体没有自己的形状。铸造充型过程的液态金属就是满足上述条件的牛顿流体。此外应该注意，存在一种特殊流体，即非牛顿流体，上述定义对它是不适用的。

同上节铸造凝固过程数值模拟一样，本节的思路还是采用有限差分法对铸件充型过程的数学模型进行离散，并采用 SOLA-VOF 方法来进行流动分析。着重介绍如下内容：流动分析的数学模型、基于有限差分的离散格式、流动分析的 SOLA-VOF 方法、流动场的初始条件和边界条件、流动分析的数值稳定性条件以及流动场数值模拟流程图等。

4.2.2 数学模型

1. 从欧拉方程到 Navier-Stoks 方程

流体力学的基本依据是牛顿第二定律 $F=ma$。在理想流体中，流体受力包括引力场的重力 G 和液体单元间的压力 P。重力 $G=mg$ 作用在质量上，而压力 P 作用在相关质量的外围表面上。由于理想流体无黏滞力，一个立方体微元的全部受力由该微元质量所受的重力与其 6 个表面所受的压力(每个方向两个面压力作用方向相反，其效果应该相减)组成。流体的加速度等于流体速度的变化率 $a=\frac{\mathrm{d}V}{\mathrm{d}t}$。按牛顿第二定律，微元体在 x、y、z 三方向上的速度 u、v、w 应分别满足如下关系：

重力分量＋表面力分量＝质量×加速度分量

即

$$\begin{cases}\mathrm{d}x\,\mathrm{d}y\,\mathrm{d}z\rho g_x-\mathrm{d}P\,\mathrm{d}y\,\mathrm{d}z=\mathrm{d}x\,\mathrm{d}y\,\mathrm{d}z\rho a_x\\ \mathrm{d}x\,\mathrm{d}y\,\mathrm{d}z\rho g_y-\mathrm{d}P\,\mathrm{d}z\,\mathrm{d}x=\mathrm{d}x\,\mathrm{d}y\,\mathrm{d}z\rho a_y\\ \mathrm{d}x\,\mathrm{d}y\,\mathrm{d}z\rho g_z-\mathrm{d}P\,\mathrm{d}x\,\mathrm{d}y=\mathrm{d}x\,\mathrm{d}y\,\mathrm{d}z\rho a_z\end{cases}$$

式中，$\mathrm{d}x\,\mathrm{d}y\,\mathrm{d}z$ 为微元体积；ρ 为流体密度，二者之积为微元质量；a_x、a_y、a_z 分别为微元流体加速度三分量，分别等于相应的速度分量对时间求导。代入求导式，并将等式两边同除以 $\mathrm{d}x\,\mathrm{d}y\,\mathrm{d}z$，得

$$\rho g_x-\frac{\partial P}{\partial x}=\rho\frac{\mathrm{d}u}{\mathrm{d}t} \tag{4-2-1}$$

$$\rho g_y - \frac{\partial P}{\partial y} = \rho \frac{\mathrm{d}v}{\mathrm{d}t} \tag{4-2-2}$$

$$\rho g_z - \frac{\partial P}{\partial z} = \rho \frac{\mathrm{d}w}{\mathrm{d}t} \tag{4-2-3}$$

式(4-2-1)～式(4-2-3)右边各加速度项用速度分量的**全导数**而不是偏导数来表示，其含义是，这个加速度是同一流体微元在位置移动中速度的变化，而不是流场中同一位置流过的不同流体间的速度变化，在数学形式上，后者是流场中该点速度对时间的**偏导数**，它只是全导数4项中的一项，它们的关系如下：

$$\frac{\mathrm{d}u}{\mathrm{d}t} = \frac{\partial u}{\partial t} + \frac{\partial u}{\partial x}\frac{\partial x}{\partial t} + \frac{\partial u}{\partial y}\frac{\partial y}{\partial t} + \frac{\partial u}{\partial z}\frac{\partial z}{\partial t} \tag{4-2-4}$$

$$\frac{\mathrm{d}v}{\mathrm{d}t} = \frac{\partial v}{\partial t} + \frac{\partial v}{\partial x}\frac{\partial x}{\partial t} + \frac{\partial v}{\partial y}\frac{\partial y}{\partial t} + \frac{\partial v}{\partial z}\frac{\partial z}{\partial t} \tag{4-2-5}$$

$$\frac{\mathrm{d}w}{\mathrm{d}t} = \frac{\partial w}{\partial t} + \frac{\partial w}{\partial x}\frac{\partial x}{\partial t} + \frac{\partial w}{\partial y}\frac{\partial y}{\partial t} + \frac{\partial w}{\partial z}\frac{\partial z}{\partial t} \tag{4-2-6}$$

将上面各式代入式(4-2-1)、式(4-2-2)及式(4-2-3)，动力学方程可写为

$$g_x - \frac{1}{\rho}\frac{\partial P}{\partial x} = \frac{\partial u}{\partial t} + u\frac{\partial u}{\partial x} + v\frac{\partial u}{\partial y} + w\frac{\partial u}{\partial z} \tag{4-2-7}$$

$$g_y - \frac{1}{\rho}\frac{\partial P}{\partial y} = \frac{\partial v}{\partial t} + u\frac{\partial v}{\partial x} + v\frac{\partial v}{\partial y} + w\frac{\partial v}{\partial z} \tag{4-2-8}$$

$$g_z - \frac{1}{\rho}\frac{\partial P}{\partial z} = \frac{\partial w}{\partial t} + u\frac{\partial w}{\partial x} + v\frac{\partial w}{\partial y} + w\frac{\partial w}{\partial z} \tag{4-2-9}$$

这就是不可压缩理想流体的欧拉方程，它是理想流体的动力学方程，是通常用到的积分形式的伯努利(Bernoulli)方程的微分形式。

对于实际流体，动力黏度 $\mu \neq 0$，存在黏性力。黏性力既存在于流体侧面运动的切向，也存在于流动的正面微元的法向。切向力是内摩擦性质的力，与侧向速度梯度成正比：

$$\tau_{yx} = \mu \frac{\partial u}{\partial y}$$

$$\tau_{zx} = \mu \frac{\partial u}{\partial z}$$

式中，τ 表示流体侧面的切向力，其第一下标表示该力所在侧面的法向，第二下标表示该力的方向。如第一式的含义是流体朝向 y 轴的侧面所受 x 方向的切向力正比于流体 x 方向流速 u 沿 y 轴方向的速度梯度，以此类推。

法向黏力是牵连性质的力，对于不可压缩流体，它与速度方向上的速度梯度成正比，即

$$n_{xx} = \mu \frac{\partial u}{\partial x}$$

式中，n 表示流动方向正面法向黏力，下标含义同上。以上3个力都发生在流体的

一个表面上，而一个受力的微元体在每个方向都有两个面，作用于微元的是这两个面同方向力之差。因此，各面同一个方向的黏性力之合力应为

$$s_x=\mu\left(\frac{\partial^2 u}{\partial x^2}+\frac{\partial^2 u}{\partial y^2}+\frac{\partial^2 u}{\partial z^2}\right)$$

注意到运动黏度 $\gamma=\dfrac{\mu}{\rho}$，微元体各面黏性力的向量和叠加在重力和压力上，3 个方向上的动力学方程(4-2-7)～式(4-2-9)变成

$$g_x-\frac{1}{\rho}\frac{\partial P}{\partial x}+\gamma\left(\frac{\partial^2 u}{\partial x^2}+\frac{\partial^2 u}{\partial y^2}+\frac{\partial^2 u}{\partial z^2}\right)=\frac{\partial u}{\partial t}+u\frac{\partial u}{\partial x}+v\frac{\partial u}{\partial y}+w\frac{\partial u}{\partial z} \tag{4-2-10}$$

$$g_y-\frac{1}{\rho}\frac{\partial P}{\partial y}+\gamma\left(\frac{\partial^2 v}{\partial x^2}+\frac{\partial^2 v}{\partial y^2}+\frac{\partial^2 v}{\partial z^2}\right)=\frac{\partial v}{\partial t}+u\frac{\partial v}{\partial x}+v\frac{\partial v}{\partial y}+w\frac{\partial v}{\partial z} \tag{4-2-11}$$

$$g_z-\frac{1}{\rho}\frac{\partial P}{\partial z}+\gamma\left(\frac{\partial^2 w}{\partial x^2}+\frac{\partial^2 w}{\partial y^2}+\frac{\partial^2 w}{\partial z^2}\right)=\frac{\partial w}{\partial t}+u\frac{\partial w}{\partial x}+v\frac{\partial w}{\partial y}+w\frac{\partial w}{\partial z} \tag{4-2-12}$$

这就是实际流体的 Navier-Stoks 方程。

2. 分离时间变量

求解数理方程，特别是用数值方法求解数理方程，常常需要分离出时间变量，以降低求解难度。对于式(4-2-10)～式(4-2-12)，将它们移项，得到

$$\frac{\partial u}{\partial t}=g_x-\frac{1}{\rho}\frac{\partial P}{\partial x}-\left(u\frac{\partial u}{\partial x}+v\frac{\partial u}{\partial y}+w\frac{\partial u}{\partial z}\right)+v\left(\frac{\partial^2 u}{\partial x^2}+\frac{\partial^2 u}{\partial y^2}+\frac{\partial^2 u}{\partial z^2}\right) \tag{4-2-13}$$

$$\frac{\partial v}{\partial t}=g_y-\frac{1}{\rho}\frac{\partial P}{\partial y}-\left(u\frac{\partial v}{\partial x}+v\frac{\partial v}{\partial y}+w\frac{\partial v}{\partial z}\right)+v\left(\frac{\partial^2 v}{\partial x^2}+\frac{\partial^2 v}{\partial y^2}+\frac{\partial^2 v}{\partial z^2}\right) \tag{4-2-14}$$

$$\frac{\partial w}{\partial t}=g_z-\frac{1}{\rho}\frac{\partial P}{\partial z}-\left(u\frac{\partial w}{\partial x}+v\frac{\partial w}{\partial y}+w\frac{\partial w}{\partial z}\right)+v\left(\frac{\partial^2 w}{\partial x^2}+\frac{\partial^2 w}{\partial y^2}+\frac{\partial^2 w}{\partial z^2}\right) \tag{4-2-15}$$

类似温度场方程的离散处理，将式(4-2-13)～式(4-2-15)差分化，就可从当前时刻的速度值 u、v、w 分别求出下一时刻的速度值 u'、v'、w'。这是流动场速度计算的基本迭代公式。

3. 方程的矢量形式

在一些文字叙述中，为求表达的简练，常常借用有关的算符，将式(4-2-10)～式(4-2-12)合成为矢量形式(分别记速度向量为 $\boldsymbol{v}=u\boldsymbol{i}+v\boldsymbol{j}+w\boldsymbol{k}$，重力向量为 $\boldsymbol{G}=g_x\boldsymbol{i}+g_y\boldsymbol{j}+g_z\boldsymbol{k}$)：

$$\boldsymbol{G}-\frac{1}{\rho}\nabla P+\nu\nabla^2\boldsymbol{v}=\frac{\partial}{\partial t}\boldsymbol{v}+\boldsymbol{v}\nabla\cdot\boldsymbol{v} \tag{4-2-16}$$

其中，∇为一阶微分算子（或算符），即

$$\nabla=\frac{\partial}{\partial x}+\frac{\partial}{\partial y}+\frac{\partial}{\partial z} \tag{4-2-17}$$

注意它和Δ算符的区别：

$$\Delta=\nabla^2=\frac{\partial^2}{\partial x^2}+\frac{\partial^2}{\partial y^2}+\frac{\partial^2}{\partial z^2} \tag{4-2-18}$$

式中，Δ为二阶微分算子，也称为拉普拉斯微分算子。这两种算符作用于一个场函数变量（既可作用于矢量，也可作用于标量）时，都可按四则运算分配法将其中的三项分别作用于该函数变量，但一阶微分算子本身具有矢量属性，经其作用后变量性质发生变化。作用于标量，其结果变成矢量，如温度梯度$\nabla T=\left(\frac{\partial}{\partial x}+\frac{\partial}{\partial y}+\frac{\partial}{\partial z}\right)T=\frac{\partial T}{\partial x}+\frac{\partial T}{\partial y}+\frac{\partial T}{\partial z}$是一有方向量；作用于矢量，其结果变成标量，如速度散度$\nabla\cdot\boldsymbol{v}=\left(\frac{\partial}{\partial x}+\frac{\partial}{\partial y}+\frac{\partial}{\partial z}\right)\cdot\boldsymbol{v}=\frac{\partial u}{\partial x}+\frac{\partial v}{\partial y}+\frac{\partial w}{\partial z}$是一无方向纯数量，其中$u$、$v$、$w$是速度矢量$\boldsymbol{v}$的3个分量。

4. 连续性方程

在式(4-2-13)～式(4-2-15)中，压力P是方程组的第四个求解变量，也是时空四维空间的函数。为能求得确定解，必须在3个方程之外补入一个约束方程，这就是连续性方程。对于不可压缩流体无源流动场而言，在充满流体的流动域中任何一点，流体速度的散度应该等于0，也就是无源无漏，质量守恒。其数学形式为

$$\mathrm{div}\boldsymbol{v}=\frac{\partial u}{\partial x}+\frac{\partial v}{\partial y}+\frac{\partial w}{\partial z}=0 \tag{4-2-19}$$

矢量的散度可写为$\mathrm{div}\boldsymbol{v}$，也可写为$\nabla\cdot\boldsymbol{v}$。在后面的叙述中，也用$D$来表示散度，即$D=\mathrm{div}\boldsymbol{v}$。

4.2.3 离散方法

欲准确求出Navier-Stoks方程和连续性方程的数学解析解是非常困难的，因此需要采用数值求解方法。数值求解的实质就是将连续的求解空间离散成有限个相对独立的微元体，然后基于这些微元体进行求解计算，最后将所有微元体求解结果在时间上联系起来作为整个求解目标的结果。所以，数值求解的前提就是要对上述偏微分方程组在空间上和时间上进行离散。

1. 离散格式的选择

离散格式是指采用何种方式将连续的场变量（速度、压力）进行离散。目前铸造数值模拟一般采用了S. V. 帕坦卡教授提出的交错网格进行离散，各变量在三维

交错网格中的位置如图 4-2-1 所示。这种网格形式的采用与非交错网格相比，有两点好处：①避免了不合乎实际的速度场却能满足连续性方程的问题；②两个相邻网格点之间的压力差成了位于这两个网格点之间速度分量的自然驱动力，更具有明确的物理意义。

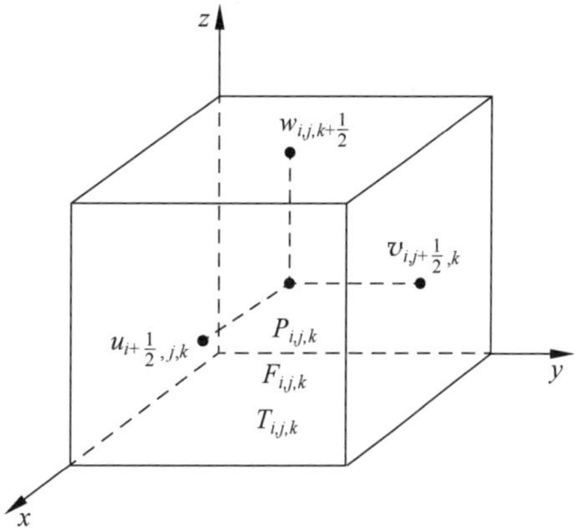

图 4-2-1　交错网格示意图

2. 动量守恒方程(Navier-Stoks 方程)的离散

利用上述交错网格离散格式，对动量守恒方程(Navier-Stoks 方程)进行离散，可以得到如下形式的离散化方程：

$$u^{n+1}_{i+\frac{1}{2},j,k}=u^{n}_{i+\frac{1}{2},j,k}+\delta t\left(\frac{P^{n+1}_{i,j,k}-P^{n+1}_{i+1,j,k}}{\rho\delta x_{i+\frac{1}{2}}}+g_x-\mathrm{FUX}-\mathrm{FUY}-\mathrm{FUZ}+\mathrm{VISX}\right) \tag{4-2-20}$$

$$v^{n+1}_{i,j+\frac{1}{2},k}=v^{n}_{i,j+\frac{1}{2},k}+\delta t\left(\frac{P^{n+1}_{i,j,k}-P^{n+1}_{i,j+1,k}}{\rho\delta y_{j+\frac{1}{2}}}+g_y-\mathrm{FVX}-\mathrm{FVY}-\mathrm{FVZ}+\mathrm{VISY}\right) \tag{4-2-21}$$

$$w^{n+1}_{i,j,k+\frac{1}{2}}=w^{n}_{i,j,k+\frac{1}{2}}+\delta t\left(\frac{P^{n+1}_{i,j,k}-P^{n+1}_{i,j,k+1}}{\rho\delta z_{k+\frac{1}{2}}}+g_z-\mathrm{FWX}-\mathrm{FWY}-\mathrm{FWZ}+\mathrm{VISZ}\right) \tag{4-2-22}$$

式中，

$$\mathrm{FUX}=\frac{u_{i+\frac{1}{2},j,k}}{\delta x_{\mathrm{au}}}[\delta x_{i+1}\mathrm{DUB}+\delta x_i\mathrm{DUT}+\alpha\,\mathrm{sgn}(u)(\delta x_{i+1}\mathrm{DUB}-\delta x_i\mathrm{DUT})]$$

$$\mathrm{FUY}=\frac{v_{i+\frac{1}{2},j,k}}{\delta y_{\mathrm{au}}}[\delta y_{j+\frac{1}{2}}\mathrm{DUL}+\delta y_{j\frac{1}{2}}\mathrm{DUR}+\alpha\,\mathrm{sgn}(v)(\delta y_{j+\frac{1}{2}}\mathrm{DUL}-\delta y_{j-\frac{1}{2}}\mathrm{DUR})]$$

$$\mathrm{FUZ}=\frac{w_{i+\frac{1}{2},j,k}}{\delta z_{\mathrm{au}}}[\delta z_{k+\frac{1}{2}}\mathrm{DUQ}+\delta z_{k-\frac{1}{2}}\mathrm{DUH}+\alpha\,\mathrm{sgn}(w)(\delta z_{k+\frac{1}{2}}\mathrm{DUQ}-\delta z_{k-\frac{1}{2}}\mathrm{DUH})]$$

$$\mathrm{FVX}=\frac{u_{i,j+\frac{1}{2},k}}{\delta x_{\mathrm{av}}}[\delta x_{i+\frac{1}{2}}\mathrm{DVB}+\delta x_{i-\frac{1}{2}}\mathrm{DVT}+\alpha\,\mathrm{sgn}(u)(\delta x_{i+\frac{1}{2}}\mathrm{DVB}-\delta x_{i-\frac{1}{2}}\mathrm{DVT})]$$

$$\mathrm{FVY}=\frac{v_{i,j+\frac{1}{2},k}}{\delta y_{\mathrm{av}}}[\delta y_{j+1}\mathrm{DVL}+\delta y_j\mathrm{DVR}+\alpha\,\mathrm{sgn}(v)(\delta y_{j+1}\mathrm{DVL}-\delta y_j\mathrm{DVR})]$$

$$\mathrm{FVZ}=\frac{w_{i,j+\frac{1}{2},k}}{\delta z_{\mathrm{av}}}\left[\delta z_{k+\frac{1}{2}}\mathrm{DVQ}+\delta z_{k-\frac{1}{2}}\mathrm{DVH}+\alpha\,\mathrm{sgn}(w)\left(\delta z_{k+\frac{1}{2}}\mathrm{DVQ}-\delta z_{k-\frac{1}{2}}\mathrm{DVH}\right)\right]$$

$$\mathrm{FWX}=\frac{u_{i,j,k+\frac{1}{2}}}{\delta x_{\mathrm{aw}}}\left[\delta x_{i+\frac{1}{2}}\mathrm{DWB}+\delta x_{i-\frac{1}{2}}\mathrm{DWT}+\alpha\,\mathrm{sgn}(u)\left(\delta x_{i+\frac{1}{2}}\mathrm{DWB}-\delta x_{i-\frac{1}{2}}\mathrm{DWT}\right)\right]$$

$$\mathrm{FWY}=\frac{v_{i,j,k+\frac{1}{2}}}{\delta y_{\mathrm{aw}}}\left[\delta y_{j+\frac{1}{2}}\mathrm{DWL}+\delta y_{j-\frac{1}{2}}\mathrm{DWR}+\alpha\,\mathrm{sgn}(v)\left(\delta y_{j+\frac{1}{2}}\mathrm{DWL}-\delta y_{j-\frac{1}{2}}\mathrm{DWR}\right)\right]$$

$$\mathrm{FWZ}=\frac{w_{i,j,k+\frac{1}{2}}}{\delta z_{\mathrm{aw}}}\left[\delta z_{k+1}\mathrm{DWQ}+\delta z_{k}\mathrm{DWH}+\alpha\,\mathrm{sgn}(w)\left(\delta z_{k+1}\mathrm{DWQ}-\delta z_{k}\mathrm{DWH}\right)\right]$$

$$\mathrm{VISX}=\gamma\left(\frac{\mathrm{DUT}-\mathrm{DUB}}{\delta x_{i+\frac{1}{2}}}+\frac{\mathrm{DUR}-\mathrm{DUL}}{\delta y_{j}}+\frac{\mathrm{DUH}-\mathrm{DUQ}}{\delta z_{k}}\right)$$

$$\mathrm{VISY}=\gamma\left(\frac{\mathrm{DVT}-\mathrm{DVB}}{\delta x_{i}}+\frac{\mathrm{DVR}-\mathrm{DVL}}{\delta y_{j+\frac{1}{2}}}+\frac{\mathrm{DVH}-\mathrm{DVQ}}{\delta z_{k}}\right)$$

$$\mathrm{VISZ}=\gamma\left(\frac{\mathrm{DWT}-\mathrm{DWB}}{\delta x_{i}}+\frac{\mathrm{DWR}-\mathrm{DWL}}{\delta y_{j}}+\frac{\mathrm{DWH}-\mathrm{DWQ}}{\delta z_{k+\frac{1}{2}}}\right)$$

$$\mathrm{DUB}=\frac{u_{i+\frac{1}{2},j,k}-u_{i-\frac{1}{2},j,k}}{\delta x_{i}}\qquad \mathrm{DUT}=\frac{u_{i+\frac{3}{2},j,k}-u_{i+\frac{1}{2},j,k}}{\delta x_{i+1}}$$

$$\mathrm{DUL}=\frac{u_{i+\frac{1}{2},j,k}-u_{i+\frac{1}{2},j-1,k}}{\delta y_{j-\frac{1}{2}}}\qquad \mathrm{DUR}=\frac{u_{i+\frac{1}{2},j+1,k}-u_{i+\frac{1}{2},j,k}}{\delta y_{j+\frac{1}{2}}}$$

$$\mathrm{DUQ}=\frac{u_{i+\frac{1}{2},j,k}-u_{i+\frac{1}{2},j,k-1}}{\delta z_{k-\frac{1}{2}}}\qquad \mathrm{DUH}=\frac{u_{i+\frac{1}{2},j,k+1}-u_{i+\frac{1}{2},j,k}}{\delta z_{k+\frac{1}{2}}}$$

$$\mathrm{DVB}=\frac{v_{i,j+\frac{1}{2},k}-v_{i-1,i+\frac{1}{2},k}}{\delta x_{i-\frac{1}{2}}}\qquad \mathrm{DVT}=\frac{v_{i+1,j+\frac{1}{2},k}-v_{i,j+\frac{1}{2},k}}{\delta x_{i+\frac{1}{2}}}$$

$$\mathrm{DVL}=\frac{v_{i,j+\frac{1}{2},k}-v_{i,j-\frac{1}{2},k}}{\delta y_{j}}\qquad \mathrm{DVR}=\frac{v_{i,j+\frac{3}{2},k}-v_{i,j+\frac{1}{2},k}}{\delta y_{j+1}}$$

$$\mathrm{DVQ}=\frac{v_{i,j+\frac{1}{2},k}-v_{i,j+\frac{1}{2},k-1}}{\delta z_{k-\frac{1}{2}}}\qquad \mathrm{DVH}=\frac{v_{i,j+\frac{1}{2},k+1}-v_{i,j+\frac{1}{2},k}}{\delta z_{k+\frac{1}{2}}}$$

$$\mathrm{DWB}=\frac{w_{i,j,k+\frac{1}{2}}-w_{i-1,j,k+\frac{1}{2}}}{\delta x_{i-\frac{1}{2}}}\qquad \mathrm{DWT}=\frac{w_{i+1,j,k+\frac{1}{2}}-w_{i,j,k+\frac{1}{2}}}{\delta x_{i+\frac{1}{2}}}$$

$$\mathrm{DWL}=\frac{w_{i,j,k+\frac{1}{2}}-w_{i,j-1,k+\frac{1}{2}}}{\delta y_{j-\frac{1}{2}}}\quad \mathrm{DWR}=\frac{w_{i,j+1,k+\frac{1}{2}}-w_{i,j,k+\frac{1}{2}}}{\delta y_{j+\frac{1}{2}}}$$

$$\mathrm{DWQ}=\frac{w_{i,j,k+\frac{1}{2}}-w_{i,j,k-\frac{1}{2}}}{\delta z_{k}}\quad \mathrm{DWH}=\frac{w_{i,j,k+\frac{3}{2}}-w_{i,j,k+\frac{1}{2}}}{\delta z_{k+1}}$$

$$\delta x_{\mathrm{au}}=\delta x_{i+1}+\delta x_{i}+\alpha \operatorname{sgn}\left(u_{i+\frac{1}{2},j,k}\right)\left[\delta x_{i+1}-\delta x_{i}\right]$$

$$\delta y_{\mathrm{au}}=\delta y_{j+\frac{1}{2}}+\delta y_{j-\frac{1}{2}}+\alpha \operatorname{sgn}\left(v_{i,j+\frac{1}{2},k}\right)\left[\delta y_{j+\frac{1}{2}}-\delta y_{j-\frac{1}{2}}\right]$$

$$\delta z_{\mathrm{au}}=\delta z_{k+\frac{1}{2}}+\delta z_{k-\frac{1}{2}}+\alpha \operatorname{sgn}\left(w_{i,j,k+\frac{1}{2}}\right)\left[\delta z_{k+\frac{1}{2}}-\delta z_{k-\frac{1}{2}}\right]$$

$$\delta x_{\mathrm{av}}=\delta x_{i+\frac{1}{2}}+\delta x_{i-\frac{1}{2}}+\alpha \operatorname{sgn}\left(u_{i+\frac{1}{2},j,k}\right)\left[\delta x_{i+\frac{1}{2}}-\delta x_{i-\frac{1}{2}}\right]$$

$$\delta y_{\mathrm{av}}=\delta y_{j+1}+\delta y_{j}+\alpha \operatorname{sgn}\left(v_{i,j+\frac{1}{2},k}\right)\left[\delta y_{j+1}-\delta y_{j}\right]$$

$$\delta z_{\mathrm{av}}=\delta z_{k+\frac{1}{2}}+\delta z_{k-\frac{1}{2}}+\alpha \operatorname{sgn}\left(w_{i,j,k+\frac{1}{2}}\right)\left[\delta z_{k+\frac{1}{2}}-\delta z_{k-\frac{1}{2}}\right]$$

$$\delta x_{\mathrm{aw}}=\delta x_{i+\frac{1}{2}}+\delta x_{i-\frac{1}{2}}+\alpha \operatorname{sgn}\left(u_{i+\frac{1}{2},j,k}\right)\left[\delta x_{i+\frac{1}{2}}-\delta x_{i-\frac{1}{2}}\right]$$

$$\delta y_{\mathrm{aw}}=\delta y_{j+\frac{1}{2}}+\delta y_{j-\frac{1}{2}}+\alpha \operatorname{sgn}\left(v_{i,j+\frac{1}{2},k}\right)\left[\delta y_{j+\frac{1}{2}}-\delta y_{j-\frac{1}{2}}\right]$$

$$\delta z_{\mathrm{aw}}=\delta z_{k+1}-\delta z_{k}+\alpha \operatorname{sgn}\left(w_{i,j,k+\frac{1}{2}}\right)\left[\delta z_{k+1}-\delta z_{k}\right]$$

$$\delta x_{i+\frac{1}{2}}=\left(\delta x_{i+1}+\delta x_{i}\right)/2\quad \delta y_{j-\frac{1}{2}}=\left(\delta y_{j-1}+\delta y_{j}\right)/2$$

$$\delta x_{i-\frac{1}{2}}=\left(\delta x_{i-1}+\delta x_{i}\right)/2\quad \delta z_{k+\frac{1}{2}}=\left(\delta y_{k+1}+\delta i_{k}\right)/2$$

$$\delta y_{j+\frac{1}{2}}=\left(\delta y_{j+1}+\delta y_{j}\right)/2\quad \delta z_{k-\frac{1}{2}}=\left(\delta z_{k-1}+\delta z_{k}\right)/2$$

式中，sgn(u)表示 u 的符号；α 为权重因子，其取值范围 $0\leqslant\alpha\leqslant1.0$。一般，动量方程离散格式的选取根据 Paclet 数的差别可分为 5 种：中心差分格式、上风格式、指数格式、混合格式及乘方格式。根据实际应用情况和经验，一般采用介于中心差分和上风格式之间的离散方法，并由权重因子予以调整，当 $\alpha=1$ 时，为上风格式；当 $\alpha=0$ 时，为中心差分格式，因此 α 表示受上游变量的影响程度。

3. 连续性方程的离散

连续性方程 $D=\frac{\partial u}{\partial x}+\frac{\partial v}{\partial y}+\frac{\partial w}{\partial z}=0$ 的离散形式为

$$D_{i,j,k}^{n+1}=\frac{u_{i+\frac{1}{2},j,k}^{n+1}-u_{i-\frac{1}{2},j,k}^{n+1}}{\delta x_{i}}+\frac{v_{i,j+\frac{1}{2},k}^{n+1}-v_{i,j-\frac{1}{2},k}^{n+1}}{\delta y_{j}}+\frac{w_{i,j,k+\frac{1}{2}}^{n+1}-w_{i,j,k-\frac{1}{2}}^{n+1}}{\delta z_{k}}=0 \tag{4-2-23}$$

4.2.4 SOLA-VOF 方法

在 SOLA-VOF 方法中，为了确定自由表面的移动，需要求解体积函数方程：

$$\frac{\partial F}{\partial t}+u\frac{\partial F}{\partial x}+v\frac{\partial F}{\partial y}+w\frac{\partial F}{\partial z}=0 \tag{4-2-24}$$

1. 体积函数的求值

SOLA-VOF 方法利用体积函数 F 来描述整个流场的流动域，F 的定义为

$$F=\text{单元内流体的体积/单元总体积} \tag{4-2-25}$$

因此体积函数的取值范围为 $0\leqslant F\leqslant 1$，当 $F=0$ 时，该单元为空单元，没有流体；当 $F=1$ 时为满单元，说明该单元为内部单元；当 $0<F<1$ 时，则表示该单元内有流体流入，但又没有充满，即为表面单元。由此可见，在计算铸件充型、流动时只要计算出每个单元的 F 值就可以得到该铸件在任一时刻的充型、流动状态。

单元(i,j,k)在 δt 时间段内体积函数的变化值 $\delta F_{i,j,k}$ 可以由式(4-2-26)离散得到：

$$\begin{aligned}\delta F_{i,j,k}&=\frac{\Delta Q_{i,j,k}}{\rho_{i,j,k}\delta x_i\delta y_j\delta z_k}\frac{\partial^2\Omega}{\partial v^2}\\&=-\delta t\left(\frac{u_{i+\frac{1}{2},j,k}-u_{i-\frac{1}{2},j,k}}{\delta x_i}+\frac{v_{i,j+\frac{1}{2},k}-v_{i,j-\frac{1}{2},k}}{\delta y_j}+\frac{w_{i,j,k+\frac{1}{2}}-w_{i,j,k-\frac{1}{2}}}{\delta z_k}\right)\end{aligned} \tag{4-2-26}$$

式中，$\Delta Q_{i,j,k}$ 为单元(i,j,k)在 δt 时间段内流体质量的变化，显而易见：当 $\delta F_{i,j,k}>0$ 时，表示该单元流入量大于流出量，单元内流体量在增加；当 $\delta F_{i,j,k}=0$ 时，表示该单元流入量等于流出量，单元内流体量不变；当 $\delta F_{i,j,k}<0$ 时，表示该单元流出量大于流入量，单元内流体量在减少。

计算流动场时，当求解每一个时刻速度场与压力场后，都要利用式(4-2-26)求出当前时刻每个网格单元的 δF 值，并根据 $F+\delta F$ 值的不同情况做不同处理。

2. SOLA-VOF 计算方法

目前流行的 SOLA-VOF 有限差分流体力学计算方法，用 SOLA 求解压力场和速度场，用 VOF 确定流动域和自由表面。整个计算过程中，由速度初值及猜测压力值试算速度场的过程并不参与迭代，因而是一场迭代，其计算步骤如下。

(1) 由 Navier-Stoks 方程离散式(4-2-20)～式(4-2-22)，以初始条件或前一时刻值为基础，计算当前时刻的试算速度。

(2) 根据连续性方程离散式(4-2-27)对于每一个单元定义散度 $D_{i,j,k}$：

$$D_{i,j,k}=\frac{u_{i+\frac{1}{2},j,k}-u_{i-\frac{1}{2},j,k}}{\delta x_i}+\frac{v_{i,j+\frac{1}{2},k}-v_{i,j-\frac{1}{2},k}}{\delta y_i}+\frac{w_{i,j,k+\frac{1}{2}}-w_{i,j,k-\frac{1}{2}}}{\delta z_k} \tag{4-2-27}$$

将第一步的试算速度值代入式(4-2-27)，求出 $D_{i,j,k}$；

(3) 若 $D_{i,j,k}=0$(一般当 $D_{i,j,k}<10^{-3}$，即认为 $D_{i,j,k}=0$)则说明第一步试算速度值能够满足连续性方程(4-2-27)，即此时的速度场与压力场值既满足动量守

恒方程又满足质量守恒方程。至此，当前时间步长计算结束。如整个流场中有任一个单元不能满足式(4-2-27)，则需要下一步的修正。

(4) 当 $D_{i,j,k} \neq 0$ 时，说明第一步试算的速度值不能满足连续性方程，需要修正，而欲修正速度，必须先修正压力，即

$$P^{n+1} = P^n + \delta P^n \tag{4-2-28}$$

式中，δP^n 为压力修正量，其值可以用下式求得

$$\delta P^n = \frac{-D_{i,j,k}}{\dfrac{\partial D_{i,j,k}}{\partial P}} \tag{4-2-29}$$

$$\frac{\partial D_{i,j,k}}{\partial P} = \frac{\delta t}{\delta x_i}\left(\frac{1}{\rho \delta x_{i+\frac{1}{2}}} + \frac{1}{\rho \delta x_{i-\frac{1}{2}}}\right) + \frac{\delta t}{\delta y_j}\left(\frac{1}{\rho \delta y_{j+\frac{1}{2}}} + \frac{1}{\rho \delta y_{j-\frac{1}{2}}}\right) + \frac{\delta t}{\delta z_k}\left(\frac{1}{\rho \delta z_{k+\frac{1}{2}}} + \frac{1}{\rho \delta z_{k-\frac{1}{2}}}\right) \tag{4-2-30}$$

根据校正压力利用下式可以求出校正后的试算速度：

$$\begin{aligned}
u^{n+1}_{i+\frac{1}{2},j,k} &= u^{n}_{i+\frac{1}{2},j,k} + \frac{\delta t\,\delta p^n \omega}{\rho \delta x_{i+\frac{1}{2}}} \\
u^{n+1}_{i-1,j,k} &= u^{n}_{i-\frac{1}{2},j,k} - \frac{\delta t\,\delta p^n \omega}{\rho \delta x_{i-\frac{1}{2}}} \\
v^{n+1}_{i,j+\frac{1}{2},k} &= v^{n}_{i,j+\frac{1}{2},k} + \frac{\delta t\,\delta p^n \omega}{\rho \delta y_{j+\frac{1}{2}}} \\
v^{n+1}_{i,j-\frac{1}{2},k} &= v^{n}_{i,j-\frac{1}{2},k} - \frac{\delta t\,\delta p^n \omega}{\rho \delta y_{j-\frac{1}{2}}} \\
w^{n+1}_{i,j,k+\frac{1}{2}} &= w^{n}_{i,j,k+\frac{1}{2}} + \frac{\delta t\,\delta p^n \omega}{\rho \delta z_{k+\frac{1}{2}}} \\
w^{n+1}_{i,j,k-\frac{1}{2}} &= w^{n}_{i,j,k-\frac{1}{2}} - \frac{\delta t\,\delta p^n \omega}{\rho \delta z_{k-\frac{1}{2}}}
\end{aligned} \tag{4-2-31}$$

式中，ω 为松弛因子($0<\omega<2$)；n 与 $n+1$ 表示校正循环次数。

(5) 将校正后的试算速度值代入步骤(2)，反复迭代直至所有单元均满足连续性方程。

(6) 由体积函数方程确定新的流动域，对表面单元做合理设置。

(7) 返回步骤(1)，进入下一时刻计算，直到流动结束或达到要求。

可以看出，虽然 SOLA-VOF 速度和压力场耦合，但每次收敛计算过程仍需很多次迭代，特别是计算分析带有自由表面复杂三维流动时，可能需要几千万甚至很多亿次的迭代。由于计算量大，流动场计算一般比较耗时，很多科研工作者正在加快流动场计算收敛速度、缩短流动场计算时间上做相应的研究。

1. 初始条件

1）速度初始条件

要根据浇注方式准确设置浇口处的初始速度值。

2）压力初始条件

当铸型排气条件良好时，铸型内背压可以认为是零，否则应根据背压的计算将初始压力设置为背压。

2. 边界条件

1）自由表面速度边界条件

处理流动场表面区域时，动量守恒方程（Navier-Stokes 方程）依旧可应用，但是连续性方程因流动域的变化而不再适用。此时的速度和压力条件必须人为加以设置，而自由表面速度边界条件设置的准确性直接影响到流动场计算的结果，不全面或不正确的速度边界条件将会使计算结果出现人为的不对称性（图 4-2-2），甚至导致计算崩溃，因此全面准确设置自由表面速度边界条件是进行流动场模拟的一个关键环节。

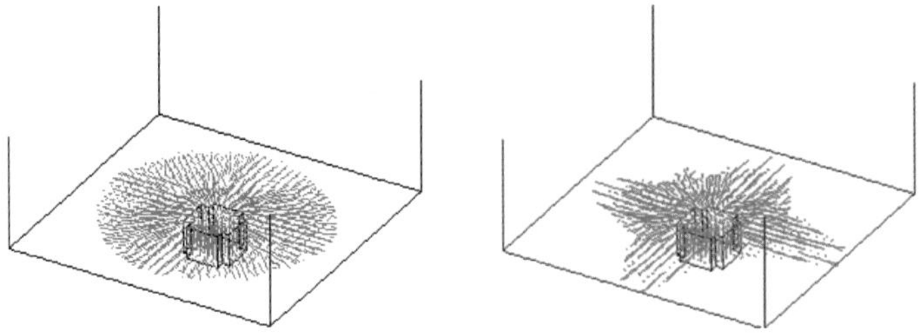

(a) (b)

图 4-2-2 速度边界条件设置比较

（a）正确的边界条件；（b）不正确的边界条件

一般可采用惯性原理和连续原理相结合的方法，对 64 种情况进行设置，该方法的主要思路是：在同一个网格单元内，如果流体不遇到阻碍，则保持原有的方向和流速继续前进（惯性原理）；如果遇到了阻碍，则将其流量均匀地转移到其他可能的出流方向去，然后调整出流速度，使新生成的满网格能够满足连续性方程。

2）自由表面压力边界条件

自由表面压力边界条件的设置是指如何处理作用于自由表面压力问题。对于铸造而言，自由表面压力主要由两部分组成：一部分是由铸型（模具）排气不畅产生的背压而引起的，另一部分则是液态金属的表面张力。

铸造成形中背压的大小与铸型（模具）的排气条件、铸件的结构及浇注速度等因素紧密相关，实际生产中可用压力传感器来测定背压的大小。

表面张力的存在对金属液充型、流动过程的确有一定的影响，一些文献也都提及这方面的问题。为了模拟表面张力的作用，一般在动量守恒方程(Navier-Stoks)中加进以下表面力 F_S：

$$F_S = \sum (W\sigma\bar{m})_k \tag{4-2-32}$$

式中，W 为型腔的厚度(m)；σ 为表面张力(N/m)；$\bar{m}$ 为自由表面的切向单位矢量。

目前条件下，这个问题在二维条件下已被很好地解决，但有待于进一步发展到三维流场中去。此外，还有必要收集一些熔体表面张力和与型壁接触角的数据，这些数据因受到金属液表面氧化膜层以及金属液与型壁涂料之间交互作用的影响而难以准确获得，从而也限制这方面数值模拟的发展。既然表面张力现象的模拟存在上述问题，能否将它忽略掉呢？

表面张力引起的压力差 ΔP 与曲率的关系可由下式来描述：

$$\Delta P = \frac{\sigma}{R} \tag{4-2-33}$$

式中，R 为曲率半径(m)；σ 为金属液的表面张力(N/m)，且有

$$R = \frac{L/2}{\cos\theta} \tag{4-2-34}$$

式中，θ 为金属与铸型的接触角；L 为厚度(m)。

为了衡量表面张力的影响程度，将 ΔP 与液体金属内部静压强进行比较，即

$$\frac{\Delta P}{P_a} = \frac{\Delta P}{\rho g h} = \frac{\sigma\cos\theta}{0.5L\rho g h}$$

对于铝合金铸件，当 $L=2.0\text{cm}$，$\cos\theta=0.5$，$\sigma=0.8\text{N/m}$，$\rho=2.6\times10^3\text{kg/m}^2$，$g=9.8\text{m/s}^2$ 时，则有

$$\frac{\Delta P}{P_a} = \frac{1}{h} \cdot 1.56\times10^{-3}$$

可见对于厚度 2.0cm 这样的薄壁件，充型过程中因表面张力引起的 ΔP 与液体金属自身所产生的静压强 P_a 相比，要小 2 到 3 个数量级。为了节省内存，加快处理速度，使流动场计算能在计算机上进行，一般情况下可以省去表面张力的作用，只将自由表面压力设置成型内背压。

3）型壁速度边界条件

在处理液态金属与铸型(模具)相邻的液体单元的速度时，必须通过假想网格层设置速度边界条件。SOLA-VOF 给出了两种极端条件下的边界条件：自由滑动边界和无滑动边界。如图 4-2-3 所示，对于自由滑动边界的情况，有

$$u_1 = u \quad v_b = 0 \quad w_1 = w \tag{4-2-35}$$

无滑动边界条件为

$$u_1 = -u \quad v_b = 0 \quad w_1 = -w \tag{4-2-36}$$

上述两种边界条件，前者认为型壁对液体的流动没有任何阻碍，能够自由滑动；后者认为液体在型壁上根本不能流动。显而易见，实际铸造充型过程并非上

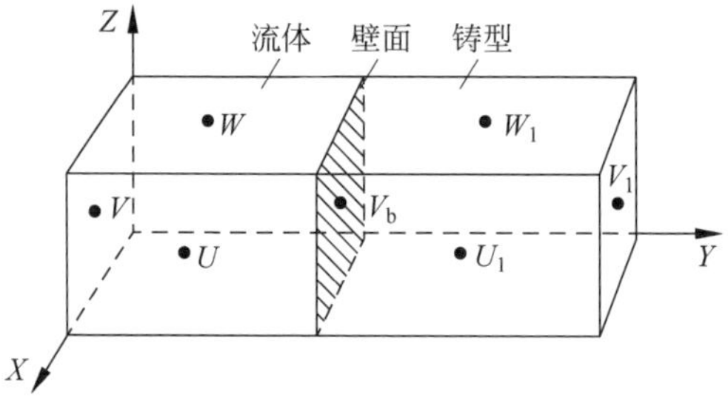

图 4-2-3 型壁速度边界条件

述的两种极端情况，而是处于两者之间，为此，定义了一个系数 θ，实际铸造条件下型壁速度边界条件可由式(4-2-37)描述：

$$u_1=\theta u \quad v_b=0 \quad w_1=\theta w \tag{4-2-37}$$

当 $\theta=1$ 时，式(4-2-37)变为式(4-2-35)，为自由滑动边界条件；当 $\theta=-1$ 时，式(4-2-37)变为式(4-2-36)，则为无滑动边界条件。因此实际铸造条件下 θ 的取值范围为 $-1<\theta<1$，具体取决于铸型(模具)、涂料及网格相对于速度边界层厚度的大小等因素。

4.2.5 计算稳定性处理

在利用 SOLA-VOF 方法进行流动场计算时，为了缩短计算时间，时间步长越大越好。但时间步长不能任意大，否则将会导致流动场计算发散，而使整个计算失败，因此要对时间步长进行限制。

时间步长的选择要考虑两个方面的因素，即满足物理方面和数学方面的约束。在物理方面，首先，一个时间步长内液体的流动不能超过一个单元，这是因为差分公式只适用于相邻单元之间，因此必须满足式(4-2-38)；其次，在同一个时间步长内，动量扩散同样不能超过一个单元，也必须满足式(4-2-39)。在数学方面，迭代时，权重因子 α 必须控制在一定范围之内，应满足式(4-2-40)。

$$\delta t<\mathrm{MIN}\left\{\frac{\delta x_i}{\left|u_{i+\frac{1}{2},j,k}\right|},\frac{\delta y_j}{\left|v_{i,j+\frac{1}{2},k}\right|},\frac{\delta z_k}{\left|w_{i,j,k+\frac{1}{2}}\right|}\right\} \tag{4-2-38}$$

$$\frac{\mu}{\rho}\delta t<\mathrm{MIN}\left\{\frac{3}{4}\left(\frac{\delta x_i^2\delta y_j^2\delta z_k^2}{\delta x_i^2\delta y_j^2+\delta y_j^2\delta z_k^2+\delta z_k^2\delta x_i^2}\right)\right\} \tag{4-2-39}$$

$$\mathrm{MAX}\left\{\left|u_{i+\frac{1}{2},j,k}\frac{\delta t}{\delta x_i}\right|,\left|v_{i,j+\frac{1}{2},k}\frac{\delta t}{\delta y_j}\right|,\left|w_{i,j,k+\frac{1}{2}}\frac{\delta t}{\delta z_k}\right|\right\}<\alpha\leqslant 1 \tag{4-2-40}$$

式(4-2-38)～式(4-2-40)即为流动场数值模拟稳定性条件。

4.2.6 流动与传热的耦合

高温液态金属的充型过程总是伴随着热量的散失。巨大的热量散失导致液态金属温度过低，则会形成冷隔、欠浇等严重缺陷，使充型过程无法顺利完成。另外，随着热量的散失，温度的下降，金属液的流动特性会发生明显变化，密度、热容、导热系数及黏度因温度不同都有很大差异，这也就决定了液态金属在不同温度下有着不同的流动方式和形态。换句话说，模拟铸造充型过程仅限于理想化的流动场研究，而没有考虑热量的散失是不够的，其计算结果与实际生产必然有一定距离，甚至大相径庭。因此，从这种意义上来讲，要准确模拟流动场，就必须考虑热量的散失，必须进行流动与温度耦合计算的研究。

与之相应，欲准确对铸造凝固过程进行数值计算，流动分析必不可少。以往温度场计算时，通常都假设一个理想的温度均匀的初始条件，或凭经验进行人为地设置初温，这显然会直接影响到计算的准确性。而流动与温度的耦合计算从根本上解决了这一问题，其得出的初始温度场保证了后续凝固过程模拟的准确性与可靠性。

流动与传热耦合计算的数学模型必须能够完整，准确描述的液态金属的充型过程及同时发生的换热过程。一般而言，数学模型由下述 3 个方程组成。

(1) 动量守恒方程为

$$\rho \frac{\mathrm{D}\boldsymbol{v}}{\mathrm{D}t} = \mu \nabla^2 \boldsymbol{v} - \nabla P + \rho \boldsymbol{G} \tag{4-2-41}$$

(2) 质量守恒方程(连续性方程)为

$$\nabla \cdot \boldsymbol{v} = 0 \tag{4-2-42}$$

(3) 能量守恒方程为

$$c_p \rho \frac{\partial T}{\partial t} = -c_p \rho \boldsymbol{v} \nabla T - \nabla \boldsymbol{q} \tag{4-2-43}$$

式中，T 为温度(K)；t 为时间(s)；ρ 为密度($\mathrm{kg/m^3}$)；c_p 为比热容[J/(kg·K)]；$\boldsymbol{v}$ 为速度(m/s)。

同样可以采用 SOLA-VOF 法求解式(4-2-41)和式(4-2-42)，得到求解对象的速度、压力分布，再根据速度分布求解式(4-2-43)的能量守恒方程。

在求解能量守恒方程时，采用美国著名教授帕坦卡提出的幂函数方法，在与充型流动计算一致的交错网格上(图 4-2-1)进行离散，温度变量(T)与压力变量(P)及体积函数(F)放在网格中心，温度的离散形式如下：

$$\begin{aligned} T_{i,j,k}^{t+\delta t} = (&\alpha_{i+1,j,k} T_{i+1,j,k}^{t} + \alpha_{i-1,j,k} T_{i-1,j,k}^{t} + \alpha_{i,j+1,k} T_{i,j+1,k}^{t} + \alpha_{i,j-1,k} T_{i,j-1,k}^{t} + \\ &\alpha_{i,j,k+1} T_{i,j,k+1}^{t} + \alpha_{i,j,k-1} T_{i,j,k-1}^{t} + T_{i,j,k}^{t} B) / \alpha_{i,j,k} \end{aligned} \tag{4-2-44}$$

式中，

$$\alpha_{i+1,j,k} = D_{i+\frac{1}{2},j,k} A(|P_{i+\frac{1}{2},j,k}|) + \max(-Q_{i+1/2,j,k}, 0)$$

$$\alpha_{i-1,j,k} = D_{i-\frac{1}{2},j,k} A(|P_{i-\frac{1}{2},j,k}|) + \max(Q_{i-1/2,j,k}, 0)$$

$$\alpha_{i,j+1,k} = D_{i,j+\frac{1}{2},k} A(|P_{i,j+\frac{1}{2},k}|) + \max(-Q_{i,j+1/2,k}, 0)$$

$$
\begin{aligned}
\alpha_{i,j-1,k} &= D_{i,j-\frac{1}{2},k} A(|P_{i,j-\frac{1}{2},k}|) + \max(Q_{i,j-1/2,k}, 0) \\
\alpha_{i,j,k+1} &= D_{i,j,k+\frac{1}{2}} A(|P_{i,j,k+\frac{1}{2}}|) + \max(-Q_{i,j,k+\frac{1}{2},0}, 0) \\
\alpha_{i,j,k-1} &= D_{i,j,k-\frac{1}{2}} A(|P_{i,j,k-\frac{1}{2}}|) + \max(Q_{i,j,k-\frac{1}{2},} 0) \\
\alpha_{i,j,k} &= \rho_{i,j,k} \cdot c_{p_{i,j,k}} \cdot \delta x \cdot \delta y \cdot \delta z / \delta t \\
B &= \alpha_{i,j,k} - \alpha_{i+1,j,k} - \alpha_{i-1,j,k} - \alpha_{i,j+1,k} - \alpha_{i,j-1,k} - \alpha_{i,j,k+1} - \alpha_{i,j,k-1}
\end{aligned}
\tag{4-2-45}
$$

上述各式中，t 为计算时间(s)；δt 为计算时间步长(s)；D 为传导项；$A(|P|)$为幂函数；Q 为对流项。

式中，传导项 D 的表达式如下：

$$
\begin{aligned}
D_{i+\frac{1}{2},j,k} &= \lambda_{i+\frac{1}{2},j,k} \frac{\delta y \delta z}{\delta x} \\
D_{i-\frac{1}{2},j,k} &= \lambda_{i-\frac{1}{2},j,k} \frac{\delta y \delta z}{\delta x} \\
D_{i,j+\frac{1}{2},k} &= \lambda_{i,j+\frac{1}{2},k} \frac{\delta x \delta z}{\delta y} \\
D_{i,j-\frac{1}{2},k} &= \lambda_{i,j-\frac{1}{2},k} \frac{\delta x \delta z}{\delta y} \\
D_{i,j,k+\frac{1}{2}} &= \lambda_{i,j,k+\frac{1}{2}} \frac{\delta x \delta y}{\delta z} \\
D_{i,j,k-\frac{1}{2}} &= \lambda_{i,j,k-\frac{1}{2}} \frac{\delta x \delta y}{\delta z}
\end{aligned}
\tag{4-2-46}
$$

Q 值由下述式得出：

$$
\begin{aligned}
Q_{i+\frac{1}{2},j,k} &= (\rho \boldsymbol{u})_{i+\frac{1}{2},j,k} c_{p_{i,j,k}} \delta y \delta z \\
Q_{i-\frac{1}{2},j,k} &= (\rho \boldsymbol{u})_{i-\frac{1}{2},j,k} c_{p_{i,j,k}} \delta y \delta z \\
Q_{i,j+\frac{1}{2},k} &= (\rho \boldsymbol{v})_{i,j+\frac{1}{2},k} c_{p_{i,j,k}} \delta x \delta z \\
Q_{i,j-\frac{1}{2},k} &= (\rho \boldsymbol{v})_{i,j-\frac{1}{2},k} c_{p_{i,j,k}} \delta x \delta z \\
Q_{i,j,k+\frac{1}{2}} &= (\rho \boldsymbol{w})_{i,j,k+\frac{1}{2}} c_{p_{i,j,k}} \delta x \delta y \\
Q_{i,j,k-\frac{1}{2}} &= (\rho \boldsymbol{w})_{i,j,k-\frac{1}{2}} c_{p_{i,j,k}} \delta x \delta y
\end{aligned}
\tag{4-2-47}
$$

幂函数 $A(|P|)$由式(4-2-48)定义：

$$
A(|P|) = \max[0, (1 - 0.1|P|)^5] \tag{4-2-48}
$$

其中，P 为贝克利脱数(Peclet number)，即

$$
P = \frac{UL}{a} \tag{4-2-49}
$$

式中，U 为流体流动速度(m/s)；L 为距离(m)；a 为导温系数(m^2/s)。

贝克利脱数 P 用来衡量流动传热作用与热传导传热作用的强度比。

上述离散公式具有很明确的物理意义：D 代表热传导作用，Q 代表流动传热的作用，幂函数 $A(|P|)$ 用来调节二者的比例。当流体流动的速度很大时，由式(4-2-49)可以看出，此时的贝克利脱数 P 值很大，幂函数 $A(|P|)$ 趋于零。也就是说，此时热传导传热的作用很小，而流动传热的作用占主导地位。符号 max 体现上风差分格式的思想，可以确保离散系数不会出现负值而导致物理上不真实的解。当流体流动的速度很小时，贝克利脱数 P 值也很小，此时的幂函数 $A(|P|)$ 趋于 1，也就是说，此时热传导传热的作用很大，占主导地位，而流动传热则很少。如果出现极端情况，流体流动速度(U)为 0，则 P 值为 0，而幂函数 $A(|P|)=1$。此时流动传热根本不存在，只有热传导传热，即为纯导热问题。

当然流动与传热耦合计算还需处理边界条件、初始条件、潜热问题、稳定性问题等，因篇幅所限，这里不再详述。

4.2.7　计算实例

1. 前压圈铸钢件充型过程模拟

图 4-2-4 所示为某厂生产的前压圈铸钢件充型过程的几个不同时刻的充型色温，从中可以看出该充型过程的充型次序及温度的分布。通过充型过程的模拟，可以辅助工艺人员预测充型过程可能产生的缺陷，如冷隔、浇不足、夹渣等，该模拟分析发现前压圈在充型过程中的温降比较大，应适当提高浇注温度。

前压圈模拟

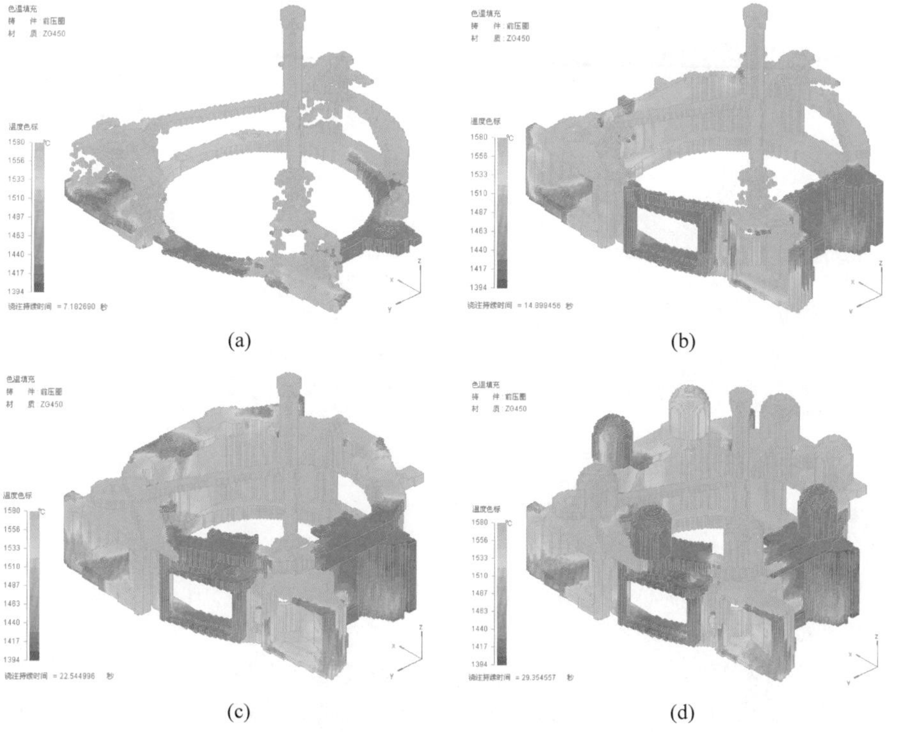

图 4-2-4　前压圈充型过程色温分布

(a) 充型率 25%；(b) 充型率 50%；(c) 充型率 75%；(d) 充型率 100%

2. 砂型阀体铸件充型过程模拟

图 4-2-5 所示为某厂生产的砂型阀体铸件充型过程几个不同时刻的充型色温，该工艺由于放了冷铁，充型过程相应部位的降温明显，模拟结果也很好地体现了这点。

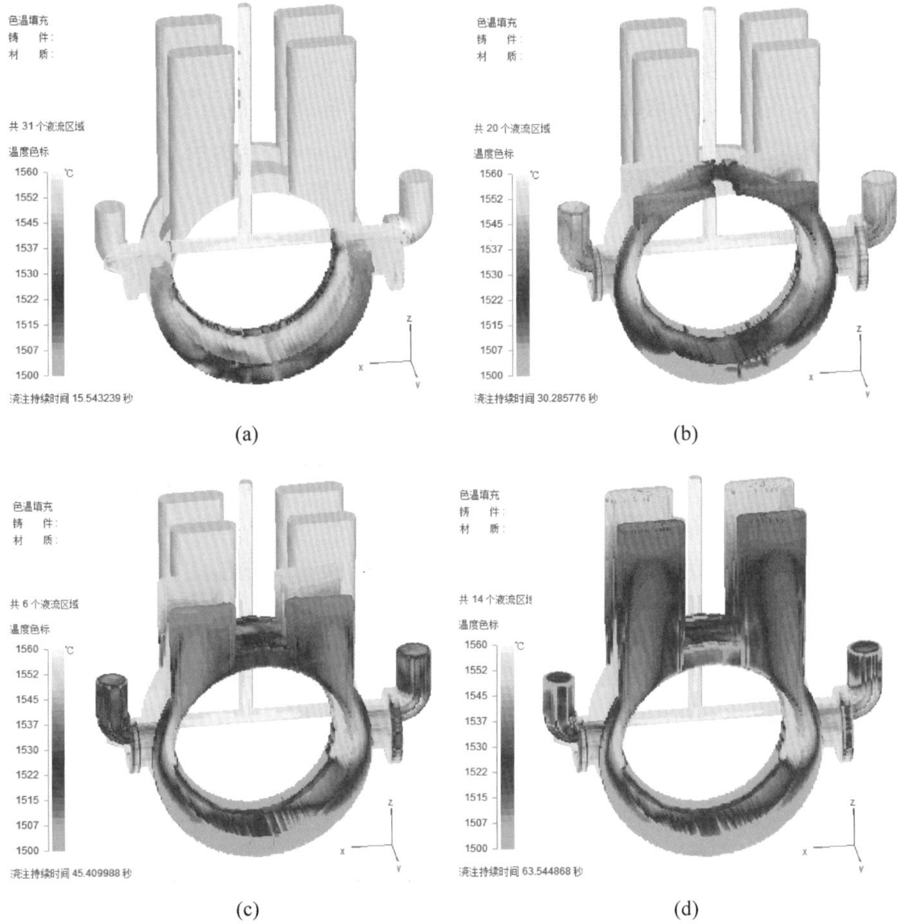

图 4-2-5　砂型阀体铸件充型过程色温分布

(a) 充型率 25%；(b) 充型率 50%；(c) 充型率 75%；(d) 充型率 100%

3. 柴油机机体夹渣问题的改进

图 4-2-6 所示为某厂生产康明斯柴油机灰铸铁机体的工艺简图，该铸件形状复杂，为表达清晰起见，特将浇注系统单独绘出。其横浇道有上下两层，上层横浇道位于机体高度中心处，下层位于高度底部，如图 4-2-6 所示。图 4-2-7 所示为柴油机机体装配图与色温图。

利用华铸 CAE 系统对上述缸体的工厂试制工艺方案进行了充型模拟分析，并对缺陷进行了预测。计算分析发现，该工艺方案充型的前期及后期都比较顺畅、平稳，但在中间一阶段(3.8～6.0s)充型顺序不好，出现明显的紊流。图 4-2-8 所示为

柴油机
模拟

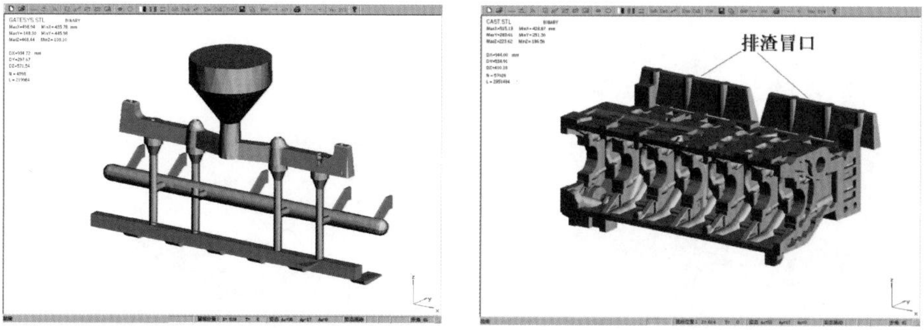

(a)　(b)

图 4-2-6　柴油机机体及浇道

(a) 浇道；(b) 机体

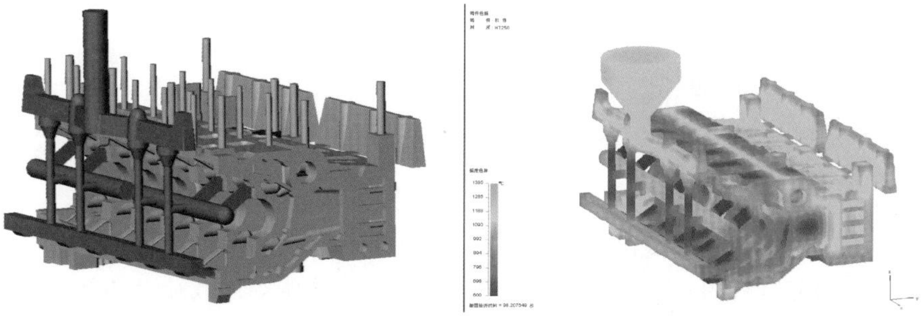

(a)　(b)

图 4-2-7　柴油机机体装配图与色温图

(a) 装配图；(b) 色温图

原始工艺方案在 4.55s 时的速度场分布，可以看出金属液是从高处（A 点）向低处（B、C 点）流动，类似瀑布一样，在 B 点出现了明显的负压带。也就是说该工艺方案在充型过程中 B、C 两处会有较多的气体和渣搅入。而通过流动与传热的耦合模拟计算得知，此时 B、C 两处的温度较低（流动前沿），搅入的气和渣难以及时上浮，易造成卷气、夹渣缺陷。

为此，对上述原始工艺进行了改进，在相关部位增加导流槽，试图改善中间阶段的充型状况。图 4-2-9 即为改进方案在 4.1s 时的速度场分布，可以看出，液态金属，是从底部向上充填，即先充到 C 点，再为 B 点、A 点，上述各点没有明显出现负压带，充型顺序得到显著改善，工艺得到了优化。

在上述模拟工作之前，某厂采用原始工艺方案生产了几十件，经解剖发现每一个铸件在 B、C 两个位置都有卷气、夹渣缺陷发生，废品率甚高。后采用经模拟优化的改进工艺方案后，B、C 两处卷气、夹渣缺陷得以解决，废品率下降为原来的一半。这说明，该改进是有效的，也说明 CAE 软件的流动分析功能对于改进流动方式，克服夹渣缺陷是非常有效、实用的。

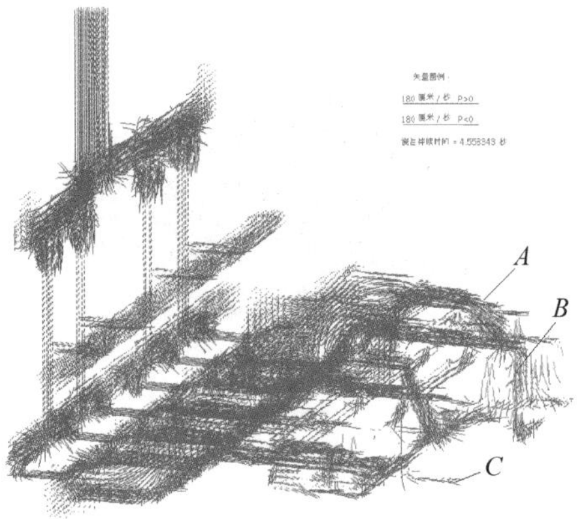

图 4-2-8　原始工艺 4.55 s 时的速度分布

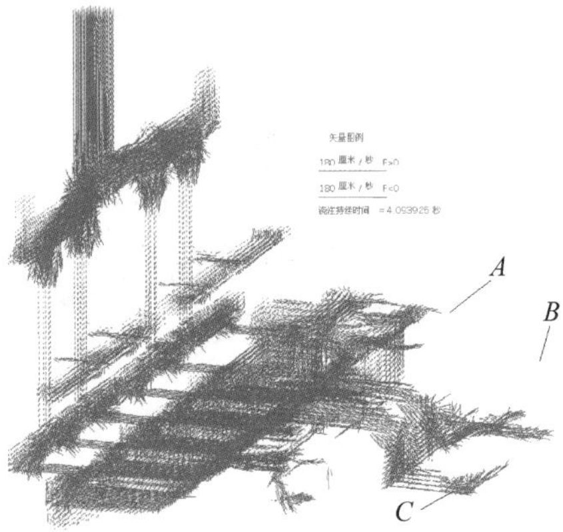

图 4-2-9　改进工艺 4.10 s 时的速度分布

4.3　应力场模拟

4.3.1　概述

铸造应力场的求解过程是一个复杂的弹塑性力学问题，需要给出物体的形状和物体各部分材料的本构关系和物理常数，说明物体所受的载荷及边界条件。弹塑性力学方程的建立需要从运动学和物理学两个方面来进行研究。

首先，在运动学方面，主要是建立物体的平衡条件，不仅物体整体要保持平衡，而且物体内的任何局部（有限分析中的离散单元）都要处于平衡状态。反映这一规律的数学方程有两类，即运动（或平衡）微分方程和载荷的边界条件。以上两类方程都与材料的力学性质无关，是适用于任何情况下的方程。

其次，在物理学方面，则要建立应力与应变或应力与应变增量之间的关系，这种关系常称为本构关系，它描述材料在不同环境下的力学性质。在弹塑性力学中，本构关系的研究是非常重要的。由于自然界中物质的性质是各种各样的，而且它们所处的工作环境也千变万化，因而研究物质的本构关系是一件复杂却具有根本意义的工作。

然后，由于物体是连续的，在变形时各相邻小单元都是相互联系的，通过研究位移和应变之间的关系，可以得到变形的协调条件。反映变形连续规律的数学表达式有两类，即几何方程和位移边界条件。

4.3.2　数学模型

弹塑性力学问题的数值求解过程，就是根据几何方程、物理方程、运动（或平衡）方程以及力和位移的边界条件、初始条件，解出位移、应变和应力等函数。

1. 弹塑性力学问题的基本假设

当用弹塑性力学分析实际工程问题和导出方程时，如果精确考虑所有各方面的因素，则导出的方程非常复杂，使应力场的计算变得很困难，实际上不可能求解。因此，通常必须按照研究对象的性质和求解问题的范围，将研究对象的物理和几何性质加以抽象，做出若干基本假设，从而略去一些暂不考虑的因素，使方程的求解成为可能。在一般的弹塑性力学分析中，常采用如下简化假设。

1）物理假设

（1）连续性假设：物体是连续的，其应力、应变和位移都可用连续函数来描述。

（2）均匀性假设：物体是均匀的，也就是整个物体是由同一材料组成的。这样，物体的各种常数才不随坐标位置而变，可以取出该物体的任一小部分进行分析，然后将分析的结果应用于整个物体。

（3）各向同性假设：物体是各向同性的等向强化材料，每一点各个方向的物理性质相同，物理常数（弹性模量、泊松比、热膨胀系数）不随方向的变化而变化。

（4）力模型的简化假设：①完全弹性假设，假定除去引起物体变形的外力后，物体能够完全恢复原状，而不留下任何残余变形，并假设材料服从胡克定律，即应力与应变呈线性关系，加载与卸载规律相同，这就保证了应力与应变的一一对应关系。②弹塑性假设，当物体除去外载后产生永久变形，且不能恢复原状。此时材料呈塑性状态，加载与卸载的规律不一样，同时应力-应变关系是非线性的。

2）几何假设

假定位移和变形是微小的，变形后物体内各点的位移都远远小于物体本来的尺寸，因而可忽略变形所引起的几何变化，即小变形假设。

小变形假设适合于一般的工程设计分析，但也有例外，有些材料的变形是完全弹性的，但不服从胡克定律，即物理非线性；或者不服从小变形条件，即属于大变形几何非线性的问题。

2. 弹塑性力学中的几个基本待求变量

三维弹塑性力学分析中，总共有 15 个待求基本未知量，即 3 个位移分量、6 个应变分量、6 个应力分量。用矩阵表示一点的位移、应变、应力分量如下。

（1）3 个位移分量为

$$[u \quad v \quad w]^{-1}$$

（2）6 个应变分量为

$$\begin{bmatrix} \varepsilon_x & \frac{1}{2}\gamma_{xy} & \frac{1}{2}\gamma_{xz} \\ \frac{1}{2}\gamma_{yx} & \varepsilon_y & \frac{1}{2}\gamma_{yz} \\ \frac{1}{2}\gamma_{zx} & \frac{1}{2}\gamma_{zy} & \varepsilon_z \end{bmatrix}$$

式中，$\gamma_{xy}=\gamma_{yx}$，$\gamma_{yz}=\gamma_{zy}$，$\gamma_{zx}=\gamma_{xz}$。

(3) 6 个应力分量为

$$\begin{bmatrix} \sigma_x & \tau_{xy} & \tau_{xz} \\ \tau_{yx} & \sigma_y & \tau_{yz} \\ \tau_{zx} & \tau_{zy} & \sigma_z \end{bmatrix}$$

式中，$\tau_{xy}=\tau_{yx}$，$\tau_{yz}=\tau_{zy}$，$\tau_{zx}=\tau_{xz}$。

将每一个面上的应力分解为一个正应力和两个剪应力，分别与 3 个坐标轴平行。图 4-3-1 所示为一点的应力分布图。在物体的任意一点，如果已知 σ_x、σ_y、σ_z、τ_{xy}、τ_{yz}、τ_{zx} 这 6 个应力分量，就可以求得经过该点的任意截面上的正应力和剪应力。因此，上述 6 个应力分量可以完全确定该点的应力状态。

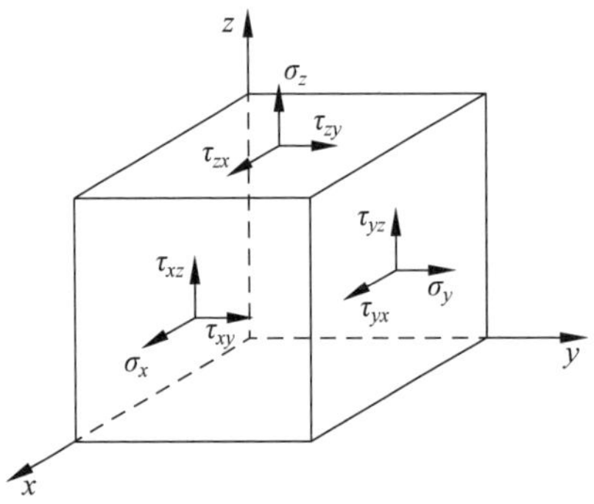

图 4-3-1　一点的应力状态分布图

在弹塑性力学问题中，通常是已知物体的形状和大小（即已知物体的边界）、力学性能参数、所受的体积力或面积力和边界上的约束情况，来求解应力分量、形变分量和位移分量。

3. 平衡微分方程

材料力学分析中，过物体内的同一点的不同截面上的应力是不同的。为了分析该点的应力状态，即各个截面上应力的大小和方向，在这一点从物体中取出一个微小的平行六面体，分别对 x、y、z 方向列出力的平衡式，可以得出如下平衡微分方程组：

$$\begin{cases} \dfrac{\partial \sigma_x}{\partial x}+\dfrac{\partial \tau_{yx}}{\partial y}+\dfrac{\partial \tau_{zx}}{\partial z}+f_x=0\left(=\rho\,\dfrac{\partial^2 u}{\partial t^2}\right) \\ \dfrac{\partial \tau_{xy}}{\partial x}+\dfrac{\partial \sigma_y}{\partial y}+\dfrac{\partial \tau_{zy}}{\partial z}+f_y=0\left(=\rho\,\dfrac{\partial^2 v}{\partial t^2}\right) \\ \dfrac{\partial \tau_{xz}}{\partial x}+\dfrac{\partial \tau_{yz}}{\partial y}+\dfrac{\partial \sigma_z}{\partial z}+f_z=0\left(=\rho\,\dfrac{\partial^2 w}{\partial t^2}\right) \end{cases} \tag{4-3-1}$$

如果物体处于运动状态，则方程式的右边就应包括括弧中的各项，其中 ρ 为材料的密度，u、v、w 分别为 x、y、z 这 3 个方向的位移。方程式(4-3-1)称为纳维叶平衡微分方程式。对于铸造应力分析，因应变速率很小，可以当成静态变形，所以，平衡方程式右边括弧中的各项可忽略；又由于重力引起的应力应变和收缩受阻应力应变相比，前者也可以忽略，故体积力也可不计，平衡微分方程简化为

$$\begin{cases}\dfrac{\partial \sigma_x}{\partial x}+\dfrac{\partial \tau_{yx}}{\partial y}+\dfrac{\partial \tau_{zx}}{\partial z}=0\\ \dfrac{\partial \tau_{xy}}{\partial x}+\dfrac{\partial \sigma_y}{\partial y}+\dfrac{\partial \tau_{zy}}{\partial z}=0\\ \dfrac{\partial \tau_{xz}}{\partial x}+\dfrac{\partial \tau_{yz}}{\partial y}+\dfrac{\partial \sigma_z}{\partial z}=0\end{cases} \tag{4-3-2}$$

4. 几何方程

应变与位移之间的关系与引起位移的原因无关,因而无论是受外力载荷还是在温度载荷作用下的几何方程均相同,即在小变形情况下,有

$$\begin{cases}\varepsilon_x=\dfrac{\partial u}{\partial x}, \quad \gamma_{xy}=\gamma_{yx}=\dfrac{\partial u}{\partial y}+\dfrac{\partial v}{\partial x}\\ \varepsilon_y=\dfrac{\partial v}{\partial y}, \quad \gamma_{yz}=\gamma_{zy}=\dfrac{\partial w}{\partial y}+\dfrac{\partial v}{\partial z}\\ \varepsilon_z=\dfrac{\partial w}{\partial z}, \quad \gamma_{zx}=\gamma_{xz}=\dfrac{\partial u}{\partial z}+\dfrac{\partial w}{\partial x}\end{cases} \tag{4-3-3}$$

5. 物理方程

对于每一种具体材料,在一定条件下,应力与应变之间有着确定的关系,这种关系反映材料固有的特性。最常用的应力和应变的关系是胡克定律:在小变形的情况下,如果应力值低于材料的比例极限,则材料的应力 σ 和应变 E 成正比,即$\sigma=E\varepsilon$,式中 E 为常数,称为弹性模量。

铸造过程与加热、冷却等传热过程密切相关。温度变化情况下的弹性体如果受到外在约束,以及周围相邻各单元体之间的相互牵制作用,导致形变并不能自由发生,便产生了应力,即温度应力(热应力)。这个温度应力又将由于物体的弹性而引起附加的形变。因此,在变温情况下弹性体的应变由两部分叠加而成。

(1) 由于自由膨胀或收缩而引起的应变分量,即 $\varepsilon=\alpha T$,其中,α 为线热膨胀系数,它的因次是[温度]$^{-1}$,对应的剪应变分量为零。

(2) 在热膨胀时,由于弹性体内各部分之间的相互约束而引起的应变分量,它们和热应力之间服从胡克定律。

因此,变温情况下的热弹性本构方程为

$$\begin{cases}\varepsilon_x=\dfrac{1}{E}[\sigma_x-\nu(\sigma_y+\sigma_z)]+\alpha T, \quad \varepsilon_{xy}=\gamma_{xy}=\dfrac{2(1+\nu)}{E}\tau_{xy}\\ \varepsilon_y=\dfrac{1}{E}[\sigma_y-\nu(\sigma_z+\sigma_x)]+\alpha T, \quad \varepsilon_{yz}=\gamma_{yz}=\dfrac{2(1+\nu)}{E}\tau_{yz}\\ \varepsilon_z=\dfrac{1}{E}[\sigma_z-\nu(\sigma_x+\sigma_y)]+\alpha T, \quad \varepsilon_{zx}=\gamma_{zx}=\dfrac{2(1+\nu)}{E}\tau_{xx}\end{cases} \tag{4-3-4}$$

或写成

$$\begin{cases}\sigma_x = 2G\varepsilon_x + \lambda\theta - \dfrac{\alpha ET}{1-2\nu}, & \tau_{yz} = G\gamma_{yz} \\ \sigma_y = 2G\varepsilon_y + \lambda\theta - \dfrac{\alpha ET}{1-2\nu}, & \tau_{zx} = G\gamma_{zx} \\ \sigma_z = 2G\varepsilon_z + \lambda\theta - \dfrac{\alpha ET}{1-2\nu}, & \tau_{xy} = G\gamma_{xy}\end{cases} \tag{4-3-5}$$

式中，θ 为体积应变，$\theta=\varepsilon_x+\varepsilon_y+\varepsilon_z$；$\nu$ 为泊松比；λ 为拉梅常数(Lamé constant)，$\lambda=\dfrac{\nu E}{(1+\nu)(1-2\nu)}$；$G$ 为剪切弹性模量，$G=\dfrac{E}{2(1+\nu)}$。

将式(4-3-5)化为矩阵形式为

$$\begin{Bmatrix}\sigma_x\\ \sigma_y\\ \sigma_z\\ \tau_{xy}\\ \tau_{yz}\\ \tau_{zx}\end{Bmatrix} = \frac{E}{(1+\nu)(1-2\nu)}\begin{bmatrix}1-\nu & \nu & \nu & 0 & 0 & 0\\ & 1-\nu & \nu & 0 & 0 & 0\\ & & 1-\nu & 0 & 0 & 0\\ & & & \dfrac{1-2\nu}{2} & 0 & 0\\ & & & & \dfrac{1-2\nu}{2} & 0\\ & & & & & \dfrac{1-2\nu}{2}\end{bmatrix}\cdot$$

$$\begin{Bmatrix}\varepsilon_x\\ \varepsilon_y\\ \varepsilon_z\\ \varepsilon_{xy}\\ \varepsilon_{yz}\\ \varepsilon_{zx}\end{Bmatrix} - \frac{E\alpha T}{1-2\nu}\begin{Bmatrix}1\\1\\1\\0\\0\\0\end{Bmatrix} \tag{4-3-6}$$

上述方程可用如下记号表示为

$$\{\sigma\} = [D]\{\varepsilon\} + \alpha T\{D_T\} \tag{4-3-7}$$

在塑性变形阶段，应力与应变关系是非线性的，应变不仅和应力状态有关，还和变形历史有关。如果不知道变形历史，便不能只根据即时应力状态唯一地确定塑性应变状态。而且，如果只知道最终的应变状态，也不能唯一地确定应力状态。考虑应变历史，研究应力和应变增量之间的关系，以这种关系为基础的理论称为增量理论。在考虑温度和蠕变影响的经典弹塑性理论中，总的应变增量可以表示为

$$\mathrm{d}\varepsilon_{ij} = \mathrm{d}\varepsilon_{ij}^e + \mathrm{d}\varepsilon_{ij}^p + \mathrm{d}\varepsilon_{ij}^T + \mathrm{d}\varepsilon_{ij}^c \tag{4-3-8}$$

式中，$\mathrm{d}\varepsilon_{ij}^e$ 为弹性应变增量；$\mathrm{d}\varepsilon_{ij}^p$ 为塑性应变增量；$\mathrm{d}\varepsilon_{ij}^T$ 为热应变增量；$\mathrm{d}\varepsilon_{ij}^c$ 为蠕变应变增量。

在进行弹塑性分析时，由于弹塑性行为与变形历史和加载过程有关，通常将载荷分解为若干增量，然后将弹塑性本构方程线性化，从而使原来的非线性问题归化

为线性问题。

设在某个加载阶段中让外载加大一个增量，即在域内体力增量为 $\Delta\bar{F}_i$，在面力边界 S_t 处，面力增量为 $\Delta\bar{T}_i$，在位移边界 S_u 处有位移增量 $\Delta\bar{u}_i$，设 σ_{ij}、ε_{ij}、u_i 在加大外载后变为 $\sigma_{ij}^{t+\Delta t}$、$\varepsilon_{ij}^{t+\Delta t}$、$u_i^{t+\Delta t}$，则有

$$\begin{cases}\sigma_{ij}^{t+\Delta t}=\sigma_{ij}^{t}+\Delta\sigma_{ij}\\ u_i^{t+\Delta t}=u_i^{t}+\Delta u_i\\ \varepsilon_{ij}^{t+\Delta t}=\varepsilon_{ij}^{t}+\Delta\varepsilon_{ij}\end{cases} \tag{4-3-9}$$

6. 边界条件

力边界条件(给定物体全部表面上的表面力)为

$$\begin{cases}\sigma_x l+\tau_{xy}m+\tau_{xz}n=X_n\\ \tau_{yx}l+\sigma_y m+\tau_{yz}n=Y_n\\ \tau_{zx}l+\tau_{zy}m+\sigma_z n=Z_n\end{cases} \tag{4-3-10}$$

式中，l、m、n 为相应边界面上外法线的方向余弦。

位移边界条件(给定物体表面上的位移)为

$$\begin{cases}u=\bar{u}\\ v=\bar{v}\\ w=\bar{w}\end{cases}\quad \text{或}\quad \begin{cases}\dfrac{\partial u}{\partial N}=\dfrac{\partial\bar{u}}{\partial N}\\ \dfrac{\partial v}{\partial N}=\dfrac{\partial\bar{v}}{\partial N}\\ \dfrac{\partial w}{\partial N}=\dfrac{\partial\bar{w}}{\partial N}\end{cases} \tag{4-3-11}$$

在线性热弹性问题中，基本方程与边界条件都是线性的，因此在温变与载荷同时作用于物体时，可以分别进行求解然后再进行叠加而得到其解答。当只考虑温变引起的热应力及变形，上述条件变为

$$\begin{cases}\sigma_x l+\tau_{xy}m+\tau_{xz}n=0\\ \tau_{yx}l+\sigma_y m+\tau_{yz}n=0\\ \tau_{zx}l+\tau_{zy}m+\sigma_z n=0\end{cases} \tag{4-3-12}$$

$$u=0,\quad v=0,\quad w=0 \tag{4-3-13}$$

7. 弹塑性阶段分析的几个问题

1) 屈服准则(屈服条件)

判断物体处于弹性状态还是处于塑性状态的判据，称为屈服条件，也称为塑性条件。屈服条件规定材料何时发生塑性变形，是物体中某一点由弹性状态转变到塑性状态时各应力分量的组合所应满足的条件。在简单拉伸实验中，问题是很容易解决的，即当应力小于屈服极限 σ_s 时，材料处于弹性状态，当材料中的应力达到屈服极限 σ_s 时，便可认为材料进入塑性状态。而复杂的应力状态时问题就没这么

简单了，因为一点的应力状态由6个应力分量所确定，不能选取某一个应力分量的数值作为判断材料是否进入塑性状态的标准，而应考虑所有这些应力分量对材料进入塑性状态时的影响。材料的屈服极限 σ_s 是唯一的，所以应该用应力和应力的组合作为判断材料是否进入塑性状态的准则。

在金属材料的数值分析中，通常采用米泽斯屈服条件，它是从能量的角度导出金属塑性变形的准则条件，所以也称为形变能条件。它的物理意义如下：金属如要过渡到塑性状态，物体单元体积内的应变能必须积累到一定的数值，这一数值与应力状态无关，只与材料有关。

在笛卡儿坐标系中，三维应力场的米泽斯屈服条件可以表示为

$$\frac{1}{6}[(\sigma_x-\sigma_y)^2+(\sigma_y-\sigma_z)^2+(\sigma_z-\sigma_x)^2+6(\tau_{xy}^2+\tau_{xz}^2+\tau_{yz}^2)]-\frac{1}{3}\sigma_{s0}^2=0 \tag{4-3-14}$$

利用屈服条件和平衡方程联立求解，经常可以获得某些简单问题的解。

2) 加载与卸载

加载条件就是材料初始屈服后判断加载还是卸载状态条件的准则(后续屈服面也称加载面)，在单向拉伸应力状态下，载荷增加应力也上升，$\mathrm{d}\sigma>0$；载荷减少应力也下降，$\mathrm{d}\sigma<0$；考虑应力有正有负的情况，加载条件可表达为

$$\begin{cases}\sigma\mathrm{d}\sigma\geqslant 0 & \text{加载}\\ \sigma\mathrm{d}\sigma<0 & \text{卸载}\end{cases} \tag{4-3-15}$$

在复杂应力状态下，加载条件可表达为

$$\begin{cases}s_{ij}\mathrm{d}s_{ij}=\mathrm{d}J_2\geqslant 0 & \text{加载}\\ s_{ij}\mathrm{d}s_{ij}=\mathrm{d}J_2<0 & \text{卸载}\end{cases} \tag{4-3-16}$$

$$\begin{aligned}J_2&=-(s_xs_y+s_ys_z+s_zs_x-s_{xy}^2-s_{yz}^2-s_{zx}^2)\\&=\frac{1}{2}(s_x^2+s_y^2+s_z^2)+s_{xy}^2+s_{yz}^2+s_{zx}^2\\&=\frac{1}{6}[(\sigma_x-\sigma_y)^2+(\sigma_y-\sigma_z)^2+(\sigma_z-\sigma_x)^2+6(\tau_{xy}^2+\tau_{yz}^2+\tau_{zx}^2)]\end{aligned} \tag{4-3-17}$$

等效应力 $\bar{\sigma}$ 为

$$\bar{\sigma}=\sqrt{3J_2}=\frac{1}{\sqrt{2}}[(\sigma_x-\sigma_y)^2+(\sigma_y-\sigma_z)^2+(\sigma_z-\sigma_x)^2+6(\tau_{xy}^2+\tau_{yz}^2+\tau_x^2)]^{\frac{1}{2}} \tag{4-3-18}$$

铸件在凝固过程中，一般要经历3个区域，即固相区、凝固区和液相区，3个区域材料的热物性能差别巨大，且每个区随着温度的变化其热物性能也存在很大的变化，因此凝固模拟涉及的应力应变本构关系非常复杂。由于固液两相区与固相区材料的力学行为存在根本的差别，目前依然无法建立能统一两者的数学模型，普

遍的处理方法是将凝固过程热应力模拟分为固液两相区的模拟和凝固以后阶段的模拟两部分。目前,主要对凝固以后阶段进行数值分析研究,对固液两相区的应力数值模拟的研究成果很少。研究表明,许多铸造缺陷,如缩孔、缩松、热裂等主要在凝固过程的固液两相区形成。因此,对合金在固液体两相区相变及力学行为进行研究对分析和预测铸造缺陷,以及热裂、残余应力、残余变形等有十分重要的意义。建立合金在该区域的力学模型是对此区间合金进行数值模拟的基础,也是难点。而对合金的准固态力学行为的精确测量又是建立力学模型不可或缺的条件。因此,对准固相区的力学性能进行准确测定,是进行数值模拟分析的出发点和关键,数据的准确性对整个模拟过程的顺利进行及分析结果的准确性都有决定性的影响。准固相区温度高、相组成变化范围大、直接观察测量力学性能异常困难,对固液两相区应力分析所见文献较少。目前的研究手段是对固液两相区进行简化,固相线以上的温度区间仍多采用固相区间的力学模型,如热弹塑性模型来近似处理,对固液两相区间的力学性能进行假设但不能反映两相区的真实情况。Kristiansson 在固相线温度以上将固液两相区假设为纯液相,没有刚度、位移、热收缩。Zeng 的研究工作更接近实际,液相的高温力学性能不随温度变化,泊松比近似等于 0.5,并赋予液态金属一个非常小的弹性模量和硬化模量,液相仅有弹性变形而没有塑性变形,两相区的参数由固相和液相力学性能加权计算得到。虽然 Zeng 的研究工作有所进步,但忽略了两相区内不同位置相比例不同性能也不同的实际情况,还不能准确地反映铸件在准固相区的应力应变关系。最近几十年的研究发现,两相区合金的变化与时间存在紧密联系,存在流变性。将两相区认为是溶胶(相当于液体)和凝胶(相当于固体)组成的分散体系,利用流体模型和力学模型组合成流变学模型来描述铸造合金在固液两相区的流动及变形规律,在两相区内通过改变溶胶和凝胶的比例来描述两相区相组成的变化,从而能准确反映流动变形随时间的变化(时变性),为热裂预测提供了新的途径。

在生产实践中,人们发现古典弹性理论、塑性理论和牛顿流体理论不能说明很多材料表现出的复杂特性,于是产生了流变学思想。其用来描述材料行为在外界影响下随时间改变的现象,主要用于橡胶、塑料、混凝土、肌肉骨骼等材料,后来被引入铸造领域并逐渐发展成一门新的边缘学科——铸造流变学。在国内,安阁英、李庆春、刘弛、林柏年、康进武、贾宝仟等学者首先对铸造流变学进行了研究,研究工作主要集中在流变性能的测试方法、流变性能数学方程、流变性能特点及其对铸造的影响,研究不仅涉及合金,还涉及铸型、涂料等。简单流变模型由弹簧、缓冲器、滑块组成,基本模型有麦克斯韦模型(Maxwell model)、开尔文模型(Kelvin model)和宾汉模型(Bingham model),铸造合金几乎完全符合[H]—[H|N]—[N|S]五元件流变学模型。式中,[H]、[N]和[S]分别表示胡克体、牛顿体和圣维南体,“—”和“|”分别表示串联和并联。固液共存区五元件流变学模型如图 4-3-2 所示。

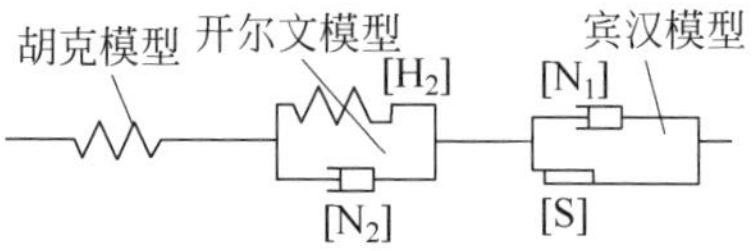

图 4-3-2 [H]—[H|N]—[N|S]的机械模型

4.3.3 离散方法

实现铸造过程温度场和应力场耦合分析常采用的方法有两种：采用不同的数值方法计算温度场和应力场，如先温度场计算采用有限差分法，而后应力场计算采用有限元法的 FDM/FEM 联合分析方法；采用相同的数值方法计算温度场和应力场，如有限元法。

有限差分法的数学模型容易推导，网格剖分算法简单、容易实现，且在温度场计算、缩孔缩松缺陷预测及充型流动过程模拟等方面有独特优势。多数铸造商品化软件包采用有限差分法进行温度场模拟：国外，如德国的 MAGMASoft、韩国的 AnyCasting 等；国内，如华中科技大学的 InteCAST、清华大学的 FT-STAR 等。

有限元法在应力分析方面存在优势，但一般铸件的结构比较复杂，采用有限元法很难对各个局部进行很好的控制。例如，采用 FDM/FEM 联合分析方法时，需要进行有限差分模型和有限元模型匹配，在温度载荷传递时存在误差。此外，有限元法要求的基础比较高，原理比较复杂，有限元法软件的研究与开发难度大、需要的投入多。因此，各高校和非专业研究机构普遍采用成熟的通用有限元软件进行铸造过程应力场模拟。

对空间问题来说，弹塑性问题有 6 个应力分量、6 个应变分量、3 个位移分量共 15 个未知量，而所得关系式有 6 个物理本构方程、3 个平衡方程、6 个几何方程共 15 个方程。对于理论而言，联立上述 15 个方程就可以解决弹塑性问题，但实际求解起来相当复杂和困难。在弹塑性力学里求解时，往往将求解方法简化，采用位移法或应力法求解。采用位移法求解时，基本未知量为位移分量，通过仅含有位移分量的微分方程和边界条件求解出各位移分量，再由几何方程求出应变分量，进而用本构方程求出各个应力分量。若采用应力法求解，基本未知量为应力分量，通过仅含有应力分量的微分方程和边界条件求解出各应力分量，再由本构方程求出应变分量，进而用几何方程求出各个位移分量。因为位移法适用于位移边界问题、应力边界问题和混合边界问题，所以位移法被广泛应用于求解工程实际问题数值解答。

位移法求解基本思想如下：以单元的位移为基本未知量，将应变分量和应力分量关系中的微分处理成微商，得到由位移表示的应力分量，然后利用力的平衡建立平衡方程，最后求解平衡方程得到位移。把位移分别代入物理方程和几何方程，可进一步求得应力和应变。在热应力有限差分数值计算中，基于交错网格进行离散。假设位移作用在控制体积表面上，温度 T 及正应力作用在控制体积的几何中心，切应力作用在控制体积的作用在控制体积对应棱边的中点处，如图 4-3-3 所示。图 4-3-3 中，u、v、w 分别表示 x、y、z 方向的位移。

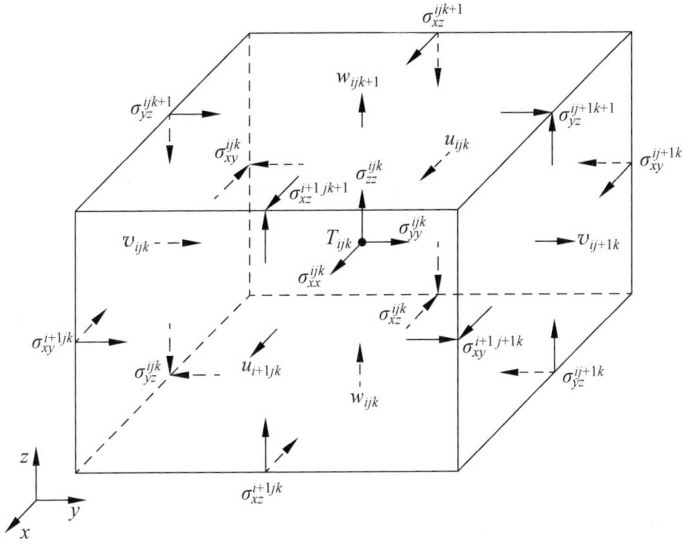

图 4-3-3　应力、位移与温度在中心控制体积上的分布

4.3.4　计算实例

下面是固定端上摆铸造应力场的分析实例。

图 4-3-4 所示为升温 30min 后，工件内部温度场分布图。由图 4-3-4 可知，升温 30min 后工件内部最高温度为 282℃，最低温度为 105℃，最大温差为 177℃。

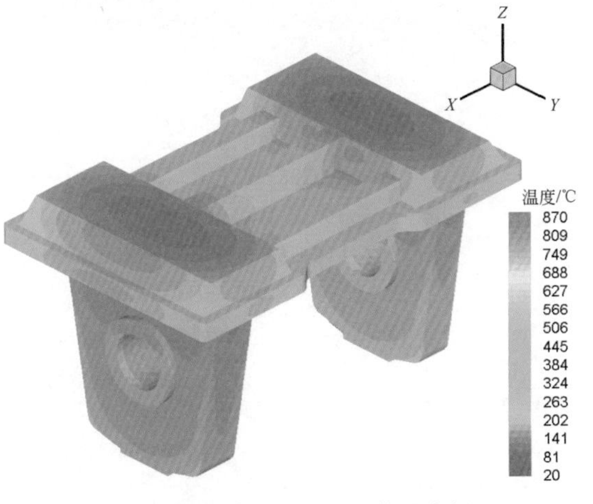

图 4-3-4　升温 30min 工件温度场

图 4-3-5 所示为保温结束时，工件内部温度场分布图。由图 4-3-5 可知，保温结束时，工件内部最低温度为 863℃，工件内部最高温差不超过 7℃，这说明工艺设计采用的保温时间是足够的。

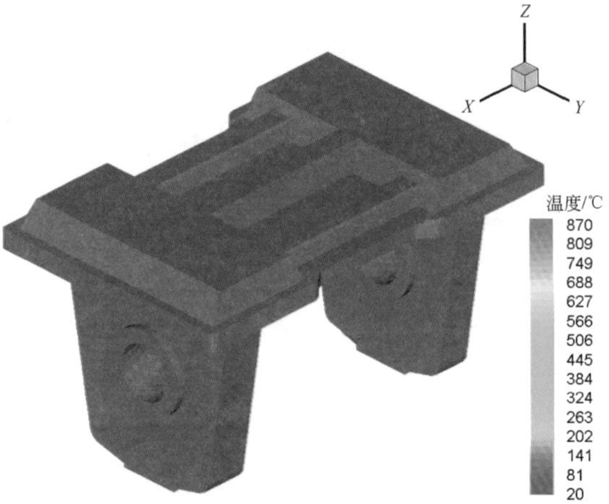

图 4-3-5　保温结束时工件温度场

图 4-3-6 所示为冷却 5min 后，工件内部温度场分布图。由图 4-3-6 可知，冷却 5min 后，工件铸件内部最高温度达到 638℃，最低温度为 21℃，铸件内部最大温差为 617℃。这表明：①在水介质中，工件表面冷却极快。5min 后，工件表面温度就已经接近室温；②冷却阶段，工件内部温差极大，易产生较大的热应力，是残余应力产生的主要原因。

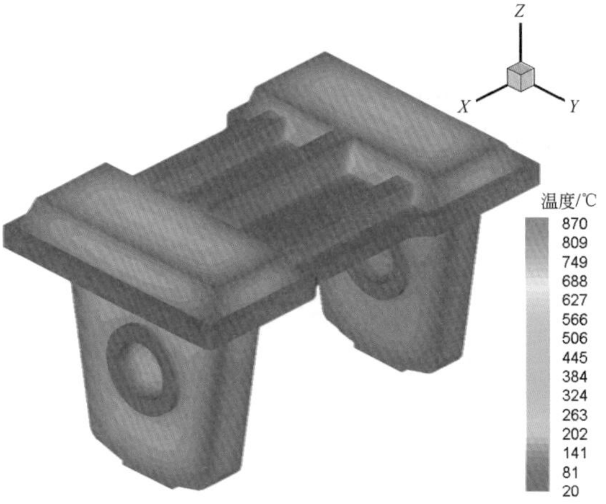

图 4-3-6　冷却 5min 工件温度场

图 4-3-7 所示为沿 X 方向残余应力分布图。由图 4-3-7 可知，X 方向的峰值应力主要集中于支座平台的 3 根长杆处，达到材料的屈服强度。由于残余应力与

长杆的方向一致，若铸造、机加工等原因在此处产生微裂纹，在残余应力的作用下极易拓展，实际生产中应重点保证该处的成形质量。

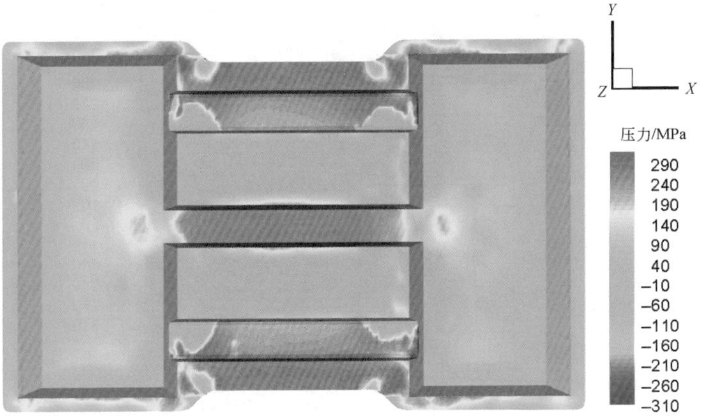

图 4-3-7　X 方向残余应力分布图

图 4-3-8 所示为沿 Y 方向的残余应力分布图。由图 4-3-8 可知，沿 Y 方向的峰值应力数值比沿 X 方向小；峰值应力主要集中于轴孔的上下两侧和支座平台与上摆的接触位置。轴孔处的峰值应力的分布位置由于与 Y 方向垂直，若出现微裂纹，容易扩展，而平台连接处的峰值应力与 Y 方向平行，不利于微裂纹的扩张，因此，实际生产中应优先保证轴孔上下两端的成形质量。

图 4-3-8　Y 方向残余应力分布图

图 4-3-9 所示为沿 Z 方向的残余应力分布图。由图 4-3-9 可知，沿 Z 方向的残余应力与沿 X 方向大小相当达到材料的屈服强度。峰值应力主要集中于轴孔的左右两端和支座平台与上摆连接处，这些位置的残余应力分布均与 Z 方向垂直，因此工艺设计及实际生产时应重点检测这些位置的成形质量。

图 4-3-10 所示为固定端上摆的热处理变形分布云图。由图 4-3-10 可知，最大

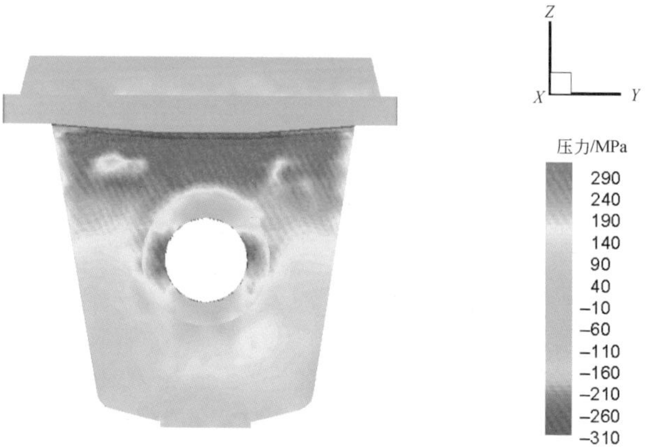

图 4-3-9　Z 方向残余应力分布图

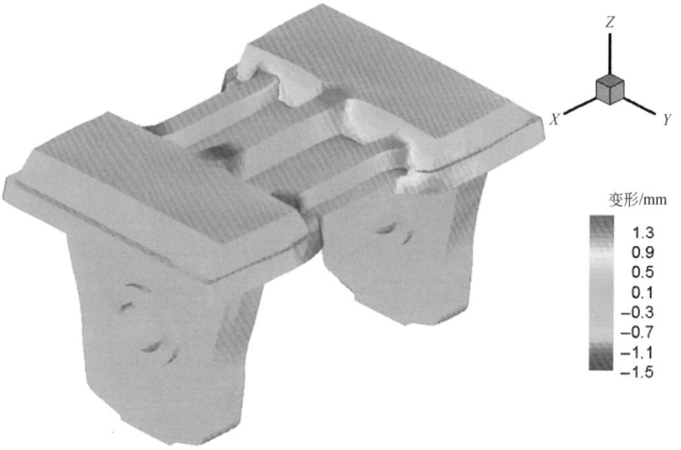

图 4-3-10　B 处热处理变形分布图

热处理变形约为 1.5mm。最大变形主要分布于支座平台长杆处，外围两杆发生较大的内凹变形。在工艺设计时，支座平台长杆处应该留较大的加工余量，甚至采用反变形方法保证其加工精度。

4.4　冒口自动工艺优化

实际生产中，铸件冒口工艺优化大多基于设计人员在长期实践中积累的经验确定工艺方案，反复试错制订最终方案，这种方法实验周期长、成本高，并且找到问题的原因困难。这些局限性，对复杂精铸件冒口工艺设计的影响显得尤为突出。优化方法的不断发展和完善，结合数值模拟分析成为优化工艺的重要手段。这些模拟结果及优化为工艺设计人员确定最终的工艺参数提供了帮助，从而降低了重复熔炼、浇注实验的费用，大大缩短了工艺设计周期。

4.4.1 冒口自动工艺优化算法

1. 遗传算法

遗传算法的基本理论来源于达尔文的进化论和孟德尔的遗传学说。1975 年，Holland 第一次系统地对遗传算法的基本原理进行了全面描述，目前它的应用非常广泛。遗传算法模拟的是生物进化的整个过程，其主要分为 3 个步骤：①选择，选择适应性高的个体，让其生存下来和产生后代；②重组交叉，产生新的个体；③变异，产生优秀的基因或者缺陷。下面给出遗传算法的基本步骤。

(1) 对要处理的参数进行编码，以表现个体的遗传基因类型。

(2) 种群初始化，产生初代种群。

(3) 引进目标函数，对个体在环境中的适应能力进行评价，计算适应度值。

(4) 选择，确定重组或交叉个体，以及被选个体将产生多少子代个体。

(5) 交叉或基因重组，结合来自父代交配种群中的信息产生新的个体。

(6) 变异，子代基因以小概率扰动产生变化，防止出现非成熟性收敛。

从上面的流程中可以看出，对于问题的优化求解，首先需要对其编码，转换成计算机识别的语言；然后经过个体适应度评价，优胜劣汰；最后进行遗传操作，迭代中寻找最优解。

2. 果蝇算法

果蝇算法对冒口中冒口的直径、冒口的高度、冒口颈的直径和冒口颈的高度同时进行优化，果蝇优化算法的冒口寻优过程可以归纳如下。

(1) 随机初始化果蝇群体的位置 $(X_{1,0}, Y_{1,0})$，$(X_{2,0}, Y_{2,0})$，$(X_{3,0}, Y_{3,0})$，$(X_{4,0}, Y_{4,0})$，其中，1 代表冒口的直径，2 代表冒口的高度，3 代表冒口颈的直径，4 代表冒口颈的高度。

(2) 设置果蝇个体利用嗅觉搜寻食物之随机方向与距离。$X_{1,i} = X_{1,0} + \text{random}$，$Y_{1,i} = Y_{1,0} + \text{random}$；$X_{2,i} = X_{2,0} + \text{random}$，$Y_{2,i} = Y_{2,0} + \text{random}$；$X_{3,i} = X_{3,0} + \text{random}$，$Y_{3,i} = Y_{3,0} + \text{random}$；$X_{4,i} = X_{4,0} + \text{random}$，$Y_{4,i} = Y_{4,0} + \text{random}$（$i$ 为种群大小）。

(3) 计算与原点之间的距离 $D_{1,i}$、$D_{2,i}$、$D_{3,i}$、$D_{4,i}$，再计算味道浓度判定值 $S_{1,i} = 1/D_{1,i}$，$S_{2,i} = 1/D_{2,i}$，$S_{3,i} = 1/D_{3,i}$，$S_{4,i} = 1/D_{4,i}$。

(4) 判断是否满足给定的约束范围，若满足则进行下一步，若不满足，重复执行步骤(2)～(3)。约束范围：$S_{1,i} \geqslant 0.5d_r$，$S_{1,i} \leqslant 2d_r$；$S_{2,i} \geqslant S_{1,i}$，$S_{2,i} \leqslant 1.5S_{1,i}$；$S_{3,i} \geqslant 0.75S_{1,i}$，$S_{3,i} \leqslant S_{1,i} - 1$。冒口颈的高度范围分为两部分：当 $S_{3,i} < 30$ 时，$S_{4,i} \geqslant 15$，$S_{4,i} \leqslant S_{3,i}$；当 $S_{3,i} \geqslant 30$ 时，$S_{4,i} \geqslant 15$，$S_{4,i} \leqslant 30$。

(5) 将味道浓度判定值代入味道浓度判定函数，以求出该果蝇个体位置的味道浓度 $f(S_{1,i}, S_{2,i}, S_{3,i}, S_{4,i})$。

(6) 判断冒口的直径、冒口的高度和冒口颈的直径是否满足约束条件，即模数条件 $g_1=1.2M_c-M_r\leqslant 0$ 和体积条件 $g_2=\varepsilon(V_c+V_r)-\eta V_r\leqslant 0$。若满足条件，则直接保留味道浓度；若不满足约束条件，则将味道浓度进行放大，处理方法为将味道浓度值乘以一个倍数再进行保留。

(7) 找出此果蝇群体中味道浓度最低的果蝇 $\min(V_i)$，其为冒口体积最小值。

(8) 保留最佳味道浓度值 $V_{\text{index,best}}=\min(V_i)$ 与坐标 $(X_{n,\text{best}},Y_{n,\text{best}})=(X_{n,\text{index}},Y_{n,\text{index}})(n=1,2,3,4)$，此时果蝇群体利用视觉往该位置飞去，并形成下一代果蝇群体初始位置，其中 index 是最小值对应的编号。

(9) 进入迭代寻优，重复执行步骤(2)～(7)，并判断味道浓度是否小于前一迭代味道浓度，若是则执行步骤(8)。

3. IPOPT 优化算法

IPOPT 是一个解决大型非线性优化的求解器，采用的是线性搜索过滤原始对偶内点算法求解非线性方程组。

原始研究问题如式(4-4-1)～式(4-4-3)所示。

目标函数为

$$\min_{\boldsymbol{x}\in\mathbf{R}^n} f(\boldsymbol{x}) \tag{4-4-1}$$

$$\text{s.t.}\quad g^{\mathrm{L}}\leqslant g(\boldsymbol{x})\leqslant g^{\mathrm{U}} \tag{4-4-2}$$

$$\boldsymbol{x}^{\mathrm{L}}\leqslant \boldsymbol{x}\leqslant \boldsymbol{x}^{\mathrm{U}} \tag{4-4-3}$$

式中，$f(x)$和 $g(x)$可为线性或者非线性，凸或者非凸，且足够平滑的函数(至少一阶连续可微)。

利用式(4-4-4)将不等式约束(4-4-2)转变成等式(4-4-6)和一个新的有界松弛变量。所以边界约束只有不等式(4-4-3)。为了简便，所有变量只有下界 0。

$$g_i(\boldsymbol{x})-s_i=0,\quad g_i^{\mathrm{L}}\leqslant s_i\leqslant g_i^{\mathrm{U}} \tag{4-4-4}$$

所以问题化解为

$$\min_{\boldsymbol{x}\in\mathbf{R}^n} f(\boldsymbol{x}) \tag{4-4-5}$$

$$\text{s.t.}\quad c(\boldsymbol{x})=\mathbf{0} \tag{4-4-6}$$

$$\boldsymbol{x}\geqslant 0 \tag{4-4-7}$$

使用内点法，引入障碍项后变为

$$\min_{\boldsymbol{x}\in\mathbf{R}^n} \varphi(\boldsymbol{x})=f(\boldsymbol{x})-\mu\sum_{i=1}^{n}\ln(\boldsymbol{x}) \tag{4-4-8}$$

$$\text{s.t.}\quad c(\boldsymbol{x})=\mathbf{0} \tag{4-4-9}$$

用对数障碍函数代替约束(4-4-7)，并加在目标函数中，给出的障碍参数 $\mu>0$。如果 x_i 中有任何变量接近 0，那么障碍目标函数 $\varphi_\mu(\boldsymbol{x})$将会是无穷的。因此，式(4-4-8)和式(4-4-9)的最优解会是在式(4-4-7)定义的集合内。障碍项的影响主要依赖于障碍参数 μ 的大小。在特定的标准条件下，当 $\mu\rightarrow 0$ 时，式(4-4-8)和式(4-4-9)的最优解 $\boldsymbol{x}_*(\mu)$收敛于原始问题式(4-4-5)～式(4-4-7)中最优解。所以整个问题的解决策略是求解一系列的障碍问题式(4-4-8)和式(4-4-9)。具体步骤如下。

(1) 障碍参数 μ 取一个适中值(如 0.1),用户提供一个起始点(给变量 $\boldsymbol{x}$ 赋初值),能够以宽松的精度求解相应的障碍问题。

(2) 减小障碍参数 μ,以紧缩的精度求解下一个问题,用前面的近似解作为起始点,继续求解障碍问题。

(3) 重复步骤(2),满足一阶最优性条件的解(满足用户的精度要求)。

4.4.2　冒口自动工艺优化方法实例

1. 冒口几何尺寸模型

基于铸钢件冒口设计原则及方法,建立了 4 种常用冒口的几何模型,如图 4-4-1 所示。表 4-4-1 为标准圆柱形明冒口、标准圆柱形暗冒口的几何模型,表 4-4-2 为标准侧冒口的几何模型,表 4-4-3 为标准球形冒口的几何模型。

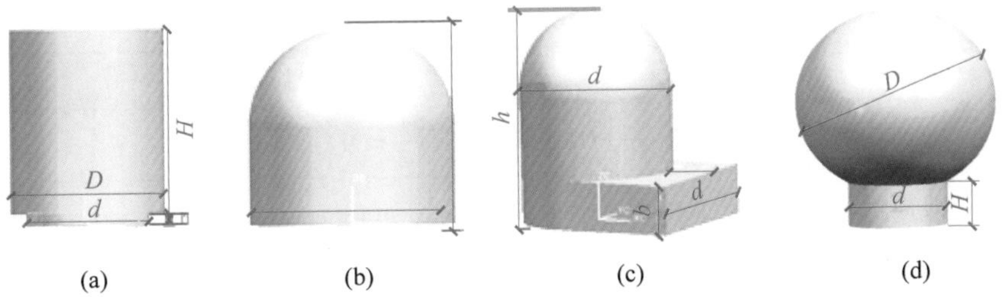

图 4-4-1　不同标准冒口几何尺寸模型图

(a) 标准圆柱形明冒口;(b) 标准圆柱形暗冒口;(c) 标准侧冒口;(d) 标准球形冒口

表 4-4-1　标准圆柱形明冒口、标准圆柱形暗冒口的几何尺寸模型

项　　目	冒口类型	
	标准圆柱形明冒口	标准圆柱形暗冒口
冒口体积函数	$V=\pi(HD^2+hd^2)/4$	$V=\pi(6H-D)D^2/24$
冒口传热面积函数	$A_r=\pi(DH+D^2/2+dh-d^2/4)$	$A_r=\pi DH$
冒口直径 D	$D\in[0.5d_r,2d_r]$	$D\in[0.5d_r,2d_r]$
冒口高度 H	$H\in[D,1.5D]$	$H\in[D,1.5D]$
冒口颈直径 d	$d\in[0.75D,D-1]$	—
冒口颈高度 h	如果冒口颈直径 $d<30$mm,则 $h\in[15,d]$; 如果冒口颈直径 $d\geqslant30$mm,则 $h\in[15,30]$	—
模数约束条件	$M_r\geqslant fM_c$	$M_r\geqslant fM_c$
体积约束条件	$V\geqslant\dfrac{\varepsilon}{\eta-\varepsilon}V_c$	$V\geqslant\dfrac{\varepsilon}{\eta-\varepsilon}V_c$

注:d_r 为三次方程法计算出来的当量直径;M_r 为冒口模数;M_c 为铸件分区模数;f 为模数约束因子;V、V_c 分别表示冒口体积、铸件体积(铸件分区);η 为冒口的补缩效率;ε 为金属从浇完到凝固完毕的体收缩率(%)。对于铸钢件含碳量的不同,金属液的收缩率 ε 也会发生变化,采用保守值,取 $\varepsilon=5.0\%$;对于明冒口取 $\eta=0.14$。

表 4-4-2　标准侧冒口的几何尺寸模型

项　　目	冒口类型：标准侧冒口
冒口体积函数	$V=bdl+d^2[\pi(6h-3b-d)+12b]/24$
冒口传热面积函数	$A_r=\pi d(h-b/2)+2l(b+d)+bd+d^2$
冒口直径 d	$d\in[0.5d_r,2d_r]$
冒口高度 h	$h\in[1.5d,2d]$
冒口颈高度 b	$b\in[0.5d,0.7d]$
冒口颈长度 l	$l=2.4M_c$
模数约束条件 1	$M_r\geqslant f_1M_c$
模数约束条件 2	$M_N\geqslant f_2M_c,M_N=\dfrac{bd}{2(b+d)}$
体积约束条件	$V\geqslant\dfrac{\varepsilon}{\eta-\varepsilon}V_c$

注：M_N 为冒口颈的模数，$M_r\geqslant M_N\geqslant M_c$。$f_2$ 为模数约束因子。

表 4-4-3　标准球形冒口的几何尺寸模型

项　　目	冒口类型：标准球形冒口
冒口体积函数	$V=\dfrac{1}{6}\pi D^3+\dfrac{1}{3}\pi H^3-\dfrac{1}{2}\pi DH^2+\dfrac{1}{4}\pi d^2H$
冒口传热面积函数	$A_r=\pi(D^2-DH+dh)$，其中 $H=\dfrac{D-\sqrt{D^2-d^2}}{2}$
冒口直径 D	$D\in[0.5d_r,2d_r]$
冒口颈直径 d	$d\in[0.5D,0.75D]$
冒口颈高度 h	如果冒口颈直径 $d<30$mm，则 $h\in[15,d]$；
	如果冒口颈直径 $d\geqslant30$mm，则 $h\in[15,30]$
模数约束条件	$M_r\geqslant fM_c$
体积约束条件	$V\geqslant\dfrac{\varepsilon}{\eta-\varepsilon}V_c$

2. 冒口几何尺寸模型的数值优化算法应用

以轮毂为实例优化对象，三维模型如图 4-4-2 所示。为了实际浇注方便，中间孔不铸出来，在外围增加 3 个冒口补贴，变成图 4-4-3 所示。

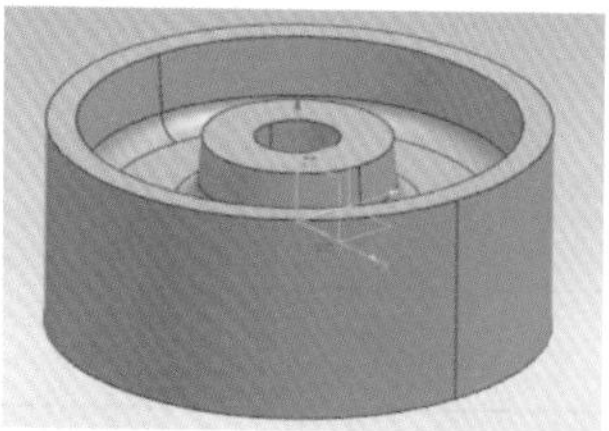

图 4-4-2　轮毂的三维图

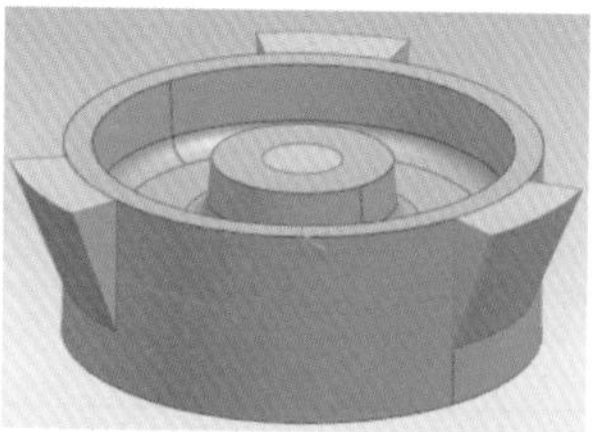

图 4-4-3　补贴设计后的轮毂三维图

在铸件中增加 4 个冒口，中间 1 个，外围 3 个，全部采用圆柱形冒口。材料选用铸钢45,密度8.6g/cm³。将冒口分为两部分进行优化。下面以中间冒口的优化为例。

补缩体积为6 566 679.0546mm³,面积为175 673.2659mm²,模数37.38mm。遗传算法:种群大小100,基因数量24,交叉率0.8,变异率0.1,模数约束1.1,体积约束0.56(金属体收缩率5%,冒口的补缩效率14%)。优化结果如表4-4-4所示。当世代数和体积约束一定时,模数约束增加,冒口的体积将增大;当世代数和模数约束一定时,体积约束增加,冒口的体积基本不变;当模数约束为1.3、体积约束为0.56时,没有产生在约束条件下的可行解。分析可能原因是模数约束太大或者铸件模数比较大等。

表4-4-4 遗传算法优化结果

世代数	模数约束	体积约束	冒口直径 D/mm	冒口高度 h/mm	冒口颈直径 d/mm	冒口颈高度 h/mm	冒口体积/mm³
1000	1.1	0.56	254.422	312.98	191.81	21.6667	$1.653\,77\times10^7$
5000	1.1	0.56	245.336	336.85	184.002	15.2381	1.6329×10^7
10000	1.1	0.56	245.336	336.85	184.002	16.4286	$1.636\,07\times10^7$
10000	1.2	0.56	277.138	411.309	208.938	15.7143	$2.535\,02\times10^7$
10000	1.3	0.56	—	—	—	—	—
10000	1.1	1.06	245.336	334.903	184.002	15.2381	1.6237×10^7
10000	1.1	1.56	249.879	323.256	187.409	15.2381	$1.627\,28\times10^7$

当模数约束为1.1,体积约束为0.56时,图4-4-4所示为冒口体积随铸件模数变化的趋势,参数条件:被补缩铸件的体积为100 000mm³,铸件模数从0.01增加到100。但是,模数为10左右时,算法没有产生可行解。图4-4-5所示为铸件模数从0.01增加到20的冒口体积变化趋势。从图4-4-6和图4-4-7可知,曲线总体趋势为:冒口的体积随着的铸件模数增大到一个极大值点,再减少到一个极小值点,然后一直增大。

图4-4-6和图4-4-7中参数为:模数约束为1.3,体积约束为0.56,被补缩铸件的体积为100 000mm³,分别代表模数从0.01增加到100和从0.01增加到20。

模数约束为1.1和1.3,体积约束为0.56,被补缩铸件的体积为100 000mm³。当不改变补缩体积,只改变模数约束时,两者的曲线基本重叠,如图4-4-8所示。

因此,再增加铸件的体积,模数约束为1.3,体积约束为0.56,被补缩铸件的体积为300 000mm³。图4-4-9为模数从0.01增加到100,图4-4-10为模数从0.01增加到40。但是,模数为15左右时,算法没有可行解。

当铸件体积为6 566 679.0546mm³,模数从30.00增加到60.00。模数在40左右的时候,算法没有可行解。模数约束1.3,体积约束0.56。图4-4-11为模数从0.01增加到100,图4-4-12为模数从30.00增加到60.00。

从3个不同铸件体积,相同模数约束、铸件模数都从0.01增加到100,曲线基

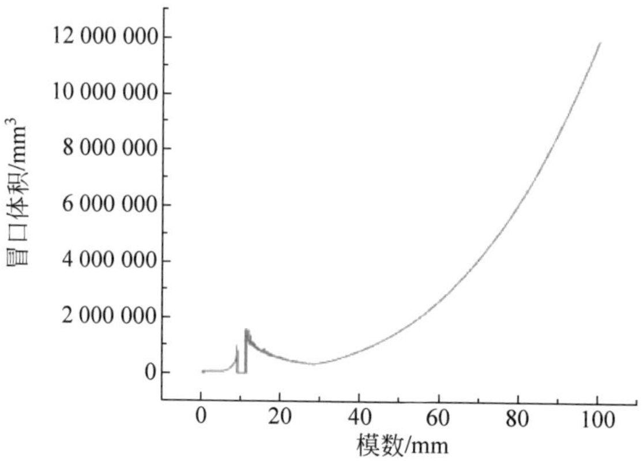

图 4-4-4　模数约束 1.1、体积约束 0.56 时，模数 0.01～100 冒口体积变化

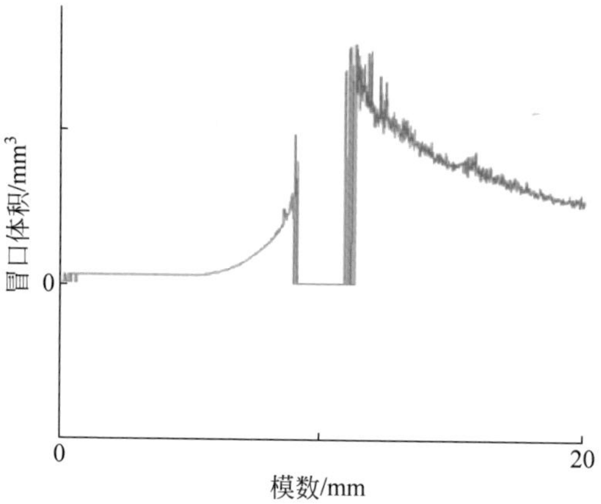

图 4-4-5　模数约束 1.3、体积约束 0.56 时，模数 0.01～20 冒口体积变化

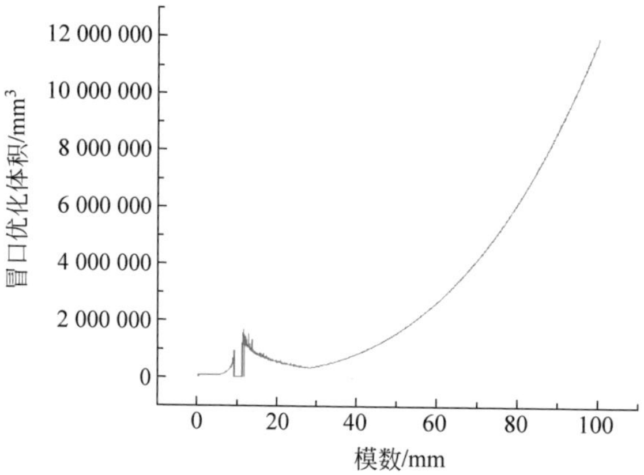

图 4-4-6　模数约束 1.3、体积约束 0.56 时，模数 0.01～100 冒口体积变化

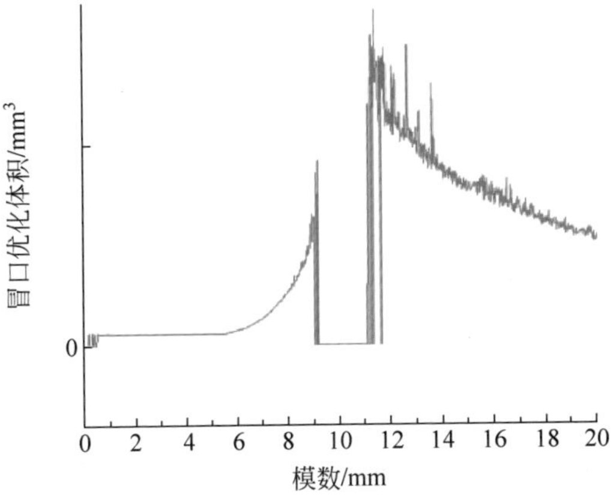

图 4-4-7　模数约束 1.3、体积约束 0.56 时，模数 0.01～20 冒口体积变化

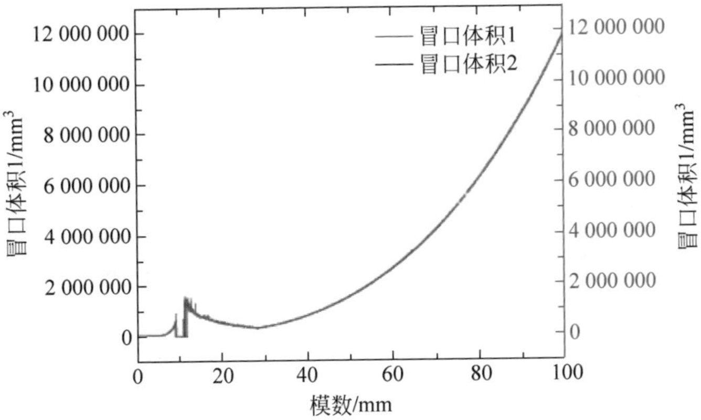

图 4-4-8　不同模数约束下，铸件模数从 0.01 增加到 100

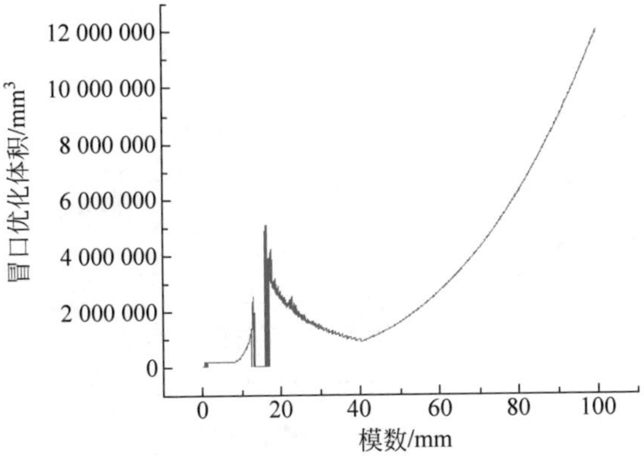

图 4-4-9　铸件补缩体积增大时，模数 0.01～100 冒口体积变化

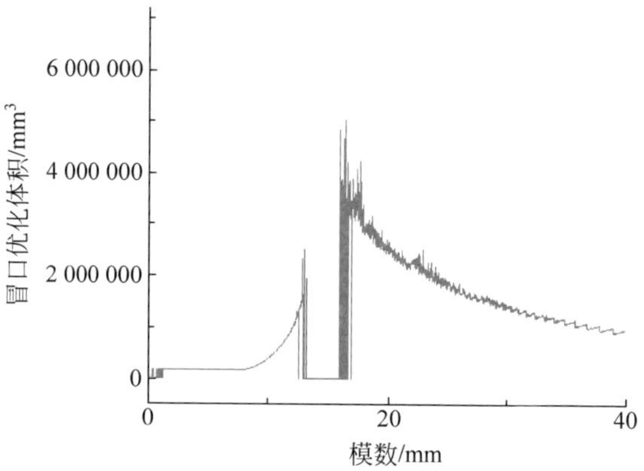

图 4-4-10 铸件补缩体积增大时，模数 0.01～40 冒口体积变化

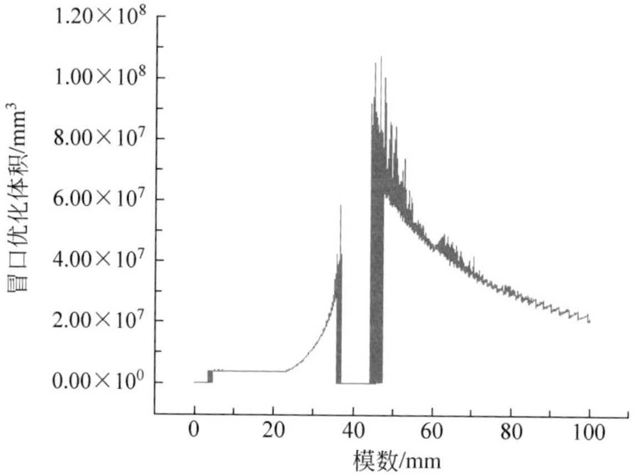

图 4-4-11 铸件补缩体积进一步增大时，模数 0.01～100 冒口体积变化

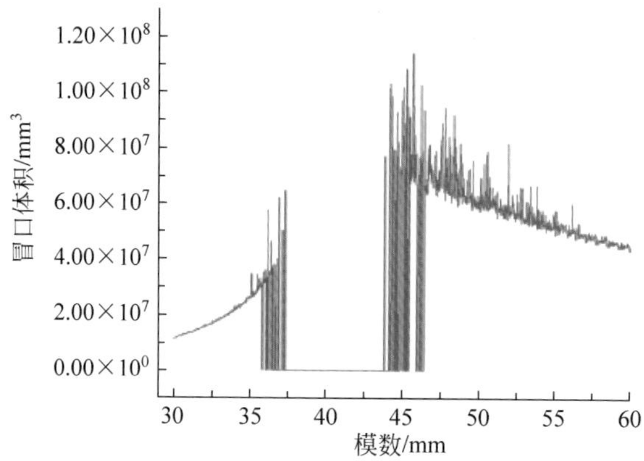

图 4-4-12 铸件补缩体积进一步增大时，模数 30～60 冒口体积变化

本形状相同，但是没有可行解铸件的模数范围随着铸件体积的增加而增大，而且宽度范围也增大。所以，对于遗传算法而言，在固定的铸件体积和模数约束下，都会有一段没有可行解的铸件模数。

参考文献

[1] 周建新. 铸造熔炼过程模拟与炉料优化配比技术[M]. 北京：机械工业出版社，2021.

[2] 周建新，殷亚军，沈旭，等. 铸造充型凝固过程数值模拟系统及应用[M]. 北京：机械工业出版社，2020.

[3] 刘瑞祥，林汉同，闵光国，等. 铸造凝固模拟技术研究(I)：华铸文集第 1 卷[M]. 武汉：华中科技大学出版社，2015.

[4] 陈立亮，等. 铸造凝固模拟技术研究(II)：华铸文集第 2 卷[M]. 武汉：华中科技大学出版社，2015.

[5] 周建新，廖敦明，等. 铸造 CAD/CAE[M]. 北京：化学工业出版社，2009.

[6] 周建新，刘瑞祥，陈立亮，等. 华铸 CAE 软件在特种铸造中的应用[J]. 铸造技术，2003(3)：174-175.

[7] 周建新. 铸造计算机模拟仿真技术现状及发展趋势[J]. 铸造，2012，61(10)：1105-1115.

[8] 殷亚军. 基于八叉树网格技术的相场法组织模拟的研究[D]. 武汉：华中科技大学，2013.

[9] 汪洪. 螺旋电磁场下铸造熔炼和凝固过程多物理场耦合数值模拟[D]. 武汉：华中科技大学，2015.

[10] 沈旭. 航空航天复杂精铸件充型凝固过程物理模拟与数值模拟及工艺优化[D]. 武汉：华中科技大学，2016.

[11] DONG C，SHEN X，ZHOU J，et al. Optimal design of feeding system in steel casting by constrained optimization algorithms based on InteCAST[J]. China Foundry，2016，13(6)：375-382.

[12] 沈厚发，陈康欣，柳百成. 钢锭铸造过程宏观偏析数值模拟[J]. 金属学报，2018，54(2)：151-160.

[13] 王同敏，魏晶晶，王旭东，等. 合金凝固组织微观模拟研究进展与应用[J]. 金属学报，2018，54(2)：193-203.

[14] 周建新，殷亚军，计效园，等. 熔模铸造数字化智能化大数据工业软件平台的构建及应用[J]. 铸造，2021，70(2)：160-174.

[15] 中国机械工程学会铸造分会. 铸造行业"十四五"技术发展规划[EB/OL]. (2021-05-24)[2021-08-20]. http://zhuzaotoutiao.com/xw/html/4101.shtml.

第5章

焊接成形模拟方法

5.1 概述

焊接是指采用物理或化学的方法使分离的材料产生原子或分子结合，形成具有一定性能要求的整体。作为现代制造业中较为重要的材料成形和加工技术之一，焊接技术的应用领域遍及石油化工、机械制造、交通运输、航空航天、建筑工程、微电子等工业制造领域。然而，焊接成形过程中可能产生气孔、变形、裂纹等问题，极大地影响焊接结构的服役性能与寿命。优化工艺，提高焊接质量，一直是焊接技术发展的方向。对焊接过程的数值模拟与仿真，可以为深入理解焊接过程中的复杂物理现象，进而实现高质高效焊接提供重要而实用的理论依据和基础数据。随着现代计算机硬件和软件的高度发展，目前已经能够通过数值模拟和仿真的方法对焊接熔池行为、焊接冶金过程及焊接结构的应力变形等物理化学现象进行求解和分析，预测焊缝组织、性能及焊接结构的应力与变形，并指导焊接生产。

广义地讲，焊接成形模拟包括焊接熔池、焊缝组织、接头应力变形、整体结构变形等宏-介-微观多尺度、气-液-固多相物理行为的数值模拟。本章主要介绍熔池行为和焊接结构应力变形的数值模拟，这是焊接成形模拟中两大基本的环节，是实现从焊接工艺输入到焊接成形质量预测的基础。

5.2 焊接熔池行为仿真

焊接技术从早期的气焊、弧焊开始，至今已发展出近百种焊接方法。其中，将连接处的金属在高温等的作用下至熔化状态而完成的焊接方法称为熔化焊接，相应的熔化区域称为熔池。在熔化焊接中，熔池行为对接头成形性能具有重要的影响。激光焊接技术作为一种先进的熔化焊接技术，近年来在航空、航天、汽车制造等领域关键装备的轻量化、自动化、高性能制造方面中取得重要应用。激光焊接中复杂的熔池动力学行为得到了学界的极大关注，相关的数值模拟技术得到了长足的发展。本节以激光焊接为对象，介绍焊接过程中熔池行为的模拟方法。

5.2.1　焊接熔池行为数学模型

1. 熔池传热与流动控制方程

激光焊接是利用高能量密度的激光束作为热源的一种焊接方法。激光焊接过程包含了十分复杂的离子体-气体-液体-固体多相转变、自由界面演化和熔池传热流动耦合现象。为此，目前的数值计算需做一些简化。假设激光焊接熔池中的金属液为不可压缩牛顿流体，固液相转变时金属液的密度不变。因此，熔池中地质量、动量和能量守恒方程表达如下：

$$\nabla \boldsymbol{U} = 0 \tag{5-2-1}$$

$$\rho\left(\frac{\partial \boldsymbol{U}}{\partial t} + (\boldsymbol{U}\,\nabla)\boldsymbol{U}\right) = \nabla(\mu_l\,\nabla \boldsymbol{U}) - \nabla P - \frac{\mu_l}{K}\boldsymbol{U} - \frac{C\rho}{\sqrt{K}}\,|\,\boldsymbol{U}\,|\,\boldsymbol{U} + \rho \boldsymbol{g}\beta(T - T_{\mathrm{ref}}) \tag{5-2-2}$$

$$\rho c_p\left(\frac{\partial T}{\partial t} + (\boldsymbol{U}\nabla)T\right) = \nabla(\lambda \nabla T) \tag{5-2-3}$$

式中，$\boldsymbol{U}$ 为三维速度矢量；μ_l 为流体的运动黏度；ρ 为密度；P 为压力；$\boldsymbol{g}$ 为三维的重力加速度矢量；β 为热膨胀系数；T_{ref} 为参考温度；c_p 为比热；λ 为导热系数；T 为表示温度。K 为混合相模型中的 Carman-Kozeny 系数。K 可通过下面的公式进行确定

$$K = \frac{f_l^3 d^2}{180(1 - f_l)^2} \tag{5-2-4}$$

式中，d 与枝晶间臂的尺寸密切相关，一般可取其为常数。式(5-2-2)中的 C 是一个与液相质量分数相关的系数，按照下面的公式计算：

$$C = 0.13 f_l^{-3/2} \tag{5-2-5}$$

为了简化，不妨认为液相质量分数 f_l 与温度之间呈线性关系，可得到

$$f_l = \begin{cases} 1 & (T > T_1) \\ \dfrac{T - T_{\mathrm{s}}}{T_1 - T_{\mathrm{s}}} & (T_1 \geqslant T \geqslant T_{\mathrm{s}}) \\ 0 & (T < T_{\mathrm{s}}) \end{cases} \tag{5-2-6}$$

式中，T_1、T_{s} 分别为被焊接合金材料的液相线温度和固相线温度。

2. 熔池与小孔自由界面追踪方法

在激光焊接过程中，在激光作用区域可以形成细长的小孔，其形状甚至可能会发生剧烈的拓扑变形。在数值模拟中，计算表面上的物理效应如表面张力、界面接触等要求精确地计算出界面任意位置的法向量和曲率。选择合理的数值方法来追踪小孔熔池的运动界面十分重要。传统的基于拉格朗日的界面追踪方法，如 MAC (Mark and Cell，标记网格)方法、Front Tracking(波前追踪)方法在处理复杂界面

的拓扑变形时难度很大。而 Level Set(水平集)方法作为目前一种主流的界面追踪方法,具有计算精度高、计算时间短且存储量更少的优点。本节主要介绍用 Level Set 方法来追踪小孔自由界面运动。

Level Set 方法采用一个隐式标量函数来描述运动界面的位置。该标量函数通常为有符号的距离场函数。对于激光焊接而言,该函数定义为距离小孔界面的最短距离。在本节中,Level Set 函数 $\phi(\boldsymbol{x})$: $\mathbf{R}^3 \rightarrow \mathbf{R}$ 定义为

$$\phi(\boldsymbol{x}) = \begin{cases} -d(\boldsymbol{x},\Omega) & (\boldsymbol{x} \in \Omega_{\text{in}}) \\ 0 & (\boldsymbol{x} \in \Omega) \\ d(\boldsymbol{x},\Omega) & (\boldsymbol{x} \in \{\mathbf{R}^3 - \Omega - \Omega_{\text{in}}\}) \end{cases} \tag{5-2-7}$$

式中,Ω 为熔池界面;Ω_{in} 为金属液体或者工件所占据的区域;$\{\mathbf{R}^3 - \Omega - \Omega_{\text{in}}\}$为金属蒸气/等离子所在的区域。

基于 Level Set 方法,描述激光焊接中小孔与熔池界面的运动方程可表示为

$$\frac{\partial \phi}{\partial t} + \boldsymbol{U} \cdot \nabla \phi = 0 \tag{5-2-8}$$

采用 Level Set 方法追踪运动界面时,在求解完方程(5-2-8)之后,需要将当前的 Level Set 函数进行重新初始化,以保证每一个时间步内 Level Set 函数均是一个有符号的距离场。重新初始化方程可以描述为

$$|\nabla \phi| = 1 \tag{5-2-9}$$

采用 Level Set 方法描述小孔自由界面,可以很方便地计算出小孔表面上任意位置的精确法向量和曲率值。基于距离场函数,法向量 $\boldsymbol{n}$ 和曲率 κ 的计算公式分别为

$$\boldsymbol{n} = \frac{\nabla \phi}{|\nabla \phi|} \tag{5-2-10}$$

$$\kappa = \nabla \cdot \frac{\nabla \phi}{|\nabla \phi|} \tag{5-2-11}$$

Level Set 方法在追踪运动界面时存在数值耗散的问题,会造成界面质量丢失。采用 Particle Level Set 方法则可以很好地解决数值耗散性问题。该方法的原理是通过在 Level Set 所描述的界面两侧人为地布置一些虚拟的粒子,使粒子被动地跟随流体运动,采用粒子的位置信息来修正 Level Set 的数值耗散。粒子的运动方程可写为

$$\frac{\mathrm{d}\boldsymbol{x}_p}{\mathrm{d}t} = \boldsymbol{U}(\boldsymbol{x}_p) \tag{5-2-12}$$

式中,$\boldsymbol{x}_p$ 为粒子的当前位置矢量;$\boldsymbol{U}(\boldsymbol{x}_p)$为粒子所在位置的流体速度矢量。

3. 熔池传热与流动模型的边界条件

实现激光焊接熔池行为数值模拟,还需要建立准确的边界条件。在激光焊接过程中,一般认为小孔内部金属蒸气/等离子的压力近似等于反冲压力,则小孔熔

池自由界面上因表面张力、反冲压力的存在所导致的压力边界条件为

$$P_f = P_r + \sigma\kappa + 2\mu \boldsymbol{n} \cdot \nabla \boldsymbol{U} \cdot \boldsymbol{n} \tag{5-2-13}$$

式中，下标 f 表示自由界面；μ 为熔池内金属液体的密度；P_r 为反冲压力。

采用 Semak 等所提出的反冲压力模型，P_r 可写为

$$P_r = 0.54AB_0(T)^{-1/2}\exp\left(-\frac{U}{kT}\right) \tag{5-2-14}$$

式中，A、B_0 均为与材料相关的常数；U 为每个原子的蒸发潜热；T 为小孔的表面温度；k 为玻尔兹曼常数。

孔壁面因热毛细力的作用产生的黏性应力边界条件为

$$\begin{aligned}(\mu\nabla\boldsymbol{U})_f = &\mu(\boldsymbol{n}\quad \boldsymbol{t}_1\quad \boldsymbol{t}_2)(\boldsymbol{n}\quad \boldsymbol{0}\quad \boldsymbol{0})^{\mathrm{T}}(\nabla\boldsymbol{U})(\boldsymbol{n}\quad \boldsymbol{0}\quad \boldsymbol{0})(\boldsymbol{n}\quad \boldsymbol{t}_1\quad \boldsymbol{t}_2)^{\mathrm{T}} + \\ &\mu(\boldsymbol{n}\quad \boldsymbol{t}_1\quad \boldsymbol{t}_2)(\boldsymbol{0}\quad \boldsymbol{t}_1\quad \boldsymbol{t}_2)^{\mathrm{T}}(\nabla\boldsymbol{U}) - \\ &\mu(\boldsymbol{n}\quad \boldsymbol{t}_1\quad \boldsymbol{t}_2)(\boldsymbol{n}\quad \boldsymbol{0}\quad \boldsymbol{0})^{\mathrm{T}}(\nabla)(\boldsymbol{n}\quad \boldsymbol{0}\quad \boldsymbol{0})(\boldsymbol{n}\quad \boldsymbol{t}_1\quad \boldsymbol{t}_2)^{\mathrm{T}} + \\ &(\boldsymbol{n}\quad \boldsymbol{t}_1\quad \boldsymbol{t}_2)\begin{bmatrix}\boldsymbol{0} & \nabla_s\sigma\cdot\boldsymbol{t}_1 & \nabla_s\sigma\cdot\boldsymbol{t}_2 \\ 0 & 0 & 0 \\ 0 & 0 & 0\end{bmatrix}(\boldsymbol{n}\quad \boldsymbol{t}_1\ \boldsymbol{t}_2)^{\mathrm{T}}\end{aligned} \tag{5-2-15}$$

式中，$\boldsymbol{t}_1$、$\boldsymbol{t}_2$ 分别为垂直于界面法向的单位正交切向量；∇_s 为表面梯度算子。

在熔池表面上，由于激光能量加热、热对流、辐射和蒸发的作用，存在下面的温度边界条件：

$$k\frac{\partial T}{\partial \boldsymbol{n}} = q - h(T - T_\infty) - \varepsilon_r k(T^4 - T_\infty^4) - \rho V_{\mathrm{evp}} T_v \tag{5-2-16}$$

在计算区域的其他边界上，存在下列的温度边界条件：

$$k\frac{\partial T}{\partial \boldsymbol{n}} = -h(T - T_\infty) - \varepsilon_r k(T^4 - T_\infty^4) \tag{5-2-17}$$

式中，h 为对流系数；ε_r 为黑体辐射系数；k 为玻尔兹曼常数；q 为所吸收的激光能量密度；T_v 为蒸发温度；V_{evp} 为因蒸发所引起的小孔界面后退速度。

4. 熔池表面对激光能量的吸收

激光焊接中，熔池对激光能量的吸收是整个焊接过程的原始驱动。熔池表面的激光能量吸收准确计算是激光焊接熔池行为数值模拟的关键基础。通常，可假设激光能量密度的近似分布服从高斯分布，其分布函数方程可以写为

$$I_0(r,z) = \frac{3Q}{\pi R^2}\exp\frac{-3(r^2)}{R^2} \tag{5-2-18}$$

式中，R 为光斑半径；Q 为激光功率密度。

一般认为，激光会在小孔内发生多次反射。熔池表面对激光能量的吸收满足菲涅耳吸收公式，式(5-2-16)中任意位置所吸收的激光能量密度 q 可以写为

$$q = I_0(r,z)(\boldsymbol{I}_0 \cdot \boldsymbol{n}_0)\alpha_{\mathrm{Fr}}(\theta_0) + \sum_{m=1}^{N} I_m(r,z)(\boldsymbol{I}_m \cdot \boldsymbol{n}_m)\alpha_{\mathrm{Fr}}(\theta_m) \tag{5-2-19}$$

$$\alpha_{\mathrm{Fr}}(\theta)=1-\frac{1}{2}\left[\frac{1+(1-\varepsilon\cos\theta)^{2}}{1+(1+\varepsilon\cos\theta)^{2}}+\frac{\varepsilon^{2}-2\varepsilon\cos\theta+2\cos^{2}\theta}{\varepsilon^{2}+2\varepsilon\cos\theta+2\cos^{2}\theta}\right] \tag{5-2-20}$$

式中，θ 为入射激光光线与熔池自由界面法向量的夹角；$\alpha_{\mathrm{Fr}}(\theta)$为菲涅耳吸收系数；$N$ 为考虑多重反射之后的光束的入射次数；$\boldsymbol{I}$ 为归一化了的激光光束方向；$\boldsymbol{n}$ 为归一化之后的小孔壁面法向量；ε 为与激光器和材料相关的常数；$I_0(r,z)$为激光束的能量分布函数；$I_m(r,z)$为第 m 次反射后的激光束剩余的能量密度。

理论上，常数 ε 按照下面的公式确定：

$$\varepsilon^{2}=\frac{2\varepsilon_{2}}{\varepsilon_{1}+\left[\varepsilon_{1}^{2}+\left(\dfrac{\sigma_{\mathrm{st}}}{\omega\varepsilon_{0}}\right)^{2}\right]^{1/2}} \tag{5-2-21}$$

式中，σ_{st} 为金属材料的每单位深度内的电导率；ε_1 和 ε_2 分别为金属和等离子介电常数的实数部分；ε_0 表示真空的透过率；ω 为激光的角频率。实际上，ε 的取值一般根据试错法确定，一般比理论值大。采用试错法的原因主要有两点：①小孔壁面上的温度非常高，接近于沸点，这很可能会影响菲涅耳吸收效应；②用来计算菲涅耳吸收的公式本身就是一个近似，使用一个较大的 ε 可以补偿近似误差。一般，对于 CO_2 激光焊接，取 $\varepsilon=0.08$；对于 YAG 激光器，取 $\varepsilon=0.2\sim025$。

5.2.2 计算方法

1. 熔池自由界面追踪计算

在激光焊接过程中，瞬态小孔的形貌可能会非常复杂，其拓扑形状也会因生成气泡和飞溅而发生剧烈变化。本节详细介绍运用 Level Set 方法来描述追踪小孔界面的计算过程。Level Set 公式(5-2-8)是一个经典的 Hamilton-Jacobi 类型的方程。为了减轻 Level Set 方法自身的耗散性，通常需采用高精度的离散格式对其进行离散求解。一般而言，高精度是指差分格式的截断误差对时间和空间步长都至少是二阶的。近年来，基于 TVD(total variation diminishing)思想的高精度格式，如 ENO（essentially non-Oscillatory）、WENO（weighted essentially non-oscillatory）格式在 Level Set 方法中得到了广泛的应用。TVD 型格式的思想，是对计算格式进行数值耗散的自适应调节。当未知函数的离散近似解有较大的梯度或振幅趋势时，采用 TVD 格式可适当地增强近似解的数值耗散，达到比较合理的效果；相反，当离散近似解比较平缓时，TVD 格式则可以减少数值耗散，从而获得精确的间断解。

目前，时间上具有三阶精度、空间上具有五阶精度的 TVD Runge-Kutta WENO 格式是求解 Level Set 方程比较有效的高精度计算格式，这也是本节所采用离散对流型方程时的主要格式。下面将对 Level Set 公式采用高精度 TVD Runge-Kutta WENO 格式离散过程进行较为详细的介绍。

以采用五阶 WENO 格式离散$\dfrac{\partial\phi}{\partial x}$为例来阐述 Level Set 方程中对流项的离散

过程。以(i,j,k)节点为例，离散过程中需首先判断当前节点所在位置的速度值的方向，利用上风格式的思想，根据方向的不同分别取其空间左导数 ϕ_x^- 和右导数 ϕ_x^+。对于(i,j,k)节点，其左导数 ϕ_x^- 由以下 6 节点$\{\phi_{i-3,j,k},\phi_{i-2,j,k},\phi_{i-1,j,k},\phi_{i,j,k},\phi_{i+1,j,k},\phi_{i+2,j,k}\}$组成的节点模板插值构造；而右导数 ϕ_x^- 则通过节点模板$\{\phi_{i-2,j,k},\phi_{i-1,j,k},\phi_{i,j,k},\phi_{i+1,j,k},\phi_{i+2,j,k},\phi_{i+3,j,k}\}$计算得到。假设计算网格为均匀的有限差分网格，计算左导数 ϕ_x^- 时，分别设定：

$$a_1=\frac{\phi_{i-2,j,k}-\phi_{i-3,j,k}}{\Delta x} \tag{5-2-22}$$

$$a_2=\frac{\phi_{i-1,j,k}-\phi_{i-2,j,k}}{\Delta x} \tag{5-2-23}$$

$$a_3=\frac{\phi_{i,j,k}-\phi_{i-1,j,k}}{\Delta x} \tag{5-2-24}$$

$$a_4=\frac{\phi_{i+1,j,k}-\phi_{i,j,k}}{\Delta x} \tag{5-2-25}$$

$$a_5=\frac{\phi_{i+2,j,k}-\phi_{i+1,j,k}}{\Delta x} \tag{5-2-26}$$

计算右导数 ϕ_x^+ 时，设定：

$$a_1=\frac{\phi_{i+3,j,k}-\phi_{i+2,j,k}}{\Delta x} \tag{5-2-27}$$

$$a_2=\frac{\phi_{i+2,j,k}-\phi_{i+1,j,k}}{\Delta x} \tag{5-2-28}$$

$$a_3=\frac{\phi_{i+1,j,k}-\phi_{i,j,k}}{\Delta x} \tag{5-2-29}$$

$$a_4=\frac{\phi_{i,j,k}-\phi_{i-1,j,k}}{\Delta x} \tag{5-2-30}$$

$$a_5=\frac{\phi_{i-1,j,k}-\phi_{i-2,j,k}}{\Delta x} \tag{5-2-31}$$

再定义 3 个变量，以自适应地调节格式的数值耗散性：

$$S_1=\frac{13}{12}(a_1-2a_2+a_3)^2+\frac{1}{4}(a_1-4a_2+3a_3)^2 \tag{5-2-32}$$

$$S_2=\frac{13}{12}(a_2-2a_3+a_4)^2+\frac{1}{4}(a_2-a_4)^2 \tag{5-2-33}$$

$$S_3=\frac{13}{12}(a_3-2a_4+a_5)^2+\frac{1}{4}(3a_4-4a_4+a_5)^2 \tag{5-2-34}$$

令 β 为一个相对很小的常数，在本节研究中取该数为 $10^{-3}\Delta x$。最后再分别定义 3 个权重因子为

$$\lambda_1 = \frac{1}{10}\frac{1}{(S_1+\beta)^2} \tag{5-2-35}$$

$$\lambda_2 = \frac{6}{10}\frac{1}{(S_2+\beta)^2} \tag{5-2-36}$$

$$\lambda_3 = \frac{3}{10}\frac{1}{(S_3+\beta)^2} \tag{5-2-37}$$

令权重变量为

$$w_i = \frac{\lambda_i}{\lambda_1+\lambda_2+\lambda_3} \tag{5-2-38}$$

则根据不同的迎风方向，对流项$\frac{\partial \phi}{\partial x}$可以用下面的公式计算得到：

$$\frac{\partial \phi}{\partial x} = w_1\left(\frac{1}{3}a_1 - \frac{7}{6}a_2 + \frac{11}{6}a_3\right) + w_2\left(-\frac{1}{6}a_2 + \frac{5}{6}a_3 + \frac{1}{3}a_4\right) + w_3\left(\frac{1}{3}a_3 + \frac{5}{6}a_4 - \frac{1}{6}a_5\right) \tag{5-2-39}$$

同理，$\frac{\partial \phi}{\partial y}$和$\frac{\partial \phi}{\partial z}$也可以根据上述的高精度 WENO 格式计算得到。

在离散空间项之后，还必须对 Level Set 的方程的时间项$\frac{\partial \phi}{\partial t}$进行离散。不妨记算子$L(\phi) = -\boldsymbol{U}\cdot\nabla\phi$，如果$t$时刻的 Level Set 函数记为$\phi^{(n)}$，$t+\Delta t$时刻的 Level Set 函数记为$\phi^{(n+1)}$，则采用三阶 TVD Runge-Kutta 格式离散 Level Set 时间项的流程可以描述为

$$\phi^{(1)} = \phi^{(0)} + \Delta t L(\phi^{(0)}) \tag{5-2-40}$$

$$\phi^{(2)} = \frac{3}{4}\phi^{(0)} + \frac{1}{4}\phi^{(1)} + \frac{1}{4}\Delta t L(\phi^{(1)}) \tag{5-2-41}$$

$$\phi^{(3)} = \frac{1}{3}\phi^{(0)} + \frac{2}{3}\phi^{(2)} + \frac{2}{3}\Delta t L(\phi^{(2)}) \tag{5-2-42}$$

研究表明，即使采用上述的 TVD Runge-Kutta WENO 高阶格式离散 Level Set 方程，一些特殊的情况下，经过几个时间步后，Level Set 函数也不能再保持为一个有符号的距离场，从而在追踪数值界面时发生错误。为了克服该问题，一般在求解 Level Set 方程后，均需要对 Level Set 函数值进行重新初始化，以保证该函数始终为一个有符号距离场。重新初始化时一般有两种方法，其中一种方法是通过求解下面的与时间相关的偏微分方程：

$$\phi_\tau = \mathrm{sign}(\phi_0)(1 - |\nabla\phi|) \tag{5-2-43}$$

并满足初始条件$\phi(x,0)=\phi_0$。或者通过求解与时间无关的 Eikonal 方程：

$$|\nabla\phi| - 1 = 0 \tag{5-2-44}$$

来进行重新初始化。研究中发现，即使采用高阶格式，如三阶 TVD Runge-Kutta 和五阶 WENO 格式相结合的格式来离散求解公式(5-2-43)，当小孔界面非常复杂，或者发生严重的拓扑变形时，求解出有符号距离场也会发生一些小错误，而采用式(5-2-44)来求解则可以获得更好的界面追踪效果。因此，采用式(5-2-44)来进行重新初始化。

求解式(5-2-44)可采用高效的 Fast Sweeping Method 来求解式(5-2-36)。该方法的复杂度仅为 $O(N)$，是目前较快的求解 Eikonal 方程的方法之一，且该方法非常适合进行并行求解。在采用 Fast Sweeping Method 求解 Eikonal 公式(5-2-44)中，首先采用一阶的隐式格式来对方程进行离散求解，获得 Level Set 重新初始化值之后，再采用三阶隐式格式对式(5-2-44)进行求解，以获得更高精度的数值计算结果。在求解隐式方程组的过程中，本节采用高斯-赛德尔迭代方法进行迭代求解，同时为了加快收敛过程，依次采用不同的网格顺序来进行迭代。研究证明，对于 Eikonal 方程，采用一阶格式离散式(5-2-44)，通过不同网格顺序的高斯-赛德尔迭代，一般可在 8 步之后得到收敛解。对于三阶格式，本节研究发现一般也仅需要较少的步数即可获得满足精度的收敛解。

2. 运动熔池流动场求解

运动熔池内的温度场和流动场之间是相互影响的，求解诸如激光焊接之类的非线性、强耦合自由界面流动与传热模型是一个很困难的问题。传统的流动场和温度场耦合的求解方法主要有 SIMPLE 类方法或者 SOLA 方法，并且在求解温度场时多采用显式的离散方法。一般认为：采用 SOLA 等压力-速度耦合校正类方法来计算激光焊接熔池内的流动场，其效率不太高；采用目前流行的不可压缩流动求解方法-Projection 方法的效率更高一些。因此，本节采用 Projection 方法来求解流动场。另外，在激光焊接过程中，小孔和熔池的物理尺度非常小，若采用显式的方法来离散求解温度场，其绝对时间步长将取到 $10^{-14} \sim 10^{-12}$ s 范围内。这种情况下，计算十分耗时。因此，在求解温度场时，本节采用时间步长相对可取较大的半隐式格式离散求解温度场方程。

Projection 方法是一种高效的求解不可压缩 Navier-Stokes 方程的分步方法，该方法的突出优点是求解 NS 方程时速度和压力求解过程中是失耦的。Projection 方法是基于著名的 Helmholtz-Hodege 分解原则，即任何矢量场总可以分解为无散场(solenoidal)部分和无旋场(irrotational)部分。一般而言，Projection 方法求解不可压缩 Navier-Stokes 方程可分为 3 个步骤：①计算出一个不满足不可压缩条件的中间速度场；②利用中间速度场计算获得下一时刻的压力场；③利用压力将中间速度场投影到散度为零的速度空间获得准确的速度场。下面将详细地阐述采用基于交错差分网格技术的 Projection 方法来求解耦合方程式(5-2-1)和方程式(5-2-2)的流程。图 5-2-1 显示的是本节研究所采用的交错网格示意图。在该网格中，速度位于有限差分网格 6 个面上，而压力、浓度、温度等变量存储在网格中心。

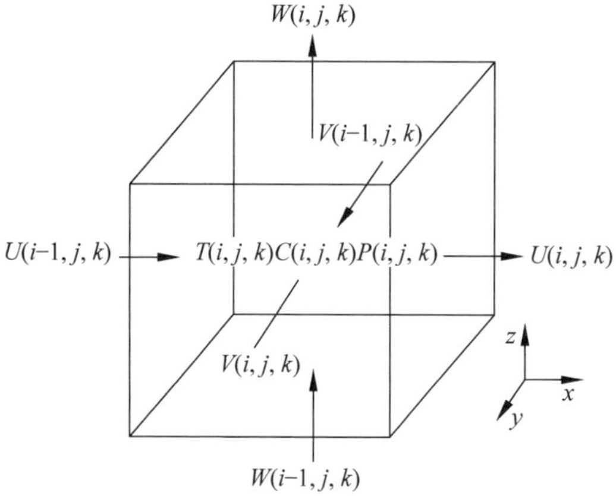

图 5-2-1　交错网格示意图

采用一阶向前差分格式离散方程式(5-2-2)的时间项，忽略压力项的影响，则方程式(5-2-2)的半离散形式可以写为

$$\rho^n \frac{\boldsymbol{U}^* - \boldsymbol{U}^n}{\Delta t} + \widetilde{C}(\boldsymbol{U}^n) = \widetilde{D}(\mu^n \boldsymbol{U}^n) + \widetilde{K}(\boldsymbol{U}^n) + \widetilde{\boldsymbol{F}}^n \tag{5-2-45}$$

式中，$\boldsymbol{U}^*$ 为中间速度场；$\widetilde{C}(\cdot)$、$\widetilde{D}(\cdot)$、$\widetilde{K}(\cdot)$ 和 $\widetilde{F}^n$ 分别为离散动量守恒方程中对流项、黏性项、达西项和浮力项的数学算子。为了提高数值计算精度，研究采用五阶 WENO 格式来离散算子 $\widetilde{C}(\boldsymbol{U}^n)$，而为了方便加载因热毛细力等引起的黏性应力边界条件(5-2-15)，采用二阶中心差分格式离散黏性项 $\widetilde{D}(\boldsymbol{U}^n)$。同时，为加快计算速度，达西项和浮力项均采用显式格式离散。

考虑压力项的影响，将方程写成完成的离散形式，则有

$$\rho^n \frac{\boldsymbol{U}^{n+1} - \boldsymbol{U}^*}{\Delta t} = -\nabla P^{n+1} \tag{5-2-46}$$

考虑到 $n+1$ 时刻的速度场必须满足连续性方程式(5-2-1)，将式(5-2-46)两边同取散度，可得

$$\nabla^2 P^{n+1} = \frac{\rho^n}{\Delta t} \nabla \cdot \boldsymbol{U}^* \tag{5-2-47}$$

本节研究采用二阶差分格式离散上面的压力泊松方程式(5-2-47)，然后采用高效率 ICCG(incomplete Cholesky conjugate gradient，不完全 Cholesky 分解共轭梯度)方法进行迭代求解，获得 $n+1$ 时刻的准确压力值。在求解压力方程的过程中，需要准确考虑小孔自由界面上由表面张力、反冲压力等因素所导致的压力边界条件。另外，在计算区域的其他边界上，同时设置压力的边界满足齐次纽曼(Newmman)条件：

$$\frac{\partial P}{\partial n}=0 \tag{5-2-48}$$

计算出 $n+1$ 时刻的压力场之后，将压力场回代入式(5-2-48)，即可计算出 $n+1$ 时刻的速度场。需要特别注意的是，为了考虑反冲压力、表面张力等物理条件对熔池运动的影响，在回代过程中计算式(5-2-48)中的压力梯度时，同样必须精确考虑压力边界条件式(5-2-13)和式(5-2-48)的影响。

3. 计算区域温度场求解和潜热处理方法

根据上述的讨论，本节采用半隐式的方法来求解温度场方程(式(5-2-3))。所谓的半隐格式是指对除扩散项之外的所有项均采用显式格式离散，目的是保证理论上温度场时间步长不受限制，同时保证离散后得到的线性方程组是对称正定的。与离散流动场方程(式(5-2-2))一样，本节同样采用五阶 WENO 格式离散温度场方程(式(5-2-3))中的对流项，同时采用隐式的中心差分格式离散扩散项，则方程(5-2-3)的半离散形式可以写为

$$\rho^n c_p^n \frac{T^{n+1}-T^n}{\Delta t}+C'(T^n)=D'(k^{n+1}T^{n+1}) \tag{5-2-49}$$

式中，$C'(\cdot)$ 和 $D'(\cdot)$ 分别为离散能量方程(式(5-2-3))过程中的对流和扩散算子。

离散式(5-2-51)时，须考虑自由界面边界条件式(5-2-16)及计算区域的其他边界面上的边界条件(5-2-17)。离散后，可获得一个典型的对称、正定的大型稀疏矩阵。这里，同样采用 ICCG 迭代方法求解所得到的温度场矩阵，获得新的 $n+1$ 时刻工件上的温度场分布。

在激光焊接过程中，熔化、凝固等潜热现象伴随着焊接过程时刻、同时发生。实际研究中发现：潜热的释放和吸收时刻影响着小孔界面上的温度大小和熔池的大小，若不考虑潜热现象就不能准确模拟出焊接过程中的瞬态小孔和熔池的动力学行为。一般而言，对于熔化、凝固等潜热现象，研究证明可采用温度回升/下降法、等价比热法及热焓法等方法均可进行良好的模拟。

4. 数值求解程序的计算流程

在激光焊接过程中，激光能量分配可以用示意图 5-2-2 表示。数值求解的计算过程首先只考虑 Fresnel 吸收，得到初步的小孔深度和形状。然后在第一步的基础上综合考虑多次反射的 Fresnel 吸收和等离子体的逆韧致辐射吸收，计算得到小孔和熔池的剖面形状。

基于本节的数学模型和数值方法，采用 C++语言编写了相应的激光焊接瞬态小孔与运动熔池数值模拟系统。为了加快计算速度，相应的代码还采用 OpenMP 语言进行了并行化。该软件系统的计算流程如图 5-2-3 所示。

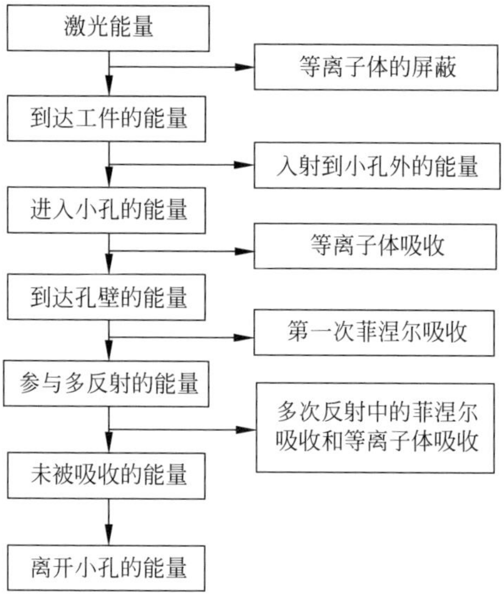

图 5-2-2　激光焊接能量吸收机制示意图

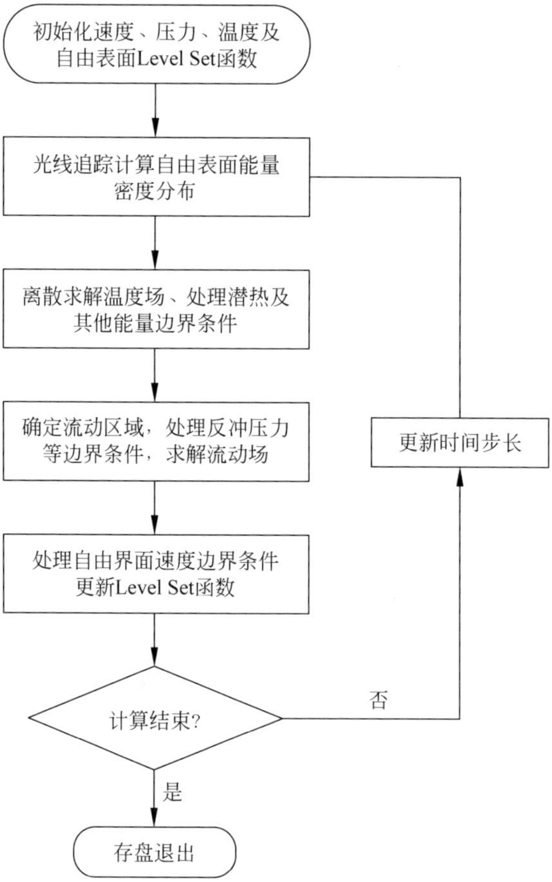

图 5-2-3　数值求解程序流程图

5.2.3　计算实例

1. 单激光焊接中熔池与小孔的动力学演化过程及特征

基于所建立的激光焊接中小孔熔池行为数学模型，对铝合金激光焊接过程进行数值模拟研究。图 5-2-4 是模拟得到的激光功率为 2.5kW、焊接速度为 2m/min 时小孔深度随焊接时间的变化曲线。图 5 2 5 是相同工艺条件下焊接时间为 40～45ms 时小孔深度的变化曲线。从图 5-2-4 中可看出，随着焊接过程的进行，当前工艺条件下小孔的深度变化可以分为 3 个特征阶段：①深度线性快速增长阶段；②深度振荡增长阶段，此时的增长速度比第一个阶段要慢，并且随着焊接时间的增加，越来越慢；③深度平均值趋于稳定，但伴随着高频振荡的阶段。特征阶段①的时间非常短，在当前工艺条件下小于 1ms。阶段②的持续时间大概为 12ms。另外，从图 5-2-4 还可看出，当前工艺条件下，小孔深度的振荡频率大概为 2～5kHz。

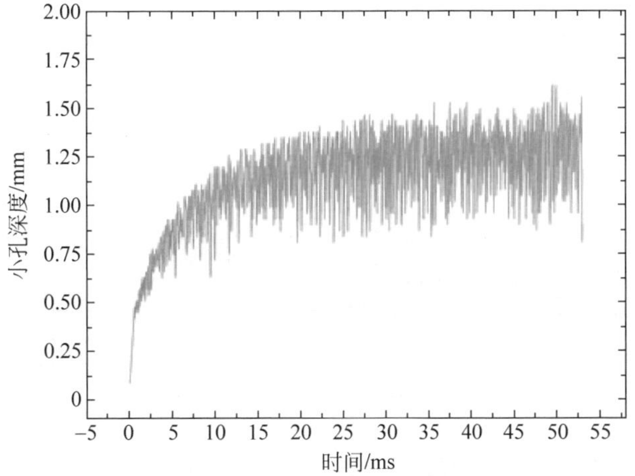

图 5-2-4　激光功率为 2.5kW、焊接速度为 2m/min 时小孔深度随时间变化曲线

图 5-2-5 和图 5-2-6 是当前工艺条件下的小孔自由表面形貌及其温度场演变过程。从图中可看出，在焊接过程中，小孔清晰可见，并且小孔始终是张开的，整体上来看其温度场分布与用移动高斯热源分布相似。另外，从图中还可看出，小孔中心和壁面温度很高，接近于该铝合金的沸点。在这些位置将会发生强烈的蒸发现象，产生强烈的反冲压力，克服了表面张力、流体冲击力对小孔壁面的闭合作用。因此，反冲压力所产生的动量将会迫使熔池内的金属液体贴着小孔壁面向上涌出，使靠近小孔壁面的熔池运动速度以几乎平行于小孔表面的方式朝上运动。另外，由于质量守恒，这些向上运动的液体在碰到熔池的固壁面之后将会折返回来，形成如图 5-2-6 所示的熔池流动趋势。

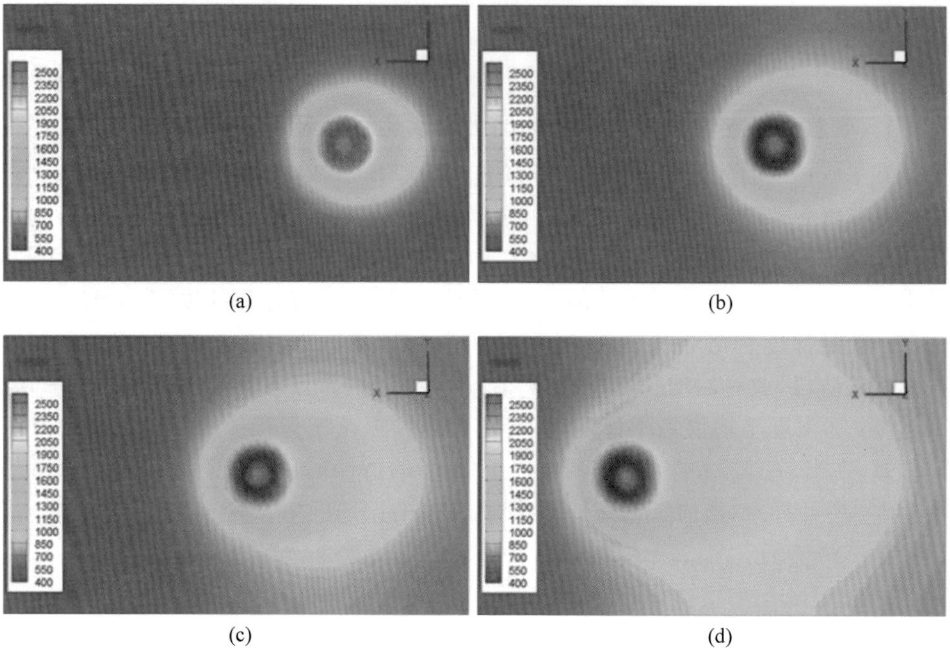

图 5-2-5　小孔稳定工艺条件下的自由表面瞬态形貌及其温度场演变过程

(a) 4.99ms；(b) 11.55ms；(c) 16.40ms；(d) 30.75ms

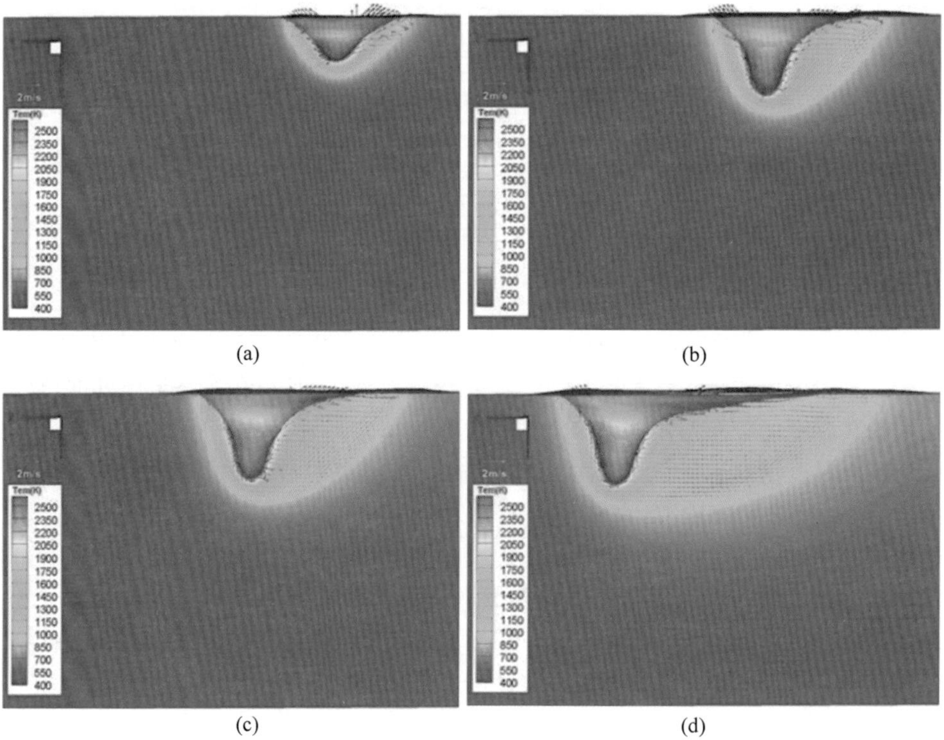

图 5-2-6　小孔稳定工艺条件下熔池纵截面上的速度分布

(a) 4.99ms；(b) 11.55ms；(c) 16.40ms；(d) 30.75ms

随着焊接过程的进行，部分小孔壁面上受到的反冲压力不能与表面张力及金属液体的冲击力等因素保持平衡，因此小孔开始出现振荡。小孔开始振荡的对外表现为小孔四周壁面上出现了一系列凸台，如图 5-2-7 所示。小孔壁面一旦出现凸台，凸台的上表面由于直接受到激光辐照的作用，能够吸收较多的能量，但是由于凸台的遮挡作用，下方的小孔壁面必然得不到激光的直接照射。因此，从图 5-2-7 中在凸台的上部和下部可以看到明显的温度差异。在凸台的上部，温度很高，可能接近或超过铝合金的沸点，使在凸台的上部会发生强烈的蒸发现象，产生很大的反冲压力。反冲压力将会驱使凸台附近熔池内的金属液体高速向下运动，试图闭合小孔，如图 5-2-7(f)～(g)所示。同时，由于凸台小孔壁面曲率一般很大，因此这些壁面上受到的表面张力一般也很大。另外，由于凸台的小孔半径较小，相比其他位置这些地方受到相同大小的金属液冲击力时也会更脆弱一些。由于上述原因的综合作用，小孔最终塌陷并变成两截。图 5-2-7(d)和图 5-2-7(f)实例显示了两个将要塌陷的小孔，而图 5-2-7(g)实例显示了一个已经断成两截的小孔。如果未断裂之前，保护气体进入了小孔内部，那么小孔断裂成两截之后，底部的那部分闭合的小孔将会变成一个气泡，如果气泡被凝固前沿俘获，将会形成一个气孔缺陷。当小孔闭合之后，小孔的深度显然会变浅。但是，由于激光照射的作用，反冲压力将会试图打开小孔，并驱使自由界面向熔深方向运动，从而再次增加小孔的深度。另外，小孔壁面上也会再次地出现凸台，它的出现为下一次的小孔振荡提供了条件。由图 5-2-4 可知，在实际的激光深熔焊接过程中，上述小孔振荡过程周期性地重复，并且由于小孔的振荡，在小孔的底部或中部易于产生气泡。

图 5-2-7 中同时显示了焊接过程中运动熔池纵截面上的流动场分布情况。从图中可以看出，当小孔存在着振荡时，熔池内的流动场非常复杂。下面将对运动熔池内几种典型的流动机理进行分析和讨论。首先，在靠近小孔附近的熔池内存在着反冲压力驱动的周期性高速向下的流场。在当前的工艺条件下，该特征流体动力学的最大速度可以达到 10m/s 以上。从图中可看出，该特征流态不仅存在于小孔的前壁面和两侧表面上，同时存在于小孔后壁面上。根据图 5-2-7(c)和图 5-2-7(f)～(h)分析可知，这种高速的流体动力学使得靠近小孔底部后沿的熔池内出现了强烈的漩涡流态；该漩涡流动的产生机理是高速向下的流动与熔池边界的交互作用导致的。另外，一般这种漩涡流动不利于气泡的上浮，因此控制这种特征流态可能对于减轻焊缝中的气孔缺陷具有帮助作用。

2. 串行双光束焊接过程中运动熔池流动行为

基于上述的激光焊接熔池数学模型，还可以拓展到双光束激光焊接工艺中。图 5-2-8 为典型的 5052 铝合金串行双光束激光焊接过程小孔演化过程。开始阶段形成的两个小孔的开口逐渐融合在一起，而两个孔尖得以保持，但是后方的小孔明显比前方的更深。另外，小孔的形貌非常不光滑，存在非常多的褶皱。

熔池演化

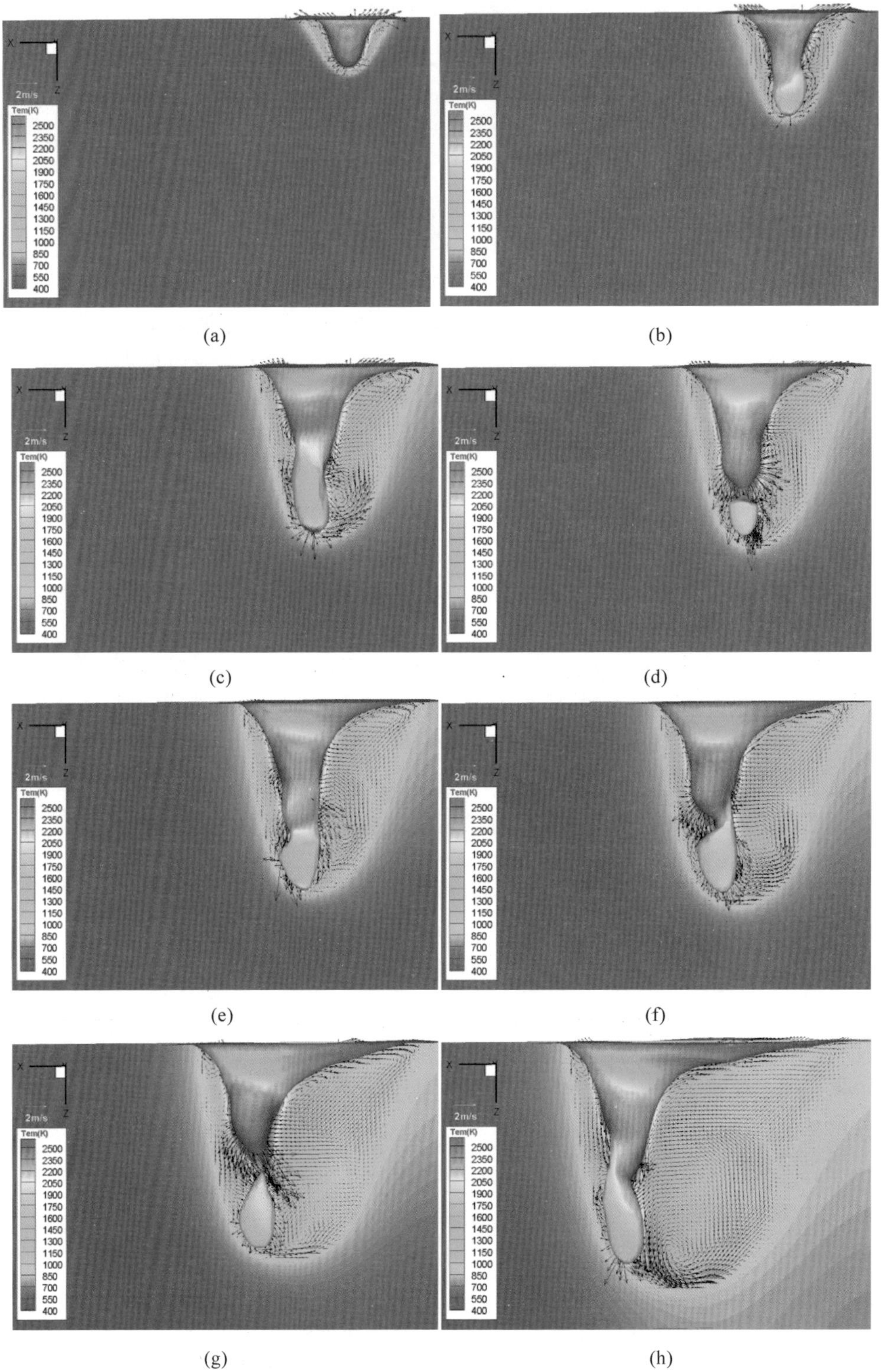

图 5-2-7　对应的自由界面和熔池速度场分布演变过程

(a) 0.46ms；(b) 2.25ms；(c) 9.94ms；(d) 10.85ms；(e) 13.07ms；(f) 16.85ms；(g) 17.06ms ；(h) 35.72ms

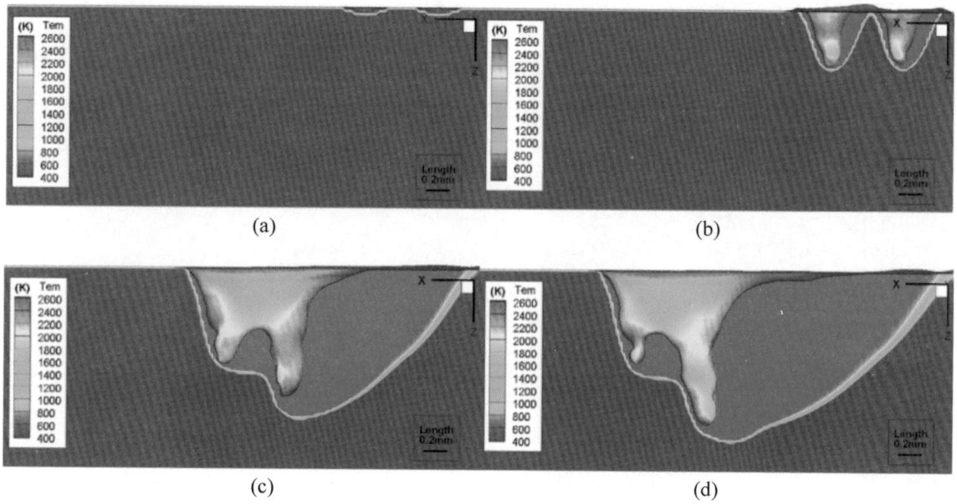

图 5-2-8　串行 CO_2 激光焊接小孔形貌

(a) 0.150ms；(b) 3.282ms；(c) 37.907ms；(d) 54.002ms

随着串行双光束焊接中光束之间距离的增加，小孔状态发生了从共开口和孔尖、共开口不共孔尖到两小孔完全分离的变化。在共开口不共孔尖的状态下，后方的小孔深度明显比前方的更深。并且，小孔自由界面上存在许多褶皱(图 5-2-9)。

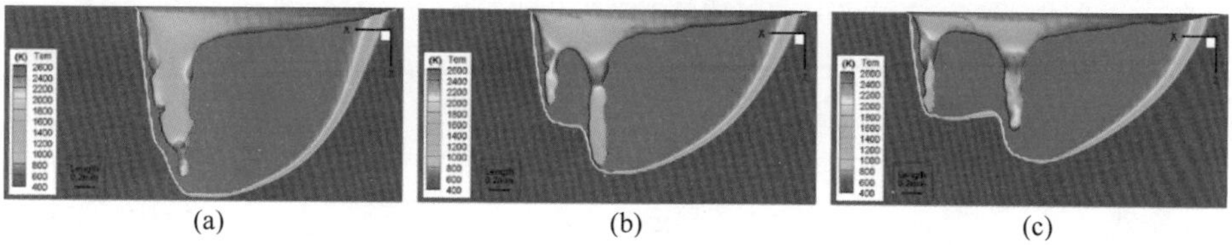

图 5-2-9　不同光束距离下，30.71ms 时串行双光束激光焊接小孔纵截面形貌

(a) 0.36mm；(b) 0.6mm；(c) 1.0mm

另外，在焊接中小孔的不稳定会导致小孔深度的振荡。由图 5-2-10 所示的小孔深度演化曲线可见，随着焊接速度从 2.54m/min 增长到 6.25m/min 时，串行双光束激光焊接小孔深度的振荡幅度逐渐变小。由此可知，焊接速度增加有利于提升小孔稳定性。定量分析深度的振荡发现，典型的串行双光束激光焊接中深度振荡的频率大约为 1.4kHz(图 5-2-11)，而在单激光焊接中深度振荡频率大约为 1.7kHz(图 5-2-12)。并且相对于单激光焊接而言，可以发现在相同的热输入情况下串行双光束焊接中小孔的深度振荡幅度显著减小。由图 5-2-11 可知，后部小孔深度振荡幅度明显大于前部的小孔振荡幅度。后部小孔的振荡频率大约为 1.4kHz，而在前部的小孔振荡频率为 2～3kHz。

在串行双光束焊接中，当两个小孔融合一起时，小孔开口处的表面流动速度比熔池表面其他区域的流动更加剧烈和复杂，如图 5-2-13 所示。在小孔前壁附近，存

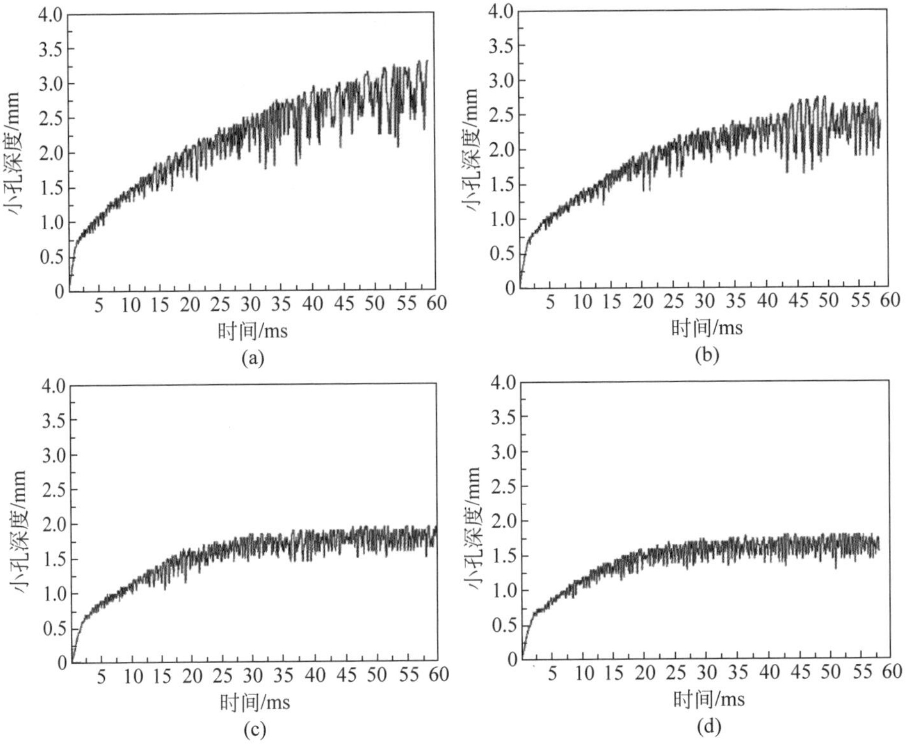

图 5-2-10　不同焊接速度的双光束焊接小孔深度演化曲线

(a) 2.54m/min；(b) 3.81m/min；(c) 5.08m/min；(d) 6.25m/min

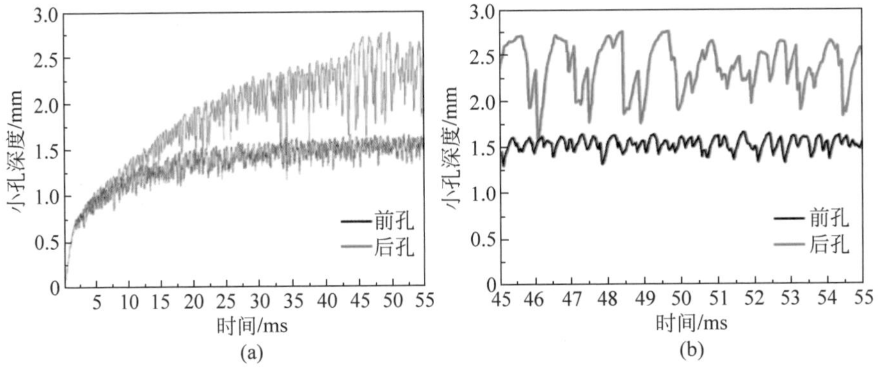

图 5-2-11　双光束激光焊接小孔深度演化曲线

(a) 0～55ms；(b) 45～55ms

在剧烈的向下流动。另外在后方小孔底部的后壁处存在一些特征性的流动，如图 5-2-14 所示。其具体表现为：第一，小孔后壁上部存在着沿壁面的向上流动；第二，在后方的孔底后壁附近存在着向下的流动，导致小孔后方存在着流动漩涡。

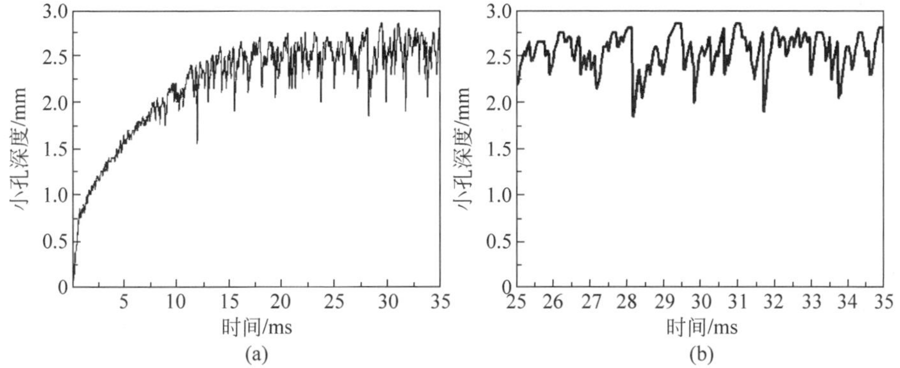

图 5-2-12　单激光焊接小孔深度演化曲线

(a) 0～35ms；(b) 25～35ms

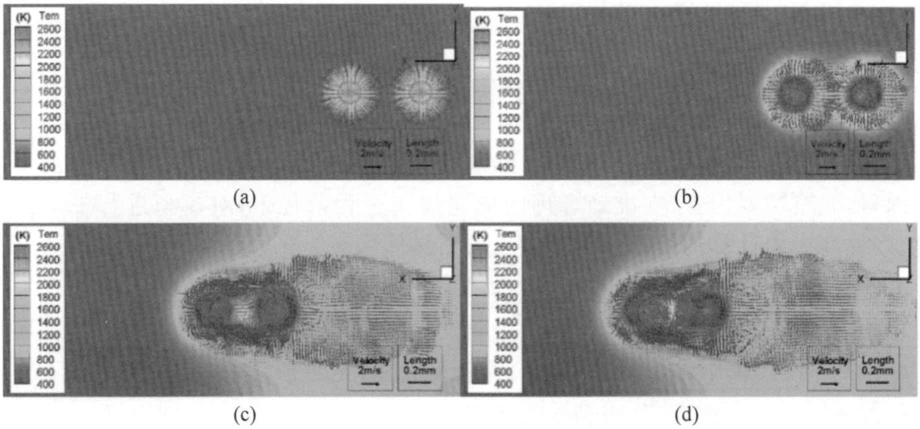

图 5-2-13　串行双光束焊接下小孔自由界面流动状态俯视图

(a) 0.150ms；(b) 3.282ms；(c) 37.907ms；(d) 46.117ms

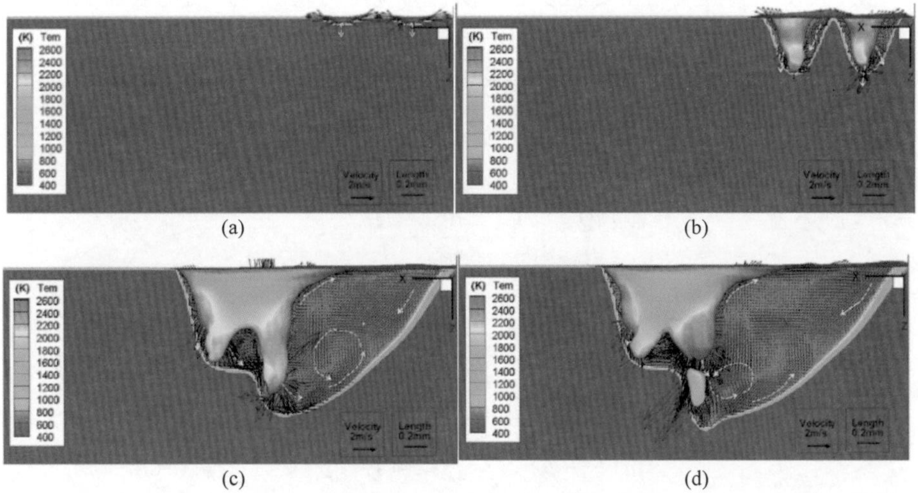

图 5-2-14　串行双光束焊接下熔池流动状态

(a) 0.150ms；(b) 3.282ms；(c) 37.907ms；(d) 46.117ms

相较于单激光焊接，在相同的热输入条件下，串行双光束激光焊接的流动存在明显的不同。例如，双光束焊接中流动更加缓和，同时小孔壁面附近处的向下流动也较单激光焊接弱。不过，双光束焊接也和单激光也存在相似之处，如小孔后方都存在向下的流动和漩涡。

综上所述，串行双光束激光焊接的熔池流动行为非常复杂。当前的模型中考虑了反冲压力和热毛细力两种主要动力学因素的影响。一些流动行为，如小孔开口处的表面流动、小孔后壁位置的向上流动主要是受到反冲压力和热毛细力的驱动。但是，另外的小孔前沿的高速向下流动以及小孔尖端后壁流动主要是受到反冲压力的影响。

5.3 焊接金属蒸气行为仿真

5.3.1 焊接蒸气行为数学模型

由于激光深熔焊接过程非常复杂，本模型考虑激光深熔焊接过程中的主要影响因素，忽略次要因素，在准确合理的描述焊接过程前提下，对模型进行一定的简化，以提高模拟计算的效率。本节做出以下具体假设。

(1) 熔池内部的熔融金属液体被认定是不可压缩的，同时固-液界面处理采用混合相模型。

(2) 焊接过程中产生的金属蒸气为理想气体，是可压缩的，其密度大小随时间和位置不同而不断改变，忽略黏性的作用。

(3) 在小孔气液界面，气相边界不考虑努森(Knudsen)层的作用，同时小孔内部激光能量分布考虑金属蒸气对激光的折射、反射和吸收作用。

(4) 假设金属蒸气的主要驱动力为耦合环境压力及反冲压力的表面压力。

(5) 忽略实际焊接过程中添加的保护气体对整个激光焊接过程的影响。

1. 可压缩金属蒸气动力学控制方程

本节采用欧拉方程描述孔内可压缩无粘金属蒸气，该控制方程采用矩阵形式表述如下：

$$\frac{\partial \boldsymbol{Q}}{\partial t}+\frac{\partial \boldsymbol{F}}{\partial x}+\frac{\partial \boldsymbol{G}}{\partial y}+\frac{\partial \boldsymbol{H}}{\partial z}=\boldsymbol{S} \tag{5-3-1}$$

式中，$\boldsymbol{Q}=\begin{bmatrix}\rho\\ \rho u\\ \rho v\\ \rho w\\ E\end{bmatrix}$，$\boldsymbol{F}=\begin{bmatrix}\rho u\\ \rho u^2+p\\ \rho uv\\ \rho uw\\ u(E+p)\end{bmatrix}$，$\boldsymbol{G}=\begin{bmatrix}\rho v\\ \rho uv\\ \rho v^2+p\\ \rho vw\\ v(E+p)\end{bmatrix}$，$\boldsymbol{H}=\begin{bmatrix}\rho w\\ \rho wu\\ \rho wv\\ \rho w^2+p\\ w(E+p)\end{bmatrix}$，$\boldsymbol{S}=$

$\begin{bmatrix} 0 \\ 0 \\ 0 \\ 0 \\ \nabla(\lambda_g \nabla T)+\eta I_R \end{bmatrix}$；$\rho$ 为金属蒸气的密度；u 为 X 方向速度；v 为 Y 方向速度；w 为 Z 方向速度；p 为压强；λ_g 为金属蒸气导热系数；I_R 为激光功率密度，一般认为其满足高斯分布；η 为考虑金属蒸气对激光的折射和吸收之后系数。

由理想气体状态方程可知：

$$p=\rho R_a T=(\gamma-1)\times\left(E-\frac{1}{2}\rho(u^2+v^2)\right) \tag{5-3-2}$$

式中，$R_a=\dfrac{R}{M_a}$；R 为理想气体状态常数；M_a 为金属蒸气摩尔质量；γ 为比热比。

2. 动力学模型控制边界条件

图 5-3-1 表示激光深熔焊接过程中熔池、小孔、金属蒸气耦合边界条件示意图。激光焊接过程包含多物理现象且可分为多个不同阶段，激光、材料与环境气氛之间存在复杂的能量、动量耦合边界条件。激光焊接过程中包含多个能量交换方式，包括通过激光束的菲涅尔吸收使能量增加和由于辐射对流使蒸发能量损失。同时，小孔壁面上由于温度分布高低可能同时在不同位置发生蒸发和冷凝现象。激光焊接多相模型耦合边界条件详细设置如下所述。

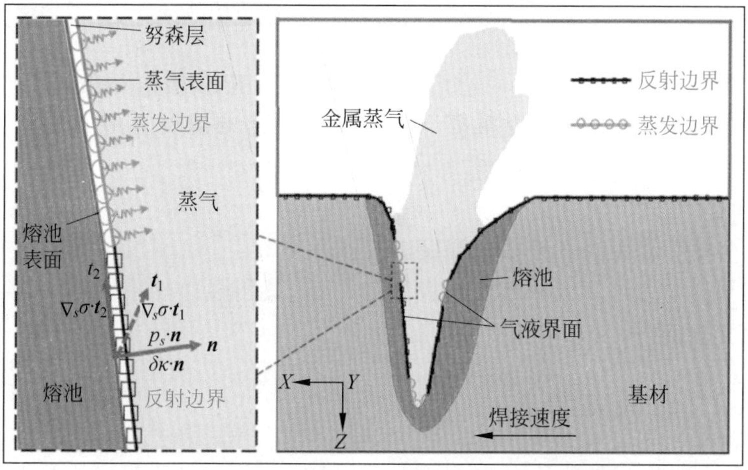

图 5-3-1　激光深熔焊接过程耦合边界条件示意图

激光焊接熔池的边界条件与 5.2 节一致。激光深熔焊接过程中小孔是不断振荡的，造成孔壁上温度分布也是实时变化的，因此孔壁上蒸发区域也随时间发生改变。例如，气液界面局部位置上一时刻为蒸发边界，而下一时刻可能骤变为凝结边界。为了合理处理这一现象，瞬态小孔内部可压缩蒸气动力学模型提出了一种温度依赖的动力学边界条件，其原理如下：在每个瞬态将气液界面划分为蒸发区和冷凝区，根据孔壁上温度大小，如果某些区域的温度超过一定值(本节设为沸点附近)，则设置为蒸发边界，否则，对于温度低于阈值的小孔局部位置施加简单的反射边界。

对于蒸发边界，小孔壁面上液态金属蒸发产生金属蒸气后进入小孔内部，产生的金属蒸气受到式(5-2-14)描述的表面压力驱动。

假设在熔融金属液蒸发过程中满足质量守恒定律，在蒸发边界上产生的蒸气密度 ρ_g 可近似为

$$\rho_{\mathrm{g}}=\left(\frac{M_{\mathrm{a}}}{N_{A}k_{B}}\right)\frac{p_{\mathrm{r}}}{T_{\mathrm{gb}}} \tag{5-3-3}$$

式中，M_a 为摩尔质量；N_A 为阿伏伽德罗常数。

对于蒸发边界上的金属蒸气的速度，其大小近似为最近网格蒸气速度的值，其方向假设垂直于壁面方向。它可以描述为

$$\frac{\partial \boldsymbol{U}_{\mathrm{g}}}{\partial \boldsymbol{n}}=\mathbf{0} \tag{5-3-4}$$

式中，$\boldsymbol{U}_g$ 为金属蒸气的速度矢量。

在小孔壁面冷凝区域，金属蒸气的速度满足反射边界条件。假设垂直于边界切线方向的速度反向，沿着边界切线方向的速度方向不变。令 $\boldsymbol{U}_g=(u_g \quad v_g \quad w_g)$，$u_g$ 为 $\boldsymbol{U}_g$ 在法向方向的速度分量值，v_g 和 w_g 为 $\boldsymbol{U}_g$ 在两个切线方向的速度分量值，i 和 $i+1$ 表示边界处相邻的两个网格节点，则反射边界上速度边界条件可以描述为

$$(u_{\mathrm{g}})_{i+1}=-(u_{\mathrm{g}})_{i},\quad (v_{\mathrm{g}})_{i+1}=(v_{\mathrm{g}})_{i},\quad (w_{\mathrm{g}})_{i+1}=(w_{\mathrm{g}})_{i} \tag{5-3-5}$$

不考虑努森层的影响，金属蒸气在蒸发边界上的温度近似为小孔壁面的温度，即

$$T_{\mathrm{gb}}=T_{\mathrm{k}} \tag{5-3-6}$$

式中，T_k 为这一点上小孔壁面的温度。

小孔开口上方计算区域最外层设置为出口，其压强边界采用第一类边界条件设置为大气压值。

5.3.2 计算方法

1. 双时间步长求解方法

熔池、小孔与金属蒸气具有不同的时间尺度，因此，本节提出一种双时间步长方法能有效地提高计算效率。简而言之，较大的时间步长 Δt_1 计算熔池温度场、小孔形貌，较小的时间步长 Δt_g 计算瞬态小孔内部金属蒸气动力学状态参数。

定义张量 $\boldsymbol{A}=[\boldsymbol{U}_1 \quad P_1 \quad \rho_1 \quad T_1 \quad \phi]^{\mathrm{T}}$ 表示熔融液态金属流体的速度、压力、密度、温度以及描述小孔自由界面的函数值。接着定义运动熔池、瞬态小孔演化求

解计算的过程：每个时间步长自动更新从 $t_n \sim t_{n+1}$ 时刻的张量 $\boldsymbol{A}$ 的映射函数 ψ：$[\boldsymbol{A}]^n \rightarrow [\boldsymbol{A}]^{n+1}$。同理，定义张量 $\boldsymbol{B}=[\boldsymbol{U}_g \quad P_g \quad \rho_g \quad T_g]^T$ 表示金属蒸气的速度、压力、密度、温度。接着定义金属蒸气动力学状态求解过程：每个时间步长自动更新 $t_n \sim t_{n+1}$ 时刻的张量 $\boldsymbol{B}$ 的映射函数 φ：$[\boldsymbol{B}]^{n'} \rightarrow [\boldsymbol{B}]^{n'+1}$。双时间步长数值方法的主要求解计算过程可以描述如下。

(1) 根据 t_n 时刻计算得到的描述小孔形貌的距离场函数 ϕ^n 值，更新熔池及金属蒸气的计算区域。

(2) 以较大的时间步长 $\Delta t_1(\Delta t_1 = t_{n+1} - t_n)$，求解计算区域内部熔池小孔动力学参数，即 $\psi([\boldsymbol{A}]^n) = [\boldsymbol{A}]^{n+1}$。

(3) 以较小的时间步长 $\Delta t_g(\Delta t_g = t_{n'+1} - t_{n'}, k\Delta t_g = \Delta t_1)$，求解计算区域内部金属蒸气动力学参数，总计算时间为步骤(2)中熔池小孔时间步长，即 $\varphi([\boldsymbol{B}]^{n'}) = [\boldsymbol{B}]^{n'+1}$，$\varphi([\boldsymbol{B}]^n) = \varphi^k([\boldsymbol{B}]^{n'}) = \varphi^{k-1}([\boldsymbol{B}]^{n'+1}) = \varphi^{k-2}([\boldsymbol{B}]^{n'+2}) = \cdots = [\boldsymbol{B}]^{n+1}$。

(4) 返回步骤(1)，依次循环计算直至焊接过程结束。

基于上述数值方法，本节提出了求解跨时间尺度多相流问题的双时间步长方法。激光深熔焊接过程中孔内可压缩金属蒸气的数值求解计算流程如图 5-3-2 所示。

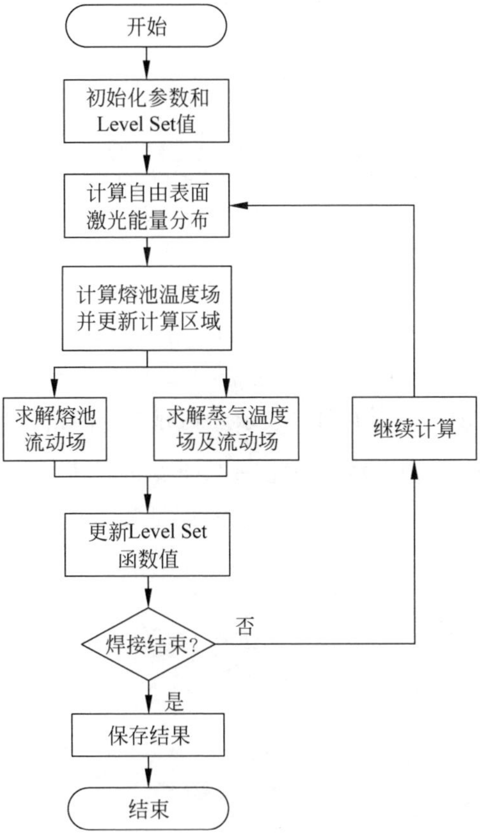

图 5-3-2　双时间步长数值求解程序流程图

2. 蒸气求解算法

上述所提出的双时间步长数值求解算法，需独立计算熔池、小孔和金属蒸气。熔池、小孔求解采用5.2节所述的方法进行求解。对于气相区域，根据已求解的小孔轮廓和熔池温度场，可以求解该界面处反冲压力和金属蒸气密度的大小。采用一阶Roe格式及中心差分格式离散方程组，每求解一步熔池、小孔控制方程，得到小孔形貌和熔池温度场结果，再通过多步计算金属蒸气控制方程得到该时刻熔池小孔对应的金属蒸气的速度场、压力场等。

首先，本节采用二阶中心差分离散欧拉方程(5-3-1)中 $\boldsymbol{S}$ 的热传导项 $\nabla(\lambda_g \nabla T)$，则其源项 S 可以通过下式进行计算：

$$S = I_R + \frac{\lambda_g}{(\Delta x)^2}[(T_{i+1,j} - T_{i,j}) - (T_{i,j} - T_{i-1,j}) + (T_{i,j+1} - T_{i,j}) - (T_{i,j} - T_{i,j-1})] \tag{5-3-7}$$

采用一阶精度Roe格式离散流动量通量 $\frac{\partial \boldsymbol{F}}{\partial x}$ 和 $\frac{\partial \boldsymbol{G}}{\partial y}$，方程(5-3-1)可以半离散为

$$\frac{\partial \boldsymbol{Q}}{\partial t} = \boldsymbol{S} - \frac{\boldsymbol{F}^{\mathrm{Roe}}_{i+1/2,j} - \boldsymbol{F}^{\mathrm{Roe}}_{i-1/2,j}}{\Delta x} - \frac{\boldsymbol{G}^{\mathrm{Roe}}_{i,j+1/2} - \boldsymbol{G}^{\mathrm{Roe}}_{i,j-1/2}}{\Delta x} \tag{5-3-8}$$

式中，$\boldsymbol{F}^{\mathrm{Roe}}_{i+1/2,j}$、$\boldsymbol{F}^{\mathrm{Roe}}_{i-1/2,j}$、$\boldsymbol{G}^{\mathrm{Roe}}_{i,j+1/2}$、$\boldsymbol{G}^{\mathrm{Roe}}_{i,j-1/2}$ 表示为半点处的Roe格式数值通量，求解方式一致。以 $\boldsymbol{F}^{\mathrm{Roe}}_{i+1/2,j}$ 为例，采用Roe格式差分计算可表示为下列形式：

$$\boldsymbol{F}^{\mathrm{Roe}}_{i+1/2,j} = \frac{\boldsymbol{F}_{i,j} + \boldsymbol{F}_{i+1,j}}{2} - \frac{1}{2}|\hat{\boldsymbol{A}}|(\boldsymbol{Q}_{i+1,j} - \boldsymbol{Q}_{i,j}) \tag{5-3-9}$$

式中，$\boldsymbol{F}_{i,j} = \begin{bmatrix} \rho u \\ \rho u^2 + p \\ \rho u v \\ u(E+p) \end{bmatrix}_{i,j}$；$\boldsymbol{F}_{i+1,j} = \begin{bmatrix} \rho u \\ \rho u^2 + p \\ \rho u v \\ u(E+p) \end{bmatrix}_{i+1,j}$；矩阵 $\hat{\boldsymbol{A}} = \frac{\partial \boldsymbol{F}}{\partial \boldsymbol{Q}}$，^表示取两个节点中心处的Roe平均值。方程中最后一项为Roe格式特征值算法有限差分形式的残差，令 $\Delta\varphi = \varphi_I - \varphi_{I'}$（$I$ 和 I' 表示两相邻节点网格），则该项可以计算为

$$|\hat{\boldsymbol{A}}|(\boldsymbol{Q}_{i+1} - \boldsymbol{Q}_i) = |\Delta\hat{\boldsymbol{F}}|_1 + |\Delta\hat{\boldsymbol{F}}|_2 + |\Delta\hat{\boldsymbol{F}}|_3 + |\Delta\hat{\boldsymbol{F}}|_4 \tag{5-3-10}$$

式中，

$$|\Delta\hat{\boldsymbol{F}}|_1 = |\hat{U}|\left(\Delta\rho - \frac{\Delta\rho}{\hat{c}^2}\right)\begin{pmatrix} 1 \\ \hat{\boldsymbol{u}} \\ \hat{\boldsymbol{v}} \\ \frac{\hat{\boldsymbol{u}}^2 + \hat{\boldsymbol{v}}^2}{2} \end{pmatrix}, \quad |\Delta\hat{\boldsymbol{F}}|_2 = |\hat{U}|\hat{\rho}(\boldsymbol{n}_y \Delta\boldsymbol{u} - \boldsymbol{n}_x \Delta\boldsymbol{v})\begin{pmatrix} 0 \\ \boldsymbol{n}_y \\ -\boldsymbol{n}_x \\ \hat{\boldsymbol{u}}\boldsymbol{n}_y - \hat{\boldsymbol{v}}\boldsymbol{n}_x \end{pmatrix},$$

$$|\Delta\hat{\boldsymbol{F}}|_{3,4} = |\hat{U} \pm \hat{c}| \left(\frac{\Delta p \pm \hat{\rho}\hat{c}\Delta U}{2\hat{c}^2}\right) \begin{pmatrix} 1 \\ \hat{\boldsymbol{u}} \pm \boldsymbol{n}_x \hat{c} \\ \hat{\boldsymbol{v}} \pm \boldsymbol{n}_y \hat{c} \\ \hat{H} \pm \hat{c}\hat{U} \end{pmatrix}$$

式中，$|\Delta\hat{\boldsymbol{F}}|_1$ 和 $|\Delta\hat{\boldsymbol{F}}|_2$ 表示接触间断的线性部分；$|\Delta\hat{\boldsymbol{F}}|_3$ 和 $|\Delta\hat{\boldsymbol{F}}|_4$ 表示冲击波或扩散波的非线性部分；U 表示 X 或 Y 方向的速度 $\boldsymbol{u}$ 或 $\boldsymbol{v}$；$\boldsymbol{n}_x$ 和 $\boldsymbol{n}_y$ 表示节点处的 X 和 Y 方向的单位向量：$\hat{\rho}$、$\hat{u}$、$\hat{v}$、$\hat{p}$、$\hat{c}$、$\hat{H}$ 表示流动量密度、速度、压强、声速和焓在半点处的 Roe 平均值；$|\hat{U}|$ 和 $|\hat{U}\pm\hat{c}|$ 均表示雅可比系数矩阵 $\hat{\boldsymbol{A}}$ 特征值的绝对值大小。

为了避免 $\hat{\boldsymbol{A}}$ 的特征值 $|\lambda|$ 接近于零时计算结果将会产生非物理解，本节对迎风型 Roe 算法进行熵条件修正。具体计算函数如下：

$$|\lambda|_{\text{entrop fix}} = \begin{cases} |\lambda| & (|\lambda| > \text{eps}) \\ \dfrac{|\lambda|^2}{2\text{eps}} + \text{eps} & (|\lambda| \leqslant \text{eps}) \end{cases} \tag{5-3-11}$$

式中，$\text{eps} = |\Delta\hat{U}| + |\Delta\hat{c}|$。

对于欧拉方程(5-3-1)中时间项 $\dfrac{\partial \boldsymbol{Q}}{\partial t}$ 使用向前差分格式(forward difference method，FDM)可以离散为以下形式：

$$\frac{\partial \boldsymbol{Q}}{\partial t} = \frac{\boldsymbol{Q}_{i,j}^{n+1} - \boldsymbol{Q}_{i,j}^{n}}{\Delta t} \tag{5-3-12}$$

式中，n 和 $n+1$ 表示这一时刻和下一时刻。

5.3.3 计算实例

基于所建立的激光焊接孔内蒸气行为数学模型，采用所提出的双时间步长算法，对 304 不锈钢激光焊接过程的金属蒸气进行了数值模拟研究。图 5-3-3 表示当激光功率为 1.5kW、焊接速度为 3m/min 时，11.717 949～11.719 205ms 的 1.256μs 瞬态时段孔内金属蒸气的速度演化过程。从图 5-3-3(a)的孔壁右下方可以发现存在一个微小隆起，同时在隆起部分的温度是非常高的，为 3100℃左右。如图 5-3-3(a)～(f)所示，该部位发生剧烈蒸发，从此处产生强烈的金属蒸气。由图 5-3-3(a)、(b)显示孔内蒸气速度经历显著的变化所需的时间仅为 396ns。随着焊接过程的继续，在 11.718 604ms 锁孔内，除在小孔后壁的隆起处金属蒸气的速度仍然继续有所增强之外，其余部位的金属蒸气速度场基本处于准稳态。

图 5-3-4 和图 5-3-5 分别表示当激光功率为 1.5kW，焊接速度为 3m/min 时，11.717 949～11.719 205ms 的 1.256μs 瞬态时段孔内金属蒸气的压力和马赫数演

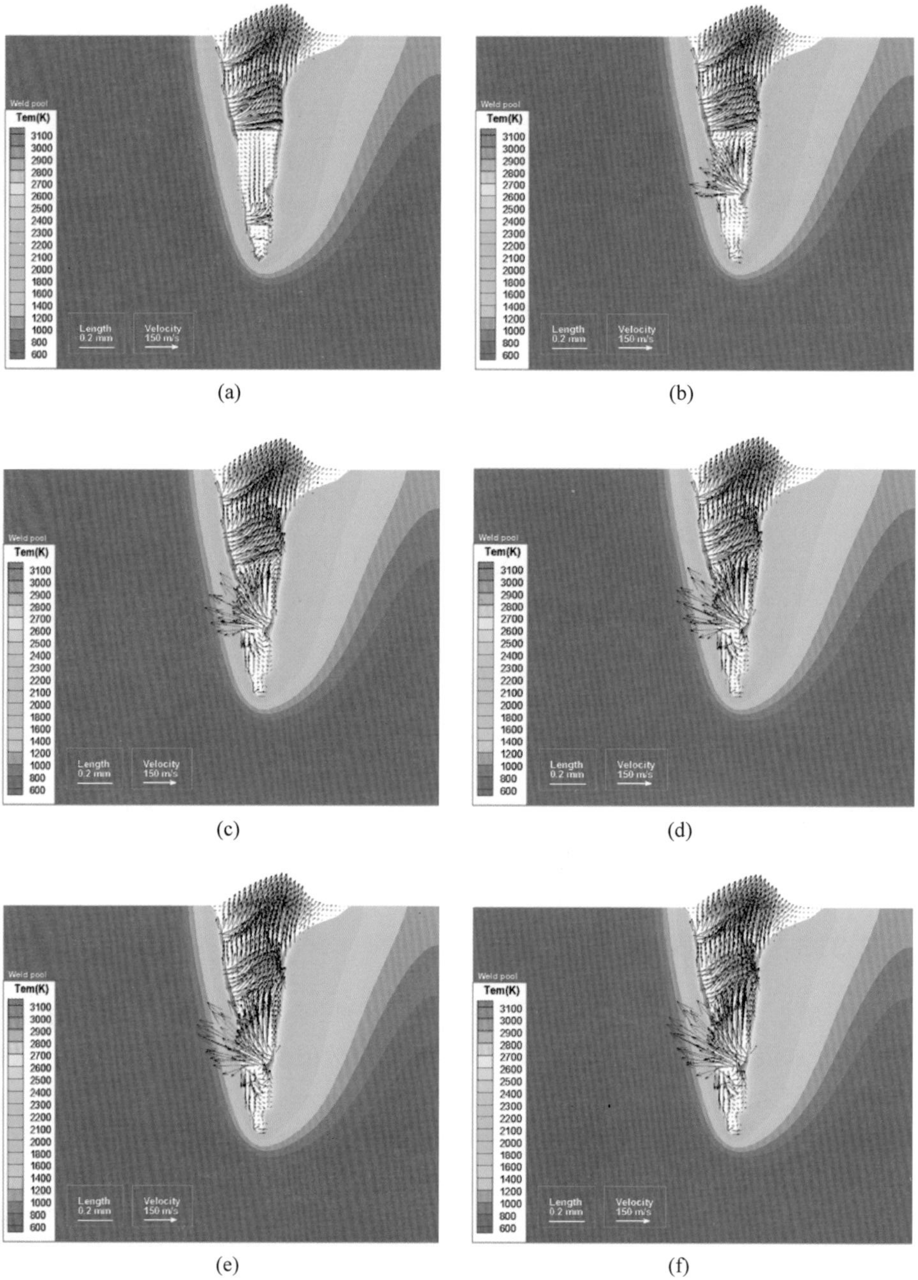

图 5-3-3　瞬态时段小孔内部金属蒸气的速度分布（$P=1.5\text{kW}, V=3\text{m/min}$）

(a) 11.717 949ms；(b) 11.718 345ms；(c) 11.718 604ms；(d) 11.718 833ms；(e) 11.718 996ms；(f) 11.719 205ms

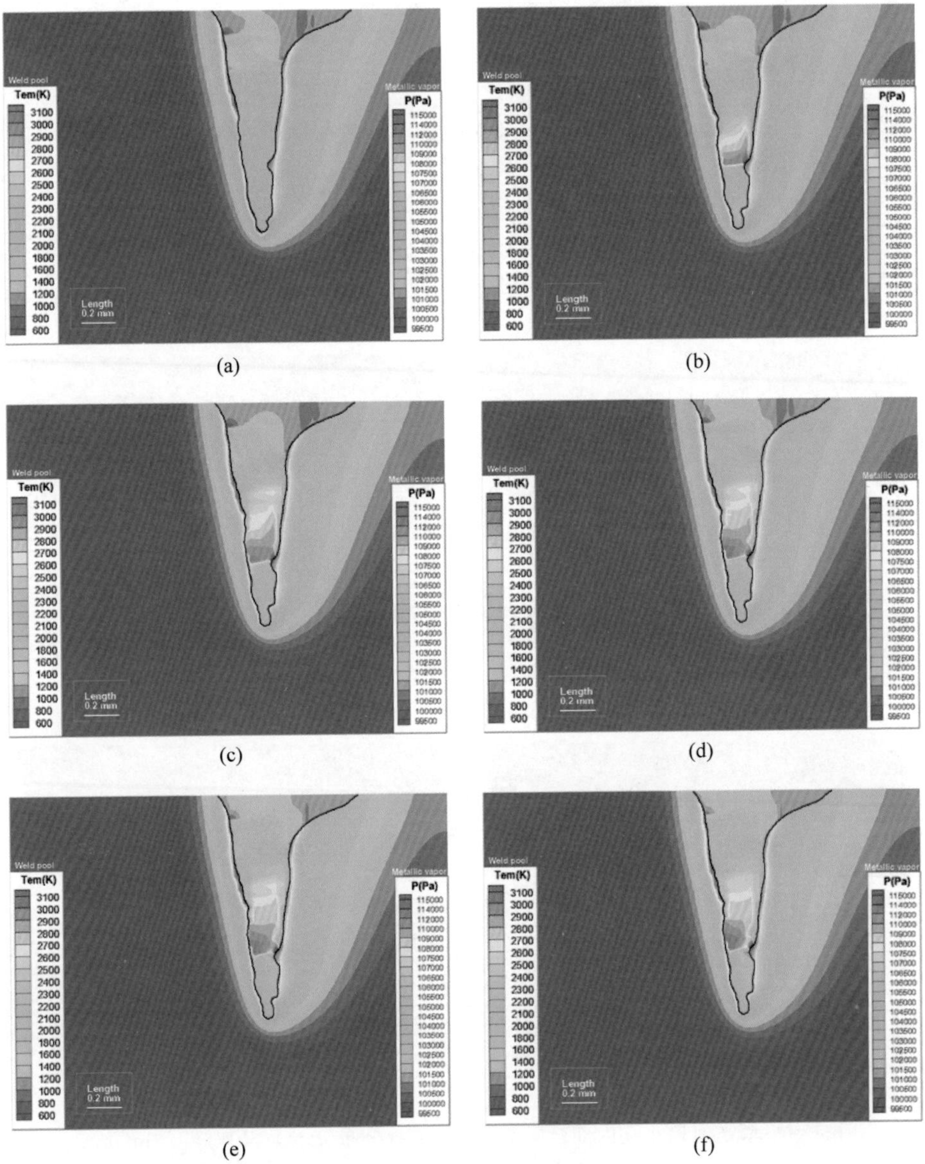

图 5-3-4　瞬态时段小孔内部金属蒸气的压力分布($P=1.5\text{kW}, V=3\text{m/min}$)

(a) 11.717 949ms；(b) 11.718 345ms；(c) 11.718 604ms；(d) 11.718 833ms；

(e) 11.718 996ms；(f) 11.719 205ms

化过程。由图 5-3-4 和图 5-3-5(a)、(b)所示，孔内金属蒸气的压力及马赫数发生明显的改变也是由于小孔后壁隆起处的剧烈蒸发。同时从图 5-3-4 和图 5-3-5(c)～(f)可见，后壁隆起处局部位置的马赫数仍不断增加，同时改变了附近蒸气压力状态。

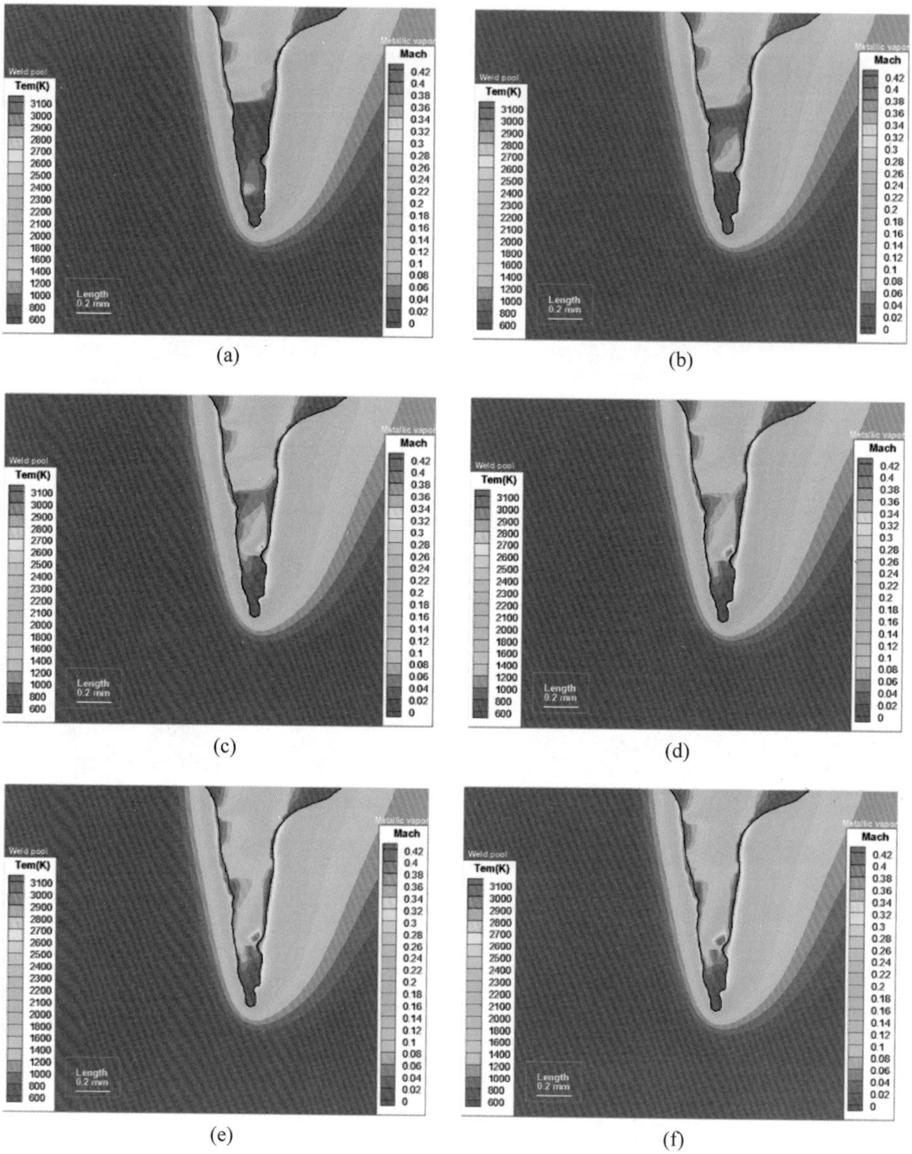

图 5-3-5　瞬态时段小孔内部金属蒸气的马赫数分布(P=1.5kW,V=3m/min)

(a) 11.717 949ms; (b) 11.718 345ms; (c) 11.718 604ms; (d) 11.718 833ms; (e) 11.718 996ms; (f) 11.719 205ms

因此,从短时间段瞬态小孔内部金属蒸气的速度、压力及马赫数变化情况可以发现,小孔内部金属蒸气的状态随时间变化发生明显的改变并且具有很高的瞬态性。

5.4　焊接结构应力与变形仿真

5.4.1　焊接过程的温度-应力-变形问题有限元求解框架

焊接过程是一个外部热源在所焊工件上持续作用并移动，通过热源能量熔化金属并重新凝固形成焊缝的过程，实际的焊接过程是一个非常复杂的过程，里面包含各种复杂的物理现象，如高能束焊接中的动态小孔、熔池内部的流动行为、高温蒸气的流动行为、热胀冷缩导致的材料内部的应力变化等。对于这一复杂问题，针对所要研究的目标，难以考虑所有的物理现象，一般在研究中需要对其进行适当的简化。

焊接过程的热-弹-塑性模型就是一个用于分析焊接过程的宏观温度、应力及变形的数学模型(图 5-4-1)。随着热源的移动，整个工件上的温度随时间和空间急剧变化，工件内部由于热传导作用发生热量传递，工件与空气接触的表面与室温大气发生对流换热及辐射换热，还存在金属熔化和相变时的潜热现象；同时，由于金属热胀冷缩效应，工件内部产生局部应力，并在某些位置达到塑性状态发生塑性变形，最终导致工件焊完冷却后发生永久性的形变及残余应力。

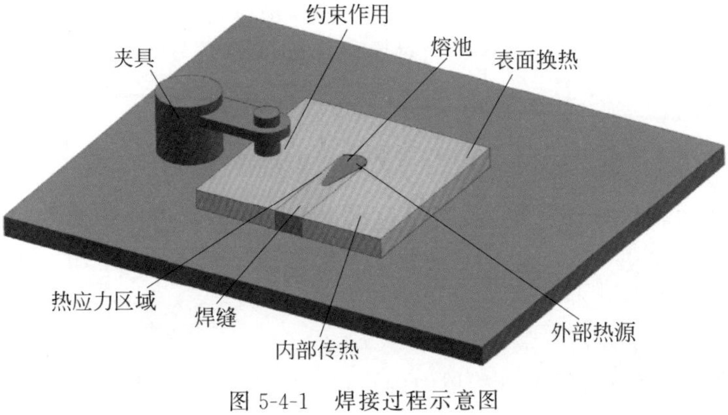

图 5-4-1　焊接过程示意图

本节采用顺序耦合的方式来对热-弹-塑性模型进行分析，即先求解温度场，再求解由温度场导致的应力场(图 5-4-2)。

1. 焊接过程的温度场求解

1）瞬态温度场热传导模型

焊接过程中，其内部的温度场满足方程：

$$c\rho \frac{\partial T}{\partial t} = \frac{\partial}{\partial x}\left(\lambda_x \frac{\partial T}{\partial x}\right) + \frac{\partial}{\partial y}\left(\lambda_y \frac{\partial T}{\partial y}\right) + \frac{\partial}{\partial z}\left(\lambda_z \frac{\partial T}{\partial z}\right) + Q \tag{5-4-1}$$

式中，λ_x、λ_y、λ_z 分别表示材料在 x、y、z 方向上的导热系数，对于一般的金属材

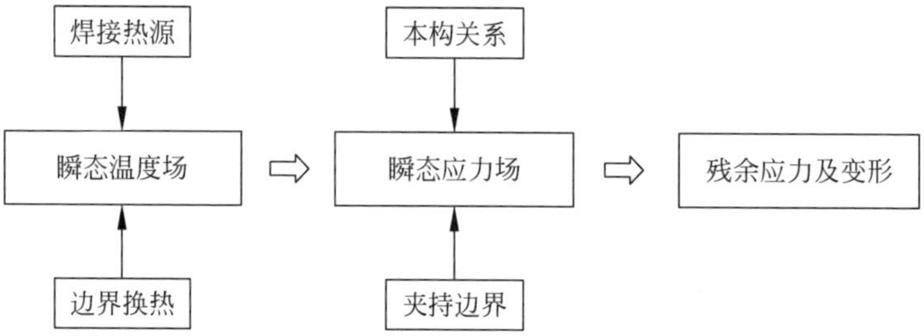

图 5-4-2　弹塑性模型顺序耦合求解示意图

料，一般考虑 3 个方向的导热系数相同；c 为材料的比热容；ρ 为材料的密度；Q 为作用在工件内部的热源。

2）温度边界条件

大多数焊接中，热量中的一部分通过工件表面与焊接环境中的气体（大部分时候为空气）进行对流换热。在对流换热边界上，满足公式：

$$\lambda_x \frac{\partial T}{\partial x} n_x + \lambda_y \frac{\partial T}{\partial y} n_y + \lambda_z \frac{\partial T}{\partial z} n_z = h(T_{\text{env}} - T) \tag{5-4-2}$$

式中，n_x、n_y、n_z 分别为边界外法向量的方向余弦；T_{env} 为环境温度；h 为换热系数，对流换热和辐射换热通过不同换热系数来体现不同的换热形式。

在某些焊接过程中，特别在电子束焊接中，由于电子束焊接过程中的真空环境，其热量主要通过热辐射的形式和对底板之间的热传导向外传递。在辐射边界上满足公式：

$$\lambda_x \frac{\partial T}{\partial x} n_x + \lambda_y \frac{\partial T}{\partial y} n_y + \lambda_z \frac{\partial T}{\partial z} n_z = \varepsilon k(T_{\text{env}}^4 - T^4) \tag{5-4-3}$$

式中，系数 k 为玻尔兹曼常数，其值为 5.67×10^{-8}；ε 为物体的黑度，对抛光后的金属表面，其值为 0.2～0.4，对于粗糙被氧化的钢材表面，其值为 0.6～0.9，黑度与物体的温度、表面和种类有关。

3）瞬态热传导方程有限元离散及求解

通过变分原理对温度场分析域内的热传导方程以及边界上的对流换热方程建立其等效积分形式，即

$$\begin{aligned}
&\int_{\Omega} w_1 \left[c\rho \frac{\partial T}{\partial t} - \frac{\partial}{\partial x}\left(\lambda_x \frac{\partial T}{\partial x}\right) + \frac{\partial}{\partial y}\left(\lambda_y \frac{\partial T}{\partial y}\right) + \frac{\partial}{\partial z}\left(\lambda_z \frac{\partial T}{\partial z}\right) + Q \right] \mathrm{d}\Omega + \\
&\int_{\Gamma} w_2 \left[\lambda_x \frac{\partial T}{\partial x} n_x + \lambda_y \frac{\partial T}{\partial y} n_y + \lambda_z \frac{\partial T}{\partial z} n_z - h(T_{\text{env}} - T) \right] + \\
&\int_{\Gamma} w_3 \left[\lambda_x \frac{\partial T}{\partial x} n_x + \lambda_y \frac{\partial T}{\partial y} n_y + \lambda_z \frac{\partial T}{\partial z} n_z - \varepsilon k(T_{\text{env}}^4 - T^4) \right] = 0
\end{aligned} \tag{5-4-4}$$

通过伽辽金方法对 w_1、w_2 和 w_3 选择任意函数，并对式（5-4-4）进行分部积分，将域 Ω 离散为有限个单元体，每个单元体内部的温度可由单元节点温度通过插值函数得到，最终可以获得焊接过程瞬态有限元的一般格式：

$$\boldsymbol{C}_{V_e}\frac{\mathrm{d}\boldsymbol{T}_{V_e}}{\mathrm{d}t}+\boldsymbol{K}_{V_e}\boldsymbol{T}_{V_e}=\boldsymbol{P}_{V_e} \tag{5-4-5}$$

式中，$\boldsymbol{C}_{V_e}$ 为单元热容矩阵；$\boldsymbol{K}_{V_e}$ 为单元热传导矩阵；$\boldsymbol{P}_{V_e}$ 为单元右端载荷向量。它们各自可以通过以下公式得到：

$$\boldsymbol{C}_{V_e}=\int_{V^e}N_iN_j\rho c\,\mathrm{d}V^e \tag{5-4-6}$$

$$\boldsymbol{K}_{V_e}=\int_{V^e}\left(\lambda_x\frac{\partial N_i}{\partial x}\frac{\partial N_j}{\partial x}+\lambda_x\frac{\partial N_i}{\partial y}\frac{\partial N_j}{\partial y}+\lambda_x\frac{\partial N_i}{\partial x}\frac{\partial N_j}{\partial y}\right)\mathrm{d}V^e+\int_{\Gamma^e}\bar{h}N_iN_j\,\mathrm{d}\Gamma^e \tag{5-4-7}$$

$$\boldsymbol{P}_{V_e}=\int_{V^e}N_iQ\,\mathrm{d}V^e+\int_{\Gamma^e}hT_{\text{env}}N_i\,\mathrm{d}\Gamma^e \tag{5-4-8}$$

式中，$\bar{h}$ 为等效换热系数，即

$$\bar{h}=h+\varepsilon k(T_{\text{env}}^2+T^2)(T_{\text{env}}+T) \tag{5-4-9}$$

式中，ε 和 k 为物体的黑度和玻尔兹曼常数。对所有分析域中的矩阵和向量按照节点编号进行组装，即可以得到整个计算空间上的热容矩阵 $\boldsymbol{C}$、热传导矩阵 $\boldsymbol{K}$，以及由于热源作用而产生的右端载荷向量 $\boldsymbol{P}$。根据有限元网格内的单元-节点对应关系，可以将公式(5-4-5)组装为

$$\boldsymbol{C}\frac{\mathrm{d}\boldsymbol{T}}{\mathrm{d}t}+\boldsymbol{K}\boldsymbol{T}=\boldsymbol{P} \tag{5-4-10}$$

式中，热容矩阵 $\boldsymbol{C}=\sum\boldsymbol{C}_{V_e}$、热传导矩阵 $\boldsymbol{K}=\sum\boldsymbol{K}_{V_e}$ 及右端载荷向量 $\boldsymbol{P}=\sum\boldsymbol{P}_{V_e}$ 都可以从各自对应的单元进行求和得到。

对式(5-4-10)在时间上进行差分形式的离散，可以得到：

$$\boldsymbol{C}\frac{\boldsymbol{T}_{n+1}-\boldsymbol{T}_n}{\Delta t}+\boldsymbol{K}\boldsymbol{T}_{n+1}=\boldsymbol{P}_{n+1} \tag{5-4-11}$$

简化后，可以得到适用于程序求解的线性方程组：

$$\bar{\boldsymbol{K}}\boldsymbol{T}_{n+1}=\bar{\boldsymbol{Q}}_{n+1} \tag{5-4-12}$$

式中，$\bar{\boldsymbol{K}}$ 为有效系数矩阵，即

$$\bar{\boldsymbol{K}}=\frac{\boldsymbol{C}}{\Delta t}+\boldsymbol{K} \tag{5-4-13}$$

$\bar{\boldsymbol{Q}}_{n+1}$ 为 $n+1$ 时刻的有效载荷向量，即

$$\bar{\boldsymbol{Q}}_{n+1}=\frac{\boldsymbol{C}}{\Delta t}\boldsymbol{T}_n+\boldsymbol{P}_{n+1} \tag{5-4-14}$$

由此，通过初始化 $\boldsymbol{T}_0$ 及根据热源模型求得的 $\boldsymbol{P}_n$，就可以依次求得整个焊接过程以及冷却后的温度场分布。

4) 熔化潜热处理

焊接过程中，金属材料受热熔化、冷却凝固，由于材料存在熔化/凝固潜热，需

要对潜热加以考虑才可以更为准确地获得焊接过程中的温度分布及熔池形貌。本节中采用热焓法对材料的熔化潜热进行处理。材料的热焓定义如下：

$$H=\begin{cases} T+\dfrac{L}{c\rho} & (T\geqslant T_{\text{liquid}}) \\ T_{\text{solid}}+\dfrac{T-T_{\text{solid}}}{T_{\text{liquid}}-T_{\text{solid}}}\dfrac{L}{c\rho} & (T_{\text{solid}}<T<T_{\text{liquid}}) \\ T & (H\leqslant T_{\text{solid}}) \end{cases} \tag{5-4-15}$$

式中，L 为潜热；c 为材料的比热容；ρ 为材料的密度。式(5-4-15)还可以写为由热焓转化为温度的公式：

$$T=\begin{cases} H-\dfrac{L}{c\rho} & \left(H\geqslant T_{\text{liquid}}+\dfrac{L}{c\rho}\right) \\ T_{\text{solid}}+\dfrac{H-T}{T_{\text{liquid}}-\dfrac{L}{c\rho}-T_{\text{solid}}} & \left(T_{\text{solid}}<H<T_{\text{liquid}}+\dfrac{L}{c\rho}\right) \\ H & (H\leqslant T_{\text{solid}}) \end{cases} \tag{5-4-16}$$

以热焓代替温度，代入式(5-4-10)中，得到：

$$\boldsymbol{C}\frac{\mathrm{d}\boldsymbol{H}}{\mathrm{d}t}+\boldsymbol{K}\boldsymbol{T}=\boldsymbol{P} \tag{5-4-17}$$

同样，在时间上进行差分，可以得到：

$$\boldsymbol{C}\frac{\boldsymbol{H}_{n+1}}{\Delta t}+\boldsymbol{K}\boldsymbol{T}_{n+1}=\frac{\boldsymbol{C}}{\Delta t}\boldsymbol{H}_n+\boldsymbol{P}_{n+1} \tag{5-4-18}$$

忽略处于固液转换之间的单元，可以得到：

$$\boldsymbol{H}_{n+1}-\boldsymbol{H}_n=\boldsymbol{T}_{n+1}-\boldsymbol{T}_n \tag{5-4-19}$$

将式(5-4-19)代入式(5-4-18)中，可以得到：

$$\boldsymbol{C}\frac{\boldsymbol{H}_{n+1}}{\Delta t}+\boldsymbol{K}(\boldsymbol{H}_{n+1}-\boldsymbol{H}_n+\boldsymbol{T}_n)=\frac{\boldsymbol{C}}{\Delta t}\boldsymbol{H}_n+\boldsymbol{P}_{n+1} \tag{5-4-20}$$

可以写为

$$\boldsymbol{C}\frac{\boldsymbol{H}_{n+1}}{\Delta t}+\boldsymbol{K}\boldsymbol{H}_{n+1}=\frac{\boldsymbol{C}}{\Delta t}\boldsymbol{H}_n+\boldsymbol{P}_{n+1}+\boldsymbol{K}(\boldsymbol{H}_n-\boldsymbol{T}_n) \tag{5-4-21}$$

同理，公式可以归纳为

$$\bar{\boldsymbol{K}}\boldsymbol{H}_{n+1}=\bar{\boldsymbol{Q}}_{n+1} \tag{5-4-22}$$

与式(5-4-12)类似，等效系数矩阵和右端载荷向量表示为

$$\bar{\boldsymbol{K}}=\frac{\boldsymbol{C}}{\Delta t}+\boldsymbol{K} \tag{5-4-23}$$

$$\bar{\boldsymbol{Q}}_{n+1}=\frac{\boldsymbol{C}}{\Delta t}\boldsymbol{H}_n+\boldsymbol{P}_{n+1}+\boldsymbol{K}(\boldsymbol{H}_n-\boldsymbol{T}_n) \tag{5-4-24}$$

由此，通过初始化 $\boldsymbol{T}_0$ 可以获得 $\boldsymbol{H}_0$，并依次获得 $\boldsymbol{H}_n$ 和 $\boldsymbol{T}_n$。

2. 焊接过程的应力场求解

1）材料弹塑性行为

弹塑性材料的特征是，当材料载荷卸去后，存在不可恢复的永久变形，即塑性变形。由于这种塑性情况的存在，在加载卸载中，应力和应变的关系不再一一对应。

对于大多数金属材料来说，可以通过屈服极限值来判断材料是否进入塑性，当应力低于屈服极限时，材料为弹性状态，此时卸载后材料会沿着加载的路径返回；当应力高于屈服极限时，材料为塑性状态，在不同的材料下呈现不同的塑性力学行为。一般在进行焊接过程中的力学分析中，多采用理想弹塑性模型或者塑性硬化模型，如图 5-4-3 所示。

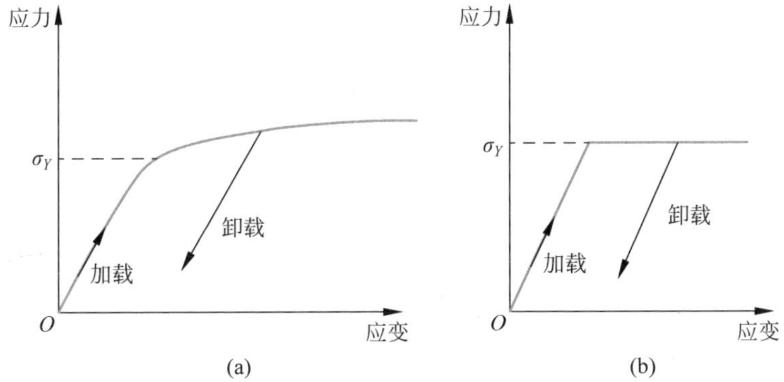

图 5-4-3　材料弹塑性模型

（a）塑性硬化模型；（b）理想塑性模型

2）材料塑性力学行为

在力学分析中，采用米泽斯屈服准则，材料的屈服函数 $F(\sigma,k)$ 可以表示为

$$F(\sigma,k)=f(\sigma)-k \tag{5-4-25}$$

式中，$f(\sigma)$ 为等效应力，其表达形式为

$$f(\sigma)=\sqrt{\frac{(\sigma_x-\sigma_y)^2+(\sigma_y-\sigma_z)^2+(\sigma_z-\sigma_x)^2+6(\tau_{xy}^2+\tau_{yz}^2+\tau_{zx}^2)}{2}} \tag{5-4-26}$$

k 为屈服强度，当采用理想弹塑性模型时，屈服强度可以认为是只与当前温度有关的函数，当采用塑性硬化模型或者其他类型的材料本构模型时，一般认为材料屈服强度与应力应变历程相关。$F(\sigma,k)\geqslant 0$ 时，认为材料进入塑性状态，否则材料为弹性状态。

当等效应力达到屈服条件后，应变的增量满足米泽斯流动法则。米泽斯流动法则用于描述材料进入塑性后塑性应变的增量与应力增量之间的关系，塑性应变的增量可以表示为

$$\mathrm{d}\boldsymbol{\varepsilon}_{\mathrm{p}} = \mathrm{d}\lambda \frac{\partial F}{\partial \boldsymbol{\sigma}} \tag{5-4-27}$$

式中，$\mathrm{d}\lambda$ 为正的待定有限量，其具体的取值与材料的本构模型相关；$\left\{\frac{\partial F}{\partial \boldsymbol{\sigma}}\right\}$ 为沿着应力空间中屈服面 $F=0$ 的法线方向。

3）增量形式的弹塑性有限元格式

在焊接过程中，初始应变是由热应变引起的，应力的增量可以表达为

$$\mathrm{d}\boldsymbol{\sigma} = \boldsymbol{C}\mathrm{d}\boldsymbol{\varepsilon} - \boldsymbol{G}\mathrm{d}\boldsymbol{T} \tag{5-4-28}$$

式中，$\mathrm{d}\boldsymbol{\sigma}$ 为应变增量；$\boldsymbol{C}$ 为刚度矩阵；$\mathrm{d}\boldsymbol{\varepsilon}$ 为应变增量；$\boldsymbol{G}$ 是温度-应力矩阵；$\mathrm{d}\boldsymbol{T}$ 为温度增量。

根据单元中的几何关系，可以得到位移与应变之间的关系为

$$\mathrm{d}\boldsymbol{\varepsilon} = \boldsymbol{B}\mathrm{d}\boldsymbol{u} \tag{5-4-29}$$

式中，$\mathrm{d}\boldsymbol{u}$ 为单元节点位移增量，$\boldsymbol{B}$ 为位移-应变矩阵，即

$$\boldsymbol{B} = \boldsymbol{LN} = \begin{bmatrix} \frac{\partial}{\partial x} & 0 & 0 \\ 0 & \frac{\partial}{\partial y} & 0 \\ 0 & 0 & \frac{\partial}{\partial z} \\ \frac{\partial}{\partial y} & \frac{\partial}{\partial x} & 0 \\ 0 & \frac{\partial}{\partial z} & 0 \\ \frac{\partial}{\partial z} & 0 & \frac{\partial}{\partial x} \end{bmatrix} \begin{bmatrix} N_0 & 0 & 0 & \cdots & N_i & 0 & 0 \\ 0 & N_0 & 0 & \cdots & 0 & N_i & 0 \\ 0 & 0 & N_0 & \cdots & 0 & 0 & N_i \end{bmatrix} \tag{5-4-30}$$

基于虚位移原理，建立平衡关系，集合所有单元上受到的力，工件受到了力的总合力 $\mathrm{d}\boldsymbol{F}$ 可以表示为

$$\sum \mathrm{d}\boldsymbol{F} = \sum \int \boldsymbol{B}^{\mathrm{T}}\boldsymbol{CB}\mathrm{d}\boldsymbol{u}\mathrm{d}\Omega - \sum \int \boldsymbol{B}^{\mathrm{T}}\boldsymbol{G}\mathrm{d}\boldsymbol{T}\mathrm{d}\Omega \tag{5-4-31}$$

理想状态下，焊接过程中工件上的外力为0，即 $\mathrm{d}\boldsymbol{F}=0$，于是有

$$\sum \int \boldsymbol{B}^{\mathrm{T}}\boldsymbol{CB}\mathrm{d}\boldsymbol{u}\mathrm{d}\Omega = \sum \int \boldsymbol{B}^{\mathrm{T}}\boldsymbol{G}\mathrm{d}\boldsymbol{T}\mathrm{d}\Omega \tag{5-4-32}$$

可以将式(5-4-32)写为

$$\sum \boldsymbol{K}^{(V_e)}\mathrm{d}\boldsymbol{u} = \sum \boldsymbol{P}^{(V_e)} \tag{5-4-33}$$

式中，$\boldsymbol{K}^{(V_e)}$ 为单元刚度矩阵，$\boldsymbol{P}^{(V_e)}$ 为单元热应变载荷。

$$\boldsymbol{K}^{(V_e)} = \int \boldsymbol{B}^{\mathrm{T}}\boldsymbol{CB}\mathrm{d}\Omega \tag{5-4-34}$$

$$\boldsymbol{P}^{(V_e)} = \int \boldsymbol{B}^{\mathrm{T}}\boldsymbol{G}\mathrm{d}\boldsymbol{T}\mathrm{d}\Omega \tag{5-4-35}$$

式中，$\boldsymbol{C}$ 和 $\boldsymbol{G}$ 分别为待求的矩阵，具体推导过程如下。

当材料处于弹性阶段时，应变的增量表达式如下：

$$\mathrm{d}\boldsymbol{\varepsilon} = \mathrm{d}\boldsymbol{\varepsilon}_{\mathrm{e}} + \mathrm{d}\boldsymbol{\varepsilon}_{T} \tag{5-4-36}$$

式中，$\mathrm{d}\boldsymbol{\varepsilon}_{\mathrm{e}}$ 为弹性应变增量；$\mathrm{d}\boldsymbol{\varepsilon}_{T}$ 为热应变增量。

在考虑物性参数随温度变化的模型中，弹性应变增量的表达式为

$$\mathrm{d}\boldsymbol{\varepsilon}_{\mathrm{e}} = \boldsymbol{C}_{\mathrm{e}}^{-1}\mathrm{d}\boldsymbol{\sigma} - \boldsymbol{S}\boldsymbol{\sigma} \tag{5-4-37}$$

式中，$\boldsymbol{S}$ 为应力非平衡项；$\boldsymbol{C}_{\mathrm{e}}$ 为弹性状态的本构矩阵，可以根据材料物性参数中的弹性模量 E 和泊松比 ν 来表示：

$$\boldsymbol{C}_{\mathrm{e}} = \frac{E(1-\nu)}{(1+\nu)(1-2\nu)}\begin{bmatrix} 1 & \frac{\nu}{1-\nu} & \frac{\nu}{1-\nu} & 0 & 0 & 0 \\ \frac{\nu}{1-\nu} & 1 & \frac{\nu}{1-\nu} & 0 & 0 & 0 \\ \frac{\nu}{1-\nu} & \frac{\nu}{1-\nu} & 1 & 0 & 0 & 0 \\ 0 & 0 & 0 & \frac{1-2\nu}{2(1-\nu)} & 0 & 0 \\ 0 & 0 & 0 & 0 & \frac{1-2\nu}{2(1-\nu)} & 0 \\ 0 & 0 & 0 & 0 & 0 & \frac{1-2\nu}{2(1-\nu)} \end{bmatrix} \tag{5-4-38}$$

$\boldsymbol{S}$ 可以表示为

$$\boldsymbol{S} = \boldsymbol{C}_{\mathrm{e}}^{-1}\frac{\partial \boldsymbol{C}_{\mathrm{e}}}{\partial T}\mathrm{d}T\boldsymbol{C}_{\mathrm{e}} \tag{5-4-39}$$

$\mathrm{d}\boldsymbol{\varepsilon}_{T}$ 可以通过线膨胀系数矩阵和温度差值得到：

$$\mathrm{d}\boldsymbol{\varepsilon}_{T} = \boldsymbol{\alpha}\mathrm{d}\boldsymbol{T} \tag{5-4-40}$$

线膨胀系数矩阵可以表示为

$$\boldsymbol{\alpha} = \begin{bmatrix} \alpha_x & & & & & \\ & \alpha_y & & & & \\ & & \alpha_z & & & \\ & & & 0 & & \\ & & & & 0 & \\ & & & & & 0 \end{bmatrix} \tag{5-4-41}$$

对于各向同性材料，由温度引起的膨胀在各个方向上都相同，$\alpha_x = \alpha_y = \alpha_z = \bar{\alpha}$。

将式(5-4-40)代入式(5-4-37)，可以得到：

$$\mathrm{d}\boldsymbol{\sigma} = \boldsymbol{C}_{\mathrm{e}}\mathrm{d}\boldsymbol{\varepsilon} - \boldsymbol{C}_{\mathrm{e}}(\boldsymbol{S} + \boldsymbol{\alpha})\mathrm{d}\boldsymbol{T} \tag{5-4-42}$$

因此可以得到：

$$\boldsymbol{C}=\boldsymbol{C}_{\mathrm{e}} \tag{5-4-43}$$

$$\boldsymbol{G}=\boldsymbol{C}_{\mathrm{e}}(\boldsymbol{S}+\boldsymbol{\alpha}) \tag{5-4-44}$$

在材料进入塑性状态时，其应变的增量为

$$\mathrm{d}\boldsymbol{\varepsilon}=\mathrm{d}\boldsymbol{\varepsilon}_{\mathrm{e}}+\mathrm{d}\boldsymbol{\varepsilon}_{T}+\mathrm{d}\boldsymbol{\varepsilon}_{\mathrm{p}} \tag{5-4-45}$$

根据公式，塑性应变增量满足塑性流动法则，按照类似的推导方式可以求得在塑性状态下的 $\boldsymbol{C}$ 矩阵及 $\boldsymbol{G}$ 矩阵：

$$\boldsymbol{C}=\boldsymbol{C}_{\mathrm{ep}}=\boldsymbol{C}_{\mathrm{e}}-\frac{\boldsymbol{C}_{\mathrm{e}}\dfrac{\partial F}{\partial\boldsymbol{\sigma}}\dfrac{\partial F}{\partial\boldsymbol{\sigma}}^{\mathrm{T}}\boldsymbol{C}_{\mathrm{e}}}{\boldsymbol{S}} \tag{5-4-46}$$

式中，$\boldsymbol{C}_{\mathrm{ep}}$ 为塑性状态下的本构矩阵。

$$\boldsymbol{G}=\boldsymbol{C}_{\mathrm{e}}\left(\boldsymbol{\alpha}+\frac{\partial\boldsymbol{C}_{\mathrm{e}}^{-1}}{\partial T}\boldsymbol{\sigma}\right)-\frac{\boldsymbol{C}_{\mathrm{e}}\dfrac{\partial F}{\partial\boldsymbol{\sigma}}\dfrac{\partial F}{\partial\boldsymbol{T}}}{\boldsymbol{S}} \tag{5-4-47}$$

3. 非线性问题的牛顿-拉弗森求解算法

对于焊接中非线性弹塑性问题，需要采用修正算法对求解的结果进行修正，从而获得相对正确的近似解。非线性问题一般可以表示为

$$\varphi(\boldsymbol{u})=\boldsymbol{K}(\boldsymbol{u})-\boldsymbol{P}=\boldsymbol{0} \tag{5-4-48}$$

式中，$\boldsymbol{u}$ 为待求的未知量；$\boldsymbol{K}(\boldsymbol{u})$ 为非线性函数向量；$\boldsymbol{P}$ 为独立的已知向量。在焊接问题中，其分别表示为位移、刚度矩阵和位移相乘的向量以及热应变载荷向量。

通常采用牛顿-拉弗森迭代求解算法，假设方程的第 n 次近似解为 $\boldsymbol{u}^{(n)}$，此时对于非线性方程不满足 $\varphi(\boldsymbol{u}^{(n)})\neq 0$，则需要进行第 $n+1$ 次迭代求解。可以将 $\varphi(\boldsymbol{u}^{(n+1)})$ 表示为

$$\varphi(\boldsymbol{u}^{(n+1)})=\varphi(\boldsymbol{u}^{(n)})+\left(\frac{\mathrm{d}\varphi}{\mathrm{d}\boldsymbol{u}}\right)^{(n)}\Delta\boldsymbol{u}^{(n)}=\boldsymbol{0} \tag{5-4-49}$$

式中，$\Delta\boldsymbol{u}^{(n)}$ 为第 n 次迭代得到的解的修正项，即 $\boldsymbol{u}^{(n+1)}=\boldsymbol{u}^{(n)}+\Delta\boldsymbol{u}^{(n)}$；$\left(\dfrac{\mathrm{d}\varphi}{\mathrm{d}\boldsymbol{u}}\right)^{(n)}$ 为第 n 次迭代下的切线矩阵，在焊接问题中，其具体含义为刚度矩阵：

$$\left(\frac{\mathrm{d}\varphi}{\mathrm{d}\boldsymbol{u}}\right)^{(n)}=\boldsymbol{K}^{(n)} \tag{5-4-50}$$

可以得到：

$$\Delta\boldsymbol{u}^{(n)}=\frac{\boldsymbol{P}-\boldsymbol{K}(\boldsymbol{u}^{(n)})}{\boldsymbol{K}^{(n)}} \tag{5-4-51}$$

将焊接问题中的各个量代入非线性问题的求解中，可以将第 t 个增量步中的求解方程写为

$$\boldsymbol{K}_t^{(n)}\Delta\boldsymbol{u}_t^{(n)}=\Delta\boldsymbol{P}_t^{(n)} \tag{5-4-52}$$

式中，

$$\boldsymbol{K}_t^{(n)}=\sum\int_{V_e}\boldsymbol{B}^T\boldsymbol{C}\boldsymbol{B}\,\mathrm{d}V_e \tag{5-4-53}$$

$$\Delta\boldsymbol{P}_t^{(n)}=\boldsymbol{P}_t^{(n)}-\sum\int_{V_e}\boldsymbol{B}^T\boldsymbol{\sigma}_t^{(n)}\,\mathrm{d}V_e \tag{5-4-54}$$

具体求解过程如下。

(1) 形成初始线性求解方程组，即

$$\boldsymbol{K}_t^{(0)}\Delta\boldsymbol{u}_t^{(0)}=\Delta\boldsymbol{P}_t^{(0)} \tag{5-4-55}$$

$$\boldsymbol{K}_t^{(0)}=\sum\int_{V_e}\boldsymbol{B}^T\boldsymbol{C}(\sigma_{t-1})\boldsymbol{B}\,\mathrm{d}V_e \tag{5-4-56}$$

$$\Delta\boldsymbol{P}_t^{(0)}=\boldsymbol{P}_t-\sum\int_{V_e}\boldsymbol{B}^T\boldsymbol{\sigma}_{t-1}\,\mathrm{d}V_e \tag{5-4-57}$$

$\{\sigma_{t-1}\}$为上一个迭代步收敛后得到的应力数值。

(2) 计算应变、应力，即

$$\Delta\boldsymbol{\varepsilon}_t^{(0)}=\boldsymbol{B}\Delta\boldsymbol{u}_t^{(0)} \tag{5-4-58}$$

$$\Delta\boldsymbol{\sigma}_t^{(0)}=\boldsymbol{C}_{\mathrm{e}}\Delta\boldsymbol{\varepsilon}_t^{(0)} \tag{5-4-59}$$

$${}^{\mathrm{tr}}\boldsymbol{\sigma}_t^{(1)}=\Delta\boldsymbol{\sigma}_t^{(0)}+\boldsymbol{\sigma}_{t-1} \tag{5-4-60}$$

由于材料的弹塑性特点，${}^{\mathrm{tr}}\boldsymbol{\sigma}_t^{(1)}$ 可能导致材料屈服，采用径向返回应力的径向返回算法，通过试算应力和屈服函数，可以建立实际应力的试算应力之间的关系为

$$\boldsymbol{\sigma}=\begin{cases}\boldsymbol{\sigma}_{\mathrm{tr}} & (F(\boldsymbol{\sigma}_{\mathrm{tr}},\sigma_{\mathrm{Y}})<0)\\ \boldsymbol{\sigma}_{\mathrm{tr}}-2G\,\mathrm{d}\boldsymbol{\varepsilon}_{\mathrm{p}} & (F(\boldsymbol{\sigma}_{\mathrm{tr}},\sigma_{\mathrm{Y}})\geqslant 0)\end{cases} \tag{5-4-61}$$

式中，G 为剪切模量；$F(\boldsymbol{\sigma}_{\mathrm{tr}},\sigma_{\mathrm{Y}})$在式(5-4-25)给出，为材料的屈服函数。

根据式(5-4-27)，塑性应变增量总是沿着屈服面的外法线方向为

$$\mathrm{d}\boldsymbol{\varepsilon}_{\mathrm{p}}=\frac{3}{2}\frac{S}{\bar{\sigma}}\mathrm{d}\bar{\boldsymbol{\varepsilon}}_{\mathrm{p}} \tag{5-4-62}$$

每一迭代步的塑性应变增量可以表示为

$$\mathrm{d}\bar{\varepsilon}_{\mathrm{p}}^{(m+1)}=\mathrm{d}\bar{\varepsilon}_{\mathrm{p}}^{(m)}+\frac{\bar{\sigma}-3G\,\mathrm{d}\bar{\varepsilon}_{\mathrm{p}}-\sigma_{\mathrm{Y}}}{3G+h} \tag{5-4-63}$$

对于式(5-4-63)同样也可以采用牛顿-拉弗森的方式进行迭代求解。式(5-4-63)中，$\mathrm{d}\bar{\varepsilon}_{\mathrm{p}}^{(m+1)}$ 为第 $m+1$ 迭代步的等效塑性应变增量，$\mathrm{d}\bar{\varepsilon}_{\mathrm{p}}^{(m)}$ 为第 m 步的等效塑性应变增量，σ_{Y} 为屈服强度，$\bar{\sigma}$ 为等效应力，h 为强化系数。因此，可以获得$\boldsymbol{\sigma}_t^{(1)}$。

(3) 循环迭代，求解获得 $\boldsymbol{u}_t^{(n)}$ 以及$\boldsymbol{\sigma}_t^{(n)}$。

整体的求解过程如图 5-4-4 所示。

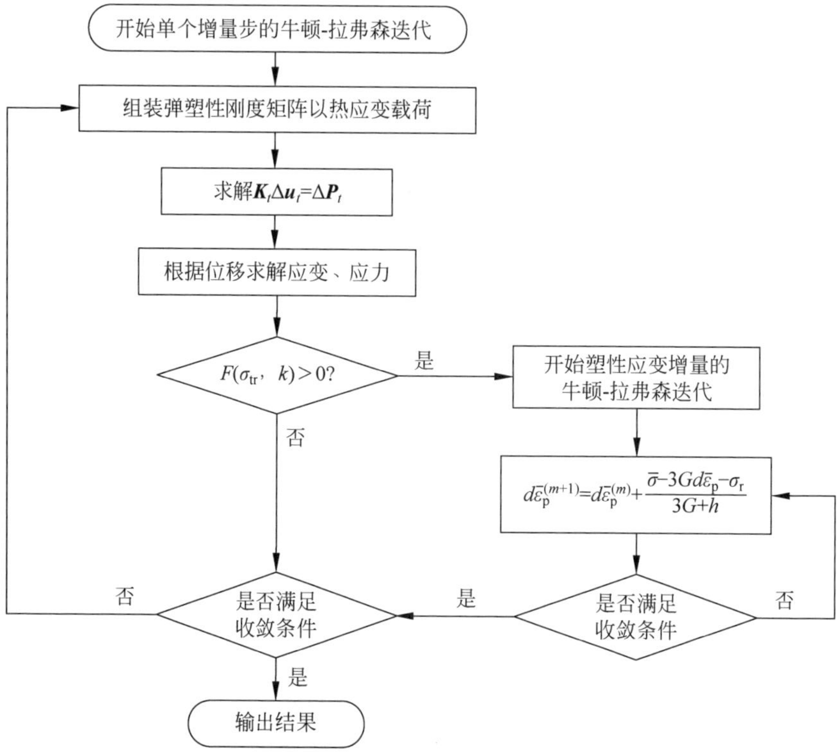

图 5-4-4　每个增量步中的迭代求解过程

5.4.2　焊接结构变形仿真

1. 固有应变法

固有应变可以看成内应力的产生源。若将物体处于既无外力也无内力的状态看作基准状态，固有应变 ε 就是表征从应力状态切离后处于自由状态时，与基准状态相比所发生的应变，它等于总的变形应变 ε 减去弹性应变 ε_p。当构件受到不均匀加热时，如果构件尚未产生塑性变形，那么固有应变实际上就是热应变受不均匀加热后构件中产生塑性应变，则固有应变将是热应变和塑性应变的综合。在焊接过程中，固有应变将是塑性应变、热应变和相变应变的和，即

$$\boldsymbol{\varepsilon}=\boldsymbol{\varepsilon}_p+\boldsymbol{\varepsilon}_T+\boldsymbol{\varepsilon}_{phase} \tag{5-4-64}$$

焊接结束以后固有应变就是塑性应变、热应变和相变应变三者残余量之和。当焊接低碳钢等材料不考虑相变对应力变形的影响时，固有应变就是残余的热应变和塑性应变的和。若假定无坡口焊缝本身经受加热过程，由于加热和冷却的热应变抵消为零，那么完全冷却后焊缝处存在残余压缩塑性应变。若假定焊缝是填充金属直接从高温冷却下来，则完全冷却后焊缝处存在残余热收缩应变。残余压缩塑性应变和残余热收缩应变都是固有应变，这样就把概念完全统一起来了。

2. 线热源模型法

清华大学提出了分段移动带状热源模型,用于提高计算效率,并认为对于具有一定移动速度的热源,总存在一个焊缝长度可以近似为带状热源,假设此长度为 I,则可将长度为 L 的焊缝划分为数段,每段的长度小于等于 I。在每一段内按作用一定时间的带状热源处理,一段段的带状热源按焊接方向顺序施加。因此,可以用较少的时间增量步描述焊接热源的作用,从而大大减少计算时间。并且为加载的方便,可将一段带状热源从输入方式上进一步简化为一系列的点热流的同时作用,即分段移动串行热源模型。

3. Local-Global 算法

Local-Global 算法是结合了焊接热弹塑性算法和固有应变两种算法的一种新的大型复杂焊接结构的算法。相对于固有应变算法,Local-Global 算法考虑了焊接过程中的材料非线性变化,以及更为准确的残余应力分布。其主要过程如下。

首先,将针对大型构件的焊接接头在小型网格尺度上进行热弹塑性分析,具体分析流程见 5.4.1 节,根据不同的焊接工艺,采用相对应的焊接热源模型,并进行热源校核,进而完成温度场和应力场的计算。然后,基于焊接接头的热弹塑性分析结果,提取焊接完成并冷却后的残余应力、应变等重要信息,并加载到相对应的大型构件中,并在大型构件中再进行一次弹性分析,最终完成大型构件的计算分析。

5.4.3　计算实例

1. 地铁车顶 T 形焊接接头仿真

基于上述仿真方法对地铁车顶 T 形焊接接头进行应力和变形的分析。

1) 残余变形分析

残余变形云图如图 5-4-5 所示。

从图 5-4-5 可以看出,焊缝区域的纵向变形较大,这是由焊缝冷却收缩所致的。焊缝的冷却收缩和热输入产生的应力,使 T 形接头的竖板产生了较大程度的倾斜,底板两侧也向上翘曲,并伴随较大的横向变形。另外,从云图的分布可以看出,变形最大的红色区域分布在焊缝末端,这表示随着焊接过程的进行(焊缝越长),这些变形的程度越来越大。总变形的最大值为 0.489mm,位于竖板焊缝末端的上角位置。

2) 残余应力分析

残余应力云图如图 5-4-6 所示。

从图 5-4-6 和图 5-4-7 可以看到,残余应力主要集中在焊缝和热影响区,以及夹具未释放的约束区域。其中等效应力的最大值为 614MPa,位于焊缝区开始段,超过了初始屈服应力值。纵向应力呈现焊缝区域为拉应力而热影响区为压应力的分布趋势,拉应力最大值为 500MPa,压应力最大值为 400MPa,均接近或超过屈服

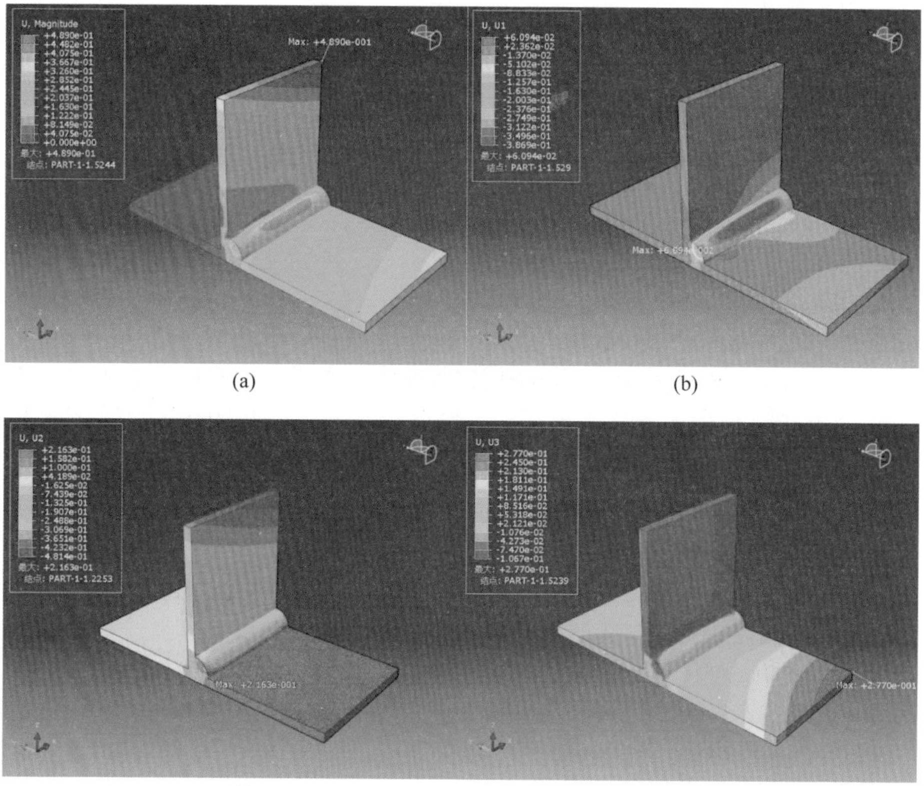

(a) (b)

(c) (d)

图 5-4-5　T 形焊接接头的残余变形云图

(a) 总变形云图；(b) x 方向变形云图；(c) y 方向变形云图；(d) z 方向变形云图

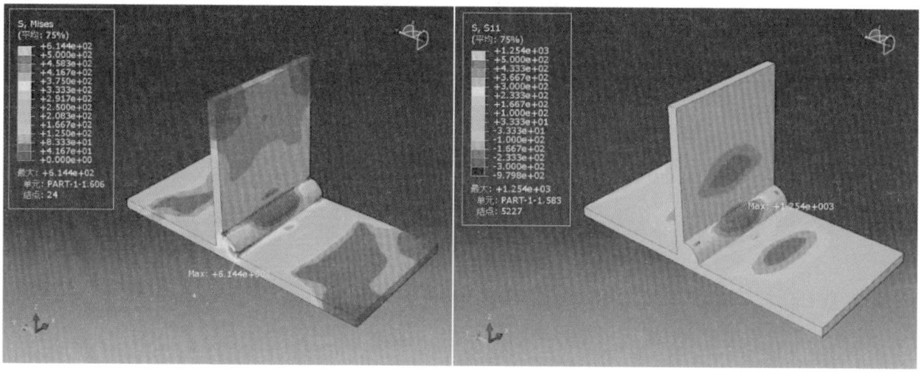

(a) (b)

图 5-4-6　T 形焊接接头的残余应力云图

(a) 等效应力云图；(b) 纵向应力云图；(c) 横向应力云图；(d) z 方向应力云图

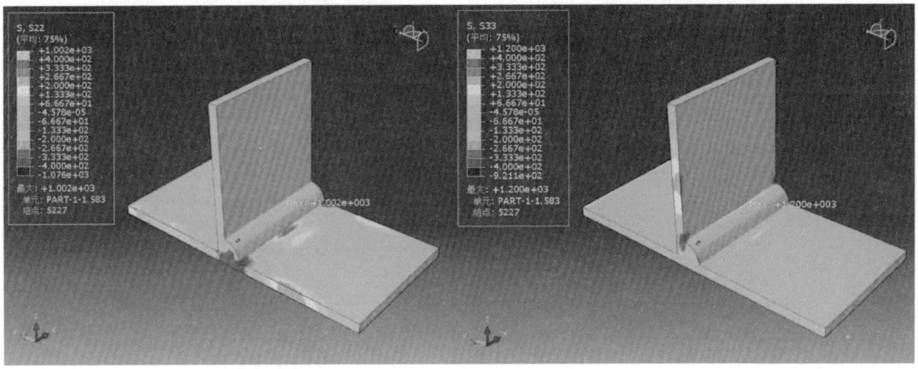

(c) (d)

图 5-4-6(续)

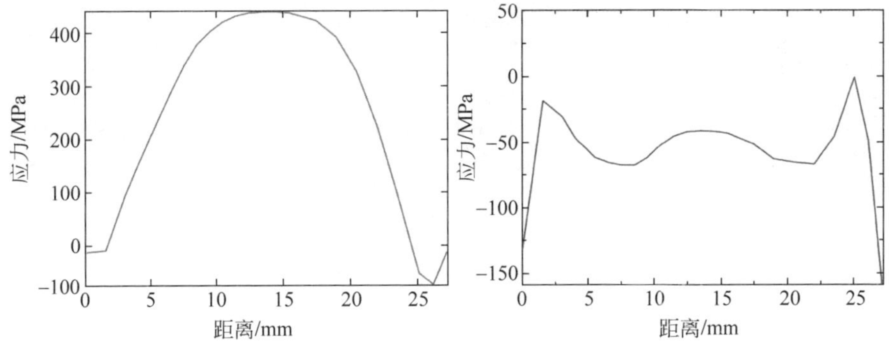

(a) (b)

图 5-4-7 沿焊缝应力分布曲线

(a) 沿焊缝纵向应力分布曲线；(b) 沿焊缝横向应力分布曲线

极限。横向应力分布趋势不规律，主要在焊缝始末端存在较大压应力，数值为400MPa。z 方向的应力主要分布在焊缝区和竖板，其中竖板中间为压应力区，数值为 200MPa，两侧为拉应力区，数值也为 200MPa。

2. 地铁车顶搭接焊接接头仿真

基于上述仿真方法对地铁车顶搭接焊接接头进行应力和变形的分析。

1）残余变形分析

残余变形的分布云图如图 5-4-8 所示。从图 5-4-8 中可以看出，焊缝区域的整体变形较大，这是由焊缝金属膨胀所致的。由于焊缝的冷却收缩和热输入产生的应力，搭接接头的底板一侧产生了较大程度向上翘曲，并伴随较大的横向变形。另外，从云图的分布可以看出，变形最大的红色区域分布在焊缝末端，这表示随着焊接过程的进行(焊缝越长)，这些变形的程度越来越大。总变形的最大值为 0.51mm，位于焊缝中间靠末端的位置。

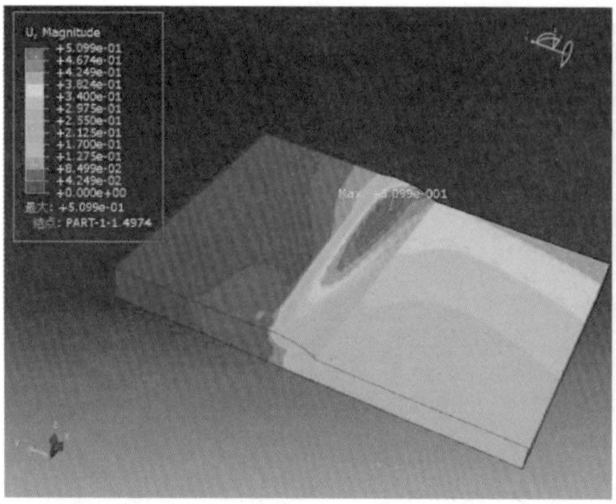

(a)

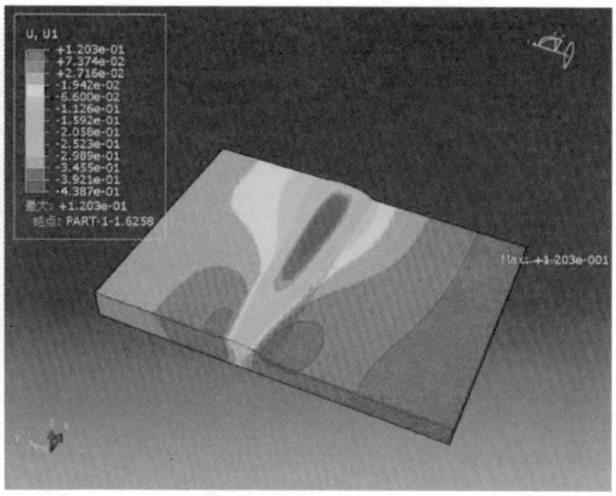

(b)

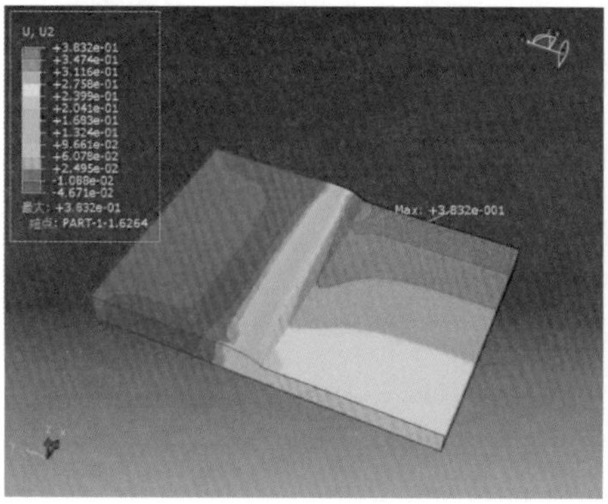

(c)

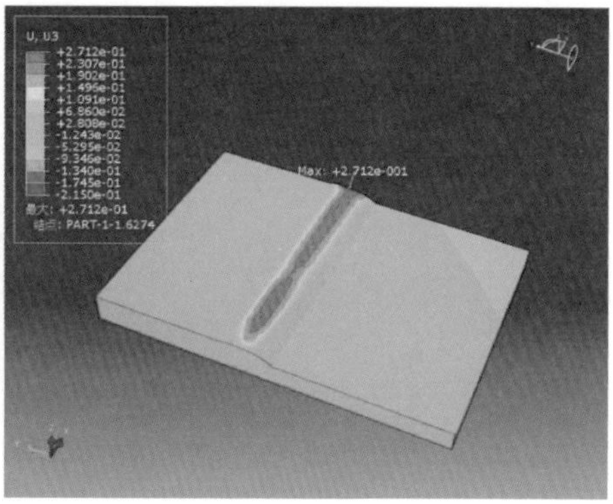

(d)

图 5-4-8　搭接接头的残余变形云图

(a) 总变形云图；(b) x 方向变形云图；(c) y 方向变形云图；(d) z 方向变形云图

2）残余应力分析

残余应力云图如图 5-4-9 所示。从图 5-4-9～图 5-4-11 可以看到，残余应力主要集中在焊缝和热影响区，以及夹具未释放的约束区域。其中等效应力的最大值为 587MPa，位于夹具约束区域的角上，超过了初始屈服应力值。纵向应力呈现焊缝区域为拉应力而底板释放一侧热影响区为压应力的分布趋势，拉应力最大值为 380MPa，压应力最大值为 350MPa，均接近屈服极限。横向应力方面，在焊缝始末端存在较大压应力，数值为 470MPa；而在焊缝中间段出现了横向拉应力区，最大值为 300MPa。z 方向的应力主要分布在夹具约束区域，主要为拉应力，最大值为 350MPa。

3. 地铁车顶结构焊接变形

图 5-4-12 所示为总变形云图，红色区域代表变形较大，蓝色区域代表变形较小。从图中可以看出，受焊接影响，车顶骨架两端出现了较大的变形。下面具体分析各个方向的变形趋势。

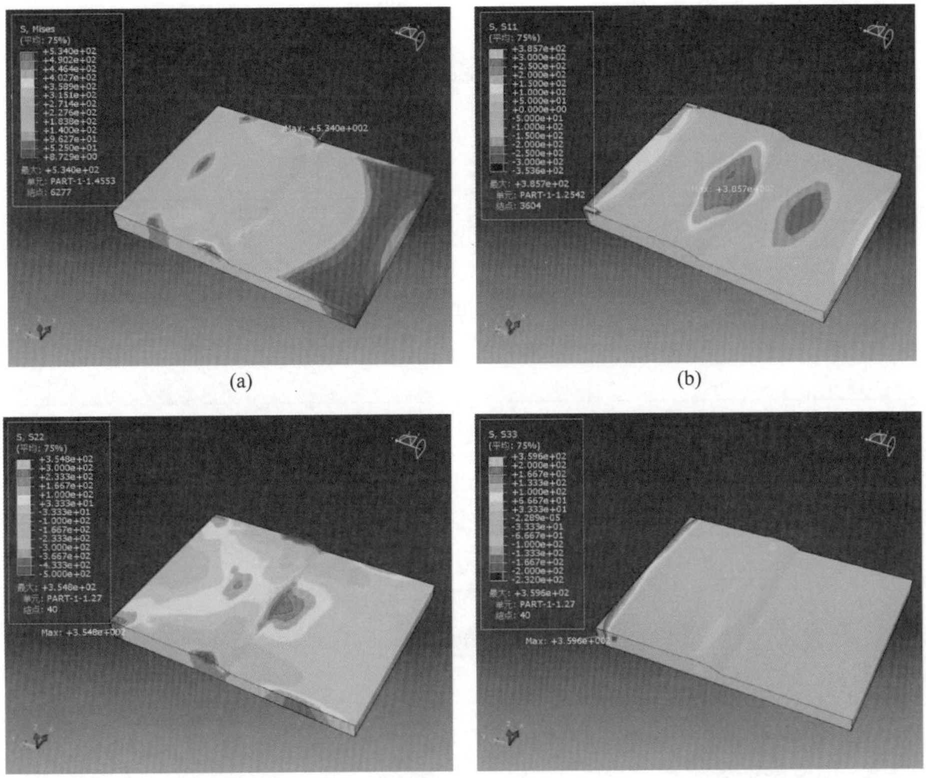

图 5-4-9　搭接接头的残余应力云图

(a) 等效应力云图；(b) 纵向应力云图；(c) 横向应力云图；(d) z 方向应力云图

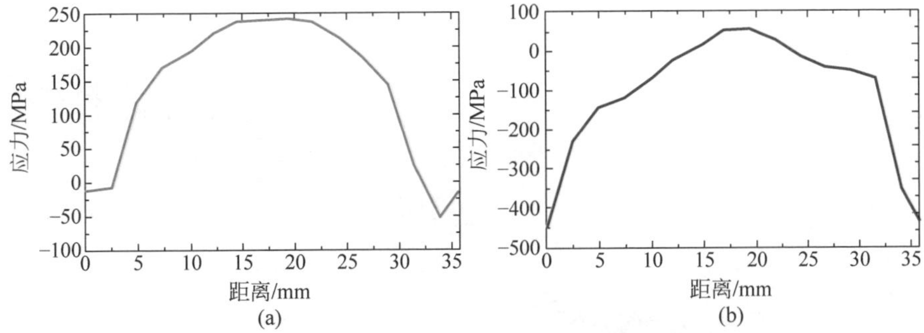

图 5-4-10　沿焊缝应力分布曲线

(a) 沿焊缝纵向应力分布曲线；(b) 沿焊缝横向应力分布曲线

图 5-4-13 所示为车顶骨架结构 z 方向(重力方向)的变形。从图 5-4-13 中可以看出，车顶两端向上翘起，整个车顶呈现圆拱形变形趋势，最大变形量为 44.1mm。

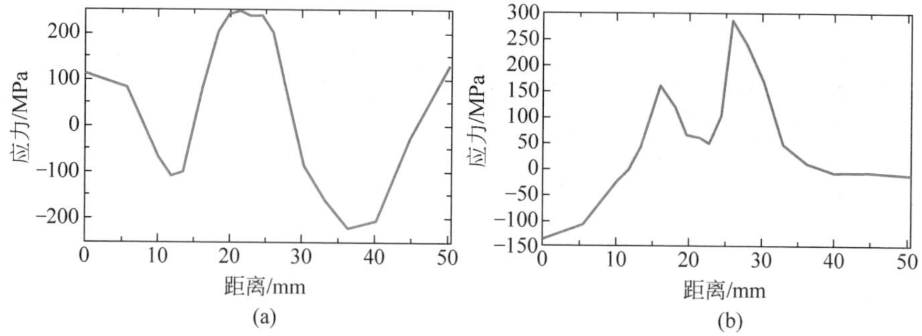

图 5-4-11　垂直焊缝应力分布曲线

(a) 垂直焊缝纵向应力分布曲线；(b) 垂直焊缝横向应力分布曲线

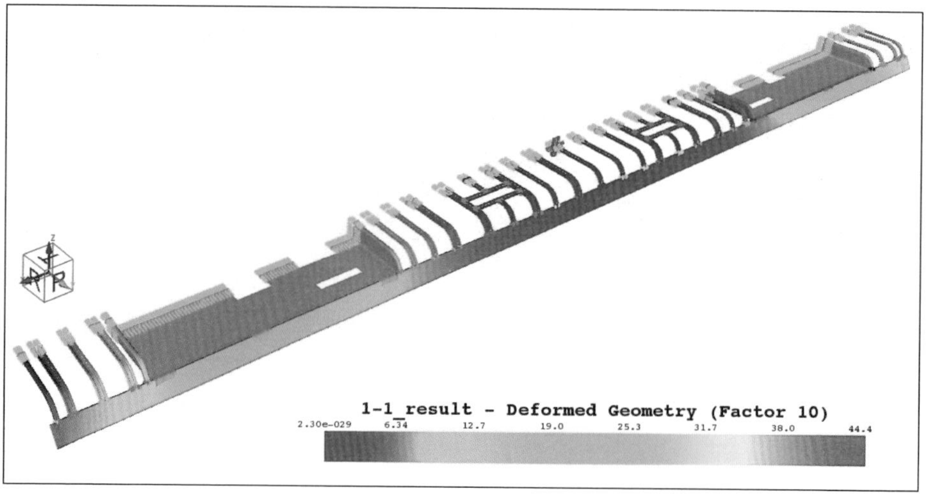

图 5-4-12　车顶骨架结构总变形云图

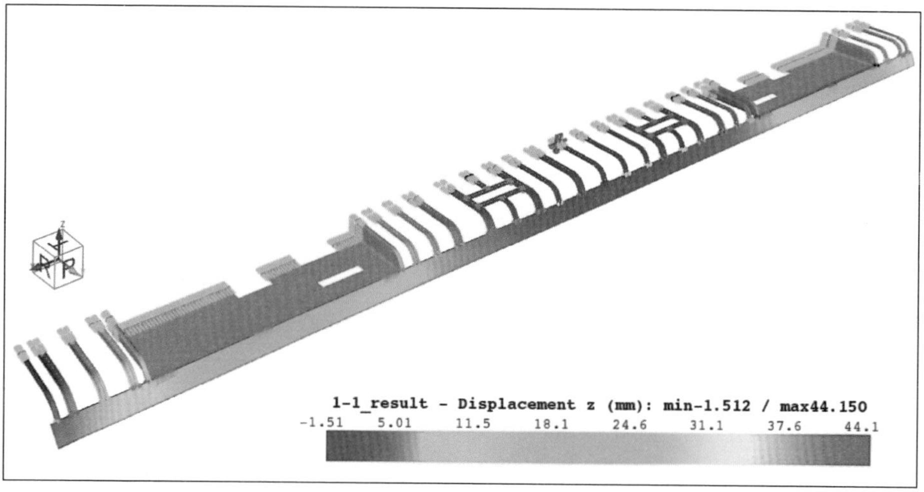

图 5-4-13　车顶骨架结构 z 方向变形云图

图 5-4-14 所示为车顶骨架结构 y 方向(水平方向)的变形。从图 5-4-14 中可以看出,弯梁整体变形较小,弯梁出现了小程度的扭曲变形。

图 5-4-15 所示为车顶骨架结构变形后的效果图,灰色模型是将车顶变形放大后的变形模型。从图 5-4-15 中的变形效果可以明显地观察出车顶的变形趋势,与实测观察到的变形趋势较吻合。

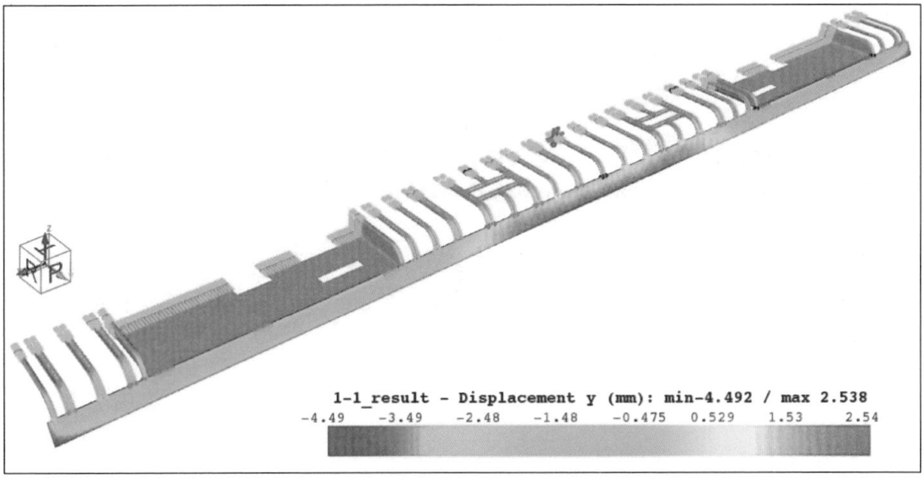

图 5-4-14　车顶骨架结构 y 方向变形云图

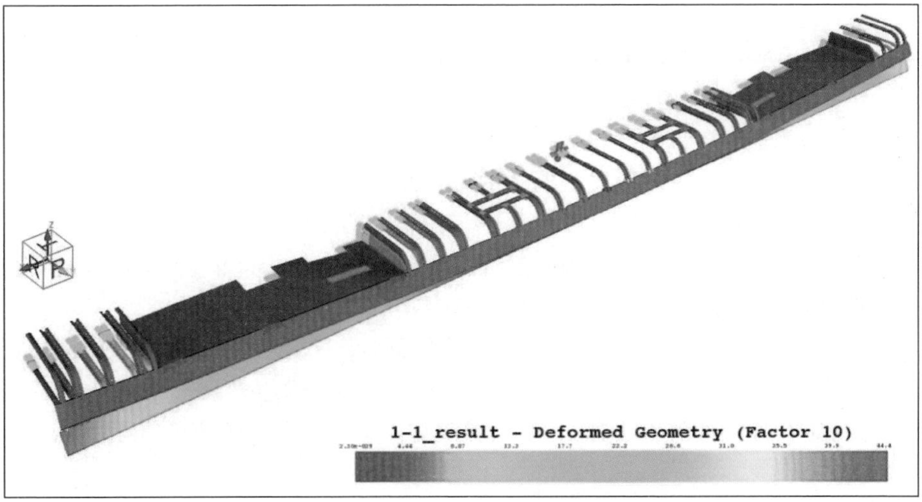

(a)

图 5-4-15　车顶骨架结构变形后的效果图

(a) 透视图;(b) 正视图;(c) 俯视图

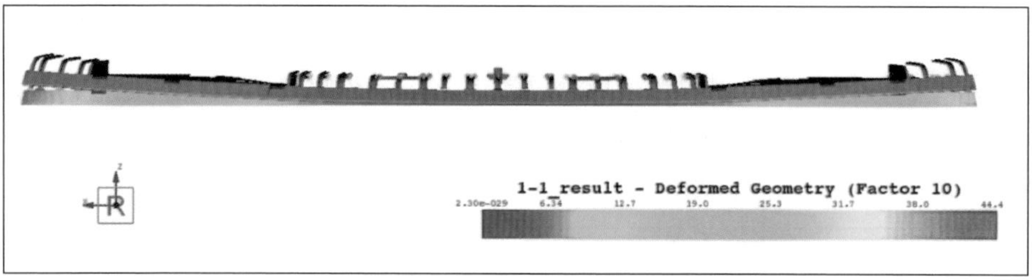

(b)

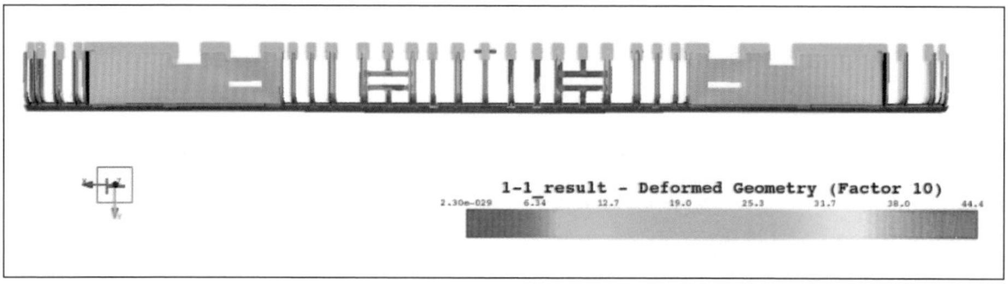

(c)

图 5-4-15(续)

5.5 小结

(1) 本章介绍了激光深熔焊小孔熔池动力学数值模拟，给出了包含熔池流动传热、小孔形貌演化、激光多重反射吸收等行为数学模型的建立和离散求解方法。通过开展单激光焊接和串行双光束焊接仿真，验证了熔池仿真模型在揭示焊接过程瞬态动力学特征和缺陷形成机制中的可靠性及合理性。

(2) 介绍了激光焊接孔内可压缩蒸气的模拟方法，提出求解跨时间尺度多相流问题的双时间步长方法。实现了对 304 不锈钢激光焊接过程蒸气行为的高效求解，可视化揭示了孔内蒸气速度、压力、马赫数分布特征的演化规律。

(3) 介绍焊接温度-应力-变形仿真的有限元计算方法，并给出了结合焊接热弹塑性算法和固有应变两种算法的 Local-Global 算法。通过开展尺寸达 20 m 地铁车顶焊接变形的仿真预测，验证了大型复杂结构焊接变形算法的可靠性。

参考文献

[1] 汪建华. 焊接数值模拟技术及其应用[M]. 上海：上海交通大学出版社，2003.

[2] 胥国祥，等. 激光＋GMAW 复合焊工艺及数值模拟[M]. 镇江：江苏大学出版社，2013.

[3] 武传松. 焊接熔池中的流体流动及传热过程的计算机数值模拟[D]. 黑龙江：哈尔滨工业大学，1987.

[4] 曹龙超.磁场对铝合金激光焊接熔池流动及凝固组织影响的试验与数值研究[D].武汉：华中科技大学，2019.
[5] 武传松，孟祥萌，陈姬，等.熔焊热过程与熔池行为数值模拟的研究进展[J].机械工程学报，2018，54(2)：1-15.
[6] 陈树君，徐斌，蒋凡.变极性等离子弧焊电弧物理特性的数值模拟[J].金属学报，2017，53(5)：631-640.
[7] DENG D，KIYOSHIMA S，OGAWA K，et al. Predicting welding residual stresses in a dissimilar metal girth welded pipe using 3D finite element model with a simplified heat source[J]. Nuclear Engineering and Design，2011，241(1)：46-54.
[8] 周建新，李栋才，徐宏伟.焊接残余应力数值模拟的研究与发展[J].金属成形工艺，2003，21(6)：62-64，88.
[9] PANG S，CHEN L，ZHOU J，et al. A three-dimensional sharp interface model for self-consistent keyhole and weld pool dynamics in deep penetration laser welding[J]. Journal of Physics D：Applied Physics，2011，44(2)：025301.
[10] 庞盛永.激光深熔焊接瞬态小孔和运动熔池行为及相关机理研究[D].武汉：华中科技大学，2011.
[11] PANG S，CHEN X，ZHOU J，et al. 3D transient multiphase model for keyhole，vapor plume，and weld pool dynamics in laser welding including the ambient pressure effect[J]. Optics and Lasers in Engineering，2015，74：47-58.
[12] PANG S，HIRANO K，FABBRO R，et al. Explanation of penetration depth variation during laser welding under variable ambient pressure[J]. Journal of Laser Applications，2015，27(2)：022007.
[13] 庞盛永，陈立亮，陈涛，等.激光深熔焊接任意形状小孔的能量密度计算[J].激光技术，2010，34(5)：614-618.
[14] PANG S，CHEN W，ZHOU J，et al. Self-consistent modeling of keyhole and weld pool dynamics in tandem dual beam laser welding of aluminum alloy[J]. Journal of Materials Processing Technology，2015，217：131-143.
[15] CHEN X，ZHANG X，PANG S，et al. Vapor plume oscillation mechanisms in transient keyhole during tandem dual beam fiber laser welding[J]. Optics and Lasers in Engineering，2018，100：239-247.
[16] PANG S，SHAO X，LI W，et al. Dynamic characteristics and mechanisms of compressible metallic vapor plume behaviors in transient keyhole during deep penetration fiber laser welding[J]. Applied Physics A，2016，122(7)：1-18.
[17] GONG S，PANG S，WANG H，et al. Weld pool dynamics in deep penetration laser welding[M]. Singapore：Springer，2021.
[18] PANG S，CHEN X，LI W，et al. Efficient multiple time scale method for modeling compressible vapor plume dynamics inside transient keyhole during fiber laser welding[J]. Optics & Laser Technology，2016，77：203-214.
[19] 张建勋，刘川，张林杰.焊接非线性大梯度应力变形的高效计算技术[J].焊接学报，2009，30(6)：107-112.
[20] 吴甦，赵海燕，王煜，张晓宏.高能束焊接数值模拟中的新型热源模型[J].焊接学报，2004，25(1)：91-94.

[21] LIANG L,PANG S,SHAO X,et al. In situ weak magnetic-assisted thermal stress field reduction effect in laser welding[J]. Metallurgical and Materials Transactions A,2018,49(1): 198-209.

[22] LIANG L,HU R,WANG J,et al. A CFD-FEM model of residual stress for electron beam welding including the weld imperfection effect[J]. Metallurgical and Materials Transactions A,2019,50(5): 2246-2258.

[23] UEDA Y,YAMAKAWA T. Analysis of thermal elastic plastic stress and strain during welding by finite element method[J]. Transactions of Japan Welding Society,1971,2(2): 90-100.

[24] UEDA Y,KIM Y C,YUAN M G. A predicting method of welding residual stress using source of residual stress (report I) [J]. Transactions of JWRI,1989,18(1): 135-141.

[25] 梁伟,龚毅,村川英一. 薄板搭接接头固有变形逆解析方法[J]. 焊接学报,2014,35(1): 75-78,116.

[26] 蔡志鹏,赵海燕,鹿安理,等. 焊接数值模拟中分段热源模型的建立及应用[J]. 中国机械工程,2002,13(3): 208-210.

第6章

塑料注射成形模拟方法

塑料是以加聚或缩聚反应聚合而成的高分子化合物辅以填料、增塑剂、稳定剂、润滑剂、色料等添加剂组成的材料，具有轻量、高比强度、易于成形、低成本和可循环利用等优点。20世纪50年代以来，塑料材料以惊人的速度替代着传统材料，年产量按体积计算早已超过钢铁和有色金属年产量的总和。据统计，1950—2015年的65年间，塑料年均增长率为8.4%，其增长速度超越了所有其他人造材料，2015年全球产量达到3.8亿t。目前，塑料广泛应用于汽车、航空航天、电子电器、医疗、包装等国计民生的各个领域。我国塑料消耗占全球塑料消耗总量的28%，是全球最大的塑料消耗国，总产值居轻工行业第三位，已成为我国国民经济持续繁荣发展的重要支柱产业之一。

注射成形是较常见的塑料产品制造方法之一，是塑料产品较重要、较具代表性、应用较广的成形工艺。相对于其他塑料产品制造方法，如挤出、吹塑、压延等，注射成形最大的优点是能一次成形外形复杂、尺寸精确的制品。此外，由于不需要或只需要额外极少的加工，以及可以一模多腔成形、易于实现自动化等优点，注射成形具有极高的生产效率和较低的生产成本。

以注射成形过程的残余应力与翘曲变形为例，在注射成形过程中，温度场、压力场和模具限制共同作用导致的收缩不均匀使制品产生残余应力。残余应力最直接的后果是导致制品的翘曲变形，翘曲变形会严重影响制品的可使用性和装配精度。此外，残余应力对制品的力学性能有不良影响，较大的残余应力使制品所能承受的外部载荷下降，不能充分发挥材料应有的性能。因此，残余应力和翘曲变形处于较低水平是高品质制品的明确要求。然而，残余应力和翘曲变形几乎受所有成形工艺因素的影响，十分复杂。在充填阶段，流体的剪切作用使纤维趋向于沿流动方向取向，从而使制品的弹性模量具有各向异性，影响残余应力和翘曲变形。此外，流体的拉伸作用使分子链中具有拉伸应变。制品表层受模具的强烈冷却作用使拉伸应变被“冷冻”在制品内，形成流动残余应力。在保压阶段，保压压力和保压时间对制品不同部位的密度具有很重要的影响。密度不均匀会直接导致收缩率不均匀，使残余应力变大。在冷却阶段，冷却回路结构、冷却液体温度、模具结构和注射温度等主要因素决定了制品的温度场。而温度场越不平衡，产生的残余应力越大。一般情况下，残余应力越大，翘曲变形也越大。残余应力和翘曲变形受注射温度、注射速率、保压压力、保压时间、模具温度和冷却时间等因素及因素间耦合作用的影响，其机理十分复杂，难以定量分析。此外，纤维取向导致的弹性模量的各向异性，使残余应力和翘曲变形在制品不同部位和同一部位的不同方向上有较大差别。这给优化工艺参数提升产品质量增加了难度。

随着计算机和数值计算方法的飞速发展，采用计算机辅助工程（computer aided engineering，CAE）技术，将产品设计与注射成形工艺建立在科学分析的基础上，工程师可以突破经验的束缚，不需要现场大量实验即可预测产品的设计缺陷和加工工艺缺陷，快速保质地完成产品设计、材料选择及工艺制定。经过几十年的发展，注塑成形过程的模拟技术经历了从一维到三维，从中面模型到表面模型，再到实体模型的发展过程，在预测注塑件可成形性、预测成形过程中存在的缺陷、改进成形工艺等方面取得了巨大成功。仿真软件的可重复使用性和低的使用成本，可以大幅减少试模次数，降低模具的设计和制造成本。据文献统计，数值模拟技术可使模具设计时间缩短 50%，制造时间缩短 30%，成本下降 10%，塑料原料节省 7%，一次试模成功率提高 45%～50%。同时，计算机模拟技术还可以改变多个关联制品逐步设计的局面，实现并行设计，大大提高设计效率和成功率，节省大量的人力、物力和时间，从而降低成本和提高企业的市场竞争力。

面向材料设计、制备、成形加工的全过程，通过微观、介观和宏观多尺度的模拟来开发理想的聚合物材料，并获得优异性能的制品，是材料及材料加工学科的发展前沿。近年来，塑料注射成形过程模拟从宏观模拟与产品缺陷预测，发展到多尺度的计算模拟及材料微观结构、产品服役性能的预测。注射成形过程中所形成的微结构对成形过程及制品性能都有非常重要的影响，传统的宏观尺度注射成形模拟很少考虑到或者忽略成形过程中所形成的微结构及其对成形过程的影响。研究成形过程中的微结构形态及演变，是实现宏观尺度与微、介观尺度模拟的衔接及准确预测制品性能的重要前提。注射成形过程中微结构的形成、演变过程的模拟及其对材料性能影响的预测，对探索新的成形方法、制备高性能高分子材料上实现新的突破都具有重要的意义，已成为解决新材料、新工艺中复杂问题的强有力武器。传统的依赖经验来调整成形工艺参数的试错法不仅成本高，而且改进空间有限，难以同时兼顾纤维取向、残余应力、翘曲和湿热老化等复杂性问题。以近年来获得了广泛应用的纤维增强的复合塑料注射成形为例，增强纤维的取向对制品的精度和性能有重要影响，为了使纤维沿流动方向具有较高取向度，应调高注射速率，而这会导致残余应力变大。注射成形中增强纤维的取向过程十分复杂，远超过了经验能够精确分析的范畴。通过建立纤维取向演化方程、残余应力演化方程、翘曲变形方程和湿气扩散方程等控制方程，以及纤维取向与材料性能间的关联计算模型，以微结构为桥梁耦合成形过程与产品性能，可以实现注射成形过程产品性能预测。这一过程的复杂性体现在控制方程的模型、参数和边界条件上。选取合适的模型、参数和边界条件，采用有效的数值计算方法能够得到相关变量的近似解，不仅可以精确预知一定工艺条件下制品的纤维取向、残余应力、翘曲和湿热老化状况，还可以定量分析制品模量、泊松比等材料物性分布及制品在特定环境下的服役性能。因此，数值模拟方法已经成为产品全生命周期开发中相对经济和有效的重要工具与手段。它不仅能在产品设计和模具设计的早期阶段评估多种不同方案，选出其中最优的方案，还可以综合评估产品及制造在生命周期内成败的概率和风险等。

本章将分别从充模保压模拟、模具冷却模拟、残余应力与翘曲变形模拟、微结构与形态模拟等方面对塑料注射成形数值模拟方法及其最新进展进行介绍，然后通过注射成形模拟软件及应用案例为读者提供更感性的认识。

6.1　充模保压过程模拟

由于塑料熔体是典型的非牛顿流体，而注射成形模具是一个封闭、不可见的“黑匣子”，塑料熔体在模具内的流动过程是一个异常复杂的过程。塑料熔体在模具内的流动过程可以分为充模和保压两个阶段。在充模阶段，螺杆将储存在料筒前部的塑料以多级速度和压力向前推进，经过流道和浇口注入已闭合的模具型腔中；在保压阶段，熔体在螺杆高压下慢速流动进入型腔，减少在成形过程中因冷却造成的制品收缩与变形。充模保压过程数值模拟是塑料注射成形模拟中研究最早且最基础的部分，塑料注射成形模拟技术的研究可以追溯到 20 世纪 50 年代后期 Toor 的工作，至今经历了 60 多年的发展历程。期间，有大量的科研工作者和许多研究机构包括企业，为塑料注射成形模拟技术的理论研究和软件开发做出了重要贡献。围绕充填过程模拟，塑料注射成形模拟技术经历了 3 个重要的技术发展阶段：分支流动技术、中面流/双面流技术和全三维流动技术。

20 世纪 50 年代末起，Toor、Harry、Lord 和 Williams 等人最早开始研究矩形腔中的一维填充行为，Stevenson 等则对中心浇口圆盘的一维充填分析做了一系列研究。Kamal 和 Kenig 提出了一个比较全面的数学模型，用于描述热塑性塑料在注射成形中的流动和固化行为，通过利用有限差分法求解压力和温度方程，实现了半圆形圆盘零件的充填、保压和冷却过程的模拟。Williams 和 Lord、Nunn 和 Fenner 用有限差分方法对圆管中的充填过程做了分析，得到了速度、压力和温度的分布。Hieber 等随后研究了非圆管中熔体的非等温流动行为。以上这些分析方法仅适用于几何形状比较规则、单一的零件。为了分析几何形状复杂的型腔中的流动，Richardson、Bernhardt 等提出了“分支流动”的方法，该方法将复杂的型腔展平，并分解成若干形状规则的一维流动路径，如管、圆盘和扇形块，然后对每段流动路径做一维流动分析，并确保相邻流动路径之间正确的耦合关系。使用这种分支流动首次实现对复杂零件的成形分析，但是该方法显然比较粗糙，分析结果精度强烈依赖于如何划分流动分支，而这是需要用户去判断的。

随着计算机硬件的发展和计算性能的提高，二维模拟技术逐渐兴起。考虑到塑料注射成形中的流动多为薄腔流动，人们开始研究使用 Hele-Shaw 二维流动模型描述塑料的流动行为。该模型忽略薄腔厚度方向上的速度分量和压力变化，从而可以将薄腔流动控制方程简化为二维形式。而对于流动前沿的推进，主要采用一种流动网络分析法(flow analysis network，FAN)来处理。基于 FAN 的二维流动技术视薄壁型腔的充填过程为带自由边界(流动前沿)的二维流动行为，熔体的流动行为用 Hele-Shaw 模型描述，通过将求解域网格化并对每个网格单元设置不同的标志来区分充填区域和未充填区域，利用有限元法求解充填区域的流场，再根据充填区域的流场更新充填标志，从而实现充填过程的模拟。Hele-Shaw 二维流动模型在推广到非等温流动时，厚度方向的温度变化不能忽略，因此其温度方程是三维形式的。该方法在处理压力方程的方式是二维的，而速度和能量方程是三维的，被称为二维半(2.5D)模型。

采用二维半模型进行充填模拟的前提是构造能够代表三维薄腔的二维曲面，以此作为问题的求解域。该曲面一般取为薄腔厚度方向中心位置的曲面，称为中性面或中心面，基于中性面的二维半模型也因此被称为中面模型。值得说明的是，尽管考虑了速度和温度在厚度方向上的变化，但中面模型只需要二维的中性面网格，并不需要额外的三维实体网格，速度和温度在厚度方向上的变化使用差分方法并基于在厚度方向上虚拟存在的差分网格进行处理。相比于早期的分支流动技术，中面模型不仅模拟结果更加接近实际，还能处理更复杂的几何形状。此外，中面模型也解决了全三维模型对计算机内存和计算性能要求过高的问题。这些特点使基于中面模型的塑料注射成形模拟技术在工业上的广泛应用首次成为可能，因此中面模型的出现在塑料注射成形模拟历史上具有里程碑式的意义。基于中面模型，塑料注射成形模拟其他相关模块的分析技术，如保压分析、模具冷却分析、残余应力分析、收缩和翘曲分析也逐渐发展完善起来。中面模型随后也成为 20 世纪 80—90 年代塑料注射成形模拟领域的主流技术，并被推广到一些特殊成形工艺的模拟，如共注射成形、气体辅助注射成形、微芯片封装、注射压缩成形、反应注射成形、树脂传递成形等。

然而中面模型也面临构造中性面的困难。由于实体几何模型逐渐成为产品设计阶段主流的几何模型，中面模型模拟所需的中性面几何模型需要从产品的实体几何模型中构造。而对于形状复杂的产品模型实现自动中面构造往往极其困难，通常需要人工干预或者通过几何模型重建构造中心面，而这往往耗费大量的时间。据统计，中性面构造约占模拟过程 80%的时间。中性面构造的困难极大地制约了塑料注射成形模拟的广泛推广应用。表面模型的提出解决了这个难题。尽管表面模型也是基于 Hele-Shaw 二维流动模型，但与中面模型不同的是，它以实体几何模型的表面作为特征面，而非其中性面。其关键思想是将薄腔流动分成上下两股，对它们分别应用 Hele-Shaw 二维流动模型，通过保持上下两股流动的协调及压力和温度相容，实现对薄腔内流动的模拟。表面模型技术也因此被称为双面流技术。

由于避免了中性面的构造，表面模型极大地缩短了模拟过程的时间，促进了塑料注射成形模拟技术的广泛应用。表面模型随后也取代中面模型成为塑料注射成形模拟领域的主流技术，并被广泛应用于主流商业软件，也被誉为塑料注射成形模拟领域的另一个重要里程碑。

尽管中面流/双面流技术在工程应用领域取得了前所未有的成功，但其基础是描述薄腔流动的 Hele-Shaw 二维流动模型，因此它们也无法模拟一些三维流动现象，如流动前沿附近的喷泉流动、型腔厚度发生突变的扩张或收缩流动、喷射现象、分支或汇合流动及拐角处的流动等。而这些现象对充填过的流动形式、高分子或纤维取向和残余应力等一般有重要影响。此外，对于那些非薄壁件，Hele-Shaw 二维流动模型也不再适用。Hele-Shaw 二维流动模型的这些局限性使发展三维流动技术成为必然的趋势。

三维充填模拟以三维 Naver-Stokes 方程和三维能量方程作为控制方程。由于没有对某个特定维度进行简化，三维充填模拟技术能预测复杂的三维流动现象。三维充填模拟技术的关键在于数值方法，主要包括控制方程的数值离散方法、运动界面的预测方法、耦合控制方程的求解算法及代数方程组的稳定快速求解算法。

塑料注射成形三维充填模拟方法经过 20 多年的发展，已取得了显著的进展和成功，基本解决了三维充填模拟的可行性问题。尽管已出现一些具备一定工程实用性的商品化塑料注射成形三维模拟模拟软件，但是从解决工程实际问题的角度来看，现有的三维充填模拟方法在健壮性和效率方面仍有所不足。

6.1.1　材料模型与控制方程

流动模拟的目的是预测塑料熔体流经流道、浇口并充填型腔的过程，计算流道、浇口及型腔内的压力场、温度场、速度场、剪切应变速率场和剪切应力场，并将分析结果以图表、等值线图和真实感图的方式直观地反映在计算机屏幕上。通过流动模拟可优化浇口数目、浇口位置及注射成形工艺参数，预测所需的注射压力及锁模力，并发现可能出现的注射不足、烧焦、不合理的熔合纹位置和气穴等缺陷。而保压阶段对于提高制品密度、减少收缩和克服制品表面缺陷有重要作用，尤其是对壁厚较大的制件和精密注射成形的情况。保压模拟的目的是预测保压过程中型腔内熔体的压力场、温度场、密度和剪应力分布等，帮助设计人员确定合理的保压压力和保压时间，改进浇口设计，以减小型腔内收缩的变化。

流动模拟与保压过程模拟本质上分析的都是熔体在模具内的流动行为，其主要区别在于是否将熔体视为可压缩的流体、边界条件等处理上略有差异，两者的材料模型与控制方程可以采用统一的形式，是作为模拟技术理论的重要部分，将在本节进行阐述。

6.1.1.1　材料的流变本构关系

黏性应力张量$\boldsymbol{\tau}$ 与应变张量$\boldsymbol{\varepsilon}$ 的关系称为熔体流变本构方程，它是材料本身的流变特性，与流动条件无关。对于不同的聚合物，可以使用不同的本构模型来描述它们的材料流变特性。有时，由于需要简化问题，不同的本构模型将用于相同类型的聚合物。大多数聚合物熔体和浓溶液的黏度随剪切速率的增加而减小，即剪切变稀属于非牛顿流体，根据所关心问题的不同，其流变本构关系可分为黏性和黏弹性两大类。

当仅关心聚合物熔体的剪切变稀现象时，使用黏性模型描述聚合物熔体的流变行为；当需要关注剪切流动中产生的法向应力及应力的增长和松弛现象时，则需要采用黏弹性本构模型描述。

1. 黏度模型

黏性流体任一时刻的应力由该时刻的剪切变形速率 $\boldsymbol{D}$ 来决定，即

$$\boldsymbol{\tau} = f(\boldsymbol{D}) \tag{6-1-1}$$

牛顿流体黏度 η 与剪切速率无关，仅取决于温度和压力，其本构方程为

$$\boldsymbol{\tau} = 2\eta\boldsymbol{D} \tag{6-1-2}$$

式中，$\boldsymbol{\tau}$ 为剪切应力张量；$\boldsymbol{D}$ 为剪切变形速率；η 为流体黏度，它是描述流体流动阻力的指标，是比例常数。

牛顿流体不能反映聚合物熔体的剪切变稀现象，但其本构方程形式是建立非牛顿流体本构关系的基础。

广义牛顿流体的黏度是剪切变形率张量或偏应力张量的函数，其本构方程的形式为

$$\boldsymbol{\tau} = 2\eta(\boldsymbol{D})\boldsymbol{D} \tag{6-1-3}$$

为了描述聚合物熔体黏度剪切变稀的现象，出现了几种不同的黏度模型，目前常用的黏度模型包括幂律模型和 Cross 黏度模型。

1）幂率黏度模型

$$\eta = m\dot{\gamma}^{n-1} \tag{6-1-4}$$

式中，m、n 为材料常数，$n<1$；$\dot{\gamma}$ 为流场剪切速率。该模型形式简单，所需的材料常数较少，使用方便，能较好表征高剪切变形速率下材料的黏度，但在低剪切速率下所预测的黏度与实际黏度相差较大，且无法预测零剪切黏度 η_0。

2）Cross 黏度模型

$$\eta = \frac{\eta_0(T,P)}{1+\left(\eta_0\dfrac{\dot{\gamma}}{\tau^*}\right)^{1-n}} \tag{6-1-5}$$

式中，τ^* 为材料常数；n 为非牛顿指数；τ^* 表示黏度从牛顿黏度到幂率黏度过渡时的剪切应力水平。

根据聚合物的温度变化范围大小，零剪切黏度 η_0 可以用不同的表达式进行描述。

温度变化范围不大时，采用阿仑尼乌斯（Arrhenius）型表达式：

$$\eta_0(T,P)=B\mathrm{e}^{\beta P}\mathrm{e}^{T_b/T} \tag{6-1-6}$$

式中，B、T_b、β 均为材料常数，式(6-1-5)和式(6-1-6)合起来即为 5 参数(n,τ^*,B,T_b,β)黏度模型。

温度变化范围大时，η_0 不能再采用阿仑尼乌斯型表达式，WLF 型表达式对温度的适应范围更广：

$$\eta_0(T,P)=D_1\exp\frac{-A_1(T-T^*)}{A_2+(T-T^*)} \tag{6-1-7}$$

其中，$T^*=D_2+D_3P$，$A_2=A'_2+D_3P$，式(6-1-5)和式(6-1-7)构成了 7 参数($n,\tau^*,D_1,D_2,D_3,A_1,A'_2$)黏度模型。

2. 黏弹性模型

广义牛顿流体模型可以描述聚合物黏度随变形速率变化的非牛顿特性，但它无法预测聚合物加工过程中产生的法向应力、应力增长与松弛及挤出膨胀等现象。这类现象的描述需要使用黏弹性本构模型。黏弹性流体任意时刻的应力，不仅与该时刻的运动和变形有关，还取决于运动和变形历史。因此，黏弹性流体同时具有黏性和弹性的双重性质。

建立黏弹性本构模型有多种不同的途径，主要可分为基于连续介质力学的唯象方法、分子论方法及热力学方法。唯象方法一般不追求材料的微观结构，而是强调实验事实，通过经验公式或数学展开等途径构造本构方程，这是比较传统和常见的一种方法；分子论方法则侧重建立描述聚合物大分子链流动的模型，并用统计的方法将宏观流变性质与分子结构参数联系起来，这种方法被认为能从机理上解释黏弹性材料的特殊性质；热力学方法基于局部平衡假设，通过引入内变量，利用不可逆非平衡热力学来建立本构模型，其框架包含实验结果、连续介质力学及统计力学结果等，目的是建立能描述一大类材料的广义本构模型。根据本构方程的数学表达形式，又可将其分为微分模型速率型和积分模型，研究表明两者本质上是等价的。

1）微分模型

微分模型本构方程中含有应力张量或形变速率张量的微商，或同时包含这两个微商。

（1）麦克斯韦（Maxwell）模型。

微分模型中较简单的是麦克斯韦模型，它是将一个弹簧单元串联一个黏壶单元组成一个力学模型。其数学表示为

$$\boldsymbol{\tau}+\theta\frac{\partial\boldsymbol{\tau}}{\partial t}=2\eta\boldsymbol{D} \tag{6-1-8}$$

式中，θ 为松弛时间，$\theta=\eta/G$；η 为黏度；G 为弹性模量。麦克斯韦模型是一个线性黏弹性模型，它能定性解释应力松弛和弹性恢复，但只适用于无穷小变形，既不能预测非牛顿黏度，也不能预测法向应力效应。因此如果要用它描述非线性黏弹现象（即非牛顿黏度和法向应力效应），必须对其进行推广。

（2）广义麦克斯韦模型。

Oldroyd 作为黏弹性流体非线性本构理论研究的先驱，首先引入了随体坐标和随体时间导数的概念，建立了流变学的本构理论。根据 Oldroyd 发展的理论，在大变形或有限变形下，应当在随体坐标（嵌入物质的坐标系，与物质一起运动、变形）中考察时间导数。在此基础上，可将麦克斯韦模型推广到非线性情况，其一般表达式为

$$\boldsymbol{A}(\boldsymbol{\tau})\boldsymbol{\tau}+\lambda\frac{\partial\boldsymbol{\tau}}{\partial t}=2\eta\boldsymbol{D} \tag{6-1-9}$$

式中，$\boldsymbol{A}$ 为与模型有关的张量函数；$\frac{\partial\boldsymbol{\tau}}{\partial t}$为客观时间导数。

$$\frac{\partial\boldsymbol{\tau}}{\partial t}=\alpha\overset{\nabla}{\boldsymbol{\tau}}+(1-\alpha)\overset{\Delta}{\boldsymbol{\tau}}\quad(0\leqslant\alpha\leqslant 1) \tag{6-1-10}$$

式中，$\overset{\nabla}{\boldsymbol{\tau}}$ 和$\overset{\Delta}{\boldsymbol{\tau}}$ 分别为上随体和下随体导数，则有

$$\overset{\nabla}{\boldsymbol{\tau}}=\frac{\partial\boldsymbol{\tau}}{\partial t}+\boldsymbol{v}\cdot\nabla\boldsymbol{\tau}-(\nabla\boldsymbol{v})\boldsymbol{\tau}-\boldsymbol{\tau}\cdot(\nabla\boldsymbol{v})^{\mathrm{T}} \tag{6-1-11}$$

$$\overset{\Delta}{\boldsymbol{\tau}}=\frac{\partial\boldsymbol{\tau}}{\partial t}+\boldsymbol{v}\cdot\nabla\boldsymbol{\tau}+(\nabla\boldsymbol{v})\boldsymbol{\tau}+\boldsymbol{\tau}\cdot(\nabla\boldsymbol{v})^{\mathrm{T}} \tag{6-1-12}$$

a. White-Metzner 模型

当 $\boldsymbol{A}=\boldsymbol{I}$、$\alpha=1$ 时，方程(6-1-9)化为

$$\overset{\nabla}{\boldsymbol{\tau}}+\lambda\boldsymbol{\tau}=2\eta\boldsymbol{D} \tag{6-1-13}$$

该模型被称为 White-Metzner 模型，在稳态简单剪切流中可预测牛顿黏度和第一法向应力差。该模型数学形式简单，同时模型中的对流项也反映了微分型本构模型的固有特征，现在该模型主要用来考察数值算法的优劣。

b. Phan Thien/Tlanner 模型

当 $\boldsymbol{A}=\exp\left[\frac{\varepsilon\theta}{\eta}\mathrm{tr}(\boldsymbol{\tau})\right]\boldsymbol{I}$ 时，则有

$$\exp\left[\frac{\varepsilon\theta}{\eta}\mathrm{tr}(\boldsymbol{\tau})\right]\boldsymbol{\tau}+\alpha\overset{\nabla}{\boldsymbol{\tau}}+(1-\alpha)\overset{\Delta}{\boldsymbol{\tau}}=2\eta\boldsymbol{D} \tag{6-1-14}$$

式中，ε 为无量纲材料参数，$\alpha\leqslant 1$。该模型被称为 PTT 模型，可预测剪切黏度和单轴拉伸黏度。

c. Giesekus 模型

当 $\boldsymbol{A}=\boldsymbol{I}+\frac{a\theta}{\eta}\boldsymbol{\tau}$、$\alpha=0$ 时，则有

$$\left(\boldsymbol{I}+\frac{a\theta}{\eta}\right)\boldsymbol{\tau}+\overset{\Delta}{\boldsymbol{\tau}}=2\eta\boldsymbol{D} \tag{6-1-15}$$

式中,a 为无量纲材料参数; $\boldsymbol{I}$ 为单位矩阵。该模型被称为 Gesekus 模型,除可预测非牛顿黏度和第一法向应力差外,还可预测第二法向应力差。

2) 积分模型

在积分型本构关系中,应力可表示为在形变或应变历史上的积分。

(1) 麦克斯韦模型。

利用玻尔兹曼叠加原理,对于无穷小应变,积分型麦克斯韦模型可写为

$$\boldsymbol{\tau}=2\int_{-\infty}^{t}G(t-t')\dot{\boldsymbol{\gamma}}(t')\mathrm{d}t' \tag{6-1-16}$$

式中,$G(t)=(\eta/\theta)\mathrm{e}^{-t/\lambda}$ 为松弛模量; $\dot{\boldsymbol{\gamma}}$ 为应变速率张量。

(2) K-BKZ 类模型。

一般形式的积分型本构关系可写为

$$\boldsymbol{\tau}(t)=\int_{-\infty}^{t}m(t-t')\boldsymbol{S}_t(t')\mathrm{d}t' \tag{6-1-17}$$

式中,算子$\int_{-\infty}^{t}\mathrm{d}t'$ 为沿由历史时间 t' 表示的材料元路径的时积分。核函数 S_t 为与形变张量有关的张量,可表示为

$$\boldsymbol{S}_t(t')=\phi_1(I_1,I_2)\boldsymbol{C}_t^{-1}(t')-\phi_2(I_1,I_2)\boldsymbol{C}_t(t') \tag{6-1-18}$$

式中,$\boldsymbol{C}_t^{-1}$ 为 Finger 应变张量; ϕ_1、ϕ_2 为不变量,$I_1=\mathrm{tr}(\boldsymbol{C}_t^{-1})$ 和 $I_2=\mathrm{tr}(\boldsymbol{C}_t)$ 为无量纲函数,$m(t-t')$ 为与时间有关的线性黏弹性记忆函数,一般可表示为含有松弛时间 θ 和黏度 η 的指数函数,即

$$m(t-t')=\frac{\eta}{\theta}\exp\left(-\frac{t-t'}{\theta}\right) \tag{6-1-19}$$

式中,$m(t-t')$ 具有"消失记忆"性质,即流体元近期经历的变形对应力的贡献要大于过去远期的变形。

如果 ϕ_1 和 ϕ_2 可用弹性函数 $W(I_1,I_2)$ 表示为

$$\phi_1=2\frac{\partial W}{\partial I_1};\quad \phi_2=2\frac{\partial W}{\partial I_2} \tag{6-1-20}$$

则方程(6-1-17)化简为 Kaye-BKZ 模型:

$$\boldsymbol{\tau}=2\int_{-\infty}^{t}m(t-t')\left[\frac{\partial W}{\partial I_1}\boldsymbol{C}_t^{-1}(t')-\frac{\partial W}{\partial I_2}\boldsymbol{C}_t(t')\right]\mathrm{d}t' \tag{6-1-21}$$

尽管 K-BKZ 类模型是以简单流体理论和有限弹性理论为基础的经验方程,但都是对黏弹性流体流动预测能力较强的本构模型之一,在工程中有着广泛的应用。

6.1.1.2 热力学关系

热塑性塑料通常在温度和压力下经历显著的体积变化。因此，表征其压力-体积-温度（P-V-T）关系是必要的，以便计算充填阶段材料的可压缩性及出模后最终零件的收缩和翘曲。P-V-T 状态方程涉及 3 个变量，即压力 P、比容 $\hat{V}$ 和温度 T。比容为每单位质量热塑性塑料的体积。对于所有材料，状态方程均可表示为

$$f(P,\hat{V},T)=0 \tag{6-1-22}$$

给定任何两个变量，可以通过使用状态方程来确定第三个变量。因此，可以写成如下形式：

$$\hat{V}=g(P,T) \tag{6-1-23}$$

图 6-1-1 所示为材料的 P-V-T 曲面图。若温度为 T_a 的材料在恒定压力下经历温度变化，则由温度变化导致的材料平均体积变化可表示为

$$\frac{\Delta\hat{V}}{\Delta T}=\frac{g(P_a,T_a+\Delta T)-g(P_a,T_a)}{\Delta T}=\frac{\hat{V}(P_a,T_a+\Delta T)-\hat{V}(P_a,T_a)}{\Delta T} \tag{6-1-24}$$

在极限 $\Delta T\to 0$ 的情况下，可获得材料的瞬时体积变化，表示为

$$\left(\frac{\partial\hat{V}}{\partial T}\right)_P \tag{6-1-25}$$

式中，下标 P 表示压力保持不变。

因此材料的体积膨胀系数 β 可定义如下：

$$\beta=\frac{1}{\hat{V}}\left(\frac{\partial\hat{V}}{\partial T}\right)_P \tag{6-1-26}$$

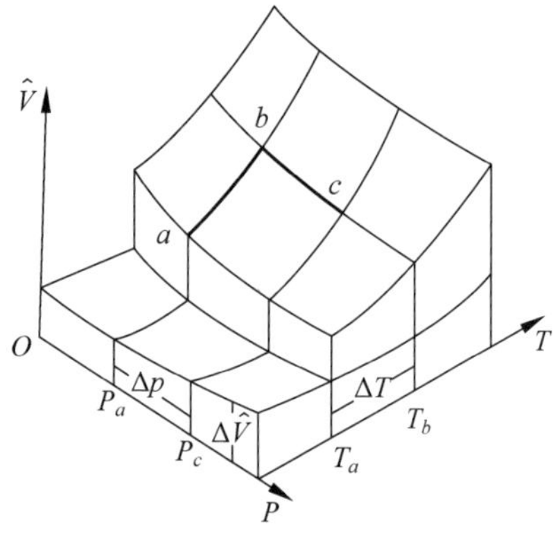

图 6-1-1 材料的 P-V-T 曲面图

由压力变化引起的体积变化如图 6-1-1 中点 b 移动到点 c 所示。当温度不变时，压力变化导致的材料平均体积变化可由下式给出：

$$\frac{\Delta\hat{V}}{\Delta T}=\frac{g(P_a+\Delta P,T_b)-g(P_a,T_b)}{\Delta P}=\frac{\hat{V}(P_a+\Delta P,T_b)-\hat{V}(P_a,T_b)}{\Delta P} \tag{6-1-27}$$

假设 $\Delta P\to 0$，可以得到瞬时体积变化为

$$\left(\frac{\partial\hat{V}}{\partial P}\right)_T \tag{6-1-28}$$

因此，材料的等温压缩率 κ 可定义为

$$\kappa = -\frac{1}{\hat{V}}\left(\frac{\partial \hat{V}}{\partial P}\right)_T \tag{6-1-29}$$

式中,负号表示体积随压力增加而减小。

不同类型的热塑性塑料在其玻璃化转变温度附近具有不同的 P-V-T 行为。半结晶热塑性塑料由于结晶现象的存在,在玻璃化转变温度附近体积发生显著非线性变化,而无定形热塑性塑料的比容-温度曲线为线性变化,没有从熔体到固体的突然转变。图 6-1-2 描述了这两种热塑性塑料的区别。对于半结晶材料,P-V-T 数据分为低温、过渡和高温 3 个区域。

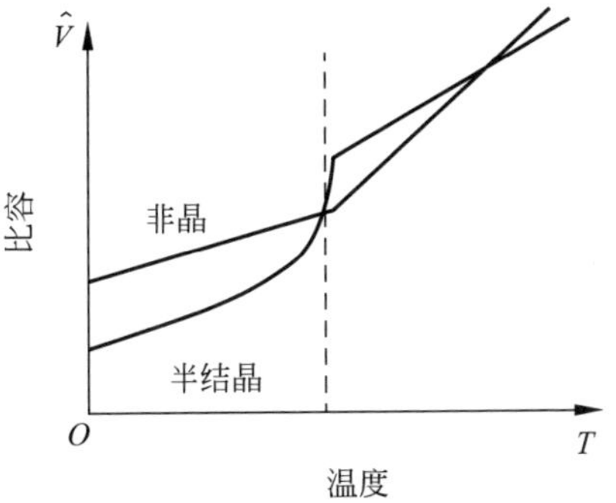

图 6-1-2　半结晶热塑性塑料和非晶态热塑性塑料的比容-温度曲线

保压过程中的 P-V-T 关系一般采用 Tait 提出的经验公式描述:

$$V(P,T)=V_0(T)\left[1-0.0894\ln\left(1+\frac{P}{B(T)}\right)\right]-V_t(T,P) \tag{6-1-30}$$

$$V_0(T)=\begin{cases} b_{1,1}+b_{2,1}(T-b_5) & (T \geqslant T_g) \\ b_{1,s}+b_{2,s}(T-b_5) & (T < T_g) \end{cases} \tag{6-1-31}$$

$$B(T)=\begin{cases} b_{3,1}\mathrm{e}^{-b_{4,1}(T-b_5)} & (T \geqslant T_g) \\ b_{3,s}\mathrm{e}^{-b_{4,s}(T-b_5)} & (T < T_g) \end{cases} \tag{6-1-32}$$

$$V_t(T,P)=\begin{cases} 0 & (T \geqslant T_g) \\ b_7\mathrm{e}^{b_8(T-b_5)-b_9P} & (T < T_g) \end{cases} \tag{6-1-33}$$

式中,T_g 为玻璃化温度(对非结晶型材料)或结晶温度(对结晶型材料),可认为是压力的线性函数,即

$$T_g(P)=b_5+b_6P \tag{6-1-34}$$

式中,$b_{1,1}\sim b_9$ 为材料常数,$b_{i,1}(i=1\sim4)$为熔融态聚合物材料参数,$b_{i,s}(i=1\sim4)$为固态材料参数。

采用如下公式来描述比热容 c_p 和热导 K 与温度的关系:

$$c_p(T)=C_1+C_2(T-C_5)+C_3\tanh[C_4(T-C_5)] \quad (\text{非结晶型材料}) \tag{6-1-35a}$$

$$c_p(T)=C_1+C_2(T-C_5)+C_3\exp[-C_4(T-C_5)^2] \quad (结晶型材料) \tag{6-1-35b}$$

$$K(T)=\lambda_1+\lambda_2(T-\lambda_5)+\lambda_3\tanh[\lambda_4(T-\lambda_5)] \tag{6-1-36}$$

式中,$C_1\sim C_5$、$\lambda_1\sim\lambda_5$ 为材料常数。

6.1.1.3 流动控制方程

描述聚合物熔体宏观、瞬态、非等温可压缩流体流动的控制方程包括质量守恒方程、动量守恒方程和能量守恒方程,分别通过质量、动量和能量守恒原理获得,这3个方程具有相似的形式,可以采用统一的输运方程形式表示。

如图6-1-3所示,在流场中取一个微六面体控制体,在笛卡儿坐标系中六面体边长分别为 $\mathrm{d}x$、$\mathrm{d}y$ 和 $\mathrm{d}z$。微单元的6个面用N、S、E、W、T和B表示,分别代表北、南、东、西、顶部和底部6个表面。中心点 O 的坐标为(x,y,z)。

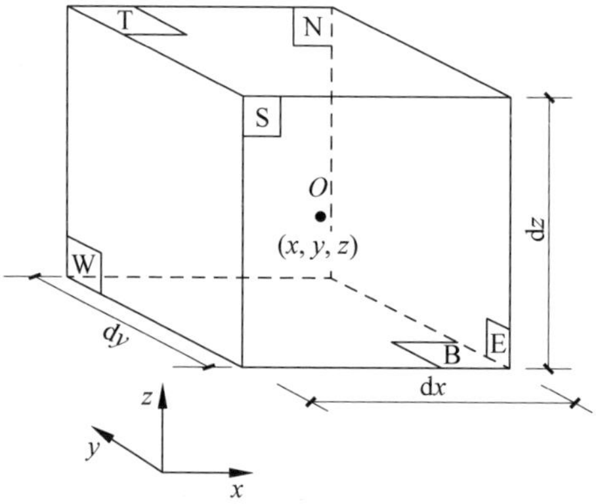

图 6-1-3 微六面体控制体

流体所有参数都是空间和时间的函数,如 $\rho(x,y,z,t)$、$P(x,y,z,t)$、$T(x,y,z,t)$和 $\boldsymbol{u}(x,y,z,t)$分别表示流体密度、压力、温度和速度矢量。当控制体积足够小时,一阶泰勒展开就可以满足计算精度要求。如,在东、西两个表面的压力函数可以进行如下展开:

$$P_{\mathrm{E}}=P+\frac{\partial P}{\partial x}\frac{1}{2}\mathrm{d}x+o(x)\approx P+\frac{\partial P}{\partial x}\frac{1}{2}\mathrm{d}x \tag{6-1-37}$$

$$P_{\mathrm{W}}=P-\frac{\partial P}{\partial x}\frac{1}{2}\mathrm{d}x+o(x)\approx P-\frac{\partial P}{\partial x}\frac{1}{2}\mathrm{d}x \tag{6-1-38}$$

1. 质量守恒方程

流体单元的质量增加率为

$$\frac{\partial}{\partial t}(\rho\,\mathrm{d}x\,\mathrm{d}y\,\mathrm{d}z)=\frac{\partial\rho}{\partial t}\mathrm{d}x\,\mathrm{d}y\,\mathrm{d}z \tag{6-1-39}$$

通过单位表面的净质量流量是垂直于表面的密度、表面积和流体速度的乘积。

由图 6-1-4 可知，通过流体单元的表面的净质量流量为

$$\left[\rho u-\frac{\partial(\rho u)}{\partial x}\frac{1}{2}\mathrm{d}x\right]\mathrm{d}y\,\mathrm{d}z-\left[\rho u+\frac{\partial(\rho u)}{\partial x}\frac{1}{2}\mathrm{d}x\right]\mathrm{d}y\,\mathrm{d}z+$$
$$\left[\rho v-\frac{\partial(\rho v)}{\partial y}\frac{1}{2}\mathrm{d}y\right]\mathrm{d}x\,\mathrm{d}z-\left[\rho v+\frac{\partial(\rho v)}{\partial y}\frac{1}{2}\mathrm{d}y\right]\mathrm{d}x\,\mathrm{d}z+$$
$$\left[\rho w-\frac{\partial(\rho w)}{\partial z}\frac{1}{2}\mathrm{d}z\right]\mathrm{d}x\,\mathrm{d}y-\left[\rho w+\frac{\partial(\rho w)}{\partial z}\frac{1}{2}\mathrm{d}z\right]\mathrm{d}x\,\mathrm{d}y \tag{6-1-40}$$

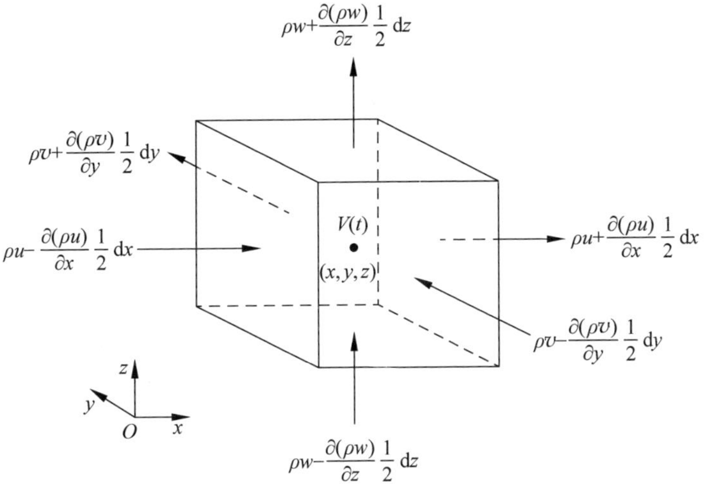

图 6-1-4　微流体的质量通量

如果 $V(t)$ 是满足质量守恒的流体微元体积，并且里面不含质量源，那么 $V(t)$ 中包含的质量不会改变，即质量守恒意味着式(6-1-39)等于式(6-1-40)，简化后，则有

$$\frac{\partial\rho}{\partial t}+\frac{\partial(\rho u)}{\partial x}+\frac{\partial(\rho v)}{\partial y}+\frac{\partial(\rho w)}{\partial z}=0 \tag{6-1-41}$$

可以更简洁地写成如下形式：

$$\frac{\partial\rho}{\partial t}+\nabla\cdot(\rho\boldsymbol{u})=0 \tag{6-1-42}$$

式中，$\boldsymbol{u}$ 为速度矢量。

式(6-1-41)或式(6-1-42)称为可压缩流体的质量守恒方程，也称为连续性方程。

使用偏微分描述连续性方程是足够的，但不便于描述动量和质量守恒方程，因此将式(6-1-42)展开为

$$\frac{\partial\rho}{\partial t}+\rho(\nabla\cdot\boldsymbol{u})+\boldsymbol{u}\cdot\nabla\rho=0 \tag{6-1-43}$$

根据微分链式法则，材料密度关于时间的导数可表示为

$$\frac{\mathrm{D}\rho}{\mathrm{D}t}=\frac{\partial\rho}{\partial t}+\frac{\partial\rho}{\partial x}\frac{\partial x}{\partial t}+\frac{\partial\rho}{\partial y}\frac{\partial y}{\partial t}+\frac{\partial\rho}{\partial z}\frac{\partial z}{\partial t}=\frac{\partial\rho}{\partial t}+\boldsymbol{u}\cdot\nabla\rho \tag{6-1-44}$$

式中，$\frac{\mathrm{D}}{\mathrm{D}t}$表示物质导数(随体导数)。

根据式(6-1-44)、式(6-1-41)或式(6-1-42)可用如下形式表示：

$$\frac{\mathrm{D}\rho}{\mathrm{D}t}=-\rho(\nabla\cdot\boldsymbol{u}) \tag{6-1-45}$$

2. 动量守恒方程

动量守恒要求微元体积 $V(t)$ 中流体粒子动量的时间变化率等于作用在 $V(t)$ 上的外力之和。用特定特征参数 φ 代替式(6-1-44)中的密度 ρ，可得到单位质量的 φ 随时间的变化率为

$$\frac{\mathrm{D}\varphi}{\mathrm{D}t}=\frac{\partial\varphi}{\partial t}+\boldsymbol{u}\cdot\nabla\varphi \tag{6-1-46}$$

流体微元单位体积的 φ 随时间的变化率为

$$\rho\frac{\mathrm{D}\varphi}{\mathrm{D}t}=\rho\left(\frac{\partial\varphi}{\partial t}+\boldsymbol{u}\cdot\nabla\varphi\right) \tag{6-1-47}$$

式(6-1-42)中左侧两项分别表示单位体积中流体质量随时间的变化率和单位体积的质量流出率，即

$$\frac{\partial\rho}{\partial t}+\nabla\cdot(\rho\boldsymbol{u}) \tag{6-1-48}$$

将特征变量 φ 引入方程(6-1-48)中，可以简单地得到：

$$\frac{\partial(\rho\varphi)}{\partial t}+\nabla\cdot(\rho\varphi\boldsymbol{u}) \tag{6-1-49}$$

它代表流体微元中单位体积 φ 的变化率和单位体积流体 φ 的净流出率之和。使用微分和散度定理的链式法则，式(6-1-49)可以写成如下形式：

$$\frac{\partial(\rho\varphi)}{\partial t}+\nabla\cdot(\rho\varphi\boldsymbol{u})=\rho\left(\frac{\partial\varphi}{\partial t}+\boldsymbol{u}\cdot\nabla\varphi\right)+\varphi\left[\frac{\partial\rho}{\partial t}+\nabla\cdot(\rho\boldsymbol{u})\right] \tag{6-1-50}$$

参考质量守恒方程，等式(6-1-50)中等号的右边第二项等于零，故有

$$\rho\frac{\mathrm{D}\varphi}{\mathrm{D}t}=\rho\left(\frac{\partial\varphi}{\partial t}+\boldsymbol{u}\cdot\nabla\varphi\right)=\frac{\partial(\rho\varphi)}{\partial t}+\nabla\cdot(\rho\varphi\boldsymbol{u}) \tag{6-1-51}$$

式中，φ 的增加率等于流体微元中 φ 的增加率和流体微元中 φ 的净流出率之和。当 φ 是流体实际速度时，流体微元的动量变化率可表示为

x 分量：

$$\varphi=u,\quad \rho\frac{\mathrm{D}u}{\mathrm{D}t}=\frac{\partial(\rho u)}{\partial t}+\nabla\cdot(\rho u\boldsymbol{u}) \tag{6-1-52}$$

y 分量：

$$\varphi=v,\quad \rho\frac{\mathrm{D}v}{\mathrm{D}t}=\frac{\partial(\rho v)}{\partial t}+\nabla\cdot(\rho v\boldsymbol{u}) \tag{6-1-53}$$

z 分量：

$$\varphi = w, \quad \rho \frac{\mathrm{D}w}{\mathrm{D}t} = \frac{\partial(\rho w)}{\partial t} + \nabla \cdot (\rho w \boldsymbol{u}) \tag{6-1-54}$$

上述 3 个等式的组合可以写成如下形式：

$$\rho \frac{\mathrm{D}\boldsymbol{u}}{\mathrm{D}t} = \frac{\partial(\rho \boldsymbol{u})}{\partial t} + \nabla \cdot (\rho \boldsymbol{u}\boldsymbol{u}) \tag{6-1-55}$$

作用在流体微元上的力包括表面力和体积力。表面力又包括压力和黏性力；体积力又包括重力、离心力、电磁力等。一般将表面力表示为独立的应力分量，将体积力放入方程的源项中。

如图 6-1-5 所示，黏性力分量用 τ_{ij} 表示，下标 i 和 j 表示垂直于 i 坐标方向的平面上指向 j 方向的黏性力。总共有 9 个黏性剪应力分量，即 τ_{xx}、τ_{yy}、τ_{zz}、τ_{xy}、τ_{xz}、τ_{yx}、τ_{yz}、τ_{zy} 和 τ_{zx}，其中 6 个分量是独立的。根据剪切应力的等效法则，有

$$\tau_{xy} = \tau_{yx}, \quad \tau_{xz} = \tau_{zx}, \quad \tau_{yz} = \tau_{zy} \tag{6-1-56}$$

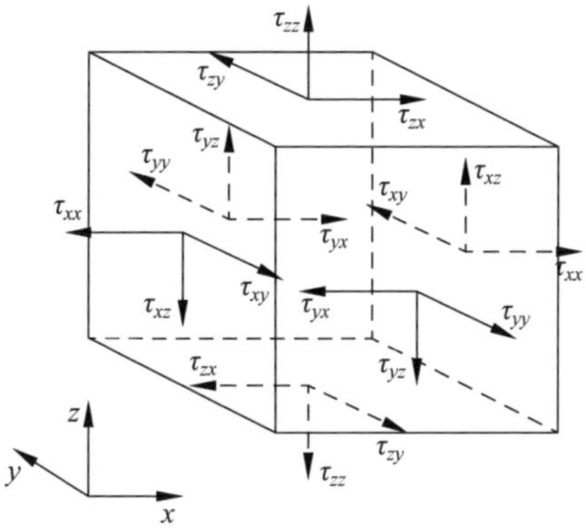

图 6-1-5　流体微元的表面力分量

以 x 方向的力为例(图 6-1-5)，x 方向的力包括压力 P 和黏性力分量 τ_{xx}、τ_{yx} 和 τ_{zx}。根据图 6-1-4，东面和西面 x 方向的合力为

$$\left[\left(P - \frac{\partial P}{\partial x}\frac{1}{2}\mathrm{d}x\right) - \left(\tau_{xx} - \frac{\partial \tau_{xx}}{\partial x}\frac{1}{2}\mathrm{d}x\right)\right]\mathrm{d}y\,\mathrm{d}z + \left[-\left(P + \frac{\partial P}{\partial x}\frac{1}{2}\mathrm{d}x\right) + \left(\tau_{xx} + \frac{\partial \tau_{xx}}{\partial x}\frac{1}{2}\mathrm{d}x\right)\right]\mathrm{d}y\,\mathrm{d}z = \left(-\frac{\partial P}{\partial x} + \frac{\partial \tau_{xx}}{\partial x}\right)\mathrm{d}x\,\mathrm{d}y\,\mathrm{d}z \tag{6-1-57}$$

南面和北面 x 方向的合力为

$$-\left(\tau_{yx} - \frac{\partial \tau_{yx}}{\partial y}\frac{1}{2}\mathrm{d}y\right)\mathrm{d}z\,\mathrm{d}x + \left(\tau_{yx} + \frac{\partial \tau_{yx}}{\partial y}\frac{1}{2}\mathrm{d}y\right)\mathrm{d}z\,\mathrm{d}x = \frac{\partial \tau_{yx}}{\partial y}\mathrm{d}x\,\mathrm{d}y\,\mathrm{d}z \tag{6-1-58}$$

顶面和底面 x 方向的合力为

$$-\left(\tau_{zx}-\frac{\partial \tau_{zx}}{\partial z}\frac{1}{2}\mathrm{d}z\right)\mathrm{d}x\,\mathrm{d}y+\left(\tau_{zx}+\frac{\partial \tau_{zx}}{\partial z}\frac{1}{2}\mathrm{d}z\right)\mathrm{d}x\,\mathrm{d}y=\frac{\partial \tau_{zx}}{\partial z}\mathrm{d}x\,\mathrm{d}y\,\mathrm{d}z \tag{6-1-59}$$

将上述3个方程式相加并除以流体微元的体积 $\mathrm{d}x\,\mathrm{d}y\,\mathrm{d}z$，可以得到单位体积流体微元表面的 x 方向合力为

$$\frac{\partial(-P+\tau_{xx})}{\partial x}+\frac{\partial \tau_{yx}}{\partial y}+\frac{\partial \tau_{zx}}{\partial z} \tag{6-1-60}$$

如前所述，体积力被表示为 f_x。根据动量守恒定律(也称为力平衡定律)，x 方向上的动量守恒方程为

$$\rho\frac{\mathrm{D}u}{\mathrm{D}t}=\frac{\partial(\rho u)}{\partial t}+\nabla\cdot(\rho u\boldsymbol{u})=\frac{\partial(-P+\tau_{xx})}{\partial x}+\frac{\partial \tau_{yx}}{\partial y}+\frac{\partial \tau_{zx}}{\partial z}+\rho f_x \tag{6-1-61}$$

类似地，y 方向和 z 方向上的动量守恒方程分别如下：

$$\rho\frac{\mathrm{D}v}{\mathrm{D}t}=\frac{\partial(\rho v)}{\partial t}+\nabla\cdot(\rho v\boldsymbol{u})=\frac{\partial \tau_{xy}}{\partial x}+\frac{\partial(-P+\tau_{yy})}{\partial y}+\frac{\partial \tau_{zy}}{\partial z}+\rho f_y \tag{6-1-62}$$

$$\rho\frac{\mathrm{D}w}{\mathrm{D}t}=\frac{\partial(\rho w)}{\partial t}+\nabla\cdot(\rho w\boldsymbol{u})=\frac{\partial \tau_{zx}}{\partial x}+\frac{\partial \tau_{zy}}{\partial y}+\frac{\partial(-P+\tau_{zz})}{\partial z}+\rho f_z \tag{6-1-63}$$

将式(6-1-61)～式(6-1-63)代入方程(6-1-55)，可得动量守恒方程为

$$\frac{\mathrm{D}(\rho\boldsymbol{u})}{\mathrm{D}t}+\nabla\cdot(\rho\boldsymbol{u}\boldsymbol{u})=\nabla\cdot(\boldsymbol{\sigma})+\rho\boldsymbol{f} \tag{6-1-64}$$

式中，$\boldsymbol{\sigma}$ 为应力张量，可由式(6-1-65)给出：

$$\boldsymbol{\sigma}=-P\boldsymbol{I}+\boldsymbol{\tau} \tag{6-1-65}$$

式中，P 为压力(静压力)；$\boldsymbol{I}$ 为单位张量，$\boldsymbol{\tau}$ 为附加应力张量，$\boldsymbol{\tau}$ 与速度的关系由材料的本构关系决定。

3. 能量守恒方程

热力学第一定律指出，微元体积 $V(t)$ 中总能量的变化率等于流体在微元体积上做的功和流体热损失之差。

设 $E(x,y,z,t)$ 为微元体积 $V(t)$ 的总能量，则单位质量的 E 随时间的变化率为

$$\frac{\mathrm{D}E}{\mathrm{D}t}=\frac{\partial E}{\partial t}+\nabla\cdot(E\boldsymbol{u}) \tag{6-1-66}$$

单位体积的 E 随时间的变化率为

$$\rho\frac{\mathrm{D}E}{\mathrm{D}t}=\frac{\partial(\rho E)}{\partial t}+\nabla\cdot(\rho E\boldsymbol{u}) \tag{6-1-67}$$

设 q 为热通量(图 6-1-6)，则 x、y、z 分量的热损失率分别为

$$\left[\left(q_x-\frac{\partial q_x}{\partial x}\frac{1}{2}\mathrm{d}x\right)-\left(q_x-\frac{\partial q_x}{\partial x}\frac{1}{2}\mathrm{d}x\right)\right]\mathrm{d}y\,\mathrm{d}z=-\frac{\partial q_x}{\partial x}\mathrm{d}x\,\mathrm{d}y\,\mathrm{d}z \tag{6-1-68}$$

$$\left[\left(q_y-\frac{\partial q_y}{\partial y}\frac{1}{2}\mathrm{d}y\right)-\left(q_y-\frac{\partial q_y}{\partial y}\frac{1}{2}\mathrm{d}y\right)\right]\mathrm{d}x\,\mathrm{d}z=-\frac{\partial q_y}{\partial y}\mathrm{d}x\,\mathrm{d}y\,\mathrm{d}z \tag{6-1-69}$$

$$\left[\left(q_z-\frac{\partial q_z}{\partial z}\frac{1}{2}\mathrm{d}z\right)-\left(q_z-\frac{\partial q_z}{\partial z}\frac{1}{2}\mathrm{d}z\right)\right]\mathrm{d}x\,\mathrm{d}y=-\frac{\partial q_z}{\partial z}\mathrm{d}x\,\mathrm{d}y\,\mathrm{d}z \tag{6-1-70}$$

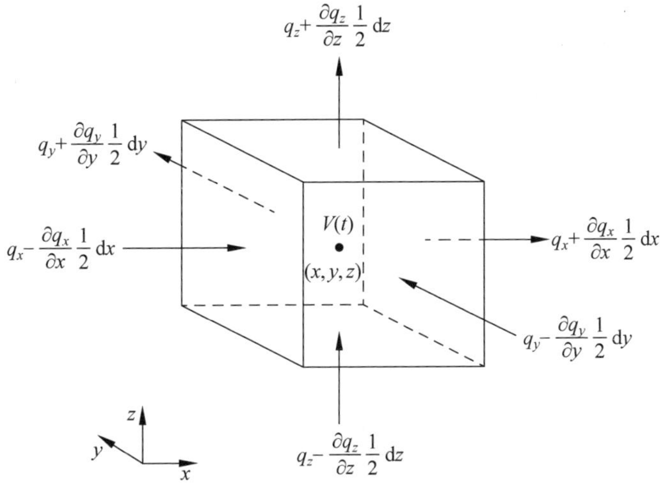

图 6-1-6　流体微元的热通量分量

因此，单位体积的热量损失率为

$$-\frac{\partial q_x}{\partial x}-\frac{\partial q_y}{\partial y}-\frac{\partial q_z}{\partial z}=-\nabla\cdot\boldsymbol{q} \tag{6-1-71}$$

根据傅里叶热传导定律，有

$$\boldsymbol{q}=-\lambda\nabla T \tag{6-1-72}$$

式中，λ 为热导率，所以方程(6-1-72)变换为

$$-\nabla\cdot\boldsymbol{q}=\nabla\cdot(\lambda\nabla T) \tag{6-1-73}$$

对微元体积做功的外力包括表面力和体力，式(6-1-57)～式(6-1-59)为 x 方向上的表面力，其做的功为

$$\left\{\frac{\partial[u(-P+\tau_{xx})]}{\partial x}+\frac{\partial(u\tau_{yx})}{\partial y}+\frac{\partial(u\tau_{zx})}{\partial z}\right\}\mathrm{d}x\,\mathrm{d}y\,\mathrm{d}z \tag{6-1-74}$$

同样，在 y 方向和 z 方向上的表面力做的功为

$$\left\{\frac{\partial(v\tau_{xy})}{\partial x}+\frac{\partial[v(-P+\tau_{yy})]}{\partial y}+\frac{\partial(v\tau_{zy})}{\partial z}\right\}\mathrm{d}x\,\mathrm{d}y\,\mathrm{d}z \tag{6-1-75}$$

$$\left\{\frac{\partial(w\tau_{zx})}{\partial x}+\frac{\partial(w\tau_{zy})}{\partial y}+\frac{\partial[w(-P+\tau_{zz})]}{\partial z}\right\}\mathrm{d}x\,\mathrm{d}y\,\mathrm{d}z \tag{6-1-76}$$

所以，单位体积流体微元的表面力做的功为

$$-\nabla\cdot(\rho\boldsymbol{u})+\left[\frac{\partial(u\tau_{xx})}{\partial x}+\frac{\partial(u\tau_{yx})}{\partial y}+\frac{\partial(u\tau_{zx})}{\partial z}+\frac{\partial(v\tau_{xy})}{\partial x}+\frac{\partial(v\tau_{yy})}{\partial y}+\right.$$

$$\frac{\partial(v\tau_{zy})}{\partial z}+\frac{\partial(w\tau_{zx})}{\partial x}+\frac{\partial(w\tau_{zy})}{\partial y}+\frac{\partial(w\tau_{zz})}{\partial z}\Bigg] \tag{6-1-77}$$

微元体积中流体的总能量是其动能 e、内能 i 和由体积力(如重力)做功而产生的势能的总和。根据能量守恒法则,参照式(6-1-67)、式(6-1-73)和式(6-1-77),可得

$$\begin{aligned}\frac{\partial(\rho E)}{\partial t}+\nabla\cdot(\rho E\boldsymbol{u})=&-\nabla\cdot(\rho\boldsymbol{u})+\left[\frac{\partial(u\tau_{xx})}{\partial x}+\frac{\partial(u\tau_{yx})}{\partial y}+\frac{\partial(u\tau_{zx})}{\partial z}+\frac{\partial(v\tau_{xy})}{\partial x}+\right.\\&\left.\frac{\partial(v\tau_{yy})}{\partial y}+\frac{\partial(v\tau_{zy})}{\partial z}+\frac{\partial(w\tau_{zx})}{\partial x}+\frac{\partial(w\tau_{zy})}{\partial y}+\frac{\partial(w\tau_{zz})}{\partial z}\right]+\\&\nabla\cdot(\lambda\cdot\nabla T)+\rho\boldsymbol{u}\cdot\boldsymbol{g}+S_E\end{aligned} \tag{6-1-78}$$

式中,$\rho\boldsymbol{u}\cdot\boldsymbol{g}$ 为重力做的功(势能);S_E 为源项,总能量 E 为

$$E=i+e=i+\frac{1}{2}(u^2+v^2+w^2) \tag{6-1-79}$$

式中,i 为内能,e 为动能。

得到动能变化率的表达式为

$$\begin{aligned}\frac{\partial(\rho e)}{\partial t}+\nabla\cdot(\rho e\boldsymbol{u})=&-\boldsymbol{u}\cdot\nabla P+u\left(\frac{\partial\tau_{xx}}{\partial x}+\frac{\partial\tau_{yx}}{\partial y}+\frac{\partial\tau_{zx}}{\partial z}\right)+v\left(\frac{\partial\tau_{xy}}{\partial x}+\frac{\partial\tau_{yy}}{\partial y}+\frac{\partial\tau_{zy}}{\partial z}\right)+\\&w\left(\frac{\partial\tau_{zx}}{\partial x}+\frac{\partial\tau_{zy}}{\partial y}+\frac{\partial\tau_{zz}}{\partial z}\right)+\rho\boldsymbol{u}\cdot\boldsymbol{f}\end{aligned} \tag{6-1-80}$$

式中,$\boldsymbol{f}$ 为体积力(一般为重力)。

内能守恒方程可以由式(6-1-78)减去式(6-1-80)获得

$$\begin{aligned}\frac{\partial(\rho i)}{\partial t}+\nabla\cdot(\rho i\boldsymbol{u})=&-P(\nabla\cdot\boldsymbol{u})+\nabla\cdot(\lambda\nabla T)+\tau_{xx}\frac{\partial u}{\partial x}+\tau_{yx}\frac{\partial u}{\partial y}+\tau_{zx}\frac{\partial u}{\partial z}+\\&\tau_{xy}\frac{\partial v}{\partial x}+\tau_{yy}\frac{\partial v}{\partial y}+\tau_{zy}\frac{\partial v}{\partial z}+\tau_{zx}\frac{\partial w}{\partial x}+\tau_{zy}\frac{\partial w}{\partial y}+\tau_{zz}\frac{\partial w}{\partial z}+S_i\end{aligned} \tag{6-1-81}$$

式中,i 为内能,$i=cT$,其中 c 为比热容,则式(6-1-81)变换为

$$\begin{aligned}\frac{\partial(\rho cT)}{\partial t}+\nabla\cdot(\rho cT\boldsymbol{u})=&-P(\nabla\cdot\boldsymbol{u})+\nabla\cdot(\lambda\nabla T)+\tau_{xx}\frac{\partial u}{\partial x}+\tau_{yx}\frac{\partial u}{\partial y}+\tau_{zx}\frac{\partial u}{\partial z}+\\&\tau_{xy}\frac{\partial v}{\partial x}+\tau_{yy}\frac{\partial v}{\partial y}+\tau_{zy}\frac{\partial v}{\partial z}+\tau_{zx}\frac{\partial w}{\partial x}+\tau_{zy}\frac{\partial w}{\partial y}+\tau_{zz}\frac{\partial w}{\partial z}+S_i\end{aligned} \tag{6-1-82}$$

6.1.2 模型简化方法

前面章节推导了控制流体流动的控制方程,其连续性方程、动量守恒方程和能量守恒方程分别如下:

$$\frac{\partial\rho}{\partial t}+\nabla\cdot(\rho\boldsymbol{u})=0 \tag{6-1-83}$$

$$\frac{\partial(\rho \boldsymbol{u})}{\partial t}+\nabla\cdot(\rho \boldsymbol{u}\boldsymbol{u})=\nabla\cdot\boldsymbol{\sigma}+\rho \boldsymbol{f} \tag{6-1-84}$$

$$\frac{\partial(\rho c T)}{\partial t}+\nabla\cdot(\rho c T\boldsymbol{u})=-P(\nabla\cdot\boldsymbol{u})+\nabla\cdot(\lambda\nabla T)+\tau_{xx}\frac{\partial u}{\partial x}+\tau_{yx}\frac{\partial u}{\partial y}+\tau_{zx}\frac{\partial u}{\partial z}+\tau_{xy}\frac{\partial v}{\partial x}+\tau_{yy}\frac{\partial v}{\partial y}+\tau_{zy}\frac{\partial v}{\partial z}+\tau_{zx}\frac{\partial w}{\partial x}+\tau_{zy}\frac{\partial w}{\partial y}+\tau_{zz}\frac{\partial w}{\partial z}+S_i \tag{6-1-85}$$

式(6-1-83)～式(6-1-85)是适用于所有常见流体的通用控制方程，在注塑成形等复杂加工领域求解上述方程十分困难，因此针对注射成形的特点对上述方程进行适当的简化是非常必要的。

注射成形是一个循环过程，具有 3 个基本阶段：充填阶段、保压阶段和冷却阶段。在充填阶段，聚合物熔体被注射到冷壁腔中，在高压作用下扩散并充满模腔；在保压阶段，模具在充填后保持高压，并且有额外的熔体流入模腔以补偿冷却过程中的密度变化(收缩)；在冷却阶段，熔体冷却至固态，并顶出制品。这里我们主要关注熔体在充填和保压阶段不同的流体特性，因为这两个阶段的假设、边界条件及简化的数学模型都是不同的。

6.1.2.1　塑料注射成形充模阶段的简化与假设

1. 塑料熔体充模流动的简化和假设

目前，聚合物加工模拟中使用较广泛的简化模型是 Hele-Shaw 模型(以 Henry Selby Hele-Shaw 命名)。它适用于薄壁制品。大多数塑料产品具有薄壳结构(厚度方向尺寸远远小于平面方向尺寸)，即 $h/L\ll 1$ 和 $h/w\ll 1$，而且壁厚缓慢变化，即$\partial h/\partial x\ll 1$ 和$\partial h/\partial y\ll 1$。另外，聚合物的长分子链结构导致其黏度高，所以惯性力要比黏性剪切应力小得多。因此，薄腔中的填充流动可以近似看作 Hele-Shaw 流动。针对以上特点，对注塑加工过程中的熔体运动提出以下假设与简化。

(1) 由于型腔壁厚(z 向)尺寸远小于其他两个方向(x 和 y 方向)的尺寸且塑料熔体黏性较大，所以熔体的充模流动可视为扩展层流，z 向的速度分量可忽略不计，即 $w=0$，且认为压力不沿 z 向变化，即$\frac{\partial P}{\partial z}=0$。

(2) 充模过程中熔体压力不是很高，且合理的模具结构可以避免过压现象，因此设熔体为不可压缩流体，即$\frac{\partial \rho}{\partial t}=\frac{\partial \rho}{\partial x}=\frac{\partial \rho}{\partial y}=\frac{\partial \rho}{\partial z}=0$，因而 $\mathrm{div}\boldsymbol{V}=0$。

(3) 由于熔体黏性较大，相对于黏性剪切应力而言，惯性力和质量力都很小，可忽略不计，即 $\rho\frac{\mathrm{D}\boldsymbol{u}}{\mathrm{D}t}=\boldsymbol{0}$，$\rho\boldsymbol{f}=\boldsymbol{0}$。

(4) 在熔体流动方向(x 和 y 方向)上，相对于热对流项而言，热传导项很小，可忽略不计，即$\frac{\partial}{\partial x}\left(\lambda\frac{\partial T}{\partial x}\right)=0$，$\frac{\partial}{\partial y}\left(\lambda\frac{\partial T}{\partial y}\right)=0$。

(5) 熔体不含内热源，即 $q=0$。

(6) 在充模过程中，熔体温度变化不大，可认为比热容 c_V、c_p 和导热系数 λ 都是常数。

(7) 熔体前沿采用平面流前模型，忽略熔体前沿的喷泉流动影响。

2. 充填阶段数学模型简化

1) 控制方程简化

(1) 在充填阶段，假设聚合物熔体不可压缩，则熔体密度为常数，且膨胀黏度 $\lambda=0$，则连续性方程简化为

$$\nabla\cdot \boldsymbol{u}=0 \tag{6-1-86}$$

将式(6-1-86)代入动量守恒方程式(6-1-84)可得

$$\nabla\cdot(\rho\boldsymbol{uu})=\rho(\nabla\cdot\boldsymbol{uu})=\rho\boldsymbol{u}(\nabla\cdot\boldsymbol{u})+\rho(\boldsymbol{u}\cdot\nabla\boldsymbol{u})=\rho(\boldsymbol{u}\cdot\nabla\boldsymbol{u}) \tag{6-1-87}$$

(2) 前面章节中已经介绍了塑料熔体的流变本构关系，塑料熔体属于非牛顿黏弹性流体，需要求解一组偏微分方程，因此在充填过程模拟中，除要求解基本的控制方程外，还需要求解本构关系的偏微分方程，这无疑增加了求解的难度和计算量。为简化求解，并考虑到充填过程中熔体的流动是黏性应力主导的，忽略熔体的弹性效应，使用广义牛顿流体的黏度模型描述熔体流变本构关系，前面提到的 Cross 黏性模型是目前较常用的黏度模型。则动量方程的黏性应力项可以表示为

$$\nabla\cdot(\boldsymbol{\sigma})=\nabla\cdot(-P\boldsymbol{I}+2\eta\boldsymbol{D}+\mu(\nabla\cdot\boldsymbol{u})\boldsymbol{I})=-\nabla P+\nabla\cdot\eta\dot{\gamma}=-\nabla P+\nabla\cdot\eta(\nabla\boldsymbol{u}+\nabla\boldsymbol{u}^{\mathrm{T}}) \tag{6-1-88}$$

式中，η 为流体的动力学黏度或剪切黏度；μ 为第二黏度系数。

将流体本构方程代入能量守恒方程的黏性力项，则耗散热 Φ 可表示为

$$\begin{aligned}\Phi&=\eta\left\{2\left[\left(\frac{\partial u}{\partial x}\right)^2+\left(\frac{\partial v}{\partial y}\right)^2+\left(\frac{\partial w}{\partial z}\right)^2\right]+\left(\frac{\partial u}{\partial y}+\frac{\partial v}{\partial x}\right)^2+\left(\frac{\partial u}{\partial z}+\frac{\partial w}{\partial x}\right)^2+\right.\\&\left.\quad\left(\frac{\partial v}{\partial z}+\frac{\partial w}{\partial y}\right)^2\right\}+\mu'(\nabla\boldsymbol{u})^2\\&=\eta\left\{2\left[\left(\frac{\partial u}{\partial x}\right)^2+\left(\frac{\partial v}{\partial y}\right)^2+\left(\frac{\partial w}{\partial z}\right)^2\right]+\left(\frac{\partial u}{\partial y}+\frac{\partial v}{\partial x}\right)^2+\left(\frac{\partial u}{\partial z}+\frac{\partial w}{\partial x}\right)^2+\right.\\&\left.\quad\left(\frac{\partial v}{\partial z}+\frac{\partial w}{\partial y}\right)^2\right\}\end{aligned} \tag{6-1-89}$$

(3) 在充模过程中，熔体温度变化不大，可认为熔体热导率是常数，则动量方程中与热导率相关的项可简化为

$$\nabla\cdot(\lambda\nabla T)=\lambda\nabla\cdot\nabla T=\lambda\nabla^2 T \tag{6-1-90}$$

综合上述简化，全三维控制方程可简化为

$$\nabla\cdot\boldsymbol{u}=0 \tag{6-1-91}$$

$$\rho\frac{\partial\boldsymbol{u}}{\partial t}+\rho(\boldsymbol{u}\cdot\nabla\boldsymbol{u})=-\nabla P+\nabla\eta(\nabla\boldsymbol{u}+\nabla\boldsymbol{u}^{\mathrm{T}})+\rho\boldsymbol{f} \tag{6-1-92}$$

$$\rho c_p\left(\frac{\partial T}{\partial t}+\boldsymbol{u}\cdot\nabla T\right)=-P(\nabla\cdot\boldsymbol{u})+\lambda\nabla^2 T+\Phi \tag{6-1-93}$$

基于 Hele-Shaw 流动的假设，z 向速度 $w=0$，忽略惯性力与质量力，忽略 z 向压力变化，用于薄壁制件的二维半控制方程简化为

$$\frac{\partial}{\partial x}(b\bar{u})+\frac{\partial}{\partial y}(b\bar{v})=0 \tag{6-1-94a}$$

$$\frac{\partial}{\partial z}\left(\eta\frac{\partial u}{\partial z}\right)-\frac{\partial P}{\partial x}=0 \tag{6-1-94b}$$

$$\frac{\partial}{\partial z}\left(\eta\frac{\partial v}{\partial z}\right)-\frac{\partial P}{\partial y}=0 \tag{6-1-94c}$$

$$\rho c_p\left(\frac{\partial T}{\partial t}+u\frac{\partial T}{\partial x}+v\frac{\partial T}{\partial y}\right)=\lambda\frac{\partial^2 T}{\partial z^2}+\eta\dot{\gamma}^2 \tag{6-1-94d}$$

式中：b 为型腔半厚；$\bar{u}$、$\bar{v}$ 分别为 x 和 y 方向的平均流速。

2）边界条件简化

参量 u、v、T、P 在壁厚方向上相对于中性层($z=0$)对称(图 6-1-7(a))，由此可知：型腔半壁厚上的平均速度与型腔全壁厚上的平均速度相等。基于这一重要特征，可以将整个型腔在壁厚方向上分成两部分，如图 6-1-7(b)中的Ⅰ和Ⅱ。在传统的中性层模型中有限元网格在中性层位置产生(图 6-1-7(a)中的 $z=0$ 处)，并且在中性层的两侧沿壁厚方向进行有限差分(从中性层至两模壁)，在表面模型中，三角形有限元网格将在型腔的表面产生(图 6-1-7(b)中的 $z=0$ 处)，此时壁厚方向上的有限差分仅在表面的内侧(从模壁至中性层)进行，即从图 6-1-7(b)中的 $z=0$ 处至 $z=b$ 处。

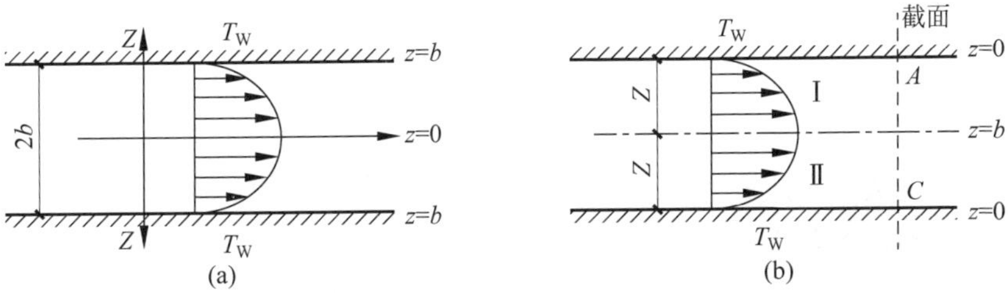

图 6-1-7 壁厚方向上的边界条件

(a) 中性层模型；(b) 表面模型

中性层模型与表面模型流动过程的控制方程都是式(6-1-94)，但是边界条件不同。

中性层模型关于壁厚方向的边界条件为

$$u=0=v,\quad T=T_W\quad (z=b\ 处) \tag{6-1-95}$$

$$\frac{\partial u}{\partial z}=0=\frac{\partial v}{\partial z},\quad \frac{\partial T}{\partial z}=0\quad (z=0\ 处) \tag{6-1-96}$$

式中，T_W 为模壁温度(图 6-1-7)。

而表面模型在壁厚方向上的边界条件则为

$$u=0=v,\quad T=T_W\quad (z=0\text{ 处})\tag{6-1-97}$$

$$\frac{\partial u}{\partial z}=0=\frac{\partial v}{\partial z},\quad \frac{\partial T}{\partial z}=0\quad (z=b\text{ 处})\tag{6-1-98}$$

同时,还需要在壁厚方向上引进新的边界条件,以保证同一截面处对应的两部分能够协调流动,即

$$u_{\mathrm{I}}=u_{\mathrm{II}},\quad v_{\mathrm{I}}=v_{\mathrm{II}},\quad T_{\mathrm{I}}=T_{\mathrm{II}},\quad P_{\mathrm{I}}=P_{\mathrm{II}}\quad (z=b\text{ 处})\tag{6-1-99}$$

$$C_{\mathrm{m-I}}=C_{\mathrm{m-II}}\tag{6-1-100}$$

式中,下标Ⅰ、Ⅱ分别表示同一截面处对应的两部分,$C_{\mathrm{m-I}}$ 和 $C_{\mathrm{m-II}}$ 表示这两部分的自由移动流动前沿,如图 6-1-8 所示。图 6-1-8 中,C_o、C_i、C_e 分别为型腔外边界、内部型芯和浇口。

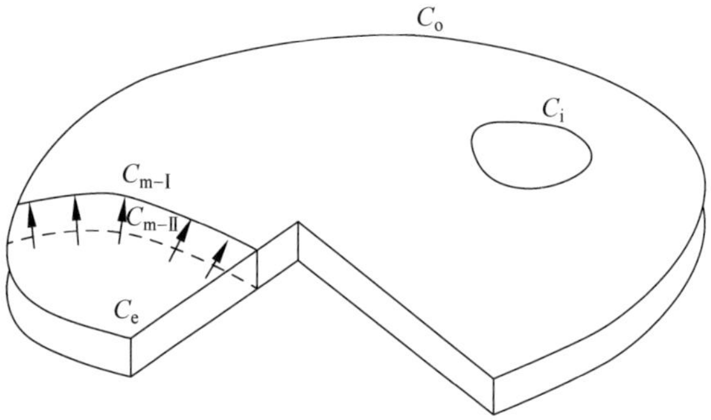

图 6-1-8　对应表面的流动前沿示意图

关于流动平面上的边界条件,可认为在型腔界面和型芯界面上应满足无渗透边界条件,即

$$\frac{\partial P}{\partial n}=0\quad (\text{在 } C_o \text{ 和 } C_i \text{ 处})\tag{6-1-101}$$

通过熔体入口边界的塑料流量应等于注射机的流量,即当熔体入口边界 C_e 上压力均布时应满足如下条件:

$$\int_{C_e}\left(-S\frac{\partial P}{\partial n}\right)\mathrm{d}l=Q(t)\tag{6-1-102}$$

式中,S 为流动率;$Q(t)$为 t 时刻的熔体注射流量。

熔体入口边界 C_e 上的温度为

$$T=T_e\tag{6-1-103}$$

式中,T_e 为熔体注射温度。

6.1.2.2　塑料注射成形保压阶段的简化与假设

1. 塑料熔体保压流动的简化和假设

塑料从融熔态冷却到固态时体积变化很大,可达 25%,因此型腔充满后仍有

一部分塑料在高压下被继续注入型腔，以补充熔体因冷却而引起的收缩，因此聚合物熔体不能再被当作不可压缩流体，即$\nabla \cdot \boldsymbol{u}=0$不再成立。因此保压模拟的实质是求解被压缩、非牛顿流体的非等温流动问题，其分析原理和边界条件与流动模拟类似，但有以下几点不同。

（1）在充模流动阶段，熔体密度变化很小，模拟中假定熔体是未压缩的。而在保压模拟中，熔体密度变化相对较大，这个假设不再成立。实质上，保压过程正是利用熔体的可压缩性来补入新的塑料，故保压模拟中必须考虑熔体密度的变化。

（2）由于增加了密度参量，必须在保压模拟中再引入一个方程——状态方程（P-V-T 关系）才能求解。

（3）在保压过程中，熔体温度变化范围较大，因此，必须采用适应范围更广的黏度模型，并考虑熔体的比热、导热系数随温度的变化。

（4）充模流动模拟时熔体流量是已知的，压力为待求量，而保压中入口压力为设定的保压压力，需求熔体的流量。可见两者入口处边界条件是不同的（其他边界条件相同）。

2. 保压阶段数学模型简化

因此，保压阶段的连续性方程为

$$\frac{\partial \rho}{\partial t}+\nabla \cdot(\rho \boldsymbol{u})=0 \tag{6-1-104}$$

动量方程中$\nabla \cdot(\rho \boldsymbol{u}\boldsymbol{u})$可展开为

$$\nabla \cdot(\rho \boldsymbol{u}\boldsymbol{u})=\rho(\boldsymbol{u} \cdot \nabla \boldsymbol{u})+(\nabla \cdot \rho \boldsymbol{u}) \boldsymbol{u} \tag{6-1-105}$$

瞬态项可展开为

$$\frac{\partial(\rho \boldsymbol{u})}{\partial t}=\frac{\partial \rho}{\partial t} \boldsymbol{u}+\rho \frac{\partial \boldsymbol{u}}{\partial t}=-(\nabla \cdot \rho \boldsymbol{u}) \boldsymbol{u}+\rho \frac{\partial \boldsymbol{u}}{\partial t} \tag{6-1-106}$$

则将式(6-1-105)与式(6-1-106)代入动量方程得

$$\rho \frac{\partial \boldsymbol{u}}{\partial t}=-\nabla P-\rho(\boldsymbol{u} \cdot \nabla \boldsymbol{u})+\nabla \cdot \eta\left(\nabla \boldsymbol{u}+\nabla \boldsymbol{u}^{\mathrm{T}}\right)+\rho f \tag{6-1-107}$$

能量方程可简化为

$$\rho c_p(T)\left(\frac{\partial T}{\partial t}+\boldsymbol{u} \cdot \nabla T\right)=\beta T\left(\frac{\partial P}{\partial t}+\boldsymbol{u} \cdot \nabla P\right)+\lambda \nabla^2 T+\eta \dot{\gamma}+\Phi \tag{6-1-108}$$

式(6-1-104)、式(6-1-107)和式(6-1-108)分别为控制保压阶段全三维熔体流动行为的连续性方程、动量方程和能量方程。

类似于充模流动模拟中的推导，用于薄壁制件的二维半控制方程简化为

$$\frac{\partial \rho}{\partial t}+\frac{\partial}{\partial x}(\rho u)+\frac{\partial}{\partial y}(\rho v)+\frac{\partial}{\partial z}(\rho w)=0 \tag{6-1-109a}$$

$$\frac{\partial P}{\partial x}-\frac{\partial}{\partial z}\left(\eta \frac{\partial u}{\partial z}\right)=0 \tag{6-1-109b}$$

$$\frac{\partial P}{\partial y}-\frac{\partial}{\partial z}\left(\eta\frac{\partial v}{\partial z}\right)=0 \tag{6-1-109c}$$

$$\rho c_p(T)\left(\frac{\partial T}{\partial t}+u\frac{\partial T}{\partial x}+v\frac{\partial T}{\partial y}\right)=\frac{\partial}{\partial z}\left[\lambda\frac{\partial T}{\partial z}\right]+\eta\left[\left(\frac{\partial u}{\partial z}\right)^2+\left(\frac{\partial v}{\partial z}\right)^2\right] \tag{6-1-109d}$$

式中，ρ 表示密度；w 为 z 方向的速度分量，其他参数与充模流动模拟中相同。

6.1.3 压力场的计算

1. 压力场控制方程推导

对控制方程(6-1-94b)与方程(6-1-94c)进行积分，并利用边界条件式(6-1-97)与式(6-1-98)可得

$$u=-\frac{\partial P}{\partial x}\int_0^z\frac{\bar{z}}{\eta}\mathrm{d}\bar{z} \tag{6-1-110a}$$

$$v=-\frac{\partial P}{\partial y}\int_0^z\frac{\bar{z}}{\eta}\mathrm{d}\bar{z} \tag{6-1-110b}$$

1）充模阶段

对式(6-1-110)沿 z 向积分，得到熔体的平均流速为

$$\bar{u}=\frac{\partial P}{\partial x}\frac{S}{b} \tag{6-1-111a}$$

$$\bar{v}=\frac{\partial P}{\partial y}\frac{S}{b} \tag{6-1-111b}$$

式中，S 为流动率，其计算公式为

$$S=\int_0^b\frac{(b-z)^2}{\eta}\mathrm{d}z \tag{6-1-112}$$

将式(6-1-111a)和式(6-1-111b)代入连续性方程，得到如下的压力场的控制方程：

$$\nabla\cdot(S\nabla P)=0 \tag{6-1-113}$$

2）保压阶段

基于式(6-1-110a)和式(6-1-110b)，可得沿 x 方向和 y 方向单位长度的质流率分别为

$$\dot{m}_x=\int_0^b\rho u\,\mathrm{d}z=\bar{S}\frac{\partial P}{\partial x} \tag{6-1-114a}$$

$$\dot{m}_y=\int_0^b\rho v\,\mathrm{d}z=\bar{S}\frac{\partial P}{\partial y} \tag{6-1-114b}$$

式中，

$$\bar{S}=\int_0^b\rho\left(-\int_0^z\frac{\bar{z}}{\eta}\mathrm{d}\bar{z}\right)\mathrm{d}z \tag{6-1-115}$$

将式(6-109a)对 z 进行积分，得

$$\frac{\partial}{\partial t}\int_0^b \rho \mathrm{d}z + \frac{\partial}{\partial x}(\dot{m}_x) + \frac{\partial}{\partial y}(\dot{m}_y) = 0 \tag{6-1-116}$$

考虑到密度 ρ 为压力 P 和温度 T 的函数，即 $\rho=\rho(P,T)$，将式(6-1-116)第一项展开，并代入式(6-1-114)，则有

$$G\frac{\partial P}{\partial t} - \frac{\partial}{\partial x}\left(\bar{S}\frac{\partial P}{\partial x}\right) - \frac{\partial}{\partial y}\left(\bar{S}\frac{\partial P}{\partial y}\right) = -F \tag{6-1-117}$$

式中，

$$G = \int_0^{\hat{z}}\left(\frac{\partial \rho_s}{\partial P}\right)_T \mathrm{d}z + \int_{\hat{z}}^b \left(\frac{\partial \rho_1}{\partial P}\right)_T \mathrm{d}z \tag{6-1-118}$$

$$F = \int_0^{\hat{z}}\left(\frac{\partial \rho_s}{\partial T}\right)_P \frac{\partial T}{\partial t}\mathrm{d}z + \int_{\hat{z}}^b \left(\frac{\partial \rho_1}{\partial T}\right)_P \mathrm{d}z + (\rho_s - \rho_1)_{z=\hat{z}}\frac{\partial \hat{z}}{\partial t} \tag{6-1-119}$$

式中，ρ_1、ρ_s 分别为液、固相的密度；$\hat{z}$ 表示固-液相交界面位置。对于其中的$\frac{\partial \rho}{\partial P}$、$\frac{\partial \rho}{\partial T}$项，文献[29]中采用 $n+1$ 时刻与 n 时刻的微商来计算，如$\frac{\partial \rho}{\partial P}=\frac{\rho^{n+1}-\rho^n}{P^{n+1}-P^n}$，这是不妥当的，混淆了偏微分与全微分的概念。实际上，状态方程决定了密度与压力、温度的函数关系，直接对状态方程求微分即可得到$\frac{\partial \rho}{\partial P}$、$\frac{\partial \rho}{\partial T}$。

2. 控制体积定义

对型腔薄壁部分的三角形单元，将单元重心与三边中点相连，使单元分为与 3 个节点分别对应的 3 个子区域，如图 6-1-9 所示，各子区域乘以单元厚度就得到与 3 个节点分别对应的子体积。节点 N 的控制体积定义为包含该节点的所有单元中与该节点对应的子体积的和，如图 6-1-10 中阴影部分所示。

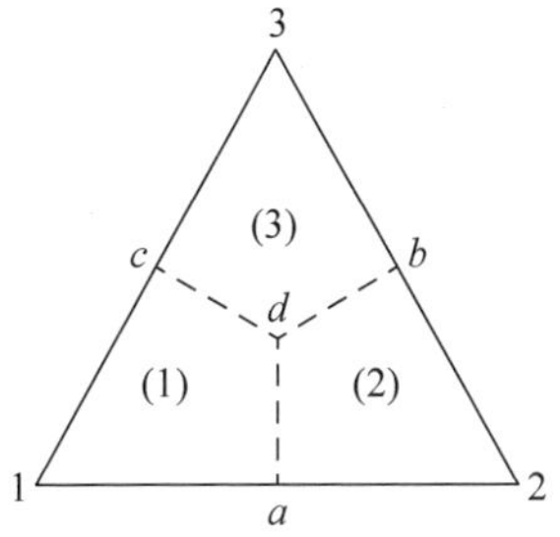

图 6-1-9 三角形单元中子区域的分割

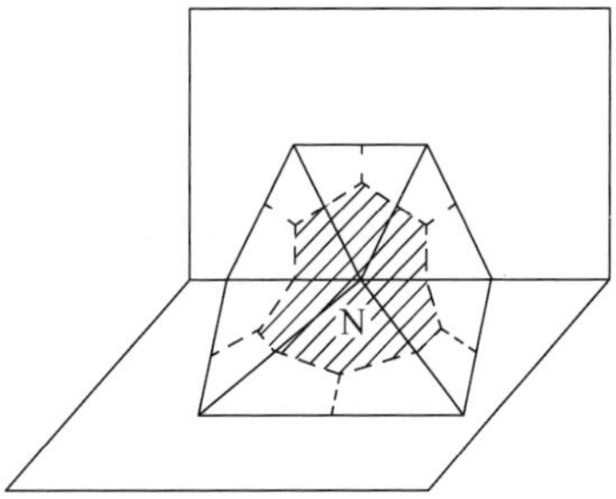

图 6-1-10 三维空间中控制体积的形成

3. 压力场有限元方程推导

在数值计算实施之前，必须对型腔中面或表面模型进行有限元网格划分。三角形单元具有对复杂边界逼近程度好、划分算法成熟、可避免等参转换等优点，因此本节采用三角形线性单元。

三角形单元内的压力分布采用线性插值表示：

$$P^{(l)}(x,y,t)=\sum_{k=1}^{3}L_k^{(l)}(x,y)P_k^{(l)}(t) \tag{6-1-120}$$

式中，$P_k^{(l)}(t)$为 t 时元节点 k 处的压力；$L_k^{(l)}$ 为单元插值函数，则有

$$L_k^{(l)}(x,y)=\frac{b_{1k}^{(l)}+b_{2k}^{(l)}x+b_{3k}^{(l)}y}{2A^{(l)}}\quad(k=1,2,3) \tag{6-1-121}$$

式中，$A^{(l)}$ 表示三角形单元 l 的面积，设单元节点坐标为(x_1,y_1)，(x_2,y_2)，(x_3,y_3)，则有

$$[b_{ij}^{(l)}]=\begin{bmatrix} x_2^{(l)}y_3^{(l)}-x_3^{(l)}y_2^{(l)} & x_3^{(l)}y_1^{(l)}-x_1^{(l)}y_3^{(l)} & x_1^{(l)}y_2^{(l)}-x_2^{(l)}y_1^{(l)} \\ y_2^{(l)}-y_3^{(l)} & y_3^{(l)}-y_1^{(l)} & y_1^{(l)}-y_2^{(l)} \\ x_3^{(l)}-x_2^{(l)} & x_1^{(l)}-x_3^{(l)} & x_2^{(l)}-x_1^{(l)} \end{bmatrix} \tag{6-1-122}$$

用有限元法处理压力场控制方程(6-1-113)，并利用伽辽金法，可导出任一已充满节点 N 的压力场有限元方程为

$$\sum_{l}S^{(l)}\sum_{j=1}^{3}D_{ij}^{(l)}P_{N^n}=0 \tag{6-1-123}$$

式中，l 遍历包含节点 N 的所有三角形单元；i 为单元 l 中对应于总体节点 N 的局部节点号；j 为单元 l 中对应于总体节点 N'的局部节点号，$S^{(l)}$ 在单元重心处计算，$D_{ij}^{(l)}$ 定义如下：

$$D_{ij}^{(l)}=\int_{A^{(l)}}[\nabla L_i^{(l)}(x,y)\cdot\nabla L_j^{(l)}(x,y)]\,\mathrm{d}A=\frac{b_{2i}^{(l)}b_{2j}^{(l)}+b_{3i}^{(l)}b_{3j}^{(l)}}{4A^{(l)}} \tag{6-1-124}$$

令

$$Q_m^{(l)}=\begin{cases}\dfrac{b_{2m}^{(l)}b_{2m}^{(l)}+b_{3m}^{(l)}b_{3m}^{(l)}}{4A^{(l)}} & (m=1,2,3)\\ \dfrac{b_{21}^{(l)}b_{22}^{(l)}+b_{31}^{(l)}b_{32}^{(l)}}{4A^{(l)}} & (m=4)\\ \dfrac{b_{22}^{(l)}b_{23}^{(l)}+b_{32}^{(l)}b_{33}^{(l)}}{4A^{(l)}} & (m=5)\\ \dfrac{b_{23}^{(l)}b_{21}^{(l)}+b_{33}^{(l)}b_{31}^{(l)}}{4A^{(l)}} & (m=6)\end{cases} \tag{6-1-125}$$

则 $D_{ij}^{(l)}$ 可进一步表示为

$$\begin{cases}D_{1j}^{(l)}=Q_1^{(l)},Q_4^{(l)},Q_6^{(l)}\\ D_{2j}^{(l)}=Q_4^{(l)},Q_2^{(l)},Q_5^{(l)}\\ D_{3j}^{(l)}=Q_6^{(l)},Q_5^{(l)},Q_3^{(l)}\end{cases} \tag{6-1-126}$$

薄壁部分三角形单元中节点 N 的控制体积的净流量可表示为

$$q=\sum_{l} S^{(l)} \sum_{j=1}^{3} D_{ij}^{(l)} P_{N'} \tag{6-1-127}$$

式(6-1-123)的物理意义如下：对未压缩流体，已充满节点 N 的控制体积的净流量为零，该式反映了质量守恒定律。

4. 压力场求解过程

对每个已被熔体充满的节点写出式(6-1-123)，得到以熔体充填区域节点压力为未知量的代数方程组，由于整体刚度矩阵为一大型稀疏矩阵，为了减少存储空间，可以采用变带宽法、网格节点编号优化重组法、双重压缩过滤法等存储方法，本节采用只存储非 0 节点及其编号的方法，并采用超松弛法求解此方程组。

由于流动率 S 依赖于压力场，式(6-1-113)是非线性方程，采用式(6-1-123)求解压力场时，还需采用低松弛法进行压力场迭代，即

$$P^{i+1}=0.6P^{i+1}+0.4P^{i} \tag{6-1-128}$$

式中，P^{i} 和 P^{i+1} 分别为第 i 次和第 $i+1$ 次迭代的压力值。迭代过程的收敛判据为

$$\left(\sum_{m=1}^{\mathrm{NT}} \frac{(P_{m}^{i+1}-P_{m}^{i})}{P_{m}^{i+1}}\right)\frac{1}{\mathrm{NT}}<\delta \tag{6-1-129}$$

式中，NT 为已充满节点个数；δ 是控制迭代次数的节点压力平均相对误差，在程序中取为 2.0×10^{-4}。

计算出塑料熔体充填区域的节点压力后，可由式(6-1-110)计算熔体的流动速度，剪切应变速率和剪切应力分别由下述公式计算：

$$\dot{\gamma}=\frac{z}{\eta}\sqrt{\left(\frac{\partial P}{\partial x}\right)^{2}+\left(\frac{\partial P}{\partial y}\right)^{2}} \tag{6-1-130}$$

$$\tau=\eta\dot{\gamma} \tag{6-1-131}$$

6.1.4 流动前沿的确定

充填流动中的气液界面(即熔体与气体之间的界面)通常被称为流动前沿。随着充填的进行，流动前沿的位置和形状不断改变，期间可能会出现流动前沿分离和汇合等剧烈变化。预测流动前沿的运动也是充填流动模拟中的重要内容，它与流场的求解互相耦合，其准确性直接影响充填流动模拟准确性。

运动界面的预测长期以来一直是学术界研究的热点问题，目前已出现多种成熟的运动界面模拟方法。这些方法大概可以分为 3 类：界面拟合法(interface fitting methods)、界面追踪法(interface tracking methods)和界面捕捉法(interface capturing methods)。

在界面拟合法中，运动界面由一组运动的网格节点描述，节点的运动与附近流

体颗粒的运动保持一致。该类方法多与单流体模型结合并用于模拟自由表面流动问题。界面拟合法的主要优点是界面的位置和形状显式可知,并且始终保持锐利,因此可以方便地施加跃变条件,运动界面模拟和流场计算更加准确。但其突出的问题是界面运动容易导致网格畸变,因此面临处理网格畸变问题的麻烦。这种处理通常比较复杂,尤其是在三维情况下,这也使界面拟合法的难以应用在复杂运动界面流动问题中。Sato 和 Richardson 尝试使用界面拟合法来模拟充填过程中界面的运动,但只局限于二维情况。王宣平提出了一种基于移动最小二乘法的界面拟合方法,用于三维充填流动模拟,并通过数值实验验证了该方法的有效性。

与界面拟合法不同,界面追踪法采用固定的网格,避免了界面拟合法中处理畸变网格的困难。界面追踪法的运动界面也是显式可知的。例如,MAC(Marker and Cell)法,界面通过一些无质量标记粒子来表现,这些无质量粒子随流体颗粒运动,以追踪界面的运动。通常 MAC 法不能确保流体质量的守恒性,并且计算代价也比较高。另一类典型的界面追踪法为几何型 VOF 法,这类方法根据流体体积函数的分布显示构造出运动界面,再根据构造出的界面计算流体体积函数控制方程的对流量。常见的几何型 VOF 法有简单的线界面计算(simple line interface calculation,SLIC)法和分段线性界面计算(piecewise linear interface calculation,PLIC)法。这类方法可以保持界面的锐利特征,并具有质量守恒的优点。其主要缺点在于非结构网格下显式构造界面比较复杂,计算代价也比较高,尤其是推广到三维情况时。

界面捕捉法也属于定网格法,但是不需要显式的构造运动界面,典型的代表有 Level Set 法和代数型 VOF 法。Level Set 法以距离函数的零值等值面表示运动界面,该距离函数取值为当前位置与界面的最近距离。距离函数跟随流场的运动而演化,其零值等值面始终与运动界面保持一致,演化过程由一个纯对流方程控制。通过求解该控制方程,获得距离函数的新分布,从而预测运动界面的新位置。Level Set 法具有相对较高的计算效率,但是不具有质量守恒性质。代数型 VOF 法中,界面由流体指示函数的分布隐式表现。流体指示函数随流场运动而运动,其演化规律也由一个纯对流方程控制。与几何型 VOF 方法一样,它也通过求解流体指示函数对流方程来预测界面的运动,不同之处在于对流项的计算不需要显式构造出界面,而是采用一些特殊的代数差分格式,如高分辨率差分格式、通量限制格式、inter-gamma 格式和混合型高分辨率差分格式等。代数型 VOF 法具有 VOF 方法的守恒特点,并且计算效率高,容易实现,也更推广到非结构网格和三维情况。充填模拟中常用的 FAN 法,以及 Hétu 在三维充填模拟中采用的伪浓度法(pseudo-concentration method)也属于代数型 VOF 方法。

界面捕捉法由于具有计算效率高且易于在三维非结构网格下实施的多种优点,是注塑成形模拟流动前沿确定中使用最多的方法,其中最常用的包括 FAN 方法、VOF 方法及 Level Set 方法,下面将详细介绍这 3 种方法。

1. FAN 方法

在 MAC 方法的基础上，Tadmor 等提出了 FAN 方法。VOF 方法和伪浓度方法通常需要求解 VOF 输运方程，而 FAN 方法直接根据速度场计算待填充控制体积的净流量以更新流动前沿，FAN 算法可以看作基于固定控制体积（control volume，CV）网格节点的显式 VOF 算法。通过连接体心、面心和边中点，一个四面体可以分为 4 个子域，如图 6-1-11 所示，其中每个子域属于相应的四面体单元节点，并且每个节点的控制体积是包含该节点的所有四面体子域的总和。对于每个节点，填充比例函数可定义为

$$f_i = \frac{V_{\mathrm{fill}}}{V_{\mathrm{CV}}} \tag{6-1-132}$$

式中，V_{fill} 为节点控制体积中充填体积；V_{CV} 为控制体积 CV 的体积。

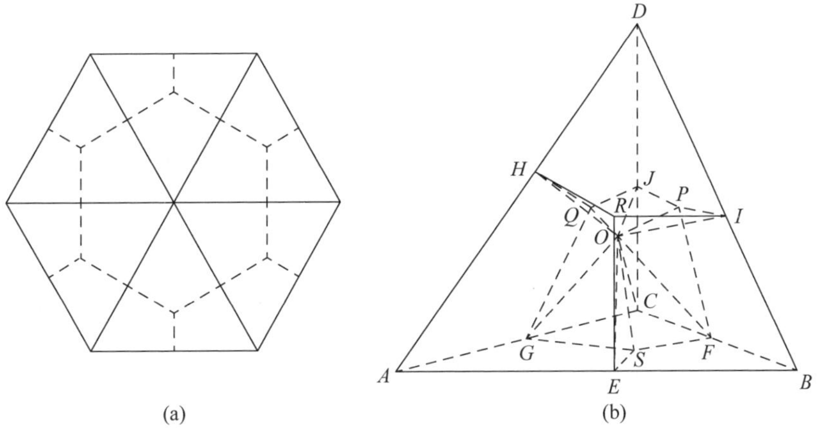

图 6-1-11　单元的子域

(a) 2D 三角形单元；(b) 3D 四面体单元

当节点为空（即节点控制体积内没有充填流体）时，$f_i=0$；当节点已满时，$f_i=1$；$f_i=1$ 当节点正在填充时，$0<f_i<1$，这意味着流动前沿的分界面分割了该单元，它是一个流前单元。

在充填模拟过程中，通过更新节点控制体积的填充比例函数来追踪流动前沿。首先，计算流动前沿单元的所有节点控制体积的流量，流量总和就是控制体积的总流量；然后，以流前节点中填充节点控制体积所用的最小填充时间作为当前时间步长，更新流前节点的填充比例。与此同时，即将填满的单元附近的单元成为新的流前单元，并且即将被填充的节点成为新的流前节点。因此，节点和单元不断更新，直到所有节点的控制体积都被填满，即填充过程完成。在每个单元中，每个节点控制体积的流入量是通过当前控制体积和相邻控制体积的公共界面流入流体的总和。如图 6-1-11 所示，节点 A 和节点 B 的控制体积之间的流动可以通过对图中的平面 ESOR 进行表面积分获得。

当 $f_i=0.5$ 时，令时间 t_i 为流动前沿的界面通过节点 i 的时间，t_i 即为该节点填充时间。因此，当所有节点的填充时间已知时，可以通过插值得到网格单元中流动前沿的界面。

2. VOF 方法

Hirt 和 Nichols 提出了 VOF 方法。VOF 方法定义了一个不连续的标量函数 F，称为流体体积分数函数，当参数移入被追踪相的内部时，其值从 0 变到 1，在网格单元中，F 的值代表单元中的流体比例，然后使用界面输运算法和界面重构算法来追踪自由曲面。

在网格的每个单元格中，通常对于定义流体状态的每个变量仅使用一个值描述。因此，在一个单元中使用多个点来定义流体占据的区域是没必要的。VOF 方法定义了一个函数 F，其值在流体占据的任意点为 1，其他为零，单元中 F 的平均值代表流体占据单元的体积分数。特别地，$F=1$ 对应于充满流体的单元，而 $F=0$ 表示单元不含流体。F 值介于 0 与 1 之间的单元格必定包含一个自由界面。

自由边界的法向取决于 F 值变化最快的方向，因为 F 是一个阶梯函数，所以它的导数必须用一种特殊的方式计算，如果计算得当，导数就可以用来确定边界。最后，当边界单元中的法向和 F 值都已知时，可以构造出分割单元的线以近似该界面。这个边界位置可用于设置自由界面边界条件。

流体体积分数函数可以使用以下输运方程计算：

$$\frac{\partial F}{\partial t}+\nabla\cdot(\boldsymbol{u}F)=0 \tag{6-1-133}$$

式中，$\boldsymbol{u}$ 为流体速度。

总之，VOF 方法提供了一个具有最小存储要求的区域追踪方法。此外，因为它追踪的是区域而不是曲面，所以与 VOF 技术相关的所有与相交曲面相关的逻辑问题都可以避免。该方法也适用于三维计算，其存储空间比较小，计算效率很高。因此，VOF 方法提供了一种简单而经济的方法来追踪二维或三维网格中的自由边界。而且，该方法可用于跟踪材料属性、切向速度或任何其他属性的不连续表面。

3. Level Set 方法

Level Set 方法是用于随时间追踪运动界面的计算技术，该方法在处理拓扑复杂性(如角点和尖角)及处理演化界面中的复杂性(如熵条件和弱解)等方面具有更高的精度，是一个相对容易实施的稳定方法。

Level Set 方法定义一个函数 $\varphi(\boldsymbol{x},t)$ 来隐式表示界面，其中 $\boldsymbol{x}$ 为空间中的点，t 为时间。该函数在 $t=0$ 时刻初始化，然后在很小的时间步上，使用一种近似方案来近似 $\varphi(\boldsymbol{x},t)$ 的值。使用 Level Set 方法的第一步是选择一个覆盖图像的网格或网格节点。一般来说，网格越精细，水平集方法就越精确。但是，数字化图像技术限制了网格的精细程度。因为图像由数千个像素组成，网格必须至少与单个像素一样粗糙，甚至更粗糙。一旦选择了网格，下一步就是在网格的每个点初始化

$\varphi(\boldsymbol{x},t)$的值。不仅可以定义 Level Set 函数，还可以根据问题的要求定义微分方程。函数 φ 最典型的使用方式是作为任意点离界面的符号距离。对于网格中的任何点 $\boldsymbol{x}$（在我们的例子中是平面中的一个点），则有

$$\varphi(\boldsymbol{x},t)=\pm d \tag{6-1-134}$$

式中，d 为点 $\boldsymbol{x}$ 到界面的距离，它被称为有符号距离函数（signed distance function）。如果点 $\boldsymbol{x}$ 位于界面内（熔体中），则符号为正；如果点 $\boldsymbol{x}$ 位于界面外，则符号为负。如果 $d=0$，即零水平集函数 $\varphi(\boldsymbol{x},t)=0$，则点 $\boldsymbol{x}$ 位于界面上。因此，Level Set 方法的名称可被解释为：在任何时刻 t，演化界面对应于所有 $\varphi(\boldsymbol{x},t)=0$ 中点 $\boldsymbol{x}$ 的轨迹，并且该轨迹是 φ 函数的水平曲面或曲线。所有满足 $\varphi(\boldsymbol{x},t)=c$ 的点 $\boldsymbol{x}$ 的轨迹，为围绕原始曲面或曲线的轮廓线，其中 c 是任意的正或负常数。

函数 φ 可用于预测界面演化，界面上任意点 $\boldsymbol{x}$ 在任意时间 t 满足 $\varphi(\boldsymbol{x},t)=0$，因此控制方程 φ 为

$$\frac{\mathrm{d}\varphi}{\mathrm{d}t}=\frac{\partial\varphi}{\partial t}+\boldsymbol{u}\cdot\nabla\varphi=0,\quad \boldsymbol{u}=\frac{\mathrm{d}\boldsymbol{x}}{\mathrm{d}t} \tag{6-1-135}$$

如果控制方程是 N-S 方程，则 $\boldsymbol{u}$ 为流体速度。

设 $\boldsymbol{n}$ 为曲面或曲线的法向方向，则 $\boldsymbol{n}$ 可以用式(6-1-136)表示：

$$\boldsymbol{n}=\frac{\nabla\varphi}{|\nabla\varphi|} \tag{6-1-136}$$

6.1.5　方程求解

1. 充填过程模拟计算流程

本节采用隐式时间推进法求解充填过程的瞬态流动问题。在每个时间步内，除要求解耦合的流动控制方程以获得新的速度、压力和温度分布外，还要求解流体指示函数输运方程以更新流动前沿。整体计算流程如下：

(1) 初始化所有的变量。

(2) 更新时间步长。

(3) 求解耦合的流动控制方程。

(4) 求解流体指示函数输运方程。

(5) 若充填未结束，返回步骤(2)。

由以上流程可知，时间步长的大小将决定时间推进过程的总步数，并直接影响整体的计算量。因此在保证计算精度可接受的前提下，应尽可能采用大的时间步长，减少计算量。由于本节采用了隐式欧拉时间离散格式，理论上对任意大的时间步，流动问题的求解都是无条件稳定的。这表明使用大时间步长计算无须考虑稳定性问题，而只需考虑精度问题。对于充填流动计算而言，使用大时间步长主要影响流动前沿预测的精度。为保证流动前沿预测的准确性，流动前沿在一个时间步内推进的距离应在数个网格长度之内。库朗数(Courant number)反映了被输运对

象在一个时间步长内穿过一个网格的比例，因此常用来控制时间步长。本节通过控制流动前沿附近单元的库朗数来控制时间步长，即

$$\mathrm{Co_P}\mid_{\text{interface}} \leqslant \mathrm{Co_{max}} \tag{6-1-137}$$

式中，$\mathrm{Co_{max}}$ 取 1～5 的值。

2. 离散化流动控制方程求解

1）SIMPLE 算法

SIMPLE 算法的关键在于获得速度和压力的修正方程。假设 P^* 为初始估计的压力场，$\boldsymbol{v}^{**}$ 为基于 P^* 求解动量守恒方程获得的中间速度场。基于$\boldsymbol{v}^{**}$ 和 P^*，可获得界面体积通量 J_f^* 为

$$J_f^* = \overline{\boldsymbol{v}_f^{**}} \cdot \boldsymbol{S}_f + \alpha^v c_f^v \hat{d}_f (J_f^o - \overline{\boldsymbol{v}_f^o} \cdot \boldsymbol{S}_f) + (1-\alpha^v)(J_f^m - \overline{\boldsymbol{v}_f^m} \cdot \boldsymbol{S}_f) - \alpha^v \hat{d}_f \left(|\boldsymbol{D}_f| \frac{P_N^* - P_P^*}{|\boldsymbol{r}_N - \boldsymbol{r}_P|} - \overline{(\nabla P^*)_f}^d \cdot \boldsymbol{D}_f \right) \tag{6-1-138}$$

其中，下标 P 代表单元中心，下标 N 代表单元 P 的相邻单元中心，下标 f 代表单元 N 与 P 的相邻面，上标 o 表示时刻 t 的值，上标 m 表示上一迭代步，上标 v 表示输运变量为速度 v 时的系数，上标 d 代表压力的距离加权平均，$\overline{(\nabla P^*)_f}^d = \dfrac{d_P(\nabla P^*)_P + d_N(\nabla P^*)_N}{d_P + d_N}$。

通常，基于$\boldsymbol{v}^{**}$ 和 P^* 计算的 J_f^* 不满足连续性方程要求，因此速度和压力需要修正，使其既满足动量守恒方程又满足连续性方程。若速度修正量为$\boldsymbol{v}'$，压力修正量为 P'，则对应的界面体积通量修正量 J'_f 的表达式为

$$J'_f = \overline{\boldsymbol{v}'_f} \cdot \boldsymbol{S}_f - \alpha^v \hat{d}_f \left[|\boldsymbol{D}_f| \frac{P'_N - P'_P}{|\boldsymbol{r}_N - \boldsymbol{r}_P|} - \overline{(\nabla P')_f}^d \cdot \boldsymbol{D}_f \right] \tag{6-1-139}$$

为了便于推导出压力修正方程，SIMPLE 算法将式（6-1-139）中与 $\boldsymbol{v}'_f$ 和 $(\nabla P')_f$ 相关的部分忽略，得到如下形式的 J'_f，即

$$J'_f = -\alpha^v \hat{d}_f |\boldsymbol{D}_f| \frac{P'_N - P'_P}{|\boldsymbol{r}_N - \boldsymbol{r}_P|} \tag{6-1-140}$$

通过修正，界面体积通量应满足连续性方程要求，即

$$\sum_f (J_f^* + J'_f) = 0 \tag{6-1-141}$$

由式(6-1-141)可推导出单元 P 的压力修正方程，即

$$a_P^P P'_P = \sum_{nb} a_{nb}^P P'_{nb} + b_P^P \tag{6-1-142}$$

式中，下标 nb 代表单元 P 的各个相邻单元，上标 P 代表压力。

$$a_{nb}^P = \frac{\alpha^v \hat{d}_f |\boldsymbol{D}_f|}{|\boldsymbol{r}_N - \boldsymbol{r}_P|} \tag{6-1-143}$$

$$a_P^P = \sum_{nb} a_{nb}^P \tag{6-1-144}$$

$$b_P^P = -\sum_f J_f^* \tag{6-1-145}$$

求解式(6-1-140)得到压力修正量 P'。利用 P',速度和压力的修正表达式分别为

$$\boldsymbol{v}_P^{***} = \boldsymbol{v}_P^{**} - \alpha^v \frac{V_P}{a_P^v} (\nabla P')_P \tag{6-1-146}$$

$$P_P^{**} = P_P^* + \alpha^P P'_P \tag{6-1-147}$$

式中,速度修正忽略了相邻单元速度修正值的影响,$0<\alpha^P\leqslant 1$ 为压力亚松弛因子。

SIMPLE 算法求解流动控制方程的计算步骤为

(1) 设定初始的速度场 $\boldsymbol{v}^*$、压力场 P^* 和温度场 T^*。

(2) 根据当前流场信息,更新与流场有关的流体属性参数,如黏度。

(3) 根据 P^* 求解动量守恒方程获得速度场 $\boldsymbol{v}^{**}$。

(4) 根据 $\boldsymbol{v}^{**}$ 和 P^*,利用式(6-1-138)计算界面体积通量 J_f^*。

(5) 求解压力修正方程(6-1-139)获得压力修正值 P'。

(6) 利用式(6-1-140)计算界面体积通量修正值 J'_f,并修正 J_f^* 获得 J_f^{**}。

(7) 利用式(6-1-146)修正速度获得 $\boldsymbol{v}^{***}$。

(8) 利用式(6-1-147)修正压力 P^{**}。

(9) 求解能量守恒方程获得新的温度场 T^{**}。

(10) 检查是否收敛。如果收敛,则结束当前迭代,否则分别使用 $\boldsymbol{v}^{***}$、P^{**} 和 T^{**} 作为当前的速度场、压力场和温度场返回步骤(2)重新计算。

2) 代数方程组的求解

用于科学计算的便携式、可扩展工具包(Portable, Extensible Toolkit for Scientific Computation, PETSc)是由美国阿贡国家实验室开发的一套科学计算开源工具包,提供了一套数据结构和例程,为大规模并行或串行应用程序的实现提供了基础。PETSc 除自带大量的线性代数方程组求解器和预处理子外,还提供了调用其他开源科学计算程序包的接口,如通过 PETSc 可以方便地使用 Hypre 程序包内的代数多重网格预处理子 BoomerAMG。Hypre 是另一个由美国劳伦斯利弗莫尔国家实验室开发的科学计算工具包,提供多种并行多重网格算法。由于这些科学计算包提供了丰富的、健壮的代数方程组求解算法,以及方便的调用接口,本节直接利用它们求解充填模拟计算中的代数方程组。具体而言,本节使用代数多重网格预处理的共轭梯度法求解对称型的压力修正方程,而动量守恒方程、能量守恒方程和流体指示函数属于方程等非对称型方程,则使用代数多重网格预处理的稳定双共轭梯度法(biconjugate gradient stabilized method, BiCGSTAB)求解。对于速度-压力耦合代数方程组,则可以利用 PETSc 提供的 FieldSplit 预处理子实现对速度部分和压力部分进行分块预处理,从而方便地使用代数多重网格预处理的稳

定双共轭梯度法对其求解。

3）收敛控制

如前所述，求解离散化流场控制方程包含内迭代和外迭代，两种迭代对应两种收敛判据，只有外迭代达到收敛，求解问题才最终收敛。通常所说的迭代求解次数也是指外迭代的次数。

a. 内迭代

内迭代是采用迭代法求解系数和非齐次项被固定的代数方程组。在外迭代没有达到收敛时，代数方程租的系数和非齐次项都只是临时值，需要不断更新，因此没有必要花费大量的计算代价获得代数方程的精确解。本节通过判断代数方程组总残差下降的程度来确定是否停止内迭代。关于变量 ϕ 的代数方程组总残差定义为

$$R^{\phi}=\sum_{\text{all cells}}\left|a_P\phi_P-\sum_{nb}a_{nb}\phi_{nb}-b\right| \tag{6-1-148}$$

停止内迭代的条件如下：

$$\frac{R^{\phi}}{R_0^{\phi}}\leqslant r^{\phi} \tag{6-1-149}$$

式中，R_0^{ϕ} 为内迭代开始前代数方程组的总残差；r^{ϕ} 为取定的残差下降率。r^{ϕ} 的取值过小会导致外迭代收敛过慢甚至停滞，而过大则使计算量大大增加。r^{ϕ} 取何值既能保证外迭代收敛又使总的计算时间最小，则依赖于具体的问题和具体的方程，这通常需要经验积累。本节默认情况下，r^{ϕ} 统一取 10^{-4}。这个取值可以确保大多数案例能收敛，但不一定使总计算时间最小的值。

b. 外迭代

外迭代收敛的收敛判据有多种，本节通过判断各个主要变量在连续数个迭代步内的相对偏差是否小于允许值来确定迭代是否收敛。若$\boldsymbol{\varphi}$ 表示所有节点的变量 ϕ 组成的 N 阶矢量：

$$\boldsymbol{\varphi}=\begin{bmatrix}\phi_1 & \phi_2 & \cdots & \phi_N\end{bmatrix}^{\mathrm{T}} \tag{6-1-150}$$

$\boldsymbol{\varphi}^m$ 对应于第 m 次外迭代的值，则所述判据可表示为

$$\varphi_i^m-\varphi_{i\infty}^{m-k}\leqslant\varepsilon^{\phi_i} \tag{6-1-151}$$

式中，∞表示无穷范数，k 可以取 1～3。以上判据分别用于速度的各个分量、压力和温度。允许值可以取入口处的值作为参考。若 $\bar{v}_i$、$\bar{P}_i$ 和 $\bar{T}_i$ 分别为入口处的平均速率、平均压力和平均温度，则对于速度的各个分量、压力和温度分别有

$$\varepsilon^u=\varepsilon^v=\varepsilon^w=s^v\bar{v}_i \tag{6-1-152}$$

$$\varepsilon^P=s^P\bar{P}_i \tag{6-1-153}$$

$$\varepsilon^T=s^T\bar{T}_i \tag{6-1-154}$$

式中，s^v、s^P 和 s^T 分别为系数，其取值也依赖于经验，本节默认都取 0.001。

3. 并行计算

为具有更好的可移植性和可扩展性，本节采用基于 MPI 接口的消息传递模型作为充填流动求解的并行计算编程模型，并行方式为 SPMD。直接使用 MPI 接口实现数值计算并行化时，代码中通常有相当一部分用于处理子区域之间的数据交换，这导致了编程的复杂化，增加了程序出错的可能性。PETSc 的一个目标就是尽可能消除对 MPI 接口的直接使用，为偏微分方程数值求解提供一个方便的编程环境。具体而言，PETSc 库用于管理通信的细节，提供了封装好的数据结构和操作接口，用户只需设计整体的计算和通信流程。此外，PETSc 内部的大多数代数方程求解算法和预处理子已并行化，用户可以直接调用。因此本节使用 PETSc 作为充填流动求解并行计算编程的环境。具体实施过程有主要有 3 个关键内容：区域分解、单元重排序和矢量和稀疏矩阵的构建，下面分别进行详细介绍。

1）区域分解

区域分解是将网格分解成几个部分，每个部分称为一个分区。区域分解要尽量考虑负载平衡、存储空间的均衡使用及减少处理器之间的通信。METIS 是由 Karypis Lab 开发的一个功能强大的用于图切分、网格分区和稀疏矩阵排序的开源软件包，其算法主要基于多层次递归二分切分法、多层多 K 路切分法及多约束划分法。本节采用 METIS 中的多层 K 路切分法对网格进行分区，使用该算法可以在保证负载平衡的同时有效地减少并行计算时子区域之间的通信量。图 6-1-12 所示为区域分解示意图。

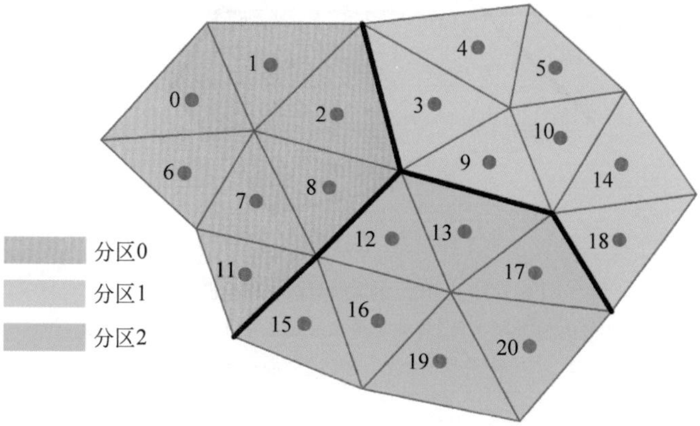

图 6-1-12　区域分解示意图

2）单元重排序

网格分解后，每个分区的单元都有一个局部序号 id_1 和全局序号 id_g。局部序号是该单元在分区内的序号，而全局序号是单元在全局网格中的序号。全局序号通常不同于初始网格中单元的序号。为使遍历单元的操作简单，单元的全局顺序要与分区的顺序以及单元在分区内的局部顺序一致。若 N_i 表示第 i 分区的单元

数 i(i 从 0 开始),则第 i 分区中任一单元的局部序号 id_l 和全局序号 id_g 之间的关系为

$$id_g = id_l + \sum_{0}^{i-1} N_j \tag{6-1-155}$$

图 6-1-13 给出了图 6-1-12 中的网格在区域分解后各个分区内单元的局部序号和全局序号的对应关系。

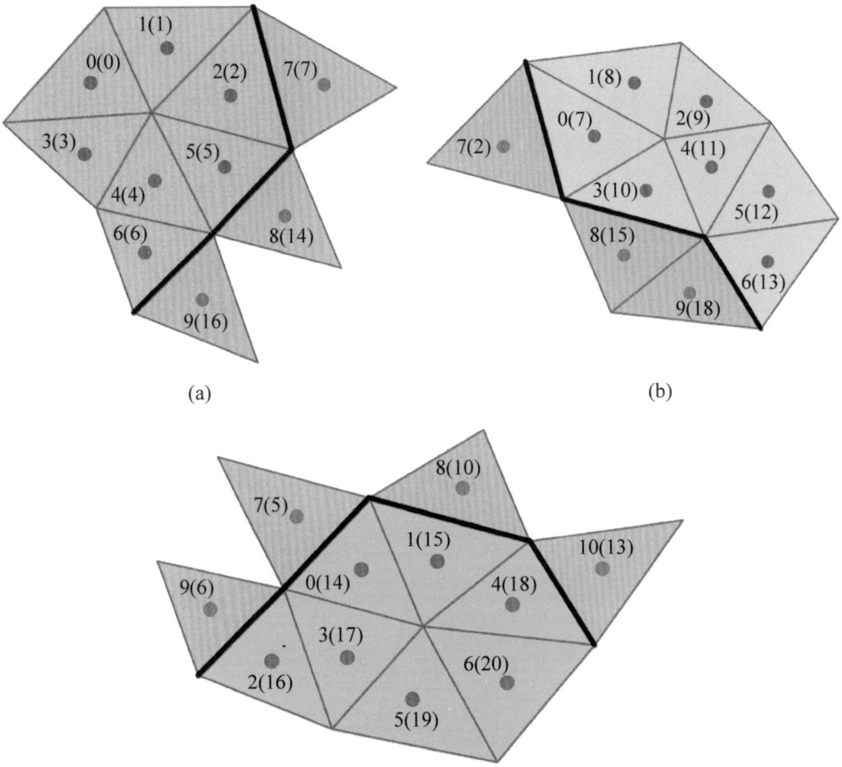

(a) (b) (c)

图 6-1-13 单元的局部序号和全局序号

括号内为全局序号,其中灰色单元为影子单元(ghost cell)

(a) 分区 0;(b) 分区 1;(c) 分区 2

3) 矢量和稀疏矩阵的构建

PETSc 主要是通过对矢量、稀疏矩阵和与它们有关的代数运算进行抽象化实现对底层 MPI 接口的屏蔽。对使用者而言,只需要关心矢量和稀疏矩阵的创建和设置等基本操作即可。

在 PETSc 中,矢量有全局表示(global representation)和局部表示(local representation)两个概念。全局表示矢量只是一个逻辑意义上的矢量,由属于各个进程的局部表示矢量构成。在进程内部并不能访问全局表示矢量的所有元素,只

能访问局部表示矢量部分的元素。引入全局表示矢量的概念使用户在多数情况下可以采用与串行计算相同的方式对矢量进行操作。创建全局表示矢量的方法如下：

```
VecCreateGhost (MPI Comm comm, int n, int N, int nghost, int * ghosts, Vec * vv)
```

式中，comm 为 MPI 通信子；n 为矢量的局部长度(即当前进程局部表示矢量的长度)；N 为矢量的全局长度；nghost 为影子(ghost)元素的个数，* ghosts 为影子元素的全局序号；vv 为被创建的全局表示矢量。其中，影子元素是当前进程需要访问的属于其他进程的元素，影子元素对应的单元为影子单元，如图 6-1-13 所示。当每个进程各自执行完 VecCreateGhost( )函数时，也自动创建了各自进程的局部表示矢量。局部表示矢量可通过 VecGhostGetLocalForm( )函数从全局表示矢量中获取。局部表示矢量不仅包括全局表示矢量中属于当前进程的部分，也包含影子元素。利用 VecGhostUpdateBegin( )和 VecGhostUpdateEnd( )函数，可以实现在影子元素和它们对应的全局元素之间传递数据。以图 6-1-12 和图 6-1-13 所示的网格和分区情况为例，单元中心数值的全局表示矢量和局部表示矢量如图 6-1-14 所示。

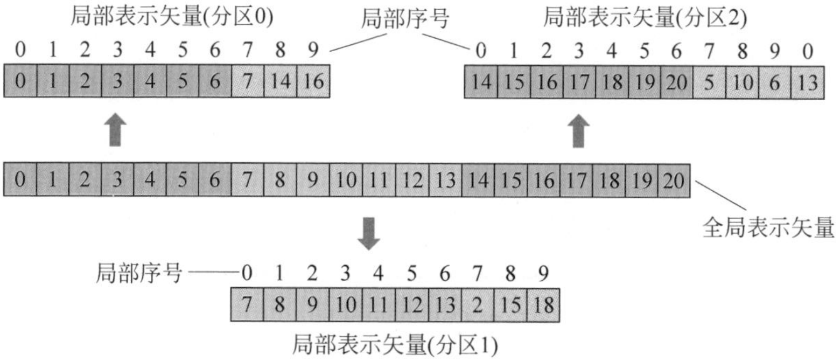

图 6-1-14 全局表示矢量及其局部表示矢量

图 6-1-15 中灰色区域表示影子元素取决于稀疏矩阵的特点及采取的存储方式，稀疏矩阵有多种创建方式。本节采用 CSR(Compressed Sparse Row)格式存储稀疏矩阵。创建 CSR 格式并行稀疏矩阵的方法为

```
MatCreateMPIAIJ (MPI Comm comm, int m, int n, int M, int N,
int d_nz, int * d_nnz, int o_nz, int * o_nnz, Mat * A)
```

式中，m、M 和 N 分别表示局部行数(属于当前进程部分的行数)、全局行数和全局列数；n 为与并行矢量(全局表示矢量)的局部表示部分对应的列数；d_nz 和 d_nnz 用于指定矩阵对角部分的非零元个数；o_nz 和 o_nnz 则用于指定非对角部分的非零元个数；A 为被创建的稀疏矩阵。图 6-1-15 所示为并行矩阵示意图，每个进程拥有由全局矩阵部分连续的行组成的子矩阵，每个子矩阵分为对角部分和非对角部分。通过 MatSetValues( )函数，用户可以修改矩阵元素的值。待矩阵所以元素修改完毕之后，还需调用 MatAssemblyBegin( )和 MatAssemblyEnd( )完成

矩阵组装。

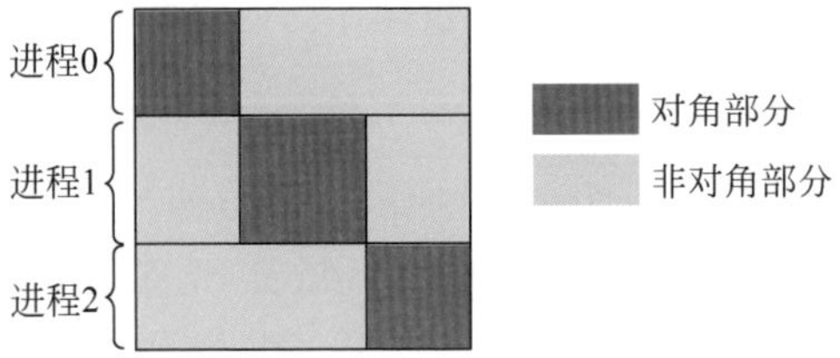

图 6-1-15　并行矩阵示意图

6.1.6　计算实例

为了确认提出的充填模拟方法的准确性，本节给出了两个充填模拟案例，并将模拟结果与实验数据进行了对比。

1. 哑铃形零件充填模拟

本例主要目的在于确认充填模拟中压力结果的准确性。哑铃形零件的型腔与流动系统几何形状及其计算网格如图 6-1-16 所示，其中型腔在长度、宽度和厚度方向上的尺寸分别为 165.1mm、19.05mm 和 3.175mm，型腔与流动系统的详细几何尺寸可参考 Kim 等的文章。计算网格由四面体和三棱柱单元构成，总共 156 270 个单元。所用的材料为聚丙烯，牌号为 PP-6523，模拟所用到的材料相关参数如表 6-1-1 所示。注射温度和模具温度分别为 230℃和 25℃，注射体积流率为恒定的 $49cm^3/s$。图 6-1-17 给出了模拟的压力结果与实验结果的对比情况，其中 P1、P2 和 P3 对应于实验中 3 个压力传感器的位置(图 6-1-16)。由对比可知，模拟得到的压力结果与实验结果基本吻合。图 6-1-17 还给出了充填过程中一些典型的三维流动现象的模拟结果，这些现象是二维半流动模型所无法处理的，但是往往对流场有重要影响，如喷泉流动现象会影响温度分布和纤维取向(对于含纤维塑料)。由图 6-1-18 可以看出，空气区域(流动前沿右边)靠近壁面边界的速度矢量并非与壁

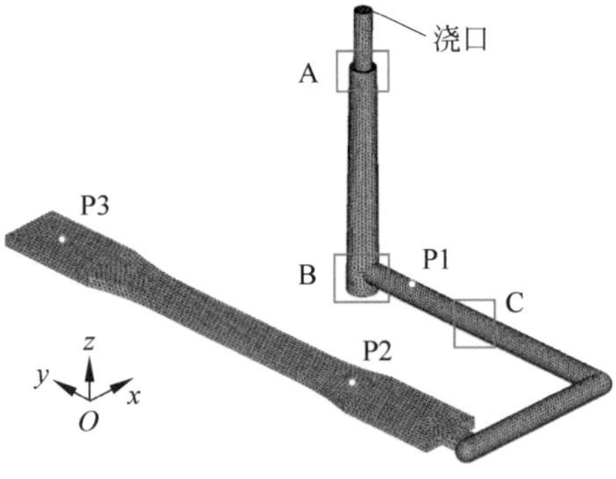

图 6-1-16　哑铃形零件充填模拟案例的计算网格

P1、P2 和 P3 对应于压力传感器的位置；A、B 和 C 为速度观察区域

面平行,而是指向壁面外部,这是空气通过未填充区域的壁面逃逸到型腔外部的效果,表明了使用动态出口边界条件的有效性。

表 6-1-1　PP-6523 的 Cross-WLF 黏度模型参数及比热容、导热系数和密度

参　数	参数值	参　数	参数值
τ^*/Pa; n; A_1	8226.33; 0.368 496; 20.947	c_p/(J·kg^{-1}·K^{-1})	2140
$\widetilde{A}_2$/K; D_1/(Pa·s)	207.2; 3.896 26×10^8	λ/(W·m^{-1}·K^{-1})	0.193
D_2/K; D_3/(K·Pa^{-1})	259; 0	ρ/(kg·m^{-3})	900

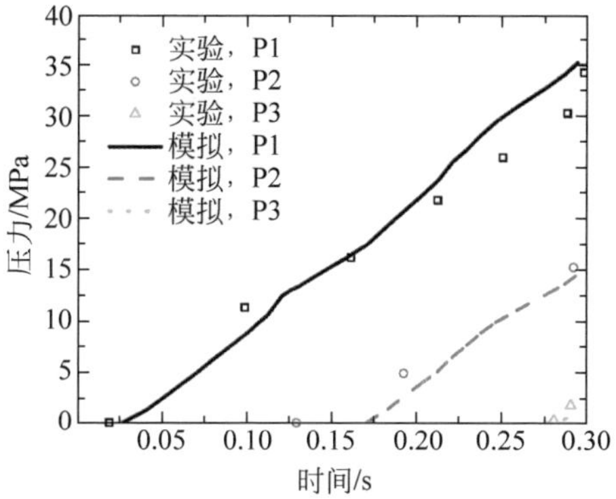

图 6-1-17　实验与模拟的压力结果对比

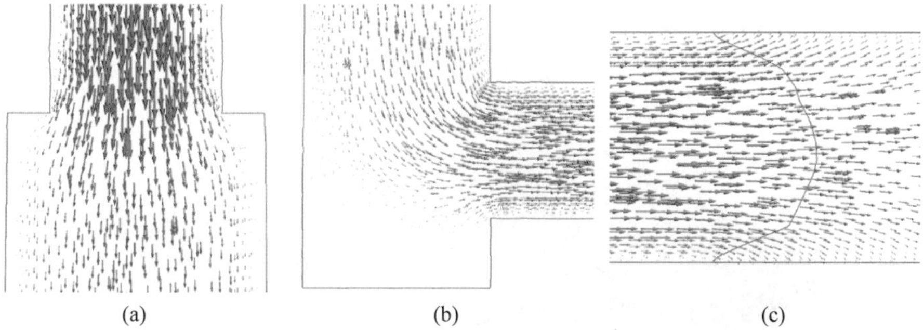

图 6-1-18　3 种典型的三维流动现象(分别位于图 6-1-16 中的 A、B、C 区域)

(a) 截面突然变化的流动; (b) 方向突然变化的流动; (c) 喷泉流动

2. 扬声器外壳零件充填模拟

考察充填模拟准确性的另一个常用指标是流动前沿的准确性。本案例通过对比模拟和实验的流动前沿来考察本节提出的充填模拟方法的准确性。扬声器外壳零件是一个实际应用产品,其几何模型如图 6-1-19 所示,外形尺寸约为 56mm×15mm×5mm。由几何模型图可知,扬声器外壳具有塑料注射成形产品常见的复杂外形结构特征,因此用来考察充填模拟方法的准确性更具说服力。由于模具不透明,无法直接观察充填过程中流动前沿的形貌。因此,本节进行了一系列短射实验，以不同注射量下短射产品的形貌来反映完整注射充填过程中的流动前沿形貌。一般认为，这种方法得到的流动前沿与实际流动前沿比较接近，并已被广泛采用。实验在海太 SA600 型注塑机上进行，通过调节螺杆行程获得不同的注射量。图 6-1-20 显示了模拟所用的型腔和流道系统的计算网格，总共 398 985 个单元。注射材料为聚丙烯，牌号为 PPH-T03，其材料有关参数由表 6-1-2 列出。注射温度为 230℃，模具温度为 30℃，螺杆注射速度为 50mm/s(相当于注射体积流率为 1.23cm^3/s)。

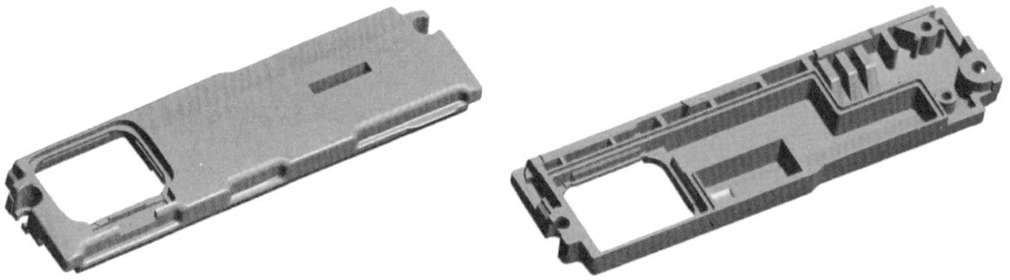

(a)　　(b)

图 6-1-19　扬声器外壳几何模型

(a) 正面；(b) 背面

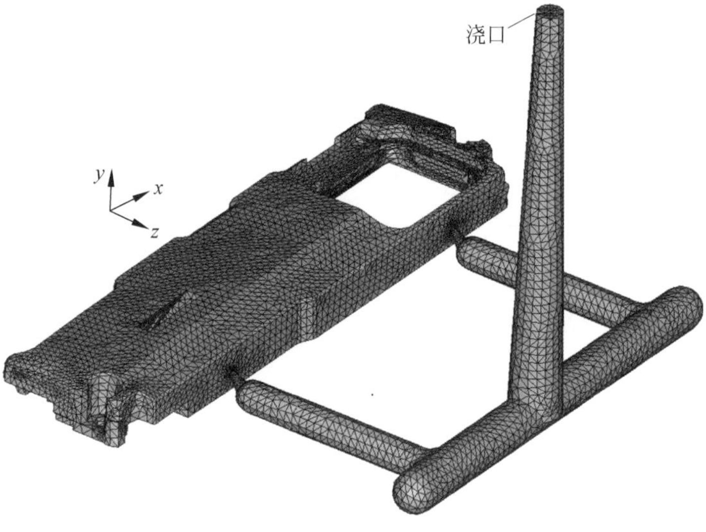

图 6-1-20　扬声器外壳零件充填模拟案例的计算网格

表 6-1-2　PPH-T03 的 Cross-WLF 黏度模型参数以及比热容、导热系数和密度参数

参　数	参数值	参　数	参数值
τ^*/Pa; n; A_1	48 883.2; 0.1436; 35.64	c_p/(J·kg^{-1}·K^{-1})	1883
$\widetilde{A}_2$/K; D_1/(Pa·s)	207.2; 9.6778×10^{10}	λ/(W·m^{-1}·K^{-1})	0.22
D_2/K; D_3/(K·Pa^{-1})	259; 0	ρ/(kg·m^{-3})	920

表6-1-3给出了不同填充百分比下模拟与实验的流动前沿对比情况。可以看出，填充54%时流动前沿与实验结果吻合很好，中间红色方框区域显示了潜在的困气现象，该现象也被准确地模拟出来；填充64%时，模拟的流动前沿也基本与实验结果吻合，只是中间凹陷区域流动比实验结果稍慢，而右上角比实验结果稍快；填充82%时，中间区域填充情况比实验结果明显滞后，造成此差异的主要原因可能是边界条件的误差。模拟时假设了模具温度为恒定，而实际情况由于高温熔体对模具的加热作用，模具温度高于模拟时设定的温度，并且由于型腔几何形状比较复杂，型腔表面的温度也不均匀。因此，更准确地模拟需要对型腔内熔体与模具进行热耦合分析。但总体而言，模拟得到的流动前沿与实验结果基本相符，这进一步验证了本节提出的模拟方法的准确性。

流动充填

表6-1-3　流动前沿模拟结果与实验短射结果的对比

填充百分比/%	实　验	模拟
54	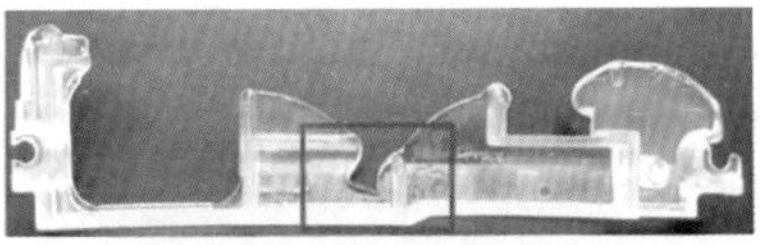	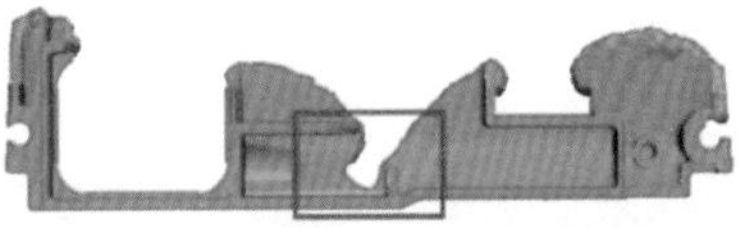
64	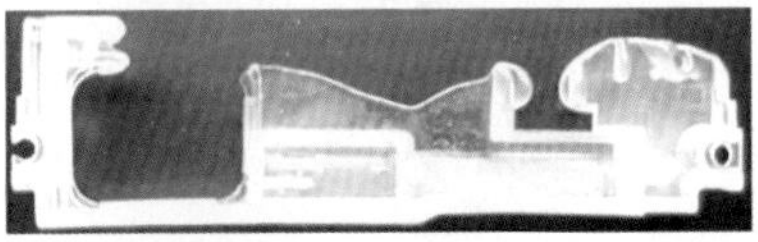	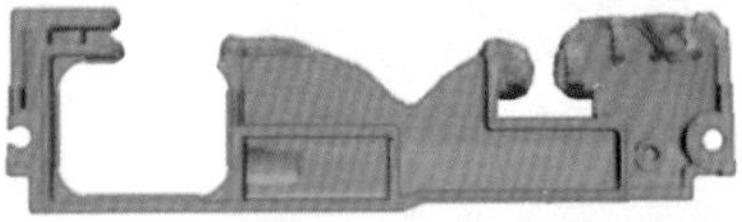
82		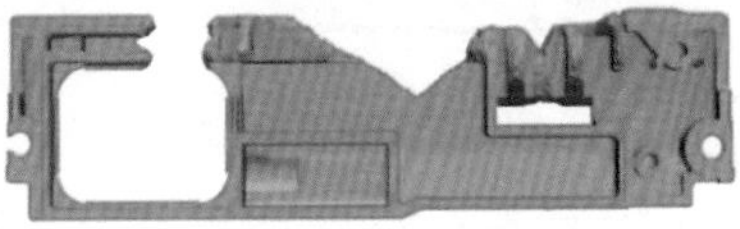

6.2　冷却过程模拟

注射成形过程通常可分为填充、保压(或后填充)和冷却等阶段。在塑料注射成形过程中，冷却系统设计不仅影响生产效率，还影响最终产品的质量。冷却阶段在整个循环周期中占比约80%，通过优化模具设计，特别是冷却系统，可以实现快速冷却，有效缩短生产周期，提高成形效率。同时，均匀冷却可以减少制品不同部位的收缩差异，减小内应力，从而减少制品翘曲等问题，提高产品质量。

塑料注射成形中模具冷却可以采用不同的方法，最广泛采用的冷却系统是圆柱形冷却管道，通过冷却管道中的冷却介质，如水或油等，实现模具冷却。冷却介质可以沿冷却通道连续流动，也可以仅在塑料熔体充满型腔后流动，这样可以避免熔体进入模具时受到模壁的低温冲击。一般而言，冷却系统设计的主要目的是找到冷却通道的最佳布置和冷却条件的最佳组合，从而实现制品快速和均匀的冷却。因此，冷却系统设计中涉及的参数主要包括冷却通道的位置、尺寸，以及冷却介质的温度、流速和热性质等。

数值模拟已被证明是模具工程师在模具制造之前优化模具冷却系统设计的有效工具。冷却分析的目标是准确模拟在注塑模具中发生的冷却过程。帮助模具设计师优化所有冷却系统的配置，从而实现以下目的：①模具中的制品能均匀冷却，减少导致翘曲的热残余应力；②通过减少冷却时间来缩短成形周期，提高生产效率；③通过提供可选择的最佳冷却介质流速、压力和温度，降低生产成本。

尽管我们将塑料注射过程分为填充、保压和冷却等阶段，但塑料熔体一旦进入型腔就会开始冷却。因此，严格地说，模具冷却过程是一个循环的、瞬态的热传导过程，在模具和冷却通道表面上具有对流边界条件。在所有这些阶段，塑料熔体和模具之间的相互热作用应该被考虑用于完整的填充、保压和冷却分析。然而，在大多数文献中可以发现，填充阶段的大多数分析假设模具壁温恒定以考虑冷却效果。该假设是合理的，因为填充时间仅占总循环时间的一小部分，所以忽略模壁温度变化而导致的差异可忽略不计。同样，大多数冷却分析假设聚合物熔体已完全填充模腔并停止流动，这样可以实现充填、保压和冷却过程的解耦计算。流动分析的熔体温度分布结果仍然可以用作冷却分析的输入数据，以便更完整地考虑冷却，冷却分析获得的模具型腔温度分布也可以作为流动分析的初始条件。

冷却分析总体上分为两种方法：周期平均稳态传热分析和瞬态传热分析。

1. 周期平均稳态传热分析

周期平均稳态传热分析应用较为广泛，因为对于标准的塑料注射成形工艺而言，其既可以达到优化模具冷却系统的目的，也可以使计算过程简单有效。考虑到模具的复杂几何形状，以及制品和模具之间热性能的显著差异，周期平均稳态传热提出了模具周期平均稳态温度场的概念，并分别执行制品和模具的热传导分析。在该方法中，基于模腔温度在相对小的范围内振荡、模具的平均温度在连续加工期间不随时间变化的事实，模具热传导过程被建模为稳态传热过程，因此通过执行循环稳态冷却分析可以获得循环平均温度场。

另外，因为塑料制品通常非常薄，并且沿厚度方向的尺寸远小于其他两个方向的尺寸，所以可以认为制品热传导在部件的厚度方向上占主导优势。因此，通过沿着制品厚度的一维瞬态分析获得的部件表面上的平均热流量可以被认为是用于模具冷却分析的型腔边界的第二类边界条件。以这种方式，模具和制品中的热传导过程可以以单独的方式计算，它们通过模具型腔界面上的平均热流量边界条件耦合。用于模具的稳态热传导的三维拉普拉斯方程可以通过不同的数值方法来实现。边界元方法被认为特别适用于求解模具的稳态热传导问题，并且在大多数周期平均稳态传热分析中采用。边界元方法的主要优点是它将计算域的空间尺寸降低了一维，并且不需要对整个模具内部区域进行三维网格划分，而只需要对模具的边界面进行网格划分。因此，边界元法在模具冷却分析中起了主导作用，这也是本章讨论的重点。

Kwon 最早提出了周期平均稳态传热分析的基本假设和原理，周期平均稳态传热分析经过多年发展，已经趋于成熟。目前，大多数的冷却模拟分析基于此。具有代表性的工作具体如下：Himasekhar 等对基于周期平均稳态传热分析的三维模具冷却分析方法进行了比较研究。Chen 和 Hu 通过迭代方法耦合模具的稳态传热分析和制品的瞬态传热分析。Chen 和 Chung 还开发了改进方法，将模具温度分为两个部分，即稳态部分和瞬态部分，瞬态部分通过瞬时热流量和周期平均热流量之间的差异来计算。在模具与制品的传热界面耦合方面，Rezayat 和 Burton 开发了一种适用于三维复杂几何形状的特殊边界积分方程，其中模具-制品界面被制品的中间表面取代，冷却通道表面上的数值积分被简化为在冷却通道的轴线上数值积分。Park 和 Kwon 以及 Hioe 等则开发了能够模拟多个循环周期的模具与产品的传热分析软件。

虽然循环平均温度分布可以从周期平均稳态传热分析中获得，用于优化冷却配置的某些部分，如冷却管道的位置、直径、冷却介质性能和模具材料等。但是由于以下原因，需要通过精确的三维瞬态冷却分析来获得模具与制品的瞬态温度场。首先，虽然模具内部的温度相对稳定，但是在塑料熔体接触模具型腔的瞬间，模具型腔表面的温度会急剧上升，制品表面会快速冷却，模具型腔表面温度变化过程的分析可以增强对塑料制品收缩、翘曲及表面质量的理解。其次，周期平均稳态传热分析假设制品非常薄，并且认为热传导仅在制品厚度方向上发生，这种假设对于复杂零件而言，在制品拐角处或产品厚度变化时可能不准确，特别是针对 3C 行业的精密制品。此外，近 20 年广泛应用的变温模具技术来改善制品质量和成形效率。与标准塑料注射成形冷却工艺不同，变温模具技术中模具通过各种方法加热，在塑料熔体注入型腔前，模具温度保持较高的温度，熔体充满型腔后迅速冷却直到制品顶出。对于变温模具技术，模具温度周期性地在加热和冷却之间切换，温度变化幅度大，传统的循环平均温度假设因模具显著的温度变化而难以适用。

2. 瞬态传热分析

关于瞬态传热分析的研究始于 Hu 等，他们使用双互易边界元法进行瞬态冷却模拟。Tang 等使用无矩阵雅克比共轭梯度方案，通过有限元法同时计算模具和塑料制品的瞬态温度变化。Qiao 使用基于时间基本解的边界元法开发了一种瞬态模具冷却分析方法。Lin 等和 Chiou 等基于 FEM 和 FVM 完成了模具温度变化的三维模拟。Cao 等通过指定模具和零件之间的热流率，使用三维有限元方法获得了模具瞬态温度分布。截至目前，瞬态冷却模拟已被许多商业模拟软件支持，如 Moldflow 和 Moldex3D 等，与周期平均稳态传热分析相比，模具和塑料制品中的温度分布应在耦合模型中同时求解，同时需要计算多个成形周期，以模拟稳定生产的状态。

6.2.1 稳态传热分析模型

1. 传热分析模型概述

早期由于计算条件的限制，对冷却过程的模拟都是采用一维分析。通过建立模具内的热平衡方程，考虑模腔与冷却介质之间的一维传热，采用分析解或有限差分方法求解热平衡方程，由此得到最小冷却时间。

$$t_c=\frac{S^2}{2\pi a}\ln\left[\frac{\pi}{4}\frac{T_i-T_m}{T_e-T_m}\right] \tag{6-2-1}$$

式中，S 为塑件的最大壁；a 为塑料的热扩散系数；T_i 为塑料的注射温度；T_e 为塑料的脱模温度；T_m 为模腔温度，近似取为冷却介质温度。式(6-2-1)以塑件中心温度冷却到开模许可温度的时间为冷却时间。

在一维冷却分析中，采用了如下两个假设。

(1) 塑料熔体和模腔之间的热传递仅沿模腔法向进行。

(2) 熔体冷却过程中所散发的热量全部被冷却管道中的冷却介质吸收。

图 6-2-1 所示为一维冷却分析模型示意图，只需知道冷却管道至模腔的距离 a 及管道间距离 b 便可确定冷却系统，a 和 b 用式(6-2-2)确定：

$$j=2.4\left(\frac{hD}{\lambda_m}\right)^{0.22}\left(\frac{b}{a}\right)^{2.8}\ln\left|\frac{b}{a}\right| \tag{6-2-2}$$

式中，j 为模具冷却管道上的温度波动率，对于非结晶塑料 $j\leqslant 5\%$，对结晶型塑料 $j\leqslant 2.5\%$，λ_m 为模具材料的导热系数；h 为模具和冷却介质间的对流传热系数；D 为冷却管道直径。

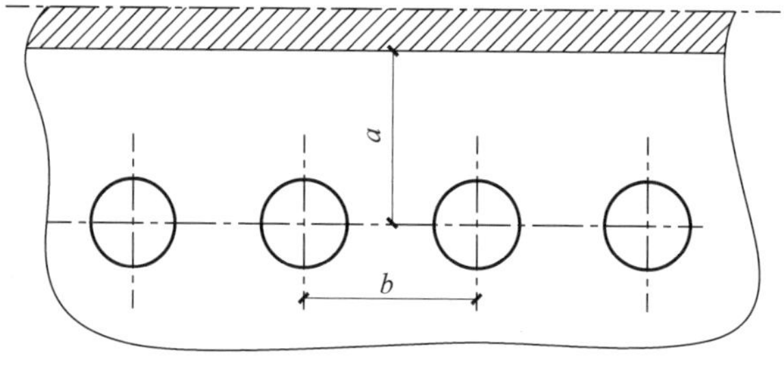

图 6-2-1 一维冷却示意图

在不考虑冷却管道的弯曲影响时，用经验公式计算 h，则有

$$h=0.023\frac{\lambda_c^{0.667}v^{0.8}\rho^{0.8}c^{0.333}}{D^{0.2}\eta^{0.467}} \tag{6-2-3}$$

式中，λ_c 为冷却介质的导热系数；D 为冷却管道直径；v 为冷却介质的流速；ρ、c 分别为冷却介质的密度和比热容；η 为冷却介质的黏度系数。

显然，一维冷却分析仅适用于简单的塑料制品，只能用于初始设计和大约估算。冷却过程的模拟早期主要针对二维问题，较早采用的方法是直接将一维热扩

散方程扩展至二维情形，其基本方程为

$$\lambda\left(\frac{\partial^2 T}{\partial x^2}+\frac{\partial^2 T}{\partial y^2}\right)=\frac{\partial T}{\partial t} \tag{6-2-4}$$

式(6-2-4)中，所描述的二维温度场的特点是在任何平行于 z 轴的直线上，温度 T 为常数。因而，二维分析方法只能对典型截面上的冷却过程进行分析。在此阶段，有限差分是主要的分析方法，将模具划分大的网格，制品划分较小的网格，冷却装置划分不完全的网格，同时进行分析计算，给出制品和模具的二维温度场。此外，有限元法也是用来分析注塑模温度场的方法之一，通过计算流动过程中的传热及冷却系统的传热来确定模具和制品的温度分布。

针对注塑过程稳态和瞬态温度场问题，三维冷却过程的控制方程分别如式(6-2-5)和式(6-2-6)所示：

$$\frac{\partial^2 T}{\partial x^2}+\frac{\partial^2 T}{\partial y^2}+\frac{\partial^2 T}{\partial z^2}=0 \tag{6-2-5}$$

$$\lambda\left(\frac{\partial^2 T}{\partial x^2}+\frac{\partial^2 T}{\partial y^2}+\frac{\partial^2 T}{\partial z^2}\right)=\frac{\partial T}{\partial t} \tag{6-2-6}$$

对三维冷却过程的模拟，许多学者就采用何种数值分析方法的问题进行了广泛的探讨。自边界元法提出后，该方法以其独特的优势被广泛应用于分析注塑模冷却过程。边界元法的基本思想是通过格林公式或加权余量法，借助于两点函数表示的基本解将求解域上的偏微分方程转换为边界上的积分方程，经过离散化，最终化为线性方程组进行求解。

2. 稳态传热模型

聚合物熔体从注入模具型腔开始，直到开模取出制品之前，在模具型腔内聚合物熔体和模具之间不断进行热量的交换，其传热现象十分复杂，包括制品内部的热交换、制品与模具之间的热交换、模具与冷却介质的热交换、模具外表面与外界环境的热交换等。为了对模具型腔和制品的温度场进行精确的分析，必须考虑从聚合物熔体进入模腔后的任一时刻由聚合物熔体传递给模具的热流通量，从而确定型腔表面和塑件内部的温度分布情况。通过这种分析，为了解在注塑过程中模具的温度变化，对模具的温度进行控制，设计模具的最佳冷却系统，实现快速均匀、有效的冷却打下坚实的基础。

注射成形过程中模具温度的变化如图 6-2-2 所示，在经历短暂的不稳定的初期阶段后，模具的热传导及其温度分布进入一个相对稳定的变化阶段，即以注射成形周期为周期的周期性变化阶段。在充型、保压和冷却的早期阶段，模具温度由于熔融塑料带入热量而升高，而随着冷却过程的深入，经过冷却回路的冷却、模具外表面的辐射散热和与空气的对流散热，模具温度逐渐下降。当制品冷却到具有足够的强度后被顶出，进入下一个周期循环。在连续的塑料注射成形过程中，模具温度可以分解成两个部分：稳定的周期平均温度和在一个成形周期内的波动温度。一般,模具材料的热扩散系数要比薄壁注塑制品材料的热扩散系数大两个数量级。因此,在模具型腔表面,一个成形周期内的波动温度的变化可以很快地通过模具内部的热传递消失,波动温度相对于周期平均温度要小得多。

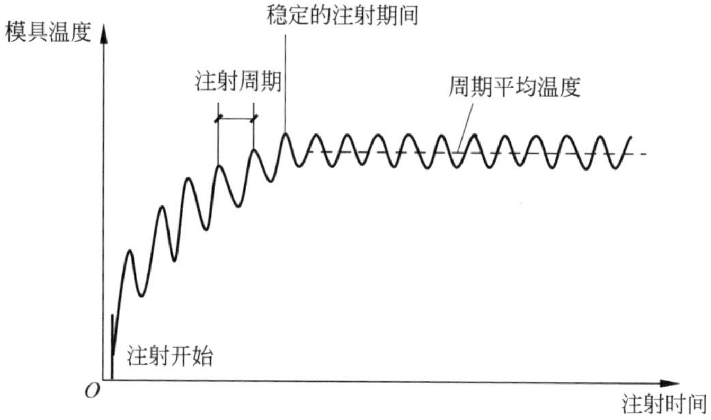

图 6-2-2　注射成形过程中模具温度的变化

由于冷却系统离型腔表面足够远,可以认为冷却系统主要影响模具的周期平均温度分布而忽略了其对一个成形周期内波动温度分布的影响。因此,当注射过程是连续的周期性的过程时,从整个成形周期的角度,可以认为周期平均温度的分布,即模具稳态温度场,可以代表整个冷却系统的冷却效率。另外,相对于一个成形周期中瞬态温度场的分析,对模具稳态温度场的分析计算效率更高。因此,目前几乎所有的冷却分析均是对模具稳态温度场的求解。在建立数学模型时,做如下简化。

(1) 模具在稳定状态下工作时,忽略模壁温度的周期性变化。

(2) 考虑到塑料的导热系数远远低于金属模具的导热系数,假设制品只沿法线(即厚度)方向传热,将制品的传热过程看作一维瞬态传热过程。

(3) 只考虑模具与冷却介质、塑料制品和空气之间的热传导和热对流,不考虑模具外表面的辐射散热。

(4) 塑件与模壁完全接触,塑件表面温度与模壁温度相等,忽略模腔与塑料熔体之间的接触热阻,并且视模具材料的导热性能为各向同性。

(5) 塑料、模具材料和冷却介质的热物性参数(包括比热容、导热系数、密度等)不随温度发生变化。

在上述基本假设下,注塑模冷却问题可简化为一个无内热源的定常热传导问题,其温度场控制方程为

$$\frac{\partial^2 T}{\partial x^2}+\frac{\partial^2 T}{\partial y^2}+\frac{\partial^2 T}{\partial z^2}=0,\quad (x,y,z)\in\Omega \tag{6-2-7}$$

式中,x、y、z 为三维坐标;T 为温度;Ω 表示模具区域,由型腔表面 S_p、冷却管道表面 S_c 和模具外表面 S_e 为边界的区域,如图 6-2-3 所示。

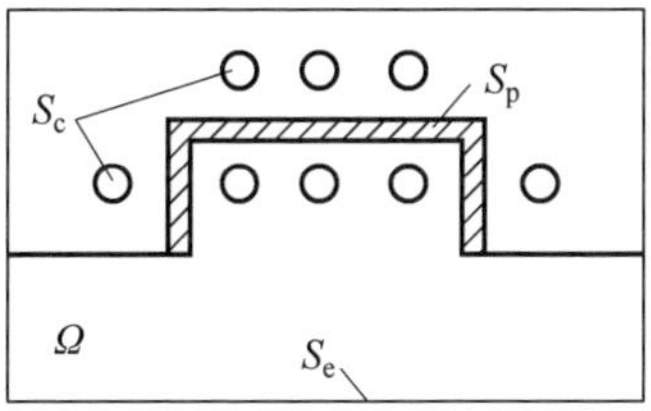

图 6-2-3　模具结构示意图

3. 边界条件

在上述边界条件中，模具外表面和冷却管道表面的热交换系数可以通过经验模型确定。在型腔表面，由于制品与模具的热传导是随着型腔表面的温度变化的，制品与模具之间的热传导也是待定的。

在模具型腔表面上，有

$$-\lambda_m \frac{\partial T}{\partial n} = \bar{q} \tag{6-2-8}$$

式中，n 为型腔表面的外法线方向；λ_m 为模具的导热系数；$\bar{q}$ 为成形循环周期内的平均热流量，由式(6-2-9)给出：

$$\bar{q} = \frac{1}{t_f + t_c + t_p}\left\{\int_0^{t_f} q_f(t)\,dt + \int_{t_f}^{t_f+t_e} q_c(t)\,dt + \int_{t_f+t_e}^{t_f+t_e+t_p} q_p(t)\,dt\right\} \tag{6-2-9}$$

式中，t_f、t_c 和 t_p 分别为充填时间、冷却时间和开模时间；$q_f(t)$、$q_c(t)$和 $q_p(t)$分别为充填、冷却和开模过程的瞬时热流。$q_f(t)$可以通过充填分析求得，$q_p(t)$很小，可以忽略不计，冷却时间 t_c 和 $q_c(t)$可以通过求解制品的热传导方程得到。

塑料制品较薄，且塑料的热传导系数远小于模具的热传导系数，因而可以忽略制品面内的热传导，只考虑沿制品厚度方向的热传导，制品的热传导因此可以简化为一维瞬态热传导过程，其控制方程为

$$\rho c_p \frac{\partial T}{\partial t} = \lambda \frac{\partial^2 T}{\partial s^2} \tag{6-2-10}$$

式中，T 为制品温度；t 为时间；s 为沿制品厚度方向的局部坐标；ρ、c_p 和 λ 分别为制品的密度、比热和导热系数。

冷却孔表面 S_c 的边界条件由式(6-2-11)表示：

$$-\lambda_m \frac{\partial T}{\partial n} = h(T - T_\infty) \tag{6-2-11}$$

式中，n 为冷却孔表面的外法线方向；λ_m 为模具的导热系数；T_∞ 为冷却介质的温度；h 为模具与冷却介质之间的换热系数，可由式(6-2-12)求得

$$h = 0.023\,\frac{\lambda_c}{D} Re_f^{0.8} Pr_f^m \tag{6-2-12}$$

式中，λ_c 为冷却介质的导热系数；Re_f、Pr_f 分别为冷却介质的雷诺数和普朗特数；D 为冷却孔的直径；下标 f 表示以流体的平均温度为定性温度；当壁面温度大于流体平均温度时，流体被加热，$m=0.4$，壁面温度小于流体平均温度时，流体被冷却，$m=0.3$。当壁面与流体间的温差较大时，也可在公式右侧乘以温度校正系数。该式的应用条件如下。

(1) 壁面和流体间的温差不是很大，气体 $\Delta T < 50$℃，水为 20℃ $< \Delta T <$ 30℃，油类 $\Delta T < 10$℃；

(2) $10\,000<Re_{\mathrm{f}}<120\,000$，$0.7<Pr_{\mathrm{f}}<120$，长径比 $L/D\geqslant 60$。

模具外表面的边界条件如下：与空气接触的模具外表面 S_{e} 的换热系数可采用稳态外部自由对流换热计算，实际分析计算时忽略了注射机喷嘴向模具的传热和模具外表面的辐射散热。根据此假设，模具垂直外表面与空气间的对流换热系数可由式(6-2-13)表示：

$$Nu=0.677Pr_{\mathrm{a}}^{1/2}(0.952+Pr_{\mathrm{a}})^{-1/4}Gr^{1/4} \tag{6-2-13}$$

式中，Nu、Pr_{a}、Gr 分别为空气的努塞尔数、普朗特数和格拉晓夫数，可由以下各式求得

$$Gr=\frac{g\beta(T_{\mathrm{wa}}-T_{\mathrm{a}})L^3}{\nu_{\mathrm{a}}},\quad Pr_{\mathrm{a}}=\frac{\nu_{\mathrm{a}}}{\alpha_{\mathrm{a}}} \tag{6-2-14}$$

式中，g 为重力加速度；T_{a} 为空气温度；T_{wa} 为模具外表面温度；L 为模具特征长度；β、ν_{a} 和 α_{a} 分别为空气的体积膨胀系数、运动黏度和热扩散率。对于模具水平外表面，其努塞尔数由下式计算：

$$Nu=C(Gr\,Pr_{\mathrm{a}})^m \tag{6-2-15}$$

对于模具上水平表面，$C=0.54$，$m=1/4$；对于模具下水平表面，$C=0.58$，$m=1/5$。

计算出努塞尔数后，可以根据下式计算出模具外表面与空气之间的换热系数 h_{a}。

$$h_{\mathrm{a}}=\frac{Nu\cdot\lambda_{\mathrm{a}}}{L} \tag{6-2-16}$$

式中，λ_{a} 为空气的导热系数。

6.2.2 稳态传热的边界元求解方法

1. 边界元法求解过程

模具温度场的确定最终归结为对拉普拉斯方程，即式(6-2-7)的求解，由于模具几何形状的复杂性，不可能用解析法来求解，而必须采用数值方法。边界元法的基本思想是把偏微分方程的边值问题归结为边界上的积分方程，然后进行离散化数值求解。边界元法只需在边界上进行离散化，注塑模具温度场分析关心的是模具型腔表面的温度分布，因此利用边界元法求解具有其他方法不可比拟的优越性。

由格林积分第二恒等式可导出拉普拉斯方程的边界积分方程，即

$$\int_{\Omega}T\,\nabla^2G\,\mathrm{d}\Omega=\int_{\Omega}G\,\nabla^2T\,\mathrm{d}\Omega+\int_{\Gamma}\left[T\frac{\partial G}{\partial n}-G\frac{\partial T}{\partial n}\right]\mathrm{d}\Gamma \tag{6-2-17}$$

式中，Ω 为模具区域；Γ 为模具边界。若式中 G 取为拉普拉斯方程的基本解：

$$G=\frac{1}{4\pi r(\varphi,\xi)} \tag{6-2-18}$$

式中，φ 为源点；ξ 为场点；$r(\varphi,\xi)$ 为 φ、ξ 两点间的距离。

对任意区域内或边界上的点，方程(6-2-17)可写成如下的积分方程：

$$aT(\bar{x}) = \int_{\Gamma}\left[T\frac{\partial G}{\partial n} - G\frac{\partial T}{\partial n}\right]\mathrm{d}\Gamma \tag{6-2-19}$$

式中，a 为角点系数，其取值与源点 φ 所处位置有关，

$$a = \begin{cases} 1 & (\varphi \in \Omega) \\ \dfrac{1}{2} & (\varphi \text{ 在 } \Gamma \text{ 上且光滑}) \\ \dfrac{\theta}{2}\pi & (\varphi \text{ 在 } \Gamma \text{ 上，不光滑且内角为 } \theta) \end{cases} \tag{6-2-20}$$

将模具区域表面离散成三角形单元，则可得到式(6-2-19)的离散形式，单元上的积分可用高斯求积法计算，最终可获得一线性代数方程组为

$$\boldsymbol{HT} = \boldsymbol{G}\frac{\partial \boldsymbol{T}}{\partial n} \tag{6-2-21}$$

式中，$\boldsymbol{H}$、$\boldsymbol{G}$ 为系数矩阵，仅依赖于模具和离散单元的几何数据。将边界条件引入式(6-2-21)，并将已知量和未知量分别移至等号两边，可得到如下代数方程组：

$$\boldsymbol{Ax} = \boldsymbol{f} \tag{6-2-22}$$

求解该方程组即可得到模具表面的温度和热流分布。

2. 制品一维导热微分方程的求解

由于塑料的热传导系数远远低于金属模具的热传导系数，可假定制品在型腔内冷却时，温度只沿着垂直于型腔壁的方向传递，即将制品在型腔内的冷却简化为一维瞬态导热问题，如图 6-2-4 所示，由此建立一维导热微分方程为

$$\frac{\partial T}{\partial t} = a\frac{\partial^2 T}{\partial x^2} \tag{6-2-23}$$

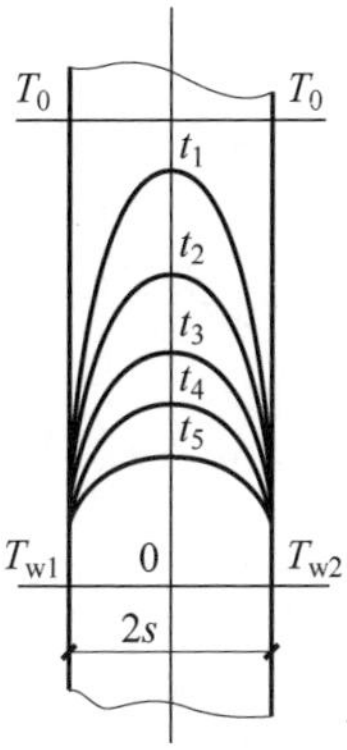

图 6-2-4　制品在型腔中的一维导热

$t_1 \sim t_5$—不同时刻的冷却时间；s—制品厚度；T_0—熔体温度；T_{w1}、T_{w2}—模壁温度

其边界条件为

$$\begin{cases} x = 0, & T = T_{w1} \\ x = s, & T = T_{w2} \end{cases} \tag{6-2-24}$$

其初始条件为

$$t = 0, \quad T = T_0 \tag{6-2-25}$$

式中，T 为制品内的温度(℃)；t 为冷却时间(s)；a 为塑料热扩散率(m^2/s)；T_0 为熔体温度(℃)，充模后假定制品内温度为 T_0；T_{w1} 为型腔内壁温度(℃)，设定 w1 为基准边；T_{w2} 为型腔外壁温度(℃)。

采用分离变量法求解式(6-2-23)，设 $T=U(x)+V(x,t)$，有

$$\frac{\partial^2 U}{\partial x^2} = 0 \tag{6-2-26}$$

其边界条件为

$$\begin{cases} x=0, & U=T_{w1} \\ x=2s, & U=T_{w2} \end{cases} \tag{6-2-27}$$

$$\frac{\partial V}{\partial t}=a\frac{\partial^2 V}{\partial x^2} \tag{6-2-28}$$

其边界和初始条件为

$$t=0,\quad V=T_0-U \quad (x=0\text{ 以及 }x=s, V=0) \tag{6-2-29}$$

分别求解式(6-2-26)及式(6-2-28)并相加得

$$T(t,x)=T_{w1}+\frac{x}{s}(T_{w2}-T_{w1})+\sum_{n=1}^{\infty}\frac{2}{n\pi}\sin\left(\frac{n\pi x}{s}\right)e^{-\frac{an^2\pi^2 t}{s^2}}[(T_0-T_{w1})-(T_0-T_{w2})(-1)^n] \tag{6-2-30}$$

则循环平均热流为

$$\bar{q}=\frac{\int_0^{t_c}q(t)\mathrm{d}t}{t_c}=\frac{\int_0^{t_c}\frac{\partial T(t,x)}{\partial x}\mathrm{d}t}{t_c}=\frac{1}{s}(T_{w2}-T_{w1})+\sum_{n=1}^{\infty}\frac{2s}{an^2\pi^2 t_c}[(T_0-T_{w1})-(T_0-T_{w2})(-1)^n](1-e^{-\frac{an^2\pi^2 t_c}{s^2}}) \tag{6-2-31}$$

制品中心层的温度,将 $x=\frac{s}{2}$ 代入式(6-2-30)中可得

$$T\left(t,\frac{s}{2}\right)=\frac{1}{2}(T_{w1}+T_{w2})+\sum_{n=1}^{\infty}\frac{2}{n\pi}\sin\left(\frac{n\pi}{2}\right)e^{-\frac{an^2\pi^2 t}{s^2}}[(T_0-T_{w1})-(T_0-T_{w2})(-1)^n] \tag{6-2-32}$$

对于薄壁制品,关心的一般是其截面平均温度,可由式(6-2-33)计算得到:

$$\frac{1}{s}\int_0^s T(t,x)\,\mathrm{d}x=\frac{1}{2}(T_{w1}+T_{w2})+\sum_{n=1}^{\infty}\frac{2}{n^2\pi^2}e^{-\frac{an^2\pi^2 t}{s^2}}[1-(-1)^n][(T_0-T_{w1})-(T_0-T_{w2})(-1)^n] \tag{6-2-33}$$

当 n 为偶数时,$\sin\frac{n\pi}{2}=0$, $[1-(-1)^n]=0$,则式(6-2-32)和式(6-2-33)可简写为

$$T\left(t,\frac{s}{2}\right)=\frac{1}{2}(T_{w1}+T_{w2})+\sum_{n=1}^{\infty}\frac{2}{n\pi}\sin\left(\frac{n\pi}{2}\right)e^{-\frac{an^2\pi^2 t}{s^2}}[1-(-1)^n][2T_0-T_{w1}-T_{w2}] \tag{6-2-34}$$

$$\frac{1}{s}\int_0^s T(t,x)\,\mathrm{d}x=\frac{1}{2}(T_{\mathrm{w1}}+T_{\mathrm{w2}})+\sum_{n=1}^{\infty}\frac{4}{n^2\pi^2}\mathrm{e}^{-\frac{an^2\pi^2t}{s^2}}[2T_0-T_{\mathrm{w1}}-T_{\mathrm{w2}}] \tag{6-2-35}$$

式(6-2-32)和式(6-2-33)中，n 为奇数。

制品的瞬态温度场控制方程(6-2-23)也可采用有限差分方法求解，首先对制品沿厚度方向离散为 N 个节点，得到 $0=x_1<x_2<\cdots<x_N=s$，同样将冷却时间离散为 M 段，得到 $0=t_1<t_2<\cdots<t_M=t_c$，其中 s 为制品厚度，t_c 为冷却时间。如果用 T_i^m 表示节点 x_i 处 t_m 时刻的温度，则微分方程式(6-2-23)可写成 m 时刻的显式差分格式：

$$\frac{T_{i+1}^m-2T_i^m+T_{i-1}^m}{(\Delta x)^2}=\frac{\rho c_p}{\lambda}\frac{T_i^{m+1}-T_i^m}{\Delta t} \tag{6-2-36}$$

式中，二阶微分采用了中心差商来近似，对时间的一阶微分采用了向前差商的格式。

方程(6-2-23)所对应的完全隐式差分格式为

$$\frac{T_{i+1}^{m+1}-2T_i^{m+1}+T_{i-1}^m}{(\Delta x)^2}=\frac{\rho c_p}{\lambda}\frac{T_i^{m+1}-T_i^m}{\Delta t} \tag{6-2-37}$$

根据上述差分格式可列出某一时刻制品表面任意一点所对应的厚度方向上各节点温度的线性方程组，求解该方程组即可获得制品在厚度方向上的温度分布。

3. 制品-模具温度场的耦合分析

将式(6-2-7)进行边界积分离散后并引入边界条件可得式(6-2-21)的线性方程组，在处理型腔表面边界的时候，要确定其循环平均热流，可通过对制品进行一维瞬态传热分析，即求解式(6-2-23)得到，但求解式(6-2-23)时又需要知道模具型腔表面的温度，这意味着冷却过程的模拟需对制品和模具的温度场进行耦合分析，需迭代求解，具体步骤如下。

(1) 假设一个型腔表面温度分布的初值，运用能量平衡的原理，计算塑料熔体充模后带入的热量及冷却介质带走的热量，包括模具外表面所散失的热量，估算系统热量平衡时的温度，作为求解制品温度场的迭代初值。

(2) 对制品进行一维瞬态传热分析，确定制品表面热流随时间的变化，据此计算模具型腔的循环平均热流。

(3) 根据型腔表面循环平均热流，求解模具温度场的控制方程，确定型腔表面温度分布。

(4) 如果求得的温度分布与用于制品传热分析的假设值之差小于给定误差，迭代过程结束，否则将该温度分布作为边界条件转向步骤(2)继续进行求解。

4. 边界元方程组的求解

冷却过程温度场的求解最终归结为大型线性方程组的求解，而方程组的求解是注塑冷却过程边界元分析中另一个费时的过程。线性方程组的解法一般有两类：直接法和迭代法。直接法经过有限步算术运算，可求得方程组的精确解。这类方法是解低阶稠密矩阵的有效方法，但对于大型稠密矩阵问题的求解，其效率很低。迭代法是用某种极限过程去逐步逼近线性方程组精确解的方法，其计算简单，并且具有原始系数矩阵在计算过程中始终不变的优点，但存在收敛性及收敛速度等问题。本节主要介绍迭代法求解注塑成形冷却过程的温度场。

1）高斯-赛德尔迭代法

方程组 $\boldsymbol{Ax}=\boldsymbol{b}$ 记为

$$\sum_{j=1}^{N} a_{ij} x_j = b_i \quad (i=1,2,\cdots,N) \tag{6-2-38}$$

将式(6-2-38)的第 i 个方程用 a_{ii} 去除并移项，得到等价方程组：

$$x_i = \frac{1}{a_{ii}}\Big(b_i - \sum_{\substack{j=1\\ j\neq i}}^{N} a_{ij} x_j\Big) \quad (i=1,2,\cdots,N) \tag{6-2-39}$$

对方程组(6-2-39)应用迭代法，得到雅可比迭代公式：

$$x_i^{k+1} = \frac{1}{a_{ii}}\Big(b_i - \sum_{\substack{j=1\\ j\neq i}}^{N} a_{ij} x_j^k\Big) \quad (k=0,1,2,\cdots,i=1,2,\cdots,N) \tag{6-2-40}$$

迭代公式的矩阵形式为

$$\boldsymbol{x}^{k+1} = \boldsymbol{B}_0 \boldsymbol{x}^k + \boldsymbol{f} \tag{6-2-41}$$

式中，$\boldsymbol{B}_0$ 为雅可比迭代矩阵。基于上述雅可比迭代公式，高斯-赛德尔迭代法考虑第 $k+1$ 次迭代时已计算得到的场量值，替代第 k 次迭代所对应的量值，其计算公式为

$$x_i^{k+1} = \frac{1}{a_{ii}}\Big(b_i - \sum_{\substack{j=1\\ j\neq i}}^{i-1} a_{ij} x_j^{k+1} - \sum_{j=i+1}^{N} a_{ij} x_j^k\Big) \quad (k=0,1,2,\cdots,i=1,2,\cdots,N) \tag{6-2-42}$$

其相应的矩阵形式为

$$\boldsymbol{x}^{k+1} = \boldsymbol{G}\boldsymbol{x}^k + \boldsymbol{f} \tag{6-2-43}$$

式中，$\boldsymbol{G}$ 为高斯-赛德尔迭代矩阵。

2）松弛迭代法及其收敛性

松弛迭代法是高斯-赛德尔迭代法的一种加速算法，它具有计算公式简单、所占计算内存少、求解速度快等优点。但需要选择好的加速因子，即松弛系数。

松弛迭代法的迭代公式为

$$x_i^{k+1} = (1-w)x_i^k + \frac{w}{a_{ii}}\Big(b_i - \sum_{j-1}^{i-1} a_{ij} x_j^{k+1} - \sum_{j=i+1}^{N} a_{ij} x_j^k\Big)$$
$$(k=0,1,2,\cdots,i=1,2,\cdots,N) \tag{6-2-44}$$

或

$$x_i^{k+1}=x_i^k+\frac{w}{a_{ii}}\left(b_i-\sum_{j-1}^{i-1}a_{ij}x_j^{k+1}-\sum_{j=i+1}^{N}a_{ij}x_j^k-x_i^k\right)$$

$$(k=0,1,2,\cdots,i=1,2,\cdots,N) \tag{6-2-45}$$

式中，w 为松弛系数，当 $w>1$ 时，为超松弛迭代法；当 $w<1$ 时，为低松弛迭代法；当 $w=1$ 时，松弛迭代法即为高斯-赛德尔迭代法。

在松弛迭代的过程中，每次迭代结束后，应检查得到的解是否收敛到预定的误差范围之内，如果收敛判据过紧，就会为不必要的精度而花费太多的计算量；如果收敛判据过松，则得不到较高精度的解。在求解时，可以采用温度最大绝对误差检查准则，即

$$\varepsilon_k=\max_{1\leqslant j\leqslant N}\left|T_j^k-T_j^{k-1}\right| \quad (k=2,3,\cdots) \tag{6-2-46}$$

式中，ε_k 为第 k 次迭代的收敛误差；j 为单元序号；T_j^k 为第 j 号单元第 k 次迭代的温度值；T_j^{k-1} 为第 j 号单元第 $k-1$ 次迭代的温度值。

如何选取适当的松弛系数是松弛迭代法的关键。关于这方面的研究，椭圆型微分方程的最佳松弛系数可以采用式(6-2-47)计算：

$$w_{\text{opt}}=\frac{2}{1+\sqrt{1-\rho^2(\boldsymbol{B}_0)}} \tag{6-2-47}$$

式中，$\rho(\boldsymbol{B}_0)$为雅可比迭代矩阵 $\boldsymbol{B}_0$ 的谱半径。但在实际计算中，计算 $\rho(\boldsymbol{B}_0)$ 较困难，因而松弛系数的选取多是通过计算实践摸索而得到的。

从理论上而言，松弛迭代求解线性方程组收敛的充要条件是

$$\rho(\boldsymbol{B}_w)<1 \tag{6-2-48}$$

式中，$\rho(\boldsymbol{B}_w)$是松弛系数为 w 时松弛迭代矩阵 $\boldsymbol{B}_w$ 的谱半径。为了加速迭代求解过程，必须引进适当的松弛系数，并且为保证迭代求解的收敛性，所引进的松弛系数 w 的取值必须在(0,2)范围内。

5. 加速求解方法

模具稳态温度场的确定最终归结为对拉普拉斯方程的求解，由于模具几何形状的复杂性，不可能用解析法来求解，而必须采用数值方法。边界元法的基本思想是把偏微分方程的边值问题归结为边界上的积分方程，然后进行离散化数值求解。将模具区域表面离散成三角形单元，则可得到拉普拉斯方程的边界积分方程的离散形式，单元上的积分可用高斯求积法计算，最终可获得一线性代数方程组，即

$$\boldsymbol{HT}=\boldsymbol{Gq} \tag{6-2-49}$$

式中，$\boldsymbol{H}$ 和 $\boldsymbol{G}$ 为 $N\times N$ 阶的系数矩阵，仅依赖于模具和离散单元的几何数据；$\boldsymbol{T}$ 和 $\boldsymbol{q}$ 分别是边界单元的温度值和温度梯度值的列向量，N 为单元总数。

边界元法所形成的矩阵为非对称满秩矩阵，系数矩阵的大小由分析网格的数量决定，其求解空间规模十分庞大，空间规模可用式(6-2-50)计算：

$$O(N)=2\times4\times N^2 \tag{6-2-50}$$

式中，N 为网格数量，求解时需要形成两个同样大小的 $\boldsymbol{H}$ 和 $\boldsymbol{G}$ 矩阵。另外，目前主流的计算机和操作系统都是 64 位系统，即在计算机内存储一个浮点小数需要 8 字节。由此可以看出边界元法的求解空间随着网格数的增加而迅速增大，如 10 000 个网格需要 800MB 字节的存储空间，20 000 个网格就需要 3.2GB，1 000 000 个网格就需要 8000GB，所以采用这种方法还不能在计算机上求解大规模问题。下面介绍几种加速方法。

1）相近单元合并法

矩阵 $\boldsymbol{H}$ 和矩阵 $\boldsymbol{G}$ 虽然是非对称满阵，但其中某些系数绝对值很小并趋近于零，根据系数矩阵计算公式，不难发现矩阵系数与源点和场点的距离成反比，如果源点和场单元在一个平面上，矩阵 $\boldsymbol{H}$ 的系数恒等于零，因为此时源点到场单元的垂直距离为零。如果将矩阵 $\boldsymbol{H}$ 和矩阵 $\boldsymbol{G}$ 中系数绝对值小于指定值 ε 的系数直接赋零，则可将 $\boldsymbol{H}$ 和矩阵 $\boldsymbol{G}$ 满阵转变为稀疏矩阵。但是如果直接舍弃，也就是将绝对值较小的矩阵系数直接赋零，分析结果误差很大，可以采用以下的系数矩阵稀疏化策略。

在计算矩阵 $\boldsymbol{H}$ 和矩阵 $\boldsymbol{G}$ 的系数时，如果第 i 号单元为场单元，则对应矩阵 $\boldsymbol{H}$ 和矩阵 $\boldsymbol{G}$ 中第 i 列系数，如果该系数较小，满足给定的稀疏准则，则可将该系数合并到系数非零的邻接单元中。合并的顺序为首先检查第一圈邻接单元，如果第一圈邻接单元的系数均为零，则检查第二圈邻接单元，以此类推。目前系统仅搜索四圈邻接单元，如果四圈邻接单元系数均为零，则保留该系数，不进行合并操作。

采用合并法可以将 $\boldsymbol{H}$ 和 $\boldsymbol{G}$ 满阵稀疏化。在工程允许的误差范围内，以降低精度为代价换求解速度，提高了冷却分析计算的工程实用性。实际算例表明，相近单元合并法可以使矩阵稀疏率达到 10%～20%，模具稳态温度场误差控制在 3℃以内。

2）分裂法

考虑到在冷却分析时，必须进行型腔表面温度场“假定-验证”的外层迭代过程，如果能够将模具表面的稳态温度分解成两部分，一部分由求解矩阵 $\boldsymbol{H}$ 中绝对值比较大的元素组成的线性方程组得到，另一部分由矩阵 $\boldsymbol{H}$ 中其余元素组成的元素得到。由于后者相对比较小，其迭代过程可以在外层迭代中获得。

对矩阵 $\boldsymbol{H}$ 进行如下分裂：

$$\boldsymbol{H}=\boldsymbol{M}+\boldsymbol{Q} \tag{6-2-51}$$

式中，$\boldsymbol{M}$ 由 $\boldsymbol{H}$ 中满足如下条件的元素组成，即

$$|h_{ij}|>r_i S_{\text{eff}} \tag{6-2-52}$$

式中，S_{eff} 为稀疏系数，可以采用比直接舍弃法中更大的稀疏系数。$\boldsymbol{H}$ 中的其余元素组成了矩阵 $\boldsymbol{Q}$。

将式(6-2-51)代入式(6-2-49)，可得

$$(\boldsymbol{M}+\boldsymbol{Q})\boldsymbol{T}=\boldsymbol{G}\boldsymbol{q} \tag{6-2-53}$$

将式(6-2-53)左端 $\boldsymbol{QT}$ 项移到方程的右端，可得

$$\boldsymbol{MT} = \boldsymbol{Gq} - \boldsymbol{QT} = \boldsymbol{b} \tag{6-2-54}$$

在式(6-2-32)中，由于 $\boldsymbol{Q}$ 中的元素都相对比较小，$\boldsymbol{QT}$ 也相对比较小。考虑到 $\boldsymbol{Gq}$ 必须在外部的每步迭代中更新，$\boldsymbol{QT}$ 的求解过程可以从式(6-2-53)的求解的迭代中移动到型腔表面温度场"假定—验证"的外层迭代。

根据系数矩阵的特点可知，由于矩阵 $\boldsymbol{M}$ 中的非零元素很少，可以采用 Yale 稀疏矩阵格式存储，其需要的存储空间可以比 $\boldsymbol{H}$ 稠密阵低一个数量级，在大多数的情况下可以直接在计算机内存中存储。矩阵 $\boldsymbol{G}$ 和矩阵 $\boldsymbol{Q}$ 可以采用稠密阵的形式保存在硬盘中。由于仅在外层迭代时需要对矩阵 $\boldsymbol{G}$ 和矩阵 $\boldsymbol{Q}$ 进行访问，而在每次外层迭代过程中都需要求解线性方程组(6-2-54)，无论采用直接解法还是迭代解法，对矩阵 $\boldsymbol{M}$ 的访问次数都要远远高于对矩阵 $\boldsymbol{G}$ 和矩阵 $\boldsymbol{Q}$ 的访问次数。当矩阵 $\boldsymbol{H}$ 采用稀疏矩阵存储在内存时，可以减少解线性方程组(6-2-54)求解的时间，从而缩短整个冷却计算的时间。

基于矩阵 $\boldsymbol{H}$ 分裂的方法与直接舍弃法或合并法相比，其不同点在于直接舍弃法和合并法采用的是有损压缩的方式对矩阵 $\boldsymbol{H}$ 稀疏化，而分裂法仅从数学的角度更改了冷却温度场迭代计算的模式。因此，无论直接舍弃法还是合并法，其计算结果与矩阵 $\boldsymbol{H}$ 没有稀疏化时的计算结果都存在一定的误差，而分裂法当外层迭代足够多时，理论上与矩阵 $\boldsymbol{H}$ 没有稀疏化时的计算结果一致。

6.2.3　瞬态传热分析

在循环平均温度场建模中，假设模具温度在连续注射成形过程中相对稳定。因此，假设腔体温度在熔体填充阶段是恒定的，从而填充阶段熔体的传热和流动问题可以分别求解。实际上，模具型腔表面温度在填充阶段会急剧变化，并且对塑料熔体的流动行为中起重要作用。为了提高充填模拟的精度，可以将冷却模拟得到的模腔表面循环平均温度分布视为充填模拟的边界条件。类似地，熔体充填型腔时的熔体温度分布也可以是冷却模拟的边界条件。

充填阶段的提高型腔表面温度具有许多优点，如增强塑料熔体的流动能力，减少熔接线并提高产品表面质量。然而，提高模具温度意味着将增加冷却时间，导致生产周期的增加。在传统的注塑工艺中，模具温度必须保持在合适的范围内，以平衡产品质量和生产效率。变温模具是一种新的注塑技术，并在过去十几年迅速发展。在变温模具中，模腔表面在熔体注射前首先被加热到一定温度，通常高于塑料的玻璃化转变温度，然后在充填和保压阶段保持在高温，最后迅速冷却到将充填的塑料熔体在型腔中固化，直至脱模。该技术既保证了充填阶段模具温度较高，也使产品冷却时间不会增加太多。模具温度变化过程在变温模技术中很重要，因此需要精确控制模具温度。实现模具温度可控变化的方法有很多种，如蒸汽快速加热工艺、脉冲冷却工艺、变温冷却液工艺等。

因此，最近很多商业软件通过耦合模具和制品瞬态冷却模拟，实现了模具瞬态温度场的模拟。瞬态传热分析与稳态传热分析相比，具有以下优点：①能更准确地预测塑料产品的温度分布，预测熔体在模具内的流动与冷却行为；②适用于模具温度在加工循环过程中快速变化的技术，以及模具周期平均温度假设不再成立的场景，在一个成形周期内模具温度变化过程的预测可以实现更精确的模具温度控制。

1. 瞬态传热分析模型

考虑到模具区域 Ω，瞬态传热过程的控制方程如下：

$$\rho_m c_m \frac{\partial T_m}{\partial t}=\frac{\partial}{\partial x}\left(\lambda_m \frac{\partial T_m}{\partial x}\right)+\frac{\partial}{\partial y}\left(\lambda_m \frac{\partial T_m}{\partial y}\right)+\frac{\partial}{\partial z}\left(\lambda_m \frac{\partial T_m}{\partial z}\right)+q(t) \quad (6\text{-}2\text{-}55)$$

式中，ρ_m、c_m、λ_m 和 T_m 分别是模具的密度、比热、热导率和温度；$q(t)$为嵌入式加热器在模具中提供的热量。在冷却通道表面(Γ_c)和模具边界表面(Γ_e)，外部定义的边界条件与循环平均温度模型中的边界条件相同，分别由式(6-2-10)和式(6-2-11)定义。模腔表面上的边界条件(Γ_p)按以下定义：

$$-\lambda_m \frac{\partial T_m}{\partial \boldsymbol{n}}=\lambda_p \frac{\partial T_p}{\partial \boldsymbol{n}}=\hat{q} \quad (6\text{-}2\text{-}56)$$

$$T_m=T_p \quad (6\text{-}2\text{-}57)$$

式中，λ_p 和 T_p 分别为聚合物熔体的热导率和温度。式(6-2-56)和式(6-2-57)表示在填充、保压和冷却阶段，模具的热通量和温度必须与模腔表面上的热通量和温度保持一致。

另外，聚合物熔体的能量方程是

$$\begin{aligned}&\rho_p c_p\left(\frac{\partial T_p}{\partial t}+u \frac{\partial T_p}{\partial x}+v \frac{\partial T_p}{\partial y}+w \frac{\partial T_p}{\partial z}\right)\\&=\frac{\partial}{\partial x}\left(\lambda_p \frac{\partial T_p}{\partial x}\right)+\frac{\partial}{\partial y}\left(\lambda_p \frac{\partial T_p}{\partial y}\right)+\frac{\partial}{\partial z}\left(\lambda_p \frac{\partial T_p}{\partial z}\right)+\eta\dot{\gamma}^2\end{aligned} \quad (6\text{-}2\text{-}58)$$

式中，c_p 为聚合物熔体的比热；η 为剪切黏度；γ 为有效剪切速率；u、v、w 分别为 x、y、z 方向的速度分量。为了耦合瞬态冷却模拟，式(6-2-55)和式(6-2-58)应同时求解或以迭代方式求解，以满足式(6-2-56)和式(6-2-57)所述的边界条件。注射过程是一个完全连续的过程，并且模具热传递行为在经过开始阶段的一段过渡期后变成循环变化，所以耦合瞬态成形模拟应该从注射操作开始并在达到静止状态时终止。假定模具温度最初等于操作开始时的冷却介质温度，同时前一循环结束时的模具温度分布被用作新循环的初始条件。

填充和保压模拟有几种模型和数值工具，并且已经报道了几种耦合瞬态冷却模拟。Cao 等提出了一种耦合方法，通过同时进行填充和冷却过程分析来确定界面温度。在他们的工作中，通过三维有限元方法解决了热传导问题，并基于双域技术实现了填充和保压过程模拟。耦合过程在下述内容中简要描述为教程。

在双面流技术中，不可压缩填充阶段中的熔体压力受以下控制：

$$\frac{\partial}{\partial x}\left(S\frac{\partial P}{\partial x}\right)+\frac{\partial}{\partial y}\left(S\frac{\partial P}{\partial y}\right)=0 \tag{6-2-59}$$

同时，

$$S=\int_0^b\frac{(b-z)^2}{\eta}\mathrm{d}z \tag{6-2-60}$$

式中，z 为沿厚度方向的坐标；b 为半厚度；P 为压力。同样，在可压缩保压阶段，控制方程可以表示为

$$G\frac{\partial P}{\partial t}-\frac{\partial}{\partial x}\left(\widetilde{S}\frac{\partial P}{\partial x}\right)-\frac{\partial}{\partial y}\left(\widetilde{S}\frac{\partial P}{\partial y}\right)=-F \tag{6-2-61}$$

式中，G，$\widetilde{S}$ 和 F 在文献[72]中定义。假设聚合物中的热传导只发生在原向方向，熔体为层流流动，则填充和保压阶段的能量方程可以修改为

$$\rho_{\mathrm{p}}c_{\mathrm{p}}\left(\frac{\partial T_{\mathrm{p}}}{\partial t}+u\frac{\partial T_{\mathrm{p}}}{\partial x}+v\frac{\partial T_{\mathrm{p}}}{\partial y}\right)=\lambda_{\mathrm{p}}\frac{\partial^2 T_{\mathrm{p}}}{\partial z^2}+\eta\dot{\gamma}^2 \tag{6-2-62}$$

聚合物熔体流动停止之后，上述等式中的对流和黏滞热量项消失。热传导成为聚合物部分的唯一形式，并且上述等式可以简化为

$$\rho_{\mathrm{p}}c_{\mathrm{p}}\frac{\partial T_{\mathrm{p}}}{\partial t}=\lambda_{\mathrm{p}}\frac{\partial^2 T_{\mathrm{p}}}{\partial z^2} \tag{6-2-63}$$

在开模阶段，除充满流动冷却介质的通道外，整个模具都处于空气中。因此，模腔表面的边界条件可以用式(6-2-64)来描述，并且模具热问题不需要与聚合物部分耦合。

$$\lambda_{\mathrm{m}}\frac{\partial T}{\partial \boldsymbol{n}}=-h_{\mathrm{a}}(T-T_{\mathrm{a}}) \tag{6-2-64}$$

式中，h_{a} 表示在温度 T_{a} 下模具和空气之间的对流传热系数。

在每个时间步骤中，首先通过求解式(6-2-59)或式(6-2-61)来确定压力分布，然后更新熔体速度和流动前沿，最后以迭代方式计算部件温度场和模具温度场。也就是说，在求解零件温度场时，模腔温度被用作边界条件。换言之，假定模具表面温度是已知的(通过求解模具热传导问题来确定)，由此计算模具型腔表面上的熔体热通量，并且通过具有先前迭代值的欠松弛方案更新方程(6-2-56)中描述的边界条件，然后通过再次求解式(6-2-55)计算模具温度场。重复上述过程，直到模腔表面上的温度分布趋于收敛。

2. 瞬态传热求解方法

有限元方法可用于根据式(6-2-59)或式(6-2-61)确定压力，而采用有限差分方法求解式(6-2-62)和式(6-2-63)获得模腔内的熔体温度分布。对于模具热传导问题，式(6-2-55)可以用伽辽金有限元方法求解。假设模具域被离散化为 N_{e} 有限元，温度场由元素节点的形函数表示。在方程(6-2-55)的空间和时间离散化之后，

它给出了以下关系：

$$(\xi \boldsymbol{K}+\boldsymbol{C}/\Delta t)\boldsymbol{T}_{t+\Delta t}=\xi \boldsymbol{R}_{t+\Delta t}+(1-\xi)\boldsymbol{R}_{t}+[\boldsymbol{C}/\Delta t-(1-\xi)\boldsymbol{K}]\boldsymbol{T} \quad (6\text{-}2\text{-}65)$$

其中，

$$\boldsymbol{K}=\sum_{N_{\mathrm{e}}}\left(\int_{\Omega}\boldsymbol{B}_{\theta}^{T}\lambda_{\mathrm{m}}\boldsymbol{B}_{\theta}\mathrm{d}\Omega+\int_{\Gamma_{\mathrm{e}}}\boldsymbol{N}^{\mathrm{T}}h_{\mathrm{a}}\boldsymbol{N}\mathrm{d}\Gamma+\int_{\Gamma_{\mathrm{c}}}\boldsymbol{N}^{\mathrm{T}}h_{\mathrm{c}}\boldsymbol{N}\mathrm{d}\Gamma\right) \quad (6\text{-}2\text{-}66)$$

$$\boldsymbol{C}=\sum_{N_{\mathrm{e}}}\left(\int_{\Omega}\boldsymbol{N}^{\mathrm{T}}\rho_{\mathrm{m}}c_{\mathrm{m}}N\mathrm{d}\Omega\right) \quad (6\text{-}2\text{-}67)$$

$$\boldsymbol{R}=\sum_{N_{\mathrm{e}}}\left(\int_{\Omega}\boldsymbol{N}^{\mathrm{T}}q(t)\mathrm{d}\Omega+\int_{\Gamma_{\mathrm{e}}}\boldsymbol{N}^{\mathrm{T}}h_{\mathrm{a}}T_{\mathrm{a}}\mathrm{d}\Gamma+\int_{\Gamma_{\mathrm{c}}}\boldsymbol{N}^{\mathrm{T}}h_{\mathrm{c}}T_{\mathrm{c}}\mathrm{d}\Gamma-\int_{\Gamma_{\mathrm{p}}}\boldsymbol{N}^{\mathrm{T}}\hat{q}\mathrm{d}\Gamma\right)$$

$$(6\text{-}2\text{-}68)$$

式中，ξ 为时间可调的参数；$\boldsymbol{N}$ 为形函数；$\boldsymbol{B}_{\theta}$ 为形函数的偏导数，其他符号与上面定义的相同。如果模具中没有嵌入式加热器，热量产生项 $q(t)$ 从方程(6-2-55)中消失，模具热传导问题也可以使用边界元方法解决。

Tang 等假定填充时间相对较短，从而忽略聚合物部分中的对流和黏度热交换。因此，塑料注射成形中的冷却模拟成为一个热传导问题，模具和聚合物部件中的瞬态温度分布可以通过早先描述的伽辽金有限元方法同时计算。为了减少内存需求，设计了一个无矩阵雅可比共轭梯度方案来解决由伽辽金有限元方法引起的线性方程组。

6.2.4 计算实例

下面的实例零件为空调挡风板。使用 HsCAE3D-Cool 对其进行冷却过程模拟，节点数单元数统计信息如表 6-2-1 所示。

表 6-2-1 节点数单元数统计信息

数据项	节点数	单元数
制品	13 706	27 448
模具外表面	292	580
冷却系统三角单元	7528	14 840
冷却系统管道单元	941	887

冷却分析结果包括稳态温度场、热流密度场、型芯型腔温差、中心层温度场、截面平均温度分布及冷却时间预测等。

稳态温度场是指用户指定时刻或者冷却结束时刻模壁(凹模和型芯表面)的温度分布。稳态温度场反映了模壁温度的均匀性，是冷却分析中较为重要的结果。高温区域通常是由模具冷却结构设计不合理造成，应当避免。模壁温度的最大值与最小值之差反映了温度分布的不均匀程度，不均匀的温度分布是产生冷却应力和残余应力从而导致塑料制品翘曲和机械性能下降的主要因素。图 6-2-5 所示为空调挡风板的稳态温度场结果。

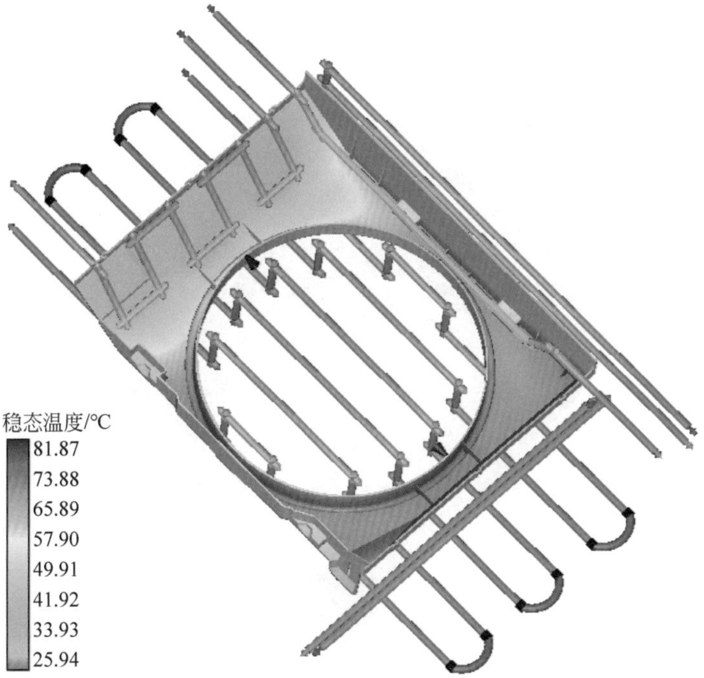

图 6-2-5　空调挡风板的稳态温度场结果

热流密度场反映了模具冷却效果和塑料制品放热的综合效应。对于壁厚均匀的制品而言，热流小的区域冷却效果差，应予改进。对于壁厚不均匀的制品，薄壁区域热流较小，厚壁区域热流较大。在壁厚较大或者冷却效果不佳的区域应该修改冷却结构（如采用铍铜、喷流管等），增大热流密度，改进冷却效果。图 6-2-6 所示为空调挡风板的热流密度场结果。

型芯型腔温差分布反映了模具冷却的不平衡程度，温差是由凹模和型芯冷却的不对称造成的，是导致塑料制品产生冷却应力和翘曲变形的主要原因。对于温差较大的区域，应修改冷却系统设计或改变成形工艺条件，减小模具在此区域冷却的不平衡程度。图 6-2-7 所示为空调挡风板的型芯型腔温差分布。

对于无定形塑料厚壁制品（壁厚与平均直径之比大于 1/20），其脱模准则是其最大壁厚中心部分的温度达到该种塑料的热变形温度。图 6-2-8 所示为空调挡风板的中心层温度分布。

对于无定形塑料薄壁制品，其脱模准则是制品截面内的平均温度已达到所规定的制品的脱模温度。图 6-2-9 所示为空调挡风板的截面平均温度分布。

冷却时间是指塑料制品从注射温度冷却到指定的脱模温度所需的时间。冷却时间越短，冷却效率越高。根据塑料制品的冷却时间分布，设计者可以知道塑料制品的哪些部分冷却得快，哪些部分冷却得慢。理想的情况是所有区域同时达到脱模温度，则塑料制品总的冷却时间最短。对于生产效率要求较高的产品，设计高效

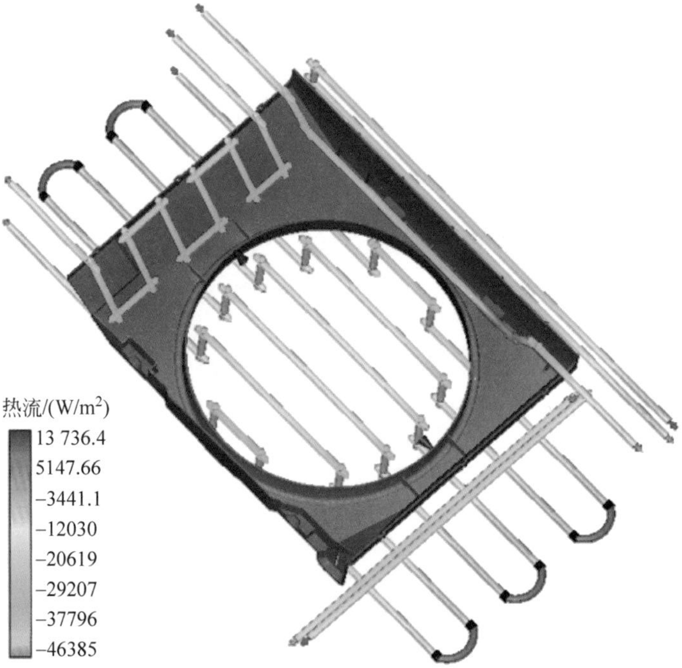

图 6-2-6　空调挡风板的热流密度场结果

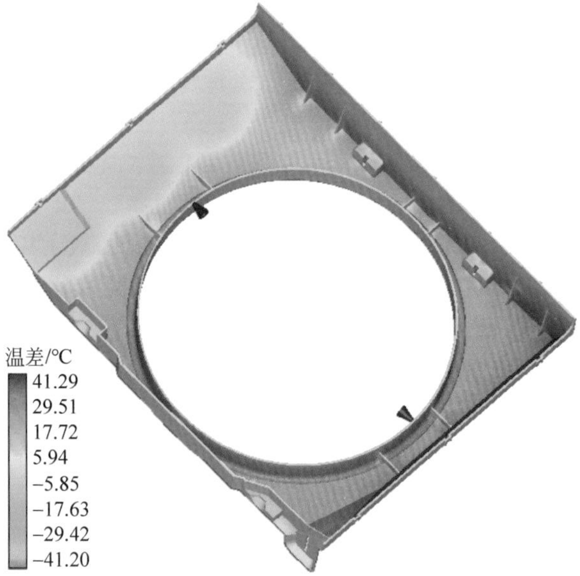

图 6-2-7　空调挡风板的型芯型腔温差分布

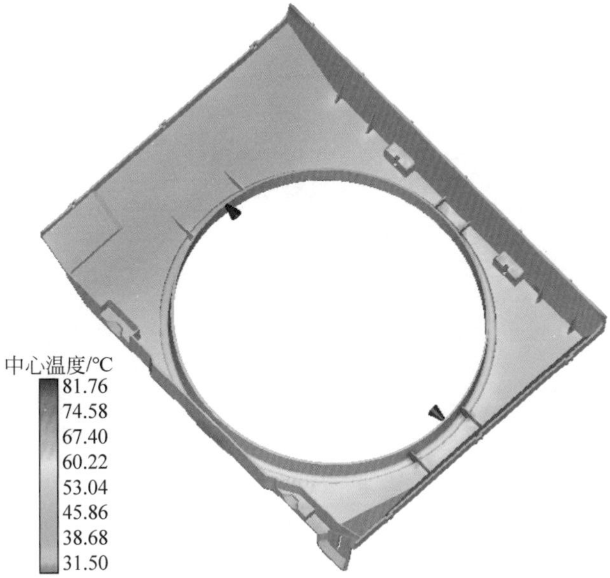

图 6-2-8　空调挡风板的中心层温度分布

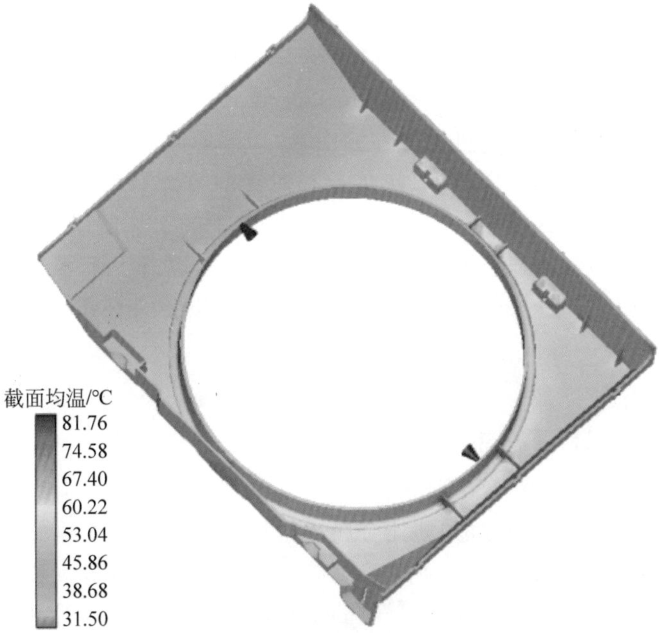

图 6-2-9　空调挡风板的截面平均温度分布

的冷却方案非常重要。图 6-2-10 所示为空调挡风板的冷却时间分布。

其他结果数据还包括冷却液的流量、雷诺数分布及温升等。注塑模冷却过程中塑件放出的热量绝大部分应由冷却介质带走，冷却系统中冷却液的流量分布及

密度场变化

厚度比变化

温度变化

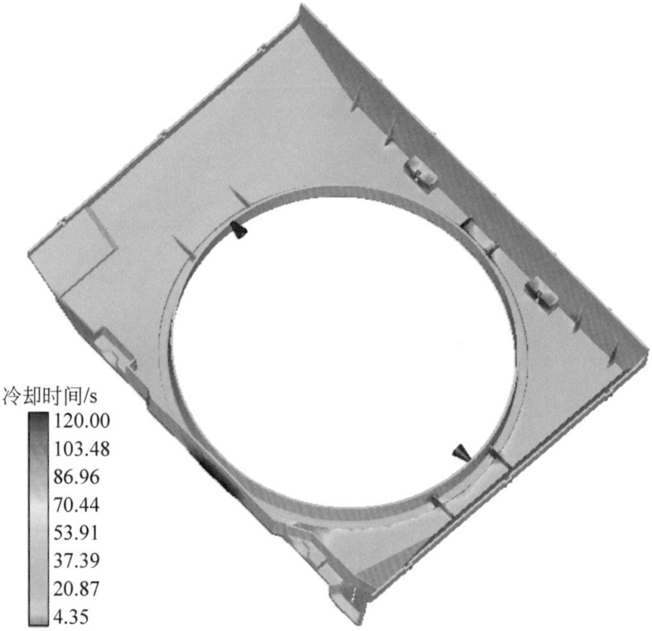

图 6-2-10　空调挡风板的冷却时间分布

流动状态直接关系到冷却系统的冷却效果。冷却液的流动状态指冷却液是以层流状态流动还是以紊流状态流动,冷却液若以层流状态流动,模具内的热量在冷却孔的径向只能以热传导的方式进入冷却液中,冷却效率低。紊流则不同,因为冷却液在孔径方向有质量传递,热流可以热传导和对流的方式有效地从孔壁传入冷却液中,冷却效率高,因而如何确保冷却液在紊流状态下的工作就显得十分重要。冷却液的温升是指冷却液出口温度与入口温度之差,如果温升小于零,则表明冷却液放热,即加热模具。一个好的冷却系统设计应该使冷却液的温升小于 2.5℃,如果温升过大,则应增大冷却液流量。

6.3　残余应力与翘曲变形模拟

塑料材料具有优良的性能,如比金属材料具有更高的强度质量比、更好的绝缘特性等,使用范围越来越广。注射成形是制造复杂形状塑料制品最为常用的方法,随着塑料工业对尺寸稳定性和产品质量的要求越来越高,翘曲变形已成为评价注射成形制品质量的重要标准。注射成形充模流动过程中产生的流动残余应力影响光学等性能,保压等阶段冷却产生的热应力导致制品收缩和翘曲,甚至局部开裂。因此,注射成形制品残余应力和翘曲变形的模拟计算对制件生产有重要的意义。

6.3.1 残余应力模拟

从 20 世纪 60—70 年代开始，许多学者对注射成形制品中残余应力的机理与模型进行了研究。Isayev 和 Crouthamel、Bushko 和 Stokes、Kamal 和 Lai-fook 的文献中较好地回顾，并且评价了注射成形过程中残余应力的各类计算模型。

注射成形过程中热残余应力的计算模型最初是从自由收缩的有机玻璃的热残余应力计算模型发展过来的。Isayev 和 Crouthamel 详细介绍了有机玻璃热残余应力计算模型的发展过程。Struik 采用简单的解析模型计算了自由收缩情况下的残余应力。该模型考虑了应力松弛效应，但未考虑成形过程中型腔压力的作用，因此该模型并不适合计算注射成形过程中的残余应力。为了计算注射成形过程中的残余应力，许多研究人员建立了自由收缩模型（free quenching model），该模型忽略了熔体压力、制品和模壁的相互作用及模具几何形状的复杂性。

Rigdahl 假设热残余应力是由温度引起的收缩不均在模内受模具限制产生的，将弹性应力计算方程和由能量原理计算得到的瞬态温度场结合，采用有限单元法计算。Kabanemi 和 Corchet 假设材料为黏弹性材料，采用有限单元法进行三维应力分析，计算了热黏弹性材料的热残余应力。计算过程中，假设材料为各向同性材料，考虑模型是一个可以自由移动的平板，因此忽略了模具限制与保压压力的影响，研究计算表明残余应力沿着壁厚方向呈抛物线型分布，且在制品表面为压应力，在制品中心层为拉应力。实验结果表明，注射成形制品中的残余应力沿着壁厚方向的分布曲线和自由收缩平板模型计算得到的抛物线形分布曲线并不相同。因此，在注射成形的残余应力计算中必须考虑其他因素的影响。

Titomanlio 等采用热弹性模型并且考虑压力的影响建立了两种热残余应力计算模型。在 Brucato 和 Titomanlio 的模型中，制品可以在模具内进行收缩；在 Brucato 等的模型中，制品收缩在模内受模具限制。通过两种模型计算得到制品残余应力分布：制品表层区域为压力引起的表面应力，制品中心层为向上凸起的抛物线应力分布。计算和实验结果对比表明，采用上述模型计算得到的残余应力较大，且在 Brucato 模型中，残余应力主要受压力影响。

Boitout 等采用热弹性模型并考虑了模具变形和浇口凝固时间的影响，计算了温度残余应力，其研究结果表明这些因素对最终的残余应力有着非常大的影响。Denizart 等采用依赖于温度的三维热弹性有限元法计算了聚苯乙烯和聚丙烯注射成形碟片的热残余应力，并通过数值模拟研究了保压压力、热弹性系数的各向异性和模具动定模之间的温度梯度对热残余应力的影响。该研究计算与实验翘曲测量结果定性相符，有助于理解较为复杂制品（如盒形零件）的收缩翘曲机理。

Rezayat 改进了 Titomanlio 的计算模型，考虑了制品出模后对流和辐射因素对冷却过程的影响。基于计算得到的残余应力，其采用结构有限元方法计算了制品的翘曲变形。研究表明：制品在空气中冷却，最大的影响是改变了制品翘曲变形的程度，而制品变形的趋势是相同的。在应力计算中，其采用热黏弹性本构方程计算应力和应变的偏张量部分，采用弹性本构方程计算球张量（体积张量）部分。由于采用了横向各向同性的材料矩阵并且假设只有在壁厚方向上存在非零应变，该方法适用于计算纤维增强的材料。

Baaijens 和 Zoetelief 等计算了聚苯乙烯和聚碳酸酯注射成形制品的热残余应力。计算中，线性热黏弹性模型改进了线性可压缩的列昂诺夫（Leonov）模型，材料假设为各向同性，并且考虑了保压压力的影响，模型中熔体压力通过连续性方程和压力、密度和温度（P-V-T）方程进行计算。研究发现，制品表面附近为较小的压应力，而在制品表面存在着拉应力，在考虑模具弹性变形的情况下，型腔压力降低较慢。

Santhanam 采用热黏弹性模型计算了残余应力和制品脱模后的翘曲变形，通过计算流动结束时初始应变受保压压力的影响，初始应变由熔体的压缩性和压力计算得到，在凝固过程中制品中每层的初始应变都是在计算开始时刻确定。Santhanam 假设同种材料初始应变只是由熔体初始压力所决定，未考虑保压过程中的压力变化历史和制品壁厚对于初始应变的影响，在凝固过程中假设壁厚方向的应力等于负的型腔压力。研究发现，制品表层为较高的拉应力，制品的中心层为呈抛物线形的拉应力。Isayev 和 Crouthamel 实验测量进行对比，计算结果中应力沿壁厚方向的分布与实际数据定性相符，但模拟计算的表层拉应力较小，且实验测量结果受模具影响较大。在模具表面施加部分限制条件改进模型后，制品中心层为抛物线形拉应力分布，计算与实验结果更相符，但制品表层拉应力值仍较高。

Bushko 和 Stokes 采用线性黏弹性模型分析了简单的平行平板冷却过程中材料的凝固机理，模型考虑了保压压力的影响和保压阶段材料的补充，计算了凝固过程中产生的残余应力及其对收缩和翘曲的影响，并通过模拟计算的方法系统研究了成形和边界条件对收缩和残余应力的影响。

Ghoneim 和 Hieber 定性研究了聚苯乙烯制品中密度松弛对残余应力曲线的影响，研究表明密度松弛（黏弹性材料的体积张量）对注射成形过程中残余应力的演化影响较大。

Jansen 和 Titomanlio 建立了凝固过程中收缩和受限收缩所表示的注射成形残余应力和模内收缩的计算模型，定义压力数（pressure number）是最大压力应变（正的）与热应变（负的）之比，研究表明：塑料和模壁之间的摩擦力在收缩中占主导，且在流动方向上的影响较大。

Zoetelief 和 Douven 采用线性黏弹性模型，计算了聚苯乙烯和 ABS 平板在保压和冷却阶段中产生的冷却应力，并和实验结果进行了比较。

Chapman 等提出了计算半结晶材料残余应力的模型，假设制品自由收缩，研究表明结晶将会显著地增加残余应力。Guo 采用数值模拟和实验研究相结合的方法研究了注射成形中半结晶材料的结晶、微观结构和残余应力。Kwon 在 Guo 的基础之上，研究了注射成形中半结晶材料的各向异性收缩情况，提出新的数学模型并进行了实验验证。

6.3.1.1 残余应力形成机制

注射成形中产生的残余应力主要分为两部分：①充模阶段，塑料流动时在型腔中发生强剪切，形成流动残余应力；②保压和冷却阶段，制品各部分的温度和压力历史均不相同，因此制品各部分收缩不均匀，形成热残余应力，制品脱模时各部位温度不均，冷却到室温过程中产生出模后的热残余应力。

注射成形制品不均匀收缩是冷却和压力不均匀分布共同作用的结果。制品自由淬火处理后，内部只有热残余应力，注射成形平板厚度方向冷却不均匀，表层熔体首先凝固收缩，对中心层熔体产生压应力，因熔体的黏性形变迅速松弛。中心层熔体凝固时，收缩受已凝固层的拉应力，表层材料受压应力而中心层受拉应力。由此可得，残余应力分布取决于不均匀冷却和随时间变化的材料力学性能参数(特别是弹性模量)。注射成形制品中实际机理更为复杂，材料在保压压力作用下冷却凝固，同时型芯型腔两侧存在温差，由于靠近模壁的凝固层与正在经历玻璃化的材料具有不同的收缩特性，导致了残余应力的差异，不同位置的材料密度由各自的温度和压力历史决定。Hastenberg 等采用剥层法测量了注射成形无定形材料平板的残余应力分布，与自由淬火情况不同，测量结果中表层为较大的拉应力，在接近表面的区域(次表层)为压应力，中心层为拉应力。Mandell 等研究表明表层材料的拉应力是造成材料机械失效的重要原因。Zoetelief 等研究表明残余应力分布主要由保压压力决定，而不是产品厚向收缩差异。

Baaijens、Douven、Kamal 的研究表明，流动残余应力比热残余应力低 1～2 个数量级。两者具体的大小取决于材料特性。Wimberger-Friedl 等比较了注射成形 PS 和 PC 的残余应力，分析了残余应力产生的机制，通过采用低分子量和低松弛时间的材料，使材料的流动残余应力变小，因为低分子量材料的分子链更短，分子链松弛更快，流动中的取向更低，同时热残余应力更大，所以热残余应力与材料的模量相关。

6.3.1.2 残余应力基础理论

在物体上施加作用力时，物体整体产生位移及变形。物体受力作用时，原热力学平衡被破坏，内部结构重排以达到新的热力学平衡状态。材料内部结构的重排时间长短取决于材料特性。材料内部结构重排时间非常短，以致该时间可以忽略的材料为纯黏性材料，纯黏性材料中，产生变形所需的能量会以热的形式耗散掉，其变形是不可逆的。材料内部结构重排需要无限长时间的材料为纯弹性材料。在纯弹性材料中，能量被存储下来，当撤销所施加的力时，材料会恢复初始形状。处于两者中间状态的材料，其变形包含可逆部分(弹性)和不可逆部分(黏性)。这样的材料特性可用本构方程来描述，本构方程与材料的尺寸大小、形状及所施加力的类型无关。为了表征本构方程与材料形状及变形类型的无关性，通用的本构方程不以力或位移的形式给出，而以应力张量和应变张量（或应变速率张量）的形式给出。

1. **应变张量**

物体形状和体积在力的作用下会发生变化。以向量 $\boldsymbol{r}$ 表示物体内部某点，其坐标为 $x_1=x$，$x_2=y$ 和 $x_3=z$，如图 6-3-1 所示。

物体变形时，该点移动到 $\boldsymbol{r}'$，此时的坐标为 x_i'。该点由变形引起的位移向量为 $\boldsymbol{u}=\boldsymbol{r}'-\boldsymbol{r}$。位移向量的分量可表示为

$$u_i=x_i'-x_i \tag{6-3-1}$$

物体变形后，内部点与点之间的距离发生变化。应变张量（或位移梯度张量）与变形前后两点间的距离有关。对于小的应变或变形，对称二次应变张量为

$$\varepsilon_{ij}=\frac{1}{2}\left(\frac{\partial u_i}{\partial x_j}+\frac{\partial u_j}{\partial x_i}\right) \tag{6-3-2}$$

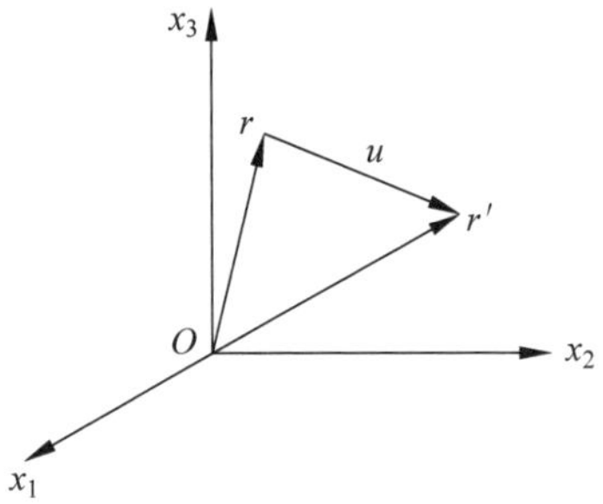

图 6-3-1　点的位移

而反对称张量表示刚体旋转，即旋转张量为

$$\omega_{ij}=\frac{1}{2}\left(\frac{\partial u_i}{\partial x_j}-\frac{\partial u_j}{\partial x_i}\right) \tag{6-3-3}$$

应变张量中，主对角线上的分量为主应变，应变张量的路径（主对角线分量之和）表示变形引起的体积相对变化量

$$\frac{V-V_0}{V_0}=\varepsilon_{11}+\varepsilon_{22}+\varepsilon_{33} \tag{6-3-4}$$

应变张量的时间导数为变形速率张量为

$$\dot{\varepsilon}_{ij}=\frac{1}{2}\left(\frac{\partial v_i}{\partial v_j}+\frac{\partial v_j}{\partial v_i}\right) \tag{6-3-5}$$

式中，速度为

$$v_i=\dot{u}_i=\frac{\mathrm{d}u_i}{\mathrm{d}t} \tag{6-3-6}$$

2. **应力张量**

物体未变形时，内部结构排布取决于热平衡状态，内部合力为零。物体变形时，内部分子排布发生变化，周围材料在单元表面施加作用力，作用力正比于单元的表面积，单位面积的称为应力。如果 F_i 为施加在单元体积上的力，则二次应力张量 σ_{ij} 可以表示为

$$F_i=\frac{\partial \sigma_{ij}}{\partial x_j} \tag{6-3-7}$$

考虑到内部角动量的平衡性，应力张量对称，具有 6 个独立分量。对角线上的

分量称为主应力，非对角线上的分量称为剪切应力，其中，规定拉应力为正，压应力为负。令 $F_i=0$，则有

$$\frac{\partial \sigma_{ij}}{\partial x_j}=0 \tag{6-3-8}$$

在物体上施加正比于体积大小的体积力(如重力)，代入式(6-3-8)，则有

$$\frac{\partial \sigma_{ij}}{\partial x_j}+F_{bi}=0 \tag{6-3-9}$$

若 P 为施加在物体单位表面积上的外部力，n 为单位外法矢，则有

$$\sigma_{ij}n_j=P_i \tag{6-3-10}$$

如果物体处于非静平衡状态，则有

$$\frac{\partial \sigma_{ij}}{\partial x_j}+F_{bi}=\rho\dot{v}_i \tag{6-3-11}$$

式中，ρ 为密度；$\dot{v}_i$ 为 x_i 方向上的加速度。

为计算物体的应变或位移，需求解式(6-3-9)或式(6-3-11)。通过本构方程表明应力和应变的关系，简单的应力应变为线性关系。通过实验表明，线性关系仅在无限小的弹性变形条件下才成立。线性关系的通用形式为

$$\sigma_{ij}=C_{ijkl}\varepsilon_{kj} \tag{6-3-12}$$

式中，C 为四阶模量张量，分为 81 个分量。纯弹性变形中，这些分量为材料常数，也称弹性系数。因为应力张量和应变张量都是对称的，因此 C 中有 21 个独立分量。在不同的对称假设情况下，C 中独立分量数还可进一步减少，如各向同性材料只有 2 个弹性常数。

3. 弹性特性

从变形的热力学角度出发，应力张量可由恒温下自由能 f 对应变求偏导计算：

$$\sigma_{ij}=\left(\frac{\partial f}{\partial \varepsilon_{ij}}\right)_T \tag{6-3-13}$$

小变形和小温度变化条件下各向同性体的自由能 f 可表示为

$$f(T)=f_0(T)-K_b\alpha_v(T-T_{ref})\varepsilon_{kk}+G_s\left(\varepsilon_{ij}-\frac{1}{3}\delta_{ij}\varepsilon_{kk}\right)^2+\frac{1}{2}K_b\varepsilon_{kk}^2 \tag{6-3-14}$$

式中，K_b 和 G_s 分别为体积模量和剪切模量；α_v 为体积热膨胀率；f_0 为无变形状态下的自由能；T_{ref} 为参考温度，假设在该温度下无外部力作用时，则没有应力，δ 为二次单位张量。因热膨胀作用，即使没有外部力，若温度发生变化，物体也会变形。由式(6-3-13)和式(6-3-14)，可以获得应力表达式为

$$\sigma_{ij}=-K_b\alpha_v(T-T_{ref})\delta_{ij}+K_b\varepsilon_{kk}\delta_{ij}+2G_s\left(\varepsilon_{ij}-\frac{1}{3}\delta_{ij}\varepsilon_{kk}\right)^2 \tag{6-3-15}$$

式中，右边第一项为温度变化引起的应力，第二项为各向同性变形(如压缩)的应

力，最后一项为纯剪切应力。式(6-3-15)提供了由应变张量计算各向同性弹性体应力张量的方法。而由应力张量计算应变张量，将式(6-3-15)进行变化，假设最后一项之和为零且 $\sigma_{ij}=0$，则有

$$\varepsilon_{kk}=\frac{\sigma_{kk}}{3K_b}+\alpha_{\mathrm{v}}(T-T_{\mathrm{ref}}) \tag{6-3-16}$$

将式(6-3-16)代入式(6-3-15)，则有

$$\varepsilon_{ij}=\frac{\sigma_{kk}}{9K_{\mathrm{b}}}\delta_{ij}+\frac{1}{2G_s}\left(\sigma_{ij}-\frac{1}{3}\sigma_{kk}\delta_{ij}\right)+\frac{\alpha_{\mathrm{v}}}{3}(T-T_{\mathrm{ref}})\delta_{ij} \tag{6-3-17}$$

对于等温条件下棒材沿 z 向变形的问题，单位面积上施加外力 P，则应力张量的 zz 分量可由边界条件获得 $\sigma_{zz}=P$。由式(6-3-17)非零应变可得

$$\varepsilon_{xx}=\varepsilon_{yy}=-\frac{1}{3}\left(\frac{1}{2G_{\mathrm{s}}}-\frac{1}{3K_{\mathrm{b}}}\right)P,\quad \varepsilon_{zz}=\frac{1}{3}\left(\frac{1}{G_{\mathrm{s}}}+\frac{1}{3K_{\mathrm{b}}}\right)P \tag{6-3-18}$$

式中，ε_{xx} 和 ε_{yy} 为棒材横向压缩；ε_{zz} 为 z 向延伸应变；$\frac{1}{3}\left(\frac{1}{G_{\mathrm{s}}}+\frac{1}{3K_{\mathrm{b}}}\right)$ 为延伸系数，其倒数为弹性模量 E，因此弹性模量可由剪切模量和体积模量获得，即

$$E=\frac{9K_{\mathrm{b}}G_{\mathrm{s}}}{(3K_{\mathrm{b}}+G_{\mathrm{s}})} \tag{6-3-19}$$

横向压缩与长度延伸的比值 $-\frac{\varepsilon_{xx}}{\varepsilon_{zz}}$ 称为泊松比 ν，可由式(6-3-18)获得，即

$$\nu=\frac{(3K_{\mathrm{b}}-2G_{\mathrm{s}})}{2(3K_{\mathrm{b}}+G_{\mathrm{s}})} \tag{6-3-20}$$

将式(6-3-15)展开，可得弹性均匀变形下应力、应变分量：

$$\begin{cases}\sigma_{xx}=\dfrac{E}{(1+\nu)(1-2\nu)}\left[(1-\nu)\varepsilon_{xx}+\nu(\varepsilon_{yy}+\varepsilon_{zz})-\dfrac{1}{3}(1+\nu)\alpha_{\nu}(T-T_0)\right]\\ \sigma_{yy}=\dfrac{E}{(1+\nu)(1-2\nu)}\left[(1-\nu)\varepsilon_{yy}+\nu(\varepsilon_{xx}+\varepsilon_{zz})-\dfrac{1}{3}(1+\nu)\alpha_{\nu}(T-T_0)\right]\\ \sigma_{zz}=\dfrac{E}{(1+\nu)(1-2\nu)}\left[(1-\nu)\varepsilon_{zz}+\nu(\varepsilon_{xx}+\varepsilon_{yy})-\dfrac{1}{3}(1+\nu)\alpha_{\nu}(T-T_0)\right]\\ \tau_{xy}=\dfrac{E}{1+\nu}\gamma_{xy}\\ \tau_{yz}=\dfrac{E}{1+\nu}\gamma_{yz}\\ \tau_{zx}=\dfrac{E}{1+\nu}\gamma_{zx}\end{cases} \tag{6-3-21}$$

式中，应力应变的剪切分量分别以 τ 和 γ 表示。

也可表示为如下形式：

$$\begin{cases}\begin{bmatrix}\sigma_{xx}\\ \sigma_{yy}\\ \sigma_{zz}\end{bmatrix}=\dfrac{E}{(1+\nu)(1-2\nu)}\begin{bmatrix}1-\nu & \nu & \nu\\ \nu & 1-\nu & \nu\\ \nu & \nu & 1-\nu\end{bmatrix}\begin{bmatrix}\varepsilon_{xx}-\varepsilon_T\\ \varepsilon_{yy}-\varepsilon_T\\ \varepsilon_{zz}-\varepsilon_T\end{bmatrix}\\ \begin{bmatrix}\tau_{xy}\\ \tau_{yz}\\ \tau_{zx}\end{bmatrix}=\dfrac{E}{1+\nu}\begin{bmatrix}1 & 0 & 0\\ 0 & 1 & 0\\ 0 & 0 & 1\end{bmatrix}\begin{bmatrix}\gamma_{xy}\\ \gamma_{yz}\\ \gamma_{zx}\end{bmatrix}\end{cases} \tag{6-3-22}$$

式中，ε_T 为$\dfrac{1}{3}(1+\nu)\alpha_\nu$。

4. **黏性特性**

弹性体中一般假设变形是可逆的，因为外部力不变化时，弹性体内部自由能保持恒定。但在黏性流体中，变形影响平衡状态，发生不可逆变形，使黏性流体处于新的平衡状态，自由能被耗散。移去外力后，物体中因应变能被耗散无法回复到初始状态。如果某机械系统的运动包含耗散能，则运动可用普通的运动方程来描述，其中的耗散力或摩擦力为运动速度的线性函数。

黏性流体本构方程中，采用耗散函数描述内部摩擦作用，当没有摩擦时，函数值为零。耗散函数依赖于速度梯度，而不是速度本身：

$$\dot{\varepsilon}_{ij}=\frac{1}{2}\left(\frac{\partial v_i}{\partial v_j}+\frac{\partial v_j}{\partial v_i}\right) \tag{6-3-23}$$

式中，张量 $\dot{\varepsilon}_{ij}$ 为速度梯度张量中的对称部分，称为变形速率张量。速度梯度张量中的反对称部分为涡度张量：

$$\dot{\omega}_{ij}=\frac{1}{2}\left(\frac{\partial v_i}{\partial v_j}-\frac{\partial v_j}{\partial v_i}\right) \tag{6-3-24}$$

耗散函数 R 为速度梯度张量的二次函数，其通用形式为

$$R=\frac{1}{2}\eta_{iklm}\dot{\varepsilon}_{ik}\dot{\varepsilon}_{lm} \tag{6-3-25}$$

式中，四阶张量 η_{iklm} 为黏度张量。式(6-3-25)类似于弹性体自由能的表达式，用黏度张量代替弹性模量张量。通过假设可减少黏度张量中的独立分量数。对于各向同性体，式(6-3-25)可改写为

$$R=\eta\left(\dot{\varepsilon}_{ij}-\frac{1}{3}\delta_{ij}\dot{\varepsilon}_{kk}\right)^2+\frac{1}{2}\xi\dot{\varepsilon}_{kk}^2 \tag{6-3-26}$$

式中，η 和 ξ 分别为剪切系数和膨胀系数。理想单原子气体的膨胀系数为零，以及不可压缩材料 $\dot{\varepsilon}_{kk}=0$，这两种特殊状态下的膨胀系数无意义。类似于弹性应力，耗散应力张量(黏性应力张量)σ_{ij} 定义为

$$\sigma_{ij}=\frac{\partial R}{\partial\dot{\varepsilon}_{ij}}=\eta_{ijkl}\dot{\varepsilon}_{kl} \tag{6-3-27}$$

对于各向同性材料，有

$$\sigma_{ij}=2\eta\left(\dot{\varepsilon}_{ij}-\frac{1}{3}\delta_{ij}\dot{\varepsilon}_{kk}\right)+\xi\dot{\varepsilon}_{kk}\delta_{ij} \tag{6-3-28}$$

该应力张量是对称的,这是由各向同性材料的角动量守恒性保证的。

材料成形中较常见的两种流动类型为剪切流和拉伸流。剪切流中,变形速率张量表示为

$$\dot{\boldsymbol{\varepsilon}}=\frac{1}{2}\begin{pmatrix}0 & \dot{\gamma} & 0\\ \dot{\gamma} & 0 & 0\\ 0 & 0 & 0\end{pmatrix} \tag{6-3-29}$$

式中,$\dot{\gamma}$ 为剪切速率。剪切速率 $\dot{\gamma}$ 实际上为 $\dot{\boldsymbol{\varepsilon}}$ 的二次不变量($\dot{\gamma}=\sqrt{\dot{\boldsymbol{\varepsilon}}:\dot{\boldsymbol{\varepsilon}}}$)。在两平行板之间的简单剪切流中(图 6-3-2),剪切速率为$\frac{\mathrm{d}v_x}{\mathrm{d}y}$。

一般情形下,剪切流的应力张量为

$$\boldsymbol{\sigma}=\begin{pmatrix}P_{\mathrm{h}}+\sigma_{11} & \tau_{12} & 0\\ \tau_{21} & P+\sigma_{22} & 0\\ 0 & 0 & P+\sigma_{33}\end{pmatrix} \tag{6-3-30}$$

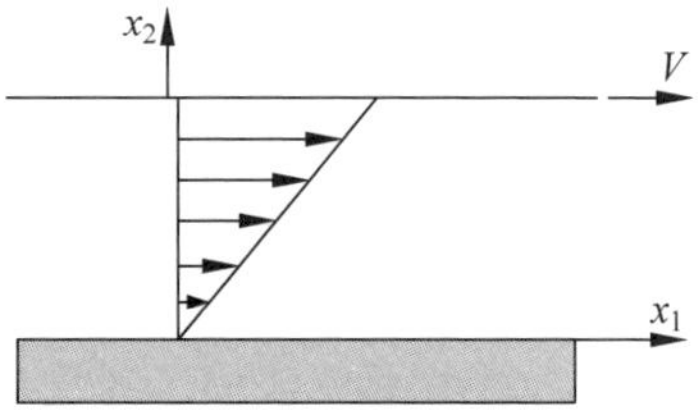

图 6-3-2　平行板间的剪切流

式中,P_{h} 为静水压力,研究主要物理量为剪切应力和主应力的差:剪切应力为 τ_{12};第一主应力差为 $\sigma_{11}-\sigma_{22}$;第二主应力差为 $\sigma_{22}-\sigma_{33}$。

部分聚合物成形,如纺丝、吹塑热成形中主要的变形模式为拉伸。拉伸流中变形速率张量为

$$\dot{\boldsymbol{\varepsilon}}=\begin{pmatrix}\dot{\varepsilon}_{11} & 0 & 0\\ 0 & \dot{\varepsilon}_{22} & 0\\ 0 & 0 & \dot{\varepsilon}_{33}\end{pmatrix} \tag{6-3-31}$$

单轴、双轴和平面拉伸流如图 6-3-3 所示。

拉伸流的应力张量为

$$\boldsymbol{\sigma}=\begin{pmatrix}\sigma_{11} & 0 & 0\\ 0 & \sigma_{22} & 0\\ 0 & 0 & \sigma_{33}\end{pmatrix} \tag{6-3-32}$$

遵循式(6-3-32)且黏性系数为常数的黏性流体为牛顿流体,广义牛顿流体的黏度仅取决于变形。对于大部分聚合物熔体,黏度可表示为剪切速率、温度和压力的函数 $\eta=\eta(\dot{\gamma},T,P)$。温度和压力对黏度的影响通常表示为指数函数:

$$\eta=\eta(\dot{\gamma},T,P)=\exp\left[\frac{E_{\mathrm{a}}}{R}\left(\frac{1}{T}-\frac{1}{T_{\mathrm{ref}}}\right)\right]\exp(\beta(P-P_{\mathrm{ref}}))\eta(\dot{\gamma},T_{\mathrm{ref}},P_{\mathrm{ref}}) \tag{6-3-33}$$

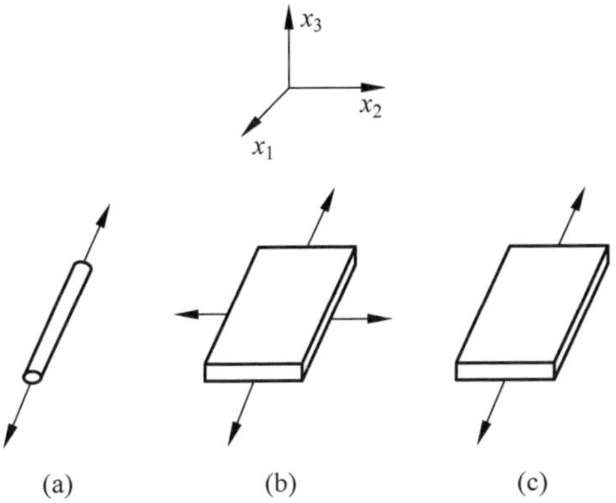

图 6-3-3　不同拉伸形式
(a) 单轴；(b) 双轴；(c) 平面拉伸流

式中，T_{ref} 和 P_{ref} 为参考温度和压力；E_{a} 为活化能；R 为气体常数；β 为压力系数。大部分聚合物黏度会随着变形速率的升高而降低，即剪切变稀特性。幂律模型能在黏度-应变速率图中精确地表示剪切变稀区间，黏度-剪切速率关系为

$$\eta = m(T, P)\dot{\gamma}^{n-1} \tag{6-3-34}$$

式中，m 为稠度指数；n 为幂律指数。稠度指数表征温度和压力对黏度的影响。剪切变稀的流体，$n<1$。根据式(6-3-33)，零变形速率下黏度无穷大，这会导致在零剪切速率区域得到错误的结果，如管的中心。Carreau-Yasuda 提出了修正模型，含有 5 个参数：

$$\frac{\eta - \eta_0}{\eta - \eta_\infty} = [1 + |\lambda\dot{\gamma}|^a]^{\frac{n-1}{a}} \tag{6-3-35}$$

某些材料，如聚合物乳液和泥浆，在特定的屈服应力下会出现不流动区域。采用宾汉流体模型可描述其特性：

$$\begin{cases} \eta = \infty \quad \text{或} \quad \dot{\gamma} = 0 & (\tau < \tau_\gamma) \\ \eta = \mu_0 + \dfrac{\tau_\gamma}{\dot{\gamma}} & (\tau \geqslant \tau_\gamma) \end{cases} \tag{6-3-36}$$

式中，τ 为应力偏张量的大小。

6.3.1.3　残余应力数学模型

1. 黏弹性应力计算模型

线性黏弹性模型可以较为精确地描述注射成形过程中材料的应力应变关系和应力松弛现象。假设材料在注射过程中温度和模量的关系表现为简单热流变黏弹性材料，则从玻璃化温度 T_g 以上的熔融状态到玻璃态都可以使用该模型描述材料的应力应变关系。

由于塑料制品一般是薄壁制品，可以假设熔体的流动方向是第一主方向，制品

的壁厚方向是第三主方向，建立局部的正交坐标系，应力可以表示为静水压力和应力偏张量之和，即

$$\boldsymbol{\sigma}_{ij}=-P_{\mathrm{h}}\boldsymbol{I}+\boldsymbol{\tau}_{ij} \tag{6-3-37}$$

式中，P_{h} 为静水压力，即应力球张量的负值，可以表示为

$$P_{\mathrm{h}}=-\frac{1}{3}\mathrm{Tr}\boldsymbol{\sigma}=-\int_{-\infty}^{t}G_1(\xi(t)-\xi(t'))\left(\frac{\partial\varepsilon_{\mathrm{m}}}{\partial t'}-\frac{\partial\varepsilon_{\mathrm{th}}}{\partial t'}\right)\mathrm{d}t' \tag{6-3-38}$$

式中，Tr()代表张量的迹（主对角线元素之和）。τ_{ij} 为应力偏张量，可以表示为

$$\tau_{ij}(t)=\int_{-\infty}^{t}G_2(\xi(t)-\xi(t'))\frac{\partial\varepsilon_{ij}^{d}}{\partial t'}\mathrm{d}t' \tag{6-3-39}$$

式中，G_1 为体积松弛模量函数；G_2 为剪切松弛模量函数；$\varepsilon_{\mathrm{th}}$ 为温度变化引起的热应；ε_{m} 为应变球张量；ε_{ij}^{d} 为应变偏张量。

根据简单拉伸实验可以得到弹性模量 E、剪切模量 G 和体积模量 K 的关系，松弛函数 G_1 和 G_2 可以表示为

$$G_1(t)=\frac{E}{1-2\nu}\varphi(t)=3K\varphi(t) \tag{6-3-40}$$

$$G_2(t)=\frac{E}{1+\nu}\varphi(t)=2G\varphi(t) \tag{6-3-41}$$

式中，ν 为泊松比；$\varphi(t)$为松弛函数，松弛函数可以表示为带权的指数函数和的形式：

$$\varphi(t)=\sum_{k=1}^{N}g_k\exp\left(-\frac{t}{\lambda_k}\right) \tag{6-3-42}$$

式中，λ_k 为松弛时间；g_k 为材料松弛参数，且 $\sum\limits_{k=1}^{N}g_k=1$。

假设 $t<0$ 时材料中不存在应力和应变，即初始应力和初始应变为 0，将式(6-3-40)代入式(6-3-38)得

$$\begin{aligned}P_{\mathrm{h}}&=\int_{0}^{t}3K\varphi(\xi(t)-\xi(t'))\left(\frac{\partial\varepsilon_{\mathrm{th}}}{\partial t'}-\frac{\partial\varepsilon_{\mathrm{m}}}{\partial t'}\right)\mathrm{d}t'\\&=\int_{0}^{t}3K\varphi(\xi(t)-\xi(t'))\frac{\partial\varepsilon_{\mathrm{th}}}{\partial t'}\mathrm{d}t'-\int_{0}^{t}K\varphi(\xi(t)-\xi(t'))\frac{3\partial\varepsilon_{\mathrm{m}}}{\partial t'}\mathrm{d}t'\end{aligned} \tag{6-3-43}$$

热应变表示为

$$\varepsilon_{\mathrm{th}}=\int_{0}^{t}\alpha(t)T(t)\mathrm{d}t \tag{6-3-44}$$

式中，α 为热膨胀系数，若是热膨胀系数不随温度变化，可以作为常数，得

$$\varepsilon_{\mathrm{th}}=\alpha\int_{0}^{t}T(t)\mathrm{d}t \tag{6-3-45}$$

将式(6-3-41)代入式(6-3-39)，得

$$\tau_{ij}(t)=2\int_{-\infty}^{t}G\varphi(\xi(t)-\xi(t'))\frac{\partial\varepsilon_{ij}^{d}}{\partial t'}\mathrm{d}t' \tag{6-3-46}$$

式中，应变偏张量可以表示为

$$\varepsilon_{ij}^{d}=\varepsilon_{ij}-\frac{1}{3}\mathrm{Tr}\varepsilon\delta_{ij} \tag{6-3-47}$$

为了简化表示形式，令 $K(t)=K\varphi(t)$，$\beta(t)=3\alpha K\varphi(t)$，$G(t)=G\varphi(t)$，且将 $\mathrm{Tr}\varepsilon=\varepsilon_{11}+\varepsilon_{22}+\varepsilon_{33}=3\varepsilon_{\mathrm{m}}$ 代入式(6-3-43)中，得

$$P_{\mathrm{h}}=\int_{0}^{t}\left(\beta(\xi(t)-\xi(t'))\frac{\partial T}{\partial t'}-K(\xi(t)-\xi(t'))\frac{\partial \mathrm{Tr}\varepsilon_{\mathrm{m}}}{\partial t'}\right)\mathrm{d}t' \tag{6-3-48}$$

式中，$\xi(t)$为材料时间，计算式为

$$\xi(t)=\int_{0}^{t}\frac{1}{\alpha_{T}}\mathrm{d}t' \tag{6-3-49}$$

式中，α_{T} 为温度和时间的转化因子，对无定形材料，在玻璃化温度到玻璃化温度以上 100℃范围内，可以使用经典的 WLF 转换方程描述温度和时间的转化关系：

$$\lg\alpha_{T}=-\frac{C_{1}(T-T_{\mathrm{ref}})}{C_{2}+(T-T_{\mathrm{ref}})} \tag{6-3-50}$$

对于超出上面温度范围内的材料或者是半结晶型的材料，可以用阿仑尼乌斯转换方程描述：

$$\ln\alpha_{T}=-C_{3}(T-T_{\mathrm{ref}}) \tag{6-3-51}$$

式中，C_1、C_2 和 C_3 为材料常数；T_{ref} 为参考温度。

2. 计算假设

注塑制品一般为薄壁制品，其厚度方向的尺寸相对平面方向的尺寸较小。根据这一特点，在模拟计算中提出以下假设。

(1) 设熔体流动方向为第一主方向，制品壁厚方向为第三主方向，建立局部的正交坐标系。计算单元局部坐标系的 z 轴是制品单元中性面的法矢方向。

(2) 由于模具中各种结构(如肋板、筋等)的限制，制品在平面方向受到完全的限制，所以可以假设：在制品脱模前，平面方向没有应变，即 $\varepsilon_{11}=\varepsilon_{22}=0$，制品只能在壁厚方向进行变形。

(3) 在计算中，法向应力 σ_{33} 在厚度方向(z 向)是一致的，不随着位置变化。

(4) 当型腔中存在压力(即 $\sigma_{33}<0$)时，制品是紧贴模壁的。

(5) 计算中忽略模具本身的弹性变形。

(6) 不考虑制品在模具内的翘曲变形。

3. 初始条件

在注射成形过程中，由于温度应力比流动应力一般大一个数量级以上，所以在相对粗略的计算模型中可以忽略充模阶段产生的流动应力。本节提出的计算模型中，分析是从制品充模完成之后开始的，忽略了流动应力，计算开始时制品中的初始应力和初始应变都为 0。

4. 边界条件

在注射过程中,制品的边界条件在成形的不同阶段是变化的。根据作用在制品上的压力情况,计算中考虑以下几个阶段:

(1) 充模完成之后,保压开始。制品表层的材料冷却凝固,在厚度方向上制品存在着两个凝固的表层区域和一个仍为熔融状态的中心区域,形成类似三明治的形式。保压压力通过制品中心区域的熔融部分作用在制品上。在保压压力的作用下,材料不断注入型腔,补充由于冷却和凝固产生的收缩。该阶段,制品中的型腔压力受到注塑机的控制,型腔压力通过保压分析程序计算得到,在应力计算中作为已知条件。

$$\sigma_{33}=-P \tag{6-3-52}$$

(2) 浇口凝固或者保压结束后,制品不再受到保压压力的作用,没有新的熔体进行补充。随着制品的冷却,型腔中的压力逐渐降低。在该阶段由于型腔压力仍然存在,制品仍然是紧贴模壁的,在壁厚方向没有厚度变化。

$$\int_{-l/2}^{l/2}\Delta\varepsilon_{33}(z)\mathrm{d}z=0 \tag{6-3-53}$$

(3) 型腔压力降低为0后,在制品厚度方向上没有型腔压力的作用,制品开始脱离模壁,在厚度方向进行收缩,直到制品脱模。

(4) 制品脱模后,继续冷却到室温,产生出模后的温度应力。同时,制品不再受到模具的约束,可以进行自由变形,制品中的残余应力得到释放,产生翘曲和收缩变形。

6.3.1.4 数值计算方法

1. 离散过程

计算残余应力时,在时间上进行离散,将线性黏弹性本构方程转化为离散的递推形式。这样,根据上步的分析结果和当前时间步的计算边界条件可以计算出当前时间步的应力值。

静水压力在时间上离散,式(6-3-48)可以表示为

$$P_{\mathrm{h}}(t_{n+1})=P_{\mathrm{h}}(t_n)+\beta\Delta T-K\,\mathrm{Tr}(\Delta\boldsymbol{\varepsilon}) \tag{6-3-54}$$

式中,ΔT 和 $\Delta\boldsymbol{\varepsilon}$ 分别为温度和应变在时间段 $\Delta t=t_{n+1}-t_n$ 的变化。

厚向应力可以表示为

$$\sigma_{33}(t_{n+1})=\sigma_{33}^{*}+\left(\frac{4}{3}G\sum_{k=1}^{N}\zeta_k g_k+K\right)\Delta\varepsilon_{33} \tag{6-3-55}$$

式中,$\zeta_k=\left(1+\dfrac{\Delta\xi}{\lambda_k}\right)^{-1}$,$\sigma_{33}^{*}$ 可以表示为

$$\sigma_{33}^{*}=-\left[P_{\mathrm{h}}(t_n)+\beta\Delta T\right]+\sum_{k=1}^{N}\zeta_k s_{33}^{(k)}(t_n) \tag{6-3-56}$$

根据式(6-3-55),得到厚向应变的变化量为

$$\Delta\varepsilon_{33}=\frac{\sigma_{33}(t_{n+1})-\sigma_{33}^{*}}{\frac{4}{3}G\sum_{k=1}^{N}\zeta_k g_k+K} \tag{6-3-57}$$

2. 计算步骤

根据上面推导得到的离散递推公式，由 t_n 时刻的计算结果结合边界条件可以计算 t_{n+1} 时刻的应力。计算时，采用保压和冷却分析中使用的有限元网格，并在制品厚度方向上分层。在每个计算时间步中，逐个单元逐层进行如下计算步骤。

(1) 根据温度场分析结果，确定时间步 t_{n+1} 的温度差 $\Delta T=T(t_{n+1})-T(t_n)$。

(2) 根据当前时刻的温度，使用计算时间温度转化因子 α_T 和材料时间 $\Delta\xi$。

(3) 将上时间步 t_n 的静水压力和当前的温度变化 ΔT 代入式(6-3-56)，计算 σ_{33}^{*}。

(4) 根据不同成形阶段的边界条件情况确定厚向应力 σ_{33}，分情况如下：

① 第一阶段，保压压力作用在制品上，厚向应力等于负的压力：

$$\sigma_{33}(t_{n+1})=-P(t_{n+1}) \tag{6-3-58}$$

② 第二阶段，保压压力不再作用在制品上，制品厚向变化为 0：

$$\Delta l_0=\sum_{i=1}^{N}\Delta\varepsilon_{33}l_0^{(i)}=0 \tag{6-3-59}$$

式中，$l_0^{(i)}$ 为第 i 层的原始厚度，将式(6-3-57)代入式(6-3-59)得

$$\sigma_{33}(t_{n+1})=\frac{\sum_{i=1}^{N}\frac{\sigma_{33}^{*}}{V}l_0^{(i)}}{\sum_{i=1}^{N}\frac{1}{V}l_0^{(i)}} \tag{6-3-60}$$

式中，$V=\frac{4}{3}G\sum_{k=1}^{N}\zeta_k g_k+K$。

③ 第三阶段，制品中型腔压力降低为零，制品在厚度方向开始脱离模壁，即

$$\sigma_{33}(t_{n+1})=0 \tag{6-3-61}$$

(5) 将当前的法向应力 σ_{33} 代入式(6-3-57)，确定这层厚向应变的变化量 $\Delta\varepsilon_{33}$。

(6) 计算应变偏张量和当前时刻的静水压力 $P_h(t_{n+1})$。

(7) 计算应力偏张量 τ_{11}、τ_{22} 和 τ_{33}。

(8) 最终通过式(6-3-37)计算平面应力 σ_{11} 和 σ_{22}。

6.3.2 翘曲变形模拟

随着注射成形工艺研究的发展，注射成形制品翘曲变形的机理及预测方法得

到了广泛的研究。在注射成形翘曲模拟的研究中主要采用了两种研究途径。

(1) 建立弹性/黏弹性应力计算模型或者通过实验得到成形过程中的残余应力(主要包括热残余应力和流动残余应力)之后,将残余应力作为初始应力代入结构分析程序中进行翘曲和收缩分析,成形过程中的分子取向、纤维取向和结晶效应等影响因素在残余应力的计算模型中给予考虑。随着应力模型的不断完善,模型考虑的因素不断增加,可以考虑注射成形保压和冷却过程中多种成形因素的影响。

(2) 采用实验得到的计算模型或者经验模型计算成形过程中的收缩情况,并将得到的收缩作为初始应变代入结构有限元分析程序中计算翘曲变形。收缩的计算中考虑了分子取向、纤维取向和结晶效应等影响因素对于收缩的影响,具有较大的灵活性。由于收缩计算采用的是经验公式,需要大量的实验才能得到较为准确的系数,而且不同塑料材料的性能也相差较大,该方法在实用中受到了限制。

根据应力计算翘曲变形的研究在 20 世纪 80 年代才开始,最初的研究多数集中于研究热应力所产生的翘曲变形上。

Jacques 最先采用数值模拟方法计算无定形塑料平板由于不均匀冷却而造成的热翘曲,采用一维有限差分法分析了注射成形传热过程后,根据温度分布预测计算了玻璃化转变后各层的热应力,再采用纯弯曲理论计算制品翘曲变形。这种方法可以分析简单制品受热应力产生的翘曲变形。Tamma 等采用有限元法分析制品由于温度变化而产生的热残余应力,在此基础上,利用梁弯曲理论计算翘曲变形。

Crouthamel 等采用 Leonov 黏弹模型计算考虑分子取向影响的流动应力,但仅局限于理想一维问题。Chiang 等采用非等温条件下可压缩 Leonov 黏弹模型和有限元/有限差分/控制体积的混合计算方法模拟流动过程,对冷却过程则采用三维边界元法求解,并对流动和冷却模拟进行耦合分析,在此基础上,计算流动应力和热应力,预测注射成形制品收缩和翘曲变形。研究表明,注射成形过程中的流动残余应力对于制品表面光学性能有较大的影响,但是对于制品翘曲的影响相对较小。

随着注射成形模拟的发展,模拟向着全过程和集成化的方向发展,在应力和翘曲模拟的过程中开始考虑流动、保压和冷却阶段的成形因素对于翘曲的影响。

Porsch 和 Michacli 将制品分为多层,在计算各层温度分布和不同层由于收缩不均而产生的热应力后,计算翘曲变形,模型中没有考虑保压压力、取向、塑料各向异性和应力松弛影响。Matsuoka 等采用三维薄壁几何模型,将模具冷却、塑料充模-保压-冷却、纤维取向、材料特性和应力分析集成后,预测纤维增强材料制品的翘曲变形。翘曲变形可利用上模腔面温差、下模腔面温差、温度分布、流动引起的剪切应力、收缩和纤维取向所引起的力学性能各向异性计算得到。但是,翘曲分析中未考虑流动应力的松弛行为,也忽略了材料结晶特性。Kabanami 和 Crochet 在流动、保压及冷却分析基础上,提出了计算残余应力、收缩和翘曲变形的方法。该方法考虑了保压阶段的影响，将制品分成3层，采用三维有限元法分析残余应力和变形。其缺点是即使厚度方向层数很少(3层)，所需计算时间也过长。为解决计算速度问题，Kabanemi等在此基础上进行了改进，利用热黏弹模型计算保压阶段之后形成的残余应力，并采用基于平面壳单元理论的有限单元法计算翘曲变形，该理论适用于形状复杂的薄壁注射成形制品，其缺点是未考虑分子取向。

研究翘曲变形集成模拟中，许多研究表明冷却过程中塑料熔体液-固相转变和应力松弛现象对准确预测制品残余应力和翘曲变形很有影响。因此，很多学者致力于寻找更精确、合理的数学模型描述塑料材料黏弹特性和相转变现象，以准确预测残余应力提高翘曲变形计算的准确性。

与此同时，塑料的结晶性能、取向性能和注射成形工艺参数对应力/翘曲变形的影响也引起重视。不少学者集中研究结晶型塑料的结晶性能对翘曲的影响，Nakamura等采用不同动力学模型，研究冷却速率对结晶塑料结晶速率的影响，Kamal把热容看成静态热传递过程中塑料结晶能力的函数，Malkin等通过研究晶核及其生长速率，提出结晶动力学模型。在前人研究的基础上，Chang和Tsaur采用改进Tait方程描述结晶型塑料的压力-体积-温度之间的关系，采用Malkin结晶动力学描述塑料结晶行为，忽略材料各向异性，用线性热黏弹模型计算流动残余应力和热残余应力，并将残余应力作为固体力学分析的初始条件，用三维有限元法计算结晶型塑料制品的收缩与翘曲变形。另外，也有学者考虑纤维增强塑料的取向性能对应力/翘曲变形的影响。Kikuchi和Koyama认为，纤维取向是导致纤维增强塑料制品翘曲变形的主要因素，而对非增强型塑料产品，其主要因素是注射过程中温度和压力的非均匀分布。为了预测翘曲变形，他们在计算塑料熔体流动场、纤维取向和热应力分布后，利用非线性结构分析软件MARC计算翘曲变形。还有学者专门研究成形工艺参数对应力/翘曲的影响。Bushko和Stokes主要研究无定形塑料的翘曲变形和残余应力，他们考虑了模具表面温差和保压压力影响，而忽略流动影响，用塑料熔体层在平行冷板间的固化来构造注射成形制品翘曲变形机理，采用广义变量法研究自材料参数到工艺参数等一系列参数对翘曲变形的影响，分析了保压压力、冷却条件、浇口凝固情况对应变、残余应力、收缩和翘曲变形的影响。

为消除注射成形残余应力的数值模拟误差对翘曲变形计算结果的影响，有学者力图以实验方法研究残余应力。Akay和Ozden认为翘曲变形是由不均衡分布的热应力造成的，而基于数值模拟的翘曲变形分析是从成形条件和材料特性入手的，其第一步便需要计算热应力。因此，由计算热应力所做假设所带来的误差也必然影响翘曲计算结果的精度。另外，假设塑料固化时材料性质与温度无关和忽略塑料黏弹性也给翘曲预测带来误差。基于这种考虑，Akay和Ozden利用剥层法所测量的实验数据归纳了热应力实验公式，再利用通用有限元分析软件预测翘曲变形。

通过计算收缩来计算翘曲变形的研究主要是分析成形过程中的 P-V-T（压力-体积-温度）关系并且结合实验进行研究。早期研究工作主要集中于研究各种工艺条件与注射成形制品收缩之间的关系。20 世纪 70 年代，Haisitend 等在注射成形模具设计中仅考虑压力、温度、体积三者关系，根据塑料 P-V-T 实验图分析可能产生的体积收缩，并采用变体积法对收缩量进行补偿。Egbers 和 Johnson 首次对不同牌号 HDPE 在不同冷却时间、模具温度、熔体温度和注射压力下，采用不同浇口尺寸测试其收缩情况，得出 80%收缩与制品厚度和浇口尺寸有关，20%收缩与成形条件有关的结论。Girard 等通过实验测量 PMP 在充填 30%纤维时温度变化对收缩的影响，并用统计法总结出收缩与制品及模具温度之间的关系。

随着研究的深入，收缩研究逐渐提出简单经验模型进行定量计算。20 世纪 80 年代中期，Hoven-Nievelstein 和 Menges 着重研究保压压力、模具温度、制品厚度、熔体流动方向对收缩的影响，并采用线性叠加原理获得预测收缩的经验模型。Sallourn 等通过大量实验发现，影响收缩大小的工艺参数依次为保压压力、冷却时间、模具温度、最大注射成形压力和熔体温度，收缩与成形参数呈线性关系，并以此建立了磁盘和平板的收缩模型。Shoemaker 等研究了均匀壁厚制品和变壁厚制品的收缩均匀性，并通过优化保压过程来减少收缩量。Sanschagrin 等着重研究纤维增强材料的收缩性能，提出了预测纤维增强材料的收缩模型。实验表明：影响增强纤维材料轴向收缩和横向收缩的因素有保压压力、注射成形速度、熔体温度、模具温度及增强比例，其中最重要的是增强比例，其次是保压压力和模具温度。Bernhardt 介绍了 TMconcept 公司收缩评估软件，该软件考虑了成形工艺条件、流动取向、模具外形等影响收缩的主要因素，并认为仅用基于 P-V-T 数据的简化收缩模型计算涉及取向、各向异性等影响因素的复杂制品的收缩是不准确的。Boudreaux 和 Ford 分别研究了不同注射温度、模具温度条件下 PMP 和增强型 PMP 制品的收缩，并采用统计方法提出了与材料特性、模具结构、制品几何形状和工艺条件有关的收缩实验模型。

基于定量的经验模型，20 世纪 80 年代末开始，许多学者开始利用收缩研究成果分析注射成形制品翘曲变形。Thomas 和 Mccffery 最先在注射流动、保压和冷却模拟基础上提出预测翘曲变形的模型。该模型考虑材料体积收缩、应力松弛和取向，通过实验和线性回归方法获得制品收缩与这些影响因素之间的实验关系。然后在收缩预测基础上，通过结构分析程序计算翘曲变形。90 年代初，澳大利亚 MOLDFLOW 公司对很多材料在改变流动速度、保压压力、保压时间、模具温度、塑料充模时间、制品厚度等条件下测量制品收缩大小，并根据测试结果归纳了影响制品收缩的因素，包括体积收缩、结晶程度、应力松弛和取向效应。在此基础上，Walsh 提出了能考虑更多基本变量（体积收缩、结晶性能、模具限制、塑料取向等）的收缩预测方法，并利用流动和冷却分析结果预测收缩应变。Zheng 等在收缩预测基础上，将收缩应变输入通用结构分析程序，通过线性或非线性分析计算翘曲变形。与 MOLDFLOW 公司不同，美国 C-MOLD 公司主要从 4 个方面分析收缩/翘曲成因，包括不均匀冷却、不均匀面内密度分布、取向效应和角隅/边缘效应，并在流动、保压、冷却分析基础上，利用有限元分析软件计算翘曲变形。由于 C-MOLD 是基于 P-V-T 图计算体积收缩，为了提高精度，后来采用了一种新方法测量材料特性，即在快速冷却条件下，通过采用等效 P-V-T 数据和结晶动力学来测量塑料材料特性，该方法能大大提高收缩预测和翘曲变形模拟精度。

1. 翘曲变形形成机理

翘曲变形是注射成形中常见的缺陷，是评定注射成形产品成形质量的重要指标，翘曲变形越来越受到人们的关注和重视。注射成形制品的翘曲变形几乎受所有工艺因素的影响，如注射温度、注射速率、保压时间、保压压力、模具温度等，机理十分复杂。

翘曲变形的本质原因是残余应力或残余应变不均匀。根据产生的时间可分为两部分：刚出模时的翘曲变形和出模后继续冷却至室温阶段温度不均引起的翘曲变形。成形过程中，熔体冷却收缩，由于模具的限制作用，平面方向一般不能自由收缩，只能沿厚度方向收缩。出模前，制品具有沿平面方向的拉伸应变，出模时，模具作用力变为零，制品内应力重新分布后达到新的平衡状态，形成翘曲变形。出模后，制品在空气中冷却至室温。此外，由于松弛作用，残余应力随时间变化。制件冷却和松弛作用使制品产生新的翘曲变形。因此，最终的翘曲变形是以上两部分翘曲量之和。一般情况下，出模后，制品的冷却过程一般比较均匀，产生残余的应力相对较小，翘曲变形计算结果影响很小。

随着注射成形工艺研究的不断发展，翘曲变形的机理及预测方法得到了广泛研究。注射成形翘曲变形模拟的研究中主要采用以下两种方法。

(1) 建立热-弹性/热-黏弹性残余应力计算模型或通过实验测试成形过程中的残余应力，作为初始应力代入结构分析程序进行收缩和翘曲分析，随着计算模型的完善，注射成形模拟可以分析成形过程中的分子取向、纤维取向和结晶效应等影响因素。

(2) 采用计算模型或经验模型计算成形过程中的收缩结果，将收缩作为初始应变代入结构有限元分析程序中计算翘曲变形。收缩计算中考虑了分子取向、纤维取向和结晶效应等影响因素对于收缩的影响，具有较大的灵活性。上述收缩计算需要准确的材料模型，不同的材料收缩性能相差大，需要大量实验验证，因此其在商业软件中的应用受到了限制。

2. 翘曲变形数学模型

注射成形制品一般为薄壁制品，平面内两个方向尺寸往往比厚度方向尺寸大一个数量级以上，可以看作理想薄壳结构。光滑连续的曲面壳体的几何和力学性能采用足够数量尺寸较小的平板单元组成的折板近似表示，这种方法是物理意义的近似，而非数学意义的近似。随着单元尺寸减小，数量增多，折板的解将最终收敛于原曲壳的解。

各向同性的平板型壳元中，薄壳变形分为三角形薄板的面内平面变形和弯曲变形，这两种变形相互独立。平板型壳元实质上是平面膜元与平板弯曲单元的组合，优质的薄板平面膜元和弯曲单元提高了计算效率和灵活性。

平板型壳元中，一般采用四边形单元、三角形单元，或者两者的混合单元。注射成形制品表面形状一般比较复杂，具有大量的曲面，采用三角形单元可以很好地拟合制品的表面形状。同时，注射成形过程的其他模拟分析（如流动、保压、冷却和应力分析）都是基于三角形单元的，在翘曲变形分析中采用三角形单元，既可以保证分析准确性，又能保证整个注射集成分析的一致性和完整性。

在翘曲变形模拟分析中，平面膜元采用三角形常应变（CST）单元，弯曲单元采用基于克希霍夫小挠度理论 BCIZ 单元，面内载荷仅由常应变三角单元的面内刚度承受，只引起面内变形，侧向载荷由克希霍夫三角单元的弯曲刚度承受，只引起弯曲变形。因此，根据平面应力问题和薄板弯曲问题求解面内变形和弯曲变形后，通过线性叠加计算注射成形制品的翘曲变形。

如图 6-3-4 所示，建立制品每个单元的局部坐标系，以节点 12 方向为局部的轴方向，单元面为平面，垂直于三角单元面的直线为轴，建立局部坐标系。平面应力作用下，单元方程为

$$\boldsymbol{K}^{\mathrm{ep}}\boldsymbol{a}^{\mathrm{ep}}=\boldsymbol{R}^{\mathrm{ep}} \tag{6-3-62}$$

式中，$\boldsymbol{K}^{\mathrm{ep}}$ 为平面单元刚度矩阵；$\boldsymbol{R}^{\mathrm{ep}}$ 为平面等效节点载荷；$\boldsymbol{a}^{\mathrm{ep}}$ 为平面节点位移参数，对于有平面内旋转自由度和无旋转自由度的两种情况，位移参数分别为

$$\boldsymbol{a}^{\mathrm{ep}}=\begin{bmatrix}u\\v\\\theta_z\end{bmatrix}\quad 和\quad \boldsymbol{a}^{\mathrm{ep}}=\begin{bmatrix}u\\v\end{bmatrix} \tag{6-3-63}$$

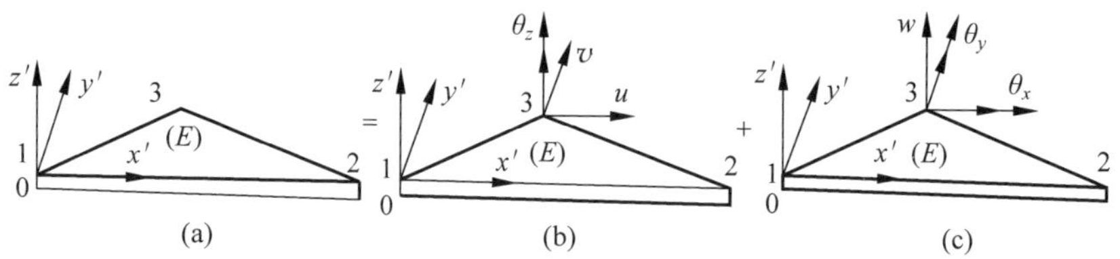

图 6-3-4　平板壳元

(a) 平板壳元；(b) 板弯曲单元；(c) 平面膜元

对应的平面等效节点载荷 $\boldsymbol{R}^{\mathrm{ep}}$ 可以表示为

$$\boldsymbol{R}^{\mathrm{ep}}=\begin{bmatrix}U\\V\\M_z\end{bmatrix}\quad 和\quad \boldsymbol{R}^{\mathrm{ep}}=\begin{bmatrix}U\\V\end{bmatrix} \tag{6-3-64}$$

对于弯曲作用，应变状态由 z 方向的节点位移 w 及两个转角 θ_x 和 θ_y，单元方程为

$$\boldsymbol{K}^{\mathrm{eb}}\boldsymbol{a}^{\mathrm{eb}}=\boldsymbol{R}^{\mathrm{eb}} \tag{6-3-65}$$

式中，节点位移和节点等效载荷分别为

$$\boldsymbol{a}^{\mathrm{eb}}=\begin{bmatrix} w \\ \boldsymbol{\theta}_x \\ \boldsymbol{\theta}_y \end{bmatrix} \quad 和 \quad \boldsymbol{R}^{\mathrm{eb}}=\begin{bmatrix} W \\ M_x \\ M_y \end{bmatrix} \tag{6-3-66}$$

将两部分刚度矩阵组合，就得到局部坐标系下的平板壳元单元刚度矩阵。在组合时应当注意：

(1) 由面内作用产生的位移变形与弯曲作用产生的位移变形两者之间互不影响。

(2) 对于无面内旋转自由度定义的平面应力单元来说，在单元分析阶段不作为位移参数。

生成的节点位移定义为

$$\boldsymbol{a}^{e}=[\boldsymbol{u} \quad \boldsymbol{v} \quad \boldsymbol{w} \quad \boldsymbol{\theta}_x \quad \boldsymbol{\theta}_y \quad \boldsymbol{\theta}_z]^{\mathrm{T}} \tag{6-3-67}$$

对应的等效节点载荷为

$$\boldsymbol{R}^{e}=[U \quad V \quad W \quad M_x \quad M_y \quad M_z]^{\mathrm{T}} \tag{6-3-68}$$

单元方程为

$$\boldsymbol{K}^{e}\boldsymbol{a}^{e}=\boldsymbol{R}^{e} \tag{6-3-69}$$

对于有平面内旋转自由度和无旋转自由度的刚度矩阵的子矩阵分别为

$$\boldsymbol{K}_{\mathrm{rs}}^{e}=\begin{bmatrix} k_{11}^{\mathrm{p}} & k_{12}^{\mathrm{p}} & 0 & 0 & 0 & k_{13}^{\mathrm{p}} \\ k_{21}^{\mathrm{p}} & k_{22}^{\mathrm{p}} & 0 & 0 & 0 & k_{23}^{\mathrm{p}} \\ 0 & 0 & k_{11}^{\mathrm{b}} & k_{12}^{\mathrm{b}} & k_{13}^{\mathrm{b}} & 0 \\ 0 & 0 & k_{21}^{\mathrm{b}} & k_{22}^{\mathrm{b}} & k_{23}^{\mathrm{b}} & 0 \\ 0 & 0 & k_{31}^{\mathrm{b}} & k_{32}^{\mathrm{b}} & k_{33}^{\mathrm{b}} & 0 \\ k_{31}^{\mathrm{p}} & k_{32}^{\mathrm{p}} & 0 & 0 & 0 & k_{33}^{\mathrm{p}} \end{bmatrix} \quad (r,s=1,2,3) \tag{6-3-70}$$

和

$$\boldsymbol{K}_{\mathrm{rs}}^{e}=\begin{bmatrix} k_{11}^{\mathrm{p}} & k_{12}^{\mathrm{p}} & 0 & 0 & 0 & k_{13}^{\mathrm{p}} \\ k_{21}^{\mathrm{p}} & k_{22}^{\mathrm{p}} & 0 & 0 & 0 & k_{23}^{\mathrm{p}} \\ 0 & 0 & k_{11}^{\mathrm{b}} & k_{12}^{\mathrm{b}} & k_{13}^{\mathrm{b}} & 0 \\ 0 & 0 & k_{21}^{\mathrm{b}} & k_{22}^{\mathrm{b}} & k_{23}^{b} & 0 \\ 0 & 0 & k_{31}^{\mathrm{b}} & k_{32}^{\mathrm{b}} & k_{33}^{\mathrm{b}} & 0 \\ 0 & 0 & 0 & 0 & 0 & 0 \end{bmatrix} \quad (r,s=1,2,3) \tag{6-3-71}$$

式中，k_{ij}^{p} 和 $k_{ij}^{\mathrm{b}}(i,j=1,2,3)$ 分别为 $\boldsymbol{K}^{\mathrm{ep}}$ 和 $\boldsymbol{K}^{\mathrm{eb}}$ 中相应子矩阵 $\boldsymbol{K}_{\mathrm{rs}}^{\mathrm{ep}}$ 和 $\boldsymbol{K}_{\mathrm{rs}}^{\mathrm{eb}}$ 的全部元素。

生成局部单元刚度矩阵后，需要将单元刚度矩阵转换到整体坐标下，转换的方法在文献[142]中有详细的讨论。

3. 翘曲变形计算方法

在注射成形的翘曲分析中，采用制品表面单元构造了改进的平板型壳元分析模型，避免了传统板壳分析中所需要的提取中心层的二次建模过程。该方法的核心思想是在制品的表面直接采用上节所建立的平板壳元模型，并通过联系方程对刚度矩阵进行改造。

下面以平板为例说明该方法。如图 6-3-5 所示，几何上厚度为 h 的平板可以看成两个厚度为 $0.5h$ 的平板绑定在一起。若平板是这样组合而成的，则可以将平板看成由两个壳体组成。

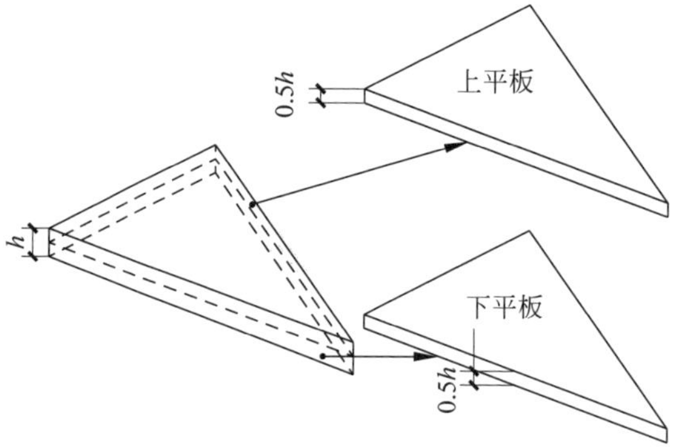

图 6-3-5　平板分解上下平板

传统的板壳分析是以中性面作为参考平面的，可以通过改进优化翘曲计算：对于上平板，改进壳元以上表面为参考平面，对下平板进行同样的处理，改进的壳元以下表面作为参考平面。将原有的平板分为上下平板后，为了得到正确的分析结果，应当采用适当的方式将上平板和下平板结合起来或者可以理解为黏结起来。采用的方法是根据基尔霍夫假设(即板壳单元的法失在变形后仍然保持为直线而且长度保持不变)，将上下两个平板进行多点约束，该方法主要包括以下步骤：

(1) 确定表面单元之间的配对关系和单元的厚度。

(2) 采用上节所述的平板壳元分别以上下板的表面为参考平面建立有限元方程。

(3) 采用多点约束的方法使上下平板单元原来的法矢在变形之后保持一致并且仍为直线。

在分析中，平板壳元采用的是三角形单元，每个单元具有 3 个节点和 18 个自由度，每个节点上有 6 个自由度。

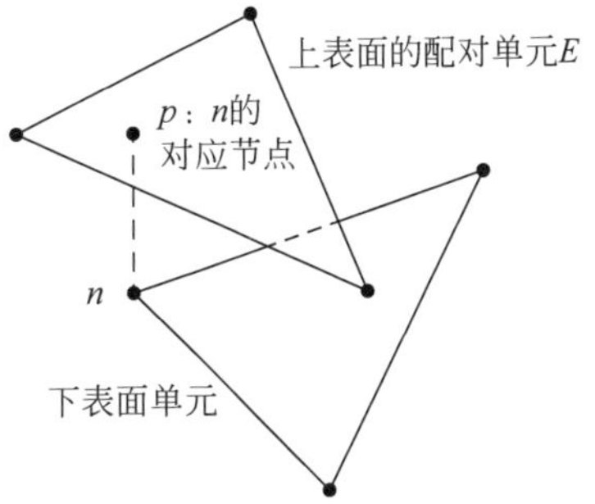

图 6-3-6　平板分解上下平板

一般而言，上表面的网格与下表面的网格并不是一致的。这样，下表面的节点 n 并不一定能与上表面的一个节点正好对应。如图 6-3-6 所示，对于下表面的节点 n，其在上表面的配对单元是 E，通过节点 n 的法线与上表面单元 E 的交点是 p，这样需要用单元 E 的 3 个节点插值生成 p 点。

假定下表面节点的 n 自由度与上表面的配对单元 E 是相互联系的，假设中面的法矢在变形之后仍保持为直线，这样节点 n 的自由度和它的对应点 p 的位移和旋转自由度的关系为

$$u_{xn} = u_{xp} - \theta_{yp} h \tag{6-3-72}$$

$$u_{yn} = u_{yp} - \theta_{xp} h \tag{6-3-73}$$

$$u_{zn} = u_{zp} \tag{6-3-74}$$

$$\theta_{xn} = \theta_{xp} \tag{6-3-75}$$

$$\theta_{yn} = \theta_{yp} \tag{6-3-76}$$

$$\theta_{zn} = \theta_{zp} + \frac{h}{2}\left[\left(\frac{\partial \theta_x}{\partial x}\right)_p + \left(\frac{\partial \theta_y}{\partial y}\right)_p\right] \tag{6-3-77}$$

式中，h 为节点 n 与对应点 p 之间的距离；u_{xn}、u_{yn}、u_{zn}，θ_{xn}、θ_{yn} 和 θ_{zn} 分别为节点 n 的对应单元在局部单元坐标系下面的局部自由度；u_{xp}、u_{yp}、u_{zp}、θ_{xp}、θ_{yp} 和 θ_{zp} 分别为点 p 在对应单元的相同局部单元坐标系的位移和旋转自由度。式中，θ_z 定义为

$$\theta_z = \frac{1}{2}\left(\frac{\partial u_y}{\partial x} - \frac{\partial u_x}{\partial y}\right) \tag{6-3-78}$$

将制品下表面(或者上表面)的所有节点都进行该种约束处理，采用这种处理方法得到的复合平板系统在结构分析中可以等价于原来的平板。加入适当的边界条件和外载荷条件就可以进行分析。

6.3.3　计算实例

1. 残余应力模拟结果

选择扇形浇口的简单平板零件(300mm×75mm×2.5mm)计算研究制品残余应力的产生及演变，平板的几何模型如图 6-3-7 所示，采用三角形单元，节点数为 2912，单元数为 5820。计算中应力的松弛函数可以表示为带权的指数函数和的形式，其中的材料松弛时间和系数如表 6-3-1 中列出。温度和时间的转化公式中的材料参数如表 6-3-2 中列出，成形工艺条件如表 6-3-3 所示。

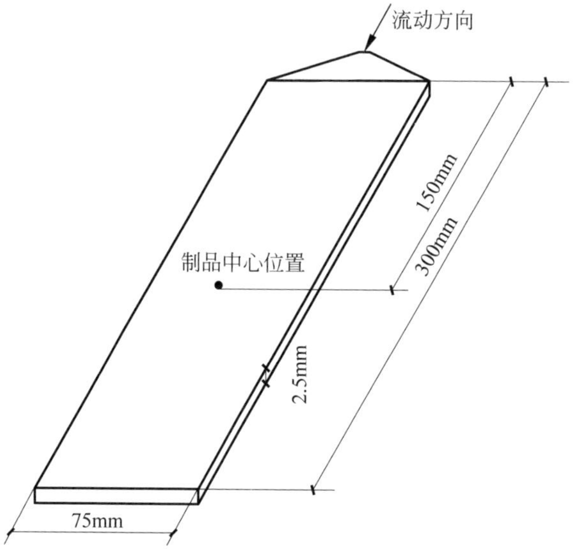

图 6-3-7　平板制品的几何模型

表 6-3-1　材料松弛参数

松弛时间/s	4.706×10^{-9}	4.410×10^{-6}	2.082×10^{-3}	6.198×10^{-1}	3.035×10^{6}	2.749×10^{8}
松弛系数	5.014×10^{-2}	8.585×10^{-2}	2.869×10^{-1}	4.043×10^{-1}	3.531×10^{-4}	1.171×10^{-4}

表 6-3-2　时间温度转化公式的材料参数

C_1	C_2/K	C_3/K^{-1}	参考温度 T_{ref}/℃
14.22	47.01	0.3291	100

表 6-3-3　成形工艺参数

充模时间/s	保压时间/s	冷却时间/s	注射温度/℃	模具温度/℃
1.2	6.3	21.7	230	50

首先,考虑平面残余应力的变化情况,图 6-3-8 所示为制品中心位置的平面应力沿壁厚方向分布曲线的演变。图 6-3-9 所示为成形阶段中 6 个典型时刻的平面应力沿壁厚方向分布曲线。这 6 个典型时刻分别如下:①充模开始时刻;②充模完成时刻;③平板中心位置的型腔压力达到最大值;④保压完成时刻;⑤制品中心位置的型腔压力降低为 0;⑥制品即将出模之前。

在注射成形过程中,制品不同部位的压力和温度历史并不相同,因此平面应力的分布也有所差异。按流动方向依次选取 17 个单元的分析结果说明制品流动方向上平面应力分布及其变化过程。图 6-3-10(a)~(c)分别为当充模完成时、保压完成时和脱模之前制品流动方向上平面应力在厚度方向上分布情况。

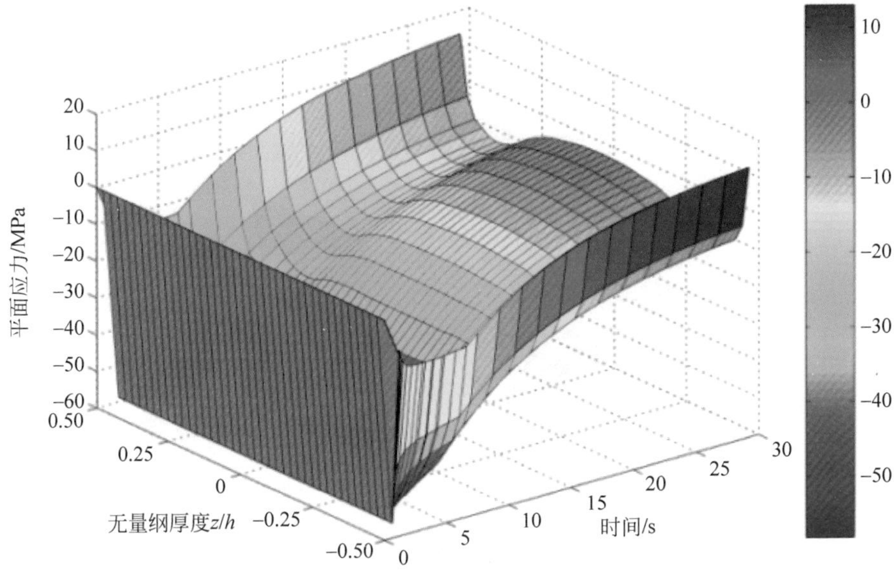

图 6-3-8　制品中心位置的平面应力沿壁厚方向分布曲线的演变

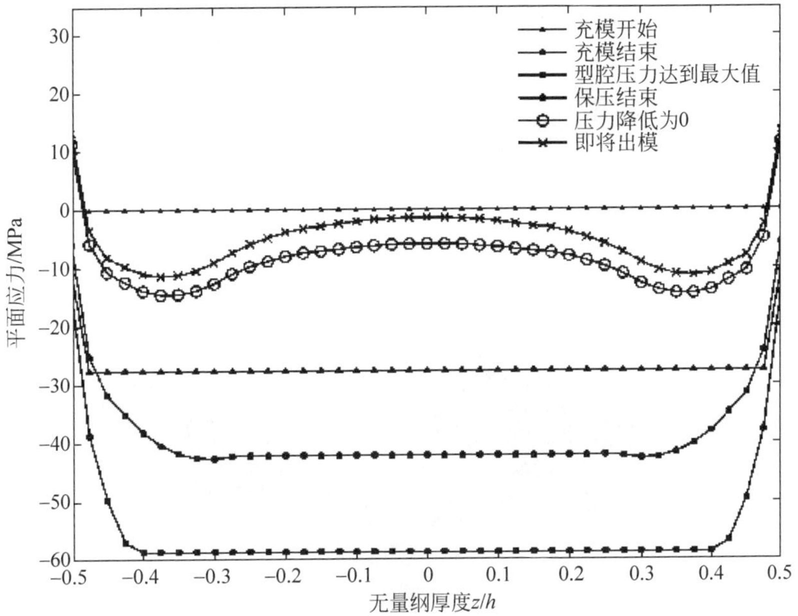

图 6-3-9　成形阶段中 6 个典型时刻的平面应力沿壁厚方向分布曲线

分析结果显示：在流动方向上，平面应力沿厚度方向分布的形状基本相同。开始时，如图 6-3-10(a)所示，浇口附近的应力比流动末端处的应力低得多，两处的应力值差异较大。随着成形的进行，制品不同部位的应力差异逐渐减小。图 6-3-10(b)显示应力分布在流动路径方向趋向均匀一致，产生这一现象的原因如下：进入保

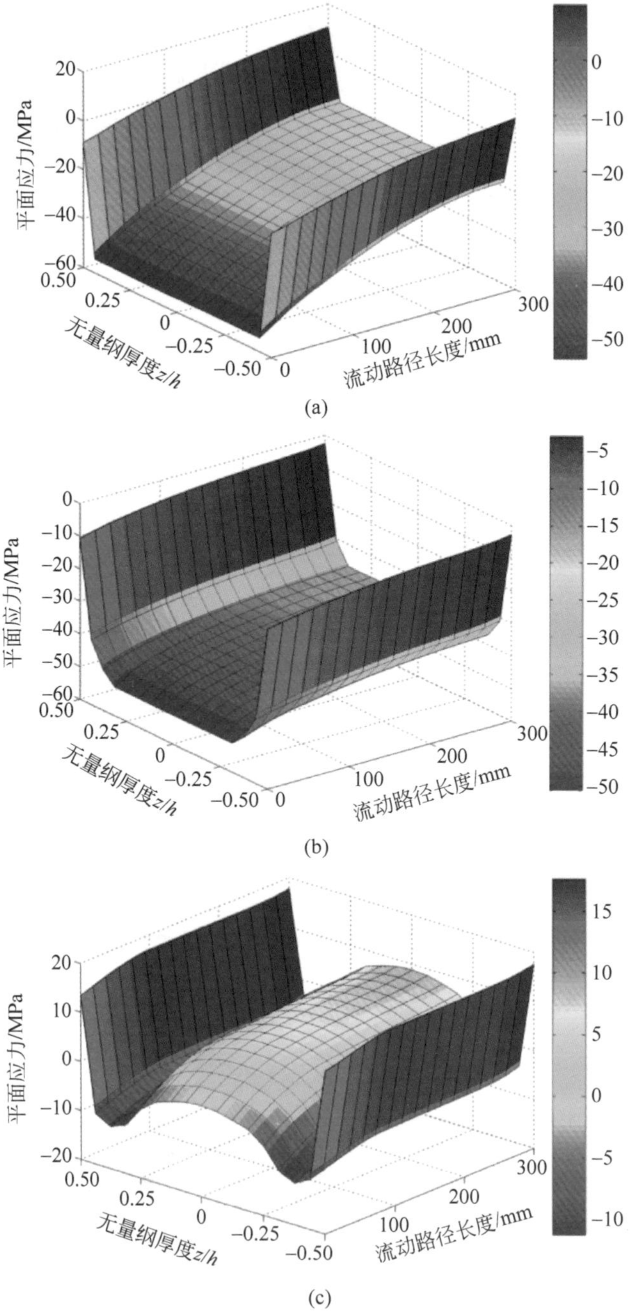

图 6-3-10　平面应力在流动路径上的分布情况

(a) 流动结束时(t=1.2s)；(b) 保压结束时(t=7.5s)；(c) 即将脱模时(t=29.2s)

压阶段后，型腔压力的分布趋向均匀。脱模时，平面应力在流动方向上分布形状和大小都基本相同，流动末端部位的中间拉应力区域的应力比流动入口处稍大，如图 6-3-10(c)所示。这是由于浇口附近的材料是在较高的压力下凝固的。

为了研究残余应力和关键工艺参数之间的关系，选择尺寸为 300mm×120mm×2.5mm 的另一块简单的板作为试样，因为这种简单的几何形状可以清楚地表明加工条件的影响。使用单-变量控制法分别研究了填充压力、熔体温度和模具温度 3 个关键工艺参数的影响。使用了故意改变一个变量并保持所有其他参数不变的概念。例如，在一组数值模拟中，所有其他参数在标准水平保持不变，而填料压力为 35～75MPa 不等，以研究其对残余应力的影响。

从图 6-3-11 可以看出，保压压力越大，负压力越小，则压应力越大。这可能有助于这一层可以在较高的模腔压力下固化，并且即使在长时间的松弛后也可以保持应力状态。在脱模后，应力平衡重建，可以因此获得最大压应力。如图 6-3-11 所示，这将导致表层和中间区域的拉伸应力较高。

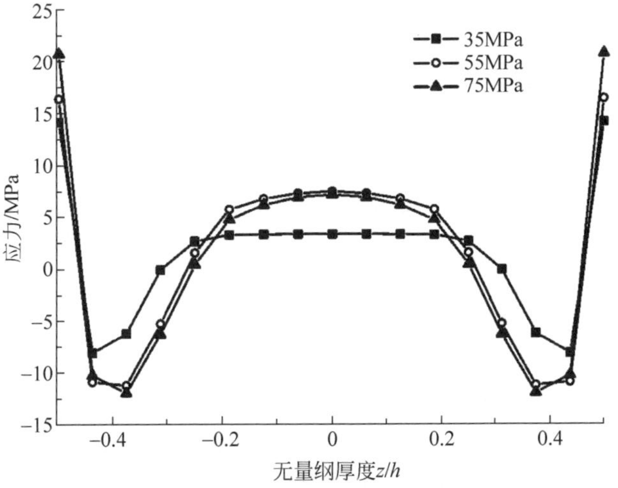

图 6-3-11　残余应力随填料压力的变化

图 6-3-12 所示为残余应力随熔体温度的变化。随着熔体温度的升高，凝固的低层将会随着模腔压力的降低而延迟，从而导致该区域的压应力较低，如图 6-3-12 所示。也可以看到芯层的拉伸应力同样随熔体温度升高而降低，这是由底层应力平衡的重建及较低压应力造成的。

残余应力与模具温度之间的关系如图 6-3-13 所示。可以看出，模具温度对残余应力的影响与熔体温度相似。这也可能是由于模具温度下凝固的过程较长。在更高的模具温度下也可以观察到中间区域的拉伸应力较低。

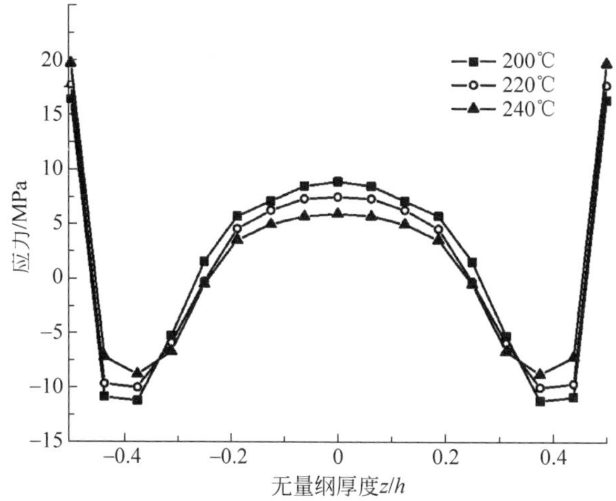

图 6-3-12　残余应力随熔体温度的变化

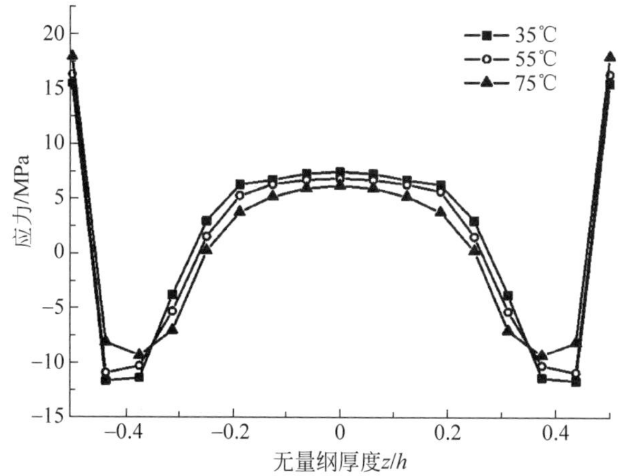

图 6-3-13　残余应力随模具温度的变化

2. 翘曲变形模拟结果

案例一为上下手柄零件。由于该零件是长条形零件，属于易发生翘曲变形的典型零件，需要对其进行翘曲模拟分析，并与 Moldflow 的分析方案进行对比验证。该零件的几何尺寸为 204mm×17.6mm×23mm，节点数为 5047，单元数为 10 116。

如图 6-3-14 所示，翘曲模拟结果显示制品中心基本不发生变形，两端略有上翘，最大翘曲变形在制品的前端(翘曲量为 2.08mm)。图 6-3-15 显示了 Moldflow 的模拟分析结果，分析得到的变形趋势与 HsCAE 分析得到的变形趋势完全相同。从定量上看，两者计算得到的变形量的差异较小，最大翘曲量分别为 2.08mm 和 2.45mm，所以两者的模拟结果基本一致。

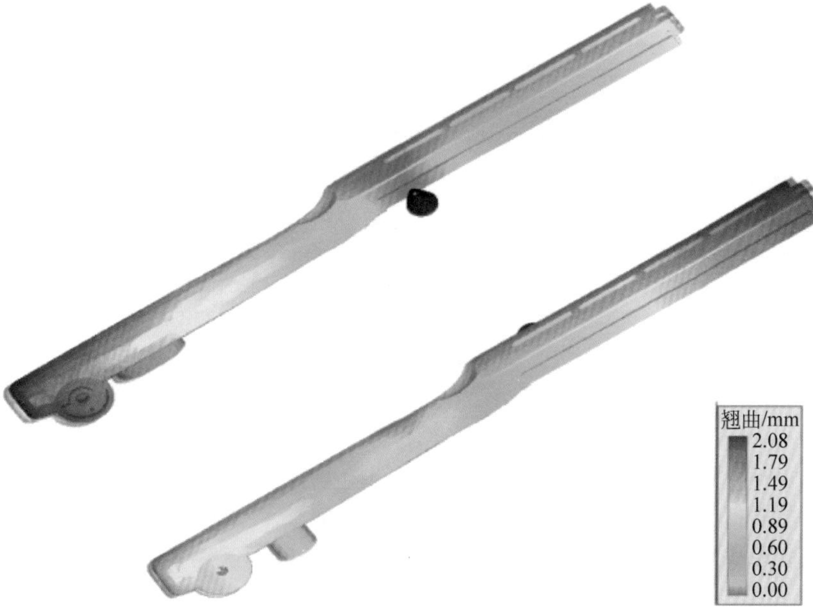

图 6-3-14　HsCAE 分析得到的翘曲变形

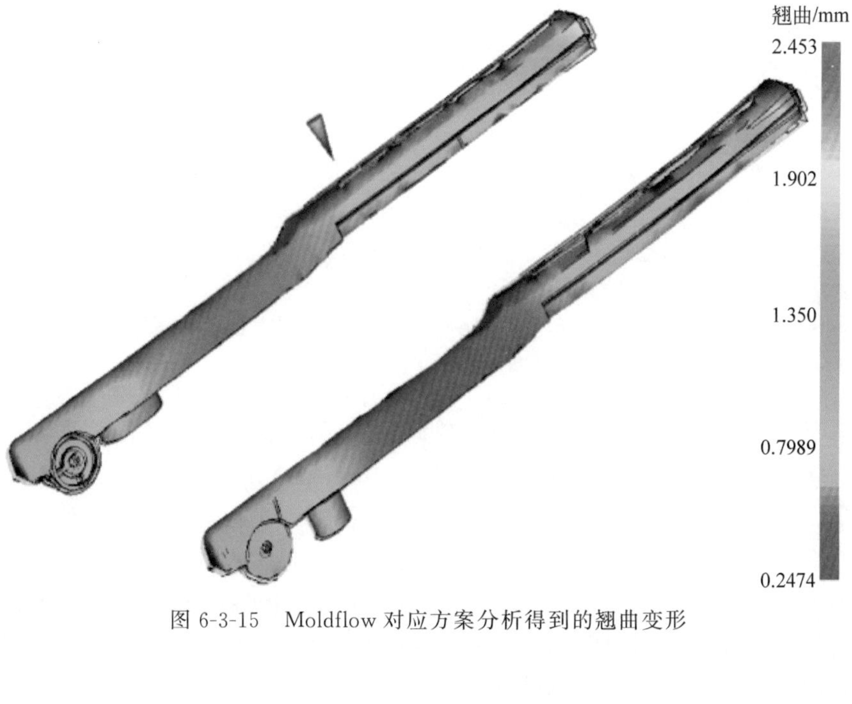

图 6-3-15　Moldflow 对应方案分析得到的翘曲变形

案例补充

案例二为矩形平板,尺寸为 200mm×40mm×4mm,用来研究模具结构和工艺参数对翘曲的影响。实验中使用的材料是聚苯乙烯,由华美苏州有限公司提供。采用两种型腔：36mm×1mm 的宽扇形浇口,8mm×1mm 的窄矩形浇口。在评估特定加工变量的影响时,所有其他参数保持不变。实验过程中,注射压力设定为 57.6MPa,保压压力为 72MPa,注射时间为 1s,保压时间为 9s,注射温度为 165℃。而且,该特定参数在不同的水平上变化。注射成形后,将样品在环境温度下储存 48h,以缓解残余应力。通过千分尺测量翘曲,精度为 0.01mm。最大翘曲的测量方法如图 6-3-16 所示。为了提高测量精度,测量了 5 个样品,并记录每种成形条件的平均值。

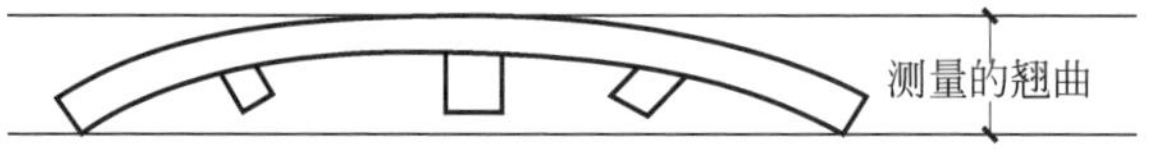

图 6-3-16　测量一个零件的最大翘曲

预测和测量的翘曲随保压压力的变化如图 6-3-17 所示。随着保压压力的增加,部件翘曲似乎表现出 U 形轮廓,先下降后上升。高保压压力通常会增强材料补偿,从而减少缩孔等缺陷；然而,高压力也会引起高压缩冻结应力,导致翘曲增加。

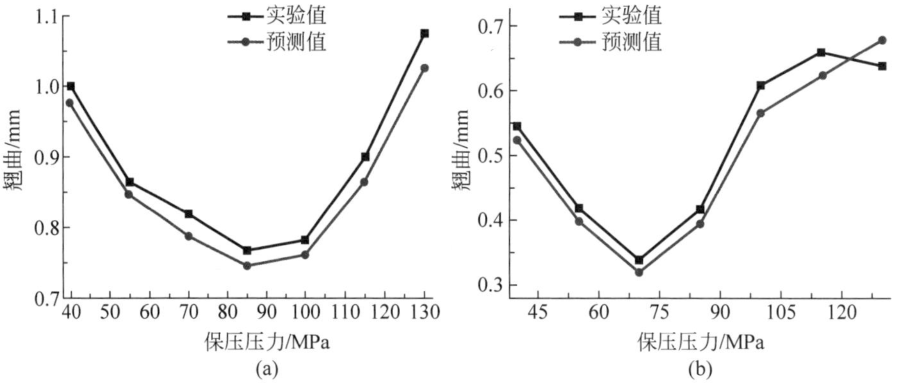

图 6-3-17　不同保压压力下制件最大翘曲变化的预测值和实验值

(a) 宽扇形浇口；(b) 窄矩形浇口

对于保压时间,最大翘曲的响应是单调负的,随着保压时间的增加而下降,如图 6-3-18 所示,这可能是由于更长保压时间的材料继续充填得更好。

最大翘曲与熔体温度(注射温度)之间的关系如图 6-3-19 所示。很明显,熔体温度对部件翘曲有显著影响。随着熔体温度的升高,最大翘曲被消除,甚至首先从正值消失。在 195℃后,翘曲会改变其方向并随着熔体温度的升高而迅速增加。在一定的保压压力和保压时间下,填料的影响可能会被较高的熔体温度显著抵消,产生较大的收缩,从而导致模塑部件的翘曲更严重。

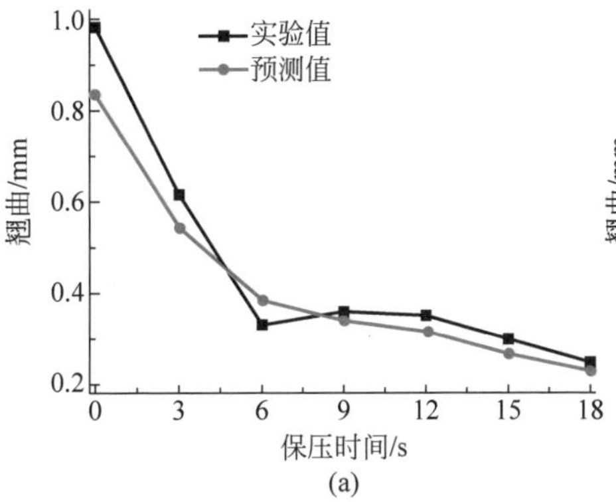

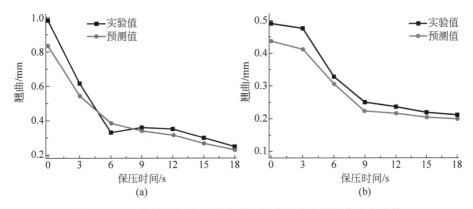

图 6-3-18　不同保压时间下制件最大翘曲变化的预测值和实验值

(a) 宽扇形浇口；(b) 窄矩形浇口

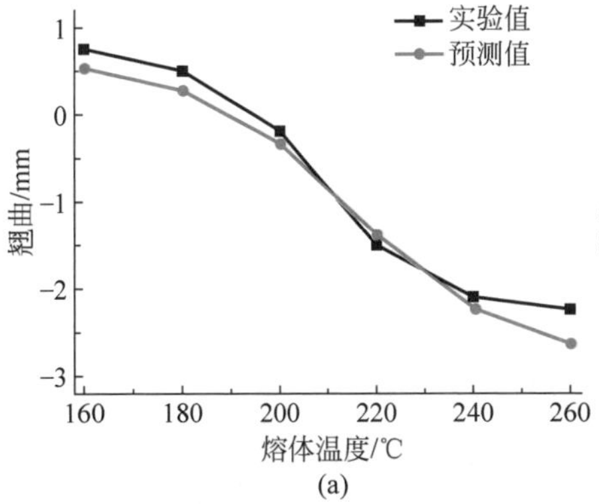

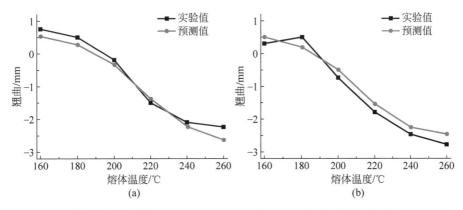

图 6-3-19　不同熔体温度下制件最大翘曲变化的预测值和实验值

(a) 宽扇形浇口；(b) 窄矩形浇口

最大翘曲与冷却时间的关系如图 6-3-20 所示。可以看出，当冷却时间变长时，最大翘曲减少。可能是因为脱模后的热应变和变形会随着冷却时间的增加而减少。

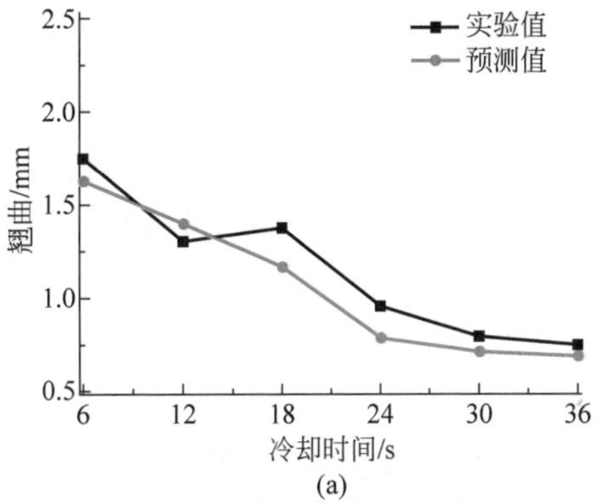

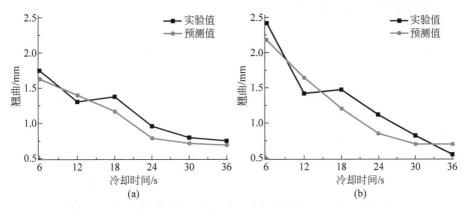

图 6-3-20　不同冷却时间下制件最大翘曲变化的预测值和实验值

(a) 宽扇形浇口；(b) 窄矩形浇口

6.4 微结构与形态演化过程模拟

在注塑成形过程中,聚合物熔体受到温度、压力和剪切的耦合作用,经历高剪切速率和快速冷却的复杂热力学场环境,导致温度场和应力场在整个型腔内特别是在流道与制品的厚度方向上变化。因此,注塑成形产品的微观结构往往呈现渐进的、层次化的变化。

材料的微观结构研究一直都是材料性能研究的热点,因为聚合物的性能(包括机械、光学、电、化学性能)强烈依赖于聚合物微观结构的形态。例如,材料结晶度一般会影响材料的密度和刚度等材料性能,材料的取向结构会引起材料力学性能的各向异性。

6.4.1 材料类型

聚合物的长分子链与主链结构是聚合物的基本结构特征,聚合物分子链的排列结构、大小与化学组成共同决定了聚合物的物理与化学性质。

1. 热塑性聚合物与热固性聚合物

聚合物分子链中主链、支链与反应基团的存在导致聚合物分子之间出现化学交联,当化学交联达到一定数量时,聚合物将转化为不溶且不熔的三维固体网络。由此可将塑料材料分为两大类:热塑性塑料(TPs)和热固性塑料(TSs)。

热塑性塑料的典型特征是可重复加热与熔融,因此能在熔点以上经历重复的生产周期。热塑性塑料通常具有较长的链延伸度、高分子量和高聚合度,其使用量占所有塑料的70%以上。而热固性塑料只有在第一次加热时可以软化流动,加热到一定温度后会产生不可逆的化学反应,即因交链固化而变硬,故不可重复加热或熔融。

2. 无定形聚合物与结晶聚合物

分子链段之间存在两种可能的排列:无序结构与高度有序排列结构,由此可将聚合物分为无定形聚合物和结晶聚合物。随着温度降低,分子与链段的运动也会减慢,无定形聚合物将变为橡胶态并向玻璃态转变,结晶材料将分子排列在有序的规则晶格中并在一定程度上结晶,结晶度与微晶形态(包括尺寸、形状和分布)对最终产品的物理与机械性能影响很大。

3. 共混与复合材料

复合在现代塑料工业中应用广泛,通过混合(合金化、混合等)两种或两种以上混溶相容或不混溶相容的塑料组分或添加添加剂实现。广义的复合包括添加剂(着色剂、热和光稳定剂)、填料(碳酸钙等)和增强剂(玻璃纤维等)等的组合,提供了一种广泛而经济的方法来获取指定性能的材料。树脂聚合物与填料或增强剂的混合可以改善其物理与机械性能及成本。

共混聚合物可以通过系统的相容性和均质化来分类。通常通过混合几种工程树脂或商品树脂来生产高性能工程材料。增强结构(或复合材料)通常按增强剂的纵横比分组。低纵横比材料(包括黏土、滑石)硬度增加,而高纵横比的增强材料(如玻璃和玻璃碳纤维)拉伸强度与刚度得到改善。

本章的核心聚合物体系是热塑性聚合物(thermoplastic polymer,TP),共混聚合物专注于相形态研究。

聚合物产品中的微观结构或形态是指聚合物内部的如下结构。

(1) 结晶度,即结晶相占据的相对体积。

(2) 微晶的尺寸、形状、分布和取向。

(3) 共混聚合物中分散相的尺寸、形状、分布和取向。

(4) 分子和纤维的取向等。

6.4.2　结晶过程模拟

结晶是指材料从液态向有序固态或结晶状态的转变。晶态聚合物是指分子链的一种有序排列,分子有序化排列的程度称为结晶度。结晶型塑料往往不是全部结晶,而是部分结晶,因此也称为半结晶塑料。结晶过程与注射成形过程相互作用、相互影响。一方面,注射成形过程中,塑料高分子的分子链在剪切作用下拉伸变直,局部区域出现规则拉伸排列,提高了结晶的可能性和结晶速度;另一方面,结晶过程是一个有序晶体与无序无定形之间竞争的动态过程,晶体的存在增大了熔体的黏度,结晶过程伴随能量的变化,并且结晶改变了材料的机械物理性能,从而影响注射成形过程中的熔体流动、热历史、残余应力分布及制品的翘曲。因此研究高分子材料的结晶行为,尤其是在加工过程中的诱导结晶行为,探讨晶体微结构与制品宏观性能及加工工艺的关系,寻求最佳的成形加工条件,以获得最佳性能的制品,成为塑料注射成形及现代高分子物理领域的重要研究方向。

Hieber 采用了一维有限差分公式计算了压力和厚度方向的收缩,结晶动力学采用微分形式的 Nakamura 方程,引入了特征时间变量来计算相对结晶度,特征时间依赖于温度、压力和流动剪切应力,在零剪切黏度和材料的 P-V-T 模型中包含了结晶的影响。Guo 和 Narh 对二维注射成形过程进行了模拟,研究了剪切诱导结晶模型,其剪切诱导机理基于应力引起分子链取向从而导致塑料等效熔点升高和过冷度增大的理论,因此在静态结晶方程中可以直接引入剪切诱导作用的影响,而不必改变结晶方程的形式,该模型能预测剪切诱导结晶的大部分现象。Guo 等提出了一种结晶模型,描述半结晶聚合物注射成形过程中所形成的多层微结构,根据分子取向因子决定诱导时间,再通过诱导时间描述不同厚度层上晶体微结构的竞争机制,从而在制品表层形成高取向的微结构,在芯层则形成球晶微结构,在过渡区内形成具有一定取向的过渡形态结构,认为剪切场只诱导形核,增加形核速度,但是不影响结晶速度。Kim 等采用黏弹性本构模型，模拟了高取向表层的厚度和结晶度分布，通过取向后熵的减少量计算平衡熔点的升高，并将升高的平衡熔点代入结晶方程来考虑剪切场对结晶的影响。Kim 等基于 DSC 非等温结晶实验发现，不同温度下的结晶动力学数据可以通过对某参考温度下的数据移位得到，从而得到不同冷却和加热速率下的相对结晶度计算参数。Banik 和 Menning 研究了注射成形过程中经过复杂的热流变历史后形成的各种微结构，发现只有冷却速率对结晶 PBT 制品的长程黏弹性行为具有重要影响，包括结晶相与自由体积，取向与残余应力对微结构的影响较小。Kwon 等通过冻结的分子取向计算各向异性的热膨胀、压缩系数，其中分子取向分别包括无定形取向与结晶取向的贡献。Zhong 和 Li 对注射成形过程中的各种形态进行了综述，在共混注射成形中，垂直于流动方向上往往出现结构层次，主要包括分散相、连续相、结晶和取向。Murthy 等在研究中通过晶体性能反映熔体温度对制品性能的影响。Pantani 等将注射成形工艺参数对半结晶材料制品内形态，如结晶、分子取向、晶体结构等分布的影响做了详细的分析和综述，认为目前很难建立微结构与加工工艺条件之间的普适理论模型，主要原因是加工工艺条件通常包含很快的冷却速率、复杂的压力场、剪切流场及很大的剪切应变速率，并提出了注射成形制品形态研究主要包括 3 个方面的内容：①对静态条件下形态的准确描述，包括晶体结构的竞争机理及各种冷却速率下的形态演化模型；②对取向行为的描述及其在各种工艺条件下的演化模型；③结晶与取向之间的耦合关系，结晶对流体黏度的影响和流场对结晶动力学的影响。

6.4.2.1 理论研究

1. 静态结晶

单个分子的结晶方式取决于分子链的构象。在静态状态下，结晶通常会在结晶聚合物中形成球状微观结构，如图 6-4-1 所示。

图 6-4-1 共混物的显微照片

(a) PP/POM；(b) PP/POE

结晶过程可以简化为以下 3 个步骤，如图 6-4-2 所示。

（1）当结晶聚合物熔体在结晶温度范围内冷却后，离散点处开始成核，从而使聚合物链能够附着在核上，促进后续结晶。

（2）核化继续，晶体开始在这些核周围生长，形成球状体。

（3）生长中的球粒越来越近，并相互碰撞，直到结晶过程完成。这一阶段将发生二次结晶过程，即在晶体的光滑表面上附着链。

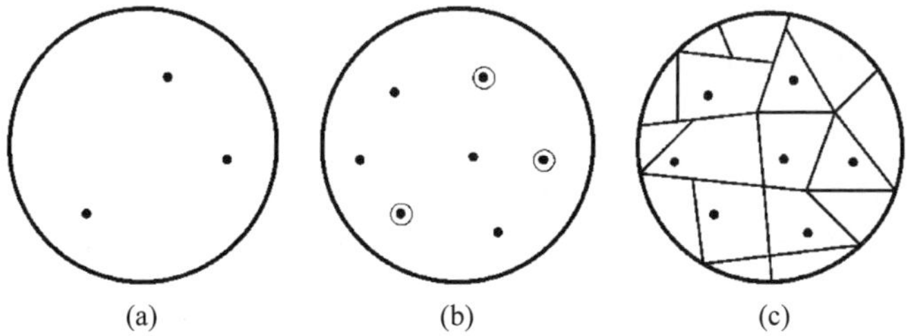

图 6-4-2　结晶过程

（a）成核；（b）晶体生长；（c）晶体碰撞与结晶完成

2. 剪切结晶

与静态结晶相比，成形过程中的应力不仅改变了晶体的形态（形成片状而不是球状），影响了结晶动力学（加快了结晶过程），还改变了结晶机理。

聚合物应力诱导结晶的研究始于 20 世纪 50 年代，通常采用缨状微束模型或 shish-kebab 模型描述结晶聚合物的微观结构。在应力作用下，一些分子链会沿剪切方向伸展并排列成薄的、板状的晶核作为骨架（shish）。无定形的和随机排列的大分子稍后会依附在这些薄片上横向生长（垂直于剪切方向），由于剪切方向成核密度高，限制了晶体生长，其不能进一步扭曲形成球晶，于是附着骨架外延生长出层状的横向结构（kebab）。shish 结构的作用是把所有的 kebab 串在一起，形成“羊肉串”（shish-kebab）的串晶结构。图 6-4-3 所示为串晶结构的形成机制。

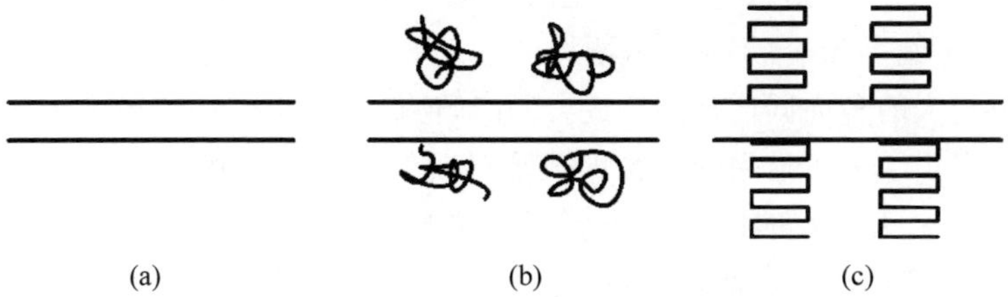

图 6-4-3　串晶结构的形成机理

（a）片晶的形成；（b）串晶的形成；（c）串晶的生长

3. 注射成形晶体材料的多层形貌

在结晶聚合物注射成形过程中，复杂的热机械环境对晶体结构的发展有很大的影响。聚合物熔体在不同时刻、位置经历不同的热力历史，形成不同的晶体微结构。注射成形的结晶聚合物制品，一般包含典型的从表层到芯层的3层结晶微结构，其中表层为由高剪切应力引起的沿流动方向取向的高取向层状结晶结构；在芯层，剪切应力比表层小得多，允许熔体三维结晶以形成球状结构，过渡层为具有择优取向结构的扁圆结构。3层结构中，表层与过渡层之间的界面很明显，但是过渡层和芯层之间的界面很难分辨。

芯层的球晶微结构可视为由中心向四周发散的晶体带状物构成，这些带状物的长度远大于厚度，高分子链沿带状物的厚度方向取向，一个高分子链可以多次进出带状物，相邻的带状物之间通过高分子链连接，并且相邻带状物之间为非晶区域。芯层总体上是各向同性的，但是在球晶内，带状物晶体为各向异性，在带状物之间的非晶区域表面为各向同性。芯层的球晶微结构与静态熔体得到的球晶微结构相似，这主要是由于在注射成形过程中，芯层的剪切作用很弱甚至可以忽略。

表层的晶体微结构为串晶结构，这是因为在模壁附近，流场剪切作用很强，高温的熔体发生大幅度取向，分子取向在接触温度较低的模壁后迅速凝固。高分子链沿流动方向聚集成束而成为晶核，这些晶核作为骨架，部分高分子链在垂直于流动方向上，附着骨架外延生长出层状的横向结构，并充填骨架之间的区域。此外，相邻 kebab 之间可能存在沿流动方向的分子来实现链结。

过渡层的结晶变形介于表层和芯层之间，相对于表层，其横向结构具有较小的长度，从而形成沿流动方向取向的扁圆，又由于过渡层的温度较芯层要低，剪切作用比芯层强，因此过渡层的晶核密度较高，形成较小尺寸的扁圆晶体，在显微镜下，过渡层经常为细晶粒层。

层状结构的特点是具有小取向晶体的表皮层和低取向的芯层，以及这两层之间可能具有高取向的过渡层。虽然在注射成形制品中已经发现了2～5层的不同结晶结构，但通过结合相邻层的共同特征并忽略细微之处，也可以将其简化为较简单的皮芯模型。皮芯结构近年来一直在被研究，可以显示出明显的厚度方向特征。

Katti 与 Schultz 对以往注射成形微观结构的研究进行了回顾，并提出了一种表征注射成形结晶聚合物中皮芯结构的通用模型。该模型规定了表皮层高度取向，芯层由较大的各向同性球晶组成。同时，他们还提出了这些微观结构形成的控制原则，并提出了一个通用的定性的成形微观结构模型来解释微观结构的发展机理。Isayev 等采用简化的两层结构模型对注塑等规聚丙烯(isotatic polypropylene，iPP)的微观结构进行了表征，并对沿流动方向的表皮层厚度分布给出了较好的预测结果。

6.4.2.2 数学模型

结晶是结晶材料注射成形过程中的固有现象，因此研究成形过程中的结晶行为对注塑过程微观结构的模拟和预测具有重要意义。

表征结晶过程的典型形态参数包括结晶度、球晶大小和片晶厚度。本部分的内容包括以下。

(1) 非等温流动条件下结晶现象的模拟。

(2) 了解结晶诱导微观结构发展机制。

(3) 学习聚合物结晶前后的黏弹性行为和物理性能。

为了准确描述注射成形过程中结晶材料的形态演变，必须考虑所有主要的结晶过程，包括静态和动态加工条件(不同剪切和冷却速率)，以及结晶度与流动之间复杂的相互作用。

1. 静态结晶动力学

结晶动力学用于描述注塑过程中结晶行为、结晶成核、结晶生长机理、成核速度及晶粒生长速度等方面的信息。根据结晶的外场条件不同，结晶动力学可以分为静态结晶动力学与诱导结晶动力学两类。结晶过程不仅与温度历史有关，还与力的作用相关，非等温、非平衡条件下的结晶过程研究是以静态下的等温结晶研究为基础的。

1) 结晶度定义及影响因素

成形过程中的结晶度会影响材料特性，如密度和黏度。结晶动力学涉及聚合物整体结晶行为的测定。结晶度 χ 通常定义为材料结晶相的体积分数，可以表示为

$$\chi = N\bar{a}^3 f \tag{6-4-1}$$

式中，N 为单位体积的球粒数；$\bar{a}$ 为晶体的平均直径；f 为取决于晶体形状的填充系数。对于给定的聚合物，在该过程中最终结晶度 χ_∞ 取决于结晶速率(非晶态转化为晶态的速率)和维持结晶温度的时间。

结晶速率由两个不同的过程组成：成核和晶体生长。较低的结晶温度有助于成核速率，但会阻碍晶体生长速率。因此，结晶速率在某一温度下会出现最大值，如图 6-4-4 所示。

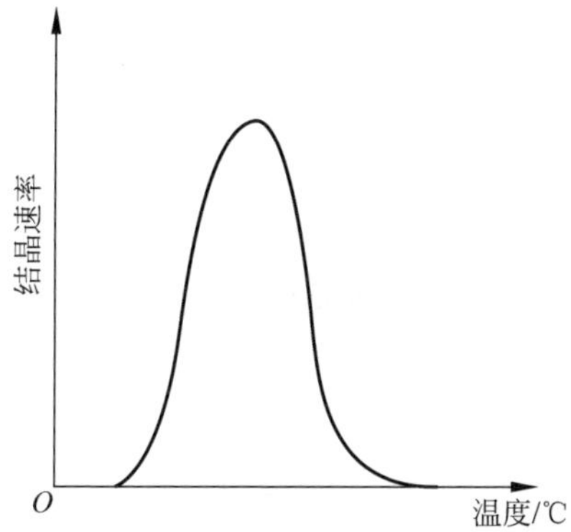

图 6-4-4　结晶速率与温度的关系

即使已经达到结晶温度，聚合物还需要一段时间(称为诱导时间)来重新排列分子链，以便形成晶体。结晶过程将缓慢开始并急剧上升，如图 6-4-5 所示，在结晶过程结束时，由于非结晶区域的减少，结晶过程将减慢。

2) 等温结晶动力学

等温结晶是指球晶稳定生长的过程，即结晶度 $\chi(t)$ 与温度无关。静态等温条件下的聚合物结晶动力学模型广泛采用阿弗拉密(Avrami)方程进行描述：

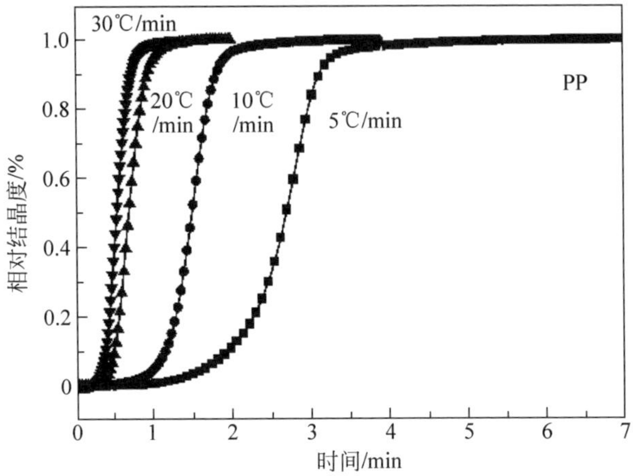

图 6-4-5 不同冷却速率下 PP 的结晶度与时间的关系

$$\theta(t)=\frac{\chi(t)}{\chi_{\infty}}=1-\exp(-kt^{n}) \tag{6-4-2}$$

式中,$\theta(t)$为相对结晶度;$\chi(t)$、χ_{∞}分别为 t 时刻和最终的绝对结晶度;n 为阿弗拉密指数;k 为阿弗拉密等温结晶速率常数。

阿弗拉密模型将所有晶体区域视为一个整体,忽略了不同晶相形成的可能性。Pantani 及其同事在预测结晶度发展方面提出了重大改进,他们考虑不同晶相存在的可能,假设几个非相互作用的动力学过程同时竞争可用的非晶区。

不同相区的演变方程为

$$\frac{\mathrm{d}\theta_{i}}{\mathrm{d}t}=(1-\theta)\frac{\mathrm{d}\theta_{\mathrm{c}i}}{\mathrm{d}t} \tag{6-4-3}$$

式中,下标 i 代表某一相;$\theta=\sum_{i}\theta_{i}$;$\theta_{\mathrm{c}i}$ 为没有任何碰撞的每相的预期体积分数。

阿弗拉密方程中没有考虑到结晶诱导时间因素,Godovsky 和 Slonimsky 提出了诱导时间 t_{i} 与结晶温度 T 之间的经验公式,并得到了广泛的应用,即

$$t_{\mathrm{i}}=t_{\mathrm{m}}(T_{\mathrm{m}}^{0}-T)^{-\alpha} \tag{6-4-4}$$

式中,t_{m}、α 为材料常数;T 为结晶温度;t_{i} 为温度 T 时的诱导时间;T_{m}^{0} 为平衡熔点。

3) 非等温结晶动力学

非等温结晶涉及与温度有关的结晶动力学,该过程的建模必然涉及一个与温度有关的 $\chi(t)$表达式。

a. Nakamura 模型

基于等温动力学,假设激活晶核数为常数,Nakamura 等在阿弗拉密模型基础上提出了在非等温过程中的 Nakamura 模型,该模型通常用于结晶过程模拟:

$$\theta(t)=\frac{\chi(t)}{\chi_{\infty}}=1-\exp\left[-\left(\int K(T)\mathrm{d}t\right)^{n}\right] \tag{6-4-5}$$

式中，n 为动力学参数；$K(T)$为材料的非等温结晶速率常数，其与等温结晶中的阿弗拉密结晶速率常数 $K^{T}(T)$之间的关系如下：

$$K^{T}(T)=[K(T)]^{\frac{1}{n}}=\ln(2)^{\frac{1}{n}}\left(\frac{1}{t_{\frac{1}{2}}}\right) \tag{6-4-6}$$

式中，$t_{\frac{1}{2}}$ 为半结晶时间。

假设晶核数量与温度无关并且同时激活，Hoffman 和 Lauritzen 提出了结晶速率 $t_{\frac{1}{2}}$ 与温度之间的关系式：

$$\frac{1}{t_{\frac{1}{2}}}=\frac{1}{(t_{\frac{1}{2}})_0}\exp\left(-\frac{\frac{U'}{R}}{T-T_{\infty}}\right)\exp\left(-\frac{K_{\mathrm{g}}}{T\Delta Tf}\right) \tag{6-4-7}$$

式中，$(t_{\frac{1}{2}})_0$ 为包含所有与温度无关项的指前因子；$R=8.314$ 为标准气体常数；$\Delta T=T_{\mathrm{m}}^{0}-T$ 为结晶过冷度；f 为考虑到温度降低而导致熔化潜热减少的矫正因子，$f=\frac{2T}{T+T_{\mathrm{m}}^{0}}$；$U'$为穿过液固相界面到达结晶表面所需的活化能；$T_{\infty}$ 为结晶停止温度；K_{g} 为球晶生长速度。

对于大多数聚合物而言，U' 和 T_{∞} 可以看成普适常量，并且 $U'=6284\mathrm{J/mol}$，$T_{\infty}=(T_{\mathrm{g}}-30)$ K，其中 T_{g} 为玻璃化转变温度。

相对结晶度 θ 对时间求微分，可得注射成形结晶过程模拟中广泛应用的微分形式的 Nakamura 方程，即

$$\frac{\mathrm{d}\theta}{\mathrm{d}t}=nK(T)(1-\theta)[-\ln(1-\theta)]^{(n-1)/n} \tag{6-4-8}$$

式(6-4-8)没有考虑初始晶核状态，如果初始相对结晶度为 0，则计算得到的相对结晶度始终为 0，因此实际应用时，初始相对结晶度不能为 0，显然初始的相对结晶度应该足够小以致对最终结果不产生直接影响，Patel 等[170]认为初始相对结晶速度取 $10^{-15}\sim10^{-10}$ 的数量级。

b. Ozawa 模型

Ozawa 模型是由 Avrami 模型扩展而来的非等温结晶模型。从差示扫描量热法(DSC)数据中可以提供具有明确物理意义的参数来表征结晶速率，并给出如下公式：

$$1-\theta_T=\exp\left(\frac{-K_0(T)}{\varphi^{n_0}}\right) \tag{6-4-9}$$

式中，θ_T 为温度 T 下的相对结晶度，n_0 和 $K_0(T)$分别为 Ozawa 指数和常数。

上述方程的对数形式为

$$\ln[-\ln(1-\theta_T)]=\ln K_0(T)-n_0\ln(\varphi) \tag{6-4-10}$$

c. ϕ-T 模型(Mo 模型)

通过结合阿弗拉密和 Ozawa 模型，Liu 等得出了非等温结晶的 ϕ-T 模型，即

$$\ln\phi = \ln F(T) - \alpha\ln(t) \tag{6-4-11}$$

式中，$F(T)$表示系统在单位时间内达到一定结晶度所需的冷却速率，$F(T)=[K_0(T)/Z_t]^{1/n_0}$；$\alpha$ 为时间依赖因子。

上述模型没有考虑结晶形核的诱导时间。Sifleet 等认为在温度 T 时某个微小时间段对诱导结晶的贡献为该段时间对该温度下对应的等温诱导结晶时间 $t_i(T)$的比值。为考虑诱导时间的影响，将上述模型与以下方程耦合，则有

$$\bar{t} = \int_0^{t_l} \frac{\mathrm{d}t}{t_i(T)} \tag{6-4-12}$$

式中，$\bar{t}$ 也称为诱导时间指数，当 $\bar{t}$ 达到 1 时，诱导期结束，晶核形成并开始生长，由此非等温过程可以看作由无数微小时间段内的等温过程组成。

2. 晶体的形态演变(尺寸、密度)

前面提到的各种结晶模型没有描述结晶结构形成的细节，因此忽略了微观结构对结晶的影响。例如，方程(6-4-6)表示结晶度的增加仅取决于结晶度本身的当前值，而实际上结晶速率还应取决于实际存在的晶体的数量。

为了解决这一问题，我们可以考虑两个尺度上的结晶动力学模型：微观尺度上球晶的形核和生长及宏观尺度上的整体结晶度。微观层面的变化会影响宏观本构行为，因此需要两个尺度上的模型耦合。

Kolmogoroff 的模型可以作为一个耦合的例子来应用，它描述了考虑单位体积的核数和球晶生长速率的结晶度演变，具体如下：

$$\delta(t) = C_m \int_0^t \frac{\mathrm{d}N(s)}{\mathrm{d}s}\left[\int_0^t G(u)\mathrm{d}u\right]^n \mathrm{d}s \tag{6-4-13}$$

式中，$\delta(t)$为未受冲击晶体的未受干扰体积分数；C_m 为形状系数，$C_3=4/3\pi$ 为球形生长；$G(T(t))$为线性生长速率；$N(T(t))$为成核密度。

晶体的生长速率可由以下 Hoffman-Lauritzen 方程表示：

$$G(T(t)) = G_0 \exp\left(-\frac{U'/R}{T-T_\infty}\right)\exp\left(-\frac{K_g}{T\Delta Tf}\right) \tag{6-4-14}$$

式中，G_0 为考虑不强依赖于温度的项的预膨胀常数，不同结晶状态对应于不同值；第一个指数项表示聚合物中分段跳跃率的温度依赖性，第二个指数项是薄片表面二次核形成的净速率。式(6-4-14)与式(6-4-7)相似，但常数值不同。

成核机制分为均匀成核和非均匀成核。均匀成核发生在没有第二相的情况下，而非均匀成核是由于存在第二相。实际中，非均匀成核非常常见，因为大多数聚合物熔体含有异质性，其成核密度可由以下两个方程定义：

$$N(T(t)) = N_0 \exp[\psi(T_m - T(t))] \tag{6-4-15}$$

$$N(T(t))=N_0\exp\left[-\varepsilon\frac{T_m}{T(t)(T_m-T(t))}\right] \tag{6-4-16}$$

式中，ψ 和 ε 为与成核速率相关的材料参数。

在均匀成核的情况下，成核率可由 Hoffman-Lauritzen 表达式给出，即

$$\frac{dN(T(t))}{dt}=N_0\exp\left(-\frac{C_1}{T(t)-T_\infty}\right)\exp\left[-\frac{C_2(T(t)+T_m)}{T(t)^2(T_m-T(t))}\right] \tag{6-4-17}$$

利用 Kolmogoroff 的模型，结晶过程结束时的活性核数可以计算为

$$N_{a,\text{final}}=\int_0^{t_{\text{final}}}\frac{dN(T(s))}{ds}(1-\theta(s))\,ds \tag{6-4-18}$$

通过几何计算可以得到晶体结构的平均尺寸。

3. 流动诱导结晶

成形过程中的结晶会影响制品材料的性能，如密度、黏度等，同时结晶过程中伴随能量的变化，结晶时释放潜热，改变成形时的温度场。尽管目前对剪切诱导结晶进行了相当深入的实验和理论研究，但是由于很难在模型中引入精确的模型用于描述加工条件对结晶过程的影响，各种模型的应用往往具有一定的局限性和经验性。目前，大多数商业软件和研究文献中对半结晶材料注射成形模拟比较粗略，甚至忽略不计。

Coccorullo 等认为晶体相竞争模型的建立对于准确预测制品性能具有直观重要的意义，但由于通常加工过程中，聚合物冷却速率和加工压力在很宽的范围内变化，结晶动力学不能准确描述这些极端条件下结晶形态的演变，即便如此，对于较慢冷却速率下的结晶模拟，一般趋向于只包含一种晶体相。

假设剪切应力或者剪切变形导致平衡熔点的提高，由此可以在静态结晶动力学的基础上，通过改变平衡熔点来建立动态结晶动力学方程，其中剪切场通过注射成形过程的模拟得到。

所有聚合物加工过程都涉及热力耦合作用，导致聚合物熔体在高剪切速率下变形，进而导致聚合物分子取向。在结晶过程中，这种取向结构将影响结晶速度，从而影响模制品的最终形态。光学显微镜观察表明，聚合物熔体中的剪切应力导致形成的晶体结构和定向形态的数量大幅增加。这可能是因为剪切应力导致分子中的链状结构排列，同时促进了晶体的形成和生长，即成形过程会影响结晶动力学关系。目前，大多数剪切诱导结晶的动力学模型基于 Nakamura 的等动力学模型，而应变、应力对结晶的影响通过各种方式引入该模型中。

聚合物熔体分子在剪切作用下，分子链拉长，减少了熔体构形的种类，即降低了熔体的熵，却同时提高了平衡熔点温度和过冷度。在熔点处，晶体的吉布斯自由能等于熔体的自由能，因此熔点可以表示为

$$T_m^0=\frac{\Delta H_f}{\Delta S_f}=\frac{H_m-H_c}{S_m-S_c} \tag{6-4-19}$$

式中，ΔH_f 为熔化热；ΔS_f 为熔化熵；H_m、H_c 分别为熔体和晶体的焓；S_m、S_c 分别为熔体和晶体的熵。

剪切流动状态下的聚合物熔体与晶体可以看作两个独立相的系统，假设晶体相的自由能与剪切应变无关，则

$$G_c(T_m)=G_m(\gamma,T_m) \tag{6-4-20}$$

式中，G_c 和 G_m 分别为晶体相和熔体的吉布斯自由能，于是可以得到如下的关系式：

$$G_m(\gamma,T_m)-G_m(0,T_m)=\Delta H_f\frac{T_m-T_m^0}{T_m^0} \tag{6-4-21}$$

当聚合物熔体发生变形时，一部分能量在黏性流动中耗散掉，余下的能量以弹性能量保存下来，式(6-4-21)的左边表示保存下来的能量，因此可得

$$G_m(\gamma,T_m)-G_m(0,T_m)=\int_0^{\gamma}\tau\mathrm{d}\gamma \tag{6-4-22}$$

式中，γ 为弹性或者可恢复性剪切应变。

设应力、应变之间满足胡克定律，即 $\tau=G\gamma$（G 为弹性剪切模量），则式(6-4-21)可变为

$$T_m=\frac{T_m^0}{\Delta H_f}\left[\frac{\tau^2}{2G}\right]+T_m^0 \tag{6-4-23}$$

式(6-4-23)右边第一项可以看作等效熔点的增量，即

$$T_{\text{shift}}=T_m-T_m^0=\frac{T_m^0}{\Delta H_f}\left[\frac{\tau^2}{2G}\right] \tag{6-4-24}$$

假设应力对结晶动力学的影响仅仅是提高平衡熔点，即增加过冷度，则式(6-4-7)可以修改为

$$\frac{1}{t_{\frac{1}{2}}}=\frac{1}{(t_{\frac{1}{2}})_0}\exp\left(-\frac{\frac{U'}{R}}{T-T_{\infty}}\right)\exp\left(-\frac{K_g}{T\Delta T'f'}\right) \tag{6-4-25}$$

式中，$\Delta T'=T_m-T$；$T_m=T_m^0+T_{\text{shift}}$；$f'=\dfrac{2T}{T+T_m}$。

剪切应力对诱导时间的影响可以通过同样的方式得到，将增长后的等效熔点 T_m 替换式(6-4-4)中的平衡熔点 T_m^0，可得

$$t_i(T,\tau)=t_m(T_m-T)^{-\alpha} \tag{6-4-26}$$

式中，α 为材料过冷度对结晶的影响程度参数。

剪切诱导结晶动力学模型的应用首先需要确定其各参数的大小。当应力较小时，聚合物分子没有足够的能量拉伸分子链以改变分子取向，Eder 和 Janeschitz-Kriegl 认为拉伸分子链时存在一个临界应力或者临界剪切速率。同时，如果应力太大，聚合物分子已经得到足够拉伸，继续增加应力不再改变分子取向，因此在较高应力状态下，应力对结晶的影响趋于恒定。因此可以认为剪切应力 τ 与等效熔

点变化之间的关系采用下面的关系式：

$$T_{\text{shift}}=C_1\mathrm{e}^{\frac{C_2}{\tau}} \tag{6-4-27}$$

式中，C_1 和 C_2 均为需要通过实验确定的材料参数。

将式(6-4-12)的两边对时间求导数，可得到流体运动中诱导时间指数的输运形式的微分方程为

$$\frac{\partial\bar{t}}{\partial t}+v_j\frac{\partial\bar{t}}{\partial x_j}=\frac{1}{t_i(T,\tau)} \tag{6-4-28}$$

式中，$j=1,2,3$；$t_i(T,\tau)$为非等温过程中的剪切诱导时间，由式(6-4-26)确定。

而由式(6-4-8)可得流体运动中相对结晶度的输运形式的微分方程为

$$\frac{\partial\theta}{\partial t}+v_j\frac{\partial\theta}{\partial x_j}=nK(T)(1-\theta)\left[-\ln(1-\theta)\right]^{\frac{n-1}{n}} \tag{6-4-29}$$

4. 考虑结晶的注射成形过程模拟

结晶对材料黏度具有很重要的影响，从某种意义上来说，半结晶材料的凝固本质上是由于发生了结晶，而不是单纯的温度变化。一般认为，当结晶度达到某个临界值时，熔体结晶度会急剧升高，但是对于这个临界值的大小却没有定论。结晶度对黏度的影响一般基于悬浮液理论或者经验方程。Titomanlio 等提出了一种改进的经验模型，在黏度模型中引入结晶对黏度系数的影响，该模型在较低的剪切速率下，能放大结晶对黏度的影响，并且与实验结果吻合得很好，即

$$\eta_\chi=\frac{\eta(T,\dot{\gamma},\chi)}{\eta(T,\dot{\gamma},\chi=0)}=1+f\exp\left(\frac{-h}{\chi^m}\right) \tag{6-4-30}$$

式中，η_χ 为黏度变化因子；$\eta(T,\dot{\gamma},\chi=0)$为不考虑结晶时的黏度；$f$、$h$、$m$ 均为材料参数，需要通过实验来确定。

结晶不仅改变熔体的黏度，而且结晶伴随能量的变化，会改变温度场的状态。注射成形过程中，结晶会释放热量，因此对于半结晶材料，需要考虑这一部分能量。单位时间内单位质量的材料结晶释放的能量为

$$H=\rho H_{\mathrm{C}}\dot{\theta}\chi_\infty \tag{6-4-31}$$

式中，H_{C} 为结晶熔化热；$\dot{\theta}$ 为单位时间内的相对结晶度变化量。

考虑结晶释放的热量，则流动和静止过程中的能量方程分别为

$$\rho C\left(\frac{\partial T}{\partial t}+u_i\frac{\partial T}{\partial x_i}\right)=\Phi+\frac{\partial}{\partial x_i}\left(k\frac{\partial T}{\partial x_i}\right)+H \tag{6-4-32}$$

$$\rho CT_{,t}=KT_{,ii}+H \tag{6-4-33}$$

由此可见，在温度场方程的求解中，结晶释放的热量可以采用与机械能耗散类似的离散格式和处理方法。以式(6-4-33)为例，其伽辽金最小二乘法/伽辽金梯度最小二乘法(GLS/GGLS)的稳定有限元方程的离散格式为

$$\sum_e\int_{\Omega^e}\rho C\left(N_\alpha+\tau_{\mathrm{GLS}}\frac{N_\alpha}{\Delta t}\right)\frac{N_\beta}{\Delta t}T_\beta^n\mathrm{d}\Omega+\sum_e\int_{\Omega^e}N_{\alpha,i}kN_{\beta,i}T_\beta^n\mathrm{d}\Omega+$$

$$\sum_{e=1}^{n_{el}}\int_{\Omega^e}\tau_{\mathrm{GGLS}}\left(\frac{\rho C}{\Delta t}\right)^2 N_{\alpha,i}N_{\beta,i}T_\beta^n\mathrm{d}\Omega$$

$$=\sum_e\int_{\Omega^e}\rho C\left(N_\alpha+\tau_{\mathrm{GLS}}\frac{N_\alpha}{\Delta t}\right)\frac{N_\beta}{\Delta t}T_\beta^{n-1}\mathrm{d}\Omega+\sum_{e=1}^{n_{el}}\int_{\Omega^e}\tau_{\mathrm{GGLS}}\left(\frac{\rho C}{\Delta t}\right)^2 N_{\alpha,i}N_{\beta,i}T_\beta^{n-1}\mathrm{d}\Omega+$$

$$\sum_e\int_{\Omega^e}\left(N_\alpha+\tau_{\mathrm{GLS}}\frac{N_\alpha}{\Delta t}\right)N_\beta H_\beta\mathrm{d}\Omega+\sum_{e=1}^{n_{el}}\int_{\Omega^e}\tau_{\mathrm{GGLS}}\frac{\rho C}{\Delta t}N_{\alpha,i}N_{\beta,i}H_\beta\mathrm{d}\Omega \qquad (6\text{-}4\text{-}34)$$

6.4.2.3 计算案例

1. 非等温结晶动力学研究

基于聚丙烯/聚烯烃弹性体(PP/POE)共混物结晶行为的实验数据,研究了常用的阿弗拉密、Ozawa 和 Mo 模型模拟等规聚丙烯/乙烯辛烯共混物的非等温结晶动力学的准确性。图 6-4-6 所示为 PP/POE(POE 质量分数为 5%)共混物的 $\ln[-\ln(1-\theta_t)]$、$\ln\varphi$ 与 $\ln(t)$ 关系的 3 组曲线。结果表明,除结晶后期的偏差外,阿弗拉密模型的计算结果与实验数据吻合较好。这意味着阿弗拉密模型基本可以描述多相聚合物体系的结晶动力学。后期的偏差可能是由模型中二次结晶等复杂因素的疏忽造成的。Ozawa 模型线性关系较差,这说明 Ozawa 模型不适合该体系

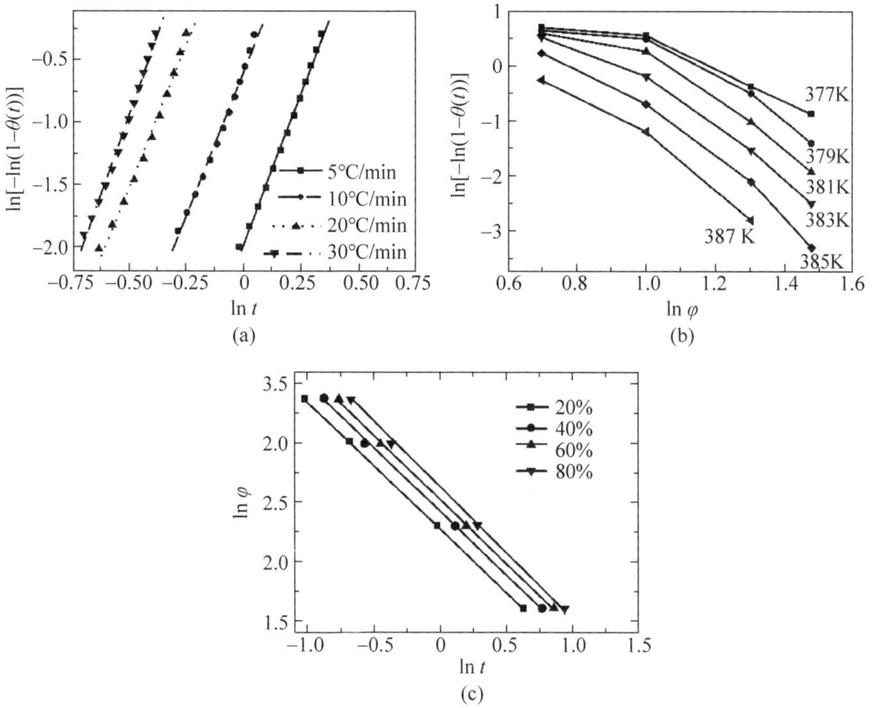

图 6-4-6 PP/POE 共混物结晶动力学实验数据与模型计算对比

(a) 阿弗拉密模型;(b) Ozawa 模型;(c) Mo 模型

的非等温结晶过程。也有研究表明，Ozawa 模型不能很好地描述聚乙烯和许多其他材料体系的行为，其原因可能是该模型未考虑二次结晶过程。基于 Mo 模型的 PP/POE 共混物的 $\ln\varphi$ 与 $\ln t$ 曲线表明，$\ln\varphi$ 与 $\ln t$ 之间的关系是线性的，这意味着 Mo 模型在非等温结晶过程中的应用相对合理。

2. 等规聚丙烯注射成形的结晶度和微观结构

Guo 等对等规聚丙烯(iPPs)注塑成形过程中的结晶度和微观结构的发展进行了系统的研究。在他们的研究中，基于结晶动力学和引入不同微观结构层的竞争机制，提出了考虑了加工条件下的结晶现象和流动对微观结构发展的影响的统一的结晶模型；并将该模型的模拟结果与实测数据进行了对比，分析了注塑制品的结晶度和微观结构。

切割注射成形的 ASTM 拉伸样条分别进行热分析和光学分析，用于结晶度与结晶形态研究，试样的详细切割步骤如图 6-4-7 所示。

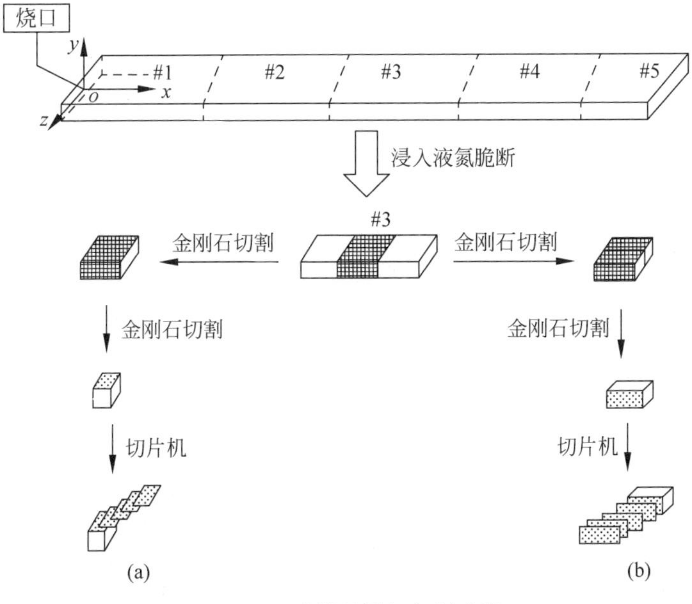

图 6-4-7　试样的详细切割步骤

(a) 用于热分析；(b) 用于微观结构测量

图 6-4-8 是成形周期中结晶度的预测结果。由于流动对靠近模具壁处的结晶有加速作用，结晶度在表皮层中发展较快。在核心区域，冷模冷却效果较差，因此结晶不明显。

在不同的相对注射速度、入口熔融温度和模具温度下获得的 PP-6523 制品的标准化表层厚度 δ 与浇口距离 x 关系的测量值(点)和预测值(线)如图 6-4-9 所示。由图 6-4-9(a)发现，表层厚度随着剪切速率增加而变薄，因为剪切速率越高，分子变形程度越大。图 6-4-9(b)中的实验和预测的归一化厚度均随入口熔体温度的升高而减小，因为入口熔体温度的升高将导致分子变形程度的降低。图 6-4-9(c)显

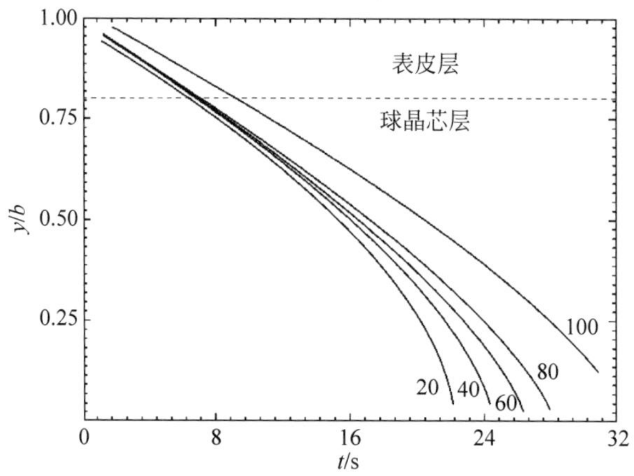

图 6-4-8　PP-6523 制品的相对结晶度与厚向不同位置和时间的关系曲线

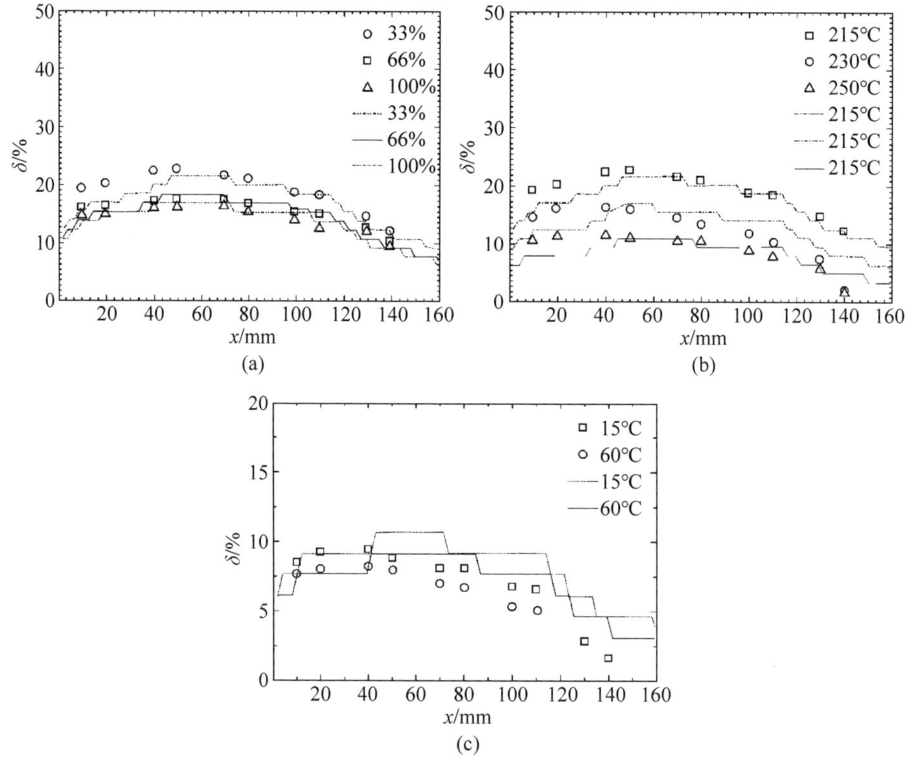

图 6-4-9　PP-6523 制品在不同成形条件下的标准化表皮层厚度 δ 与浇口距离 x 的关系

(a) 相对注射速度不同；(b) 入口熔融温度不同；(c) 模具温度不同

示了表皮层厚度随着模温增加而增加，因为较低的模具温度在注塑过程中冷却效果更好。

图 6-4-10 所示为在不同相对注射速度、入口熔融温度和模具温度下注射成形

的 PP-6523 样品厚向的间隙球晶尺寸分布曲线。从图 6-4-10 中可以看出，球晶尺寸从皮芯边界到制品中心逐渐增加，这与注塑过程中温度分布的演变密切相关。

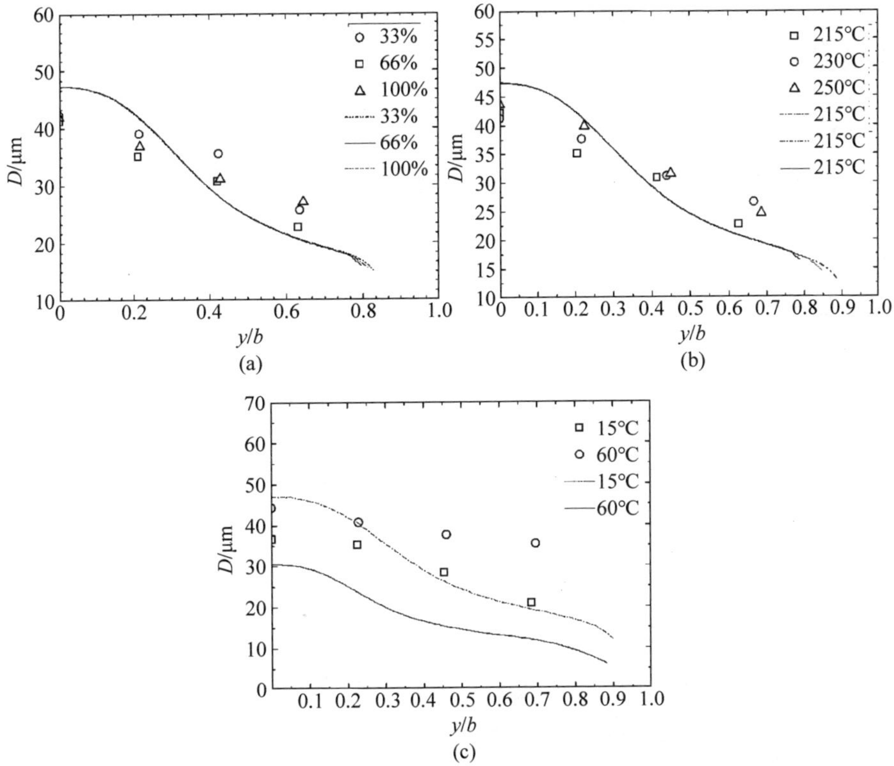

图 6-4-10　PP-6523 制品在不同成形条件下的间隙球晶尺寸 D 沿厚向分布

(a) 相对注射速度不同；(b) 入口熔融温度不同；(c) 模具温度不同

图 6-4-11 所示为预测球晶尺寸 D 在模腔内不同空间位置(x,y)的分布。由于热对流的作用及传热主要集中在厚度方向上，沿流动方向的球晶尺寸只有微小的变化。

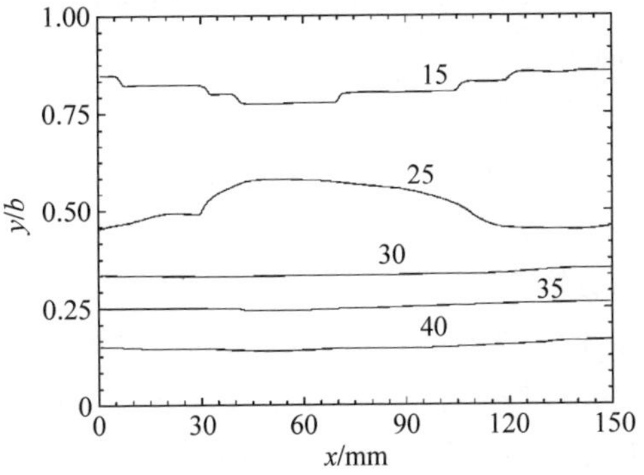

图 6-4-11　PP-6523 成形过程中球晶尺寸分布

6.4.3 共混聚合物的相形态演化演变模拟

近年来,高聚物共混物注射成形技术在高聚物工业中得到了越来越多的应用与发展,多相多组分高聚物材料的制备、加工、流变性能及服役行为正成为高聚物材料科学十分热门的领域。性能互补的高聚物共混后,可以使每种组分的高聚物性能互补,从而获得具有优异性能,消除各自组分性能短板的新材料,而且该方法成本较低,生产周期较短,效益可观,因此使原材料发挥出最大的潜能。例如,PP材料缺口冲击强度低,低温脆性尤其明显,通过和POE的共混改性可以实现对PP的有效增韧,从而广泛应用于汽车工业。

根据热力学原理,高聚物共混物的熔融物大部分是不相容的,在充分共混后的熔融状态下呈现出一种微米级别的细微结构,与加工过程的特征空间尺度相比小几个数量级,将这种结构称为相结构。当没有外场作用时,由于界面张力的作用,相结构通常为球形。在不相容共混物中,根据组分之间的比例不同,当一种组分明显少于另一种组分时,含量较少的组(分散相)通常离散分布在含量较多的组分(连续相)中,而当两种组分的比例相近时,则会呈现出共连续的结构。因此,不相容高聚物的共混过程本质上是一种跨宏介观两个尺度的过程。

通常,高聚物共混物内部的多相结构在加工过程中不断演变,与此同时,多相结构也影响着共混物的加工性能。因此,高聚物熔体流动、共混物多相结构和流变特性之间的相互作用对于高聚物共混改性工艺过程,以及共混物成形制品的性能都起着关键的作用。通过理论的、实验的和数值的方法,人们对高聚物共混物的多相结构与流变性能之间的相互作用做了大量的研究。在一定的流场内,分散相液滴的形态演变主要受到两方面流动诱导机制的影响,即外部的流场倾向于使液滴发生变形,而两相之间的界面张力则倾向于使液滴恢复成球形。在这种复杂的作用下,分散相液滴往往会经历变形、破裂及聚并过程,并在高聚物的固化阶段将最终的多相结构保存下来。

图6-4-12所示为熔融高聚物共混物中的分散相液滴在剪切流场作用下的形态演变过程。在初始的静止状态,液滴呈现为球形,体积平均半径和半径分布范围都比较大,当流场开始后,液滴受到强烈的剪切作用,液滴形态逐渐从球形变为椭球,再到最后细长的纤维状,并与剪切方向呈一定夹角。同时,一些液滴发生破裂,产生两个或更多的子液滴,当剪切流场减弱、停止后,液滴变形程度减小,形状开始恢复为球形,平均半径比初始状态下小,尺寸分布也更加均匀。

高聚物共混物内部的多相结构,如取向、结晶及分散相形态等,通常是最终制品服役性能的决定因素,包括力学性能、光学性能和传热性能等。例如,在较高的注射速率下,分散相形态变形度增大,纤维化作用加强,与此同时,分散相的平均半径变小,半径分布区间变大,当流动停止并且高聚物凝固后,之前熔融态下的分散相形态被固化在制品里,从而导致最终制品的拉伸强度和拉伸模量相对于低注射

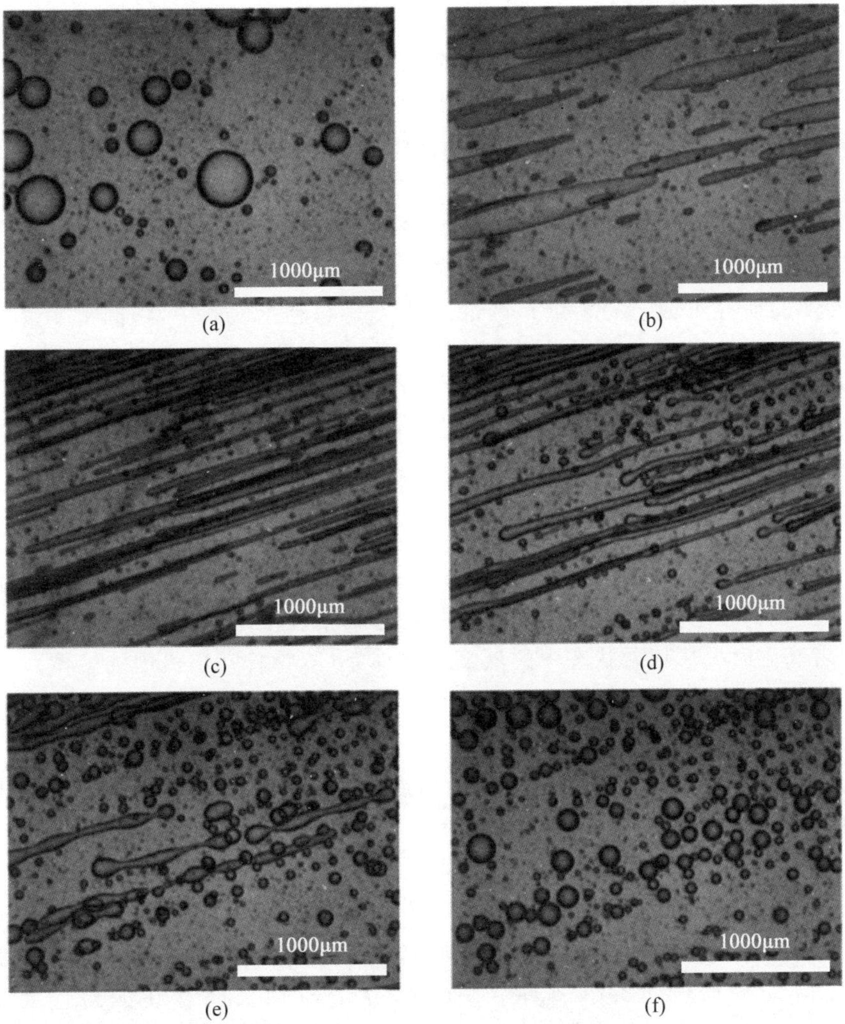

图 6-4-12　聚二甲基硅氧烷/聚丁烯(PDMS/PB)共混物中的分散相形态

速率条件下的成形制品都显著增强。因此，在高聚物共混物注射成形工艺中，如何通过调控共混体系的多相结构从而达到调整制品性能的目的，就是一个十分关键性的问题。

根据材料的工艺-结构-性能的关系，通过对成形过程中的共混物相形态进行预测和控制，可以实现对最终产品的性能进行设计和控制。因此，研究共混体系内部多相结构在注射成形工艺条件(温度、压力、速度、剪切等)下的形成演变规律，从而对成形过程进行从宏观到介观两个尺度上的精细掌握与控制，具有重要的理论研究意义和工程应用价值。

6.4.3.1 理论研究

大多数高聚物是热力学不相容的，在注射成形充模流动过程中，受到流场剪切作用和界面张力的共同作用，高聚物共混物将发生相分离的现象，呈现出典型的海(连续相)-岛(分散相)结构。这种多相结构的空间尺寸往往在微米数量级，属于介观尺度的范畴，因此相对于单组分的高聚物，高聚物共混物是一种更加复杂的多尺度体系。为了研究高聚物共混物中多相结构的演化规律，近年来，许多学者分别从实验观测和理论建模的方面开展研究，并取得了一定的进展。

在实验研究方面，Taha 和 Frerejean 在双螺杆挤出实验中，将低密度聚乙烯/聚苯乙烯(LDPE/PS)共混物中的相形态分为 3 个不同的区域：在表皮层中分散相为薄片状，在中间过渡的剪切层有被拉长的纤维，而在中间的芯层区则是椭球和线状的颗粒。随着 PS 组分体积分数的增加，共混物的相形态经历了从海(LDPE)-岛(PS)结构到双连续结构，再到海(PS)-岛(LDPE)结构的变化规律。

1. 简单流场中共混物相形态研究

目前，共混物相形态的理论研究都只针对两种组分均为液态时的共混物体系，即研究温度都在组分的可流动温度极限以上，如常温下组分均为液态的液液共混物，或者高温时处于熔融状态下的液液共混体系(双螺杆挤出机中的熔体)。在这些体系中，含量较少的组分通常以液滴形式分散在介质中，因此相形态理论研究大多以分散相液滴模型为主。

预测微观相结构的理论必须包含能够描述微观结构的变量及这些变量随时间变化的演变方程。针对单个分散相液滴体系，微观形态表现为液滴的形状和取向角度，相应的理论需要对液滴本身的形状进行假设。大多数情形下，液滴的形状非常接近椭球体，从而可以用一个 2 阶正定对称的张量 G 来描述椭球体液滴的形状，即有 $G_{ij}x_ix_j=1$。假设椭球体各轴方向与笛卡儿坐标轴方向一致，主半轴长度分别为 (a,b,c)，如图 6-4-13 所示，则 G 的分量与轴长间存在的对应关系为 $(G_{11},G_{22},G_{33})=(1/a^2,1/b^2,1/c^2)$。一旦有非零的非主对角元素出现，就表示液滴各轴与坐标轴间出现偏差，从而 G 可以明确表示液滴的取向角度、形状和尺寸。

此外，还有一些理论假设液滴为某种特殊的轴对称形状，使用主轴长度和取向角度来描述液滴形状。例如当分散相和基体的黏度比远小于 1 时，细长状的液滴表现为两端尖锐的轴对称形。也有计算假设液滴为两端半球状的圆柱体。

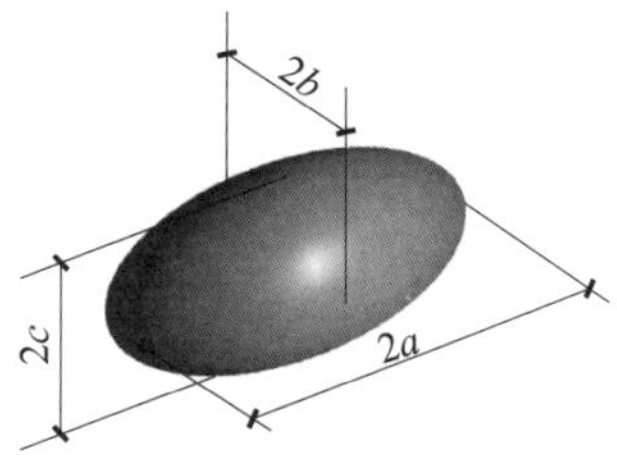

图 6-4-13 一个椭球体液滴的示意图

当体积组分接近于 0.5 时，分散相将表现为复杂的形状，或者发展为共连续相，此时关注两相之间的界面状况更为有效。针对较大浓度的浓溶液，研究人员提出了一种粗粒化(coarse grained,

CG)的方法,忽略结构的细节,而仅考虑单位体积内的总表面积及界面的取向。这类理论通常采用一个小体积 V 代表包含了微结构所有特征的一个样本(V 的尺寸比整个共混区域小得多,但大于相形态结构的特征尺寸),则某一个位置 P 点的形态可以用 V 内的形态来定义。将 V 内的界面离散为一系列单元,每一个单元都有一个面积 $\mathrm{d}S$ 及单元的法矢 $\boldsymbol{n}$,如图 6-4-14 所示。

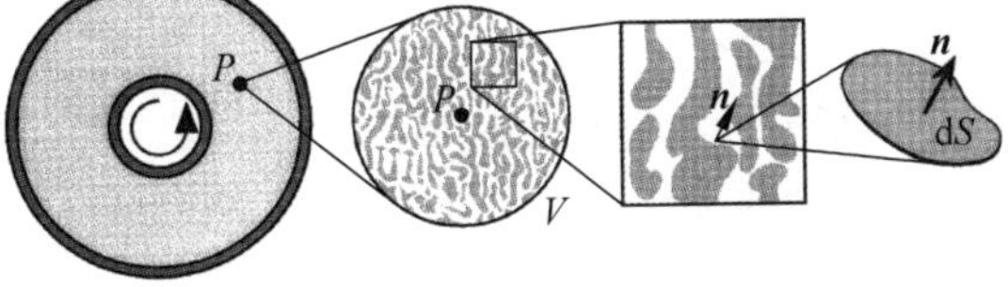

图 6-4-14　共混物体系内各种尺度示意图

如果用 A 代表 V 内的界面表面,且每一个表面增量 $\mathrm{d}A$ 拥有一个单位法向矢量 $\boldsymbol{n}$,则通过对表面 A 进行积分可以得到单位体积内的界面面积 Q 为

$$Q \equiv \frac{1}{V}\int_A \mathrm{d}A \tag{6-4-35}$$

Q^{-1} 提供了一个微结构特征长度的量化,如针对球状液滴有 $Q^{-1}=R/3\phi$,其中 ϕ 为共混物的浓度。同时采用一个无迹的二阶对称张量 $\boldsymbol{q}$ 来描述界面的平均各向异性:

$$\boldsymbol{q} \equiv \frac{1}{V}\int_A \left(\boldsymbol{nn} - \frac{1}{3}\boldsymbol{I}\right)\mathrm{d}A \tag{6-4-36}$$

式中,$\boldsymbol{I}$ 为单位张量;$\boldsymbol{q}$ 对于球状液滴为 0 张量,因此可以表征微结构的各向异性。当浓溶液中两种组分黏度相等时,可以将 $\boldsymbol{q}$ 和 Q 的时间导数表示成外部流场导致的变形及界面张力引起的松弛这两项累积形式。

在 $\boldsymbol{q}$ 和 Q 这两个物理量的基础上,研究人员发展了面积张量 $\boldsymbol{A}$,用表面法矢的平均分布来描述液滴形状:

$$\boldsymbol{A} \equiv \frac{1}{V}\int_A \boldsymbol{nn}\,\mathrm{d}A = \boldsymbol{q} + \frac{1}{3}Q\boldsymbol{I} \tag{6-4-37}$$

这些粗粒化描述的方法为浓溶液中的分散相形态提供了较好的预测,但由于在演化方程中缺少一个特征尺寸,流场中单个液滴的信息无从获取。例如,分散相为液滴时,无法通过界面的描述来获取液滴的形状。

针对单个或多个液滴的相形态演变过程,直接的数值模拟方法已经有了较大发展,如利用边界元技术或者其他数值模拟手段等对 Navier-Stokes 方程进行求解。这些计算所需假设较少,结果十分精确,但是需要较大的计算代价。尤其是,当液滴变形较大时,为捕捉液滴表面细小的曲率变化,每一步都会耗费大量的计算成本,因此尤其不适用于复杂流场。

相比之下,经典的解析方法针对液滴行为的计算似乎更为有效。从理论角度上，如何确定液滴内外的压力场和速度场，以及液滴形状本身是一个十分复杂的三维移动边界问题，因此单个液滴问题的精确求解基本无法实现。在不考虑惯性的假设下，主要难点在于如何满足部分边界条件，如变形液滴表面的内外速度和作用力的匹配等，而这些物理量本身都是未知量。因此，解析方法都局限于特定的情形，如特定的流场形式、液滴形状、流场强度、体系流变性能等。尽管目前没有一种解析模型能够描述所有的情形，但是不同的方法提供了通用理论的不同极限，如小变形和大变形。

小变形理论将摄动法应用于微偏离球形的形状。它通常基于层流时的Lamb's结果，计算球形液滴内部和表面的流场，然后用速度梯度表征相应的压力和应力。边界条件假设界面上的法向速度和应力连续。若定义黏性力与界面应力的比值为毛细管数Ca，当维持液滴为球形的表面张力占主导作用时，Ca较小，此时流体可以假设为足够慢，液滴变形可以假设为稍稍偏离球形的微小变形，因此可以应用摄动法将半径以Ca为参数展开。这种方法首先由Taylor提出，随后的研究者给出了该问题完整的定义，并拓展了液滴半径 r 的二阶展开格式，则有

$$\frac{r}{r_0}=1+\mathrm{Ca}f^{*}\boldsymbol{D}^{*}:\boldsymbol{S}_2+\mathrm{Ca}^2\left[-\frac{6}{5}f^{*2}\boldsymbol{D}^{*}:\boldsymbol{D}^{*}+\boldsymbol{L}:\boldsymbol{S}_2+\boldsymbol{M}::\boldsymbol{S}_4\right] \tag{6-4-38}$$

式中，r_0 为平衡时的液滴半径；f^* 为无量纲系数；$\boldsymbol{D}^*$ 代表无限状态下的无量纲应变速率；$\boldsymbol{S}_i$ 为表面球谐函数的第 i 个分量；$\boldsymbol{L}$ 和 $\boldsymbol{M}$ 分别为2阶和4阶张量，分别为 $\boldsymbol{D}^*$ 和旋度张量的函数形式。

大变形理论假设液滴已经被拉长为一个细长的丝状体。由于存在界面张力，液滴的横截面假设为一个圆形，同时还认为液滴的黏度相对于介质较小。针对两相黏度比远小于1的情形，Khakhar和Ottino给出了液滴长度和取向角度的丝状体大变形方程。当液滴变得非常细长时，主轴拉伸和旋转的状态可以近似为一条流线围绕液滴轴旋转，这种状态有时也称为仿射变形(affine deformation)。

由于大变形理论和小变形理论分别针对不同的液滴形状极限，目前这两种理论之间没有任何联系。

理想的液滴模型必须综合考虑界面张力和黏度比的作用，并且能够描述液滴形状的全部范围。遵循这样的思路已经发展出一类很重要的方法，即基于椭球体假设的唯象模型方法。椭球体可以代表很多不同的形状，包括球体、线状体、圆盘等。大多数情况下，液滴的实际形状极其接近于椭球体，即便有时表现为椭球体不能很好近似描述的形状，如哑铃型，椭球体也能提供一种方便和通用的假设。这类模型中液滴的形态演化过程通常包含一个流体诱导项和一个松弛项。

基于椭球体假设，Maffettone和Minale针对牛顿介质中的一个不考虑浮力的牛顿液滴，发展了一种重要的模型(后面将简称为MM模型)，考虑外部流场和表面张力这两种驱动力，可以应用于任意的两相黏度比体系中。尽管该模型基于小

变形理论设计，但仍可以计算大变形。

基于 Eshelby 理论关于弹性介质中弹性椭球颗粒的求解结果，Wetzel 和 Tucker 提出了椭球体液滴的精确解析形式，即 WT 模型。该模型可以很好地描述简单剪切流场中的实验结果，主要局限在于未考虑界面张力作用。

Jackson 和 Tucker 提出了一种混合模型(JT 模型)，将椭球体理论拓展到大变形情形，以计算从稳定的液滴形状到无边界的伸长变形之间的过渡点。该模型综合了 Eshelby 理论和大变形理论，第一次将 Eshelby 理论应用到有界面张力的体系中，并通过一种混合法则来应用大变形理论，从而可以较好地在全部黏度比范围内描述临界毛细管数与黏度比的关系。JT 模型结果与很多实验数据吻合较好，但对于黏度比在 0.1 附近的大变形预测存在较大偏差。

Almusallam 等拓展了 Doi-Ohta 理论，对黏性介质中的单个椭球体液滴的界面应力提出了本构方程，但该模型仅能处理两相等黏度的情形，且需要闭合近似处理。

此外 Wu 等基于椭球体液滴模型建立了一个液滴形状与流场的对应表，首先利用边界积分法对不同形状的液滴和黏度比求解液滴表面的速度，然后将这些结果用一种通用和有效的方式建立起对应关系，从而可以在每一个时间步确定形状的变化率和取向角度。尽管第一步计算成本很大，但表格建立完毕后的后续计算将十分简便。

上述这些模型的变形模拟结果与实验数据符合较好，但仅限于单个分散相液滴体系，未考虑液滴之间的相互作用，因而忽略了一些重要的机理，如碰撞导致的液滴凝聚现象等。如果在单个演化控制方程中包含不同的物理过程，模型本身会变得极为复杂，如在动态方程中如何描述连续相的黏弹性和分散相的取向相互作用等。因此，目前大多数计算和测试都仅限于均匀的剪切场，即稳态情形或者均匀剪切流场启动或停止的情形，真实加工的模拟则要求模型必须能够考虑不均匀剪切场的复杂情形。

2. 注射成形中共混物相形态演变

在得到成形制品前，共混物通常要经历两个熔融的加工阶段：共混物制备及后续的制品成形加工。这两个阶段对于最终共混物中相形态的形成都有至关重要的影响。关于共混物制备过程中的相形态变化已经有了较多研究和了解，但对于后续成形加工尤其是注射成形工艺的相形态演变则研究较少。塑料制品最终的微观结构在后续加工中形成，因此第二个阶段显得更为关键。

注射条件下，共混物制品的表层由于接触模具表面而快速冷却，因此表皮层的相形态代表该处的熔融相形态。而制品的芯层部分在相对较长时间内保持为熔体状态，因此该处的相形态不会立刻冻结，最终的观察结果有别于熔融时的形态。成形制品中的最终相形态由注射过程中不断增加的凝固层，以及最终冷却下来的芯层决定。

熔融材料的相形态通常由充填过程中的剪切和拉伸流场决定,型腔厚度方向的剪切速率变化导致熔体相结构产生厚度方向的梯度。流动停止后,残留的熔融取向不仅依赖于冷却速度,还与共混物的组分、两相黏度比、添加的增溶剂等相关。

大多数聚合物不相容,导致注射成形过程中产生相分离现象,典型表现为一种海(连续相)-岛(分散相)结构。由于熔体凝固之前的剪切应力场作用,成形制品中通常会产生分散相形态的分层结构。早在1968年,Kato就首次报道了由光学和电子显微镜观察到的注射成形中ABS和橡胶共混物的分层结构,指出当剪切速率超过一定范围后,制品表层下存在变形橡胶颗粒的分层结构。

随后研究者从更多的注射成形共混物中观察到了这种相形态分层结构。Taha和Frerejean发现LDPE-PS共混物中有3个不同的区域,其中表皮层为薄片状,中间过渡区有纤维的存在,芯层区域为椭球状和线状的颗粒。Bureau等观察PS/HDPE共混物时发现,由于分散相颗粒的松弛回复和粗化作用,芯层的相区尺寸明显大于注射前的芯层尺寸;表皮层中分散相呈现沿流动方向的取向,且形态比远大于中心层中的分散相。

根据已有的实验观察结果,共混物注射成形制品中的分散相形态可以表示为图6-4-15,即靠近表层区域有变形的颗粒,芯层有球形颗粒。这种特征可以用Tadmor流动模型描述,即流动前沿的喷泉效应导致了表层和剪切层中分散相的伸长和变形。

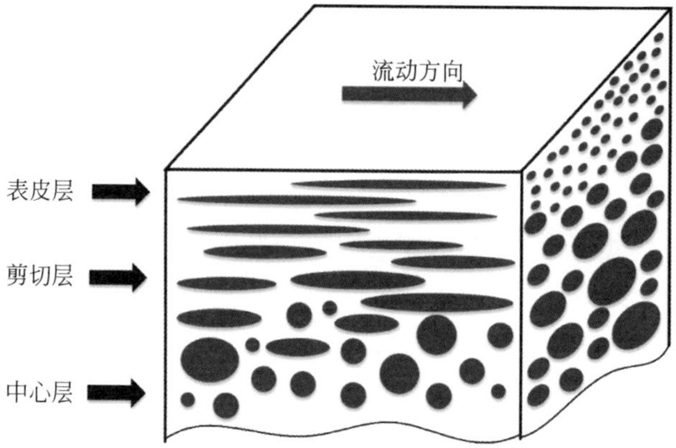

图6-4-15　分散相形态在高聚物共混物注射成形制品厚度方向上的分层结构

由于共混物流变行为与外部流场及温度场之间存在复杂的联系,不同注射成形制品的表层-芯层相结构存在很大差异。目前对于注射成形导致的相形态,以及相形态和制品性能之间关系的研究仍然处于初级实验阶段,尚无模拟方面的研究报道。

6.4.3.2　数学模型

流场中单个无浮力液滴的动力学一直属于流体力学领域的一大研究热点。从理论和实验研究角度来看，单个液滴的动力学本身已成为一个基准线问题，因为它包含了三维形状的表征、测量及破裂机理等。同时，研究人员对于单个液滴的结果在溶液和共混物复杂流变行为中的应用也已经有了普遍的认同。因此，对实际加工过程中的共混物相形态建模之前，需要首先针对最简单的情形，即单个分散相液滴相形态变化的机理与建模进行深入研究与探讨，以构造适合注射成形过程相形态的物理模型。

目前相形态研究主要限于简单流场情形（简单剪切、单轴或双轴拉伸）下的牛顿流体。能有效改进共混物相结构的主要机理为变形、破裂和凝聚，在这些演变过程中一些基本参数起到了决定性作用。以不相容的液液共混物为例，分散相在体系中的体积含量 ϕ 对于共混物相结构有着至关重要的影响。当 ϕ 远小于 1 时，离散的颗粒将分散于连续的介质中。随着 ϕ 的增加，共混物中的相结构将会发生变化，原来的介质有可能变成分散相，而原来的分散相反而会变成连续相，导致相转变发生。在转变点附近通常会观察到共连续相结构。

关于液滴变形的基本原理研究始于 Taylor，他考虑了单个牛顿液滴在一种黏性介质中的变形与破裂的绝大部分特征，单个液滴在黏性流场中的行为通常由两个无量纲参数决定。

(1) 两相黏度比 $p=\eta_d/\eta_m$，下标 m 和 d 分别代表与连续相介质和分散相介质相关的物理量。

(2) 毛细管数 $\mathrm{Ca}=\eta_m\dot{\gamma}R/\Gamma$，其中 $\dot{\gamma}$、R 和 Γ 分别表示局部的剪切速率、液滴半径和界面张力。

毛细管数表征了颗粒的稳定性，它描述了促使液滴变形伸长的黏性应力 $\eta_m\dot{\gamma}$ 与回复原始形状的界面应力 Γ/R 之间的比值。当不同作用力占主导地位时，液滴表现出不同的取向行为。

1. 分散相的变形机理与模型

黏性流体中的液滴变形取决于一种竞争机制的结果：黏性力促进变形，同时界面张力阻碍变形。颗粒内外流场的不同性质也会发挥重要作用。一般来说，当毛细管数小于临界值时，液滴会变形成为一个主轴方向与流动方向成 θ 角的扁长椭球体形状，拉伸的程度以及取向角度都依赖于体系的物理性能及外界施加的流场。当克服临界障碍后，液滴将不再达到一种稳定的形态，而是随着动态不稳定性的增长最终破裂。

1) 常用模型

如图 6-4-16 所示，通常用两个物理量来描述平面流场中的一个变形液滴：变形度参数 D 和取向角度 θ，其中 $D=(L-B)/(L+B)$，L 和 B 分别为流动平面 xy 平面内液滴的长度和宽度，显然 D 越大，表示液滴变形度越大。θ 为主轴与某个参考方向之间的夹角,这里的参考方向定义为流动方向。

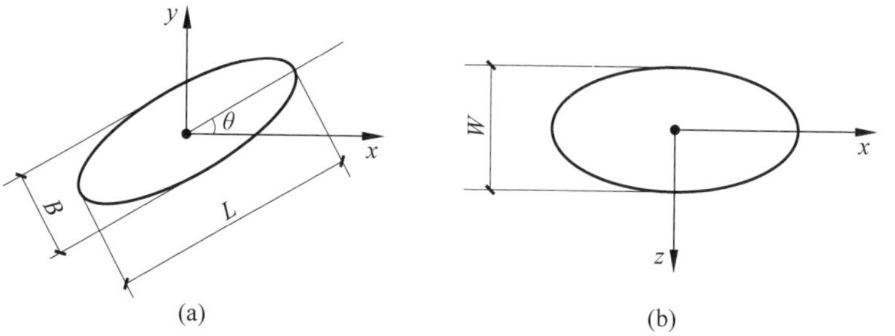

图 6-4-16　液滴几何模型参数示意图

(a) 流动平面内;(b) 旋度平面内

前面已经提到,可以用一个椭球体取向张量 **G** 来描述椭球体的液滴形状,其特征值与椭球体半轴长平方的倒数相等,相应的特征向量定义了液滴的取向角度。**G** 的演化过程可以用下式表示:

$$\frac{\mathrm{D}G_{ij}}{\mathrm{D}t}+L_{ki}G_{kj}+G_{ik}L_{kj}=0 \tag{6-4-39}$$

式中,D/Dt 代表物质导数;L_{ij} 表示液滴内部的速度梯度张量的分量($=\partial u_i/\partial x_j$)。

由上面方程可知,一旦确定了速度场(已知张量 **L**),则可以得到液滴形状的演化历史,从而确定任意时刻液滴的形状。下面介绍几种最常用的椭球体液滴模型公式。

a. MM 模型

速度梯度张量表示为

$$L_{ij}=w_{ij}^{A}+f_2 e_{ij}^{A}+\frac{f_1}{2\tau}\left(\frac{3G_{ij}}{G_{kk}}-\delta_{ij}\right) \tag{6-4-40}$$

式中,$\tau=\eta_m R/\Gamma$ 表示特征时间;e_{ij} 和 w_{ij} 分别表示变形速率张量和涡度张量的分量,两者可由速度梯度张量得到,即 $e_{ij}=(L_{ij}+L_{ji})/2$,$w_{ij}=(L_{ij}-L_{ji})/2$;δ_{ij} 为单位张量的分量。带上标 A 的 e_{ij} 表示外部施加的变形速率,没有上标的 e_{ij} 与液滴本身变形相关。f_1 和 f_2 这两个参数需要通过渐进法确定:

$$f_1=\frac{40(p+1)}{(2p+3)(19p+16)},\quad f_2=\frac{5}{2p+3}+\frac{3\mathrm{Ca}^2}{2+6\mathrm{Ca}^2} \tag{6-4-41}$$

上述模型简称为 MM2 模型。当 $f_2=5/(2p+3)$ 时,模型简称为 MM1 模型。

b. JT 模型

在与液滴主轴重合的坐标系中,JT 模型的速度梯度张量可以表示为

$$L'=fL'_{\mathrm{Eshelby}}+(1-f)L'_{\mathrm{slender}}\quad (p<0.1) \tag{6-4-42}$$

$$L'=L'_{\mathrm{Eshelby}}\quad (p\geqslant 0.1) \tag{6-4-43}$$

其中，f 为复合参数，取决于液滴的无量纲长度 L/R；L'_{Eshelby} 和 L'_{slender} 分别代表由 Eshelby 理论关于弹性介质中弹性椭球颗粒的求解，以及 Khakhar 和 Ottino 提出的丝状体理论得到的速度梯度分量。

c. Yu 模型

速度梯度张量可以表示为

$$\boldsymbol{L}_{ij} = \boldsymbol{w}_{ij}^{A} + (B_{mnkl} + C_{mnkl}) R_{im} R_{uk} e_{uv}^{A} R_{vl} R_{jn} + R_{im} (\bar{L}_{mn}^{\alpha} + L_{mn}^{\beta}) R_{jn} \tag{6-4-44}$$

式中，速度梯度包括两大部分：由流动导致的分量及由界面动力学引起的分量。其中前者可以参考 JT 模型等对应的部分。式(6-4-44)中各符号含义及详细求解可以参考文献[229]。

除此之外，一些传统的经验模型也体现出了简单易用的优势，如仿射变形、剪切变形、Cox 理论公式等。

d. 仿射变形(affine deformation)

假设液滴变形时两短轴长度一直相等。以 L、B 和 W 分别代表液滴的半轴长($L>B$)，θ 表示最长轴与流场流线的夹角，具体计算公式为

$$L/R_0 = 0.5\gamma + 0.5\sqrt{4+\gamma^2} \tag{6-4-45}$$

$$B/R_0 = \left(0.5\gamma + 0.5\sqrt{4+\gamma^2}\right)^{-0.5} \tag{6-4-46}$$

$$\tan\theta = \left(0.5\gamma + 0.5\sqrt{4+\gamma^2}\right)^{-1} \tag{6-4-47}$$

式中，γ 代表液滴所经历的流场剪切历史。

e. 剪切变形(shear deformation)

主要用于简单剪切流场中的变形计算，其中剪切平面内的长半轴 L 的计算与仿射变形相同，短半轴 B 的计算公式为

$$B/R_0 = -0.5\gamma + 0.5\sqrt{4+\gamma^2} \tag{6-4-48}$$

另一个短半轴 W 的长度假设为固定值。

f. Cox 理论公式

适用于界面张力和黏性力同时起作用时所有黏度比范围内的体系，其变形度和取向角度的预测公式为

$$D = \mathrm{Ca}\,\frac{19p+16}{16p+16}\,\frac{1}{\sqrt{(19p\mathrm{Ca}/20)^2+1}} \tag{6-4-49}$$

$$\theta = \frac{1}{4}\pi + \frac{1}{2}\arctan\left(\frac{19p\mathrm{Ca}}{20}\right) \tag{6-4-50}$$

2）模型比较与验证

下面将在各种常见流场中对上面提到的常用模型公式进行比较，包括与实验结果以及模拟结果之间的比较，最终构造适合于注射成形中共混物相结构演化的模型。

a. 简单剪切场中的稳态变形

简单剪切场的实验通常在由反向旋转的圆筒组成的 Couette 装置中进行,液滴在其中受到剪切。通过拍摄记录静态时的液滴形状,随后在照片中测量各轴的取向角度和长度。

通过将相结构演化方程在足够长时间内进行时间积分,可以得到稳态下的模拟结果。其中积分时间的长短决定了模拟结果的准确性,短时间内将可能得到非稳态结果,长时间则耗费计算成本。同时由于各模型本身的局限性,有些情形下即便有足够长时间范围内的积分,模拟结果仍无法收敛于一个稳态的形状。如图 6-4-17(a)所示,MM 模型的模拟结果开始有振荡,但振荡趋势很快衰减,最终收敛于一个稳态结果。当超过模型有效性范围时,随时间增加模拟的液滴各轴长度振幅越来越大,暗示液滴无法达到稳态形状,即此时模型预测稳态结果已经失效。

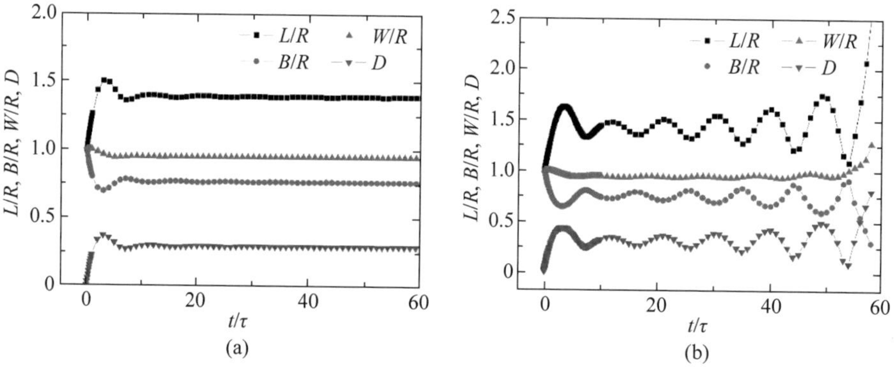

图 6-4-17　MM 模型模拟的液滴形状演化历史

(a) 收敛于稳态结果($p=2.8$,Ca=0.60);(b) 结果发散($p=2.8$,Ca=0.95)

将各种模型预测的简单剪切流中稳定液滴变形的变形度 D 和毛细管数 Ca 之间的关系与实验结果进行比较,结果如图 6-4-18 和图 6-4-19 所示。由图可以看出:当 Ca 极小时,稳态时的液滴形状几乎为球体(即 $D\approx 0$)。随着 Ca 增加,液滴越来越伸长(D 在增大)。当黏度比较大时,变形的增加趋势逐渐减缓,直至出现一个变形的平台区。长轴开始与最大伸长速率的方向重合($\theta=45°$),但后期将逐渐趋于流动方向。除 Cox 模型对于小黏度比时的取向角度的预测几乎失效外,所有的模型结果均较准确地预测了以上趋势。

b. 瞬态初始变形

任何非稳态变形均可近似为一种瞬态过程。瞬态变形结果取决于流场及共混物的特征时间。弱流场中液滴的初始变形预测结果如图 6-4-20 所示。Yu 模型、MM 模型和 JT 模型都能很好地描述实验数据的趋势。尽管 MM 模型对于 W 的变化稍有高估,但差异很小可以忽略。而仿射变形与剪切变形虽然可以定性预测各轴变化趋势,但模拟结果与实验数据相差较大,说明这两种模型不适合预测剪切较弱流场中的初始变形。

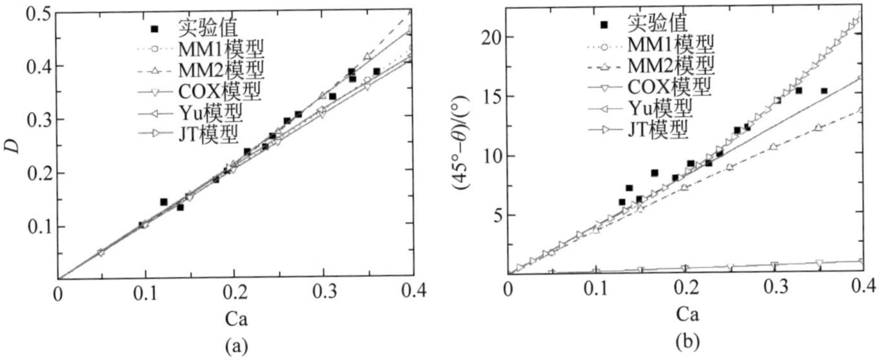

图 6-4-18　简单剪切场中的稳态变形($p=0.08$)

(a) 变形度；(b) 取向角度

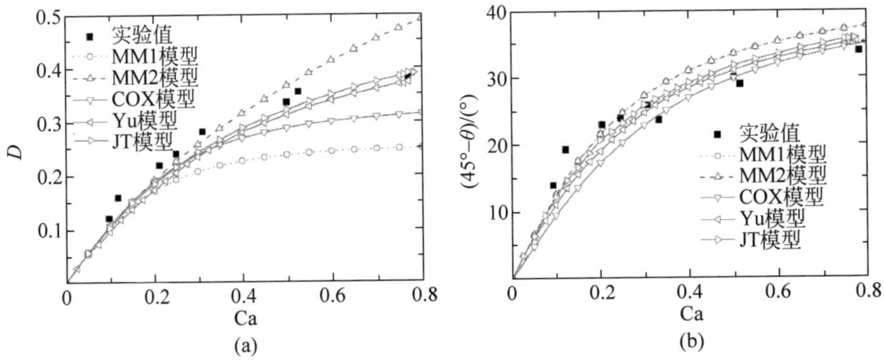

图 6-4-19　简单剪切场中的稳态变形($p=3.6$)

(a) 变形度；(b) 取向角度

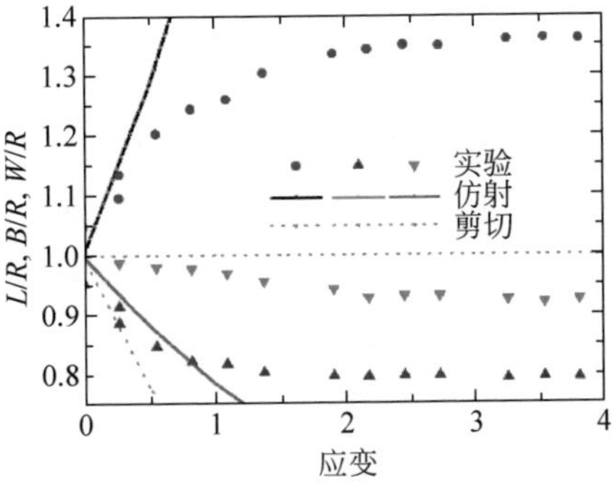

图 6-4-20　简单剪切流场中的液滴瞬态变形的不同模型比较结果(Ca=0.24，$p=1.4$)

当毛细管数 Ca 超过临界值时，液滴将变形并最终破裂。破裂前的瞬态变形预测结果如图 6-4-21 所示，结果表明 Yu 模型和 JT 模型与实验结果拟合较好，能较准确地捕捉到液滴各轴的变化过程。MM 模型与实验结果有一定的偏差，说明该模型对大变形的模拟有待改进。仿射变形和剪切变形由于模型本身的局限性，仅适用于特定情形下的变形预测：前者由于假设两短轴长度一直相等，比较适合于细长体变形预测，后者则更适合于 Ca 非常大时的薄板形状预测。

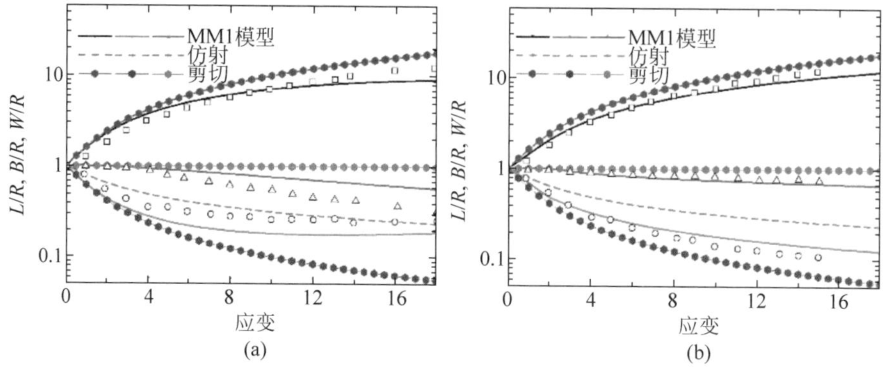

图 6-4-21　简单剪切流场中大 Ca 下的液滴瞬态变形（$p=1$）

(a) Ca＝5.0；(b) Ca＝7.0

反向流场中的比较结果如图 6-4-22 所示，结果显示，黏度比较低情况下两短轴会在反向过程中相交两次，而在高黏度比下则不会出现相交。Yu 模型和 MM 模型都能较准确地反映液滴的瞬态特征。剪切变形仅能做变形的定性预测，而对于流场反向后取向角度的预测完全失效。

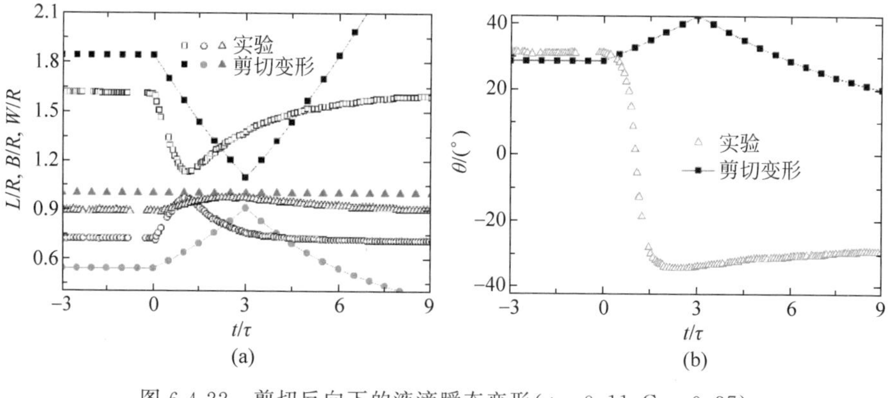

图 6-4-22　剪切反向下的液滴瞬态变形（$p=0.11$，Ca＝0.37）

(a) 变形度；(b) 取向角度

2. 分散相的破裂机理与模型

当毛细管数 Ca 稍大于临界值 Ca_{crit} 时，液滴破裂的模式取决于黏度比：当 p 远小于 1 时，液滴被极度拉伸为 S 形，两端会释放出小液滴；当 $p\approx1$ 时，液滴从中间部位逐渐颈缩直至破裂为两个子液滴，其间还有一些更小的“卫星液滴”。

当 Ca 远超过 Ca_{crit} 时，液滴伸展为一条细长的纤维。伸展过程中，黏性力占据主导作用,因此纤维的变形可以用仿射变形模式描述。随后由于变形应力减小,液滴经历毛细管数的不稳定性而最终破裂。单个纤维在静止介质中的破裂早有研究。当变形中的纤维直径继续减小到次微米级别时,静止介质中的纤维几乎立即破裂。因此,可以假设只要丝状体直径减小到某临界值以下时,纤维将会破裂,而无须考虑此时的毛细管数。

根据简单流动条件下液滴变形和破裂机理的实验研究结果,可以定义一个简化的毛细管数 $k^*=\mathrm{Ca}/\mathrm{Ca}_{\mathrm{crit}}$(即局部的毛细管数与临界值的比例),来描述变形或破裂的准则。根据 k^* 的不同情况,大多数研究人员采用下列通用规则来描述液滴行为。

(1) 当 $k^*<0.1$ 时,液滴不会变形;

(2) 当 $0.1<k^*<1$ 时,液滴变形,但不会破裂;

(3) 当 $1<k^*<4$ 时,液滴变形后分裂成两个主要的子液滴;

(4) 当 $k^*>4$ 时,液滴随介质的仿射变形形成纤维,并在下列条件下破裂成一系列小颗粒:当纤维直径低于由实验观察到的临界值 d^* 时,或由流动停止后毛细管数不稳定机制导致。

$\mathrm{Ca}_{\mathrm{crit}}$ 用于确定液滴是否会形成平衡形状或分解为更小的颗粒。单个牛顿液滴的 $\mathrm{Ca}_{\mathrm{crit}}$ 依赖于黏度比和流场形式。在剪切流场的牛顿体系中,$\mathrm{Ca}_{\mathrm{crit}}$ 表现为黏度比 p 的函数形式。当 $p>4$ 时,$\mathrm{Ca}_{\mathrm{crit}}$ 无穷大,暗示破裂不可能发生。通常采用如下的德布鲁因(de Bruijn)经验公式来描述简单剪切场中 $\mathrm{Ca}_{\mathrm{crit}}$ 与 p 的关系:

$$\lg\mathrm{Ca}_{\mathrm{crit}}=-0.506-0.0995\lg p+0.124(\lg p)^2-\frac{0.115}{\lg p-\lg 4.08} \tag{6-4-51}$$

虽然黏弹性体系中两相的弹性比会影响 $\mathrm{Ca}_{\mathrm{crit}}$,但由于对弹性作用的研究十分有限,暂时不考虑将该参数加入相形态演化模型中。

当体系浓度较大时,液滴会频繁与周围液滴发生相互作用而变得不稳定,导致 $\mathrm{Ca}_{\mathrm{crit}}$ 降低,此时 $\mathrm{Ca}_{\mathrm{crit}}$ 的计算公式必须进行修订。实验结果表明组分的高浓度对液滴的破裂过程影响十分显著。此外,将基于溶液黏度计算(之前都是基于介质黏度计算)的 $\mathrm{Ca}_{\mathrm{crit}}$ 用于预测破裂得到的结果与实验结果吻合很好,证实液滴的破裂应由溶液中的平均应力引起,而不是之前认为的由连续相介质的应力导致。

根据平均场近似法原理,假设施加在单个液滴上的作用力与周围溶液的黏度成正比,则式(6-4-51)可以修订为

$$\eta_{\mathrm{r,em}}\mathrm{Ca}_{\mathrm{crit}}=f_{\mathrm{Grace}}(p/\eta_{\mathrm{r,em}}) \tag{6-4-52}$$

其中,$\eta_{\mathrm{r,em}}=\eta_{\mathrm{em}}/\eta_{\mathrm{m}}$ 为相对溶液黏度,η_{em} 为溶液黏度。

值得注意的是各种破裂机理并非立即发生,而需要一个特定的时间 t_{b}(可以通过初始液滴直径、界面张力和黏度比计算得到)。定义一个无量纲的破裂所需时间变量 $t_{\mathrm{b}}^*\equiv t_{\mathrm{b}}\dot{\gamma}/(2\mathrm{Ca})$,则 t_{b}^* 可以表示为 p 的单调函数,即

$$t_{\mathrm{b}}^*=84p^{0.345}k^{*-0.559} \tag{6-4-53}$$

式中，k^* 为前面定义的简化毛细管数。式(6-4-53)的拟合结果如图 6-4-23 所示。

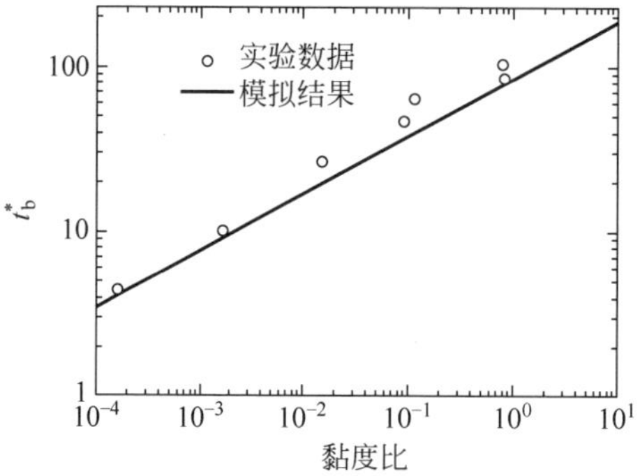

图 6-4-23　黏度比对无量纲破裂时间的作用图

在计算相结构的尺寸分布时，分散相颗粒的初始直径 D_0 和破裂时的临界直径 d^* 的影响不容忽视。很多学者都忽略了共混物制备过程中熔融阶段的作用，而直接由初始造粒得到的颗粒尺寸开始计算。由于初始造粒尺寸的数量级(通常为 mm)明显远超过实际的相结构尺寸(μm)，计算结果将存在较大偏差。因此，D_0 与 d^* 的选择需要事先通过实验确定，以应用于后期的模型计算中。

液滴以颈缩方式分裂为两个主要子液滴的过程可以利用直接法计算。不考虑周围液滴的作用下，假设直径为 D' 的液滴完全分裂成两个直径相同的子液滴，则根据体积守恒原理可以得到分裂后的子液滴直径 $d \approx 0.794D'$。

根据破裂实际所需时间 t_b 的定义，也可以对破裂过程进行统计学意义上的平均计算。首先得到液滴总数 N_d 的变化率为

$$\frac{\mathrm{d}N_d}{\mathrm{d}t} = \frac{\dot{\gamma} N_d}{\mathrm{Ca}_{\mathrm{crit}} t_b^*} \tag{6-4-54}$$

式中，$N_d = \dfrac{6\phi V}{\pi D^3}$，$V$ 为溶液总体积，D 为液滴直径。从而得到液滴破裂的速率公式，即

$$\left(\frac{\mathrm{d}D}{\mathrm{d}t}\right)_{\mathrm{break}} = \frac{-\dot{\gamma} D}{3\mathrm{Ca}_{\mathrm{crit}} t_b^*} \tag{6-4-55}$$

比较上面两种计算模型很容易发现，直接法计算简单快捷，但无法体现破裂过程中的变化趋势；统计法的物理意义更为明确，且变化率公式容易与其他变化公式耦合，可扩展性强，但计算成本相对较大。

目前，对丝状体破裂过程的液滴模型的研究十分有限，大多利用经验公式或流体动力学相关理论进行近似计算。例如，根据毛细管数不稳定性的 Rayleigh 理论和体积守恒原理，可以采用下列公式计算纤维破裂后的最终尺寸：

$$R_{\mathrm{drops}} = R_0 \sqrt[3]{\frac{3\pi}{2X_m}} \tag{6-4-56}$$

式中，R_0 为破裂前的纤维直径，可以近似等效为纤维破裂瞬间的临界直径 d^*；X_m 代表主波数。当 $p=1$ 时，$X_m \approx 0.56$，利用式(6-4-56)计算得到的液滴破裂后的直径 $d \approx 2d^*$。

3. **分散相的凝聚机制与模型**

Tokita 提出共混聚合物中的相结构尺寸来源于两种机制的竞争结果：分散相颗粒的持续破裂和凝聚。破裂显然会减小液滴的尺寸，而凝聚则会引起尺寸的增加。实验结果发现当分散相的体积比例超过 0.5%，即可观察到凝聚作用，因此常用共混聚合物形态模拟中必须考虑凝聚过程。

凝聚过程中一个至关重要的环节是液滴之间的相互碰撞。碰撞的液滴之间会形成一层扁平状或窝状的连续相介质的薄膜。液体作用力推动两液滴互相靠近，从而不断排出薄膜间的介质流体，如图 6-4-24 所示。

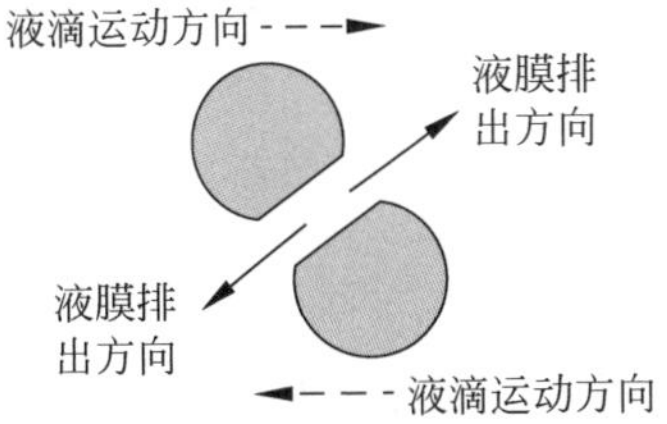

图 6-4-24　液滴凝聚机理示意图

一旦薄膜的厚度低于某临界值（通常近似为 10nm），则范德华力将开始发挥作用，导致薄膜破裂和液滴凝聚。如果流体的作用力在液膜破裂之前反向，则液滴将发生分离而不会凝聚。

针对剪切流场中两个相同大小的球形颗粒的凝聚过程，凝聚速率可以表示为碰撞概率和碰撞过程动力学的函数。其中碰撞概率 p_{coll} 可以表示为

$$p_{coll} = \exp\left(\frac{-\pi}{8\dot{\gamma}\phi t_{loc}}\right) \tag{6-4-57}$$

式中，t_{loc} 为局部停留时间。

液膜排出概率 p_{exp} 则取决于界面的活动性，而界面的活动性取决于黏度比 p，p 越大，界面活动性越差。针对 p 远大于 1 时的不活动界面，可利用下式计算液膜排出概率，即

$$p_{exp} = \exp\left[-\frac{9}{8}\left(\frac{R}{h_c}\right)^2 k^{*2}\right] \tag{6-4-58}$$

式中，h_c 为破裂时的液膜临界厚度，可通过实验获得；k^* 定义同前面。

从而液滴的凝聚概率 p_{coll} 可以表示为 p_{coll} 和 p_{exp} 的乘积形式。

流场或静止条件下，当两个液滴足够靠近时，可以发生凝聚。流动条件下由于影响因素太多(包括流场种类、两液滴的初始结构及界面的性质等)，目前关于这些因素对凝聚作用的全面理解仍然处于初级阶段，凝聚过程更为复杂。

目前，大部分实验与理论以牛顿体系为研究对象，对复杂的多相体系中的凝聚过程理解十分有限。此外，关于界面性质(厚度与灵活性)的作用也鲜有研究，导致理论分析经常需要进行部分假设与简化，限制了模型的应用。为了考虑所有参数对结果的影响，采用数值模拟技术是个不错的选择。一种简单计算凝聚过程中液滴形状的演化过程的方法如下：在界面上设置网格节点，然后使用数值方法如边

界积分和边界元法、有限元法、有限差分法等计算，使用固定网格来处理移动的边界，包括流体体积法(volume of fluid，VOF)、水平集法(level-set method)及扩散边界法(diffuse interface method)等。

综合考虑凝聚过程中的各因素作用，可得到如下凝聚过程中的分散相直径演化公式：

$$\left(\frac{\mathrm{d}D}{\mathrm{d}t}\right)_{\mathrm{coal}}=CD^{-1}\phi^{8/3}\dot{\gamma} \tag{6-4-59}$$

式中，D 为液滴直径；C 为凝聚常数。

假设破裂与凝聚过程中液滴的形状变化可以进行线性叠加，则可以由式(6-4-55)与式(6-4-59)得到最终液滴直径变化率为

$$\left(\frac{\mathrm{d}D}{\mathrm{d}t}\right)=\left(\frac{\mathrm{d}D}{\mathrm{d}t}\right)_{\mathrm{break}}+\left(\frac{\mathrm{d}D}{\mathrm{d}t}\right)_{\mathrm{coal}} \tag{6-4-60}$$

式(6-4-60)可以通过各种数值方法例如有限差分法等在时间上进行积分，获得破裂和凝聚综合作用下的液滴直径变化。

由于平衡状态下液滴的尺寸变化率为 0，根据式(6-4-55)、式(6-4-59)与式(6-4-60)则有

$$D_{\mathrm{eq}}=D_{\mathrm{eq}}^{0}+(6C\mathrm{Ca}_{\mathrm{crit}}t_{\mathrm{b}}^{*}\phi^{8/3})^{1/2} \tag{6-4-61}$$

式中，D_{eq} 为平衡态下的直径；D_{eq}^{0} 为外推得到的零组分(即不含任何分散相)下的直径。利用式(6-4-61)，某种共混物的凝聚常数 C 可由制备一系列不同组分的材料获得，即通过 D_{eq} 与 $\phi^{4/3}$ 的关系曲线斜率计算。拟合曲线如图 6-4-25 所示，凝聚常数 $C=2.77\times10^{-15}$。

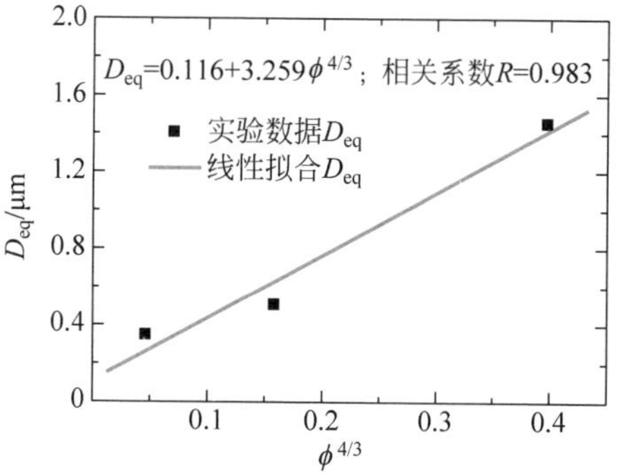

图 6-4-25 PP/POE 共混物中 POE 的平均平衡半径与组分的关系

利用前面得到的凝聚概率公式，也可以得到凝聚之后的新颗粒半径的近似计算公式。假设两个相同大小的液滴相互作用，根据体积守恒原理得到

$$R^{*}=R\left(\frac{2}{2-p_{\mathrm{coal}}}\right)^{1/3} \tag{6-4-62}$$

式中，R 和 R^{*} 分别代表凝聚前后的液滴半径。显然，当不考虑凝聚作用，即 $p_{\mathrm{coal}}=0$ 时，$R^{*}=R$；当凝聚完全，即 $p_{\mathrm{coal}}=1$ 时，$R^{*}=2^{1/3}R$。

6.4.3.3　计算案例

Delamare 和 Vergnes 基于破裂与凝聚机理计算了共混聚合物在双螺杆挤出机中的液滴形态发展，并根据局部毛细管数值和局部流动条件解释了包括仿射变形、液滴分裂、毛细血管不稳定破裂与凝聚等的不同的形态变化。虽然计算是在双螺杆挤出成形过程中进行的，但也可以应用于注塑成形等其他成形过程。

计算使用材料为以聚丙烯（牌号：Hoechst PPU 1780）作为基体，以乙烯-丙烯酸乙酯-马来酸酐（牌号：ELF-Atochem Lotader 3700）三元共聚物（质量分数 10%）作为分散体的共混聚合物。图 6-4-26 所示为预测的平均直径 D、局部临界毛细管数比、破裂时间与局部停留时间比及凝聚概率沿螺杆轮廓的变化。平均直径

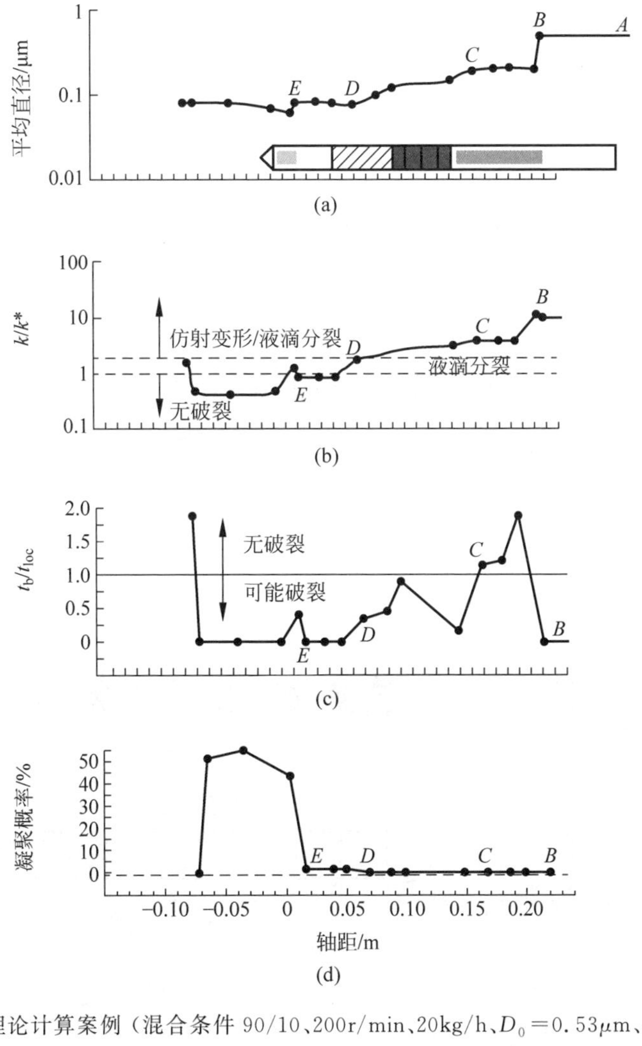

图 6-4-26　理论计算案例（混合条件 90/10、200r/min、20kg/h、$D_0=0.53\mu m$、$d^*=0.1\mu m$）

(a) 平均直径；(b) 局部与临界毛细管数的比率；(c) 破裂时间与局部停留时间的比率；(d) 凝聚概率

的变化是破裂和凝聚综合作用的结果，如当进入混合段前面有压力的区域时（B点），满足不稳定条件（$k/k^{*}\approx 10$），并且由于达到极限值（$d^{*}=0.1\mu m$），很快发生破裂，破裂后形成 $0.2\mu m$ 液滴。

如图 6-4-27 所示，初始直径 D_0 会对计算结果产生影响，但如果 D_0 小于 $10\mu m$，那么初始直径就不重要了。但当 $D_0=1mm$ 时，由于纤维太大，无法在流场中破裂（毛细管失稳的破裂时间太长），纤维形态将一直保持在螺杆方向上。在实际计算中，为了预测模型的真实性，还应考虑熔化机理。

将模拟结果与实验数据进行比较，其中分散体系分别使用平均直径（图 6-4-28）和直径大小分布（图 6-4-29）进行描述。从图 6-4-28 可以看出，该模型可以很好地预测螺杆方向的形态大小及其微小变化。此外，从图 6-4-29 中可以发现，该模型成功地模拟了初始直径与最终直径分布的剧烈变化。因此，所提出的理论模型可以用于为特定相形态设计最佳工艺条件。

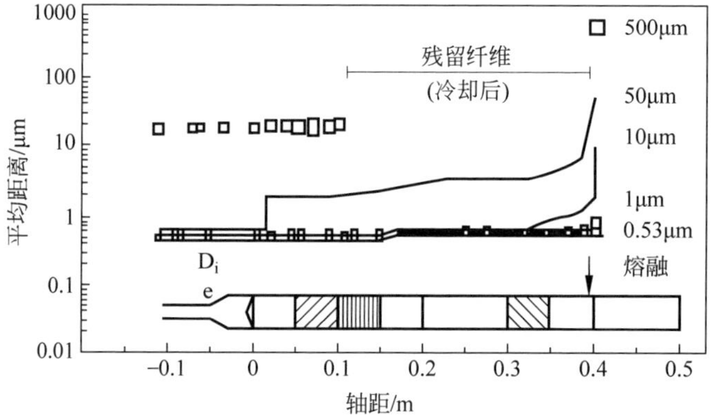

图 6-4-27　初始直径 D_0 对形态演变计算的影响

（混合条件 90/10、200r/min、20kg/h、$D_0=0.53\mu m$、$d^{*}=0.3\mu m$）

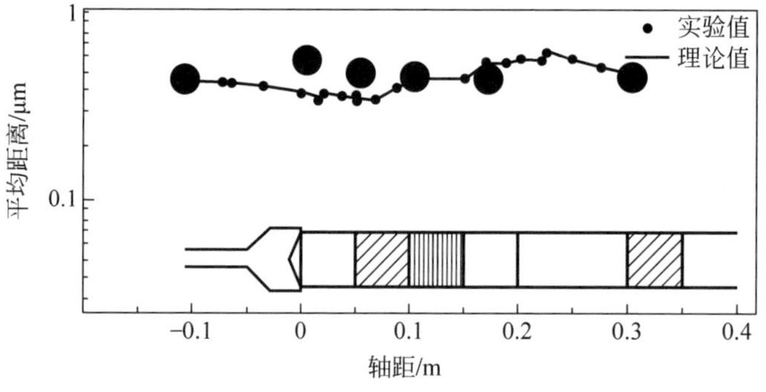

图 6-4-28　平均直径的理论值与实验值比较

（混合条件 85/15、200r/min、20kg/h、$D_0=0.53\mu m$、$d^{*}=0.3\mu m$）

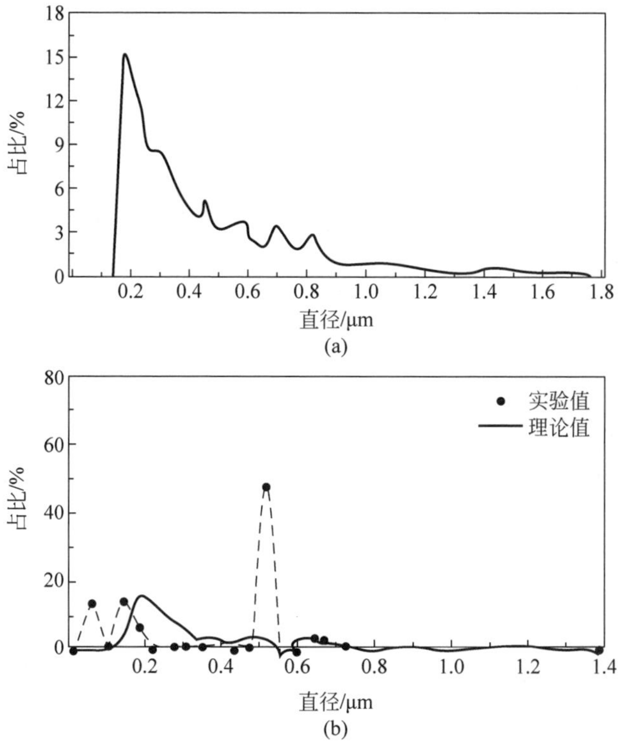

图 6-4-29　直径大小分布的理论值与实验值比较
(a) 熔化结束时；(b) 出模时

6.4.4　取向演化模拟

聚合物取向是指非晶聚合物的大分子链段或整个高分子链，结晶聚合物的晶带、晶片、晶粒等，或纤维状填料在外力作用下，沿外力作用的方向进行有序排列的现象。这种排列也称为定向作用。取向过程是大分子链或链段的有序化过程，而热运动是这些有序单元趋向紊乱无序的一个解取向过程。

聚合物取向会导致聚合物的机械性能和光学性能等物理性质发生变化，如透明聚合物的取向会导致光学畸变和双折射，另外聚合物取向方向的力学性能会比未取向方向或取向程度低方向差很多。因此，准确预测材料成形过程中的取向演变能够帮助准确控制成形过程的取向，定制具有特定性能的注塑成形制品。

6.4.4.1　分子取向

分子取向是指分子链受剪切或伸长流动时的定向排列。在静止的聚合物熔体中，分子链段处于随机状态，即最大无序态，在外力作用下，如在模塑过程中，分子链将沿着流动方向优先排列，部分取向在凝固过程中冻结，导致聚合物分子链和性能的各向异性。例如，大分子的取向会导致不同方向的晶体特性。因此，加工过程中分子取向的准确预测是目前聚合物科学面临的较大挑战之一。

根据主折射率的数量，在光学体系中聚合物取向状态可分为 3 个基本对称系统：立方体（各向同性）、单轴和双轴。聚合物制品中的分子取向可以使用取向因子来表征。

1. 单轴

如在纤维和单轴拉伸薄膜中观察到的，聚合物中分子链的单轴取向可以统计表示为对称轴与链段间夹角 θ 的函数如下：

$$f_{\mathrm{H}}=\frac{3\overline{\cos^2\theta}-1}{2} \tag{6-4-63}$$

式中，f_{H} 代表 Hermans 取向因子，表示单轴分子取向的第二个力矩的值，范围为 $-1/2\sim1$。对于立方取向系统，Hermans 取向因子的值为 0。

对于结晶材料，Hermans 取向因子由对称轴和结晶轴 j 之间的角度定义如下：

$$f_j=\frac{3\overline{\cos^2\theta_j}-1}{2} \tag{6-4-64}$$

$\overline{\cos^2\theta_j}$ 项不是彼此独立的，而是通过三角关系互相联系的。对于正交晶胞，毕达哥拉斯定理要求：

$$\overline{\cos^2\theta_a}+\overline{\cos^2\theta_b}+\overline{\cos^2\theta_c}=1,\quad f_a+f_b+f_c=0 \tag{6-4-65}$$

应注意的是，结晶相的取向因子 f_{Hc} 可与半结晶聚合物的非晶相的取向因子 f_{Ha} 区分开。

或者，可以基于极化率张量 α_{ij} 的各向异性来定义分子取向，即

$$f_{\mathrm{H}}=\frac{\alpha_{11}-\alpha_{22}}{\Delta\alpha_0}=\frac{\alpha_{11}-\alpha_{33}}{\Delta\alpha_0} \tag{6-4-66}$$

式中，$\Delta\alpha_0$ 为沿聚合物链和垂直于聚合物链的极化率的差值；α_{11}、α_{22} 和 α_{33} 分别为沿对称轴 1 和垂直对称轴 2、3 的极化张量的分量。

2. 双轴

双轴取向在聚合物薄膜和注塑产品中很常见。它可以由各组欧拉角表示，作为分子链轴与主对称 1 的角度 θ_1 和分子链轴与第二纬度 2 的角度 θ_2 的函数。

例如，White 和 Spruiell 将方向因子定义为

$$f_1^B=2\overline{\cos^2\theta_1}+\overline{\cos^2\theta_2}-1 \tag{6-4-67}$$

$$f_2^B=2\overline{\cos^2\theta_2}+\overline{\cos^2\theta_1}-1 \tag{6-4-68}$$

式中，角度 θ_1 和 θ_2 是对称的。

对于晶体材料，可以通过引入晶轴 j 与确定的实验轴 1 和 2 之间的角度来导出上述双轴分子取向的方程：

$$f_{1j}^{B}=2\overline{\cos^{2}\theta_{1j}}+\overline{\cos^{2}\theta_{2j}}-1 \tag{6-4-69}$$

$$f_{2j}^{B}=2\overline{\cos^{2}\theta_{2j}}+\overline{\cos^{2}\theta_{1j}}-1 \tag{6-4-70}$$

式中，θ_{1j} 为实验轴 1 与晶轴 j 之间的夹角；θ_{2j} 为实验轴 2 与晶轴 j 之间的夹角。

双折射测量是研究聚合物中分子取向的较简单的方法之一，双折射是指在两个方向上存在两种不同的折射率。对于各向异性聚合物，其分子极化率变为二阶张量：

$$n_i-n_j=\frac{(\bar{n}+2)^2}{18\bar{n}}N\cdot(\alpha_i-\alpha_j) \tag{6-4-71}$$

式中，N 表示每单位体积的分子数；α_i 和 α_j 分别为沿主轴的极化率；n_i 和 n_j 分别为主轴方向的折射率；$\bar{n}$ 为聚合物的平均折射率。因此，单轴取向的 Hermans 取向因子的定义可以写为

$$f_{\mathrm{H}}=\frac{n_1-n_2}{\Delta^{\circ}}=\frac{n_1-n_3}{\Delta^{\circ}} \tag{6-4-72}$$

式中，Δ°为聚合物的本征双折射。

定性地，大分子择优取向是特征松弛时间 λ（其是热机械和结晶度历史的函数）与流动特征时间 t_f（其是变形速率的倒数）之间竞争的结果。高比率的$\frac{t_f}{\lambda}$对应于高取向水平。最受欢迎的模型包括 Leonov 本构方程、UCM 模型及最近的 Pom-Pom 模型。

弹性哑铃模型的非线性公式已被广泛用于描述聚合物的分子取向演变。如果 $\underline{\boldsymbol{R}}$ 是分子链的端到端向量，符号$\langle\cdot\rangle$是配置空间的平均值，则二阶构象张量$\langle\underline{\boldsymbol{RR}}\rangle$可以通过弹性哑铃与速度梯度$\underline{\nabla v}$ 相关联，即

$$\frac{\mathrm{D}}{\mathrm{D}t}\langle\underline{\boldsymbol{RR}}\rangle-\underline{\nabla v}\cdot\langle\underline{\boldsymbol{RR}}\rangle-\langle\underline{\boldsymbol{RR}}\rangle\cdot\underline{\nabla v}^{\mathrm{T}}=\frac{1}{\lambda}[\langle\underline{\boldsymbol{RR}}\rangle_0-\langle\underline{\boldsymbol{RR}}\rangle] \tag{6-4-73}$$

式中，$\langle\underline{\boldsymbol{RR}}\rangle_0$ 为$\langle\underline{\boldsymbol{RR}}\rangle$静止时的值，分子链的端到端距离$\langle\boldsymbol{R}_0^2\rangle=\mathrm{Tr}\langle\underline{\boldsymbol{RR}}\rangle$，$\lambda$ 为松弛时间。

定义哑铃子链群相对于平衡构象的“变形”比例如下：

$$\underline{\boldsymbol{A}}=\frac{3}{\langle\boldsymbol{R}_0^2\rangle}[\langle\underline{\boldsymbol{RR}}\rangle-\langle\underline{\boldsymbol{RR}}\rangle_0] \tag{6-4-74}$$

并且子链群的本构方程可以写为

$$\frac{\mathrm{D}}{\mathrm{D}t}\underline{\boldsymbol{A}}-\underline{\nabla v}^{\mathrm{T}}\cdot\underline{\boldsymbol{A}}-\boldsymbol{A}\cdot\underline{\nabla v}=-\frac{1}{\lambda}\underline{\boldsymbol{A}}+\nabla v+\underline{\nabla v}^{\mathrm{T}} \tag{6-4-75}$$

松弛时间 λ 被认为是常数，这意味着该模型不能预测聚合物熔体的剪切稀化行为。为解决这种情况，应允许 λ 随剪切速率和温度而变化，则提出如下公式：

$$\lambda(T,P,\gamma',\chi)=\frac{\lambda\alpha'(T,P,\chi)}{1+E[\lambda\alpha'(T,P,\chi)\gamma']^{1-b}} \tag{6-4-76}$$

$$\alpha'(T,P,\chi)=10^{-\frac{F_1(T-B_1-B_2P)}{F_2+T-B_1}}h'(\chi) \tag{6-4-77}$$

$$h'(\chi)=1+e_1\exp\left(-\frac{e_2}{\chi^P}\right) \tag{6-4-78}$$

6.4.4.2 纤维取向

在注射成形过程中，塑料在注塑机加热料筒中塑化后，由柱塞或往复螺杆注射到闭合模具模腔中形成制品。该过程主要包括合模、充填、保压、冷却、螺杆后退、塑化和顶出 6 个部分，具体如下：首先经过加热由固态变为熔融态；然后受螺杆压力作用，高速充满型腔；最后受型腔冷却作用，由熔融态到玻璃态。这个过程包含自由界面运动、纤维与熔体相互作用、热传导和相变等多个物理和化学过程，十分复杂。因此，通过注射成形生产合格的短纤维增强塑料制品是一个具有挑战性的任务，其中难点之一是纤维在成形中发生取向行为，严重影响产品性能，但其形成机理复杂，调控难度大。

纤维取向对制品的力学性能和物理性能有着十分重要的影响。短纤维增强制品在承受载荷时，纤维是主要的受力构件，塑料基体起传递作用。力学性能受纤维种类、数量、纤维形态和纤维与基体间界面的影响很大。纤维含量、取向、长径比和界面强度对复合材料最终性能之间的平衡十分重要。对韧性塑料，纤维的加入使材料的刚度和强度增加，同时断裂韧性可能下降。而对某些脆性塑料，情况可能不同。此外，基体到纤维的载荷传递效率对力学性能的影响也较大。对单根纤维复合材料，问题相对简单。而对实际使用的含大量短纤维的复合材料，相邻纤维之间相互作用会影响载荷传递，情况变得十分复杂。同样地，纤维增强制品的物理性能也受纤维长度、形态和取向等因素的影响。例如，复合材料的导热系数不仅取决于基体和纤维的导热系数，而且受纤维取向场、纤维长度分布和界面热阻等的影响。综上，短纤维增强塑料的力学性能和物理性能主要受如下因素影响：纤维和基体的性能、纤维基体之间界面强度、纤维含量、纤维平均长度和纤维取向场。因此，控制纤维取向对获得性能优异的纤维增强塑料制品至关重要。短纤维在成形过程中随聚合物一起流动，除受流体的黏性力和力矩作用之外，纤维之间也有相互作用。这使追踪成形过程中单根纤维的取向演化过程几乎不可能。因而取向演化方程一般基于统计学理论建立，只能给出大量纤维沿某方向取向的概率。影响取向的注射成形过程中的速度场和应变率场难以解析地给出，取向演化方程一般难以得到解析解，使调控纤维取向变得十分困难。

纤维在剪切和拉伸方向上取向，并在许多注塑零件中观察到皮/芯结构。具体而言，纤维在制品表面附近沿流动方向排列，但在芯层纤维垂直于流动方向取向，这可以使用流动运动学进行解释：纤维的任何运动必定带动相邻纤维的协同运动。

根据纤维体积分数 ϕ 和纤维纵横比 a_R（由长度与直径比定义），纤维悬浮液可分为 3 种浓度类别：稀释悬浮液、棒状纤维和浓缩悬浮液。

(1) 稀释悬浮液：体积分数满足 $\phi a_R^2<1$，每根纤维自由旋转。

(2) 棒状纤维：体积分数满足 $\phi=n\pi d^2L/4$，其中 n 为纤维的数量密度。

(3) 浓缩悬浮液：体积分数满足 $\phi a_R>1$。由于纤维之间的平均距离小于纤维直径，除了绕对称轴，纤维不能独立地旋转。$1<\phi a_R^2<a_R$ 悬浮液被称为半浓缩，每根纤维仅具有两个旋转自由度。常用于注塑成形的商业复合材料大多数属于半浓缩或高浓缩状态。

各向同性本构模型不再适用于注塑纤维增强复合材料。除非嵌入的纤维是随机取向的，否则应考虑纤维增强复合材料中的纤维取向，并应引入注塑产品的热机械性能的各向异性。

目前在预测纤维取向方面已经有不少研究，一个典型的例子是 Folgar 和 Tucker 关于模拟浓缩悬浮液中单根纤维运动的工作。他们的方法基于 Jeffery 方程，该方程仅对稀释纤维悬浮液有效而不考虑纤维-纤维相互作用，通过扩散项增加纤维之间的相互作用。平面流中纤维取向的控制方程可以推导为

$$\dot{\theta}=\frac{-C_{\mathrm{I}}\dot{\gamma}}{\psi}\frac{\partial\psi}{\partial\theta}-\cos\theta\sin\theta\frac{\partial v_x}{\partial x}-\sin^2\theta\frac{\partial v_x}{\partial y}+\cos^2\theta\frac{\partial v_y}{\partial x}+\sin\theta\cos\theta\frac{\partial v_y}{\partial y} \tag{6-4-79}$$

式中，θ 为纤维相对于流场取向的角度；ψ 为方向分布函数；v_x 和 v_y 分别为速度的分量；C_{I} 为一个称为相互作用系数的经验常数，可以认为是悬浮液中纤维相互作用强度的量度。假设 C_{I} 是各向同性的并且与取向状态无关。

Advani 和 Tucker 没有用单一角度表示纤维的取向，而是利用沿纤维轴的单位向量和各种二阶张量开发了一种更有效的方法来表示纤维的取向。当使用 Folgar-Tucker 方法求解方程时，这种方法大大降低了计算要求。

采用单位矢量 $\boldsymbol{p}$ 来指定悬浮液中的纤维取向，纤维取向的概率分布函数可以通过二阶 $\langle\boldsymbol{pp}\rangle$ 和四阶 $\langle\boldsymbol{pppp}\rangle$ 取向张量（或者用笛卡儿张量表示法 a_{ij} 和 a_{ijkl}）来描述，其中角括号表示相对于概率密度函数的平均值。每根纤维的取向 $\boldsymbol{p}$ 取决于其初始构型、纵横比、悬浮液中纤维的数量密度和剪切变形。对于取向张量而言，Folgar-Tucker 模型可以表述如下：

$$\frac{\mathrm{D}a_{ij}}{\mathrm{D}t}=\omega_{ik}a_{kj}-a_{ik}\omega_{kj}+\lambda(D_{ik}a_{kj}+a_{ik}D_{kj}-2D_{kl}a_{ijkl})+2C_{\mathrm{I}}(\delta_{ij}-\alpha a_{ij}) \tag{6-4-80}$$

式中，δ_{ij} 为单位张量的分量；$\omega_{ij}=\dfrac{v_{i,j}-v_{j,i}}{2}$ 为局部涡度；D_{ij} 为应变张量的比率，为满足条件 $\mathrm{Tr}\langle\boldsymbol{pp}\rangle=1$；$\alpha$ 为对于三维取向等于 3 而对于平面取向为 2 的常数；λ 为光纤纵横比，定义为 $\dfrac{a_R^2-1}{a_R^2+1}$。

为了用二阶张量表示四阶张量，需采用闭合近似。目前已有多种不同形式的闭合近似，包括二次、混合和复合近似等。闭合方案的有效性取决于流动的类型和纤维的对准程度。

使用 Folgar-Tucker 模型的主要问题是 C_I 值的确定。Fan 等最近开发了一种简单剪切流中纤维与纤维相互作用的数值模拟，通过润滑力模拟短程相互作用，并使用边界元法计算远程相互作用，通过适当的平均算法获得二阶和四阶张量的分量 a_{ij} 和 a_{ijkl}，然后将它们的数值用于各向异性版本的 Folgar-Tucker 旋转扩散方程，以确定剪切流中的相互作用系数：

$$\frac{\mathrm{D}a_{ij}}{\mathrm{D}t}=\omega_{ik}a_{kj}-a_{ik}\omega_{kj}+\lambda(D_{ik}a_{kj}+a_{ik}D_{kj}-2D_{kl}a_{ijkl})-$$

$$3\dot{\gamma}(C_{jk}a_{kj}+C_{jk}a_{ik})+6\dot{\gamma}C_{kl}a_{ijkl}+2\dot{\gamma}(C_{ij}-C_{kk}a_{ij}) \quad (6\text{-}4\text{-}81)$$

式中，对称的二阶张量 C_{ij} 代表各向异性行为，是从各向同性扩散率 $C_I\delta_{ij}$ 扩展而来的。一旦确定了张量 C_{ij}，注塑成形中纤维取向的演变便能实现。

6.4.4.3 计算案例

1. 分子取向

Kim 等根据应力光学定律，建立了聚合物材料在应力作用下的双折射与残余应力的关系，并使用中心浇口圆盘制件的双折射的数值模拟结果与实验测量结果分析了注塑制品中的分子取向。

图 6-4-30 和图 6-4-31 所示为注塑成形制品的厚度方向双折射分布的数值分析结果与实验测量结果对比，其中图 6-4-30 为无保压（保压压力为 0）工艺过程，图 6-4-31 为保压压力 16.5MPa、保压时间 6.0s 工艺过程。比较图 6-4-30 与图 6-4-31 可以发现，保压阶段对双折射分布最大的影响是产生了在充填阶段出现的外峰之外的内峰。保压后出现的内峰是由保压补缩过程中流动引起分子进一步取向而产生的，充填阶段出现的外峰在填充后阶段保持不变，因为双折射在模壁附近已经凝固了。

从图 6-4-30 和图 6-4-31 中可以发现，数值分析结果的双折射分布的总体形状与两种情况下的实验测量结果吻合得较好。但在双折射的数值大小上，数值分析总是比实验数据要小一些，这可能是由于数值分析将应力光学系数当作常数进行计算，但实际应力光学系数可能不是常数。在这种数值分析中，或者通过 Leonov 模型进行的整体建模结果不够精确。

熔体温度对模拟双折射分布的影响如图 6-4-32 所示（符号的含义与图 6-4-30 中相同）。随着熔体温度升高，模腔壁附近的双折射显著降低，因为随着熔体温度的升高，凝固层逐渐变薄，而且随着熔体温度升高，熔体的弹性应力松弛时间变长。

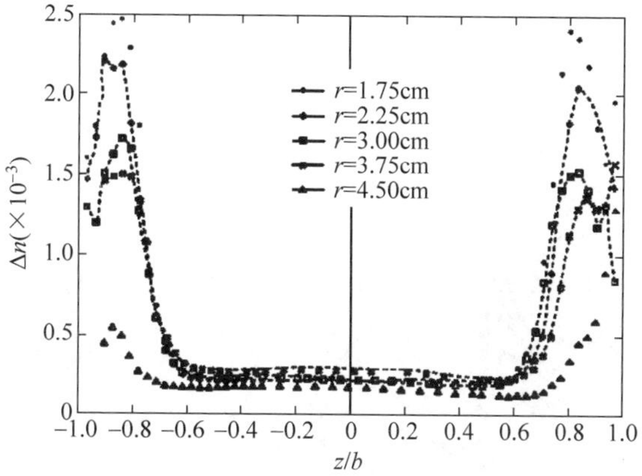

(a)

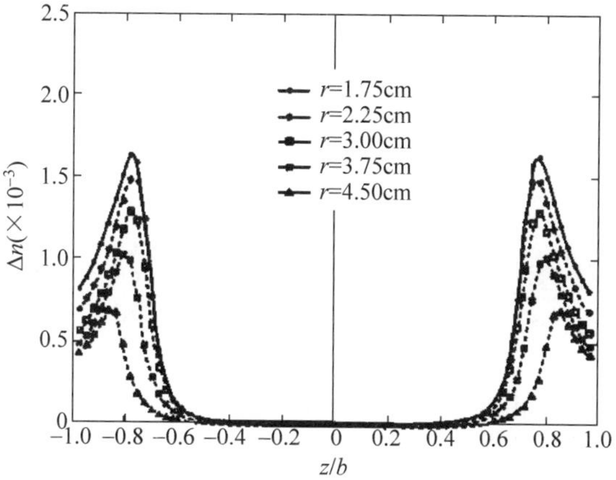

(b)

图 6-4-30　冷却结束时刻圆盘不同半径 r 处双折射沿厚向分布结果(保压压力＝0)

(a) 实验结果；(b) 数值分析结果

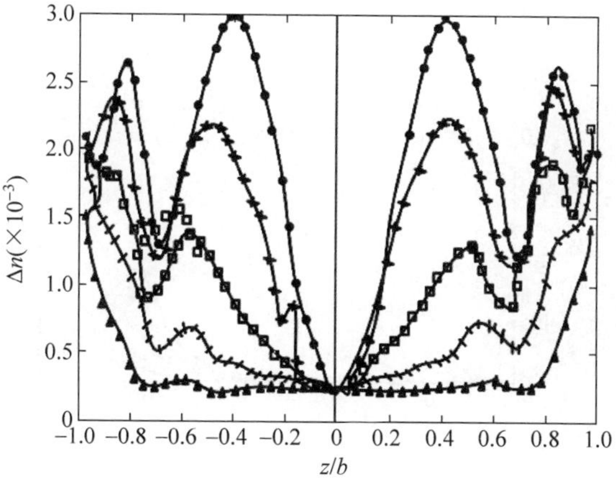

(a)

图 6-4-31　冷却结束时刻圆盘不同半径 r 处双折射沿厚向分布结果(保压压力＝16.5MPa)

(a) 实验结果；(b) 数值分析结果 (符号含义与图 6-4-30 相同)

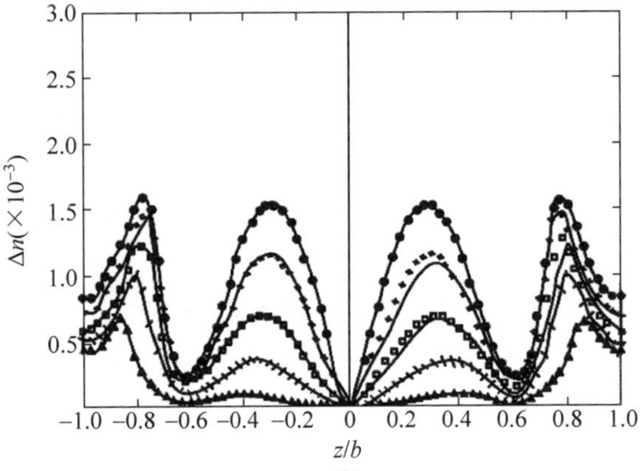

(b)

图 6-4-31(续)

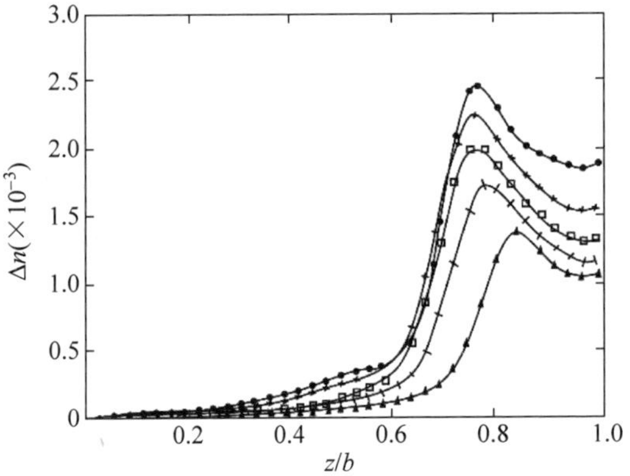

(a)

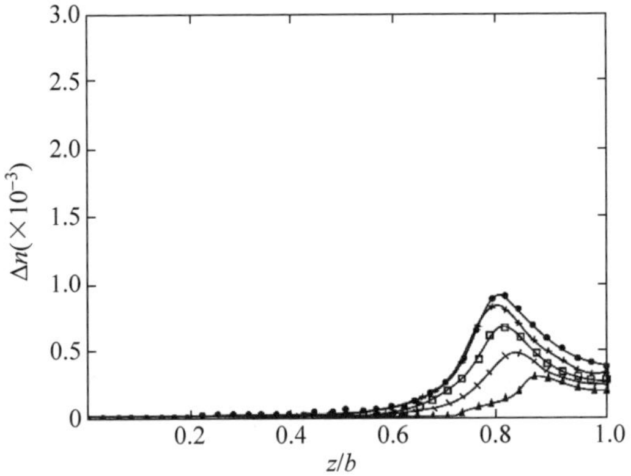

(b)

图 6-4-32　冷却结束时刻圆盘不同半径 r 处双折射沿厚向分布结果

(a) 熔体温度 200℃ (t=8.090s)；(b) 熔体温度 240℃ (t=8.412s)

2. 纤维取向

1）长方形薄板制件

长方形薄板制品最初被 Bay 用来做纤维取向试验，浇口在侧面中心，如图 6-4-33 所示。采用的材料为玻璃纤维增强尼龙（PA66），纤维体积含量为 23%。注射温度为 277℃，纤维的初始取向为随机取向 $a_{xx}=a_{yy}=a_{zz}=1/3$，模具温度为 27℃，注射时间为 0.45s。取 3 个垂直于流动方向的横截面，离浇口距离分别是 9mm、77mm 和 167mm，用电子显微镜拍照，并用软件把取向分量计算出来。

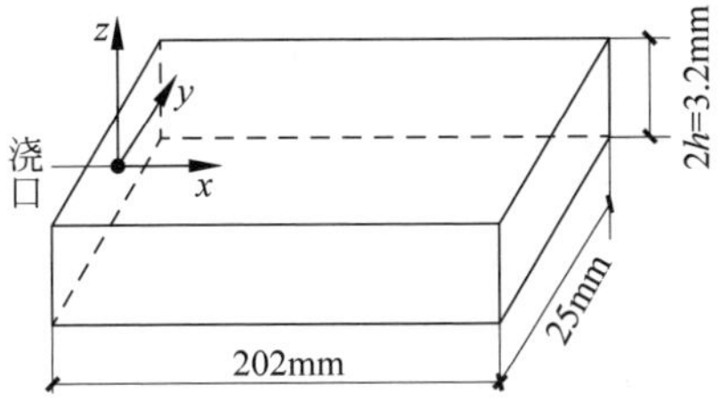

图 6-4-33　长方形薄板示意图

图 6-4-34 分别显示了 3 个截面中心处沿厚度方向的取向分量分布。从图 6-4-34 中可以看出，计算结果沿板的厚度中心具有对称性，而试验结果基本反映了这一趋势，只是对称性相对要弱一些。在 3 个横截面上，表层的 a_{zz} 都很小，表明此处纤维基本沿平面取向。原因可能是，流体在表层的剪切强度大，加上模具的限制作用，使纤维不容易转动。由制品表层到中心层，a_{zz} 逐渐变大，并在中心层达到最大。原因可能是流体在中心层剪切为零，使纤维朝 z 方向的转动所受阻力较小。比较图 6-4-34(a)～(c)可知，3 个位置纤维最大可能取向方向都是 x 轴方向，也就是流场的方向。77mm 处的取向最强烈，可能是因为该处所受的剪切场方向最恒定，时间最长。9mm 处离浇口太近，注射过程采用点浇口，因此该处的剪切可能不完全平行 x 轴，所以取向程度也没有 77mm 处高。而 167mm 处离浇口太远，该处熔体温度降低，剪切减弱，因此也没有 77mm 处的取向度高。除 9mm 处 a_{zz} 误差较大外，其他部分计算结果都与试验结果吻合得较好，模拟结果基本在试验误差范围内。该案例表明本节中算法是可靠的和高精度的。

2）拉伸试样制件

Chung 和 Kwon 开发了一个预测短纤增强热塑性材料注射成形流动过程中的纤维取向瞬态行为的数值模拟软件。他们采用前面提到的 Folgar-Tucker 模型，并对四阶张量 a_{ijkl} 进行混合闭合近似，通过适当的张量变换，在任意三维型腔中的每一层上确定纤维取向张量。

对图 6-4-35 所示的拉伸试样制品进行了注塑过程数值模拟，型腔充满后的流场和速度场如图 6-4-35 所示。浇口附件的分流依次为平行流、平行分流和平行流。

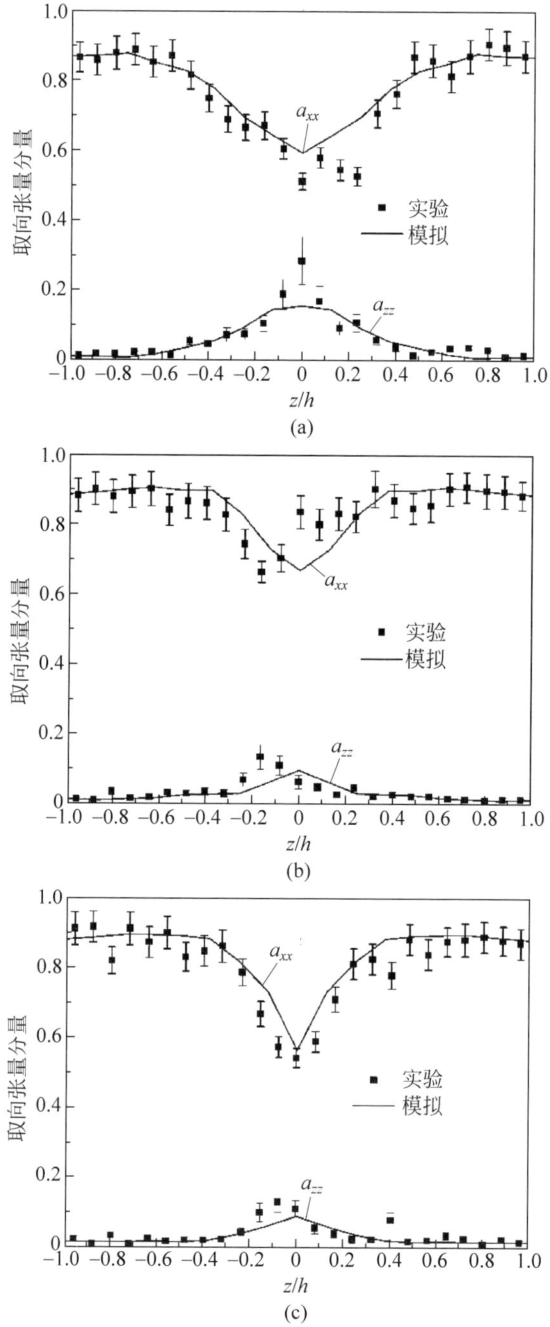

图 6-4-34　距离浇口不同位置处厚度方向取向分量值

(a) $x=9$mm；(b) $x=77$mm；(c) $x=167$mm

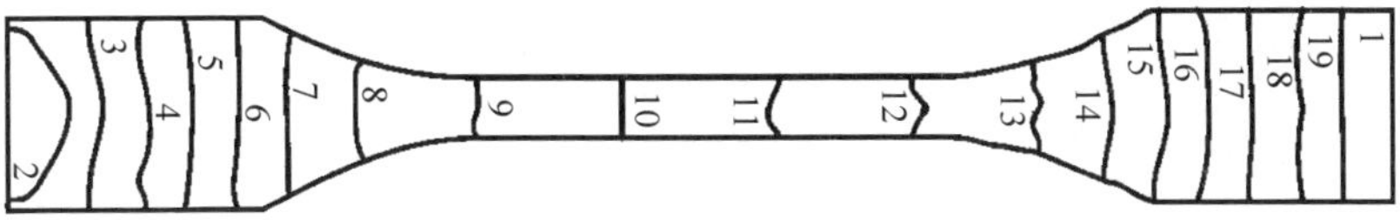

(a)

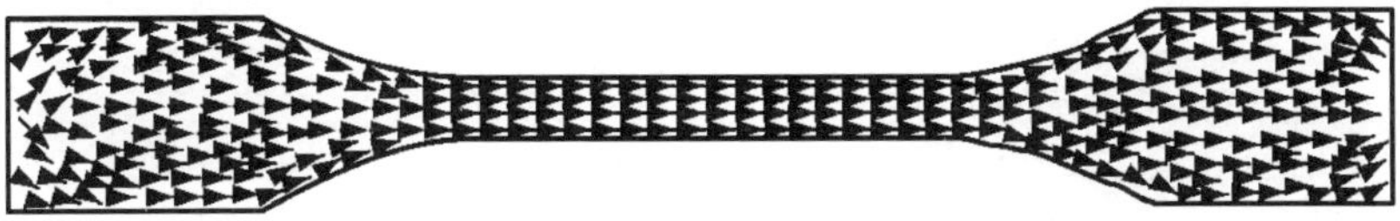

(b)

图 6-4-35　拉伸试样充填模拟结果

(a) 流场线(时间步长＝0.0464s,充填时间＝0.8807s)；(b) 速度场

为了研究纤维之间相互作用系数 C_I 对纤维取向状态的影响,模拟了两种不同 C_I 下的取向状态,如图 6-4-36(C_I＝0.001)和图 6-4-37(C_I＝0.05)所示。在 4 个不同层的填充结束时的取向方向由 3 个特征向量表示,取向大小由二阶取向张量的每个特征值的大小表示。比较两图可以看出,随着 C_I 值的增大,纤维取向状态逐渐接近随机取向状态。

(a)

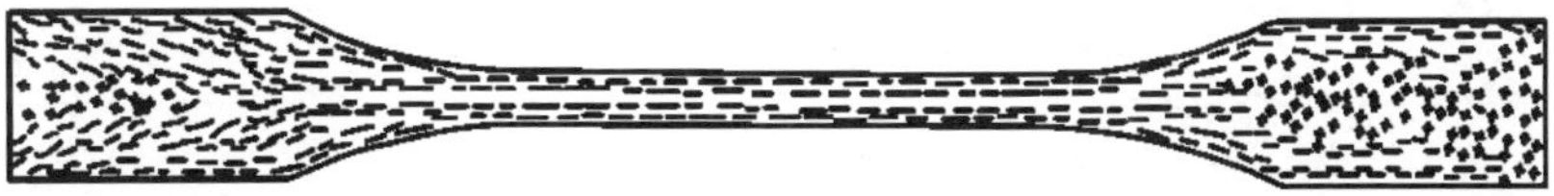

(b)

(c)

(d)

图 6-4-36　型腔充满时不同层中的纤维取向状态(C_I＝0.001)

(a) $z=0$；(b) $z=0.2b$；(c) $z=0.4b$；(d) $z=0.9b$

为了研究浇口初始取向状态对纤维取向状态的影响,研究了在浇口处带有初始取向状态的注塑成形填充过程中的中心层的瞬态纤维取向状态分布,结果如

纤维取向过程

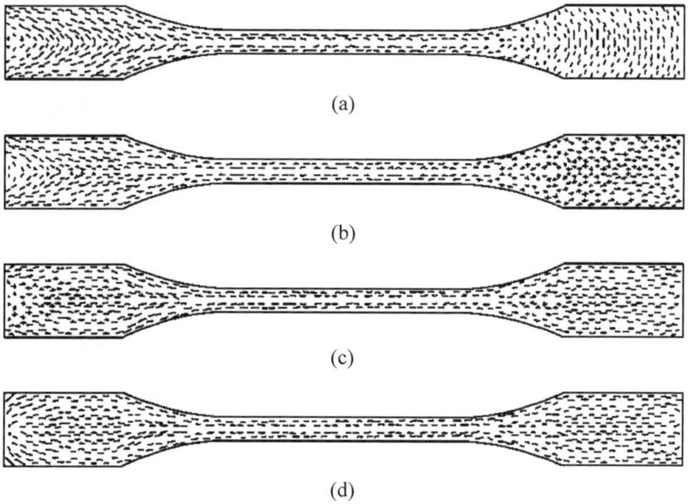

图 6-4-37　型腔充满时不同层中的纤维取向状态（$C_{\mathrm{I}}=0.05$）

（a）$z=0$；（b）$z=0.2b$；（c）$z=0.4b$；（d）$z=0.9b$

图 6-4-38 所示。在初始阶段，由于强扩散流的影响，浇口周围的纤维垂直于流动方向排列，如 6-4-38(a)所示。随着熔体前沿的推进，浇口附近的纤维倾向于按照初始方向排列，如图 6-4-38(b)～(d)所示，这可能是样品的几何效应使浇口周围的分流变弱，使浇口处的对流传输占主导。另外，初始取向对远离浇口处的纤维取向状态影响不大。

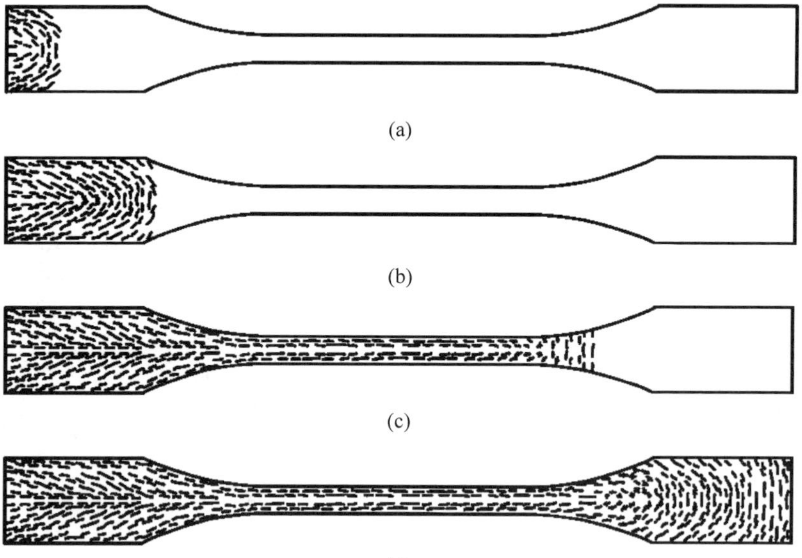

图 6-4-38　浇口处带初始取向状态的芯层（$z=0$）瞬态取向状态分布

（a）$t=0.081$s；（b）$t=0.255$s；（c）$t=0.557$s；（d）$t=0.881$s

6.4.5　数值实现

前面章节对结晶、相形态和取向的理论研究、数学模型及模拟结果进行了详细的介绍，本节将简要介绍其具体的数值实现。

1. 耦合步骤

数值实现具有较大难度，因为建模时必须同时考虑两个相差很大的尺度上的相关物理现象：宏观角度上必须对注射成形过程中的流场进行建模，同时微观角度上（注意这里的微观并非通常意义上的微观尺度，而只是相对于宏观而言一个微小很多级别的相结构尺度）必须对微结构的变形、取向和演化进行计算。尽管可以利用现有的模型和工具对其中某个特定尺度上的问题进行描述，但针对同时考虑这两个尺度的综合问题上一直进展缓慢。解决问题的关键在于采取某种策略，既能同时表征微结构的细节及其总体变化，又能对宏观上的复杂流场和微结构演化进行准确建模。

为简化起见，可以使用半耦合方法来考虑流场和微观结构的交互作用。流场与相结构的建模可以相互独立，分别采取各自的模型计算，仅仅将流场计算结果作为相结构计算的输入参数，如图 6-4-39 所示。

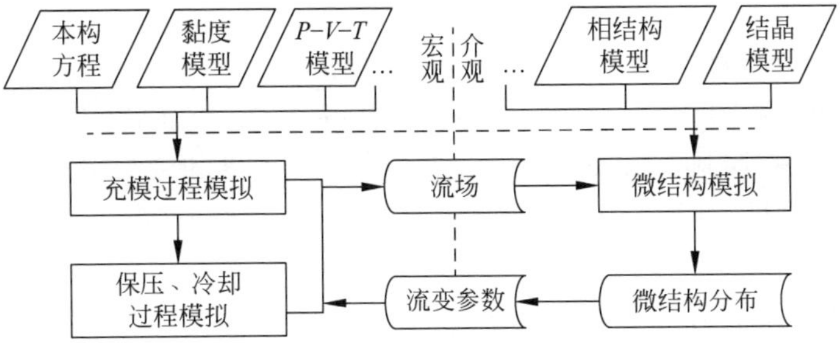

图 6-4-39　一般耦合建模示意图

每个时刻遵循以下的计算步骤。

(1) 通过流场的本构方程计算得到某时刻的变量分布（速度、温度、压力和黏度等）。

(2) 将局部的流场参数导入相形态的本构方程，计算此时的相结构。

按照上述步骤迭代求解直至成形过程结束，即可得到制品最终的相结构分布。由上述步骤可以看到，计算过程中分散相组分对流场的作用主要体现在改变了共混物体系的流变行为。

2. 稳定的有限元格式

有限元法较广泛地用于注塑成形的模拟，因为它更好地适用于薄壁注塑产品的复杂几何形状。控制方程的积分过程中需要对求解变量在两个节点之间的变化特性做出假设，不同的假设会产生不同的离散格式。其中有限元法要求在整个区域上控制方程的余量加权平均值为0，因此在控制方程的积分之前需要乘以一个选定的权函数。

标准伽辽金方法采用与单元形函数 N_β 相同的权函数，一旦有对流项存在，则会出现结果的虚假振荡，而且这种数值不稳定随着对流强度的增强而增大。解决方案之一是采用彼得罗夫-伽辽金(Petrov-Galerkin，PG)法，用改进的权函数以加大上风节点的比重，虽然有一定的改进效果，但无法检测出节点之间的振荡。

为防止数值方程中由于对流项的存在导致的数值振荡，目前较常用的稳定格式为流线型迎风/彼得罗夫-伽辽金(Steamline-Upwind/Petrov-Galerkin，SUPG)法和伽辽金/最小二乘(Galerkin/Least-Squares，GLS)法。这两种稳定格式都在伽辽金方法的基础上引入摄动项和原控制方程残差的内积，然后用一个稳定因子标示权重，保证结果的连续性和准确性。其中 SUPG 法通过在流线方向引入一个人工耗散项以改进权函数，即引入权函数的导数项。该方法扩展到更高阶次的单元后即为 GLS 方法：将残差的最小平方形式引入伽辽金方法以增强稳定性。

此外，在求解纳维尔-斯托克斯(Naviers-Stokes)方程中，由于标准伽辽金法对于速度和压力联合求解时采取同次插值，经常产生奇异的刚度矩阵，压力结果很不理想甚至失去物理意义，导致结果不稳定。为此，求解中通常需要采用稳定的离散格式，如压力稳定/彼得罗夫-伽辽金(Pressure-Stabilizating/Petrov-Galerkin，PSPG)法，以保证插值空间的协调，消除数值振荡。

注射成形过程模拟属于典型的混合式对流占优问题(雷诺数较高)，为消除数值结果中的振荡，控制方程(Naviers-Stokes 方程)、温度和微结构方程等的求解需要同时采用 SUPG 和 PSPG 两种稳定格式(也可以统称为 SUPG/PSPG)，以得到满意的结果。

3. 速度与压力方程的有限元格式

空间区域 Ω 内划分单元 Ω_e，$e=1,2,\cdots,n_{\mathrm{el}}$，其中 n_{el} 为单元总数。在某一个单元区域 Ω_e 内，假设边界 Γ_h 上有应力 $\sigma(x,y,z)_{ij}n_j=h_\Gamma$，其中 n_j 为边界 Γ_h 的单位外法矢，h_Γ 为已知载荷函数，得到不可压缩 Naviers-Stokes 方程的标准伽辽金法离散格式为

$$(w,\rho u_{i,t}+\rho u_j u_{i,j})+(\boldsymbol{D}(w),2\eta\boldsymbol{D}(u))+(w_{,i},P_{,i}\delta_{ij})=(w,h_\Gamma)_{\Gamma_h} \tag{6-4-82}$$

$$(q,u_{i,i})=0 \tag{6-4-83}$$

式中，符号(·，·)表示内积；w 和 q 分别代表权函数，在经典伽辽金法中均等于单元形函数。ρ 为密度，u 为速度，$u_{i,t}=\partial u_i/\partial t$，$u_{i,j}=\partial u_i/\partial j$，$\boldsymbol{D}$ 为应变梯度张量，η 为黏度，P 为压力。

求解 Navier-Stokes 方程时，经典的伽辽金法为简化求解过程通常会对速度和压力采用不合适的插值函数组合(如采用了同次插值)，导致数值结果的振荡。一

种常用的解决方案是采用 PSPG 稳定格式。

将不可压缩 NS 方程简写为$\nabla\sigma=f$（动量方程）和$\nabla u=0$（质量方程），则在整个求解区域 Ω 内的 PSPG 离散格式可以简写为

$$\int_{\Omega} w(\nabla\sigma-f)\,\mathrm{d}\Omega+\int_{\Omega} q(\nabla u)\,\mathrm{d}\Omega+\int_{\Omega}\tau_{\mathrm{pspg}}\nabla q(\nabla\sigma-f)\,\mathrm{d}\Omega=0 \qquad (6\text{-}4\text{-}84)$$

将方程中各项的具体形式代入式(6-4-84)，即可得到基于 PSPG 格式的压力有限元方程为

$$\int_{\Omega}\eta w_{,j}(u_{i,j}+u_{j,i})\,\mathrm{d}\Omega-\int_{\Omega} w_{,j}P\delta_{ij}\,\mathrm{d}\Omega+\int_{\Omega} q u_{j,j}\,\mathrm{d}\Omega$$
$$-\sum_{e=1}^{n_{\mathrm{el}}}\int_{\Omega^e}\tau_{\mathrm{PSPG}}\rho^{-1}q_{,j}\delta_{ij}\left[\eta(u_{i,j}+u_{j,i})_{,j}-P_{,j}\delta_{ij}\right]\mathrm{d}\Omega=\int_{\Gamma} w h_{\Gamma}\,\mathrm{d}\Gamma \qquad (6\text{-}4\text{-}85)$$

式中，左边两项及方程右端项代表动量方程的标准伽辽金格式；左边第三项代表质量方程的标准伽辽金形式，也称为不可压缩限制条件；左端第四项表示 PSPG 稳定项，由摄动项 $\tau_{\mathrm{PSPG}}\nabla q$ 与动量方程残差相乘得到，其中 $\tau_{\mathrm{PSPG}}=\dfrac{\rho h^2}{4\eta}$为 PSPG 稳定因子，$h$ 代表单元的某个特征长度，h_{Γ} 为流场边界 Γ 上的载荷。显然当 $\tau_{\mathrm{PSPG}}=0$ 时，式(6-4-85)退化为经典伽辽金格式。

若分别假设权函数 $q=0$ 和 $w=0$，可以得到

$$\int_{\Omega}\eta w_{,j}(u_{i,j}+u_{j,i})\,\mathrm{d}\Omega=\int_{\Omega} w_{,j}P\delta_{ij}\,\mathrm{d}\Omega+\int_{\Gamma} w h\,\mathrm{d}\Gamma \qquad (6\text{-}4\text{-}86)$$

$$\sum_{e}\int_{\Omega^e}\tau_{\mathrm{PSPG}}q_{,i}\cdot P_{,i}\,\mathrm{d}\Omega=-\int_{\Omega}\rho q u_{i,i}\,\mathrm{d}\Omega+\sum_{e}\int_{\Omega^e}\tau_{\mathrm{PSPG}}q_{,i}\cdot\eta(u_{i,j}+u_{j,i})_{,j}\,\mathrm{d}\Omega \qquad (6\text{-}4\text{-}87)$$

分别假设 $w=N_{\alpha}$ 和 $q=N_{\alpha}$，$\alpha=1$、2、3、4 为四面体单元内部的节点序号，通过式(6-4-87)可以分别得到速度和压力方程的有限元格式：

$$\sum_{e}\int_{\Omega^e}\eta N_{\alpha,j}(N_{\beta,j}u_{i\alpha}+N_{\beta,i}u_{j\alpha})\,\mathrm{d}\Omega-\sum_{e}\int_{\Omega^e}N_{\alpha,j}N_{\beta}P_{\beta}\delta_{ij}\,\mathrm{d}\Omega=\sum_{e}\int_{\Gamma^e}N_{\alpha}h_{\Gamma}\,\mathrm{d}\Gamma \qquad (6\text{-}4\text{-}88)$$

$$\sum_{e}\int_{\Omega^e}N_{\alpha}N_{\beta,i}u_{i\beta}\,\mathrm{d}\Omega+\sum_{e}^{n_{\mathrm{el}}}\int_{\Omega^e}\tau_{\mathrm{GLS}}\rho^{-1}N_{\alpha,i}N_{\beta,i}P_{\beta}\,\mathrm{d}\Omega=0 \qquad (6\text{-}4\text{-}89)$$

式中，N_{β} 即为前面提到的插值函数。

通过式(6-4-88)和式(6-4-89)可以分别求解流场的速度和压力，也可以利用 SIMPLE 格式等根据速度方程来推导压力方程，或者联立两个方程进行速度压力的集成求解。以速度和压力方程的单独求解为例，可采取如图 6-4-40 所示计算步骤。

上述求解过程中，为保证计算过程的稳定性，通常需要在每一步更新速度压力

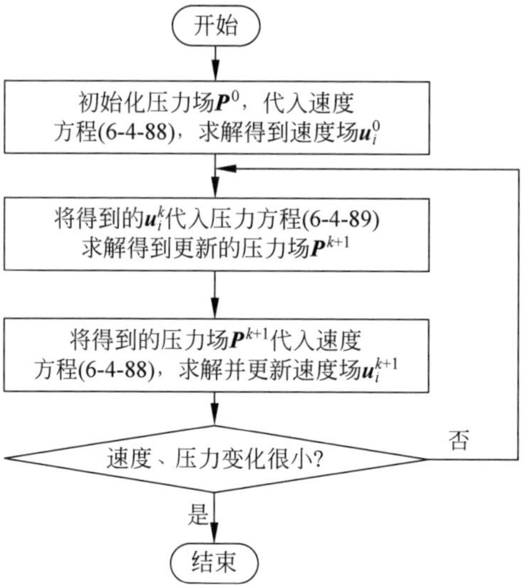

图 6-4-40　速度压力方程的分离求解步骤

结果时进行修正，如采取如下的低松弛修正策略：

$$P^{k+1}=\zeta P^k+(1-\zeta)P^{k+1},\quad u_i^{k+1}=\zeta u_i^k+(1-\zeta)u_i^{k+1} \tag{6-4-90}$$

式中，ζ 为松弛因子，取值通常为 0～1。

分离格式在每步计算过程中所需内存最少，与 SIMPLE 计算格式相比有独立的压力方程，而无须根据速度方程推导，形式上更为简单，缺点在于收敛速度可能很慢甚至发散。速度压力方程的集成求解可以避免因分离格式相互迭代导致的不收敛问题，有较高的求解稳定性和收敛速度，但计算所需内存较大。实际计算时可以根据实际情况选取合适的求解格式。

4. 温度与相形态等的有限元格式

数值方程中的对流项通常体现为差分格式的一阶导数形式。温度和相形态的计算中，待求参数的方程通常表现出明显的对流特征。很多成功应用于结构求解(没有对流项存在)的数值方法在计算流体力学中常见的对流占优问题时往往失效，尤其在采用类似传统的伽辽金这种采用相等的权函数和形函数的加权余量格式时。常见的结构分析往往基于能量最小原理，应用经典伽辽金法会产生对称矩阵从而优化求解结果(即保证计算结果的精度最高)。而一旦有对流项存在，必然会产生非对称的相关矩阵，无法通过对称矩阵来保证结果的精度。此时，传统的伽辽金法不再优化求解结果，导致模拟结果出现严重的数值振荡，而且这种不稳定性会随着对流项的增强而进一步恶化，不仅会产生糟糕的求解结果，甚至可能会与基本的物理原理(如熵法则)相悖。因此必须采用稳定格式，尽可能消除对流项存在导致的数值振荡，稳定求解结果。

由 Brooks 和 Hughes 提出的 SUPG 方法可以认为是首个成功消除 FEM 方法

中对流占优问题中的数值振荡的稳定格式，主要步骤包括：①引入流线方向的人为扩散项；②用①修正水平对流项中的权函数；③为保证一致性，将修正后的权函数应用于弱形式的所有项。其中人为耗散项消除了与流动垂直方向上的扩散。

假设充填过程中的能量方程在边界 Γ 上有第二类边界条件 $KT_{,i}n_i=q_0$，则可得到如下的 SUPG 格式：

$$\int_{\Omega}\rho w c_V(T_{,t}+u_iT_{,i})\,\mathrm{d}\Omega+\int_{\Omega}w_{,i}\lambda T_{,i}\,\mathrm{d}\Omega+\sum_e\int_{\Omega^e}\tau_{\mathrm{SUPG}}u_j\cdot\nabla w\left[\rho c_V(T_{,t}+u_iT_{,i})-\lambda T_{,ii}-0.5\eta(u_{i,j}+u_{j,i})^2\right]\mathrm{d}\Omega=\int_{\Omega}w\left[0.5\eta(u_{i,j}+u_{j,i})^2\right]\mathrm{d}\Omega+\int_{\Gamma}wq_0\,\mathrm{d}\Gamma \tag{6-4-91}$$

式中，c_V 和 λ 分别表示材料的比热容和导热系数；τ_{SUPG} 为 SUPG 稳定因子，决定了在流线方向引入的人为耗散项大小。

通过比较 $\frac{\Delta t}{2}$（代表流体的瞬态特征，其中 Δt 代表数值计算中采用的时间步长）、$\frac{h}{2}u$（代表流体的对流特征）、$\frac{h^2}{4v}$（代表流体的扩散特征）这 3 个数值，可以优化 τ_{SUPG} 的取值。稳定因子的数值通常接近于这 3 个数值中的最小值。例如，当 $\frac{\Delta t}{2}\ll\frac{h}{2}u$ 且 $\frac{\Delta t}{2}\ll\frac{h^2}{4v}$ 时，速度方程表现为瞬态占优的特征，可以设定 $\tau_{\mathrm{SUPG}}\approx\frac{\Delta t}{2}$。当这 3 个数值的数量级相近时，可以采用 $\tau_{\mathrm{SUPG}}=\left(\left(\frac{2}{\Delta t}\right)^2+\left(\frac{2u}{h}\right)^2+\left(\frac{4v}{h^2}\right)^2\right)^{-\frac{1}{2}}$。$\tau_{\mathrm{SUPG}}$ 的表达形式可以根据需要进行优化和简化，当流场为稳态时，瞬态项消失，则可以采用 $\tau_{\mathrm{SUPG}}=\left(\left(\frac{2u}{h}\right)^2+\left(\frac{4v}{h^2}\right)^2\right)^{-\frac{1}{2}}$。其中特征长度 h 的定义会影响稳定因子的取值，从而影响到最终计算结果的精度。对于线性四面体单元，通常定义 h 为单元的最长或最短边长，或者单元沿流线的长度等。

上式忽略高阶项后，进一步整理得

$$\sum_e\int_{\Omega^e}\rho c_V(w+\tau_{\mathrm{SUPG}}u_j\cdot\nabla w)(T_{,t}+u_iT_{,i})\,\mathrm{d}\Omega+\sum_e\int_{\Omega^e}w_{,i}\lambda T_{,i}\,\mathrm{d}\Omega=\sum_e\int_{\Omega^e}(w+\tau_{\mathrm{SUPG}}u_j\cdot\nabla w)\left[0.5\eta(u_{i,j}+u_{j,i})^2+\dot{H}_C\right]\mathrm{d}\Omega+\sum_e\int_{\Gamma^e}wq_0\,\mathrm{d}\Gamma \tag{6-4-92}$$

假设 $w=N_\alpha$，且温度对时间的求导采用一阶向后差分 $T_{,t}=(T^n-T^{n-1})/\Delta t$，则得到能量方程的稳定格式为

$$\sum_e\int_{\Omega^e}\rho c_V(N_\alpha+\tau_{\mathrm{SUPG}}u_jN_{\alpha,j})\left(\frac{N_\beta}{\Delta t}+u_iN_{\beta,i}\right)T_\beta^{n+1}\mathrm{d}\Omega+\sum_e\int_{\Omega^e}\lambda N_{\alpha,i}N_{\beta,i}T_\beta^{n+1}\mathrm{d}\Omega$$

$$= \sum_{e} \int_{\Omega^e} (N_\alpha + \tau_{\mathrm{SUPG}} u_j N_{\alpha,j}) \left[0.5\eta(N_{\beta,k} u_{i\beta} + N_{\beta,i} u_{k\beta})^2 + \dot{H}_C\right] \mathrm{d}\Omega +$$

$$\sum_{e} \int_{\Omega^e} \rho c_V (N_\alpha + \tau_{\mathrm{SUPG}} u_j N_{\alpha,j}) \frac{N_\beta}{\Delta t} T_\beta^n \mathrm{d}\Omega + \sum_{e} \int_{\Gamma^e} N_\alpha q_0 \mathrm{d}\Gamma \tag{6-4-93}$$

同理,可得到分散相颗粒半径的稳定有限元格式为

$$\sum_{e} \int_{\Omega^e} (N_\alpha + \tau_{\mathrm{SUPG}} u_j N_{\alpha,j}) \left(\frac{N_\beta}{\Delta t} + u_i N_{\beta,i}\right) R_\beta^{n+1} \mathrm{d}\Omega$$

$$= \sum_{e} \int_{\Omega^e} (N_\alpha + \tau_{\mathrm{SUPG}} u_j N_{\alpha,j}) \frac{N_\beta}{\Delta t} R_\beta^n \mathrm{d}\Omega + \sum_{e} \int_{\Omega^e} N_\alpha N_\beta F_\beta \mathrm{d}\Omega \tag{6-4-94}$$

式中,F 代表半径演化公式中的右端载荷部分。为简化起见,已忽略 F 的 SUPG 稳定部分。

在后充填阶段的能量方程和相形态方程中,对流项作用可以忽略不计(流场近似为静止),经典伽辽金分解格式不会导致结果的虚假振荡,因此方程的离散化可以不考虑采用稳定格式。

6.4.6 结构与性能的关系建模

聚合物微结构形态(结晶、取向、分散相结构等)往往决定塑料成形制品的主要使用性能,因此,对微观结构的研究可以为材料(机械、光学、化学等)的性质预测提供有用的见解。以塑料注射成形制品为例,制品中的不同区域经常形成不同的相形态,导致不同区域的性能出现较大差异。

目前,人们对结构与性能关系的研究大多数集中在定性关系上,特定微观结构对最终性质的定量影响研究很少。本节将简要回顾和概述上述微观结构与材料特性之间的直接定量关系。

1. 结晶度对性能影响

聚合物的结晶性质,特别是结晶微结构,对聚合物性质具有重要影响。例如,具有大球晶的聚合物材料将变脆。结晶相可以概括为高度有序和压实结构,具有更高的强度、刚度及改善的使用温度和应力松弛性能等。为了获得特定性能的半结晶制品,需要预测和定制结晶微结构。

半结晶材料的凝固本质上是由于发生了结晶,而不是单纯的温度变化。一般认为,当结晶度达到某个临界值时,熔体结晶度会急剧升高,但是对于这个临界值的大小却没有定论。结晶度对黏度的影响一般基于悬浮液理论或者经验方程。Pantani 等简要回顾了较常用的方程。

定义黏度变化因子 $\eta_\chi = \eta/\eta_0$,其中 η_0 为不考虑结晶时的黏度,η 为考虑结晶影响的黏度,最简化的模型为

$$\eta_\chi = 1 + a_0 \theta(t) \tag{6-4-95}$$

式中,$\theta(t)$为在 t 时刻的相对结晶度,$a_0 = 99$。

类似的多项式模型为

$$\eta_\chi = 1 + a_1\theta + a_2\theta^2 \tag{6-4-96}$$

式中，$a_1=0.54$；$a_2=4$；$\theta<0.4$。

指数公式可表示为

$$\eta_\chi = \exp(a_1\theta + a_2\theta^2) \tag{6-4-97}$$

式中，对于球形微晶 $a_1=0.68$。

Titomanlio 等提出的模型被广泛使用：

$$\eta_\chi = 1 + f\exp\left(\frac{-h}{\theta^m}\right) \tag{6-4-98}$$

式中，f、h、m 为需要通过实验来确定的材料常数。

2. 相形态对性能的影响

共混物的相形态变化过程依赖于周围流场的作用，因此，预测形态变化可以计算相应的应力。同时，应力又可用于预测微观结构。

在流动下对不混溶的共混聚合物的应力预测一直是研究热点，界面的各向异性导致的额外应力是研究的主要困难，这与流动下界面形状的演变直接相关。应力和变形率在微观尺度上变化极大，但宏观尺度的测量结果仅能确定分散相的平均应力。

针对变形速率，假设不考虑边界上的滑移，则根据混合法则有如下计算公式：

$$\boldsymbol{D} = (1-\phi)\boldsymbol{D}_\mathrm{m} + \phi\boldsymbol{D}_\mathrm{d} \tag{6-4-99}$$

式中，下标 m 代表基质；d 代表分散相。

若考虑界面张力的贡献，则不可压缩流体中的平均应力可以表示为

$$\boldsymbol{\sigma} = -P_\mathrm{h}\boldsymbol{I} + (1-\phi)\boldsymbol{\tau}_\mathrm{m} + \phi\boldsymbol{\tau}_\mathrm{d} - \Gamma\boldsymbol{q} \tag{6-4-100}$$

式中，P_h 为静水压力；Γ 为界面张力；$\boldsymbol{q}$ 为界面平均各向异性张量。

界面张力对于体应力的直接作用，可以表示为额外应力的形式：

$$\boldsymbol{\sigma}_\mathrm{excess} \equiv -\Gamma\boldsymbol{q} \tag{6-4-101}$$

对于牛顿流体$\boldsymbol{\tau}=2\eta\boldsymbol{D}$，将式(6-4-101)代入式(6-4-100)得

$$\boldsymbol{\sigma} = -P_\mathrm{h}\boldsymbol{I} + 2\eta_\mathrm{m}\boldsymbol{D} + 2\phi\eta_\mathrm{m}(p-1)\boldsymbol{D}_\mathrm{d} - \Gamma\boldsymbol{q} \tag{6-4-102}$$

基质的牛顿响应、液滴的黏性贡献和额外应力都包括在式(6-4-102)中。因此，可以根据微观结构 q 和液滴的平均变形率容易地预测体积应力。

两种不混溶液体的分散体系在低频下呈现增强的弹性响应。这种弹性来源于界面张力的作用使变形液滴松弛回球形，松弛时间与 $R\eta_\mathrm{m}/\Gamma$ 成比例。对于典型的共混聚合物，这种松弛时间可持续数秒。

通过测量小振幅振荡剪切流中的复数模量 $G^*(\omega)=G'(\omega)+\mathrm{i}G''(\omega)$，最容易观察到这种增强的弹性行为，其中 $G'(\omega)$为储能模量，$G''(\omega)$为剪切模量。Palierne 提供了线性黏弹性相的黏弹性行为的详细推导，包括液滴尺寸的分布及由表面活性剂引起的界面张力的变化。在大多数情况下，理论上使用体积平均液滴半径就

足够了，那么混合物的复数模数可以写成

$$\frac{G^*(\omega)}{G_m^*(\omega)}=\frac{1+3\phi H(\omega)}{1-2\phi H(\omega)} \tag{6-4-103}$$

式中，

$$H(\omega)=\frac{4(\Gamma/R_v)(5G_d^*+2G_m^*)+(G_d^*-G_m^*)(19G_d^*+16G_m^*)}{40(\Gamma/R_v)(G_d^*+G_m^*)+(2G_d^*+3G_m^*)(19G_d^*+16G_m^*)} \tag{6-4-104}$$

相形态不仅对聚合物熔体有影响，还对成形（固化）产品的性能有很大影响。例如，自20世纪50年代以来，许多研究集中在通过混合进行增韧改性的机制，如橡胶能量理论的直接吸收，20世纪60年代的裂纹核心理论、多重裂纹理论、剪切屈服理论、剪切带理论和空化理论。如今，裂纹和剪切带理论以及空化理论被广泛接受，本节将以橡胶颗粒分散体系为例进行简要介绍。

裂纹和剪切带理论表明，在混合物中，裂纹和剪切带同时存在并相互作用。在外力作用下，分散在基体中的橡胶颗粒充当应力集中点，不仅引起开裂，而且在应力方向上产生剪切带。更重要的是，剪切带将终止裂纹，裂纹尖端的应力将有助于形成剪切带。剪切带的出现和演化势必消耗更多的能量，使混合系统获得良好的增韧效果。空化理论产生于这样一种现象，即在断裂面附近的塑性变形区内，橡胶颗粒内部有许多空腔，而在远离塑性变形区的空腔内，存在很少的空洞。因此，认为橡胶颗粒的空化导致基质的屈服，使塑料增韧。

在上述理论的基础上，可以定性地描述PP/POE共混物的增韧机制。混合物中冲击能量的消散可能是由于以下因素：①分离的弹性POE颗粒在阻止裂缝或至少降低其传播速率方面起着很小但重要的作用；②界面层的高黏附性避免了PP基质和POE颗粒相间的早期脱黏；③颗粒的椭圆形几何形状以某种方式改善了抗冲击性，这是由于其垂直于裂缝传播方向的有利取向，即分散体的形态起作用的地方。图6-4-41所示为共混物中增韧机制的示意图。对于大多数分散颗粒呈球形的混合物，裂缝容易在整个截面上传播并留下光滑的断裂表面。相比之下，具有大量细长颗粒的混合物会导致粗糙的断裂表面。

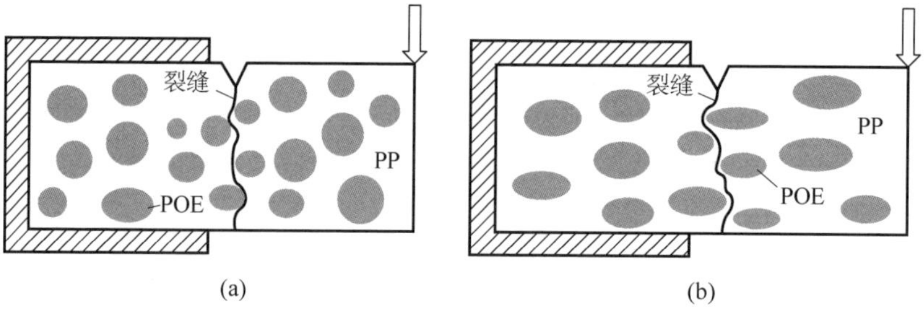

图 6-4-41　不同微观结构冲击载荷下的失效机制

(a) 圆形分散相；(b) 椭圆形分散相

上述讨论主要是定性的，对于定量分析，尼尔森(Nielsen)总结了混合物呈现海岛结构时，混合物性质与各成分的性质和结构之间关系的混合定律。根据尼尔森的混合定律，如果分散相的硬度低并且连续相的硬度高，则可以表述为

$$\frac{P_{\mathrm{m}}}{P}=\frac{1+A_iB_i\phi_{\mathrm{d}}}{1-B_i\psi\phi_{\mathrm{d}}} \tag{6-4-105}$$

式中，$A_i=1/A$，$B_i=\left(\frac{P_{\mathrm{m}}}{P_{\mathrm{d}}}-1\right)/\left(\frac{P_{\mathrm{m}}}{P_{\mathrm{d}}}+A_i\right)$，$P$ 为混合物的性质。P_{m} 和 P_{d} 分别为连续相(基质)与分散相。ϕ_{d} 为分散相的体积分数。A、B 和 ψ 分别为参数，$A=K_{\mathrm{E}}-1$，K_{E} 为爱因斯坦(Einstein)系数，与分散颗粒的界面，取向和形状有关。Einstein 系数不是恒定的，而是根据混合物的不同性质而不同(机械性能的 Einstein 系数不等于电性能的系数)；$\psi=1+\left(\frac{1-\phi_{\max}}{\phi_{\max}^2}\right)\phi_{\mathrm{d}}$ 是最大堆积密度 $\phi_{\max}$ 的函数，其近似值如表 6-4-1 所示。

表 6-4-1　最大堆积密度 $\phi_{\max}$

分散的颗粒形状	堆积形式	$\phi_{\max}$(近似值)
球	封闭六边形堆积	0.74
球	简单的立方堆积	0.52
线($L/D=4$)	三维不规则堆积	0.62
线($L/D=8$)	三维不规则堆积	0.48
线($L/D=16$)	三维不规则堆积	0.30

显而易见，尼尔森的混合定律也是经验性的，其关键参数取决于具体的加工条件，而非普遍适用的，并且它只能应用于分散相形态规则的混合物。虽然增韧机制与共混物性质的关系仍不清楚，但该定律对通过改善微观结构来改善共混物性能提供了一些启发。

3. 取向对性能的影响

分子取向对聚合物黏弹性行为的贡献可以由相对“变形”张量得到

$$\underline{\tau}=G_{\mathrm{s}}\cdot\underline{A} \tag{6-4-106}$$

式中，G_{s} 为聚合物模量；$\underline{A}$ 为由非线性弹性哑铃模型得到的哑铃子链总体相对于平衡构象的相对“变形”程度。

Leonov 本构模型也常被用于描述聚合物黏弹行为，它将应力张量描述为

$$\underline{\boldsymbol{\tau}}=-P\underline{\boldsymbol{I}}+s\eta_0(\underline{\nabla\boldsymbol{v}}+\underline{\nabla\boldsymbol{v}}^{\mathrm{T}})+\sum_{k=1}^{M}\frac{\eta_k}{\lambda_k}\boldsymbol{C}_k \tag{6-4-107}$$

式中，η_k 为 k 模式下的剪切黏度；λ_k 为 k 模式下的松弛时间；s 为流变常数($0<s<1$)；$\underline{\boldsymbol{I}}$ 为单位张量；M 为模式数量；$\boldsymbol{C}_k$ 为 k 模式下的弹性应变张量，其随时间的演变由以下等式描述：

$$\partial \frac{\boldsymbol{C}_k}{\partial t}+\underline{\boldsymbol{v}}\cdot\underline{\nabla \boldsymbol{C}_k}-\underline{\nabla \boldsymbol{v}^{\mathrm{T}}}-\underline{\boldsymbol{C}_k}\cdot\underline{\nabla \boldsymbol{v}}+\frac{1}{2\lambda_k}(\underline{\boldsymbol{C}_k}\cdot\underline{\boldsymbol{C}_k}-\underline{\boldsymbol{I}})=0 \tag{6-4-108}$$

分子取向也与流动引起的应力密切相关，可以通过冻结双折射来确定。Kim 等应用 Leonov 模型描述了中心浇口的 PS 盘中沿厚度的双折射分布的实验结果。应力下聚合物材料的双折射和残余应力之间的关系可以使用应力-光学定律进行描述，即折射率差 ΔN 沿着偏振光主方向与主应力差 $\Delta\sigma$ 成正比：

$$\Delta N=C\Delta\sigma \tag{6-4-109}$$

式中，C 为应力光学系数；$\Delta\sigma=\sigma_1-\sigma_2$ 为第一法向应力差。

由纤维取向引起的各向异性行为对收缩和翘曲有很大影响。总应力 σ_{ij} 可分为各向同性压力 P_{h} 和偏应力或额外应力 τ_{ij}。目前，很多研究集中在将偏应力与纤维取向状态，如纤维体积分数、纤维纵横比等联系起来。

将应力张量描述为应变率张量与纤维取向张量的函数的本构方程，其一般形式为

$$\tau_{ij}=\eta_{\mathrm{s}}\dot{\gamma}_{ij}+\eta_{\mathrm{s}}\phi\dot{\gamma}_{kl}a_{ijkl}+B\left[\dot{\gamma}_{ik}a_{kj}+a_{ij}\dot{\gamma}_{kj}\right]+C\dot{\gamma}_{ij}+2Fa_{ij}D_{\mathrm{r}} \tag{6-4-110}$$

式中，η_{s} 为溶剂黏度；ϕ 为颗粒体积分数；B、C 与 F 为材料常数；D_{r} 为由布朗运动引起的旋转扩散系数，对于具有大纵横比的纤维悬浮液，该项一般被忽略；a_{ij} 和 a_{ijkl} 为之前定义的取向张量。

忽略纤维细长时的旋转扩散系数(通常在注塑成形的情况下)上述等式可写为

$$\tau_{ij}=\eta_{\mathrm{I}}\left[\dot{\gamma}_{ij}+N_{\mathrm{p}}\dot{\gamma}_{kl}a_{ijkl}+N_{\mathrm{s}}(\dot{\gamma}_{ik}a_{kj}+a_{ij}\dot{\gamma}_{kj})\right]\dot{\gamma}_{ij} \tag{6-4-111}$$

式中，N_{p} 为无量纲参数，称为粒子数；N_{s} 为剪切数；η_{I} 为含有溶剂和纤维的各向同性黏度，粒子数 N_{p} 是描述纤维悬浮液行为的关键流变学参数。在物理上，它表示与其他变形相比，悬浮液抵抗平行于纤维方向的伸长的因素。

在关于纤维和流动的某些假设下，可以建立完整的控制方程组以同时求解流动和纤维取向。已经有大量工作致力于研究根据组成纤维和基质材料的给定微观结构估计纤维与基质系统的各向异性弹性和热性质的微机械模型。但在流动诱导的纤维取向和模塑制件的最终尺寸稳定性之间建立定量关系的工作很少。郑等通过使用微机械模型和 P-V-T 数据来计算正交各向异性热应变，来联系纤维取向与收缩和翘曲的关系。分析中未考虑模具约束和黏弹性等因素。Rezayat 和 Stafford 提出了一种各向异性的热黏弹性公式，该公式专门用于注塑成形工艺，而不显示纤维增强复合材料的数值结果。

弹性各向异性材料通常需要 21 个常数用于完全表征，即 21 个表示材料黏弹性行为的时间函数。单向纤维增强复合材料可归类为横向各向同性材料。为了预测短纤维增强复合材料的有效弹性和热性能，Zheng 等提出了一个两步法，首先估计单向性质，假设纤维完全对齐，然后应用取向平均法来考虑纤维取向分布。他们使用了 Schapery 提出的微观力学模型，基于能量考虑，嵌入各向同性基体中的各向同性纤维

的单向纤维增强复合材料的纵向和横向热膨胀系数(即 α_1 为 α_2)的表达式为

$$\alpha_1=\frac{E_f\alpha_f+E_m\alpha_m(1-\phi)}{E_f\phi+E_m(1-\phi)} \tag{6-4-112}$$

$$\alpha_2=(1+\nu_m)\alpha_m(1-\phi)+(1+\nu_f)\alpha_f\phi-\alpha_1\nu_{12} \tag{6-4-113}$$

式中,下标 f 和 m 分别表示纤维和基质; E 为弹性模量; ν 为泊松比。

对于各向异性弹性固体,胡克定律可以写成

$$\sigma_{ij}=c_{ijkl}^{(e)}\varepsilon_{il} \tag{6-4-114}$$

式中,σ_{ij} 和 ε_{il} 分别为应力和应变张量; $c_{ijkl}^{(e)}$ 为弹性常数张量,又称为刚度张量。

可以使用预测的取向张量对取向进行平均,具体如下:

$$\langle c_{ijkl}^{(e)}\rangle=B_1a_{ijkl}+B_2(a_{ij}\delta_{kl}+a_{kl}\delta_{ij})+B_3(a_{ik}\delta_{jl}+a_{il}\delta_{jk}+a_{jl}\delta_{ik}+a_{jk}\delta_{il})+B_4\delta_{ij}\delta_{kl}+B_5(\delta_{ik}\delta_{jl}+\delta_{il}\delta_{jk}) \tag{6-4-115}$$

$$\langle\alpha_{ij}\rangle=(\alpha_1-\alpha_2)a_{ij}+\alpha_2\delta_{ij} \tag{6-4-116}$$

式中,5 个常数 B_i 是单向性质张量的不变量,它可以从横向各向同性材料的单向性质计算出。

因此,线性各向异性热黏弹性本构方程可以写成

$$\sigma_{ij}=\int_0^t c_{ijkl}[\xi(t)-\xi(t')]\left(\frac{\partial\varepsilon_{kl}}{\partial t'}-\alpha_{kl}\frac{\partial T}{\partial t'}\right)\mathrm{d}t' \tag{6-4-117}$$

式中,$c_{ijkl}(t)$为黏弹性松弛模量。

6.4.7　多尺度建模与模拟

许多系统可以在不同的细节层次、长度尺度、分辨率、粒度或保留不同的自由度上进行同义描述。聚合物也显示出长度尺度和相关的时间尺度的层级分布。尺度范围可以从原子振动的埃、飞秒这一级别到裂纹蔓延的毫米、秒这一层级。此外,以一定规模发生的过程控制着系统在几个(通常更大的)尺度上的行为。聚合物的结构与性能关系中就体现了这一观点:从原子、官能团、高分子链,到共混物的多相结构、填充纤维,再到高聚物熔体,高聚物是一个特征尺寸从纳米到毫米,特征时间从飞秒到秒的复杂的多尺度体系,如图 6-4-42 所示。因此,在几个特征长度和时间尺度上进行材料模拟是非常关键的。高速计算机的快速发展及高效算法的开发,使这种多尺度建模和仿真变得可行。

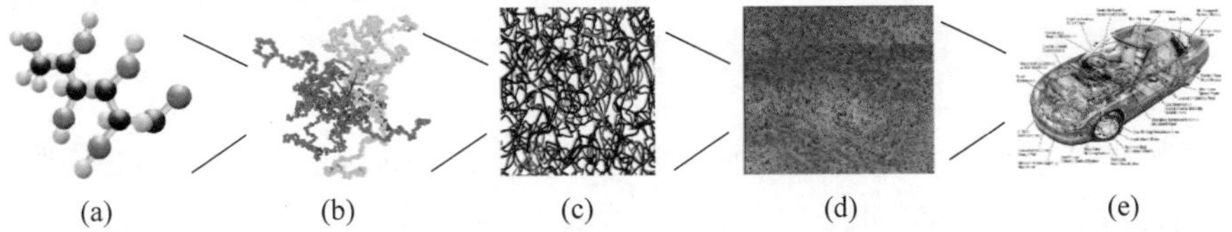

图 6-4-42　高聚物的多尺度结构

(a) 1nm 单体;(b) 10～100nm 高分子链;(c) 1～10μm 高分子网络;(d) 1mm 高分子体;(e) 1m 汽车部件

在多尺度建模中，通常需要进行近似：系统越复杂，研究过程涉及的时间跨度越长，所需的近似也越多。因此，根据问题的类型和系统的结构特征所需的精度，选出可以在整个长度和时间范围内使用的模型。

随着近年来高聚物共混物注射成形技术，短纤维增强注塑成形技术等的快速发展，成形过程中形成的微观、介观结构由于对加工过程和最终产品性能起着决定性作用，正越来越受到重视。传统的注塑成形模拟技术面临着理论与实践上的瓶颈，又没有一个单一的模型或者模拟算法能够覆盖所有的尺度，因此发展出了从微观到介观，最后到宏观的多个尺度上的模型与模拟方法。

迄今为止，用于聚合物系统的计算方法可大致分为三类：分子尺度方法、微观尺度方法和介/宏观尺度方法。下面将介绍不同尺度的一些常用模拟方法的基本原理。

1. 微观尺度

分子水平的建模和模拟方法通常使用原子、分子或原子团和分子团作为考虑的基本单元。最常用的方法包括分子力学（molecular mechanics，MM）法、分子动力学（molecular dynamics，MD）法和蒙特卡罗（Monte Carlo，MC）法。分子尺度的聚合物模型主要针对形成的热力学和动力学、分子结构及其相互作用。下面介绍两种广泛使用的分子尺度方法：分子动力学法和蒙特卡罗法。

1）分子动力学法

作为一种分子模拟方法，分子动力学法是一种在原子、分子水平上求解多体问题的计算机模拟方法，可以预测相互作用粒子（如原子、分子、粒子等）随时间的演变过程并预测相应的物理性质。具体而言，分子动力学法可以获得原子位置、速度和力等信息，并使用统计力学从中获得宏观静态特性（如压力、能量、热容量）和动态及传输特性。分子动力学法模拟通常由 3 个部分组成：①初始条件（如系统中所有粒子的初始位置和速度）；②代表所有粒子间力的相互作用势能；③通过求解系统中所有粒子的一组经典牛顿运动方程实现系统实时演变。分子动力学方法的基本思想是在每个时间步中近似求解电子薛定谔方程，从而确定实际原子坐标的潜在超曲面，即原子的有效势能。

虽然分子动力学能够保留更多高分子物理中的细节信息，但是由于分子动力学能模拟的物理过程在时间上只有纳秒数量级，空间上只有纳米数量级，远远小于一般的高聚物加工过程的特征时间和特征尺寸，需要对分子动力学进行粗粒化处理，抽象一些具体细节，也就是发展出了后续的介观尺度方法。

2）蒙特卡罗法

蒙特卡罗法是一种通过随机抽样方法来求解数学问题的数值方法。其基本思路是通过将所求解物理、化学问题转化为某种随意分布过程的特征数，如某个随机事件出现的概率，或者随机变量的期望值，通过随机抽样的方法，以随机事件出现的频率估计其概率，或者以抽样的数字特征估算随机变量的数字特征，并将其作为问题的解。而高分子本身的特点，如数量巨大的重复单元结构、高分子链空间构象的复杂多变等，使高分子科学中存在大量可采用蒙特卡罗法模拟研究的随机性问题，在高分子科学中的大部分领域，蒙特卡罗法都得到了丰富的发展和应用。蒙特卡罗法模拟通常包括 3 个步骤：①研究的物理问题被转化为类似的概率或统计模型；②通过数值随机抽样实验求解概率模型；③使用统计方法分析获得的数据。蒙特卡罗法仅提供平衡性质(如自由能、相平衡)，而分子动力学法既能给出平衡性质又能给出非平衡性质。在聚合物体系中，蒙特卡罗法已用于研究表面的分子结构及评估各种因素的影响。

2. 介观尺度

聚合物具有比分子尺度研究的结构大得多的结构。例如，嵌段共聚物材料的性质受到分离成介观尺度分子的强烈影响，其时间尺度范围为 $10^{-8}\sim10^{-4}$s。位错动力学，结晶和相变通常发生在该尺度上。微观尺度的建模和模拟方法包括布朗动力学(Brownian dynamics，BD)方法、耗散粒子动力学(dissipative particle dynamics，DPD)方法、格子玻尔兹曼(lattice Boltzmann，LB)方法、时间相关的金茨堡-朗道(time-dependent Ginzburg-Landau，TDGL)方法和动态密度泛函理论(dynamic density functional theory，DDFT)方法。在该长度和时间尺度上的基于粒子的方法相对于分子动力学法和蒙特卡罗法有很多变化，如使用有效相互作用势或粗粒度方法(如 DPD)。当需要研究包含很多分子的系统的行为时，需使用粗粒度模型。因此，它们能够模拟传统分子动力学法目前无法达到的长度和时间尺度上的现象。

近年来，基于高聚物场理论的介观模型取也得了飞速的发展，并在此基础上开发出了诸如 MesoDyn 这样的软件包。在简单的介观层面上，高分子体系可以被模型化为自由能的唯象表达。例如，弗洛里-哈金斯(Flory-Huggins)或朗道(Landau)自由能可以被用来对高聚物的共混过程进行建模，在这些模型中，体系的具体结构被合并到弗洛里 χ 参数或者单体的迁移率。对高聚物的场理论处理，大多数建立在高斯螺线模型的基础上，将高分子表示为像螺线一样的空间曲线，这些模型在预测共混物或嵌段共聚物等多组分或多相高聚物体系中的介观结构演化上有广泛的应用。

1）布朗动力学方法

布朗动力学模拟类似于分子动力学模拟。不过它引入了一些新的近似值，可以在微秒时间尺度上进行模拟，而分子动力学模拟只能在几纳秒内。在布朗动力学方法中，分子动力学方法中使用的溶剂分子的显示描述被隐含的连续溶剂描述所取代，且一般忽略分子的内部运动，允许的时间步长比分子动力学方法更大。因此，布朗动力学方法对于控制不同组件运动的时间尺度变化较大的系统特别有用。

2）耗散粒子动力学方法

耗散粒子动力学最初由 Hoogerbrugge 和 Koelman 建立，可以在微观的长度和时间尺度上模拟包括聚合物熔体和混合物在内的牛顿流体和非牛顿流体。与分子动力学方法和布朗动力学方法一样，耗散粒子动力学是一种基于粒子的方法。但其单个粒子不代表“基本”粒子原子，而是代表经典粒子的原子或分子的完整簇。耗散粒子动力学方法的核心思想是通过忽略模拟的对象中那些相对于研究目标不太重要的细节信息，强化与研究目标相关的主要特征，从而达到粗粒化处理的目的，在更大的空间和时间尺度上实现模拟计算，这也是耗散粒子动力学方法相对于分子动力学方法的优势。在耗散粒子动力学方法的模拟体系中，高聚物被当作一串相互作用的珠子，珠子之间由弹性的弹簧相连接，这样的“珠-簧”链式结构就构成了一条高分子链，珠子的运动遵循经典牛顿运动方程，对珠子的运动方程进行积分求解即可得到高分子的空间矢量信息。目前，耗散粒子动力学方法已经广泛应用于高分子科学的模拟计算中，包括嵌段共聚物的自组装现象、高聚物共混动力学、高分子薄膜原理等。

3）格子玻尔兹曼方法

格子玻尔兹曼方法认为流体的典型体积元由粒子集合组成，粒子集合由每个网格点处的每个流体组分的粒子速度分布函数表示，是一种粒子/网格混合方法。它起源于格子气自动机（lattice gas automaton，LGA），构造了一种简化的、虚拟的分子动力学，其中空间、时间和粒子速度都是离散的。典型的格子气自动机由粒子位于节点的规则晶格组成，并定义了一组描述粒子占用的布尔变量。在演化过程中，每个时间步可以分为两个子步：①传输，其中每个粒子沿其速度方向移动到最近的节点；②碰撞，到达节点的粒子相互作用，然后根据散射规则改变它们的速度方向。格子玻尔兹曼法的一个重要优点是流体粒子的微观物理相互作用可以方便地结合到数值模型中，与 Navier-Stokes 方程相比，格子玻尔兹曼法可以处理流体粒子之间的相互作用，并重现流体动力学行为的微观机理，如成核和结晶。

4）时间相关的金茨堡-朗道方法

时间相关的金茨堡-朗道方法是在微观上模拟扩散、相变和相分离的相场模型，基于卡恩-希利亚德-库克（Cahn-Hilliard-Cook，CHC）二元混合的非线性扩散方程建立，属于更一般的相场和反应扩散模型。在 TDGL 方法中，最小化自由能函数用来模拟从相图的可混溶区域到不混溶区域的淬火过程。通过求解 TDGL/CHC 方程的局部混合浓度的时间依赖性可以研究共混聚合物的时间依赖性结构演变。目前 TDGL 法和 CDM 法被用于研究共混聚合物的相分离。

5）动态密度泛函理论方法

动态密度泛函理论方法一般用于模拟聚合物的动态行为。动态密度泛函理论方法通过将高斯平均场统计与 TDGL 方法模型相结合用于保守阶参数的时间演化来描述聚合物流体的行为。与 TDGL 方法中采用的传统现象学自由能扩展方法相比，动态密度泛函理论方法中自由能不会在一定程度上被截断，而是在数值上保持完整的聚合物路径积分，因此可以得到聚合物系统更加详细的信息，而不仅仅是弗洛里-哈金斯参数和模拟中的迁移率，但计算难度和计算量也会大大增加。此外，TDGL 方法中不包括黏弹性，但动态密度泛函理论方法在高斯链的尺度上包括了黏弹性。

3. 介观/宏观尺度

通常，观察到的宏观行为可以通过忽略离散的原子和分子结构并假设材料是连续分布的来解释。一般来说，宏观尺度方法（或称为连续体方法）遵循以下基本定律：①连续性，基于质量守恒方程；②平衡，源于动量守恒和牛顿第二定律；③动量矩原理，基于角动量相对于任意点的时间变化率等于合成力矩的模型；④能量守恒，基于热力学第一定律；⑤熵守恒，基于热力学第二定律。这些定律为连续模型提供了基础，必须与适当的本构方程和状态方程相结合，以提供解决连续介质问题所需的所有方程。连续体方法包括微观力学模型、有限元法、光滑粒子流体动力学、等效连续体模型和自洽模型。下面介绍前 3 种方法。

1）微观力学模型

连续介质力学中的均匀性假设不能应用到微观尺度上，因此微观力学方法用于表示无穷小材料元素的微观结构和性质的连续体量。因此，微观力学模型的中心是开发代表性体积元素（representative volume element，RVE）以统计地表示局部连续体属性。构造代表性体积元素以确保长度尺度与对宏观行为具有一级效应的最小成分一致，然后在全尺度模型中以重复或周期性质使用 RVE。微观力学方法可以解释界面间成分的连续性、不连续性，以及耦合的机械和非机械性能。

2）有限元法

有限元法是一种用于获得空间中时间相关过程的初值和边界值问题的近似解的通用的数值方法。有限元法的显著特征是将连续体离散化为离散元素，各个元素通过称为网格的拓扑图连接在一起，并在网格上构建有限元插值函数，这样可以确保插值的兼容性。基于 Navier-Stokes 方程（计算流体动力学）描述固体的黏性/弹性/黏弹性行为和流体的性质已被广泛用于聚合物系统。

3）光滑粒子流体动力学

光滑粒子流体动力学方法是基于连续介质理论的守恒方程但又避免了有限元方法中的网格问题的现代连续方法。它既可以应用于微观，也可以应用于介观/宏观尺度，可以使用的长度范围为 $10^{-6}\sim10^{2}$ m。光滑粒子流体动力学方法不是将连续体系离散化为离散代数体系，而是基于粒子的无网格方法，它用一组近似连续体的粒子方程代替连续方程，将视作连续的流体（或固体）用相互作用的质点组来描述，各个物质点上承载各种物理量，包括质量、速度等，通过求解质点组的动力学方程和跟踪每个质点的运动轨道，求得整个系统的力学行为。从原理上讲，只要质点的数目足够多，就能精确地描述力学过程。虽然在光滑粒子流体动力学方法中，解的精度也依赖于质点的排列，但它对点阵排列的要求远远低于网格的要求。质点之间不存在网格关系，因此它可避免极度大变形时网格扭曲而造成的精度破坏等问题,并且也能较为方便地处理不同介质的交界面。光滑粒子流体动力学方法的优点还在于它是一种纯拉格朗日方法,能避免欧拉描述中欧拉网格与材料的界面问题,因此特别适合于求解高速碰撞等动态大变形问题。

4. 多尺度建模

上述所有方法都已经成功应用于聚合物体系多年。多尺度模拟的挑战是尽可能无缝地从一个尺度转移到另一个尺度,以便计算的参数、属性和数字信息可以跨尺度有效地传递。聚合物体系面临的挑战是准确地预测它们的层次结构和行为,并获取跨越5~6个数量级的长度尺度和跨越十几个数量级的时间尺度的现象。在不同尺度之间具有严格联系的多尺度建模方法至今还未出现。

一般来说,多尺度方法有两种基本策略:顺序和并行多尺度方法。在顺序方法中,一系列分层计算方法以这样的方式链接:来自一个尺度的计算模拟的计算量用于定义在相邻较大尺度上操作的模型的参数。这种顺序策略已被证明在不同尺度弱耦合的系统中是有效的。但实际使用的大多数多尺度模拟是连续的,如所有分子动力学模拟,其潜在的潜力来自从头计算。

参考文献

[1] TOOR H,BALLMAN R,COOPER L. Predicting mold flow by electronic computer[J]. Modern Plastics,1960,38(4): 117-120.

[2] HARRY D H,PARROTT R G. Numerical simulation of injection mold filling[J]. Polymer Engineering & Science,1970,10(4): 209-214.

[3] LORD H,WILLIAMS G. Mold-filling studies for the injection molding of thermoplastic materials. Part II: The transient flow of plastic materials in the cavities of injection-molding dies[J]. Polymer Engineering & Science,1975,15(8): 569-582.

[4] STEVENSON J,GALSKOY A,WANG K,et al. Injection molding in disk-shaped cavities [J]. Polymer Engineering & Science,1977,17(9): 706-710.

[5] STEVENSON J F. A simplified method for analyzing mold filling dynamics Part I: Theory [J]. Polymer Engineering & Science,1978,18(7): 577-582.

[6] STEVENSON J,HIEBER C,WANG K,et al. Experimental-study and simulation of disk filling by injection-molding[J]. Journal of Rheology,1978: 313-314.

[7] STEVENSON J F,CHUCK W. A simplified method for analyzing mold filling dynamics. Part II: Extensions and comparisons with experiment[J]. Polymer Engineering & Science, 1979,19(12): 849-857.

[8] KAMAL M,KENIG S. The injection molding of thermoplastics. Part I: Theoretical model [J]. Polymer Engineering & Science,1972,12(4): 294-301.

[9] KAMAL M,KENIG S. The injection molding of thermoplastics. Part II: Experimental test of the model[J]. Polymer Engineering & Science,1972,12(4): 302-308.

[10] WILLIAMS G,LORD H. Mold-filling studies for the injection molding of thermoplastic materials. Part I: The flow of plastic materials in hot- and cold-walled circular channels

[J]. Polymer Engineering & Science,1975,15(8): 553-568.

[11] NUNN R,FENNER R. Flow and heat transfer in the nozzle of an injection molding machine[J]. Polymer Engineering & Science,1977,17(11): 811-818.

[12] HIEBER C,UPADHYAY R,ISAYEV A. Non-isothermal polymer flow in non-circular runners[J]. Plastics Engineering,1983: 48.

[13] RICHARDSON S,PEARSON H,PEARSON J. Simulation of injection moulding[J]. Journal of Fluid Mechanics,1980,56(4): 609-618.

[14] BERNHARDT E C. CAE (computer aided engineering) for injection molding[M]. Munich: Hanser,1983.

[15] TADMOR Z,BROYER E,GUTFINGER C. Flow analysis network (FAN)—A method for solving flow problems in polymer processing[J]. Polymer Engineering & Science, 1974,14(9): 660-665.

[16] KENNEDY P,ZHENG R. Flow analysis of injection molds[M]. 2nd ed. Munich: Carl Hanser Verlag GmbH & Co. KG,2013.

[17] CARDOZO D. Three models of the 3D filling simulation for injection molding: a brief review[J]. Journal of Reinforced Plastics and Composites,2008,27(18): 1963-1974.

[18] LEONOV A I,PORKUINN A N. Nonlinear phenomena in flows of viscoelastic polymer fluids[M]. London: Champan & Hall,1994.

[19] BIRD R B,WIEST J M. Constitutive equations for polymeric liquids[J]. Annual Review of Fluid Mechanics,1995,27: 169-193.

[20] 韩先洪. 成型充填过程中非等温非牛顿粘弹性流动数值模拟[D]. 大连:大连理工大学,2007.

[21] OLDROYD J G. Non-Netonian effectsin stead motion of some idealized elastic-viscous liquids[J]. Proc. Roy. Soc,1958,A245: 278.

[22] TUCKER III C L. Computer modeling for polymer proeessing[M]. New York: Hanser Publishers,1989.

[23] WHITE J L, METZNER A B. Development of constitutive for polymeric melts and solution[J]. J. APP1. Polym. Sci,1963,7: 1867.

[24] PHAN-THIEN N. A nonlinear network viacoelastic model[J]. J. Rheol. ,1978,22: 259.

[25] GIESEKUS H. A simple constitutive equation for polymer fluids based on the concept of deformation dependent tensorial mobility[J]. J. Non-newtonian Fluid Mech. , 1982, 11: 69.

[26] BERSTEIN B,KERSLEG A E,ZAPAS L J. A study of stess relaxaton with finite strain [J]. Trans. Soc. Rheol. ,1963,7: 391.

[27] DOUVEN L. towards the computation of properties of injection moulded porducts: flow and thermally induced stresses in amorphous thermoplastics[D]. Eindhoven: Eindhoven Universty of Technology,1991.

[28] 袁中双. 塑料注射成型流动和保压过程的计算机模拟及实验验证[D]. 武汉:华中理工大学,1993.

[29] HEYNS J A,MALAN A G,HARMS T M,et al. Development of a compressive surface capturing formulation for modelling free-surface flow by using the volume-of-fluid approach[J]. International Journal for Numerical Methods in Fluids, 2013, 71(6):

788-804.

[30] ZHANG D, JIANG C, LIANG D, et al. A refined volume-of-fluid algorithm for capturing sharp fluid interfaces on arbitrary meshes[J]. Journal of Computational Physics, 2014, 274: 709-736.

[31] SATO T, RICHARDSON S M. Numerical simulation method for viscoelastic flows with free surfaces-fringe element generation method[J]. International Journal for Numerical Methods in Fluids, 1994, 19(7): 555-574.

[32] WANG X, LI X. Numerical simulation of three dimensional non-Newtonian free surface flows in injection molding using ALE finite element method[J]. Finite Elements in Analysis and Design, 2010, 46(7): 551-562.

[33] 王宣平. 非牛顿黏弹性流动模拟中稳定化方法和三维自由面追踪问题研究[D]. 大连：大连理工大学，2012.

[34] HARLOW F H, WELCH J E. Numerical calculation of time-dependent viscous incompressible flow of fluid with free surface[J]. Physics of Fluids, 1965, 8(12): 2182.

[35] NOH W F, WOODWARD P. SLIC (simple line interface calculation)[C]//Proceedings of the Fifth International Conference on Numerical Methods in Fluid Dynamics, June 28-July, 1976, Twente University, Enschede, 1976: 330-340.

[36] RIDER W J, KOTHE D B. Reconstructing volume tracking[J]. Journal of Computational Physics, 1998, 141(2): 112-152.

[37] SUSSMAN M, SMEREKA P, OSHER S. A level set approach for computing solutions to incompressible two-phase flow[J]. Journal of Computational Physics, 1994, 114(1): 146-159.

[38] UBBINK O, ISSA R I. A method for capturing sharp fluid interfaces on arbitrary meshes [J]. Journal of Computational Physics, 1999, 153(1): 26-50.

[39] ZALESAKA S T. Fully multidimensional flux-corrected transport algorithms for fluids [J]. Journal of Computational Physics, 1979, 31(3): 335-362.

[40] BONOMETTI T, MAGNAUDET J. An interface-capturing method for incompressible two-phase flows. Validation and application to bubble dynamics[J]. International Journal of Multiphase Flow, 2007, 33(2): 109-133.

[41] GOPALA V R, VAN WACHEM B G M. Volume of fluid methods for immiscible-fluid and free-surface flows[J]. Chemical Engineering Journal, 2008, 141(1/2/3): 204-221.

[42] TSUI Y Y, LIN S W, CHENG T T, et al. Flux-blending schemes for interface capture in two-fluid flows[J]. International Journal of Heat and Mass Transfer, 2009, 52(23): 5547-5556.

[43] TADMOR Z, BROYER E, GUTFINGER C. Flow analysis network (FAN)-A method for solving flow problems in polymer processing[J]. Polymer Engineering & Science, 1974. 14(9): 660-665.

[44] HIRT C W, NICHOLS B D. Volume of fluid (VOF) method for the dynamics of free boundaries[J]. Journal of Computational Physics, 1981, 39(1): 201-225.

[45] KIM K H, ISAYEV A I, KWON K, et al. Modeling and experimental study of birefringence in injection molding of semicrystalline polymers[J]. Polymer, 2005, 46(12): 4183-4203.

[46] KWON T H. Mold cooling system design using boundary element method[J]. Journal of

Engineering for Industry, 1988. 110(4): 384-394.

[47] HIMASEKHAR K, LOTTEY J, WANG K K. CAE of mold cooling in injection molding using a three-dimensional numerical simulation[J]. Journal of Engineering for Industry, 1992, 114(2): 213-221.

[48] CHEN S C, HU S. Simulations of cycle-averaged mold surface temperature in mold-cooling process by boundary element method[J]. International Communications in Heat and Mass Transfer, 1991, 18(6): 823-832.

[49] CHEN S C, CHUNG Y C. Simulations of cyclic transient mold cavity surface temperatures in injection mold-cooling process[J]. International Communications in Heat and Mass Transfer, 1992, 19: 559-568.

[50] REZAYAT M, BURTON T E. A boundary-integral formulation for complex three-dimensional geometries[J]. International Journal for Numerical Methods in Engineering, 1990, 29(2): 263-273.

[51] PARK S, KWON T. Thermal and design sensitivity analyses for cooling system of injection mold. Part 1: thermal analysis[J]. Journal of Manufacturing Science and Engineering, 1998, 120: 287.

[52] PARK S, KWON T. Optimization method for steady conduction in special geometry using a boundary element method[J]. International Journal for Numerical Methods in Engineering, 1998. 43(6): 1109-1126.

[53] HIOE Y, CHANG K, ZUYEV K, et al. A simplified approach to predict part temperature and minimum "minimum safe" cycle time[J]. Polymer Engineering and Science, 2008, 48(9): 1737-1746.

[54] KIM BH, DONGGANG Y, SHIA-CHUNG C. Rapid thermal cycling of injection molds: an overview on technical approaches and applications [J]. Advances in Polymer Technology, 2008. 27(4): 233-255.

[55] CHEN S, WANG I, CHIOU Y, et al. An investigation on the temperature behavior in mold embedded with heater[C]//Proceedings of SPE Annual Technical Conference-ANTEC, 2007, Cincinnati, Ohio, USA: 717-721.

[56] HU S Y, CHENG N T, et al. Effect of cooling system design and process parameters on cyclic variation of mold temperatures-simulation by DRBEM[J]. Plastics, Rubber and Composites Processing and Applications, 1995(23): 221-232.

[57] TANG L Q, POCHIRAJU K, CHASSAPIS C, et al. Three-dimensional transient mold cooling analysis based on Galerkin finite element formulation with a matrix-free conjugate gradient technique[J]. International Journal for Numerical Methods in Engineering, 1996, 39(18): 3049-3064.

[58] TANG L Q, CHASSAPIS C, MANOOCHEHRI S. Optimal cooling system design for multi-cavity injection molding[J]. Finite Elements in Analysis and Design, 1997, 26(3): 229-251.

[59] QIAO H. Transient mold cooling analysis using BEM with the time-dependent fundamental solution[J]. International Communications in Heat and Mass Transfer, 2005, 32(3/4): 315-322.

[60] LIN Y W, LI H M, CHEN S C, et al. 3D numerical simulation of transient temperature

field for lens mold embedded with heaters[J]. International Communications in Heat and Mass Transfer，2005，32(9)：1221-1230.

[61] CHIOU Y C，CHOU Y Y，CHIU H S，et al. Integrated true 3D simulation of rapid heat cycle molding process[C]//Proceedings of SPE Annual Technical Conference-ANTEC，2007，Cincinnati，Ohio，USA：2577-2580.

[62] CHIOU Y C，WANG H C，CHIU H S，et al. Thermal feature of variotherm mold in injection molding processes[C]//Proceedings of SPE Annual Technical Conference-ANTEC，2009，Chicago，Illinois，USA：2491-2495.

[63] CAO W，SHEN C，LI H. Coupled part and mold temperature simulation for injection molding based on solid geometry[J]. Polymer-Plastics Technology and Engineering，2006，45(6)：741-749.

[64] 现代模具技术编委会. 注塑成型原理与注塑模设计[M]. 北京：国防工业出版社，1996.

[65] GEBHART B. Heat transfer[M]. 2nd ed. New York：McGraw-Hill，1971.

[66] ECKERT E R G，DRAKE J R M. Analysis of heat and mass transfer[M]. New York：McGraw-Hill，1972.

[67] CHEN S C，TARNG S H，CHIOU Y C，et al. Simulation and verification mold temperature variation of pulsed-cooling[C]. Proceedings of SPE Annual Technical Conference-ANTEC，2008，Milwaukee，Wisconsin，USA：385-389.

[68] YAO D G，KIM B. Development of rapid heating and cooling systems for injection molding applications[J]. Polymer Engineering and Science，2002，42(12)：2471-2481.

[69] WANG G L，ZHAO G Q，LI H P，et al. Analysis of thermal cycling efficiency and optimal design of heating/cooling systems for rapid heat cycle injection molding process[J]. Materials & Design，2010，31(7)：3426-3441.

[70] LI H M，CHEN S C，SHEN C，et al. Numerical simulations and verifications of cyclic and transient temperature variations in injection molding process[J]. Polymer-Plastics Technology and Engineering，2009，48：1-9.

[71] CHIANG H H，HIEBER C A，WANG K K. A unified simulation of the filling and postfilling stages in injection molding. Part I：Formulation[J]. Polymer Engineering & Science，1991，31(2)：116-124.

[72] ISAYEV A I，CROUTHAMEL D L. Residual stress development in the injection molding of polymers[J]. Polymer-Plastics Technology and Engineering，1984，22(2)：177-232.

[73] BUSHKO W C，STOKES V K. Solidification of thermoviscoelastic melts. Part I：Formulation of model problem[J]. Polymer Engineering and Science，1995，35(4)：351-364.

[74] KAMAL M R，LAI-FOOK R A，HERNANDEZ-AGUILAR J R. Residual thermal stresses in injection moldings of thermoplastics：a theoretical and experimental study[J]. Polymer Engineering and Science，2002，42(5)：1098-1114.

[75] STRUIK L C E. Internal stresses，dimensional stabilities and molecular orientations in plastics[M]. Brisbane：Wiley and Sons，1990.

[76] RIGDAHL M. Calculation of residual thermal stresses in injection molded amorphous polymers by the finite element method[J]. International Journal of Polymeric Materials，1976，5(1)：43-57.

[77] KABANEMI K，CROCHET M J. Thermoviscoelastic calculation of thermoviscoelastic

stresses in injection-molded parts[J]. International Journal of Polymer Processing, 1992, 7: 60-70.

[78] TITOMANLIO G, BRUCATO V, KAMAL M R. Mechanism of cooling stress build-up in injection molding of ther-moplastic polymers[J]. International Polymer Processing, 1987, 1: 55.

[79] BRUCATO V, TITOMANLIO G. Movement of phase-transition front in a constant-wall-temperature slab[J]. Industrial and Engineering Chemistry Research, 1987, 26(8): 1722-1724.

[80] BOITOUT F, AGASSANT J F, VINCENT M. Elastic calculation of residual stresses in injection molding[J]. International Polymer Processing, 1995, 10: 237-242.

[81] DENIZART O, VINCENT M, AGASSANT J F. Thermal stresses and strains in injection moulding: experiments and computations[J]. Journal of Materials Science, 1995, 30(2): 552-560.

[82] REZAYAT M. Numerical computation of cooling-induced residual stress and deformed shape for injection-molded thermoplastics[C]//Proceedings of ANTEC, 1989: 341-343.

[83] BAAIJENS F P T. Calculation of residual stress in injection moulded products[J]. Rheol. Acta, 1991, 30: 284-299.

[84] ZOETELIEF W F, DOUVEN L F A, HOUSZ A J. Residual thermal stresses in injection molded products[J]. Polymer Engineering and Science, 1996, 36(14): 1886-1896.

[85] SANTHANAM N. Analysis of residual stresses and post-molding deformation in injection-molded components[D]. Ithaca, NY: Cornell University, 1992.

[86] ISAYEV A I, CROUTHAMEL D L. Residual stress development in the injection molding of polymers[J]. Polymer-Plastics Technology and Engineering, 1984, 22(2): 177-232.

[87] BUSHKO W C, STOKES V K. Solidification of thermoviscoelastic melts: Part 2: Effects of processing conditions on shrinkage and residual stresses[J]. Polymer Engineering and Science, 1995, 35(4): 365-383.

[88] BUSHKO W C, STOKES V K. Solidification of thermoviscoelastic melts: Part 3: Effects of mold surface temperature differences on warpage and residual stresses[J]. Polymer Engineering and Science, 1996, 36(3): 322-335.

[89] BUSHKO W C, STOKES V K. Solidification of thermoviscoelastic melts: Part 4: Effects of boundary conditions on shrinkage and residual stresses[J]. Polymer Engineering and Science, 1996, 36(5): 658-675.

[90] GHONEIM H, HIEBER C A. Incorporation of density relaxation in the analysis of residual stresses in molded parts[J]. Polymer Engineering and Science, 1997, 37(1): 219-227.

[91] JANSEN K M B, TITOMANLIO G. Effect of pressure history on shrinkage and residual stresses-injection molding with constrained shrinkage[J]. Polymer Engineering and Science, 1996, 36(15): 2029-2040.

[92] TITOMANLIO G, JANSEN K M B. In-mold shrinkage and stress prediction in injection molding[J]. Polymer Engineering and Science, 1996, 36(15): 2041-2049.

[93] ZOETELIEF W F, DOUVEN L F A. Residual thermal stresses in injection molded products[J]. Polymer Engineering and Science, 1996, 36(14): 1886-1896.

[94] CHAPMAN T J, GILLESPIE J W, PIPES R B, et al. Prediction of process-induced residual stresses in thermoplastic composites[J]. Journal of Composite Materials, 1990, 24(6): 616-643.
[95] GUO X P. Crystallization, microstructure, residual stresses and birefringence in injection molding of semicrystalline polymer: simulation and experiment[D]. Akron, OH: The University of Akron, 1999.
[96] KWON K. Anisotropic shrinkage in injection moldings of semicrystalline and amorphous polymers: simulation and experiment[D]. Akron, OH: The University of Akron, 2005.
[97] HASTENBERG C H V, WILDERVANCK P C A, LEENEN J H, et al. The measurement of thermal stress distributions along the flow path in injection-molded flat plates[J]. Polymer Engineering and Science, 1992, 32(7): 506-515.
[98] MANDELL J F, SMITH K L, HUANG D D. Effects of residual stress and orientation on the fatigue of injection molded polysulfone[J]. Polymer Engineering and Science, 1981, 21(17): 1173-1180.
[99] ZOETELIEF W F, DOUVEN L F A, HOUSZ A J I. Residual thermal stresses in injection molded products[J]. Polymer Engineering and Science, 1996, 36(14): 1886-1896.
[100] BAAIJENS F P T. Calculation of residual stresses in injection molded products[J]. Rheologica Acta, 1991, 30(3): 284-299.
[101] DOUVEN L F. Towards the computation of properties of injection moulded products: flow and thermally induced stresses in amorphous thermoplastics[D]. Eindhoven: Technical University of Eindhoven, 1991.
[102] KAMAL M R, LAI-FOOK R A, HERNANDEZ-AGUILAR J R. Residual thermal stresses in injection moldings of thermoplastics: a theoretical and experimental study[J]. Polymer Engineering and Science, 2002, 42(5): 1098-1114.
[103] WIMBERGER-FRIEDL R, DE BRUIN J G, SCHOO H F M. Residual birefringence in modified polycarbonates[J]. Polymer Engineering and Science, 2003, 43(1): 62-70.
[104] LANDAU L D, LIFSHITZ E M. Theory of elasticity[M]. Oxford: Pergamon Press, 1986.
[105] BIRD R B, ARMSTRONG R C, HASSAGER O. Dynamics of polymeric liquids: fluid mechanics[M]. New York: John Wiley & Sons, 1987.
[106] ZOETELIEF W F, DOUVEN L F A. Residual thermal stresses in injection molded products[J]. Polymer Engineering and Science, 1996, 36(14): 1886-1896.
[107] St. JACQUES M. An analysis of thermal warpage in injection molded flat parts due to unbalanced cooling[J]. Polymer Engineering and Science, 1982, 22(4): 241-247.
[108] TAMMA K K, DOWLER B L, RAILKAR S B. Computer aided applications to injection molding: transfinite/finite element thermal/stress response formulations[J]. Polymer Engineering and Science, 1988, 28(7): 421-428.
[109] CROUTHAMEL D L, ISAYEV A I, WANG K K. Effect of processing conditions on the residual stresses in the injection molding of amorphous polymers[C]//Proceedings of ANTEC, 1982: 295-297.
[110] CHIANG H H, HIMASEKHAR K, SANTHANAM N, et al. Assessment of shrinkage and warpage using an integrated analysis of molding dynamics[C]//Proceedings of

ANTEC,1991: 242-246.
[111] PORSCH G, MICHAÇLI W. The prediction of linear shrinkage and warpage for thermoplastic injection moldings[C]//Proceedings of ANTEC,1990.
[112] MATSUOKA T,TAKABATAKE J,KOIWAI A,et al. Integrated simulation to predict warpage of injection molded parts[J]. Polymer Engineering and Science,1991,31(14): 1043-1050.
[113] KABANEMI K K,CROCHET M J. Thermoviscoelastic calculation of residual stresses and residual shapes of injection moulded parts[J]. Internatinoal Polymer Processing, 1992(7): 60-70.
[114] KABANEMI K K,VAILLANCOURT H,WANG H,SALLOUM G. Residual stresses, shrinkage,and warpage of complex injection molded products: numerical simulation and experimental validation[J]. Polymer Engineering and Science,1998,38(1): 21-37.
[115] HUILIER D,LENFANT C,TERRISSE J,DETERRE R. Modeling the packing stage in injection molding of thermoplastics[J]. Polymer Engineering and Science,1988,28(24): 1637-1643.
[116] KWOK C S, TONG L, WHITE J R. Generation of large residual stresses in injection moldings[J]. Polymer Engineering and Science,1996,36(5): 651-657.
[117] NAKAMURA K, WATANABE T, AMANO T, et al. Some aspects of nonisothermal crystallization of polymers: crystallization during melt spinning[J]. Journal of applied polymer science,1974,18(2): 615-623.
[118] KAMAL M R, LAI-FOOK R A, HERNANDEZ-AGUILAR J R. Residual thermal stresses in injection moldings of thermoplastics: a theoretical and experimental study[J]. Polymer Engineering and Science,2002,42(5): 1098-1114.
[119] MALKIN A Y, BEGHISHEV V P, KEAPIN I A. Macrokinetics of polymer crystallization[J]. Polymer,1983,24(1): 81-84.
[120] CHANG R Y,TSAUR B D. Experimental and theoretical studies of shrinkage,warpage, and sink marks of crystalline polymer injection molded parts[J]. Polymer Engineering and Science,1995,35(15): 1222-1230.
[121] KIKUCHI H, KOYAMA K. Material anisotropy and warpage of nylon 66 composites [J]. Polymer Engineering and Science,1994,34(18): 1411-1418.
[122] AKAY M,OZDEN S,TANSEY T. Prediction of process-induced warpage in injection molded thermoplastics[J]. Polymer Engineering and Science,1996,36(13): 1839-1846.
[123] AKAY M,OZDEN S. Assessment of thermal stresses in injection moulded polycarbonate [J]. Plastics, Rubber and Composites Processing and Applications, 1996, 25(3): 145-151.
[124] HALSTEAD W G,RINDERLE J R,SUH N P. Application of a variable volume mold to the shrinkage control of injection molded parts[C]//Proceedings of ANTEC,1979: 72-74.
[125] EGBERS R G, JOHNSON K G. Shrinkage properties of HDPE-an aid to the mold designer[C]//Proceedings of ANTEC,1979: 93-97.
[126] GIRARD P,HEBERT L P,SALLOUM G,SANSCHAGRIN B. Computer simulation of injection molding shrinkage for HDPE[C]//Proceedings of ANTEC,1987: 1158-1161.
[127] HOVEN-NIEVELSTEIN W B,MENGES G. Studies on the shrinkage of thermoplastics

[C]//Proceedings of ANTEC,1983: 737-738.

[128] SALLOURN G,CHARLAND D,SANACHGRIN B. Modeling of shrinkage for HDPE disk shape[C]//Proceedings of ANTEC,1985: 12-13.

[129] SHOEMAKER J, ALLAN R, ENGELMANN P. Packing optimization for injection molding[C]//Proceedings of ANTEC,1992: 717-718.

[130] SANSCHAGRIN B, RIVARD S, HEBERT L P, GIRARD P. Shrinkage analysis of reinforced injection molded parts[C]//Proceedings of ANTEC,1989: 1051-1054.

[131] BERNHARDT E C. Cavity dimensioning using computerized shrinkage evaluation software[C]//Proceedings of ANTEC,1989: 1262-1264.

[132] BOUDREAUS E, FORD A G. Effect of processing temperature on the shrinkage of polymethyipentence compounds[C]//Proceedings of ANTEC,1989: 1162-1164.

[133] THOMAS R,McCAFFERY N. Prediction of real product shrinkages,calculated from a simulation of the injection molding process[C]//Proceedings of ANTEC,1989: 371-375.

[134] WALSH S F. Shrinkage and warpage prediction for injection molded components[J]. Journal of Reinforced Plastics and Composites,1993,12(7): 769-777.

[135] ZHENG R,KENNEDY P, PHAN-THIEN N, et al. Thermoviscoelastic simulation of thermally and pressure-induced stresses in injection moulding for the prediction of shrinkage and warpage for fibre-reinforced thermoplastics[J]. Journal of Non-Newtonian Fluid Mechanics,1999,84(2): 159-190.

[136] BAZELEY G P, CHEUNG Y K, IRONS B M, et al. Triangular element in bending-conforming and nonconforming solutions[C]//Proceedings of Conference Matrix Method in Structural Mechanics,Ohio: WPAFB,1965: 547-576.

[137] 郭志英.注塑制品翘曲变形数值模拟及实验研究[D].武汉:华中科技大学,2000.

[138] PANTANI R, COCCORULLO I, SPERANZA V, et al. Modeling of morphology evolution in the injection molding process of thermoplastic polymers[J]. Progress in Polymer Science,2005,30(12): 1185-1222.

[139] TUCKER C L. Fundamentals of computer modeling for polymer processing[M]. New York: Hanser Publishers,1989.

[140] HIEBER C A. Modeling/simulation the injection molding of isotactic polypropylene[J]. Polymer Engineering and Science,2002,42(7): 1387-1409.

[141] GUO J X,NARH K A. Computer simulation of stress-induced crystallization in injection molded thermoplastics[J]. Polymer Engineering and Science,2001,41(11): 1996-2012.

[142] GUO J X, NARH K A. Simplified model of stress-induced crystallization kinetics of polymers[J]. Advances in Polymer Technology,2002,21(3): 214-222.

[143] GUO X,ISAYEV A I,GUO L. Crystallinity and microstructure in injection moldings of isotactic polypropylenes. Part 1: A new approach to modeling and model parameters[J]. Polymer Engineering and Science,1999,39(10): 2096-2114.

[144] GUO X, ISAYEV A I, DEMIRAY M. Crystallinity and microstructure in injection moldings of isotactic polypropylenes. Part 1: A new approach to modeling and model parameters[J]. Polymer Engineering and Science,1999,39(11): 2132-2149.

[145] KIM K H,ISAYEV A I,KWON K. Flow-induced crystallization in the injection molding of polymers: a thermodynamic approach[J]. Journal of Applied Polymer Science,2005,

95: 502-523.

[146] KIM K H, ISAYEV A I, KWON K. Crystallization kinetics for simulation of processing of various polyesters[J]. Journal of Applied Polymer Science, 2006, 102: 2847-2855.

[147] BANIK K, MENNIG G. Process-induced long-term deformation behavior of semicrystalline PBT[J]. Polymer Engineering and Science, 2006, 46(7): 882-888.

[148] KWON K, ISAYEV A I, KIM K H, et al.. Theoretical and experimental studies of anisotropic shrinkage in injection moldings of semicrystalline polymers[J]. Polymer Engineering and Science, 2006, 46(6): 712-728.

[149] ZHONG G J, LI Z M. Injection molding-induced morphology of thermoplastic polymer blends[J]. Polymer Engineering and Science, 2005, 45(12): 1655-1665.

[150] MURTHY N S, KAGAN VAL A, BRAY R G. Effect of melt temperature and skin-core morphology on the mechanical performance of Nylon 6[J]. Polymer Engineering and Science, 2002, 42(5): 940-950.

[151] PANTANI R, COCCORULLO I, SPERANZA V, et al. Modeling of morphology evolution in the injection molding process of thermoplastic polymers[J]. Progress in polymer science, 2005, 30: 1185-1222.

[152] BAIRD D G, COLLIAS D I. Polymer processing: principles and design[M]. Oxford: Butterworth-Heinemann, 1995.

[153] ADVANI S G, SOZER E M. Process modeling in composites manufacturing[M]. New York: Marcel Dekker Inc., 2003.

[154] KATTI S S, SCHULTZ M. The microstructure of injection molded semicrystalline polymers: a review[J]. Polymer Engineering and Science, 1982, 22(16): 1001-1017.

[155] ISAYEV A I, CHAN T W, GMEREK M, et al. Injection molding of semicrystalline polymers: modeling and experiments[J]. Journal of Applied Polymer Science, 1995, 55(5): 821-838.

[156] GUO J. Numerical simulation of stress-induced crystallization of injection molded semicrystalline thermoplastics[D]. Newark: New Jersey Institute of Technology, 2000.

[157] YING J. Microstrueture and properties of PP/POE blends[D]. 武汉：华中科技大学，2008.

[158] AVRAMI M. Kinetics of phase change: granulation, phase change and microstructure [J]. Journal of Chemical Physics, 1941, 9(2): 177-184.

[159] PANTANI R, COCCORULLO I, SPERANZA V, et al. Modeling of morphology evolution in the injection molding process of thermoplastic polymers[J]. Progress in Polymer Science, 2005, 30(12): 1185-1222.

[160] GODOVSKY Y K, SLONIMSKY G L. Kinetics of polymer crystallization from the melt [J]. Journal of Applied Polymer Science, 1974, 12(6): 1053-1080.

[161] NAKAMURA K, WATANABE T, KATAYAMA K, et al. Some aspects of non-isothermal crystallization of polymers: relationship between crystallization temperature, crystallinity, and cooling conditions[J]. Journal of Applied Polymer Science, 1972, 16(5): 1077-1091.

[162] NAKAMURA K, KATAYAMA K, AMANO T. Some aspects of nonisothermal crystallization of polymers: consideration of the isokinetic condition[J]. Journal of Applied

Polymer Science,1973,17(4): 1031-1041.

[163] HOFFMAN J D,LAURITZEN J I. Crystallization of bulk polymers with chain folding: theory of growth of lamellar spherulites[J]. Journal of Research of the National Bureau of Standards,1961,65A: 297-336.

[164] PATEL R M, SPRUIELL J E. Crystallization kinetics during polymer processing-analysis of available approaches for process modeling [J]. Polymer Engineering and Science,1991,31(10): 730-738.

[165] BIANCHI O,OLIVEIRA R V B,FIORIO R,et al. Assessment of Avrami,Ozawa and Avrami-Ozawa equations for determination of EVA crosslinking kinetics from DSC measurements[J]. Polymer Testing,2008,27(6): 722-729.

[166] SAJKIEWICZ P,CARPANETO L,WASIAK A. Application of the Ozawa model to non-isothermal crystallization of poly(ethylene terephthalate)[J]. Polymer,2001,42(12): 5365-5370.

[167] LIU S Y,YU Y N,CUI Y,et al. Isothermal and nonisothermal crystallization kinetics of nylon 11[J]. Journal of Applied Polymer Science,1998,70(12): 2371-2380.

[168] LIU T X,MO Z S,WANG S G,et al. Nonisothermal melt and cold crystallization kinetics of poly(aryl ether ether ketone ketone)[J]. Polymer Engineering and Science,1997,37(3): 568-575.

[169] SIFLEET W L,DINOS N,COLLIER J R. Unsteady-state heat transfer in a crystallizing polymer[J]. Polymer Engineering and Science,1973,13(1): 10-16.

[170] KOLMOGOROFF A N. On the statistic of crystallization development in metals[J]. Izvestiya Akad Nauk USSR Ser Math,1937,1: 335.

[171] ANGELLOZ C, FULCHIRON R, DOUILLARD A, et al. Crystallization of isotactic polypropylene under high pressure (phase)[J]. Macromolecules,2000,33(11): 4138-4145.

[172] ITO H,MINAGAWA K,TAKIMOTO J,et al. Effect of pressure and shear stress on crystallization behaviors in injection molding[J]. International Polymer Processing,1996,11(4): 363-368.

[173] EDER G,JANESCHITZ-KRIEGL H. Crystallization[C]//MEIJERED H E H. Processing of polymers. New York: Wiley,1997.

[174] COCCORULLO I, PANTANI R, TITOMANLIO G. Crystallization kinetics and solidified structure in iPP under high cooling rates[J]. Polymer,2003,44(1): 307-318.

[175] TITOMANLIO G,SPERANZA V,BRUCATO V. On the simulation of thermoplastic injection molding process: Part 2: Relevance of interaction between flow and crystallisation[J]. International Polymer Processing,1997,12(1): 45-53.

[176] DOUFAS A K,McHUGH A J,MILLER C,et al. Simulation of melt spinning including flow-induced crystallization: Part II. Quantitative comparisons with industrial spinline data[J]. Journal of Non-Newtonian Fluid Mechanics,2000,92(1): 81-103.

[177] TANNER R. A suspension model for low shear rate polymer solidification [J]. Journal of Non-Newtonian Fluid Mechanics,2002,102(2): 397-408.

[178] TANNER R. On the flow of crystallizing polymers: I. Linear regime[J]. Journal of Non-Newtonian Fluid Mechanics,2003,112(2/3): 251-268.

[179] FLORY P J. Theory of elastic mechanisms of fibrous proteins[J]. Journal of American

Chemistry Society,1956,18: 5222-5235.

[180] EDER G,JANESCHITZ-KRIEGL H. Theory of shear induced crystallization of polymer melts[J]. Colloid & Polymer Science,1988,266: 1087-1094.

[181] BOUTAHAR K,CARROT C,GUILLET J. Polypropylene during crystallization from the melt as a model for the rheology of molten-filled polymers[J]. Journal of Applied Polymer Science,1996,60(1): 103-114.

[182] FLOUDAS G,HILLIOU L,LELLINGER D,et al. Shear-induced crystallization of poly (ε-caprolactone): 2. Evolution of birefringence and dichroism[J]. Macromolecules,2000,33(17): 6466-6472.

[183] ZHOU H,YING J,LIU F,et al. Nonisothermal crystallization behavior and kinetics of isotactic polypropylene/ethyleneoctene blends: Part Ⅰ: Crystallization behavior[J]. Polymer Testing,2010,29(6): 640-647.

[184] ZHOU H,YING J,XIE X,et al. Nonisothermal crystallization behavior and kinetics of isotactic polypropylene/ethyleneoctene blends: Part Ⅱ: Modeling of crystallization kinetics[J]. Polymer Testing,2010,29(7): 915-923.

[185] GUO X, ISAYEV A I, DEMIRAY M. Crystallinity and microstructure in injection moldings of isotactic polypropylenes: Part Ⅱ: Simulation and experiment[J]. Polymer Engineering and Science,1999,39(11): 2132-2149.

[186] GUO X,ISAYEV A I,GUO L. Crystallinity and microstructure in injection moldings of isotactic polypropylenes: Part 1: A new approach to modeling and model parameters[J]. Polymer Engineering and Science,1999,39(10): 2096-2114.

[187] 张洪斌,周持兴. 流场中聚合物共混体系液滴形变的理论模型[J]. 力学进展,1998,28(3): 402-413.

[188] 应继儒. PP/POE共混体系的微结构与性能[D]. 武汉: 华中科技大学,2008.

[189] IZA M,BOUSMINA M. Nonlinear rheology of immiscible polymer blends: step strain experiments[J]. Journal of Rheology,2000,44(6): 1363-1384.

[190] TAHA M, FREREJEAN V. Morphology development of LDPE-PS blend compatibilization[J]. Journal of Applied Polymer Science,1996,61(6): 969-979.

[191] TUCKER C L,MOLDENAERS P. Microstructural evolution in polymer blends[J]. Annual Review of Fluid Mechanics,2002,34: 177-210.

[192] ALMUSALLAM A S,LARSON R G,SOLOMON M J. Anisotropy and breakup of extended droplets in immiscible blends[J]. Journal of Non-Newtonian Fluid Mechanics,2003,113(1): 29-48.

[193] BOUSMINA M,AOUINA M,CHAUDHRY B,et al. Rheology of polymer blends: non-linear model for viscoelastic emulsions undergoing high deformation flows[J]. Rheologica Acta.,2001,40(6): 538-551.

[194] WAGNER N J,OTTINGER H C,EDWARDS B J. Generalized Doi-Ohta model for multiphase flow developed via GENERIC[J]. AIChE Journal,1999,45(6): 1169-1181.

[195] DOI M,OHTA T. Dynamics and rheology of complex interfaces[J]. Journal of Chemical Physics,1991,95(2): 1242-1248.

[196] GRMELA M,AIT-KADI A. Comments on the Doi-Ohta theory of blends[J]. Journal of Non-Newtonian Fluid Mechanics,1994,55(2): 191-196.

[197] ZINCHENKO A,ROTHER M,DAVIS R. Cusping,capture,and breakup of interacting drops by a curvatureless boundary-integral algorithm[J]. Journal of Fluid Mechanics, 1999,391: 249-292.

[198] LI J,RENARDY Y,RENARDY M. Numerical simulation of breakup of a viscous drop in simple shear flow through a volume-of-fluid method[J]. Physics of Fluids,2000,12: 269.

[199] CRISTINI V,BLAWZDZIEWICZ J,LOEWENBERG M. An adaptive mesh algorithm for evolving surfaces: simulations of drop breakup and coalescence[J]. Journal of Computational Physics,2001,168(2): 445-463.

[200] KENNEDY M,POZRIKIDIS C,SKALAK R. Motion and deformation of liquid drops, and the rheology of dilute emulsions in simple shear flow[J]. Computers & Fluids,1994, 23(2): 251-278.

[201] COX R G. The deformation of a drop in a general time-dependent fluid flow[J]. Journal of Fluid Mechanics,1969,37(3): 601-623.

[202] TAYLOR G I. The viscosity of a fluid containing small drops of another fluid[J]. Proceedings of the Royal Society of London,1932,A138: 41-48.

[203] RALLISON J M. The deformation of small viscous drops and bubbles in shear flows[J]. Annual Review of Fluid Mechanics,1984,16(1): 45-66.

[204] TAYLOR G. Conical free surfaces and fluid interfaces[C]//Proceedings of the 11th International Congress of Applied Mechanics,Munich,1964: 790-796.

[205] HINCH E J,ACRIVOS A. Long slender drops in a simple shear flow[J]. Journal of Fluid Mechanics,1980,98(2): 305-328.

[206] KHAKHAR D V,OTTINO J M. Deformation and breakup of slender drops in linear flows[J]. Journal of Fluid Mechanics,1986,166: 265-285.

[207] MAFFETTONE P L,MINALE M. Equation of change for ellipsoidal drops in viscous flow[J]. Journal of Non-Newtonian Fluid Mechanics,1998,78(2/3): 227-241.

[208] ALMUSALLAM A S, LARSON R G, SOLOMON M J. Constitutive model for the prediction of ellipsoidal droplet shapes and stresses in immiscible blends[J]. Journal of Rheology,2000,44(5): 1055-1083.

[209] YAMANE H,TAKAHASHI M, HAYASHI R,et al. Observation of deformation and recovery of poly(isobutylene) droplet in a poly(isobutylene)/poly(dimethyl siloxane) blend after application of step shear strain[J]. Journal of Rheology, 1998, 42(3): 567-580.

[210] GUIDO S,SIMEONE M. Binary collision of drops in simple shear flow by computer-assisted video optical microscopy[J]. Journal of Fluid Mechanics,1998,357: 1-20.

[211] WETZEL E D,TUCKER III C L. Microstructural evolution during complex laminar flow of liquid-liquid dispersions[J]. Journal of Non-Newtonian Fluid Mechanics,2001,101(1/2/3): 21-41.

[212] ESHELBY J. The determination of the elastic field of an ellipsoidal inclusion,and related problems[C]//Proceedings of the Royal Society of London Series A,Mathematical and Physical Sciences,1957,241(1226): 376-396.

[213] WETZEL E D, TUCKER III C L. Droplet deformation in dispersions with unequal viscosities and zero interfacial tension[J]. Journal of Fluid Mechanics,2001,426: 199-228.

[214] JACKSON N E,TUCKER C L. A model for large deformation of an ellipsoidal droplet with interfacial tension[J]. Journal of Rheology,2003,47(3): 659-682.

[215] DOI M,OHTA T. Dynamics and rheology of complex interfaces[J]. Journal of Chemical Physics,1991,95(2): 1242-1248.

[216] WU Y,ZINCHENKO A Z,DAVIS R H. General ellipsoidal model for deformable drops in viscous flows[J]. Industrial and Engineering Chemistry Research,2002,41(25): 6270-6278.

[217] WU Y,ZINCHENKO A Z,DAVIS R H. Ellipsoidal model for deformable drops and application to non-Newtonian emulsion flow [J]. Journal of Non-Newtonian Fluid Mechanics,2002,102(2): 281-298.

[218] STONE H A. Dynamics of drop deformation and breakup in viscous fluids[J]. Annual Review of Fluid Mechanics,1994,26(1): 65-102.

[219] DRESSLER M,EDWARDS B J. A method for calculating rheological and morphological properties of constant-volume polymer blend models in inhomogeneous shear fields[J]. Journal of Non-Newtonian Fluid Mechanics,2005,130(2-3): 77-95.

[220] KATO K. Moulding anisotropy in ABS polymers as revealed by electron microscopy[J]. Polymer,1968,9: 225-232.

[221] TAHA M,FREREJEAN V. Morphology development of LDPE-PS blend compatibilization [J]. Journal of Applied Polymer Science,1996,61(6): 969-979.

[222] BUREAU M N,EL KADI H,DENAULT J,et al. Injection and compression molding of polystyrene/high-density polyethylene blends-phase morphology and tensile behavior[J]. Polymer Engineering and Science,1997,37(2): 377-390.

[223] ZHONG G J,LI Z M. Injection molding-induced morphology of thermoplastic polymer blends[J]. Polymer Engineering and Science,2005,45(12): 1655-1665.

[224] Tadmor Z. Molecular orientation in injection molding[J]. Journal of Applied Polymer Science,1974,18(6): 1753-1772.

[225] YU W,BOUSMINA M. Ellipsoidal model for droplet deformation in emulsions[J]. Journal of Rheology,2003,47(4): 1011-1039.

[226] TORZA S,COX R G,MASON S G. Particle motions in sheared suspensions XXVII. Transient and steady deformation and burst of liquid drops[J]. Journal of Colloid and Interface Science,1972,38(2): 395-411.

[227] TOMOTIKA S. On the instability of a cylindrical thread of a viscous liquid surrounded by another viscous fluid[J]. Proceedings of the Royal Society of London,1935,150(870): 322-337.

[228] ELEMANS P H M. Modelling of processing of incompatible polymer blends[D]. Eindhoven: Eindhoven University of Technology,1989.

[229] JANSSEN J M H. Dynamics of liquid-liquid mixing[D]. Eindhoven: Eindhoven University of Technology,1993.

[230] HUNEAULT M A,SHI Z H,UTRACKI L A. Development of polymer blend morphology during compounding in a twin-screw extruder: Part IV: A new computational model with coalescence[J]. Polymer engineering and science,1995,35(1): 115-127.

[231] TOMOTIKA S. Breaking up of a drop of viscous liquid immersed in another viscous fluid

which is extending at a uniform rate[J]. Proceedings of the Royal Society A,1936,153(879): 302-318.

[232] RAYLEIGH L. On the instability of jets[J]. Proceedings of the London Mathematical Society,1878,1(1): 4.

[233] DE BRUIJN R A. Deformation and break-up of drops in simple shear flows[D]. Eindhoven: Eindhoven University of Technology,1989.

[234] GRACE H P. Dispersion phenomena in high viscosity immiscible fluid systems and application of static mixers as dispersion devices in such systems[J]. Chemical Engineering Communications,1982,14(3/4/5/6): 225-277.

[235] JANSEN K M B, AGTEROF W G M, MELLEMA J. Droplet breakup in concentrated emulsions[J]. Journal of Rheology,2001,45(1): 227-236.

[236] DELAMARE L,VERGNES B. Computation of the morphological changes of a polymer blend along a twin-screw extruder[J]. Polymer Engineering and Science,1996,36(12): 1685-1693.

[237] TOKITA N. Analysis of morphology formation in elastomer blends[J]. Rubber Chemistry and Technology,1977,50(2): 292-300.

[238] ELMENDORP J J,VAN DER VEGT A K. A study on polymer blending microrheology. Part IV: The influence of coalescence on blend morphology origination[J]. Polymer Engineering and Science,1986,26(19): 1332-1338.

[239] CHESTERS A. The modelling of coalescence processes in fluid-liquid dispersions: a review of current understanding[J]. Chemical Engineering Research and Design,1991,69(A4): 259-270.

[240] TOOSE E M, GEURTS B J, KUERTEN J G M. Boundary integral method for two-dimensional non-Newtonian drops in slow viscous flow[J]. Journal of Non-Newtonian Fluid Mechanics,1995,60(2/3): 129-154.

[241] HOOPER R W,DE ALMEIDA V F,MACOSKO C W,et al. Transient polymeric drop extension and retraction in uniaxial extensional flows[J]. Journal of Non-Newtonian Fluid Mechanics,2001,98(2/3): 141-168.

[242] RAMASWAMY S,LEAL L G. The deformation of a viscoelastic drop subjected to steady uniaxial extensional flow of a Newtonian fluid[J]. Journal of Non-Newtonian Fluid Mechanics,1999,85(2/3): 127-163.

[243] LI J,RENARDY Y. Numerical study of flows of two immiscible liquids at low Reynolds number[J]. SIAM Review,2000: 417-439.

[244] CHANG Y,HOU T,MERRIMAN B,et al. A level set formulation of Eulerian interface capturing methods for incompressible fluid flows[J]. Journal of Computational Physics,1996,124(2): 449-464.

[245] YUE P,FENG J,LIU C,et al. A diffuse-interface method for simulating two-phase flows of complex fluids[J]. Journal of Fluid Mechanics,2004,515: 293-317.

[246] DELAMARE L,VERGNES B. Computation of the morphological changes of a polymer blend along a twin-screw extruder[J]. Polymer Engineering and Science,1996,36(12): 1685-1693.

[247] HUNEAULT M A, SHI Z H, UTRACKI L A. Development of polymer blend

morphology during compounding in a twin-screw extruder: Part IV: A new computational model with coalescence[J]. Polymer Engineering and Science, 1995, 35 (1): 115-127.
[248] PANTANI R, SORRENTINO A, SPERANZA V, et al., Molecular orientation in injection molding: experiments and analysis[J]. Rheologica Acta, 2004, 43(2): 109-118.
[249] HEFFELFINGER C J, BURTON R L. X-Ray determination of the crystallite orientation distributions of polyethylene terephthalate films[J]. Journal of Polymer Science, 1960, 47(149): 289-306.
[250] STEIN R S. The X-ray diffraction, birefringence, and infrared dichroism of stretched polyethylene[J]. Journal of Polymer Science, 1958, 31(123): 327-334.
[251] WHITE J L, SPRUIELL J E. Specification of biaxial orientation in amorphous and crystalline polymers[J]. Polymer Engineering and Science, 1981, 21(13): 859-868.
[252] WHITE J L. Principles of polymer engineering rheology[M]. New York: Wiley, 1990.
[253] VERBEETEN W M H, PETERS G W M, BAAIJENS F P T. Differential constitutive equations for polymer melts: the extended Pom-Pom model[J]. Journal of Rheology, 2001, 45(4): 823-843.
[254] POITOU A, AMMAR A, MARCO Y, et al. Crystallization of polymers under strain: from molecular properties to macroscopic models[J]. Computer Methods in Applied Mechanics and Engineering, 2003, 192(28/29/30): 3245-3264.
[255] PANTANI R, SPERANZA V, SORRENTINO A, et al. Molecular orientation and strain in injection moulding of thermoplastics[J]. Macromolecular Symposia, 2002, 185(1): 293-307.
[256] BIRD R, CURTISS C, ARMSTRONG R, et al. Dynamics of polymeric liquids[M]. New York: Wiley, 1987.
[257] FOLGAR F P, TUCKER C L. Orientation behaviour of fibres in concentrated suspensions[J]. Journal of Reinforced Plastics and Composites, 1984, 3(2): 98-119.
[258] JEFFERY G B. The motion of ellipsoidal particles immersed in viscous fluid[J]. Proceedings of the Royal Society of London. Series A, Mathematical and Physical Sciences, 1922, 102(715): 161-179.
[259] ADVANI S G, TUCKER III C L. The use of tensors to describe and predict fibre orientation in short fibre composites[J]. Journal of Rheology, 1987, 31(8): 751-784.
[260] FAN X J, PHAN-THIEN N, ZHENG R. A direct simulation of fibre suspensions[J]. Journal of Non-Newtonian Fluid Mechanics, 1998, 74(1/2/3): 113-136.
[261] KIM I H, PARK S J, CHUNG S T, et al. Numerical modeling of injection/compression molding for center-gated disk: Part I. Injection molding with viscoelastic compressible fluid model[J]. Polymer Engineering and Science, 1999, 39(10): 1930-1942.
[262] CHUNG S, KWON T. Numerical simulation of fiber orientation in injection molding of short-fiber-reinforced thermoplastics[J]. Polymer Engineering and Science, 1995, 35(7): 604-618.
[263] BARSOUM M E, ALEXANDROU A N. Stable finite element solutions of fully viscous compressible flows[J]. Finite elements in analysis and design, 1995, 19(1/2): 69-87.
[264] BERGER R C, STOCKSTILL R L. Finite-element model for high-velocity channels[J].

Journal of Hydraulic Engineering,1995,121(10): 710-716.

[265] BROOKS A, HUGHES T. Streamline upwind/Petrov-Galerkin formulations for convection dominated flows with particular emphasis on the incompressible Navier-Stokes equations[J]. Computer Methods in Applied Mechanics and Engineering, 1982, 32(1/2/3): 199-259.

[266] TEZDUYAR T, MITTAL S, RAY S, et al. Imcompressible flow computations with stabilized bilinear and linear equal-order-interpolation velocity-pressure elements[J]. Computer Methods in Applied Mechanics and Engineering, 1992, 95(2): 221-242.

[267] 严波. 三维塑料注射成形及结晶过程数值模拟关键技术研究[D]. 武汉: 华中科技大学, 2008.

[268] ZHONG G J, LI Z M. Injection molding-induced morphology of thermoplastic polymer blends[J]. Polymer Engineering and Science, 2005, 45(12): 1655-1665.

[269] PANTANI R, COCCORULLO I, SPERANZA V, et al. Modeling of morphology evolution in the injection molding process of thermoplastic polymers[J]. Progress in Polymer Science, 2005, 30(12): 1185-1222.

[270] KATAYAMA K, YOON M. Polymer crystallization in melt spinning: mathematical simulation[M]//ZIABICKI A, KAWAI H. High-speed fiber spinning. New York: Wiley, 1985: 207-223.

[271] TANNER R I. On the flow of crystallizing polymers: I. Linear regime[J]. Journal of Non-Newtonian Fluid Mechanics, 2003, 112(2-3): 251-268.

[272] HAN S, WANG K. Shrinkage prediction for slowly crystallizing thermoplastic polymers in injection molding[J]. International Polymer Processing, 1997, 12(3): 228-237.

[273] TITOMANLIO G, SPERANZA V, BRUCATO V. On the simulation of thermoplastic injection molding process: Part 2: Relevance of interaction between flow and crystallization[J]. International Polymer Processing, 1997, 12(1): 45-53.

[274] TUCKER C L, MOLDENAERS P. Microstructural evolution in polymer blends[J]. Annual review of fluid mechanics, 2002, 34: 177-210.

[275] PALIERNE J. Linear rheology of viscoelastic emulsions with interfacial tension[J]. Rheologica Acta, 1990, 29(3): 204-214.

[276] GRAEBLING D, MULLER R, PALIERNE J. Linear viscoelastic behavior of some incompatible polymer blends in the melt. Interpretation of data with a model of emulsion of viscoelastic liquids[J]. Macromolecules, 1993, 26(2): 320-329.

[277] KURAUCHI T, OHTA T. Energy absorption in blends of polycarbonate with ABS and SAN[J]. Journal of Materials Science, 1984, 19(5): 1699-1709.

[278] BUCKNALL C, SMITH P. Stress-whitening in high-impact polystyrenes[J]. Polymer, 1965, 6: 437-446.

[279] LIANG J, LI R. Rubber toughening in polypropylene: a review[J]. Journal of Applied Polymer Science, 2000, 77(2): 409-417.

[280] BEAHAN P, THOMAS A, BEVIS M. Some observations on the micromorphology of deformed ABS and HIPS rubber modified materials[J]. Journal of Materials Science, 1976, 11(7): 1207-1214.

[281] HOUSTON D, DELEVAN S. The state of public personnel research[J]. Review of

Public Personnel Administration,1991,11(2): 97-111.

[282] RAMSTEINER F, McKEE G. Breulmann M, Influence of void formation on impact toughness in rubber modified styrenic-polymers[J]. Polymer,2002,43(22): 5995-6003.

[283] BAI S L,WANG G T,HIVER J M,et al. Microstructures and mechanical properties of polypropylene/polyamide 6/polyethelene-octene elastomer blends[J]. Polymer, 2004, 45(9): 3063-3071.

[284] NIELSEN L E. Predicting the properties of mixtures: mixture rules in science and engineering[M]. New York: Marcel Dekker,1978.

[285] ZHENG R,McCAFFREY N,WINCH K,et al. Predicting warpage of injection moulded fibre-reinforced plastics[J]. Journal of Thermoplastic Composite Materials,1996,9(1): 90-106.

[286] REZAYAT M, STAFFORD R O. A thermoviscoelastic model for residual stress in injection moulded thermoplastics[J]. Polymer Engineering and Science, 1991, 31(6): 393-398.

[287] SCHAPERY R A. Thermal expansion coefficients of composite materials based on energy principles[J]. Journal of Thermoplastic Composite Materials,1968,2(3): 380-404.

[288] ZENG Q H, YU A B, LU G Q. Multiscale modeling and simulation of polymer nanocomposites[J]. Progress in Polymer Science,2008,33(2): 191-269.

[289] ALLEN M,TILDESLEY D. Computer simulation of liquids[M]. Oxford: Clarendon,1987.

[290] FRENKEL D, SMIT B. Understanding molecular simulation: from algorithms to applications[M]. Waltham,MA: Academic Press,2002.

[291] JORGENSEN W L. Perspective on "equation of state calculations by fast computing machines"[J]. Theoretical Chemistry Accounts,2000(103): 225-227.

[292] CARMESIN I,KREMER K. The bond fluctuation method: a new effective algorithm for the dynamics of polymers in all spatial dimensions[J]. Macromolecules, 1988, 21(9): 2819-2823.

[293] HOOGERBRUGGE P,KOELMAN J. Simulating microscopic hydrodynamic phenomena with dissipative particle dynamics[J]. Europhysics Letters,1992,19: 155.

[294] CHEN S,DOOLEN G D. Lattice Boltzmann method for fluid flows[J]. Annual Review of Fluid Mechanics,1998,30: 329-364.

[295] CAHN J,HILLIARD J. Spinodal decomposition: a reprise[J]. Acta Metallurgica,1971, 19(2): 151-161.

[296] LEE B P,DOUGLAS J F,GLOTZER S C. Filler-induced composition waves in phase-separating polymer blends[J]. Physical Review E,1999,60(5): 5812-5822.

[297] GINZBURG V V,GIBBONS C,QIU F,et al. ,Modeling the dynamic behavior of diblock copolymer/particle composites[J]. Macromolecules,2000,33(16): 6140-6147.

[298] GINZBURG V V, QIU F, BALAZS A C. Three-dimensional simulations of diblock copolymer/particle composites[J]. Polymer,2002,43(2): 461-466.

[299] GINZBURG V V,QIU F,PANICONI M,et al. Simulation of hard particles in a phase-separating binary mixture[J]. Physical Review Letters,1999,82(20): 4026-4029.

[300] KAWAKATSU T,DOI M,HASEGAWA R. Dynamic density functional approach to phase separation dynamics of polymer systems[J]. International Journal of Modern

Physics C,1999,10(8): 1531-1540.

[301] MORITA H, KAWAKATSU T, DOI M. Dynamic density functional study on the structure of thin polymer blend films with a free surface[J]. Macromolecules, 2001, 34(25): 8777-8783.

[302] TUCKER C L, LIANG E. Stiffness predictions for unidirectional short-fiber composites: review and evaluation[J]. Composites Science and Technology, 1999, 59(5): 655-671.

[303] LEE J Y, BALJON A R C, SOGAH D Y, et al. Molecular dynamics study of the intercalation of diblock copolymers into layered silicates[J]. Journal of Chemical Physics, 2000, 112(20): 9112-9119.

[304] KREMER K, MULLER-PLATHE F. Multiscale problems in polymer science: simulation approaches[J]. MRS Bulletin, 2001, 26(3): 205-210.

[305] RAABE D. Challenges in computational materials science[J]. Advanced Materials, 2002, 14(9): 639-650.

[306] CURTIN W A, MILLER R E. Atomistic/continuum coupling in computational materials science[J]. Modelling and Simulation in Materials Science and Engineering, 2003, 11(3): R33-R68.

[307] NAKANO A, BACHLECHNER M E, KALIA R K, et al. Multiscale simulation of nanosystems[J]. Computing in Science and Engineering, 2001, 3(4): 56-66.

[308] RUDD R E, BROUGHTON J Q. Concurrent coupling of length scales in solid state systems[J]. Physica status Solidi B, 2000, 217(1): 251-291.

常用材料成形模拟软件简介

7.1 板料成形模拟软件

7.1.1 FASTAMP 软件

1. 简介

FASTAMP 软件是由华中科技大学材料成形与模具技术国家重点实验室开发研制的，具有完全自主版权的板料冲压成形模拟分析软件（www.intecast.com）。其中计算模块包括有限元逆算法和动力显式有限元增量法两个求解器，并集成了达到国际一流水准的有限元前后处理模块，实现了具有完全自主知识产权的板料成形模拟系统。

FASTAMP 软件采用全中文界面，易懂易学。前处理模块具备兼容性极强的标准 CAD 接口、国际领先的高质量曲面自动网格生成器，以及功能强大的点/线/曲面/单元编辑功能，可以帮助用户建立起完整的有限元计算模型。

FASTAMP 软件计算速度快，计算精度高，模拟功能强大，主要面向产品设计、选材、工艺设计、模具设计人员，突破传统覆盖件 CAE 软件只能提供给少数专业分析人员使用的瓶颈。由于采用了独特的边界处理方式，FASTAMP 软件能够在数值仿真过程中实时动态地处理摩擦、压边力和拉深筋等工艺参数，可以真实地反映它们的作用效果，从而突破了以往逆算法只能用于粗略预测简单零件坯料形状而不能应用于汽车覆盖件成形精确模拟的限制。FASTMP 软件还可以快速预测覆盖件三维翻边过程的可成形性，精确确定三维修边线，彻底改变传统修边模和翻边模设计过程中依靠简单的解析理论和经验公式的现象，大幅度提高修边模和翻边模的设计效率。

FASTMP 软件还可以进行全工序成形模拟，真实模拟拉延、修边、翻边、回弹等多工序成形过程。采用等效和真实拉深筋两种模型，模拟每个增量步的板料成形过程，预测起皱、破裂、微皱纹等成形缺陷。

由于集成了完整的有限元前处理模块，在算法理论上取得了新的突破，FASTAMP 软件不论是从计算精度、速度，还是软件的功能和易用性方面来看，都和国外同类知名软件达到了同一水平。其不仅可以广泛应用于板料冲压成形模具设计与成形性校核，为模具工艺方案选择、模具结构设计、工艺参数优化提供快速有效的数值分析，还可以应用于冲压件的可成形性快速模拟，精确反算冲压件或零件的坯料形状，快速预测冲压件的厚度分布、应变分布、破裂位置、起皱位置等。

2. 应用实例

1）精确的坯料形状反算

图 7-1-1 所示零件是某汽车模具厂实际生产的翻边与拉深混合成形件。由于成形条件复杂，难以准确把握变形规律，利用传统的方法无法确定出该零件的合理坯料尺寸。利用 FASTAMP 软件进行求解，得出了零件的初始坯料形状，经实际实验对比，仅在个别区域存在轻微误差 0.2mm，完全可以满足零件的质量要求。

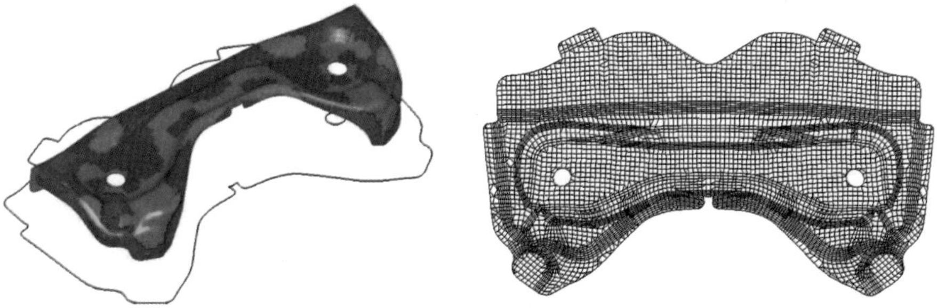

(a)　　　　(b)

图 7-1-1　坯料形状精确反算

(a) 坯料成形性评估；(b) 展开的平面坯料形状

2）三维翻边成形与三维修边线模拟

FASTAMP 软件可以快速预测覆盖间的三维翻边过程的可成形性，精确确定三维修边线(图 7-1-2)，并可将计算得出的修边线直接导入 UG 等造型软件中，帮助设计人员制定模具设计方案，从而大幅度提高修边模具和翻边模具的设计效率。

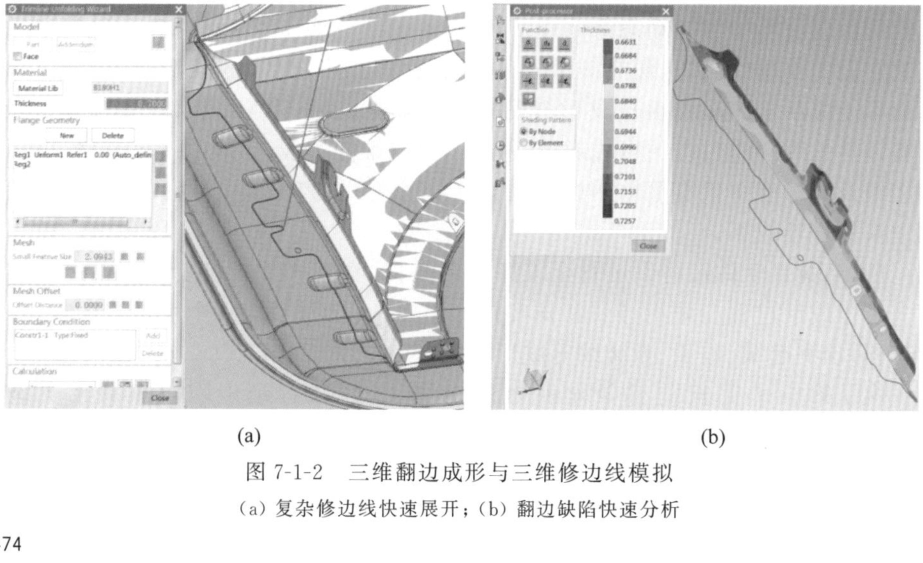

(a)　　　　(b)

图 7-1-2　三维翻边成形与三维修边线模拟

(a) 复杂修边线快速展开；(b) 翻边缺陷快速分析

3）全工序模拟

FASTAMP 可以模拟全工序成形过程（图 7-1-3）。采用等效筋进行快速全工序模型，采用真实筋高精度模拟成形过程。

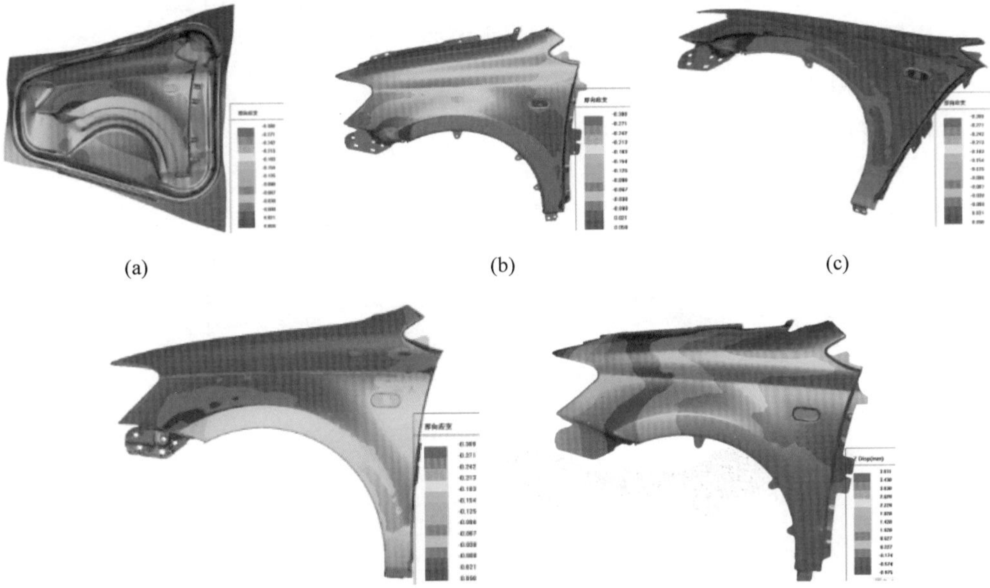

(a)　(b)　(c)

(d)　(e)

图 7-1-3　汽车覆盖件冲压件成形全工序模拟

（a）拉延；（b）修边；（c）翻边；（d）翻边；（e）回弹

7.1.2　DYNAFORM 软件

1. 简介

DYNAFORM 是由美国 ETA 公司开发的用于板料成形模拟的专用软件包，可以帮助模具设计人员显著减少模具开发设计时间及试模周期，不但具有良好的易用性，而且包括大量的智能化自动工具，可方便地求解各类板成形问题。DYNAFORM 包括板成形分析所需的与 CAD 软件的接口、前后处理、分析求解等所有功能。其专门用于工艺及模具设计涉及的复杂板成形问题，可以预测成形过程中板料的破裂、起皱、减薄、划痕、回弹，评估板料的成形性能，从而为板料成形工艺及模具设计提供帮助。

目前，除传统的增量法模块以外，DYNAFORM 中还增加了板料尺寸计算（BSE）模块。该模块利用一步法（onestep）求解器，可以方便地将产品展开，从而得到合理的坯料尺寸，并用于后续的成形性校核。此外，DYNAFORM 还包含用于模具设计的 DFE 模块，可以从零件的几何形状进行模具设计，包括压料面与工艺补充。DFE 模块中包含一系列基于曲面的自动工具，如冲裁填补功能、冲压方向调整功能及压料面与工艺补充生成功能等，可帮助模具设计工程师进行模具设计。

目前，DYNAFORM已在世界各大汽车、航空、钢铁公司，以及众多的大学和科研单位得到了广泛的应用，自被引进中国以来，已在长安汽车、南京汽车、上海宝钢、中国一汽、上海汇众汽车公司、洛阳一拖等知名企业得到成功应用。

2. 应用实例

1）板料尺寸计算

板料尺寸计算如图7-1-4所示。

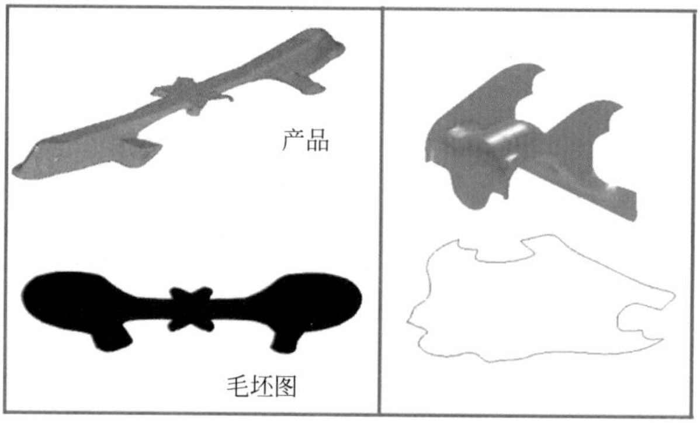

图7-1-4　毛坯尺寸粗略估算

2）多工序成形模拟

多工序成形模拟如图7-1-5所示。

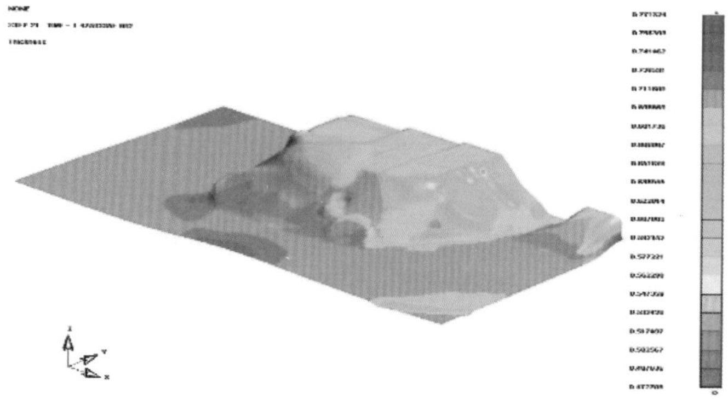

(a)

图7-1-5　多工序成形模拟

(a) 第一道拉延成形；(b) 第二道拉延成形

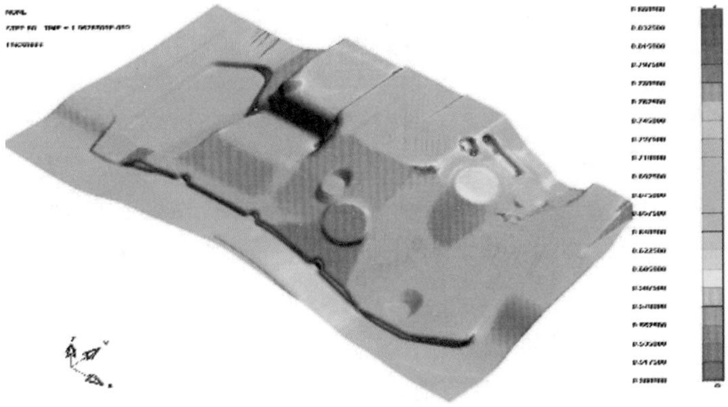

(b)

图 7-1-5(续)

3）模面辅助设计

模面辅助设计如图 7-1-6 所示。

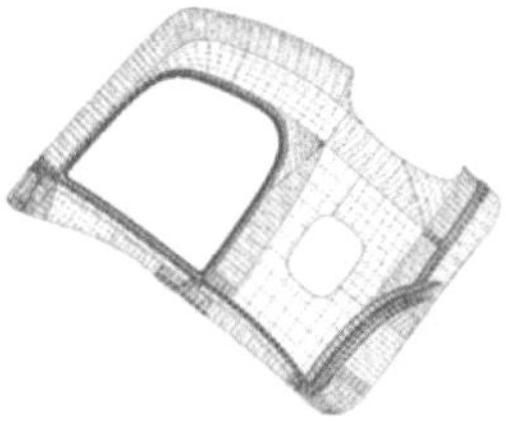

(a)

(b)

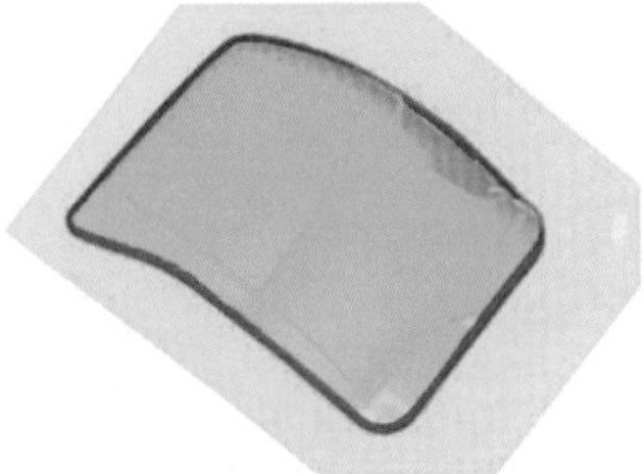

(c)

(d)

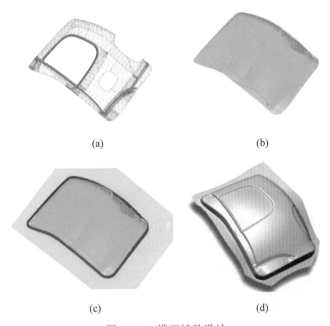

图 7-1-6　模面辅助设计

(a) 产品曲面模型；(b) 补孔后的曲面模型；(c) 工艺补充模型；(d) 拉延后的成形件

7.1.3 AUTOFORM 软件

1. 简介

AUTOFORM 是瑞士联邦工学院开发的板材成形模拟专用软件，目前较新的版本是 AUTOFORM 3.2，在欧洲各汽车企业有着广泛的应用，积累了大量的工程应用经验。它采用静力隐式算法进行求解，采用了全拉格朗日理论，对壳单元面内和横向刚度都进行了解耦，消除了刚度矩阵的缺点，保证了计算的收敛性，求解速度很快。

AUTOFORM 的设计思想突出了易用性和针对性，作为冲压成形模拟的专业软件，它尽可能地简化用户的操作，使软件的功能尽可能自动执行。AUTOFORM 可自动进行网格剖分，自动生成和交互修改压料面、工艺补充部分、拉深筋、凸模入口线、板坯材料等，可以自由选择调整冲压方向，产生工艺切口，定义重力作用、压边、成形、修边、回弹等工序或工艺过程。

AUTOFORM 提供了众多用于金属板料零件和冲压模具设计的功能模块，贯穿于整个产品发展周期。AUTOFORM 同样内置了一步法求解器，用户仅需要输入零件几何模型就可以进行坯料展开，快速地得到冲压成形模拟结果，并可用于后续成性形分析。增量法模块(Increment)则可以精确地模拟冲压成形过程，评估模具设计工艺方案。模具设计模块(DieDesigner)则可以帮助设计人员快速地生成模具型面。此外，AUTOFORM 还提供了对工艺参数和几何参数进行优化计算的模块(Optimizer)和应用于液压涨形模拟的模块(Hydro&HydroDesigner)。

2. 应用实例

1) 一步法

一步法成形模拟如图 7-1-7 所示。

2) 增量法

成形与回弹过程模拟如图 7-1-8 所示。

3) 模具设计

压料面与工艺补充设计如图 7-1-9 所示。

4) 液压胀形模拟

液压胀形过程模拟如图 7-1-10 所示。

5) 排样

毛坯优化排样如图 7-1-11 所示。

6) 优化

成形过程优化模拟如图 7-1-12 所示。

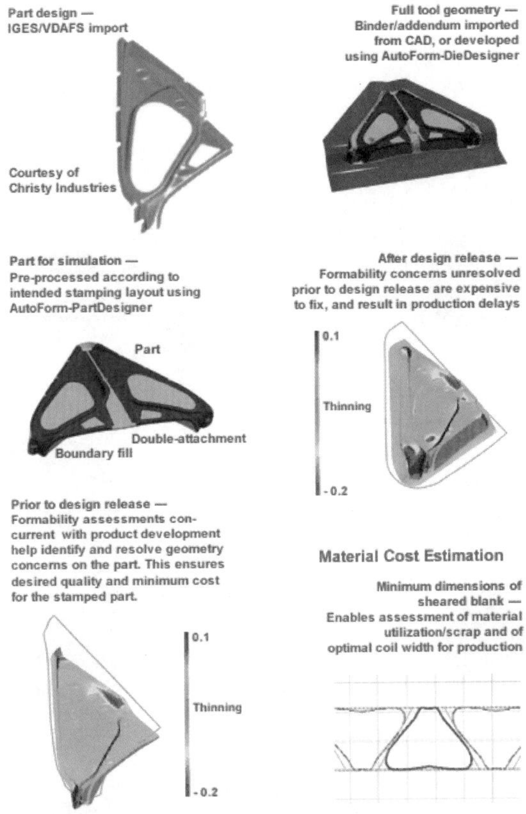
Part design —
IGES/VDAFS import
Courtesy of
Christy Industries
Full tool geometry —
Binder/addendum imported
from CAD, or developed
using AutoForm-DieDesigner
Part for simulation —
Pre-processed according to
intended stamping layout using
AutoForm-PartDesigner
Part
Double-attachment
Boundary fill
After design release —
Formability concerns unresolved
prior to design release are expensive
to fix, and result in production delays
0.1
Thinning
- 0.2
Prior to design release —
Formability assessments con-
current with product development
help identify and resolve geometry
concerns on the part. This ensures
desired quality and minimum cost
for the stamped part.
0.1
Thinning
- 0.2
Material Cost Estimation
Minimum dimensions of
sheared blank —
Enables assessment of material
utilization/scrap and of
optimal coil width for production

图 7-1-7　一步成形模拟

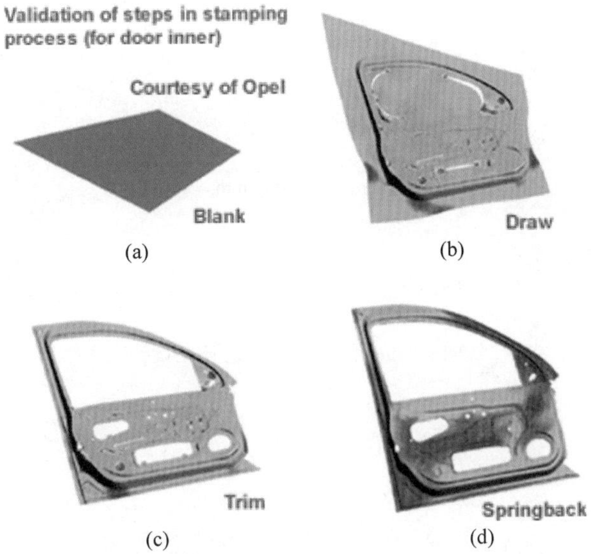
Validation of steps in stamping
process (for door inner)
Courtesy of Opel
Blank
(a)
Draw
(b)
Trim
(c)
Springback
(d)

图 7-1-8　成形与回弹过程模拟

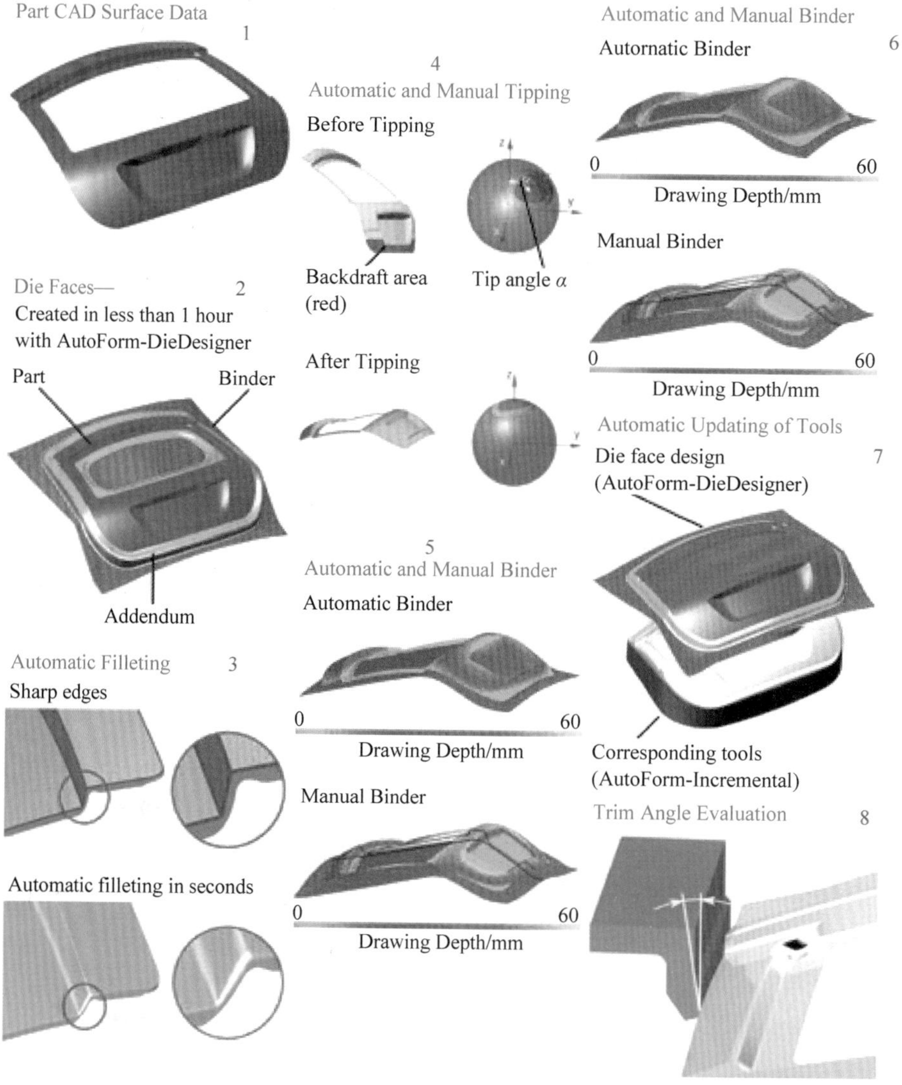

Part CAD Surface Data
1
Die Faces—
Created in less than 1 hour
with AutoForm-DieDesigner
2
Part
Binder
Addendum
Automatic Filleting
3
Sharp edges
Automatic filleting in seconds
4
Automatic and Manual Tipping
Before Tipping
Backdraft area
(red)
Tip angle α
After Tipping
5
Automatic and Manual Binder
Automatic Binder
0
60
Drawing Depth/mm
Manual Binder
0
60
Drawing Depth/mm
Automatic and Manual Binder
Autornatic Binder
6
0
60
Drawing Depth/mm
Manual Binder
0
60
Drawing Depth/mm
Automatic Updating of Tools
Die face design
(AutoForm-DieDesigner)
7
Corresponding tools
(AutoForm-Incremental)
Trim Angle Evaluation
8

图 7-1-9　压料面与工艺补充设计

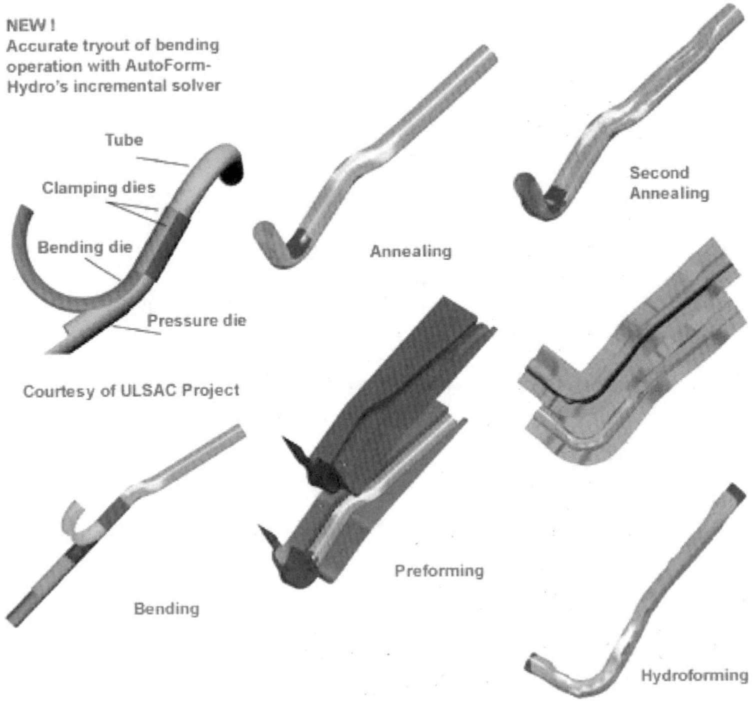

图 7-1-10　液压胀形过程模拟

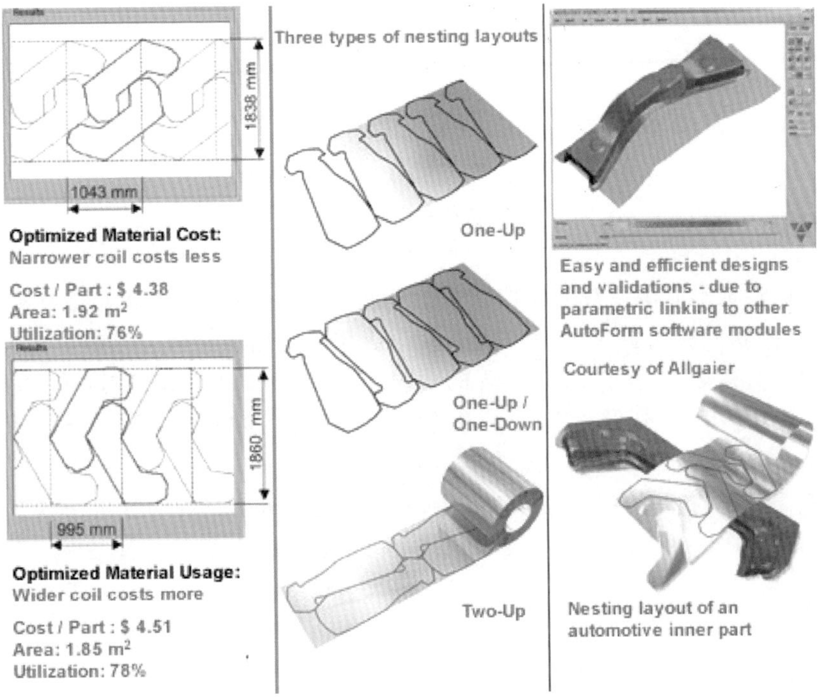

图 7-1-11　毛坯优化排样

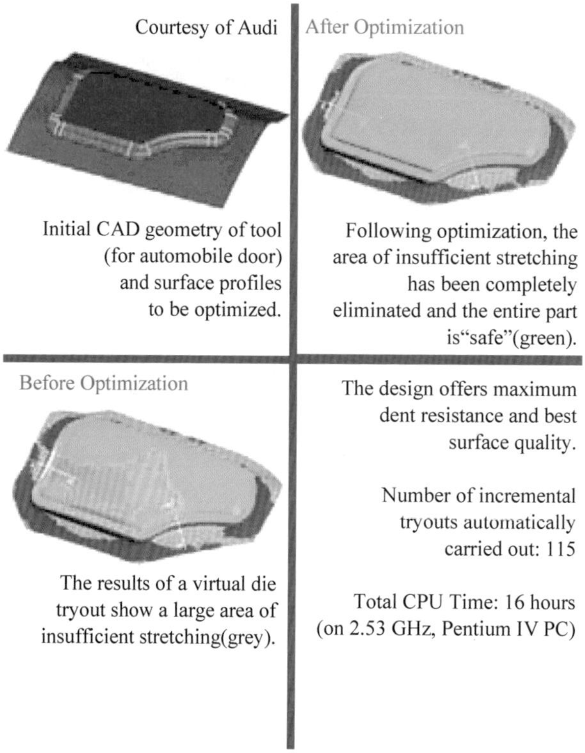
Courtesy of Audi
After Optimization
Initial CAD geometry of tool (for automobile door) and surface profiles to be optimized.
Following optimization, the area of insufficient stretching has been completely eliminated and the entire part is"safe"(green).
Before Optimization
The design offers maximum dent resistance and best surface quality.
Number of incremental tryouts automatically carried out: 115
The results of a virtual die tryout show a large area of insufficient stretching(grey).
Total CPU Time: 16 hours (on 2.53 GHz, Pentium IV PC)

图 7-1-12　成形过程优化模拟

7.2　锻造成形模拟软件

7.2.1　概述

随着塑性成形有限元数值模拟技术的不断发展，出现了许多商业化有限元分析软件，这些软件在工业生产中得到了广泛应用。常用的有限元分析软件包括：通用非线性有限元软件，如美国的 MARC、ABAQUS、NIKE3D 和德国的 INDEED；用于锻造成形过程的分析软件，如美国的 DEFORM、MSC. Marc/AutoForge 和 SuperForge 及法国的 FORGE 等。另外，LS-DYNA 这种最初主要应用于板壳成形的软件，如今也可以进行挤压、锻造等成形过程的分析。本节主要介绍应用比较广泛的 DEFOEM 和 MSC. Marc/AutoForge 两种软件。

7.2.2　DEFORM 软件

1. 简介

锻造成形有限元分析软件(Design Environment for Forming，DEFORM)是目

前世界上公认的应用较为广泛、功能较强的模拟软件。它建立在S. Kobayashi等研究工作的基础上，并由美国Battele Columbus实验室和俄亥俄州立大学精密成形工程中心共同开发，应用了计算机图形技术，并且加入功能丰富的前后处理系统。1990年开发了自动网格生成(automatic mesh generation)模块，1991年完成了网格的自动重划分(automatic remeshing)功能。目前，DEFORM软件广泛应用于世界各国的研究机构和实际生产中。

DEFORM在一个集成环境内综合建模，对成形、热传导和成形设备特性进行模拟仿真，DEFORM中预先提供了140种材料数据。该软件适用于热、冷、温成形，可给出成形过程中的材料流动规律、模具填充情况、行程载荷曲线、模具和材料内部的应力应变场、金属微结构和缺陷的产生与发展等，为工艺设计提供依据。DEFORM可以分析金属成形过程中多个材料特性、不同的关联对象耦合作用下的大变形和热特性，使分析模型和模拟环境与实际生产环境保持一致。DEFORM分为二维分析模块(DEFORM-2D)、三维分析模块(DEFORM-3D)和热处理模块。

DEFORM-2D用来分析平面应变或轴对称等金属成形过程。能够全自动网格划分和重划分，不需要人工干预；可以自动生成边界条件，确保数据准备快速可靠；可以选择刚性、弹性、刚塑性、热弹塑性、热刚黏塑性、粉末及自定义类型等材料模型；可以进行热力耦合分析。通过选择合适的损伤和裂纹生长模型，可以分析剪断、冲孔、机加工和冲裁模拟；也具有自接触边界状态处理能力，能够自我修正接触边界。后处理模块中能够进行点跟踪、应力应变的云图和矢量图、行程载荷曲线、镜像和旋转等处理；能够分析多个塑性工件和组合模具应力等。

DEFORM-3D与DEFORM-2D功能类似，但它处理的对象为复杂的三维零件、模具等。在DEFORM-3D中，用于仿真分析的模型几何体来自CAD系统(如Ideas、Pro/E、UG或PATRAN等)的面或实体造型(UNV、STL/SLA等)格式，并提供了三维几何操纵修正工具。在后处理中，DEFORM-3D具有2D切片功能，可以显示复杂工件和模具的剖面，方便观测金属流动和填充情况。同DEFORM-2D一样，DEFORM-3D输出的结果包括图形、原始数据及动画等，其在相当复杂的工业零件，如连杆、曲轴，以及具有复杂筋-翼结构的零件的成形模具中，都有令人满意的模拟结果。

DEFORM-3D的热处理模块能够模拟正火、退火、淬火、回火、时效处理、渗碳、蠕变等热处理工艺，以及相变、晶粒变化和时效沉积等；能够精确预测硬度、金相组织体积比值(如马氏体、残余奥氏体含量百分比等)、热处理工艺引起的挠曲和扭转变形、残余应力及含碳量等；能够基于Johnson-Mehl方程和T-T-T数据准确预测与扩散相关的相变。

2. 计算实例

钟形罩是轿车等速万向节部件上较为复杂的零件，属于典型的杯杆型零件，杯部由球形内表面和6条弧形滚球道组成，采用多工序温热挤压及冷精整与冷缩径成形，要求球形内表面及 6 条弧形滚珠球道仅留 0.3～0.4mm 磨削量。

图 7-2-1 所示为等速万向节部件结构图，它由钟形罩、钢珠、保持架、星形套和接合套等组成。在等速万向节的零件中，以钟形罩的制造技术难度最大，主要是形状复杂，加工精度要求高。

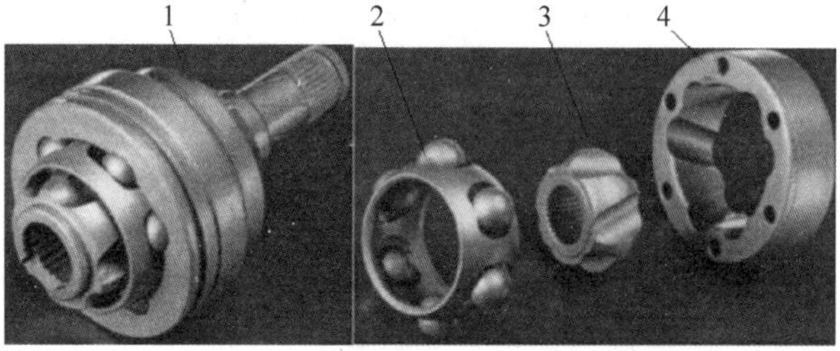

图 7-2-1　等速万向节部件结构简图

1—钟形罩；2—钢珠和保持架；3—星形套；4—接合套

图 7-2-2 所示为钟形罩零件图和预成形件图。由图 7-2-2 可知，预成形件仅在零件图上对应部分加上一层机加工余量，以锻件公差代替精密加工公差。

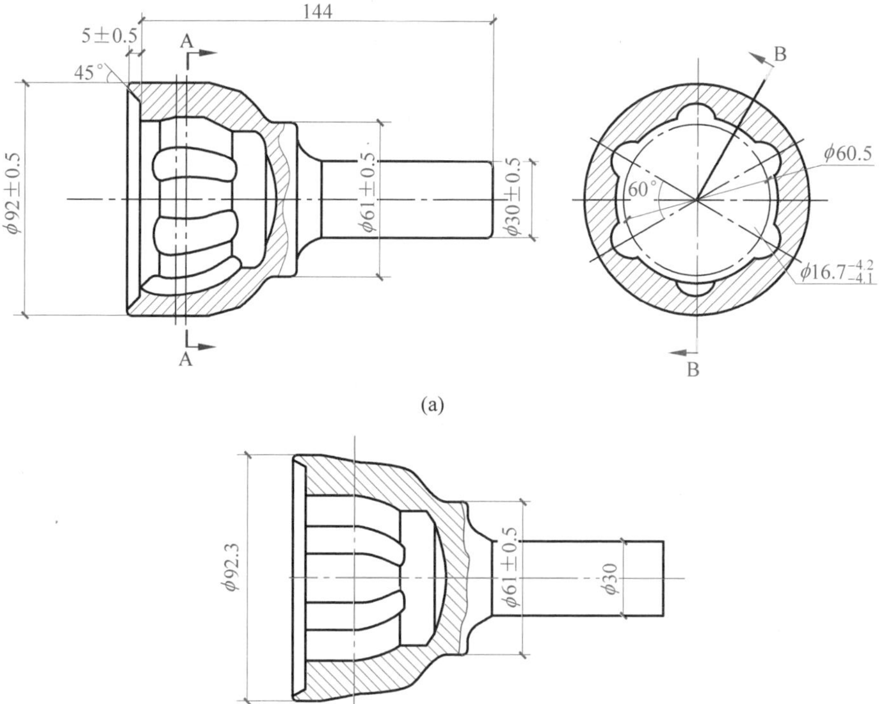

图 7-2-2　钟形罩零件和预成形件图

(a) 钟形罩零件图；(b) 钟形罩预成形件图

本节在对钟形罩预成形件多种温热成形过程进行有限元模拟的基础上，对成形工艺方案进行分析比较，并对所选工艺方案提出了优化措施：将钟形罩的三维变形简化为轴对称变形；对钟形罩多工序温热成形过程模拟，采用基于热力耦合的刚黏塑性有限元法，将工件视为刚塑性体，将冲头与凹模视为板壳结构，并假设为刚性体。钟形罩材料为 CF53，泊松比为 0.3，密度为 $7.85\times10^3\,kg/m^3$，应力-应变曲线如图 7-2-3 所示。

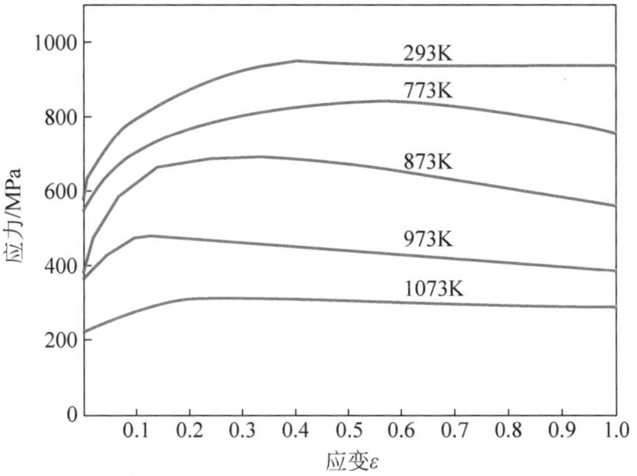

图 7-2-3　CF53 应力-应变曲线

与温度相关的物理性能指标如表 7-2-1 所示。工件初始温度初选为 850℃，凹模与冲头温度分别选为 300℃和 250℃。工件热交换定义如下：与周围环境的热交换系数为 0.17，与模具的热交换系数为 20，塑性变形功转化为热能系数为 0.9。

表 7-2-1　与温度相关的物理性能指标

参　数	参　数　值							
温度/℃	20	100	200	300	400	500	600	1500
弹性模量 E/GPa	213	207	199	192	184	175	164	69.44
热收缩率/($\times10^6$ mm·℃$^{-1}$)	11.9	12.5	13	13.6	14.1	14.5	14.9	14.9
热传导率/(W·m^{-1}·K^{-1})	41.7	43.4	43.2	41.4	39.1	36.7	34.1	34.1
特别热/(J·kg^{-1}·K^{-1})	461	496	533	568	611	677	778	778

摩擦模型为常剪应力摩擦模型，取摩擦因子为 0.3；冲头速度为 25mm/s；设备选为液压机。反挤成形过程如图 7-2-4 所示，成形过程中等效应变分布如图 7-2-5 所示，温度分布如图 7-2-6 所示。

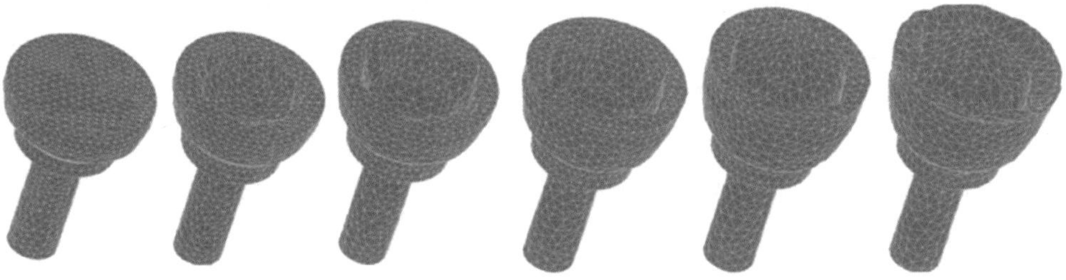

(a) (b) (c) (d) (e) (f)

图 7-2-4 反挤成形过程

(a) 第 1 步；(b) 第 16 步；(c) 第 24 步；(d) 第 30 步；(e) 第 38 步；(f) 第 46 步

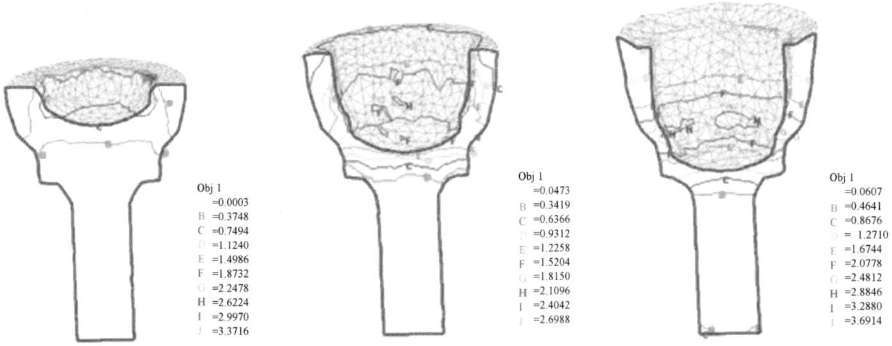

(a) (b) (c)

图 7-2-5 等效应变分布

(a) 第 16 步；(b) 第 30 步；(c) 第 46 步

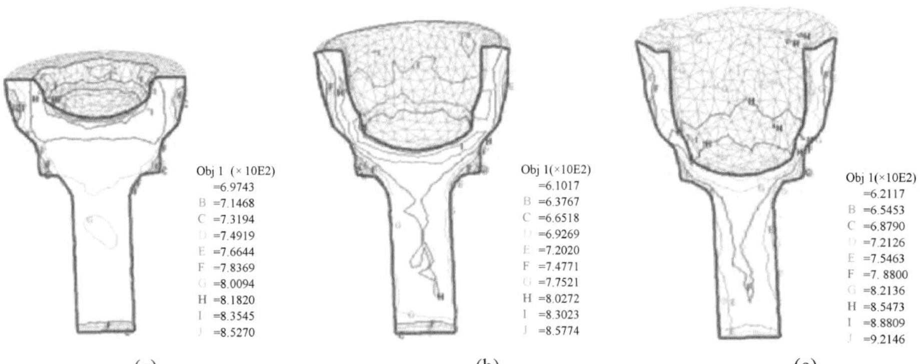

(a) (b) (c)

图 7-2-6 温度分布

(a) 第 16 步；(b) 第 30 步；(c) 第 46 步

7.2.3　MSC. Marc/AutoForge 软件

1. 简介

MSC. Marc/AutoForge 是采用 20 世纪 90 年代较为先进有限元网格和求解技术，快速模拟各种冷热锻造、挤压、轧制等成形过程的工艺制造专用软件。它综合了 MSC. Marc/MENTAT 通用分析软件求解器和前后处理器的精髓，以及全自动二维四边形网格和三维六面体网格自适应和重划分技术，实现了对具有高度组合的非线性体成形过程的全自动数值模拟。其图形界面采用工艺工程师的常用术语，容易理解，便于运用。MSC. Marc/AutoForge 提供了大量实用材料数据以供选用，用户也能够自行创建材料数据库备用。MSC. Marc/AutoForge 除可完成全 2D 或全 3D 的成形分析外，还可自动将 2D 分析与 3D 分析无缝连接，大幅提高对先 2D 后 3D 的多步加工过程的分析效率。利用 MSC. Marc/AutoForge 提供的结构分析功能，可对加工后的包含残余应力的工件进行进一步的结构分析，模拟加工产品在后续的运行过程中的性能，有助于改进产品加工工艺或其未来的运行环境。此外，作为锻造成形分析的专用软件，MSC. Marc/AutoForge 为满足特殊用户的二次开发需求，提供了友好的用户开发环境。

2. 计算实例

同样对前述钟形罩预成形件反挤工序为例，模拟过程参数也同前，采用 MSC. Marc/AutoForge 进行数值分析的模型如图 7-2-7 所示。成形过程网格变化如图 7-2-8 所示，成形工件的应力应变及温度分布如图 7-2-9 所示。

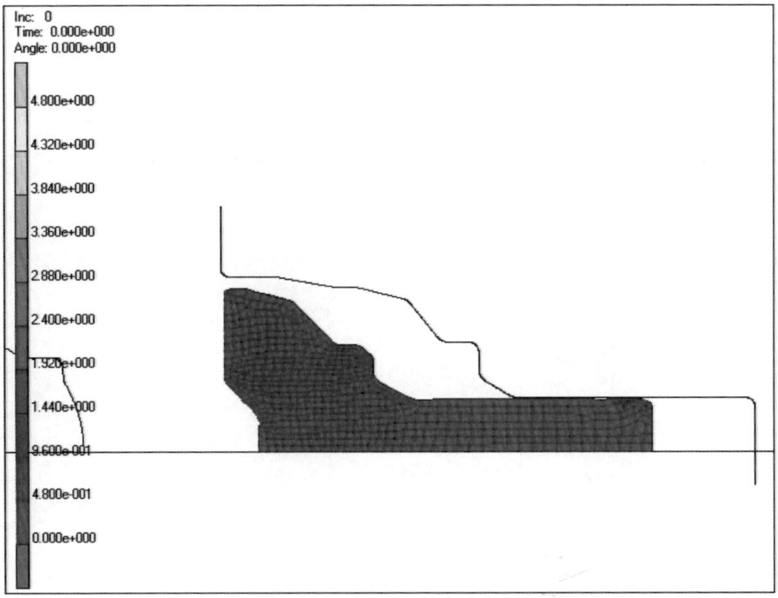

图 7-2-7　采用 AutoForge 进行反挤数值分析的模型

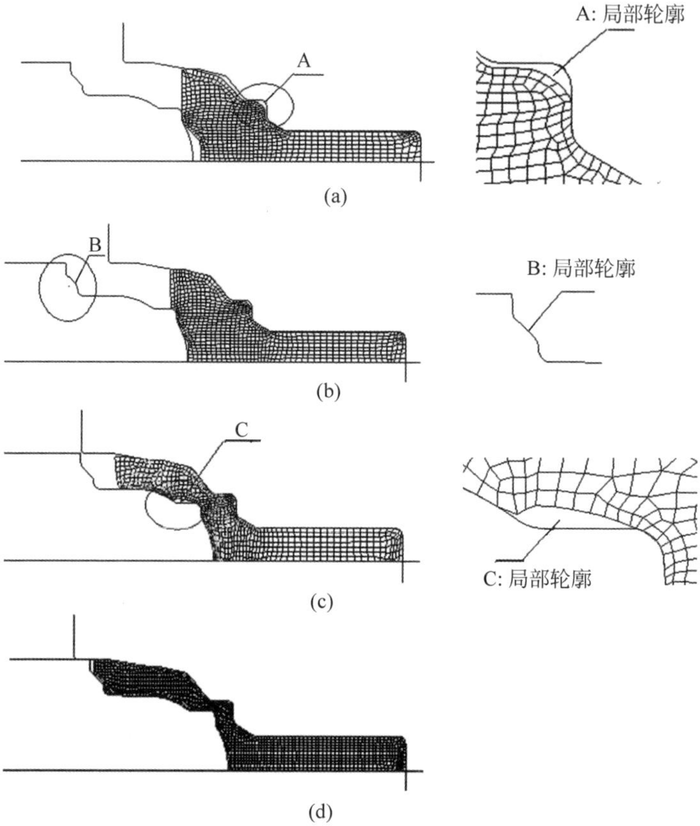

图 7-2-8　钟形罩反挤压模拟充填过程图

(a) 第 2 步；(b) 第 30 步；(c) 第 120 步；(d) 第 158 步

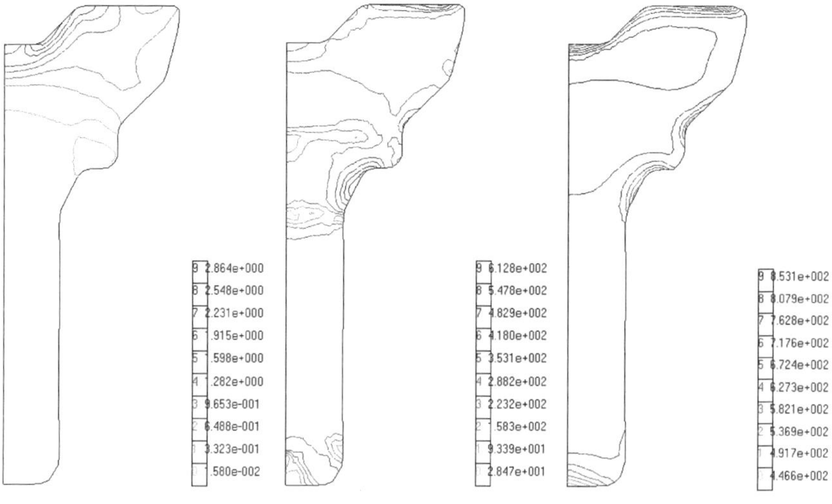

(a)　　(b)　　(c)

图 7-2-9　杯部反挤压变形终了时刻场量分布

(a) 应变分布；(b) 应力分布；(c) 温度分布

7.3　铸造成形模拟软件

经过 40 多年的发展，目前铸造领域商品化数值模拟软件较多，国内外著名的软件系统包括我国华中科技大学的华铸 CAE、美国的 ProCAST、德国的 MAGMA SOFT、英国的 SOLSTAR、挪威的 NOVACAST、日本的 JSCAST 等。这些软件在铸造领域得到了较为广泛的应用，取得了良好的应用效果。

7.3.1　华铸 CAE

1. 华铸 CAE 简介

华铸 CAE ©/InteCAST ©——中国铸造领域较著名的模拟分析系统，是华中科技大学(原华中理工大学)经 30 多年的研究与开发，并在长期的生产实践检验中不断改进、完善起来的一项软件系列产品。华铸 CAE ©/InteCAST ©铸造工艺分析软件集成系统是分析和优化铸件铸造工艺的重要工具，它以铸件充型过程、凝固过程数值模拟技术为核心对铸件进行铸造工艺分析，可以完成多种合金材质(包括铸钢、球铁、灰铁、铸造钛合金、铸造铝合金、铸造锌合金、铸造铜合金、铸造镁合金等)、多种铸造方法(砂型铸造、金属型铸造、压铸、低压铸造、铁模覆砂铸造、离心铸造、倾转铸造等)下铸件的凝固分析、流动分析及流动和传热耦合计算分析。实践应用证明，该系统在预测铸件缩孔缩松缺陷的倾向、改进和优化工艺，提高产品质量，降低废品率、减少浇冒口消耗，提高工艺出品率、缩短产品试制周期，降低生产成本、减少工艺设计对经验对人员的依赖，保持工艺设计水平稳定等诸多方面有明显的效果。

华铸 CAE ©/InteCAST ©的研制与开发过程中，先后承担或完成了多项国家及省部级科研攻关项目，并获得多项国家及省部级科技进步奖。其中包括"高档数控机床与基础制造装备项目"科技重大专项子课题 2 项，国防"973"项目 1 项、"863"项目 2 项，国家自然科学基金 7 项，欧盟国际合作项目 1 项，航空航天军工等领域及国内外企业合作课题数十项。上述项目大部分已通过省部级组织的专家鉴定，鉴定认为诸多成果处于国内领先地位，达到国际先进水平。先后荣获国家科技进步奖二等奖 2 次，湖北省科技进步奖一等奖 2 次，机械工业联合会科学技术一等奖 2 次，中国产学研合作创新成果一等奖 1 次，湖北省科技成果推广二等奖 1 次。

目前，华铸 CAE 集成化软件系统在国内市场的占有率为 75%左右，应用于包含航空航天、军工兵器、汽车、钢铁、机床等领域国内外 600 余家单位，如航空航天领域包括中国航发集团(621、331)、中国航天科技集团(211、7103)、中国航天科工集团(066、159、239)等；军工兵器单位包括中国工程物理研究院、北京 618 厂、包头 617 厂等；汽车领域包括一汽、二汽、玉柴、无锡柴油机、潍坊柴油机等；钢铁领域包括鞍山钢铁、首都钢铁、宝武钢铁、酒泉钢铁等；机床领域包括中信重机、大连重机、武汉重型机床等；工程机械领域包括洛阳一拖、三一重工、合肥合力、山推股份等；船舶领域包括中船重工(725、武昌造船厂、武汉 471 厂、宜昌 403 厂、陕西 408 厂)、中船瓦锡兰等。其中，华铸 CAE 数值模拟系统成功出口美国、英国、瑞士和澳大利亚、马来西亚(天鹅金工)等国家，成为国际化著名的铸造数值模拟软件；国内包含浙江大学、哈尔滨工业大学在内的 50 多所科研院校使用该软件作为科研教学工具，据不完全统计，近 5 年第三方单位利用该软件发表论文达 84 篇。

华铸 CAE 系统根据材质和铸造方式不同分为不同模块，包括铸钢、球铁、灰铁、特种铸铁、铝合金重力、铝合金低压(差压)、铝合金压铸、镁合金重力、镁合金低压(差压)、镁合金压铸、钛合金重力、锌合金重力、锌合金压铸、铜合金重力等。以铸钢为例，它适用于普通钢、低合金钢、特种钢等。华铸 CAE 不仅有面向企业(高校)的企业版，企业版有标准版、经济版、简化版，还有仅面向高校的大学教学网络版。

华铸 CAE 集成系统由控制平台模块、前处理模块、计算分析模块、后处理模块及其他辅助功能模块组成，如图 7-3-1～图 7-3-4 所示；计算分析模块是按材质和铸造方式分类，每个主计算模块主要包括数据库系统和计算分析系统(含充型过程分析、凝固过程分析、流动与传热耦合分析)。

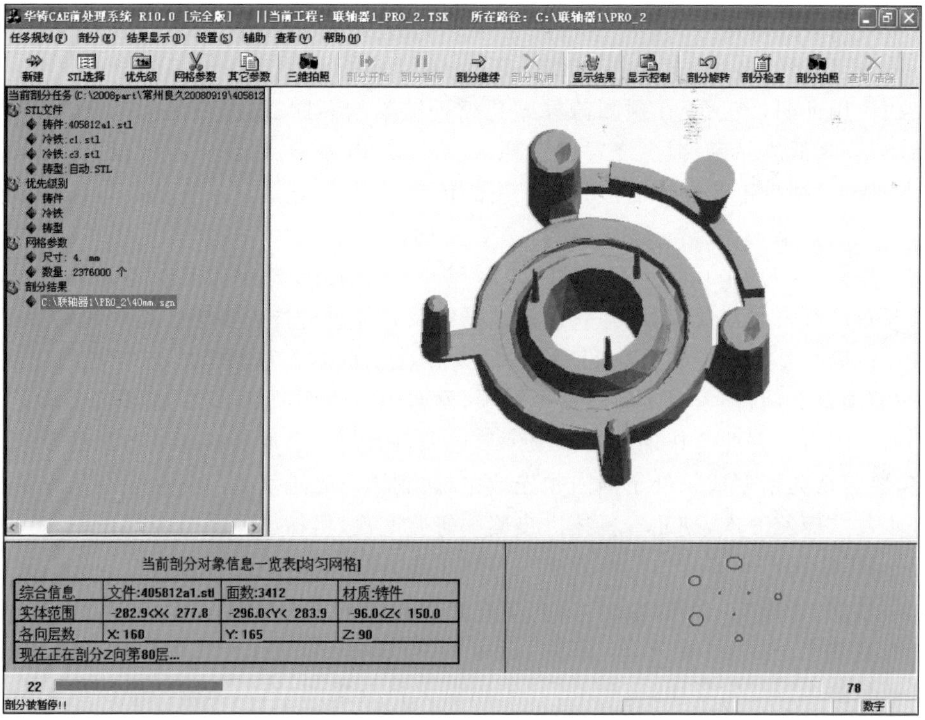

图 7-3-1　集成系统控制平台模块

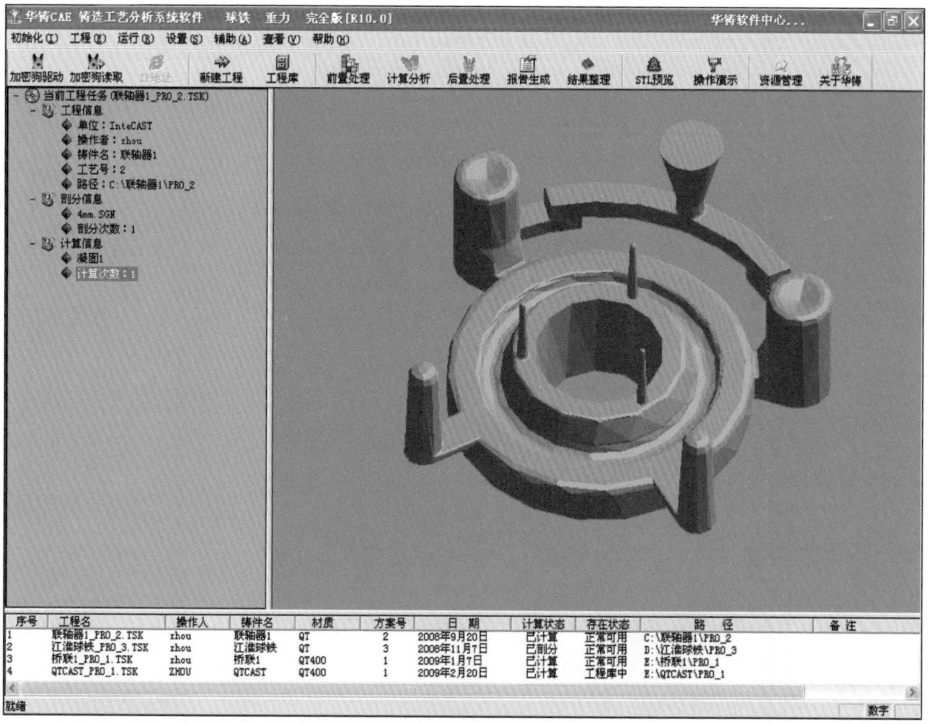

图 7-3-2　集成系统前处理模块

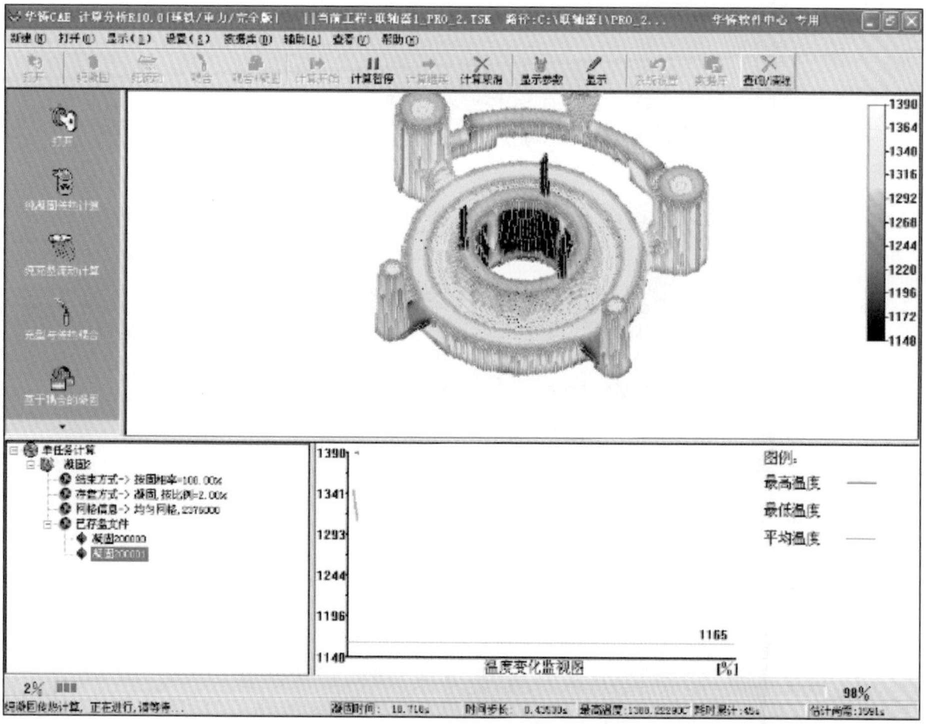

图 7-3-3　集成系统计算分析模块

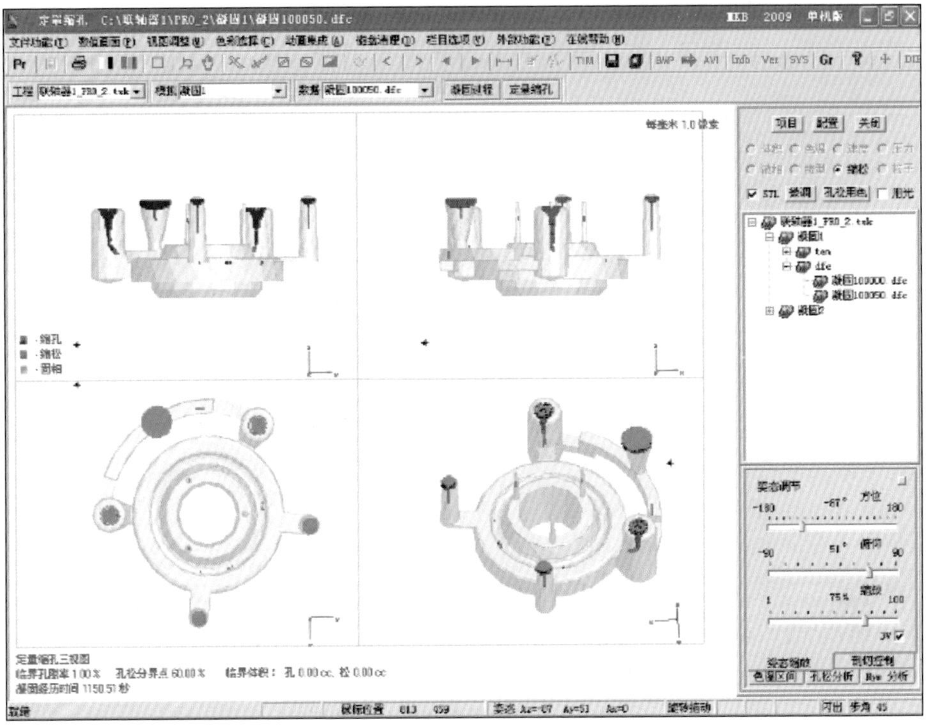

图 7-3-4　集成系统后处理模块

1）使用范围

材质：铸钢、灰铁、球铁、铸铝、铸铜及其他合金。

铸造方式：普通重力铸造、金属型、压力、低压、熔模等铸造方式。

2）分析内容

充型过程、流动与传热耦合过程、结晶凝固过程、应力应变形成过程。

3）缺陷预测

卷气、卷渣、冲砂、浇不足、冷隔、缩孔、缩松、裂纹、变形。

4）软件特点

(1) 自主版权，一次开发，贴近用户，贴近实际。

(2) 充分商品化，市场化，实用化。

(3) 铸件适应面宽，实用效果好，成果业绩丰硕。

(4) 界面傻瓜化，功能智能化，操作简捷轻松。

(5) 计算速度快，容量无限制，运行稳定可靠。

(6) 易学易用易掌握。

(7) 图形动画，透彻明了，直观动感。

(8) 自学示范，向导帮助，服务周到，方便及时，舒适温馨。

5）软件功能

（1）广泛的三维建模接口，从低档的 AutoCAD，到中档的 SolidEdge、SolidWorks，再到高档的 UG、Pro-E 等，用户可以任意选择搭配。

（2）自动网格剖分，自动生成和维护迭代计算环境。

（3）连续计算，间歇保护，自动恢复。

（4）多铸造材质，多铸造方法，多工艺参数模拟分析。

（5）充型模拟，耦合计算，确保精确的温度场模拟，辅助浇注系统优化设计。

（6）温度计算，凝固模拟，为小到千克级、大到百吨级铸件预测缺陷，优化工艺。

（7）计算结果图形生成自动化，批处理化，动画服务菜单化。

（8）为流动、温度、液相分布构造二维、三维二值图、色标图，为速度、温度梯度构造矢量分布图，为由用户任意选择的多个部位构造多点温度曲线。

（9）结果显示，时实任意比例、任意旋转、任意剖切，显示可局部、可断面、可透视。

（10）画面各颜色任意选用，任意搭配。

（11）动画合成、动画分解、动画播放，完全菜单操作，功能自动完成。

（12）充型过程、凝固过程动态演示，为缺陷预测，为工艺优化提供详尽的细节观察。

（13）在线帮助、操作向导、自学教材，呼之即出，随时听用。

（14）可以与流行的三维 CAD、CAM、RPM（快速原型制造）进行集成。

2. 华铸 CAE 应用实例

华铸 CAE 软件在生产应用中取得了巨大的成功，适用于铸钢、球铁、灰铁、铸铝各类铸件，大到一、二百吨，小到几千克，无论是解决缩孔、缩松，还是优化浇冒口结构，在提高工艺出品率、改进浮渣夹渣等方面都有非常成功的实例。

1）汽车后桥壳缩孔问题的改进

图 7-3-5 是国内某厂生产的球铁汽车后桥壳原生产工艺剖视图，经华铸 CAE 模拟分析，发现有两处在凝固过程中出现较大断面的孤立液相，无法得到充分的收缩补充，因此存在严重的缩孔缩松倾向，如图 7-3-6 所示。经实物解剖验证，可以证实确实有较大孔洞存在。

改进工艺具体如下：首先在端部突缘处加一个环形冷铁，通过软件进行模拟，确认该冷铁可以消除端部突缘内的缩孔，但颈部侧面的缩松倾向仍较明显，再进行二次改进，在侧面再加一冷铁，如图 7-3-7 所示。经模拟，该方案较好地解决了两处出现孤立液相的问题，如图 7-3-8 所示。将此方案交付生产，并解剖所生产的铸件，证明缺陷确已消除，解决了长期隐藏的缩孔缩松质量隐患。

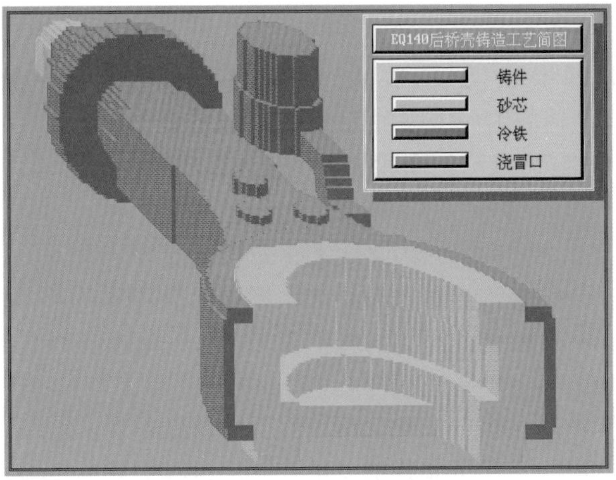

图 7-3-5　汽车桥壳原工艺剖视图

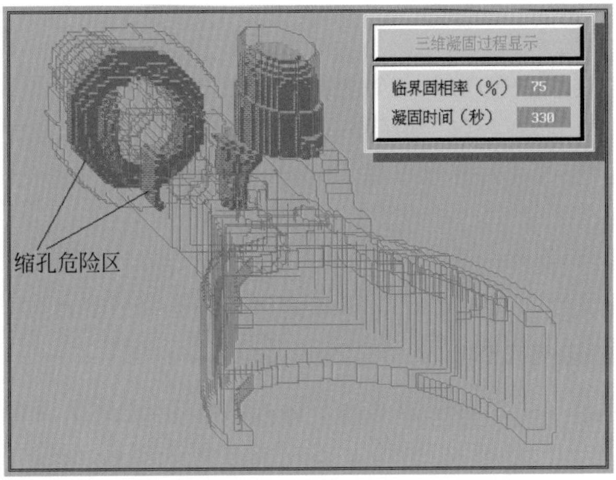

图 7-3-6　模拟显示的缩孔危险区

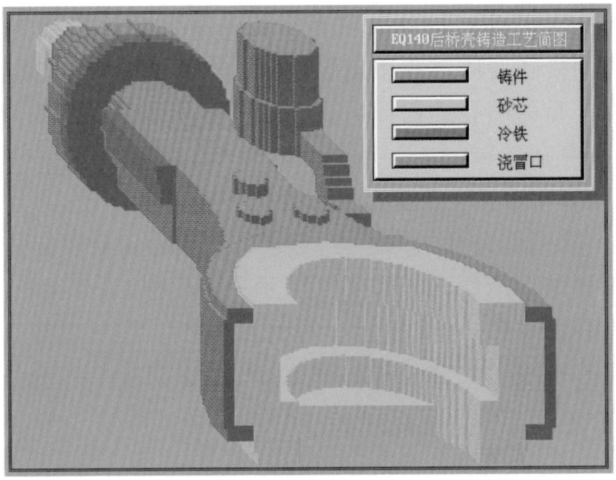

图 7-3-7　二次改进方案

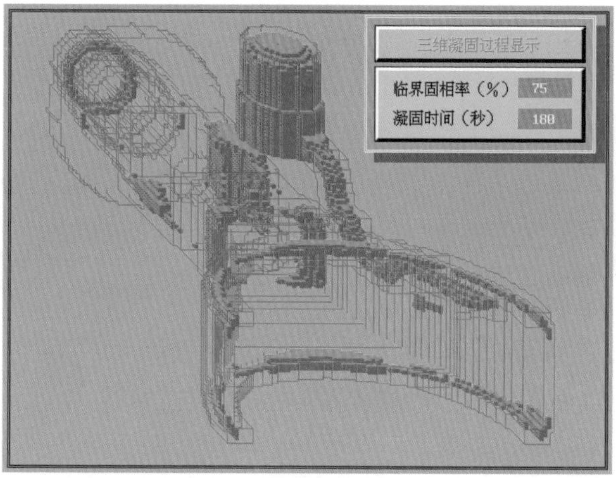

图 7-3-8　改进方案模拟结果

另外，由于球铁在凝固过程中有一个石墨化膨胀过程，在铸型刚度较好时，一些小断面的孤立液相会因此得到自补缩。实际上，相对于铸钢件，球铁件必然形状更复杂，更容易存在这种小断面的孤立液相。而有限的自补缩能力又恰好能够克服这些问题。此外，始终与冒口连通的液相显然也不会引起缩孔缩松的危险，如图 7-3-8 所示。

2）柴油机机体夹渣问题的改进

图 7-3-9 所示为某厂生产康明斯柴油机灰铸铁机体的工艺简图，该铸件形状复杂，为表达清晰，特将浇注系统单独绘出。其横浇道包括上下两层，上层横浇道位于机体高度中心处，下层位于高度底部，如图 7-3-9 所示。图 7-3-10 所示为柴油机机体装配图和色温图。

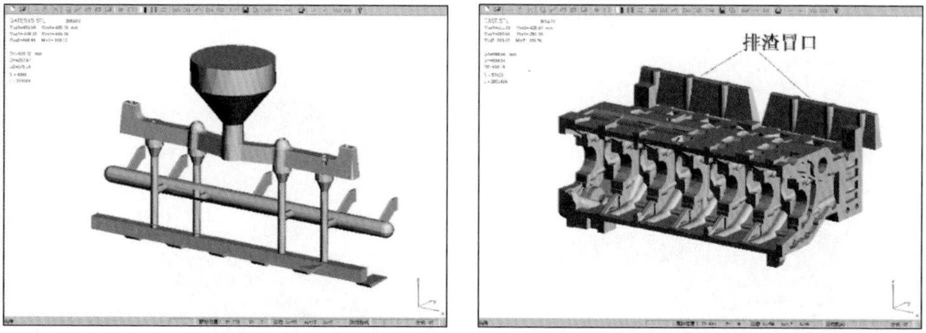

(a)　　　　　　　　(b)

图 7-3-9　柴油机机体和浇道

（a）浇道；（b）柴油机机体

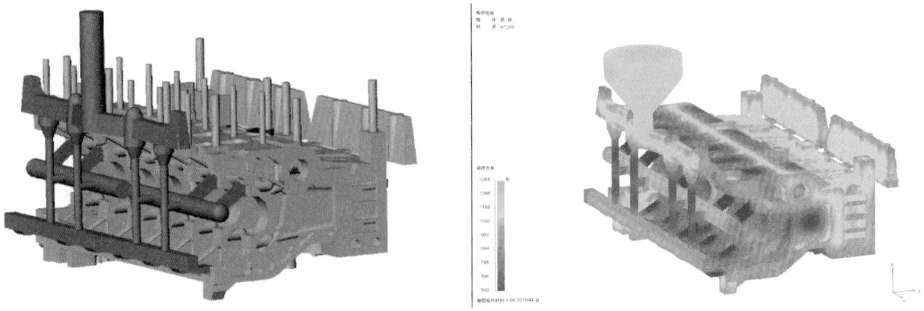

(a)　　　　　　(b)

图 7-3-10　柴油机机体装配图和色温图

(a) 装配图；(b) 色温图

利用华铸 CAE 系统对上述缸体的工厂试制工艺方案进行了充型模拟分析，并对缺陷进行了预测。计算分析发现，该工艺方案充型的前期及后期都比较顺畅、平稳，但在中间一阶段(3.8～6.0s)充型顺序不好，出现明显的紊流。图 7-3-11 所示为原工艺方案在 4.55s 时的速度场分布，可以看出金属液是从高处(A 点)向低处(B、C 点)流动，类似瀑布一样，在 B 点出现了明显的负压带。也就是说，该工艺方案在充型过程中 B、C 两处会有较多的气体和渣搅入。而通过流动与传热的耦合模拟计算得知，此时 B、C 两处的温度较低(流动前沿)，搅入的气和渣难以及时上浮，易造成卷气、夹渣缺陷。

为此，对上述原始工艺进行了改进，在相关部位增加导流槽，试图改善中间阶段的充型状况。图 7-3-12 所示为改进方案在 4.1s 时的速度场分布，可以看出，液态金属，是从底部向上充填，即先充到 C 点，再为 B 点、A 点，上述各点没有明显出现负压带，充型顺序得到显著改善，工艺得到了优化。

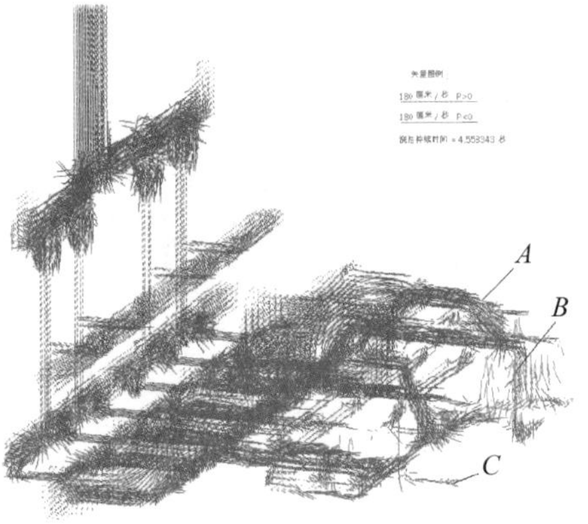

图 7-3-11　原始工艺 4.55s 时的速度场分布

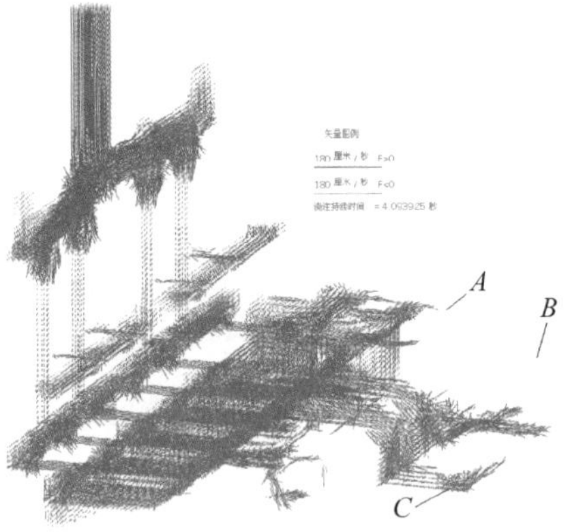

图 7-3-12　改进工艺 4.10s 时的速度场分布

在上述模拟工作之前，某厂采用原始工艺方案生产了几十件，经解剖发现几乎每一个铸件在 B、C 两个位置都有卷气、夹渣缺陷发生，废品率甚高。后采用经模拟优化的改进工艺方案后，B、C 两处卷气、夹渣缺陷得以解决，废品率下降了一半。这说明这一改进是切中要害的，也说明华铸 CAE 的流动分析功能对于改进流动方式及克服夹渣缺陷是非常有效的。

7.3.2　ProCAST

ProCAST 软件是由美国 UES 公司开发的铸造过程的模拟软件，其采用基于有限元的数值计算和综合求解的方法对铸件充型、凝固和冷却过程等提供模拟，提供了很多模块和工程工具来满足铸造工业最富挑战的需求。基于强大的有限元分析，它能够预测严重畸变和残余应力，并能用于半固态成形、吹芯工艺、离心铸造、消失模铸造、连续铸造等特殊工艺。

ProCAST 以铸件充型、凝固过程的数值模拟技术为核心对铸件的成形过程进行工艺分析和质量预测，从而协助工艺人员完成铸件的工艺优化工作。该软件对铸件充型、凝固过程进行计算机模拟，预测铸造过程中可能产生的卷气、夹渣、冲砂、浇不足、冷隔、缩孔、缩松等缺陷。多年来 ProCAST 致力于提高产品质量，降低废品，减少消耗，缩短试制周期，为众多的厂家创造了显著的经济效益。

7.3.3　MAGMA SOFT

MAGMA SOFT 铸造仿真软件是全球的铸造软件工具，旨在为铸造业改善铸品品质，降低成本。铸型的充填、凝固、机械性能、残余应力及扭曲变形等的模拟为全面化铸造工程提供了可靠的保证。MAGMA 标准模块包括 Project management module 项目管理模块、Pre-processor 分析前处理模块、MAGMA-fill 流体流动分析模块、MAGMA-solid 热传及凝固分析模块、MAGMA batch 制程仿真分析模块、Post-processer 后处理显示模块、Thermophysical-Database 热物理材料数据库、MAGMA-lpdc 低压铸造专业模块、MAGMA-hpdc 高压铸造专业模块、MAGMA-iron 铸铁铸造专业模块、MAGMA-tilt 倾转浇铸铸造专业模块、MAGMA roll-over 浇铸翻转铸造专业模块、MAGMA thixo 半凝固射出专业模块、MAGMA-stress 应力应变分析模块。

MAGMA SOFT 适用于所有铸造合金材料的铸造生产，范围自灰铁铸造，到铝合金砂型铸造，再到大型铸钢件铸造。MAGMA SOFT 更针对不同的铸造工艺设计了专用的模块。它运用仿真传热及流体的物理行为，加上凝固过程中的应力及应变、微观组织的形成，可以准确地预测铸件缺陷，改善现有工艺的效率，提高铸件质量。

7.4　焊接成形模拟软件

7.4.1　InteWeld

1. InteWeld 软件介绍

InteWeld 是华中科技大学材料成形与模具技术国家重点实验室在国防“973”、国家“973”等重大项目支持下，历时十年研发成功的大型焊接结构热应力和变形仿真 CAE 软件。InteWeld 软件中具有 3D-3D 局部-整体映射技术，可以实现运载火箭筒体、高速列车车体等大型复杂焊接结构的高精度、高效率仿真。InteWeld 软件集成了双椭球、旋转高斯体、高斯面、锥体等多种热源模型，热源可任意组合，可实现对激光焊接、电子束焊接、TIG 焊接、MIG 焊接、激光电弧复合焊接等大多数焊接工艺温度场、应力场随时间变化的模拟仿真，并且具备独有的 dynamic rotation 和 dynamic fixture 技术，可模拟夹具随焊接过程动态夹持和释放，工件随焊接过程任意角度翻转的复杂焊接工况。另外，InteWeld 可用于多种合金材质的焊接（不锈钢、碳钢、钛合金、铝合金等）结构应力变形模拟。通过 InteWeld 预测焊接残余应力和变形，可以避免工艺试验的盲目性，提高生产效率，降低生产成本，提升产品质量。

InteWeld 焊接工艺仿真分析系统软件由复杂接头模块和大型结构件模块组成。其中，复杂接头模块主要适用于各类接头样式，大型结构模块适用于大中型结构的千万级网格计算，可预测焊接过程中的温度、应力应变及变形。通过对计算结果的分析，用户可以判断焊接工艺的可行性，同时可对工艺进行优化。其重要优势在于充分考虑用户思维习惯和操作方式，界面友好，操作快捷高效；数值计算集成了先进的多核并行计算方法，可实现接头和大型焊接结构件的高效仿真预测。对应尺寸在数米大小、焊缝数量几十条以上的大型结构件，软件采用焊接变形快速计算方法，数小时内可得到百万级网格模型在指定焊接顺序下，结构件变形趋势及大小。

2. InteWeld 软件模块与功能

InteWeld 支持常用的网格剖分商业软件，如 Hypermesh、Abaqus 等导出的 inp 网格文件。InteWeld 支持用户通过鼠标直接在工件上拾取焊缝位置，并可便捷调整焊枪方向，同时，对应多层多道焊工艺，用户也可方便定义坡口位置及大小。InteWeld 支持用户导入与实际工艺相一致的复杂夹具模型，也可通过软件内置的简单夹具模型，对焊接件进行约束。实际焊接工艺中，焊接工位常常进行不断翻转，软件可针对该条件进行设置。

InteWeld 采用线性模块化设计操作流程，用户完成材料、热源、焊缝、工装夹具及计算参数等设置，即可进行计算得到模拟结果，操作简便，如图 7-4-1 所示。

图 7-4-2 所示为 InteWeld 软件接头模块主界面，其中软件上部为七大控制面板(工程、前处理、计算分析、后处理、视图、辅助、帮助)，左侧为树形图栏，下部为输出提示栏，底部为状态栏，中间为图形显示交互区。

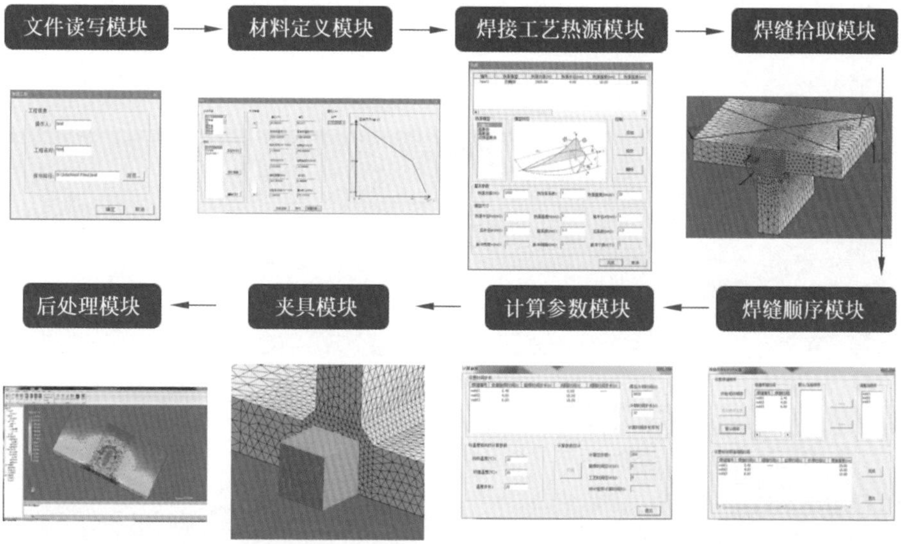

图 7-4-1　复杂接头模块操作流程

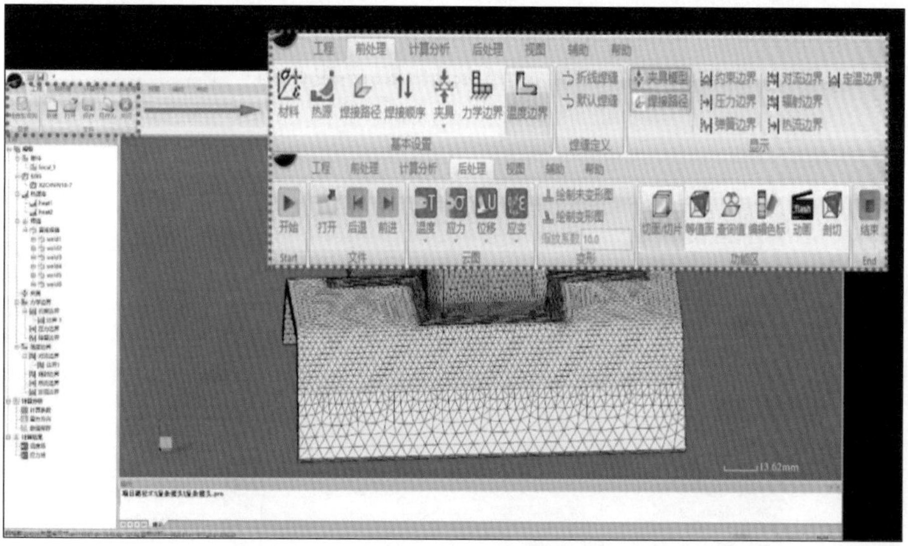

图 7-4-2　InteWeld 接头模块界面

3. InteWeld 应用案例

1) 机车侧墙

某大型养路机械集团有限公司(简称昆明中铁)生产的某车型铝合金车体侧墙

结构件属薄壁网格状结构，长宽约 2m，最薄处约 2mm，由纵横数根支撑管与蒙皮跳焊而成，焊缝数量 300 条以上。为开发新结构侧墙件，该公司使用了 InteWeld 焊接结构全流程数字化仿真平台软件对不同类型骨架结构的车体侧墙件进行焊接变形仿真模拟，得到不同结构下典型接头的温度、应力、变形随时间的变化规律(图 7-4-3)，以及整体结构件的变形趋势及大小(图 7-4-4)，为新结构的设计与优化提供了参考。

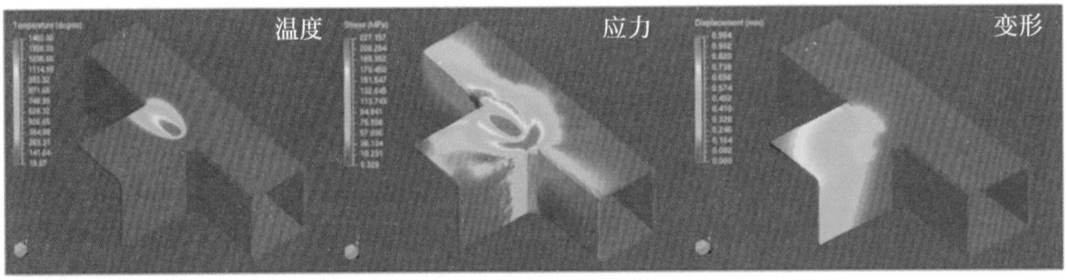

(a)

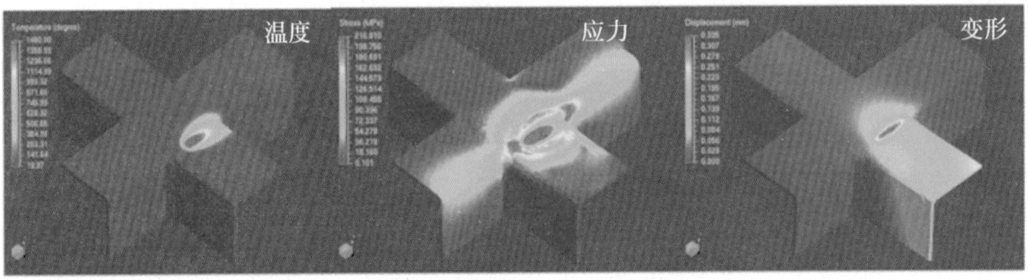

(b)

图 7-4-3　机车侧墙典型接头焊接过程中各参数云图

(a) T 形满焊接头；(b) 十字满焊接头

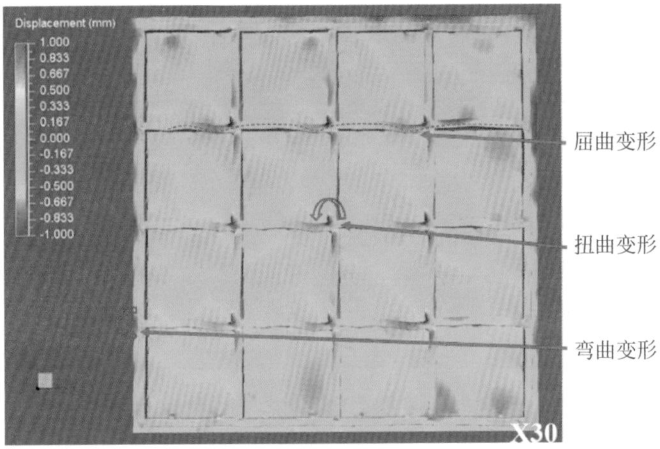

图 7-4-4　机车侧墙整体结构件变形云图

2）大型导流管结构件

武汉某船用机械有限责任公司研究某型号船用导流管结构件激光、电弧等多场复合焊形成原理。导流管直径约2m，高度约0.7m，板厚近20mm，由众多骨架、蒙皮焊接而成，焊缝数量数百条。该结构原工艺采用手工电弧焊，变形量达3%左右，研究目标要求新工艺控制变形在1.5%以内，通过InteWeld焊接结构全流程数字化仿真平台软件，采用模拟手段得到不同工艺方案条件下结构件的变形情况，从而分析不同焊接参数对结构件整体变形的影响规律（图7-4-5），为新工艺下结构件合理工艺的制定提供了重要的参考。

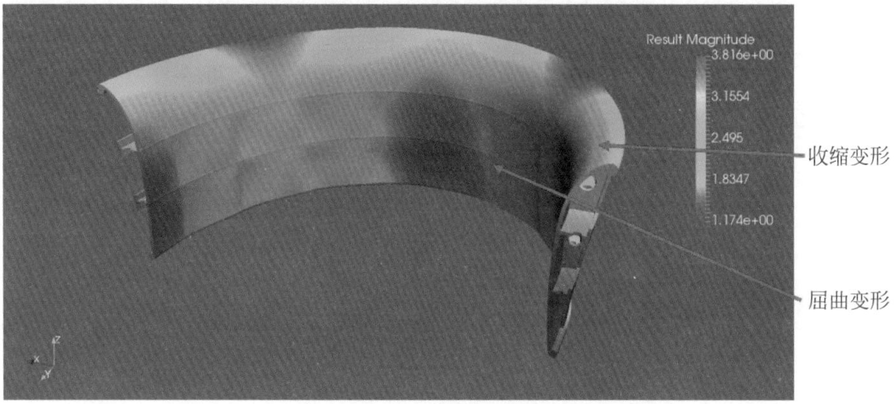

图7-4-5 大型导流管焊接变形云图

3）地铁车顶结构件

中车某公司生产的某城市地铁车型的不锈钢车顶结构件，长度近19m，宽度约2.5m，由两条长边梁，众多横向弯梁和多块蒙皮焊接而成，结构十分复杂。该结构件焊后两端变形较大，各焊接阶段变形趋势和大小难以试验测量，设计合理焊接工艺方案较为困难。为解决这一问题，公司采用了InteWeld焊接结构全流程数字化仿真平台，预测了车顶结构典型接头和整体结构件焊接过程中应力、变形大小，辅助工艺人员分析了车顶结构变形规律和机理，为优化焊接工艺，减小整体变形提供了参考，大幅缩短研发周期，降低试验材料及人工成本（图7-4-6）。

7.4.2 Simufact. welding

Simufact Engineering GmbH公司在MSC. Marc源程序代码的基础上，针对焊接工艺，进行求解器开发与优化，研发了焊接仿真软件Simufact. welding。Simufact. welding软件提供高斯面热源和圆柱体热源的混合热源及双椭球热源两种热源模型，同时支持这两种模型的相互组合。Simufact. welding可对激光、MIG、MAG、电子束等焊接工艺过程进行模拟。软件提供的热源模型能够对多种焊接工艺进行动态仿真。模型的各项参数可以自由修改，同时合理的热源模型需

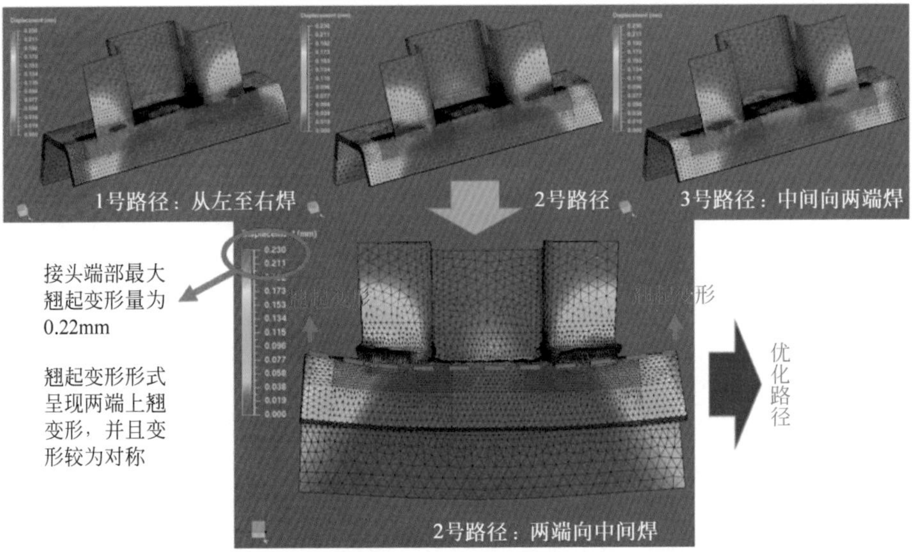

图 7-4-6　车顶结构件典型接头不同焊接路径模拟结果对比

要与实际焊缝截面对比校正得出。

Simufact. welding 采用两种求解技术，分别为 Marc 及 WeldSim 求解器。Marc 求解器适用面广，WeldSim 求解器对铝合金焊接适用。Simufact. welding 具有和通用二次开发软件 Fortran 的开发接口；二次开发可定义加载、边界条件和状态变量，开发后，直接通过接口读入。

Simufact. welding 软件界面依据实际焊接流程开发而来，采用 Windows 风格，支持拖动方式操作。参数设定种类与实际工艺相一致，焊接方向和路径可软件中进行修改，用户可以根据实际工艺定义几何边界条件。

7.4.3　SYSWELD

SYSWELD 是由 ESI 集团和法国砝码通联合开发的，主要用来解决焊接、热处理问题，包括焊接、热处理、焊接装配模拟等功能。SYSWELD 实现了温度场、金属相变和应力场的耦合计算，可以模拟焊接过程中的金相组织、温度场、应力场、变形等信息，在模拟过程中考虑焊接中的材料，工艺、零件形状，环境温度、散热条件及装夹条件。

SYSWELD 提供三维高斯体热源、双椭球热源、二维高斯面热源等热源形式，可用于 MIG 焊接、TIG 焊接、激光焊接、电子束焊接等多种焊接过程仿真。SYSWELD 内置一些常规焊接接头，如 T 形接头、对接接头等，可以通过对话框参数化输入，由系统生成网格模型。

7.5 注射成形模拟软件

随着注射成形制品复杂程度和精度要求的提高及生产周期的缩短，主要依靠经验的传统模具设计方法已不能适应市场的要求，塑料注射成形过程仿真软件应运而生。经过多年的研究与发展，不论是在理论上还是在应用上，塑料注射成形CAE技术都取得了长足进展，采用CAE技术进行方案检查与缺陷预测已成为发达国家注射成形模具设计与生产的必要手段。由于仿真的结果能直接指导工艺参数的制定、优化模具浇注和冷却系统、缩短试模和修模时间、显著地提高塑料制品的质量，仿真软件自面世之日起便好评如潮。

塑料注射成形软件的发展主要分为独立运行的注射成形模拟软件、二维模具设计软件与模拟软件的集成、三维模具设计制造软件与模拟软件的集成3个阶段。目前，国际上较为成熟的注射成形CAE商品化软件主要包括美国的Moldflow软件及中国台湾地区的Moldex3D软件。在国内，华中科技大学开发了成熟的商品化软件HsCAE3D。上海交通大学在塑料注射成形CAD/CAE/CAM的软件集成与并行工程方面进行了较深入的研究。成都科技大学、郑州大学在注射成形模拟与优化方面开展了富有成效的工作。另外，浙江大学、南昌大学、西北工业大学等也开展了许多针对塑料注射成形CAE的有益探索。

下面对目前典型的注射成形模拟软件，如HsCAE、Moldflow和Moldex3D进行主要介绍。

7.5.1 HsCAE

HsCAE塑料注射成形过程仿真集成系统是华中科技大学模具技术国家重点实验室华塑软件研究中心推出的注射成形CAE系列软件，最新版本为HsCAE3D 8.0。华中科技大学李德群教授领导的课题组从20世纪80年代开始便致力于塑料注射成形模拟研究，并开发出我国第一个拥有自主知识产权的基于双面流模型的商品化模拟软件。经过30余年的技术积累，HsCAE3D已经发展成功能完备、模块齐全的CAE系统，提供充填模拟、保压模拟、冷却模拟、应力模拟和翘曲预测等主要分析功能，并集成了注射机动作仿真、网格管理工具、分析报告工具、塑料材料测试与建库等辅助工具，可用于模拟、分析、优化和验证塑料零件和模具设计。

HsCAE3D 8.0能预测充模过程中的流前位置、熔合纹和气穴位置、温度场、压力场、剪切力场、剪切速率场、表面定向、收缩指数、密度场及锁模力等物理量；冷却过程模拟支持常见的多种冷却结构，为用户提供型腔表面温度分布数据；应力分析可以预测制品在出模时的应力分布情况，为最终的翘曲和收缩分析提供依据；翘曲分析可以预测制品出模后的变形情况，预测最终的制品形状。利用这些分析数据和动态模拟，可以最大限度地优化浇注系统设计和工艺条件，指导用户进行优化布置冷却系统和工艺参数，缩短设计周期、减少试模次数、提高和改善制品质量，从而达到降低生产成本的目的。

1. 主要功能及特点

HsCAE 软件各模块及其可实现的功能具体如下。

1）网格管理模块

网格管理模块如图 7-5-1 所示，其功能具体如下。

（1）支持 UG、Pro/E、CATIA 等 CAD 系统的三维模型。

（2）自动检测与修复 CAD 模型的常见错误。

（3）自动修复为主，手工修复为辅，方便实用。

（4）智能优化网格，提高模拟结果的精度。

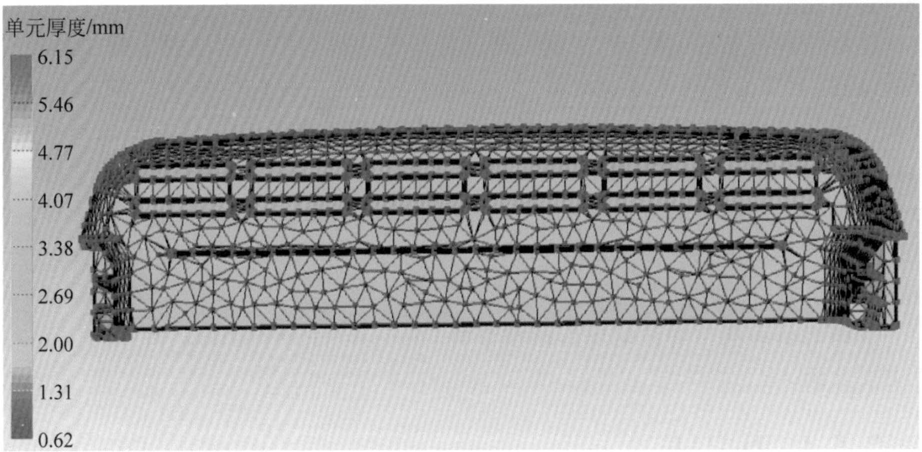

图 7-5-1　网格管理模块

2）充模模块

充模模块如图 7-5-2 所示，其功能具体如下。

（1）优化充模、流动平衡设计。

（2）自动预测熔接缝位置、气穴位置和各种充模缺陷。

（3）支持国内外数千种塑料材料库和用户材料库。

3）保压模块

保压模块如图 7-5-3 所示，其功能具体如下。

（1）优化保压压力和保压时间。

（2）显示关键节点温度、压力变化曲线。

（3）预测制品收缩程度和密度分布。

（4）自动预测锁模力。

4）冷却模块

冷却模块如图 7-5-4 所示，其功能具体如下。

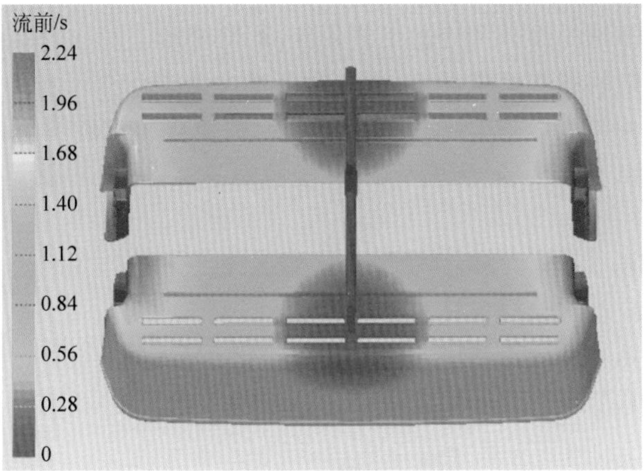

图 7-5-2　充模模块

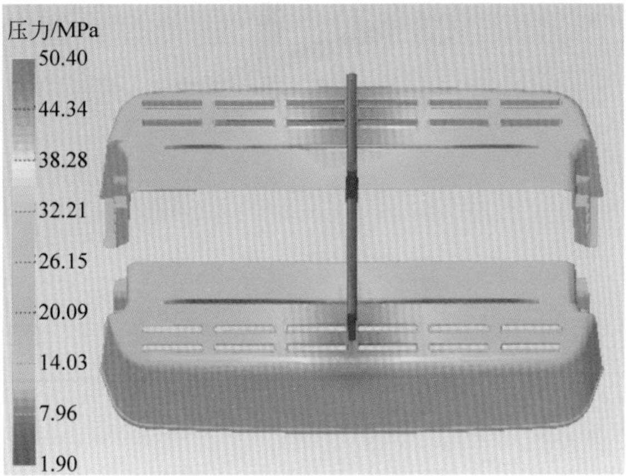

图 7-5-3　保压模块

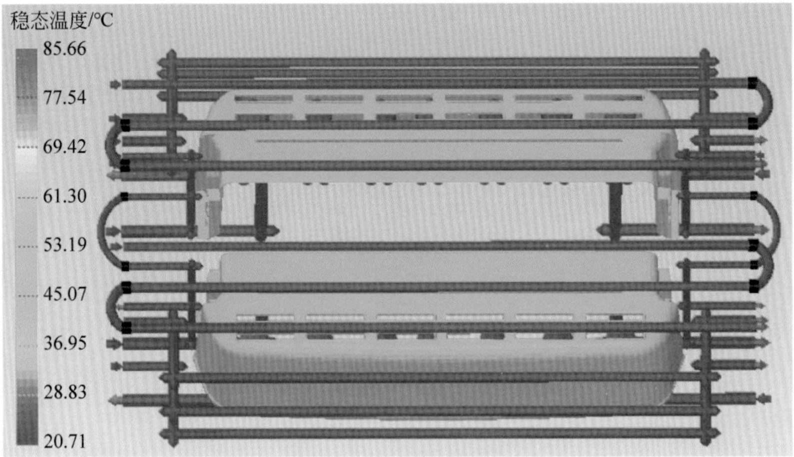

图 7-5-4　冷却模块

（1）优化冷却结构设计和冷却工艺条件，均匀冷却。
（2）支持复杂的冷却系统设计、流行的交互式设计。
（3）支持各种结构：冷却管、外接管、隔板、喷流管和螺旋管等。
（4）可预测稳态温度场、热流密度场、型腔型芯温差、瞬态温度场。

5）应力模块

应力模块如图 7-5-5 所示，其功能具体如下。
（1）指导用户改进充模设计和冷却设计。
（2）精确计算平面应力和厚向应力。
（3）显示任意节点应力变化曲线。

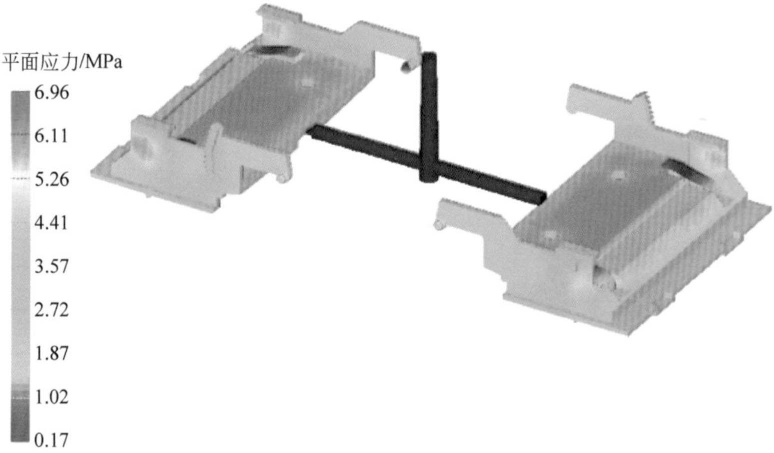

图 7-5-5　应力模块

6）翘曲模块

翘曲模块如图 7-5-6 所示，其功能具体如下。

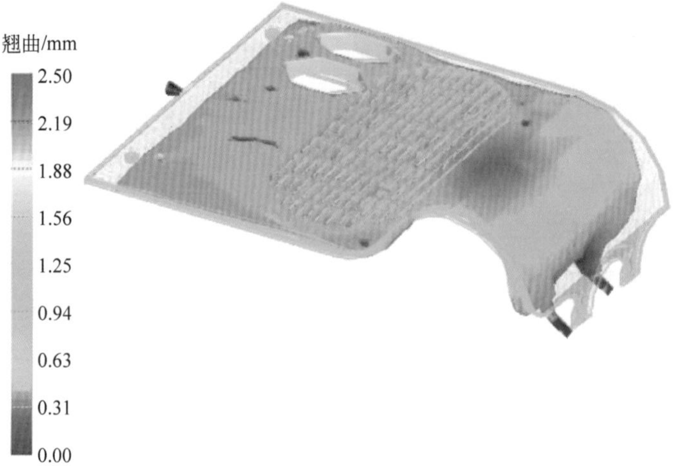

图 7-5-6　翘曲模块

(1) 指导用户改进制品结构设计和模具结构设计。

(2) 预测制品自由变形和装配变形。

(3) 无级放大显示翘曲变形量。

7) 动作仿真模块

动作仿真模块如图 7-5-7 所示,其功能具体如下。

(1) 基于虚拟现实的课堂教学和技术培训。

(2) 注射成形全过程注塑机、模架、模具协同运动。

(3) 具有完备、开放的模架库。

(4) 支持各种抽芯结构的设计与仿真。

图 7-5-7　动作仿真模块

8) 分析报告模块

分析报告模块如图 7-5-8 所示,其功能具体如下。

(1) 支持中文简体、中文繁体和英文等各种语言版本。

(2) 自动生成分析报告,支持软件窗口和通用浏览器(IE、Netscape 等)查看方式。

(3) 支持打包,与软件分离,跨平台浏览。

(4) 包含制品信息、材料信息、工艺条件、充模结果、冷却结果、应力翘曲结果、方案改进建议和相关技术支持。

9) 材料测试建库模块

材料测试建库模块如图 7-5-9 所示,其功能具体如下。

(1) 配备 Goettfert 高性能毛细管流变测试仪。

(2) 提供国内外各种材料测试与分析处理服务。

(3) 材料数据更准确,分析结果更可靠。

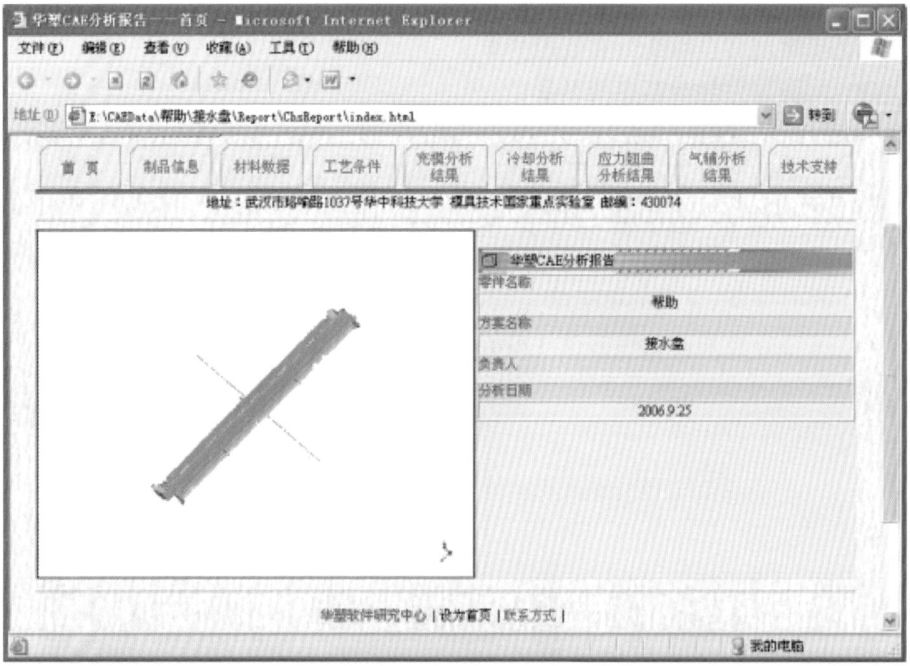

图 7-5-8 分析报告模块

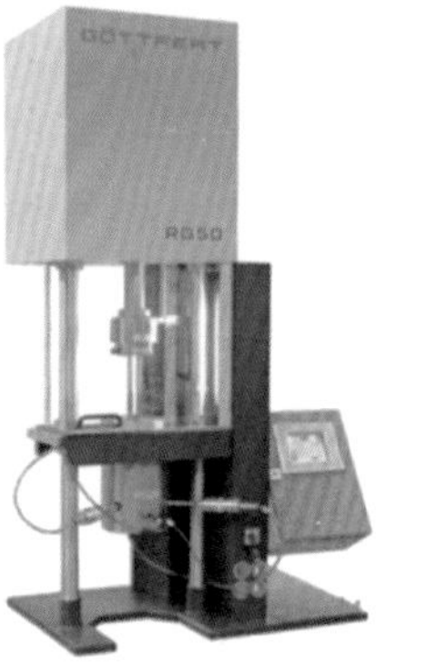

图 7-5-9 材料测试建库模块

（4）自动转换为模拟软件的材料数据格式，支持目前主流的 CAE 系统。

2. 应用实例

采用 HsCAE 3D 软件计算分析乘用车安全气囊盖的注射成形过程，优化注射成形工艺设计。

1）制品工艺分析

本节以乘用车安全气囊盖为例，三维实体外形尺寸为 164.6mm×164.8mm×85.9mm，平均厚度为 2.0mm，最大厚度为 4.7mm，最小厚度为 0.5mm。制品加工要求外观完好、表面光滑、无接痕及无气泡，同时塑件周向壳体对称分布有 3 个侧孔、12 个卡爪及 12 个侧向凸起。为了保证其实用性，还需要设置侧抽芯机构，形状复杂，且对精度要求高。

2）浇口优化设计

浇口包括浇口类型、数量和位置的设计。通过模拟分析多方面参数优化浇口组合，可为塑料熔体提供最优化充模方案。充模方案不仅要求熔体充满模腔各个角落的时间一致，还要保证熔体的流动均匀、稳定和快速，同时要尽量控制熔体的流动方向，保证方向一致，避免出现滞留及喷射现象。

根据安全气囊盖的结构特点，建立了两个充模方案：方案一采用冷流道，在气囊盖正面设置两个点浇口（图7-5-10(a)）；方案二采用热流道，在气囊盖正面中间设置一个点浇口，同时设置两个补充牛角浇口，同时增加顺序阀（图7-5-10(b)）。通过华塑CAE软件对两个初选方案进行充模分析，对比两方案的优劣。

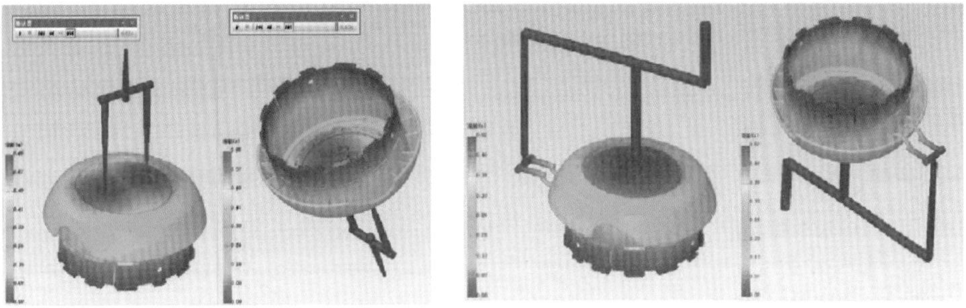

(a)　　(b)

图7-5-10　两种充模方案

(a) 方案一；(b) 方案二

3）模拟结果分析

a. 填充分析

填充时间是从模具合模后开始，注塑机螺杆快速前移，塑料熔体通过浇注系统注入模腔，到塑料熔体充满模腔体积95%左右或到保压位置的时间。填充时间越短，成形效率越高。在同样工艺参数、不同塑料熔体的充模情况下，根据充模时间的长短可以判断两种充模方案的合理性。如图7-5-11所示，两种模型数据显示，方

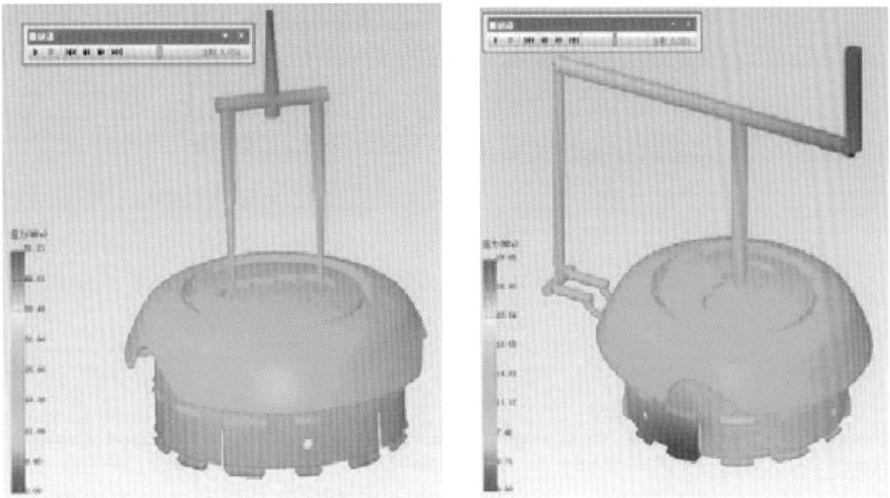

(a)　　(b)

图7-5-11　充模时间分析

(a) 方案一；(b) 方案二

案一的填充时间为 0.65s，方案二的填充时间为 0.52s，从时间上来看，两个方案相差不大，而且填充较为完整均匀，内部溶体流向平稳、无短射。

b. 保压切换压力分析

注塑机螺杆位置到达保压设置位置时，螺杆从速度控制转换为压力控制，称为保压切换控制点。切换点的设定和控制是影响注射成形质量的重要因素，保压切换过早，最终熔体可能充填不全，制品短射；保压切换过晚，制品容易出现飞边和内应力过高等情况。方案设置中，方案一的保压切换时间为 0.65s，当产品填充至 95％时，螺杆压力切换为 51.21MPa；方案二的保压切换时间为 0.52s，产品填充填至 95％时，螺杆压力切换为 29.65MPa。由此可见，方案二的切换压力明显远小于方案一，说明方案二在充模过程中，牛角浇口的设置提高了制品的流动平衡性。

c. 气穴分析

气穴指熔体在流动过程中在制品内部形成的气泡。气泡的产生极易造成制品内部填充不完全和保压不充分，最终在塑件表面形成缺陷，内部气泡压缩时引起热量集中，引起焦痕，影响安全气囊盖的质量和美观度。如图 7-5-12 所示，方案一的安全气囊盖面板标牌区域及标牌区域周边有较多气泡，尤其是标牌区域更为明显，分布也比较分散，对塑件表面质量和美观度都有极严重的影响；方案二中的气泡数目明显较少，气泡主要集中在侧壁和标牌区域周边，而侧壁上的气穴可通过分型面及顶杆与模具配合的间隙排除，或设置专门的排气槽加以解决，对塑件的外观和质量影响并不大。

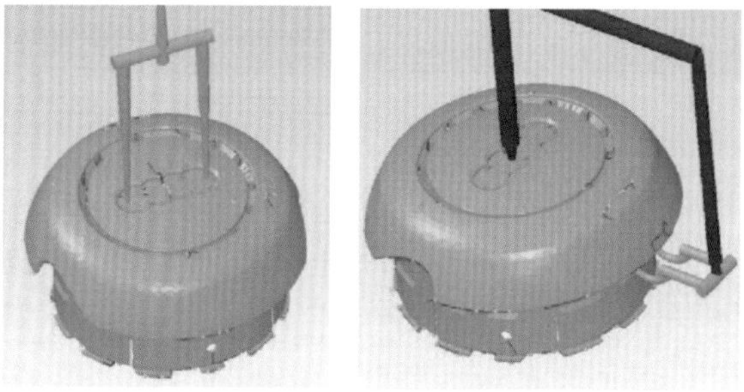

(a) (b)

图 7-5-12　气穴分析

(a) 方案一；(b) 方案二

d. 熔接痕分析

熔接痕是制品注射成形过程中多股流体汇集而形成的如同线状的缺陷，浇口的数目及位置是熔接痕形成的主要原因。熔接痕的存在不仅影响塑件的美观度和质量，还对气囊盖的点爆性能、机械性能及安全性有不同程度的影响。方案一在标牌区域中间及两侧都有熔接痕，对整体的美观度和质量都影响较大；方案二的熔接痕数目明显少于方案一，而且长度较短，熔接痕主要分布在侧壁和底面，标牌区域几乎没有熔接痕，并不影响外观，表面质量更好。

7.5.2 Moldflow

Moldflow公司由Colin Austin于1978年在澳大利亚墨尔本创立，是较早提供塑料注射成形模拟软件的公司之一。该公司于2000年收购了另一著名的塑料注射成形模拟软件公司C-Mold，从而成为当时该领域技术实力和市场占有率最大的公司。C-Mold由美国康奈尔大学教授、美国科学院与美国工程院两院院士王国金(K. K. Wang)及其学生王文伟(V. W. Wang)所创，是最早提供2.5D模拟技术的公司。2008年，Moldflow公司被Autodesk公司收购。Moldflow软件于1998年推出了三维充填模拟模块，并于1999年推出了三维保压模拟模块。目前，Moldflow软件已经提供了全面的三维分析功能，包括三维冷却模拟、三维翘曲模拟等，最新版本为Moldflow 2021。

Moldflow软件主要为用户提供设计分析解决方案和制造解决方案。其中设计分析解决方案应用最为广泛，其产品包括Moldflow塑件顾问(MPA)、Moldflow高级成形分析专家(MPI)和CAD连接工具。制造解决方案Moldflow Mold Xpert是集软硬件为一体的注射成形的成形品质控制专家，可以直接与注射成形机控制器相连，可进行工艺优化和质量监控，自动优化注射成形周期、降低废品率及监控整个生产过程。

1. 主要功能及特点

MPA解决方案可以预测并解决产品开发早期出现的注射成形制造问题。借助强大的Moldflow专利技术——双域技术(Dual Domain)，用户可以直接使用3D实体CAD模型，而不需要创建有限元网格分析模型，从而节省模型准备时间，快速优化零件和模具设计。MPA包含两个模块，即Moldflow Part Advise和Moldflow Mold Adviser。

Moldflow Part Advise模块在产品开发早期可以快速检查塑料产品的设计(如产品壁厚、浇口位置)是否合理，产品材料及产品几何结构是否影响填充样式和模腔内压力、温度的分布等。用户根据分析结果和提供详细的分析建议可以确定最佳的产品壁厚和浇口位置，同时还可以识别和消除常见的质量缺陷，如熔接线、气穴和银线等。

Moldflow Mold Adviser模块扩展了Moldflow Part Advise的功能，用户可以用来创建并模拟塑料通过单个模腔、多个模腔和系列模具的流动情况，从而优化浇口类型、大小和位置，以及流道的布局、大小和横截面的形状。分析结果包括注射成形成形周期、锁模力吨位和注射成形容量，用户根据分析结果可以确定注射成形机的大小、最小成形周期，从而减少制造废料。利用Moldflow Mold Adviser的附加模块，用户可以模拟注射成形过程的更多阶段，并评估成形产品的性能和冷却水路的设计。

MPI 解决方案可以对塑料产品和模具进行深入的分析，它可以在计算机上对整个注射成形过程进行模拟分析，包括填充、保压、冷却、翘曲、纤维取向、结构应力和收缩，以及气体辅助成形分析等，使模具设计师在设计阶段就找出未来产品可能出现的缺陷，提高一次试模的成功率。

CAD 连接工具主要包括 Moldflow Magics STL Expert 和 Moldflow Design Link，用来转换 CAD 实体模型。

Moldflow Magics STL Expert 功能强大，可以用来查看、测量、更正和优化 STL 模型以及从主流 3D CAD/CAM 系统导入的实体曲面模型，以便使用 MPA 和 MPI 进行分析。

Moldflow Design Link 可以把主流的 3D 几何格式直接导入 MPA、MPI 和 Moldflow Magics STL Expert 软件中，从而实现更快捷、方便的 CAD 数据链接。其支持的模型格式包括 Parasolid 文件、Pro/ENGINEER 文件、CATIA 文件及 SolidWorks 文件。

2. 应用实例

采用 Moldflow 软件，以路灯灯罩塑件的翘曲变形为研究对象，本节设计了 3 种浇注系统方案并进行分析对比，从而确定最佳浇注系统。

1）塑件工艺分析

路灯灯罩具有面积大（431mm × 256mm × 15mm）、薄壁（2mm）、多孔洞（103 个孔）等特点（图 7-5-13），在注射成形过程中极易出现欠注、冷却不均、保压不当等问题，从而产生翘曲、扭曲等缺陷，严重影响塑件的质量及使用寿命。

(a)　　(b)

图 7-5-13　路灯罩塑件

(a) 正面；(b) 反面

采用 UG NX 软件对路灯灯罩进行三维数字化建模，并以 STP 格式保存。网格划分如图 7-5-14 所示。分析中采用中性面网格，有限元分析模型数据如下：三角形数 22882，节点数 11231，匹配率 95.6%。

2）初始浇注系统和冷却系统设计分析

通过 Moldflow 软件的 MPI/Gate Location 模块分析最佳浇口位置，结果如图 7-5-15 所示。从图 7-5-15 可以看出，系统推荐的最佳浇口位置在 N8638 节点附近区域。

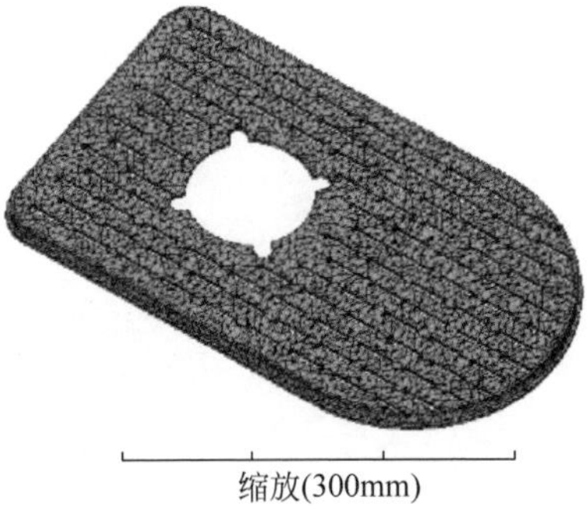

图 7-5-14　网格划分

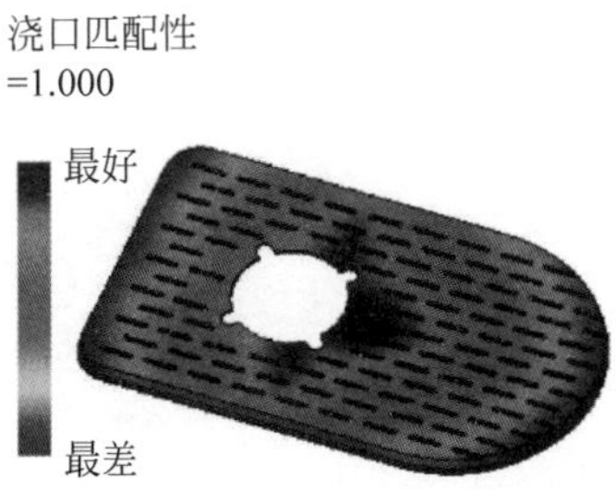

图 7-5-15　最佳浇口位置

在 N8638 节点附近设置浇口、主流道、分流道、冷却系统，初始浇注系统和冷却系统及保压曲线采用系统默认参数设置，对应外观效果如图 7-5-16 所示。

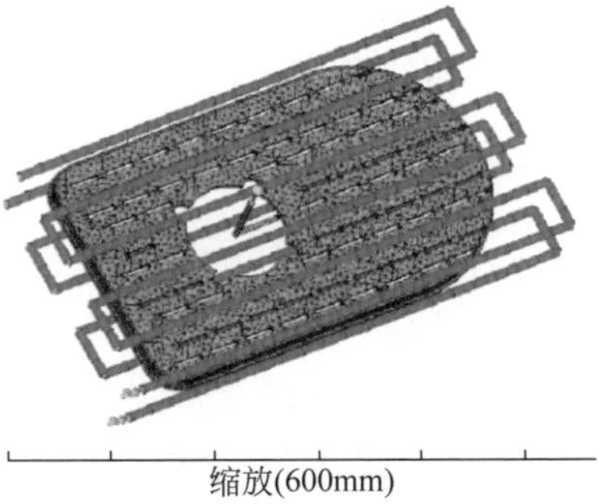

图 7-5-16　初始浇注系统和冷却系统设计

决定灯罩塑件质量的主要因素是翘曲变形，图 7-5-17 显示所有因素引起塑件的总变形量及 X、Y、Z 3 个方向的变形量。从图 7-5-17 可以看出，总翘曲变形量最大值达到 2.543mm，严重影响了灯罩塑件的成形精度，因此需要对浇注系统和冷却系统进行优化设计，以提高塑件的成形精度。

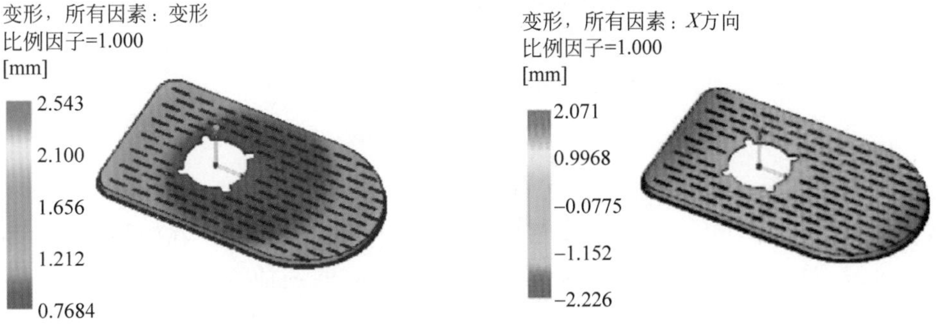

图 7-5-17　初始浇注系统和冷却系统翘曲变形分析结果

(a) 总变形；(b) X 方向变形；(c) Y 方向变形；(d) Z 方向变形

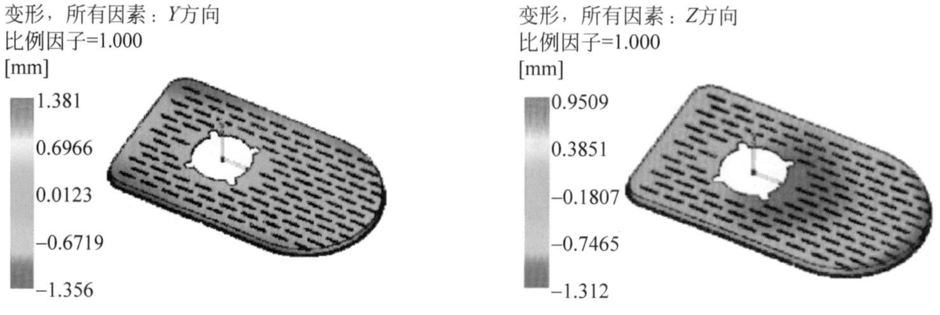

(c) (d)

图 7-5-17(续)

3）浇注系统优化设计方案

采用 3 种方案对浇注系统进行优化设计：方案一为在初始浇注系统主流道另一侧增加 1 个浇口；方案二为在初始浇注系统主流道周边设置 4 个浇口；方案三为在塑件右侧设置 1 个浇口。

a. 方案一

方案一的浇注系统如图 7-5-18 所示，其翘曲变形分析结果如图 7-5-19 所示。从图 7-5-19 可以看出，翘曲变形量最大值为 2.484mm，主要发生在距浇口位置较远的塑件边缘区域。其中 Z 方向的翘曲变形量较高，分别为＋1.162mm 和－1.548mm，会影响塑件的成形精度和装配质量。

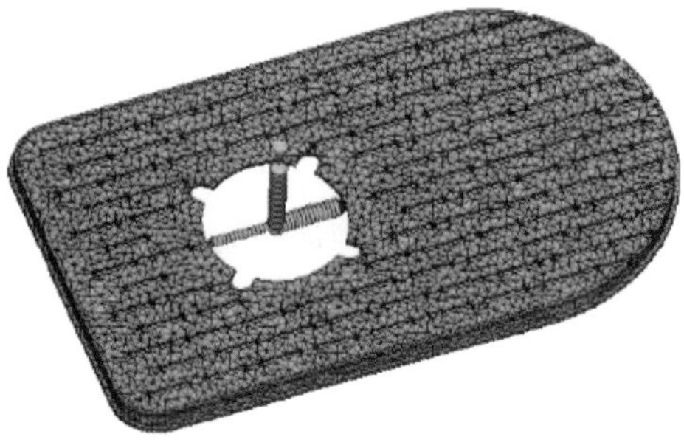

图 7-5-18　方案一的浇注系统优化设计

b. 方案二

方案二的浇注系统如图 7-5-20 所示，其翘曲变形分析结果如图 7-5-21 所示。从图 7-5-21 可以看出，翘曲变形量最大值为 2.770mm，主要发生在塑件的左右侧边缘区域，与方案一相比有所增大。其中 Z 方向的翘曲变形量较高，分别为＋1.251mm 和－1.726mm，会影响塑件的成形精度和装配质量。

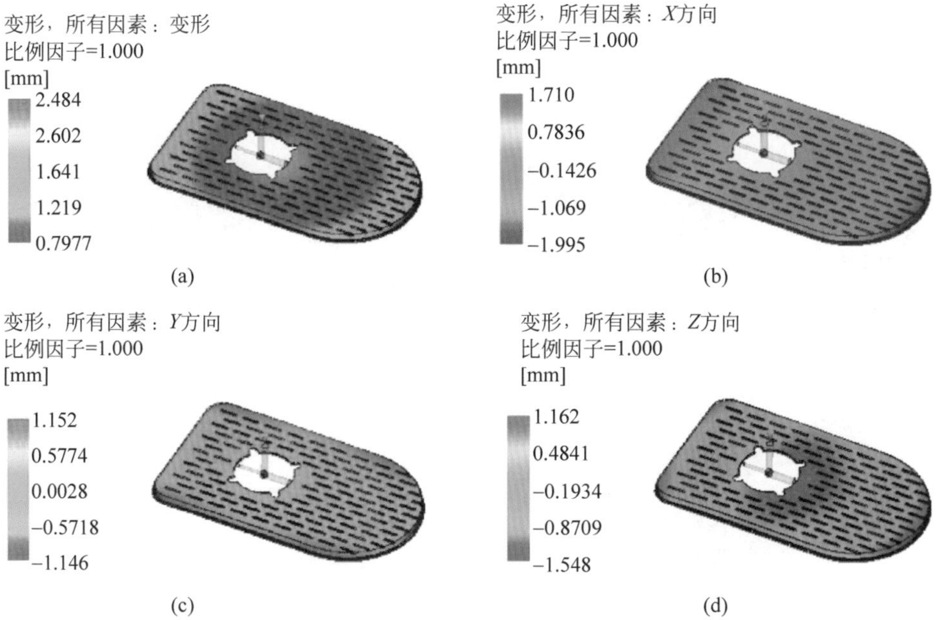

图 7-5-19　方案一的翘曲变形分析结果

(a) 总变形；(b) X 方向变形；(c) Y 方向变形；(d) Z 方向变形

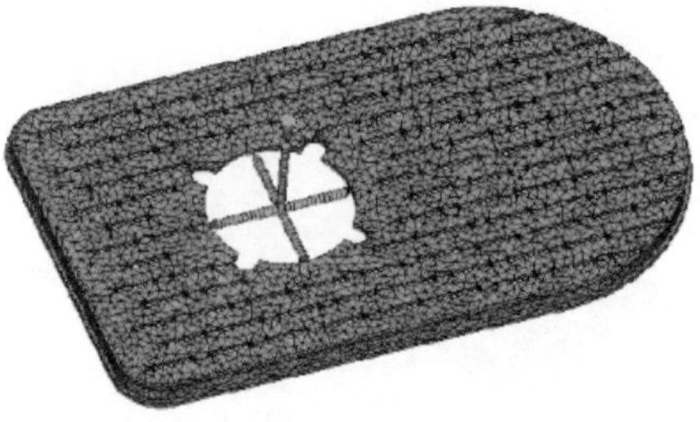

图 7-5-20　方案二的浇注系统优化设计

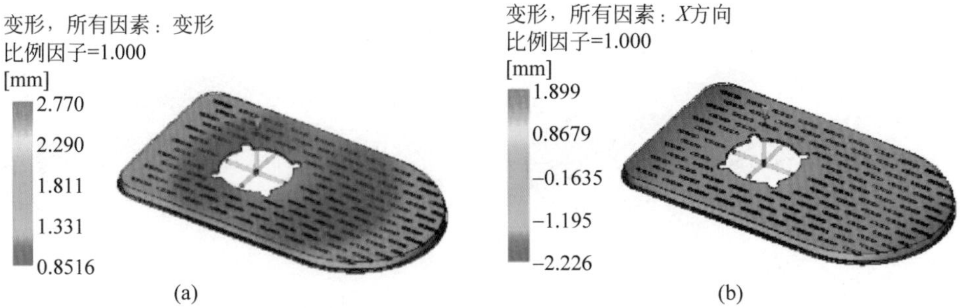

图 7-5-21　方案二的翘曲变形分析结果

(a) 总变形；(b) X 方向变形；(c) Y 方向变形；(d) Z 方向变形

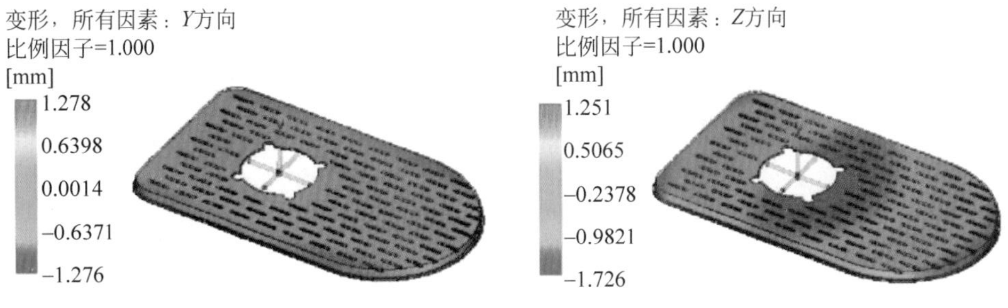

(c)　　(d)

图 7-5-21(续)

c. 方案三

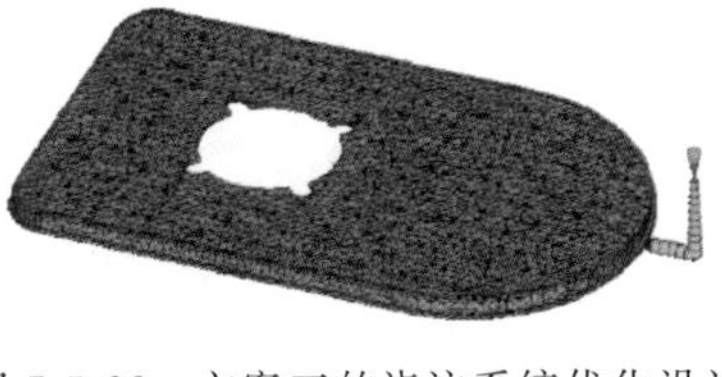

图 7-5-22　方案三的浇注系统优化设计

方案三的浇注系统如图 7-5-22 所示，其翘曲变形分析结果如图 7-5-23 所示。从图 7-5-23 可以看出，翘曲变形量最大值为 1.955mm，主要发生在塑件左侧边缘转角区域。其中 Z 方向的翘曲变形量分别为 +0.746mm 和 −0.319mm，较方案一和方案二明显下降，X、Y 方向的变形量也有一定程度下降，塑件的成形精度和装配质量较方案一和方案二显著提高。

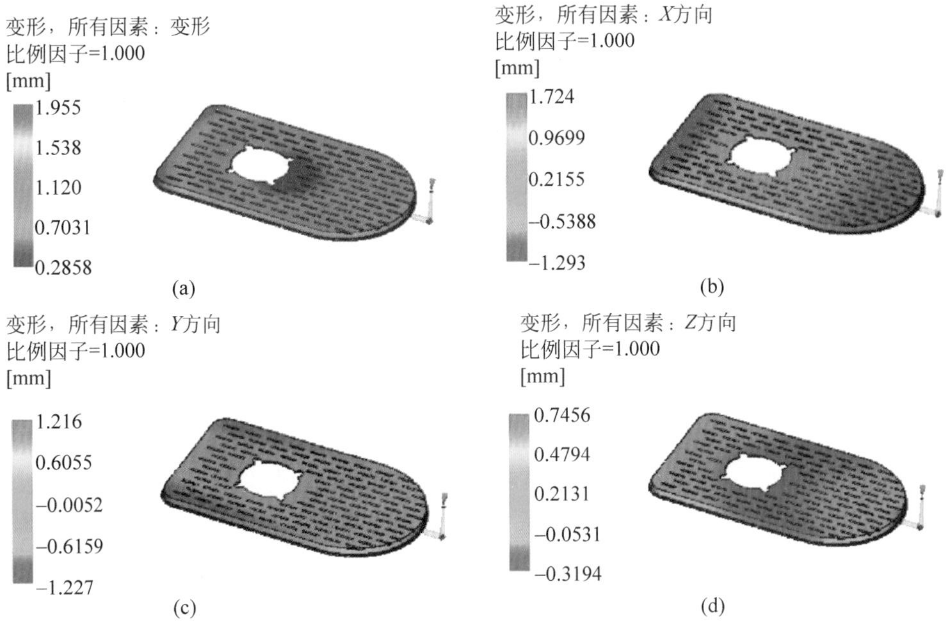

(a)　(b)　(c)　(d)

图 7-5-23　方案三的翘曲变形分析结果

(a) 总变形；(b) X 方向变形；(c) Y 方向变形；(d) Z 方向变形

7.5.3 Moldex 3D

中国台湾科盛公司的 Moldex 3D 产品起源于新竹清华大学化学工程系张荣语(R. Y. Chang)教授及其合作者的工作。Moldex 3D 具有真三维模流分析技术。在分析模型方面，Moldex 3D 采用三维实体元素网格，依塑料实体来构造，完全符合真实情况，并且网格划分可完全自动化。Moldex 3D 已具备完善的三维分析模块，并支持其他多种类型成形工艺模拟，如注射压缩成形、反应注射成形、金属粉末注射成形和芯片封装等工艺，最新版本为 Moldex 3D 2021。

1. 主要功能及特点

1）先进的树数值分析算法

Moldex 3D 首创真三维模流分析技术，经过严谨的理论推导推导与反复的实际验证，将惯性效应、重力效应和喷泉效应等许多现实因素加入分析考虑，并且计算准确、稳定快速。整个 Moldex 3D 分析核心采用的数值分析技术为特别针对三维模流分析所开发出的数值分析方法——高效能体积法(high performance finite volume method，HPFVM)，HPFVM 法不但具有传统有限元分析的优点，并且大大提高了三维实体流动分析精确度、稳定度与分析性能，是 Moldex 3D 三维模流分析的核心。

2）友好的用户界面

在操作界面上，Moldex 3D 提供人性化的直觉式视窗界面，采用图标工具栏，让使用者轻松地选择模具、塑胶材料及设定射出机台，直观地得到各项分析结果，并制作最终分析报告。

3）丰富的塑胶材料库

Moldex 3D 内有将近 5500 种材料数据库可供使用，数据非常完整，可任意由材料库中选择适当的材料进行分析，或是利用所提供的接口输入参数，建立使用者自己的材料数据库。对于加工条件，可使用针对不同材料所简易的条件或是利用软件所提供的输入接口输入各程序的成形条件，设定非常方便。

4）高分辨率 3D 立体图形显示

Moldex 3D 采用 3D 立体显示技术，能快速清楚地展示出模型内外的温度场、应力场、流动场和速度场等十余种结果。对于上述分析结果，也可以利用等位线或等位面方式展示，或者直接切剖面观看模型内部变化情形。Moldex 3D 也提供动画的功能，透过 3D 动画的方式展现塑料在模腔中的流动变化，以较直观的方式使人们认清在设计与制造的过程中可能出现的问题。

2. 应用实例

采用 Moldex 3D 模流分析软件，本节设计了某汽车副仪表盘的热流道时序控制阀浇注系统，优化了浇口位置，从而有效地减少和消除了汽车副仪表盘 A/B 表面及其他部位的熔接痕，达到免喷涂的效果。

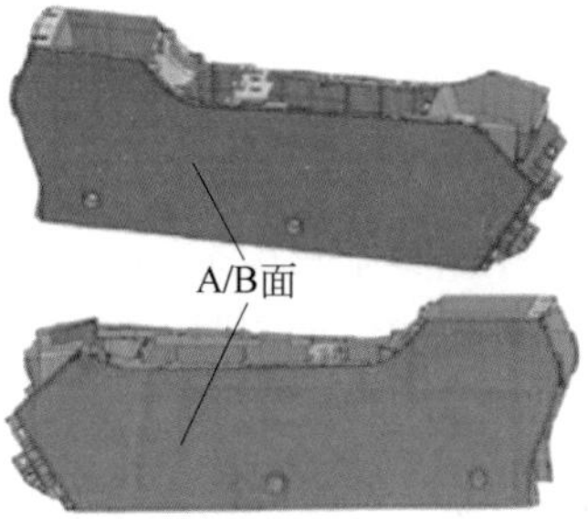

图 7-5-24　副仪表盘 A/B 面

1）塑件工艺分析

副仪表盘外形尺寸为 980mm×253mm×325mm。有许多筋条、内孔、凸台、深腔等结构。产品壁厚分布在 1.417～2.781mm。作为汽车内饰件，该产品的成形表面质量要求高，图 7-5-24 所示的 A/B 面需要达到免喷涂的效果，不允许出现明显的熔接痕，不允许进浇，且不能出现肉眼看见的色差。

2）原始方案的模流分析

采用“热流道＋冷流道”的形式进行设计，冷流道浇口采用针阀式点浇口进浇。热流道浇口设计为 4 个，进行时序控制，冷流道浇口进浇点为 7 个。原始方案浇注系统设计如图 7-5-25 所示。

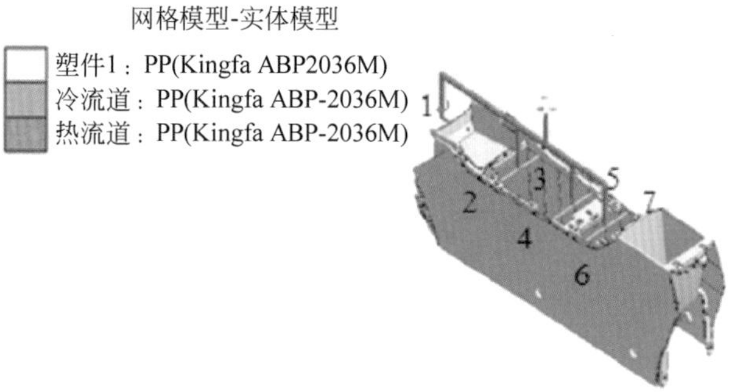

图 7-5-25　原始方案进浇系统

热流道浇口进行时序控制首先开启浇口 1，其他 3 个热流道阀浇口的开启型式采用流动波前进行控制，具体设置如图 7-5-26 所示。即当塑胶流动到图 7-5-26 选定的 3 个网格节点编号时，相应的热流道阀浇口将开启。

阀式浇口 | 模具热边界设定 | 射出选项

阀浇口	型式	控制点	网格节点编号	数值	单位	阀浇口动作
#2 (ID:2)	流动波前	1	-	-	-	-
	流动波前	2-1	105699	0	sec	开启
#3 (ID:3)	流动波前	1	-	-	-	-
	流动波前	3-1	97506	0	sec	开启
#4 (ID:4)	流动波前	1	-	-	-	-
	流动波前	4-1	86778	0	sec	开启

图 7-5-26　热流道浇口时序控制窗口

由模拟结果可以看出，原始方案需要免喷涂的 A/B 面有较明显的熔接痕，而且其他部位熔接痕数目较多、较长熔接痕分布情况如图 7-5-27 所示，比较明显的熔接痕有 4 条。

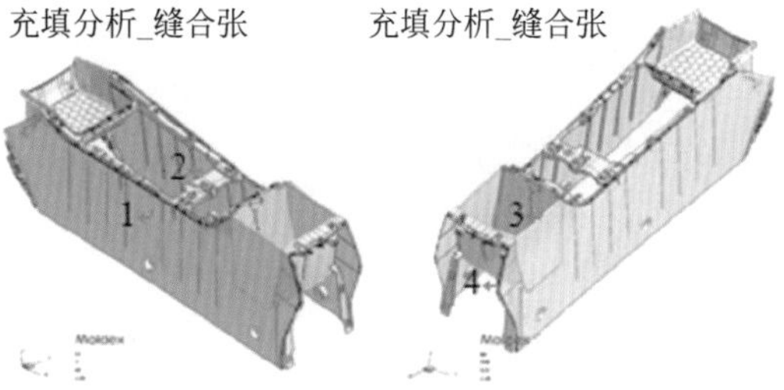

图 7-5-27　熔接痕分布情况

1 号熔接痕在外观表面 A/B 面上，主要由于浇口 3 开启时间较早，造成浇口 1、2 注射出来的塑胶与浇口 3 注射出来的塑胶流动前沿相遇形成。2、3、4 号熔接痕是由于制品中存在阻碍塑胶流动的结构，而引起塑胶分开再汇合而形成的，尤其是 3 号和 4 号熔接痕处在充填的末端，塑胶温度处在下降的过程中，所以熔接痕非常明显。其他部位的熔接痕主要是由于制品壁厚不均，塑胶流动前沿填充时发生回流与原熔体流动方向发生汇聚所引起的。

3）浇注系统的优化

原方案浇注口 1～4 设计得比较集中。1 号熔接痕可以采取优化浇口 3 的开启时间进行消除。优化后的浇注系统方案如图 7-5-28 所示，只是在原方案的基础上改变 1 号进浇点的位置，其他进浇点不改变。

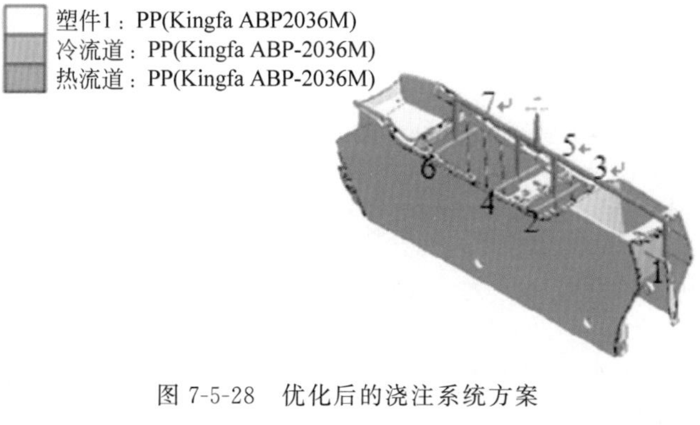

图 7-5-28　优化后的浇注系统方案

从图 7-5-29 所示模流分析结果可以看出，汽车副仪表盘的 A/B 面熔接痕明显消除。

基于以上的优化分析，合作的企业进行模具的设计和开发，最终进行试模验证，实际生产的注射成形产品如图 7-5-30 所示。

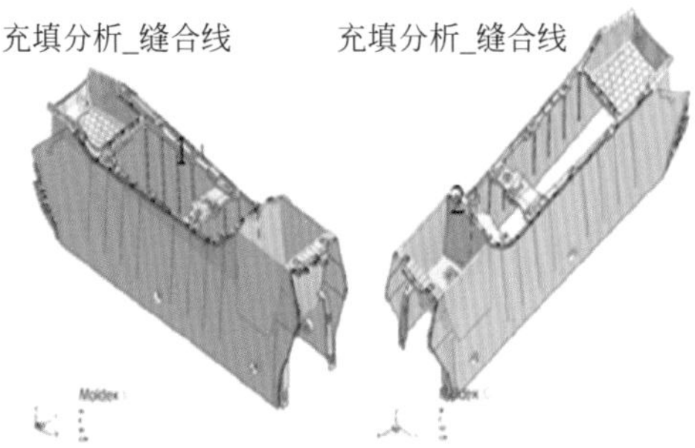

图 7-5-29　优化方案熔接痕分布情况

图 7-5-30　试模验证

参考文献

[1] ZHOU H. Computer modeling for injection molding：simulation，optimization，and control [M]. New York：John Wiley & Sons，2013.

[2] ZHOU H，LI D. A numerical simulation of the filling stage in injection molding based on a surface model[J]. Advances in polymer technology，2001，20(2)：125-131.

[3] 李德群，周华民. 塑料注射成形过程仿真软件的开发和应用[J]. 中国机械工程，2002，13(22)：1894-1896.

[4] 金志刚，余敏霞，陈传端. 基于华塑 CAE 的乘用车安全气囊盖的注塑模设计[J]. 汽车与驾驶维修(维修版)，2018(10)：92-93.

[5] RAJUPALEM V，TALWAR K，FRIEDL C. Three-dimensional simulation of the injection molding process[A]//Technical papers of the annual technical conference-society of plastics engineers incorporated，1997：670-673.

[6] TALWAR K，COSTA F，RAJUPALEM V，et al. Three-dimensional simulation of plastic injection molding[A]//Technical papers of the annual technical conference-society of plastics engineers incorporated，1998：562-566.

[7] 徐文俊，郑丽文，周建锋，等. 基于 Moldflow 的路灯灯罩浇注和冷却系统优化设计[J]. 塑料

科技,2019,47(5): 56-62.
[8] CHANG R Y,YANG W H. Numerical simulation of mold filling in injection molding using a three-dimensional finite volume approach[J]. International Journal for Numerical Methods in fluids,2001,37(2): 125-148.
[9] 唐忠民,宋震熙. 注塑模流分析技术现状与 Moldex3D 软件应用[J]. CAD/CAM 与制造业信息化,2003(1): 57-59.
[10] 翟豪瑞,王小松,熊新,等. 用 Moldex3D 对副仪表盘热流道浇口时序的优化[J]. 现代塑料加工应用,2017,29(6): 54-56.